HISTOIRE NATURELLE

DE LA

SANTÉ ET DE LA MALADIE

CHEZ LES VÉGÉTAUX
ET CHEZ LES ANIMAUX EN GÉNÉRAL

ET EN PARTICULIER

CHEZ L'HOMME

SUIVIE

DU FORMULAIRE POUR LA NOUVELLE MÉTHODE DU TRAITEMENT HYGIÉNIQUE ET CURATIF

PAR

F.-V. RASPAIL

Avec des figures sur bois dans le texte et dix-neuf planches gravées sur acier, d'après les dessins originaux et les premières gravures de son fils, F.-BENJ. RASPAIL.

Ille verò solus morbum curavit, qui ejus causas cognovit; nosce enim causam morbi, et nosces arcanum. HALLER, *Disp. morb.*, t. I, p. 71.
Un ouvrage utile serait celui qui aurait pour titre : *De morbis à medicaminibus.*
SAVARY, *Collect. acad.*, t. VII, préf., p. XXII.

TROISIÈME ÉDITION CONSIDÉRABLEMENT AUGMENTÉE.

TOME TROISIÈME.

PARIS
CHEZ L'ÉDITEUR DES OUVRAGES DE M. RASPAIL
14, rue du Temple, 14
(PRÈS DE L'HÔTEL DE VILLE)

BRUXELLES
A L'OFFICE DE PUBLICITÉ
LIBRAIRIE NOUVELLE
48, rue de la Madeleine, 48

1860

HISTOIRE NATURELLE

DE

LA SANTÉ ET DE LA MALADIE

AVIS IMPORTANT

Dans le cours de cet ouvrage, les chiffres entre parenthèses renvoient, non aux pages, mais aux alinéas. Le 2ᵉ volume commence à l'alinéa (469), et le troisième à l'alinéa (1115). Les dix-neuf planches sur acier doivent être réunies à la fin du premier volume.

Paris. — Imp. Vᵛᵉ P. Larousse et Cᵉ, rue Montparnasse, 19.

TABLE

PAR ORDRE DE CHAPITRES

DES MATIÈRES

CONTENUES DANS LE TROISIÈME VOLUME.

FIN DE LA TABLE DES CHAPITRES DU TROISIÈME VOLUME.

Errata du troisième volume.

Page 54, ligne 14; 1802,   lisez : 1102.
— 102, — 42; de plâtro,   — du plâtre.
— 109, — 34; sailles,   — selles.
— 210, — 13; 2ᵉ ESPÈCE,   — 1059, 2ᵉ ESPÈCE.

HISTOIRE NATURELLE

DE LA

SANTÉ ET DE LA MALADIE

CHEZ LES VÉGÉTAUX

ET CHEZ LES ANIMAUX EN GÉNÉRAL,

ET EN PARTICULIER

CHEZ L'HOMME.

———————————— ✿ ————————————

DEUXIÈME SECTION

DE LA DEUXIÈME PARTIE.

ÉTUDES SYNTHÉTIQUES ET CLASSIFICATION DES EFFETS MORBIDES.
(*Nosologie*) (48).

1115. Dans toute la première section de cette deuxième partie, nous avons étudié méthodiquement l'histoire de chaque cause morbide, dans ses caractères de forme et d'action. Nous avons pris, dans la nature, tout ce qui est dans le cas d'apporter un trouble grave dans les fonctions de l'organisation. Nous avons presque toujours procédé, dans ce travail, par un raisonnement *à priori* déduit d'une observation directe. Nous avons posé un problème, et cherché sa solution, en combinant entre elles toutes les données qu'ont pu nous fournir la chimie, la physique et l'histoire naturelle : une telle cause étant donnée, avec son influence et son parasitisme, quels seront les effets morbides que sa présence déterminera sur un corps organisé? et nous avons classé ces causes par la similitude de leurs effets et de leurs influences.

Dans cette seconde section, nous prendrons la marche inverse et réciproque ; et, renversant le problème, nous le poserons de la manière suivante : Des effets morbides étant donnés, en déterminer la cause. Cette deuxième section devient ainsi une contre-épreuve de la première ; l'une étant un travail analytique, l'autre en sera la synthèse, et *vice versâ*.

Mais les effets morbides se rangent en deux grandes catégories, quand ils s'offrent à l'évaluation et au raisonnement, c'est-à-dire, quand ils font office de symptômes et de signes. Les uns nous indiquent en général que l'état de santé a fait place à la maladie, et les autres, nous conduisant ensuite comme par la main, sont capables de nous révéler le siège et jusqu'à la cause de l'influence morbide ; ils nous fournissent les caractères propres à distinguer les diverses maladies et les moyens de les classer méthodiquement. Nous partagerons donc cette section en deux divisions : l'une comprenant les considérations générales sur les signes qui sont communs à tous les états morbides, et l'autre comprenant l'exposé de la double classification nouvelle des divers cas maladifs si mal classés dans nos traités de nosologie.

PREMIÈRE DIVISION.

Considérations générales sur les caractères de l'état de maladie.

1116. Dès qu'une cellule élémentaire de l'économie animale cesse de recevoir et d'aspirer l'air et les liquides qui la fécondent et la nourrissent, ou que l'air et les liquides qui lui arrivent sont les véhicules d'une substance inerte ou désorganisatrice, c'est-à-dire, qui s'oppose ou qui nuit à l'organisation, ce petit organe devient dès lors le siége de la maladie, la cause d'une souffrance et le germe d'une contagion. Mais notre sensibilité n'en a pas encore la conscience, parce que nos organes ne sont pas d'un calibre à percevoir les infiniment petites sensations, les sensations moléculaires. Nous ne percevons et ne savons exprimer par des mots que des sommes de sensations ; nous ne donnons des signes de nos souffrances que lorsque nos souffrances, sortant du cercle des atomes, commencent à compromettre nos diverses organisations. L'art a nommé ces signes des *symptômes* (*).

(*) De σὺν, en même temps, et πίπτω, survenir, c'est-à-dire, accidents, circonstances concomitantes.

Les signes ou symptômes des troubles survenus dans les fonctions partielles ou générales de l'économie sont ou *externes* et accessibles à la perception d'autrui, ou *internes* et qui ne se révèlent qu'au sens intime du malade lui-même.

CHAPITRE PREMIER.

Signes externes.

1117. Les signes externes sont *visibles, odorants, tactiles, acoustiques.* Les *signes visibles* sont les plus externes de tous ; ce sont des symptômes de surface. Les *signes tactiles* peuvent correspondre à une certaine épaisseur. Les *signes acoustiques* sont, pour ainsi dire, des signes intimes et de profondeur.

1118. Le concours et la combinaison rationnelle de ces signes forment une équation qui sert à dégager la notion non-seulement d'un trouble morbide, mais encore du siége qu'il occupe et du foyer d'où il émane. C'est ensuite par un nouvel ordre d'idées, et par une nouvelle combinaison d'inductions, que l'on arrive à reconnaître la *cause* et la *source* du mal. La médication, c'est-à-dire, la médecine, n'agit qu'à tâtons et en aveugle, tant qu'elle ignore ce dernier point : il est évident en effet, que, pour dissiper des effets, il faut en reconnaître la cause ; et il n'est pas besoin de démontrer qu'en enlevant la cause, on supprime d'un coup tous ses effets immédiats ; il ne reste plus alors qu'à en réparer les conséquences : *Sublatâ causâ, tollitur effectus.*

§ 1er. *Signes visibles.*

1119. Les SIGNES VISIBLES se tirent de la physionomie, des modifications de la surface cutanée, de l'habitude générale du corps, de la sueur, des urines, des fèces, des expectorations, de l'écoulement et du vomissement.

1° *Physionomie.* Lorsque la cause du mal attire le sang à l'intérieur, et vide par conséquent les capillaires cutanés du sang qui colorait les surfaces, on voit peu à peu la peau devenir pâle, flasque, plissée, terne, et enfin terreuse. A la pléthore succède l'émaciation, les protubérances des os se dessinent en saillies au dehors, les joues et les tempes se creusent, les yeux s'enfoncent dans leurs orbites, le regard est cave et mourant, les lèvres décolorées et pincées sur les dents comme dans la vieillesse. La physionomie, ce miroir si mobile et si animé des sensations intimes, n'en réfléchit plus qu'une seule, qui est la souffrance et la désorganisation. Si, au contraire, la cause qui à elle seule absorbe tous les sucs nourriciers est externe, c'est-à-dire qu'elle ait son siége et son centre d'action dans les tissus de la périphérie du corps, la circulation, attirée d'une manière insolite du centre à la circonférence, et agrandissant ses voies par la dilatation et l'extravasation, amènera à sa suite la pléthore des vaisseaux, l'intumescence des tissus, la rubéfaction des surfaces ; le visage bouffit, les extrémités enflent, les yeux sortent de l'orbite, la peau se colore en rouge, puis en violet, pour arriver plus tard à une diaphanéité de mauvais augure. La coïncidence de la bouffissure et de la décoloration, au début du mal, est de bien plus mauvais augure encore ; car, dans la cause de la maladie, il y a alors une infection, une cause de décomposition du liquide de la circulation.

2° La *surface de la peau* subit, sous l'influence d'un état morbide, des modifications, dans sa contexture et sa coloration, qu'il est plus facile d'apprécier que de décrire, et qui deviennent caractéristiques de maladies particulières plutôt que d'un état morbide général. Le derme est alors le siége du mal, plutôt que le dépositaire de ses symptômes plus intimes.

3° *Habitudes du corps.* Ces effets sont moins percevables sur des membres dépourvus d'expression. La physionomie donne donc des signes plus prompts que les autres extrémités du corps : il faut ici une plus grande intensité dans la décoloration et la flétrissure, dans la coloration et l'intumescence, pour que le signe soit évident. Il y a donc une habitude du corps normale, et l'autre anormale, l'habitude de la santé et l'habitude de la maladie. Les signes de l'habitude normale ne sont que des signes relatifs, et non ceux d'une entité caractéristique et limitée dans le cadre de l'organisation ; on peut moins les définir que les évaluer. Pour cela, nous sommes parvenus, dès notre première enfance, à grouper les images des individus bien portants sous une généralité typique, à laquelle nous rapportons au besoin l'image que nous avons à reconnaître. Ce type varie selon les climats et les agrégations sociales ; et tel être fort aurait l'air faible et maladif, s'il était observé dans une société de géants et d'hommes d'un type supérieur encore. Plus l'aspect d'un individu s'approche du type normal, plus l'individu nous paraît fort et sain ; plus il s'en éloigne, plus l'individu nous paraît faible et malingre : les intermédiaires sont aussi innombrables que les différences qui distinguent les feuilles d'un même chêne ; et quand l'école galénique avait eu l'idée de classer les habitudes ou tempéraments des hommes, elle avait jeté les fondements d'une nomenclature sans fin, car elle ouvrait la porte à une nomenclature que j'appellerai individuelle.

On définit sans doute fort bien en théorie les tempéraments sanguin, lymphatique, bilieux et nerveux ; mais on applique bien moins facilement ces idées en pratique, laquelle leur donne à chaque instant des démentis. Le tempérament c'est la modification de la constitution d'un individu qui se rapproche ou s'éloigne du summum de développement que son espèce est dans le cas d'atteindre ; le tempérament est donc fort ou faible en général, et relativement plus fort ou plus faible que tel autre en particulier. La prédominance du sang, de la lymphe, de la bile, du système nerveux, est une idée incomplète et insaisissable, une valeur sans poids, sans mesure, sans moyen d'évaluation. Pourquoi ne pas y joindre la prédominance du fer, du chlorure de sodium, des phosphates ammoniacaux, de l'eau ou de l'albumine dans le sang, la prédominance de la graisse dans les chairs, des fibres musculaires, du phosphore dans le cerveau, des sels urinaires, et enfin celle de tous les éléments organiques qui entrent dans la composition d'un tissu organisé ? La doctrine galénique des tempéraments ne peut pas plus se soutenir que celle des humeurs galéniques, devant les progrès indéfinis de la physiologie et de la chimie. La différence des types humains se transmet par le crayon ou le pinceau, et non par la parole. Il y a, dans les traits d'un individu, pour un observateur de mœurs, une expression de satisfaction ou de mélancolie, qui est le signe infaillible que les organes fonctionnent d'une manière normale, ou sont entravés ou troublés dans le jeu de leurs fonctions, qu'il est enfin dans un état habituel de santé ou de maladie. L'échelle des différences entre ces deux extrêmes a des degrés qui ne sont plus susceptibles d'être comptés, mais seulement d'être évalués.

4° *Sueur.* L'exhalation cutanée, quand elle est trop abondante pour se dissoudre immédiatement dans l'air ambiant, se condense sous forme de sueur qui ruisselle sur le corps, ou s'élève sous forme de nuages. La sueur qui émane de l'activité des mouvements et de l'exercice du système musculaire est normale et n'offre rien que de naturel ; c'est le signe de la fatigue, qui avertit que l'économie animale a besoin de repos, ce qu'il est toujours à notre disposition de lui donner. Mais la sueur pendant le repos est de mauvais augure ; elle est le signe d'une fatigue interne et indépendante de notre volonté, d'une souffrance dont nos mouvements ne sont pas la cause ; l'air nous manque ou la nourriture ; un vampire nous agite et s'approprie les principes de notre vitalité. Dès ce moment, nos cellules alimentaires, asphyxiées et affamées, cessent d'élaborer et d'aspirer, elles rejettent au dehors, comme par un effet de leur affaissement et de leur compression mutuelle, le trop-plein qui les surcharge et les distend. Les liquides désormais inutiles à leur nutrition leur suintent par tous les pores.

La sueur, imprégnée de sels ammoniacaux, a une odeur variable, selon les individus et les sexes, mais caractéristique. Elle est acétique ou alcaline à l'état normal ; phosphorescente et alliacée ou hircine, à cause de la prédominance de l'hydrochlorate d'ammoniaque dans le mélange de ses sels. La sueur urineuse est un signe morbide.

5° L'*urine* normale est limpide, légèrement citrine ; elle ne laisse point ou fort peu d'incrustation saline sur les parois des vases ; son odeur est légèrement ammoniacale, ou plutôt c'est un mélange de l'odeur du benjoin mêlée à celle de l'ammoniaque ; elle verdit le sirop de violette mais rougit la teinture de tournesol ; le besoin de la rendre se fait sentir deux à trois fois par jour, et la fonction s'exécute sans difficulté, sans douleur, sans intermittence, mais avec un certain sentiment d'une pudique volupté. L'urine anormale est trouble, opaline, chargée d'un dépôt jaune (*urée*), ou rouge de brique (*prétendu acide urique*), ou floconneux et albumineux ; elle incruste les vases presque en tombant ; son odeur est forte et larmoyante ; on en éprouve fréquemment le besoin sans pouvoir le satisfaire ; ou on ne le satisfait qu'avec intermittence, et une douleur qui commence par le col de la vessie, et finit à l'orifice du canal de l'urètre.

Nous avons démontré ailleurs que la *sueur* et l'*émission des urines* sont complémentaires l'une de l'autre (*) ; voyez en outre ce que nous avons rapporté d'un coq qui rendait ses excréments sous forme d'urine (**).

La prétention de reconnaître la maladie par l'inspection des urines remonte fort haut dans l'histoire du charlatanisme : dans la 83ᵉ nouvelle de Bocace, on engage Calandin à envoyer ses urines à un médecin, qui déclare que Calandin est *enceinte* ; ce qui fait dire à un des personnages que ce médecin était très-connaisseur en *urine d'âne*.

6° Les *fèces* varient selon le genre d'alimentation, et par conséquent selon les espèces d'animaux et d'individus, cependant dans certaines limites, et avec des modifications de formes, de couleur et d'odeur, dont il est toujours facile de se rendre compte. L'étude de ses caractères, aujourd'hui fort négligée, avait sérieusement fixé anciennement l'attention des observateurs ; et l'on cite un professeur de Montpellier du siècle dernier, qui, dans les excursions qu'il entreprenait par les champs, se faisait fort de déterminer avec précision à quel sexe, à quel âge, à quelle stature, à quel tempérament devaient se rapporter les excréments qu'il rencontrait sur la route.

(*) *Revue complémentaire des sciences appliquées*, livr. d'avril et suiv., 1857, tom. III, pag. 260 et suiv.

(**) *Revue élémentaire de méd. et pharmacie*, tom. II, pag. 467 ; liv. de nov 1848.

Les fèces normales sont consistantes, sans dureté, gluantes à la surface, moulées sur les plis du côlon, d'une couleur verdâtre, ayant l'odeur de l'*assa-fœtida*. Trop dures, elles sont le signe d'une constipation, et la constipation est le signe que les produits de la digestion sont absorbés par quelque parasite, ou que l'alimentation n'est pas assez humectée ou est trop alcoolique. Les fèces trop liquides indiquent que la défécation est troublée dans le côlon, et que les parois de cet intestin sont envahies par quelques parasites. Les fèces sanguinolentes annoncent la présence, dans les intestins grêles surtout, d'un parasite perforateur ou à mandibules. Les fèces glaireuses, gypseuses, albumineuses, sont le signe que les parasites ont envahi le duodénum et l'embouchure du canal cholédoque, et que la chylification ne s'opère plus normalement. Les fèces cannelées, couleur terre de Sienne, pelucheuses à la surface, criblées de petites perforations sinueuses, indiquent la présence dans le côlon d'ascarides vermiculaires ou lombricoïdes, qui les ont transpercées de leurs impatientes reptations. On les rencontre souvent même alors piquetées de petits corps jaunes mous de la grosseur d'un à deux millimètres, espèces de sacs que l'on vide en les pressant, et qui répandent alors, sur le porte-objet du microscope, des masses de globules graisseux d'un vingtième de millimètre environ. La fétidité anormale des selles dures est le résultat de quelque décomposition gangréneuse; c'est un produit de la désorganisation opérée, sur les parois du côlon, par le parasitisme de quelque vampire; la fétidité des selles liquides indique la même cause de désordre sur les parois du duodénum et de l'intestin grêle.

La défécation liquide et verdâtre est le signe de l'action dissolvante d'un condiment ou médicament amer, ou de la surabondance de l'écoulement de la bile, sous l'influence d'une cause quelconque médicamenteuse ou morbide.

La défécation solide, mais gazeuse, c'est-à-dire, la défécation gazeuse qui accompagne avec bruit la défécation solide, annonce que la nutrition se débarrasse d'elle-même, et par ses condiments, des helminthes qui l'assiègent et qui viennent se décomposer dans le côlon. La défécation gazeuse sans bruit, au contraire, annonce la décomposition d'un certain nombre d'helminthes ou de parasites, au milieu d'une pullulation assez grande, pour s'opposer à l'acte de la chylification, et partant à celui de la défécation normale. Le type de l'homme sain est de digérer sans aucune éructation ni par le haut ni par le bas; car les gaz de l'alimentation normale sont de la nature de ceux qu'absorbent les parois des intestins (152).

La défécation vermineuse est une preuve que, sous l'influence, soit de la médication, soit de la décomposition, le séjour des intestins ne convient plus aux parasites; on ne rend fort souvent des vers qu'après qu'ils ont achevé leur œuvre de destruction et de mort. On peut en avoir beaucoup, sans en rendre; on peut en rendre beaucoup, sans en être débarrassé.

Les selles rares, dures et sèches indiquent un fort tempérament, une activité rare de corps et d'esprit, quand ce genre de défécation est habituel. Mais s'il survient une telle constipation d'une manière exceptionnelle, elle peut être la source d'une foule de maux, qui se dissipent avec le plus grand succès, si on les attaque au début par les évacuations artificielles. Cependant on a vu des constipés pousser très-loin une existence uniforme (*).

7° *Salivation* et *expectoration*. Il faut avoir soin de distinguer les produits de l'expectoration de ceux de la salivation. La salivation normale est celle qui suffit à l'imprégnation de la mastication et à la lubrification des parois buccales ; l'excès de cette sécrétion est une preuve de l'action morbide, soit d'un poison, tel que le mercure, soit d'un parasite qui désorganise les glandes salivaires; la salivation anormale a toujours un caractère de putridité.

L'expectoration est dans tous les cas un signe d'un trouble quelconque survenu sur les parois des voies aériennes. L'aspiration des poussières amène une excoriation qui se résout en expectoration ; ces produits portent avec eux et le caractère de leur cause et le remède du mal dont ils débarrassent l'organe.

L'expectoration catarrheuse et filante vient de la trachée ; l'expectoration grumelée, lobulée, colorée en jaune ou en bleuâtre, vient des bronches ou bien du nez par le voile du palais; l'expectoration tuberculeuse et purulente vient de la décomposition du tissu respiratoire. L'expectoration qui ressemble au vert de vessie annonce une décomposition du poumon, arrivée à son plus haut degré. Dans le premier cas, la cause mécanique ou animée du mal s'attache aux parois du larynx et de la trachée ; dans

---

(*) Mlles Bessières, dit Voltaire, avaient une vieille tante qui n'allait jamais à la garde-robe ; elle faisait seulement tous les quinze jours une crotte de chat que sa femme de chambre portait dans la cheminée ; elle mangeait dans une semaine deux ou trois biscuits, et vivait à peu près comme un perroquet ; elle était sèche comme le bois d'un vieux violon, et vécut dans cet état près de 80 ans sans presque souffrir. — Le père putatif du maréchal de Richelieu, ajoute-t-il, qui était le plus sec et le plus constipé des ducs et pairs, s'avisa de prendre du lait à la casse ; cela avait l'air du bouillon de Proserpine ; il s'en trouva très-bien ; il mangeait du rôti à dîner ; il prenait son lait à la casse à souper, et vécut ainsi jusqu'à 80 ans. (Voltaire, *Correspondance*, lettr. du 8 janvier 1756.)

le second, aux parois des fosses nasales ou des bronches ; dans le troisième, la cause du mal est incrustée dans les mailles du réseau circulatoire de la respiration. Plus la couleur des expectorations est verdâtre, plus les poumons sont endommagés profondément, et moins la maladie est curable. L'expectoration sanguinolente ou striée de sang annonce la rupture des capillaires pulmonaires, et la délicatesse native ou morbide de la trame du tissu. Quand la désorganisation est limitée sur une petite surface, elle est l'œuvre d'un parasite qui ne s'y propage pas ; le malade finit par le rendre à l'état de *vomique*.

8° Le *vomissement* est un phénomène essentiellement morbide, qu'il soit provoqué par les médicaments ou spontané ; toute cause qui provoque le vomissement agit à la manière des poisons, en paralysant la faculté aspiratoire des parois stomacales, et ne respectant que sa faculté d'expiration et d'expulsion. Dans ce cas, la matière du vomissement diffère peu d'aspect et de couleur avec la matière de l'aliment qui a subi une première mastication. Lorsque la cause mécanique ou animée du vomissement a son siége vers le passage du pylore, et que le vomissement n'a lieu que parce que le pylore est obstrué par la cause morbide ou ses produits, la matière du vomissement est un chyme filant, acide, jaunâtre ; c'est l'aliment qui a subi une première digestion. Si la cause morbide obstrue le duodénum au-dessous du canal cholédoque, le vomissement est amer, alcalin, bilieux d'abord, puis purulent ensuite, si le mal se prolonge sans changer de siège. Que si la cause morbide intercepte le passage à une hauteur quelconque des intestins grêles, la matière du vomissement est fécale à un état plus ou moins avancé de défécation ; son caractère fécal est complet quand c'est le côlon qui est obstrué. Un vomissement de glaires qui déposent un sédiment verdâtre, et comme pulvérulent, est du plus fâcheux augure ; c'est le signe de la rupture d'une profonde et purulente ulcération des parois de l'estomac. Le vomissement de toute la quantité de matières ingérées, qui se répète après chaque ingestion, indique que le passage du pylore est obstrué, soit par la tuméfaction d'un ulcère, soit par un développement polypeux ; ce dernier cas est incurable. Un vomissement sanguinolent (*hématémèse*) marque que la cause morbide mécanique ou animée a opéré une solution importante de continuité dans les tissus de l'estomac, qu'il y a hémorragie stomacale. La gravité du cas se déduit de la durée du phénomène et de l'intensité de la coloration des produits du vomissement ; la couleur bleu foncé ou noirâtre du vomissement annonce soit une hémorragie intestinale, à la hauteur du canal cholédoque, et en contact avec les produits alcalins de la bile, soit que la cause mécanique, toxique ou animée qui la détermine déverse sur les produits de l'hémorragie un produit ammoniacal et alcalin. L'hématémèse, par un poison acide, est du rouge le plus vermeil ; ou bien, si l'acide a une propriété de coagulation, les produits sont grumelés et à marbrures rougeâtres.

§ 2. *Signes odorants.*

1120. 1° L'odeur de l'exhalation normale, si forte et si désagréable qu'elle paraisse, est toujours distincte de l'odeur de la décomposition ; l'une peut être piquante, aigre, phosphorescente, hircine ; l'autre est cadavérique et putride à un degré plus ou moins fort, selon l'étendue de la désorganisation. Les caractères des odeurs ne peuvent se décrire, la pratique de l'observation est le seul livre qui serve de guide sur cette matière. Les odeurs varient d'intensité et de nature même, et se modifient à l'infini, selon la différence normale ou maladive de l'odorat qui les perçoit, selon les mélanges odorants qui émanent du milieu ambiant, et par le souvenir des circonstances heureuses ou pénibles dans lesquelles nous les avons perçues une autre fois. Marie de Médicis se trouvait mal à l'odeur de la rose, qu'Anacréon chanta, et qui

> . . . . . dans leurs jours de fête,
> D'Horace et ses amis a couronné la tête.

Le maréchal d'Albert se trouvait mal à table si l'on servait un cochon de lait. Vladislas s'enfuyait à la vue d'une pomme. Érasme avait la fèvre rien qu'en sentant le poisson. Scaliger frémissait de tous ses membres à la vue du cresson. J. J. Rousseau raconte, dans ses *Confessions,* que Mme de Warens supportait avec peine la première odeur du potage et des mets ; cette odeur la faisait presque tomber en défaillance et ce dégoût durait longtemps ; elle se remettait peu à peu, causait et ne mangeait point. Ce n'était qu'au bout d'une demi-heure qu'elle essayait le premier morceau.

Dans ma jeunesse il me prenait une migraine violente toutes les fois que je rencontrais dans les champs un plant d'oignon en fleur ; l'odeur d'un verre où l'on avait bu du vin, si peu qu'il en restât, m'inspirait un dégoût indicible de manger. Au reste l'odorat n'est pas le seul de nos sens qui présente des susceptibilités d'une telle anomalie et le chapitre des répugnances et des agacements nerveux s'étend à tous nos autres sens :

Henri III ne pouvait demeurer dans une chambre avec un chat ; pour ce dévot corrompu le chat c'était l'image du diable. Tycho-Brahé sentait les jambes lui manquer à la rencontre d'un lièvre ou d'un renard. Le chancelier Bacon tombait en syncope en voyant une éclipse de lune. Boyle éprouvait des convulsions au bruit de l'eau d'un robinet. L'his-

toire parle d'un.Espagnol qui tombait en syncope au seul mot de *Lana,*
quoiqu'il portât de la laine. Je n'ai jamais pu entendre sans impatience
grignoter du pain ou une pomme. J'ai connu des personnes qui éprouvaient une invincible répugnance à voir seulement toucher au fromage.

2° L'odeur ne nous impressionne qu'au premier instant;.au second, l'o-
dorat s'émousse et s'y façonne; il ne la perçoit plus, même alors que l'influence des émanations odorantes nous fatigue et nous nuit. Quand on
entre dans une réunion d'individus, où rien ne vient modifier et neutraliser les principes odorants que la respiration déverse dans l'atmosphère, on est étonné de voir qu'ils restent sans se plaindre, et comme
sans s'en douter, dans un tel foyer d'infection; cette première répugnance une fois passée, on fait comme les autres, on ne se plaint plus,
car on n'y sent plus rien; on s'y asphyxie en riant. Le garde-malade ne
perçoit pas ce caractère morbide, comme le médecin que l'on vient d'appeler. L'odorat, comme le goût, n'avertit qu'une fois; de là notre goût
pour la variété des odeurs et des mets.

3° L'odeur de l'haleine n'est pas percevable pour les individus qui
cohabitent, mais pour ceux qui se rencontrent; elle leur est d'autant
moins supportable, que les habitudes sont plus opposées, les mœurs
plus diverses, les soins de propreté de la personne et de l'habitation
plus distincts; enfin la différence d'âge et de nourriture accroît encore la
répulsion. L'haleine de l'âge mûr est repoussante pour l'enfance, non-
seulement parce que l'odorat est plus sensible et moins émoussé chez
l'enfant, mais encore parce que les produits de la respiration des deux
âges sont plus dissemblables, et que leur odeur respective est plus intense
dans l'âge mûr.

4° L'odeur normale de la sueur est acétique et acerbe (*) ou hircine, avec
des modifications individuelles variables à l'infini. L'odeur anormale est
urineuse, nauséabonde, cadavérique. La sueur, pendant la diète, prend
souvent l'odeur des médicaments ingérés, qui semblent alors se tamiser
à travers les pores.

5° L'urine, au premier contact de l'air, doit avoir une odeur balsamique;
elle ne devient ammoniacale que quelques heures plus tard. L'urine
morbide est fétide et a presque une odeur fécale. La plupart des principes odorants des aliments et médicaments ingérés passent promptement
dans l'appareil urinaire, et l'odeur de l'urine est fort souvent une indication de la nature de l'ingestion. L'urine des personnes qui prennent du
camphre est inodore et se conserve ainsi, avec toute sa limpidité, des
journées entières, même par les grandes chaleurs.

_____

(*) C'est-à-dire qui rappelle à l'odorat le goût des fruits âpres et non mûrs.

6° L'odeur acétique du vomissement est l'odeur normale. C'est une preuve que le vomissement n'a d'autre cause qu'une influence passagère, qui a suspendu ou paralysé le mouvement péristaltique de ce viscère. L'odeur nauséabonde indique l'afflux de la bile dans l'estomac; l'odeur putride, une ulcération gangréneuse dans les parois stomacales; l'odeur fécale une colique de miséréré, un *volvulus*.

7° Une plaie de bonne nature exhale une odeur fade et tout au plus nauséabonde; la plaie de mauvaise nature, une odeur de putridité repoussante, une odeur cadavérique. C'est, dans ce dernier cas, l'odeur des chairs frappées de mort et abandonnées à leur propre décomposition.

§ 3. *Signes tactiles.*

1121. 1° Le TACT nous donne les moyens de percevoir les mouvements de la circulation, les déplacements d'un liquide sous-cutané. Le dégagement et l'absorption de calorique, deux ordres de signes de l'état plus ou moins normal ou plus ou moins morbide de l'économie animale, l'alternance de l'aspiration et de l'expiration, deux facultés inhérentes à toutes les surfaces organisées et vivantes, impriment au liquide circulatoire des secousses isochrones, et des chocs également espacés contre les anses des vaisseaux. D'un autre côté, quand les parois d'un tube élastique aspirent, elles se rapprochent les unes des autres, et rétrécissent d'autant sa capacité; quand les mêmes parois expirent, elles s'éloignent les unes des autres et agrandissent la capacité. Or, si vous placez le doigt sur la partie correspondante à ce foyer d'une double fonction, vous percevrez des pulsations égales en nombre aux alternances d'expiration et de dilatation. Les veines, à l'état normal, ne donnent point de pulsations: ce phénomène est exclusif aux artères. Or, comme toute veine suppose une artère qui lui est contiguë et corrélative, il faut admettre que l'action de l'un de ces ordres de vaisseaux est inverse de l'action de l'autre. Si la pulsation est la conséquence de l'expiration, il faut donc que l'aspiration réside plus spécialement dans les veines, et l'expiration dans les artères, c'est-à-dire que l'artère soit le vaisseau nourricier, et la veine le vaisseau le plus spécialement excrémentiel; que l'un des deux alimente le torrent de la circulation par des mouvements de systole et de diastole, et que l'autre se charge des rebuts de l'élaboration. Notez bien que le sang artériel possède la coloration caractéristique de l'acidité, et le sang veineux celui de l'alcalinité. Voilà la théorie du pouls réduite à sa plus simple expression.

2° A l'état normal, le nombre des pulsations varie de soixante à quatre-vingts par minute; descendant ou montant selon le repos et le mouvement, le jeûne ou l'activité de la digestion. Le pouls des enfants est plus fréquent que celui des adultes, et le pouls des adultes plus fréquent que celui des vieillards ; car c'est le signe de l'activité de la vie et de la puissance du développement ; activité naturelle ou artificielle, normale ou morbide ; c'est un signe général et non local. On composerait un volume pour compulser tout ce que l'on a écrit, depuis et y compris Galien, sur les indications du pouls ; et de ces compilations, on ne retirerait pas, en quintessence, une seule règle pratique qu'on ne puisse obtenir en se tâtant le pouls dans deux ou trois états différents. Galien professait que le pouls est simple ou composé, long ou court, large ou étroit, grand ou petit, lent ou rapide, fréquent ou rare, fort ou faible et modéré, mou ou dur, plein ou vide, égal ou inégal, finissant par un bout ou par les deux bouts en queue de rat, intermittent, intercident ou défaillant, bondissant en saut de chèvre, double, ondoyant, vermiculant, formicant, tremblotant, convulsif, calme et serein, pointant en forme de dard et de cône, etc. Les modernes ont agrandi à leur tour le cercle de cette nomenclature, et l'on pourrait encore l'agrandir indéfiniment. Qui serait capable, en effet, d'exprimer par des mots toutes les modifications d'un choc et de la sensation d'une onde liquide ? L'importance qu'on semble attacher aux indications minutieuses du pouls n'a jamais tenu qu'à un petit charlatanisme, qui permet au médecin de prendre l'air de la chambre, la physionomie du malade, et les renseignements qui lui arrivent de toutes parts ; et quand je vois le docteur, une montre à secondes à la main, calculer, s'amuser, pendant une minute, à diviser les secondes par les pulsations, je m'attends toujours à ce qu'à la suite de cette équation, il me dise du coup le nom et le siége de la maladie ; comme si le nombre de pulsations correspondait à telle maladie, en sorte que le pouls deviendrait ainsi un dictionnaire nosologique. Mais quand, au sortir de ce profond calcul, le médecin me dit que cet homme est malade, je déclare que, sans compter les pulsations du pouls, chacun, et le malade lui-même, le savait bien avant l'arrivée du docteur. Je me suis souvent occupé de tâter le pouls à une série de gens bien portants, mais diversement occupés, et j'avoue que bien d'entre eux auraient pu être pris pour malades à ce signe, s'ils avaient simulé la moindre indisposition ; on aurait dit alors : Il y a chez cet homme un peu de fièvre.

3° Le nombre des pulsations, dans un temps donné, est un signe individuel et d'idiosyncrasie ; il faut qu'il dépasse du tiers au moins celui de l'état normal de la santé, pour qu'il devienne le signe d'un état morbide. Comparez le pouls du malade au vôtre, vous aurez toujours une suffisante indication ; car la solution du problème n'est pas là. Le pouls devient faible et obscur, soit par suite d'une atonie des tissus, et un affaiblissement de l'influence nerveuse, soit par suite de la liquéfaction du sang et de la prédominance de son véhicule alcalin ou alcaliniforme; il devient fort et plein par la tonicité des tissus, la tension nerveuse, par la concentration du liquide circulatoire, par la diminution de sa capacité de saturation, par la saturation, enfin, d'une certaine quantité de son véhicule alcalin. Il y a alors, dans l'économie animale, une cause soit mécanique, soit alimentaire, soit animée, qui dépouille le sang de sa partie aqueuse, ou qui y déverse de l'acidité ou des produits alcooliques.

L'intermittence du pouls indique un trouble organique grave dans le cœur.

4° La coagulation de l'albumine du sang produit, dans les vaisseaux, des obstacles à la circulation, qui modifient de mille manières diverses les indications du pouls.

La circulation, en effet, pour se faire jour entre ces rochers d'albumine, passez-moi l'expression, peut avoir à décrire des circuits, des sinuosités, à sourdre perpendiculairement, par bouillonnements et par cascades, etc., tous mouvements qui donneront au sens du toucher des impressions différentes de vermiculations et de fourmillements, de saccades et de soubresauts, d'intermittences et d'accélérations. Un pouls régulier dans ses battements, mais dur au toucher, indique que le sang est épais, mais homogène, et non congestionné; c'est un liquide à un grand état de concentration, et, pour ainsi dire, de cohobation.

1122. On perçoit par le toucher le déplacement des gaz dans les liquides et les solides; ce mode d'exploration s'exécute en palpant. Les gaz ne se déplacent pas comme les liquides; et les gaz et les liquides qui distendent les cavités d'un viscère se déplacent d'une autre manière que les produits de la décomposition accumulés, sous forme de clapier, dans les profondeurs des organes musculaires. Les résultats obtenus par cette observation n'acquièrent une signification distincte qu'après avoir passé par la filière de l'induction et du raisonnement.

1123. Le dégagement de calorique, chez les animaux, est toujours en rapport avec la vitesse de la circulation, et par conséquent avec l'activité naturelle, artificielle ou morbide de la vie. La différence des milieux le rend plus ou moins sensible à notre toucher. Les animaux aquatiques et l'homme qui se baigne semblent ne pas en dégager du tout; le milieu ambiant le leur absorbe trop vite pour qu'il soit perçu.

1124. La chaleur sans moiteur est le signe d'une élaboration anormale qui a son siége dans la profondeur de nos tissus, et qui en absorbe les produits, au détriment de l'unité et de l'économie générale.

La moiteur sans chaleur est un signe de mauvais augure; il annonce une exhalation de la matière inerte, et non le produit d'une fonction. Ce n'est point de la sueur, c'est de l'évaporation.

Mais, dans ces indications, il ne faut pas perdre de vue que la chaleur d'autrui n'est que relative à celle qu'à l'instant de l'observation possède l'organe explorateur du tact.

§ 4. Signes acoustiques.

1125. Nous avons recours à l'ACOUSTIQUE pour percevoir les signes de la santé ou de la maladie, que leur profondeur dérobe à la vue, à l'odorat et au toucher. Nous jugeons à distance du timbre et des altérations de la voix ; mais c'est en appliquant immédiatement ou médiatement notre oreille sur le corps, ou en faisant résonner par des chocs répétés la sonorité des surfaces, que nous parvenons à obtenir certains renseignements, que le raisonnement combine ensuite, sur l'état des liquides et des tissus profonds. L'un de ces procédés se nomme procédé d'*auscultation*, et l'autre procédé de *percussion*.

On ausculte pour juger du jeu d'un organe; on percute pour se faire une idée du genre d'altération de ses tissus; un tissu sain n'ayant pas la même sonorité qu'un tissu malade; un organe plein et distendu par un liquide, qu'un organe flasque et épuisé ; un tissu induré, qu'un tissu d'une organisation normale.

1126. On AUSCULTE le cœur, les poumons, l'estomac, les intestins, la matrice en état de gestation, en appliquant l'oreille sur les régions qui correspondent à ces organes. Le stéthoscope de Laennec n'ajoute rien de plus à la puissance de l'audition immédiate ; et quelquefois, ce tube est dans le cas de dénaturer les vibrations que l'on recueille, en raison de la matière qui le compose, de son diamètre et de sa longueur.

1° Les battements du cœur sont sensibles à la main et souvent à la vue ; lorsque le pouls est élevé, on en sent quatre distinctement, et qui correspondent aux mouvements de dilatation non des deux ventricules mais des deux oreillettes : car, en se dilatant, chacune des oreillettes fait effort contre les parois du péricarde et les refoule contre le thorax :

Lorsque l'on applique l'oreille sur la région du thorax correspondante à celle du cœur, on entend deux bruits rapprochés qui se répètent à un fort court intervalle ; on peut s'en représenter le rhythme par une mesure à deux temps, composée, à chaque temps, d'une croche, une noire et un demi-soupir. Cependant le rhythme est subordonné à la régularité de la respiration ; les deux temps sont séparés par un plus grand intervalle, quand on retient son haleine, que le poumon est oppressé et la respiration gênée ; en effet le mobile de la circulation, ce n'est point le cœur, c'est l'organe respiratoire. Il suffit d'observer quelques minutes avec soin ces bruits du cœur, pour se convaincre qu'ils sont dus à la dilatation et à la contraction des oreillettes, chaque oreillette donnant un temps ou les deux notes de la mesure. En effet, ces deux temps battent sur une ligne à peu près horizontale, seulement sur deux points séparés ; et cette l gne correspond à la hauteur des oreillettes. Si les ventricules y contribuaient, les deux bruits du premier temps seraient superposés et non à la même nauteur. D'un autre côté, si les ventricules du cœur fournissaient un bruit, il faudrait qu'on en distinguât alors huit, au lieu de quatre, dans une mesure ; car, évidemment, et en raison de leur structure, chaque oreillette doit en donner deux. Supposez, en effet, une vessie flasque et capable de s'affaisser sur elle-même ; l'instant où le liquide viendra l'enfler sera marqué par un bruit ; celui où la contraction de ses parois chassera ce liquide sera marqué par un autre. Il n'en sera pas de même, pour notre ouïe, des ventricules du cœur, parce que leur contraction, vu l'épaisseur de leurs parois, ne va jamais jusqu'à l'affaissement et l'agglutination des surfaces plissées.

Afin de mieux se convaincre de la justesse de cette théorie, placez contre votre oreille votre poing fermé et les doigts en dedans ; ayez soin de serrer et de relâcher alternativement les doigts, vous entendrez alors exactement les deux notes d'une oreillette. Si vous continuez en mesure ces deux mouvements, vous entendrez distinctement les quatre notes qui représentent les battements du cœur, c'est-à-dire, la dilatation et la contraction des oreillettes ; le premier bruit correspondant à la dilatation, le deuxième, plus court, à la contraction. L'illusion deviendra complète, si vous placez les deux poings contre la même oreille, et que vous les fassiez jouer alternativement.

Quand le sang hématosé dans le poumon rentre dans l'oreillette gauche, il y a un bruit de dilatation ; quand l'oreillette le chasse dans le ventricule gauche, pour le pousser dans l'aorte, il y en a un autre de compression : ce sont deux chocs de retour. De même, quand le sang veineux passe de la veine cave dans l'oreillette droite, il y a un bruit de dilatation ; et quand l'oreillette droite pousse le sang veineux dans le ventricule droit qui l'envoie aux poumons par l'artère pulmonaire, il y en a un autre de compression. Ces deux temps sont distants et non isochrones, vu qu'ils sont, l'un, le signe de l'aspiration des parois respiratoires, et l'autre, celui de leur expiration, deux fonctions dépendantes l'une de l'autre et qui ne sauraient s'accomplir qu'alternativement ; c'est un cas de départ et de retour, deux mouvements inverses et non simultanés.

L'intensité du bruit et la force des battements du cœur sont, ainsi que la pulsation des artères, des signes de modifications imprimées par une cause quelconque à la circulation. Le cœur a son rhythme normal et régulier, morbide et irrégulier. Quand, à ces deux bruits si réguliers, s'en mêlent d'autres qui en dérangent et en masquent le rhythme, c'est que l'organe a subi dans ses parois une altération quelconque. Le bruit d'un clapotement irrégulier indique que, par une solution de continuité, il s'est formé, dans l'épaisseur des parois des ventricules, une cavité où le liquide se loge en état de stagnation, et d'où il est retiré par la contraction des ventricules ; les parois de la cavité anévrismatique se rapprochent, et ensuite, en se séparant de nouveau, elles produisent un bruit analogue à celui que nous faisons entendre, quand nous détachons mollement notre langue du palais, et nos lèvres l'une de l'autre ; le même bruit s'entend quand la sérosité s'accumule entre le péricarde et le cœur. Il ne faut pas confondre ces bruits de flic-flac, avec les gargouillements stomacaux provenant du mouvement intestinal des liquides ingérés. Un bruit plus caractéristique d'une altération organique du cœur, c'est le bruit de râpe et de roulement, qui vient des vibrations des valvules, lorsque celles-ci ne se prêtent plus à l'alternance du mouvement des oreillettes et des ventricules, à cause de l'épuisement, de l'ossification ou d'une altération profonde de leur substance. Le bruit de râpe ou de pétarade peut provenir encore du glissement des parois externes des ventricules contre celles du péricarde, quand la sérosité n'en lubréfic plus les surfaces ; c'est le bruit du doigt légèrement humecté de salive, qui glisserait en sautillant sur un morceau de parchemin fortement tendu qu'on appliquerait sur l'oreille. Ce même bruit peut encore provenir de l'extrémité du lobe du poumon, glissant de la même manière et avec le même mécanisme contre la surface de la plèvre.

Le bruit de souffle, qu'on entend en certains cas entre les deux oreillettes du cœur, indique un glissement anormal, soit de l'extrémité du lobe du poumon gauche contre la plèvre, soit du cœur contre le péricarde par suite d'un épaississement de la sérosité pleurétique ou péricardiaque. Appliquez la main contre votre oreille, et faites glisser contre la surface dorsale le doigt mouillé, vous percevrez également le bruit de souffle : le bruit du souffle est toujours parallèle à l'axe longitudinal du poumon. Pour bien se rendre compte des autres bruits du cœur ou des poumons, il sera bon de chercher à les reproduire artificiellement par des moyens analogues ; ces moyens de diagnostic sont bien préférables aux données que l'on puise dans l'autopsie, qui ne surprend que des modifications de structure, et ne peut se rendre compte des bruits et des mouvements que par suite du raisonnement.

Les fortes palpitations indiquent une tension insolite des cavités du cœur, qui vient, soit de ce qu'une trop faible portion de la quantité du sang contenue dans les ventricules et les oreillettes en sorte à chaque contraction ; soit de ce que, l'activité du cœur et sa faculté d'aspiration augmentant d'une manière anormale, les cavités subissent une dilatation plus considérable ; soit de ce que la circulation générale reçoit d'une cause morbide une plus violente impulsion, à quelque distance du cœur que cette cause exerce son action ; soit enfin d'une rupture des parois internes d'une des cavités du cœur.

Ces fortes pulsations se font entendre et sentir sous le doigt, assez souvent vers la région supérieure du thorax ; c'est alors un signe d'un anévrisme de l'aorte, de la crosse de l'aorte, etc. D'autres fois elles se font sentir sur l'abdomen, c'est un signe d'un anévrisme dans l'aorte descendante ; et ainsi de suite partout où ces pulsations insolites se font sentir.

L'obscurité des bruits du cœur et la faiblesse de ses battements en l'absence de tout autre symptôme, seulement avec complication de dyspnée et d'enflure des extrémités, est un signe d'un développement et d'un épaississement anormal des parois du cœur ; c'est un signe d'hypertrophie, qui est à l'anévrisme ce que l'obésité est à l'excoriation et à la blessure.

Cependant chez Napoléon jamais personne n'avait pu distinguer les battements du cœur ; c'est lui-même qui révéla à Corvisart ce rare phénomène (*).

2° Dans l'état normal, le jeu des poumons ne doit faire entendre d'autre bruit que celui d'un soufflet qui s'emplit et se vide alternativement d'air. On distingue, à l'oreille, la marche de l'air, qui semble s'ouvrir une issue par un tuyau perpendiculaire, lequel occuperait le centre de chaque poumon. Lorsque la cause morbide a fixé son lieu d'élection dans la capacité du poumon, et qu'elle y détermine une exsudation catarrhale, . air inspiré et expiré, se frayant une route à travers ces dépôts de liquides, fait entendre un bruit de *gargouillement*, qui devient si distinct à l'approche de la mort, qu'on le perçoit à la distance de plusieurs pas. Quand la cause morbide détermine le développement de tubercules, et que ceux-ci ne sont point encore arrivés à la période de la suppuration, qu'ils en sont encore à celle de l'induration, on entend, dès que deux de ces tubercules se heurtent, un bruit métallique, un tintement que l'on peut reproduire, quand on frappe avec le doigt sur le dessus de la main que l'on se tient appliquée contre l'oreille. A ce bruit succèdent des bruits de froissement humide, quand ces tubercules qui se choquent sont

(*) *Mémoires de Constant,* tom. 2, pag. 54.

purulents et humides. Les cavités, que le progrès du mal creuse ensuite dans la substance du poumon, donnent à l'auscultation des bruits aussi variés que peuvent l'être la région, la profondeur, la purulence de cette perte de substance; mais alors, la voix du malade qui parle pendant qu'on l'ausculte, on l'entend comme si elle sortait à la fois de sa bouche et de son poumon, et cela d'une manière d'autant plus vibrante, que la caverne est plus grande. Le raisonnement seul est en état de fournir les moyens de reconnaître la nature des modifications acoustiques qu'un état morbide imprime à la respiration; nous tomberions dans la puérilité, en voulant tracer à l'observateur des règles pour apprécier les perceptions de son ouïe.

Quand la cause du mal a établi son siége dans la cavité du péricarde, ou de l'une des deux plèvres, le liquide que son influence y accumule se déplace dans les alternances de systole et de diastole, d'inspiration et d'expiration, refoulé de diverses manières, selon son volume et sa saturation ou son organisation. Le bruit qui en résulte n'est pas celui d'un gargouillement spumescent, mais d'un clapotement et d'un glouglou intime, dont le rhythme suit celui de l'organe qui le déplace, en l'attirant ou le refoulant.

3° En appliquant l'oreille sur l'abdomen durant la gestation, on peut percevoir les battements du cœur du fœtus, ainsi que le déplacement du liquide de l'amnios que les mouvements du fœtus occasionnent.

4° On n'a pas besoin d'une auscultation aussi immédiate, pour percevoir les bruits de gargouillement intestinal; on les perçoit souvent à distance. Ce sont toujours des indices d'une anomalie dans la marche de la défécation; car dans l'état normal, le chyme, le chyle et les fèces ne dégagent que des gaz qui sont immédiatement absorbés par les parois intestinales. Les divers bruits et borborygmes que nous percevons dans les intestins sont le produit des ravages des helminthes ou de leur décomposition, ils sont dans tous les cas le signe infaillible de leur présence; nous en avons expliqué les modifications ci-dessus (993,3°).

5° On entend, dans certaines affections des os, un petit bruit que j'appellerais volontiers ostéocope, analogue à celui que produit un instrument tranchant en découpant du bois, de l'ivoire ou de l'os. C'est évidemment le signe de l'action corrodante d'un insecte à mandibules, et qui se fraye une route à travers le tissu osseux. On entend distinctement ce bruit dans le nez, toutes les fois que les larves des mouches s'introduisent dans ces cavités, et surtout dans les sinus frontaux. Et certes quelle entité maladive serait en état de faire entendre un pareil bruit? Un effet n'est-il pas toujours de la nature de la cause qui l'engendre?

1127. PERCUSSION. Il a dû arriver, à plus d'un médecin praticien des temps anciens, de percuter du doigt la région d'un organe, en cherchant à s'assurer, par la résonnance de ses vibrations, de la nature de son état morbide; mais Avenbrugger (*) est le premier qui ait eu l'idée de classer méthodiquement ces indications acoustiques, et de faire un art du procédé de la percussion. Avenbrugger n'appliquait son moyen qu'à la région thoracique; il frappait du doigt sur les côtes ou sur le sternum, et décidait, aux modifications du son, que les tissus du cœur et des poumons se trouvaient à l'état sain ou malade. Mais ce procédé n'obtint une certaine vogue que du jour où Corvisart l'eut importé, pour ainsi dire, en France, en publiant les résultats de l'examen expérimental qu'il avait fait du livre d'Avenbrugger. Piorry eut l'idée d'étendre à la région abdominale l'application de ce procédé, et de se servir à cet effet d'une plaque solide, destinée à faire l'office, sur l'abdomen, des côtes ou du sternum de la région thoracique; on applique une plaque peu épaisse sur la peau, et on frappe du doigt sur la surface. Le procédé de la *percussion médiate* n'est pas plus compliqué; celui d'Avenbrugger prend le nom de *percussion immédiate*.

Il n'est certes pas douteux qu'un poumon induré et hépatisé ait une sonorité différente du poumon normal; qu'un boyau plein résonne d'une autre manière qu'un boyau vide. Mais il faut bien se garder d'exagérer la puissance des indications de ce procédé, surtout quand on l'applique aux régions abdominales. L'autopsie a donné jusqu'à ce jour de trop fréquents démentis à l'engouement de cette méthode, pour que le diagnostic ne se montre pas désormais plus réservé dans ses divinations, et plus modeste et plus désintéressé dans ses prétentions. Quand de l'ensemble des symptômes on est parvenu à connaître que le siége du mal se trouve dans tel ou tel organe, rien n'est plus facile que de faire croire à ceux qui nous entourent, que la percussion est en état d'en tracer les limites et d'en dessiner la topographie comme au crayon. Il suffit pour cela de s'abandonner au souvenir de l'anatomie des régions, en promenant sa plaque sur la surface correspondante; et c'est ainsi que, dans le plus grand nombre de cas, la percussion indique ce que l'on savait déjà d'avance, tout en prenant pour son compte le mérite de ces révélations (**).

(*) *Inventum novum ex percussione thoracis.* Vienne, 1765.

(**) Un jour, dit-on, que Magendie était occupé à faire l'autopsie d'un cadavre étendu sur le marbre de son cabinet, arrive Piorry, toujours armé de son *plessimètre* (petite plaque sur laquelle il frappe du doigt et qui a remplacé le doigt qui servait de plaque à Avenbrugger). — « Vous êtes le bien venu, dit Magendie à Piorry, auscultez et tracez-nous le cœur sur ce cadavre. » — Piorry ne demande pas mieux et se met en devoir de le faire : il trace avec soin les limites du cœur sur l'épiderme du cadavre, et

En un mot, la percussion est un plagiaire de bonne foi, et de la meil-, leure foi du monde ; ne la troublons pas trop dans ses illusions et ses jouissances ; quand, en médecine, un procédé ne fait pas d'autre mal au malade, il a droit à tous nos ménagements et à notre sympathie. A l'état normal, la région du foie résonne d'une autre manière que celle de la vessie et de la matrice ; la région que parcourt le côlon, surtout lorsqu'il est plein de matières durcies, donne, sur toute la courbe qu'il décrit, un son différent de celle où s'amoncellent les circonvolutions de l'intestin grêle. L'abdomen distendu par des gaz *(tympanite)* a une sonorité bien autre que lorsqu'il est plein de liquide ou d'hydatides *(ascite, hydro- pisie,* etc.) ; et à l'état normal il a un tout autre son.

Mais sur tous ces points de pratique, la logique du simple bon sens en apprend plus, dans l'application, que toutes les règles tracées d'avance, règles qui encombrent la mémoire et fatiguent le raisonnement en pure perte ; car il est impossible, en acoustique, de prévoir et de décrire toutes les modifications que le changement survenu dans l'ar- rangement et l'organisation des molécules imprime à la sonorité.

CHAPITRE II.

SIGNES INTERNES DES MALADIES.

1128. Nous entendons par signes internes de la maladie, ceux dont le malade est seul observateur, et dont nous ne pouvons apprécier la valeur

tels que la percussion avait dirigé son crayon. Mais quand on cherche à vérifier si le dessin donnait le calque de l'organe, on ne retrouve pas le cœur ; le malin Magendie avait eu soin de l'enlever par le dos, avant de mettre le talent de son confrère à l'épreuve. — « Cela n'arrive qu'à vous, Piorry, lui dit-il en souriant et pour le conso- ler ; nous serons plus heureux, il faut l'espérer, dans une autre circonstance. »

Cette circonstance ne tarda pas à se représenter : Cette fois, plus que la première, Piorry se tient sur ses gardes ; il ne perd pas un son sans l'évaluer, le comparer, le reproduire ; il ne trace pas une ligne sans la corriger, la reprendre, la retracer selon toutes les règles du dessin et d'après les indications qui se corrigent les unes les autres ; jamais cœur n'avait été mieux tracé au simple trait.

Mais nouvelle déconvenue ! Piorry avait dessiné le cœur dans son état normal et la pointe à gauche ; et, sur ce sujet, par une rare exception, la pointe se trouvait à droite. — « Et de deux, lui dit Magendie, quand nous serons à trois, nous trouverons peut-être la pointe en haut ou en bas sur la ligne perpendiculaire. »

On ne m'a pas dit que Piorry se soit exposé à cette troisième fois.

Ce qui n'a pas empêché le plessimètre de faire le sujet des examens et de passer pour la boussole du diagnostic par la tympanisation ; je ne sache plus que l'ophthal- moscope qui soit capable de lui disputer le haut du pavé. (Voyez *Revue complémen- taire,* livr. de mai 1858, tom. IV, pag. 294.)

que sur le propre et unique témoignage de celui qui les endure. Pour
percevoir ces divers signes, le malade a un sens de plus que l'observateur, un sens à la vérification duquel il soumet à chaque instant le
témoignage des cinq autres; je veux parler de la conscience intime de sa
douleur et de ses impressions. Il est des sensations que ni la parole ni
le geste ne sauraient rendre et exprimer; pour les concevoir et les comprendre, il faut les percevoir. Il est des maladies que l'on ne saurait
bien décrire qu'après les avoir gagnées; et la meilleure clinique médicale, à mes yeux, n'est pas la plus nombreuse clinique, mais, si je puis
m'exprimer ainsi, *sa propre clinique, l'autoclinique*, l'observation raisonnée de ses propres maux. Quant aux maladies que nous n'avons pas
subies, comment les connaîtrions-nous de manière à pouvoir les classer
et les décrire, sans les révélations et les indications du malade? Si tous
les malades étaient sourds et muets, nous n'aurions pas plus de moyens
de connaître et d'apprécier leurs souffrances, que nous n'en avons de
deviner les souffrances de la plante et de l'arbre qui commencent à lan-
guir.

D'un autre côté, l'observateur qui ne voit qu'une fois par jour le
malade est moins propre à décrire l'histoire de la maladie que la garde-
malade, laquelle veille au chevet de celui qui souffre, et l'étudie en le
servant. Une garde-malade de profession, si peu lettrée qu'elle soit, est
souvent un grand médecin; elle paraîtrait un génie, avec une certaine
éducation de plus; que de choses elle devine que cacherait le malade!
que de circonstances elle note, que le malade oublie, et dont le médecin
ne se douterait jamais!

1129. Le malade perçoit, à l'aide de ses sens, le trouble survenu dans
les organes, et dans le sens lui-même:

1° Sa vue se trouble et s'affaiblit, dès que le système cérébral est
intéressé dans les progrès du mal. Il voit les objets tourner autour de lui,
et le plan sur lequel il s'appuie décrire un cercle oblique à l'horizon, dès
que les congestions sanguines viennent détruire dans l'organe la simultanéité de la vision, et déplacent, par le trouble apporté dans la circulation et partant en décrivant des courbes, le centre où convergent les
rayons visuels; c'est là le signe de l'ivresse alcoolique ou narcotique.

2° Il a horreur de la lumière, il éprouve une violente photophobie, dès
que le globe de l'œil, enflant par la turgescence des tissus et l'accumulation des liquides qui en distendent les cellules, la pupille se dilate, la
cornée transparente allonge le rayon de sa courbure, et partant diminue
sa convexité; que le cristallin s'aplatit par la compression que les liquides antérieurs et postérieurs exercent sur ses deux calottes, et que par
conséquent les rayons lumineux, au lieu de se concentrer vers le point

visuel et d'avoir leur foyer dans l'humeur vitrée, portent plus loin, s'é-
parpillent sur la rétine et pénètrent péniblement dans l'épaisseur de la
choroïde, expansion de la portion nerveuse qui n'est pas organisée pour
percevoir, sans en être brûlée, les gerbes de feu que nous nommons
rayons lumineux. (Voyez *Nouv. Syst. de chimie organ.*, édit. de 1838.)

3° L'œil perd le sentiment des couleurs ordinaires et celui du rayon
blanc, dès que le centre du cristallin et de l'humeur vitrée est affecté
d'un état anormal, et que, le champ par lequel se fait percevoir le rayon
blanc se rétrécissant ou s'altérant, la vision est forcée de passer par les
champs plus externes et concentriques à celui qui manque. Le malade
voit alors tous les objets colorés en jaune, parce que le champ visuel du
rayon jaune est le premier, après le champ central du blanc. Si cette
zone s'altère encore, le malade verra vert, puis bleu, puis rouge, si, de
proche en proche, l'altération gagne les zones de plus en plus externes,
jusqu'à la plus externe de toutes.

Plus la pupille se dilate et plus les objets prennent une teinte rougeâtre ; et, par la réciproque, plus les objets sont colorés en rouge, plus notre
pupille se dilate ; ce qui fait que les objets rouges, toutes choses égales
d'ailleurs, nous paraissent plus grands que les objets bleus, jaunes et
blancs (*).

De là vient encore, que dans le coloris de tel peintre, telle couleur domine plus que toutes les autres, que Rubens et Jordaens peignaient
rouge et Jouvenet jaune ; il y avait dans leurs yeux une modification colo-
ripare qui différait de celle de tout le monde. De là vient que la palette
du peintre change avec son âge, c'est-à-dire avec la décadence de sa vision : Le peintre dans sa vieillesse ne voit plus la nature à travers le
prisme de ses yeux de vingt ans ; ce qu'il voyait brillant lui paraît terne;
ce qu'il voyait blanc a une teinte de rose, ce qui était teinté de rose lui
paraît rouge de sang.

De là vient enfin que le vieillard ne retrouve plus autour de lui rien
d'aussi beau que dans son jeune âge ; il ne voit plus rien avec ses yeux
d'autrefois ; sa pupille s'est dilatée ; les éléments lenticulaires, qui concourent à former le télescope de l'œil, sont devenus plus opaques, moins ré-
fringents et à moindre courbure. Alors que la nature conserve sa fraîcheur
et sa jeunesse éternelle, tout semble avoir changé et avoir vieilli autour
de lui.

4° La dilatation artificielle de la pupille au moyen de la belladone ou
autres narcotiques est dans le cas de réagir sur la pensée, à force de

(*) Voyez *Revue complémentaire des sciences appliquées,* liv. d'octobre 1854, **t. I,**
page 87.

dénaturer la forme et la couleur des objets. Qui ne s'effrayerait, souvent à en perdre la tête, de ne plus rien voir tout à coup qui ressemble à ce qu'on voyait auparavant?

5° On voit avec ses deux yeux les objets doubles, quand les deux yeux cessent d'agir parallèlement, et que, par suite d'une inégale rétraction des muscles, l'un des deux yeux se trouve réellement à une plus grande distance des objets perçus que l'autre; ce qui fait que les deux images, au lieu de se contrôler mutuellement, en se superposant, se séparent ou se débordent. Le malade voit double avec le secours d'un seul œil, quand la cornée ou le cristallin subissent dans leur courbure des modifications qui leur donnent deux foyers au lieu d'un seul, et les assimilent à deux entilles juxtaposées mais dépareillées.

6° On voit les objets les plus immobiles, branler, s'agiter, se déplacer, vibrer, par suite des déplacements convulsifs du cristallin ou de son foyer visuel.

7° On aperçoit des mouches voler dans l'espace le plus pur, par suite de petites congestions qui ont lieu dans le torrent de la circulation incolore qui alimente le tissu cellulaire du cristallin, et contribue à l'homogénéité de sa réfraction, ou bien par suite de nébulosités qui se sont formées çà et là dans la transparence de la cornée. Chacune de ces petites congestions est un écran opaque et qui, se mouvant avec la rapidité de la circulation et en suivant les inextricables mailles du réseau de la circulation, transporte sur le foyer visuel l'image d'un corps qui volerait dans l'espace.

8° On voit des fantômes les yeux ouverts, par suite du trouble profond apporté dans la structure optique des diverses pièces de l'œil et par la rapidité fiévreuse avec laquelle l'attention s'exerce; rapidité qui fait que les images se confondent, se combinent en désordre, au lieu de se suivre dans l'ordre de leur perception; et que les objets les plus réguliers, en se réfractant dans notre œil pêle-mêle, finissent par former les assemblages les plus variables et les plus monstrueux, se modifiant, au gré de la tempête fébrile, comme ces nuages bizarres que le souffle des vents modèle de tant de manières et avec une incommensurable vélocité.

9° Nous voyons des fantômes les yeux fermés, par une surexcitation de l'imagination, cette puissance magique qui crée de nouvelles images, en combinant des images déjà perçues, et dont la verve intarissable laisse si loin derrière elle les ressources les plus subtiles de la peinture et du dessin. L'imagination, c'est le sentiment indéfini des formes possibles, moins la conscience de leur réalité; c'est l'anachronisme de la vérité.

1130. Le cœur s'émousse, se vicie, s'aiguise ou s'éteint, dès que les progrès du mal ont atteint la racine ou les papilles des nerfs qui se distribuent dans la langue. Le malade ne perçoit plus, ou perçoit moins les saveurs les plus piquantes; il perçoit plus vivement les saveurs jusque-là les plus obscures. Les plus agréables lui déplaisent; il lui prend des mauvais goûts qui lui font rechercher les plus repoussantes. Il les confond les unes avec les autres, et se trompe sur la nature du corps qui les lui transmet. La saveur est viciée par le défaut soit des sécrétions qui arrivent à la langue, soit des produits de l'expiration, soit des renvois acides, bilieux et amers d'une digestion anomale.

1131. L'ODORAT se vicie ou s'émousse plus facilement que le goût, et indépendamment de tout état morbide. On perd le flair dans la meilleure santé. Mais dans l'état morbide, il est surexcité ou dénaturé de mille et mille manières diverses, soit par l'altération de l'organe olfactif en lui-même, soit par le mélange et la combinaison des émanations morbides de l'organe pulmonaire et des éructations stomacales. Que d'odeurs perdent leur fétidité ou en acquièrent une insolite, dans un accès de fièvre, dans un spasme nerveux!

1132. L'OUÏE devient dure, quand le tuyau auditif est sale et encrassé par l'accumulation du cérumen, et que partant les vibrations de l'air n'arrivent pas immédiatement jusqu'au tympan. La présence d'un corps étranger dans le tuyau auditif fait, pour ainsi dire, l'office de la harpe d'Éole, en modifiant de la manière la plus illusoire les sons qui arrivent de l'extérieur; on entend alors dans le lointain les vibrations d'un instrument à cordes, les mugissements cuivreux des instruments métalliques, les sons mélodieux de la flûte ou nasillards du hautbois, les sifflements plaintifs du vent qui se brise dans le feuillage, les détonations harmonieuses de l'orgue, etc., selon que la disposition et la structure de ce corps étranger brise les vibrations de l'air, à la manière ou des cordes ou des tuyaux de flûte, etc., ou des conques marines. Le bruit de *tintouin* est dû à une agitation convulsive de l'un ou de l'autre des trois osselets de l'ouïe, et indique que la cause mécanique du mal, trop petite pour obstruer le tuyau auditif et faire obstacle à la colonne d'air qui vibre, est assez forte et active pour mettre en mouvement l'un de ces appareils, du concours desquels résulte la pureté de l'audition. Le bruit de forge et de soufflet, qui se reproduit à certains intervalles, indique la présence, dans le tuyau auditif, soit d'un écran de cérumen ou autre substance glutineuse que la colonne d'air crève et qui se referme après, soit d'une larve dont les mouvements de contraction et d'expansion chassent et refoulent l'air, à la manière d'un piston élastique. Si ce corps s'est introduit ou s'est formé dans la trompe d'Eustache, l'ouïe s'assourdit, parce que la colonne d'air extérieur n'étant plus contre-balancée par la colonne intérieure, la membrane du tympan est dès lors incapable de traduire, par ses vibrations propres, les vibrations des corps sonores. Le malade perçoit le bruit des érosions qui lui attaquent les dents cu les os du nez, et jusqu'aux os du crâne; ce sont des bruits d'un emporte-pièce ou d'un ciseau qui sculpte le bois; un tel bruit indique un jeu de mandibule, et partant la présence d'une larve à appareil rongeur (948). A l'approche de la mort, l'ouïe s'affaiblit avant tous les autres sens, et le malade a la conscience que cette matité d'un sens habituellement si subtil à percevoir les sons ne résulte d'aucun obstacle mécanique; il demande avec anxiété à ceux qui l'assistent d'où vient qu'il n'entend presque plus.

Les douleurs d'oreille indiquent la présence d'une cause capable de blesser les papilles nerveuses de la surface auditive, soit par une action mécanique de déchirement, soit par une intumescence qui dilate et par un frôlement qui blesse.

1133. Le TOUCHER est le sens de toutes les surfaces, soit internes, soit externes; le malade en reçoit les impressions de toutes les parties de son corps. Il sent la reptation d'un helminthe, le déplacement d'un liquide ou d'un corps solide, les démangeaisons et le prurit d'un atome mouvant, l'introduction ou la sortie de l'air, les échanges enfin du calorique, les impressions de chaud et de froid, de sueur ou d'arrêt de la transpiration, de frisson ou de fièvre et des accès inflammatoires.

L'impression du froid, sans que la température baisse, indique que nous cédons à l'air plus de chaleur que nos organes ne peuvent en produire, et partant que l'élaboration de nos organes cellulaires diminue d'activité et n'est plus alimentée comme de coutume. L'impression de chaleur, quand la température de l'air ne monte pas, indique que nous produisons plus de chaleur que nous ne pouvons en céder à l'air extérieur, et que partant nos organes sont doués d'une activité étrangère à leur organisation, qu'ils aspirent l'air d'une manière insolite et le combinent en liquides contre toutes les habitudes de l'état normal. L'impression de froid ou de chaud n'a pas la même signification chez l'observateur que chez le malade. L'observateur, de l'impression de froid qu'il reçoit en touchant le malade, conclut que l'organe touché du malade ne produit plus assez de chaleur, et qu'il en emprunte aux surfaces ambiantes. Mais, chez le malade, l'impression de froid, quand rien ne change autour de lui, indique qu'il dépense plus de chaleur qu'à l'ordinaire; que l'évaporation par les surfaces est plus active qu'auparavant; que la sueur est plus abondante que de coutume, et que ses tissus perdent de leur turgescence et s'épuisent de leurs sucs en s'affaissant : une sueur froide est toujours accompagnée d'amaigrissement. L'impression de chaleur, que le toucher transmet à l'observateur, indique que le malade est dans un paroxysme d'élaboration que lui imprime une cause étrangère, et que ses organes produisent trop de chaleur, pour pouvoir longtemps y suffire. Pour le malade, au contraire, ce sentiment indique que l'élaboration de ses organes baisse, de manière à emprunter aux corps étrangers de la chaleur, au lieu de leur en céder. En réalité, le malade produit moins de chaleur, quand il éprouve une impression de chaleur sans cause connue; il en produit plus que d'ordinaire, quand il éprouve une impression de froid. Dans le premier cas, il en emprunte; dans le second, il en dépense (227). Aussi le frisson accompagne toujours l'impression de froid; car c'est alors que les cellules du tissu cellulaire s'épuisant par l'évaporation des liquides, les papilles nerveuses proéminent au dehors, deviennent saillantes, se mettent en contact plus immédiat avec l'air ambiant, acquièrent une activité plus grande, et transmettent au cerveau plus rapidement et plus en désordre leurs titillements convulsifs. La peau fait alors la *chair de poule*.

1134. La CONSCIENCE INTIME, ce sixième sens pour lequel la parole et l'alphabet n'ont plus de signes, ce sentiment si lucide pour l'âme du malade, si obscur pour l'observateur, nous indique bien des faits que l'observation et le raisonnement ne sauraient jamais atteindre. Quand il s'exalte, il tient de la magie et de la divination. Il lit distinctement dans les replis les plus cachés de ses organes et des organes des autres; son regard perce les murs et les montagnes, et perçoit à plusieurs degrés de distance; son ouïe entend les sons les plus lointains : il découvre les choses les plus secrètes, reflète, comme par l'effet du miroir, les plus lointaines, prédit les plus reculées dans la nuit des âges. Qu'est-ce donc que cette puissance qui, isolant l'homme de tout ce qui l'entoure, fait qu'il ne voit, n'entend et ne sent plus rien de ce qui l'avoisine, pour ne sentir que ce qui est loin et à distance; qu'il court sans crainte sur le bord du précipice, et n'y tombe jamais; qu'il voit sans lumière, qu'il entend sans bruit, qu'il palpe sans toucher, qu'il cause sans ouvrir la bouche; qu'il vit d'une vie, ou plutôt comme d'une mort passagère, dont il ressuscite, sans en garder le moindre souvenir; qu'il rêve enfin des choses vraies, et qu'il vous marque, sur le cadran de l'avenir, l'heure et la minute d'un événement dont il n'existe pas encore dans le présent le moindre germe? Qu'est-ce enfin que ce somnambulisme de l'état de santé, et ce somnambulisme de l'agonie, que le charlatanisme singe si mal, et que la science est incapable de reproduire? Est-ce un sixième sens? Non; car autrement nous pourrions l'exercer à toute heure. Ce n'est qu'une plus longue portée de tous nos sens, dont le foyer en se concentrant augmente l'am-

pliation et la puissance, et fait que nous voyons mieux de loin que de
près, que nous cessons d'être en rapport avec ce qui nous entoure ou
qui est trop près de nous : horizon, hommes, êtres, temps présent, pour
n'être plus en communication qu'avec cette nature qui est hors des
limites de notre sphère habituelle d'action. Rompant alors tout commerce avec les hommes, nous entrons, pour ainsi dire, en commerce
avec la Divinité.

Si tout à coup nos deux yeux, à l'insu de ceux qui nous entourent,
devenaient deux télescopes, que verrions-nous autour de nous? Et qui
dès lors pourrait nous entendre parler, sans nous croire en communication avec les êtres surnaturels?

Hommes de progrès et d'avenir! visons sans cesse à exalter, en nous
et dans les autres, ce sentiment intime de notre puissance, qui se multiplie par notre isolement des choses d'ici-bas.

COROLLAIRES DE CETTE PREMIÈRE DIVISION.

1135. 1° Le malade est le premier à avoir conscience de l'invasion du
mal; il en révèle le premier à l'observateur les *symptômes* (1116 *).

1136. 2° Les *symptômes* sont des signes qui nous servent à déterminer le siége des effets morbides et la nature de la cause qui les produit ;
opération de l'esprit par laquelle notre perception se fait jour à travers
les tissus les plus épais, pour lire dans les replis les plus profonds des
organes les plus complexes. Nous *diagnostiquons* le mal ; nous apprenons
à le connaître, à travers les enveloppes qui le dérobent à nos regards,
afin d'en diriger rationnellement la médication et le remède. *Diagnosti-
quer*, de διά, à travers, et γιγνώσκειν, connaître la durée de ce trouble
survenu dans nos fonctions, les caractères successifs qu'il prendra pendant toute cette durée, les modifications qu'il sera en état de subir par
celles du traitement, ses paroxysmes et ses intermittences, sa terminaison heureuse ou fâcheuse, douteuse ou certaine, la crise ou la chronicité,
la guérison ou la mort. Le médecin *pronostique*, en combinant les indications présentes, pour en déduire par analogie les conséquences futures
(*pronostic*, de πρὸ, d'avance, et γιγνώσκειν, connaître).

1137. 3° De tous les temps, et en suivant la méthode galénique, le
diagnostic a été trompeur (ἡ πεῖρα σφαλερὴ), et le *pronostic* difficile (ἡ κρίσις
χαλεπὴ Hipp.). Comment deviner le siége et la nature des effets d'une
cause inconnue, d'une entité indéterminée? Comment prédire la durée
d'un effet, quand nous ignorons la biologie de la cause? Lorsque je consulte le médecin au début de la maladie, et que je le vois si réservé dans
ses prévisions, je me demande par où s'est fait jour l'outrecuidance qu'à

l'issue de la maladie l'observateur montre dans ses descriptions; et lorsque je considère la précision du diagnostic et du pronostic dans cette rédaction après coup, je suis tenté de croire que le médecin possède une divination instinctive et qui ne peut se réduire ni en formules ni en art. C'est une excellente idée que, d'avoir voulu publier au jour le jour les cliniques; j'aurais désiré qu'on les sténographiât et qu'on les publiât séance par séance, afin de rappeler à nos observateurs, à force de désappointements, que le médecin doit être modeste en face du malade, comme les moines, pour être humbles, n'avaient qu'à se poser en face de la mort.

1138. 4° L'*autopsie* est un diagnostic après coup où le scalpel, déchirant le voile, met sous les yeux de l'observateur les effets immédiats et les lésions de l'état de maladie qui a amené la mort, mais rarement la cause elle-même de la maladie. Elle prend plus exactement le nom de *nécroscopie* (observation sur le cadavre), et c'est dans cette partie de sa tâche que le talent de l'anatomiste se console de l'insuccès du médecin. Il apprend souvent de la sorte le *pourquoi* de son erreur; qui aurait droit dès lors de lui en tenir compte? le malheur de s'être si gravement trompé n'est-il pas assez compensé par le bonheur d'en avoir acquis la certitude? *Felix qui potuit rerum (errorumve) cognoscere causas!* Pendant fort longtemps le triomphe de l'autopsie a été de découvrir quelques traces au moins d'inflammation sur les membranes; c'était là le siége du mal qui souvent a été confondu avec sa cause. Le but de cet ouvrage est de démontrer combien sont accessoires, pour arriver à la connaissance du mal, ces signes superficiels d'une aberration de la circulation sanguine. Il est du reste bien des causes de maladie qui disparaissent sans retour, avec le dernier souffle du mourant.

1139. 5° Quand la mort arrive par le centre de la sensibilité, tous les sens s'éteignent à la fois; le malade est frappé d'apoplexie. Quand, au contraire, la vie nous quitte, en procédant par la périphérie, le mal suit, dans ses progrès, une gradation que l'on pourrait noter avec la précision d'une règle générale : La chaleur abandonne les extrémités, et se concentre peu à peu vers le foyer de la circulation sanguine. L'odorat, qui s'émousse si souvent dans l'état de santé, le goût, qui se déprave par l'indisposition la plus légère, sont les premiers à s'oblitérer. Puis, vient l'ouïe, et là commence la série des symptômes d'une grande gravité; la perte ou l'affaiblissement de l'ouïe précède souvent de deux semaines l'époque de la mort. Mais quand la mort approche, les muscles s'émacient, les protubérances osseuses proéminent, la face se grippe et se ride, l'œil se voile, les tempes se creusent, les poumons s'engorgent, la vue se trouble, la parole s'embarrasse, le toucher s'émousse; la main cherche à tâtons; les doigts se rapprochent par des mouvements convulsifs, comme pour éplucher les brins de laine de la couverture, et comme si le malade s'occupait *à faire son paquet* à l'instant du départ; le cauchemar de l'agonie fait entendre ce râle qui vibre comme le chant de la mort, et cesse par un dernier soupir; la vie s'échappe par un dernier effort de respirer. Là, le cœur cesse de battre, et une sueur froide couvre le corps. La chaleur revient quelques instants après à la surface, comme si la vie, qui avait quitté la périphérie pour se concentrer vers la région du cœur, retournait de nouveau se tamiser, à travers les pores de l'épiderme, dans l'espace et dans l'éternité. Pendant que le corps tombe ainsi en défaillance, comme par lambeaux, que la matière vivante se décompose atome par atome, l'intelligence semble suivre une marche inverse, s'épurer et s'agrandir d'instant en instant; la pensée s'exalte, les passions s'ennoblissent; le remords, enfant de la conscience et du souvenir, fait place à la résignation, fille de l'espérance; l'âme se rapproche de l'avenir, à chaque anneau que la mort brise de la chaîne organisée qui l'attachait au présent; elle s'illumine peu à peu, en se débarrassant, couche par couche, des enveloppes grossières qui faisaient obstacle à son intuition; il lui vient de célestes et douces passions d'en haut, à mesure qu'elle se détache de celles d'en bas; elle connaît mieux la valeur de ce qu'elle quitte, et voilà pourquoi elle le regrette moins; elle connaît mieux le prix de ce qu'elle va être, et voilà pourquoi elle en a moins de peur. La dernière pensée du mourant, c'est la découverte d'un nouveau monde; son regard en exprime la sublimité; le timbre de sa voix en traduit l'harmonie; la douceur de ses paroles en reflète la sainteté. Recueillez ses volontés à genoux; et si méchant qu'il ait pu être pendant sa vie, ne le maudissez jamais dans ce moment solennel: un instant avant de mourir, il n'était plus le même homme; il était plus près de Dieu que de vous.

Paix et silence! On se perd en voulant creuser la profondeur de ce mystère: la haine et le mépris ne survivent point à la tombe, parce que là tout s'efface, pour recommencer sur nouveaux frais et sur un même plan: ÉGALITÉ DEVANT LA MORT.

DEUXIÈME DIVISION.

Essai de classification des divers cas maladifs décrits dans nos catalogues de nosologie (1115).

1140. Dès l'instant que le trouble s'est fait jour dans le sein d'un organe, l'unité individuelle commence à se trouver dans un état de souffrance, parce qu'elle se trouve dans un état de privation.

1141. La vie générale, en effet, n'étant que le produit du concours des fonctions partielles, dès que l'une de ces fonctions faiblit ou fait défaut, toutes les autres éprouvent une perte et une secousse; le contingent de l'un des organes venant à manquer à l'élaboration de tous les autres, les produits qui résultent de chacun d'eux ne peuvent être qu'incomplets, et partant non assimilables. Là commence la progression morbide, progression dont la raison varie, par la complication des échanges morbides, d'une manière incalculable à nos moyens d'observation, à moins qu'il ne survienne une circonstance qui rétablisse l'harmonie des fonctions, en ramenant à l'état normal la fonction en souffrance.

1142. D'où il faut conclure que l'une quelconque des maladies de nos catalogues est une prédisposition à toutes les autres, et qu'une maladie, si locale qu'elle soit, est dans le cas, selon les hasards de la médication et des autres circonstances, de devenir le germe et le foyer de la maladie générale; le trouble survenu dans le plus petit de nos organes est dans le cas de jeter le trouble dans toutes les fonctions de l'individu; l'unité menace de se détruire, dès que l'une quelconque de ses parties s'en isole, s'en détache ou change de nature et de nom.

1143. Une cause morbipare étant donnée, les effets morbides, qui résulteront de son introduction dans l'économie de l'individu, changeront de caractère et de nom, selon l'organe que cette cause aura envahi de préférence; la même cause est donc dans le cas d'engendrer différents maux, et, en voyageant d'un organe à un autre, de nous donner, pour ainsi dire, tous les tons de la gamme nosologique.

1144. D'un autre côté, deux causes de nature différente peuvent produire des symptômes du même ordre et des effets morbides de la même intensité, si l'une et l'autre viennent envahir le même organe, et y apporter le même genre de trouble ou le même produit, et y produire la même somme d'altérations.

1145. En considérant le système nerveux comme le centre d'action et de développement de toute l'économie, et tous les autres organes, tant externes qu'internes, comme des développements dichotomiques et superficiels de cet arbre vital, nous concevrons que l'individu a deux manières d'être malade : l'une qui commence par le centre de la sensibilité, et l'autre par les divers centres de l'élaboration périphérique qui nous mettent en rapport avec le monde extérieur. Dans le premier cas, l'individu pâtit, dans le second il souffre. Dans le premier cas, toute élaboration cesse et partant toute souffrance; le corps est dans un état d'apathie. Quand le mal nous prend par le centre de la sensibilité, la torture des agents extérieurs s'exerce en pure perte, la souffrance des organes périphériques n'a plus d'interprète pour la traduire et l'analyser; mais quand le centre de la sensibilité conserve l'intégrité de ses fonctions et de sa puissance, alors que le mal envahit les organes périphériques de l'élaboration, l'individu a la conscience de sa propre désorganisation, et cette conscience fait son supplice.

1146. Que si un organe périphérique est le siége plus spécial du mal, le liquide circulatoire s'accumule dans ses mailles par hémorragie ou extravasation, ou dans ses canaux par l'appel d'une violente aspiration; ce qui ne saurait avoir lieu sans qu'il se produise un dégagement proportionnel de calorique, plus ou moins sensible à nos instruments thermométriques. La simultanéité de ces deux circonstances a reçu le nom d'*inflammation* chez les animaux à sang rouge; et ce mot, qui n'avait pas d'autre signification que celle d'un *symptôme morbide*, semble avoir pris celle d'une *entité* et d'une cause *sui generis*, depuis que Stahl l'a accrédité. Les maladies qui présentent ce caractère ont formé le groupe des *phlegmasies*.

1147. On a donné le nom de *névroses* aux maladies où la souffrance n'a pas pour cortége spécial les caractères ordinaires de l'inflammation, c'est-à-dire, la rougeur et la chaleur des surfaces. En thèse générale, la distinction des *névroses* et des *phlegmasies* a quelque chose de vrai; car, lorsque le centre nerveux est atteint par la cause morbipare, la circulation doit se ralentir faute d'impulsion, la chaleur doit diminuer faute d'élaboration; la souffrance est, pour ainsi dire, glaciale.

1148. Mais si, nous dégageant du langage de l'école, nous descendons plus avant dans cette distinction, nous ne manquerons pas de nous apercevoir qu'elle n'indique que deux états différents de notre mode de souffrir, et non deux groupes de maladies *sui generis*, deux groupes d'entités de différente puissance; le même état morbide pouvant arriver alternativement ou successivement de l'une à l'autre de ces phases, pendant le cours de son développement.

1149. Si l'on passe en revue les diverses nomenclatures nosologiques populaires ou scientifiques, abstraction faite des théories qui leur servent après coup de commentaires, on se convaincra que les maladies ont toujours pris leur nom de l'organe qui semble en être plus spécialement le siége et le foyer. La maladie en particulier, dans toutes les langues et toutes les nomenclatures, c'est l'état morbide ayant son siége dans un organe plutôt que dans un autre, c'est une cause désorganisatrice ou perturbatrice qui agit dans le sein de telle plutôt que de telle autre région. J'ai mal à la tête, aux yeux, au cœur, à la poitrine, etc.; *laboro capite, oculis*, etc.; κεφαλὴν, ὀφθαλμοὺς πονέω (Hipp.); ce sont là des traductions de la même pensée; c'est le même problème avec les mêmes inconnues, et la même position de l'équation ; la cause du mal ayant toujours été égale à x, et ses effets ayant presque toujours tiré leur dénomination de la région qui en est le siége.

1150. La marche, la complication, les intermittences et les recrudescences, la terminaison fâcheuse·ou favorable d'une maladie quelconque, dépendent de la nature, de la biologie et de la pullulation de la cause d'où elle émane, ainsi que des rapports réciproques de la puissance de cette cause et de la résistance de nos organes. Nul médecin, au début de la maladie, n'est en état de tracer d'avance l'histoire de ses progrès et de prédire son mode de terminaison d'une manière positive, quand la cause qui engendre la maladie se dérobe à l'évaluation de nos sens. La maladie n'a ni cadre ni programme ; car elle n'est que le résultat d'indéfinies décompositions et désorganisations ; son caractère principal, c'est le désordre et le ravage.

1151. Sa durée dépend de l'intensité d'action de sa cause ; concentrez dans un seul instant tous les effets consécutifs d'une *maladie chronique* (*morbus longus*, νουσος μαχρὸς), vous aurez, dès cet instant, le paroxysme de la maladie *la plus aiguë* (*exacerbatio, morbus acutus,* παροξυσμὸς) ; la chronicité et l'acuité de la maladie ne sont donc que le moins ou le plus d'intensité du mal.

1152. Les Asclépiades ayant regardé la maladie comme une espèce d'interrègne de la santé, comme un état qui tient en suspens le jeu normal des fonctions de l'économie, comme une lutte enfin entre la souffrance et la santé, entre la vie et la mort, avaient supposé un instant décisif où doit tomber l'un ou l'autre plateau de la balance, l'instant du triomphe de la santé ou de sa défaite : dernier effort où les deux combattants rappellent et concentrent toutes leurs ressources, ou jouent leur va-tout ; instant de convulsions acharnées qui aboutissent à la guérison ou la mort ; suprême explosion de la tempête, qui brise le navire en éclats, ou dissipe les nuages et ramène le calme à l'horizon. Ils avaient donné, à ce degré du développement de la maladie, le nom de crise (χρίσις, de χρίνω, se décider). « La crise d'une maladie arrive, dit Hippocrate (*), quand le mal augmente ou diminue, qu'il prend un autre caractère ou qu'il se termine de l'une ou de l'autre manière. » L'idée des crises est l'une des plus malheureuses naïvetés qu'ait mises en circulation la collection hippocratique ; analysez-en la définition, vous trouverez que tous les mots en sont tout autant de pléonasmes, que tous les membres

---

(*) Κρίνεσθαι δὲ ἐστιν ἐν τῆσι νουσοισί, ὅταν αὔξωνται αἱ νοῦσοι, ἢ μαραίνονται, ἢ μεταπίπτωσι ἐς ἕτερον νούσημα, ἢ τελευτῶσιν. Hipp., περὶ παθῶν, VIII, 21. Édit. de Van der Linden. Les traducteurs latins expriment l'idée de χρίσις par *judicatio*, et celle de χρίνεσθαι par *judicari*.

de la phrase sont en contradiction avec l'idée qu'exprime le mot. Qu'est-ce qu'une décision qui se manifeste, lorsque le mal augmente ou diminue, que le juge enfle ou baisse la voix, quand il a changé de place, et pris une autre décision et quand il cesse de parler? Qu'est-ce qu'un signe qu'on ne peut reconnaître que lorsqu'il n'est plus et qu'il a passé dans un autre signe? Mais dans l'application ce sont bien d'autres anomalies! Que de maladies se terminent sans aucun accident qui ait l'air d'une crise, et qui ne ressemble à tous les autres accidents lesquels constituent les symptômes du mal! Que de crises offre la même maladie, si l'on entend par crises les recrudescences du mal! et dès lors que de décisions qui s'annulent les unes les autres et n'ont aucun résultat! que de fins sans fin! que de changements qui continuent le même ordre de choses! que de crises, dans le sens actuel du mot, qui ne sont pas crises dans le sens de l'école asclépiadique!

1153. L'école a défini la *maladie : un groupe de symptômes divers, dont la combinaison forme les différences et les ressemblances, et sert à distribuer méthodiquement les maux qui nous affligent par classes, ordres, genres, espèces et variétés.* De là vient sans doute que la maladie n'est caractérisée et définitivement classée qu'à l'autopsie. Que deviennent alors ces prétentions de deviner, au premier abord et dès le premier jour, et ce qui se passe, et ce qui en adviendra? Qu'est-ce que le diagnostic et le pronostic d'un mal qui n'en est qu'au début de ses caractères, et qui, à cette époque, peut se confondre avec bien d'autres maux, pour passer plus tard, par une crise, à droite ou à gauche de l'arbre nosologique? L'expression de *groupe de symptômes* équivaut à celle d'un *groupe de minutes, d'heures, de moments successifs* enfin. C'est une idée impossible ; c'est-à-dire, c'est un mot sans idée.

1154. Il serait inutile de discuter plus longuement ici la valeur des autres définitions que les auteurs classiques ont données de temps à autre de la maladie ; elles se rattachent toutes, avec plus ou moins de modifications, à celle que nous venons de leur emprunter. Définir une chose dont on n'a pas une seule idée arrêtée, c'est vouloir peindre ce que l'on ne voit pas, et attraper la ressemblance d'imagination, et par prévision arbitraire ; on n'a pas autrement défini en médecine jusqu'à ce jour. Nous nous sommes fait, dans le cours de cet ouvrage, une idée précise de la maladie : la maladie, avons-nous dit, est un trouble apporté dans nos fonctions, par l'influence ou la présence d'une cause qui est étrangère à nos organes. La maladie émane d'une cause; cette cause affecte un système d'organes, elle a un siége spécial ; son action se traduit par des effets appréciables à nos sens, et surtout à notre sensibilité. Nous avons donc deux moyens de pouvoir désigner l'état maladif, c'est-à-dire, le trouble apporté dans l'une ou l'autre de nos fonctions; le siége du mal nous étant indiqué par des signes extérieurs ou par la conscience locale de la douleur.

1° Si nous en connaissons la cause, il nous est facile d'en prédire tous les effets. 2° Si la cause n'est que présumée et que les effets produits doivent, dans l'état actuel de la ·science, être attribués à diverses causes, au lieu de désigner la maladie par le nom de la cause, ce qui serait hypothétique, nous la désignerons par les organes affectés, ce qui ne laisse presque jamais d'indécision à la détermination, le malade aidant le médecin. De cette manière nous aurons le moyen de nous faire entendre sans rien préjuger. En joignant ensuite à cette première indication positive la désignation du siége spécial de la douleur et des symptômes qui sont appréciables, nous préparerons les voies pour arriver plus tard à la détermination de la cause présumée.

· De cette considération découlent donc deux systèmes de classifications : la première *qui procède par la désignation des causes morbipares*; la deuxième *par la désignation du système d'organes dont une cause présumée est venue troubler les fonctions*. La première, que nous désignerons sous le nom de NOSÆTIOLOGIE (de *nosos*, maladie ; *aitia*, cause ; *logos*, traité), est le but que la nouvelle théorie se propose d'atteindre. La deuxième, que nous désignerons sous le nom de *nosopathologie* (de *nosos*, maladie, *pathos*, siége de la douleur), est le moyen d'en tracer la voie, dans l'état d'imperfection d'un système qui commence à se faire jour, et qui a eu tant à bouleverser avant de construire. En tout il faut employer une langue commune, une nomenclature usitée, avant d'en créer une meilleure; la deuxième de nos deux classifications par les effets nous tiendra lieu d'une nomenclature intermédiaire, pour correspondre avec les malades et les médecins, dans le but de perfectionner la classification par les causes.

1° NOSÆTIOLOGIE.

ou

CLASSIFICATION DES MALADIES PAR LES CAUSES DONT ELLES ÉMANENT.

1155. Nous avons appelé *causes morbipares* les causes qui engendrent la maladie ; nous nous servirons de la désinence *gène* (*) pour désigner

(*) De γεννάω, engendrer, γένη, enfants, γένος, race. Cette désinence en français est tantôt à la voix passive, et tantôt à la voix active. Elle est active dans *oxygène* (qui engendre les acides ou oxydes), *hydrogène* (qui engendre l'eau) ; elle est passive dans

le groupe des effets ; de même, par exemple, que nous avons dit *insectes morbipares*, pour les insectes qui engendrent (*pariunt*) la maladie, nous dirons *maladies entomogènes*, maladies engendrées (γένη) par les insectes (ἔντομος).

Pour simplifier encore davantage la nomenclature conformément au plan dont nous avons jeté les bases dans le *Nouveau système de physiologie végétale* et dont nous avons fait une application spéciale à l'*anatomie* vers la fin de l'INTRODUCTION HISTORIQUE qui se trouve en tête du premier volume de cet ouvrage ; conformément, dis-je, à ce plan, nous remplacerons le mot *maladies* par une terminaison qui en est l'équivalent en grec (*nosos*, νούσος); et d'une maladie produite par le parasitisme d'un insecte nous dirons une *entomogénose*. Chaque groupe principal de cette sorte de classification correspondra donc à l'un des chapitres des deux divisions de la première section de ce livre :

1er GROUPE DE MALADIES : Les maladies qui proviennent d'une privation partielle ou complète de l'air respirable (PNEUMAGÉNOSES OU MALADIES PNEUMAGÈNES, de πνεῦμα, respiration) (54) ;

2e GROUPE : Maladies qui proviennent de la privation partielle ou complète de la nutrition (ATROPHOGÉNOSES OU MALADIES ATROPHOGÈNES, de α privatif et τροφή, nourriture) (150) ;

3e GROUPE : Maladies qui proviennent de la privation partielle ou complète du degré de température nécessaire au développement de l'être organisé (THERMOGÉNOSES OU MALADIES THERMOGÈNES, de θέρμη, chaleur) (222) ;

4e GROUPE : Maladies qui sont le produit de l'action désorganisatrice ou décomposante d'une substance non assimilable, en un mot d'un empoisonnement (TOXICOGÉNOSES OU MALADIES TOXICOGÈNES, de τόξικον, poison avec lequel on empoisonnait les flèches (*toxos*) pour que la blessure en fût mortelle) (234) ;

4e GROUPE : Maladies qui proviennent d'une solution de continuité artificiellement produite de dehors en dedans du corps (TRAUMAGÉNOSES OU MALADIES TRAUMAGÈNES, de τραῦμα, blessure, plaie, etc.) (395) ;

6e GROUPE : Maladies qui proviennent d'une solution mécanique de continuité qui se fait jour du dedans en dehors sur une place, après avoir pénétré du dehors en dedans sur une autre (ACANTHOGÉNOSES OU MALADIES ACANTHOGÈNES, de ἄκανθα, épine ou corps qui en fait l'office (425) ;

7e GROUPE : Maladies qui proviennent du développement d'une graine ou d'une gemme végétale dans l'une des cavités du corps (PHYSIMOGÉNO-

hétérogène (d'une nature différente). La nomenclature chimique a commis un solécisme en la prenant à l'actif ; elle l'a détournée de son étymologie : *Diogène* signifie issu de Jupiter, et non père de Jupiter ; fils de l'air, et non père de l'air.

SES OU MALADIES PHYSIMOGÈNES, de φύσημα, intumescence, enflure due à un développement organisé) (459);

8ᵉ GROUPE : Maladies qui résultent de la présence et des ravages d'un parasite dans les tissus vivants (ENTOMOGÉNOSES et ZOOGÉNOSES OU MALADIES ENTOMOGÈNES et ZOOGÈNES, de έντομος, insecte et ζῶον, animal) (469);

9ᵉ GROUPE : Maladies qui proviennent de l'influence d'une cause morale (NOOGÈNES OU NOOGÉNOSES, de νοῦς, le moral, la portion intellectuelle et passionnée de nous-mêmes) (1100).

1156. Il serait superflu de donner à chaque sous-variété, variété, espèce et genre de causes tout autant de terminaisons différentes, au moins dans l'état actuel de la science ; un jour, lorsque notre projet de nomenclature universelle aura poussé de plus profondes racines dans les esprits, nous nous permettrons de distinguer, par un signe court et de surcroît, les groupes de leurs divisions et subdivisions. Aujourd'hui et dans l'état actuel de la science nouvelle, les terminaisons *gène* et *génose* nous suffiront pour pouvoir désigner les causes générales ou particulières de tel ou tel mal, et nous serons suffisamment compris, quand nous désignerons l'invasion du ténia par *tænigénose* ou *maladie tænigène*; l'invasion des lombrics par *helminthogénose* ou *maladie helminthogène*, etc., quoique toutes ces maladies se trouvent rangées sous la rubrique de *zoogénoses* ou *maladies zoogènes*.

1157. La cause de la maladie étant reconnue et dénommée, il s'agit d'en désigner le siége c'est-à-dire l'organe qui la renferme ou qui en est spécialement affecté, la région du corps qu'elle occupe et qu'elle afflige ; sa localité enfin. On n'a pour le faire qu'à joindre au radical du nom ordinaire de l'organe affecté la terminaison *ale* : *cérébrale* si la cause réside dans la pulpe du cerveau ; *nasale*, si dans les cornets du nez ; *frontale*, si dans la région du front ; *fémorale*, si dans la cuisse ; *stomacale*, si dans l'estomac, etc.

1158. Mais les effets émanés de la même cause varient de caractères et se présentent au diagnostic (1135) sous bien des formes diverses. On désignera ces formes par la terminaison *ique* ajoutée au radical du caractère principal : *putrique*, engendrant une fermentation putride ; *purulique*, engendrant du pus ; *convulsique*, engendrant des convulsions ; *chlorotique*, engendrant la jaunisse ; *diarrhéique*, engendrant la diarrhée ; *constipique*, engendrant la constipation : *vomitique*, engendrant le vomissement.

2° NOSOPATHOLOGIE (*).

ou

CLASSIFICATION DES MALADIES PAR LEURS EFFETS.

1159. Mais dans l'état actuel de la science nouvelle, il est assez rare que la cause de la maladie se révèle dès les premiers symptômes qu'on a devant les yeux ; et pourtant pour la désigner on ne doit point manquer de termes : car avant tout il s'agit de se faire comprendre du malade et de ceux qui sont appelés à lui administrer la médication. Et puis non-seulement en toutes choses il faut commencer par s'entendre ; mais ensuite il est nécessaire de pouvoir jeter devant soi des jalons de proche en proche, comme l'on ferait dans un voyage de découverte, afin d'arriver, par la combinaison des faits patents et faciles à observer, jusqu'à la connaissance de la cause d'où ils émanent.

La précédente classification, c'est la synthèse qui coordonne les faits démontrés.

Celle-ci sera en quelque sorte l'analyse, qui cherche à remonter d'un fait à un autre, jusqu'à la source et jusqu'à la cause même de tous ces phénomènes.

L'une désigne la maladie par les causes et l'autre par les régions sur lesquelles on surprend ses premiers effets. Ces régions et ces effets sont connus de tout le monde ; on peut partir de là pour arriver à la cause inconnue, qui est le but définitif de toutes les recherches.

La maladie n'étant en définitive qu'un effet, rien n'est en général plus facile que de la dissiper, une fois qu'on en connaît la cause : *sublatâ causâ, tollitur effectus;* enlevez la cause, vous supprimez du même coup tous les effets, et vous rendez aux organes leurs fonctions, pourvu du moins qu'il reste encore des organes.

1160. La maladie étant signalée dans son effet immédiat par un sentiment de douleur, nous la désignerons en ajoutant, au radical du système ou de la région qui en paraît le siége, la terminaison, assez connue du reste, *algie* (de ἄλγειν, souffrir). De même que, dans l'ancienne nomenclature, on a dit à bâtons rompus et au hasard, *céphalalgie*, pour mal de tête; *gastralgie*, pour mal d'estomac; et qu'on en est resté là à l'égard de toutes les autres maladies, nous désignerons toutes les maladies soumises à notre étude par la combinaison des radicaux avec cette terminaison, désignant ainsi à la fois et la région ou le système d'organes et la

---

(*) De νόσος, maladie, πάθος, affection, λόγος, traité ou classification.

cause inconnue de la maladie qui nous paraît y avoir élu domicile.

Nous avons décrit et figuré, à la fin de l'introduction qui est en tête du premier volume, les principaux systèmes qui concourent à la composition de notre organisation générale et aux fonctions de chaque organe en particulier.

Ces grands systèmes, pour ainsi dire, fondamentaux, nous les réduirons à neuf : les systèmes *nerveux, musculaire, osseux, sanguin, lymphatique, respiratoire, digestif, urinaire* et *génital*.

1161. Si la maladie affecte l'un de ces systèmes dans toute son étendue, nous la désignerons sous les noms de : *névralgie* (maladie qui a fait invasion dans tout le système nerveux); *myalgie* (maladie qui a fait invasion dans tout le système musculaire); *ostéalgie* (maladie qui a envahi tout le système osseux); *hœmalgie* (maladie qui affecte le système du réseau circulatoire); *lymphalgie* (maladie du système lymphatique) ; *pneumalgie* (maladie qui affecte le système respiratoire) ; *splanchnalgie* (maladie qui affecte les viscères qui concourent à la digestion); *ouralgie* (maladie des voies urinaires); *généalgie* (maladie des organes génitaux).

De même que dans la première classification, dans celle-ci la terminaison *algie* s'ajoutera au radical du mot qui sert à désigner une fraction quelconque, mais distincte, de chacun de ces divers systèmes; et, pour ne pas trop heurter de front les habitudes de langage, nous emprunterons ces radicaux aux mots de la langue vulgaire. Comme un organe peut toujours être plus ou moins compliqué d'organes secondaires, ou peut par la pensée se subdiviser en plusieurs régions distinctes, nous désignerons ces régions par la terminaison *ale*; puis les caractères par la terminaison *ique*; et enfin on en indiquera la cause par la terminaison *gène* suivie d'un point (.), si la cause est déterminée avec certitude, et par un point d'interrogation (?) si elle n'est que présumée.

Par exemple : 1° CÉPHALALGIE, SINUSFRONTALE pyrétique *culicigène?* signifiera : Maladie cérébrale ayant son siége dans les sinus frontaux donnant la fièvre et causée? par l'introduction des cousins dans les fosses nasales. — 2° GASTRALGIE PYLORALE vomitique *hydrargène?* Signifiera : Maladie d'estomac ayant son siége au pylore, provoquant l'expulsion par le haut du bol alimentaire, attribuée à la localisation du mercure en cet endroit, etc.

1162. A l'aide d'une nomenclature aussi simple, il n'est pas de maladie que l'on ne puisse dénommer et comme définir sur-le-champ d'une manière aussi précise qu'intelligible aux moins avancés dans l'étude de ce système.

1163. C'est cette seconde forme de classification que nous adopterons de préférence, dans l'application que nous allons exposer ci-après, de notre médication aux divers cas maladifs, si baroquement et si illogiquement désignésjusqu'ici dans l'enseignement de l'école, ce monument projeté par les Asclépiades, et pour lequel Hippocrate, Galien et leurs disciples n'ont fait presque, depuis deux mille ans, qu'entasser au hasard des pierres empilées en une sorte de ruine que n'a point précédée la construction.

1164. La synonymie qui suivra chaque indication de maladie conciliera l'ancienne nomenclature avec la nouvelle; quant aux paresseux d'esprit et qui ne désireront consulter ce livre que pour une maladie particulière et inopinément apparue, la table des matières qui terminera le volume leur fournira le moyen de retrouver le mal qu'ils auront à médicamenter et à guérir, et qu'ils ne connaîtront que sous les noms scolastiques ou vulgaires. Mais ceux qui auront pris un peu l'habitude de notre classification arriveront, comme du premier coup, à retrouver, par la synonymie, le nom que la médecine ancienne avait donné à telle ou telle maladie, lorsqu'elle pouvait la déterminer un peu nettement au milieu du chaos de sa nomenclature et des nébulosités de ses théories.

TROISIÈME PARTIE.

THÉRAPEUTIQUE (*),

ou

MÉTHODE PRATIQUE DE MAINTENIR ET DE RAMENER LA SANTÉ.

1165. Lorsque la cause du mal est une fois reconnue, la médication à employer n'est plus qu'une simple application des principes de l'art de se défendre. Que l'on se sente une épine dans le talon, ne se guérit-on pas de cette maladie du pied en retirant l'épine? Si dans toutes les maladies, il nous était aussi facile de mettre la main sur la cause du mal, nous ne serions jamais plus embarrassés sur le choix des rémèdes. Mais malheureusement pour le bonheur de l'humanité, il n'en est pas fréquemment ainsi ; et la partie la plus difficile du problème qu'en chaque circonstance se propose l'art de guérir, c'est précisément la connaissance de la cause. C'est une x algébrique qu'on élimine rarement, et qu'on attaque ensuite, comme si on l'avait éliminée. On l'évalue par une théorie, on la combat par une pratique positive. Mais, comme toute théorie préconisée dans un siècle s'est trouvée fausse dans le siècle suivant, il s'ensuit qu'il n'est pas une médication pratique qui n'ait eu ses tours de faveur et de blâme, et que partant jusqu'à ce jour la médecine a un peu guéri au hasard ; je ne dis pas qu'elle ait tué de même : de tous temps les facultés ont professé que c'est la nature qui tue, et que c'est le médecin qui guérit. Quand toute maladie venait du sang, de la bile et du phlegme, on cherchait à faire évacuer, par les sangsues ou la saignée, le trop-plein du sang ; par le vomissement, le trop-plein de la bile ; puis on

(*) De θεραπεύω (therapeuô), se mettre pieusement au service d'un maître que l'on respecte, d'un dieu que l'on vénère, d'un malade que l'on plaint. Prodiguer des soins à celui qui souffre, se faire esclave et ministre de ce qui le soulage ou de ce qui lui plaît ; offrir de l'encens aux dieux pour qu'ils oublient nos outrages, un baume au malade pour qu'il pardonne nos autres traitements, nos épaules au maître pour alléger son fardeau, c'est se constituer domestique des dieux, du malade et de celui que nous prenons pour maître. Car, dans ce monde, chacun souffre : prêtre, serviteur et médecin, tout aussi bien que Dieu en voyant qu'il nous a créés si peu complets, tout aussi bien que le malade qui nous donne tant de peine, tout aussi bien que le maître qui a la conscience que chacun de ses caprices impose un tourment à autrui.

avait recours aux boissons, afin de cuire la bile trop crue, de dissoudre la bile trop cuite, de saler la pituite trop fade, ou d'adoucir la bile trop salée. Pour chacun de ces *ergotismes* de l'école, on avait un arsenal de procédés et de préparations pharmaceutiques ; on suivait une pratique sévère et positive contre des combinaisons de mots.

L'anatomie vint ensuite pénétrer plus avant dans cette veine de recherches ; elle indiqua, dans le plus grand nombre de cas, le siége et les caractères de la désorganisation ; la thérapeutique crut alors avoir trouvé le mot de l'énigme ; et le malade ne s'en sentit pas mieux traité. Car l'anatomie, en signalant le siége du mal, n'avait pas pour cela révélé la cause morbipare ; elle n'avait donné à apprécier que ses derniers effets ; et puis ces révélations venaient après coup, et quand il n'était plus temps ; et il arriva qu'à chaque nouveau cas la maladie avait un peu changé de place, et dérangeait dès lors toutes les prévisions du calcul et du diagnostic. En un mot, on s'évertua contre des traces de désorganisation, contre des effets dont l'autopsie d'un cas analogue semblait permettre d'apprécier les caractères physiques ; et l'on croyait ainsi attaquer le siége et la cause de la maladie, cause souvent vagabonde, et qui exerçait ses ravages d'une manière encore plus intense, là où elle laissait le moins de traces de son action. La médecine, qui quinze cents ans durant s'était fourvoyée dans des théories bizarres et arbitraires, fut replacée par l'autopsie sur la voie de l'observation.

Nous entrons maintenant dans une ère nouvelle : l'alliance de l'anatomie avec l'histoire naturelle est appelée à donner un jour la solution de toutes les questions que se propose l'art de guérir. Le présent ouvrage est un simple programme de cette méthode nouvelle ; nous aurons assez fait pour la science, en indiquant clairement le but :

1° LA SANTÉ UNE FOIS RÉTABLIE, LA PRÉSERVER DE TOUTE ATTEINTE ULTÉRIEURE.

2° UNE MALADIE ÉTANT DONNÉE, EN DEVINER LA CAUSE, ET EN TROUVER LE REMÈDE : tels sont les deux problèmes à résoudre en médecine.

Nous nous sommes occupé du premier membre du deuxième problème dans la deuxième partie de cet ouvrage ; il nous reste, dans cette troisième, à poursuivre le second membre, qui découle du premier, comme une conséquence découle des prémisses, comme une application découle du principe et de la règle générale.

Le premier problème constitue l'HYGIÉNE, art de conserver la santé, médecine préventive ; l'hygiène préserve de la médecine.

Le deuxième problème constitue la MÉDECINE PROPREMENT DITE, qui n'est qu'une hygiène après coup. L'hygiène nous protége contre le mal, la médecine le chasse ; l'une nous en garantit, l'autre nous en délivre. Ce ne sont pas deux sciences distinctes, mais seulement deux modes d'application de la même surveillance, deux actes de la même providence; elles ne diffèrent pas autrement que le mouvement qui nous relève après notre chute, diffère de celui qui nous empêche de tomber. Les soins de l'une sont des précautions, ceux de l'autre des secours et des médications; les uns et les autres ont pour but de combattre la même cause et d'en détourner l'influence. Les données de ces deux moyens de se bien porter se confondent souvent ensemble comme le font les règles de l'attaque et de la défense.

Il ne faudrait pas croire qu'avec l'aide de ces précautions hygiéniques et de ces médications, on doive guérir de toutes les maladies : on n'a l'espoir de guérir que là où il reste des organes et où le cadre de la vie n'est pas encore rempli. Le cadre de la vie, la longévité, est tracé à chacun de nous en naissant; nous sommes plus viables les uns que les autres; les uns ont accompli à trente ans le développement qui, pour d'autres, ne s'achève que vers la centaine. Dans le premier cas, nul remède ne serait capable de prolonger l'existence à six mois de plus; la dernière maladie n'est qu'un des mille modes d'en finir. Il n'y a de remède que contre la mort accidentelle; la mort naturelle, c'est la fin du cadre que la nature a tracé à chacun de nous; tout finit quand il est rempli.

La méthode, cependant, qui classe tout, pour faciliter les moyens de tout retrouver au besoin, nous impose l'obligation de développer séparément les principes de l'une et de l'autre des deux branches de l'art de guérir : hygiène et médecine. Nous diviserons donc cette troisième partie en trois sections. La PREMIÈRE sera consacrée à l'exposition théorique et pratique des formules et de la préparation des médicaments de la nouvelle méthode, enfin du mode de les employer. Ce sera comme la *pharmacie spéciale.* — Dans la SECONDE, nous développerons les moyens généraux de se préserver ou de se débarrasser des causes diverses de nos maladies, dans l'ordre que nous les avons décrites dans la deuxième partie de cet ouvrage. Ce sera un petit traité d'*hygiène.* — Dans la TROISIÈME section (*médecine pratique*), enfin, nous ferons l'application de tous ces principes réunis au traitement des diverses maladies, que nous aurons soin de ranger, à la fin du livre, sous leurs noms scolastiques par ordre alphabétique.

PREMIÈRE SECTION.

PHARMACIE SPÉCIALE DE LA NOUVELLE MÉTHODE OU EXPOSÉ THÉORIQUE ET PRATIQUE DE LA PRÉPARATION ET DE L'APPLICATION DES MÉDICAMENTS ADOPTÉS PLUS SPÉCIALEMENT DANS NOTRE MÉDICATION.

1166. Les causes de nos maladies étant aussi variées dans leurs formes, leurs habitudes et leur durée qu'on a pu s'en assurer dans les deux volumes précédents, on ne doit pas s'attendre à ce qu'un ou deux moyens suffisent à les combattre toutes ; on ne se débarrassera jamais d'une épine ou du poison, de la même manière qu'on tue un insecte. L'idée d'une panacée (remède à tous maux) implique donc contradiction dans les termes. Les médecins à trois remèdes (saignée ou sangsues, diète et tisane de gomme) qui nous ont accusé de vouloir tout guérir avec le seul emploi du camphre, ne nous ont prêté une absurdité, deux fois plus grande que la leur, que pour ne pas avoir obtenu, ces pieux trinitaires, de leurs révérends pourvoyeurs de malades, la permission de nous lire même en passant : car nous ne sachions pas un seul médecin scolastique qui ait jamais, dans sa clientèle, employé autant de sortes de substances que nous. Quand ils en ont une à leur disposition, un peu plus préconisée que les autres, on les voit l'ordonner en tout et l'user jusques à la corde... de la vie. Demandez-leur pourquoi ils lui donnent la préférence, ils vous répondront par un baragouin digne de la langue de Sganarelle et qu'ils ne comprennent pas plus que vous et moi ; je parle de ceux qui professent encore et non de ceux qui n'étudient plus, et encore moins de ceux qui vont attendre les malades derrière une coulisse le soir, au pied des autels le matin, et autour de la table d'un estaminet dans la journée ; ceux-là ne s'amusent pas à donner des raisons, ils déblatèrent.

Nous sommes arrivés aujourd'hui à pouvoir nous servir, en connaissance de cause, de la foule considérable des substances que, depuis vingt siècles, la médecine a tour à tour essayés et abandonnés, pour les reprendre et les prescrire de nouveau ensuite. Mais comme il en est des centaines dont l'action serait identique dans les cas où la théorie en indique l'emploi, il est évident que ce serait manquer de raison et d'économie que de les recommander toutes également, si une d'entre elles peut agir plus énergiquement que chacune des autres ou même simplement en tenir lieu.

Dans le nombre des substances dont la théorie et l'expérience pratique nous ont révélé l'analogie, nous avons choisi celle qui nous a toujours paru l'emporter sur les autres par l'énergie de son action, la facilité de son emploi et la modicité de son prix.

C'est donc en toute connaissance de cause que nous avons borné notre formulaire à un aussi petit nombre de substances, mais dont pas une seule ne reste sans emploi dans le cours de nos consultations ; et si peu nombreuses qu'elles soient, nous en réduisons encore chaque jour la liste, à mesure que nous en rencontrons une que l'expérience nous indique comme pouvant tenir lieu de plusieurs autres.

Mais celles que nous employons depuis près de vingt ans sont d'une spécificité si bien constatée par l'essai qu'on en a fait dans tout le monde, que je ne sache pas un seul des succédanés que l'on trouvera classés à la fin de ce volume, qui jusqu'à ce jour ait pu être substitué à l'une ou l'autre d'entre elles ; et pourtant les médecins qui invoquent les lumières du Saint-Esprit avec la piété la plus heureuse n'ont certes pas manqué, depuis vingt ans, de faire l'essai de ces substitutions des remèdes bien pensants à nos remèdes hérétiques, afin de pouvoir guérir les malades avec une orthodoxie aussi heureuse que l'est celle de notre méthode mise à l'*index*. Ils y ont tous échoué ; je m'en rapporte à la rédaction et aux résultats de leurs formules. Ils nagent en pleine eau, dans le nouveau système, qu'ils maudissent et conspuent, comme ces mauvais nageurs qui crachent en colère l'eau contre laquelle ils luttent en courroux et qui pourtant les soutient. Ils la cracheront, mais ils la reboiront encore ; ils feraient mieux de s'y résigner que de tant regimber ; car Dieu est avec nous et non plus avec ceux qui l'importunent de leurs prières impies.

Cela une fois dit dans leur intérêt autant que dans l'intérêt des malades, je continue ma route et reprends la ligne droite que j'ai suivie dès le début de cette grande démonstration.

Avant de formuler les remèdes et de faire connaître leurs préparations spéciales, il ne sera pas inutile de donner quelques idées générales sur les moyens et les ustensiles qui servent à leur préparation. Cette section aura donc deux divisions : l'une sera, pour ainsi dire, l'OFFICINE et l'autre le FORMULAIRE de la nouvelle méthode.

PREMIÈRE DIVISION.

Officine domestique de la nouvelle méthode.

1167. Nos remèdes n'étant pas très-nombreux, notre officine ne sera pas très-vaste. A défaut d'une pièce séparée, une simple armoire y suffirait au besoin, surtout si l'on y ménageait un tuyau de dégagement pour les vapeurs incommodes. Car toute vapeur, même celle d'un médicament, est nuisible ; elle nous prive d'une quantité relative de l'air respirable ; elle le vicie en s'y mêlant.

Notre médication n'est profitable qu'à la condition qu'on ne vicie ni ce qu'on ingère ni ce qu'on respire ; dans le but de rendre la santé, il ne faut pas commencer par altérer l'élément essentiel de la santé humaine ; l'air pur est une seconde nourriture.

1168. Quand l'armoire est adossée au tuyau d'une cheminée, il est facile, en pratiquant une ouverture dans la paroi, d'ouvrir un tuyau de dégagement aux vapeurs ; on observera à cet égard les lois que l'on suit pour donner aux cheminées un tirant suffisant.

1169. Mais je recommande en tout cas d'éviter, autant que possible, de faire les préparations dans la cuisine, et de conserver les médicaments dans le même office que les aliments et les boissons. Si peu dangereux que soient nos médicaments, il n'en est pas moins vrai que, par leur fausse position ou leur voisinage, ils peuvent donner lieu à des méprises désagréables autant pour l'alimentation que pour la médication. La petite officine doit être enfermée sous clef, et ne contenir que les substances premières, les remèdes et les ustensiles destinés à leur préparation.

1170. Mais comme le mal, qui nous épargne à domicile, semble quelquefois monter en croupe avec nous quand nous nous en éloignons, pour nous frapper au milieu du voyage, et que le cas échéant on ne se trouve pas toujours à proximité ni des magasins pour s'y approvisionner, ni des médecins qui suivent notre méthode, pour en obtenir aide et secours sur-le-champ d'une manière aussi intelligente que consciencieuse, il sera bon d'emporter avec soi, toutes les fois qu'on doit se mettre en route, une petite collection au moins des ingrédients principaux qui rentrent dans notre formulaire. C'est dans ce but que, dès la première date de notre système, nous avons fait construire des *pharmacies portatives*, qui ont joui alors et jouissent encore aujourd'hui d'une grande vogue. Ce sont des boîtes à compartiments, aussi élégantes que commodes, dont la plus grande peut entrer dans un porte-manteau et qui n'ont rien à redouter des chocs et secousses du voyage. Les capitaines au long cours, soucieux de la santé de leurs équipages, n'ont eu qu'à s'applaudir d'avoir compris dans leur cargaison la plus grande de ces pharmacies portatives ; et je sache peu d'adeptes de la nouvelle méthode qui n'emportent pas, dans leurs excursions les moins lointaines, la *petite pharmacie* qui tient un peu partout et n'a l'air que d'un petit nécessaire.

1171 La boîte de la *grande pharmacie portative* a quelquefois 46 centimètres de long sur 15 centimètres de large et 16 de hauteur.

La boîte de la petite a 20 centimètres de haut sur 15 et 16 pour les deux autres dimensions.

Celle-ci renferme les principales préparations ou substances simples qui font la base de la médication nouvelle et sont d'un emploi indispensable dans chaque maladie.

La grande boîte est fournie de tout ce qui rentre dans notre formulaire et dans notre mode d'opération et de pansement; c'est le droguet complet et portatif du nouveau système.

1172. Chacun, en composant et administrant ses médicaments, doit veiller à ce que ses ustensiles soient tenus dans le plus grand état de pureté possible; à ce que l'eau et les autres véhicules dont on aura à faire usage soient sans mélange; et que la manipulation soit maintenue à l'abri de toute espèce d'accident.

1173. La même espèce de vase n'est rien moins que propre à toute espèce de préparation. Les vases en cuivre non verni sont attaquables par les liquides acides, qui forment alors des sels vénéneux ou dangereux pour la santé.

Il en est de même des vases en zinc et étamés de zinc; quoique les sels qui se forment alors soient plus drastiques que vénéneux, cependant à une certaine dose ils sont dans le cas de devenir funestes.

1174. Les vases en cuivre ne doivent jamais être employés qu'étamés d'étain, et encore faut-il éviter d'en faire usage pour la préparation des liquides acides.

1175. Il faut en dire autant des vases en faïence vernie; car le vernis composé d'un mélange d'oxyde d'étain et d'oxyde de plomb est attaquable par les acides même faibles, et si la préparation du médicament avait pour objet l'usage interne, son ingestion ne manquerait pas de donner la colique des peintres, la colique saturnine (367).

1176. Pour la manipulation des acides on emploie la porcelaine et le verre exclusivement.

1177. Dans l'emploi de l'alcool, de l'éther, de l'essence de térébenthine et autres huiles essentielles, il ne faut jamais perdre de vue avec quelle promptitude ces liquides s'enflamment et font explosion par le contact de leurs vapeurs avec la flamme ou les charbons incandescents. La moindre négligence à cet égard pourrait donner lieu à des sinistres. On ne doit donc jamais faire usage du flacon d'éther qu'à une assez grande distance des bougies. Quant aux préparations par l'alcool et la térébenthine, elles auront toujours lieu au bain-marie, sur des fourneaux fermés; et l'on ne bouchera le vase qu'après l'avoir retiré du feu, crainte que le liquide ne fasse sauter le bouchon et ne vienne à déborder. En outre, et dans la même prévision, les flacons d'éther et d'alcool doivent

être toujours conservés, ainsi que ceux de l'eau sédative, loin des calorifères et des tuyaux de cheminée en activité. C'est grâce à ces sortes
d'avertissements que nous n'avons jamais eu à regretter aucun des accidents de ce genre.

1178. On entend par préparation au *bain-marie*, toute préparation qui
a lieu en maintenant le vase plongé dans l'eau bouillante ; ce qui fait que
la préparation s'opère à une température constante et que les substances
ne s'attachent pas au fond par un commencement de carbonisation et de
décomposition. Pour avoir un bain-marie il suffit du premier vase venu
en cuivre, fer ou poterie, que l'on place sur le feu avec une quantité d'eau
telle qu'elle ne soit pas exposée à déborder, lorsqu'on déplace le bain-
marie ou qu'on y plonge, comme dans un bain, le vase qui contient les
ingrédients de la préparation.

1179. En général nous joignons à nos indications des poids, des indications en volume, par la comparaison des doses prescrites avec un
corps naturel bien connu : c'est ainsi qu'en certaines circonstances nous
indiquons les doses par ces mots : *gros comme une lentille, un haricot,
une tête d'épingle, un pois,* ce qui dispense d'avoir recours à la pesée. Cependant il sera souvent fort utile d'avoir à sa disposition une petite balance ou même un simple trébuchet à peser l'or, avec un assortiment
de poids légaux.

1180. On sera sûr d'avoir déterminé le poids d'une manière suffisamment exacte, de quelque balance que l'on fasse usage, au moyen de la
double pesée. On place la substance dont on veut déterminer le poids
dans l'un des plateaux de la balance, et dans l'autre plateau des grenailles de plomb ou du sable sec, jusqu'à ce qu'on ait équilibré les deux
plateaux, ce que marquera l'aiguille, si elle coïncide avec la perpendiculaire, ou qu'après quelques très-petites oscillations, elle s'arrête au
zéro de l'arc de cercle gradué qui est fixé à l'extrémité de la tige ou
colonne de support. Ce premier résultat obtenu, on remplace la substance à peser, dans le même plateau qu'elle occupait, en lui substituant
successivement une série de poids de plus en plus faibles, jusqu'à ce que
l'on soit venu à bout de faire équilibre au plateau qui renferme les
grenailles.

La somme de ces poids donne le poids aussi exact que possible de la
substance, de quelque défectuosité que la balance soit entachée, sous le
rapport de l'inégalité des deux moitiés du fléau, ou du poids respectif
des plateaux et de leurs chaînes ou tiges de suspension. Car deux choses
qui, dans la même position, font également équilibre à une troisième, sont
évidemment égales en poids entre elles.

1180. Après la balance, vient le tube gradué en millilitres ou centimètres cubes, un centimètre cube d'eau équivaudrait à un gramme, si la température était à + 4° centigr. et le baromètre à 75 millim.

1181. Nous avons dit qu'il serait bon d'adopter définitivement et en toutes choses le système décimal pour la désignation des poids et des volumes. Cependant, comme la vieille routine, bannie par la loi de tous les actes publics et des livres, a de la peine à se déraciner des habitudes du langage commercial, nous allons indiquer, d'une manière suffisamment approximative, les rapports des anciens poids et volumes avec ceux du système décimal.

RAPPORTS SUFFISAMMENT APPROXIMATIFS
des

MESURES décimales.	MESURES anciennes ou de convention.	POIDS décimaux.	POIDS anciens ou de convention.
1 litre.	Pinte.	1 kilogramme.	2 livres.
1/2 litre.	Chopine.	500 grammes.	1 livre.
1/4 litre.	Demi-setier.	250 grammes.	1/2 livre.
1/8 litre.	Poisson, grand verre.	hectogramme.	3 onces.
		30 grammes.	1 once.
$\frac{1}{33}$ litre ou 30 grammes.	Petit verre.	4 grammes.	1 gros.
$\frac{1}{60}$ litre qu 16 grammes.	Cuiller à bouche.	1 gramme.	18 grains.
		5 centigrammes.	Un grain.
$\frac{1}{100}$ litre ou 5 grammes.	Cuiller à café ou dé à coudre.	1 gramme.	Un haricot.
12 litres.	Un seau.	30 centigrammes.	Un pois.
		10 centigrammes.	Une lentille.
		5 centigrammes.	Un grain d'orge ou de blé.

1182. Il faut bien distinguer le poids d'un corps de sa pesanteur spécifique, c'est-à-dire, de sa densité. La densité d'un corps donné, c'est le rapport du poids de ce corps avec celui de l'eau distillée, évalué sous le même volume, à la température de 4° centigrade, et sous la pression atmosphérique faisant équilibre à une colonne barométrique de mercure de 75 millimètres de hauteur. Ainsi un litre d'eau dans ces deux conditions pesant un kilogramme, si un litre de tout autre liquide ne pèse que 990 grammes, le rapport de l'eau à ce corps sera comme 1,000 est à 990, ou comme 1 est à 0,99; on dira alors la densité de ce corps est de 0,99. Le poids intrinsèque du litre d'eau distillée une fois déterminé, il est

évident que le rapport restera le même, qu'on opère sur un volume équivalent à une fraction quelconque de ce litre : car supposons que nous
n'ayons, pour en déterminer la densité, qu'un volume de liquide équivalent
à un demi-litre, ce qui représente 500 grammes d'eau distillée dans les
conditions ci-dessus, et que sous ce volume notre liquide pèse 445 grammes, la proportion suivante nous donnera le même résultat que ci-dessus.

$$500 : 445 :: 1 : 0,99$$

ou

$$\frac{445 \times I}{500} = 0,99$$

ou

$$\frac{\text{Poids}}{\text{Volume}} = 0,99$$

La densité d'un corps se réduit donc au rapport de son poids à son
volume, et a pour formule $\frac{P}{V} = D$.

1183. Mais pour établir la densité des liquides, on a recours à des
instruments qui dispensent de la détermination des volumes et du
poids, de la pesée et du jaugeage. Ces instruments se nomment *aréomètres;* ils ont la forme de thermomètres, quoique leur construction ait
lieu sur de tout autres bases, ainsi que leur graduation. Soit un tube de
verre qui se tienne verticalement dans un liquide, à cause de la plus
grande pesanteur de sa base, il est démontré que cette base descendra
d'autant plus bas dans ce liquide que ce liquide aura moins de densité.
Donc, en notant le point d'affleurement du tube dans un liquide de
composition et d'une densité connue, et dans un autre moins dense,
d'une composition et d'une densité également connue, mais grandement
différente de l'autre, puis en graduant l'espace compris entre les deux
points extrêmes d'affleurement, on pourra constater dès lors, au
moyen de ces tubes, les rapports de densité de tous les autres liquides
entre eux, c'est-à-dire de combien leur densité se rapproche ou s'éloigne
de l'un et de l'autre des deux points extrêmes d'affleurement. On a construit ainsi des aréomètres pour les liquides plus denses, et pour les liquides moins denses que l'eau distillée; les premiers se nomment *pèse-
acides,* et les autres *pèse-esprits.*

1184. C'est à Boyle que nous sommes redevables de la première idée
de cet instrument. Mais c'est Baumé le premier qui, en 1768, en con-
truisit de tels d'une manière plus précise. Il prenait pour les pèse-acides
les deux points d'affleurement, avec l'eau chargée d'un dixième de sel
marin d'un côté, et l'eau pure de l'autre.

1185. Mais Baumé, esprit inventeur et indépendant des coteries, s'était
attiré la haine de Réaumur, chez qui le grand observateur ne se dépouillait

pas toujours suffisamment, pour sa gloire, de la susceptibilité du grand seigneur (*).

Afin de n'avoir pas l'air d'adopter une innovation qui venait de Baumé, Réaumur débaucha un ouvrier à qui Baumé avait confié la fabrication de ses *aréomètres*, le nommé Cartier. Celui-ci, à l'aide d'une simple modification qui n'était rien moins que conforme à la rigoureuse exactitude, vit ses instruments adoptés officiellement de préférence à ceux de Baumé; et la tradition de cette préférence s'est maintenue dans le commerce et dans les académies.

1186. La graduation de Cartier ne diffère de celle de Baumé qu'en ce que le 20° de l'*aréomètre* Baumé correspond au 19° de l'*aréomètre* Cartier; le 21° B. au 20 C.; le 23° B. au 22° C.; le 30° B. au 28° C.; le 36° B. au 34° C.; le 40° B. au 37° C.; et le 44° B. au 40° C.

Depuis l'adoption officielle du système décimal, on a divisé le tube de l'aréomètre en 100°, au lieu de 50°; et cet aréomètre a pris le nom de centigrade.

Le tableau suivant donnera la concordance du *pèse-esprit* ou pèse-alcool Cartier, avec le *pèse-esprit* centigrade :

ARÉOMÈTRE Cartier.	ARÉOMÈTRE Centigrade.	ARÉOMÈTRE Cartier.	ARÉOMÈTRE Centigrade.
16°	37°,2	29°	76°,3
17°	41°,4	30°	78°,3
18°	45°,4	31°	80°,5
19°	49°,1	32°	82°,5
20°	52°,6	33°	84°,4
21°	55°,8	34°	86°,3
22°	58°,6	35°	87°,8
23°	61°,4	36°	89°,6
24°	64°,3	37°	91°,3
25°	66°,8	38°	92°,7
26°	69°,3	39°	94°,2
27°	71°,6	40°	95°,4
28°	74°,2		

1187. Enfin pour terminer la liste de ce petit mobilier pharmaceutique, nous conseillerons de faire une certaine provision de vases en beau verre et de petits pots en porcelaine, puis d'entonnoirs en verre de divers calibres.

(*) C'est Réaumur qui avait fait mettre au donjon de Vincennes Diderot, pour quelques allusions que Diderot s'était permises, dans sa *Lettre sur les aveugles*, au sujet des rapports de Réaumur avec Mᵐᵉ du Pré Saint-Maur. *Genus irritabile vatum :* Les immortels étaient irritables et dénonciateurs alors tout autant qu'aujourd'hui; mais du moins alors ils avaient à leur service leur propre génie et non celui d'autrui.

DEUXIÈME DIVISION.

Formulaire de la nouvelle méthode, ou exposition théorique et préparation des médicaments.

1188. Pour la facilité des recherches, nous avons adopté la disposition alphabétique dans le classement des préparations que nous avons à décrire ; mais dans la rédaction des articles, nous avons eu soin d'établir entre toutes les indications un certain enchaînement, qui fait que les premières peuvent en général servir d'introduction aux suivantes ou que par les renvois la théorie des unes sert à faire mieux comprendre celle des autres.

CHAPITRE PREMIER.

ALOÈS (*Aloe* Diosc., Plin. ; *zabar* des Arabes ; vulgairement en France *perroquet et joubarbe des mers*, et en espagnol *yerva barbosa*).

1189. L'aloès a des propriétés trop énergiques et trop bien caractérisées pour qu'il ne soit pas entré dans la thérapeutique dès la plus haute antiquité ; car la plante qui produit ce suc pousse sur tout le littoral de la Méditerranée, tout aussi bien que dans l'Inde et le Sénégal ; aussi le voyons-nous préconisé déjà par Dioscoride et par Pline. Quoique la plante vienne bien dans le Nord, et qu'elle y brave même le froid, cependant l'aloès est à si bas prix, que sa culture ne serait rien moins qu'économique. Il fleurit rarement dans nos climats ; j'en ai vu un en 1843 qui était en fleur au château du Vaudreuil, près Louviers ; sa tige avait près de six mètres d'élévation ; on la soutenait avec quatre grandes perches pour tuteurs.

1190. L'aloès du commerce est le suc extrait, soit par incision, soit par dissolution, de la plante qui porte ce nom. C'est une gomme-résine (388) également soluble dans l'eau et dans l'alcool, d'une saveur amère caractéristique, d'une odeur qui en rappelle la saveur, mais qui est plus supportable ; à l'état concret, d'une couleur noir terne par réflexion des rayons lumineux, jaunâtre par réfraction ; d'une cassure conchoïde et vitreuse, ressemblant alors à des fragments de verre noir. Sa poussière est jaune d'or un peu sale. L'art du teinturier en tire une couleur jaune d'une grande beauté. On distingue dans le commerce trois sortes d'aloès : la première qui est l'aloès le plus pur, et que nous venons de décrire, se nomme *aloès succotrin*. La seconde espèce se nomme *aloès hépatique*, ou aloès couleur de foie, parce qu'il est noir luisant comme la surface de foie. La troisième espèce, qui est très-impure et qui ne paraît être que le *caput mortuum* et le résidu du suc qu'on en a exprimé, mélange de tous les débris des feuilles et des tiges, prend le nom d'*aloès caballin*, parce qu'il n'est administré qu'aux chevaux.

1191. Il n'est pas un seul auteur qui n'ait adopté l'opinion que le nom de *succotrin* est venu à l'aloès de *Soccotora*, île de la mer rouge près le *cap Gardafu*, d'où, disait-on, on a tiré longtemps la meilleure sorte de cette gomme-résine. Cette étymologie ne me paraît nullement fondée : car l'aloès étant importé en Europe dès la plus haute antiquité, n'aurait certainement pas attendu, pour prendre le nom de l'une de ses provenances, que les Portugais eussent doublé le cap de Bonne-Espérance pour venir le récolter dans l'île de Soccotora, jusque-là inconnue sous ce nom. Car, du temps de Pline et de Dioscoride, c'était de l'Inde qu'on tirait la plus grande partie et la meilleure sorte de cette matière ; quoique l'aloès vînt en abondance en Asie, en Arabie et en certaines régions du littoral de la Méditerranée, à Andros même, île de l'Archipel(*). On ne voit pas pourquoi le commerce aurait été donner à l'aloès le nom d'une petite île, quand il s'en fournissait depuis si longtemps, et sur une si large échelle, depuis la Grèce jusqu'à la presqu'île du Gange.

Je crois avoir trouvé à ce mot devenu si vulgaire une origine plus rationnelle ; car je vais l'emprunter à la langue vulgaire elle-même : Dodoens rapporte que l'on désignait souvent, de son temps, la plante de l'aloès sous le nom de *sempervivum*, à cause de sa ressemblance générale, par son port et ses feuilles, avec la plante que nous appelons vulgairement la *joubarbe* et les Italiens la *sempreviva*, plante dont le suc est très-amer.

Or, l'auteur du *Prædium rusticum*, livre qui plus tard prit le titre de *Maison rustique*, Charles Estienne, dans le petit traité sur la culture de la vigne (*vinetum*) qui parut en 1537, et en parlant des herbes qui croissent de préférence dans les vignes, pag. 45, b., cite l'orpin (*sedum*) en ces termes : *Etiam sempervivum agrestè nonnulli appellaverunt, aut vineticam sempervivam. Alii autem vulgò* CICOTRINUM *vocaverunt :* du cicotrin.

C'est par son analogie avec le *sempervivum*, on le voit, que le mot de *succotrin*, altération de *cicotrin*, sera venu à l'aloès.

Aux yeux du vulgaire, par la forme de ses feuilles et l'amertume de son

_____

(*) Dioscoride. Liv. III, cap. 25. éd Goupil.

suc, l'aloès n'aura paru qu'une ampliation de la joubarbe, qu'une joubarbe exotique. Le mot de *cicotrin* qui s'est transformé en *succotrin*, ne s'est pas arrêté à cette modification grammaticale, et vers une certaine époque on en a fait *chicotin* dans le langage vulgaire. Les bonnes femmes à Paris ne désignent pas autrement le suc d'aloès, dont elles barbouillent le bout de leurs mamelles, pour en dégoûter les enfants qu'elles désirent sevrer, ou le bout des doigts de leurs jeunes enfants pour les empêcher de se les sucer; elles disent de ce qui est amer : *C'est amer comme chicotin;* et ce mot a fini par être admis dans le beau langage :

> Mais dans les fers, loin d'un libre destin,
> Tous les bonbons n'étaient que chicotin.
>
> GRESSET, dans le Vert-Vert.

1892. Les trois espèces d'aloès dont nous venons de parler étaient connues presque dans les mêmes termes du temps de Dioscoride :

« Il existe dans le commerce, dit-il, deux formes de ce suc concrété; l'un friable et grumeleux qui ne paraît être que le résidu de la portion la plus pure de la même substance; l'autre qui a un aspect hépatique *(dont les morceaux semblent être des fragments du foie).* On doit faire choix de la qualité non falsifiée, qui a de la transparence, ne renferme point de petites pierres, qui est friable, d'une couleur dorée, ayant un aspect hépatique, se dissolvant facilement dans l'eau, et douée d'une grande amertume. On néglige la sorte d'un noir foncé et qui résiste au choc; celle-là est falsifiée avec la résine *gummi;* ce que l'on reconnaît à son goût, à son genre d'amertume, à son odeur spéciale, enfin en ce qu'elle ne s'effrite pas entre les doigts; il est des marchands qui la falsifient avec de l'*accasia.* »

A tous ces caractères on reconnaît facilement les trois sortes dont nous avons parlé ci-dessus.

Depuis que je me sers d'aloès pour mon usage personnel, il m'est arrivé successivement de ces trois sortes : le beau succotrin saupoudré de sa poussière jaune ; le noir opaque ou hépatique et puis le caballin avec toutes ses impuretés, et, pis que cela, avec les impuretés dont l'incurie le laisse imprégner par la grossièreté de ses procédés et le séjour dans ses vases de cuivre. Dernièrement nous nous sommes laissé tromper par un droguiste qui sans doute avait été trompé le premier; chaque fois que nous prenions de l'aloès de cette provenance, nous étions sûrs d'éprouver dans la nuit de violentes coliques; m'étant mis à examiner le paquet, je découvris qu'on nous avait fourni l'échantillon le plus impur d'aloès que j'aie jamais eu à mon usage; il renfermait des corps étrangers encore plus que de fibrilles de la plante même ; et en outre de grands lambeaux de papier d'emballage colorés de vert-de-gris.

C'est à vous, mes lecteurs, à faire votre profit de tout ce qui précède.

1193. Je ne me sers que de l'*aloès succotrin*, sous forme de grumeaux du volume d'un grain de blé environ (cinq millimètres environ en diamètre) et par conséquent du poids de 5 centigrammes. La dose pour les grandes purgations est de cinq de ces grumeaux, ce qui fait 25 centigrammes. Pour obtenir des grumeaux de ce calibre, on concasse l'aloès très-grossièrement, et on le passe par une série de trois tamis emboîtés les uns dans les autres; les deux extrêmes couverts d'une peau, qui empêche l'évaporation de la poussière aloétique. Les mailles du premier crible ayant cinq millimètres de diamètre, celles du second trois millimètres et la toile du troisième étant celle du tamis en crin, il arrivera qu'après avoir agité horizontalement ce système, tout fragment qui aura plus de cinq millimètres en diamètre restera sur le premier tamis; que le second ne gardera que les fragments de cinq millimètres environ dans l'une ou l'autre dimension; que le troisième ne laissera passer que la poussière la plus fine, qui viendra se rassembler sur la peau du tambour inférieur. Cela fait, on aura deux produits utiles : les grumeaux de cinq millimètres, dont le volume indique le poids approximatif, et la poussière la plus fine destinée aux personnes et aux enfants surtout qui n'aiment pas à prendre l'aloès en grumeaux; quant aux deux autres produits, on remettra le premier sous le pilon, pour le concasser très-légèrement; et le troisième, on le pilera en fine poussière pour l'usage dont nous venons de parler.

Les grumeaux d'aloès ci-dessus ont été adoptés de préférence, parce que, sous cette forme, on en sait le poids, sans avoir recours à la balance : le grumeau pesant cinq centigrammes, on sait alors que cinq grumeaux pèsent 25 centigrammes; 6 = 30 centigrammes; 10 = 50 centigrammes, et 20 = 1 gramme.

La poudre d'aloès, sert ensuite à la confection des pilules (*) et de l'élixir ou liqueur hygiénique dont nous nous occuperons plus bas et dont l'aloès forme la base; ou bien on lui rendrait son ancien volume et son ancienne forme, en laissant cette poussière macérer dans l'eau d'abord et abandonnant le tout à l'évaporation spontanée. On pourra ainsi le concasser de nouveau pour en obtenir des grumeaux de calibre.

(*) Car l'aloès forme la base des *pilules antecibum*, *pilules écossaises ou d'Anderson*, *pilules de Bontius*, *grains de santé*, *grains de vie*, *pilules d'aloë et de savon*, *pilules de Horse*, *d'Harvey*, *de Morison*, *de Peter*, *de l'élixir de Paracelse ou de propriété;*

1194. L'amertume de l'aloès est insupportable; cependant mélangé en proportion convenable avec le sucré, il contracte le goût de la racine de réglisse dont le suc n'est qu'une heureuse combinaison de gomme, de sucre et d'un principe amer. Pour dissimuler cette amertume, on dépose soit la poudre, soit les grumeaux d'aloès entre deux tranches de pain de la soupe, que l'on avale sans les mâcher; ou bien on se place les grumeaux sur la langue, et aussitôt on avale une gorgée d'eau, qui entraîne l'aloès sans lui donner le temps de se dissoudre. Pour le faire prendre aux enfants, on enveloppe la poudre ou un grumeau dans une pellicule de groseille, de raisin, dans un *pain à cacheter* mouillé, ou bien enfin, on en met la dose entre deux tranches de confiture de groseilles ou de coings.

1195. L'aloès est drastique par son acidité, et vermifuge par son amertume, qui le rend en outre un excellent antiseptique et conservateur. Il opère plus bénignement quand on le prend au commencement d'un repas qu'à jeun (*), et le soir que le matin. Le sommeil de la nuit en favorise et en régularise l'action comme drastique. Quant à son action vermifuge, elle est indépendante de la première; et il ne faudrait pas croire que l'aloès n'ait pas produit un résultat propice à la santé, alors qu'il n'agirait pas d'une manière sensible sur les selles, à cause de la faible dose qu'on en aurait prise.

Les drastiques n'exercent pas leur action dans l'estomac, mais sur le duodénum et le côlon, en acidifiant les deux digestions alcalines de ces intestins; de là vient que l'action de l'aloès est favorisée par la nutrition et neutralisée par la diète. La nutrition l'entraîne, par le jeu de la digestion stomacale, dans le duodénum; la diète le laisse séjourner dans l'estomac qu'il fatigue et de son poids et de son surcroît d'acidité; et c'est par la même raison que tant de médicaments, qui nous conservent la santé, fatiguent le malade, et lui sont plus nuisibles qu'utiles; le médecin

---

quelquefois avec addition de jalap, scammonée, coloquinte, gomme-gutte; ce qui ne rend pas ces pilules plus efficaces, mais un peu plus chères, à cause de la dénomination. En pharmacie, on paye le mot plus que la chose. Roger Bacon avait dit :

> *Qui vult vivere annos Noë,*
> *Sumat pilulas de aloë.*

> Qui veut vivre autant que Noë
> Prendra pilules d'aloë.

Le marchand qui connaît la puissance du monopole a monopolisé le bienfait de ces pilules en substituant son nom à celui de Bacon.

(*) On lui reconnaissait cette propriété du temps de Pline. *Efficacior* (aloë), dit-il, *si potâ eâ sumatur cibus,* lib. 27, cap. 4.

routinier, en nous condamnant à la diète, nous enlève tous les moyens d'élaborer et de nous assimiler ce qui conserve ou préserve la vie.

1196. La dose d'aloès propre à débarrasser les intestins du *caput mortuum* qui, s'accumulant dans le côlon, le distend, en gêne la digestion spéciale, et produit une constipation plus ou moins complète, cette dose, dis-je, varie selon les âges, les sexes, les constitutions, les habitudes, et surtout selon le genre de médication auquel on a pu être soumis.

1197. Je prescris ordinairement 25 centigrammes ou cinq grumeaux (1193). Cette dose serait quatre fois trop forte pour les enfants, pour les ouvriers et souvent pour les personnes ravagées par la médication mercurielle; elle est trop faible pour les personnes douées d'embonpoint et trop sédentaires. J'ai vu des gens qui n'allaient bien à la selle qu'en en prenant vingt grumeaux (près de 1 gramme); j'en ai vu d'autres que cinq grumeaux (25 centigrammes) faisaient aller pendant deux ou trois jours; en conséquence, c'est à chacun à étudier la dose qui lui convient. Pour nous, en ce climat, un simple grumeau suffit et amplement.

Quand on prend l'aloès le soir à dîner, on va à la selle le lendemain matin de cinq à sept heures. Tout ce qu'on aurait à redouter, en en prenant une dose trop forte pour sa constitution, ce serait de s'en trouver un ou deux jours un peu affaibli; il n'y a point d'exemple d'empoisonnement par l'aloès.

N. B. La manière la plus facile de prendre l'aloès c'est d'en placer les grumeaux sur la langue et d'avaler aussitôt un peu d'eau, sans s'en occuper autrement et comme si l'on n'avait que du liquide à avaler. Sous cette forme il atteint son but dans le plus grand nombre de cas; mais si pourtant on n'en ressentait pas suffisamment l'effet désiré, ce qui proviendrait de ce que, en grumeau, il s'enveloppe, dans l'estomac, de mucosités saburrales qui s'interposent ainsi entre sa substance et les parois intestinales et mettent celles-ci à l'abri de son action, on prendrait alors chaque fois l'aloès en poudre, en ayant soin, pour se préserver de son amertume, d'envelopper la poudre dans un morceau de papier de soie ou de papier à cigarettes, dans une pellicule de cerise, de groseille, de raisin, etc., si on en a à sa disposition.

1198. L'aloès le plus pur, même pris à la dose minime, et alors qu'on ne peut le suspecter de la moindre impureté, ne laisse pas que de produire, quoique bien rarement, chez certaines personnes, des coliques préalables, dont nous allons expliquer la cause. Quand les matières fécales, devenues trop concrètes, forment une espèce de bouchon au bas du côlon descendant, il est impossible que la débâcle se produise dans les matières fécales, par l'action drastique de l'aloès, sans que l'on ressente dans le bas-ventre des coliques provenant également et de la résistance du bouchon fécal, et de la pression exercée par le poids de la maïère liquide, et du séjour trop prolongé d'une matière acide dans l'organe spécial de là digestion ammoniacale.

On prévient cet inconvénient, en ayant soin de prendre, avant de se mettre au lit, un bol de bouillon aux herbes; on le combat, en s'administrant le lendemain matin, de bonne heure, un lavement à la graine de lin, avec gros comme une noisette de pommade camphrée, ou plein un dé à coudre d'huile camphrée.

On prépare le bouillon aux herbes de la manière suivante :

Eau.	un litre.
Oseille.	une poignée.
Cerfeuil	une pincée serrée.
Ciboule	une tête.
Beurre.	une grosse cuillerée.
Sel de cuisine . . .	une pincée.

Laissez bouillir l'espace de cinq minutes.

Cependant le bouillon aux herbes n'est pas tellement indispensable qu'on ne puisse s'en passer dans les cas ordinaires.

Chez certaines personnes l'usage des salaisons à déjeuner ou à dîner, tels que jambon, hareng saur et morue salée, produit un effet bien supérieur à celui du bouillon aux herbes.

N. B. Nous préférons l'aloès à tous les autres purgatifs, à cause de ses propriétés inoffensives, mais surtout parce qu'il possède la triple faculté de déblayer les intestins, sans imposer aucune privation habituelle, de chasser ou de tuer les vers intestinaux, enfin de ramener ou de régulariser les menstrues. L'aloès est, de cette manière, infiniment favorable à la digestion; il dissipe l'inappétence comme par enchantement, si on le prend avant le repas; il facilite la digestion, si on le prend après dans une goutte d'élixir. Aussi, dans notre régime hygiénique, le prescrivons-nous, tous les quatre ou cinq jours, à la dose de 25 centigrammes (cinq grumeaux) (1193).

1199. On attribue assez généralement à l'usage de l'aloès la propriété de faire naître des tumeurs hémorroïdales (*). En tous cas, l'aloès n'est

---

(*) Cette opinion doit remonter assez haut dans l'enseignement scolastique : « Les pilules de Francfort, dit Guy Patin, étant faites d'aloès, donnent les hémorroïdes. » (Lettre du 22 février 1656.) — Comme les remèdes ont une réputation variable dans l'enseignement scolastique ! Du temps de Pline et de Dioscoride, c'est tout le contraire que l'aloès avait la réputation de produire : « L'aloès, d'après Dioscoride, arrête les hémorragies qui viennent des hémorroïdes » (lib. 3, cap. 25); et, d'après Pline, « l'aloès arrête peu à peu la trop grande abondance de l'écoulement hémorroïdal » (lib. 27, cap. 4).

pas le seul coupable d'un pareil méfait ; car j'ai rarement rencontré des personnes sujettes aux hémorroïdes, qui aient fait usage de l'aloès. Cependant, il ne serait peut-être pas impossible que l'usage de l'aloès ait produit quelque chose de semblable dans certains cas exceptionnels. En effet, le bouchon fécal, violemment poussé par la débâcle de l'aloès, aura pu érailler les parois du rectum, y tracer des petites fissures, qui auront pu se transformer en tumeurs hémorroïdales ; mais alors toute constipation opiniâtre serait capable de produire de tels effets, sans l'intermédiaire de l'aloès. D'un autre côté, et nous concevons mieux cette explication que la première, les ascarides vermiculaires, fuyant à l'approche de l'aloès, se réfugient fréquemment dans le rectum, d'où ils font éprouver de vifs picotements à l'anus par les titillations de leur pointe caudale (976). Chacun de ces coups de pointe est dans le cas de déterminer un développement anormal de tissus, et d'occasionner une varice des vaisseaux capillaires. Mais les ascarides se rendent au rectum, sans qu'on ait pris de l'aloès ; et, dût-on rejeter leur affluence au rectum sur l'aloès, il vaudrait encore mieux s'exposer à l'incommodité fort guérissable des hémorroïdes. qu'à la pullulation morbipare et souvent mortelle des helminthes qui infestent le corps humain. Mais résumons-nous : depuis 20 ans bientôt que j'administre l'aloès, je n'ai pas encore vu un cas où son emploi ait donné des hémorroïdes ; et il est une foule de maladies singulièrement caractérisées par la médecine antique, qui se sont dissipées, presque sous mes yeux, par la seule administration de l'aloès en grumeaux ou en poudre. Les bons résultats que j'en ai toujours obtenus m'engagent donc à répéter encore ici l'adage de Bacon :

> Veux-tu vivre autant que Noë ?
> Prend des pillules d'aloë.

CHAPITRE H.

DIVERSES ESPÈCES DE BAINS A L'USAGE DE LA NOUVELLE MÉTHODE.

1200. Nous respirons, avons-nous déjà dit, par toutes les surfaces de notre corps, tout autant, quoique d'une autre manière, que par les surfaces du poumon (148) ; nous absorbons les liquides par les pores de la peau tout autant et presque de la même manière que par les surfaces des muqueuses intestinales ou autres (150) ; et en vertu de la loi des courants et des contre-courants qui ne peuvent jamais se produire les uns sans les autres, nous expirons les gaz et exsudons les liquides, nous exhalons et transpirons par les pores de la peau tout autant que par les surfaces respiratoires et les muqueuses de l'appareil intestinal, ainsi que par l'appareil des voies urinaires.

1201. Les bains sont un moyen d'envelopper la périphérie de notre corps d'une atmosphère artificielle destinée à servir de véhicule aux substances qui manquent à nos fonctions et de réceptacle ou de milieu épurateur à nos excrétions et transsudations morbides.

1202. Il fut un temps où le haut enseignement scientifique et académique professait que notre corps n'empruntait et ne rendait rien à l'eau des bains, que les bains enfin n'étaient bons qu'à décrasser l'épiderme. A cette époque l'académie professait bien d'autres énormités de ce genre; donnez-m'en une qui n'ait pas été la sienne. L'étude du nouveau système a suffisamment désabusé ces messieurs à cet égard; vous savez ensuite comment ils nous en remercient.

1203. L'usage des bains à l'eau courante est un besoin inné presque à tous les êtres animés; il est sans date dans l'histoire. L'usage des bains à domicile, des bains parfumés et des bains aux sources minérales remonte à la plus haute antiquité. La médecine commerciale ou religieuse a de tous temps exploité ces derniers avec plus de profit pour sa bourse que pour la santé des malades; et chez les modernes les jeux de hasard et les amusements de la journée, la villégiature et le besoin de changer d'air y attirent plus de bien portants que de vrais malades.

« Je n'ai pas la force d'aller à Plombières, écrivait Voltaire; cela n'est bon que pour les gens qui se portent bien ou pour les demi-malades (*). »

Dans certaines de ces localités, il y a plus de gens qui se brûlent la cervelle ou y perdent leur considération et leur fortune que de gens qui sont destinés à en revenir guéris.

Il est cependant certaines de ces sources que le nouveau système pourrait en bien des circonstances mettre à profit, comme renfermant, dans leurs principes salins, un antidote aux intoxications internes ou externes communiquées par la formule scolastique, et dont le nouveau système a donné avec tant de succès et les signes et le remède; mais, si riches qu'ils soient en ces sortes de principes, notre médication sait les remplacer avec un immense avantage et à très-peu de frais. Le pauvre sous ce rapport n'aura rien à envier au riche; bien au contraire.

Notre médication a recours à quatre sortes de bains : les *bains sédatifs ou alcalino-ferrugineux*; les *bains de mer*; les *bains d'air* et les *bains vitants.*

_____

(*) *Correspondance,* lett. 2210e, 18 auguste 1756.

1. BAINS SÉDATIFS OU ALCALINO-FERRUGINEUX (*).

1204. On se sert de préférence, pour prendre ces bains, d'une baignoire en zinc ou étamée en zinc; à son défaut on dépose dans la baignoire ou le tonneau (car un simple tonneau peut en tenir lieu), on dépose, dis-je, une assez large plaque de zinc; on multipliera en ce cas l'action du zinc en le mettant en contact avec le premier objet venu de cuivre rouge.

1205. On doit prendre ces bains tièdes ou à une température qui ne dépasse pas 36° centigrade, ce qui équivaut à 28° *Réaumur*. N'allez pas en étourdis, sous le rapport de l'évaluation de ces degrés; et pour mieux faire, n'ayez même recours qu'aux indications de la main et non à celles du thermomètre; d'abord parce que tous les thermomètres ne sont pas également lisibles, que certains sont très-mal gradués et fautivement gradués, et que bien des gens malintentionnés vous dissimuleraient au besoin l'indication thermométrique; de ce dernier soupçon je pourrais vous fournir bien des exemples à ma connaissance.

1206. Afin de se mettre à l'abri des vapeurs du bain, on aura soin de recouvrir la baignoire ou le tonneau avec un drap, et de maintenir dans l'appartement un courant d'air, en même temps qu'une température de 18° à 20° centig. en hiver.

1207. Ces bains affaiblissent d'autant moins qu'on y reste moins longtemps; cependant certaines personnes se trouvent bien d'y rester plus d'une heure. Mais pour les prendre plusieurs jours de suite (quinze jours et un mois même) il sera mieux de n'y rester que 15 à 20 minutes, au moins en commençant.

1208. Au sortir du bain, et après qu'on se sera ressuyé, on se fera administrer une friction générale à la pommade camphrée et un massage sur tous les membres; et ensuite une lotion générale à l'alcool camphré, avec la précaution de se tenir pendant tout ce temps à distance de la flamme et même des bougies allumées. On rentre alors dans son lit, qu'on aura eu soin de chauffer en hiver, pour y reposer au moins une demi-heure.

1209. FORMULE DU BAIN POUR LES PERSONNES D'UN EMBONPOINT ORDINAIRE :

Eau ordinaire	460 litres.
Ammoniaque à 22° B (1185)	200 grammes.
Alcool camphré	1 cuiller.
Sel gris de cuisine (**).	2 kilogrammes.

(*) Voyez ci-après le chapitre de l'*Eau sédative*.

(**) Je recommande le sel gris de préférence au sel blanc ou au sel gemme, pour

1210. FORMULE POUR LES PERSONNES QUI DÉPLACENT BEAUCOUP D'EAU, A
CAUSE DE LEUR STATURE OU DE LEUR CORPULENCE :

Eau ordinaire	100 litres.
Ammoniaque à 22° B (1185)	130 grammes.
Alcool camphré	1 cuiller.
Sel gris de cuisine (1209 *).	1 kilogramme.

1211. FORMULE POUR LES ENFANTS AU-DESSOUS DE 12 A 15 ANS :

Eau ordinaire	60 litres.
Ammoniaque à 22° B (1185)	60 grammes.
Alcool camphré	1 demi-cuiller.
Sel gris de cuisine (1209 *).	250 grammes.

N. B. 1° Nous supposons que la baignoire pour les grandes personnes
a environ : en hauteur, 60 centimètres; en longueur, à la base 110 centimètres, à l'ouverture 140 ; en largeur, à l'ouverture 40 centimètres vers
les pieds et 70 centimètres vers la tête ; proportions qui ne sont pas tellement rigoureuses qu'on ne puisse s'en éloigner grandement dans la construction ; elles sont seulement destinées à fournir une indication utile.

2° Nous n'avons donné une formule spéciale à l'égard des enfants, que
pour le cas où l'on aurait une baignoire d'enfant à sa disposition. Car
autrement on emploierait dans les grandes baignoires la quantité d'eau
suffisante pour qu'ils y aient le corps plongé. Mais l'inconvénient grave
de l'emploi des grandes baignoires pour les enfants, c'est qu'ils y respirent difficilement ; mieux vaut faire le sacrifice d'un grand bain où ils
puissent se tenir debout. Au reste, ils peuvent prendre un grand bain
en commun avec les grandes personnes.

3° Nous avons déjà fait observer plus haut qu'en place de baignoire
on peut se servir d'un tonneau et d'un tonnelet.

4° Le même bain peut servir à plusieurs personnes différentes, si l'on a
soin d'en maintenir la température par une nouvelle addition d'eau chaude,

toutes les préparations adoptées dans ce formulaire ; et bien des gens auront de la
peine à s'expliquer le pourquoi de cette préférence :

Le sel gris, tel qu'on le rapporte des marais salants, est mêlé à toutes les impuretés
et tous les sels que renferment les eaux de la mer. Le sel gemme ou sel minéral, sel
des salines géologiques, en a été lavé par les eaux pluviales qui, depuis le cataclysme,
ont filtré à travers ces couches fossiles. Le sel blanc en a été dépouillé artificiellement
par une nouvelle cristallisation et de nouveaux lavages.

Or ce sont ces impuretés qui sont précieuses en médecine et qui ajoutent une action
sanitaire de plus à l'action déjà si éminemment bienfaisante du chlorure de sodium
qui constitue le sel marin. Parmi ces bienfaisantes impuretés, il faut ranger les iodures
et bromures dont l'affinité pour le mercure est si grande et peut par conséquent en
débarrasser nos organes, en neutraliser les sels et les entraîner hors de nous.

à mesure que l'une en sort. Il pourrait également servir plusieurs jours de suite, si chaque jour on y ajoutait une nouvelle dose d'ammoniaque camphrée.

1212. PRÉPARATION : 1° La baignoire sera placée sous le tirant de la cheminée pendant qu'on s'occupera de la remplir ; ou on aura soin d'ouvrir grandement les fenêtres, afin que les vapeurs en soient emportées par le courant d'air.

2° On déposera, en débutant, les deux kilos de sel gris de cuisine (1209') dans la baignoire.

3° On versera par-dessus quatre seaux d'eau, alternativement chaude et froide.

4° On versera ensuite le flacon renfermant l'ammoniaque camphrée, en tenant le goulot renversé et plongé dans l'eau, et en agitant en même temps cette masse de liquide. On achèvera de remplir le bain jusqu'à la hauteur de 40 centimètres, pour une baignoire de 60 centimètres de haut.

N. B. L'ammoniaque camphrée s'obtient en mêlant une cuiller d'alcool camphré à 200 grammes d'ammoniaque et secouant le flacon.

5° On agitera violemment ensuite l'eau du bain au moyen d'une pelle rougie au feu dans l'âtre le plus proche.

6° On attendra, pour prendre ce bain, que la température en paraisse tiède à la main, ou marque de 32° à 36° centigrade, 26° à 28° Réaumur, à un thermomètre bien éprouvé et bien lisible.

7° On ferme alors les fenêtres, en hiver; on tire la baignoire à une certaine distance du poêle ou de la cheminée ; et une fois qu'on est dans le bain, on recouvre avec soin la baignoire d'un drap, de manière que la vapeur du bain ne puisse plus se répandre au dehors, et que le baigneur ne puisse respirer que l'air atmosphérique.

1213. THÉORIE EXPLICATIVE DE L'ACTION THÉRAPEUTIQUE DE CES BAINS. La théorie des *bains sédatifs* découle de celle que nous développerons plus bas pour l'*eau sédative*, des plaques galvaniques, et en outre de tout ce que nous avons exposé, dans le premier volume, sur les conséquences de l'abus en médecine et du fréquent usage en industrie des sels arsenicaux (355) et mercuriels (369). Par l'action du sel marin et surtout de l'ammoniaque, ils rendent à la circulation le rhythme de l'état normal, et font descendre le pouls de son type maladif à celui de la santé ordinaire ; c'est en cela qu'ils sont éminemment sédatifs, qu'ils rafraîchissent et délassent. Par l'action des prétendues impuretés du sel gris, ils neutralisent les effets des sels mercuriels ingérés ou absorbés et respirés. Par l'action galvanique du zinc et des plaques de cuivre, ils attirent au dehors et fixent le mercure, en décomposant ses sels si vénéneux de leur nature. L'hydrate d'oxyde de fer qui se forme en éteignant dans l'eau

la pelle rougie au feu, agit quant aux sels arsenicaux, dont le corps a pu
s'infecter, de la même manière que le zinc et les plaques galvaniques se
comportent à l'égard du mercure. Enfin, rien ne contribue plus que l'usage
de ces bains à se débarrasser des maladies cutanées, surtout quand elles
proviennent du parasitisme des insectes ; il suffit souvent d'un seul de
ces bains pour se guérir de la gale : car il n'est pas d'insecte qui puisse
tarder à s'asphyxier dans un pareil bain ammoniacal ; et encore plus
vite par l'action éminemment insecticide de la pommade camphrée
dont l'emploi en friction a lieu immédiatement après la sortie du
bain.

II. BAINS DE MER.

1214. La mer étant le grand réservoir où toutes les sources finissent par
déverser, d'une manière plus ou moins détournée, les principes ou salins
ou métalliques ou gazeux à travers lesquels leurs eaux ont filtré, il est
évident qu'il n'est pas une eau minérale dont les principes actifs ne doivent se retrouver répartis dans les eaux de la mer. On peut donc considérer un bain de mer comme un *compendium* de tous les bains possibles ; en sorte que les avantages hypothétiques isolés qu'offre chacun
d'eux se retrouvent réunis à la fois autour du corps du baigneur de
mer.

A nos yeux, un bain de mer est le plus heureux succédané de nos
bains sédatifs, par le *chlorure de sodium* qui y abonde ; par ses sels ammoniacaux provenant de la décomposition incessante des substances animales et végétales ; par ses iodures et ses bromures, antidotes des sels
de mercure ; par ses sels ferrugineux, antidotes de l'arsenic.

On les prend tous les étés de grand matin, parce qu'à cette heure
l'air étant frais l'eau de la mer en paraît chaude ; et qu'ainsi on est à
l'abri des effets désastreux d'un refroidissement subit dans l'eau. C'est en
suite de cette considération que les bains du littoral de la Manche sont
préférables à ceux du littoral de la Méditerranée et des pays chauds où
la température brûlante doit faire trouver les bains très-froids.

D'un autre côté, il est bon de s'agiter, de se mouvoir dans l'eau, ce
qui multiplie les points de contact, prévient le refroidissement et écarte
les parasites dangereux ou incommodes. On en sort au bout de cinq minutes au moins ; on se ressuie ; on se frictionne généralement à la pommade camphrée et ensuite à l'alcool camphré ou à l'eau de cologne. On
gardera, dans la mer, les ceintures et les colliers galvaniques dont nous
parlerons plus bas, dans les cas où ces appareils sont prescrits.

III. BAINS D'AIR OU BAINS ATMOSPHÉRIQUES.

1215. Nous aspirons l'air par tous les pores de la peau ; l'atmosphère est pour nous un bain en permanence. Mais la rigueur habituelle de nos climats dits tempérés, en nous imposant le besoin des vêtements, fait que nous ne jouissons vraiment de cette respiration cutanée que par la tête et par les mains ; sur toutes les autres de nos surfaces, cette fonction est viciée ou presque entièrement interceptée par l'intermédiaire d'un vestiaire que d'un autre côté les soins les plus attentifs ne parviennent pas toujours à tenir dans un état de propreté incontestable.

Et pourtant il est démontré suffisamment, par l'exemple des gens que leur genre d'occupation oblige de travailler presque nus, et par l'exemple des gladiateurs romains, combien le contact immédiat de l'air et de la lumière directe du soleil contribue à la souplesse des mouvements, à la force des membres et à la régularité des fonctions.

1216. L'hygiène doit s'ingénier en toute circonstance pour apporter un correctif aux vices et à l'insuffisance de nos institutions. C'est dans ce but que nous invitons, les hommes sédentaires surtout, à prendre, au moins soir et matin, un *bain d'air* de la manière suivante :

Dans une pièce à la température de 15° à 18°, on se lotionne le corps tout nu avec de l'alcool camphré, en exécutant les mouvements gymnastiques dont chacun se sent capable : on se baisse sur ses talons, on se redresse, on agite les mains en se frictionnant et en boxant, les jambes en talonnant ; on tire au mur, etc. Dès qu'un commencement de fatigue s'oppose à la continuation de ces exercices hygiéniques, on se lotionne avec l'eau sédative dont nous parlerons plus bas, et l'on s'habille dès que l'eau a été absorbée entièrement par la peau. On ne saurait s'imaginer combien la santé et la force musculaire gagnent de jour en jour, à ce sacrifice de cinq ou six minutes de son temps par chaque jour.

IV. BAINS VIVANTS.

1217. Nous entendons par le mot de *bains vivants* des bains ou équivalents de bains qui maintiennent notre corps en contact avec des liquides ou des tissus encore doués de vitalité.

1218. Nous employons à ce sujet ou le sang à l'instant même qu'il sort des vaisseaux sanguins, ou les peaux d'animaux toutes chaudes encore et à l'instant même où on en dépouille les animaux qu'on vient d'abattre.

1219. BAINS DE SANG. On place le malade à une distance convenable, pour qu'il puisse recevoir le jet du sang tout chaud sur tout le corps, si la maladie est générale; ou sur le membre affecté, si la maladie est locale. On enveloppe le malade dans une couverture, et l'on attend, soit en dehors par une journée chaude, soit près d'un poêle, que le sang dont il est imprégné fasse croûte; on détache alors les croûtes avec une brosse ou un linge, et le malade se nettoie la peau, soit à l'eau de cologne, soit à l'eau sédative, avant de reprendre ses habits.

1220. PEAUX D'ANIMAUX VIVANTS. On s'applique, peau contre peau et les poils en dehors, la peau toute chaude encore de l'animal et à l'instant même où on vient de le tuer. On s'en débarrasse au bout d'une demi-heure; car au bout de ce laps de temps le tissu de ces peaux a perdu une grande partie de son action par le refroidissement, qui est un indice que la vie est définitivement éteinte et que la décomposition commence.

Il n'est pas d'animal qui ne puisse servir à cet usage : moutons, lapins, rats, souris, taupes, et même oiseaux et volailles. Mais quant à ces dernières espèces dont il serait moins facile de détacher la peau, on les applique par leurs chairs palpitantes et toutes vivantes encore. C'est cruel sans doute que de faire souffrir de pauvres animaux! Mais s'il est démontré qu'on ne puisse obtenir la guérison d'un homme qu'à ce prix, il serait plus cruel de voir souffrir son semblable de préférence à un animal; de deux sacrifices à la cruauté, on choisit alors le moindre.

1221. Le nombre de ces applications de peaux n'est limité que par la difficulté de s'en procurer; on en use toutes les fois que l'occasion s'en présente.

1222. THÉORIE DES BAINS VIVANTS. Nous avons établi, en préludant à l'exposition de ce nouveau système, que la cellule élémentaire est éminemment douée de la faculté d'aspirer et d'expirer les gaz et les liquides (24); les cellules s'aspirent, pour ainsi dire, entre elles, et c'est à l'aide de cette fonction qu'elles se rapprochent et accollent leurs parois.

La fonction d'un tissu quelconque n'est que la somme des fonctions des éléments de ce tissu; or l'élément de tous nos tissus étant la cellule, nous pouvons dire de tous nos organes ce que nous disons de leur élément en particulier.

1223. Mais aspirer, c'est soutirer : donc les tissus animaux sont dans le cas de soutirer une partie de ce que d'autres tissus ont de trop, d'emprunter à ceux-ci ce dont ils manquent eux-mêmes, et cela jusqu'à partage égal; dès ce moment leurs deux forces d'aspiration se balancent et se neutralisent par l'échange. Dans le sein de l'organisation même cet échange entre les cellules contiguës se fait naturellement; nos cellules se nourrissent par un échange incessant entre elles. Elles s'appauvrissent, dès qu'une portion d'entre elles est en souffrance et qu'elle dépense plus qu'elle ne peut produire. Un organe ainsi affamé est dans le cas d'affamer, de réduire, d'amaigrir les organes voisins les plus robustes.

1224. Peu importe que le tissu de cellules élémentaires appartienne au même individu ou à des individus différents ; l'aspiration, et l'échange qui en est la conséquence, se fera tout aussi bien entre des tissus d'animaux différents, pourvu qu'ils soient mis en contact intime, qu'entre les tissus déjà agglutinés ensemble chez le même individu. La *rhinoplastie*, ou l'art de greffer un nez sur le milieu d'un visage à l'aide de la peau d'une autre partie du corps du même individu ou d'un individu différent, les greffes animales de toute espèce que les mauvais plaisants se permettent sur les animaux domestiques, tous ces faits, devenus si fréquents et à la portée de tout le monde, suffiraient pour établir la théorie, si elle n'emportait pas son évidence avec elle-même.

1225. Donc les tissus encore vivants, arrachés à un animal sain, doivent servir à purifier les tissus infectés d'un animal malade, en soutirant et s'appropriant le poison; tant qu'ils restent doués de vitalité et de la puissance organisatrice. Ils s'infecteront en désinfectant; ils soulageront en partageant par moitié le fardeau ; en sorte qu'à force de renouveler ces occasions d'échange, on aura l'espoir de dépouiller le malade de tout le poison qui était la cause immédiate de ses maux.

1226. PRATIQUE. Ce sont ces inductions théoriques qui m'amenèrent à faire l'essai de ce moyen que vous pourrez trouver rebutant, mais dont la pratique de chaque jour a démontré, depuis plus de quatre ans, l'efficacité et l'énergie. Les tissus vivants sont devenus la pile galvanique la plus puissante que nous ayons à notre disposition, pour soustraire du corps humain les sels mercuriels, arsenicaux et autres sels vénéneux d'origine organique ou minérale.

1227. Je retire chaque jour de ce moyen les résultats les plus prompts et les plus inattendus, dans le cas des maladies de la peau, de rhumatismes, de paralysie, d'infection mercurielle et arsenicale, de menace de gangrène, etc. La puissance d'aspiration de ces plaques galvaniques de nature animale est si énergique, qu'on a vu des jambes maigrir de jour en jour en se soulageant ; les peaux vivantes soutirant à la fois la substance adipeuse (la graisse) avec la même force que les atomes infectants.

Une foule de faits d'une observation vulgaire viennent à l'appui de la théorie nouvelle. Qui ne sait que l'infection se communique rien que par le contact, et qu'un individu bien portant gagne, en partageant sa couche, la maladie de l'individu infecté? L'épouse la plus saine d'un mari malsain ne tarde pas à devenir plus malade que le mari lui-même, même alors que la cohabitation se borne à un simple contact. Gardez-vous de laisser coucher les enfants avec leurs nourrices, si saines qu'elles soient; ces pauvres petits êtres dépérissent souvent à vue d'œil, quoiqu'ils aient le sein à volonté et du lait en abondance. En ce cas l'organisation la plus

forte absorbe la vitalité de l'organisation la plus faible; l'une s'épuise,
l'autre s'enrichit.

1228. Antiquité de l'emploi des bains vivants. Il n'est pas de théorie
d'une application quelconque qui n'ait été devancée par l'application
elle-même. Le hasard indique la pratique; la routine en abuse en la suivant au hasard et en s'en servant ensuite pour tout, faute de savoir à quoi
elle sert de préférence. Ce n'est enfin qu'après des siècles que la théorie
survient pour démontrer le mécanisme du procédé et partant l'opportunité de son emploi; et dès ce moment la découverte semble s'annuler et
perdre son prestige de nouveauté. Le sot ne manque pas de se dire : « Nos
aïeux en agissaient pourtant de même. » Cela est vrai, mais avec cette
rectification, que nos aïeux agissaient souvent en aveugles et précisément
dans les cas où cela ne servait à rien.

On s'imagine souvent que la nouveauté d'un système de médecine consiste dans l'invention de nouveaux médicaments; comme s'il était au
monde une seule substance qui n'ait pas, dans un temps ou un autre,
servi de remède et d'ingrédient. La nouveauté d'un système de médication consiste tout entière dans la découverte des lois en vertu desquelles
agissent les médicaments utiles.

1229. Taurobole (*Taurobolium*). Ce mot servait chez les Romains à désigner un sacrifice expiatoire offert à Cérès, déesse de la terre, d'où nous
vient toute infection, en punition de ce que, pour assouvir notre soif de
l'or, nous lui déchirons trop profondément les entrailles.

L'autel du sacrifice était une vaste pierre perforée au centre; la chapelle expiatoire, creusée en dessous, formait une espèce de baignoire, où
le suppliant (*tauroboliatus*) recevait, à nu et sur tout le corps, le sang du
taureau qu'on immolait sur l'autel expiatoire; et il attribuait ensuite au
pardon de Cérès et des dieux le relâche qu'il éprouvait dans ses maux,
ou le bien-être qu'il ressentait, au sortir de cette épreuve, par suite de
l'action vitale et épuratrice du sang qu'il venait de recevoir tout chaud
et encore plein de vie.

1230. Bains de sang humain. L'histoire du moyen âge ne manque pas
d'exemples de ces sortes d'actes de férocité que les puissants se permet-
taient, dans le but d'épurer leur corps et de ramener la santé dans un de
leurs organes en souffrance. On n'a pas oublié sans doute qu'un cultivateur breton, député aux états généraux, révéla à l'Assemblée, dans la nuit
du 4 août, l'existence d'une charte qui conférait à un seigneur de Breta-
gne le droit, pour se guérir de la goutte, de se tenir les pieds plongés
dans les entrailles béantes du premier venu de ses serfs. Alors, comme
en bien d'autres circonstances, le vaincu n'était qu'un vil gibier aux yeux
des descendants des vainqueurs; du reste, en tout temps est-ce que la

guerre est autre chose qu'une vaste chasse à l'homme? Ces puissants scélérats ne se doutaient peut-être pas que le sang d'un animal aurait eu sur ce point les mêmes vertus que celui de l'homme. La théorie du nouveau système les aurait, je n'en doute pas, rendus moins inhumains; il est vraiment à regretter en ce cas que le sang de l'homme-victime ait eu les mêmes vertus que celui d'un animal.

1231. Avis. On rencontre des personnes chez lesquelles les bains de. sang agissent avec une telle énergie que leur propre sang afflue de toutes parts vers la phériphérie, et que leur figure en devient pourpre, avec quelque sang-froid que le malade aborde ce moyen de médication. J'ai connu une personne à qui ce moyen a sauvé les dix doigts de l'amputation ou de la gangrène, et qui ne pouvait pas tremper les doigts dans ce bain sans avoir le feu au visage, et ce n'était pas par répugnance.

1232. Les peaux dont on s'est servi à cet usage peuvent être revendues dans le commerce; ce dont elles ont pu s'imprégner, en en débarrassant le malade, ne saurait être apprécié par aucun moyen, sous le rapport du poids ou du volume. De là vient que le contact en est aussi inoffensif que possible. Le peu qu'ils ont soutiré de venin à un corps vivant, ils ne sauraient le transmettre à d'autres, puisqu'ils ne sauraient plus l'aspirer de nouveau; une de ces fonctions ne peut en effet exister qu'avec l'autre dont elle est la réciproque; une cellule qui cesse d'aspirer cesse en même temps d'exhaler et d'expirer, de céder enfin à d'autres ce qu'elle serait hors d'état de leur soustraire.

1233. N. B. En nous occupant du cautère, nous aurons à signaler une action analogue chez les tissus d'origine végétale.

V. BAINS LOCAUX.

1234. Quand le mal n'affecte qu'un organe, qu'un membre, qu'une surface, on a recours aux bains locaux ou bains sous un petit volume.

1235. 1° BAINS POUR LES MEMBRES. On emploie des tonnelets, des baquets, des seaux ou de simples cuvettes, selon que le mal a envahi la cuisse, la jambe, le bras, l'avant-bras, les pieds ou les mains et même les parties génitales. A défaut de vases en zinc, on a soin de déposer au fond du vase une plaque de zinc que l'on aura ratissée au couteau, recouverte ensuite de vinaigre et laissée enfin sécher à l'air quelques instants, avant de s'en servir pour le bain. On éteint dans l'eau du bain une pelle rougie au feu. On compose le bain en y versant une décoction de divers aromates, sauge, fleur de sureau, cannelle, etc., goudron (gros comme un pois par litre d'eau), aloès (gros comme un pois), poignée de sel et un ou deux verres d'eau sédative.

1236. Pour les parties génitales affectées de maladies contagieuses, on substitue à l'emploi de la plaque de zinc la valeur de deux grammes de sulfate de zinc par litre d'eau.

CHAPITRE III.

CALOMÉLAS OU CALOMEL (MERCURE DOUX, PROTOCHLORURE DE MERCURE (339), et son succédané, l'ail (*ALLIUM SATIVUM*).

1237. C'est le seul des sels mercuriels que j'ai adopté dès le principe, et seulement contre les vers intestinaux qui résistaient à l'action de tout autre vermifuge. Je l'avais choisi de préférence, à cause de son peu de solubilité, et je ne le donnais même qu'à des doses assez faibles pour ne pas produire de purgation; et cependant, malgré toutes ces précautions et cette extrème prudence, je regrettais souvent de me voir forcé d'en faire usage dans le cas d'absolue nécessité; car si peu soluble que ce sel soit, il n'en est pas moins un sel à base de mercure, et il en faut si peu, de cette base, pour se transformer en un sel dangereux, à force de passer par la filière des fonctions digestives! et ce peu est dans le cas de devenir tôt ou tard la cause des plus graves désordres, s'il vient à séjourner dans la moindre des cellules de nos tissus.

1338. Mais enfin une longue expérience nous a conquis un succédané du calomélas, tout aussi puissant et nullement à craindre. L'usage plus ou moins prolongé de l'ail remplace définitivement, dans notre méthode, l'emploi du calomel, et même au besoin celui de tous autres vermifuges, sans le moindre danger pour le restant de la santé.

1239. Cependant, comme il pourrait encore survenir de ces cas extra-ordinaires qui réclameraient un ingrédient d'une action aussi prompte qu'énergique, et que sous ce rapport nul autre ne saurait égaler la puis-sance du calomélas, nous avons conservé une place à cette substance dans ce livre, sous toutes les réserves que nous venons d'exprimer.

1240. Il faudrait bien se garder de confondre le mot de *calomel* avec celui de *caramel*, ce qui serait terrible dans le cas où le *caramel* est indiqué comme ingrédient d'une préparation culinaire ou hygiénique. Le *Caramel* en effet est un sirop obtenu par la décoction prolongée et la réduction sirupeuse d'un dissolution aqueuse de sucre. C'est pour éviter d'aussi funestes méprises que nous nous servons du mot de *calomélas* plutôt que de celui de *calomel*.

1241. Ce mot vulgaire doit être employé de préférence au mot scienti-fique de *protochlorure de mercure* ou de *mercure doux*, crainte de mé prise : car nous avons eu sous' les yeux des exemples d'erreur trop déplorables par suite d'une distraction ou de l'ignorance des médecins en fait de nomenclature chimique; pour que nous ne signalions pas à tous le danger de cette nomenclature. Qui ne tremblerait de s'exposer à une distraction, quand on pense qu'à la dose inoffensive du calomélas (*protochlorure de mercure*) le *deutochlorure de mercure* (sublimé corrosif) peut frapper comme la foudre; et quel mot ressemble plus au *protochlorure* que celui de *deutochlorure?* Les anciens noms vulgaires diffèrent du moins entre eux de la manière la plus large et ce ne serait pas par distraction, mais par une bien coupable négligence, que l'on confondrait le mot de *calomélas* avec celui de *sublimé corrosif.*

1242. La dose à laquelle nous avons toujours administré le *calomélas* dans les cas extraordinaires n'a pas dépassé le poids de dix centigrammes (en poudre) pour les adultes, de cinq centigrammes pour les enfants au-dessus de quatre ans, et d'un centigramme pour les enfants en bas âge. Et même, crainte que, sous cette forme pulvérulente, il fût un peu trop soluble, nous ne l'administrions plus, sur la fin (à dose double il est vrai), que sous forme cristalline, et après lui avoir fait subir chaque fois plusieurs lavages, afin de le dépouiller des dernières traces qui auraient pu lui rester du *sublimé corrosif,* dont il se forme toujours une infiniment faible proportion pendant la fabrication du *calomélas* ou *mercure doux.*

1243. A cette dose, si minime quelle soit, le *calomélas* ne laisse pas que de produire une purgation assez fortement brûlante et des ardeurs à l'anus; les matières dans ce cas sont noires et gluantes; on remarque ce jour-là comme des marbrures bleuâtres sur la peau, sur celle des mains surtout, et quelquefois on éprouve des contrariétés et comme de légers agacements nerveux dans toute sa personne.

1244. Il est à remarquer que la même dose de *calomélas* opère mille fois plus violemment quand on la donne successivement, en plusieurs fois, et d'heure en heure, que si on administre la dose tout entière en une seule fois (*).

Si on prend la dose tout d'une fois, on ne tarde pas à éprouver une salivation mercurielle, et bientôt tous les autres accidents consécutifs d'un

(*) Les formulaires et *codex* ne reculent pas devant l'idée de prescrire le *calomélas* en poudre, à la dose d'un gramme. J'en ai fait l'essai jadis, à cette dose, sur moi et en même temps sur un de mes malades affecté d'une péripneumonie. Nous n'avons pas tardé à éprouver une superpurgation violente, avec épreintes brûlantes, ardeurs cuisantes à l'anus et une grande prostration de forces. La superpurgation instantanée nous a sauvés de l'intoxication; et elle m'a servi, à moi en particulier, d'une rude leçon pour ne plus jamais me fier aux indications des formulaires.

empoisonnement mercuriel, qui se traduisent quelquefois en empoisonnement définitif. Ce résultat paraît contraire à tout ce qu'a de plus évident 'la règle des proportions en chimie et en thérapeutique ; mais une
telle contradiction n'est qu'apparente ; en effet, si vous donnez de distance
en distance des fractions d'une quantité dont la première fraction produit déjà une fraction proportionnelle d'empoisonnement, il est évident
que la somme de ces effets réalisera l'empoisonnement complet, avec toute,
la graduation progressive de ses symptômes. En prenant plusieurs fois
de suite des doses par elles-mêmes en quelque sorte inoffensives, on
finira par être bien gravement compromis.

Supposons au contraire qu'on administre toute la dose d'une seule
fois, c'est comme si vous n'en donniez que le nombre de fractions destinées à opérer une superpurgation ; et, dans ce cas, la superpurgation entraînera au dehors du corps toutes les autres doses, avant qu'elles n'aient
eu le temps d'exercer leur action toxique sur le système.

1245. On pourrait dresser une assez longue liste de malades, atteints
tout d'abord d'une simple gastrite vermineuse, et qui n'ont succombé
qu'aux désastreux effets de l'emploi fractionné d'un seul gramme de mercure.

AIL (*allium sativum* L.).

1246. La *tête* d'ail est un oignon composé de treize ou quatorze *gousses*.
La tête pèse quelquefois quarante grammes, et la gousse jusqu'à quatre
grammes dans les pays chauds de l'Europe. L'ail dégénère d'autant plus
vite, et dans des proportions d'autant plus grandes, que la culture en a
lieu dans des régions plus froides et dans un terrain plus sablonneux ou
plus tassé. En dégénérant, l'ail se transforme en ail des vignes (*allium am-
peloprasum*), dont la tête n'est plus qu'une forte gousse qu'il faut aller
chercher fort avant dans le sein de la terre, et dont la hampe porte, sinon
des graines, du moins des petites bulbes ou graines germées sur la
tige même, tandis que l'ail cultivé ne porte ni fruits ni fleurs (*).

1247. En certains pays, on se sert de l'ail sauvage de la même manière que de l'ail cultivé.

1248. L'ail cultivé, surtout celui des contrées méridionales, est le
vermifuge le plus puissant que je connaisse, parmi les vermifuges inoffensifs, spécialement contre le ver solitaire ; il ne le chasse pas, mais il
le fait mourir, pour ainsi dire, à petit feu ; son action est plus lente que

(*) Voyez *Revue complémentaire des sciences appliquées*, livr. de novembre 1356,
tom. 3, pag. 144.

celle des autres *tænicides*, mais elle est tout aussi sûre, et débarrasse successivement le malade des symptômes de la présence de ce ver ; il finit par tuer tout à fait le parasite, mais jamais au détriment de la santé générale du malade.

1249. L'ail est plutôt un condiment qu'une substance alimentaire (213) ; d'où il arrive qu'il n'est pas du goût de tout le monde, comme ce dont tout le monde se nourrit. Bien des gens semblent en éprouver une répugnance invincible ; et c'est très-fâcheux, parce qu'en ce cas on se voit obligé d'avoir recours à des médications moins anodines et plus compliquées. Nous conseillons à ces personnes de vaincre, autant qu'il sera en elles, ces sortes de répugnances qui ne sont souvent que des caprices. Si cette condescendance est au-dessus de leurs forces, qu'elles essayent de s'administrer l'ail en l'enveloppant d'une pellicule de viande, d'un carré de papier, en le renfermant dans une pellicule de groseille, de raisin, de fruit quelconque, ou bien en en faisant faire des pralines par les confiseurs.

1250. Nous prescrivons l'ail à la dose d'une gousse hachée dans une salade ordinaire, et de préférence dans la salade de cresson à la saison favorable. En général, dans une même famille, tout le monde doit manger de l'ail, lorsque ce condiment devient indispensable à l'un des membres ; car une haleine empestée d'ail inspire une répugnance insupportable, même à ceux qui n'en éprouvent aucune à le manger. Mais comme on ne sent pas les odeurs au milieu desquelles on vit, il s'ensuit que personne ne sent l'ail là où chacun a mangé de l'ail.

1251. Afin d'épargner, à la famille, aux étrangers visités et visiteurs, la répulsion invincible que chacun éprouve aux premières bouffées d'une pareille haleine, et afin du reste de mettre à l'abri de l'infection les vêtements et tout ce sur quoi on doit poser les doigts, dès qu'on a fini de manger le plat alliacé ou de hâcher la gousse d'ail, on se cure avec soin les dents, on se lave les mains et les lèvres avec un savon odorant, on se rince la bouche et on se brosse les dents avec quelques gouttes d'eau sédative dans un grand verre d'eau, puis avec un peu d'eau de Cologne dans un autre verre d'eau ; on se remet à table, et à la fin du repas on prend un petit verre de liqueur hygiénique.

Si ces précautions ne suffisent pas, on se frotte de temps à autre les dents avec des feuilles de persil, de cerfeuil, de fenouil, de sauge, de lavande, de mélisse, de menthe ou autres herbes odoriférantes.

1252. L'usage habituel de l'ail constipe, et réclame l'emploi fréquent de l'aloès ; il rend les matières plus noirâtres que d'habitude ; mais il soulage tellement l'estomac, dans le cas de maladies intestinales ordinaires, qu'on finit par se complaire à sa propre haleine, alors même qu'on ne saurait supporter un pareille haleine de la part d'autrui ; ce qui soulage sent toujours bon.

1253. Je promets une longue et florissante santé à ceux qui se mettront à l'usage de l'ail, pourvu qu'en même temps ils se tiennent à l'abri des poisons médicaux et surtout de l'arsenic et du mercure.

CHAPITRE IV.

CAMPHRE (*Kaphur* d'Avicenne ; *Kaphura* des Grecs ; *Camphora* des Latins ; *barros ou Capour barros* à Bornéo ; *iono* et *barriga* à Sumatra ; *ssio, Kuśnoki* et *Nambok* au Japon).

1254. Nous nous sommes assez longuement occupé de l'*histoire naturelle* du camphre et de ses propriétés toxiques, dans le premier volume (380 et suiv.) ; nous renvoyons nos lecteurs à cette lecture préliminaire.

1255. Le camphre est l'antiseptique et l'insecticide le plus puissant, et de l'emploi le plus commode que nous ayons pu trouver dans la foule des huiles essentielles que la matière médicale mettait à notre disposition. C'est pour cela que nous lui avons donné la préférence, dans l'application du système qui s'en prend aux insectes, comme à l'une des causes les plus fréquentes des maladies qui nous affligent habituellement. Le camphre est un de nos ingrédients ; mais il n'est pas l'unique, et nous démontrerons à la suite de ce chapitre que notre droguet est assez fourni d'ingrédients autres que le camphre.

1256. Seulement, comme nous faisons un assez fréquent usage du camphre, en qualité de moyen doublement curatif et préventif, Loyola, selon ses habitudes à notre endroit, habitudes qui datent de 1815 et de plus loin même, Loyola a arrêté que ce serait contre ce mot que porterait principalement l'attaque, sur toute la ligne des adeptes dont il a le secret d'encombrer les administrations publiques, l'enseignement, les académies et les sociétés savantes, depuis plus de 30 ans. Que ces adeptes roucoulent, sur tous les tons et à toutes les oreilles, ces pieuses récriminations, nous le concevons, nous l'avions prévu longtemps d'avance ; et nous nous contentons de leur appliquer de temps à autre une chiquenaude sur le nez, pour leur prouver le cas que nous faisons de ces pieuses bourdes ; ces gens-là gagnent leurs titres et espèrent gagner le ciel par une complicité semblable ; nous ne voulons pas autrement les ruiner. Mais que les médecins qui se piquent d'une certaine indépendance, et qui ne se font pas piliers d'église, dans le but d'y attendre qu'on vienne chercher le curé afin de le suivre, *proprio motu,* auprès du mourant et de gagner ainsi le prix

d'une visite, que les médecins à clientèle, que les médecins du professorat
répètent des niaiseries dont le bon sens du peuple a fait tant de fois
justice d'une manière assez peu flatteuse pour la dignité du *docto corpore*,
nous avons droit de nous en étonner : et nous désirerions comprendre l'intérêt que ces complaisants à leur insu ont à se faire moquer d'eux de cette
manière, et à servir de truchement à la société dont ils rougiraient de
passer pour les adeptes ; on est bien sot, quand on endosse les sottises de
ses ennemis mêmes.

1257. Le camphre est un poison ! s'écrient-ils. Certainement, puisque
nous nous en servons pour empoisonner les parasites, la vermine et les infiniment petits. Mais il faudrait en manger une terrible dose pour qu'il fît
l'office de poison à l'égard des infiniment grands comme vous ; et l'on
s'en dégoûterait bien vite, dès le moment que l'on commencerait à en avoir
trop.

1258. Le trop d'une bonne chose quelconque en fait toujours une mauvaise chose ; le pain lui-même est un poison, si l'on en mange trop, et
son indigestion est la pire de toutes (*indigestio panis pessima*).

On peut en dire autant du vin, du sucre et des meilleures choses du
monde. Prenez-les modérément, elles servent ; prenez-les en excès, elles
nuisent.

Or, la dose à laquelle le camphre tue les helminthes intestinaux, il
faudrait la centupler pour qu'elle commençât à former un poids inerte
et indigeste sur l'estomac. Depuis vingt ans, nous en prenons trois fois
par jour ; nos appartements sont imprégnés de son odeur ; nous avons
dormi impunément sur un kilo de camphre placé sous notre oreiller ; et
pourtant notre santé n'en est pas moins restée la meilleure du monde,
en dépit de toutes les circonstances contraires, et des pires, qu'elle a été
condamnée à traverser.

Que Messieurs les médecins nous imitent en prenant et respirant
les remèdes qu'ils prescrivent avec tant d'assurance à leurs malades, et
nous ne leur donnons pas six mois pour être plus malades et plus mori-
bonds que leurs clients.

1259. Vous qui me lisez, faites lire ce paragraphe au médecin que vous
surprendrez en veine de faire le loustic sur ce chapitre, pour la plus
grande gloire de Dieu ; invitez-le à partager les remèdes qu'il prescrit avec
le malade qui le consulte : et quels remèdes, grand Dieu ! — des substances dont il suffit souvent de cinq centigrammes (le volume d'un grain
de blé) pour mettre sur le flanc un animal de haute taille : la *morphine,*
la *strychnine,* la *belladone,* le *sublimé corrosif,* la *poudre* et la *liqueur* de
Fowler, etc., etc.

A cela il vous répondra : « Mais moi je ne suis pas malade ; » comme si ce qui est capable d'empoisonner un bien portant pouvait, par une espèce de caprice, jouir de la propriété d'être utile à un homme affaibli déjà par le poison de la maladie !

Tenez, dès que nous remuons ce bourbier de mauvais vouloir, vous le voyez, nous piaffons dans l'absurde; le mieux est de ne pas le trop remuer, et de laisser à tous ces complaisants, par sottise ou par obéissance passive, le soin de le remuer eux-mêmes en se bouchant le nez. Soyez bien persuadés que si, au lieu du camphre, j'avais fait choix, comme insecticide, de l'essence d'orange ou de rose, les belles dames se seraient vues forcées de jeter leurs flacons aux vents; on aurait dit et fait dire de leurs odeurs de prédilection ce que l'on a dit du camphre. Heureusement que j'ai trouvé que pour ma médication le camphre vaut infiniment mieux; le camphre, de par Loyola, est devenu dès lors le bouc émissaire de toutes les huiles essentielles ses congénères; *lui seul est le pelé, le galeux* d'où leur vient et tout le mal que nous faisons aux pieux médecins affamés de malades, en apprenant aux malades à se guérir sans eux, et tout le bien que nous faisons aux bien portants, en leur apprenant à préserver leur santé des atteintes de la maladie et des conseils du médecin.

1260. Mais quand Loyola n'est pas cru sur parole, il en arrive aux gros mots! vous ne le croyez pas, lorsqu'il vous dit que le *camphre empoisonne;* alors il vous dit, dans tous ses journaux bien pensants, que le camphre *rend fou;* il a oublié d'ajouter qu'il rend *hérétique, et janséniste, qui pis est.* Mais si le camphre rend fou, il faut en prendre son parti : le mal est fait à présent; il est certain que tout le monde doit être fou aujourd'hui ; car je ne sache pas quelqu'un qui, depuis vingt ans, n'ait eu recours au camphre; et celui qui en a pris le plus peut-être, c'est Loyola lui-même, quand il avait besoin de me faire la cour, pour mieux me frapper ensuite; alors sa camphatière était ouverte à tout venant, et les deux doigts sacrés de sa main droite avaient toujours une prise de camphre à renifler, dans l'intervalle d'une période. Reprenons notre sérieux.

1261. A ce que j'ai dit précédemment sur la vertu insecticide du camphre (380), je crois devoir joindre l'expérience suivante que je viens de faire dans un autre but :

Le 17 juin de cette année 1858, j'ai placé, sous un verre à boire ordinaire, une des plus grosses guêpes de ce pays, le *Vespa crabro* Lin. Cet insecte avait en longueur 34 millimètres ; la capacité du verre était de 3 décilitres. Le ciel était couvert et tamisé, le baromètre à 755 et le thermomètre centigrade à 22°5. En même temps, je plaçais sous le verre un grumeau de camphre du volume d'un petit pois. Il était 2 h. après

midi : à 2 h. 10', la guêpe se débat violemment et se roule sur elle-même;
— à 2 h. 1/2, elle reste sur le dos; — à 2 h. 37', elle ne bouge plus que
pour frissonner, roulée autour du morceau de camphre. — 2 h. 40', l'an-
tenne libre frémit sensiblement; les deux lèvres de l'anus marmottent;
l'aiguillon sort et rentre coup sur coup; je frappe sur la table et rien
ne réveille l'insecte. — 2 h. 45', les convulsions reprennent aux pattes et
aux antennes. — 3 h., rarissimes frémissements des antennes. — 3 h. 10',
l'insecte ne bouge plus, que je frappe la table ou que je le secoue. —
3 h. 1/4, je donne de l'air en soulevant le verre, sans autre résultat. —
— 3 h. 1/2, j'enlève le verre; et, un instant après, l'anus remue un peu,
le corps éprouve un dernier frisson, l'aiguillon cherche à sortir; mais
tout mouvement cesse ensuite.

    Le 23 juin, à 9 h. 1/4, j'enfermais, dans un bocal de deux onces, un
certain nombre d'*anthribus pulicarius*, avec un grumeau de camphre ; à
midi je les trouvais tous sur le dos remuant encore un peu les pattes;
et le bouchon ne fermait pas exactement le goulot.

1262. Le camphre ne tue les insectes que parce qu'il les asphyxie. L'asphyxie est d'autant plus lente à s'accomplir que la capacité du local est
plus grande par rapport à la taille de l'être animé qui y respire. Les insectes sont donc d'autant plus vite tués par la vapeur du camphre que l'air
se renouvelle moins autour d'eux; or, un insecte parasite de l'un de nos
tissus internes n'a jamais une grande capacité autour de lui. La vapeur du
camphre doit incommoder le malade d'autant plus que l'appartement est
tenu fermé; l'homme vit d'air, et tout ce qui n'est pas air nous prive
d'autant d'une quantité proportionnelle d'air atmosphérique que chacune
de nos aspirations réclame. Toute autre huile essentielle incommoderait
tout autant que la vapeur de camphre; on s'asphyxie dans un appartement
nouvellement peint à l'essence de térébenthine, si l'on a l'imprudence
de ne pas y établir un courant d'air.

1263. Le camphre a la propriété de ramener le sommeil, d'éclaircir les
urines, de mettre en fuite ou d'empoisonner sur-le-champ les parasites
internes ou externes, par conséquent de dissiper les crampes ou autres
maux d'estomac, les douleurs d'entrailles, la diarrhée et la dyssenterie, la
gravelle, de prévenir la formation de la pierre. Les urines les plus rouges, les plus sédimenteuses reprennent leur limpidité, dès le premier
jour qu'on fait usage du camphre à l'intérieur; elles répandent dès lors
une odeur aromatique et restent longtemps à l'air, même en été, sans se
décomposer et sentir mauvais.

    Il faudrait que la santé générale fût bien compromise et l'appareil uri-
naire bien endommagé pour que ce résultat n'eût pas lieu.

    Le pansement au camphre préserve les plaies et blessures de la gangrène, de l'érysipèle et de la formation de pus de mauvaise nature.

1264. MANIPULATION DU CAMPHRE POUR LES BESOINS DE LA NOUVELLE MÉDICATION. Afin de donner au camphre l'état de division que réclament les prescriptions de notre méthode de médication, nous nous servons, comme ci-dessus (1193), d'une série de quatre tamis emboîtés les uns dans les autres, et dont le supérieur et l'inférieur sont couverts d'une peau, pour prévenir les déchets de l'évaporation de la poussière du camphre. Les mailles du premier tamis, en commençant par le haut, doivent avoir sept millimètres de diamètre, celles du second quatre, celles du troisième deux, et la toile du quatrième sera en soie qui puisse laisser passer le camphre en poudre impalpable. Cela posé, on concasse dans un mortier ou autrement, mais avec toute la propreté désirable, un morceau de camphre, jusqu'à ce que le plus grand nombre de fragments ait un centimètre en diamètre, et l'on jette le tout sur la toile du premier tamis que l'on recouvre ensuite de son couvercle; on agite alors les tamis pendant une ou deux minutes, et l'on fait le triage de chaque produit. Les grumeaux qui seront arrêtés au-dessus du second tamis, ayant sept millimètres de diamètre, pèseront environ quinze, vingt à vingt-cinq centigrammes chacun; on les mettra à part comme *camphre à manger*. Les petits granules qui seront arrêtés sur la toile du quatrième, ayant environ deux millimètres de diamètre, serviront de *camphre granulé* pour garnir les cigarettes. La poudre impalpable, que l'on recueillera sur la peau qui recouvre inférieurement le dernier tamis, est destinée à servir de *camphre à priser*, à saupoudrer les plaies et à être incorporée avec l'axonge pour en faire de la pommade camphrée. On pourra remettre au mortier, comme n'étant pas de calibre, les fragments qui resteront sur le tamis n° 1 et le tamis n° 3, ou bien les destiner à être dissous dans l'alcool, pour en faire de l'alcool camphré.

1265. On conçoit que cet appareil n'est propre qu'au commerce du camphre en gros. Car dans les ménages, il sera facile, pour les besoins du régime hygiénique, de se tailler à la main des fragments de calibre, et de se procurer une poudre impalpable par l'un des moyens suivants : 1° on verse de l'alcool camphré dans l'eau pure; le camphre se précipite et vient se réunir à la surface; on filtre; le camphre restera sur le filtre en poudre impalpable, surtout lorsqu'il aura été séché; on se servira de l'eau filtrée, en boisson, comme eau fortement camphrée; 2° on râpera le camphre, à la *râpe à sucre*, et l'on tamisera la poudre à un tamis en soie très-fin. Avec ce qui restera sur le tamis, on composera de l'alcool camphré, après en avoir trié les grumeaux du calibre du *camphre à manger* (1266). Ce dernier procédé est le plus économique des deux ; le premier a l'inconvénient de conserver toujours de l'alcool emprisonné

par le précipité, lequel alcool, réagissant ensuite, agglutine de nouveau les molécules de la poudre entre elles, et en fait une masse solide
et compacte.

§ 1er. Camphre à manger.

1266. Le matin, à midi et le soir, on écrase sous la dent un grumeau
de camphre à manger, et on l'avale au moyen d'une des tisanes amères
qu'indiquera la prescription spéciale, et dont nous donnerons la formule
à l'article *tisanes.* Cela suffit souvent pour guérir, complétement en peu
de jours, les maux d'estomac, la dyssenterie, la diarrhée, les coliques ; car
les ascarides vermiculaires ou autres causes animées de petite taille ne
résistent pas à l'action répétée de ces doses insecticides, et les ulcérations intestinales se cicatrisent vite sous l'influence antiseptique du camphre.

On a recours au même moyen en cas d'insomnie. Dès la première
ingestion du morceau de camphre, on se sent aller au sommeil, et un
grumeau seul peut procurer un sommeil de deux heures, sommeil
calme et de bien-être, dont tous les rêves sont d'une nature paisible et
ne rappellent que les scènes ordinaires de la vie. Il faudrait que la souffrance du malade tînt à l'action fébrile et rongeante du pus, ou à l'érosion
d'une cause bien profondément cachée, pour que ce résultat bienfaisant
n'eût pas lieu ; dans ce cas exceptionnel on s'administrerait en une pilule
un centigramme d'opium. On augmente l'action soporifiante du camphre,
en en saupoudrant un verre d'eau sucrée qu'on aura aiguisée d'une à
deux gouttes d'éther sulfurique. On ne saurait s'imaginer quelle suavité
cette potion répand sur le sommeil et sur les rêves ; et nous sommes
autorisé à le penser : c'est à cette révélation de nos premières publications que nous sommes redevables de l'introduction malencontreuse
de l'éthérisation dans les opérations chirurgicales.

1267. Dans les maladies de bestiaux analogues à celles contre lesquelles nous prescrivons le *camphre à manger* pour l'homme, on remplace avec avantage le camphre par l'essence de térébenthine, à la dose
d'une once pour les animaux de grande taille, et d'une demi-once pour
les moutons et autres animaux de la taille des moutons. Pour cela on
mêle la dose d'essence à un seau d'eau blanche (son dissous dans l'eau),
et on en fait prendre, par le haut ou par le bas, autant qu'on le peut à
l'animal. Les nourrisseurs qui, sur nos indications, ont soigné de la
sorte leurs vaches, les ont toutes sauvées, même dans l'année de la plus
grande mortalité. Car, de même que chez l'homme, les maladies intestinales des animaux ne sont le plus souvent que des maladies vermineuses.

1268. On peut se procurer directement, nous le répétons, de la poudre de camphre des deux manières suivantes :

1° On étend d'eau l'alcool saturé de camphre ; le camphre se sépare en raison de la quantité d'eau qu'on ajoute, et vient se réunir en poudre impalpable à la surface du liquide ; on ramasse cette poudre avec une écumoire, on la fait égoutter sur un filtre en papier ; on la lave à grande eau sur le filtre ; on la sèche en la changeant souvent de papier sans colle ; et on la renferme dans un bocal.

2° On triture un morceau de camphre avec une quantité suffisante d'alcool camphré, jusqu'à ce que le morceau soit divisé en poudre impalpable, par suite de l'action de l'alcool qui dissout d'abord le camphre et l'abandonne ensuite atome par atome en s'évaporant.

N. B. Mais obtenue par l'un ou l'autre de ces deux moyens, la poudre ne tarde pas à se grumeler ; ses molécules contractent en effet de nouvelles adhérences, à la faveur des molécules d'alcool qu'elles avaient emprisonnées en se précipitant.

§ 2. Camphre à priser, poudre de camphre (1264, 1268).

1269. Nous venons de voir (1268), comment on obtient la poudre de camphre. La poudre de camphre sert d'abord à saupoudrer les plaies, même immédiatement après une opération chirurgicale ; le malade est dès ce moment à l'abri de la fièvre traumatique, de la gangrène, du pus de mauvaise nature, ces trois fléaux de nos hôpitaux et de nos ambulances. La cicatrisation alors marche avec une rapidité telle, que, presque dès le lendemain, la plaie est déjà recouverte d'une pellicule qui doit former peu à peu la nouvelle peau. On l'emploie pour saupoudrer le verre d'eau éthérée que l'on prend avant de se coucher (1266) ; on la répand entre les matelas et les draps de lit, chaque soir, surtout pour préserver les enfants des deux sexes des habitudes mauvaises et précoces. On en saupoudre les habits et les fourrures pour les préserver des insectes. Enfin on la prise comme le tabac, dont elle a toutes les qualités, moins la qualité sternutatoire, sans en avoir les inconvénients. On en insinue dans les oreilles, dans les cas d'otite ou de bourdonnement.

1270. La prise de camphre préserve ou débarrasse les fosses nasales de l'invasion des larves et vers morbipares ; elle y cicatrise les érosions, les excoriations, les ulcérations ; elle en dissipe la fétidité et l'odeur punaise.

On prise donc le camphre dans les cas de coryza, de rhume de cerveau, de répercussion d'une maladie cutanée, d'écoulements sanieux. .

Voyez, sur les prétendus effets antiaphrodisiaques du camphre à priser, ce que nous en avons dit dans le premier volume (386).

§ 3. *Camphre à fumer; cigarettes de camphre.*

1271. Pour faire arriver l'action médicatrice du camphre immédiatement sur les surfaces pulmonaires, il n'existe qu'un moyen, et il est le
plus court, c'est d'y faire parvenir la vapeur de camphre; sous toute
autre forme, solide ou liquide, le remède serait pire que le mal (376).
   1272. FABRICATION DES CIGARETTES DE CAMPHRE. La construction des
cigarettes de camphre a pour but de faire absorber le camphre à l'état de
vapeur, et non à l'état de saveur. Ce dernier inconvénient aurait lieu,
si la salive venait mouiller le camphre; car la salive intercepterait la
vapeur et s'en imprégnerait, au profit de la déglutition et de la digestion, mais au détriment de la respiration. Une fois qu'on est averti, rien
n'est plus simple que de résoudre la difficulté.
   1° *Cigarettes en tuyau de paille.* Choisissez un beau tuyau de paille de
blé, que vous couperez carrément, à quinze millimètres au-dessous d'un
nœud et à cinq centimètres au-dessus. Perforez le nœud avec une grosse
aiguille ou une petite alène. Introduisez, par le long bout, un carré de
papier Joseph ou papier sans colle, que vous pousserez jusqu'à l'articulation, qui dès lors servira de diaphragme perméable à la vapeur de
camphre. Remplissez le long bout de camphre granulé (1264), que vous
maintiendrez en place au moyen d'un tampon de papier joseph peu
serré. Vous aurez alors une cigarette de camphre en tuyau de paille,
telle que la représente la figure 5 ci-après, que l'on fumera en aspirant l'air par le petit bout; on renouvellera la dose de camphre tous les
soirs.
   2° *Cigarettes de camphre en tuyau de plume.* Soit la plume, fig. 1, ci-
après. On tranche carrément le tuyau à la hauteur marquée *a;* avec la
pointe du canif que l'on tourne entre les doigts, on détache la moelle
qui obstrue l'orifice *b;* on n'a alors qu'à souffler par ce bout, pour chasser ce bouchon par l'autre; on doit avoir le plus grand soin de ne pas
laisser adhérente en cet endroit la moindre parcelle de ces pellicules,
qui ne manqueraient pas de faire l'office de soupape obturatrice à chaque
aspiration. Cette opération terminée, on a un tuyau bien proprement
nettoyé, que représente la fig. 3. Avec la lame du canif on détache alors,
de la surface dorsale *c* de la penne, fig. 1, une lanière que l'on roule en
spirale, fig. 4, soit entre les doigts, soit au moyen d'une petite pince,
pour l'introduire, sous cette forme, par le grand bout, dans le tuyau
préparé, fig. 3. On l'arrête à environ deux centimètres du petit bout *b,*
fig. 1. Cette spirale, par sa force de ressort, se fixe à cette distance pour
y faire l'office de diaphragme, contre lequel on pousse un petit fragment

de papier joseph, qui arrête au passage les granulations de camphre et ne laisse tamiser que les vapeurs camphrées. On remplit alors le grand bout avec du camphre granulé, que l'on maintient au moyen d'un tampon peu serré de papier joseph ou sans colle. On a alors la cigarette complète que représente la fig. 2 ; on y remarque, en *a* la place du diaphragme, en *b* le bouchon ; l'espace intermédiaire entre *a* et *b* est le grand bout rempli de camphre. Le petit bout par lequel on la fume est vide. On fume à froid ces cigarettes, et on se contente d'aspirer, par le petit bout, l'air qui s'imprègne de vapeurs aromatiques, en traversant les granulations camphrées dont le grand bout est bourré. Une cigarette semblable dure longtemps, si l'on a la précaution de ne pas la mâchotter entre les dents ; car toute cigarette fendue est une cigarette perdue, vu que l'on n'aspire plus alors que l'air qui passe par la fente du bout vide. La quantité de camphre que renferme ce tuyau est consommée par l'aspiration d'une journée ; on la renouvelle chaque soir ; on n'a pour cela qu'à enlever le tampon qui sert de bouchon.

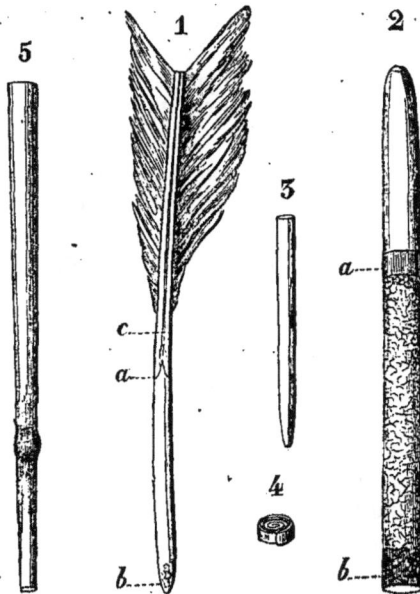

3° *Théorie de cette construction.* Le but qu'on se propose, en fumant à froid et sans feu ces cigarettes, est de faire arriver la vapeur de camphre sur les surfaces pulmonaires. Il faut donc, pour l'atteindre, que le bouchon *b*, le diaphragme *a* et la masse de camphre granulé *a b*, fig. 2, soient également perméables à la vapeur et à l'air qui lui sert de véhicule. Le papier joseph qui recouvre le diaphragme et qui sert de bouchon est une espèce de tamis perméable à l'air et aux vapeurs, vu que ses pores ne sont pas obstrués par la colle des papiers ordinaires. Les granulations de camphre, n'étant pas tassées forcément dans le tuyau, laissent entre elles des interstices, à travers lesquels l'air circule librement, soutirant, en passant, à chacune de ces granulations, la quantité de vapeur qui s'en dégage par la température ordinaire. Mais si le diaphragme, avec son papier joseph, se trouvait placé à l'orifice du petit bout par lequel on aspire, la salive de la bouche, imprégnant le papiér, absorberait les vapeurs et s'en saturerait ; dès ce moment le camphre pourrait profiter à l'estomac, mais non à la poitrine, car il ne nous arriverait qu'à l'état de saveur et non à celui de vapeur. Voilà pourquoi le ressort de plume doit tenir le diaphragme de papier à la distance ci-dessus déterminée de la salive de la bouche. Enfin on fume à froid ces cigarettes, c'est-à-dire, on les aspire et on ne les fume pas, parce que le feu décomposerait le camphre et le dépouillerait de sa vertu médicatrice ; ajoutez à cela que l'odeur de corne brûlée de la plume ne serait rien moins qu'une compensation à cet inconvénient. Nous insistons sur toutes ces minuties, car il nous est arrivé souvent de rencontrer de braves débutants qui allumaient leurs cigarettes à la chandelle, comme un cigare ordinaire ; et l'on doit juger du plaisir qu'ils en éprouvaient.

4° *Modifications à cette construction.* Nous venons de décrire la manière la plus expéditive et la moins coûteuse de construire une cigarette. On ne doit pas s'attendre que ce soit là la manière la plus élégante ; car il est difficile d'obtenir que la spirale ne se déroule pas en entrant ; il faudrait pour cela, en pinçant l'un des bouts avant de l'enrouler, comprendre, de chaque côté de la pince, deux petits bouts de fil perpendiculaires à la lanière que l'on veut enrouler et qui la croisent à angle droit. Quand la lanière serait enroulée, on en maintiendrait les tours de spire en position, en les liant d'un côté avec l'un des fils, et de l'autre côté avec l'autre fil ; ce qui ne laisserait pas que de demander encore assez de temps. Dans la fabrication en grand, ce procédé serait par trop long et peu économique ; voici celui que nous avions adopté dans le principe :

On se procure de beau papier de soie coloré en beau carmin (à 40 fr. la rame). On en prend une moitié pour faire les bouchons, et l'autre pour les diaphragmes. On passe au pinceau, sur les feuilles de cette dernière moitié, une dissolution alcoolique de baume de Tolu, qui sente bien la violette :

> Alcool à 40°, ou au moins à 36° . . 1 litre.
> Baume de Tolu. . . . . 100 grammes.

On les étend sur une corde pour les laisser sécher. Cela fait, on découpe, en carrés de deux à trois centimètres de côté, les feuilles destinées à former les bouchons et celles qui sont destinées aux diaphragmes, que l'on tient séparément dans deux vases bien propres. On roule dans la paume de la main chacun de ces carrés, en forme de boulette. On trempe les boulettes pour les bouchons dans la gomme arabique, et les boulettés pour les diaphragmes dans la dissolution alcoolique de baume de Tolu. On introduit une de ces dernières dans le tuyau de plume jusqu'à la hauteur voulue, au moyen d'une petite tige en fer aplatie par le bout, et on l'y tasse au moyen d'une autre tige que l'on introduit simultanément par le bout opposé. Quand le diaphragme adhère bien et également aux parois du tube, on ménage un jour par un des côtés, en y passant la pointe d'une aiguille; on met alors le tube diaphragmé de côté, jusqu'à ce que, l'alcool de la dissolution s'étant évaporé, le diaphragme ait repris la solidité du baume de Tolu ordinaire. On remplit alors le grand bout avec du camphre granulé; on bouche l'orifice avec un tampon de ce papier rose imprégné de gomme arabique, sur les côtés duquel on ménage un passage à l'air, en y introduisant la pointe d'une grosse aiguille; on laisse de nouveau sécher, après avoir nettoyé l'extérieur du tube avec un chiffon imprégné d'eau-de-vie, pour enlever le baume de Tolu qui en poisserait la surface. On comprend facilement que l'on imprègne le diaphragme d'une résine ou substance soluble dans l'alcool et non dans l'eau, afin que la salive qui s'insinue dans le tube ne vienne pas le détacher de sa place. On se sert de baume de Tolu, de préférence à toute autre résine, à cause de la délicieuse odeur de violette qui lui est particulière, et qui déguise un peu l'odeur du camphre. Quant au bouchon, la gomme arabique suffit pour le coller aux parois du tube, et la gomme arabique coûte moins cher que la dissolution de baume de Tolu.

C'est de cette manière qu'ont été fabriquées, dans les premiers temps de ce système, les cigarettes du commerce, à diaphragme et bouchon d'un si beau rose. Deux femmes pouvaient en construire jusqu'à mille par jour, ce qui permettait de les vendre à très-bas prix, et de fournir à la prodigieuse consommation qu'on en a faite dans l'Europe, les pays étrangers, mais surtout en France, depuis la publication de la première édition de ce livre. En 1846, tous les ouvriers intelligents de Paris, dont l'industrie éprouvait des chômages, se mirent à fabriquer et à vendre chaque soir au coin des rues des cigarettes de plume; ils gagnaient jusqu'à six francs par jour à ce petit métier; et ils faisaient pourtant leur petit commerce très-consciencieusement; leurs cigarettes étaient parfaitement bien construites. Ils mettaient un peu de charlatanisme parfois à faire l'article et la réclame en plein vent; mais du moins ils ne trompaient ni sur le prix ni sur la nature de la marchandise. Un soir que je traversais la rue de Rambuteau, au sortir de mes consultations de la rue Culture-Sainte-Catherine, un de ces marchands ambulants établi au coin de la rue avec son éventaire élégant et éclairé par deux bougies : « Allons, bourgeois, me dit-il, étrennez-moi; cigarettes de camphre, faites dans la perfection ! — Sont-elles bien conditionnées, lui dis-je?—Certainement, bourgeois ; M. Raspail vient les visiter chaque jour. — Puisque M. Raspail les visite, lui dis-je, donnez-m'en deux au lieu d'une. » Et je m'esquivai bien vite crainte d'être reconnu. Le brave garçon ne se doutait pas qu'en me faisant visiter ses cigarettes le matin, il ne se trompait en ce moment que d'heure. Un de ces fabricants en chambre m'a démontré plus tard, que, du mois de mars en novembre 1845, il avait vendu en gros au petit commerce de Paris jusqu'à 100,000 de ces petites cigarettes, en faisant de fortes remises ; je crois qu'il les cédait à trois centimes pièce, ce qui représente une rentrée de 3,000 fr. et 1,000 fr. de bénéfice.

5° Plus tard la construction d'une cigarette de camphre se réduisit à sa plus simple expression, en remplaçant la spirale et le bouchon par deux tronçons de la penne elle-même, pris environ à la hauteur c, fig. 1, de la pag. 82. On enfonce un des deux tronçons, celui de moindre calibre, jusqu'à la profondeur a, fig. 2, du tuyau de plume ; ce tronçon sert de diaphragme, la rainure latérale, ainsi que les pores de la moelle, donnant passage à l'air parfumé de camphre. Le tronçon le plus fort sert de bouchon en b, fig. 2, à cause de son calibre, et sa rainure latérale donnant également passage à l'air extérieur. En trois minutes, on peut ainsi se construire une cigarette de camphre.

6° *Cigarettes en ivoire, en os, en bois des Iles, en verre*, etc. Pour résister au *mâchottement*, qui en peu d'instants réduit au rebut une cigarette de plume, chez quelques personnes distraites ou douées d'une organisation impatiente, nous avons fait construire, dès nos premières publications, des cigarettes en bois des Iles, en os et en ivoire, sur le modèle des cigarettes de plume, avec bout vide, diaphragme en crible, bouchon vissé, de manière qu'on peut les bourrer de camphre comme une pipe ordinaire. Il est difficile de s'imaginer avec quel art nos tourneurs français sont parvenus à réunir, sur d'aussi petits objets, l'élégance et la variété des formes à la légèreté ; on trouve des cigarettes en ivoire, du travail le plus fin et du goût le plus exquis, qui ne pèsent pas plus qu'une cigarette en plume et qui durent certainement plus longtemps. Pour les personnes qui craignent de se faire remarquer dans cette innovation, on en fabrique en bois ou en ivoire que l'on colore, avec le nitrate d'argent, de la couleur d'un cigare de la Havane, dont elles ont la forme ; et même le bout, barbouillé de clinquant et de blanc, imite le bout d'un cigare allumé. On en fait en os d'un travail aussi fin que l'ivoire. Enfin, nous en avons en verre sous forme de petits *brûle-gueule*, de petites roses, de pensées, de violettes, d'olives, de cerises que l'on tient à la bouche par le pédoncule. Quand le génie de nos ouvriers français s'attache à quelque chose, on ne sait plus où leur esprit naturel doit s'arrêter. Nous avons plus de vingt tourneurs à Paris qui ont exploité avec profit cette nouvelle branche de commerce, jusqu'à ce que la concurrence ait établi à Saint-Claude (Jura) une fabrique en grand, qui a inondé de ces petits objets la France et les pays étrangers. A Saint-Claude on se bornait à la forme d'olive en bois de coco, et on y trouvait un ample profit à les céder au prix de quatre francs la grosse (douze douzaines).

La main-d'œuvre coûte si peu de chose parmi les populations pauvres du Jura !

7° *Manière de se servir de toutes ces cigarettes.* On aspire, avons-nous dit, par le petit bout qu'on tient plutôt entre les lèvres qu'entre les dents, on aspire l'air qui s'est imprégné de camphre en traversant les granulations qui remplissent le grand bout. Quand on aspire un peu fortement, on éprouve, dans la gorge et jusque dans les voies respiratoires, un sentiment de chaleur embaumée et même de brûlure, qui est éminemment favorable à la médication. Mais on ne tarde pas à remarquer que le dégagement des vapeurs camphrées est en raison de l'élévation de la température; en sorte que, par la température de l'hiver, ce dégagement peut baisser jusqu'à zéro. On a alors la précaution de tenir la cigarette dans le creux de la main ou dans la poche du gilet, pour aspirer quelques bouffées, dès que la cigarette est échauffée. On a soin de ne pas rejeter la salive qui se forme en aspirant; on l'avale; cette salive, imprégnée de camphre, est salutaire à l'estomac. Quand on enfonce un peu trop le bout dans l'intérieur de la bouche, l'aspiration ne s'opère plus, parce qu'alors l'orifice du petit bout ne se trouve plus sur le courant d'air qui s'établit de la bouche au larynx.

Les personnes dont la poitrine fatiguée se refuse à l'aspiration des cigarettes peuvent obtenir le premier résultat des cigarettes en prisant du camphre et aspirant l'odeur par le nez, et le second résultat, qui est d'imprégner la salive de camphre, en se tenant un morceau de camphre dans la bouche, entre la joue et les gencives, comme les soldats tiennent les *chiques* de tabac.

Lorsqu'on veut faire aspirer la cigarette de camphre à un enfant, on a soin de lui pincer un instant les lèvres, de chaque côté de la cigarette, afin de le forcer à ne tirer l'air que par le tuyau plein de camphre.

8° *Théorie thérapeutique de l'action de la cigarette de camphre.* L'aspiration de la cigarette de camphre est le spécifique des maladies des voies respiratoires, et, par accessoire, des maux d'estomac et des affections de la bouche. Cette aspiration a pour but de porter localement le remède sur les surfaces pulmonaires; or un pareil remède ne peut être administré qu'en vapeur et par le véhicule de l'air. La méthode de guérir les maladies du poumon par des tisanes et des juleps ne pouvait tout au plus qu'en pallier les conséquences fébriles sur le tube intestinal et quant à la santé générale, mais n'attaquait nullement le mal dans sa cause incessante, qui n'en arrivait pas moins tout doucement à son œuvre de mort, sous l'égide de ces palliatifs perfidement adoucissants. Les baumes mêmes, administrés de cette manière, auraient été insuffisants, parce qu'ils n'auraient pu arriver au poumon que par la filière de la digestion et de la circulation, et qu'à la suite de l'œuvre de ces deux cribles organiques, il en serait parvenu fort peu aux poumons.

Les maladies des voies respiratoires peuvent tenir à trois causes morbipares : 1° empoisonnement miasmatique ; 2° introduction de poussières ; 3° et, le plus souvent, invasion des êtres animés de petite dimension. Dans le troisième cas, la vapeur de camphre chassera les parasites, les asphyxiera et en débarrassera ainsi les voies respiratoires. Dans le second cas, la vapeur de camphre réparera les effets, par sa vertu antiseptique ; elle s'opposera à la purulence de mauvaise nature, à l'infection veineuse, à la propagation du virus des tubercules qui se sont déjà formés, et cela jusqu'à ce que le jeu naturel des organes soit venu à bout d'expulser ces corps étrangers, inertes auteurs d'aussi graves ravages ; il en faut dire autant pour le premier cas.

La salive imprégnée de camphre chassera de la panse stomacale les helminthes qui, en l'envahissant, occasionnent les crampes et les crudités d'estomac, et que l'on sent, à un chatouillement tout particulier, remonter souvent jusqu'à la gorge. Aussi, dès qu'on prend la cigarette, on voit disparaître ces chatouillements, qui redescendent dans l'estomac et passent de là dans les intestins, en sorte que la digestion stomacale s'achève sans obstacle. Puis quand le bol alimentaire arrive dans les intestins, il porte avec lui un anthelminthique qui suffit souvent pour étouffer dans ses œufs la vermine qui y pullule. J'ai vu bien des fois des gastrites invétérées céder en quelques jours à l'aspiration des cigarettes de camphre. Ce que nous disons des maladies de l'estomac s'applique avec un égal avantage aux maladies de la bouche, des gencives, de l'arrière-bouche qui tiennent aux mêmes causes de désorganisation et d'infection ; l'usage de la cigarette de camphre est un puissant auxiliaire du traitement spécial en pareil cas.

1273. Les cigarettes de camphre eurent une vogue des plus inattendues dès l'apparition de cette innovation. Elles ne la durent qu'à leur succès constant et qui tenait du merveilleux aux yeux de tout le monde ; car la presse aux gages des pieux conspirateurs et la médecine aux gages du pouvoir firent cause commune pour en étouffer la bonne renommée et ensuite pour les décrier. Mais le succès laisse bien vite en arrière de telles hostilités intéressées; toute l'autorité et toute la science du monde ne parviendront jamais à persuader à un homme, fût-il le plus crédule, que ce qui le soulage lui fait du mal ou ne lui fait pas de bien.

Aujourd'hui la cigarette seule ne suffit plus à de tels prodiges de soulagement et de guérison; d'ingrédient principal, elle est devenue l'accessoire, quoique souvent obligé, de la médication; voici la raison de cette espèce de déchéance apparente :

1274. On était en pleine vogue du système antiphlogistique de Broussais, quand nous eûmes la hardiesse de jeter les bases de notre nouveau système. Aussi les maladies les plus fréquentes, les plus à la mode, pour ainsi dire, c'était le rhume, le coryza, la gastrite et les maux d'entrailles. Au spectacle, on faisait chorus aux acteurs avec des quintes de toux sur tous les diapazons; à table, de dix mets les plus succulents, le régime en proscrivait neuf et tolérait à peine le dixième. On avait soin d'inviter à ses repas le médecin de la famille, qui réglait les morceaux à prendre et mettait son *veto* sur les plus friands; on ne mangeait presque plus que sur ordonnance; et la cuisine était soumise au codex tout autant que la pharmacie. Or, à cette époque et à la faveur de cette nutrition fade et exempte d'épices, les helminthes se trouvaient si bien de la théorie en vogue qu'ils pullulaient dans les entrailles, pour pousser leurs excursions de là dans l'estomac, à la gorge, derrière le voile du palais et dans les voies respiratoires; cause homogène de maladies d'une foule de noms.

1275. Or les premières bouffées d'une cigarette de camphre, en chassant les helminthes des fosses nasales, du gosier et des voies respiratoires, semblaient guérir comme par enchantement le coryza, la grippe et tous les maux de poitrine de cette origine.

La salive imprégnée de saveur camphrée débarrassait de la même manière l'estomac de ses crampes, les entrailles de leurs épreintes. Au bout de quelques jours on se hasardait à aborder à table les mets réputés les plus incendiaires et les vins les plus forts; et l'on trouvait qu'à la faveur de ce régime révolutionnaire et factieux on ne toussait plus au théâtre et l'on digérait fort bien au salon; il ne fallait qu'un petit bout de plume pour accomplir ces merveilles thérapeutiques. Les plumes d'oie, dont on ne savait plus que faire depuis l'invention des plumes métalliques, reprirent leur ancienne valeur vénale; et la fabrication des cigarettes mit à l'aise des milliers de travailleurs sans ouvrage. Quant à l'inventeur, il en a subi la peine, comme c'est l'ordinaire; depuis 1815, ses inventions lui sont toujours comptées à crime par la société occulte et le rendent passible d'une nouvelle confiscation; je ne sais pas depuis lors ce que l'on ne m'a pas confisqué par suite des trames de ces exploiteurs de la crédulité humaine; laissons-les faire; Dieu ne leur rendra que trop un jour; chacun son tour.

1276. La foule des maladies diverses qui n'avaient pour cause que la pullulation des helminthes, cédant aussi facilement à un engin d'une si faible valeur pécuniaire et d'une construction si aisée, il ne resta bientôt plus à la médecine que les maladies qui tiraient leur origine de l'intoxication industrielle ou médicale. En ce cas les cigarettes de camphre n'avaient plus rien à voir; la vente baissa dès lors par suite du succès même; on en acheta moins pour se guérir, parce qu'une seule suffisait pour prévenir.

La cigarette ne prime donc plus aujourd'hui les autres ingrédients de notre système; elle conserve son rang dans la liste, et sert au même titre qu'eux dans l'occasion, mais toujours beaucoup plus souvent que tous les autres.

1277. Mais, dans le principe, à la vue d'un pareil succès, la faculté se mit non pas à l'adopter nominativement, mais à l'exploiter sous des noms différents. On chercha des succédanés au camphre dans la catégorie des poisons végétaux et même minéraux les plus subtils. On en avait déjà un dans le tabac; on dépassa le tabac même; on eut recours aux cigarettes faites avec des feuilles de *Datura stramonium* (pomme épineuse), de belladone, de jusquiame, du papier *arseniqué* que l'on fumait en guise de cigare. Des cigarettes d'arsenic à l'instant où la justice insistait auprès de l'administration pour que l'on interdît la vente de la *mort-aux-rats* même! C'était pousser un peu loin l'insouciance de la santé, de la morale publique et des préoccupations de la justice alarmée à bon droit. « Le pharmacien refuse l'arsenic transformé en *mort-aux-rats!* se serait dit la malveillance; il ne nous refusera pas sans doute une botte de cigarettes d'arsenic pour guérir notre rhume. L'ordonnance du médecin en recommande une par jour; en douze jours, dans le cas où l'on ne nous en vendrait qu'une seule à la fois, en douze jours, nous aurons économisé une dose suffisante pour débarrasser un autre que nous de tous ses maux. ».

Ce raisonnement plus que probable du criminel, traduit de cette manière, ouvrit les yeux à l'administration et au public surtout, qui ruina par son aversion le débit d'une drogue aussi mortelle, en dépit de la dignité académique et professorale de son excentrique auteur. L'inventeur s'en consolera sans doute, en vous disant que le camphre est un poison, tandis que l'arsenic, qui est toujours poison entre les mains d'un assassin, n'est qu'un remède, quand il est prescrit, même à haute dose, par un médecin de l'Académie.

1278. Quant au tabac à fumer, dont nous ne proscrivons pas l'usage, bien loin de là, nous ne cessons de prévenir la population fumante d'avoir à se hâter de culotter ses pipes : une telle fumée alourdit la pensée, rend paresseux l'esprit en idées et la main au travail ; elle porte à l'inaction et à l'indolence ; elle désennuie, mais n'encourage pas. Les vrais travailleurs de corps et d'esprit ne fument point, en travaillant du moins ; ouvrier fumeur, ouvrier dormeur ; littérature fumante, littérature endormante.

1279. Le *tabac à priser* est déjà passé de mode, avis au *tabac à fumer* ! La camphatière a délogé du gousset la tabatière ; les narines en sont moins noires et les mouchoirs moins sales. Aussi, dès ce jour on n'envoie plus son portrait sur une tabatière, mais dans un médaillon ; le donateur y a gagné ; son image repose sur le cœur ; elle était reléguée auparavant parmi la vieille monnaie et en compagnie des gros sous.

§ 4. *Eau-de-vie et alcool camphrés.*

1280. L'*eau-de-vie* c'est l'*alcool* étendu d'eau de manière à le rendre potable ; l'*alcool* c'est l'eau-de-vie dépouillée d'une assez grande quantité d'eau ; il est *anhydre* quand, par une dernière distillation sur la chaux, il a été séparé de presque toute l'eau qui l'étendait ; on ne le prépare de cette dernière manière que pour les besoins de la chimie. Le *maximum* de pureté que l'on obtienne, dans l'industrie de la distillation, ne dépasse pas 40° à 44° Baumé = 95° centigrades ; mais on ne pousse aussi loin la force de l'eau-de-vie que d'une manière exceptionnelle. L'*eau-de-vie* du commerce se livre à 36°, à peu près ; et il prend le nom de trois-six, comme si l'on disait que le chiffre de son degré se compose d'un trois et d'un six ; le langage commercial se plaît beaucoup à la forme des énigmes et des rébus.

1281. On se garde bien de boire l'*eau-de-vie* à ce titre. Mais une fois le baril arrivé à sa destination, le marchand le mouille, en l'étendant d'une quantité d'eau égale à la moitié de son volume ; et le degré de l'*eau-de-vie* descend alors à 18° Cartier ; en pharmacie on l'emploie à 22° C.

1282. L'alcool, étant le produit de la fermentation saccharo-glutinique, peut provenir de la distillation des cidres, poirés, bières, jus de betterave, etc., comme de la fermentation du jus des raisins ; seulement il contracte des goûts différents selon la provenance ; l'eau-de-vie de grains et même de pommes de terre est de mauvais goût, mais peut servir en pharmacie aux mêmes usages que la meilleure eau-de-vie de vin.

1283. On aura soin de vérifier au pèse-liqueur (1186) le degré de l'alcool qu'on achète, et de constater en l'étendant d'eau qu'il ne devient pas louche et ne perd pas sa transparence ; car ce serait une preuve qu'il a été dénaturé par une résine ou par l'essence de térébenthine, pour échapper aux droits dont est exempt, en certains pays, l'eau-de-vie combinée avec des substances étrangères et destinée aux besoins de la pharmacie, de l'industrie et des arts.

1284. Le camphre se dissoudrait en toute proportion dans l'alcool anhydre (1280), comme le sucre dans l'eau ; ces deux substances se caraméliseraient pour ainsi dire ensemble. Mais le camphre étant presque entièrement insoluble dans l'eau, il est évident que plus l'alcool sera étendu d'eau, moins il dissoudra de camphre. Il faut très-peu de camphre pour saturer de l'eau-de-vie potable, à 18° Cartier par exemple ; l'eau-de-vie de ce degré est saturée, lorsqu'au bout de 24 heures on retrouve encore des grumeaux de camphre indissous au fond de la fiole.

1285. L'addition du camphre produit, sur le titre de l'alcool, le même résultat que l'addition de l'eau ordinaire; mais le titre descend par une différente progression ; et il descend d'autant moins vite que l'on ajoute de plus grandes proportions de camphre. Le tableau suivant, basé sur un nombre suffisant d'expériences, donne le titre de l'alcool par quantités de camphre qu'on y a fait dissoudre ; en sorte que le titre du menstrue et la quantité de la dissolution peuvent se contrôler mutuellement. Les expériences à ce sujet ont été faites avec de l'alcool marquant 44° Baumé (1186), à la température de 13° centigrades et sous la pression de 75 centimètres.

100 parties en volume d'alcool à 44° B., tenant en dissolution un volume de camphre égal à	Ne marquent plus à l'aréomètre B. que
4	42°
8	40°
10	39°
16	38°
20	37°
24	35°,5
28	34°
32	33°
36	32°
40	31°,5
44	30°,5
48	30°
60	29°
92	28°

La faculté dissolvante de l'alcool à 44° s'est arrêtée à cette quantité de camphre (92 pour 100), même après vingt-quatre heures de contact, pendant lequel espace de temps j'ai bien souvent agité le vase.

N. B. En poids il faut 60 grammes de camphre pour ramener à 30° un décilitre d'alcool du titre de 44° Baumé.

1286. On voit par ce tableau que le titre de l'alcool diminue d'autant moins rapidement que la quantité de camphre augmente; que jusqu'à 48 de camphre, le titre de l'alcool diminue environ de 1° par quatre pour cent de camphre; qu'à partir de ce point il faut 12 pour 100 de camphre, afin de faire descendre l'alcool d'un degré; et qu'enfin il en faut 32, pour faire descendre l'alcool de 29° à 28°, où s'arrête la faculté dissolvante de l'alcool pour le camphre.

Le Baume de Tolu, dont nous avons parlé plus haut, (1272, 4°) nous a fourni les mêmes résultats que le camphre sous ce point de vue; toutes les substances solubles dans l'alcool, huiles, graisses, résines se comporteraient de même, à quelques modifications près; et l'on peut avancer en outre que tous ces mélanges retarderaient le point d'ébullition de l'alcool, comme le fait le mélange d'eau. On conçoit de la sorte de combien de manières la fraude, qui veut jouer les octrois, est en état de se jouer de la santé des consommateurs eux-mêmes.

1287. Préparation de l'eau-de-vie et de l'alcool camphré. Nous l'avons déjà suffisamment indiqué, il suffit de déposer dans l'eau-de-vie une certaine quantité de camphre; l'eau-de-vie en dissoudra d'autant moins que son titre sera moins élevé. Quant à l'alcool, nous avons adopté par économie la formule suivante :

> Alcool à 40° C. ou 44° B. . . . . . 500 grammes = 1 livre.
> Camphre 166   = 1/3 livre.

Il marque environ 32° à l'aréomètre Baumé (1186).

Si l'on tenait à lui donner l'odeur de l'eau de Cologne, on n'aurait qu'à y ajouter, par litre d'alcool, 2 grammes d'essence de lavande, 2 grammes d'essence de citron, et 2 grammes de teinture de benjoin, ou bien qu'à mélanger de l'alcool camphré avec de l'eau de Cologne elle-même. Cette addition communique à l'alcool camphré une odeur plus agréable, mais n'ajoute rien à ses qualités thérapeutiques.

N.B. C'est là le titre de l'alcool camphré pour arroser les bonnes chairs en dessus et en dessous des blessures, pour composer l'eau sédative, pour lotionner ou essuyer la peau après les lotions à l'eau sédative et les frictions; il ne laisserait pas que de produire d'excellents résultats, si la quantité de camphre était moindre, mais il les produirait moins vite et moins énergiquement.

1288. Emploi de l'alcool camphré. On emploie l'alcool camphré en lotions, en compresses et en boisson :

1° *En lotions.* On en remplit le creux de la main que l'on promène ainsi sur les surfaces indiquées par le traitement, ou pour essuyer la peau, après la friction à la pommade camphrée; dans ce dernier cas on peut remplacer, en vue de l'agrément, l'alcool camphré par l'*eau de Cologne* ou par l'alcool camphré parfumé comme ci-dessus (1287).

2° *En compresses.* On verse une certaine quantité d'alcool camphré dans un bol; et l'on y trempe un linge blanc de lessive, jusqu'à ce que le linge en soit abondamment imprégné; on étend ensuite le linge sur la surface indiquée par le traitement, préparant son courage à une violente cuisson, si les chairs sont à vif; mais, dans le cas contraire, l'action de l'alcool est complétement anodine. Les ouvriers qui sont faits à la douleur ne reculent pas devant l'idée de tremper une coupure quelconque dans l'alcool camphrée, ce qui, au prix d'une violente mais passagère cuisson, procure une cicatrisation des plus promptes.

3° *En boisson.* On n'emploie en boisson que l'eau-de-vie ordinaire à 18° B. saturée de camphre; ou bien l'alcool camphré ci-dessus, que l'on aura préalablement ramené à 18° B. par une suffisante addition d'eau. On a soin de passer dans ce cas la liqueur à travers un linge bien blanc et à tissu serré, pour recueillir la quantité de poudre de camphre que l'addition d'eau en aura séparée sous forme pulvérulente. Dans le principe, nous prescrivions ce médicament, par petit verre, contre le choléra, la fièvre jaune ou typhoïde, et surtout contre le ver solitaire. Des expériences subséquentes nous ont amené à substituer, à ce moyen déjà par lui-même si puissant, la liqueur anticholérique dont nous allons donner la formule, et dont l'action paraît tenir du merveilleux, tant elle dissipe vite les symptômes de ces maux réputés jusqu'à ce jour comme étant incurables.

1289. LIQUEUR ANTICHOLÉRIQUE ET ÉMINEMMENT ANTIVERMINEUSE :

Alcool à 21° Cartier.	1 litre.
Racines d'angélique.	30 grammes.
Calamus aromaticus.	2
Myrrhe.	2
Cannelle	2
Aloès	4
Clous de girofle	1
Vanille.	1
Camphre	1
Noix muscade.	0,25
Safran .	0,05

PRÉPARATION. On laisse digérer ces ingrédients avec l'alcool, dans une bouteille bouchée et ficelée, qui reste, trois ou quatre jours au moins, ex-

posée au soleil, ou dans le voisinage du fourneau de la cuisine. Si l'on
était pressé, on opérerait cette macération, en tenant la bouteille débouchée, mais à demi-pleine, dans un bain-marie (1178), et en la surveillant
avec soin; car la vapeur d'alcool prend feu au voisinage de la flamme. On
retire la bouteille, après un quart d'heure à 20 minutes d'ébullition de
l'eau du bain-marie, ou moins de temps même, si l'on est pressé. On
attend une ou deux minutes, avant de reboucher et de ficeler fortement
la bouteille, que l'on tient ensuite en réserve avec une étiquette très-
lisible dans une *armoire-officine* (1167), pour en avoir toujours à sa
disposition au premier symptôme de l'invasion. Cette liqueur est tout
autant préventive que curative; elle guérit aussi sûrement qu'elle
préserve.

Dès que les symptômes cholériques ou typhoïdes se manifestent, on ne
doit pas craindre d'administrer incontinent au malade un petit verre
de cette liqueur; le malade ne tardera pas à se sentir débarrassé de
toute atteinte, au prix d'une grimace et d'une forte chaleur au gosier ;
de cette manière l'invasion cholérique avorte à son début. L'effet serait
tout aussi puissant, quoique moins prompt, si l'on n'employait ce moyen
énergique que quelque temps après l'apparition des premiers symptômes,
et alors que le mal aurait déjà fait quelques progrès; et ce mal progresse vite. Il faudrait que le cholérique ne fût déjà plus qu'un cadavre
pour que ce moyen restât sans effet. Autrement ses heureux effets sont
si prompts qu'on a de la peine à s'imaginer que le mal, dont on vient de
se débarrasser, eût pu revêtir plus tard les caractères d'un choléra véritable.

N. B. Nous développerons la théorie de l'action thérapeutique de
l'ALCOOL CAMPHRÉ, en nous occupant, dans un des chapitres suivants, de
la théorie spéciale de l'EAU SÉDATIVE.

1290. PRÉCAUTIONS À PRENDRE DANS L'EMPLOI DE L'ALCOOL CAMPHRÉ. On ne
doit jamais perdre de vue, en faisant usage de l'alcool camphré, que la
vapeur concentrée d'alcool prend feu au contact de la flamme; on ne
doit pas approcher une chandelle allumée trop près d'une compresse
imbibée d'alcool camphré. Une bouteille d'alcool qui s'échauffe fait
sauter son bouchon; on doit donc toujours conserver ce médicament
loin d'un foyer de chaleur. Depuis que nous prescrivons ce médicament,
et grâces à ces avertissements fréquemment répétés et peut-être même
exagérés à dessein, je ne sache pas qu'il soit résulté de son emploi le
moindre accident regrettable.

1291. D'un autre côté, on n'oubliera pas que la vapeur d'alcool finirait
par produire certains symptômes d'ébriété, si l'atmosphère dans laquelle
on vit en était trop surchargée. L'air pur, même de l'odeur des médica-

ments, est indispensable à notre respiration ; tout ce qui n'est pas cet air pur nous fatigue d'autant plus que notre poitrine est plus délicate. On doit donc porter la plus grande attention à ce que les pansements soient faits dans une pièce différente de celle où le malade se tient d'habitude ; et l'on doit aérer cet appartement toutes les fois que le pansement est terminé. L'air pur est plus qu'un auxiliaire de la bonne santé, c'est une indispensable nourriture.

1292. En outre nous prescrivons cette liqueur comme remède, mais nullement comme boisson ; et nous rappelons que toute boisson alcoolique, si hygiénique qu'elle soit, peut être aussi funeste par l'abus qu'elle est bienfaisante par l'usage.

§ 5. *Huile camphrée et térébenthinée.*

1293. FORMULE :

> Huile d'olive . . . . 250 grammes.
> Camphre en poudre (1268) . . 30

La dissolution s'opère assez promptement, quand on a soin de placer le vase dans un bain-marie (1178) ou près du feu. Elle a lieu un peu plus lentement à la température ordinaire ; on l'accélère en agitant souvent le flacon dans la journée.

On peut substituer à l'huile d'olive toute autre espèce d'huile bonne à manger.

1294. L'huile camphrée remplace la pommade, pour les injections, pour arroser les pansements qu'on ne peut pas renouveler, enfin pour les lavements, à cause de sa fluidité à la température ordinaire ; on en emploie une cuiller à café par lavement.

1295. HUILE TÉRÉBENTHINÉE. A défaut de camphre ou par économie, quand il s'agit des animaux, on fait dissoudre une cuiller à café d'essence de térébenthine dans un demi-litre d'huile pour l'homme, et jusqu'à 30 grammes par litre d'huile pour les bestiaux.

1296. Dans le cas où l'on n'aurait sous la main, ni camphre, ni essence de térébenthine, on pourrait se procurer un équivalent, en faisant dissoudre dans l'huile les pétales du *lis blanc* (*lilium candidum*), les feuilles de millepertuis (*hypericum perforatum*), de menthe ou de mélisse, les bourgeons printaniers du peuplier, du sapin ou du pin, les feuilles de sauge, les épis de lavande, les divers aromates enfin qui servent aux préparations culinaires ; et de préférence le goudron liquide, à la dose de 15 grammes par litre d'huile.

N. B. Gardez-vous de faire usage de l'essence de térébenthine qui aura été renfermée dans les vases à l'usage des peintres et des badigeonneurs ; crainte que ces vases n'aient préalablement servi à contenir des couleurs vénéneuses ou autres sortes d'impuretés.

§ 6. *Pommade (*) camphrée.*

1297. FORMULE :

> Saindoux (**) . . . . 100 grammes.
> Camphre en poudre 30

1298. PRÉPARATION. On peut préparer cette pommade ou au *bain-marie* ou *à froid* :

(*) *Pommade* vient de *pomme* (*pomum*). Ce mot, qui sert à traduire aujourd'hui le mot *unguentum* des Latins , n'a dû prendre cette signification que dans le moyen âge ; il était déjà généralement reçu vers le commencement du seizième siècle : *Quam vulgò* POMATAM *vocamus* (la mixture adipeuse que nous appelons vulgairement *pomade*), dit Matthiole (pag. 379, édit. des Valgrises). On trouve, dans le glossaire de Ducange, que, dans la Gascogne, le Béarn, etc., on désignait le *cidre* par le mot de *pomata*, pommade, vu qu'il est fait avec le jus de la pomme. Comme le paysan utilise tout, il lui sera arrivé d'appliquer, sur un ulcère ou une coupure, le marc épuisé du cidre, qui, à cause de son alcool et de son acidité, aura produit les bons effets que ces deux substances produisent depuis notre système ; le médecin, qui légalise toujours les remèdes de bonne femme, aura dès lors mis ce remède et sur la liste de son droguet et sur ses formules, avec les mots sacramentels : *recipe pomatam ;* et tout baume ou corps gras incorporé avec des baumes aura fini par prendre le même nom générique, à cause de l'analogie d'aspect d'une graisse molle avec la pulpe macérée du fruit du pommier ; le mucilage en effet, au premier coup d'œil, ressemble à un corps gras.

(**) Le saindoux, autrement dit *axonge* ou *graisse de porc*, vient du mot *suint* qui sert à désigner la matière de la transsudation des moutons ; et *suint* dérive de *suer*, pour *suant*, l'*a* chez les peuples du Nord se prononçant *ai*. De *suint* on a fait *suinter*, puis *suintement*, ce qui se dit de tout ce qui transsude d'un corps même inanimé, de la terre, des tonneaux. Bernard de Palissy écrit *sain* (voy. ses *OEuvres*, pag. 240); et le dictionnaire latin, grec et français de Morel (1558) écrit *sein*. Les Provençaux se servent, avec la même acception, du mot *surg*, de *surgere*, sourdre. Le *suint*, étant une exsudation grasse, a fini par s'appliquer à toute espèce de corps gras. On a dû désigner le *suif*, mot dérivé de *suer*, également par celui de *suint*. Le *suint* ou *suif de porc* a pris l'épithète de *doux* (parce qu'il fond à la température ordinaire), par opposition avec le *suint* ou *suif de mouton*, qui est un *suint dur* (qui ne fond qu'à une plus haute température) ; de là vient *sain-doux* pour *suint-doux ;* Bernard de Palissy dit *sain de porc* pour *graisse de porc*. Le mot *axonge* (*axungia*) qui signifiait primitivement une terre sigillée grasse au toucher et qui servait de *cambouis* pour les roues (de *axis*, essieu et *ungere*, frotter) a servi à désigner la *graisse de porc*, du jour où on s'est servi de cette graisse pour le même usage et pour faire un cambouis artificiel ; car on trouve en certains pays, et en Alsace surtout, de la terre sigillée noire, ou argile bitumineuse et grasse, qui, de temps immémorial, y est employée à graisser les roues.

1º *Au bain-marie* : On dépose dans le bain-marie (1178) le vase qui renferme la quantité de saindoux voulue ; et lorsque, par l'effet de l'élévation de la température, la graisse de porc est devenue fluide comme de l'huile, on y verse la quantité proportionnelle de poudre de camphre, ou d'alcool contenant cette quantité. On agite le mélange avec une cuiller, une spatule ou mieux avec une tige de bois très-propre, pour faciliter la dissolution et l'incorporation de la poudre de camphre ou l'évaporation de l'alcool. Cela fait, on retire le vase du feu, on décante doucement le liquide dans un autre vase, pour le séparer des esquilles et effondrilles que la graisse dépose toujours, et on l'expose au frais du cellier, de la cave ou même de la fenêtre, pour faire figer la pommade ; on a soin de recouvrir le vase d'un papier, pendant qu'il refroidit, et d'un bon couvercle pendant qu'on le conserve.

2º *A froid* : On mêle la poudre de camphre à la quantité proportionnelle de graisse de porc et on bat le tout avec une cuiller ou mieux une botte de petites verges écorcées. On parvient ainsi à donner à la graisse de porc une température qui la rend oléagineuse et propre à dissoudre, comme l'huile, la poudre de camphre, qui sans cela y resterait en petits grumeaux pulvérulents.

1299. La pommade, préparée de ces trois façons différentes, est blanche comme la neige, onctueuse, sans grumeaux et sans aspérités.

1300. On remplace le camphre par la térébenthine, comme nous l'avons dit ci-dessus, en portant la dose de cette dernière substance au tiers de la quantité employée de graisse de porc ; car la pommade térébenthinée n'est destinée qu'aux usages externes. En cas de pénurie, on aromatise l'axonge par toutes les sortes de plantes balsamiques et inoffensives dont nous avons parlé ci-dessus (1296), si on les a sous la main.

1301. Enfin, en certaines circonstances le *goudron de Norwége* ou *goudron liquide* doit être employé de préférence à la pommade camphrée, pour recouvrir des surfaces dartreuses ou qui sont en bonne voie de cicatrisation ; on l'étend sur les surfaces en couches minces, que l'on recouvre d'un linge maintenu par des bandes de sparadrap ; et dès que la démangeaison se fait sentir, on recommence à recouvrir les surfaces avec du goudron liquide. Sur les plaies à vif, le goudron produirait une cuisson incessante et qui s'opposerait à la cicatrisation.

1302. EMPLOI DE LA POMMADE CAMPHRÉE. La pommade camphrée s'emploie pour les *frictions*, les *pansements*, les *lavements* et les *lubrifications*.

1º *En frictions* : On recouvre la paume de la main droite d'une certaine quantité de pommade et l'on promène la main toute étalée, en tenant les doigts allongés, sur la surface à frictionner; de temps à autre on presse les muscles, on les *masse,* comme pour faire mieux entrer la pommade dans les pores; on renouvelle la pommade toutes les fois que la main est à sec. Si l'on frictionne sur le dos, on a soin de laisser l'épine dorsale en dehors de la friction en ouvrant les doigts de manière que l'index et le médius soient à gauche et l'annulaire et le petit doigt à droite de la colonne vertébrale, et que la paume de la main n'appuie que d'un côté du dos, du côté le moins sensible.

2° *En pansements :* On saupoudre la plaie de poudre de camphre; on la recouvre d'une certaine quantité de pommade camphrée étalée sur un coussinet de charpie : on place par-dessus des bandes dites longuettes ou bandes ployées en deux ou quatre, et l'on assujettit le pansement avec des bandes de toile d'une longueur appropriée.

Nous avons dit ci-dessus (1301) qu'en certains cas le goudron liquide produit des effets de cicatrisation et même de guérison plus prompts que l'emploi de la pommade camphrée.

3° *En lavement :* A défaut d'huile camphrée (1293) on agite dans l'eau, qui est encore sur le feu, gros comme une noisette de pommade camphrée.

4° *En lubrification :* On se graisse de pommade camphrée la main ou les doigts que l'on doit introduire dans un organe étroit ou suspect d'infection, ce qui facilite l'introduction et préserve de toute communication virulente. On en enduit également, et pour les mêmes motifs, les instruments qui doivent remplacer la main en ce cas. Les cordonnets de soie pour la ligature des artères, on les graisse préalablement de cette pommade ou d'huile camphrée, avant de les employer, fussent-ils même graissés d'avance avec la cire ordinaire.

§ 7. *Cérat camphré.*

1303. La pommade camphrée soumise à une certaine température peut acquérir une fluidité approchant de celle de l'huile camphrée; dans ce cas la plaie étant laissée trop vite à nu, la pommade devrait être renouvelée trop souvent. On emploie alors de préférence le cérat camphré.

1304. PRÉPARATION : On mêle à la pommade camphrée une certaine quantité de cire jaune ou mieux blanche, mais d'une grande pureté : quantité variable selon les saisons, les milieux où l'on séjourne et les organes que l'on doit recouvrir.

Il faut moins employer de cire en hiver qu'en été ; dans un appartement ordinaire que dans une usine.

1305. Formule ordinaire :

Axonge (1298 *). . . . . . 100 grammes.
Poudre de camphre (1297**). . 30
Cire jaune ou blanche 20

On fait incorporer le mélange dans une tasse au bain-marie (1178), et quand il a acquis la fluidité et la transparence de l'huile, on décante (1298, 1°); on laisse figer, et l'on conserve le pot à l'abri des émanations et de la poussière, pour s'en servir dans l'occasion.

1306. Si l'on a déjà sous la main une suffisante quantité de pommade camphrée, on la replace dans un bain-marie avec un sixième de son volume de cire jaune ou blanche.

1307. Emploi du cérat camphré : Avec le manche d'une cuiller ou un couteau de bois, on étale sur un linge une certaine quantité de ce cérat, que l'on applique ensuite sur la surface malade. On maintient les bords en place au moyen de petites bandes de sparadrap. On renouvelle le pansement dès que le cérat paraît avoir été absorbé par la peau ou par les linges.

§ 8. *Bougies camphrées.*

1308. Formule pour l'été :

Suif (graisse de mouton) . . . 500 grammes.
Camphre en poudre (1268) . . 150
Cire jaune ou mieux blanche . 10

Formule pour l'hiver :

Suif (graisse de mouton) . . . 500 grammes.
Camphre en poudre (1268) . . 150
Cire jaune ou mieux blanche . 2

1309. Préparation : On incorpore ce mélange au bain-marie (1178). Dès qu'il a acquis la fluidité de l'huile, on le verse, par le goulot du vase, ou au moyen d'une cuiller, ou bien à l'aide d'un petit entonnoir en verre dans les moules en papier dont on aura préalablement préparé une quantité suffisante de la manière qui suit :

On enroule un carré de papier de 10 centimètres au moins de long, autour d'un manche bien lisse de plume métallique, de manière que l'extrémité du rouleau déborde par le bas le moule d'un à deux centimètres. On tord l'extrémité, on lie le cylindre vers le milieu de sa longueur avec un bout de fil, pour en maintenir le bord libre, on retire le rouleau, et l'on a un moule cylindrique creux. Quand on en a fabriqué un certain nombre de la sorte, on les place perpendiculairement, l'ouverture en haut, côte à côte, dans un vase approprié ou même dans du sable, pour les maintenir dans cette position, et on les remplit successivement de la matière liquéfiée jusqu'à environ un demi-centimètre du bord supérieur ; on laisse figer ; on replie les bords de l'orifice sur eux-mêmes, et l'on conserve ces moules dans une boîte pour s'en servir à la première occasion.

1310. Manière de s'en servir : On coupe le fil qui a servi à maintenir le bord perpendiculaire et longitudinal du cylindre en papier ; on déroule le moule de papier ; on obtient alors une bougie assez solide pour pouvoir être introduite dans les organes (*anus*, *vagin*, *fistules*, *etc.*), où on a besoin de maintenir en permanence le contact de la pommade camphrée ; on se garnit avec une bande de linge, de manière que la bougie ne puisse pas obéir à la force d'expulsion de l'organe. Si le calibre de la bougie était trop fort pour en permettre l'introduction dans un organe, on le réduirait en la pétrissant et l'étirant entre les doigts.

1311. Dans l'occasion, elles servent même et accessoirement à appliquer l'alcool camphré sur les surfaces internes, ce qui est aussi utile dans ce cas que pénible à endurer : il suffit pour cela de les mouiller préalablement d'alcool camphré, par une simple et rapide immersion. Si la cuisson était insupportable, on ferait injections sur injections, avec une décoction de graines de lin ou d'amidon ; mais rarement on se trouve dans cette nécessité.

§ 9. *Théorie de l'action de ces préparations adipo-camphrées.*

1312. Tout tissu animal mis à nu et recevant l'air non tamisé par l'épiderme, a une tendance d'autant plus prononcée à la décomposition putride que l'on vit dans un climat plus humide et plus froid ; d'un autre côté, une plaie à vif absorbe les virus et les miasmes dont l'interposition de l'épiderme nous préserve (395). Les préparations adipo-balsamiques remplacent l'épiderme, en formant vernis sur les surfaces mises à nu par l'érosion du mal ou par une solution traumatique de continuité ; et un tel vernis préserve les tissus de l'action de l'air ambiant en l'absorbant pour son propre compte ; car les corps gras se combinent avec les gaz dont se compose l'air extérieur.

1313. D'un autre côté, les baumes incorporés avec le corps gras sont les plus puissants antiseptiques que nous ayons à notre disposition ; et, parmi ces baumes, le camphre occupe certainement la première place et mérite sous tous les rapports la préférence que notre système lui accorde.

Il est antiseptique, parce qu'il s'oxygène avec une incessante activité ; il absorbe l'oxygène de l'air, avant que l'air ait pénétré jusqu'à la surface des tissus mis à nu ; or sans oxygène point de fermentation possible et d'aucune espèce. De là vient que, dans le principe et à l'époque de la plus grande vogue du système si meurtrier de pansement des plaies et blessures par les cataplasmes, notre pansement avec la pommade camphrée semblait tenir du merveilleux, et qu'avant d'en avoir vu les effets, tout chirurgien se refusait d'y croire ; et pourtant nous ne faisions en cela que revenir aux procédés antiques inspirés par la bonne nature, dont les Facultés semblent avoir pris à cœur de s'éloigner en tout, d'une manière souvent déplorable et presque toujours illogique. *Verser un baume sur la plaie*, n'était plus alors qu'un trope, qu'une métonymie, qu'une figure oratoire ; l'application nouvelle de ce procédé si antique était l'une de nos plus grandes hérésies médicales ; le succès ne nous en absolvait nullement, au contraire.

1314. Cependant, et tout en sollicitant un auto-da-fé pour nos écrits et le bannissement pour notre personne, ils en sont venus tout doucement à reconnaître que l'emploi de leurs cataplasmes était meurtrier, et s'ils n'ont pas encore tout à fait adopté le nouveau système, du moins ils ne tiennent plus autant à l'ancien.

1315. Le pansement du nouveau système préserve les plaies de la formation du pus de mauvaise nature ; en prévenant la formation de toute espèce de pus, elle met le malade à l'abri de la fièvre, et partant du tétanos ; le malade peut manger, immédiatement même après l'opération ; et la pellicule de cicatrisation est déjà formée dès le quatrième jour, ce que nous développerons plus au long à l'article *pansement*.

1316. L'addition de la cire (1303, 1308) à la pommade camphrée n'a d'autre but que de donner plus de solidité au mélange, et plus de durée au pansement.

CHAPITRE V.

CATAPLASMES (*).

1317. La *pommade* (1297*) est un *cataplasme* au moyen d'un excipient gras ; le *cataplasme* est une pommade au moyen d'un excipient mucilagineux. En outre le cataplasme est le bain des surfaces restreintes ; c'est un moyen de maintenir en contact prolongé avec l'épiderme les substances médicamenteuses que l'on veut faire absorber par la peau.

(*) Du grec *cata,* par-dessus, et *plassô,* j'enduis, j'applique.

1318. La farine de graines de lin est le seul excipient dont nous fassions usage de préférence, afin de ne pas trop compliquer la médication d'abord, et ensuite à cause de ses qualités éminemment mucilagineuses. On a prétendu que, lorsqu'elle est trop longtemps gardée, elle rancit, et cause, par son application sur la peau, des éruptions érysipélateuses et comme une urticaire; cela viendrait de l'acide développé par la fermentation de la farine humide. Nous n'avons rien de tel à craindre de son emploi, même dans cette hypothèse, l'addition de l'eau sédative neutralisant suffisamment cet effet en saturant l'acidité qui en est cause.

Cependant, à défaut de farine de graines de lin, on ne devrait pas hésiter à employer la mie de pain, la farine d'orge ou de seigle, le son lui-même pétri avec une décoction de racines mucilagineuses (panais, carottes, racines de guimauve ou de saponaire, résidus de distillerie).

1319. Préparation du cataplasme en général. On place sur un feu doux en même temps la farine de graines de lin et la quantité d'eau ordinaire (un demi-litre de chaque), plus les ingrédients indiqués par la médication spéciale; on remue le mélange avec une cuiller de bois ou de fer, jusqu'à ce que l'incorporation paraisse suffisamment épaisse et gluante.

On étend alors cette pâte sur le milieu d'un mouchoir de mousseline ou de toile mais douce et claire, on ramène les bords du mouchoir l'un par-dessus l'autre. On retourne le tout sur la main, et l'on arrose d'eau sédative le côté du linge par lequel le cataplasme doit être appliqué sur la peau. On garde un cataplasme au moins vingt minutes, et plus longtemps s'il continue à soulager; on frictionne ensuite à l'eau sédative et à la pommade camphrée (1302, 1°) les surfaces d'application.

1320. Cataplasme salin. Vous mêlez à la pâte une grosse poignée de sel gris de cuisine (1209*), et à l'instant où on le sort du feu une cuiller d'alcool camphré (1287); on remue bien la pâte; on l'étend et on l'applique comme ci-dessus (1319).

1321. Cataplasme aloétique ou éminemment vermifuge. On ajoute à la pâte, un instant avant de la retirer du feu, deux grammes d'aloès pulvérisé et pétri dans un peu de pommade camphrée, une grosse poignée de sel gris, deux gousses d'ail broyées, quelques poireaux, des feuilles de laurier-sauce, un bouquet de thym, cerfeuil, etc.; on remue fortement le mélange, on l'étend comme ci-dessus (1319) et on arrose d'eau sédative le côté du linge qui doit être appliqué sur la peau.

Cette sorte de cataplasme s'applique de préférence sur la poitrine, entre les épaules, sur les reins et le ventre.

1322. Cataplasmes secs ou sachets. On remplit un sachet de toile fine, avec soit de la farine, soit du son, soit de plâtre et mieux encore avec du sel gris de cuisine; on fait chauffer le sac, et on l'applique tout chaud sur les surfaces qui réclament l'emploi de ces cataplasmes. On peut remplacer les sachets en déposant ces substances, comme la pâte des cataplasmes (1319), sur le milieu d'un mouchoir de mousseline et repliant les bords, que l'on maintient avec quelques points de couture.

1323. Ces sachets sont, pour ainsi dire, la contre-partie des cataplasmes. Au lieu de communiquer un ingrédient liquide aux surfaces d'application, ils leur soutirent le liquide qui les infecte ou les distend et les gêne; ils opèrent non par leur humidité, mais par leur hygrométricité et leur avidité pour l'eau. Il servent à absorber le liquide qui enfle, d'une manière maladive, les cellules des tissus œdématisés. Nous nous en servons (surtout des sachets de sel gris de cuisine finement égrugé) pour combattre l'enflure des membres, l'hydropisie des organes, les engorgements du sein, les fluxions de la joue, l'apparition des glandes et tumeurs strumeuses, le goître lui-même.

CHAPITRE VI.

CAUTÈRE (POIS NATUREL A) (1233).

1324. Il n'est pas, dans la nature, une seule substance qui, employée par hasard, n'ait pu produire, en certains cas, des effets favorables au rétablissement des fonctions d'un organe. De ce cas particulier, l'enthousiasme du premier moment en fait presque toujours une loi générale; le remède exceptionnel, et d'une spécialité des plus restreintes, devient du coup, pendant quelque temps, *un remède à tous maux*, jusqu'à ce qu'enfin l'insuccès vienne en déprécier l'usage et que plus tard la théorie (qui est la science des lois de la nature) se formule à son tour pour en démontrer le mode d'action et en signaler le véritable usage. C'est ce qui est arrivé enfin à l'égard du *pois à cautère*, avec lequel on a tant torturé l'espèce humaine pour la moindre indisposition, ce qui nous l'avait fait reléguer parmi les mille et une sottises de la médecine; lorsqu'un trait de lumière de l'analogie (*) nous a indiqué le parti que nous pouvions en tirer, en nous révélant le mécanisme de son action thérapeutique.

1325. Le *pois à cautère*, mais le pois naturel, le *pois à manger* en un mot, nous sert dans le même but que les *peaux d'animaux vivants* (1220), que les *bains de sang* enfin (1219). Car les tissus végétaux participent des

(*) Voyez *Revue complémentaire des sciences appliquées*, livr. d'avril 1858, tom. **IV**, pag. 266.

propriétés vitales des tissus animaux; ils aspirent les sucs dont ils manquent; ils débarrassent les autres tissus vivants de ce que ceux-ci ont de trop.

Ils partagent en soutirant; ils débarrassent en partageant. Or c'est dans la graine que cette puissance d'action épurative existe d'une manière spéciale; c'est la puissance de la vie à son début, de la germination qui résume toutes les autres puissances assimilatrices. Mais, parmi les graines, il en est peu qui puissent le disputer, à moins de frais et sous ce rapport, au *pois à manger*, dès qu'il est parvenu à une complète maturité.

1326. L'idée d'employer les tissus vivants des animaux, dans le but de purifier les organes de l'homme des sels mercuriels, arsenicaux ou autres dont ils peuvent être infectés, devait nous amener à leur substituer, comme succédanés, les tissus végétaux vivants qui n'ont pas moins de puissance pour absorber les substances toxiques (369, 7°).

1327. Le *pois naturel* peut donc être d'un grand secours, appliqué sur les fistules, les ulcérations, les plaies, les tumeurs scrofuleuses d'origine mercurielle, arsenicale ou autre. Tous les soirs on lave la fistule ou la plaie avec l'*eau quadruple* dont nous parlerons plus bas, après avoir enlevé le pois de la veille; on replace un nouveau *pois à manger*; on le recouvre d'une feuille de lierre et celle-ci d'un linge enduit de cérat camphré.

1328. Je ne sais pas si je commets une exagération; mais tout me porte à croire que ces pois contractent, chez certaines individualités, des qualités qui pourraient bien les rendre nuisibles à la volaille et aux autres animaux domestiques; on fera bien, en tout cas, de les enterrer ou de les jeter chaque fois aux lieux.

· La plus grande preuve que le pois a agi par absorption, c'est qu'il a acquis en 24 heures un volume quelquefois double. Or, ce qu'il a absorbé, c'est le liquide vicié.

1329. A défaut d'ulcérations et de fistules, etc., on pratique une très-petite plaie artificielle, en touchant la surface de la peau avec le bout d'un bâton de *potasse caustique*; on essuie bien ensuite le sang qui peut s'en échapper, afin que la cautérisation ne soit pas portée plus loin par l'écoulement de ce liquide; et on applique le *pois à manger* sur cette petite excoriation. J'emploie ce moyen artificiel quand il s'agit d'une glande, d'une loupe, d'un lipôme d'origine mercurielle ou d'origine suspecte; et j'en retire chaque jour les moins contestables effets.

1330. Si la théorie nouvelle du pois à cautère avait été reconnue, on n'aurait pas eu la malencontreuse idée de substituer au *pois à manger* les *pois artificiels*, qui n'agissent sur la fistule que comme bouchons inertes, et qui au lieu d'absorber les virus miasmatiques, ne sont propres au contraire qu'à en favoriser la contagion; ils enveniment la plaie en la tenant béante, au lieu de l'assainir en absorbant et les gaz et les sucs lymphatiques viciés.

CHAPITRE VII.

COLLYRES (*).

1331. Les *collyres* sont les bains locaux (1234) des yeux. La baignoire en est réduite aux dimensions d'un coquetier naviculé, qui se nomme une *œillère*; nous nous proposons de faire construire des *œillères* en zinc, et d'autres moitié zinc et moitié cuivre rouge (*œillères galvaniques*); on observera que les bords et les deux angles doivent être émoussés et lisses, et que le bassin, par sa forme naviculée, doit pouvoir se mouler assez exactement sur le globe de l'œil.

1332. 1er COLLYRE :

Eau	un verre.
Sulfate de zinc.	2 grammes.

2e COLLYRE :

Eau d'un vase en zinc	un verre.
Eau sédative (1336, 1°)	une cuiller.

3e COLLYRE :

Eau zinguée.	un verre.
Alcool camphré	une cuiller.

4e COLLYRE :

Eau quadruple (eau zinguée, salée, goudronnée et aloétisée, dont nous parlerons plus bas).

5e COLLYRE :

Pommade camphrée (1297).

1333. On conserve ces collyres dans un flacon bouché à la manière ordinaire, et on en fait usage au moins six fois par jour. Le cinquième

---

(*) *Kollyrion* est un mot grec qui vient sans doute de *kollyris*, espece de beignet fait avec de la farine et de l'huile. Cette friandise sera sans doute devenue un jour un remède de bonne femme, qu'on aura appliqué sur un œil malade, comme j'ai vu, dans ma jeunesse, y appliquer la moitié d'un œuf dur (que les petits malades savaient parfaitement bien d'aventure s'appliquer de préférence sur l'estomac). Du reste, cette idée est plus qu'une hypothèse : car Celse conseille de recouvrir les yeux atteints d'enflammation avec du sel ammoniac pétri avec de l'huile et de la farine (liv. 6, ch. 6, à la fin). Or cette pâte est un véritable beignet cru (*kollyris*). Tout remède, même liquide, contre les yeux aura pris ensuite le nom de ce genre de remède solide, l'identité du but amenant l'identité de l'appellation même.

sert à recouvrir les paupières dans les intervalles du pansement, si l'on n'a rien de mieux à faire; il suffit ensuite de s'essuyer les yeux pour se débarrasser du corps gras.

1334. L'emploi successif de ces collyres est le pansement spécial des maladies des yeux, surtout des maladies d'origine mercurielle.

CHAPITRE VIII.

EAU SÉDATIVE.

1335. Nous avons adopté trois formules d'eau sédative; elles ne diffèrent entre elles que par la dose d'ammoniaque. Il est bien entendu que, dans toutes nos prescriptions, c'est la première formule que nous employons, à moins d'une indication spéciale pour les deux autres (*).

1336. 1re FORMULE ou eau sédative ordinaire :

Ammoniaque liquide à 22° B. . . . 60 grammes.
Alcool camphré (1287). 10
Sel gris de cuisine (*sel marin*) (1209*) . 30
Eau ordinaire . . . . 1 litre.

2e FORMULE ou eau sédative moyenne :

Ammoniaque liquide à 22° B. . . . 80 grammes.
Alcool camphré (1287). 10
Sel gris de cuisine (1209*) 30
Eau ordinaire . . . . 1 litre.

3e FORMULE ou eau sédative très-forte :

Ammoniaque liquide à 22° B. . . . 100 grammes.
Alcool camphré (1287). 10
Sel gris de cuisine (1209*) 30
Eau ordinaire . . . . 1 litre.

N. B. Le sel, à la dose de 60 grammes, donne à cette eau une plus grande activité; mais l'eau sédative laisse alors sur la peau une certaine efflorescence qui encrasse trop les cheveux. Ceux qui ne reculeront pas devant ce résultat n'auront qu'à doubler la dose du sel de cuisine pour chacune de ces deux formules.

(*) Nous devons prévenir les pharmaciens que la *Pharmacopée belge* de 1856, en admettant l'*eau sédative* au nombre des remèdes officiels, a tellement exagéré la proportion d'ammoniaque, que l'emploi de cette eau ne manquerait pas de produire des effets caustiques sur la peau. Nous les invitons à ne suivre que la première des formules que nous donnons dans cet ouvrage. (Voy. *Revue complémentaire des sciences appliquées*, tom. IV, pag. 79.)

Si l'on tenait à dissimuler l'odeur ammoniacale de l'eau sédative, on y ajouterait une quantité suffisante d'essence de rose ou de toute autre essence. Mais en général le malade, qui trouve excellent tout ce qui le soulage, sait se passer de cette superfluité.

L'eau sédative que l'on conserve dans les bouteilles finit par contracter l'odeur balsamique des amandes amères; ce qui provient d'une combinaison intime de l'ammoniaque avec le camphre. Appliquée sur certaines peaux, elle répand souvent l'odeur hircine de certaines sueurs; c'est le résultat de la combinaison de l'ammoniaque avec l'acide hydrochlorique des hydrochlorates que renferme la transpiration; l'odeur hircine, en effet, c'est la volatilisation d'une sueur imprégnée d'hydrochlorate basique d'ammoniaque qui la détermine.

1337. PRÉPARATION DE L'EAU SÉDATIVE. On verse la dose d'alcool camphré dans la quantité d'ammoniaque prescrite par la formule; on bouche avec le plus grand soin et aussi vite que cela est possible, afin d'éviter de respirer une bouffée de cet alcali; on agite le mélange fortement.

D'un autre côté on fait fondre la quantité prescrite de sel gris de cuisine dans un litre d'eau, en ayant soin d'y verser une goutte d'ammoniaque pour en précipiter les bases calcaires ou autres; on agite. Dès que le sel paraît dissous et que les impuretés s'en sont déposées au fond du vase, on décante ou l'on filtre cette eau salée dans une bouteille ayant plus d'un litre de capacité; on y verse ensuite vivement la dose d'ammoniaque camphrée, on bouche et l'on agite le mélange violemment. On conserve dès lors la fiole bien bouchée dans un endroit frais. Si la fiole restait débouchée, l'eau sédative perdrait peu à peu toutes ses vertus, par l'évaporation de l'ammoniaque qui en fait la base.

1338. Contre les maladies d'origine mercurielle, je recommande de se servir de préférence pour cette préparation, de l'eau zinguée dont nous parlerons plus bas. Il se forme alors un savonule double d'ammoniaque, d'oxyde de zinc et de camphre, qui communique une qualité antitoxique à la qualité sédative de cette eau.

1339. L'eau sédative très-forte, de la 3e formule, est destinée aux personnes dont la peau est calleuse, ainsi qu'au traitement des maladies des bestiaux.

1340. L'eau sédative moyenne, de la 2e formule, s'emploie dans les cas de piqûre de la vipère, du scorpion, d'insectes venimeux, de morsure des chiens enragés, etc.

1341. L'eau sédative ordinaire, de la 1re formule, est celle dont on se sert dans la généralité des cas, et habituellement on ne l'emploie qu'à ce titre; en certaines circonstances même on se voit dans la nécessité de l'étendre d'eau pour certaines peaux ou d'une délicatesse extrème ou gravées de petite vérole ou cicatrisées profondément.

1342. L'eau sédative faible renfermant $\frac{1}{16}$ d'ammoniaque, la moyenne $\frac{1}{18}$ et la forte $\frac{1}{11}$, il sera toujours facile de ramener la forte et la moyenne au titre de l'eau sédative ordinaire, par une simple addition d'eau.

1343. MANIÈRE EXPÉDITIVE DE PRÉPARER L'EAU SÉDATIVE, sans être obligé d'avoir recours à la balance et au verre gradué : On fait dissoudre à chaud, ou à froid (ce qui est un peu plus long) une grosse poignée de sel dans un litre d'eau ; on décante, ou l'on filtre, dans une bouteille de plus d'un litre, dans laquelle on verse ensuite la valeur de deux verres à liqueur d'ammoniaque et d'un quart de verre d'alcool camphré, qu'on aura préalablement mêlés à part et agités fortement ensemble.

Si l'on a besoin de préparer plusieurs litres de cette eau à la fois, on augmente proportionnellement toutes ces doses, en les multipliant par le nombre de litres à fabriquer.

Lorsqu'on a de l'eau salée toute prête, la confection de l'eau sédative ne dure presque pas une minute.

N. B. L'eau sédative, préparée même avec de l'eau distillée, laisse déposer avec le temps une poudre blanche onctueuse, qui n'est autre qu'un savonule d'ammoniaque. On a soin d'agiter la bouteille, toutes les fois qu'on veut s'en servir, afin de répandre uniformément cette poudre dans le liquide.

1344. MANIÈRE DE SE SERVIR DE L'EAU SÉDATIVE. On emploie l'eau sédative à froid, même pendant les grandes transpirations, sans qu'on ait rien à redouter du changement brusque de température qui en résulte, l'alcalinité de cette eau étant l'antidote de la sueur rentrée, ainsi que nous l'expliquerons plus bas. Si cependant il se rencontrait un malade assez frileux pour redouter le saisissement que fait éprouver de prime abord l'emploi de l'eau sédative froide, on ferait chauffer un linge que l'on imprégnerait tout chaud d'eau sédative, au moment même de l'appliquer sur la peau.

On doit comprendre que l'eau sédative exposée au feu, doit finir par n'être plus eau sédative, à cause de l'élimination de l'alcali volatil par l'action de la chaleur.

1345. On emploie l'*eau sédative* en *lotions*, en *compresses*, en *ablutions*, en *boisson*, en *gargarismes* et en *collyres* (1331) :

1° En *lotions* : On remplit d'*eau sédative* le creux de la main, que l'on promène ensuite sur les surfaces que l'on veut imprégner de cette eau ; ou bien on en humecte un linge ployé en quatre que l'on trempe chaque fois dans une quantité d'eau sédative déposée au fond d'une cuvette ou d'un verre à boire ; on promène sur la peau la main ainsi mouillée ou le linge imbibé, et immédiatement après on exerce avec la main une friction à la pommade camphrée, comme nous l'avons expliqué ci-dessus (1302 1°) ; dès que la pommade est rentrée dans les pores et que la paume de la main est à sec, on recommence la lotion à l'eau sédative et la friction avec une nouvelle dose de pommade camphrée ; et l'on cesse quand la fatigue s'empare de qui frictionne, ce qui a lieu immanquablement au bout de cinq minutes de cet exercice.

2° En *compresses* : On imbibe un linge quadruple avec cette eau dans le fond d'une cuvette, et on étend la compresse sur la région du corps correspondant à l'organe qu'on a en vue de soulager. On l'enlève au bout de vingt minutes, pour la réimbiber et la réappliquer, si le soulagement n'est pas complet.

1346. L'application de ces compresses fait naître en général, sur la peau, une rubéfaction qui n'est pas durable et qui se dissipe comme elle est venue, si l'on a soin de recouvrir d'un linge enduit de cérat camphré (1303) la surface rubéfiée jusqu'à disparition complète des traces de cette légère inflammation. Pendant ce temps on renouvelle l'application sur une autre surface ; et en général la rubéfaction ne commence à réclamer un pansement sur cette nouvelle place que lorsque la rubéfaction de la première région est dissipée, ce qui permet d'y établir les compresses de nouveau.

1347. En certaines circonstances, nous tirons un grand profit de continuer à rubéfier les rubéfactions mêmes, jusqu'à ce que le malade ne puisse plus supporter la cuisson qui résulterait de l'application de l'eau sédative sur des surfaces presque à vif ; c'est par ce moyen violent que nous sommes venu à bout de faire disparaître des tumeurs énormes formées dans la région abdominale. Lorsque l'action de l'eau sédative paraît trop violente, on en remplace l'emploi par l'application d'un cataplasme aloétique (1321).

3° En *ablutions* : On se lave les mains avec l'eau sédative, dans les cas d'élévation du pouls ; on s'en passe sur la région du cœur, sous les aissailles, derrière les oreilles, contre les malaises accidentels, mais surtout en cas de migraine, de maux de tête, de coups de sang, de fièvre au cerveau ; on s'en arrose alors le crâne, en ayant soin de tenir la tête renversée en arrière et même de s'entourer le front d'un bandeau, pour que l'eau sédative ne vienne pas inonder les yeux, ce qui serait du reste plus impatientant que nuisible.

4° En *boisson* : On prend une cuiller à café d'eau sédative dans un verre d'eau sucrée ou non, pour dissiper les fumées du vin et se guérir de l'ivresse. On en prend la même dose dans un bol de thé de bourrache

chaud, dans les cas de coups de sang, d'évanouissement, de chute, contusions, écrasement, etc., qui donnent la fièvre, la frisson, et les mouvements convulsifs et tétaniques.

5° En *gargarismes* : On se gargarise ou on se brosse les dents avec une
dissolution d'une cuiller à café d'eau sédative dans un verre d'eau. Ces
gargarismes dégorgent les glandes ; ces brossages nettoient, blanchis-
sent les dents fuligineuses et noires et calment leurs agacements.

6° En *collyres* (1331) : On mêle à cet égard une cuiller à bouche d'eau
sédative à la valeur d'un verre d'eau ordinaire, que l'on conserve dans
un flacon bouché, et l'on s'en bassine les yeux en les trempant dans une
œillère pleine de ce mélange. Dès qu'on s'aperçoit, à la longue, que ce
moyen rend les yeux larmoyants, on remplace l'eau sédative par une
égale quantité d'alcool camphré (1287).

1348. PRÉCAUTIONS A PRENDRE POUR LA PRÉPARATION ET LA CONSERVATION
DE L'EAU SÉDATIVE. On doit avoir soin de revêtir d'une étiquette parfaitement lisible la bouteille d'eau sédative, mais surtout celle de l'ammoniaque liquide, afin d'éviter les occasions de méprises et il peut en surgir
de vraiment déplorables. On conserve ces préparations dans un lieu frais,
crainte que la chaleur ne fasse sauter le bouchon. On évite d'approcher le
nez trop près et trop vite du goulot des flacons, crainte d'avoir à renifler
la vapeur d'ammoniaque, ce qui produirait à l'instant pire qu'une suffocation, qui heureusement se dissipe vite. Il n'en coûte pas plus de prendre ces précautions que de les perdre de vue ; on serait inexcusable si on
les négligeait.

1349. EXPLICATION THÉORIQUE DE L'ACTION DE L'EAU SÉDATIVE SUR L'ÉCO-
NOMIE ANIMALE. —Lorsqu'on est témoin pour la première fois des effets de
l'eau sédative, son action semble tenir du merveilleux. Le *merveilleux*
n'est que l'effet d'une loi inconnue ; rien n'est plus simple une fois qu'on
en a reconnu la loi. Ce fut dans le cours d'une des fièvres les plus atroces de ma vie que la théorie de l'eau sédative me vint *à priori*, comme
un trait de lumière, et que son application immédiate ne tarda pas à être
couronnée d'un succès qui ne s'est plus démenti depuis.

1350. L'eau sédative a toujours pour premier résultat d'apaiser
l'agitation du pouls, de calmer la fièvre, de dissiper les congestions sanguines ou lymphatiques, de remettre en circulation le sang qui engorge
les tissus ; et ce prodigieux effet va s'expliquer de la manière la plus
conforme aux lois de la chimie :

1351. Le sang, ce liquide essentiellement vital, que la circulation va
distribuer à nos divers organes comme aliment indispensable à leur
développement indéfini, le sang perd ses propriétés organisatrices, et la
circulation ses moyens de transport, selon que ce liquide devient trop

ou trop peu liquide, c'est-à-dire selon que l'albumine (*) qui en forme la base nutritive, abonde ou manque du menstrue qui la tient en grande partie en dissolution et en moindre partie en état de suspension globulaire. Ce menstrue c'est l'eau chargée de certains sels, parmi lesquels l'hydrochlorate d'ammoniaque (*sel ammoniac*) et le chlorure de sodium (*sel marin, sel de cuisine*) jouent le principal rôle. Ces deux sels rendent soluble l'albumine coagulée même par l'action de l'ébullition.

1352. 1° L'albumine est précipitée de son menstrue, sous forme d'un coagulum analogue au blanc d'œuf qui a bouilli dans l'eau, elle est précipitée, dis-je, d'abord par l'élévation de la température et l'évaporation d'une quantité d'eau proportionnelle au volume du précipité; ensuite par l'introduction d'un acide, d'une huile essentielle, d'un carbure d'hydrogène, de l'alcool (*eau-de-vie rectifiée*) dans le liquide albumineux, et partant dans le torrent de la circulation. L'action coagulatrice de ces divers agents est instantanée.

1353. 2° La peau, à l'aide des bouches toujours béantes des canaux lymphatiques (149), tamise et laisse arriver jusqu'aux vaisseaux circulatoires ces divers agents de coagulation; à plus forte raison les muqueuses intestinales, respiratoires et autres ne leur opposeront aucun obstacle, criblées qu'elles sont par les orifices des mêmes vaisseaux.

1354. Or 1° dès que cette transmission aura lieu, l'albumine du sang, se coagulant dans un vaisseau circulatoire, y jouera sous cette forme le rôle d'un obstacle mécanique à la circulation, et sera même dans le cas d'en intercepter tout à fait le cours en obstruant le passage. Dès lors la circulation ralentie ou interceptée tendra, d'après la loi des courants liquides, et en obéissant à la force d'impulsion du courant, à distendre et à gonfler les canaux, à se créer des issues latérales par des impasses ou de nouveaux canaux, par des dédoublements de cellules ou des déchirements de tissus.

2° D'abord la circulation n'en sera que ralentie; mais le mal grossissant avec la cause, elle finira par être complétement interceptée.

3° Chaque fois que le sang intercepté viendra à bout de vaincre l'obstacle, le torrent de la circulation éprouvera une saccade plus violente que les autres, ce qui se traduira à l'auscultation du doigt appliqué sur une anse artérielle; par une pulsation plus forte que les autres.

4° Si le grumeau d'albumine précipitée et coagulée intercepte complétement le passage du liquide circulatoire dans un vaisseau quelconque,

---

(*) L'albumine du sang est de la même nature chimique que la portion soluble du blanc d'œuf. Voyez, sur ses analogies et sur la composition du sang, la 2ᵉ édition du *Nouveau système de chimie organique*, tom. III, pag. 131, 171; 1838.

il se fera accumulation de liquide en deçà et vide au delà de ce point; superflu et trop-plein en deçà, et pénurie au delà ; compression en deçà et émaciation au delà ; double souffrance par l'excès et la privation des deux côtés de ce diaphragme.

5° Que si, au lieu d'un coagulum albumineux, il s'en forme deux, à une distance quelconque l'un de l'autre et qui obstruent le passage aussi hermétiquement que le feraient deux soupapes, le sang, emprisonné entre ces obstacles et devenu stagnant faute de débouché, séjournera dans cette impasse, privé dès lors des modifications réparatrices qu'il acquiert en circulant, privé des bienfaits de la respiration pulmonaire, ce grand foyer où la circulation libre de toute entrave va incessamment se revivifier. Or le sang se décompose dès l'instant qu'il ne circule plus ; il devient pus, dès qu'il n'est plus sang. Toute décomposition dégage une quantité proportionnelle de calorique ; on éprouvera dès lors sur cette place un sentiment de chaleur. Les tissus adjacents enfleront et rougiront; il y aura inflammation, pour me servir du terme de l'école ; car la formation fermentescible du pus dégage un acide, qui deviendra à son tour cause de coagulation des liquides ambiants, cause de stagnation du sang dans des impasses de formation nouvelle ; cercle vicieux d'effets devenant causes à leur tour. Le mal pourra gagner de proche en proche, à moins qu'un agent quelconque ne vienne vaincre ces obstacles, en remettant à flot et redissolvant tous ces grumeaux coagulés.

6° Que ces effets aient lieu dans le tissu des *organes pulmonaires*, on aura une inflammation de poitrine, une hépatisation des poumons. S'ils ont lieu dans *le cœur et ses dépendances*, palpitations violentes, car le cœur est un pouls d'un grand volume; palpitations irrégulières, car le cœur réunit bien des appareils différents.

Si le foyer de ces désordres se forme dans les *parois stomacales* et *intestinales*, trouble violent dans les fonctions digestives et dans le travail de la défécation. Si dans les *tissus musculaires*, engourdissement, gène dans les mouvements, formation progressive de clapiers purulents, douleurs rhumatismales.

Si dans les *articulations*, affections goutteuses, tumeurs d'abord rouges, puis blanches.

Si dans les *tissus protecteurs de la vision*, inflammation des paupières, de la conjonctive, rougeur du blanc des yeux, et ainsi de suite pour toutes les maladies inflammatoires.

7° Mais si ces effets de précipitation et de coagulation albumineuse se reproduisent dans les grands et les petits vaisseaux dont le réseau enveloppe le cerveau, jugez du nombre incalculable de désordres que de pareilles stagnations sanguines seront capables de porter dans les fonctions physiques et morales, qui se concentrent dans cet organe : migraine, céphalalgie ou maux de tête violents, fièvre cérébrale, stupeur, délire, manie, et folie furieuse ; simples modifications des effets d'une même et unique cause occasionnelle.

8° Vous avez en ce peu de mots la théorie complète des fièvres, de l'irrégularité du pouls, de ses divers caractères, de ses saccades, de ses intermittences, de sa faiblesse et de sa force, de sa lenteur et de son accélération.

Mais cet effet ayant lieu en vertu d'une cause une fois déterminée, et la théorie du phénomène ayant été établie d'une manière exacte, la médication, c'est-à-dire le moyen de combattre la cause du mal, ne pouvait manquer de venir à l'esprit d'un travailleur qui, depuis près de vingt-cinq ans, n'avait pas cessé de marcher en avant dans l'étude des lois de la *chimie organique* et de la *physiologie* : le but de la médication ne devait être en effet que de redissoudre ce que la cause désorganisatrice avait coagulé ; cette cause coagulatrice étant acide, il suffisait, pour l'annihiler, de la saturer, de la neutraliser au moyen d'une base alcaline ; il fallait rendre au sang ses menstrues que la stagnation du liquide, que la fermentation enfin avaient pu absorber, décomposer et dénaturer.

9° Or ces principaux menstrues sont l'ammoniaque d'un côté et le sel marin (*chlorure de sodium*) de l'autre, plus un antiseptique pour arrêter le travail de la fermentation d'un côté, pendant que de l'autre les menstrues médicamenteux exerceraient leur propriété de dissoudre l'albumine coagulée.

10° A peine cette idée m'était-elle apparue que je m'écriais avec la prescience intime de la guérison : « A moi de l'ammoniaque, du sel marin, de l'alcool camphré! » Et une fois le mélange accompli, je m'en arrosai à flots le crâne qui était brûlant, et la région du cœur qui battait la fièvre. Au bout de quelques instants, la fièvre diminuait, mon cerveau se dégageait ; le calme revenait dans les idées ; je commençais à recouvrer la vision ; toutes les fonctions reprenaient leur jeu, et la convalescence était déjà en bonne voie. Enfin cette expérience ouvrait dès ce jour une nouvelle ère à l'art de guérir, en fournissant, et la solution d'une foule de problèmes par une simple explication, et les moyens de guérison d'une foule de maladies diverses, en permettant d'en attaquer directement la cause primitive dont toutes ces maladies n'étaient que de variables effets.

1355. Nous étions en février 1840. Bienheureuse année! je te pardonne les spoliations, les privations, la pénurie, toutes les angoisses de la persécution que tu ne m'as pas épargnées, en vue de cette découverte dont tu as doté l'humanité. Un jour on te bénira, comme je te bénis; ce sera quand

III. 8

je ne serai plus là pour servir d'intermédiaire à la reconnaissance publique!

1356. A la faveur de tous les développements que je viens de fournir
au sujet de la théorie de l'action de l'eau sédative, il sera facile de comprendre pourquoi l'application de l'eau sédative froide sur la peau en
transpiration et ruisselant de sueur conserve toutes ses propriétés sédatives, bien loin d'offrir le moindre danger ; tandis qu'en pareille circonstance l'eau froide porterait du désordre et même la mort dans toutes les
fonctions ; une sueur rentrée, on le sait, est presque toujours en pareil
cas l'équivalent du poison. En effet, la sueur est acide ; l'acidité, avons-nous
dit, coagule le sang, et parsème d'obstacles souvent insurmontables le parcours de la circulation qui alimente la vie. Or, l'eau sédative, en saturant
l'acidité de la sueur par son excès d'alcali volatil, ne rencontre dans la
sueur qu'un véhicule de plus à ses vertus sédatives ; car alors, au lieu de
coaguler le sang, elle lui apporte des menstrues nouveaux et de nouveaux agents constitutifs de son organisation normale. Ne redoutez donc
pas d'arroser à flots d'eau sédative le malade même inondé de sueur.

1357. ANALOGIES. Une fois qu'on a reconnu une loi d'une manière évidente, on voit se dérouler devant ses yeux l'explication et d'une foule de
phénomènes jusque-là sans cohérence entre eux, qui pourtant n'étaient
au fond que les effets immédiats de cette loi même, et de l'action d'une
foule de remèdes de composition diverse, qui ont obtenu quelque succès
en certains cas, et ont échoué dans une foule d'autres ; la théorie apprend
à appliquer à propos ce que l'empirisme applique en aveugle et à contre-sens.

La théorie rend raison de certains effets qui sans elle sembleraient
contradictoires.

1358. C'est ainsi que le vulgaire a employé, assez souvent avec succès,
contre les maladies des animaux, l'urine, laquelle ne tarde pas à devenir
ammoniacale, la fiente ammoniacale des bestiaux, et l'application même
des peaux d'animaux en voie de décomposition : en cas de fièvre, d'é-
paississement du sang, ces remèdes empiriques ont pu agir comme succédanés de l'eau sédative.

1359. Avant qu'on n'eût apporté à la construction des lieux d'aisances
les raffinements de propreté dont se préoccupent aujourd'hui les architectes, on s'étonnait de voir des familles nombreuses d'ouvriers vivre
dans l'état le plus florissant de santé, quoique habitant des maisons sales
et malpropres, et où l'on ne pouvait pas entrer sans se sentir tout d'a-
bord comme suffoqué par une odeur d'urine qui vous piquait les yeux et
vous prenait à la gorge. Pendant toute l'année 1832, année terrible du
choléra, j'ai vécu très-bien portant dans la prison de Versailles, à côté

des lieux d'aisances, dont le courant d'air amenait dans ma chambre les
vapeurs. Ces vapeurs ne sont que celles du carbonate d'ammoniaque, qui
se dégage de la fermentation des matières fécales et remonte par les tuyaux
comme par l'allonge d'un alambic ; les autres produits méphitiques restent au fond à cause de la lourdeur de leurs atomes. Si l'on respirait les
vapeurs des lieux d'aisances à la hauteur de la fosse, on tomberait frappé
de mort ; mais à partir du premier étage même, on ne fait que recevoir
une bouffée, pour ainsi dire, d'eau sédative.

1360. Dans le xve et le xvie siècle, on avait assez l'habitude de brûler
des plumes, des cornes et même de l'*assa-fœtida,* sous le nez des personnes
évanouies, pour les rappeler au sentiment de la vie (*). Or, nous avons
démontré que l'odeur de corne et d'os brûlés ne provient que des vapeurs
d'un mélange de gaz oléfiant avec le phosphite d'ammoniaque ; ce que
nous avons pu reproduire par la synthèse et de toutes pièces, sans avoir
à employer à l'expérience le moindre tissu animal (**). La fumée de tissus
cornés peut donc en certains cas réaliser une partie des effets bienfai-
sants de l'aspiration de l'eau sédative.

1361. « Si vous remarquez, dit Columelle, une taie sur l'œil d'un de
vos bœufs, appliquez-lui sur l'œil un miellat de sel ammoniac, vous vous
apercevrez bientôt que ce vice de l'œil en sera atténué (***). » Or, le sel
ammoniac dont parle Columelle n'est autre que notre hydrochlorate d'ammoniaque ; c'est le succédané du collyre que nous avons plus haut indiqué.

1362. Mais qui pourrait se flatter d'avoir une idée heureuse qui ne
soit pas venue avant lui dans l'esprit d'un autre ! Je retrouve dans Leeuwenhoek (****) un passage qui aurait certainement conduit à la théorie de
l'eau sédative, si l'on s'était donné alors la peine de réfléchir sur le fait
isolé dont s'est occupé Leeuwenhoek : « Un médecin, dit-il, m'assure
avoir guéri de la fièvre par l'emploi du sel volatil oléagineux (*salis vola-
tilis oleosi ope)* ; parce que, ajoute-t-il en son nom, le sel volatil rend le
sang plus liquide (*tenuem*) et la circulation plus rapide. » Pour vérifier
cette idée, Leeuwenhoek se pique avec une aiguille : il soumet au microscope une goutte de son sang mêlée au sel volatil, et il voit les globules,
auxquels il attribue la coloration du sang, se dissoudre à la faveur de ce
sel. Mais bientôt abandonnant complètement cette veine d'inductions, il

---

(*) Walter Scott : *Le Monastère,* ch. 26 ; *la Prison d'Édimbourg,* ch. 40 et 40.

. (**) *Revue complémentaire des sciences appliquées,* liv. de mars 1858, tom. I,
pag. 256.

(***) *Si album in oculo bovis est, ammoniacus sal immistus meli vitium extenuat*
(Colùm.). Ce conseil est également consigné dans le recueil des *Géoponiques.*

(****) Lettre du 24 janvier 1680, tom. II, partie Ire, pag. 39.

dit qu'ayant été un jour en proie à la fièvre, il avait pris du thé pour rendre son sang moins épais. Or, ce n'est pas la seule fois qu'on rencontre Leeuwenhoek en face d'une solution, à laquelle il tourne tout à coup le dos pour passer à l'étude de tout autre chose. Leeuwenhoek poursuivait des faits isolés plutôt que des idées d'ensemble ; il courait de détails en détails, ne s'occupant jamais de les grouper en systèmes; il allait rarement, par l'analogie, au delà de ce que lui montrait son instrument.

1363. Enfin, la thérapeutique avait eu recours en certains cas à la pommade ammoniacale, mais c'était comme révulsif et agent caustique; et jamais l'idée n'était venue qu'elle pût agir comme sédatif; on l'appliquait à tout comme une panacée, ce qui faisait qu'on ne réussissait en rien ; c'est toujours le sort réservé aux *panacées*.

1364. Vous allez sans doute vous écrier, à ces révélations philologiques, qu'on était bien près de la vérité, avant que nous ne l'eussions mise en évidence ! C'est ce qu'on peut dire de toute vérité nouvelle ; toute vérité est très-près de nous ; mais le plus difficile c'est de l'atteindre ; jusque-là c'est comme si on en était infiniment loin.

1365. ACTION RESPECTIVE DE L'EAU SÉDATIVE ET DE L'ALCOOL CAMPHRÉ (1287). L'emploi alternatif de ces deux liquides joue un très-grand rôle dans notre nouveau système de médication. En vue de deux buts différents, ils se substituent fréquemment l'un à l'autre. La théorie de leur mode d'agir indique suffisamment, pour chaque cas particulier, auquel de ces moyens curatifs on doit donner la préférence.

1366. L'eau sédative a pour but de remettre en circulation les principes que l'alcool coagule. L'alcool absorbe la partie aqueuse de toute espèce de combinaison. L'eau sédative humecte; l'alcool dessèche et durcit. Ces deux liquides sont également antiseptiques; mais l'alcool camphré porte cette propriété à sa plus grande puissance. Tous les deux agissent par absorption ; ils sont également aspirés par les bouches béantes des vaisseaux interstitiels et lymphatiques, et la portée de leur action respective arrive plus ou moins vite à toutes les profondeurs de nos organes les mieux cuirassés. Une simple compresse imbibée de l'un ou de l'autre, dès quelle est restée quelques instants appliquée sur l'abdomen, agit comme antiseptique ou vermifuge, et calme les affections intestinales quelconques, dans quelque repli profond que la cause du mal ait son siége.

1367. Mais on ne doit jamais perdre de vue que, s'ils ont une propriété commune, ils agissent en tout le reste d'une manière diamétralement opposée ; l'un même étant au besoin le correctif et l'antidote de l'autre.

1368. En conséquence, l'emploi de l'eau sédative est indiqué contre tous les cas de congestion sanguine, de fièvre, d'agitation, de rhumatisme, d'inflammation, de fatigue extrême, de coups de sang, d'attaques d'apoplexie, de paralysie partielle ou générale, de tuméfaction sanguine ou lymphatique, de piqûre envenimée et d'infection de nature acide et âcre ; toutes les fois enfin que les liquides circulatoires sanguins ou lymphatiques se coagulent, que les canaux principaux ou capillaires s'engorgent.

L'alcool camphré au contraire s'emploie pour absorber les liquides ; pour couper, par sa vertu coagulatrice, la communication du virus, pour arrêter au passage la portion du liquide circulatoire qui pourrait être dépositaire du poison, pour paralyser la fermentation d'un liquide stagnant, d'une extravasation sanguine ; pour s'opposer à la formation du pus ; pour cicatriser une plaie de mauvaise nature ; pour fortifier une constitution éminemment lymphatique, en diminuant par absorption la prédominance du principe aqueux ; pour arrêter au passage l'infection mercurielle sur le point de se communiquer des lymphatiques au sang, et pour forcer ainsi le métal ou le sel à rétrograder et à s'exhaler au dehors par les pores de la sueur (*).

1369. En un mot contre la fièvre et l'inflammation, eau sédative ; contre l'atonie et la liquéfaction, alcool camphré. La première apaise et rafraîchit ; le second réchauffe et surexcite. Ils calment tous les deux également ; calmer en effet, c'est débarrasser d'une cause de souffrance.

CHAPITRE IX.

EAU ZINGUÉE ET EAU QUADRUPLE.

1370. Eau zinguée. Le zinc ayant la propriété, même à l'état de sel, de s'amalgamer, c'est-à-dire d'attirer le mercure, ainsi que le feraient le cuivre, l'or et l'argent, etc., nous l'employons de préférence contre les affections mercurielles, d'abord à cause de l'infériorité de sa valeur vé-

---

(*) Ce résultat semble avoir été entrevu par l'empirisme, dans le moyen âge, où l'alcool avait été mis à profit, afin de rendre des forces artificielles à des constitutions débilitées par le libertinage ou les médicaments mercuriels.

En 1387, Charles le Mauvais, roi de Navarre, vieux débauché à l'âge de 56 ans, se faisait envelopper de draps imbibés d'esprit-de-vin et qu'il avait même soin de faire coudre autour de lui. Un jour, son valet de chambre, n'ayant pas de ciseaux sous la main pour couper le fil de couture, s'avisa de vouloir brûler le fil à la chandelle : l'esprit-de-vin prit feu et dévora le malade royal mieux que n'aurait fait le manteau de Déjanire.

nale, et puis parce que ses sels sont plutôt drastiques que vénéneux et sont moins à craindre que les autres.

L'eau zinguée neutralise les liquides mercurialisés, en sorte que les liquides primitivement infectés peuvent parcourir impunément dès lors, et sous cette forme et cette neutralité, les méandres inextricables du réseau lymphatique, pour être ensuite rejetés au dehors par l'excrétion des pores de la sueur.

1371. 1° L'eau de pluie qui coule des gouttières en zinc non vernies peut servir d'eau zinguée; les acides répandus dans l'atmosphère en rendent en effet le zinc soluble dans l'eau, où il est facile d'en constater des quantités considérables. Mais comme les gouttières sont difficilement maintenues dans un état suffisant de propreté, que les gouttières sont souvent des petits cloaques où la pluie accumule tout ce que les oiseaux déposent sur les toits et tout ce qui y meurt, il n'est pas toujours prudent d'en faire usage; et il est bon de préparer son eau zinguée de ses propres mains.

1372. 2° L'eau qui séjourne dans un baquet en zinc devient peu à peu suffisamment zinguée; mais, pour en avoir plus vite à sa disposition, on a soin chaque matin de passer un chiffon imprégné de vinaigre sur les parois internes du vase en zinc; on attend, avant de le remplir d'eau, que les parois soient sèches et que le vinaigre s'en soit évaporé.

1373. 3° Si l'on n'avait pas de baquet ou autre vase en zinc à sa disposition, on se contenterait de déposer, au fond d'un baquet en bois ou en fer-blanc, une plaque ou un morceau de zinc qu'on aurait préparé de la manière suivante : tous les matins on décape la surface du zinc en la ratissant avec le couteau; on arrose alors le zinc avec du vinaigre et on le laisse sécher avant de le déposer dans l'eau du baquet. On se sert de cette eau pour la confection de l'eau sédative (1335), des cataplasmes (1317) et des lavements : dans un but de précaution ou de médication; car l'incurie de l'industrie, des arts et de la médecine nous expose chaque jour à des infections mercurielles sous une forme ou sous une autre.

1374. 4° Enfin, on mêle à l'eau d'un baquet ou d'un vase de forme quelconque quatre grammes de sulfate de zinc par litre d'eau; et c'est le titre de l'eau zinguée la plus énergique; c'est le titre dont il faut faire usage en collyre et dans le cas d'infection mercurielle sur une grande échelle.

1375. EAU QUADRUPLE. Prenez un litre d'eau zinguée (1274); faites-y dissoudre au feu, gros comme un pois de goudron, gros comme un pois d'aloès et une grosse pincée de sel de cuisine (1209**); passez à travers un linge et conservez ce liquide pour les besoins de la médication. Cette eau sert principalement en injections pour purifier les organes, déterger les fistules, résoudre les engorgements; j'ai cité, dans le *Manuel* de 1853, un cas de tumeur utérine énorme qui, en quarante-huit heures de ce traitement, s'est vidée par le vagin, comme l'aurait fait la poche du liquide amniotique.

1376. La propriété drastique de l'aloès (1195) se manifeste même sur les organes qui n'ont aucune relation directe avec les intestins.

1377. Eau zinguée salée. On fait fondre une pincée de sel gris de cuisine (1209 **) dans un verre d'eau zinguée (1373) ; on tient le mélange à sa disposition à l'abri de la poussière ; et l'on s'en sert pour les gargarismes et les reniflements.

1378. L'eau salée seule, composée avec du sel gris de cuisine, sert avec succès en boisson contre les maladies vermineuses, les maladies de poitrine d'origine mercurielle, enfin à expulser les sangsues qui auraient pu se glisser dans l'œsophage ou l'estomac, ce qui arrive fréquemment dans les champs à ceux qui s'abreuvent à l'eau des mares ou de certains cours d'eau.

1379. L'eau des huîtres fraîches est, dans ces divers cas, un heureux succédané de l'eau salée ; on a tort, quand on mange des huîtres, de jeter au rebut l'eau qui s'en accumule dans le plat ; il faut la passer à travers un linge serré et blanc de lessive, l'aromatiser en y exprimant du jus de citron ; c'est alors une boisson aussi saine qu'agréable.

1380. Limonade salée. On imite l'eau d'huîtres aromatisée, en exprimant un peu de jus de citron dans un verre d'eau ordinaire, dans laquelle on aura fait dissoudre une grosse pincée de sel marin (sel gris de cuisine (1209 **). C'est un très-bon vermifuge, surtout pour les enfants qui se refusent à toute autre médication antivermineuse. Cette limonade sert également aux gargarismes, surtout en cas d'affections scorbutiques, d'embarras à la gorge, de maladies laryngées, de coryza opiniâtre. On en renifle même alors, au moyen soit d'un tuyau en caoutchouc, soit d'un tuyau de plume dont on tient un bout introduit dans les cornets du nez et l'autre dans le liquide (1385).

CHAPITRE X.

GARGARISMES (*), RINÇAGES, RENIFLEMENTS.

1381. Les gargarismes et reniflements sont les *bains locaux* (1234) et (passez-moi cette expression ; on n'est pas si pointilleux en apothicairerie), ce sont les *lavements* des parois buccales et nasales.

(*) Gargarisme est un mot que les Latins ont emprunté aux Grecs, que les Grecs ont emprunté à la langue hébraïque (*gargar*), que la langue hébraïque avait emprunté, par ce qu'on appelle l'harmonie imitative, au bruit que l'on fait en se gargarisant.

1382. Pour se GARGARISER, on n'a qu'à prendre une gorgée de liquide que l'on n'avale pas ; on le fait tourner sur lui-même, en rejetant la tête en arrière, et à l'aide d'expirations assez fortes pour le maintenir à la hauteur de l'arrière-gorge, mais non pour le repousser au dehors ; le bruit que ce manége fait entendre se traduit très-bien par la répétition de la syllabe *gargar*. Lorsqu'on pense avoir bien nettoyé de la sorte l'arrière-gorge, on crache le tout.

1383. Les RINÇAGES de la bouche arrêtent le liquide en arrière des dents, et n'ont pour but que de nettoyer à grande eau les dents et les gencives. On a soin de ne pas avaler en général ce liquide chargé des impuretés morbides.

1384. Pour RENIFLER un liquide, on n'a en général qu'à en déposer une certaine quantité dans le creux de la main, et à l'aspirer avec le nez, en y appliquant les narines. Si les cornets du nez étaient trop obstrués pour se prêter à cette aspiration, on ferait alors usage d'un petit tube en caoutchouc ou en tuyau de plume, dont on tiendrait le bout inférieur trempé dans le liquide et le bout supérieur enfoncé assez haut dans la cavité nasale. On n'aurait alors qu'à boucher la narine non occupée, et qu'à aspirer fortement en fermant la bouche, pour attirer le liquide assez haut et pour nettoyer par ce moyen les fosses nasales et la surface postérieure du voile du palais. Lorsqu'on se sert d'un tube en tuyau de plume, on a soin d'en bien unir les bords avec le canif, par le petit bout qui est celui qu'on doit introduire dans les narines.

1385. Nous prescrivons plus fréquemment, pour les gargarismes, rinçages et reniflements, l'eau salée zinguée (1374), quelquefois l'alcool camphré (1287) plus ou moins étendu d'eau, et enfin le vinaigre camphré, dont nous aurons à nous occuper ci-après. On étend l'alcool camphré (1287) et l'acide acétique camphré de dix parties d'eau au moins.

CHAPITRE XI.

INJECTIONS.

1386. Les INJECTIONS sont les lavements des organes pudiques, des oreilles et de toutes les cavités accidentelles que la maladie a creusés et que l'éponge ne saurait venir à bout de nettoyer. On se sert, pour ces diminutifs de lavements, d'un diminutif de seringue, d'une petite seringue de la longueur du doigt, en étain, crainte des accidents que ne manquerait pas d'occasionner la casse d'une seringue en verre.

1387. En général, nous n'employons en injection que l'eau qua-

druple (1375), et immédiatement après l'huile camphrée. On a soin de
graisser avec l'huile camphrée le bout de la seringue, chaque fois qu'on
doit s'en servir, et de la nettoyer et essuyer avec grand soin toutes les
fois qu'on s'en est servi. Lorsqu'il s'agit des maladies de la matrice ou
du vagin, on peut faire usage d'un irrigateur ou seringue en étain à bout
recourbé et terminé par une petite pomme criblée de trous.

<hr>

CHAPITRE XII.

IODURE DE POTASSIUM.

1388. Tous les sels dont les acides ont une affinité assez grande pour
le mercure ou l'arsenic, doivent jouer un grand rôle dans un système de
médication qui, après avoir donné les moyens de guérir en si peu de
temps les maladies dites spontanées, rencontre encore sous ses pas
tant de maladies provenant d'empoisonnements médicaux et industriels.
Ces acides, par leur affinité pour le mercure (369), dépouillent nos
tissus de cette base intoxicante ; et quand, au lieu de le précipiter à
l'état insoluble, ils le rendent susceptible de se dissoudre à l'état de
neutralité, ils nous offrent le moyen le plus physiologique de l'expulser
hors de notre organisation par le véhicule des fonctions urinaires, de
la circulation sanguine ou lymphatique et de la transpiration. L'iode est,
dans ce cas ; et, si on l'administre à l'état d'hydriodate de potasse ou
d'iodure de potassium, c'est afin que, avant d'atteindre le mercure, il
ne réagisse pas par lui-même comme élément désorganisateur de nos
tissus ; son association avec la potasse nous préserve de cette action
spéciale, certains minéraux ayant plus d'affinité entre eux que pour la base
organique de nos tissus. Cependant en certains cas et à doses minimes,
on trouvera un certain avantage à employer l'eau, l'alcool et l'huile
iodurés, de préférence à l'iodure de potassium même ; c'est lorsqu'il
faudra attaquer des tissus trop profondément envahis ou qui offrent à
l'action du sel une épaisseur et une insensibilité trop grande.

1389. On emploie l'iode ou l'iodure de potassium en *injections* (1386)
ou en *boisson* :

1° *En injections* (1386) : On fait dissoudre dans l'alcool, ou dans
l'huile ou même dans l'eau, un gramme d'iodure de potassium ou
50 centigrammes d'iode. On en injecte dans les fistules, les ulcérations,
les anfractuosités d'ulcères d'origine mercurielle, dont les parois sont
blafardes, livides, baveuses, tendant à la gangrène et exhalant une odeur

fétide. Si on se sert de l'eau iodée, on a soin de ne l'employer que chaude.

2° *En boisson.* Nous n'administrons jamais l'iodure de potassium qu'à la dose de 10 centigrammes par litre de tisane et tous les trois jours seulement. Son emploi journalier délabrerait l'estomac, ce dont paraissent ne pas se soucier beaucoup les médecins qui le prescrivent à la dose d'un gramme et plus chaque jour ; s'ils avaient le bon sens de prendre leurs propres remèdes avant de les administrer aux autres, ils s'apercevraient sans doute assez vite des terribles effets d'un tel abus de leur médication. Quant aux médecins qui administrent l'iodure de mercure, d'arsenic et de plomb, ceux-là sont d'une naïveté à toute épreuve, en donnant l'antidote en même temps que le poison.

1390. On peut juger de l'action que doit avoir l'iode sur les muqueuses de l'estomac, par les taches jaunes qu'il produit sur la peau dès le premier contact; son action est une combinaison, c'est un tannage et une désorganisation de la membrane qu'il attaque; or, une membrane désorganisée est un obstacle à ses propres fonctions.

N. B. Les sels d'iode se reconnaissent en ce qu'ils bleuissent la fécule de pomme de terre ou autre, instantanément et dès le premier contact, surtout si on a soin de mouiller la fécule avec du vinaigre ou autre genre d'acide. L'iode seul produit le même effet sans avoir besoin de l'addition d'un acide. L'iode a moins d'affinité pour une base minérale que pour un tissu organisé. On doit conclure de là qu'à l'instant où l'on vient de prendre l'iodure de potassium, on doit s'abstenir de faire usage de boissons trop acides, qui sépareraient l'iode de sa base alcaline et augmenteraient de la sorte l'énergie de son action désorganisatrice en l'isolant.

CHAPITRE XIII.

LAVEMENTS (*).

1391. Je suppose que ces vieux, vilains et dangereux instruments que l'on nommait *seringues*, auront disparu des greniers mêmes et des gardemeubles, qu'on ne les reverra plus jamais, si ce n'est parmi les antiques du Musée de Cluny, et qu'à l'instant où j'écris ils sont déjà remplacés

(*) Le mot vulgaire a prévalu sur le mot grec de *clystère;* la nomenclature médicale prend ses mots un peu partout et sans se trop rendre compte des préférences qu'elle accorde.

partout par ces instruments de physique si portatifs, si commodes à manœuvrer et qui ne sauraient exposer au plus petit accident possible.

1392. J'espère en outre de l'humanité des fabricants et de leur attachement à la nouvelle méthode, qu'ils ne feront entrer dans la construction, l'ornementation, la coloration et le vernis de ces *vademecum* du malade, rien qui, d'une manière ou d'une autre, soit dans le cas de porter la plus petite atteinte à sa santé. Qu'il n'y ait point de vernis à l'intérieur et que tout soit en étain pour le corps de pompe.

N. B. On est peu excusable de ne pas prendre des remèdes, quand on a à sa disposition de tels instruments, qui opèrent d'eux-mêmes et sans qu'on ait presque besoin de s'occuper d'en diriger le jeu.

1393. Avant d'introduire la canule dans l'anus, on doit avoir soin d'en laisser couler un peu de liquide, afin de ne pas s'exposer à chasser de l'air dans le rectum et de là dans le gros intestin, ce qui serait pourtant moins dangereux qu'incommode et fatigant.

On doit garder le lavement aussi longtemps que possible. Il ne laisse pas que de profiter proportionnellement, qu'on ne le garde pas ou qu'on le rende trop vite. Il faut le prendre un peu plus que tiède; et le liquide est tiède, dès le moment que l'on commence à pouvoir en supporter la chaleur, avec la main appliquée sur les parois extérieures du cylindre ou corps de pompe.

1394. Les lavements sont pour le gros intestin ce que les tisanes sont pour l'estomac. Ils ne remontent que jusqu'au cœcum, qui sert comme de valvule pour empêcher le liquide de pénétrer jusques dans les intestins grêles.

1395. LAVEMENT ORDINAIRE :

Eau (*).	1 litre.
Graines de lin	5 grammes.
Sel gris de cuisine (1209**) .	10.

N. B. Portez l'eau à l'ébullition, et déposez y alors les graines de lin et le sel. Retirez du feu, cinq minutes après. Passez à travers un linge et administrez tiède (1393).

1396. LAVEMENT CAMPHRÉ :

Eau.	1 litre.
Graines de lin	5 grammes,
Roses de provins (pétales) .	5
Sel gris de cuisine (1209**) .	10
Huile camphrée (1293). . .	1 cuiller à café.

(*) Il y aura toujours un avantage, soit préventif, soit curatif, à faire usage, pour les lavements, de l'eau contenue dans un vase en zinc très-propre. Ne vous servez pas de l'eau de pluie, sans vous être assuré de l'état de propreté des gouttières (1371).

N. B. Portez l'eau à l'ébullition; déposez-y alors les graines de lin, les pétales de roses, le sel de cuisine et l'huile camphrée; retirez du feu au bout de dix minutes, passez et administrez tiède. Si l'on n'a pas d'huile camphrée sous la main, on emploiera la même quantité de pommade camphrée (1297).

1397. LAVEMENT PURGATIF :

Ajoutez au lavement précédent pendant l'ébullition :

> Aloès (1193) . . . . . . 2 grumeaux (10 centigr.).

1398. LAVEMENT SUPERPURGATIF :

> Eau. . . . . 1 litre.
> Huile de ricin . . . . . 15 grammes (une cuiller).

1399. LAVEMENT ANTIVERMINEUX (VERMIFUGE) :

> Eau. . . . . 1 litre.
> Aloès (1193) . . . . . . 10 centigrammes.
> Tabac à fumer 5
> *Assa fœtida* . . . . . . 1 gramme.
> Huile camphrée (1293). . . 10

N. B. Surveillez bien la dose de tabac, dont le volume doit peu dépasser celui d'un gros poil à manger. A cette dose même, certaines personnes éprouvent un instant des symptômes de narcotisme et comme d'ébriété; ne vous en effrayez pas. Il suffit alors de flairer du vinaigre et de s'étendre un moment sur le lit; au bout de dix minutes, tout est dissipé.

1° L'aloès agit sur le gros intestin, comme il agirait sur l'estomac (1195), par son action drastique; par son amertume, il y agit comme vermifuge.

2° L'huile camphrée lubrifie les parois par son corps gras; elle est vermifuge par le camphre, et contribue à la guérison des ulcérations, tuberculisations et ulcérations par son action antiseptique (384).

3° Le tabac et l'*assa-fœtida* non-seulement agissent comme vermifuges dans la capacité du gros intestin; mais, en passant dans le torrent de la circulation sanguine et lymphatique, ils finissent par imprégner tous les tissus de leurs principes et par atteindre les parasites dans les replis les plus profonds où ils auraient pu se cacher. Immédiatement après avoir pris un de ces lavements, l'haleine est imprégnée de l'odeur de l'*assa-fœtida*. Cette dernière substance n'offre pas le moindre danger d'intoxication; on citait autrefois un médecin qui en mangeait chaque jour un gros (4 grammes) et qui a poussé fort loin son existence; il mettait ainsi chaque fois sa digestion à l'abri des ravages des parasites intestinaux.

1400. LAVEMENT ANTIMERCURIEL (ANTIHYDRARGYRIQUE).

Eau.	1 litre.
Sel gris de cuisine (1209**).	20 grammes.
Le blanc d'un œuf.	
Huile de ricin	15 grammes.
Sulfate de zinc (1374) . . .	15 centigrammes.

N. B. On verse le sel de cuisine et le sulfate de zinc dans l'eau en ébullition ; on retire du feu au bout de deux ou trois minutes ; pendant ce temps, on bat vivement le blanc d'œuf dans un litre d'eau froide, on passe, on mêle alors ensemble les deux litres, l'un chaud et l'autre froid ; et, dès que la chaleur paraît supportable au toucher, on administre le lavement. L'albumine de l'œuf est destinée à envelopper de ses *magma* coagulés l'amalgame de mercure, pour que les muqueuses des intestins n'en éprouvent pas une réaction nouvelle, par suite des doubles décompositions et du contact immédiat de ses sels avec les muqueuses intestinales. Si l'on n'avait pas de sel gris de cuisine ou sel marin à sa disposition, on ajouterait à la même dose de sel blanc ou gemme (1209**) 5 centigrammes d'iodure de potassium (1388), dose inoffensive et qui ne représenterait que le quarante-millième environ du volume du liquide.

1401. LAVEMENT ANTIARSENICAL :

Eau.	1 litre.
Lait.	1 verre.
Huile de ricin	15 grammes.

N. B. Versez le lait dans l'eau bouillante ; retirez du feu ; éteignez dans le liquide un bout de fer très-propre rougi au feu ; passez et administrez tiède.

1402. LAVEMENT VERMIFUGE POUR LES BESTIAUX :

Eau zinguee (1373).	1 seau.
Son	1 litre.
Sel gris de cuisine (1209**). . .	60 grammes (2 onces).
Essence de térébenthine	30 grammes (1 once).

N. B. On fait bouillir le son dans un chaudron avec l'eau et le sel de cuisine. Au sortir du feu, on y verse l'essence de térébenthine, en agitant vivement le liquide ; et on administre tiède la quantité indiquée par la taille de l'animal.

CHAPITRE XIV.

PANSEMENTS DES BLESSURES, PLAIES, ULCÉRATIONS ET OPÉRATIONS CHIRURGICALES.

1403. Le pansement a pour but de mettre à l'abri du contact de l'air, et de préserver de la formation du pus, toute solution de continuité naturelle ou artificielle, fortuite ou chirurgicale, ce qui favorise et le travail de la cicatrisation dont le but est la formation d'un nouvel épiderme, et la réagglutination des surfaces que la solution avait séparées. Ce problème, la nouvelle méthode l'a résolu de la manière la moins contestable, en sorte que nous pouvons assurer que, parmi les nombreux cas de ce genre qui ont été soumis à notre pansement, nous n'avons pas eu à compter un seul insuccès : les malades ou opérés ont été constamment préservés ainsi de la fièvre, de la purulence ; tellement qu'immédiatement après l'opération et pendant tout le travail de la cicatrisation, ils ont pu faire leurs quatre repas, comme dans leur état de santé ordinaire : tandis qu'on sauve si rarement, dans certains hôpitaux, ceux qui ont subi les opérations les moins importantes, et que le tétanos, la formation du pus de mauvaise nature et la gangrène semblent être en permanence dans ces sortes d'établissements, à la suite de la plus minime opération.

Nous allons décrire, par ordre de pansement, les appareils et medicaments dont nous faisons usage en pareil cas :

1404. LINGE FENESTRÉ. On prend un carré de toile de lessive très-fine ; on la déchiquette de trous très-rapprochés avec les ciseaux, ce qui se fait très-régulièrement en ployant en deux, de distance en distance, le carré de toile et mordant de proche en proche le pli avec les ciseaux. On imbibe ensuite ce morceau déchiqueté de toile, avec de l'huile camphrée déposée dans une soucoupe, et on l'étend sans faire aucuns plis sur toute la surface à panser. On saupoudre alors tout le dessus de ce linge avec une assez grande quantité de poudre de camphre, et par-dessus cette couche pulvérulente, on étend les plumasseaux de charpie enduits de pommade camphrée.

Le linge fenestré a pour but de donner un libre passage au pus qui pourrait encore se former, et ensuite de permettre d'enlever le pansement et la charpie, sans qu'aucune fibrille reste attachée à la surface de la plaie.

1405. CHARPIE. On se sert de préférence de vieille toile blanche et de lessive, mais à tissu lâche et de finesse moyenne. On découpe ces loques proprettes en lanières de cinq centimètres de long sur trois de large.

On les effile ensuite brin à brin, en pinçant chaque fil vers un des angles. Quand on a obtenu un tas suffisant de ces fils, on en forme, à l'instant de s'en servir, des *plumasseaux* ou petits coussinets, de la manière suivante : à cet effet, on prend un petit paquet de ces tas de fils, que l'on retient fortement entre le pouce et l'index de la main gauche ; puis avec le pouce et l'index de la main droite on en pince la première mèche venue, que l'on étire avec effort, ce qui fait que toutes les mèches que l'on obtient ont leurs fils parallèles entre eux. On étend ces mèches les unes au-dessus des autres ; et quand on trouve que le coussinet est suffisamment épais, on le recouvre d'une bonne épaisseur de pommade camphrée, que l'on applique, ainsi maintenue, par-dessus le linge fenestré (1404) ; on recommence l'opération, jusqu'à ce que la surface à cicatriser soit complétement recouverte de ces plumasseaux enduits de pommade camphrée.

La charpie se prête mieux que la toile à ce but, qui est de se mouler en recouvrement sur tous les accidents de surface, et d'empêcher l'air de s'introduire au-dessous de la couche de pommade camphrée, qui doit servir de vernis isolant et préservateur à la plaie.

1406. BANDELETTES OU BANDES LONGUETTES. Carrés de toile de lessive ployés en deux ou quatre, destinés à recouvrir et à maintenir les coussinets de charpie, pour que la pommade ne s'échappe pas trop vite au dehors.

1407. BANDES. Larges rubans qu'on obtient en déchirant des longueurs de vieille toile de lessive ; la largeur en est au moins de cinq à six centimètres ; la longueur en est indéfinie et déterminée par le nombre de tours qui sont nécessaires, pour maintenir en place le pansement et l'empêcher de glisser en deçà de la plaie.

1408. COMPRESSES. Nous entendons par *compresse*, une largeur de toile ployée en deux ou quatre, que l'on imbibe d'alcool camphré (1287) ou d'eau sédative (1335) ou d'autres liquides indiqués par la médication. Les compresses peuvent être considérées comme des cataplasmes (1317) liquides. Les compresses d'alcool camphré s'appliquent assez fréquemment, dès le principe de l'opération, autour de la plaie, pour arrêter au passage la communication sanguine d'une infection purulente qui aurait pu se former, en dépit de toutes les précautions indiquées ci-dessus. Les compresses imbibées d'eau sédative (1335) s'appliquent partout où l'inflammation se manifeste et où la fièvre s'établit. Dans tous les pansements c'est un moyen préventif souverain que d'arroser les bandes d'alcool camphré (1287) dans le voisinage de la plaie.

1409. Tout ce pansement si compliqué peut être remplacé avec avantage, en certains cas, par un simple linge enduit de cérat camphré (1303), mais fait avec la cire vierge la plus pure. Car dans la cire jaune ordinaire il reste assez de particules glutiniques pour donner lieu à une légère fermentation putride ; et si légère que soit cette réaction, elle pourrait avoir de graves conséquences d'intoxication endermique sur des surfaces à peine recouvertes d'une pellicule de cicatrisation.

1410. TOILE AGGLUTINATIVE, SPARADRAP, DIACHYLON. Les tours de bandes ne suffisent pas toujours à maintenir le pansement en place ; on emploie alors de petites lanières enduites d'une substance agglutinative, dont nous allons donner la composition, pour ceux qui n'auraient pas l'occasion de s'en approvisionner dans les pharmacies :

Prenez : Huile d'olive . . . . 200 grammes.
   Axonge (graisse de porc). 200
   Camphre en poudre (1268) 30
   Eau 400

Mettez sur le feu ; et quand l'axonge est fondue, versez :

Litharge en poudre (oxyde de plomb) (367). . 200 grammes.

et lorsque la masse est redevenue limpide par l'action du feu ajoutez :

Cire jaune . . . . 30 grammes.
Essence de térébenthine 30

Retirez du feu quand la goutte se fige en tombant de la spatule.

On étend alors ce diachylon sur une bande de toile de 15 centimètres environ de large, et sur une longueur indiquée par les besoins de la consommation. On roule ensuite cette bande sur elle-même, le diachylon en dedans ; et on conserve le rouleau dans un tube en carton, loin des foyers de chaleur.

Lorsqu'on veut en faire usage, on découpe, soit de petites lanières d'un centimètre de large et d'une longueur appropriée au pansement, soit des ronds et des carrés de l'étendue indiquée par la surface que l'on a à recouvrir. Le côté interne doit toujours être le côté agglutinatif. Ces bandelettes servent à serrer le pansement, pour tenir exactement appliquées l'une contre l'autre les lèvres de la plaie, en décrivant autour du membre un ou deux tours ; ou bien à maintenir le pansement en place au moyen de petites lanières de sparadrap qui s'appliquent par un bout sur le pansement et par l'autre sur la chair nue. Les ronds ou les carrés déchiquetés sur les bords sont destinés à maintenir en place des pansements de peu d'étendue, à recouvrir des furoncles, clous, etc. On a soin d'exposer un instant à la chaleur d'une bougie le côté agglutinatif, avant de l'appliquer, si la température est trop basse ou si la consistance du sparadrap est trop sèche.

1411. SPARADRAP AU VERNIS. On peut se procurer en un instant du sparadrap, au moyen du vernis de peintre en tableaux (dissolution de sandaraque, de résine-vernis et d'une petite quantité d'essence de térében-thine, dans l'alcool à 36° C.). On a soin de tenir bien bouché le flacon qui contient ce liquide, afin de l'avoir à l'état liquide quand l'occa-sion le réclame. On n'a qu'à l'étendre au pinceau sur les bouts ou sur toute la longueur de la bande de toile avec laquelle on se propose d'as-sujettir le pansement, ou sur le carré de toile avec lequel on doit re-couvrir les furoncles, clous, pustules malignes, etc.

1412. Enfin, quand il ne s'agit que de préserver les surfaces du con-tact de l'air, on peut faire usage du CÉRAT CAMPHRÉ, dont nous avons déjà donné la composition (1303).

1413. VESSIES DE PORC. J'emploie les vessies de porc : 1° en calottes pour maintenir en place les pansements du cuir chevelu, des genoux, des coudes, des épaules, et pour intercepter les corps gras qui finiraient par traverser les vêtements; 2° en guise de gants et pour chaussettes, pour servir aux mêmes fins, à l'égard des pansements des mains et des pieds. Il suffit pour cela de laisser tremper dans l'eau une vessie de porc dont on aura agrandi suffisamment l'ouverture, ou qu'on aura découpée en calotte de la capacité voulue; on l'applique toute humide encore et flasque sur le pansement à recouvrir : en se desséchant, elle se moule sur les surfaces. Au lieu d'un pansement complet, on se contente souvent, au moins contre les maladies cutanées des pieds et des mains, de déposer au fond de la vessie, qui doit servir de gant ou de chaussette, une cer-taine quantité de pommade (1297) ou d'huile camphrée (1293), et même d'alcool camphré (1287); mais dans ce dernier cas, les vessies se racornissent vite.

1414. VESSIES EN TAFFETAS CIRÉ OU GOMMÉ. A défaut de vessie de porc, ou lorsqu'on tient aux raffinements de la propreté, on peut faire également usage de vessies formées avec des largeurs de taffetas ciré ou gommé cousues ensemble. Le taffetas gommé est préférable quand il s'agit d'un pansement à l'alcool camphré (1368).

1415. VESSIES, SURTOUTS, GANTS ET CHAUSSETTES EN CAOUTCHOUC. Ces appareils sont plus flexibles et un peu plus durables que les précédents; ils se prêtent mieux aux mouvements musculaires des membres à re-couvrir.

1416. SURTOUTS EN MOUSSELINE EMPESÉE. On s'en sert spécialement pour s'opposer à la trop prompte évaporation de l'alcool qu'on a appli-qué en compresse sur une surface quelconque ; car l'alcool ne traverse pas les linges empesés, vu que la substance de l'amidon est insoluble dans ce liquide. On se sert d'un tissu, le plus fin possible, en calicot ou

en mousseline, qu'on aura passé à une dissolution épaisse de fécule ou
d'amidon. Lorsqu'on veut en recouvrir un pansement alcoolique, on
mouille les bords du surtout; et on les tient appliqués sur la peau, tout
autour du pansement, au moyen de rubans ou de bandes, jusqu'à ce
que, par la dessiccation, les bords de ces surtouts aient contracté adhérence avec la peau. On remouille les bords pour les détacher, lorsqu'on
ne peut plus endurer la cuisson produite par l'alcool camphré, ou qu'on
a besoin de réparer ou de renouveler le pansement.

1417. INSTRUMENTS, ENGINS ET MENUS OBJETS SERVANT AUX PANSEMENTS :
1° *Fils cirés*, pour la ligature des artères, ou pour réunir par des points
de couture les lèvres d'une plaie. On doit toujours avoir à sa disposition
des cordonnets ou fils de soie cirés avec le cérat camphré (1303).—2° On
se sert, pour opérer les points de couture, d'*aiguilles droites*, ou mieux
courbes; car il faut réunir très-souvent des tissus qu'on ne saurait pincer
comme des ourlets; — 3° d'une paire de *ciseaux mousses*, afin d'éviter de
blesser, en voulant panser ou enlever les peaux mortes; — 4° d'une *petite
lancette* pour donner une issue au pus des petits clapiers superficiels et au
liquide des ampoules; — 5° d'une pince à coulisse, pour saisir l'orifice
d'une artère ou artériole, la tordre sur elle-même, et en faciliter ainsi la
ligature avec le fil ciré ci-dessus; — 6° enfin d'une sonde en argent du
plus petit calibre, pour faciliter au besoin l'émission des urines ou l'introduction des injections dans un organe étroit ou dans une fistule.

CHAPITRE XV.

PLAQUES ET APPAREILS GALVANIQUES.

1418. Ces appareils sont destinés à soutirer le mercure, l'arsenic ou autres
métaux intoxicants aux organes qui en ont été infectés, et même à l'organisation tout entière. Le succès le plus complet de la pratique a confirmé de
tous points les espérances que nous avait inspirées la théorie; et tellement
que le charlatanisme a fini par trouver, dans les modifications des simples
appareils dont nous faisons usage depuis tant d'années, une excellente
veine d'exploitation commerciale; la quatrième page des journaux est chaque jour envahie par ces sortes de réinventions, qui consistent dans l'addition d'une lanière de telle ou telle façon, dans les contours plus ou moins
ovales des plaques, dans leur mode d'association et de contact, etc.

Les formes que nous avons adoptées, nous les maintenons, à cause que
la simplicité de leur fabrication permet de livrer ces appareils à meil-

leur marché, et que les modifications qu'on y apporte n'ajoutent rien à la puissance soustractive de leur action.

1419. PLAQUES GALVANIQUES. Elles se composent d'une plaque de cuivre à laquelle se superpose une plaque de zinc, toutes les deux minces comme une feuille de gros papier, afin qu'elles soient en état de s'appliquer plus exactement sur une surface quelconque; nous avons aujourd'hui des laminoirs qui permettent de les obtenir de cette mince épaisseur. La plaque de zinc doit pouvoir déborder la plaque de cuivre, afin que la surface de l'organe soit en contact avec les deux à la fois et qu'elle complète le circuit voltaïque que les deux déterminent. On interpose entre les deux plaques un morceau de mousseline qu'on maintient imbibée d'une dissolution de sel marin ou de vinaigre, comme moyen excitateur de l'appareil. Presque aussitôt ce petit appareil fonctionne, et avec une telle énergie que la surface du cuivre qui est en contact avec la peau blanchit chez les personnes qui ont subi récemment des frictions mercurielles ou ont pris le mercure à l'intérieur à haute dose, et qu'elle se couvre de larges maculatures noires chez celles qui ont été mercurialisées ou arseniquées et antimoniées à moindre dose. Mais dans tous les cas, la surface de la même plaque de cuivre, qui est en contact avec le zinc, s'étame de zinc et en devient souvent toute blanche. Quant à la plaque de zinc, elle ne tarde pas à s'amoindrir, à s'user, se trouer, se denteler par suite de la réaction galvanique; car l'élément zinc se combine avec l'acide des sels dont l'élément cuivre soustrait et élimine les bases.

Une plaque de cuivre ne paraît pas avoir la moindre trace d'usure, alors que l'on a déjà usé une foule de plaques de zinc.

La puissance de soustraction de ces appareils est telle, que bien des gens ne peuvent en endurer le contact dix minutes de suite, et que chez d'autres leur action détermine sur la peau des taches ou boutons enflammés, qui ne sont nullement, du reste, de mauvais augure, et que l'on fait passer ensuite avec la pommade camphrée (1297) ou avec le goudron (1486, 3°).

On a soin de soumettre de temps en temps la plaque de cuivre à la flamme du charbon de bois, sous un bon tirant de cheminée, de la fourbir ensuite au vinaigre, pour la dépouiller, et de la quantité de mercure ou d'arsenic dont le cuivre aurait pu se charger, et de l'oxydation qui, en s'interposant entre la peau et l'appareil, pourrait intercepter l'action galvanique ou en diminuer l'énergie.

1420. *Manière de se servir des plaques galvaniques*. 1° Trois fois par jour, immédiatement après qu'on a enlevé le cataplasme aloétique (1321), ou après avoir lotionné la surface à l'eau sédative (1345), on applique au même endroit les plaques galvaniques; on les laisse agir au moins un quart d'heure; et quand on les a retirées, on essuie la peau à l'alcool camphré, et la plaie à l'eau quadruple (1375) ou à l'eau de goudron seule; on panse la plaie de nouveau (1405), et l'on recouvre l'épiderme entamé d'un linge enduit de cérat camphré (1303).

2° Lorsqu'on prend un bain sédatif général (1209) ou local (1234), et dans les cas maladifs où les plaques sont prescrites, on les promène sur toutes les surfaces que recouvre le bain, en les changeant de place de minute en minute; on les laisse plus longtemps en place sur les surfaces dartreuses, sur les régions les plus endolories et qui sont le siége de douleurs goutteuses ou rhumatismales.

1421. CEINTURE GALVANIQUE. La ceinture galvanique est une chaîre de petites plaques, ou d'anneaux alternatifs de cuivre et de zinc. Dans la construction de ces chaînes, on doit toujours avoir soin de ne pas lier deux éléments consécutifs par le même élément, par exemple deux plaques dont l'élément zinc déborde, par un anneau de zinc, mais bien par un anneau de cuivre.

La forme des éléments peut ensuite varier à l'infini d'après ce principe. On peut, au lieu de plaques, se servir de petits barillets composés de spirales alternatives de fils de cuivre et de fils de zinc; on rentre les bouts en dedans, et on attache ces chaînons cylindriques au moyen d'anses de métal contraire, formées avec les bouts rentrés; ce qui fait que l'anse d'un des bouts du chaînon est formée avec l'extrémité du fil de cuivre, et celle de l'autre bout avec l'extrémité du fil de zinc.

On porte pendant le jour les chaînes autour des reins; il n'est pas nécessaire qu'elles fassent tout le tour du corps; elles ne doivent pas serrer, mais seulement être maintenues en contact avec la peau. Le soir, on les trempe dans de l'eau vinaigrée, on les lave ensuite à grande eau, on les secoue, et on les met sécher, en les tenant plongées jusqu'au matin dans du son ou de la sciure de bois qu'on aura préalablement exposée à une douce chaleur. On préserve ainsi ces appareils de l'oxydation, après les avoir purifiés, par des lavages successifs, des principes qu'ils auraient pu soustraire aux régions affectées.

1422. COLLIER GALVANIQUE. C'est une chaîne analogue que l'on porte le jour autour du cou, et que l'on purifie le soir de la même manière que ci-devant.

1423. Ces colliers et ceintures servent également de BRACELETS et de JARRETIÈRES galvaniques, lorsqu'on a besoin de reporter leur action sur les poignets, le genou, le bas de la cuisse ou sur le cou-de-pied.

1424. CHIQUES GALVANIQUES. Le cuivre et le zinc, en s'oxydant, détermineraient dans la bouche des effets d'intoxication sur une petite échelle. Nous remplaçons alors ces deux métaux par l'accouplement de l'or et de l'argent. On lie ensemble un anneau d'or et un d'argent avec le bout d'un assez fort cordonnet de soie, dont on attache l'autre bout à l'un des boutons du gilet ou du corsage. Ou bien on troue deux pièces de monnaie de même diamètre, l'une d'or et l'autre d'argent (une pièce de 20 fr. et l'autre de 1 fr. ; une de 10 fr. et l'autre de 50 cent. ; une de 5 fr. et l'autre de 25 cent.), vers l'un de leurs bords, en y enfonçant d'un coup de marteau la pointe d'un clou : on attache les deux pièces par ces trous, au moyen du bout d'un fort cordonnet en soie, dont l'autre bout est attaché à la boutonnière. On tient ce couple d'or et d'argent dans la bouche, on le promène avec la langue sur toutes les parois buccales que l'on a en vue de purifier. Leur action détermine un afflux de salive comme par petits filets ; on crache cette salive : au bout de 20 minutes, on remet le couple en poche ; on se gargarise avec de l'eau salée zinguée (1377) et on en renifle. L'on reprend les chiques galvaniques toutes les heures, et plus souvent même, si l'on n'a rien de mieux à faire.

1425. Le cordonnet de soie a pour but d'empêcher que, dans un moment de distraction, par suite d'une fausse position, d'une trop forte aspiration ou d'un effort de déglutition, on n'avale ou l'on aspire l'une ou l'autre de ces pièces : Le mal ne serait pas grand, si l'on ne faisait que les avaler ; on les rendrait par les selles avec leur diamètre et leur poids légal. Mais il serait très-dangereux, ce qui est du reste infiniment rare, de les aspirer : car, en s'introduisant dans la trachée, elles deviendraient une cause imminente d'asphyxie. Le cordonnet s'oppose à ces deux accidents.

1426. Mais tout le monde n'a pas de l'argent et de l'or à son service. Nous remplaçons en ce cas ce couple par des tigelles, des petites plaques, des grenailles d'étain. Ces petites plaques doivent être perforées pour être attachées, comme nous venons de le dire, à l'égard des pièces d'or et d'argent ; les tigelles peuvent être remplacées par le bout d'une cuiller d'étain. Les grenailles, on les obtient en faisant fondre, dans une cuiller ou pelle de fer bien propre, un morceau d'étain, un fragment d'une cuiller d'étain même ; on n'a qu'à jeter l'étain fondu dans l'eau pour qu'il s'y divise en petites boules ; on en prend une ou deux dans la bouche que l'on garde 20 minutes, après les avoir promenées avec la langue sur les diverses parois de la bouche ; on les met alors à l'écart pour en reprendre deux nouvelles à la première occasion ; et lorsque toute la provision est épuisée pour avoir servi successivement à cet usage, on la fait refondre, comme ci-dessus, afin de la purifier ; et on la jette toute fondue dans l'eau pour la diviser de nouveau en petites boules. Chaque fois qu'on quitte ces petites boules, on se gargarise à l'eau salée zinguée et on en renifle (1377).

1427. ANNEAUX GALVANIQUES. On se procure un de ces appareils, au moyen d'un anneau d'or et d'un anneau d'argent qui se touchent. Les deux anneaux doivent être simples et sans pierreries, afin qu'on puisse sans perte les purifier de temps à autre, en les soumettant à la flamme de l'esprit-de-vin, sous le manteau de la cheminée ; on les lave ensuite, au vinaigre, puis au savon, et on les remet au doigt. On remplace avec un grand avantage le couple d'anneaux d'or et d'argent, au moyen de fils de cuivre et de fils de zinc élégamment tournés en spirales alternatives, ou au moyen d'un anneau de cuivre et d'un anneau de zinc qui se touchent : ceux-ci, on se contente, pour les purifier, de les passer au vinaigre pendant quelques secondes ; on les lave ensuite à grande eau ; et on les sèche en les plongeant dans de la sciure de bois toute chaude ; on les remet au doigt quelques instants après.

1428. LUNETTES-CONSERVES GALVANIQUES. La moitié de la monture doit être en cuivre et l'autre moitié en zinc, ou bien l'une des deux moitiés en or et l'autre en argent ; on n'y met des verres grossissants que dans le cas où la vue le réclame ; dans les autres cas, on se passe de verres, ou l'on n'en emploie que de plats et de couleur verte, et on garnit la monture de taffetas vert, afin de mettre les yeux à l'abri et de la trop vive lumière et de la poussière. Enfin, à défaut de ces lunettes ainsi confectionnées, on se contentera d'enrouler un fil de cuivre autour de l'une des branches de la monture quelconque des lunettes et un fil de zinc autour de l'autre. On déroule ces fils chaque fois qu'on veut les nettoyer au vinaigre, comme ci-dessus (1427), et on les enroule de nouveau ensuite autour de leur branche respective.

1429. BOUCLES D'OREILLES GALVANIQUES. Les personnes qui portent à l'oreille des boucles ou de simples anneaux n'auront qu'à passer un couple de fils de cuivre et de zinc dans l'anneau qui traverse l'oreille ; elles retireront ces fils lorsqu'elles devront procéder à leur toilette, et elles passeront ces petits appareils au vinaigre comme ci-dessus, à moins qu'elles ne veuillent chaque fois les renouveler. Ceux qui ne portent pas habituellement de boucles d'oreilles se contenteront de s'entourer l'oreille d'un double fil de cuivre et de zinc pendant qu'elles resteront au logis.

1430. TIGELLES GALVANIQUES. C'est une double tige composée d'un fil de cuivre et d'un fil de zinc soudés bout à bout, et n'offrant aucune aspérité sur leur surface, mais suffisamment flexibles pour qu'ils puissent se prêter à toutes les courbures des organes ou des fistules dans lesquels il s'agit de les introduire ; car ces tigelles sont destinées à attaquer le mal, dans le tuyau auditif, dans les cornets du nez, dans le canal de l'urètre, comme dans les fistules du plus petit calibre.

1431. SONDES ET PESSAIRES GALVANIQUES. Les sondes ne diffèrent des pessaires que par leur moindre calibre. La sonde se compose d'abord, d'un étui de deux ou trois millimètres de diamètre, en cuivre, fermé à l'extrémité et perforé d'un trou sur le côté; ensuite, d'une tige cylindrique en zinc qui y rentre et en sorte sans frottement; on a soin de graisser l'étui de cuivre avec de l'huile camphrée (1293) avant de l'introduire dans l'organe; et si, malgré cette précaution, ou faute d'en avoir tenu compte, la surface de l'étui venait à contracter adhérence aux parois, on retirerait la tigelle de zinc, et l'on ferait une injection dans l'étui de cuivre; l'huile, en s'infiltrant, par le trou latéral, entre les parois de l'organe et la surface de la sonde, suffirait pour vaincre cette adhérence de contact. Ces sondes sont destinées à réagir sur les parois du rectum et du canal de l'urètre.

1432. Le pessaire, qui est la sonde des organes génitaux de la femme, se compose de deux étuis : l'extérieur, de cuivre, perforé latéralement vers l'extrémité; et l'intérieur, de zinc. Son diamètre extérieur varie de un à deux centimètres; il doit être assez long pour qu'on puisse le retirer facilement et à volonté, sans crainte de blesser l'organe : à cet effet même, il est bon que ces deux étuis soient munis chacun à leur base d'un cordonnet de soie. Si le pessaire venait à contracter adhérence avec les parois de l'organe, on retirerait l'étui de zinc, et l'on injecterait de l'huile camphrée dans l'étui de cuivre.

1433. Les sondes et les pessaires ne doivent rester en place chaque fois que quelques minutes; immédiatement après les avoir retirés, on fait une injection à l'eau quadruple (1375) et ensuite une autre à l'huile camphrée (1293). On en renouvelle l'emploi de cette manière quatre ou cinq fois par jour.

1434. *N. B.* La mode et l'usage ont leurs instincts d'utilité qui devancent les démonstrations de la science et semblent les pressentir; la mode même ne fait jamais que broder de ses fioritures et de ses caprices les applications dont l'usage a reconnu l'utilité. Jusqu'à ce jour, nous n'avons vu qu'un luxe d'ornementation dans l'emploi, en fait de parure, d'objets d'art en or ou en argent; au fond pourtant, ce luxe était hygiénique, et c'est dans ses qualités curatives ou préservatrices qu'il a eu sa raison d'être dès la plus haute antiquité et chez tous les peuples de la terre : les anneaux, les bracelets, les jarretières, les boucles d'oreilles ou de narines, les bulles ou les croix d'or étaient bien plus au fond des amulettes de la santé que des signes de la fortune. Dans les montagnes où règne le goître, la femme ne porte sa croix ou sa chaîne d'or qu'en contact avec la peau. Dans les Frises, ce grand égout de la mer et des fleuves, les femmes se couvrent le cuir chevelu d'une calotte métallique de cuivre, d'argent ou d'or, selon leur fortune, et dont les deux extrémités se montrent à nu, en petites rosaces, sur le devant de l'oreille ; ces deux extrémités font presque office de pôles galvaniques. Je doute qu'on s'y trouvât bien d'échanger cette mode contre une coiffure de dentelles les plus riches du Brabant ; ce n'est du reste pas moi qui leur en donnerais le conseil. La seule innovation que je leur proposerais, ce serait de purifier plus souvent ces calottes hygiéniques à la flamme d'alcool ou de bon bois, de les passer ensuite au vinaigre pendant quelques minutes, et de les laver à grande eau. Peut-être ajouterais-je, avec leur approbation, le conseil de terminer les extrémités par des rosettes de métal différent ; l'une en or et l'autre en argent pour les riches ; l'une en cuivre et l'autre en zinc pour les pauvres ; ce qui établirait l'égalité parfaite devant la santé, en rétablissant également le courant galvanique, qui doit être le but commun de ces appareils (*).

CHAPITRE XVI.

RICIN (HUILE DE).

1435. ÉTYMOLOGIE ET SYNONYMIE. La plante dont les graines fournissent l'huile de ricin a été connue et décrite par Pline et Dioscoride (**). Les Grecs l'appelaient indifféremment *kiki* (chez les talmudistes ce mot a le même sens et paraît-être le mot hébreu de la plante), *krotôn*, *sesamos agrios* (sésame sauvage, parce que le sésame a des graines oléagineuses), *seseli kuprios* (seseli de Chypre). Ils lui donnaient le nom de *croton*, à cause de la ressemblance qu'ont les graines mûres avec l'abdomen de la *tique du chien* (604), lorsque cette mite (*croton*) est gorgée de sang. Les Latins, qui désignaient cette mite sous le nom de *ricinus*, avaient par le même motif donné le nom de ricin à la plante qui porte ces graines ricinoïdes. Mais ces deux peuples ne se servaient de l'huile de ricin que pour les lampes ; ils la trouvaient, comme nous autres, détestable au goût ; ils ne l'employaient même point comme drastique.

Ce n'est que bien tard qu'on a reconnu l'utilité de cette huile en médecine, et dès ce moment la reconnaissance monacale a désigné cette plante sous les noms les plus sacrés de son vocabulaire : on l'a appelée 1° *Palma Christi* (main du Christ), à cause de ses feuilles palmées et comme découpées en cinq doigts ; 2° *Agnus castus* (agneau de chasteté),

---

(*) Voyez *Revue complémentaire des sciences appliquées*, livr. de septembre 1851, tom. Iᵉʳ, pag. 49.

(**) Pline, liv. 15, ch. 7. — Dioscoride, liv. 4, ch. 164, éd. de Goupil.

parce que son huile purgative, en affaiblissant tous les organes, n'épargnait pas davantage l'aiguillon de la chair et pouvait rendre chastes par impuissance même les carmes déchaussés. Le commerce, qui sait toutes les langues, excepté le latin, a fait du mot d'HUILE D'AGNUS CASTUS, *huile de castor*. Les Espagnols, qui n'ont pas l'usage de la langue séraphique, ont désigné cette plante par un juron, en l'appelant *higuera del infierno* (figuier de l'enfer). Bien de mes malades se sont montrés Espagnols sur ce point, quelques instants après avoir exécuté l'ordonnance; mais qu'on bénisse ou qu'on maudisse cet ingrédient, on le prendra; et là-dessus j'entendrai tout ce qu'on voudra, plutôt que raison et refus.

1436. Le ricin, qui reste herbacé dans nos contrées, atteint en Égypte les proportions d'un petit arbre; il pousse abondamment sur tout le littoral de la mer Méditerranée, dans les terrains riches en humus et qui ne manquent ni d'eau ni de lumière. Dans les terrains sablonneux, il n'atteint pas la taille de la *mercuriale foirole*, et refuse même de porter des fleurs. J'ai lu dans un journal que le *palma-christi* croît sans culture, et comme plante parasite, dans les environs du port de l'île *Carmen*, île voisine des côtes de la Californie : elle y aura été importée sans doute par les premiers voyageurs, ce qui prouve qu'on pourrait la naturaliser de la sorte dans une foule d'endroits déserts du Nouveau Monde, où elle finirait par se semer d'elle-même; en sorte qu'on n'aurait plus qu'à aller l'y récolter, non-seulement pour la pharmacie, mais encore pour l'industrie et l'éclairage.

1437. On extrait l'huile de ricin en soumettant les graines au pressoir; on doit la conserver, en la tenant à l'abri du contact de l'air et dans un endroit frais.

1438. MANIÈRE DE PRENDRE CETTE HUILE. — La dose d'huile de ricin est de 60 grammes (2 onces) pour les grandes personnes, et de 30 grammes (une once) pour les enfants. On prend ces doses en trois fois; on délaye chaque fois l'huile dans du bouillon aux herbes (1198); ou bien, si l'on éprouve une trop grande répugnance pour ce remède, on la délaye soit dans le lait, soit dans le bouillon ordinaire, soit dans un sirop quelconque. Après chaque prise, on a soin de sucer du citron. On se promène ensuite dans sa chambre, ou l'on se remue dans son lit; et chaque fois qu'on éprouve le besoin d'aller à la selle, on reprend du bouillon aux herbes (1198), ou de la limonade, ou un sirop acide étendu d'eau.

Afin d'accélérer l'époque des selles, on peut avoir recours à un lavement purgatif (1397) ou superpurgatif (1398).

1439. Si l'on éprouvait ensuite des coliques trop fortes, on se passerait sur le ventre de l'eau sédative (1335), ou de l'alcool camphré (1287);

et si les selles, trop abondantes ou trop âcres, occasionnaient quelques ardeurs à l'anus, on y appliquerait, coûte que coûte en fait de cuisson, une petite compresse imbibée d'alcool camphré (1288, 2°), et l'on y introduirait ensuite une bougie camphrée (1308).

1440. Ne vous refusez pas à prendre de l'huile de ricin par la raison que vous seriez entraîné à la vomir : il en restera toujours assez pour agir sur les selles et pour vous procurer d'abondantes évacuations par le bas, quand même il vous semblerait en avoir vomi toute la dose.

1441. Cependant si la répugnance pour l'huile de ricin devenait invincible, on remplacerait ce purgatif par la manne délayée dans du lait à la même dose que ci-dessus (1438), ou bien par une bouteille de Sedlitz pour l'usage interne; ou bien enfin par la scammonée délayée dans du lait, à la dose de 15 centigrammes pour les enfants et de 25 centigrammes pour les grandes personnes.

CHAPITRE XVII.

SIROP (*Sirupus* ou *syrupus* en latin, *sciroppo* en italien, *jarabe* en espagnol).

1442. On entend par sirop l'incorporation d'un suc médicamenteux avec une quantité de sucre légèrement caramélisé (1240), qui en paralyse la fermentation ; car, dans une certaine proportion, le sucre est éminemment antifermentescible.

1443. D'où l'on doit conclure que l'introduction des sirops en médecine est aussi moderne que celle du sucre; et que, inconnus aux Grecs et aux Latins, ils ne remontent pas plus haut que les Croisades. L'usage n'a dû s'en répandre dans l'ancien monde que depuis la découverte du nouveau ; car jusque-là le sucre était un condiment encore plus cher que le poivre. Chez les Grecs et les Romains, l'hydromel remplaçait le sucre comme véhicule, mais non comme conserve du suc des plantes médicinales (*).

(*) Ceux qui veulent faire tout dériver du grec ont entrevu l'étymologie de sirop dans l'association des deux mots grecs : *siro* (je tire) et *opos* (le suc) ; ou de deux autres : *syrios* (syrien) et *opos* (suc); parce que, disent-ils, les Syriens faisaient un grand usage de ces sortes de jus sucrés. Mais s'il en avait été ainsi, il n'en aurait pas plus coûté aux Grecs de s'approvisionner de la chose en Syrie que d'aller y en adopter le mot. Il nous semble plus logique d'admettre que le mot nous vient des Arabes, qui seuls nous ont transmis la chose, et que *sirop* dérive du mot arabe *scharab* (potion), mot qui en hébreu signifie : *passer au feu*. Ce qui donne un certain poids à cette opinion, c'est que les Espagnols, ces héritiers de la langue et des mœurs des Arabes, désignent encore aujourd'hui les sirops sous le nom de *jarabe*, mot qui, à la manière dont ils prononcent leur *j*, est à peine une modification du mot *scharab*.

1444. Les sirops se gardent d'autant plus longtemps qu'ils sont maintenus à une température plus basse, à celle d'une cave profonde, par exemple, et que la proportion du sucre l'emporte davantage sur celle du véhicule aqueux, c'est-à-dire que le sirop est plus épais et moins fluide : car rien ne fermente à froid et sans un ample bain d'eau.

1145. La proportion du sucre doit ainsi être portée au tiers de la substance sirupeuse ; ce qu'on obtient en réduisant le liquide à une douce chaleur jusqu'à ce que l'eau en excès soit évaporée.

1446. Nous n'employons les sirops que pour les enfants, toujours friands des choses sucrées, et à qui le goût du sucre dissimule l'amertume du médicament. Nous les supprimons complétement à l'égard des grandes personnes, envers lesquelles notre système n'a recours à aucun genre de dissimulation ; car nous comptons trop sur leur logique pour croire qu'elles puissent préférer la souffrance, que nos médicaments dissipent sur l'heure, à un instant fugitif de répugnance et d'arrière mauvais goût.

1447. PRÉPARATION DES SIROPS. On ne doit se servir de vases en cuivre, si bien récurés qu'ils soient, qu'avec la plus grande précaution et qu'à l'instant de faire la cuite ; on n'y laisse rien séjourner ou même refroidir. Les vases en fer noircissent les sirops. Servez-vous de préférence de vases en porcelaine ou en verre.

1448. On dissout d'un côté les sucs dans leur véhicule (eau ou alcool), soit à froid soit par la cuisson. D'un autre côté, on caramélise le sucre avec quantité égale d'eau sur un feu doux. Lorsque les deux préparations sont prêtes, on les mêle et on fait évaporer à feu doux jusqu'à consistance sirupeuse, c'est-à-dire, jusqu'à ce que le liquide file, plutôt qu'il ne tombe, de la cuiller en refroidissant.

1449. DIVERSES ESPÈCES DE SIROPS DONT NOUS FAISONS USAGE PLUS FRÉQUEMMENT DANS LA NOUVELLE MÉTHODE. Nous n'avons recours aux sirops, nous le répétons, que pour dorer au goût la pilule, et dissimuler d'une manière agréable l'amertume des sucs vermifuges ou des antiscorbutiques. Qui peut prendre ces substances dans toute leur amère pureté, s'en trouvera infiniment mieux pour sa santé et pour sa bourse.

1450. 1° SIROP ANTISCORBUTIQUE :

Vin blanc.	1 litre.
Sucre	1 kilo.
Feuilles de Cochlearia	250 grammes.
— Trèfle d'eau	250
— Cresson de fontaine	250
— Sauge	40
Bourgeons de sapin	12

Graines de moutarde blanche   8
  —   carottes   8
Écorce récente de citron.   8
Oranges vertes. 120
Cannelle   4
Raifort récent 250
                                       ——
            Total. . . . . 3200 grammes.

On laisse macérer toutes ces substances, dans un grand bocal, avec un litre de vin blanc, pendant deux à trois jours ; on décante et l'on exprime fortement le suc de tout ce marc ; on place le jus sur le feu, en y ajoutant la quantité de sucre prescrite et évaporant jusqu'à ce que le liquide soit réduit un peu au-dessous d'un litre ; on complète le litre avec une nouvelle quantité de vin blanc et un petit verre (30 grammes) d'alcool ; on remue, on laisse encore un instant sur le feu, et l'on met le sirop en bouteille pour s'en servir à froid dans l'occasion.

1451. Peu importe qu'on n'ait pas toutes ces substances sous la main ; les principales sont le raifort, les bourgeons de sapin, la cannelle, les écorces de citron, les oranges amères, les graines de moutarde, de carotte et la sauge, toutes substances qu'on peut se procurer en toute saison.

On peut réduire toutes ces doses à la moitié, si l'on n'a pas de vase d'une capacité assez grande pour la macération de ces herbages.

1452. Ce sirop est aussi antivermineux qu'épuratif ; il chasse tout autant les vers hors des intestins que le mercure et l'arsenic hors des canaux lymphatiques ; car il pousse chaudement à la peau. Il est donc tout aussi utile dans les maladies spontanées d'entrailles que contre les maladies mercurielles, scorbutiques et scrofuleuses.

1453. 2° SIROP DE CHICORÉE ou plutôt SIROP DE RHUBARBE :

Racine de rhubarbe (*Rheum rhabarbarum*). . . . .   20 grammes.
Racines sèches de chicorée sauvage (*cichorium intybus* L.). . .   20
Feuilles sèches de chicorée sauvage   30
Lichen d'Islande   10
Cannelle.   5
Sucre. 500

1454. On coupe la racine de rhubarbe en petits morceaux ; on la laisse macérer jusqu'au lendemain matin dans un décilitre d'eau ; on filtre et l'on exprime le jus à travers un linge fort. On porte alors à l'ébullition 500 grammes d'eau, dans laquelle on dépose la racine et les feuilles de chicorée sauvage, la cannelle et le lichen d'Islande. On retire du feu au bout de vingt minutes, on passe et l'on exprime à travers un linge fort; on remet sur le feu, et l'on y verse le suc de la rhubarbe et les 500 grammes de sucre. On retire du feu quand le liquide a acquis une consistance sirupeuse.

1455. On administre ce sirop, comme purgatif, aux enfants à la mamelle ou aux enfants en bas âge qui se refusent à prendre l'aloès. Ce sirop est aussi vermifuge que purgatif. On l'administre à la dose d'une cuiller matin et soir tous les trois jours, et toutes les fois que l'enfant paraît atteint de quelque malaise.

1456. 3° SIROP DE GOMME CAMPHRÉ :

Gomme arabique.	250 grammes.
Sucre	500
Alcool camphré (1368).	25

1457. Faites fondre à un feu doux le sucre dans un demi-litre d'eau, versez-y ensuite les 25 grammes d'alcool camphré, et retirez du feu après incorporation complète. D'un autre côté, faites fondre soit à froid, ce qui est plus long, soit à un feu doux, soit au bain-marie (1178), les 250 grammes de gomme arabique dans une égale quantité d'eau, en ayant soin, si l'on procède sur le feu, de remuer de temps à autre le mélange pour que la gomme ne s'attache pas. Lorsque la dissolution est complète, on mêle les deux liquides ensemble, et l'on agite jusqu'à parfaite incorporation.

1458. Ce sirop est destiné à servir de véhicule au camphre (1266), qu'il serait difficile de faire prendre autrement aux enfants en bas âge. On le leur administre à la dose d'une cuiller à café (1181) le matin ou le soir : une cuillerée à café peut renfermer dix centigrammes de camphre.

1459. 4° SIROP D'IPÉCACUANHA :

Extrait alcoolique d'ipécacuanha.	8 grammes.
Sucre.	500
Eau	500

1460. L'extrait alcoolique s'obtient en laissant macérer quinze jours, au soleil, 32 grammes de racines d'ipécacuanha dans un quart de litre d'alcool à 22° B. ; on filtre et on fait évaporer l'alcool dans une cucurbite munie d'une allonge, ou dans un bain-marie qui prévienne la rencontre de la flamme avec les vapeurs alcooliques, et cela sous un bon tirant de cheminée. On fait ensuite dissoudre les 8 grammes d'extrait d'ipécacuanha dans 125 grammes d'eau pure; filtrez et mêlez à 1 litre (1,000 grammes) de sucre caramélisé (1240) (500 grammes de sucre et 500 grammes d'eau).

1461. On donne aux jeunes enfants deux cuillers à café de ce sirop,

à la distance d'un quart d'heure, pour les faire vomir. On ne l'emploie
que dans les cas du croup ; et s'il n'agit pas, on a recours à l'émétique
(tartrate stibié de potasse) à la dose de 1 grain (5 centigrammes); sauf à
y revenir si le vomissement n'a pas lieu assez tôt.

CHAPITRE XVIII.

TISANES, DISSOLUTIONS, MACÉRATIONS, INFUSIONS, DÉCOCTIONS, INCORPORATIONS.

1462. Il est plus que probable que le mot de PTISANE OU PTISSANE
dont nous avons fait *tisane,* remonte plus haut même que les Asclépiades; car Hippocrate en parle comme d'un remède vulgaire et que
l'on s'administrait sans ordre du médecin. Il est vrai que ce mot était
exclusivement affecté à la décoction de l'orge mondé, qu'Hippocrate préférait pour cet usage à toutes les autres céréales ; en effet l'orge, ayant
fort peu de substance glutinique, fournit une nutrition plus légère et
moins active à un estomac épuisé ou fatigué. Aujourd'hui, on comprend
sous le nom de *tisanes* toutes les décoctions d'herbes ou de graines
médicinales.   •

1463. Une DISSOLUTION, c'est plus spécialement l'incorporation à froid
avec un liquide d'une substance qui s'y dissout tout entière et sans
laisser de résidu sensible : Le sucre se dissout dans l'eau et forme une
dissolution sucrée aqueuse; le camphre se dissout dans l'alcool et forme
une *dissolution alcoolique* ou un *alcoolat de camphre;* le sel marin forme
avec l'eau une *dissolution saline* ou plutôt *salée.*

1464. La MACÉRATION, c'est l'incorporation à froid avec un liquide,
avec l'eau spécialement, d'une substance contenue dans les mailles d'un
tissu organisé et insoluble. Cette incorporation demande un séjour plus
ou moins long du tissu dans le liquide. On a recours à la macération
pour les tissus qui ne sont pas susceptibles de fermenter trop vite, et
qui renferment d'autres substances inutiles ou désagréables, mais qui
ne sont solubles que dans l'eau chaude.

1465. L'INFUSION a lieu par un court séjour des tissus organisés dans
l'eau que l'on vient de retirer bouillante du feu. Elle a pour but d'extraire de ces tissus une substance qui n'est soluble qu'à un degré un
peu inférieur à celui de l'ébullition. Le *thé* est une infusion.

1466. La DÉCOCTION, au contraire, est une tisane obtenue par le séjour
plus ou moins prolongé d'un tissu organisé dans l'eau ou un autre

liquide porté à l'ébullition : L'*eau de riz* et la *tisane d'orge perlé* sont des *décoctions*.

1467. INCORPORATION; j'entends principalement par incorporation en pharmacie le mélange intime de deux ou plusieurs autres substances qui forment un magma et une pâte plutôt qu'une dissolution : La *moutarde* est une incorporation.

1468. Nous ne suivrons pas l'ordre de ces distinctions dans la description de ces sortes de tisanes; car pour la facilité des recherches, il s'agit plutôt de les énumérer que de les classer; et la manière d'énumérer qui facilite le mieux les recherches, c'est l'ordre alphabétique.

1469. 1° BOURRACHE (*Borrago officinalis* L.). La bourrache se prend en infusion (1465), c'est un *thé*; et, avec la simple addition d'une feuille d'oranger, un thé délicieux et qui dépasse de 20 mille gorgées le thé le plus vierge de la Chine et du Japon, si toutefois le thé nous arrive jamais de ces parages vierge et non sophistiqué ou épuisé. Essayez de servir un thé de bourrache, sans avertir vos invités de l'heureuse fraude, et les plus fins connaisseurs s'y trouveront pris. Ce *thé français* l'emporte sur le prétendu thé de la Chine par ses qualités épuratives, dont la bourrache est redevable à la grande quantité de salpêtre (nitrate de potasse) que ses sucs tiennent en dissolution.

1470. La plante de la bourrache n'exige aucune culture, elle se sème d'elle-même et vient un peu partout; même une fois qu'on en a laissé monter un pied en graines dans un jardin, on est sûr qu'on en aura tous les ans une abondante récolte, si dans les sarclages on ne la confond pas avec les plantes de rebut. On dirait qu'elle ne nuit à aucune autre plante potagère; car sa racine est pivotante et va puiser sa nourriture plus bas que toutes les autres.

1471. On orne les salades avec ses fleurs, en compagnie des fleurs de capucine qui ont le goût de navets. Tout le reste de la plante peut être également employé pour le thé; sommités, tige et feuilles. Mais ce sont les feuilles qu'il faut employer de préférence à cet usage, fraîches ou sèches. On fait sécher toute la plante, en la laissant suspendue aux poutres du grenier; ou bien on les expose préalablement au four dont on vient de retirer le pain; les feuilles conservent ainsi toute la fraîcheur de leur couleur verte. Pour les empêcher de se recroqueviller au four, on a soin de les étaler entre des feuilles de papier gris, que l'on tient serrées entre deux planches; en les séchant de cette manière, on peut les conserver empilées et sans craindre de les effriter.

1472. On doit préparer ce *thé* ainsi que le thé ordinaire : on dépose au fond de la théière trois feuilles de bourrache et une feuille d'oranger;

on verse par-dessus un litre d'eau bouillante ; on couvre le vase ; et on
sert au bout de quelques minutes d'infusion. Comme tisane, on peut la
prendre chaude ou froide ; et le même litre peut servir tout le long de la
journée jusqu'à épuisement.

1473. 2° Chicorée sauvage (*cichorium intybus* L.). On fait un semblant
de café avec ses graines mûres ; nous ne nous servons, nous, que des
racines et des feuilles en *macération* ou en *décoction* :

1° En *macération ;* on dépose chaque jour dans le vase d'eau à boire,
une ou deux rondelles de sa racine, ou quatre à cinq de ses feuilles. L'a-
mertume qu'en contracte l'eau est déjà, à elle seule, un excellent vermifuge et un condiment protecteur d'une bonne digestion.

2° En *décoction ;* on fait bouillir pendant un quart d'heure une poignée
de feuilles ou de racines dans un litre d'eau, et l'on en prend ensuite un
verre à chaud ou à froid, toutes les fois qu'on doit s'administrer la
petite dose de camphre (1266).

1474. 3° Chiendent (*triticum caninum* Lin.). On n'en emploie que les
chaumes traçants sous terre, si improprement désignés sous le nom de
racines de chiendent (219 ') ; on en fait bouillir une poignée dans
litre d'eau pendant 20 minutes, et on prend la tisane chaude ou froide
avec la dose prescrite de camphre (1266). Cette décoction rivalise avec
celle de la bourrache, à cause de l'analogie de ses sels. Depuis que nous
en avons signalé les bienfaits aux paysans d'ici, ils en purgent leurs
terres à la vérité avec le même empressement qu'auparavant ; mais ils ont
soin, avant de brûler les tas, d'en garder des bottes pour les provisions
de leur santé.

Quand, à cet effet, on a extrait une certaine quantité de ces chaumes
souterrains du sol qu'ils infestent, on coupe ces chaumes en parcelles de
la longueur du doigt, on les nettoye à grande eau des traces de terre qui
peuvent adhérer à leur surface ; on en fait des petites bottes d'une
vingtaine de morceaux, qu'on lie ensemble avec un de leurs fragments,
pour s'en servir dans l'occasion convenable. A cet effet, on fait bouillir
un litre d'eau, on y dépose une botte de ces racines ; on retire du feu au
bout d'une minute d'ébullition ; on rejette la première eau, et l'on fait de
nouveau bouillir dix minutes les racines pour servir de tisane.

La décoction de chiendent est un succédané de la salsepareille ;
et nous la prescrivons fréquemment, à l'instar de la salsepareille, contre
les maladies arsenicales et mercurielles, pour pousser le poison au dehors
par la transpiration.

1475. 4° Fougère male (*pteris filix mas*). Racines. Les racines de
fougère mâle ont été reconnues, dès la plus haute antiquité, comme un
excellent vermifuge contre le ténia. Si leur emploi en médicament ne

chasse pas instantanément le ver solitaire, il le tue à petit feu. On prend à cet effet la racine en *poudre*, en *décoction* et en *lavement* :

En *poudre :* on prend chaque matin, à jeun, une pincée à trois doigts de la poudre de racine de fougère, dans des pellicules de groseille, de prune, de raisin ou autre fruit, et même empaquetées dans une pellicule de viande ; ou bien on en consomme de cette façon une once (30 grammes) en un seul jour, par fractions d'un à deux grammes et de distance en distance. Quand l'once est épuisée on s'administre 60 grammes (2 onces) d'huile de ricin (1438). Sous cette forme, la substance de la *fougère mâle* tourmente le ver solitaire par les agacements de sa poudre autant que par l'action vermifuge de ses sucs.

En *décoction :* on fait bouillir, pendant vingt minutes, 30 grammes (une once) de poudre de racine de fougère mâle dans un demi-litre d'eau, de manière à obtenir après l'ébullition un bol de décoction ; on passe à travers un linge, et on avale la décoction à chaud ; une demi-heure après, on prend 60 grammes (2 onces) d'huile de ricin (1438).

En *lavement :* on ajoute aux ingrédients du *lavement aloétique et vermifuge* (1399) 10 grammes de poudre de racine de fougère mâle.

1476. Les feuilles de fougère mâle, et même de la fougère femelle (*pteris aquilina*), c'est-à-dire les pinnules détachées à la main des côtes de ces prétendues feuilles, forment une excellente litière pour les paillasses des jeunes enfants et pour les animaux d'écurie ; elles tiennent les puces et les punaises à distance de la couche de l'enfant, et les chassent de l'écurie ; les anciens attribuaient même à la fougère la propriété d'éloigner les serpents (*).

1477. 5° GARANCE (*Rubia tinctorum* L.), RACINE EN POUDRE. L'emploi de la garance en teinture remonte à la plus haute antiquité en Europe ; Pline et Dioscoride en font foi pour la Grèce et l'Italie ; et quant au reste de l'Europe, les Romains n'auront pas tardé, après leur invasion, d'y en importer l'usage ; car aussi haut qu'on peut fouiller dans les traditions et dans l'histoire écrite, on trouve que chaque paysan cultivait

---

(*) Voy. Plin., liv. 27, ch. 9, et Dioscoride, liv. 4, ch. 186. — Dioscoride ajoute encore une particularité qui vient à l'appui de ce que nous avons dit si souvent, sur l'affinité du système auquel nous a conduit l'étude des causes naturelles de nos maladies, avec l'empirisme et la pratique traditionnelle des anciens : « La racine (de fougère mâle), dit Dioscoride, délayée dans de l'eau de miel à la dose de quatre drachmes, chasse le ver solitaire ; mais plus facilement, si on l'administre avec deux oboles de scammonée et de *veratrum nigrum ;* ceux à qui l'ail ne répugne pas doivent avoir soin d'en manger la veille. » — « Ses feuilles, dit Pline, tuent les punaises ; et les serpents ne s'y frottent pas ; il est donc utile d'en joncher le sol des endroits soupçonnés d'être les repaires de ces reptiles. »

la garance pour son usage personnel, tout, autant que pour en approvisionner le commerce des teintureries, que ne laissait nulle part chômer la
récolte. D'après les divers auteurs du commencement du xvıᵉ siècle, la
culture commerciale de la garance avait lieu sur une grande échelle en
Italie, en Alsace, en Hollande, dans les Flandres, en Silésie, etc., et procurait partout au cultivateur d'énormes bénéfices. La Provence préférait
alors à la garance la culture du bleu de pastel (isatis). On attribue généralement à Althen, Persan d'origine, l'introduction de cette rubiacée
dans la Provence, et la légende rapporte qu'il en rapporta les graines du
Levant d'où, ajoute-t-on, le commerce d'alors retirait cette marchandise.
Althen n'avait pas besoin d'aller chercher de la graine si loin ; on en ré-
coltait aux portes de la Provence, et le commerce n'est pas si ignorant
des lieux de provenance qu'il ne sût pas qu'on pouvait s'approvisionner
alors de cette racine tinctoriale autre part que dans le Levant.

1478. La fane de garance et des rubiacées sauvages a dû être broutée
trop de fois par les bestiaux pour que l'esprit d'observation des bouchers
n'ait pas fini par découvrir qu'il fallait attribuer à cette unique cause
la coloration en rouge que contractent si souvent les os des animaux de
boucherie. Une telle observation doit avoir été faite bien anciennement ;
et pourtant et je ne la trouve mentionnée pour la première fois que dans
les auteurs du milieu du xvıᵉ siècle, dans Antoine Mizaud (*) et dans la
Maison rustique de Jean Liébault (1582) ; ce fait physiologique avait été
perdu de vue, lorsque Belchier crut l'avoir découvert de nouveau pour
l'avoir appris d'un teinturier chez qui il dînait, et qui le lui rapporta en
lui servant un morceau de porc frais dont les os étaient rouges, vu que
l'animal avait mangé des fanes de garance (**). Duhamel-Dumonceau
répéta l'expérience de diverses manières (***). Cette révélation eut l'air
d'une découverte aux yeux des savants ; elle était pourtant alors de
tradition dans toutes les fermes.

Une telle propriété de la garance donna l'idée à quelques praticiens
de l'employer contre les maladies des os, mais sans trop se rendre compte
de sa manière d'agir en pareille circonstance ; aussi son emploi en thérapeutique fut bien vite abandonné, faute de résultats satisfaisants ; et
même, dès le temps de Tragus (1525), la racine de garance déserta l'officine de l'herboristerie pour passer tout entière dans le laboratoire de la
teinturerie. Aussi depuis bien des années les pharmacopées les plus
usuelles ne faisaient plus la moindre mention de cet ingrédient, lorsque la

---

(*) *Memorabilium sive arcanorum omnis generis, etc., centuriæ,* pag. 161 ; 1572.
(**) *Trans. philosophiques,* vol. 39, 1736.
(***) *Mém. de l'Acad. des sciences,* 1739.

théorie de la nouvelle médication nous amena à en introduire l'emploi dans notre thérapeutique. En effet, nous avions remarqué de longue date (car dans notre jeunesse nous avons cultivé pendant quelques années la garance) que jamais aucun ver, aucune larve ne s'attaquait aux racines de cette plante et de ses congénères. Donc ces racines sont un poison pour les larves au moins, et pour les vers intestinaux peut-être. Mais s'il en est ainsi, nous devions avoir, dans l'usage à l'intérieur d'une décoction de racines de garance, un moyen d'atteindre et de déloger les larves de mouches ou autres et même les helminthes, hors des repaires qu'ils auraient pu se pratiquer dans la substance d'un os; accident qui pourrait être cause de douleurs violentes dites ostéocopes et de la formation de clapiers, de fusées purulentes, de fistules, etc.

1479. Nous administrons dans ce but la racine de garance sous forme pulvérulente : à cet effet, on coupe les racines en tronçons de 1 centimètre de long environ; on les fait sécher au soleil, ou dans le four d'un poêle modérément chauffé, jusqu'à ce qu'elles soient devenues dures et cassantes; on les broie alors, à un moulin à café, en fine poussière que l'on conserve à l'abri de l'humidité.

1480. On emploie cette poudre à la dose d'un gramme par jour, que l'on fait bouillir avec l'une ou l'autre des décoctions prescrites pour le traitement spécial de la maladie. On en cesse l'usage tous les trois jours, pour le reprendre au bout de quatre à cinq jours.

1481. La décoction de garance possède le goût de la réglisse et les propriétés excitantes du café. Sa matière colorante rouge passe dans les urines tout aussi bien que dans les os, et la première des deux observations n'a point échappé aux auteurs que Dioscoride et Pline ont compilés; mais elle n'occasionne aucun dépôt dans l'urine. Sa matière colorante jaune passe dans les excréments qu'elle jaunit comme le ferait l'aloès (1190).

1482. J'avais d'abord craint que l'usage trop prolongé de la décoction de garance ne portât à la tête comme le fait le café, ou ne ramollît un peu les os; mais je ne tardai pas à me rassurer, en me rappelant le bon état de santé dont jouissent les ouvriers des fabriques de teinturerie de Mulhouse, qui aspirent comme l'air les vapeurs chargées de garance, et en mâchottent par passe-temps, presque toute la journée, en travaillant. Du reste, sous l'empire et à l'époque du blocus continental, on avait un instant substitué la garance torréfiée au café qu'on ne pouvait plus recevoir des colonies.

1483. 6° GOUDRON. Le goudron, produit de la distillation des arbres résineux, est un composé sirupeux d'acide acétique libre ou combiné avec certaines bases, mais spécialement avec l'ammoniaque, de fer combiné

avec une huile empyreumatique et une résine. C'est à ce mélange de
tant de substances, isolément employées en médecine, que le goudron est
redevable de ses propriétés nombreuses.

Par son huile empyreumatique et résineuse, il est essentiellement
antivermineux et antiputride; par son acide acétique, il est caustique;
par ses combinaisons ferriques, il est antiarsenical. Il paraît même contenir un antidote contre les efflorescences mercurielles; car nous nous
en servons avec un égal succès contre les maladies de la peau ou des
muqueuses qui émanent de l'un ou l'autre genre d'intoxication. Par sa
consistance sirupeuse et éminemment siccative, en s'attachant à la peau
comme vernis imperméable à l'air, il remplace avec un immense avantage, dans le cas de maladies dartreuses d'origine arsenicale ou mercurielle, la pommade camphrée (1297) et le cérat camphré (1303), qui
exigent des pansements fréquemment renouvelés.

1484. Je ne l'employais d'abord qu'étendu d'eau, pour en faciliter le
nettoyage; mon fils Camille en a retiré, en l'appliquant pur, des avantages dont j'ai pu apprécier toute l'étendue sur les divers malades soumis à mes soins. Car, étendu pur sur une surface dartreuse, il produit
d'abord une assez vive cuisson; mais il ne tarde pas ensuite à amortir
les démangeaisons jusque-là les plus opiniâtres, en interceptant, comme
le ferait un vernis siccatif, le contact de l'air qui les alimentait, et il
permet alors aux tissus sous-cutanés de reformer le derme et l'épiderme
dans leur état normal; par ses sels, il décompose et neutralise les excrétions arsenicales et mercurielles ou autres.

1485. Mais à cause de ses impuretés, et crainte d'une infection veineuse, qui exige toujours si peu de substance intoxicante pour se reproduire, il y aurait un certain danger de l'appliquer en permanence sur
une plaie saignante, ou même en voie de cicatrisation; mes premiers
essais m'ont promptement convaincu de ce que j'avance; rien en ce cas
n'est aussi inoffensif, et partant aussi propice, que le pansement camphré (1403). Le goudron de Norwége ne doit donc être employé que
contre les maladies de la peau; et il agit en ce cas de la même manière
que la moutarde, qui nous sert depuis si longtemps aux mêmes usages,
pour dénaturer la cause d'une maladie de la peau.

1486. On emploie le goudron en *boisson*, en *lotion* et en *onction* :

1° En *boisson* : il suffit d'enduire d'une légère couche de goudron pois-
seux de Norwége les parois internes de la carafe ou autre vase à boire.
pour obtenir une eau à boire suffisamment goudronnée; et l'on n'a pas
besoin de badigeonner souvent ainsi les parois du vase; car l'eau dissout
fort peu de goudron à la fois. On a soin de rincer plusieurs fois la
carafe, avant de s'en servir après l'avoir goudronnée, pour enlever toutes

les parcelles de goudron qui, n'ayant pas contracté d'adhérence, pourraient surnager l'eau à boire et en troubler la limpidité.

2° En *lotion* : on n'a pas besoin de prendre cette dernière précaution quand il s'agit de laver une plaie en voie de cicatrisation, avant le pansement ordinaire (1403) ; un premier rinçage suffit.

3° En *onction* : on étend au pinceau le goudron pur de Norwége sur la surface de la peau affectée de prurit, de démangeaisons, de dartres sèches, etc. Le goudron ne tarde pas à sécher, comme un vernis, en adhérant à la peau, et à former une croûte qui ne se détache que difficilement et que le savon a de la peine à délayer. Cette croûte est aussi lente à tomber en écailles que l'épiderme lui-même. On recommence à passer une nouvelle couche de goudron sur la peau, dès que la démangeaison se fait de nouveau sentir, ce qui indique que la peau, dénudée par la chute du vernis qui la recouvrait, est de nouveau en contact immédiat avec l'air extérieur (*).

1487. 7° Grenadier et grenade ; écorce des racines et du fruit du grenadier. L'emploi en médecine des différentes parties de l'arbrisseau du grenadier remonte à la plus haute antiquité ; mais ce n'est que dans Pline et Dioscoride (deux auteurs qui ont puisé, presqu'en même temps, aux mêmes sources, en ce qui concerne la *matière* médicale), que l'on rencontre pour la première fois l'indication de l'emploi spécial de la racine de cet arbrisseau contre le ver solitaire. La thérapeutique ancienne avait si souvent recours à cet ingrédient, qu'il est peu de parties de la

----

(*) Les bienfaits du goudron n'ont pas échappé à la pratique éclairée des observateurs (voyez *Recherches sur les vertus de l'eau de goudron,* par le docteur George Berkeley, in-8°, Amsterdam, 1745) ; seulement, faute d'en avoir entrevu la théorie comme nous, ses partisans en ont fait une panacée, qui, dès les premiers insuccès par suite de l'irrationnalité de son application, a été vite mise au rebut.

« A une petite lieue de Motiers, dans la seigneurie de Travers, écrivait J.-J. Rousseau du fond de son exil au maréchal de Luxembourg (lettre 378, éd. de Dalibon), est une mine d'asphalte qui s'étend sous tout le pays ; les habitants lui attribuent la gaîté dont ils se vantent, et qu'ils prétendent se transmettre même à leurs bestiaux. Voilà sans doute une belle vertu de ce minéral ; mais pour en sentir l'efficace, il ne faut pas avoir quitté le château de Montmorency. Quoi qu'il en soit des merveilles qu'ils disent de leur asphalte, ajoute-t-il avec malice, j'ai donné au seigneur de Travers le moyen d'en tirer la médecine universelle : c'est de faire une bonne pension à Lorry et à Bordeu. » — L'asphalte, c'est un goudron fossile produit par la combustion souterraine et spontanée des forêts d'arbres résineux enfouies par le cataclysme sous des monceaux de sable. Cette combustion aurait lieu encore aujourd'hui sur les arbres de nos forêts, à la suite de la fermentation souterraine de leurs tissus ; rappelez-vous à quel degré élevé de chaleur arrivent, au bout de quelques jours, les simples couches de paille des bâches de nos jardiniers, et ensuite avec quelle facilité s'enflamment les meules de foin emmagasinées trop tôt.

plante qui n'ait reçu dès le principe une dénomination particulière.

1488. ÉTYMOLOGIE. L'arbrisseau s'appelait, chez les Grecs, *Rhoa* (ellipse peut-être de *Rhoda* rosiers) ; chez les Romains, *malus punica* (pommier de Carthage, parce que le grenadier paraît être originaire du nord de l'Afrique, d'où les Romains l'importèrent en Italie dès les premières guerres puniques, et le répandirent ensuite dans la Gaule méridionale).

Pline, dans le ch. 19 du liv. 13, en compte cinq espèces d'après la qualité du fruit, qui est doux chez une espèce, âpre, ou âpre et doux, ou acide, ou vineux chez les autres. Dans le ch. 6 du liv. 23, Pline en porte le nombre à neuf, peut-être par un *lapsus calami*; car les cinq autres espèces de Pline se retrouvent mentionnées également dans Dioscoride. Je doute que, dans les contrées méridionales, on en distingue plus de deux : les espèces sauvages, qui ont leurs grains acides, et les espèces greffées, dont les grains sont sucrés.

La fleur à peine éclose du grenadier sauvage se nommait *balaustium* chez les Latins et les Grecs. La fleur de l'espèce à fruits acides prenait le nom de *cytinus*. Le fruit se nommait *Rhoa* chez les Grecs, et *malum punicum* ou *granatum* chez les Romains ; *granatum* à cause de la multitude des grains (*granum*) que son enveloppe renferme. L'enveloppe péricarpienne du fruit prenait le nom de *malicorium*, mot qui réunissait une double idée, et pouvait signifier également *écorce coriace* et *cuir* (*corium*) du fruit (*malum*), ou écorce pouvant servir à tanner les cuirs ; car les tanneurs de ce temps-là s'en servaient aux mêmes fins que nous de l'écorce de chêne, et il est à regretter que cet usage ait été abandonné, sans doute faute d'avoir à suffisance de cette sorte de tan; car je ne doute pas qu'un tannage de cette nature ne communiquât aux cuirs la propriété d'être inattaquables par les vers. Nous conseillons aux tanneurs d'en mêler une certaine quantité à l'eau dont ils se servent, ainsi qu'une certaine quantité d'aloès.

L'écorce de la racine du grenadier, la seule partie de la plante qui ne prenne pas, chez les anciens, de nom particulier, est indiquée par Pline et Dioscoride comme éminemment propre à tuer ou à chasser le ver solitaire.

Toutes les langues européennes ont emprunté au mot latin *malum granatum* les dénominations dont elles se servent pour désigner le grenadier et son fruit : *granado, granadero* (grenadier), *granata* (grenade) en espagnol; *granato, granatiere, melagrano* (grenadier) et *granata melagrana, melagranata* (grenade) en italien ; *milgrana, migrana, mingrana, miougrana, vingrana* (grenade), *migranier, mingranier, miougranier, vingranier* (*)

(*) Vingranier, ou vin de grenadier, qui rappelle le *malum punicum vinosum* des Latins, semble indiquer qu'on a dû faire du vin avec les mille graines de la grenade.

(grenadier) en provençal ; trois pays où le grenadier vient presque sans culture. Dans les pays du Nord, où la grenade est un fruit exotique, il n'y a rien d'étonnant que la grenade n'ait pas reçu un autre nom que celui du pays de provenance : *pomegranate* (grenade) et *pomegranate-tree* (grenadier) en anglais ; *granatapfel* (grenade) et *granatenbaum* (grenadier) en allemand.

1489. ACTION ANTIVERMINEUSE DE LA SUBSTANCE DU GRENADIER. Ce n'est que vers le commencement de ce siècle que l'emploi de la racine de grenadier a repris son ancienne vogue, dans le but de combattre le ver solitaire, alors que les matières fécales donnaient la preuve de sa présence dans les intestins du malade. Mais il s'est trouvé dès le principe que cette racine démentait sa vieille réputation bien plus souvent qu'elle ne lui restait fidèle : c'est qu'en France on se servait à cet effet de racines de grenadiers cultivés en serre, sous un ciel froid et brumeux, et dont les racines devaient dès lors être privées des qualités médicinales de celles du pays natal. J'eus recours aux racines provenant d'Espagne, de Provence et d'Algérie, et j'en retirai les effets vantés par les anciens. Mais les pharmaciens ne tinrent pas compte comme moi de cette différence ; et, faute de correspondants sans doute, ils continuèrent à donner les racines des grenadiers cultivés dans le Nord, à la place des grenadiers du Midi : fraude dans la qualité de la marchandise qu'il eût été bien difficile de constater, dans l'état actuel de la science.

1490. Il me vint alors dans l'esprit de substituer à l'écorce de la racine, l'écorce, c'est-à-dire le péricarpe du fruit (*malicorium* de Pline et Dioscoride), bien sûr que je ne saurais jamais avoir à craindre sur ce point aucune substitution frauduleuse ; les fruits du grenadier avortant toujours au delà du nord de la Provence et de la Catalogne. Or nonseulement je ne fus pas déçu dans l'espoir que j'avais fondé sur cette substitution de l'*écorce de la grenade* à celle des *racines du grenadier*, mais j'obtins de l'écorce de grenade des résultats mille fois supérieurs à ceux que m'avaient donnés les racines de grenadier provenant même de l'Algérie.

1491. J'ai reçu jusqu'à présent du midi de la France deux espèces de grenades, celles qui viennent d'arbrisseaux cultivés et greffés, et celles qui proviennent des arbrisseaux sauvages. Les premières sont comestibles, par les grains sucrés et à peine acides qu'elles renferment ; mais leur écorce est moins âpre et amère que celle des suivantes. Celles-ci ont leurs grains d'une acidité telle qu'ils ne peuvent servir qu'à faire des limonades sucrées, qui du reste sont préférables à la limonade du citron ; mais leur écorce, cinq fois plus dure et plus épaisse, jouit, par son amertume et son âpreté, de qualités vermifuges bien supérieures à celles de l'espèce comestible. C'est de l'espèce sauvage que je fais le principal emploi; je n'en reviens à l'écorce de l'espèce comestible qu'à défaut de l'espèce sauvage.

1492. Les plus grosses grenades de l'espèce comestible peuvent atteindre le poids d'une livre (500 grammes); elles ont en moyenne 11 centimètres de diamètre et 8 centimètres dans la dimension de leur axe. Les plus grosses de l'espèce sauvage atteignent à peine le poids de 200 grammes, et ont 8 centimètres de diamètre et 6 d'axe; les plus petites dépassent peu le poids de 16 grammes et le diamètre et l'axe de 3 centimètres; mais plus elles sont petites, et meilleures elles sont par la qualité *tænifuge* de leur écorce.

1493. MANIÈRE DE SE SERVIR DE L'ÉCORCE DE GRENADE. 1° On découpe l'écorce des grenades sauvages en fragments de la grandeur d'une pièce de deux francs. L'on en mâche un le matin, à midi et le soir; on ne crache pas la salive, et quand le morceau est trituré, on l'avale au moyen d'une gorgée d'eau, ou de l'une des tisanes vermifuges de ce chapitre. Ou bien on humecte d'eau le morceau d'écorce de grenade, et l'on attend pour le mâcher que l'eau l'ait ramolli, ce qui a lieu au bout d'un quart d'heure.

Ce moyen suffit souvent pour tuer à petit feu le ver solitaire ou au moins pour le chasser de l'estomac; mais il ne manque jamais son but contre les autres vers intestinaux.

L'usage de l'écorce de grenade porte aux urines tout autant presque que le camphre (1263), et colore en jaune la salive, la langue, les muqueuses, comme le ferait l'aloès (1190). Le suc en noircit les couteaux par l'action de l'acide gallique, qui abonde dans l'écorce des racines, de la tige et du fruit, autant que dans l'écorce du chêne; et c'est peut-être à la nature de cet acide qu'il faut attribuer la propriété qu'a ce médicament de torturer le ver solitaire, en décomposant les tissus ferrugineux dont son épiderme se compose. Aussi toutes les fois que le ver remonte à la gorge, il suffit de mâcher un morceau d'écorce de grenade, pour le faire redescendre sur-le-champ dans l'estomac.

2° Si cependant le ver solitaire résistait trop à ce moyen, pour s'être mis à l'abri de toute atteinte, en plongeant sa tête dans des replis plus profonds de l'un ou de l'autre de nos organes, on en viendrait alors à l'emploi du grand remède. A cet effet, prenez :

Écorce de grenade en poudre	60 grammes(*).
Poudre de racines de fougère (1475). .	10
Semen-contrà (1506).	10
Mousse de Corse (1500)	10
Aloès (1193)	25 centigr.

(*) Pour les enfants, réduisez de moitié toutes les doses et la quantité d'eau.

Faites bouillir dans un litre d'eau jusqu'à réduction de moitié; retirez du feu; passez à travers un linge serré, et faites prendre le liquide en deux ou trois fois, de cinq en cinq minutes, en ayant soin de faire mâcher chaque fois un zeste de citron pour corriger un peu au goût l'amertume du remède. Au bout de dix minutes, on prend un lavement vermifuge complet (1399), et un quart d'heure après l'huile de ricin (1438).

Pendant quelques jours auparavant, on mangera salé, épicé; et on usera de l'ail (1250) un peu plus qu'à l'ordinaire. Quelques instants avant de prendre ce grand remède, on pourra avaler un bol de lait sucré, afin d'attirer le ver solitaire dans la panse stomacale.

Si cette précaution ne procure pas un succès complet la première fois, à la seconde fois on aura soin, pendant quelques jours, tout en suivant le régime précédent, de prendre, trois fois par jour, gros comme un pois de fleur de soufre roulé en boulette dans un carré de papier sans colle, et, la veille même, une pilule opiacée, pour endormir le ver; ce qui l'oblige à lâcher prise et le livre ensuite tout entier à l'action d'un médicament qui ne peut le tuer que par la tête.

3° Enfin à la troisième fois, dont on doit reculer l'époque d'un mois, on prendra le vermifuge suivant, tout en suivant le régime précédent :

Scammonée . . . . . . 25 centigrammes.
Gomme gutte 15
Calomélas (1242) 20

on fera bouillir vingt minutes la scammonée et la gomme gutte dans un quart de litre d'eau; on ajoutera le calomélas, en retirant le liquide du feu ; et on avalera la potion d'un seul trait.

1494. Mais l'usage journalier de l'ail (1250) en salade à dîner, joint à celui de la liqueur hygiénique (1289) le matin, et du vin grenatisé dont nous allons parler, suffit souvent pour débarrasser petit à petit le malade des atteintes de ce vampire. On a soin, en outre, de fumer habituellement la cigarette de camphre (1272), de prendre de temps à autre un lavement vermifuge (1399), de se passer fréquemment à la main de l'alcool camphré (1287) et de l'eau sédative (1336) partout où pique le ver.

1495. Depuis plusieurs années les journaux retentissent de l'infaillible propriété d'une substance que les vendeurs appellent *kousso*, et qui ne serait autre qu'une aigremoine d'Arabie, que Tournefort semble avoir figurée, et qui a été signalée depuis longtemps par les voyageurs comme un tænicide puissant; les caravanes en importent tous les ans des quantités considérables à Constantinople (*). Nos marchands français ne ven-

(*) C'est la plante que Kunth, botaniste de Humboldt, érigea en genre, d'après un

dent cette substance qu'en poudre ; sous cette forme, ils peuvent vendre, à la place de l'aigremoine, tout ce qui leur plaît. La loi devrait s'opposer à de pareils subterfuges ; car chacun doit pouvoir s'assurer par ses yeux de la marchandise qu'il achète ; or le plus habile botaniste du monde n'y verrait que du feu, s'il s'agissait de reconnaître les caractères d'une plante préalablement réduite en poudre impalpable. Je suis tenté de soupçonner qu'à la poudre de l'aigremoine d'Arabie on ajoute des doses de substances nullement inoffensives et même toxiques ; car tous les praticiens qui ont cru devoir amener leurs malades à prendre ce remède ont fini par reconnaître qu'il produit des accidents consécutifs d'une gravité telle, que l'arsenic à dose médicamenteuse ne produirait peut-être pas ; le *kousso* en effet fatigue l'estomac, occasionne souvent des nausées si fortes que le patient semble devoir rendre l'âme ; il faut le prendre tous les deux mois, et il n'opère presque jamais de prime abord de cure radicale. Il y a donc là-dessous quelque mélange ; car la plante que les Arabes désignent sous le nom de *musanna* combat le ver aussi inoffensivement pour le malade que peut le faire l'écorce de grenade (1493).

1496. Les médecins ont accusé l'écorce des racines de grenadier (ils n'avaient jamais essayé l'écorce de la grenade) de donner des convulsions au malade. En vertu des nombreux essais que j'ai eu occasion de faire depuis vingt ans, je puis assurer que ce médicament n'occasionne rien de semblable par lui-même, et que, si jamais rien de tel survenait, il faudrait l'attribuer aux effets de la furie du ver, qui se débat contre les tortures du remède, et qui à tort et à travers s'agriffe aux muqueuses intestinales en se débattant.

1497. 8° VIN GRENATISÉ. On laisse *macérer* (1464) une journée au moins, soit une poignée de petites radicelles bien nettoyées de grenadier du midi de la France ou d'Algérie, soit une poignée de petits fragments d'écorce de grenade, dans un litre de vin blanc ; on passe rapidement à travers un linge, et l'on tient la bouteille bouchée. Chaque matin et toutes les fois que le ver remonte à la gorge, on prend un petit verre de ce liquide battu avec de l'huile d'olive vierge. Ce vin devient noir par la formation d'un gallate de fer (1493) ; mais il est d'autant plus efficace que la couleur en est plus foncée.

L'usage du vin grenatisé est déjà indiqué par Pline (liv. 23, chap. 6) non pas contre le ver solitaire nominativement, mais contre les diarrhées violentes et les épreintes, dont, en cas de succès, le ver solitaire est l'u-

bout méconnaissable de la plante, qu'un marchand lui avait soumis, il l'appela *brayera anthelmintica*. Ce botaniste traitait la botanique française en pays conquis ; il prélevait chaque mois un impôt de genres botaniques, sur la caisse des souscriptions ministérielles pour les ouvrages scientifiques !

nique cause : « On faisait à ce sujet rissoler l'écorce de grenadier au four dans une marmite neuve, coiffée de son couvercle ; on broyait et l'on prenait cette poudre dans du vin ; on se servait également en lotions, de la décoction de cette écorce dans du vin, pour combattre les engelures (*perniones*). »

Mais Caton l'ancien est encore plus explicite à ce sujet ; il prescrit ce breuvrage spécialement contre les lombrics et le ver solitaire ; il employait à cette fin l'écorce de l'espèce qu'il désigne sous le nom de *mala punica acerba* (*) ; et ce remède s'est transmis par la tradition aux peuples dont les Romains ont fait la conquête : car, dans les comptes des achats faits à Gand, en 1297, par Édouard Ier, roi d'Angleterre, nous voyons figurer une somme allouée pour des *grenades* et du *vin grenatisé*.

1498. 8° HOUBLON (*humulus lupulus*). On emploie en décoction (1466) soit les cônes ou sommités de fleurs femelles, soit la poussière pollinique qui se détache de leurs écailles florales et même des feuilles caulinaires, soit les jeunes pousses printanières, soit même les feuilles et les fragments de tige de houblon :

On fait bouillir, pendant dix minutes, au feu, un cône, ou un gramme de poussière dite *lupuline*, ou bien une poignée soit de jeunes pousses, soit de feuilles et tiges fraîches, dans un litre d'eau ; on retire du feu au bout d'un quart d'heure ; on use le litre dans la journée, soit en tisane et comme véhicule du camphre (1266), soit en boisson avec le vin ou la bière. C'est, sous l'une et l'autre forme, un très-bon vermifuge et épuratif pour les personnes, et surtout pour les enfants lymphatiques et scrofuleux.

1499. 9° LICHEN D'ISLANDE EN DÉCOCTION. Le lichen est une expansion cryptogamique et parasite de l'écorce des arbres des forêts. On ne recommandait anciennement cette substance qu'à cause de son principe mucilagineux, et c'est pour cela qu'on avait soin d'en rejeter, après une courte ébullition, la première eau, qui est amère ; mais c'est cette première eau qui est essentiellement vermifuge par son amertume. On fait bouillir dix minutes, dans un litre d'eau, 2 grammes (une grosse pincée) de ces expansions de lichen ; et on prend cette décoction comme le houblon (1498) dans la journée.

1500. 10° MOUSSE DE CORSE. C'est une mousse marine, mélange de petites algues que l'on se procure en râclant les rochers de la mer à fleur d'eau, et dont on s'approvisionne spécialement sur les côtes des îles de la Méditerranée, en Corse, en Sardaigne, etc. Ce médicament est ver-

---

(*) *De re rusticâ*, pag. 32, art. 126, éd. de Robert Estienne. — Voy. *Revue complémentaire des sciences*, livr. de novembre 1854, tom. Ier, pag. 449.

mifuge par son amertume et sa saumure, et épuratif par ses iodures, ses bromures et par ses sels à base de fer. Nous l'employons comme succédané de l'iodure de potassium (1388) contre les infections mercurielles et arsenicales. On en fait bouillir 20 minutes une grosse pincée dans un demi-litre d'eau ; on passe à travers un linge serré, et l'on en boit un verre chaud, le matin, à jeun.

1501. 11°MOUTARDE (218) (*mustum ardens*). Notre moutarde tient un peu du condiment dont les Romains faisaient un si grand usage dans toutes leurs préparations culinaires, sous les noms de *garum, liquamen, salsamentum*. Nous nous en servons autant comme condiment de la table que comme auxiliaire de la médication ; il nous importe donc d'en donner la composition d'une manière détaillée, afin que chacun puisse compter sur son efficacité, en la fabricant soi-même; car le commerce a la manie de sophistiquer tant de choses, tout autant aux dépens de sa clientèle qu'à ses dépens! il est rare, en effet, qu'on parvienne à faire fortune en sophistiquant ; on perd beaucoup plus à tromper, à finasser, à dissimuler, à tripoter qu'on ne le ferait en employant les matières dans leur état de pureté parfaite et d'une manière conforme à la formule.

1502. *Préparation de la moutarde.* Prenez un litre de graines de moutarde, blanche, brune ou noire (*sinapis nigra*, *alba*) selon les localités; vannez et nettoyez-la avec soin; laissez-la macérer 24 heures dans l'eau ordinaire, pour en attendrir la peau, en agitant le tas deux ou trois fois, et après avoir eu soin d'éteindre dans l'eau un bout de fer très-propre rougi au feu. Broyez ensuite ces graines dans un mortier en bois ou sur une pierre dure bien propre, en y mêlant une grosse pincée de persil, cerfeuil, estragon, céleri vert haché, cinq à six grosses gousses d'ail (1246), une cuiller de conserve de tomates, si l'on en a sous la main, un bout de cannelle, un huitième de noix muscade, quatre clous de girofle, huit anchois et 30 grammes (une once) de sel gris de cuisine (1209 **). Mouillez la farine que vous obtiendrez de ce broyage avec un quart de litre de vinaigre fort; broyez-la encore une fois pour l'incorporer avec le vinaigre ; et conservez dans des vases maintenus bien bouchés.

1503. *Emploi de la moutarde.* La moutarde est pour la table un condiment éminemment hygiénique, et un excellent épuratif contre les maladies de la peau. Elle l'emporte même, sous ce rapport et en certains cas, sur le goudron pur lui-même (1484), à cause de la prédominance, et des phosphates qui imprègnent les tissus de la graine de moutarde, et du sel marin, et des aromates qui entrent dans le mélange. On étend soir et matin la moutarde sur les boutons enflammés qui résistent à l'action de l'eau sédative (1368) ou de l'alcool camphré (1287); on lave la surface

au bout de dix minutes, et on la tient recouverte d'un linge enduit de
cérat camphré (1303) jusqu'au prochain pansement.

1504. 12° SALSEPAREILLE (RACINES DE). Les petites racines sont divi-
sées par le milieu et les plus grosses par fragments. On en jette dans
l'eau bouillante une poignée (6 à 7 grammes) dans un litre d'eau ; on retire du feu au bout de 15 à 20 minutes ; c'est alors la *tisane de salsepareille*. Ou bien on verse un litre d'eau bouillante sur la même quantité de
racines, et on laisse infuser quelques instants avant de commencer à en
boire ; c'est alors l'*infusion* ou le *thé de salsepareille*. De l'une ou l'autre
façon, on laisse séjourner les racines au fond du vase, jusqu'à ce qu'on
ait épuisé toute la quantité de liquide. On prend ordinairement ce litre
de *tisane* ou de *thé* en trois fois dans la journée, un bol le matin, à midi
et le soir avant de se coucher ; enfin, toutes les fois que, d'après le traitement, on doit prendre du camphre (1266).

1505. 13° SALSEPAREILLE IODURÉE. Tous les trois jours on ajoute 10 centigrammes d'iodure de potassium à la tisane précédente, à l'instant
où on la retire du feu, et au thé, quelques instants après avoir versé,
sur la poignée de racines, le litre d'eau bouillante. Nous n'administrons
la dose ci-dessus d'iodure de potassium que tous les trois jours, parce
que nous avons moins à craindre de cette façon, par suite de l'interruption de deux jours, la réaction de ce sel sur les parois stomacales.

N. B. La salsepareille pousse à la peau encore plus que la bourrache
et le chiendent, ses succédanés. Associée à l'iodure de potassium, elle
chasse au dehors du corps, par la transpiration, le mercure dont l'iode
aura pu s'emparer à travers les lymphatiques. Ceux qui redouteraient la
cherté de ces racines exotiques feront dissoudre les 10 centigrammes
d'iodure de potassium dans la décoction de chiendent (1474) ou le thé de
bourrache (1472). Je conseille même aux malades de commencer le traitement par ces deux dernières tisanes, d'abord par économie et ensuite
à cause de l'incertitude qui règne sur l'espèce de plantes d'Amérique d'où
l'on tire les racines de salsepareille ; la fraude profite souvent de cette incertitude pour les remplacer par des racines de son cru. Du reste, on
rencontre en Provence, venant dans les haies, une espèce volubile de salsepareille (*smilax aspera* L.), dont les racines paraissent avoir les mêmes
vertus que les racines exotiques, d'après les essais qu'en a faits feu notre
vieil ami Banon, pharmacien de la marine à Toulon.

1506. 14° *Semen-contrà* (SANTONINE, SEMENCINE, BARBOTINE). On entend
par *semen-contrà* (sous-entendu *vermes*) SEMENCE CONTRE LES VERS, une
poussière grossière composée uniquement de petites sommités printanière d'une armoise (*artemisia*) d'Arabie et voisine de notre absinthe : Les
granulations dont se compose cette poussière ressemblent à de petites

graines, à la première vue. On en fait bouillir 15 grammes dans un quart de litre d'eau pendant un quart d'heure ; et lorsque, après avoir retiré du feu, l'on voit les granulations tomber au fond du vase, on décante ou l'on filtre à travers un linge, et on prend la décoction sans sucre chaque matin ; on mâche ensuite un zeste de citron, ou l'on suce le citron même.

1507. Absinthe maritime. C'est l'absinthe qui pousse dans les marais salants de la Saintonge, d'où lui est venu son nom latin d'*absinthium santonicum* et le nom français de santonine, qu'on a donné ensuite à son succédané, le *semen-contrà* (*). La décoction des jeunes sommités de cette espèce est peut-être supérieure, comme vermifuge, à la précédente ; mais il faut être bien sûr de la provenance. A défaut de *semen-contrà* et de l'absinthe maritime, on peut employer aux mêmes fins l'absinthe vulgaire (*Artemisia absinthium* L.) qui pousse dans nos terrains incultes.

1508. 15° Soude (bicarbonate de). Nous nous servons de ce sel dans le premier verre de boisson, à dîner ou à souper, pour aider aux digestions paresseuses, combattre les indigestions ou les coliques provenant de l'usage des fruits verts, enfin contre les affections des voies urinaires. L'acide gastrique, en s'emparant de la soude, en dégage l'acide carbonique, cet auxiliaire d'une digestion paresseuse ; et la soude, en se combinant avec l'excès d'acidité du tartrate de potasse, désagrége les calculs provenant de l'ingestion des fruits verts (346), en rendant à ce tartrate toute sa solubilité ; il débarrasse ainsi l'estomac et les intestins des résidus qui les obstruent et en éraillent les parois. Les pastilles de Vichy n'ont pas d'autre base que le bicarbonate de soude ; mais il y rentre pour une si petite quantité, qu'il faudrait un certain nombre de ces pastilles pour en obtenir l'efficacité d'une simple pincée de bicarbonate de soude pulvérisé. On reconnaît le bicarbonate de soude, à ce qu'il fait mousser fortement la bière dès les premiers instants.

Le vin de champagne mousseux, l'eau de Seltz et la bière mousseuse ne sont qu'un demi-succédané du bicarbonate de soude ; car ils n'en renferment que l'acide carbonique.

On prend le bicarbonate en lavement à la dose d'une ou deux pincées dans le cas d'épreintes causées par les calculs stercoraires.

1509. 16° Vinaigre camphré. On prépare le vinaigre camphré 1° en laissant séjourner une demi-journée le vinaigre rectifié sur quelques grammes de camphre par litre, dans un vase bouché exactement ; on décante alors pour conserver la dissolution dans un flacon bouché à l'émeri ; 2° ou bien en mêlant de l'alcool camphré (1287) dans la proportion d'une grande

(*) Voyez *Revue complémentaire des sciences*, livr. de, décembre 1857, tom. IV, pag. 129.

cuiller (16 grammes) à un litre de vinaigre rectifié, et agitant le mélange.

N. B. Ce vinaigre est très-caustique et ne doit jamais être employé sur la peau, et encore moins à l'intérieur; si l'on voulait s'en servir en lotions, il faudrait l'étendre de vingt fois son volume d'eau, et de quarante fois avec un des liquides quelconques que nous employons en tisanes.

1510. On emploie ce vinaigre tout pur, pour assainir l'air des habita-, tions; on en arrose le pavé et on en asperge l'air, ou bien on en brûle sur une pelle rougie au feu, que l'on promène de long en large dans les appartements, autour des bâtiments voisins de foyers d'infection, et dans les pays où règnent la peste, la fièvre jaune, le typhus et une épidémie ou une épizootie quelconque.

1511. 17° VINAIGRE AMMONIACAL, ACÉTATE D'AMMONIAQUE, SEL DE MINDERERUS. On mêle une partie d'ammoniaque d'une densité de 22° C. à cinq parties d'acide acétique rectifié camphré ci-dessus (1509), ou bien on recouvre une certaine quantité de cristaux d'*acétate d'ammoniaque* ou *sel de Mindererus* avec cinq parties d'acide acétique rectifié camphré, et l'on conserve dans un flacon bouché à l'émeri. Ce sel est préférable au vinaigre camphré seul, dans les temps de peste, d'épidémie et d'épizootie, pour en asperger le sol et l'air; on en flaire souvent en débouchant les flacons, quand on a à traverser les rues à cloaques, et celles des villes où l'on a la désastreuse habitude de déverser sur la rue les résidus des vidanges, des lieux communs, des abattoirs, ce qui est une cause accasionnelle de tant d'attaques d'apoplexie foudroyante (309). Ce sel opère par double décomposition, en désorganisant le virus, puis en neutralisant, et le principe intoxicant, soit par sa base, soit par son acide, et le principe putride par la propriété antiseptique du camphre (383).

CHAPITRE XIX.

SUCCÉDANÉS.

1512. Il n'est pas, sur cette terre, une seule substance que l'empirisme des bonnes femmes n'ait employée de temps à autre pour combattre une maladie, et qui, en certains cas plus ou moins exceptionnels, n'ait obtenu un certain succès. Ce succès, de prime abord, faisait crier merveille; et comme la substance avait paru bonne à quelque chose, on en concluait qu'elle pouvait être bonne à tous maux. Plus tard, et en face des insuccès, il fallait rabattre de cette prétention exagérée. On cherchait alors à se rappeler en quelle circonstance son emploi avait profité au fébricitant, et en quelle autre elle avait paru lui être plutôt nuisible qu'utile. Quand son utilité se trouvait trop restreinte ou formant une trop rare exception, et qu'on trouvait autre chose d'un peu moins rarement efficace, on abandonnait dès lors la première à tout jamais. Tout cela se faisait d'après le hasard des circonstances et de la pratique, et ne découlait d'aucune théorie qui en expliquât le mode d'agir; c'était non de l'expérience qui raisonne, prévoit, compare, combine, essaye et conclut, mais de l'empirisme qui pratique en aveugle et sans trop s'occuper de la nature des choses ni de la loi des affinités. Et pourtant, si nous nous attachons à juger de l'histoire de la médecine avec impartialité et bonne foi, nous nous verrons forcés de convenir que cet empirisme a été moins funeste à la pratique médicale que ne l'a été sa théorie, quand il a pris fantaisie à un médecin de s'en créer une de par soi. Les plus grands théoriciens ont été jusqu'à ce jour les plus mauvais médecins du monde; c'est-à-dire les médecins qui ont le moins guéri de malades; pourquoi cela? parce qu'ils ont voulu établir leurs raisonnements nouveaux sur les errements de la vieille médecine, laquelle n'a jamais eu de base solide; ils bâtissaient avec art et avec science sur un sable mouvant; et tout croulait au bout d'un quart de siècle, faute de fondations.

Depuis que l'étude des sciences naturelles, prise dans la plus large acception du mot, nous a fait toucher, comme du doigt, leur analogie et leur filiation, ainsi que les rapports des arcanes de la maladie avec tous les autres faits observés, le raisonnement, sans cesse guidé par l'expérience et par l'observation directe, a fini par nous donner la clef de la thérapeutique; et il est peu de substances jadis employées avec succès dont nous ne soyons aujourd'hui en état d'expliquer le mode d'agir et d'indiquer d'avance l'opportunité. Dans le droguet de toutes ces superfluités thérapeutiques, nous sommes à même d'indiquer d'avance celles qu'au besoin nous pourrions employer, en place des remèdes que nous venons d'énumérer comme suffisant amplement à l'application la plus étendue de notre méthode. Nous désignons ces substances, pour ainsi dire supplémentaires et surnuméraires, sous le nom de *Succédanés* (du latin *succedaneus*, comme qui dirait, *idoneus* propre à, *succedere*, succéder ou prendre la place d'une autre); nous renvoyons à la fin de l'ouvrage pour en donner la liste méthodique au grand complet, comme nous l'avons fait dans la deuxième édition de ce livre; c'est dans cette classification comparée des drogues qu'ont puisé, à pleines mains, les médecins un peu plus habiles que les fanatiques, afin d'appliquer notre médication sans avoir l'air de le faire.

CHAPITRE XX.

SUPPRESSIONS A FAIRE D'URGENCE EN MÉDECINE.

1513. Dans la liste des succédanés, nous indiquerons à l'homme de sens les inutilités, les superfluités et les doubles emplois de la thérapeutique. Dans l'article des suppressions, nous avons à signaler à l'ami de l'humanité les conséquences funestes des pratiques scolastiques, dont la thérapeutique jusqu'à ce jour a fait le plus fréquent emploi, pour arriver à un but que notre médication permet d'atteindre sur-le-champ, aux moindres frais possibles, et sans avoir à redouter le moindre des mille dangers que l'ancienne médecine faisait naître.

1514. 1° Dès le principe de notre médication, nous avons supprimé l'emploi de la SAIGNÉE par la lancette, par les ventouses scarifiées et les sangsues. La *saignée par la lancette* paraît soulager un instant, mais elle apauvrit le système et produit par ricochet dans l'économie des désordres bien autrement graves que le mal originaire qu'elle avait en vue de calmer. Les *ventouses scarifiées* et les *sangsues* attirent et accumulent souvent le sang autour de l'organe que leur action a en vue de dégorger. Soulagements passagers, obtenus au prix d'accidents consécutifs incalculables, voilà tout ce que la médecine a retiré de ce triple moyen d'obtenir un résultat dont elle avait fini par faire une *panacée* et la condition *sine quâ non* de toute espèce de traitement. On saignait à outrance l'homme faible, parce qu'on s'était un jour assuré qu'en saignant un homme fort et sanguin on l'avait préservé un instant des conséquences d'un coup de sang. On débutait en toute espèce de maladie par saigner; on continuait de saigner pendant toute la durée de la maladie; et quand le malade venait à mourir, on regrettait de ne pas l'avoir saigné davantage.

L'eau sédative, qui calme si instantanément la fièvre, qui dissipe l'inflammation, qui ramène souvent en quelques minutes le pouls à son état normal, qui dissipe comme par enchantement les céphalalgies les plus violentes, les migraines les plus invétérées, l'eau sédative a tellement détrôné l'antique et hippocratique saignée, que l'on ne voit plus que les vieux débris de l'école, dans les villages ignorés et ignorants, qui aient recours à leur vieille lancette. Nos scolastiques des grandes villes ne saignent plus que dans les cas d'apoplexie foudroyante ou autres cas désespérés; et même en pareilles circonstances ils commencent par s'apercevoir qu'ils font fausse route, quoiqu'ils n'osent pas l'avouer encore ouvertement. Car dans ceux de ces cas qui sont curables, la saignée estropie à tout jamais; elle transforme l'apoplexie en hémiplégie; tandis que l'eau sédative ressuscite complétement l'homme foudroyé, et rend souvent en quelques quarts d'heure le malade à l'intégrité de ses fonctions.

2° Je supprime les applications des VÉSICATOIRES aux cantharides ou au *croton tiglium*, espèce de torture à laquelle on soumet le malade, souvent dans le but de le guérir d'une simple égratignure, et qui, pour amortir le sentiment d'un petit accès fébrile, vous donne une fièvre brûlante. Le *vésicatoire par les cantharides* a un inconvénient plus grave encore; car dès qu'une des ampoules qu'il a déterminées vient à crever, et que le derme dénudé se trouve en contact avec la poudre de cantharides, il se produit chez le malade un commencement d'empoisonnement endermique, qui se reporte sur les organes génitaux et leur communique des spasmes, des dysuries, des accès de priapisme souvent atroces.

3° Le CAUTÈRE (1324) je ne l'admets qu'après coup, et quand le mercure s'est fait jour par des fusées purulentes, ou bien sur des tumeurs mercurielles qu'il s'agit de guérir en les purifiant de leur virus. On l'employait anciennement contre les affections les plus bénignes; le cautère faisait contre-poids à la saignée dans la balance de la pratique médicale; on ne quittait l'une que pour en arriver à l'autre, et cela contre toute espèce de maux.

Lorsqu'il s'agit d'établir un cautère sur une tumeur, on se sert d'un mélange par parties égales de chaux et potasse caustiques (on désigne ce mélange sous le nom de *caustique de Vienne*) que l'on applique sur la partie la plus charnue et la plus basse de la tumeur, de la manière suivante :

On couvre cette région d'un carré de sparadrap (1410) de quelques centimètres de côté et perforé au centre d'une ouverture de cinq millimètres de diamètre. Tout autour de cette perforation on forme comme un entonnoir au moyen d'un petit rouleau de sparadrap : on mouille d'une goutte d'eau l'épiderme que la perforation du sparadrap laisse à nu, et on le recouvre d'une couche de la poudre caustique ci-dessus de deux ou trois millimètres d'épaisseur. Cette poudre brûle la peau, y détermine une escarre d'abord et quelquefois une désorganisation assez profonde pour en faire ruisseler du sang; on éponge alors ce sang avec soin, et avec la précaution de n'en rien laisser couler au delà de la plaque de sparadrap, afin de préserver les autres surfaces à nu de la causticité du liquide. Lorsque tout est bien épongé, lavé, essuyé, on enlève la plaque de sparadrap; on place un *pois à manger* sur l'escarre; on recouvre le pois d'une feuille de lierre, et l'on maintient le tout au moyen d'un linge enduit de cérat camphré (1303). On renouvelle chaque soir le pansement ainsi que le *pois naturel* à cautère.

4° Je supprime les SINAPISMES (application d'une pâte faite avec la farine de moutarde (1501), ce moyen d'accumuler le sang dans les capillaires d'une surface pour en dégorger une autre; toujours un mal à la place d'un autre. L'eau sédative dégorge les capillaires de la région affectée, sans reproduire l'engorgement ailleurs.

5° Je supprime l'ÉMÉTIQUE, pour éviter les congestions cérébrales auxquelles expose la violence de ce moyen; et ensuite parce qu'un simple purgatif évacue sans violence encore mieux que ne peut le faire l'émétique. A cette règle je n'ai qu'une exception, c'est quand il s'agit d'expulser le bouchon croupal, que le temps presse et que la violence du vomissement est seule en état de vaincre ce terrible obstacle.

6° Je supprime la DIÈTE (150), parce que la diète, c'est la faim; et que la faim épuise, consomme et tue plus vite que la maladie. L'estomac qui pâtit se dévore lui-même; et tout organe dépérit, toute fonction languit, quand la digestion cesse de l'alimenter. Affamer pour guérir, c'est un de ces non-sens qui finirait par placer le malade entre ce dilemme : *Mourir de faim ou de la maladie, choisissez.* On cite des exemples de gens (pag. 8*) qui, pendant une période de temps assez longue, ont semblé vivre de l'air du temps, en sorte que leur estomac aurait paru être tout entier dans la poitrine et la respiration chez eux tenir lieu de digestion (*); mais les rares exceptions ne font pas règle; la règle physiologique est qu'on ne se porte jamais si bien que lorsqu'on mange selon son appétit. Le malade est le seul juge de son alimentation ; mais il faut qu'en tout état de maladie il s'alimente. La digestion, du reste, est non-seulement un des foyers de la vie, c'est encore le plus puissant véhicule de toute médication. Si la digestion provoque un instant de fièvre, l'eau sédative (1336) en triomphe promptement.

7° Je supprime l'emploi en médecine de tous les poisons organiques ou inorganiques (342), parce qu'ils ne sauraient être utiles que comme

---

(*) « En 1718, Charles XII, roi de Suède, ayant entendu parler, en Scanie, d'une femme nommée Johne Dotter qui avait vécu plusieurs mois sans prendre d'autre nourriture que de l'eau, lui qui s'était étudié toute sa vie à supporter les plus extrêmes rigueurs que la nature humaine peut soutenir, voulut essayer encore combien de temps il pourrait supporter la faim, sans en être abattu. Il passa cinq jours entiers sans manger ni boire. Le sixième, au matin, il courut deux lieues à cheval et descendit chez le prince de Hesse, son beau-frère, où il mangea beaucoup, sans que ni une abstinence de cinq jours l'eût abattu, ni un grand repas, à la suite d'un si long jeûne, l'incommodât. » (Voltaire, *Histoire de Charles XII*, pag. 409, éd. Baudoin.)—Ne vous y fiez pas pourtant et ne recommencez pas une telle expérience : Charles XII, Pierre le Grand, Frédéric II, Napoléon le Grand, furent de ces natures exceptionnelles chez qui une volonté d'airain suppléait en quelque sorte à toutes les fonctions animales. Les grands destructeurs d'hommes semblent avoir reçu tout exprès de la nature des organes bardés de fer et que la faim et la soif ne sauraient atteindre.

vermifuges et comme poisons des parasites infiniment petits, tandis que d'un côté nous avons à notre disposition des vermifuges qui n'empoisonnent pas l'homme, et que, d'un autre côté, pour parvenir à atteindre les infiniment petits, à travers le dédale de leurs repaires, il faudrait souvent employer des doses capables d'empoisonner, au moins en partie, les organes intermédiaires des infiniment grands.

8º Je supprime le QUINQUINA, parce que l'eau sédative coupe plus vite la fièvre, sans fatiguer l'estomac. Je supprime le SULFATE DE QUININE, cette grande duperie de l'engouement académique, parce que, la quinine se décomposant sous l'influence de la fermentation digestive, l'acide sulfurique mis en liberté se reporte alors sur les parois stomacales et les désorganise; on voit bientôt alors le malade empoisonné vomir, pour ainsi dire, la pulpe de son estomac sous forme liquide (*).

9º Je supprime les BAINS SINAPISÉS ou bains composés d'une décoction ou infusion de moutarde (4º), dans le but de déplacer l'inflammation d'une région en la reportant sur une autre, parce que l'eau sédative déplace l'inflammation en rétablissant la circulation normale, qu'elle dissipe le le foyer du mal, sans avoir besoin d'en établir ailleurs un autre.

10º Je supprime les MOXAS, importation chinoise, parce qu'on ne dirige pas l'action du feu comme la pointe d'une lancette, et qu'on ne sait jamais à quelle profondeur la brûlure doit s'arrêter; qu'en certaines régions, surtout le long de l'épine dorsale, les racines et ganglions de nerfs ne sont pas à une si grande distance de la peau pour que l'action du feu ne puisse les atteindre et les désorganiser; et dès lors l'effet en est presque irréparable et tout se paralyse de ce que le ganglion nerveux animait. Notre ancien condisciple Hippolyte Royer-Collard, professeur d'hygiène à la faculté de médecine, s'était laissé *tatouer* le trajet de l'épine dorsale par deux chapelets parallèles de *moxas;* aussi avait-il fini par ne pouvoir plus bouger ni les bras, ni les jambes; il est mort victime des convictions médicales de ses confrères et d'un scepticisme qui en tout le portait lui-même à *laisser faire* et à *laisser aller.*

11º Je supprime la POLYPHARMACIE, qui prend au hasard et successivement ses remèdes un peu partout, parce qu'elle ne sait se rendre raison de l'action d'aucun d'eux; qui essaye de tout, parce qu'elle n'a des idées positives sur rien. Quand, du problème d'une maladie à guérir, on est parvenu à éliminer la connaissance de la cause, ce n'est plus une opération si compliquée que de débarrasser un organe de son mal et d'en réparer les conséquences; l'analogie suffit pour en indiquer le remède, et le remède se trouve alors sous la main. Sans cette logique toute nouvelle.

(*) *Revue complémentaire des sciences,* tom. Ier, pag. 55. 1854.

en médecine, on avance un bandeau sur les yeux, à tâtons, s'accrochant à tout ce qu'on rencontre, et s'éloignant de la bonne route sans qu'aucune voix vous crie : *Casse-cou!* On guérit, au contraire, beaucoup avec fort peu, une fois qu'on est parvenu à se rendre compte de la nature intime de la maladie.

12° Je supprime en médecine tous les moyens violents de la chirurgie ; on ne guérit pas une maladie interne par la perte de substance d'une région externe ; on ne fait alors le plus souvent qu'ajouter un estropiement à une affection, qu'une plaie ineffaçable à un dérangement passager dans les fonctions ; quelle folie que de combattre une gastrite par un cautère, une légère douleur rhumatismale par la torture incessante d'un large vésicatoire, et un rhume par un séton ! L'opération chirurgicale qui suivait anciennement la médecine à la piste, et intervenait dans le plus petit de ses embarras, ne joue plus, dans le nouveau système, qu'un rôle mécanique ; lorsqu'il s'agit de séparer de l'organisation ce qui n'y tient déjà presque plus, et ce que la violence d'un accident en a déjà presque entièrement séparé. Par les anciens systèmes de thérapeutique, la décomposition des chairs motivait, trois fois sur quatre, l'intervention de la médecine opératoire ; or le nouveau système, essentiellement antiseptique, a ravi les trois quarts des cas à la chirurgie ; on guérit et on rétablit aujourd'hui très-facilement ce que l'on ne savait qu'enlever et tailler anciennement.

13° J'ai supprimé, avec une horreur qui a été enfin le sentiment de tout le monde, y compris le médecin, j'ai supprimé, dis-je, l'application de la glace (239) sur les régions diverses, mais spécialement sur la tête, parce que ce moyen inconcevable ne calme une inflammation qu'en désorganisant les liquides et les tissus ; il glace ce que le mal échauffait ; il tue par la raison des contraires, ou tout au moins il rend fou ; l'eau sédative (1349) paraît avoir amené la médecine à abandonner définitivement cet inconcevable traitement. C'était bien pire encore de sa part, quand elle gorgeait de glace le pauvre moribond qu'elle privait d'aliments ; jamais ces idées de la haute science n'auraient pu germer dans la tête d'un de ces empiriques et ignorants que la médecine traîne chaque jour devant les tribunaux, comme coupables d'avoir administré sans ordonnance un simple verre d'eau tiède à un fébricitant.

C'est quand on a pu être une seule fois témoin de la pratique si violemment excentrique que suivait en ce genre l'ancienne médecine, c'est alors qu'on peut regarder autrement que comme des paradoxes les assertions de Jean-Jacques ; et l'on admet facilement alors avec lui que la médecine a été plus funeste aux hommes que l'ignorance et la routine.

14° Puissé-je être enfin aussi heureux dans ma tentative de suppression de l'emploi de l'éthérisation (290), qui expose le malade à une chance de mort dans le but de le préserver du sentiment d'une piqûre! Il faut qu'un malade soit bien irrationnel dans sa pusillanimité, pour préférer ainsi un danger si fréquent de mort à la crainte d'un instant de souffrance. S'il voulait être conséquent avec lui-même, il devrait se faire éthériser tous les jours, à partir de l'instant où l'opération a été jugée nécessaire ; car il souffre dès ce moment de terreur et de prévision, bien plus qu'il n'aura à souffrir plus tard du procédé opératoire.

Il faut que la bravoure reçoive les mêmes atteintes que la santé, et quelle soit passible de marasme et de défaillance par le progrès de la maladie, pour qu'un soldat qui a vu le feu et l'arme blanche se montre si pusillanime devant le bistouri du chirurgien.

Mais aussi il faut que la science académique et professorale soit d'une dose d'entêtement qui impose silence à toutes les révoltes du cœur et de la sensibilité, pour qu'après les mille exemples de morts subites survenues à la suite de l'éthérisation, elle se sente encore le courage de préconiser une aussi terrible punition de la couardise (*).

DEUXIÈME SECTION.

HYGIÈNE OU MÉDECINE PRÉVENTIVE.

1515. L'hygiène (**) préserve de la médecine ; elle maintient la santé dans ses conditions normales ; elle signale de loin l'écueil et fournit les

(*) Voyez, sur les accidents ou cas foudroyants de mort déterminés par l'inhalation d'un éther quelconque, nos *Revue élémentaire de médecine et de pharmacie*, tom. Ier, pag. 33, 142, 333, 387 (1847-1848); tom. II, pag. 29, 64 (1848-1849) ; — *Revue complémentaire des sciences appliquées*, tom. Ier, 1855, pag. 234, tom. III, 1857, pag. 330. On prétend que l'odeur de l'éther fait avorter les vaches et favorise l'accouchement chez la femme ; et que le sort que certains sorciers prétendent jeter sur les vaches pleines est dû tout entier à quelques gouttes d'éther aspergées dans l'étable.

(**) De ὑγιεία (*hygieia*, santé dont on jouit), par opposition à θεραπεία (*therapeia*, santé qui exige qu'on la soigne). ESCULAPE était le dieu de la *therapeia* (médecine) ; HYGIE était la déesse de la santé. Quoique les feuilles périodiques du siècle de la mythologie n'en aient rien ébruité, il doit paraître évident qu'Esculape a dû souvent porter plainte, au tribunal de Mercure, contre la concurrence ruineuse que lui faisait Hygie, d'autant plus qu'Hygie ne percevait pas d'honoraires, que ses conseils étaient gratuits, que ses soins étaient honorifiques, et qu'il aurait été inutile d'entretenir à grands frais une faculté, en mettant à contribution tous les traits vengeurs du carquois d'Apollon, voire même les carreaux foudroyants et invisibles du dieu souverain de l'atmosphère, s'il devait être permis à Hygie de diminuer de plus en plus le nombre des malades, en couvrant la clientèle de son bouclier.

indications les plus sûres pour l'éviter. Si les principes hygiéniques étaient généralement observés, et que la cité fît sa propre affaire de la bonne santé de tous, l'homme serait sans doute exposé encore à beaucoup d'accidents, mais presque pas aux maladies ; et la médecine, qui n'est aujourd'hui qu'une exploitation routinière et commerciale, serait alors la vigie officielle de la cité, la haute magistrature de la surveillance et de la sécurité publique. Or ce que la médecine n'est pas encore, que mon livre le soit à sa place ; et que mes lecteurs, à force de se pénétrer de mes principes et applications, soient au moins les précurseurs de cette ère fortunée et les preuves vivantes de sa possibilité.

Les principes de l'hygiène ont été posés dans les deux premiers volumes ; dans cette deuxième section de la 3e partie, il ne nous reste qu'à en formuler les applications en aphorismes, et à déduire la pratique des théories que nous avons développées au sujet de chacune des fonctions du corps humain et des causes qui peuvent y apporter le trouble.

1516. Chacun des chapitres qui vont suivre sera le corrélatif, par ordre, de l'un des chapitres de la première division de la 1re section de la deuxième partie (52). Nous invitons nos lecteurs à ne lire les chapitres qui vont suivre, sur les moyens préservatifs des maladies, qu'après avoir relu les chapitres corrélatifs de la partie de l'ouvrage qui a eu pour objet la connaissance des causes morbipares.

CHAPITRE PREMIER.

HYGIÈNE DE L'AÉRATION (54) ET DE LA TEMPÉRATURE (222) ou MOYENS ANTIASPHYXIANTS ET ANTITHERMIQUES.

1517. On vit longtemps et bien portant dans un air pur et par une température peu variable. Nous devons donc veiller scrupuleusement à maintenir en équilibre ces deux conditions, au moyen d'un système rationnel d'habitation et de vestiaire adapté à chaque climat.

1518. L'architecture et la mode, en leurs caprices, semblent avoir pris tellement à tâche de se jouer de ce principe, qu'on peut dire en toute vérité qu'elles ont été dans tous les temps aussi funestes aux hommes que la médecine scolastique elle-même. Nous n'avons encore ni architecture, ni modes nationales ; il nous a pris pendant quelque temps une belle passion d'être, sous ces rapports, grecs et romains, au risque de grelotter de froid, par les jours caniculaires, dans nos édifices publics, et d'y gagner des rhumes atroces au plus fort de l'été.

N'a-t-on pas vu, sur la fin du dernier siècle, le classicisme transporter sous nos climats de glace l'architecture des climats de feu ?

C'est alors que les trois Grâces du loyolatisme renaissant, mesdames Cabarus, Récamier et je ne sais plus quelle autre, ne négligèrent rien pour amener la mode de n'avoir sur leur beau corps qu'une simple gaze légère, à la manière des muses de l'Hélicon?

1519. Regardez nos vieux tableaux ; et voyez combien la population de l'époque avait soin de s'envelopper d'étoffes. Analysez nos monuments gothiques, reproduction en pierre des monuments en bois des Celtes et des Scandinaves ; on dirait que l'architecte a eu envie de n'en faire qu'une seule et grande fenêtre, qu'un immense chassis de serre, qui ne laisse perdre aucun rayon de soleil. Si les Grecs et les Romains adoptaient jamais une architecture ainsi à jour, ils s'abstiendraient d'entrer dans leurs édifices les trois quarts de l'année ; il en serait de même de l'Égypte, si on y adoptait l'architecture grecque. L'architecture doit élever des abris et non de pures ornementations de fantaisie et de caprice ; la majesté du style a son origine dans la grandeur de l'utilité : ainsi la profondeur de l'ombre en Égypte, l'affluence de la lumière dans les climats du Nord.

1520. Lorsque vous arrivez dans un pays, ne cherchez pas à lutter trop tôt contre les habitudes locales ; cherchez à vous en rendre compte avant de les modifier en rien.

1521. Dans les pays chauds, multipliez les ouvertures, afin de pouvoir prendre l'air partout d'où il vient frais. Dans les pays froids, ayez deux façades l'une à l'est et l'autre à l'ouest ; et nulle ouverture, autre que par extraordinaire, aux expositions Nord et Sud : le courant d'air vous y viendrait plus souvent froid que chaud ; et quand arriveraient les jours caniculaires, la chaleur vous serait intolérable, comme l'est toute influence exceptionnelle.

1522. N'habitez que des appartements élevés ; si étroits qu'ils soient, l'air s'y maintient plus pur, et la température plus douce, que dans les plus vastes appartements bas, si bien chauffés qu'ils soient. Nos architectes gothiques connaissaient sans doute cette loi de l'aération et du chauffage ; ils nous en ont laissé un exemple dans les cachots de Vincennes, qui étaient anciennement les chambres à coucher des princes et des rois :

Ce sont des prismes octogonaux évidés et voûtés, de 30 pieds de haut sur 14 de diamètre, avec deux fenêtres d'église à dix pieds au-dessus du sol. Jamais je n'ai eu si chaud à moins de frais, et je n'ai si bien respiré que dans de telles chapelles antiques, avec leurs murs tout nus, leur voûte de pierre et leur plancher en briques (*).

(*) Voyez *Revue élémentaire de médecine et de pharmacie,* tom. II, 1849, pag. 30, 62, 92, 125, 223 et 255.

1523. En conséquence l'administration devrait interdire à l'architecture l'entre-sol et la mansarde, et ne permettre à tous les étages que des appartements élevés, sauf à les faire plus étroits et avec moins de fenêtres.

Le propriétaire, essentiellement ami de la subdivision de l'espace où il règne, gagnerait ainsi en largeur ce qu'il perdrait en hauteur. Il faudrait condamner comme coupable d'une détention arbitraire tout propriétaire qui logerait son concierge dans un chenil où il n'oserait pas lui-même passer la nuit.

1524. Entretenez dans vos habitations une température constante de 16° à 18°, en même temps qu'un renouvellement d'air pris au soleil.

1525. Le feu de cheminée serait en tout préférable à celui du poêle, si la cheminée chauffait la pièce uniformément. Pour empêcher les cheminées de fumer, obligez l'air de circuler derrière la plaque en fonte de l'âtre ; si cela ne suffit pas, faites, par le moyen d'un T établi dans le mur ou le long du mur, qu'au sommet du tuyan la fumée puisse s'échapper horizontalement par le côté opposé par où le vent la chasse.

1526. Que le corps et le tuyau vertical de vos poêles soient en terre cuite non vernie (112, 367); supprimez-en les clefs qui, en s'opposant à l'échappement de la chaleur du foyer, s'opposent en même temps à celui du gaz acide carbonique, lequel se rabat faute de pouvoir monter et peut être cause d'une asphyxie souvent sans ressource. Si vous n'avez à votre disposition que des poêles en fonte, laissez-les en place pendant l'été ; ce qui vous dispensera de les graisser pour les préserver de l'humidité du garde-meuble, et vous préservera, la première fois que vous aurez à vous en servir, de ces détestables vapeurs de graisse brûlée qui vous prennent à la gorge et vous désorganisent les poumons ; c'est alors pire qu'un rhume et qu'une grippe.

1527. Ne tenez dans les appartements habités rien qui, à un degré quelconque de température, puisse dégager des vapeurs capables de vicier l'air et de l'empoisonner La chambre à coucher la plus saine est celle qui a le moins de meubles et dont la tapisserie offre le moins d'ornements verts (la couleur verte étant un *acétite arsénieux de cuivre*).

1528. Ne faites de votre chambre à coucher ni un atelier, ni un salon, ni un cabinet de travail, si vous voulez avoir des nuits calmes, et un volume d'air pur à peu près suffisant pour votre respiration nocturne.

1529. Ne faites pas de vos habillements une vanité qui vous mette à la torture. Tout ce qui serre le corps, entrave autant la digestion que la respiration, et devient une cause d'asphyxie, de coups de sang et d'anévrisme. La jeune fille, en outre, qui se serre la taille, perd chaque jour d'autant ses droits à la maternité N'est-ce pas folie que d'être ainsi

son propre bourreau pour le plaisir d'attirer les regards des gens qui
passent et ne font plus ensuite attention à vous?

1530. Veiller la nuit et dormir le jour, c'est prendre tout à fait le
contre-pied des lois qui président à l'organisation humaine. Couchez-
vous de bonne heure et levez-vous de grand matin ; vous profiterez
mieux du sommeil et vous serez mieux dispos à l'ouvrage. Le jeu, le bal
et les spectacles sont les trois *vaches à lait* de la médecine, qui vous y
assiste comme à un duel et comme pour ramasser ceux qui y tombent. En·
core si l'architecture se montrait un peu plus physiologique et plus sou-
cieuse des lois de la respiration ; mais elle a fait des cages à poulets de
ce qui devrait être modelé sur les grands amphithéâtres de Rome et de
la Grèce. Le parterre étouffe, les premières respirent les produits de la
respiration du parterre, et les dernières les produits de la respiration
de tous les étages. Dès que le rideau se lève, on sent la température s'a-
baisser tout à coup de plusieurs degrés, et l'on passe de la chaleur cani-
culaire au froid de l'hiver en quelques instants.

Dans les amphithéâtres romains, cent mille spectateurs respiraient
aussi à l'aise que sur la place publique. Nous n'avons pas, direz-vous, le
même climat ; dites plutôt que vous n'avez pas les mêmes soucis de la
chose publique, qui se résumait toujours anciennement dans la salubrité
publique (*salus populi*).

1531. Assainissez les lieux bas et les rez-de-chaussée, si vous voulez
les maintenir habitables; et pour les assainir, préservez-les de l'humidité, soit à l'instant de leur construction, soit après. Les fondations une fois
creusées, recouvrez-en le fond et tapissez-en les parois avec de l'asphalte
pétri de mâchefer ou de charbon, et de plus, pour la construction même,
employez, jusqu'à deux pieds au-dessus du sol, l'asphalte en guise de
mortier, en ayant soin de ne vous servir à cet effet que de pierres et
briques sèches ou séchées ; bâtissez sur caves voûtées ; crépissez les murailles en dehors, surtout pour les murs en briques, avec un mélange de
craie ou autre poussière inoffensive et d'huile siccative ; que la céruse, le
vert de gris, le vert arsenical, le vermillon, le minium soient rigoureusement bannis de votre système d'ornementation. A l'intérieur crépissez
de même, et imprégnez les parois d'un mélange liquide de cire et de térébenthine ; pour cela chauffez préalablement le pan du mur et badi-
geonnez-le ensuite avec le corps gras tout chaud ; on peut peindre ou
même tapisser par dessus cet enduit. Avec ces précautions, le rez-de-
chaussée sera aussi et même plus à l'abri de l'humidité que le plus haut
étage de l'édifice.

1532. Après avoir ainsi pourvu à l'alimentation de la respiration pulmonaire, il faut, sous peine d'aussi graves accidents, protéger et main-

tenir en bonne voie la respiration cutanée (148); qui a tout autant besoin d'air et de chaleur que l'autre.

1533. Bains de rivière ou de mer (1214) dans la saison favorable; et à leur place bains ordinaires ou sédatifs (1204), afin de tenir constamment béants les orifices des canaux lymphatiques, en enlevant la crasse de la sueur qui les obstrue. A défaut de bain, que, le soir et le matin, on se lotionne soi-même à l'alcool camphré (1288), en se livrant à des mouvements gymnastiques, en se baissant sur les talons et se redressant alternativement; dès que l'on se sent un peu fatigué de ce manége, qu'on se lotionne à l'eau sédative, et qu'on s'habille une fois que l'eau sédative sera toute rentrée dans la peau.

1534. Adoptez un vêtement qui vous garantisse des variations brusques de la température et ne gêne aucun de vos mouvements. Visez ensuite à l'élégance qui rehausse les qualités physiques, et non à l'excentricité qui les exagère, les gêne et les parodie.

Jeunes filles ! donnez enfin une leçon d'hygiène et de tenue à la coquetterie de vos grand'-mamans; évitez autant de vous enfler les hanches que de vous étrangler la taille, d'avoir l'air d'un fuseau par le haut et d'une montgolfière par le bas. Le froid s'engouffre sous les crinolines, pendant que l'air manque aux poumons d'un buste mannequiné. Quand on se guinde ainsi jeune fille, c'est qu'on renonce à être désormais une forte femme, une mère de famille.

1535. J'ai assez dit ailleurs aux jeunes gens tout ce qu'ils perdent à se faire dandys. On croirait qu'ils veulent user leurs forces d'adolescents pour n'être plus que des eunuques à l'époque du mariage. Rendez-vous forts, plutôt que de faire les beaux aux dépens de votre santé. Dans un état digne de ce nom, chacun doit consacrer toutes ses facultés intellectuelles et physiques au service de la patrie, et à l'amélioration de la génération future. Quiconque sacrifie ses forces à de sales plaisirs et s'expose à laisser au fond de ce bourbier ses facultés viriles, celui-là fait l'œuvre d'un mauvais citoyen.

1536. Une société bien constituée doit à chacun l'air, la lumière et la chaleur : c'est un crime de priver même le coupable de ces éléments de la vie. J'ai vu de mon temps ce crime en permanence par le régime des cachots et des voitures cellulaires; je pense que ce que j'en ai dit tant de fois aura fait abandonner ou grandement modifier ce système; mais enfin, si la loi du talion n'était pas contraire à mes sentiments, j'aurais été tenté de souhaiter que l'on condamnât l'inventeur de semblables barbaries à n'avoir désormais d'autre habitation de nuit et de jour, pendant huit jours seulement, que ces caisses d'emballage. Mais Dieu en a puni déjà assez l'inventeur : il s'est suicidé; et son fils, homme marié, a trouvé la mort dans un guet-apens qu'il venait de tendre à la bonne réputation d'une jeune fille.

1537. Chauffez, éclairez, aérez les dortoirs des prisons, des casernes et des colléges; aérez par le haut les dortoirs, éclairez-les du côté du soleil, chauffez-les par les calorifères. Ne ravissez à personne les bienfaits du ciel; ces biens sont à tout le monde; nul n'en pâtit, si fort que les autres en prennent, et nul ne saurait en abuser au détriment des autres; les ravir, ce n'est pas pour vouloir en jouir soi-même; ce ne pourrait être alors que pour faire souffrir autrui.

1538. Lorsque anciennement je voyais rentrer, dans les classes froides et humides du collége, ces pauvres enfants couverts de sueur et encore dans le feu de leurs jeux échevelés, je me demandais comment il n'en mourait pas davantage; et je me rendais parfaitement compte du peu de progrès que la jeunesse faisait alors dans les établissements publics.

1539. Ne vous aventurez jamais dans un puits, une caverne, un bas-fond depuis longtemps inhabité, encore moins dans une cuve même vide, sans vous être assuré que la flamme d'une bougie continue d'y brûler; car là où la flamme s'éteint, la respiration cesse. Sortez bien vite des lieux de réunion où vous voyez l'éclairage pâlir.

1540. Je voudrais bien qu'enfin on donnât à la fumée de chaque lampe une issue au dehors; car il n'est nullement sain de dormir là où une lampe veille; l'air en est vicié d'autant et dans une progression constante.

1541. Reléguez loin des habitations le fumier, les boues, les dépôts de matières putrides, en ayant soin en outre de les recouvrir d'une couche suffisante de terre; car la terre décompose les miasmes, en se les assimilant, mieux que ne pourrait le faire tel désinfectant préconisé (*).

1542. Si vous êtes condamné à vivre dans des lieux bas et marécageux, dans un pays d'étangs ou d'inondations fréquentes, ayez soin d'allumer, le soir, autant de feux que vous pourrez, autour de vous ou sur le bord des mares. Brûlez souvent ou du vinaigre camphré sur une pelle rougie au feu, ou des feuilles de papier d'imprimerie que vous promènerez de chambre en chambre. Mais surtout faites en sorte de décider les riverains à draguer les bords des amas d'eau stagnante, de façon que ces eaux soient encaissées entre des digues perpendiculaires (**) maintenues au moyen de palissades enracinées. L'AIR PUR, l'AIR PUR, c'est notre SECONDE NOURRITURE! passons à la nourriture proprement dite.

(*) *Revue complémentaire des sciences*, tom. Ier, pag. 297.
(**) *Revue complémentaire des sciences*, tom. IV, pag. 362.

CHAPITRE II.

HYGIÈNE DE LA TABLE ou MOYENS DIÉTÉTIQUES (*) ET ANTIGASTRALGIQUES (150).

1543. Manger peu et souvent, c'est bien plus profitable que de manger rarement et beaucoup à la fois. Car tout ce qui est de surcroît, et non en contact permanent avec les surfaces élaborantes de l'estomac, forme un poids inerte ou un levain d'une fermentation autre que celle de la digestion.

1544. L'usage modéré des liqueurs alcooliques est un appoint de la digestion ; mais l'excès paralyse cette fonction, en coagulant les liquides et absorbant les parties aqueuses, qui sont le premier élément de toute espèce de fermentation.

1545. En tout pays, mettez-vous peu à peu aux habitudes locales pour le boire et le manger. Quand Isocrate conseillait de se conformer partout à la religion du pays, ce qui entendu à la lettre serait aujourd'hui une apostasie, il parlait des religions de son temps qui étaient toutes exclusivement hygiéniques. L'hygiène, en fait de nutrition, change avec le climat et la nature du sol ; et l'on voit alors qu'en un pays tel mets devient salubre et recherché qui serait indigeste ou malfaisant en d'autres ; tels sont les haricots et les choux qu'on mange avec délices dans le Brabant, et avec une répugnance très-motivée à Paris et dans ses environs (**).

1546. Ne buvez jamais chaud en mangeant ; car la chaleur dépouille d'air tout liquide ; et la boisson est le principal véhicule de l'air atmosphérique, sans lequel il ne saurait s'établir de fermentation ni partant de digestion. De là vient, pour une digestion paresseuse ou pour un estomac chargé d'un dîner copieux, de là vient le soulagement qu'on éprouve à avaler un léger fragment de glace ; car la glace renferme plus d'air que vingt fois son volume d'eau liquide à la température ordinaire ; sous ce rapport, un morceau de glace gros comme une noisette apporte à l'estomac plus d'air atmosphérique qu'un grand verre d'eau fraîche, dont souvent la capacité de l'estomac trop bien repu ne saurait plus admettre le volume.

1547. Réglez vos repas ; et ne dépassez jamais la dose convenable. Levez-vous de table avec un léger restant d'appétit. Qui mange trop pâtit encore plus que celui qui jeûne.

1548. Ayez l'œil soupçonneux et sur les qualités de la boisson et sur le

(*) De διαιτα (diœta), régime de vie.
(**) Revue complémentaire des sciences, tom. III, pag. 229.

pain, spécialement le pain de seigle, quand vous sentirez que l'estomac, au milieu des conditions les plus hygiéniques, ne fonctionne plus comme à l'ordinaire (340.)

1549. En tout ce qui regarde la préparation des boissons et des aliments, l'attention principale doit se reporter sur la matière des ustensiles et sur leur constante propreté. Proscrivez sans rémission du cellier et de la cuisine, de la brasserie et du comptoir, tout tuyau ou vase en plomb, en zinc, en cuivre-rosette non étamé ; il serait bon que la vente même pour ces usages en fût rigoureusement interdite. Ne faites aucune préparation acide, aucune friture dans la faïence, car elle est vernie au plomb. Avec le fer, le fer-blanc, l'étain, l'argent ou l'or, la porcelaine, le verre et le bois, vous n'avez aucun accident à craindre ; ne laissez pourtant pas séjourner vos cuillers ou fourchettes en argent dans les préparations vinaigrées ; car l'argent de service est allié à un dixième au moins de cuivre, et le cuivre s'use dans le vinaigre.

1550. 1° BOISSONS. Je ne vous dirai pas comment on fait la bière cu le vin pour la vente ; mais je puis bien vous apprendre à vous en passer, en y suppléant de la manière la plus hygiénique :

a. *Boisson d'atelier et entre les repas.* Si vous avez à votre disposition des groseilles, des cerises, des myrtilles, des prunes, des raisins bien mûrs, foulez-en une bonne livre dans une terrine, et jetez le tout sur un entonnoir ayant au goulot pour bouchon un bouquet de tiges de thym, de mélisse ou d'origan, ou de feuilles d'angélique et de fenouil, de toute plante aromatique que vous aurez sous la main ; enfin, à défaut de tout cela, un linge enfermant un morceau de cannelle, de noix muscade ou même des clous de girofle. Versez par dessus la valeur de 6 à 8 litres d'eau. Ajoutez ensuite une poignée de réglisse, et un décilitre d'eau-de-vie ordinaire, ou même davantage, si vous voulez en augmenter la force : agitez plusieurs fois ; et vous aurez une tisane rafraîchissante de la meilleure qualité et la moins chère possible.

1551. b. *Essence de vin,* ou *cellier de poche* (*). Faites dissoudre quelques instants une pincée de belle cendre de bois dans une cuillerée de vinaigre de table de première qualité; passez à travers un linge serré, et mêlez le tout avec deux décilitres d'eau-de-vie à 36°, dans laquelle vous aurez déposé une pincée de sucre, gros comme un pois de racine d'angélique et à peu près la même quantité de cannelle, de noix muscade, de zeste d'orange ou de citron, etc.; et bouchez bien le flacon : Vous aurez avec

---

(*) Dans un poëte du moyen âge, on trouve la mention d'un ustensile qu'on nommait *cuisine en poche.*

vous votre provision de vin sans eau, et pour six repas environ, si vous êtes sobre et que vous vous en teniez habituellement à l'eau rougie. En effet, une cuiller à café de ce liquide par chaque verre d'eau vous tiendra lieu de la plus forte eau rougie. Si elle vous paraît faible, il vous sera loisible de doubler et tripler même la dose de la portion alcoolique.

1552. Si ensuite vous voulez avoir en tonneau ou en bouteilles du vin de toute espèce, vous pourrez imiter parfaitement ceux de tous les crus et de tous les âges, en augmentant la dose d'alcool à 36°, y ajoutant une grosse pincée de tartrate de potasse, et en variant le bouquet par l'addition de divers aromates. Quant à la coloration, vous pourrez l'emprunter au jus exprimé des baies de myrtille ou de sureau ou de groseillier, même au jus de betterave rouge, enfin au tournesol rougi par un acide, etc.

Avec deux décilitres d'alcool ainsi préparé, mêlé à un litre d'eau, vous aurez le vin le plus vieux et le plus capiteux possible.

1553. c. *Liqueur de table ou liqueur hygiénique de dessert.* C'est une simple modification saccharine, et plus agréable au goût que celle dont nous avons déjà donné la formule (1289) :

Alcool à 21° Cart.	1 litre.
Racines d'angélique	15 grammes.
Calamus aromaticus.	2
Myrrhe	1
Cannelle	0,25
Aloès.	0,25
Clous de girofle	0,25
Vanille	0,25
Camphre	0,25
Noix muscade.	0,25
Safran	0,05

1554. Faites digérer ce mélange quinze jours au soleil, ou trois ou quatre jours dans un endroit très-chaud, dans l'encoignure de la cheminée même, mais en tenant le vase assez bien bouché pour que l'alcool ne fasse pas explosion ; passez rapidement à travers un linge serré et blanc de lessive. D'un autre côté, faites caraméliser sur le feu une livre de sucre (500 grammes) dans un demi-litre d'eau. Mêlez ce caramel (1240) avec le litre de dissolution alcoolique ; si le liquide est trouble, ajoutez-y une certaine quantité d'alcool, et tenez ensuite la bouteille ou le flacon bien bouchés.

1555. Cette liqueur, dont l'usage s'est étendu aux quatre parties du monde, ouvre l'appétit, active la digestion et la protége contre le parasitisme des helminthes ou l'invasion de toute autre espèce d'êtres morbipares. C'est l'élixir d'avant, pendant et après le repas (*); craignez pourtant d'en abuser, car il entraîne à en boire; et, en tout, là où le besoin cesse, le désordre commence. On en prend aujourd'hui dans les cafés, au restaurant et jusque chez les marchands de vin; et qui sait de combien de maladies et de médecines on se garantit avec un de ces petits verres! Malheureusement, si rien n'est devenu plus commun que le nom, rien n'est pourtant plus rare que la chose; la négligence et l'âpreté au gain des fabricants a fait qu'avec de grandes étiquettes on sert aux chalands à peine le simulacre de cet élixir; quand on ne craint pas d'usurper une signature et de feindre une garantie qu'on n'a jamais eue, on ne doit pas être trop scrupuleux sur la bonne qualité de la marchandise que l'on vend. Aussi ai-je reconnu que le fabricant qui trompait le plus, en faussant la formule, était précisément celui qui n'avait pas vergogne d'estamper sur ses étiquettes une lettre de moi dont il n'avait pas le droit de se servir; on ne doit plus s'étonner dès lors qu'il ait pu livrer au public la *liqueur hygiénique* presque au prix de l'alcool.

Je déclare donc que la seule maison qui, à cet égard, se prête médiatement ou immédiatement à ma surveillance, c'est la *Pharmacie complémentaire* de la rue du Temple, n° 14, près l'Hôtel de ville. Ceux qui auront eu l'occasion de composer cette liqueur de leurs propres mains reconnaîtront que l'on ne saurait la livrer au public à meilleur marché.

1556. d. *Curaçao ou liqueur d'écorce d'orange.* Laissez macérer, quinze jours au soleil, dans une bouteille bien bouchée, 50 grammes d'écorce de belles oranges dans un litre d'eau-de-vie ordinaire; remuez de temps à autre. Au bout de ce laps de temps, décantez et mêlez à une livre de sucre caramélisé (1240) avec un demi-litre d'eau. Les Hollandais, afin de se ménager le monopole de cette liqueur, en y apposant un cachet secret, ajoutaient à cette composition une petite quantité de cochenille ou de bois de Brésil, dont la couleur rouge reparaît, dès qu'on ajoute de l'eau à cette dissolution alcoolique qui est jaune par elle-même; cette petite

(*) L'usage d'aromatiser l'alcool, en vue de l'hygiène de la table, remonte presque aussi haut que la découverte de l'alcool lui-même : Les expressions populaires de *camphrier* pour signifier un sirotier d'eau-de-vie, et de *se camphrer* pour signifier s'enivrer de cette liqueur, dénotent suffisamment qu'anciennement en France, par les temps de PESTE et de TROUSSE-GALANT, l'on a dû mêler du camphre à l'eau-de-vie pour boire. Dans les romans de Walter Scott, qui reflètent si bien les mœurs et usages des époques dont il nous trace la physionomie, on voit que les montagnards écossais, jusques dans le dix-septième siècle, faisaient usage d'eau-de-vie d'orge distillée sur du safran et autres herbes aromatiques; la haute société de Londres avait pour boisson favorite une liqueur composée de lait, de vin, de sucre et d'épices que l'on nommait *syllabub;* avant de boire de la bière, on y agitait une tige de romarin. (Voyez, entre autres romans de Walter Scott, les *Chroniques de la Canongate,* chap. 5.)

supercherie semblait, aux yeux des consommateurs, le cachet d'une certaine supériorité dans l'art de fabriquer le curaçao.

1557. e. *Liqueur d'anis ou anisette.* Laissez macérer également quinze jours au soleil 30 grammes d'anis, ou graines de fenouil à peine mûres, décantez ensuite et caramélisez comme ci-dessus.

1558. f. *Liqueur de noyau.* Laissez macérer, quinze jours au soleil, 50 grammes de noyaux d'abricots, dans un litre d'eau-de-vie ordinaire. Décantez et caramélisez ensuite comme ci-dessus.

1559. g. *Liqueur de fleur d'orange.* Mêlez 250 grammes, ou un quart de litre d'eau ordinaire, de fleur d'orange à un litre d'alcool à 21° Cart.; et caramélisez comme ci-dessus.

1560. 2° SERVICES DE TABLE. La variété des mets a pour but, non-seulement de flatter le goût, mais encore de complémenter, pour ainsi dire, la digestion par une heureuse succession de substances élémentaires, en sorte qu'à un plat qui manque de la dose complète d'un des deux éléments de la fermentation nutritive, succède un plat où cet élément abonde.

1561. L'assaisonnement des mets a pour but de protéger la triple digestion intestinale (161) contre le parasitisme des vers intestinaux (964) ou l'invasion des hordes aériennes (813, 826). Les condiments sont à la digestion ce que les moyens de défense sont à la force humaine; la privation en devient pire que la faim, et l'opulence qui s'en abstient s'expose à pis que la misère qui sait y avoir recours; ceux qui auront lu attentivement le second volume de cet ouvrage apprécieront fort bien l'importance que, dans le premier (217), nous avons attachée à l'emploi des condiments dans les préparations culinaires, et la sévérité avec laquelle nous avons caractérisé la suppression que la médecine du commencement de ce siècle en avait basée sur une théorie de mots et non de sens.

En un mot la meilleure alimentation est celle qui porte avec elle sa médication, et qui en outre, par une succession bien entendue de services, sait faire de chaque plat le complément digestif de l'autre; en sorte que la partie saccharine ou saccharifiable qui abonde dans un mets, trouve son complément dans la partie albumineuse ou glutineuse qui abonde dans un autre. L'excès trop grand de l'un sur l'autre de ces deux principes est indigeste; de là vient qu'on peut avoir des indigestions de sucrerie aussi mortelles que celles de pain chaud et trop glutineux.

1562. Les différents services ont été classés, par les cordons bleus de la haute cuisine, en trois temps ou trois catégories:—le premier service comprenant: 1° les entrées (potage et relevés de potage, tels que le bœuf bouilli, etc.); 2° les hors-d'œuvre (tels que radis, olives, cornichons, etc.);

— le deuxième service : les entremets (rôts, poisson, pâtisseries, etc.);
— le troisième service : le dessert. A part le rôt, le potage et le bœuf
bouilli, les plats, selon le caprice des dénominations, passent, au gré
du chef, de l'un à l'autre service, déguisés par le mode de préparation.
Ces sortes de hautes chatteries ne rentrent pas dans le cadre de ce
chapitre ; et nous laissons à chacun la douce satisfaction de distribuer
comme il lui semble toutes les pièces dont se compose son menu sur
son grand échiquier gastronomique, persuadé que nous sommes qu'un
estomac normal ne se trouverait ni mieux ni plus mal si l'on commençait indifféremment le repas par où d'autres le terminent. Peu nous
importe de tout cet arrangement qui est destiné à titiller un appétit
retardataire par l'aspect éblouissant du couvert; peu nous en importe,
dis-je, pourvu qu'on nous accorde nos exigences hygiéniques, au sujet
d'un seul point, dont la nomenclature culinaire semble faire fi, comme
d'un accessoire de bien mince importance; je veux parler des *hors-d'œuvre*,
qui pour nous sont, en fait de nutrition, sinon les *chefs-de-l'œuvre*, du
moins le *palladium-de-l'œuvre*, les *aide-œuvres*, et le correctif anticipé
de toutes les chatteries écœurantes du dessert. Les ingrédients du service
des hors-d'œuvre doivent accompagner et modifier chaque plat, le corriger, pour ainsi dire, et le protéger, disons le mot, pendant les phases de
l'élaboration intestinale, contre le parasitisme de ces vers rongeurs qui
s'accommodent si bien de la digestion du riche, et semblent le punir
ensuite d'avoir tant et si mal dépensé à ses somptueux repas. Si ce gros
gaillard, qui digère si bien la *miche* de pain noir que vous lui voyez
dévorer à belles dents avec un oignon pour hors-d'œuvre, pouvait savoir
combien souffre de l'estomac ce riche banquier qui vient de tant dépenser
pour dîner, il bénirait le sort qui l'a fait assez pauvre pour n'avoir que
cela à manger; car tout l'or du riche ne saurait procurer une digestion
comme la sienne; sa pauvreté vaut alors plus que l'or : *Aurea pau-
pertas!* Eh bien, je veux obtenir que ce malheureux riche digère aussi
vigoureusement que ce bienheureux pauvre; j'ai fait irruption dans sa
médecine et dans son boudoir; je vais maintenant faire invasion dans sa
cuisine; et s'il le découvre ensuite, il m'en saura gré.

1563 On ne saurait s'imaginer, aujourd'hui que le *Manuel* a révolu-
tionné l'art de manger, comment auparavant le confesseur et le médecin semblaient se liguer pour compter les bouchées aux mangeurs de
toutes les classes, et mettre leur *veto* et leur interdit sur tel ou tel de ces
bons plats avec lesquels on digère si bien. La table du riche ou de l'en-
richi avait fini par ne plus différer de celle du paysan que par la blancheur
de la nappe et le luxe de l'ornementation. Le médecin lui-même, à l'instant qu'il devenait mangeur, avait l'oreille au guet pour savoir de son

cher confrère ce qu'il avait à prendre ou à voir passer des mets exquis avec lesquels se délectaient de franc jeu les incrédules en l'une et l'autre profession de foi. Quand la théorie m'eut démontré la haute raison de la pratique de ces gaillards du culte antique et vénéré de Comus, je ne passais pas un jour sans m'amuser avec l'heureux désappointement de mes amphitryons, dont l'estomac se trouvait ensuite si bien de mes infractions flagrantes à leur manière orthodoxe de mal vivre.

Le paysan, qui est toujours plus fin que son habit, et à qui, pour le guérir de sa gastrite, je faisais prendre poivre et sel (ce qui, d'après le médecin, aurait dû lui enflammer l'estomac), se mettait, après le repas, à faire une boulette de ses *ordonnances* et à les jeter au feu.

Le bourgeois devenu rentier avait de la peine, tout en se sentant mieux digérer, à comprendre que le conseil qu'il venait de mettre en pratique, sans le payer, valût mille fois mieux que ce long et monotone conseil de chaque jour qu'il avait payé chaque fois en espèces sonnantes : car, pour tout marchand, ce qui se donne pour rien ne doit rien valoir. Mais celui-là, je le laissais raisonner à son aise en faisant sa sieste, bien sûr que le lendemain il suivrait l'avis qui coûtait si peu. Sans plus de façon chez lui, je m'entendais avec la cuisinière, dont le teint frais m'annonçait suffisamment qu'elle ne mangeait pas à la même gamelle que ses maîtres.

Mais chez le grand seigneur, c'était bien différent ! et je me voyais forcé de mettre des gants à mes stratagèmes. Je finissais pourtant, avec ma bonhomie, par arriver à mon but. Savez-vous ce que c'est que la bonhomie! c'est la finesse de l'homme de bien ; je vais vous soumettre un échantillon de la mienne en haut lieu :

Un jour que je donnais le bras à une grande dame, ni plus ni moins que duchesse de l'ancien temps (*), et dans la famille de laquelle je retrouvais la même affection que chez telle ou telle de mes bonnes paysannes : « Vous dînerez avec nous, me dit-elle. — Dieu m'en garde! lui répondis-je, vous dînez trop mal. — Eh! vraiment, monsieur, nous tâcherons de vous donner alors un repas de prince. — Ce serait bien pire encore. — Ah çà, mais entendons-nous bien; vous en faudrait-il un de Dieu ? Vous n'auriez alors qu'à vous laisser toucher par la grâce et à approcher de la sainte table de la communion. — Mon âme peut se passer de ce repas. — Mais que manque-t-il donc tant à l'autre? — Un peu de ce qui rend le pauvre si fort, et moins de tout ce luxe qui rend le

(*) Il n'a tenu qu'à cette dame et à toute sa famille que je n'aie, dès le principe, retrouvé à Vincennes l'issue par où sortit le duc de Beaufort, l'ami du peuple, lui aussi. Je ne voulus pas profiter de cette preuve de dévouement; mais j'en conserve le souvenir dans la région la plus affectueuse de mon cœur.

riche si faible; une cuisine, enfin, modelée sur celle du pauvre ou plutôt exécutée par le Chef selon toutes les règles ·de son art. — Descendez à la cuisine, dans ce cas, et faites selon votre volonté. »

. Ce que je fis, à la condition qu'il n'en serait rien dit à personne; et, par l'escalier détourné, je fus d'un bond dans le souterrain de la cuisine. Le chef parut ravi de mes pleins pouvoirs : il rentrait dans la sphère de son talent, et il allait de ce pas déployer toutes les ressources et les raffine-ments de sa haute science et de la pureté de son goût. Dès ce moment tout le droguet, si longtemps vierge, fut mis à contribution avec poids et mesure ; les plus forts condiments, les plus suaves aromates revinrent du long exil où les avait claquemurés le *veto* du médecin de céans. Bref le plan de bataille une fois convenu entre nous, je m'esquivai au moment de se mettre à ta-ble, pour prendre ma place et juger des effets de la révolution qui allait s'opérer à l'insu de tous. Quelle joie ! les convives redemandaient de telle entrée ; ils portaient la main sur les chatteries et les hors-d'œuvre, en de-visant avec plus d'animation qu'auparavant ; la bonne digestion alimen-tait la bonne conversation ; car rien n'a de l'esprit comme l'estomac qui digère. Premier succès de vogue.

Le second s'opérait en même temps que le premier : il y avait là-haut, ce qui m'intéressait le plus, mon malade qui chaque jour aurait volon-tiers jeté tous les plats à la tête de son majordome, tant il avait peu de goût pour rien de ce qu'on lui servait. Ce soir-là, on le vit déguster, siro-ter, savourer, humer, avaler, redemander, et, ô merveille ! complimenter son majordome ; et chaque morceau lui passa tout aussi bien par le gosier que chez l'homme le mieux portant du monde. Tous, et moi le premier, qui n'avais presque rien pris, tant j'observais, nous avions été en appétit et fait le meilleur repas du monde. La dame de céans me lançait quelquefois des œillades d'ébahissement. — « Attendons jusqu'à demain, lui dis-je en prenant congé, pour expliquer le fait à tout le monde ; ce soir, leur vieille répugnance serait dans le cas de leur ruminer un semblant d'indigestion. »

Le lendemain, après explication préalable, il fut admis que désormais on *laisserait faire* et on *laisserait passer*, et que la cuisine des grands tendrait la main à la cuisine du peuple.

Je connais des nouveaux enrichis qui auraient plus superbement tenu au privilége de la fortune ; mais ce n'est pas là notre affaire ; il vaut mieux que je vous dise maintenant comment vous pourrez tous, grands et petits, être égaux, à peu de frais, devant une bonne digestion.

1564. 1° *Pot-au-feu.* Faites choix, dans le Nord, de la meilleure qua-lité de bœuf le plus fraîchement tué ; et, dans le Midi de la France ou dans les prés salés, de la meilleure viande de mouton.

Conservez avec soin, et exclusivement pour cet usage, la marmite en

terre qu'un long usage aura culottée, passez-moi l'expression. Si vous
avez à vous servir d'une marmite neuve, lavez-la maintes fois à l'eau
froide d'abord, frottez-la ensuite avec de l'ail sur toute la surface des
parois intérieures, et faites-y bouillir après cela, pendant une demi-
heure, de l'eau que vous jetterez; lavez alors de nouveau à l'eau froide,
et la marmite sera en état de servir.

On emploie trois livres (1 kilo, 5) de viande pour quatre litres d'eau.
Jetez dans l'eau une poignée de sel gris de cuisine avant de mettre sur le
feu, qui doit être entretenu assez doux, pour ne pas porter l'eau à l'ébullition avant que le pot-au-feu ait cessé d'écumer. Cela fait, on dépose dans
l'eau un oignon frais piqué de quatre clous de girofle; un bouquet de
céleri, racines de persil et poireaux; une feuille de laurier, deux gousses
d'ail; un bouquet de panais et carottes; une grosse pincée de poivre et
même, au besoin, gros comme une lentille de noix muscade; enfin un
oignon cuit sur la cendre et bien épousseté. Ensuite on fait bouillir tout
doucement, et à petit feu, pendant 6 à 7 heures. On a alors un bouillon
qui est souvent l'agent le plus efficace du rétablissement de la santé. On en
fait une soupe en le versant sur des tranches de pain bien cuit, et même
grillé; on le sert en potages, en y faisant cuire des pâtes, du riz, du ver-
micelle, de la semoule ou de la fécule de pomme de terre, que l'on vous
vend souvent pour du tapioca, du sagou, ce qui ne trompe que sur le
nom et pas du tout sur la chose.

1565. 2° *Hors-d'œuvre*, ou plutôt *aide-œuvres*. Ils consistent en olives,
piment, cornichons, moutarde fabriquée par vous-même et de la manière
dont je l'ai dit ci-dessus (1502); puis ces parterres d'anchois ou de sar-
dines sur le fond d'une assiette, où les filets d'anchois dessinent les ara-
besques, et où le blanc et le jaune d'œuf, les hachis de cerfeuil, de persil,
de cornichons, de capres et de truffes colorent les compartiments. Ajoutez
encore tous les *atchars* et les sauces poivrées que l'Inde peut vous envoyer;
en sorte que, dans cet arsenal, chaque parasite trouve le poison qui lui est
destiné et l'ingrédient qui doit nous en débarrasser. Revenez, croyez-moi,
aux *hors-d'œuvre* pendant tout le temps que durera l'œuvre de la mastication.

1566. 3° *Huîtres*. Bienheureux ceux qui en ont à leur disposition, ne
fût-ce qu'un quart de douzaine! Je n'ose pas prendre parti pour qui les
mange avant ou après le potage; je les préfère pourtant avant. En les
ouvrant, n'en perdez pas l'eau; recueillez-la, au contraire, comme un jus
hygiénique; pressez-y un citron, et laissez-y macérer une grosse pincée
de poivre, un petit bouquet de persil et de cerfeuil; passez à travers un
linge, et servez dans un huilier, pour assaisonner chaque huître avec une
ou deux gouttes de ce *citrate parfumé*.

1567. 4° *Marinades*. Les *marinades* sont non-seulement les *aide-œuvres* les plus agréables et les plus digestifs du repas, mais encore la matière des déjeuners les plus hygiéniques que j'aie connus de ma vie : .

(*a*) *Marinades de légumes.* Laissez macérer, quatre jours, dans un litre de vinaigre de bonne qualité et de première force, 50 grammes de sel gris de cuisine, 10 grammes feuilles de laurier, 12 de clous de girofle, 5 de poivre noir, 2 de cannelle, 6 d'ail, 1 de muscade, une pincée de feuilles et racines de persil, et de céleri. Tenez le vase bien bouché. Au bout de quatre jours, jetez dans ce liquide soit feuilles de chou rouge, soit jeunes concombres (cornichons), soit quartiers de pommes pelées, soit cerneaux, soit haricots verts, soit asperges, soit jeunes champignons de couche, soit culs d'artichauts, etc., le tout séparément et sans mêler ces substances ensemble dans le même vase. Au bout d'un mois, décantez le liquide; laissez bien égoutter ; remplacez-le par une nouvelle quantité de même composition, et tenez le vase bien bouché. Le lendemain la marinade est bonne à servir, et vous pouvez la conserver toute l'année.

(*b*) *Marinades de viande.* Dans une dizaine de litres de vinaigre première qualité, laissez infuser, 24 heures, 60 grammes de feuilles de laurier, 60 de poivre noir, 20 de clous de girofle, 10 de cannelle, 2 de muscade, 1 kilogramme de sel de cuisine, 1 hectogramme de salpêtre (nitrate de potasse). D'un autre côté prenez de gros boyaux de porc, de mouton ou de bœuf, que vous nettoierez à grande eau d'abord, ensuite à l'eau vinaigrée et salée, jusqu'à ce qu'ils n'aient plus d'odeur. Cela fait, déposez tous ces boyaux dans le vinaigre préparé, de manière que le tas soit surmonté de la moitié du liquide. Achevez ensuite de remplir avec des langues de bœuf, ou des filets de viande de porc de même calibre que les langues. Après quatre jours d'une telle macération dans un endroit frais, ou à la cave, pendant lesquels vous aurez soin de retourner de temps à autre tout ce mélange dans sa sauce, introduisez les langues de bœuf ou les filets de porc bien graissés d'axonge chacun dans une longueur suffisante d'un des gros boyaux, que vous aurez soin de nouer par les deux bouts.—Quant aux petits boyaux et aux résidus des grands, hachez-en une partie assez menue ; saupoudrez ce hachis de poivre et de sel, et introduisez-le dans tout autant de petits bouts de boyau que vous pourrez couper de la longueur de 20 centimètres, que vous lierez ensuite par les deux bouts : vous aurez ainsi tout autant de petites andouillettes. Faites bouillir alors, trois heures, ces *langues fourrées* et ces *andouillettes* dans un chaudron d'eau suffisamment salée, augmentée de l'eau de la marinade si elle s'est conservée sans mauvaise odeur, et en y mettant un gros bouquet de fenouil, sauge, laurier, persil, cerfeuil et ciboule, plus trois ou quatre gros oignons et une grosse tête d'ail. Retirez du feu après cette longue ébullition. Disposez les langues et les andouillettes sur des plats que vous garderez à l'office; et vous aurez, pour les déjeuners et les dîners ou soupers froids, le mets le plus appétissant, le plus fondant et le plus digestif que je connaisse. Quant au liquide, distribuez-le aux pauvres du voisinage, qui, ce jour-là, auront de la sorte une soupe peut-être meilleure que la vôtre, si vous en faites fi.

Les langues se mangent froides et par tranches comme des saucissons ; les andouillettes, on les fait recuire sur le gril, en les saupoudrant d'un peu de sel et de poivre.

1568. 5° *Rôts*. Les rôtis de porc ou de lapin et de lièvre doivent avoir séjourné un à deux jours dans une sauce au vinaigre, avec ail, oignon , sel, poivre, persil et cerfeuil, feuille de laurier, une parcelle de noix muscade, tranches de citron. On entrelarde ensuite le filet de porc avec du thym.

Quant au gigot de mouton, vous ne pouvez pas assez l'entrelarder de fragments de gousses d'ail bien épluchées. La bourgeoisie et la haute société vont se récrier contre cette injonction. Qu'il me soit permis de leur dire que leur répugnance n'est pas de bon ton, et qu'en cela ils ont dégénéré de la bonne compagnie musquée du dix-huitième siècle, où l'on bourrait d'ail jusqu'aux dindes à la broche ; jugez-en par la piquante invitation que Voltaire improvisait, à l'adresse de Mme la duchesse de Luxembourg, pour un dîner où devait se trouver le duc de Richelieu :

> Un dindon tout à l'ail, un seigneur tout à l'ambre,
> A souper vous sont destinés ;
> On doit, quand Richelieu paraît dans une chambre,
> Bien défendre son cœur et bien boucher son nez.

Dans le quinzième siècle nous voyons les souverains souhaiter la bienvenue à leurs visiteurs en leur offrant le vin et les épices ; et c'étaient de rudes gaillards que les nobles de ce temps-là ! ils se nourrissaient à la paysanne, et ils maniaient leurs lourdes épées avec autant d'adresse, mais non de constance et de loyal profit, que le paysan manie ses lourds hoyaux. L'ail et ses congénères étaient cause de ces deux prodiges(*).

1569. 6° *Salades*. Laissez dissoudre, pendant quatre ou cinq minutes, une cuillerée à café de poivre, une cuillerée à bouche de sel dans une forte cuillerée à bouche de bon vinaigre, avec une pincée de persil et cerfeuil haché menu ; broyez et remuez le tout jusqu'à ce que le sel paraisse fondu ; ajoutez alors trois bonnes cuillerées d'huile ; battez fortement, et,

---

(*) *Ipse certe agrestium theriacen, allium appello* (Arnold de Villeneuve, *Comm. in scholam Salernitanam*, cap. 43). Ce qui signifie : Je n'hésite pas à proclamer l'ail la panacée du paysan.

sans désemparer, versez dans le saladier la valeur d'un litre de bonne salade de romaine, de chicorée sauvage blanchie, de barbe de capucin (feuilles étiolées de scorsonère), de tranches de betteraves jaunes ou rouges mais sucrées, que vous fatiguerez jusqu'à ce que tout fragment de salade vous paraisse suffisamment imprégné.

Pour la salade au céleri, mêlez à la sauce ci-dessus trois cuillerées de moutarde (1502).

Pour l'endive, ajoutez à la sauce ci-dessus des petites croûtes de pain frottées d'ail.

Mais pour les autres, je vous recommande d'ajouter sur votre assiette seulement une gousse d'ail hâchée menu ; vous ne priverez pas ainsi de salade les personnes qui ont pour l'ail une répugnance invincible (1251).

1570. Les bonnes pratiques du siècle passé ont été vite perdues de vue par le siècle moderne. Nos pères, qui pressentaient ce que je démontre, faisaient grand cas des vinaigres aromatisés ; dans le milieu du xviiᵉ siècle, un vinaigrier nommé Lavalette eut une grande vogue à ce sujet ; il exploita le *vinaigre de sureau, vinaigre de santé* fait avec des fleurs de chicorée sauvage, de buglosse et de roses (*vinaigre rosat* de Boileau), le *vinaigre giroflet* fait avec des œillets et des giroflées ; toutes préparations citées dans J. Liebault (1582) et dans Olivier de Serres (*Théât. d'Agricult.*, tom. I, pag. 297). En 1742, un autre vinaigrier du nom de Lecomte substitua le vinaigre blanc au vinaigre rose. Dix ans plus tard, un autre, du nom de Maille, se donnant comme vinaigrier-distillateur, ajouta aux neuf espèces de vinaigres parfumés, quatre-vingt-une autres espèces de vinaigre de propreté et de santé ; il en avait pour toutes les répugnances et tous les goûts.

1571. 7° *Dessert.* Parfumez vos chatteries avec la vanille, l'anis, les essences, le citron, la fleur d'orange, le baume de Tolu qui sent la violette. Ne servez que des fruits parfaitement mûrs, dût-on n'en trouver que de communs et prolétaires. A cet ananas de dix écus, avec lequel Crésus gagne une bonne et belle gastrite, préférez mille fois une *poire fondante, mouille-bouche, beurrée* d'un sou pièce et même de moindre prix ; devant la digestion, cette bonne fée de l'existence et de la pensée, le plus riche diamant de Cléopâtre ou de Lucullus ne vaut pas une excellente prune commune ou une nèfle des bois.

1572. 9° Au dessert, liqueurs hygiéniques et de dessert (1554) avant ou après le café pur et de moka, fait à la mode ancienne, devant le feu, dans une cafetière en terre et culottée par de longs et honorables services uniquement consacrés à cette préparation ; café d'un blond doré qui laisse dans la bouche un délicieux parfum, et dans la gorge un arrière-goût suave et exotique. Les vases en fer, c'est, pour le café, la bouteille à l'encre. Tous ces jolis appareils de physique ayant pour but d'obtenir plus vite et plus économiquement le café, sont des escamotages qui amusent les yeux aux dépens de la saveur et de l'estomac.

Le café, Dieu le créa le huitième jour, le jour où il se reposa de ses travaux mécaniques et où il ne créait plus que par l'esprit et la pensée. Je n'ai jamais connu l'ambroisie, mais je me doute que c'était le café; j'en juge par analogie et sur les traits des dieux à qui Homère servait le parfum de l'ambroisie dans la coupe de ses beaux vers. Dans les traits de ces dieux du poëte, en effet, je lis la délectation que j'observe dans les traits des heureux que fait ici-bas le nectar originaire d'Arabie.

Le vin, on le chante avant de le boire; on le cuve, en détonnant, après l'avoir bu. Le café, on le hume, on le savoure; on le sent passer comme un baume dans le sang, comme une intelligence dans la tête. Oyez ce toast que l'on hurle, en tendant le bras et comme en menaçant du poing armé d'un verre; quelle différence avec cette voix douce et harmonieuse qui vous dit, comme on vous bénit : *Vous offrirai-je du café?*

Anacréon est mort étouffé par un pepin qui s'était trompé de route, pour avoir voulu, aveuglé par la soif, puiser à la cuve même; Voltaire aurait vécu trente ans de plus encore, qu'il n'aurait pas eu à redouter un seul instant un aussi mauvais tour de la plus grosse pellicule de café.

Votre vin, pouah! ivrognes. — Le café, hosanna! libres penseurs.

Le vin, c'est un conquérant qui terrasse celui qu'il a vaincu par la trahison; le café, c'est un ami qui console et fait oublier toute une vie même de privations; Iris ne dissipe pas les nuages avec un prisme de plus séduisantes couleurs. Génie inspirateur du beau et du bien, le café à lui seul fait l'orateur, le poëte, le grand écrivain, l'homme de bon esprit et d'aimables saillies, l'artiste qui amuse le public, l'artiste qui enrichit son pays et le monde de sa pensée et de son labeur. Voyez donc si j'exagère! les plus grands fanatiques de la tempérance, les légumistes les plus boudeurs contre leur ventre n'ont jamais pensé à interdire, comme suspect de la plus légère hérésie gastronomique, l'usage du café; tous, ils l'adorent et le pratiquent ouvertement avec plus de ferveur fiévreuse encore que le potage de rigueur *à la julienne* et que la *crème aux macarons;* le café semble les dédommager de tout ce qu'ils regrettent, depuis leur fuite de notre succulente Égypte, où rien ne manquait aux plaisirs de leurs sens et aux besoins de leur santé.

N'allez pas croire que j'écrive en tout ceci un dithyrambe; je traduis ma pratique en conviction, et quelle pratique! Voilà bientôt quarante ans que je prends régulièrement, chaque jour en trois fois, l'équivalent de quelque chose comme un demi-litre de café et souvent davantage; et du pur et du moka, je vous assure; car je m'y connais, je vous l'avoue

aujourd'hui ; et je me serais bien gardé de le dire au temps où Loyola me
tenait dans ses cachots pseudonymes et sous la raison sociale d'un autre.
Ah! quelle bonne torture, s'il l'avait su! et celle-là je l'aurais mise au
nombre des tortures ; pour toutes les autres , je ne m'en apercevais presque pas. Quant à moi, le jour où je pourrai prendre ma revanche, je vous
jure que j'aurai mon eau bénite toute prête pour lui rendre la pareille :
je le condamne, ce jour-là, à la tasse de café ; sous l'inspiration de cette
liqueur qui ouvre si bien les yeux à la lumière et le cœur à l'humanité, je
vous réponds qu'il aura enfin le regret de ne m'avoir pas assez torturé.
Quelle vengeance!

Mes chers lecteurs, pardonnez-moi cette page d'égoïsme et de délectation ; je l'écris en prenant mon café ; c'est un dialogue entre ma tasse et
ma plume, mes deux armes défensives et mes deux joies.

1573. AVANT, PENDANT ET APRÈS LE REPAS. Travaillez à jeun ; faites
un certain exercice avant le repas ; lotionnez-vous ensuite à l'eau sédative (1345, 1°) et changez de linge. Ne mangez pas sans appétit. Commencez tout repas, même un festin, par l'eau rougie ; n'abordez les vins
capiteux que par petits verres ; et ne dépassez pas un petit verre de
liqueur de dessert. Après le repas, repos et bonnes causeries, sans lutte
d'amour-propre et tournoi d'esprit, pendant une heure ou une demi-
heure au moins. Retournez alors ou au travail, ou aux exercices, ou aux
promenades et flâneries ambulantes.

N'attendez que peu d'ouvrage d'un ouvrier qui se met au travail immédiatement après avoir mangé ; n'attendez pas un chef-d'œuvre de la part
d'un écrivain ou d'un artiste qui prend la plume ou le pinceau au sortir
de table. La digestion absorbe la pensée ; l'orateur reste froid, le chanteur
enroué et le comédien sans verve, tant que l'estomac est occupé. La dges-
tion est le boulet rivé aux pas du génie ; l'encéphale ne commerce à
digérer la pensée que lorsque l'estomac a cessé d'élaborer la nutrition.

1574. On l'a dit ; pourquoi ne pas le redire, puisqu'on l'oublie? Le
meilleur assaisonnement d'un repas, c'est l'appétit ; l'action même des
condiments le réclame. Mais l'appétit n'arrive qu'après que la précédente
digestion a *sorti* tous et chacun de ses effets. Or l'auxiliaire le plus actif
de la digestion, c'est l'exercice et le mouvement approprié à nos forces,
le mouvement dans tous les sens, qui déplace et occupe tous les membres ; car la marche n'occupe que les jambes et laisse tout le reste du
corps en repos. Le jeu aux boules, à la paume, le jardinage, l'escrime, etc., rendront en partie à l'homme sédentaire ce que l'homme des
champs retrouve si amplement dans le travail qui l'honore lui-même et
nous fait vivre. S'il ne vous est pas possible de suivre ce programme,
n'oubliez pas du moins l'exercice suivant, que nous vous avons prescrit

depuis longtemps, et dont nous avons retiré jusqu'à ce jour les plus grands avantages :

1575. Le soir et le matin, et toutes les fois qu'on change de linge, on se lotionne les reins et le bas ventre avec de l'alcool camphré (1288, 1°); et on se frictionne soi-même généralement, en s'abaissant sur les talons, se relevant, se fendant, pirouettant, agitant les jambes en avant, en arrière, et cela pendant cinq minutes, si on le peut. On se lotionne ensuite à l'eau sédative (1345, 1°); on s'en passe sous les aisselles, sur les épaules, sur les reins et le bas ventre; et l'on s'habille, quand, à force de frictions, l'eau sédative est rentrée dans le corps.

Hommes de cabinet et d'étude, rentiers oisifs, l'état exclusivement sédentaire ne convient qu'aux jeûneurs et à

> Ces chanoines vermeils et brillants de santé,
> S'engraissant d'une longue et sainte oisiveté.

Malheur à eux pourtant, un peu plus tôt ou un peu plus tard, s'ils engraissent de trop manger et de trop boire (*)! car Dieu a créé l'homme pour le travail; le fainéant glouton, il le punit en le rendant obèse.

CHAPITRE III.

HYGIÈNE DE LA TEMPÉRATURE, ou MOYENS PRÉVENTIFS CONTRE L'INFLUENCE DE L'EXCÈS DE LA CHALEUR ET DU FROID (222).

1576. Il y a des pays, tels que ceux des montagnes et des atterrissements maritimes, où habituellement, en été durant le jour et en hiver à la tombée de la nuit, l'instant de transition de l'une et de l'autre température est plus ou moins funeste à la santé, si l'on ne prend pas assez de précaution pour en paralyser l'influence. Le passage d'un excès de froid à un excès de chaleur atmosphérique porte à une transpiration excessive, qui affaiblit d'autant les fonctions de tout l'organisme et dépouille l'air des qualités hygrométriques sans lesquelles la respiration devient de plus en plus difficile. Le passage subit d'une haute température à un froid excessif suspend et peut éteindre à tout jamais le jeu des

---

(*) « Quand j'étais quelque chose dans ce monde, dit l'Abbé, dans le roman de ce nom par Walter Scott, et que j'avais à ma disposition une mule et un palefroi habitués à l'amble, il m'aurait été aussi facile de voler dans les airs que de marcher du pas que vous voyez. J'avais la goutte, un rhumatisme et cent autres choses qui me mettaient des fers aux jambes. Mais aujourd'hui, grâce à Notre-Dame et à un travail honnête, je suis en état de suivre le plus hardi piéton de mon âge qui soit dans tout le comté de Fife. Faut-il qu'on apprenne si tard ce qu'on est capable de faire! »

fonctions. Le chauffage et le vestiaire sont les deux moyens de nous garantir de ces deux causes imprévues de perturbation. J'ai parlé du chauffage en m'occupant de l'aération; il me reste à parler du vestiaire.

1577. Ne confondez pas en cela la mode avec les coutumes des divers peuples : la mode est un caprice, la coutume est toujours rationnelle et de tradition. L'expérience en chaque pays s'est conformée sur ce point au climat, à l'exposition et au mode de chauffage. Les peuples primitifs, les habitants des montagnes, le paysan des plaines lui-même évitent de modifier ces usages traditionnels; c'est le muguet, c'est la coquette des villes qui s'en jouent, et cela toujours à leurs dépens, et qui font une mode de tout ce qui est capable de leur ruiner la bourse et la santé.

1578. Les régions du corps qu'il importe le plus de garantir du froid, ce sont, dans l'ordre que je vais le dire, la poitrine, les épaules, le cou, l'abdomen et les pieds.

1579. On couvre la poitrine, les épaules et l'entre-deux des épaules d'une épaisse ouate piquée, dont on a soin d'augmenter l'épaisseur chaque fois que le thermomètre baisse de 6 à 8° de température. On peut se procurer instantanément de tels plastrons, au moyen de deux bonnets de nuit à deux anses qu'on attache autour du cou, et en faisant ouater les épaulettes du gilet ou du corsage. Qui est bien plastronné pourrait affronter le froid de la Sibérie.   -

1580. Ne sortez jamais en hiver, sans cache-nez ou sans boa; et ne vous laissez jamais saisir par le froid à la gorge; la fraîcheur des belles soirées d'été est tout aussi à craindre, en certains pays, que le refroidissement de l'hiver en certains autres. L'emploi des chiques galvaniques (1424) est un préservatif contre les engorgements des amygdales et des glandes salivaires, que détermine l'invasion du froid.

1581. Les montagnards ne voyagent jamais, même en Espagne, sans se ceindre d'une ample écharpe qui fait plusieurs fois le tour des reins; nos écharpes officielles, qui ne sont aujourd'hui que des insignes, étaient autrefois de la sorte des objets d'une indispensable utilité.

1582. En été comme en hiver, ayez des chaussures à double semelle, et même les deux semelles séparées par une lame de caoutchouc. Rien n'est à craindre comme le froid humide qui vous prend par les pieds et les mains; car les surfaces plantaires et palmaires jouissent d'une grande puissance d'aspiration, ce qui fait qu'elles servent d'organes d'appréhension (*).

Ne voyagez pas sans avoir de quoi vous garantir de la fraîcheur des

_____

(*) Voyez *Revue complémentaire des sciences*, tom. I, 1854, pag. 8, et tom. II, 1855, pag. 70.

nuits ; un sac à fourrures qui, dans le jour, double le porte-manteau, et, la nuit, vous serve de chancelière ; et un caban qui vous serve de couverture et de couvre-chef.

1583. L'habit de nuit et de cabinet, c'est l'ample robe de chambre qui vous habille en un instant des pieds à la tête, et ne permet pas qu'on se refroidisse un seul instant.

1584. Adoptez une coiffure qui vous protége la tête tout en lui servant d'ornement, et qui ne soit ni un supplice ni même un objet d'incessante préoccupation. Nos dames en font un ornement véritablement ridicule, un souvenir de coiffure, une miniature de chapeau, qu'elles sont constamment occupées à retenir, crainte qu'il ne leur glisse inaperçu sur le dos. Les hommes en ont fait un simulacre de boisseau, qui leur laboure le front, s'envole au moindre vent, et ne les garantit ni du froid ni du vent ni de la pluie. Un instant ils ont paru faire droit à mes réclamations en voulant adopter le feutre ; mais nos chapeliers leur ont composé, au lieu d'un feutre de caballero, une calotte de jésuite ornée d'un abat-jour. Le chapelier est à ce sujet incorrigible ; il s'empare de vos têtes comme le cordonnier de vos pieds, sans faire attention à vos bosses et durillons ; dites donc enfin aux chapeliers que leurs feutres sont ridicules et peu hygiéniques, qu'ils interceptent la transpiration et ne prêtent aucune dignité à la physionomie : Le feutre doit avoir la forme oblongue et assez ample pour ne pas étouffer la transpiration et l'aspiration de l'air. Les bords, flexiblement et gracieusement ondulés, doivent avoir assez d'ampleur pour protéger un peu le cou et les épaules contre la pluie ; une mentonnière permettra de le fixer contre le vent ; en rabattant les bords, on pourra dans l'occasion se protéger les oreilles contre les vents coulis ; et c'est là un très-grand point.

1585. On commence à se passer de parapluie, qui ne pare rien moins que de la pluie ; et, sur mes indications, on l'a remplacé par les surtouts imperméables munis d'un capuchon, surtouts en étoffe fortement doublée pour l'hiver, et en taffetas rendu imperméable pour l'été. Ces derniers, on les ploie de manière à pouvoir les porter dans le gousset du gilet. Le seul défaut de ces vêtements de poche, c'est que les parois en contractent adhérence par la chaleur, et qu'ils concentrent tellement le calorique qu'on y étouffe par les temps les plus froids.

On remédierait à ce double inconvénient, en renonçant au caoutchouc pour rendre les tissus imperméables à l'eau (hydrofuges) ; on n'aurait qu'à passer préalablement les fils de tissage au vernis copal, et tisser ensuite à claire-voie. Le vernis copal est moins susceptible de s'amollir par la chaleur ordinaire ; et le tissu une fois ainsi copalisé, fut-il une espèce de filet, la pluie en serait repoussée faute d'adhérence et par suite de l'élasticité de la goutte d'eau.

1586. Ne prenez des glaces et des sorbets que tout autant qu'il vous en faut pour introduire dans l'estomac l'air qui manque à la digestion encombrée de vivres. Arrêtez-vous, dès que le soulagement est opéré et n'achevez jamais toute la glace.

1587. Ne faites pas de riches cachots de vos salons et de vos cabinets d'étude ; n'en faites pas non plus des hangars ouverts à tous les vents. De l'air et de la lumière, sans courants d'air et sans excès de chaleur, sous peine de s'asphyxier en partie et de s'étioler !

1588. Traitez sur ce point les végétaux comme les animaux ; échauffez leurs serres par le bas, aérez-les par le haut. Un particulier le peut toujours pour ses serres ; l'État seul peut protéger les cultures contre la stérilité du sol, faute d'éléments terreux, d'humidité et de chaleur. Il y aura bientôt trente ans que nous avons indiqué les moyens de couvrir les surfaces avec des profondeurs, afin de les rendre arables, et de préserver les champs de la sécheresse, en grand comme en petit, par un système d'irrigation qui, faisant remonter l'eau des rivières sur les hauteurs, distribuera ensuite, quand besoin sera, cette eau des réservoirs dans les terres environnantes, par des rigoles d'irrigation. Cette idée voudrait prendre ; je ne sais pas ce qui s'oppose à son application. On en parle beaucoup sans rien en faire ; cela fait vivre les professeurs qui enseignent savamment et stérilement la méthode, quand il est si simple de la pratiquer ; nous attendons sans doute que l'Angleterre commence, car il serait peu digne de notre courtoisie que nous commençassions les premiers.

Allons donc ! quand la nature vous donne des surfaces, qui vous empêche donc d'en faire des profondeurs ? et quand un pays a des montagnes capables d'alimenter de grands fleuves et de larges rivières, on n'a plus qu'à vouloir pour n'avoir désormais rien à craindre d'un ciel d'airain et de feu.

CHAPITRE IV.

HYGIÈNE ANTITOXIQUE (256), OU MOYENS PRÉVENTIFS CONTRE LES EMPOISONNE-
MENTS FORTUITS OU SELON LA FORMULE.

1589. Ne faites usage de rien en ce bas monde, sans avoir appris, de la part de qui de droit, l'origine, la nature et le mode d'action de la substance. Ne prenez aucun remède sans en connaître la composition ; n'exécutez une ordonnance qu'après que vos médecins l'auront rédigée en français ou dans votre langue maternelle, et qu'ils vous en auront expliqué d'une manière intelligible, la nature la préparation et les propriétés qu'ils lui reconnaissent, ainsi que nous le faisons pour chaque médicament du *Manuel*. Assurez-vous si, de ce qu'il vous ordonne, le médecin en a déjà pris impunément autant et aussi longtemps qu'il vous conseille de le faire. Or, si, dans ses prescriptions, vous remarquez une des substances vénéneuses dont nous vous avons longuement parlé dans le premier volume, invitez-le à la supprimer, surtout si c'est de l'arsenic et du mercure ; ou bien, sur son refus et devant lui, après l'avoir payé, jetez son ordonnance au feu ; cependant je lui permets l'emploi de dix centigrammes de *calomélas* contre les vers intestinaux qui résistent à une médication plus anodine.

1590. Ne tenez chez vous, si ce n'est sous bonne garde, rien de ce dont votre état vous impose l'usage en fait de substances vénéneuses.

Étiquetez avec soin et enfermez le tout sous bonne clef.

1591. Ne broyez, ne préparez, ne faites dissoudre des matières colorantes que sous un fort tirant de cheminée et loin de vos pièces habitées.

1592. Qu'il y ait tout un mur de séparation entre l'atelier et la cuisine, voire même la salle à manger. Que les artistes peintres apportent un peu plus de précautions dans le nettoyage de leurs palettes et de leurs boîtes à couleurs. Un venin se cache sous chaque nuance dont ils enrichissent leurs palettes ; et leurs plus beaux chefs-d'œuvre sont souvent de leur part, et à leur insu,. des actes de dévouement. Qu'ils ne brûlent pas leurs chiffons dans le foyer d'une cheminée qui fume, et qu'ils enfouissent tous leurs rebuts à six pieds de terre, au bas des coteaux, et loin des hauteurs où s'alimentent les sources, surtout dans les pays de coteaux sablonneux.

1593. Je voudrais qu'il fût défendu aux fabricants de papiers peints de faire entrer dans l'ornementation de leurs dessins aucune couleur intoxicante, et même de ne rien livrer de leurs produits qui ne fût revêtu d'un vernis. Proscrivez souverainement ces papiers qui ne sont pas même imprimés à la colle, et dont les couleurs s'effritent par la sécheresse et se détachent en poussière au moindre mouvement d'un air sec.

1594. Quand on punira d'une forte amende, et comme coupable d'homicide par imprudence, tout confiseur et fabricant de jouets d'enfants qui n'aura pas reculé devant l'idée d'employer des couleurs vénéneuses, nous ne serons plus autant exposés à voir les enfants tomber en syncope ou en convulsions. On devrait arrêter à la frontière tout bonbon ou jouet d'Allemagne qui ne serait pas revêtu d'un certificat officiel de garantie, de la part d'un comité de salubrité reconnu par la loi du pays ; et cela encore à la condition d'avoir directement recours, en cas d'infraction, contre les coupables d'imprudence, de connivence et surtout de complaisance.

1595. Faites de la *mort-aux-rats* sans arsenic et sans poisons; car autrement, en semant ainsi le poison, vous exposez les vôtres ou ceux qui vous suivront à en récolter plus tard les terribles conséquences. Versez à force de la terre pétrie avec l'aloès dans les trous de souris et de rats; n'y pilez pas seulement du verre, dont les rats savent fort bien, du bout de leurs griffes, extraire impunément les morceaux; appliquez une lame de verre contre l'orifice des trous, et une bonne couche de plâtre sur la lame du verre; le rat se fatigue de gratter où la griffe glisse et crie.

. 1596. A la cuisine, à l'office, au cellier, au magasin, à l'atelier, ne laissez rien sans étiquette bien lisible et solidement attachée.

. 1597. N'habitez jamais en dessous d'un cimetière mal tenu, d'une fabrique ouverte à tous les vents et rabattant par un temps ou un autre; jamais autour des hôtels de monnaie, où l'on dissout l'or et l'argent, au lieu de se contenter de le frapper; jamais à la gueule des égouts et des amas de vidanges, ni enfin au milieu de populations chez lesquelles vous remarquerez en assez grand nombre des affections strumeuses, le goître, les ulcères, les exostoses et l'absence des dents.

1598. Analysez vos eaux, avant d'en faire usage, et assurez-vous du bon état de vos ustensiles, avant de vous en servir.

1599. Ayez soin d'envoyer au dégraisseur les habits, et au blanchisseur le linge des personnes qui auront eu l'imprudence de se laisser arseniquer et mercurialiser selon la formule ou autrement; et jetez au feu tout ce qui ne sera capable d'aller au blanchissage ou au dégraissage.

1600. Que les empailleurs et collecteurs renoncent à l'emploi de l'arsenic ou du sublimé pour garantir des insectes les dépouilles des animaux et les plantes desséchées pour l'herbier. Ils sont presque toujours les premières victimes d'un empoisonnement en permanence qu'ils lèguent ainsi au local de la collection. Une bonne dissolution d'aloès et de forts aromates, plus un peu de chaux vive en poudre, serait le meilleur préservatif; surtout si ensuite on avait soin de placer dans chaque vitrine un fragment de camphre d'un volume approprié.

1601. Ne tenez vos allumettes chimiques, même celles que garantissent les sociétés savantes, que dans des boîtes lourdes, solidement fixées, pour que la main des enfants ne puisse pas les atteindre, ni le vent les disséminer.

1602. Bannissez de vos habitations et de vos meubles les glaces étamées au mercure; remplacez-les par les glaces étamées d'argent; vous vous préserverez d'une foule de maux et même d'empoisonnements dont il vous serait ensuite difficile de deviner la cause.

1603. Ne laissez dans vos appartements rien qui soit capable de vicier l'atmosphère; point d'odeurs, pas même celles de nos médicaments, point de fleurs et de plantes pendant la nuit, et, quand les volets sont fermés, pendant le jour.

1604. N'habitez-pas, avant une complète et entière dessiccation, des pièces nouvellement crépies et nouvellement peintes.

1605. Si l'on se doutait de toutes les causes de mort par empoisonnement que recèlent les vieux murs d'une ville, même ceux du plus splendide palais, on finirait peut-être par préférer une chaumière qu'on aurait pu se construire à soi-même; car les grands palais ou les grandes maisons, on les bâtit rarement pour soi.

1606. Que les chasseurs ne perdent pas de vue que les capsules fulminantes sont fabriquées avec du mercure, et que la chaleur du gilet suffit pour évaporer, de cette base intoxicante, des quantités capables de produire d'assez mauvais effets. L'intrépide chasseur ne m'écouterait pas, si je lui parlais de sa santé; mais je suis sûr d'obtenir sous ce rapport ce que je désire, en fixant son attention sur le déchet qui, par ce seul fait de cohabitation, menace sa montre et ses bijoux!

1607. Si l'on persiste encore à se servir de tuyaux de plomb pour la conduite des eaux de fontaine et de pompes, du moins qu'après une longue sécheresse, et surtout si l'eau a tout à fait cessé de couler et de monter, qu'on attende, pour en boire, que les tuyaux aient été suffisamment nettoyés par le passage de la nouvelle eau; qu'on se garde bien de faire usage des premiers jets. Mais en outre, et en tout temps, qu'on ne se serve de l'eau de pompe, comme eau à boire, qu'après avoir pompé quelque temps, afin d'enlever les sels de plomb qui auraient pu se former, et qui, en ce pays que j'habite, se forment vite par le contact prolongé de l'eau de source avec le plomb.

1608. Ayez soin, dans les grandes villes, et par les temps secs, d'arroser les vieux murs que vous devez démolir, afin de rabattre par anticipation la poussière des décombres, qui ne sont pas toujours exempts et d'insectes et de poisons.

1609. Portez avec vous du vinaigre ammoniaco-camphré (1511), pour en flairer, toutes les fois que vous passerez par les rues sales et à travers les immondices et les montagnes de boues, afin de vous préserver des mofettes foudroyantes qui s'exhalent parfois même de dessous les pavés.

CHAPITRE V.

HYGIÈNE ANTITRAUMATIQUE (395) OU MOYENS DE SE PRÉSERVER DES BLESSURES
PAR LES INFINIMENT PETITS (425, 459, 469).

1610. Je ne viens pas apprendre aux hommes actuels à éviter les
blessures des infiniment grands; cela n'irait pas à nos goûts de bataille.
Il est si amusant de revenir avec une jambe ou un bras de moins! Avec
un œil de moins, on commence à ne plus en ressentir la même satisfaction intime; les belles dames n'aiment pas les borgnes, le borgne s'ap-
pelàt-il le Maréchal de Rantzau. Avec une jambe de moins, c'est pour le
mieux, le héros en pourra moins courir après les autres belles; avec un
bras de moins, il aura la main moins leste, et la femme pourra ainsi
être au besoin deux contre un. Ainsi, mes enfants, allez, sur le moindre
prétexte, mettre flamberge aux vents et couteau à la main. N'attendez
pas qu'on vous demande le motif de la querelle; cette discussion parfaitement inutile ralentirait votre ardeur au combat : il est si beau, si
noble, de partir du pied droit pour s'entre-tuer sans savoir le pourquoi
l'on se tue! Quel malheur, si on le savait! on pourrait découvrir qu'on
va se tuer à tort. Jouez donc du couteau, mes enfants; si je voulais tenter de vous en détourner, je serais peut-être obligé d'en jouer comme
un autre; car avec les fous le philosophe a tout à perdre de rester sage.
Cela vous amuse; il paraît que cela amusera aussi ceux qui assisteront
aux débats; car les débats sont, de ces sortes d'affaires, le quart d'heure
de Rabelais. Et puis les sots ont tout à gagner au duel : ils se mesurent
avec les gens d'esprit; quelle chance, pour un imbécile et souvent même
un fripon, d'avoir pu étendre à ses pieds un homme de bien et de grand
mérite! on le dépasse de dix coudées au moyen d'un coup de pointe
lancé à propos. Cette satisfaction est, il est vrai, de courte durée, car
quelques instants après ce noble crime, le vainqueur est, aux yeux de
tous, fripon ou sot comme devant, et va se faire tuer souvent par un
plus fripon que lui. Je dirai donc toujours à l'homme d'honneur et de
mérite : Apprenez à vous défendre de toutes armes; mais gardez-vous
jamais d'attaquer le premier; la défense est un devoir, l'agression est
un acte de folie. Car je ne fais pas l'honneur à un criminel de le traiter
de coupable; je voudrais qu'on ne l'incarcérât que comme un imbécile
et un sot; qui sait si ce ne serait pas là le moyen le plus expéditif de
tarir la source des crimes? En effet, se voir réduit à se venger comme
un sot, il n'y a pas jusqu'à l'homme le plus vindicatif qui y consentît,
et qui n'abandonnât, par amour-propre, le plan d'une féroce satisfaction.

1611. Quand vous vous serez donné le plaisir de vous taillader, ou que vous aurez reçu de saintes blessures au service de la patrie et du travail, alors je vous apprendrai à vous panser, sans plus tenir compte de la différence d'origine, et sans avoir l'air de me préoccuper des regrets des uns, et du noble orgueil des autres. Car mon métier n'est plus de décerner le blâme ou l'éloge, mais de ramener à la santé, avec le même soin et le même zèle, le coupable d'une folie et le héros d'une bonne action. Pour cela faire, je vous renverrai aux divers articles relatifs aux pansements des BLESSURES, que l'on trouvera dans la section suivante.

1612. Ici je ne dois vous prémunir que contre les blessures émanées des infiniment petits, blessures d'autant plus à craindre que les auteurs en sont moins visibles.

1613. Les batteurs en grange, les balayeurs des greniers, les employés dans certaines meuneries respirent un genre de poussière dont chaque atome est en état de déterminer la formation d'un tubercule phthisique sur les parois de la trachée, des bronches et des poumons. Ceux qui laissent porter graine à certaines graminacées, tels que les *bromus* et les *stipa*, courent le même danger toutes les fois qu'ils traversent les champs en friche. La propreté des champs est tout aussi hygiénique que celle des rues; et l'arrosage des rues n'a pas pour unique but de rafraîchir, il préserve.

1614. Même danger pour les élagueurs de certaines essences d'arbres, tels que le platane; pour les paveurs, ouvriers des carrières en grès et en pierres meulières; pour les repiqueurs de meules, les polisseurs d'agates, les ciseleurs, les rémouleurs à sec, les fabricants et aiguiseurs d'aiguilles : Dans ces divers cas, la poussière que dissémine et évapore le vent se compose ou de poils ou de cristaux, acérés comme des flèches qui pénètrent ensuite à toutes les profondeurs. On se préserve de ce fléau de la respiration, au moyen d'une disposition intelligente de l'état des lieux, et en se munissant d'un masque qui prenne l'air, à l'aide d'un large tube, vers des régions que ne saurait atteindre l'évaporation, enfin en ne travaillant que le dos au vent ou sous le tirant d'un bon tuyau de cheminée. On fera même bien d'user de chiques galvaniques (1424); la salivation entraînera ainsi au dehors la poussière, à l'instant où on l'aura aspirée; et un simple gargarisme à la suite réparera l'inconvénient de cette salivation artificielle et provoquée.

1615. Si la poussière des champs est féconde en accidents traumatiques, en épidémies de blessures infiniment petites, la poussière des villes ne l'est pas moins en empoisonnements infiniment grands; quel poison, en effet, ne rentre pas dans la poussière du sol des villes, poussière que, par les temps de sécheresse, le moindre coup de vent dissémine et soulève à toutes les hauteurs !

1616. Les excréments qu'on laisse séjourner le long des champs et des rues peuvent être, en d'autres temps, une cause immédiate d'une épidémie de vers intestinaux ; et ce n'est pas autrement que, dans certaines localités maritimes ou riveraines de lacs et étangs, les habitants, en certaines saisons, se sentent tous atteints de maladies vermineuses et en proie à une épidémie même de ténia. Que dire de ces monceaux d'immondices qu'on permet d'accumuler au sein des villes, au lieu de forcer les entrepreneurs de les enfouir à l'instant, et sans désemparer, dans les champs? Voici ce qu'il faut dire à ceux de qui dépend un meilleur ordre de choses : « Vous plairait-il d'être condamné à avaler une quantité, si minime qu'elle fût, de pareilles ordures? Eh bien, à votre insu, vous en avalez des quantités considérables, chaque jour, à la suite du moindre coup de vent, sans compter ce que vous en respirez à toutes les heures. »

1617. Une cité administrée avec l'intelligence de tout ce que réclame la santé publique devrait avoir soin de placer à chaque coin de rue un urinoir et des lieux communs, dont on enlèverait chaque jour les immondices et que l'on nettoierait ensuite à grande eau. La vente des engrais couvrirait amplement les frais de construction et d'entretien ; et la décence y gagnerait autant que la santé publique. Je connais un pays où l'on a bien besoin de cette leçon de décence : c'est la patrie de Teniers ; dans les paysages de ce peintre, vous trouverez toujours le cachet de cette sotte habitude qu'on a de se soulager où l'on se trouve, et sans trop s'occuper des passants des deux sexes, exactement comme font les chiens ; et du moins, le chien se hâte ensuite de couvrir son inconvenance d'un peu de terre, en en détournant les yeux. Les Téniers d'aujourd'hui se sont corrigés de la manie de ces épisodes ; espérons que les modèles se dégoûteront à leur tour de poser de cette façon.

1618. Le luxe malentendu des meubles est souvent la source de bien des maux. Habitez des appartements tenus avec propreté et une simplicité qui soit un garant d'un bon état de propreté. Cirez au lieu de balayer le plancher, dans les pays humides ; ne lavez que dans les pays chauds et là où l'on fait grand feu ; lavez alors avec de l'eau aromatisée et aloétisée (1189). Dans le moyen âge, on était dans l'habitude de joncher le parquet des appartements avec des tiges de lavande, des branches d'arbres verts et odoriférants, etc., etc. (*). Cela avait un peu l'air d'une litière, mais c'était hygiénique ; l'eau que je vous propose, c'est la quintescence de cette litière insectifuge.

(*) *Voyez* Walter Scott, *Redgauntlet*, lett. 3.

1619. Faites entrer, dans la colle de vos papiers peints, l'aloès et le camphre en quantité assez grande. Lavez les jointures de vos bois de lit avec une dissolution alcoolique d'aloès (1189); vous serez sûrs d'être à l'abri des punaises et autres insectes nocturnes.

1620. Brossez vos chevaux, vos chiens et vos bestiaux avec une forte dissolution aqueuse d'aloès, et vous les préserverez des piqûres de taons, cousins et autres genres d'insectes.

1621. Dans le même but, aspergez vos arbres, et arrosez-les à l'aloès; vous verrez bientôt reprendre vigueur aux pieds jusque-là retardataires et languissants.

1622. Inondez les couloirs des taupes, des rats et des mulots avec une dissolution d'ail et d'aloès (1189, 1246); non-seulement vous tiendrez ces pestes à distance, mais vous mettrez leurs couloirs à l'abri de l'invasion des larves qui s'attachent aux racines.

1623. Quand vous allez aux champs ou dans les endroits suspects, ayez soin de parfumer votre peau délicate et même de vous oindre d'une faible dissolution d'aloès, des pieds à la tête; et vous aurez moins à redouter l'invasion des infiniment petits. Que le paysan et l'ouvrier ne se fient pas trop sur l'épiderme qui les cuirasse! il n'y a pas de cuirasse sans jointure; et il y a des insectes pour tous les plus petits joints; est-ce que le paysan n'attrape pas la gale, tout aussi bien que le beau monsieur?

1624. Ne tapissez pas l'extérieur des murs de vos habitations avec des espaliers et des plantes grimpantes; car ces arbres sont autant d'escaliers pour que, même les parasites qui ne sont capables que de ramper aient le moyen de grimper jusqu'à vous.

1625. Ne buvez pas à l'eau des mares, voire même des ruisseaux et rivières; et si la nécessité vous y force et que vous n'avisiez autour de vous aucune source d'eau vive, ayez soin de passer l'eau à travers un linge serré, et d'aiguiser l'eau d'un peu de vinaigre ou d'alcool aromatisé; car on est exposé autrement à avaler jusqu'à des petites sangsues qui peuvent être, en ce cas, tout aussi mortelles que les grandes (973).

1626. Nous avons déjà donné, en parlant du régime et de l'hygiène de la table (1561), le moyen de se préserver du parasitisme des vers intestinaux.

1627. Préservez-en en outre vos enfants, en ne leur donnant des sucreries que comme de rares chatteries, et en leur continuant la nourriture épicée qui était leur panacée chez la nourrice du village. A l'apparition du moindre malaise, pensez aux vers intestinaux d'abord, et si les enfants ne sont pas soulagés sur-le-champ, à un empoisonnement par imprudence; car ces pauvres petits êtres, qui ne se méfient de rien, sont

exposés à tout; que votre vigilance de tous les instants serve de bouclier à leur inexpérience.

1628. Sans toutes ces précautions, qui au demeurant ne sont que des
moyens de défense, notre vie ne serait plus qu'un long combat corporel,
qui ne laisserait plus place aux nobles préoccupations de l'intelligence.

CHAPITRE VI.

HYGIÈNE MORALE ou MOYENS PRÉVENTIFS CONTRE LES CAUSES MORALES DE NOS MALADIES (1400).

1629. Être heureux, c'est se trouver satisfait de soi et être content des
autres; la paix règne quand chacun est heureux de cette façon. Donc
la discorde suppose de grands torts à réparer; mais est-ce qu'on répare
des torts en tuant le coupable? La guerre qui cesse d'être une défense
personnelle est la pire des iniquités; car pour parvenir à se venger d'un
ennemi, le guerrier sacrifie des milliers de braves gens dont il n'a
jamais eu à se plaindre. L'agresseur, de quelque nom qu'il se décore,
n'est alors en définitive qu'un assassin de grand chemin; il tue pour
voler, non quelques sous, mais des millions en espèces ou en immeubles;
ses succès, il les obtient au détriment de milliers de victimes; ses
revers, il s'en console par l'impunité. La gloire est à ceux qui ont défendu contre lui la bonne cause, leurs semblables fussent-ils les
vaincus.

1630. Maudites soient les religions qui béniraient de pareilles
armes victorieuses, au lieu de prier en faveur des vaincus!

1631. Petits conquérants dans le champ clos du duel, vous avez de
plus que ces grands conquérants le ridicule de l'imitation sur une petite
échelle; vous êtes, en courage et en stratégie, la grenouille de la fable
dont le conquérant est le bœuf. Toutes les fois que j'ai dû faire comme
vous, je me suis dit : En cela est-on bête! et comme on se rapproche de
la bête! et je me gardais bien ensuite de me vanter du résultat. Il y a
des gens encore qui appellent cela l'exigence de l'honneur! Un jour que
je servais de témoin par procuration à l'adversaire du poëte Heine : *Que
le chemin de l'honneur est sale!* s'écriait à chaque pas le célèbre humo-
riste. (Il avait plu toute la nuit à verse et le sol était corroyé.) Eh bien,
je vous le dis au figuré : jamais le chemin de ce que vous appelez
l'honneur n'est plus propre pour l'agresseur. Maintenant, cela dit,
allez vous couper la gorge, s'il vous plaît d'amuser le public, qui en rira
demain.

1632. Mais si je rencontre un sage qui se sente malade pour n'avoir

pas eu le courage de tuer son prochain, je lui dirai qu'il mette sa philosophie à l'abri du reproche de lâcheté, en profitant de la première
occasion dangereuse où il s'agira de sauver à ses risques et périls un de
ses semblables : c'est là une belle et vraie gloire, l'autre n'est qu'une
sotte et féroce vanité.

1633. Restez dans le vrai ; ne faites rien qui ne soit juste, ne dites
rien qui ne soit bienveillant ; foulez aux pieds les injures et ne les laissez
pas atteindre jusqu'à votre cœur ; plaisantez sans blesser ; critiquez sans
médire ; écoutez sans jalousie ; répondez sans humeur ; faites de la conversation, non un assaut d'épigrammes, mais un cours mutuel d'instruction. Devisez beaucoup, ne vous querellez jamais ; si c'est après le repas,
vous éviterez une digestion pénible ; si c'est dans une soirée, vous vous
préparerez une bonne nuit : digérer et dormir, ce sont les deux sources
d'une santé parfaite, car ce sont les deux conditions indispensables du
développement vital.

1634. Lorsque vous vous sentirez menacé d'un accès de colère,
arrêtez-vous un instant, un seul instant, un tout petit instant, afin de vous
y prendre d'une manière raisonnée ; il vous arrivera peut-être de partir
d'un grand éclat de rire, si quelqu'un vous rappelle mon conseil ; or qui
rit ainsi s'épargne souvent un coup de sang et, bien plus, fort souvent
un crime.

1635. Ne forcez pas deux êtres antipathiques l'un à l'autre à vivre
ensemble, toujours ensemble, rivés au même boulet, du matin au soir,
du soir au matin ; deux êtres qui ne peuvent ni s'entendre, ni se voir,
ni s'approcher sans colère. Le coupable de ce qui peut en advenir, ce
n'est pas l'un des deux, c'est la nécessité qui les tient ainsi liés l'un
à l'autre. L'antipathie, c'est un instinct ; que lui parlez-vous de devoir
et de libre arbitre ? l'instinct est sourd et aveugle ; l'instinct c'est la
fatalité.

1636. Séparez au plus tôt ce que la voix de la nature n'a pas uni ;
placez les incompatibles à distance, après les avoir séparés ; qu'ils ne
tiennent désormais plus l'un à l'autre par aucune espèce de liens ; car
autrement, de ce lien, si petit qu'il soit, ils en feront une nouvelle chaîne,
un nouveau moyen de se torturer.

1637. Le législateur qui a substitué la séparation de corps au divorce
a eu sans doute en cela une bonne pensée. Eh bien ! à mon avis, je
préférerais la mauvaise : car la séparation mène droit à l'adultère et au
concubinage ; qui en pâtit, si ce n'est l'enfant né de la première et légitime union et surtout les enfants à naître de la seconde ? Avant d'en
venir là, mère de famille pensez à vos enfants ; ce sacrifice vous portera
bonheur à tous et à vous la première. Une fausse position est la source

de tant de calamités intestines! Et que peut devenir le bonheur intime et la bonne santé dans cette lutte incessante entre la passion et le devoir ?

1638. N'ayez, dans toutes vos actions, d'autre régulateur que le cœur, d'autre code que votre conscience. Tâchez d'avoir toujours raison devant ce tribunal intime ; et consolez-vous d'avance, en vous attendant à n'avoir jamais raison devant les autres tribunaux ; car là tout dépend de l'attention du juge et du genre d'élocution de l'avocat. A moins d'une nécessité urgente et inexorable, laissez-vous duper plutôt que de vous plaindre, surtout dans le cas où la plainte vous coûterait plus cher ou même aussi peu que le délit. L'avoué et l'avocat vous donneront le conseil contraire ; car tout conseil tourne à leur profit ; demandez-leur de vous garantir qu'il tournera également au vôtre. L'avoué et l'avocat vivent des procès, comme le médecin de la maladie ; que deviendraient les uns et les autres, s'il plaisait un jour aux hommes de n'avoir plus de querelles et de mieux soigner leur santé? les hommes de loi et de médecine seraient mis à pied et ruinés d'emblée! Quel malheur pour la société! Ils seraient dans le cas de crier au socialisme.

1639. Jeunes gens qui vous mourez d'un amour déçu, réfléchissez un instant ; comment ambitionnez-vous la possession d'une femme qui ne vous aime pas? vous voulez donc vous ménager une infidèle? Si de l'amour déçu on retranchait la vanité blessée, je ne sais plus ce qu'il en resterait après tout.

1640. Pourquoi les crimes se multiplient-ils tant sur la terre parmi les particuliers? Je vais vous le dire : c'est que, par exemple, le fripon veut avoir autant d'esprit que le diplomate; l'assassin être aussi heureux que le conquérant; le bourgeois duelliste aussi brave que le soldat; et le coupable faire aux autres ce que lui ferait le bourreau, le cas échéant. La vue du méchant rend méchant; la vue de la torture rend barbare; en songeant que la loi se plaît à se venger, chacun se prend de la passion de se venger à son tour soi-même. La loi préfère frapper plutôt que d'améliorer; nous frappons plutôt que de pardonner. La justice fait appel à la force; son indulgence et sa pitié lui sembleraient un acte de faiblesse, la nôtre nous semble une lâcheté.

Mais le jour où la justice ne verra dans un coupable qu'un sot ou un malade; qu'au lieu de le torturer, elle l'obligera à réparer sa sottise ou son crime; et qu'elle lui rendra la liberté, une fois qu'il aura donné des gages d'une meilleure tendance et d'un meilleur avenir; le jour où, à la loi de talion, qui fait du bourreau une espèce d'assassin et de coupable, elle aura substitué le code de l'amélioration; enfin le jour où l'instruction, prenant la place de la superstition, aura appris à chaque homme la véritable valeur d'un acte, et les vrais moyens d'être heureux, en contri-

buant au bonheur des autres, ce jour-là, je vous le prédis comme si
c'était déjà accompli, vous ne rencontrerez plus de coupables que les fous
bons à lier; dès ce moment, on se fera une gloire de soigner les hommes
et non de les faire souffrir.

1641. Je n'ai pas passé un seul jour de ma vie sans préparer les voies
à cette ère de bonheur; la verrai-je arriver? je l'ignore. (Un mauvais
coup, disait le père Lachaise, est bien vite donné!) Mais arrivera-t-elle?
Oui; et ce jour-là les peuples feront un feu de joie de leurs instruments
de colère, de leurs paperasses à procès; le guerrier sera rendu à la terre
pour la féconder de ses bras, au lieu de la piétiner; l'avocat et l'avoué se
feront inspecteurs de la voirie et de l'économie; le médecin, inspecteur
de la salubrité publique; ne formant plus, les uns et les autres, de vœux
coupables, pour que Mercure envoie abondance de querelles et Esculape
recrudescence de cas maladifs. La santé et la concorde seront la règle
générale, et dans la règle rentreront même les exceptions.

1642. Que faites-vous là, paresseux jouisseurs, à hausser les épaules
et à traiter tout ceci d'utopie? Est-ce que toutes les améliorations dont
vous jouissez aujourd'hui n'ont pas passé par cette filière nominale?
Remuez-vous donc un peu, au contraire, alors que le sol lui-même trem-
ble; ce n'est pas se bien porter que de jouir toujours; la fatigue et la
souffrance passagère sont l'ombre obligée d'une florissante santé. Mais
se mouvoir pour ne rien faire, cela frise la janoterie et la simplicité;
mais le mouvement utile, c'est le travail; sa récompense, c'est la santé;
son bonheur, c'est la satisfaction d'avoir bien fait. Voyez avec quelle
noble fierté cet ouvrier se mire dans son chef-d'œuvre et dans l'impression qu'il produit; vingt quartiers de noblesse, en ce moment, n'iraient
pas jusqu'à ses talons. Cet ouvrier, voyez-vous, est le conquérant futur
d'un nouveau monde : conquérant des idées, pacificateur des passions
et des colères, propagateur de la morale, pontife de la vraie prière,
professeur de l'école mutuelle de la santé, infirmier à tour de rôle dans
le grand hospice qui comprendra toute la cité. Oisifs, désœuvrés, diseurs
de rien, phraseurs à la tâche, hanteurs de tavernes, coureurs de bonnes
fortunes! hâtez-vous, hâtez-vous, de vous mettre au travail au plus vite;
le travail, c'est santé en tout temps; bientôt le travail sera noblesse.

1643. Pour se tenir à l'abri de la maladie, il ne suffit pas d'avoir garanti sa santé des ennemis du dehors, il faut encore se garder de l'ennemi que nous avons en nous-mêmes. Être utile et ne s'affliger de rien;
qui aura ainsi vécu, aura seul droit de se flatter d'avoir joui de la vie.

CHAPITRE VII.

RÉSUMÉ HYGIÉNIQUE ou MOYENS PRÉVENTIFS RÉDUITS A LEUR PLUS GRANDE SIM-
PLICITÉ.

1644. 1° Soir et matin, ou le soir seulement, prenez gros comme une lentille de camphre (1266), au moyen d'un verre d'eau sucrée ou d'infusion de bourrache aromatisée (1469).

2° Tous les 3 trois jours, ou bien toutes les fois que la constipation commence à se déclarer, prenez avant dîner gros comme un pois ou un haricot d'aloès (1197) et le lendemain un lavement (1395), si l'effet de l'aloès ne se produit pas dans la matinée.

3° Soir et matin lotionnez-vous à l'alcool camphré (1288) ou au moins à l'eau de Cologne, dans un endroit maintenu à une température convenable, en vous baissant sur les talons, vous relevant, vous frictionnant vous-même, en vous fendant, en lançant les pieds et les mains comme dans les exercices gymnastiques. Au bout de cinq minutes, lotionnez-vous à l'eau sédative (1345), sur la région du cœur, sous les aisselles, sur les épaules, derrière les oreilles ; et habillez-vous ensuite selon la saison.

4° Au moindre malaise, et toutes les fois que le pouls menace de battre la fièvre, lotionnez-vous à l'eau sédative, comme ci-dessus, et arrosez-vous-en le crâne, en tenant la tête en arrière, afin que l'eau ne coule pas dans les yeux.

5° Exercices fréquents au jardinage, à la boule, à l'escrime, à la paume, etc.; avec lotion à l'eau sédative, avant de changer de linge après l'exercice.

6° Au moindre malaise intestinal, prenez un petit verre de liqueur hygiénique non sucrée (1289), si la liqueur sucrée (1553) ne réussit pas. Les habitués aux liqueurs fortes feront bien d'adopter cette liqueur, avec modération, j'entends; car cette liqueur ne saurait pour la digestion remplacer l'eau à boire, elle n'en est que le condiment protecteur.

7° Ceux qui ne fument pas le tabac, prendront la cigarette de camphre (1271); et ceux qui fument le tabac feront bien d'échanger cette vilaine habitude contre la première. Je parle aux travailleurs qui ont besoin de toute l'activité de leurs membres et de leur esprit. Que les autres s'endorment dans leurs bouffées, comme faisant pendant aux fumeurs d'opium !

8° Épicez agréablement vos mets; parfumez vos chatteries; ne touchez jamais à un fruit non mûr; ayez l'œil sur la qualité et du vin et de l'eau, sur la propreté de vos ustensiles et la propreté de la maison.

9° Au moindre malaise général, lotion soir et matin à l'eau sédative (1345,1°) et alternativement friction à la pommade camphrée (1302,1°) pendant cinq minutes sur le dos et les reins.

10° Attendez tout de votre application et de votre travail, rien de la ruse et du mensonge. L'homme fort de corps et d'esprit est honnête; le rusé n'est qu'un sot. Étouffez dans les trésors de la philosophie, qui est la vraie religion de Dieu, tous les germes de la rancune et de la vengeance; la fureur est une folie; la vengeance à froid est quelque chose de pis encore. C'est se faire bien du mal à soi-même, que de chercher à en causer aux autres; si bourreau qu'on soit, on souffre beaucoup plus qu'on ne fait souffrir. Où courez-vous, insensés, qui hurlez la vengeance? Si vous arrivez au but, vous êtes un objet d'horreur et vous n'avez de ressource que dans la fuite; si vous échouez, on rira de vous; odieux ou ridicule, quelle douce perspective pour le bonheur et la santé!

Mauvaises têtes, vous voulez nous prouver que vous avez du cœur? vous n'en aurez jamais autant que ce mousse qui vole dans les vergues pour disputer le salut du vaisseau au vent; jamais autant que ce sauveteur qui plonge dans les flots en fureur, pour reconquérir à la patrie un citoyen prêt à être englouti par l'abîme; jamais autant que ce soldat de l'incendie, qui s'élance à travers les flammes pour ramener sur ses épaules un berceau qu'il a bien soin d'envelopper de son habit; jamais autant que ce chasseur qui garde tout son sang-froid pour lancer une balle juste dans l'œil du lion dont est menacée la contrée; jamais autant que cet infirmier qui, toujours plus occupé des pestiférés que de la peste, semble ne craindre qu'un seul sinistre qui est de mourir avant d'en avoir assez sauvé; voilà mes héros, mes amis, mes modèles. Illustres tueurs d'hommes, ceignez vos fronts de lauriers, pour qu'en cet instant la sentinelle vous présente les armes et que l'instant d'après vous soyez tués à votre tour; la foule vous tourne le dos pour se découvrir devant les sauveurs de leurs semblables, quelque soin qu'ils prennent de dissimuler leur couronne civique en l'appliquant sur la région du cœur.

Enfants, puisez à pleines mains dans mon livre les secrets de cette force physique et de ce dévouement moral à qui est réservé un si bel avenir; volons ensemble à la conquête de la santé et de la philosophie; soyons heureux à force d'être utiles.

TROISIÈME SECTION.

MÉDECINE PRATIQUE ET CURATIVE.

1645. Nous avons le ferme espoir qu'à la faveur de cette troisième section, et une fois qu'on en possédera la clef et qu'on en aura contracté une certaine habitude, chacun sera en état de désigner le siége de la maladie et d'en soupçonner où deviner la cause, avec plus de facilité que ne saurait le faire le plus fervent adepte de l'ancienne médecine. Jusqu'à ce jour, ce qui faisait défaut à ceux qui ont si bien appris à se servir de la médication nouvelle, c'était une nomenclature rationnelle, qui suppose une classification des faits, une démonstration de la science.

La nomenclature scolastique, vieille de 3000 ans, au lieu de se simplifier par le progrès des sciences, n'en devenait de jour en jour que plus indéchiffrable, à force de coudre et de recoudre le vieux avec le neuf; c'était un jargon, comme toutes les langues qui dérivent du latin; ce n'était rien moins qu'un système, comme le sont les nomenclatures des sciences dignes de ce nom, où toutes les notions sont tour à tour des corollaires et des théorèmes, de même que tous les faits de la nature sont effets et causes tour à tour. Je vous ferai grâce de la critique de cette nomenclature, et ne perdrai pas mon temps à vous apprendre un langage que vous devriez aussitôt oublier; je ne vous décrirai, ni la *diathèse*, ni les *prédispositions*, ni la *cachexie*, ni les *tempéraments*, ni les *crises* et les *terminaisons*, ni les *symptômes* et les *signes;* ni la prédominance du *chaud*, du *froid*, du *sec* et de l'*humide*; ni celle de la *bile*, de la *pituite*, du *phlegme*, de la *bile noire*, ou de la *bile blanche*, de l'*inflammation* et de la *névralgie*, de la *maladie aiguë* et de la *maladie chronique*, de la *maladie sporadique* et de la *maladie épidémique*, de la *contagion* et *non-contagion*, etc.

Nous sommes enfin arrivés à une époque où ceux qui n'ont appris que ce jargon de la médecine ne peuvent plus le parler entre eux sans rire.

Notre nomenclature sera si sérieuse, si intelligible, si logique qu'elle aura l'air de n'être pas savante du tout; c'est ce qui arrivera un jour à toutes les sciences, quand elles auront été mises à la portée de tout le monde : qui distinguera enfin les savants en titre des savants sans titre, lorsque la vulgarisation aura coulé bas la morgue du monopole? Quel malheur cependant pour une vingtaine de petits esprits que tout le monde puisse joindre au bon sens et au bon esprit qui court les rues les connaissances dont on faisait jadis tout autant de secrets !

De cette nomenclature nous avons déjà jeté les premières bases dans tout le cours de cet ouvrage; nous avons dit, en son lieu (1161), que, tout en partant des mêmes principes, elle est cependant double, et que nous pourrions classer toutes les maladies, avec un égal succès de clarté, soit par les *causes*, soit par les *effets*. Nous adopterons ici la classification par les *effets;* car ce sont les EFFETS que l'on voit; les CAUSES on les devine.

C'est par la connaissance des EFFETS que l'on parvient à déterminer les CAUSES, et conséquemment à démêler le genre de médication le plus convenable pour débarrasser au plus vite nos organes du mal qui les a envahis. Les effets se manifestent sur une région que le malade indique au médecin lui-même. Le nom de cette région terminé par le mot grec qui signifie douleur, nous servira à désigner la maladie; ainsi CÉPHALALGIE signifiera douleur (*algia*) de tête (*cephalè*). Nous nous servirons de grec, parce que notre langue se prête peu à ces sortes de combinaisons nominales; on finira par contracter l'habitude de ces mots, à l'aide du soin que nous mettrons à en donner l'étymologie.

1646. On distingue, dans la charpente du corps humain, un certain nombre de systèmes, espèces d'unités qui, en se combinant, concourent à l'unité générale; tous dépendant de chacun d'entre eux, et chacun d'entre eux dépendant de tous les autres. Tels sont les systèmes *osseux, musculaire, nerveux, viscéral, dermique* et *épidermique, vasculaire sanguin, vasculaire lymphatique.*

La cause du mal peut compromettre la totalité ou les diverses régions de ces systèmes : Tous les os peuvent être infectés ou infestés; ou bien le mal n'atteint qu'une seule pièce de la charpente osseuse. Tout le système musculaire peut être entrepris, ou un seul des nombreux muscles qui servent à déplacer et à mouvoir une fraction de la charpente osseuse.

Mais enfin la cause étant la même, les effets apparaîtront sous le même jour, seulement sur une plus ou moins grande échelle. Si le système est tout entrepris, la phrase générique n'aura besoin d'aucune autre dénomination régionale; si au contraire une région seule du système est le siége de la cause du mal, le nom de la région servira de radical au nom spécifique de la maladie. Par exemple : le GENRE d'une maladie du système nerveux sera une NÉVRALGIE; mais le mal d'yeux sera une ESPÈCE de névralgie désignée sous le nom d'*ophthalmalgie* (*algie,* maladie; *ophthalmos,* œil).

1647. Mais, nous dira-t-on, comment nous retrouverons-nous dans cette nomenclature, la première fois que nous aurons à rechercher le traitement spécial d'une affection que nous ne connaîtrons que sous le nom vulgaire?

D'abord, vous aurez recours à la table alphabétique des matières qui termine le 3ᵉ volume, où vous trouverez le nom vulgaire de la maladie, avec le renvoi à la page où est décrite l'histoire de cette maladie et de son traitement spécial; vous passerez ainsi très-facilement du connu, que vous devez désapprendre, à l'inconnu qu'avec un peu d'attention vous parviendrez à connaître tout aussi bien que moi, votre intention se bornât-elle à ne vous rendre compte que de ce qui vous concerne en un moment donné.

Ce premier succès, dont vous aurez recueilli les bons effets dans votre intérêt personnel, vous encouragera sans doute à vous mettre au courant de tout le reste de cette partie de l'ouvrage, afin d'en pouvoir faire l'application aux autres, pour les divers cas qui les concerneront, et de pouvoir ainsi devenir le mentor de la méthode, après en avoir été le privilégié.

1648. Il serait indifférent, pour le but que nous avons à atteindre, de commencer la nomenclature par l'un ou l'autre des systèmes qui rentrent dans l'organisation humaine; et de procéder de la charpente à la surface ou de la surface à la charpente. Nous adopterons de préférence cette dernière méthode, parce que ce sera de la sorte marcher du connu à l'inconnu.

1649. Nous diviserons donc cette section en tout autant de parties que nous comptons de systèmes généraux dans l'organisation du corps humain : 1° MALADIES DU SYSTÈME DERMIQUE ET ÉPIDERMIQUE (dermalgies); 2° MALADIES DU SYSTÈME MUSCULAIRE (myalgies); 3° MALADIES DU SYSTÈME NERVEUX (névralgies); 4° MALADIES DU SYSTÈME OSSEUX (ostéalgies); 5° MALADIES DU SYSTÈME SANGUIN (hémalgies); 6° MALADIES DU SYSTÈME RESPIRATOIRE (pneumalgies); 7° MALADIES DU SYSTÈME LYMPHATIQUE (lymphalgies); 8° MALADIES DU SYSTÈME INTESTINAL (entéralgies).

1650. Le système envahi étant déterminé, et désigné par une dénomination spéciale, le siége général ou spécial de la cause quelconque du mal est suffisamment indiqué par la douleur; pour l'exprimer, nous emploierons la terminaison *aire* ou *ale*, avec le nom vulgaire de cette région : par exemple, DERMALGIE palpébrale, abdominale, plantaire, palmaire, etc.; ce qui signifiera : maladie ayant son siége sur le derme des paupières, de l'abdomen, de la plante des pieds, de la paume de la main, etc.

1651. Une affection offre des signes généraux qui peuvent mettre sur la voie de remonter à la cause; ces signes seront désignés par la terminaison *ique* et le radical du signe en langue vulgaire. Par exemple, DERMALGIE PALPÉBRALE *purulique*, signifiera maladie purulente de l'épiderme des paupières.

1652. Si l'on parvient à deviner ou à soupçonner la cause, on désignera celle-ci par la terminaison *gène* (engendrée par) et le radical du nom de la cause pris dans la nomenclature scientifique et dans les catalogues d'histoire naturelle. Par exemple, DERMALGIE CULICIGÈNE palpébrale *purulique*, signifiera : maladie purulente de l'épiderme de la paupière causée par une piqûre de cousin (*culex; icis*). Si la cause est douteuse, le nom qui sert à la désigner sera suivi d'un point d'interrogation. Mais si elle était reconnue d'une manière évidente, dans ce cas la seconde expression de la phrase deviendrait la première ; et, pour ceux qui se seraient pénétrés des principes développés dans les deux premiers volumes, il ne serait plus besoin que de joindre à ce mot, composé de celui de la cause et de la terminaison qui lui est propre, l'expression indicative de la région ; avec ces deux mots, la maladie serait complétement définie. Par exemple, dans le cas ci-dessus, la phrase serait remplacée par celle de CULICIGÉNOSE (1155), DERMOPALPÉBRALE, qui indiquerait suffisamment toute l'histoire du mal.

1653. L'iconographie anatomique des divers systèmes généraux de l'organisation se trouve dans le petit traité d'anatomie qui termine l'introduction, à part l'ostéologie et la myologie (le squelette et l'écorché) que reproduisent la 1re et la 2e des planches gravées de cet ouvrage. Les figures du traité élémentaire d'anatomie qui termine l'introduction, en tête du 1er volume, sont intercalées dans le texte ; ce procédé nous a paru plus commode, pour le lecteur, que si nous les avions réunies sur des planches gravées faisant partie de l'atlas ; car de cette manière il aura en même temps sous les yeux et la figure et l'explication.

PREMIER GROUPE : MALADIES DU SYSTÈME DERMIQUE ET ÉPIDERMIQUE (DERMALGIES) (1646).

1654. DÉFINITION DU SYSTÈME : La peau n'est pas une enveloppe qui recouvre simplement le corps et n'émane que d'elle-même ; elle est formée au contraire par les sommités des rameaux nerveux qui viennent s'épanouir en papilles à la périphérie et en se pressant les unes contre les autres. Par suite du progrès indéfini du développement, ces papilles terminales et organisées forment comme une mosaïque d'organes microscopiques, organes du tact et de la sensibilité ; c'est une espèce de pavage organisé, dont l'épaisseur se nomme la peau ou le DERME (du grec δερμα ατος, *derma*) et la surface caduque l'ÉPIDERME (du grec ἔπι, *épi*, sur, et δερμα). L'épiderme c'est la couche externe des papilles qui ont fait leur temps, qui ont épuisé leur nutrition au profit des couches inférieures, et qui tombent repoussées au dehors par la nouvelle génération de papilles qui s'est développée sous leur abri et à leurs dépens. C'est entre ces myriades d'embranchements nerveux, qui se ramifient pour venir mettre leurs bourgeons terminaux en contact avec l'air et la lumière, c'est dans les cellules innombrables qui les relient entre eux que s'élabore la substance oléagineuse ou grasse ; et l'on désigne alors ce tissu cellulaire sous le nom de TISSU ADIPEUX ; ce tissu se dessine sur une tranche de la peau, sous forme de taches jaunâtres oléagineuses.

Synonymie des dermalgies : *Contagia pellis*, Van Helmont ; *Dermatoses*, Alibert. Maladies de la peau des nosographes.

1655. 1ᵉʳ GENRE. DERMALGIE ASPHYXIGÈNE OU PNEUMAGÈNE ; maladie de la peau par défaut d'aspiration cutanée (148).

Définition : La peau est un organe respiratoire, comme le poumon ; elle aspire l'air par les orifices des vaisseaux lymphatiques afférents, et elle expire la sueur par les orifices des vaisseaux lymphatiques déférents, orifices que l'on nomme les *pores de la sueur*. Tout ce qui s'oppose à l'alternative de ces aspirations et de ces expirations de la peau est une cause d'asphyxie cutanée, qui, pour n'être rien moins que foudroyante, ne laisse pas que de porter le trouble dans toutes nos fonctions.

1656. 1ʳᵉ ESPÈCE. Dermalgie rupigène (du grec *rupos*, saleté). Affection de la peau engendrée de la malpropreté.

Synonymie : Malpropreté, saleté, crasse, négligence des soins de propreté, — *sorditudo*, en latin ; *ruparia*, en grec.

Définition : La sueur ou exsudation cutanée laisse sur la peau, par suite de l'évaporation de sa partie aqueuse et volatile, un dépôt qui forme crasse et un vernis capable d'obstruer les orifices des vaisseaux interstitiels (pores de la sueur), et d'intercepter ainsi l'influence que l'air atmosphérique exerce sur nos organes par le véhicule de ces vaisseaux.

Effets. Un tel état influe autant sur le moral que sur les fonctions physiques : le malpropre est en proie à une espèce de malaise continue qui, sans être toujours la démangeaison et le prurit, n'en est pas moins fécond en impatiences, accès de mauvaise humeur, préoccupations sans objet, distractions sans préoccupation. Il semble avoir la conscience intime du dégoût qu'il inspire, et le regret du bien qu'il ne fait pas. Il est assoupi le jour, agité la nuit ; ne se plaisant ni à table, ni au lit ; respirant mal, digérant lentement, embarrassé de toute sa personne. L'égoïste, dans l'acception ordinaire, s'il tient trop à s'approprier, c'est qu'il s'estime, qu'importe qu'il n'estime que lui ? Le crasseux est un égoïste qui se méprise ; son état de malpropreté est un indice de la bassesse de ses instincts et du peu d'estime de sa personne. L'ouvrier digne de ce nom a souvent à subir des occupations un peu sales ; mais il sait prouver, à la fin de la journée, que sa saleté était un acte de dévouement, et non une habitude. Et puis le mouvement rouvre les pores que les déchets tendraient à fermer.

Médication hygiénique. Dans la saison favorable, bains d'eau douce ou de mer, le matin pour les oisifs, le soir avant de manger pour les travailleurs. Avoir son linge de nuit et son linge de jour ; et changer de linge après chaque transpiration abondante. En toute saison, soir et matin, et toutes les fois que l'on doit changer de linge, se lotionner généralement le corps avec l'eau sédative (1345) ou avec l'alcool camphré (1288) ; avec la première, dans le cas de grande fatigue ; avec le second dans le cas de débilitation ; en certains cas, on se trouvera bien d'alterner ces deux lotions, en commençant par l'une ou par l'autre. Pour se lotionner entre les épaules, on se sert d'une serviette qui se meut en sautoir ; on prend ainsi un bain d'air (1216) non moins hygiénique que le bain ordinaire. Bains de pieds (1235) fréquents ; se laver les mains au savon pour les gens du monde, et avec l'eau seconde d'abord et au savon ensuite pour les travailleurs dans la partie des couleurs et des matières intoxicantes.

1657. 2ᵉ ESPÈCE. Dermalgie anévrogène (du grec *a* ou *an*, sans, *aer*, air). Maladie de la peau par privation d'air atmosphérique.

Définition et causes : Tout corps non absorbable par les orifices ou pores extérieurs des vaisseaux lymphatiques intercepte l'air et menace d'une asphyxie cutanée. Les corps gras ne produisent rien de tel, parce qu'ils sont aspirés comme de l'air et rentrent vite dans la peau. Mais il n'en est pas de même des vernis, des dissolutions alcooliques de résine, des dissolutions aqueuses de corps gommeux ou amylacés. Ces corps, en recouvrant d'une couche imperméable, inabsorbable et formant verni, les orifices des vaisseaux lymphatiques ou pores de la sueur, en supprimant en même temps l'aspiration de l'air qui vivifie et l'expiration des liquides excrétés et devenus inutiles à l'élaboration des organes; ces divers vernis, dis-je, font que les liquides, poussés du dedans au dehors, s'accumulent sous l'épiderme, faute de pouvoir s'échapper au dehors; et il arrive que l'épiderme, de plus en plus tendu et cédant sous l'effort, finit par crever pour laisser échapper le liquide accumulé sous cette poche artificielle ; on dit alors que le mal a *abouti*, et que l'emplâtre a *tiré*, alors qu'il ne fait qu'*obstruer*, car c'est comme si l'on disait qu'un *barrage* tire l'eau qui s'accumule dans l'écluse.

EFFETS. Les ouvriers qui ont habituellement les jambes dans la boue, dans l'eau des rivières, dans les amas de marcs des fabrications diverses, etc., sont sujets à éprouver une enflure, un engourdissement, un épaississement des tissus qui ne vient que de l'intermittence forcée dans la fonction de la respiration cutanée des membres inférieurs. Dans l'eau, l'expiration de la sueur a lieu, il est vrai; mais l'aspiration de l'air y est plus ou moins incomplète. L'usage des bas ou gants en caoutchouc est dans le cas de déterminer de ces commencements d'œdème. Il en arrive autant à ceux qui vivent habituellement dans une atmosphère imprégnée de vapeurs de goudron, de fumée, surtout de charbon de terre; on s'aperçoit, chez eux, d'un épaississement des tissus qui n'est pas de l'œdème, mais bien de l'enflure, par l'affluence des liquides qui ne trouvent pas à aboutir au dehors et à transpirer.

MÉDICATION. Si de tels effets se produisent, s'abstenir de retourner à la cause. Mais si la profession y force, se lotionner, dès qu'on le peut, à l'alcool camphré (1288), voire même à une eau-de-vie quelconque, et s'essuyer avec un linge, avant que l'alcool ou l'eau-de-vie ne se soient évaporés. Prendre le soir de la bourrache (1469), pour pousser à la peau dans la nuit ; et se purger fréquemment à l'aloès (1197).

1658. 2ᵉ GENRE. DERMALGIES ATROPHOGÈNES (150) OU AFFECTIONS DE LA PEAU PAR DÉFAUT DE NUTRITION INTESTINALE (du grec *α* privatif, et *trephô*, nourrir).

1659. 1ʳᵉ ESPÈCE. DERMALGIE NESTIGÈNE (du grec *nesteia*, abstinence).

SYNONYMIE. Maigreur par suite d'un jeûne forcé; émaciation; flaccidité de la peau ; — en latin : *macies;* en grec : *ischnotès, leptotès, atrophia.*

EFFETS. La digestion transmet par la circulation à chaque organe l'aliment qu'il doit élaborer pour suffire à son développement indéfini. Mais à son tour chaque organe fournit, par le retour de la circulation, au canal intestinal, son contingent pour concourir à l'œuvre de la fermentation nutritive et stomacale. Si l'estomac manque de matière première, non-seulement la peau ne recevra plus rien à élaborer, mais elle sacrifiera en pure perte les produits de son élaboration pour continuer son contingent à l'élaboration stomacale : ses cellules adipeuses se videront; les parois de chaque cellule se rapprocheront et s'agglutineront entre elles. Le derme perdant de son épaisseur, l'épiderme deviendra flasque et ridé, comme toute enveloppe qui cesse d'être tendue; terne, blafard et terreux, comme tout tissu organisé dont le sang ne parcourt plus les capillaires. Le jeûne continu aboutit droit au marasme et à la mort; le jeûne interrompu conduit à la faiblesse et du corps et de l'esprit; l'imposer en pénitence, c'est imposer la fainéantise, qui est un vol fait à la société.

MÉDICATION. Rendre les bienfaits de la nutrition aux organes, peu à peu, graduellement ; car l'estomac a dû déjà perdre une grande partie de son activité; ce qui lui suffira plus tard serait de trop par un passage trop brusque du jeûne à la nutrition;

et ce qui est de trop pèse. A l'aide de cette nutrition graduée on ne tardera pas à voir renaître la turgescence des cellules, la tension de la peau et la coloration normale de l'épiderme.

Le médecin qui impose la DIÈTE (jeûne *médical* au lieu d'être *monacal*) à son malade, en vue de calmer une douleur locale, n'obtient ce résultat partiel qu'au prix d'une maladie générale ; car la maladie est la cessation d'une ou plusieurs fonctions.

MÉDICATION. Les lotions fréquentes à l'eau sédative (1346) et les frictions à la pommade camphrée (1302) sont le plus puissant réparateur de la maigreur ; l'eau sédative semble ouvrir les pores au principe gras de la pommade ; en sorte que la friction semble rendre aux cellules adipeuses le principe que jusque-là leur avait refusé la nutrition.

2° ESPÈCE. DERMALGIE HYPERTROPHOGÈNE ou affection de la peau provenant d'un excès d'alimentation (du grec *hyper*, excessivement, et *trephô*, nourrir).

SYNONYMIE : Embonpoint excessif, engraissement, obésité adipeuse ; — en latin, *obesitas ;* en grec, *liparotès, piotès, eusarkia.*

EFFETS. Qui mange beaucoup et s'agite peu fait provision de graisse dans ses tissus cutanés. La substance grasse distend de plus en plus les cellules du tissu cellulaire endermique ; pour me servir de l'expression vulgaire, l'homme obèse *fait du lard ;* il devient *gras à lard,* d'où le langage arrive peu à peu à la locution injurieuse, mais d'une exactitude physiologique et pittoresque, *gras comme un porc.* En effet, le lard du porc n'est que le derme, dont les cellules distendues par le corps gras ne laissent plus de place à la circulation sanguine dans le développement indéfini de son épaisseur. Il est des obèses dont la peau, quand on la dissèque, semble offrir les caractères du lard. L'obésité émousse la sensibilité et par conséquent la pensée, qui n'est que la combinaison des impressions transmises par nos sens : on devient d'autant plus lourd d'esprit qu'on augmente en épaisseur ; d'autant plus paresseux dans toutes ses fonctions que l'embonpoint augmente. Cette fleur de santé qui colore l'obèse n'est qu'une apparence trompeuse ; il respire, comme s'il étouffait ; il digère, comme s'il pâtissait ; il dort, comme s'il fatiguait ; il écoute, comme s'il rêvait ; il répond, comme s'il se taisait : tous ses plaisirs sont des fatigues ; toutes ses fatigues sont des menaces d'asphyxie et de coups de sang. L'air ne lui arrive presque plus par les pores, et chez lui la sueur semble se changer en graisse sous la peau ; enfin il sue la graisse, tant il en produit ; sa peau se tend, en épaississant ; elle comprime ou refoule tous les organes et paralyse leurs fonctions, faute de pouvoir se prêter à leur jeu et à l'alternance de leurs mouvements. Les poumons sont guindés et comprimés dans la cavité thoracique, le cœur dans le péricarde, les viscères dans l'abdomen. L'émission des urines rencontre le même obstacle que la marche de la défécation ; les gros vaisseaux (aorte et *veine cave*) étranglés dans leur trajet, refoulent le sang, et vers les extrémités qui enflent, et vers le cerveau qui tombe dans la torpeur du coup de sang, ou dans l'anéantissement de l'apoplexie foudroyante. L'homme n'est pas sain, quand il est si bien portant ; de même l'engraissement forcé des bestiaux ne donne qu'une viande aussi malsaine qu'écœurante ; les monstruosités de graisse que s'appliquent à produire les éleveurs, par la torture de la paresse, sont des tours de force dont l'alimentation humaine ne tire aucun profit.

MÉDICATION PRÉVENTIVE. Que ce jardinier aussi fort de muscles que pauvre de graisse, et d'une santé qui brave les rigueurs de l'été et de l'hiver, prenne un jour fantaisie de se croiser les bras pour vivre de ses rentes, et de mettre au croc la bêche et l'arrosoir, il ne tardera pas à apprendre combien il en coûte à l'homme de ne plus faire œuvre de ses deux bras et de ses dix doigts : il deviendra obèse, autant et peut-être plus que le bonze mendiant et que le derviche dormeur ; quant au derviche tourneur, il pourrait se livrer à une occupation plus sérieuse, mais non plus utile à sa santé, s'il sait s'arrêter à la première menace de vertige; quant au derviche hurleur, hurlât-il les plus belles prières quatre fois par jour, il n'en deviendrait pas moins aussi gras qu'un moine; car pour bien hurler, il est nécessaire de rester assis. Le travail, c'est l'exercice utile et lucratif; l'exercice corporel est éminemment hygiénique ; il profite autant aux travaux d'esprit qu'à la santé : quand Dieu chassa Adam du Paradis, c'est que, n'ayant rien à y désirer, il y aurait vécu sans rien faire, et qu'au lieu d'y *croître* et d'y *multiplier*, il y aurait engraissé, çe qui l'aurait rendu de corps et d'esprit eunuque; en le condamnant au travail, il lui imposa la félicité véritable. Le travailleur ne devient jamais obèse : l'officine de la graisse, c'est l'oisiveté.

Ne croyez pas que l'exercice consiste dans la marche et dans l'équitation : en marchant on n'exerce que les jambes ; le cheval n'est qu'un fauteuil qui marche. Le travail le plus hygiénique consiste dans l'alternance de tous les mouvements du corps, surtout de ceux qui, en nous obligeant de nous courber, exercent sur la vésicule du fiel une pression qui, par l'écoulement forcé de la bile, profite à la digestion spéciale du duodénum : tel est le labourage, le jardinage, la maçonnerie, l'emballage, le transport, le jeu de quilles, de boules, de la paume, l'escrime, la nage, etc.

Quelle médication préventive voulez-vous que j'indique à quiconque se livre à ces exercices corporels (1575*)? Ces travailleurs ne périssent jamais de maladies, mais seulement d'accidents imprévus, d'excès de hardiesse et de trop de présomption dans leurs propres forces.

MÉDICATION CURATIVE. On reprend peu à peu l'habitude du travail ou des exercices corporels. Soir et matin, et toutes les fois que l'on doit changer de linge, on se lotionna soi-même à l'eau sédative (1345, 1°) depuis les pieds jusqu'au cou, en ayant soin de se baisser sur les talons et de se relever alternativement, jusqu'à ce que l'on commence à éprouver de la fatigue, fût-ce au bout d'une minute les premiers jours ; on s'essuie alors à l'alcool camphré (1288) et l'on s'habille. Aloès (1197) tous les trois jours. Huile de ricin (1438) tous les huit jours, dût-on la prendre le même jour que l'aloès. Soir et matin lavement camphré (1396) et de temps à autre lavement superpurgatif (1398). Modération dans le boire et le manger, salade à l'ail à dîner. Bain sédatif tiède (1210) pendant huit ou quinze jours de suite chaque mois. S'arroser le crâne d'eau sédative (1347, 3°) pendant le bain. Bains de mer (1214) à la saison favorable.

1660. 3° ESPÈCE. DERMALGIE ALCOOLIGÈNE; affection de la peau provenant de l'abus du vin et des liqueurs alcooliques.

SYNONYMIE : Obésité sanguine; bouffissure et boursouflure d'ivrogne, enluminure, trogne enluminée et vergetée; — en latin, *crapula;* en grec, *kraipalè.*

EFFETS. L'alcool étant avide d'eau en dépouille le sang, qui, d'un autre côté, appauvri par la transpiration de ce qu'il lui en reste, se coagule dans les capillaires ; la turgescence toujours croissante des vaisseaux capillaires, en comprimant de plus en plus les cellules adipeuses, finit par en exprimer pour ainsi dire le contenu : la peau semble avoir suinté sa graisse et s'être infiltrée de sang coagulé. La sensibilité s'émousse par suite de cette obésité sanguine, tout autant que par l'obésité adipeuse; et si l'ivrognerie n'avait pas d'autre conséquence à l'intérieur, ce seul effet ne laisserait pas que d'être déjà déplorable. La peau du visage se vergète de rouge ; le nez se bourgeonne et prend un développement inusité; les paupières s'alourdissent ; le jeu des articulations s'embarrasse; les pieds traînent; les mains s'empâtent; la marche est chancelante ou lourde; le tact s'émousse; l'appréhension est maladroite; enfin l'hébétude de l'esprit se reflète sur toute la périphérie du corps.

MÉDICATION. Il serait peu rationnel de vouloir guérir cette infirmité en conservant les habitudes qui en sont l'unique cause. Entraînez l'ivrogne vers un travail honorable et attrayant. Ne le quittez, ne le perdez de vue que lorsqu'il aura contracté d'autres goûts. Rendez-lui l'appétit par la fatigue, l'habitude de l'eau rougie par le rétablissement de la digestion; purgez-le souvent à l'aloès (1197), à l'huile de ricin même (1138). L'eau sédative en ablutions, en lotions et même en boisson (1347), et les bains sédatifs (1209) ensuite, ne tarderont pas à remplacer l'enluminure de la peau par l'incarnat normal, la bouffissure par un embonpoint de bon augure, et de rendre la souplesse aux mouvements, la sensibilité aux surfaces, en même temps que l'énergie à la volonté et la lucidité à l'intelligence.

1661. 4ᵉ ESPÈCE. DERMALGIE HYDROTOGÈNE; affection de la peau provenant de l'infiltration aqueuse des tissus (du grec, *idrós, idrotos,* sueur).

SYNONYMIE. OEdème, œdématisation, enflure, boursouflure blanche, infiltration des tissus, — en latin, *œdema;* en grec, *oidéma.*

DÉFINITION ET CAUSES. Lorsque le sang arrive aux tissus dépouillé de ses principes nutritifs, et sans avoir pu s'oxygéner et se colorer complétement dans l'appareil pulmonaire, les capillaires s'obstruent de ce sérum, de proche en proche, comme d'une matière qui, ne servant point à la nutrition, ne peut se prêter à l'excrétion, et que les tissus ne sauraient expulser puisqu'ils ne sauraient l'aspirer. Ces obstacles, qui se forment de proche en proche, ne laissant plus passer que l'eau qui filtre à travers tout, les cellules s'en emplissent, les canaux s'en vident en se remplissant d'air; et le derme finit par n'être plus qu'une couche blafarde, tendue, spongieuse, infiltrée de liquides incolores. La peau cède sous l'impression du doigt, et cette impression persiste quelques secondes après l'essai, en conservant une teinte d'un jaune maladif; car la pression a refoulé les liquides et rapproché d'autant les parois des cellules entre elles. L'œcème, on le voit, est un effet superficiel d'une cause intime; c'est un signe que la circulation est en souffrance, soit par une compression exercée sur les gros vaisseaux, ce qui intercepte le cours du sang vers la périphérie; soit d'un vice organique qui s'oppose aux mouvements réguliers du cœur, dont les oreillettes inactives ou paresseuses, suspendent le cours du sang qui doit se rendre au poumon ou qui en revient (et tout retard c'est le repos; tout repos du sang, c'est la décomposition des éléments qui le constituent); soit d'une rupture, d'une affection traumatique du cœur, d'une poche où le sang reste stagnant et se liquéfie; soit enfin d'un travail de désorganisation qui affecte les organes que doit traverser l'embranchement vasculaire qui alimentait la région œdématisée.

EFFETS. L'œdème est, comme tant d'autres affections, un cercle vicieux où l'effet devient cause, et *vice versâ.* Il est évident en effet que la turgescence progressive de la peau ne peut manquer de comprimer de plus en plus les organes qu'elle recouvre, d'obstruer de proche en proche les embranchements sanguins, d'arrêter le jeu et les mouvements des organes qui concourent à la sanguification : canal thoracique, cœur et poumon. La locomotion s'embarrasse et devient d'abord traînante et ensuite impossible, l'œdème remonte de jour en jour des extrémités vers le torse, des pieds vers l'abdomen, et des doigts vers le thorax et vers la tête. Les organes génitaux enflent en vessie; la défécation et la digestion sont paralysées par la compression exercée de jour en jour, et de bas en haut sur le canal alimentaire; le malade suffoque de plus en plus, car les viscères refoulent le cœur et les poumons; et tout finirait par l'asphyxie, si la médication ou un événement heureux ne parvenait à faire disparaître l'obstacle.

Ce mal est passager ou permanent, curable ou incurable, selon que la cause est capable ou non d'être éliminée; car l'œdème n'est jamais que l'effet et la conséquence d'une affection interne qu'il s'agit de guérir avant tout. La femme enceinte qui a les jambes enflées et œdématisées trouve sa guérison dans sa délivrance ; car le mal chez elle ne provenait que de la compression exercée sur l'aorte et la veine cave par le développement du fœtus et la dilatation de la matrice. Il en est de même, quand l'œdème a pour cause le développement d'un organe parasite sur le trajet des gros vaisseaux qui alimentent l'un ou l'autre des membres thoraciques ou pelviens ; l'œdème disparaît à la suite de l'ablation ou de la disparition de l'obstacle parasite. Mais rien n'arrête les progrès de l'œdème, si la cause résiste à toutes les ressources de la médication. Cependant la médication, si elle ne guérit pas toujours, est en état, même dans les cas incurables, de diminuer la somme des souffrances en réduisant celle des effets.

MÉDICATION. Attaquez la cause du mal, une fois qu'on l'aura reconnue, en ayant recours aux renseignements que nous donnerons en son lieu. Mais en même temps, attachez-vous à faire disparaître ou à diminuer l'œdème par les moyens appropriés : tenir d'abord le ventre libre par de fréquentes superpurgations : aloès (1197) tous les trois jours, huile de ricin (1438) tous les quatre. Soir et matin lavement (1396), et quelquefois lavement superpurgatif (1398). Lotionner souvent la peau enflée avec de l'alcool camphré (1288, 1°) ; y appliquer tantôt les plaques galvaniques (1420), les sachets (1322) chauds. Bains sédatifs (1209) fréquents. Si ces moyens ne suffisent pas à enrayer les progrès de l'enflure, pratiquer sur toute la surface de fréquentes incisions, pour donner une issue au liquide, et diminuer d'autant l'épaisseur maladive de la peau.

1662. 5ᵉ ESPÈCE. DERMALGIE PHYSOGÈNE ; affection de la peau provenant d'une infiltration gazeuse dans les tissus (de PHYSA, insufflation).

SYNONYMIE. Emphysème, ballonnement ; enflure, — en latin, *inflatio ;* en grec, *emphysema.*

CAUSES ET EFFETS. Si l'on adapte l'orifice du tuyau d'un soufflet dans le tissu du derme, on ballonne le tissu cellulaire, en introduisant de l'air dans l'inextricable réseau des vaisseaux interstitiels, autrement dits vaisseaux lymphatiques du derme ; c'est par ce moyen que les bouchers séparent la peau de la chair, en et en empêchent la trop grande adhérence pour en faciliter le dépouillement. Or, toute cavité du corps humain qui serait mise en contact avec l'air extérieur, par une solution de continuité, ferait office de ce soufflet, dès que les deux lèvres de la plaie se rapprocheraient et que les parois s'affaisseraient sur elles-mêmes ; et l'air qui se serait engouffré dans la cavité, cédant à la pression, s'échapperait par les petites issues, faute de pouvoir s'échapper par la grande, ou par les orifices béants des canaux interstitiels qu'au besoin il pourra plus tard se ménager, en dédoublant les parois agglutinées des cellules contiguës.

Les tissus ainsi insufflés accidentellement diffèrent des tissus œdématisés, parce qu'ils crépitent en s'affaissant sous la peau (car l'air dessèche et parchemine), et que la pression du doigt n'y laisse pas de trace en creux et décolorée ; le tissu est élastique plutôt que mou.

MÉDICATION. On pourrait avoir recours aux scarifications ou aux ventouses pour pomper l'air, si les compresses d'eau sédative (1345, 2°), en ouvrant les pores de la peau, ne parvenaient pas à donner tout autant d'issues microscopiques à l'air qui en ce cas insuffle le tissu cellulaire.

N. B. Cette espèce de dermalgie devrait faire partie du genre qui va suivre ; elle lui servira de transition, à cause de ses analogies et avec l'espèce précédente et avec la suivante.

1663. 3ᵉ GENRE. DERMALGIES THERMOGÈNES (222) ; AFFECTIONS DE LA PEAU CAUSÉES PAR L'INFLUENCE DU CHAUD OU DU FROID (du grec, *thermè,* chaleur).

1664. 1re ESPÈCE. Dermalgie anémogène (245) ; affection de la peau provenant de l'action d'un courant d'air violent et rapide (du grec, *anemos*, vent).

Synonymie : Ratatinement de la peau, peau ratatinée, rugosité ; — en latin, *rugositas ;* en grec, *rutidôdès*.

causes et effets. Tout vent violent sans pluie est desséchant ; par sa force d'impulsion il traverse pour ainsi dire le corps, et par sa sécheresse et son avidité pour l'eau, il dépouille tous les tissus qu'il traverse de leurs particules aqueuses. Nous avons cité des cas (245) où l'homme exposé à un pareil accident maigrit en un clin d'œil. La peau devient terne, ridée, flasque et parcheminée.

médication préventive et curative. Quand ces sortes de courants d'air surviennent, calfeutrer les jointures, entretenir dans les appartements une humidité constante par des fumigations et des arrosages constants, s'oindre la peau fréquemment de pommade camphrée (1302), s'envelopper de tissus vernis et imperméables. Prendre un thé de bourrache (1469) ou autres plantes qui portent à la peau. Si les conséquences de ce fléau ont été réalisées, se lotionner à l'eau sédative (1345), ou se plonger dans un bain sédatif (1209) ; aloès (1197) et lavement ordinaire (1396).

1665. 2e ESPÈCE. Dermalgie cheimonogène ; affection de la peau engendrée par le refroidissement (du grec, *cheimôn*, froid de l'hiver).

Synonymie. Engelures ; — en latin, *perniones, perniunculi ;* en grec, *cheimethlon*.

Définition et effets. Le liquide des canaux interstitiels du tissu cellulaire se glace par le froid, dans les vaisseaux organisés, comme dans tout autre vase inerte, et forme de proche en proche des obstacles mécaniques à la circulation, soit lymphatique, soit sanguine. Les cellules s'affaissent par la condensation des liquides qu'elles devraient élaborer. La peau pâlit et diminue d'épaisseur ; on a alors l'*orglée*, et l'on souffre comme par toute espèce de désorganisation qui n'atteint pas encore la substance nerveuse. Mais dès qu'on rend le calorique à ces tissus en voie de se congeler, il arrive alors que l'évaporation, en distendant les canaux interstitiels du tissu cellulaire et en y faisant le vide, y attire le sang des capillaires et des petits vaisseaux qui n'avaient pas été intéressés dans ces effets du refroidissement ; le sang pénètre de plus à travers les ouvertures que le déchirement a pu opérer sur les parois des cellules, il s'accumule dans les anfractuosités sans issues, causées par ce déchirement, et dont les orifices se referment comme pour l'empêcher de rentrer dans le torrent de la circulation. De là tuméfaction sanguine, boursouflure vivement colorée, et embarras dans le jeu des articulations. Plus on approche du feu, plus ce résultat se produit sur une grande échelle, et plus on éprouve de prurit et de cette insupportable démangeaison que cause chaque dédoublement microscopique des parois. Il arrive souvent que la peau crève sous l'effort de l'infiltration et se couvre de gerçures sanieuses par la décomposition du sang en état de stagnation. Il y a des individualités dont les tissus, moins résistants, se prêtent plus que les autres au travail intime des engelures ; ce sont les tempéraments éminemment lymphatiques. En général, cette affection atteint principalement les mains, le talon et même le bout du nez et des oreilles.

médication. On ne saurait trop apporter de soin à garantir du froid les extrémités du corps, qui ont déjà si peu d'étoffe pour se garantir elles-mêmes. Si l'engelure s'est déclarée, l'instinct des enfants les porte à les faire passer en se lavant avec de la neige ; la neige humecte la peau sans l'échauffer ; elle dissout les coagulations albumineuses, sans s'exposer à distendre les cellules par le moyen de l'évaporation. Irritez-les ; à défaut de glace, trempez vos mains engelivées dans l'eau froide et très-froide ; et au sortir de ces immersions, lavez-vous les surfaces engelivées avec de l'alcool camphré (1288), et tenez ensuite quelque temps vos mains recouvertes de pommade camphrée (1302). Ne vous approchez du feu que peu à peu ; une évaporation trop prompte des liquides condensés ne trouverait pas les parois des vaisseaux et des cellules assez élastiques pour se prêter à la dilatation. Plus tard, vous emploierez les bains locaux d'eau sédative (1347, 3°), et on les emploie plus ou moins fréquemment, à moins qu'il ne se forme trop de crevasses ; on recouvre alors celles-ci de pommade camphrée (1298) et on n'applique l'eau sédative que sur les surfaces intactes. On revient à l'alcool camphré, quand on s'aperçoit que l'action de l'eau sédative diminue d'efficacité.

Le plus souvent une simple lotion à l'eau-de-vie, dès qu'on rentre dans un endroit chaud, suffit pour prévenir le développement des engelures.

1666. 3ᵉ ESPÈCE. Dermalgie heliogène ; affection de la peau produite par l'action directe des rayons solaires (du grec, *helios*, soleil).

Synonymie. Coup de soleil, hâle, rubéfaction solaire, taches de rousseur.—En latin, *ictus solis, rubor solaris, halitus, ephelides solares, lentigines; —* en grec, *erythrema heliacon; ephelides, phacoi.*

causes et effets. La chaleur couvre l'épiderme de gouttes de sueur ; ces petites gouttes sphériques forment tout autant de lentilles réfringentes qui, en concentrant les rayons solaires, même les rayons d'une vive lumière ou d'un grand brasier, laissent à leur foyer optique une trace de brûlure qui est jaune (couleur d'une peau cautérisée); en sorte que la peau devient souvent ainsi criblée de *taches de rousseur (lentigines; ephelides,* de epi sur la peau, *helios* soleil). Si, au contraire, la surface de la peau est en deçà du foyer de convergence des rayons lumineux concentrés par ces petites gouttes de sueur, et que la chaleur que chacune d'elles détermine n'aille pas jusqu'à la cautérisation, alors les cellules, en se dilatant, appellent le sang dans de nouveaux interstices où l'évaporation le coagule; et, au lieu de taches de rousseur, la peau se couvre d'une rubéfaction chagrinée, comme dans l'urtication ; on a alors un *coup de soleil cutané (halitus, ephelides)*; dans ce cas on éprouve une cuisson assez vive, tandis que les *taches de rousseur* ne causent aucune douleur (car l'épiderme brûlé est insensible : mais l'épiderme infiltré conserve sa sensibilité) ; l'on souffre alors par suite de l'interposition du sang coagulé entre les papilles nerveuses.

médication. Les taches de rousseur accidentelles et superficielles disparaissent avec la chute journalière de l'épiderme, dès qu'on cesse de s'exposer aux rayons directs du soleil. Mais l'habitude de vivre aux champs fait pénétrer cette désorganisation si profondément, qu'il semble ensuite qu'on ne saurait plus s'en défaire ; pourtant les fréquentes lotions à l'eau sédative (1345), en accélérant la chute de l'épiderme maladif, finissent par nettoyer la peau de ce *tatouage solaire.* L'action détersive de cette eau est prompte contre les coups de soleil ; elle substitue à une démangeaison insupportable une passagère cuisson, que calme instantanément une simple onction à la pommade camphrée (1302).

Au reste, cette affection cutanée ne saurait atteindre que les surfaces qui restent à nu : les mains, le visage, le cou et la poitrine.

1667. 4ᵉ ESPÈCE : Dermalgie cautérigène (224); affection de la peau provenant de l'application, sur une surface, d'un corps incandescent ou d'un liquide à un haut degré de température : tels qu'eau bouillante, huile chauffée à 100°; et, dans un sens plus large, de l'action du froid qui brûle autant que le fer chaud, etc. (du grec : *kauterion,* fer chaud; et *kauterion,* de *kaio,* brûler).

Synonymie. Brûlure, échauboulure, échaudure ; cautère actuel par le fer rouge ; — en latin, *adustio;* en grec, *epikausis.*

causes. L'eau bouillante tend à dissoudre et à désagréger les molécules des tissus organisés ; le froid les désagrége en les isolant ; il brûle les tissus en les déchirant ; tout autre liquide bouillant tend à dessécher ces tissus, soit en s'emparant de leur principe aqueux, soit en le volatilisant. A une certaine température, telle que celle d'un fer rougi au feu, cette vaporisation, cette élimination du principe aqueux est si rapide et si puissante que la molécule organique en est réduite à son carbone ; c'est alors plus qu'une brûlure, c'est la carbonisation. Dans l'un et dans l'autre cas, le mal arrive à des profondeurs d'autant plus grandes que le contact avec la cause est plus prolongé, toutes choses égales d'ailleurs en fait d'intensité de calorique.

EFFETS. La peau désorganisée par l'action d'un grand froid ou d'une chaleur excessive, et devenue dès lors inutile au développement indéfini de l'individualité, manifeste aussitôt sa tendance à subir la fermentation purulente et à faire plaie ; mais en mettant en contact immédiat avec l'air extérieur les couches non brûlées du derme, qui jusque-là ne recevaient l'air que tamisé par l'épiderme, la dénudation de la peau cause des douleurs si vives qu'on mourrait souvent de la fièvre, si un prompt secours ne venait pas mettre fin à ce travail intime d'inflammation et de désorganisation.

MÉDICATION. On ne doit pas hésiter un seul instant de recouvrir les surfaces brûlées ou ébouillantées avec un linge enduit d'une couche épaisse de pommade camphrée (1297) ; toute douleur cesse alors comme par enchantement. Le pansement sera renouvelé toutes les fois qu'il se manifestera le moindre petit retour de cuisson ; mais spécialement soir et matin. On lotionnera d'eau sédative (1345, 1º) les surfaces ambiantes que la cautérisation n'aura pas atteintes. On se purgera à l'aloès (1197) comme à l'ordinaire. Si le linge venait à adhérer à la peau, on l'imbiberait d'huile camphrée pour en faciliter l'ablation ; et l'on aurait soin alors de renouveler plus fréquemment le pansement.

1668. 5º ESPÈCE. DERMALGIE HYPERIDROTOGÈNE ; affection de la peau qui la maintient dans un état permanent de transpiration (du grec : *hyper*, excessivement ; *id-otos*, sueur).

SYNONYMIE. Transpirations abondantes, et surtout aux mains et aux pieds, — en latin, *exsudatio ;* en grec, *ephidrosis.*

CAUSES. Nous ne nous occupons ici que des transpirations qui coïncident sinon avec une constitution des plus fortes, du moins avec un état de santé ordinaire. C'est alors une incommodité individuelle qui résulte en général d'une naissance viciée et d'une transmission héréditaire.

EFFETS. Ces grandes transpirations épuisent les forces, salissent le linge et ne sont pas toujours exemptes d'une odeur repoussante, surtout lorsqu'elles ont leur siége aux pieds. On rencontre des personnes dont la sueur transperce les habits et les matelas mêmes sur lesquels elles couchent.

MÉDICATION PRÉVENTIVE. Se lotionner souvent à l'eau sédative (1345) ; ensuite se frictionner le corps, mais spécialement les extrémités, à la pommade camphrée (1302) et s'essuyer ensuite à l'alcool camphré (1288) ou à l'eau de Cologne. On se lave souvent les pieds et les mains à l'eau-de-vie. Éviter surtout les courants d'air et le passage trop subit d'une température à une autre. Ensuite régime hygiénique (1644).

1669. 4º GENRE. DERMALGIES TOXICOGÈNES (254, 315) ; AFFECTIONS DE LA PEAU provenant de l'introduction d'une cause toxique et désorganisatrice dans les tissus divers qui entrent dans la composition du derme (du grec, *toxicon*, substance avec laquelle, du temps des Grecs, les Barbares empoisonnaient leurs flèches).

N. B. La cause intoxicante et désorganisatrice peut venir à la peau, soit du dehors et par le contact immédiat de la peau avec la substance vénéneuse, soit du dedans et par la fonction de l'exsudation et de la transpiration qui pousse à la peau le liquide dont l'élaboration des cellules n'a plus que faire.

Nous nommerons la 1re catégorie de ces affections DERMALGIES EXOGÈNES (qui viennent du dehors) et la seconde DERMALGIES ENDOGÈNES (qui viennent du dedans).

4670. 1re **catégorie.** DERMALGIES ECTOXICOGÈNES : ou maladies intoxicantes qui viennent du dehors.

4671. 1re ESPÈCE. DERMALGIES ACIDOGÈNES (269,344); affections de la peau qui émanent de l'action corrosive d'un liquide acide.

SYNONYMIE. Excoriation par l'action corrosive des liquides acides; dénudation épidermique et dermique; — en latin : *denudatio cutis, excoriatio acetosorum vi;* en grec : *gymnosis dermatos.*

CAUSES. Acides sulfurique, nitrique (azotique, eau-forte), hydrochlorique (esprit de sel, chlore), phosphorique, acétique concentré, oxalique, citrique, tartrique, etc. — Ces acides sont rangés dans l'ordre de leur degré de causticité.

EFFETS. Les acides désorganisent l'épiderme par leur avidité et pour la molécule aqueuse qui rentre dans la composition de la molécule organique, et surtout pour les bases qui transforment les molécules organiques en tissus organisés, ou bien qui les incrustent et les solidifient (342). L'action corrosive de ces substances a quelque analogie avec celle de l'eau bouillante (4667) : elle cautérise en dissolvant; elle met à nu les couches de l'épiderme ou du derme que leur action n'a pu atteindre. Si leur action s'arrête à la première couche de l'épiderme, la surface jaunit, et la tache persiste jusqu'à la chute de cette couche. Si elle pénètre plus avant, elle dépouille, excorie et détermine une ulcération cuisante, une cautérisation, une brûlure.

MÉDICATION. Après avoir lavé l'excoriation avec une eau légèrement alcaline (eau de cendre de bois, lait de chaux étendu de cent fois son poids d'eau), on se hâte de panser la plaie comme nous l'avons dit pour les brûlures par le feu (4667). Les fabricants de produits chimiques, les doreurs au trempé, les teinturiers et dégraisseurs, les soudeurs et décapeurs, etc., sont fort sujets à ces sortes d'accidents.

4672. 2e ESPÈCE. DERMALGIE ALCALIGÈNE (361); affection de la peau provenant de l'action corrosive des bases alcalines.

SYNONYMIE. Cautérisation par les alcalis; cautérisation potentielle (4667).

CAUSES. Chaux vive (calcaire dépouillé de son carbonate par une vive incandescence), potasse, soude, magnésie, baryte, strontiane, etc, dites caustiques, ammoniaque concentrée.

EFFETS. Ces substances désorganisent les tissus vivants par leur avidité pour la molécule aqueuse, en même temps que pour l'acide carbonique qui rentre dans la combinaison de la molécule organique. Elles dévorent, dépouillent la peau avec autant d'énergie que les acides; aucun tissu vivant ne résiste à leur travail de désorganisation.

MÉDICATION. Hâtez-vous de laver à grands flots avec de l'eau très-légèrement acidulée par le vinaigre, si vous n'avez pas d'acide sulfurique sous la main (une cuiller à bouche de vinaigre concentré ou une demi-cuiller à café d'acide sulfurique par litre d'eau), ensuite avec de l'eau tenant en dissolution du blanc d'œuf battu, puis avec de l'eau de fontaine pure; essuyez et recouvrez d'un linge enduit d'une forte couche de pommade camphrée (4302, 2°) comme ci-dessus (4667).

4673. 3e ESPÈCE. DERMALGIE URTICOGÈNE (ou plus correctement AKALUPHIGÈNE (335 α.); affection de la peau provenant du contact de l'ortie (*urtica dioica et urens* L., *acaluphé* en grec); — DERMALGIE RHOIGÈNE (335 β.) provenant de la poussière du sumac (*Rhus toxicodendron* L.); — DERMALGIE CROTONIGÈNE (335 δ.), provenant de l'application des sucs du *croton tiglium* L.

Synonymie : Urtication; — en latin, *urticatio.*

effets. L'absorption de sucs acides de ces plantes détermine sur la peau des papules qui s'infiltrent de sang et colorent ainsi l'épiderme d'une inflammation accompagnée d'une vive cuisson. Les papules sont petites par l'action de l'ortie et énormes par celle du *croton tiglium.*

médication. Lotion à l'eau sédative pure (1336, 1°), pour l'urtication par les orties, et étendue d'eau, pour l'urtication par le *croton tiglium,* dont la médecine fait en cataplasmes un si déplorable usage. Immédiatement après, recouvrir d'un linge enduit de cérat camphré (1303). Une lotion à l'alcool camphré (1288, 1°) plus ou moins étendu d'eau empêche la propagation de l'inflammation produite par le *croton tiglium.* Mais quant à l'urtication proprement dite par le frôlement des orties, il suffit le plus souvent de frotter les surfaces avec du gazon ou la première feuille verte ordinaire, pour en amortir presque aussitôt les effets. ..

1674. 4° ESPÈCE. Dermalgie acrigène (336); affection épidermique produite par le suc des champignons lactescents, des plantes à suc âcre et laiteux.

médication. Les effets caustiques de ces sucs s'arrêtant à l'épiderme, n'y produisant aucun sentiment de douleur et ne déterminant à l'intérieur aucun signe d'empoisonnement, tant que l'épiderme n'offre aucune solution de continuité, il est inutile de s'en occuper; l'épiderme étant une surface caduque, les effets de ces caustiques disparaissent avec ses quotidiennes exfoliations.

1675. 5° ESPÈCE. Dermalgies chromagènes; affections épidermiques provenant du contact des liquides colorants, qui impriment à la peau des caractères maladifs, lesquels peuvent prendre, dans la médecine scolastique, les noms de *nigritie,* de *chloasma,* de *melasma,* de *nœvi.*

Synonymie. Coloration artificielle de la peau, teinture, tatouage; — en latin : *infectio;* — en grec : *bapheia.*

N. B. Chaçune de ces espèces de coloration peut se désigner par une dénomination spéciale :

Dermalgie chrysogène, coloration en rouge par la dissolution de l'or dans l'eau régale; dermalgie argyrogène, coloration en noir d'ébène par le nitrate d'argent ou autres sels d'argent (*), dermalgie dryogène (de *drus,* chêne), coloration en noir par l'acide gallique de l'*écorce de chêne,* de la *noix de galle,* de l'*écorce de grenade* et *de grénadier,* du *brou des noix,* etc., enfin par tous les tissus où abonde l'acide gallique, lequel, en se combinant avec le fer qui entre dans la composition des tissus organisés, détermine une couleur noire sur l'épiderme; dermalgie platinigène, coloration de l'épiderme en jaune d'or par l'hydrochlorate de platine; dermalgie cuprigène, coloration en bleu de l'épiderme des ouvriers sur cuivre, surtout des planeurs; enfin dermalgie indigogène, par l'indigo; dermalgie prussigène, par le bleu de Prusse; dermalgie alizarigène, coloration en rouge par la garance, etc., toutes affections qui sont plutôt des signes d'opérations que des causes de souffrances, et qui se dissipent chaque jour à mesure que l'épiderme se renouvelle, aucune de ces substances ne pénétrant plus avant ni dans le derme, ni dans les tissus vasculaires lymphatiques ou sanguins.

1676. 2° catégorie. Dermalgies autant ectoxicogènes qu'entoxicogènes.

1677. 6° ESPÈCE. Dermalgies hydrargène (369) et arsenigène (348); maladies de la peau produites soit par le contact immédiat et l'application de l'arsenic, du mercure ou

---

(*) Le nitrate d'argent administré à l'intérieur, à doses trop souvent répétées, finit par imprimer au derme une coloration noirâtre qui persiste autant que le *tatouage.*

de leurs préparations sur la peau, soit par la transsudation de ces deux substances, qu'elles aient été administrées à l'intérieur par la médecine, la malveillance, ou transmises par l'hérédité.

SYNONYMIE. Maladies de la peau proprement dites : éruptions, dartres sèches ou vives (*lichen, eczema, impetigo*); croûtes, desquamations(*ichthyosis, melas, alphos*); taches hé· patiques (*ephelides*); roséoles (*rubeolæ*); urticaire arsenicale ou mercurielle (*purpura urticata, uredo, aspritudo, essera, epinyctis*); suette miliaire (*miliaris*); rougeole (*blactiæ, morbilli, rubeolæ*); scarlatine (*rossalia, purpura, morbilli confluentes*); variole, varicelle, vérolette, varioloïde, cow-pox; vésicules, bulles, ampoules (*pemphigus, phlycten, pompholix, hydatis, herpes*); érysipèle (*rosa volatica, ignis sacer*), etc., etc.

REMARQUES SUR CETTE SYNONYMIE. Nous pourrions pousser plus loin cette nomenclature scolastique, et nous tomberions alors dans le dédale des dénominations qui permutent entre elles et prennent la place les unes des autres, selon les circonstances et l'indécision du médecin, et selon que chacune de ces maladies se modifie par suite de la nature, de la dose des remèdes intoxicants que la médecine, dans sa vieille routine, cherche à leur opposer. Car, en fait de maladies de la peau, souvenez-vous-en bien, le traitement par les poisons en a plus légué à la science que la nature. Je vais en donner un exemple accessible à tout le monde : Supposez que vous ayez devant les yeux deux personnes à chacune desquelles il vienne vers la racine du nez un bouton induré ; vous traitez l'une par les applications locales d'alcool camphré, et le médecin traite l'autre par les pommades mercurielles ; chez la personne traitée par le médecin à mercure, vous verrez peu à peu le bouton se changer en ulcère rongeant, qui, si l'on continue, ne tardera pas à s'étendre en largeur et en profondeur, la maladie prendra alors le nom de *lupus*, loup, carcinome, ulcère phagédénique, etc. Chez l'autre le bouton finira par disparaître. Qui a fait la maladie en ce cas, si ce n'est le traitement? Que de gens ont eu le nez rongé, pour un misérable bobo qui se serait guéri de lui-même!

Eh bien! qu'un homme soit traité, à l'extérieur ou à l'intérieur, par l'arsenic ou le mercure, nous osons prédire que, 99 fois sur 100, il ne tardera pas à avoir une maladie de la peau. Quant aux caractères assignés à ces diverses maladies, ils varient tant, que si les médecins spécialistes voulaient être conséquents avec eux-mêmes, la nomenclature n'en aurait plus de fin, et que la classification en deviendrait impossible.

Il y a toute une science à créer pour reconnaître à laquelle des causes minérales toxiques on doit rapporter ces diverses maladies de la peau ; et on y parviendra, en tenant compte des renseignements fournis par les malades, mais surtout des ordonnances qu'ils ont pu conserver, et que le pharmacien aura bien voulu se hasarder à leur rendre, ou bien en expérimentant sur les animaux, mais en ayant soin de faire figurer en couleur toutes les formes d'éruptions que chaque espèce et chaque dose de poison aura pu faire naître.

Cependant, par suite de mes observations comparatives, je crois pouvoir admettre avec une certaine probabilité que les DERMALGIES ARSENIGÈNES se distinguent par une tendance, soit à la desquamation, à l'ichthyose, et se rapprochent alors de la dartre sèche et furfuracée, soit à la dénudation du derme, par la caducité précoce de l'épiderme, ce qui laisse une rougeur sous chaque squame qui se détache. La dénudation de la peau peut être si prompte que les vaisseaux capillaires trop vite en contact avec l'air extérieur crèvent, et que le sang s'en échappe (c'est alors le *purpura*). Tandis que la DERMALGIE HYDRARGÈNE se caractérise plus spécialement par tout ce qui se rapproche de l'ulcération blafarde et de mauvais augure : dartre vive blafarde qui creuse, pustules purulentes, vésicules aqueuses, taches violacées et d'aspect sinistre, desquamations qui donnent issue à du pus.

N.B. Les principales formes des maladies de la peau ont été reproduites et figurées sur la planche 17 (*) de cet ouvrage. Nous allons énumérer celles qui semblent plus spécialement être les indices d'une infection cutanée *arsenigène* ou *hydrargène;* quoique certaines d'entre elles puissent être entomogènes, ou émanant du parasitisme cutané de certains insectes.

1678. Pl. 17, fig. 10; pustules ou boutons purulents par lesquels débute l'éruption mercurielle communiquée par le rapport des sexes ou par la médication (1677). En se desséchant, chacune de ces pustules fait croûte, l'épiderme se dénude, l'éruption s'étend de proche en proche et varie ensuite à l'infini ses caractères de coloration et de déformation des surfaces. Les boutons purulents que représente cette figure apparaissent principalement aux surfaces en contact permanent avec l'air extérieur, autour du front, des lèvres, sur les ailes du nez, à l'angle des narines et aux oreilles.

1679. Pl. 17, fig. 24. AFFECTION ÉRYSIPÉLATEUSE, d'origine mercurielle, ou arsenicale, avec ses vésicules qui finissent par se dessécher et se détacher en croûtes jaunâtres gaufrées ; c'est alors un *impetigo,* dont les caractères physiques varient selon la nature des régions envahies. Le mal s'étend, gagne de proche en proche et menace de couvrir tout le corps.

1680. Pl. 17, fig. 21. Sur ce petit carré nous avons réuni les caractères principaux des éruptions syphilitiques ou émanées des médications mercurielles, et qui surviennent principalement aux surfaces intermédiaires entre le système épidermique et le système des muqueuses, aux organes génitaux, aux lèvres. Quand la cause du mal tient à des doses élevées, l'affection ne s'arrête pas à l'épiderme, mais creuse de plus en plus le derme et arriverait jusques aux muscles. On désigne alors l'affection sous le nom d'ulcère rongeant et *phagédénique,* de *chancre mercuriel.*

1681. Pl. 17, fig. 19. PÉTÉCHIES et ROSÉOLES, ou taches d'origine syphilitique ou mercurielle, régulièrement circulaires, de couleur ou blanches ou rosées (d'où vient le nom de l'affection), ou d'un gris sinistre.

1682. Pl. 17, fig. 20. MÉLANOSE, ou *tatouage* de la peau en noir ou gris noirâtre, provenant de l'emploi à l'intérieur de nitrate d'argent, à doses trop élevées, ou pendant un laps de temps trop long. J'ai rencontré des malades chez qui ce tatouage avait gagné toutes les surfaces extérieures ; on eût cru avoir sous les yeux une peau de mulâtre d'une espèce particulière, dont la coloration serait émanée d'un *pigmentum* héréditaire et de race entre cuir et chair.

1683. Pl. 17, fig. 13 et 14. COW-POX ou pustules originaires de la surface du pis des vaches, et qui se reproduisent sur la peau des vaccinés, par l'introduction, au moyen d'une lancette, du pus de ces vésicules sous l'épiderme. Cette simple opération de la vaccine suffit pour préserver les enfants de la contagion de la petite vérole et les adultes du retour de cette affection ; car on a cru remarquer, chez beaucoup de personnes déjà vaccinées, qu'on peut redevenir sujet à la contagion au bout d'un laps de 14 à 16 années. Cependant ce fait ne s'est jamais reproduit sur une bien large échelle, et, depuis quelques années, nous n'en avons plus entendu citer des exemples saillants et exempts de doute.

(*) La légende du bas de la planche 17 renvoie à des alinéas du 3e volume de la 2e édition qui ne concordent pas avec ceux de cette 3e édition ; le lecteur doit tenir compte de cette note. Il aurait été très-difficile de changer ces chiffres, sans endommager les figures par suite des chocs du marteau du planeur. Nous rectifierons ces indications de nombres dans un avertissement qui sera placé en tête de l'atlas.

J'ai fait observer depuis longtemps que l'emploi en compresses de l'eau sédative (1345. 2°) détermine l'apparition de pustules exactement semblables sur le sein des femmes qui, d'une manière ou d'une autre, ont pu être soumises a des traitements mercuriels. Ces pustules rappellent exactement, par le volume, la forme, l'aspect et la terminaison, celles qui viennent sur le pis de la vache (pustules que les Anglais nomment *cow-pox*), et que reproduit la vaccination sur le bras des jeunes enfants, telles enfin que les représentent les figures 13 et 14 de la planche 17.

Le pus du *cow-pox*, qui est certainement d'origine mercurielle, préserve sans doute de la VARIOLE (dont les fig. 15 et 16 représentent les deux formes principales) en infectant les tissus épidermiques d'un suc, dont la nature en éloigne l'insecte indéterminé que nous croyons être l'auteur de cette maladie cutanée. Si la variole était elle-même d'origine mercurielle, nous aurions de la peine à nous expliquer le mode d'action de son contre-poison.

N. B. Nous nous occuperons des autres maladies figurées sur cette planche 17, à l'article des DERMALGIES ENTOMOGÈNES et TRAUMAGÈNES. Nous renvoyons à cette partie de l'ouvrage ce qui concerne la gale (pl. 17, fig. 1); la maladie pédiculaire (fig. 22); le phthiriasis, les herpès (fig. 2, 3, 4); le pemphigus (fig. 5); la rougeole, la scarlatine (fig. 23); la suette miliaire (fig. 7) et la variole (fig. 15 et 16). Nous nous renfermerons, en cet article, et dans ce qui concerne le traitement de la *syphilis* ou maladie vénérienne, et dans celui des maladies de la peau d'origine arsenicale.

1684. 1ᵉʳ GENRE. DERMALGIE HYDRARGÈNE GÉNITALE; MALADIE D'ORIGINE MERCURIELLE se communiquant principalement par le rapprochement des sexes, et se manifestant de prime abord sur les parties génitales.

SYNONYMIE. *Syphilis*, maladie vénérienne, vérole, grosse vérole; — en latin moderne, *lues venerea;* — inconnue aux Latins et aux Grecs de l'antiquité. *Mal françose*, ont dit les Napolitains, qui prétendent avoir reçu la maladie des Français venus à Naples sous le commandement de Charles VIII en 1494; *Mal napolitain*, ont dit les Français qui crurent l'avoir rapportée de leur expédition de Naples. Le poëte Fracastor l'a désignée sous le nom de *syphilis*, dans le poëme qui traite de cette affection; et l'étymologie de ce mot a paru jusqu'à ce jour inexplicable : cependant il nous semble que l'explication en est assez transparente, et que *syphilis* dérive de *sus* en latin, *hus* en grec (truie), et *phileo* (j'aime); maladie provenant du commerce honteux de l'homme avec la bête, avec un être immonde au propre ou au figuré. Le crime de la bestialité, qui ne le sait? a été si répandu chez les peuples sauvages, et chez le peuple qui s'est dit *peuple de Dieu*, qu'il a fallu en venir à formuler des lois pénales terribles contre une pareille aberration des passions brutales (*).

Cette contagion paraît être d'origine américaine ; ce qu'il y a de certain, c'est qu'elle n'a fixé l'attention que postérieurement à la découverte de l'Amérique; mais dès sa première apparition, elle s'est répandue avec une telle rapidité dans le nouveau monde, que chaque nation aurait bien pu accuser l'autre de lui avoir transmis ce terrible fléau. C'était dans le principe un *mal ardent*, un vrai *trousse-galant*, une peste infernale, pire que la lèpre du moyen âge, et qui, en certains endroits, avait forcé l'autorité à séquestrer de la société ceux qui en étaient infectés.

N. B. On ne trouva d'abord, dans toute la pharmacopée, que le mercure qui fût capable sinon de guérir, du moins d'empêcher de mourir les infortunés qui avaient ainsi reçu le terrible châtiment de leurs fautes. Dès ce moment, la maladie prit de génération en génération un autre caractère ; car à la vraie maladie américaine a succédé une maladie

(*) Voyez le Lévitique, l'un des cinq livres de Moïse. chap. 20, v. 15 et 16.

hydrargène, une affection entièrement mercurielle, qui, en certaines circonstances, ne laisse pas que d'avoir des conséquences tout aussi terribles que la maladie primitive.

La maladie primitive était caractérisée par la gangrène des organes génitaux, gangrène contagieuse et rapidement mortelle, comme le serait celle que détermine l'ingestion de la poudre des cantharides.

La maladie actuelle n'offre plus rien de tel, ni dans ses symptômes, ni dans sa marche, ni dans sa terminaison. Tous les symptômes de la maladie vénérienne actuelle peuvent être reproduits par l'emploi suffisamment continué du mercure et de ses préparations à l'extérieur et à l'intérieur. La vierge la plus sage, qu'on aurait traitée au mercure pour la débarrasser d'une glande, de la gale ou de toute autre affection de ce genre, finirait par offrir, et sur son corps et dans les organes pudiques, les caractères syphilitiques qu'elle communiquerait fort innocemment à celui qu'elle épouserait. De même cette jeune personne que vous avez vue si fraîche, si jolie, si forte, ne tarde pas à dépérir, à se faner, à souffrir autant qu'une femme impure, si elle a le malheur d'épouser un jeune libertin mercurialisé, et qui se croit guéri parce qu'il est cicatrisé, et que la source du mal lui paraît tarie. Une mère de famille qui aura été traitée par les pommades mercurielles, en applications sur l'abdomen, pour combattre l'affection si commune chez les accouchées, et que les médecins désignent sous le nom de *péritonite puerpérale* (affection que l'alcool camphré ou l'eau sédative auraient dissipée en quelques heures), cette pauvre femme, si fidèle qu'elle ait toujours été, ne tardera peut-être pas à communiquer à son époux des symptômes qu'elle s'imaginera ensuite avoir reçus de lui-même.

Enfin je ne sache pas un seul caractère de la *syphilis* que les traitements mercuriels ne soient en état de faire naître.

Donc la première mesure à prendre pour arriver à tarir la source de la contagion, c'est de supprimer complétement, en tout et partout, les traitements au mercure et l'emploi du mercure dans les arts.

La seconde mesure consisterait à faire visiter, par des matrones *ad hoc*, tous les habitués des maisons dites si mal à propos *de joie*, avant de les admettre dans ces tristes temples. On aura beau faire visiter les prêtresses du lieu chaque matin, il n'y aura jamais de vraie garantie que pour le libertin qui arrivera le premier après la visite du médecin, et encore !...

La troisième mesure enfin, et la plus préservatrice de toutes, ce serait de favoriser les mariages d'inclination, au lieu de faire du mariage une spéculation commerciale ; la santé y gagnerait autant que la morale publique ; nous n'aurions plus autant d'aimables mauvais *sujets*, toujours prêts à se ruiner au profit d'aimables mauvaises *sujettes*, lesquelles plus tard se ruinent le corps et l'esprit au profit des médecins ou au détriment des hospices. Ce malheur pour la haute poésie du *roman* serait bien amplement compensé par la douce poésie de la vie intime, de l'amitié désintéressée et sans fard, de l'amour sans prostitution et sans trahison, de l'amour de toute une vie et de tous les instants, de la royauté dans la famille, de l'égalité devant la concorde et là réciprocité, et de l'association se maintenaut à tous les âges.

Comme remède radical à une erreur ou une perfidie calculée, si ensuite vous rétablissiez la loi du divorce, vous couperiez court aux trois quarts des crimes contre la famille qui déshonorent le siècle actuel. La ressource légale de la *séparation de corps* ne fait souvent qu'empirer le mal que l'on a en vue d'empêcher ; mais son plus grand malheur, c'est de vouer nécessairement, et par suite de cette fausse position, les deux conjoints, une fois séparés l'un de l'autre, à l'adultère et au concubinage. Quelle perspective pour les enfants !

Mais, enfants vous-mêmes, pour en revenir à ce qui vous concerne, le mal s'étant révélé, quels en sont les effets? et quelle doit en être la médication la plus rationnelle? Occupons-nous-en sérieusement.

EFFETS. Les surfaces qui sont en contact immédiat avec les organes infectés sont les premières à donner des signes d'une infection communiquée. Il se produit un écoulement verdâtre, qui émane du canal de l'urètre et du vagin, écoulement accompagné chaque fois d'un sentiment d'ardeur et d'acrimonie; c'est une *blennorrhagie*. Il survient des boutons qui s'indurent en grossissant, rougissent, s'entourent d'une aréole livide et prennent le nom de *chancres*, et cela sur le gland ou les lèvres, c'est-à-dire sur les surfaces qui ont les plus grands rapports de consistance avec les muqueuses, sur les lèvres mêmes de la bouche. Ces *chancres* crèvent et creusent de plus en plus les tissus subjacents. En l'absence de ces boutons enflammés et rongeurs, les surfaces de ce genre se couvrent de petites pustules jaunâtres, grosses comme des grains de millet, et que l'on nomme *aphthes* quand elles surviennent sur les parois buccales et sous la langue. Le gland suinte du pus (*balanite*). Les ganglions lymphatiques des aisselles ou des aines enflent, s'enflamment, occasionnent des cuissons et des souffrances plus ou moins vives, mais finissent par gêner horriblement les mouvements des jambes et des bras; ce sont alors des *bubons*. Le front se couronne de petites papules ou pustules (pl. 17, fig. 10); les ailes et le pourtour du nez s'enflamment et se bourgeonnent. Les amygdales enflent, le voile du palais prend une coloration des plus rouges; la langue se dépouille de sa surface saburrale, elle se gerce, elle est presqu'à vif.

Les yeux se bordent de rouge et d'exfoliations; les cils s'encrassent; le blanc de l'œil se vergète; le corps se couvre çà et là de divers genres d'altérations épidermiques.

Il peut survenir à l'anus des excroissances et développements parasites qui, selon l'analogie de leur configuration extérieure, prennent les noms de *crêtes-de-coq*, *végétations*, *choux-fleurs*, *verrues*, etc. Tous accidents qui, combattus par les applications mercurielles, prennent des caractères protéiformes et individuels, mais si variables, si peu constants, qu'on serait tous les ans à en réformer la nomenclature, si l'on entreprenait de les énumérer. Les plus terribles de ces substitutions des ravages mercuriels à ceux de la maladie par contagion naturelle sont celles qui se reportent sur l'organe de la vision : sur vingt aveugles, il y en a certes bien dix-neuf qui ne l'auraient pas été, sans l'emploi du mercure à l'extérieur ou à l'intérieur.

MÉDICATION. Les DERMALGIES HYDRARGÈNES provenant autant des remèdes pris à l'intérieur que des applications extérieures, il est évident que la médication doit être autant intérieure qu'extérieure; nous empiéterons donc dans cet article sur les médications relatives aux maladies des systèmes intestinal, nerveux et osseux; ce qui nous permettra de renvoyer à cet article, quand nous aurons à traiter des maladies hydrargènes ayant leur siége spécialement dans tout autre système organique que celui de la peau.

1685. La NOUVELLE MÉDICATION a en vue d'un côté de pousser au dehors, par la transpiration, les molécules toxiques qui sommeillent dans les vacuoles des divers systèmes; de cerner la propagation du virus, partout où il donne des signes de sa présence; de régénérer les tissus épidermiques où ses atomes apportent le germe de la dégénérescence et de l'exfoliation, et de préserver les nouvelles couches du contact immédiat de l'air qui ne pourrait que les décomposer à mesure qu'ils se reforment.

1686. 1º MÉDICATION GÉNÉRALE ET COMMUNE A TOUTES LES AFFECTIONS MERCURIELLES, SYPHILITIQUES OU NON. Salsepareille (1504, 1505). Chiques galvaniques (1424). Ceinture et collier galvaniques (1421, 1422). Application de peaux d'animaux vivants (1220) sur les surfaces les plus compromises. Bains de sang (1219).

Aloès (1197) tous les trois jours. Huile de ricin (1438) tous les huit à quinze jours. Lavement (1395) soir et matin. Eau zinguée (1372) pour tous les soins de propreté. Bains sédatifs (1204, 1209) continués aussi longtemps qu'ils n'affaibliront pas trop ; les cesser dès les premiers jours, s'ils ne produisaient pas leur effet ordinaire ; garder dans le bain les collier et ceinture galvaniques. Bains de mer (1214) dans la saison favorable. Manger à déjeuner des œufs à la coque cuits à une minute et demie. Prendre du lait à l'instant même où on le trait. Lotions fréquentes à l'alcool camphré (1288, 1°) ou à l'eau de toilette.

1687. 2° MÉDICATION SPÉCIALE AUX DIVERSES RÉGIONS. Lorsqu'on se sera familiarisé avec la théorie et la pratique du nouveau système, on sera en état d'en modifier les prescriptions, avec connaissance de cause, pour chaque modification nouvelle et chaque transformation de la maladie. Nous allons indiquer ces modifications thérapeutiques pour les cas qui se présentent le plus communément à notre observation :

1688. MÉDICATION CONTRE LES ÉCOULEMENTS DITS VÉNÉRIENS, OU ÉCOULEMENTS DE COULEUR VERDATRE ET SUSPECTE par les organes génitaux ; écoulements produits par une infection mercurielle communiquée ou médicamenteuse. Trois fois par jour injection à l'eau quadruple (1375,1386) par le vagin, et chez l'homme par l'ouverture du canal de l'urètre ; après cette injection, une autre à l'huile camphrée (1293). Si les écoulements étaient mêlés de sang, ou bien dans les cas d'hémorrhagies et pertes de sang, on aurait soin d'ajouter à l'eau quadruple une cuiller à café d'alcool camphré (1287) par litre de liquide ; on se passe souvent de l'alcool camphré sur les reins et le bas-ventre, sous le périnée. Soir et matin bains de siége à l'eau quadruple (1375), en gardant la ceinture galvanique (1421) dans le bain, et en tenant les plaques galvaniques (1449) appliquées sur le bas-ventre.

1689. MÉDICATION CONTRE LE GONFLEMENT DES PARTIES SEXUELLES, BALANITE (inflammation du gland), PHYMOSIS (enflure du gland), etc. Ajouter à la médication précédente des immersions fréquentes dans de l'eau zinguée (1374) suffisamment alcoolisée à l'alcool camphré (1287). On tient ensuite les organes génitaux entourés de pommade camphrée, soit en compresses (1302, 2°), soit dans des vessies ou sachets (1413 et suivants).

1690. MÉDICATION CONTRE LES CHANCRES. Appliquer trois fois par jour sur le chancre une petite compresse imbibée d'alcool camphré (1288, 2°), coûte que coûte On recouvre ensuite d'un petit plumasseau de charpie (1405) imbibé de pommade camphrée (1297); suivez en outre tout le reste de la médication précédente.

1691. MÉDICATION CONTRE LES ULCÈRES RONGEURS ET PHAGÉDÉNIQUES D'ORIGINE MERCURIELLE. Au lieu de lotionner à l'eau sédative (1365) les surfaces environnantes, appliquez-y au contraire de fortes compresses imbibées d'alcool camphré (1288, 2°), pour éviter la propagation du mal ; car, par l'eau sédative, il arrive fort souvent que la contagion érysipélateuse file de proche en proche, ce qui pourtant est un embarras plutôt qu'un danger. On applique dans les ouvertures de l'ulcération un ou plusieurs pois à cautère naturels (1327), que l'on renouvelle tous les soirs avec le pansement. Tout autour on applique trois fois par jour les plaques galvaniques (1449).

1692. MÉDICATION SPÉCIALE CONTRE LES BUBONS OU GLANDES ENFLAMMÉES DES AINES, DES AISSELLES ET DU SEIN. On les cerne en y appliquant des compresses qu'on imbibe fréquemment d'alcool camphré (1288, 2°), et par dessus les surtouts de mousseline empesée (1446), afin de maintenir l'alcool en permanence et de préserver la respiration des vapeurs alcooliques. Lorsque l'épiderme de ces glandes commence à se parcheminer, on y applique les plaques galvaniques (1419) vingt minutes trois fois par jour, et l'on tient les surfaces ensuite recouvertes de cérat camphré (1307). Si le bubon tardait à fondre ou à aboutir, on y pratiquerait un cautère (1329), que l'on panserait chaque soir.

1693. MÉDICATION CONTRE LES APHTHES ET LES CHANCRES INDURÉS DES LÈVRES. Il suffit de tenir les chiques galvaniques (1424) appliquées, aussi longtemps qu'on le pourra, contre les parois buccales envahies par les aphthes ou qui correspondent aux chancres indurés. On touche fréquemment ces aphthes ou chancres avec de l'alcool camphré (1288, 2°), surtout immédiatement avant les gargarismes à l'eau salée zinguée (1384, 1377).

1694. MÉDICATION CONTRE LES ÉRUPTIONS ÉRYSIPÉLATEUSES (pl. 17, fig. 24), QUI SURVIENNENT FRÉQUEMMENT AU BAS DES JAMBES ET AUX PIEDS DES PERSONNES QUI ONT ÉTÉ TRAITÉES MERCURIELLEMENT. Bains locaux (1235) trois fois par jour, ou au moins soir et matin, en ayant soin d'entourer d'une compresse imbibée d'alcool camphré (1288, 2°) dans le voisinage du mal les surfaces saines et qui ne trempent pas dans le bain. Si la tumeur aboutissait, on appliquerait sur la fistule un pois à cautère (1325) que l'on renouvellerait chaque soir. Alors, au lieu du bain local, on appliquerait trois fois par jour, sur les surfaces érysipélateuses, un cataplasme aloétique (1321) fait à l'eau quadruple (1375), mais non arrosé d'eau sédative; au bout de dix minutes, on les recouvrirait de plaques galvaniques (1419); on lotionnerait ensuite à l'alcool camphré (1288, 1°), et l'on recouvrirait la place, entre chaque pansement, avec du cérat camphré (1303) à demeure.

1695. Si enfin l'infiltration érysipélateuse menaçait de s'étendre, on se hâterait de recouvrir toutes les surfaces envahies avec du goudron de Norvége pur (1486, 3°).

1696. On recouvre de même avec du goudron toutes les surfaces dartreuses, celles où l'on éprouve une démangeaison, une cuisson que la pommade camphrée ne parvient pas à faire disparaître.

1697. MÉDICATION POUR LES AFFECTIONS DES PAUPIÈRES. On applique fréquemment, sur les boutons indurés ou autres, le doigt trempé dans l'alcool camphré (1287). On bassine ensuite les paupières avec l'eau quadruple (1334, 1375) ; et, lorsqu'on n'a rien à faire, on les tient recouvertes de pommade camphrée (1297).

1698. MÉDICATION CONTRE LES AFFECTIONS MERCURIELLES DU NEZ. Reniflements fréquents (1384) à l'eau salée zinguée (1377). A l'extérieur on recouvre les surfaces envahies le mal avec du goudron de Norvége (1486, 3°). On introduit fréquemment dans le nez les tigelles galvaniques (1430).

1699. MÉDICATION POUR LES OREILLES. Boucles d'oreilles galvaniques (1429); tigelles galvaniques (1430) introduites fréquemment dans le tuyau auditif. Injections fréquentes (1387), d'abord à l'eau quadruple (1375), ensuite à l'huile camphrée (1293). On recouvre les surfaces dartreuses avec le goudron de Norvége pur (1486, 3°).

1700. MÉDICATION CONTRE LES VÉGÉTATIONS SYPHILITIQUES ET MERCURIELLES (crêtes-de-coq, choux-fleurs, etc.). On entoure la base de ces végétations avec un cordonnet de soie enduit de cérat camphré (1303), et l'on serre le nœud jusqu'à ce qu'une petite douleur s'ensuive. Chaque jour on serre davantage jusqu'à nouvelle petite douleur; mais en outre, trois fois par jour et même plus souvent encore, on tient les végétations enveloppées, pendant une ou deux minutes, d'un linge imbibé d'alcool camphré (1288,2°); on les recouvre ensuite de cérat camphré (1307). On applique souvent tout autour les plaques galvaniques (1419).

1701. 1re ESPÈCE. DERMALGIE ARSENIGÈNE ROSÉOLIQUE; affection de la peau produite

III.   15

par l'usage des eaux arsenicales et qui est caractérisée par une éruption de taches rougeâtres.

SYNONYMIE. Poussée, à la suite, soit de la potation des eaux de Louesche (349), soit du travail dans les flaques d'eau de certaines mines. — En latin : *purpura simplex* et *urticata.*

EFFETS. On remarque à Louesche, au bout de sept à huit jours, que le corps se couvre de taches pourpres qui causent de vives démangeaisons, surtout quand le malade, non content d'y prendre des bains, a pris chaque jour quelques gorgées de ces eaux. Dans quelques mines des départements contigus à la Belgique, les ouvriers n'ont qu'à s'asseoir sur certains fragments de rocher, pour être pris de rougeurs aux reins ou dans les régions voisines, et d'une constriction prononcée à la gorge : éruption à la peau et aux muqueuses des voies respiratoires.

1702. 2e ESPÈCE. **DERMALGIE ARSENIGÈNE PURPURIQUE.** Affection terrible de la peau qui se manifeste par une transpiration sanguine, à la suite d'un empoisonnement gradué par l'arsenic.

SYNONYMIE. Maladie pourprée, HÉMORRHAGIE DE LA PEAU ; — en latin : *purpura hœmorrhagica.*

EFFETS. L'exemple le plus terrible de cette maladie cutanée nous a été fourni par la longue agonie de Charles IX, dont les remords, à la suite de la sainte boucherie de *la Saint-Barthélemi*, commençaient à devenir trop accusateurs pour que la prudente Catherine de Médicis, sa mère, ne dût pas avoir recours à l'emploi de *l'acquetta di Napoli*, qui a sauvé de tant d'embarras les têtes couronnées.

Les capillaires rongés par le poison, qu'y amènent la transpiration et la poussée arsenicale, laissent échapper le sang, comme s'il sortait par les orifices des lymphatiques ou pores de la sueur. Le malade s'épuise par une transpiration sanguine et hémorrhagique ; il *sue sang et eau* et plus de sang que d'eau.

MÉDICATION GÉNÉRALE CONTRE LES MALADIES DE LA PEAU D'ORIGINE ARSENICALE. Adopter la médication générale contre les DERMALGIES HYDRARCÈNES (1686) avec les modifications suivantes : ajouter à l'eau salée zinguée (1370) un élément ferrugineux, en éteignant dans l'eau une pelle rougie au feu ; éteindre chaque jour dans l'eau à boire un clou rougi au feu, et le laisser au fond de la carafe. Manger à déjeuner un œuf frais à la coque (et retiré de l'eau bouillante au bout d'une minute et demie d'immersion) ; prendre force laitage au pis de la vache ou de la chèvre, c'est-à-dire à l'instant même où on le trait et sans le laisser refroidir un seul instant. Se lotionner fréquemment à l'alcool camphré (1288) ; et ensuite à l'eau rendue ferrugineuse, soit pour y avoir éteint un morceau de fer rougi au feu, soit pour y avoir fait dissoudre un gramme de deutosulfate de fer ou *vitriol vert* par litre d'eau. Étendre sur les éruptions et dartres sèches, qui occasionnent un trop violent prurit, une couche de goudron liquide (1486, 3°). Bains de sang (1219), et applications fréquentes de peaux d'animaux vivants (1220). Lorsque l'intensité du mal en est arrivée à l'exsudation sanguine, c'est presque alors la sueur de la mort ; c'est un râle par le derme, une désorganisation par la périphérie du corps, une saignée par tous les pores, un égorgement par toutes les molécules. On est alors entre deux écueils également à éviter : S'opposer trop à cet écoulement du sang par tous les pores, ce serait s'opposer à l'élimination du liquide empoisonné ; en faciliter l'écoulement, ce serait épuiser au plus vite le malade ; ces deux moyens contraires mènent tout aussi droit à la mort. Cependant l'homme ne doit jamais rester les bras croisés en face d'une menace de mort ; il doit tout tenter, après avoir vainement tout employé. Dans ce cas donc, je proposerais de revêtir la peau de baudruches, qui arrêteraient l'hémorrhagie par leur adhérence et qui se prêteraient à tous les mouvements du corps ; ou bien de l'oindre de blanc d'œuf, que l'on sécherait sur la peau à l'aide d'une douce chaleur ; ensuite application, par-dessus ces enduits, de plaques, ceintures ou colliers galvaniques (1418) pour soutirer le venin au sang. J'appliquerais sur la peau, enduite comme ci-dessus, les peaux d'animaux vivants (1220). Bains de sang (1219) dans l'occasion.

Ce cas est du reste infiniment rare ; cependant la malignité du siècle et la rage des héritages à escamoter pourraient bien le rendre plus fréquent qu'on n'ose s'y attendre. Il est bon en conséquence de s'y préparer d'avance, afin d'être en état de conjurer ou de combattre le mal à la première occasion.

1703. 6ᵉ GENRE. DERMALGIES TRAUMAGÈNES (395) ; AFFECTIONS DE LA PEAU PROVENANT D'UNE SOLUTION DE CONTINUITÉ ARTIFICIELLE OU ACCIDENTELLE, OU DÉCHIREMENT DE LA PEAU (du grec *trauma*, blessure).

1704. 1ʳᵉ ESPÈCE. DERMALGIE TRAUMAGÈNE SUPERFICIELLE INCISIVE.

SYNONYMIE. Piqûres, égratignures, entailles, déchirements , coupures, incisions. — En latin : *punctura, punctio, incisio* ; — en grec : *kentesis, diacope.*

CAUSE ET EFFETS. Nous les avons suffisamment expliqués au paragraphe (365) du 1ᵉʳ volume. Nous nous contenterons d'appeler, pour la quatrième fois, l'attention des lecteurs sur une circonstance dont on tient rarement compte, et qui peut rendre la piqûre la plus légère et la moins pénétrante une cause presque foudroyante de mort. La pointe la plus fine, si elle a été préalablement trempée dans un suc empoisonné, produit une piqûre mortelle. On doit donc, en tous les cas, apporter autant d'attention au pansement d'une petite que d'une grande blessure.

MÉDICATION OU PANSEMENT. 1° Si la piqûre ou l'entaille n'a pas pénétré profondément, on laisse saigner un instant, et on plonge le doigt dans l'alcool camphré, ou on recouvre les surfaces avec un linge imbibé et arrosé d'alcool camphré (1288, 2°) ; au bout d'une à deux minutes, on applique sur la solution de continuité un linge enduit de cérat camphré (1303) et le plus souvent on n'a pas à s'en occuper davantage ; on en est quitte pour avoir enduré une cuisson plus ou moins vive de deux minutes. En outre de ce résultat expéditif, on s'est garanti de cette manière d'une infection veineuse souvent mortelle, dans le cas où la pointe et le tranchant de l'instrument auraient été préalablement trempés dans du pus, ou dans tout autre liquide de mauvaise nature.

2° Nous recommandons instamment aux prosecteurs et aux élèves en dissection de ne pas hésiter, en cas d'un semblable malheur, de tenir la piqûre ou même la plaie, recouverte, coûte que coûte, d'une compresse imbibée d'alcool camphré ; de serrer, comprimer, cerner les régions environnantes avec des compresses imbibées d'alcool camphré ; c'est le moyen le plus efficace pour neutraliser, en le coagulant, le véhicule du virus, et empêcher le virus de se glisser dans le torrent circulatoire, où il ne manquerait pas de devenir un germe foudroyant de mort.

3° Si l'incision par un corps tranchant a pénétré assez avant dans le derme, on lave à grande eau froide, en mêlant à l'eau quelques gouttes d'alcool camphré(1287) ; lorsque la saignée commence à s'arrêter, on rapproche les parois que l'incision avait séparées, on les maintient en cet état avec de petites lanières de sparadrap (1440), si la région se prête à ce mode de pansement ; ou bien on pratique, de distance en distance, des points de couture avec un cordonnet de soie enduit de cérat camphré (1303); en outre et dans les intervalles des points de couture, on rapproche les lèvres, toujours un tant soit peu béantes, avec des bouts de lanières du même sparadrap. Cela fait, on lave à l'alcool camphré (1288) les surfaces environnantes ; on saupoudre alors de camphre

(1269) la commissure de la plaie, et soir et matin on la recouvre d'un plumasseau de charpie enduit de pommade camphrée (1302, 2°).

1705. 2ᵉ ESPECE. Dᴇʀᴍᴀʟɢɪᴇ ᴛʀᴀᴜᴍᴀɢᴇɴᴇ ꜱᴜᴘᴇʀꜰɪᴄɪᴇʟʟᴇ, ᴄᴏɴᴛᴜꜱᴇ (445); affection de la peau produite par un corps contondant, par une forte compression ou constriction.

Sʏɴᴏɴʏᴍɪᴇ. Contusion, étranglement, écrasement des chairs, coups plus ou moins violents, flagellation, compression, ecchymose. — En latin : *contusio, constrictio, compressio, flagellatio;* — En grec : *suntripsis, sunthlipsis, mastixis, ecchymosis.*

ᴇꜰꜰᴇᴛꜱ. La surface bleuit ou se marbre de rouge et de bleu, signe d'une désorganisation intime et sous-cutanée, d'un épanchement de sang entre les capillaires et d'une éventration du tissu cellulaire. La fig. 12 de la pl. 17 donne, par réduction, l'aspect des ecchymoses les plus graves.

ᴍᴇᴅɪᴄᴀᴛɪᴏɴ. On doit se hâter de recouvrir la peau ainsi endommagée avec une forte compresse d'alcool camphré (1288, 2°) qu'on arrosera de ce liquide de temps à autre. Ce simple moyen suffit, dans le plus grand nombre de cas, pour enrayer la marche envahissante de la désorganisation, couper court à la fièvre, et borner les désordres de l'accident à la région qui en a été frappée. Si le moindre symptôme de fièvre se déclarait, on en viendrait bien vite à bout à l'aide de l'eau sédative (1345,1°) sur les régions environnantes. Dès qu'on est sûr de s'être rendu maître du mal par ce moyen énergique, on se contente de recouvrir l'ecchymose d'un linge enduit de cérat camphré (1303) que l'on renouvelle le soir et le matin.

1706. 3ᵉ ESPECE. Dᴇʀᴍᴀʟɢɪᴇ ᴛʀᴀᴜᴍᴀɢᴇɴᴇ ᴘʀᴏꜰᴏɴᴅᴇ (406, 449); affection de la peau par suite d'une solution de continuité qui a pénétré à de grandes profondeurs, et qui a déterminé une plaie plus profonde que large à son orifice.

Sʏɴᴏɴʏᴍɪᴇ. Plaie, blessure ; — en latin : *vulnus, plaga;* — en grec : *trauma, plegè.*

ᴇꜰꜰᴇᴛꜱ. L'air qui s'introduit par l'ouverture de la plaie déterminerait un travail de désorganisation qui ne tarderait pas à virer au pus de mauvaise nature, à la décomposition putride, si, à la suite de ce travail intime et pernicieux, l'orifice de la plaie venait à s'obstruer ou se refermer par la soudure de ses parois et le rapprochement des lèvres. Il arriverait alors que le produit liquide de la décomposition des chairs, ne pouvant plus s'échapper au dehors, se frayerait une route, en rongeant le tissu qui unit le derme aux surfaces musculaires, qu'il filerait, comme une fusée purulente, à travers ces mailles organisées, décollerait la peau et la dédoublerait, pour descendre de plus en plus vers les parties déclives par un canal artificiel ; et là ce liquide stagnant, formant poche, deviendrait le foyer des plus graves désordres généraux, le foyer d'une fièvre brûlante, jusqu'à ce qu'il se fût ménagé ou que le bistouri lui eût ménagé au dehors une issue capable de vider ce *clapier purulent;* ce qui couperait court à la fièvre, mais imposerait l'obligation de cicatriser, sur une plus vaste échelle, une plus vaste solution de continuité.

ᴍᴇᴅɪᴄᴀᴛɪᴏɴ. En général, en bandant énergiquement la région perforée, au moyen de plusieurs tours faits avec de longues lanières de sparadrap (1410), on peut compter que les parois se seront par là tellement bien appliquées les unes contre les autres, que la soudure ne tardera pas à s'en opérer, comme dans le travail de la *greffe* végétale. On n'aura plus alors à s'occuper que de tenir l'orifice de la plaie constamment à l'abri du contact de l'air, au moyen d'une couche de poudre de camphre (1269) et d'un plumasseau de charpie enduit de pommade camphrée (1302, 3°; 1405) que l'on renouvelle deux à trois fois par jour. On lotionne souvent les portions ambiantes à l'alcool camphré (1288, 1°).

Si cependant on s'apercevait que la cicatrisation et le rapprochement des parois se fît plutôt par l'orifice de la plaie que par sa profondeur, ce qui ne tendrait à rien moins qu'à enfermer le loup dans la bergerie, il serait bon d'obvier le plus tôt possible à ce contre-temps, en introduisant dans l'orifice une mèche enduite de cérat camphré, afin de ménager une issue au pus, tout en tenant les surfaces dénudées à l'abri du contact de l'air.

Mais enfin, si toutefois, par suite de l'introduction inaperçue d'une cause occulte, d'un aiguillon quelconque, dans les couches profondes et sous-cutanées, il venait à se former un clapier purulent et sans issue à l'extérieur, il serait urgent de ménager au pus une issue artificielle, au moyen, soit de la cautérisation (1514, 3°), soit de la pointe du bistouri, que l'on enfonce perpendiculairement dans la tumeur, jusqu'à ce que le pus en jaillisse. On presse alors la région tuméfiée pour que le pus s'en échappe tout entier ; on y injecte de l'huile camphrée (1386, 1293) que l'on fait ensuite sortir par la pression ; on bande avec des lanières de sparadrap (1410) pour faciliter le recollement de la peau, et on panse avec la poudre de camphre et la pommade camphrée, comme ci-dessus.

N. B. A la faveur de ce mode de pansement, on est sûr d'être exempt de fièvre et d'inappétence ; on fait impunément ses quatre repas comme d'habitude ; on n'a à craindre ni la gangrène, ni le tétanos, qui a été jusqu'à ce jour le fléau des pansements scolastiques, souvent pour une simple égratignure.

1707. 4° ESPÈCE. DERMALGIE KENTROGÈNE OU AKANTHOGÈNE (430); affection de la peau provenant d'une pointe organisée ou inorganique qui est capable non-seulement de s'y implanter, mais de s'y introduire et d'y voyager (de *kentron*, petite pointe ; et *akantha*, épine).

SYNONYMIE. Douleur aiguë et changeante entre cuir et chair (437, 442).

EFFETS. La douleur, plus ou moins vive et pungitive, change de place d'instant en instant, et souvent de région en une semaine. Tantôt elle paralyse les mouvements musculaires et prend les caractères de rhumatisme et de l'entorse ; tantôt elle coïncide avec une tuméfaction incolore et œdématoïde qui semble ensuite se dissiper, soit d'elle-même, soit à la suite de quelques lotions à l'eau sédative ou à l'alcool camphré. Il est arrivé des cas où, à force de s'ouvrir un chemin à travers les tissus, l'une de ces petites pointes d'aiguilles, dont nul n'aurait soupçonné l'existence entre cuir et chair, a déterminé une tumeur d'un caractère inflammatoire, que le praticien a prise pour l'indice d'un développement cancéreux. Ce problème médical, souvent inexplicable, se résoud de lui-même, dès que la pointe finit par se faire jour au dehors, en transperçant, du dedans en dehors, la peau que l'aiguille avait perforée, à l'insu du malade, en pénétrant du dehors en dedans. On reste alors tout interdit de voir se démasquer ainsi ce protée morbipare, qu'on s'était jusque-là tant ingénié à poursuivre, sans pouvoir l'atteindre ni le deviner.

MÉDICATION : La médication nouvelle ne peut en général avoir la prétention, en pareil cas, que d'amortir les effets, de réparer et de cerner les ravages que la cause du mal laisse sur sa route. Cependant il est facile de concevoir qu'en certaines circonstances l'application constante de l'alcool camphré (1288, 2°, 1446) sur la région douloureuse, en affermissant les tissus sous-jacents, et opposant ainsi de la résistance à l'action perforante de la pointe aiguë, peut amener le dard à se frayer une route vers l'épiderme, qui résistera moins. L'eau sédative (1345, 1°) en lotion sur les portions ambiantes, coupera court à la transmission fébrile de l'acidité du pus, qui aurait pu se former par suite du déchirement intime des tissus. D'autres fois, et surtout dès qu'on se doutera que la pointe se dirige en dehors, on fera bien de recouvrir toute cette région, soit d'une couche de goudron (1486, 3°), soit d'une large plaque de sparadrap (1410), afin d'attirer la pointe au dehors, comme par la force du vide et par l'étiolement des surfaces épidermiques ; puis afin de l'amener à prendre la direction de ce côté le plus faible, on cernerait la région par de fréquentes applications d'alcool camphré (1288).

N. B. Le jour où il plaira à nos Académies d'exploiter cette veine de nomenclature, nous verrons sans doute la liste des DERMALGIES augmentée d'un nouveau genre, les DERMALGIES MYCOGÈNES : Affections de la peau provenant du parasitisme des moisissures (339). Il y a là le cadre de tout un cours académique, et l'occasion de la fondation d'une chaire de haut enseignement, dont nous leur laissons volontiers le privilége.

1708. 5ᵉ ESPÈCE. DERMALGIE TRAUMATOXICOGÈNE (463 ****). Affection de la peau provenant de l'introduction dans la blessure d'un corps ou d'une graine vénéneuse. (Du grec : *trauma*, blessure où se glisse un corps étranger de nature vénéneuse (*toxicon*).

EFFETS. Il est évident que ce corps étranger ne tardera pas à infecter les tissus sous-cutanés et à produire des désordres plus ou moins graves selon l'énergie du poison, ou plus ou moins lents à se manifester selon le degré de solubilité de la substance.

Dans la *Revue complémentaire des sciences* (livr. de février 1855, tom. 1ᵉʳ, pag. 201), on pourra lire une exemple curieux d'une plaie par déchirement de la peau de la jambe, où il s'est glissé fortuitement un certain nombre de graines de ciguë vireuse, que, dans la précipitation du pansement, le chirurgien oublia dans la plaie, et dont la présence s'est longtemps opposée à la cicatrisation et a produit de temps à autre les accidents les plus compliqués et les plus inexplicables.

MÉDICATION. Si l'on parvenait à se rendre compte du siége et de la nature du corps toxique, la médication serait déjà en partie indiquée d'avance. Mais comme la cause ne se révèle qu'à la suite des progrès du mal, on se voit forcé de varier chaque jour la médication générale et de suivre à la piste les symptômes, pour leur couper le passage plus loin. Les compresses d'alcool camphré (1288, 2°) pour cerner le mal, les bains locaux fréquents (1235) pour assouplir, amollir les surfaces et tenir béants les pores de la transpiration ; l'application du sparadrap (1440) ou de la poix même pour amener, par la force du vide, la substance toxique sous la peau ; et, quand tous ces moyens sont en défaut, cautère (1324) sur la région qui paraît être en communication immédiate avec le siége du mal. A l'intérieur, le régime indiqué par le genre d'intoxication que les circonstances amèneront à soupçonner.

1709. 7ᵉ GENRE. DERMALGIES ZOOGÈNES (470); AFFECTIONS DE LA PEAU PRODUITES PAR LES ATTEINTES DES ANIMAUX GRANDS ET PETITS. (Du grec : *zóon*, être vivant).

SYNONYMIE. Morsures, piqûres, déchirures, succion, parasitisme externe et interne.

REMARQUES. Il serait inutile, quoique fort rationnel, de faire entrer dans cette classification tous les genres d'animaux qui peuvent être dans le cas de déchirer la peau de l'homme ; nous pourrions même nous dispenser de nous occuper des cas de blessures occasionnées par les attaques des animaux supérieurs ; car ces blessures peuvent être assimilées à celles dont nous nous sommes déjà occupés (1703). Cependant, quand ce ne serait que pour donner un spécimen de l'application de ce système à tous les cas possibles, nous ferons entrer dans notre cadre les cas de morsure des animaux supérieurs.

1710. 1ʳᵉ ESPÈCE. DERMALGIES THÉRIOGÈNES (475); désorganisation de la peau par les atteintes des bestiaux : bœuf, taureau, cheval, etc. (Du grec : *theria*, bestiaux).

EFFETS. Le taureau furieux à la vue d'une étoffe rouge, le bœuf, si placide d'ordinaire, s'il se sent piqué par un taon, le cheval en proie à la souffrance et au ressentiment, se ruent sur l'homme, comme le feraient les bêtes féroces, et peuvent dans un instant le mettre en pièces en frappant de la corne, des dents et du sabot. Les cas de ce genre rentrent dans les cas de pansements chirurgicaux, comme faits accomplis; mais il nous semble que rien ne serait plus facile que de prévenir ces accidents et de faire trêve subitement à la passion qui anime ces animaux domestiques, et cela à l'aide d'une violente distraction. Si l'on a sous la main un flacon ou d'eau sédative ou d'éther même, jetez le liquide à la face de l'animal (avec de l'adresse et du sang-froid cela est très-faisable); vous l'arrêterez dès lors tout court dans sa fureur. A défaut de cette précaution, tâchez de vous placer le dos au vent, et lancez-leur dans les yeux du tabac en poudre, du sable, de la boue; ils s'occuperont certainement beaucoup plus de s'éclaircir la vue en se débarbouillant que de vous poursuivre ainsi aveuglés; tout autre moyen de défense ne ferait souvent que les irriter davantage, à moins qu'on ne leur jetât dans les jambes ou le bâton ou la corde pour les faire trébucher.

1711. 2ᵉ ESPÈCE. Dᴇʀᴍᴀʟɢɪᴇ ᴍʏᴏɢᴇ̀ɴᴇ (475); morsure du rat.

ᴇғғᴇᴛs. C'est souvent une plaie empoisonnée.

ᴍᴇ́ᴅɪᴄᴀᴛɪᴏɴ. A l'instant même, appliquer, non-seulement sur la morsure, mais sur les régions environnantes, une compresse imbibée d'alcool camphré (1288, 2°); et s'il survenait une inflammation à l'entour, appliquez-y une compresse imbibée d'eau sédative (1345, 2°). Force bourrache (1469) à l'intérieur, quelquefois avec quelques gouttes d'eau sédative (1347, 4°).

1712. 3ᵉ ESPÈCE. Dᴇʀᴍᴀʟɢɪᴇ ʟʏᴛᴛᴀɢᴇ̀ɴᴇ; affection de la peau entamée, communiquée à tout l'organisme, à la suite de la morsure d'un quadrupède enragé (du grec : *lytta*, rage).

sʏɴᴏɴʏᴍɪᴇ. Rage, accès de rage, hydrophobie; — en latin : *hydrophobus;* — en grec : *hydrophobos* (de *hydor*, eau, et *phobos*, crainte).

ᴇғғᴇᴛs. Ces accès de rage surviennent spontanément aux chiens et aux chats, qui en communiquent ensuite le germe aux autres animaux et à l'homme, s'ils peuvent parvenir à les mordre. Ce germe couve souvent assez longtemps avant de se développer; et il ne faut alors qu'une idée, qu'un souvenir, qu'une image, pour que l'accès éclate et que la rage se manifeste subitement dans son plus horrible paroxysme.

Le chien, en proie aux premiers symptômes, prend la fuite; il a l'œil hagard, la queue entre les jambes, la tête basse, les lèvres pendantes; il tire la langue, la bave et l'écume à la gueule; il va droit devant lui; mais malheur au premier être vivant qu'il rencontrera, fût-ce son maître jusque-là le mieux obéi et le mieux défendu! C'est chez lui un acte irrésistible; ce n'est pas avec sa volonté qu'il mord, c'est avec la rage qui le dévore lui-même; jusque-là il partageait des caresses, aujourd'hui il fait partage d'un instinct d'aveugle férocité. Cette irrésistible fureur de mordre, jointe à une invincible horreur de l'eau et accompagnée d'une soif ardente, enfin une constriction affreuse dans les muscles du cou, c'est ce qui caractérise le mieux cette épouvantable et désespérante surexcitation cérébrale. On a vu des cas d'hydrophobie chez des crétins qui dans leurs accès récupéraient l'intelligence.

ᴄᴀᴜsᴇs. Le germe de la rage se communique par inoculation, à la suite d'une morsure pénétrante et qui déchire la peau; jusqu'à ce jour cette loi effrayante n'a pas présenté d'exceptions bien prouvées. Chez le chien et le chat, il n'y a pas de doute à cet égard : la rage survient sans aucune morsure préalable et d'une manière dite spontanée. Mais on cite des cas nombreux d'animaux d'une autre espèce devenus spontanément enragés, et sans avoir jamais été mordus préalablement par un animal atteint d'hydrophobie (*).

(*) Voyez un assez grand nombre d'exemples de rage spontanée dans : *Recueil périodique*

CAUSES. La connaissance de cette maladie remonte à la plus haute antiquité, puisque, dans Homère, Teucer, furieux d'avoir si mal ajusté Hector, s'écrie : *Je ne pourrai donc pas atteindre ce chien enragé* (κυνα λυσσήτηρα) (*). Si l'on veut lire avec attention ce que Dioscoride a écrit sur la rage (liv. 7, ch. 2, 3 et 4, édit. Goupil), on ne manquera pas de reconnaître que tout ce qu'ont écrit les auteurs subséquents et nos auteurs modernes, sur cette terrible maladie, n'a pas ajouté un document de plus à ce qu'en avait dit l'antiquité.

Il ne manque à la narration si détaillée de Dioscoride qu'une circonstance que Pline n'a pas laissée échapper, en compilant, comme Dioscoride l'a fait de son côté, les auteurs de matière médicale ; et ce renseignement, s'il venait à se confirmer, mettrait sur la voie d'une médication efficace, parce qu'elle serait rationnelle : « Il existe, dit Pline, sous la langue du chien, un petit ver que les Grecs appellent *lytta;* si on a soin de l'enlever sur les jeunes chiens, on est sûr qu'ils ne deviendront jamais enragés, et qu'ils n'auront jamais la moindre horreur de l'eau (liv. 29, ch. 5). Cette opinion s'est transmise, oralement et par la tradition, jusqu'aux Grecs modernes et aux peuples qui sont d'origine grecque. De nos jours Xanthos, originaire de Grèce, Marochetti et Magistel, l'ont retrouvée dans toutes les contrées de la Russie méridionale et de la Grèce, tout aussi nettement formulée que du temps de Pline (**) ; le ver auteur présumé de la rage est encore désigné en Grèce sous le nom de *lyssa* ou *lytta*, selon les dialectes. Cette hypothèse est de nature à rendre compte de l'invasion, du mode de transmission, des caractères de la maladie et du genre le plus efficace et le plus direct de médication : Car il est un fait d'observation qui n'a échappé à aucun observateur depuis Dioscoride, c'est que la rage se développe chez les chiens, tout aussi bien pendant les grandes chaleurs que pendant les grands froids, deux époques qui exposent le plus à l'invasion des parasites. Il est vrai que l'on pourrait trouver une autre raison à cette double coïncidence dans le manque d'eau à boire à l'époque de ces deux extrêmes de la température ; car la rage en ces circonstances se développe chez les chiens errants et rarement chez les chiens domestiques retenus au logis. Mais cependant il est difficile de concevoir que les conséquences morbides d'une soif extrême ne se dissipent pas à l'instant où l'animal rencontre de l'eau à boire. Nous avons du reste

---

d'obs. de médecine, 1757, tom. 7, pag. 1 et 81 ; — *Journal de médecine,* 1761, tom. 14, pag. 315 ; 1787, tom. 27, pag. 470 ; — Salius Diversus (*de febre pestilenti,* cap. 19, pag. 362); — Joannes Schenckius (lib. 7, *obs.*); — Sanchez (*Opera omnia,* tom. 1, *obs. in praxi,* pag. 375 ; — Brogiani (*de veneno animantium naturali et acquisito,* Florent., in-4°, pag. 101) ; —Boerhaave (*Aphorism.*); — *Recherches sur la rage,* par Andry, méd. rég. de la faculté de Paris; nouvelle édition augmentée de l'*Histoire du traitement* fait à Senlis. In-12, 1780.

(*) Il est impossible qu'Hippocrate n'ait pas connu une affection dont le mot, du temps d'Homère, était devenu une locution proverbiale; et cependant on ne trouve pas dans Hippocrate la moindre mention de la rage. De son silence à cet égard, il n'y a que deux choses à conclure, qui sont, ou que tous les écrits d'Hippocrate ne sont pas parvenus jusqu'à nous, ou bien qu'Hippocrate n'a pas eu le temps d'écrire sur tous les objets de ses connaissances. Celse, qui vivait dans le siècle d'Auguste, nous apprend que de son temps les Grecs se servaient du mot d'hydrophobe (ὑδρόφοβος) pour désigner l'homme atteint de la rage. Pline se sert du mot *hydroφovos*, écrivant le *b* comme les Grecs le prononçaient; car les Grecs gasconnaient sur les *b* et les *v*. Dioscoride désigne la rage par les mots de πάθος καλούμενον ὑδροφόβικον (maladie appelée par les Grecs hydrophobique). Galien se sert d'ὑδροφόβος dans cette acception, et Cœlius Aurelianus de celui d'*hydrophobia.*

(**) *Journal général de médecine,* tom. 83, juin 1823, pag. 384 ; tom. 84, sept. 1823, pag. 355.— *Journal de W. Hufeland,* janv.-févr. 1824.

cité des cas d'accès de rage déterminés par la succion d'acares attachés au fourchet des animaux, et sous la patte des chats principalement (626).

La transmission du virus rabique vient corroborer encore l'hypothèse de l'origine entomique de l'hydrophobie : c'est que la rage, chez les animaux mordus par un chien ou autre animal enragé, ne se développe pas immédiatement après la morsure, comme cela arrive dans tous les cas d'inoculation de virus par une solution de continuité : ce n'est qu'au bout d'un certain laps de temps, tout à fait indéterminé, après un an, six mois, et rarement un mois et demi à deux mois, que l'animal mordu commence à donner des signes suspects d'hydrophobie. L'incubation d'un œuf microscopique expliquerait facilement et le fait et les variations des époques : car l'incubation suppose des circonstances favorables ; et ces circonstances dépendent des hasards de la circulation. Il faut, pour que tout œuf éclose, qu'il s'attache à tel plutôt qu'à tel autre tissu ; il sommeillera donc ballotté, d'un bout à l'autre du système, jusqu'à ce que le flot circulatoire ait mis cet œuf en contact avec un tissu dont l'affinité puisse l'aspirer, l'attacher et le retenir à lui.

Mais comment concilier avec cette idée l'horreur invincible que le malade éprouve pour l'eau, d'où est venu le nom d'hydrophobie (udór, eau, et phobos, crainte)? Il est possible que ce soit là moins une horreur qu'une crainte ; que ce soit la conscience intime qu'on ne pourrait pas avaler en buvant ; le spasme de la gorge, la constriction des muscles du larynx et de l'œsophage, qui sait enfin? la paralysie des papilles d'aspiration qui tapissent l'œsophage s'opposant irrésistiblement à la déglutition. Or le parasitisme d'un ver est en état de déterminer et la constriction des muscles, et l'hébétude, l'insensibilité, la paralysie enfin des papilles des muqueuses, puis l'épaississement des parois et par conséquent le rétrécissement du passage.

Une dernière réflexion me survient, à la suite du dépouillement des notes que je recueille depuis nombre d'années, c'est que la rage semble être limitée à la zone tempérée de l'hémisphère boréal.

Je me demande souvent ce que deviendrait un chien ou un chat, que happerait à la langue un dragonneau (1039), ver si effilé, si long et si commun dans les eaux bourbeuses, les seules que le chien rencontre dans ses courses, pendant les grandes chaleurs et les grands froids? La présence seule de ce ver s'insinuant sous le filet de la langue, ravageant par ses méandres animés tous ces tissus où la salive vient sourdre par tant de glandes, piquant de sa trompe ces organes où les papilles nerveuses s'épanouissent avec une si grande puissance de sensibilité, la présence, dis-je de ce diminutif du ver de Médine (1025) ne reproduirait-elle pas tous les symptômes de la rage la mieux caractérisée?

Or remarquez d'abord que le siége de cette féroce maladie est exclusivement dans les organes de la bouche et dans l'arrière-gorge ; on arracherait petit à petit la langue au malheureux qui souffre, qu'on ne le rendrait pas moins enragé, et qu'il n'éprouverait pas une moindre constriction à la gorge.

D'un autre côté, lytta ou lyssa est un mot d'origine grecque qui vient de luein (se délier comme un fil), ce qui caractérise bien le dragonneau (1039). La bave, dans cette hypothèse, ne serait tant à craindre que parce qu'elle serait le dépôt des œufs du dragonneau, œufs si nombreux que le ver ne semble qu'un seul ovaire. Remarquez que la bave n'agit pas à la manière de l'intoxication, mais à la manière de l'incubation : en quelques instants l'intoxication se manifeste ; la rage couve quelquefois jusqu'à six mois et un an. L'horreur de l'eau est dès lors instinctive ; le dragonneau étant un ver aquatique, un animal qui tire sa force de l'eau, à qui il faut de l'eau pour agir. Ensuite s'il est dans la question un point qui ne supporte par la moindre objection plausible, c'est que tous les remèdes préconisés par les anciens et les modernes, comme ayant, dans un cas donné, amené la guérison de la rage, sont tous des remèdes vermifuges ou employés contre les piqûres des insectes et des vers; et la liste de ces remèdes contre la morsure des chiens enragés, nous la retrouvons presque tout entière dans la compilation pharmaceutique de Dioscoride; nos livres modernes n'ont presque rien ajouté, absolument rien, ni à cette liste, ni à l'histoire et à la description que Dioscoride nous donne de la maladie communiquée par la morsure des chiens enragés : Il consacre à ce sujet les trois des premiers chapitres de son livre septième:

« Il conseille d'appliquer tout d'abord sur la plaie un mélange de cendres de sarments de vignes et d'écrevisses, c'est-à-dire, un mélange de potasse et de chaux caustique (caustique de Vienne), (1314, 3°), et il place la cautérisation par le fer rouge ou *cautère actuel* bien au-dessus de cette cautérisation que nous appelons *potentielle;* quand la croûte ou escarre tombait, il avait soin d'entretenir encore quelques jours la suppuration de la plaie. Il va jusqu'à prescrire de substituer une plaie à la morsure, de cerner la morsure avec le scalpel, et d'enlever de la chair tout ce que la dent a pu atteindre, de laisser saigner ensuite, pour que l'effusion de sang expulse le venin et en lave la plaie. Il y appliquait les ventouses. Il administrait à l'intérieur pendant quatre jours de suite une potion composée de deux cuillers de cendres d'écrevisse (chaux caustique) une cuiller de gentiane, dans quatre verres (un litre) de vin généreux; et s'il n'était appelé que deux ou trois jours après l'accident, il triplait la dose. Ce n'est pas tout; et pour prévenir les conséquences futures de l'inoculation, il faisait prendre au blessé une saumure composée de sel, d'ail sauvage broyé avec une tête d'oignon de Cyrénaïque, de Médie ou du pays des Parthes (Dioscoride écrivait dans la Cilicie province de l'Asie Mineure)(*).

» Il ordonnait de faire entrer dans la nourriture de chaque jour force porreaux, gousses d'ail et oignons, vu que, dit-il, ces légumes sont lents à digérer, que la digestion n'en décompose qu'avec grand'peine le principe actif qui reste longtemps dans l'organisme et survit même à la défécation. La thériaque, ce composé de 54 aromates, lui paraît un excellent succédané de ce premier remède, à cause de la persistance du principe aromatique. On doit boire du vin généreux; provoquer d'abondantes transpirations user d'aliments âcres et épicés. Dioscoride va jusqu'à conseiller l'emploi de l'hellébore. Mais il recommande que tout ce régime soit suivi dès l'instant de l'accident; car il est plus puissant à prévenir qu'à guérir. »

A cette médication on n'a ajouté que des modifications dans les doses ou dans la nature des succédanés : En effet Hervet dit avoir employé avec succès les vapeurs d'alcali volatil et le vinaigre bouillant; —Vitet (*Médecine vétérinaire*, 1787) une infusion à haute dose de gentiane et de sauge dans du vinaigre fort.—A Varsovie on se servait d'une pâte de tabac, de beurre et de vinaigre.—Desault avait recours à des pilules mercurielles.—Choysel, apothicaire des jésuites à Pondichéry, assurait avoir obtenu des guérisons, avec l'emploi d'un gros d'un mélange de : trois gros de mercure éteint dans un gros de térébenthine; deux drachmes de rhubarbe et deux drachmes de coloquinte, idem de gomme-

___

. (*) Les Grecs d'aujourd'hui, d'après le docteur Xanthos (*loco citato*), après avoir enlevé avec un rasoir le *lytta* sous le filet du chien, appliquent sur la plaie du sel broyé avec de l'ail (remède de Dioscoride); et Bastien continuateur de la *Maison rustique* de J. Liébault, cite un cas de guérison uniquement dû à un pareil remède : Deux habitants de Nogent-le-Rotrou, l'homme et la femme, étant devenus hydrophobes, à la suite d'une morsure par un chien enragé, et voulant se soustraire aux poursuites de la foule, se réfugièrent dans un grenier dont le plancher était jonché d'oignons. Là ils se mirent tous les deux à assouvir leur rage, en mordant à belles dents sur tous ces oignons ; et ils se trouvèrent guéris et revenus au calme et à la raison comme par enchantement.

gutte, le tout incorporé dans une suffisante quantité de miel. — Les Anglais, en 1755, employaient, dans les Indes, une potion de *lichen cinereus* et de poivre noir bouilli dans du lait. — Colinson un mélange de musc, de cinabre et de vermillon, 16 grains de chaque. — On a cité, en 1761, un cas de guérison obtenu avec l'eau de Luce (*) à l'intérieur et l'emploi autour du cou d'un liniment composé de quelques grains d'opium, de camphre dissous dans l'huile d'olive, le tout suffisamment animé d'alcali volatil. — Brugnatelli s'est vanté d'avoir guéri de la rage avec de l'eau chlorée en pilules et en frictions. — Enfin, en 1672, on a commencé à préconiser les effets du ver du *meloe maialis*, autrement dit *ver de mai*, que les bonnes gens appellent cétoine; Linné recommande à son tour contre la rage la mixture de la poudre de cette espèce de cantharide avec du miel et de l'huile; et il a paru sur cette médication jusqu'à six traités ou mémoires de 1672 à 1788 (**). Tous ces rémèdes, comme on le voit, rentrent dans la catégorie des médications antivermineuses; et si celles-ci restent inefficaces, c'est, comme le fait observer Dioscoride, qu'on les applique quand il est trop tard, et que le mal a déjà tout envahi et qu'il est sans remède.

N. B. J'inscrirai bien volontiers, au nombre de ces spécifiques, un autre qui paraît des plus efficaces; mais malheureusement son efficacité dépend d'une certaine dose de foi qui est rare en ce bas monde : Prenez une forte dose de foi et la recette suivante, et vous êtes sûr de n'avoir plus rien à craindre des chiens enragés; mais, d'un autre côté, redoutez la malédiction du marchand et la colère de son saint, si vous ne prenez pas son remède. Je le transcris, comme document précieux pour l'histoire du progrès de l'esprit humain, je le transcris sur la circulaire même que distribue le saint homme ou bien le pieux marchand, et telle que l'a publié, en septembre 1853, pour copie conforme, cet impie *Constitutionnel de Mons*, en dénonçant cet acte de foi à l'attention du parquet :

« CIRCULAIRE EN RÈGLE.

» *Certificat réel délivré à Saint-Hubert, le 17 juin.*

» SCELLÉ ET PATENTÉ.

» BRULURE GRATUITE DES ANIMAUX AVEC LA CLEF DE SAINT HUBERT, POUR LES PRÉSERVER DE TOUT MALHEUR.

» Avant que d'acheter, il est libre de demander au porteur l'exhibition de ce certificat, dont voici un extrait : « Il arrive quelquefois que des colporteurs munis du présent certificat, en » abusent pour vendre des objets qui n'ont point été bénits. Les personnes qui achètent doivent » faire attention à la date du jour où le certificat a été délivré, et la quantité des objets bénits » désignés par ces mots : *grande quantité, beaucoup, plusieurs* et *quelques*. »

» M.

» J'ai l'honneur de vous informer que je viens d'arriver de Saint-Hubert, en Ardennes, avec des marchandises consistant en anneaux similor, dorés et autres, toutes sortes de chapelets, croix, médailles, boutons de chemises, colliers pour enfants, broches, boucles d'oreilles et autres objets divers concernant le commerce de Saint-Hubert; et je vous assure sur mon âme et conscience que tout ce que je vous présente en vente est bénit et a touché l'étole miraculeuse. Je vous prie donc d'épargner le *Je n'ai besoin de rien;* car lorsque vous en auriez besoin,

(*) Composée d'ammoniaque 70 grammes, alcool à 36° 5 grammes, huile de succin 1 décigramme, savon blanc 5 centigrammes, baume de la Mecque 5 grammes. On en prenait 10 à 20 gouttes dans un verre d'eau.

(**) Ce remède a été de nouveau préconisé en 1852 par un prêtre qui s'en disait l'inventeur. Voyez à ce sujet notre léttre à l'*Estafette*, datée de Doullens, le 16 juillet 1852; ensuite l'*Essai d'un traité complet sur le ver-de-mai contre la rage;* par J.-Chr. Conrad Dehne, 2 vol. Leipzig, 1788.

soit en cas de maladie ou de rage, il serait trop tard. J'ai moi-même, par la grâce divine, été secouru de la rage à Saint-Hubert; mais mal soigné, j'y ai perdu le bras gauche par suite de la gangrène qui en a occasionné l'amputation. C'est pourquoi veuillez tous, petits et grands, vous munir de ces objets et considérer que je ne puis autrement gagner mon pain, n'ayant plus qu'un bras. Cependant, comme parmi un certain nombre de personnes il s'en trouve qui ont des idées particulières, et qui ne croient à rien, laissons à chacun ses opinions, car je sers loyalement.

» En terminant, je porte à votre connaissance que je vais prochainement quitter cette ville pour deux ou trois années, et je prie tout chrétien de vouloir bien songer aux malheurs qui peuvent survenir à tous ceux qui ne sont pas munis de ces objets bénits.

Daignez accueillir cette circulaire et me la conserver.

» Je vous prie, en conséquence, de méditer de nouveau ces paroles : *Je n'ai besoin de rien.* Dieu seul connaît les malheurs du monde, car ils sont plus près qu'on ne le pense souvent.

» Ayez donc confiance en saint Hubert, et vous êtes sûrs d'être préservés de ces malheurs. Il n'y a qu'une seule étole de ce saint, elle repose dans les Ardennes, province de Luxembourg. »

N. B. Quand je vous disais que la foi est rare en ce monde; car voilà un marchand qui la vend et qui n'en garde pas pour lui, puisqu'il a eu recours à la médecine profane, quand il avait dans la poche la clef de St. Hubert; à moins que la date de sa foi ne soit postérieure à celle de sa morsure, ce qui prouverait encore combien la foi arrive souvent mal à propos.

Quoi qu'il en soit, et reprenant l'observation à la place de la foi, nous ne manquons pas de témoignages en faveur de l'efficacité des remèdes pharmaceutiques, que nous avons mentionnés plus haut contre la rage communiquée ou spontanée (*).

PRÉCAUTIONS PRÉSERVATRICES. Il en est du virus de la rage comme de celui de la vipère ; il n'est toxique que par inoculation ; la bave du chien est inoffensive pour le chien qui l'avale ; on peut la manier impunément. Cette observation est toujours bonne à soumettre à ceux qui se dévouent pour soigner les hydrophobes : la rage ne peut se communiquer que par une morsure saignante. Dès que vous voyez venir un animal enragé, ou que vous êtes menacé d'être mordu par un malheureux hydrophobe, hâtez-vous de vous armer d'un vase rempli d'eau, de tremper votre mouchoir ou une serviette dans l'eau, et de menacer à votre tour l'animal ou l'homme enragé de cette eau dont l'hydrophobe a une horreur si invincible ; rien que la vue de l'eau le détournera de votre chemin, je le pense. Quant à l'animal, toute autre arme vaudrait mieux sans doute pour le salut de tous ; et l'on ne devrait jamais voyager dans les champs, en été et en hiver, sans avoir, comme les fermiers de ce pays, un jonc vigoureux terminé par une fourche à deux branches d'acier bien trempé. Mais la meilleure défense vient encore de l'autorité, qui doit prendre toutes sortes de mesures pour faire disparaître les chiens errants et sans maîtres ; les cas de rage communiquée et spontanée deviennent d'autant moins fréquents, que la commune sait se conformer plus strictement aux dispositions de ces sortes d'ordonnances. C'est par suite d'une telle vigilance, qu'on a vu en Angleterre les cas d'hydrophobie diminuer d'année en année, en sorte qu'en 1838 on n'a compté que 24 cas ; en 1839, 15 ; en 1840, 12 ; en 1841, 7 ; en 1842, 5, et plus aucun cas les années suivantes. C'est à l'impôt sur les chiens, ainsi qu'aux sages mesures de la police, qu'on a été redevable de cet heureux résultat.

(*) Voyez à ce sujet : *Recueil d'obs. de méd.* 1755, tom 3, pag. 182 et 205 ; — *Recueil périodique de méd.*, 1756 , tom. 5, pag. 181 et 189 ; — *Journ. de méd.*, 1761, tom. 14, page 299 ; 1784, tom. 62, pag. 604 ; — *Journ. de méd.* de Leroux, avril 1814 ; — *Journ. gén de méd.* de Sédillot, 1815, tom. 52, pag. 21 ; 1823, tom. 83, pag. 384, tom. 84, pag. 355, etc.

MÉDICATION PRÉVENTIVE. Immédiatement après la morsure, on doit brûler la plaie ou avec un fer chaud ou avec de l'ammoniaque caustique, si on peut en avoir sous la main ; ou bien appliquer, après avoir un peu scarifié la plaie, une large compresse qu'on entretiendra imbibée d'alcool camphré (1288, 2°) pendant assez longtemps. On établira, en deçà et au delà de la plaie, une forte ligature, si cela est praticable ; arrosez alors les deux ligatures d'eau sédative (1345, 1°). Enlevez les ligatures, dès qu'elles produiront une trop forte tuméfaction, en continuant les lotions à l'eau sédative ; enlevez les compresses d'alcool camphré au bout d'une heure. Mais dès ce moment on doit administrer un bol d'infusion de bourrache (1469) très-chaude alcalisée avec une demi-cuillerée d'eau sédative (1336, 1°). Soir et matin on prendra la même infusion, sans eau sédative. Soir et matin lavement vermifuge (1399) ; ensuite large lotion à l'eau sédative, sur le dos ; larges ablutions autour du cou et sur le crâne (1345, 1°; 1347, 3°) et friction générale à la pommade camphrée (1302, 1°) avec massage. Tous les huit jours, pendant huit jours, bain sédatif (1209) : arrosez le crâne d'eau sédative dans le bain ; et friction générale à la pommade camphrée au sortir du bain. Ail (1250) à dîner et en salade chaque jour ; nourriture épicée. Un petit verre de liqueur hygiénique de temps à autre (1553). Chiques galvaniques (1424). Exercices gymnastiques. Cigarette de camphre (1272).

MÉDICATION CURATIVE. Si, en dépit de ces précautions préservatrices et de ce traitement préventif, la rage vient à se déclarer, on doit plonger le malade dans un bain sédatif (1209); lui tenir le cou entouré d'une compresse imbibée tantôt d'eau sédative (1345, 2°), tantôt d'alcool camphré (1288, 2°). Quand le malade ne supporte plus la fatigue du bain, ou si l'horreur du bain le jette dans des convulsions trop fortes, on le soumet à des fumigations d'herbes odoriférantes et de vinaigre camphré (1509); on lui brûle fréquemment sous le nez de ce vinaigre. Lavement vermifuge le soir (1399), et superpurgatif (1398) le matin. On lui jette fréquemment dans la bouche des boulettes du mélange suivant : Deux gousses d'ail (1246), une tête d'oignon, quatre grammes d'écorce de grenade (1491), deux grammes de camphre (1268), vingt-cinq centigrammes d'aloès (1197), cinq centigrammes d'opium, trente grammes d'huile de ricin (1435), quinze grammes de sel de cuisine ; le tout broyé ensemble et pétri avec une suffisante quantité de farine et d'eau sédative (1336) ; on en fait des boulettes grosses comme un haricot, qu'on jette dans la bouche du malade, et qu'on lui fait mordre de force au besoin, en plaçant la boulette au bout d'une baguette. Il mordrait sur toute cette pâtée, qu'il ne s'en trouverait pas plus mal ; car il n'en avalerait jamais qu'une partie, et il ne prendrait jamais ainsi la dose de camphre que par fraction. Dès que le malade est sorti du bain, lavement superpurgatif (1398), frictions à l'huile de ricin (1438), salsepareille iodurée (1505), soir et matin ; compresses d'alcool camphré (1288, 2°) autour du cou, alternant avec les compresses d'eau sédative (1345, 2°). Purgez, affaiblissez par les purgatifs tant que vous pourrez. Essayez de toutes les façons ; car il faut arriver à triompher de cette épouvantable affliction de la médecine jusqu'à ce jour impuissante.

N. B. De tout ce que nous venons d'exposer, on déduira, que selon l'hypothèse, on peut classer la rage, tout aussi bien dans les DERMALGIES que dans les STOMALGIES, et dans l'espèce DERMALGIE OU STOMALGIE KUNIGÈNE que dans la DERMALGIE OU STOMALGIE LYTTOGÈNE (de *stoma*, bouche et gorge, où le mal a son siége, lorsqu'il se déclare).

1713. 4° ESPÈCE. DERMALGIE TRAUMATIQUE MYGALIGÈNE (475). Morsure de la musaraigne (*mygalé* en grec)

MÉDICATION. Scarifiez la plaie : appliquez-y une forte compresse imbibée d'alcool camphré (1288, 2°) et tout autour des compresses d'eau sédative (1345, 2°); faites

prendre au blessé un bol de bourrache chaude (1469) alcalisée avec une cuiller à café
d'eau sédative (1347, 4°); aloès (1197) aussitôt et lavement (1396).

1714. 5ᵐᵉ ESPÈCE. DERMALGIE KENTRIGÈNE; maladie provenant, de l'introduction, dans
la peau, de l'aiguillon de l'épinoche ou de la raie bouclée, etc. (477), d'un coup de bec
de certains coqs (476) (du grec *kentron*, aiguillon).

MÉDICATION. La même que la précédente.

N. B. Voyez, pour l'introduction de la dent du brochet dans l'extrémité du doigt, le
groupe des névralgies, à l'article PANARIS.

1715. 6ᵉ ESPÈCE. DERMALGIE ECHIDNOGÈNE, maladie provenant de la morsure de la
vipère ét de tout serpent venimeux (486), (du grec, *echidnè*, vipère).

MÉDICATION. Cautériser le plus promptement qu'on pourra la piqûre, soit avec un
fer rougi au feu, soit et mieux encore avec une compresse imbibée d'ammoniaque
liquide (1336) qu'on aura soin d'appuyer fortement sur la plaie; entourer la surface
de compresses imbibées d'alcool camphré (1288, 2°); administrer, sur-le-champ et
plusieurs jours, soir et matin, au malade un bol de bourrache chaude (1469), aiguisée
d'une cuiller à café d'eau sédative (1347, 4°). Lotionner fréquemment l'estomac, la
poitrine, le dos avec l'eau sédative (1345, 4°). Huile de ricin ensuite (1438) et lavement
superpurgatif (1398).

1716. 7ᵉ ESPÈCE. DERMALGIE SCORPIOGÈNE, maladie produite par la piqûre du
scorpion (530) ou de la scolopendre (535), (du grec : *skorpios*, scorpion).

MÉDICATION. La même que la précédente pour la morsure de la vipère (1715).

1717. 8ᵉ GENRE. DERMALGIES ENTOMOGÈNES, MALADIES DE LA PEAU CAUSÉES PAR
LE PARASITISME DES INSECTES (du grec : *entomos*, insecte).

MÉDICATION PRÉVENTIVE. Nous entrons ici dans une veine de causes morbipares
qui intéresse autant l'horticulture, la vétérinaire que la médecine humaine, et dont il
est tout aussi facile de se préserver que de se guérir. 1° On préserve les plantes du
parasitisme des insectes, en les aspergeant et en les arrosant au pied avec une eau
tenant en dissolution un gramme d'aloès (1490) par seau d'eau. On applique sur les
chancres des arbres un emplâtre fait avec de la terre pétrie avec la même eau aloétique; on brosse leur écorce avec la même eau. 2° On préserve les bestiaux des atteintes
de toutes espèces d'insectes, en les lavant chaque jour avec de l'eau aloétique (1490) à
la dose de trois ou quatre grammes d'aloès par seau d'eau (on fait dissoudre l'aloès
dans un litre d'eau bouillante qu'on mêle ensuite avec l'eau du seau). Cela les garantit
des poux, de l'invasion des acares sous-cutanés, de la piqûre des taons, cousins et
œstres, etc. 3° Quant à l'homme, les lotions à l'alcool camphré mêlé d'aloès lui rendront
les mêmes services. Pour les personnes qui préfèrent les parfums à l'odeur du camphre,
nous avons fait composer exprès, à la Pharmacie complémentaire de la rue du Temple, 14,
une *eau de toilette hygiénique* ou *ambroisie de la peau*, qui réunit à la suavité des
senteurs la propriété insectifuge qui nous occupe.

1718. 1ʳᵉ ESPÈCE. DERMALGIE ARACHNIGÈNE; maladie produite par la piqûre de
l'araignée (543) (du grec : *arachnè*, araignée).

EFFETS. Le caractère local de la piqûre varie selon les régions du corps. La piqûre
aux lèvres est plus livide que sur la peau du corps. Sur les parties génitales (accident
très-fréquent dans les latrines mal tenues), cette piqûre prend souvent le caractère d'un
chancre plus ou moins induré et de mauvais aspect que bien des médecins ont confondu avec le chancre syphilitique (350, 4°). La figure 11, pl. 17, représente la pustule
qui succède en général à la piqûre sur la peau du corps et des paupières; cet aspect se
modifie sur les lèvres, les parois buccales et les organes génitaux.

MÉDICATION CURATIVE. Appliquer aussitôt une forte compresse imbibée d'alcool camphré (1288, 2°) sur la piqûre, à quelque époque que ce soit; et tout autour de fortes compresses d'eau sédative (1345, 2°), pendant dix minutes au moins.

1719. 2° ESPÈCE. **DERMALGIE LEPTIGÈNE**; maladie cutanée produite, surtout aux jambes, par l'invasion des **LEPTES** (*leptus autumnalis*) au temps de la moisson (605), ou par l'acare des pigeonniers (607).

MÉDICATION. Se lotionner les surfaces envahies avec de l'alcool camphré (1288, 1°) et ensuite à l'eau sédative (1345, 1°).

1720. 3° ESPÈCE. **DERMALGIE LOÏMOGÈNE**; maladie produite par l'acare indéterminé, dont le parasitisme engendre la peste et la pustule maligne (639) (du grec : *loïmos*, peste).

SYNONYMIE. Peste, typhus d'Orient, bouton d'Alep, anthrax, pustule maligne, charbon, phlegmon charbonneux; — *loïmos*, en grec; — *pestis* en latin.

EFFETS. La peste se déclare par un phlegmon charbonneux, et d'un noir sinistre, qui survient aux aïnes, aux aisselles, et prend alors le nom de *bubon*, ou sur la peau de toute autre région, et prend le nom de *pustule maligne* ou *phlegmon pesti-lentiel*, analogue à celui que détermine si souvent le dard des guêpes, lorsqu'il s'est em-poisonné dans les sucs des cadavres; car il faut bien peu de produit gangréneux pour infecter toute l'économie. Aussi l'apparition de cette pustule maligne ne tarde pas à être suivie d'une fièvre délirante, souvent de vomissements et de déjections de mau-vaise nature, et enfin d'une atonie générale qui n'est qu'un long prélude de la mort. Si la peste était contagieuse, il n'échapperait personne de tous ceux qui soignent les pestiférés; si la peste était due à des émanations locales, elle ne serait pas importée par les vaisseaux qui viennent de bien loin; elle ne serait pas communiquée par les hardes des navigateurs; elle ne se manifesterait pas tout d'abord par une pustule à la peau; elle débuterait, comme tous les empoisonnements miasmatiques, par l'asphyxie ou par les désordres intestinaux. A la suite du dépouillement que nous avons fait des divers épisodes de la peste, nous avons acquis la conviction que tous ceux qui, au sein de ces grandes épidémies, s'en sont maintenus exempts, appartenaient tous à la classe des travailleurs qui vivent habituellement dans une atmosphère parfumée de vapeurs insectifuges, tels que les droguistes, les parfumeurs, les fabricants de cou-leurs, les teinturiers, les fabricants et porteurs d'huiles, les distillateurs de camphre surtout, etc.

MÉDICATION PRÉVENTIVE. Le régime hygiénique complet (1641) est le premier préservatif de la peste. Lotions fréquentes à l'eau aloétique (1717) et ensuite frictions à la pommade camphrée (1302, 1°); cigarette de camphre (1272); nourriture épicée et alliacée (1246) à haute dose. Porter toujours avec soi un morceau de camphre (1255). On allume tous les soirs de grands feux sur les places publiques, et chacun autour de son habitation, surtout avec des rameaux d'arbres résineux. Flairez souvent du vinaigre ammoniacal (1511); et brûlez, sur une pelle rougie au feu, du vinaigre camphré (1509).

MÉDICATION CURATIVE. Si cependant l'invasion de la cause *loïmopare* échappe à tous ces moyens de la conjurer, et que quelques symptômes précurseurs de la pustule maligne se manifestent, scarifiez aussitôt le phlegmon ou bouton pestilentiel, et appliquez-y une compresse imbibée d'alcool camphré (1288, 2°) et même de vinaigre camphré (1509), jusqu'à ce que la dessiccation de la pustule paraisse complète et que la plaie soit transformée en escarre (342); recouvrez-la alors d'un linge enduit de cérat camphré (1303). Administrez un petit verre de liqueur hygiénique (1289). Lotions jusqu'à cessation des symptômes avec l'eau sédative (1345, 1°) et friction à la pommade camphrée (1302, 1°). Flairer souvent du vinaigre ammoniacal (1511). Huile de ricin (1438) et lavement vermifuge (1309). Soir et matin au moins, camphre (1266) avec bourrache (1472) alcalisée d'une cuiller à café d'eau sédative (1336, 1°); puis continuer toute la médication préventive.

N. B. 1° A force de tous ces soins, vous triompherez de la peste, presqu'à toutes les périodes, mais infailliblement au début et dès son apparition.

2° Les linges des pestiférés doivent être soumis aux vapeurs de soufre dans un local bien clos, ou bien déposés, après avoir été saupoudrés de camphre, dans des caisses hermétiquement fermées.

1721. 4ᵉ ESPÈCE. DERMALGIE SARCOPTOGÈNE PSORIQUE ; maladie de la peau, provenant du parasitisme sous-épidermique du *ciron de la gale* (692, 723); (du grec : *sarcoptes,* ciron qui coupe les chairs; dénomination impropre (706**), mais qui est devenue trop classique pour que l'on puisse la changer).

SYNONYMIE. Gale humaine ; gale des bestiaux ; rouvieux des chevaux ; rogne, grattelle ; — en grec : *psôra, psôriasis;* — en latin : *scabies.*

EFFETS. Nous avons suffisamment décrit les effets, en nous occupant de l'insecte qui en est la cause; le carré 1ᵉʳ de la planche 17 les représente du reste dans tous leurs états (724) pour la peau humaine. Chez le cheval, les acares ne pullulent que sur les régions les moins sujettes à subir les frottements des harnais et de l'étrille ; ils se réfugient dans la crinière, et désorganisent la peau en débris furfuracés.

Si nous comparons ensuite les pustules de la gale humaine avec celles des maladies cutanées auxquelles on a donné les noms d'*herpès phlycténoïde* (fig. 2, pl. 17), d'*herpès coronoïde* (fig. 3), d'*herpès iris* (fig. 4), enfin de certains *pemphigus* (fig. 5); il devra nous paraître infiniment concluant que ces sortes d'effets ont trop d'analogie avec ceux de la gale, pour qu'ils ne dérivent pas également du parasitisme d'un acare, sinon identique, du moins analogue à celui de la gale humaine. Leurs effets varient de configuration, selon les régions envahies par l'insecte. Quand vous relirez l'historique de la question de la gale, dans le 2ᵉ volume de cet ouvrage (692), vous ne manquerez sans doute pas de convenir avec nous, que la science aurait eu immensément à gagner, depuis des siècles, à la suppression complète de ces institutions de monopole médical qui se décorent du titre de facultés universitaires. Que de temps n'a-t-il pas fallu pour faire comprendre à ces hauts et puissants savants, que les bonnes et simples femmes de Corse en savaient plus qu'eux tous sur cet article, et que, si ces simples bons soins ne guérissaient pas de la maladie, du moins ils n'en ajoutaient pas une pire encore par des traitements horriblement intoxicants (les *antipsoriques arsenicaux* et *mercuriels*). Que d'existences au contraire la médecine scolastique n'a-t-elle pas brisées à tout jamais, dans le seul but de parvenir à les débarrasser d'un tout petit ciron, dont on se débarrasse aujourd'hui si vite et à si peu de frais ! Ils ne parvenaient alors à tuer l'insecte qu'en empoisonnant le patient pour le reste de ses jours ; ils substituaient à la gale des dartres de tous les caractères et de toutes les façons, et souvent des intoxications pulmonaires et intestinales qu'ils décoraient ensuite de *gales rentrées;* c'étaient malheureusement leurs remèdes qui étaient rentrés aux malades jusqu'au cœur. A cette époque, l'élève le plus instruit eût été unanimement refusé, s'il avait osé soutenir que l'insecte était la cause immédiate et non une coïncidence ou une complication de la gale; jugez par là quelle pierre de touche est un examen, et combien de refusés ont pu être plus dignes et plus capables que les admis et que leurs propres maîtres ! Ces maîtres du moins ont-ils profité de la leçon? Oui, pour en devenir plus ingrats et plus rétrogrades, plus serviles et plus acharnés à la persécution.

MÉDICATION. En 24 heures et moins, aujourd'hui, on peut se débarrasser de la gale, dont on poursuivait jadis le fantôme à force de remèdes, nouvelles causes de maux pires que ce mal. Un bain sédatif (1209) d'une heure suffit souvent pour en dé-- barrasser radicalement, surtout si, au sortir du bain, on se frictionne de la tête aux pieds avec de la pommade camphrée (1302, 1°) et qu'on se lotionne ensuite trois fois par jour à l'alcool camphré (1288, 1°). Avant de se mettre au bain, on doit faire un paquet du linge et des habits que l'on a portés, des draps et couvertures dans lesquels on a couché ; on dépose le tout dans une chambre, où l'on introduit après cela, avec toutes les précautions contre l'incendie, un réchaud de charbons ardents sur lesquels on jette une bonne poignée de soufre ; et l'on ferme la porte hermétiquement. On pourrait se contenter d'enfermer le paquet dans la même chambre, après l'avoir sau- poudré d'une forte dose de camphre (1268). Soir et matin lotion générale à l'eau séda- tive (1345, 1°) et friction générale à la pommade camphrée (1302, 1°). Le matin lave- ment vermifuge (1399) ; nourriture alliacée (1246).

N. B. Du reste notre régime hygiénique est un excellent préservatif; il l'emporte sur toutes les professions parfumées ou oléagineuses. Comme nous l'avons dit pour la peste (1720), on porte du camphre dans la poche ; on prend la cigarette de camphre (1272) ; on saupoudre sa couche de camphre. Les dames qui voudront éviter de sen- tir le camphre feront usage, en lotion, de *l'ambroisie de la peau* ou eau de toilette hygiénique (1717).

N. B. A la faveur de ces notions d'histoire naturelle et de cette médication, dont on pourrait varier le thème à l'infini par les succédanés de nos remèdes, non-seule- ment la gale n'est plus remplacée, dans les casernes et les hôpitaux, par des maladies arsenigènes ou hydrargènes (*) ; mais encore cette maladie, si commune jadis, devient de plus en plus rare, à cause de l'efficacité et de la promptitude du nouveau traite- ment, devenu depuis tellement usuel, que tous les plagiats imaginés par les gros bon- nets du *docto et pio corpore*, pour en détourner l'attention, ont été accueillis, même en ce pays, par des éclats de rire.

1722. 5ᵉ ESPÈCE : Dermalgie sarcoptogène ostréacée ; maladie cutanée occasionnée par le parasitisme d'un sarcopte inconnu, et dont les vésicules se changent en croûtes à recouvrements, à peu près comme le sont les écailles d'huttre (*ostreæ*).

Synonymie. *Rupia simplex* des auteurs modernes, etc. (pl. 17, fig. 6).

1723. 6ᵉ ESPÈCE . Dermalgie sarcoptogène variolique ; maladie provenant du parasitisme sous-cutané d'un sarcopte innominé, qui détermine de proche en proche des petites pustules ou bien des bulles, lesquelles, en se rapprochant, finissent par for- mer des traînées confluentes et par couvrir toute la superficie du corps.

Synonymie historique. Variole, discrète ou confluente; petite vérole, vérolette, va- rioloïde, varicelle, vérole volante et bâtarde ; — en latin moderne : *variolæ, variolæ spuriæ, varioloïdes.*

La petite vérole a été inconnue aux Grecs et aux Latins. La première description en a été donnée, en 622, sous le nom de *Djidri*, par le médecin arabe Aharoun; mais, suivant un manuscrit arabe conservé à la bibliothèque de Leyde, elle aurait déjà été remarquée en Arabie, à l'époque de la naissance de Mahomet, en l'année 572. Elle s'est répandue en Europe, à la suite de l'invasion des Sarrasins dans les contrées méridio- nales ; on cite pourtant un passage du *Chronicon* de l'évêque Marius, qui ferait remon- ter à 570 la première apparition de ce fléau en France. Depuis cette époque, s'il fallait s'en fier aux descripteurs, ce mal exotique et importé aurait produit une assez nom- breuse génération de modifications, variétés et sous-variétés variables à l'infini, dont

(*) Voy. tom. Iᵉʳ, pag. 274.

les noms encombrent la synonymie, sans ajouter un seul renseignement utile pour le traitement. Ce n'est pas à dire que cette maladie ait pris naissance à l'époque où elle s'est manifestée aux auteurs que nous citons ; elle était certainement connue ailleurs de tout temps, confinée qu'elle était dans le centre de l'Afrique, d'où elle se sera répandue en Égypte et en Arabie par la voie des voyageurs qui auront pu se mettre en rapport avec ces pays inconnus : les maladies entomogènes s'acclimatent avec les insectes qui en sont les auteurs, et les insectes émigrent avec les voyageurs. Seulement ces maladies peuvent varier de caractères à l'infini, selon les constitutions, les âges, la contexture des tissus, les habitudes de vivre, les climats et expositions, et les diverses espèces de médications en vogue ; de là la multitude de dénominations que les nosographes ont imposées aux divers cas particuliers qui ont semblé leur présenter une nuance non consignée dans les descriptions précédentes ; nous vous avons donné les principales de ces créations nominales, nous croyons devoir vous faire grâce des autres.

EFFETS. L'apparition des caractères de cette maladie cutanée doit être précédée de malaises généraux, de même que la cause précède les effets. On éprouve des frissons, une chaleur à la peau qui alternativement devient sèche ou moite ; une grande lassitude, des douleurs dans les membres, aux reins et dans le dos ; assoupissement, lourdeurs de tête, accélération du pouls et battements de cœur. Les petits enfants s'assoupissent et se réveillent en sursaut, en poussant des cris plaintifs. La face s'illumine ; les vomissements surviennent ainsi que des mouvements convulsifs et des tics à la face ; respiration stertoreuse, bâillements fréquents ; la peau commence à rougir, et dès le troisième jour, au plus tard, on voit apparaître de petites papules cohérentes ou groupées ; l'éruption gagne de proche en proche toute la surface du corps, surtout les régions en contact immédiat avec l'air et la lumière ; elle envahit les muqueuses assez souvent et détermine dès lors les troubles les plus violents dans toutes les fonctions de l'économie. Les papules, qui sont coniques, violacées et marquées d'un point noir au sommet, finissent par se confondre en se multipliant. La fig. 15 de la planche 17 les représente isolées ou groupées (*variole discrète*) ; et la figure 16 les représente se confondant et communiquant de plus en plus ensemble (*variole confluente*). Au bout d'une semaine, ces papules augmentent de volume ; de coniques qu'elles étaient, elles deviennent ombiliquées ; et elles finissent par crever au dehors, après avoir rongé la peau en dedans ; elles se dessèchent et laissent, en tombant par croûtes, une empreinte indélébile gravée en creux dans la peau. Le malade est alors pour toute sa vie *gravé*, *couturé de petite vérole*, *cotru*, *grêlé*, c'est-à-dire couvert d'enfoncements analogues à ceux que la grêle creuse en tombant sur les surfaces molles. On conçoit que ces effets varieront en raison de l'intensité ou bien du nombre des causes du mal, des remèdes destinés à en enrayer la marche, et de la constitution individuelle du malade. Mais on doit prévoir que la peau ne saurait être ainsi labourée, désorganisée et décomposée en pus, sans que la circulation n'en soit affectée, que par conséquent tous les organes que la circulation alimente ne fonctionnent à rebours de leur état normal, et que l'infection, qui s'infiltre dans tous les tissus de l'économie, ne finisse par devenir mortelle, si la médication ne parvient pas, soit à conjurer la cause, soit à substituer une maladie moins violente à cette première maladie. Avant l'introduction en Europe de l'inoculation et de la vaccine, la petite vérole faisait autant de ravages que la peste, et ceux qui en échappaient en restaient toujours hideusement défigurés.

MÉDICATION PRÉVENTIVE. 1° Jusqu'à l'apparition du nouveau système, on n'a connu d'autre médication préventive que l'*inoculation* et la *vaccine*. L'inoculation, pratiquée de temps immémorial dans l'Inde et dans la Chine, n'a été connue en Europe que dès l'année 1713 : Gothofred Klaunig reçut, cette année, de Constantinople, la description de ce procédé qui venait des montagnes de Circassie, Géorgie et Arménie, et qui commençait à s'introduire depuis peu en Turquie ; il adressa le mémoire, dès 1715, aux *Éphémérides des curieux de la nature* où il parut dans la 5ᵉ centurie, obs. 2, pag. 3. A la fin de ce travail Klaunig cite une brochure publiée, dès 1715, à Venise, sous le titre de : *Nova et tuta variolas excitandi per transplantationem methodus, nuper inventa et in usum tracta, quâ ritè peractâ in posterum præservantur ab ejusmodi contagio corpora* (nouvelle et infaillible méthode de provoquer la variole par la transplantation, nouvellement inventée et mise en usage, au moyen de laquelle, si on la pratique avec art, on est préservé à toujours de la contagion).

2° Pendant son séjour à Constantinople, où son mari était ambassadeur dès 1716, lady Wortley Montague eut occasion d'être témoin par ses propres yeux de l'extension que prenait cette pratique en Turquie, et de recueillir les témoignages des Circassiens sur l'infaillibilité du procédé de l'inoculation. Elle en écrivit à Londres dans une lettre datée d'Andrinople, lettre qui est la 31ᵉ de son recueil : « J'écrirais bien à nos médecins de Londres, ajoutait-elle, si je les croyais assez généreux pour sacrifier leur intérêt particulier à celui de l'humanité ; mais je craindrais, au contraire, de m'exposer à leur ressentiment, qui est dangereux, si j'entreprenais de leur enlever le revenu qu'ils tirent de la petite vérole. » Ce qu'elle craignait d'écrire, elle osa le pratiquer dès son retour à Londres, qui eut lieu en 1719. Milady se mit dès lors à faire de la médecine d'autant plus morale qu'elle était plus illégale ; elle dénicha pour sa garantie le docteur Mead, qui la seconda et y trouva amplement son compte, pendant que tous les autres crétins de marchands de santé boudaient contre leur ventre en boudant contre l'humanité.

3° Et ils boudèrent longtemps ; car la découverte ne se fit jour en France que trente ans plus tard ; et c'est à Voltaire qu'en revint la gloire (*). Les médecins français se refusant à cette innovation (ils n'en font jamais d'autres à chaque nouvelle découverte qui renverse les idées stéréotypées dans leur tête : ils croiraient retourner à l'école autrement), Voltaire prit le docteur Tronchin, de Genève, pour son docteur Mead ; et la foule du grand monde donna l'exemple au peuple, en allant se faire inoculer à Genève (**).

Mais ce fut alors le tour du crétinisme sacerdotal à prêter les mains au crétinisme médical : Comment l'inoculation pouvait-elle n'être pas une œuvre maudite de Dieu et funeste aux hommes, puisque M. de Voltaire la patronnait ? On la maudissait donc dès lors du haut de toutes les chaires profanes et sacrées ; mais, sans s'en inquiéter davantage, l'inoculation répondait aux anathèmes de ces deux sortes de fanatisme par ses succès, qui sont la voix de Dieu.

4° L'inoculation consistait à introduire, avec la pointe d'une lancette, sous la peau des personnes à préserver, le pus pris dans les pustules d'un malade atteint de la petite vérole ; c'est-à-dire qu'on faisait avorter la maladie, en en infiltrant les produits dans des tissus sains ; on préservait de la maladie spontanée, en la communiquant artificiellement : sorte de paralogisme qui tout d'abord a dû, je le conçois, rebuter bien des intelligences.

5° Le Parlement de Paris n'autorisa cette pratique préservatrice qu'en 1764, tant les deux parties adverses, le clergé et la faculté de médecine, avaient fait naître de difficultés contre son adoption.

6° Mais nouveau progrès et nouvelles résistances ! Pendant que la médecine de France se consolait de s'être si longtemps attelée au char par derrière, en trouvant

---

(*) Voyez *Revue complémentaire des sciences,* livr. de juillet 1856, tome 2, page 379.
(**) Correspondance de Voltaire, lettre du 12 avril 1756.

ample profit à s'y atteler par devant, le docteur Jenner découvrait, dans les montagnes
d'Écosse, un préservatif plus simple et infaillible comme l'inoculation. Ces montagnards,
dans le but de se préserver de la petite verole, se pratiquaient, dans la peau de l'un des
bras, des piqûres avec une pointe trempée dans le pus des pustules qui viennent au pis
de la vache (*); le pus ainsi inoculé déterminait sur chaque piqûre du bras une pustule
analogue à celle du pis de la vache, et d'une propriété également préservative par
l'inoculation de ce pus sur le bras d'un autre sujet. Le docteur Jenner se convainquit
par lui-même de l'efficacité de ce procédé, et il le publia en 1788 dans une brochure
intitulée : *Recherches sur les causes et les effets de la variole vaccinale;* c'est-à-dire
de la variole préservée par l'inoculation du pus des pustules de la vache (*vacca.* d'où
est venu le nom de *vaccine* et *vaccination*). La vaccine éprouva en France les mêmes
résistances que l'inoculation; mais l'empire, qui avait besoin d'hommes, savait bien vite
imposer silence aux résistances fanatiques des médicastres et des bigots ; et dès 1800,
l'autorité veillait à ce que nul ne s'opposât en France à cette innovation.

7° La vaccine, telle que nous la pratiquons et que Jenner l'a décrite, était usitée de
temps immémorial dans les Indes; elle est décrite dans l'ouvrage sanscrit intitulé
Santeya Grantham. Mais il paraîtrait en outre que Jenner s'en est faussement attribué
la découverte, et que cette idée, il la tenait de Rabaut-Pommier, ministre protestant
à Montpellier, et depuis membre à la Convention nationale ; Rabaut, qui l'expérimen-
tait depuis 1781, communiqua en 1784 cette découverte à Pew qui en parla à Jenner,
lequel la publia sous son nom en 1788, et sans faire mention de l'inventeur véritable.
Entre autres autorités, ce fait a été certifié en 1811 par le témoignage de James Ire-
land, de Bristol, dans une lettre du 11 février qu'ont publiée les journaux de l'époque.
Mais Rabaut-Pommier, frère de Rabaut-Saint-Étienne, était ministre protestant ; il
fut exilé en 1815 comme régicide ; comment voulez-vous que la médecine de 1815 ait
eu la force de se compromettre avec l'esprit du jour, pour attribuer à un hérétique et
à un conventionnel un bienfait que le clergé est obligé d'imposer tous les ans aux
mères de famille! Jenner était bien protestant de son côté, mais il était si loin de
France que la piété a pu, sans crainte d'être démentie, se faire illusion sur cet article.
Voilà comment Rabaut-Pommier a été dûment sacrifié à Jenner.

8° Le procédé de la vaccination (**) consiste à transporter, au moyen de la pointe
de la lancette, le pus d'une pustule du pis de la vache ou d'une des pustules du
vacciné, de transporter ce pus, dis-je, sous l'épiderme de la personne qu'on veut préserver ainsi de la petite vérole ; ce pus se nomme *virus vaccin.* Les médecins pensent,
d'après une pratique suffisamment continuée, que ce virus ne perd aucune de ses propriétés à être conservé dans un tube de verre hermétiquement fermé par les deux
bouts, ou entre deux lames de verre soudées ensemble par les bords.

On enfonce horizontalement la pointe de la lancette infectée de pus sous l'épiderme,
jusqu'à l'apparition d'une petite gouttelette de sang, en ayant soin, quand on retire
la pointe, de bien appuyer le doigt sur la plaie, pour que le virus dont était couverte
la pointe reste tout entier dans la plaie. L'opérateur a soin de tendre préalablement
la peau du bras de l'opéré, en pressant avec la main gauche les muscles par le côté

(*) Les Anglais nomment ces pustules *cow-pox,* de *cow,* vache, et *pox,* pustule de petite vérole.
La médecine, qui veut toujours parler une langue inconnue au vulgaire, a adopté d'emblée le
nom anglais de *cow-pox,* le préférant au mot français que les plus illettrés comprendraient de
suite : *pustules de la vache.* Après le mot de *cow-pox,* la médecine savante a adopté, sur le
même sujet, ceux de *chicken-pox* (vérole du poulet) et de *small-pox* (petite vérole).

(**) L'usage a consacré le nom de *vaccine* à l'idée de la découverte et celui de *vaccination*
à l'idée de l'opération.

opposé à celui où doivent se faire les quatre piqûres; car on pratique tout autant de piqûres, afin d'être sûr qu'il y en ait au moins une qui prenne et qui reproduise son type, ce qui suffit au succès de l'opération. La peau ainsi artificiellement infectée est à l'abri de l'infection contagieuse; on dirait que les effets du mal en conjurent la cause, que la cause a horreur de ses effets, comme les animaux ont dégoût de leurs déjections et de leurs ordures; Rabelais ne préservait pas autrement la hardiesse de son langage du danger de la persécution; pour arriver jusqu'à sa peau, la persécution eût rencontré trop d'ordures (*); et la persécution est proprette, elle porte des manchettes et des gants.

Le développement de la pustule préservatrice met de 24 à 27 jours à suivre et à parachever son évolution; on doit se contenter d'être les spectateurs bénévoles de cette œuvre sous-épidermique, et sans s'en occuper autrement que pour veiller à ce que nul frottement trop fort ne vienne l'entraver en excoriant la peau.

9° La fig. 14, pl. 17, représente la pustule variolique qui survient au pis des vaches (cow-pox) (1683).

La fig. 13 représente la pustule qui se forme à la suite de la vaccine, et telle que cette pustule se montre au huitième ou dixième jour de l'opération. Pendant les trois ou quatre premiers jours, on n'observe qu'un tout petit cercle rougeâtre autour de chaque piqûre; vers le quatrième on sent sous le doigt une faible induration à cette place; le cinquième jour la peau se soulève en une tache rouge qui s'éclaircit le sixième, et forme une petite pustule entourée d'une aréole rouge; la pustule augmente de jour en jour jusqu'à acquérir le diamètre transversal de 5 à 10 millimètres et une élévation au-dessus de la peau de 5 millimètres. La dessiccation des pustules commence au douzième ou treizième jour, et la croûte tombe du vingt-quatrième au vingt-septième jour, en laissant une cicatrice profonde, qui diminue avec le temps jusqu'à n'être plus qu'une simple tache et un souvenir.

10° La vaccine met ainsi à l'abri de la contagion. Mais, dans ces derniers temps, il s'est présenté un si grand nombre de cas, en fait de vaccinés atteints au bout d'une quinzaine d'années de la petite vérole, qu'on a cru devoir procéder chez les adultes à une seconde vaccination. En effet la vaccine n'étant qu'une infection de la peau, comme la peau est un tissu caduc et qui doit mettre un certain nombre d'années à se renouveler, il doit arriver une époque où la nouvelle peau se trouve vierge de tout virus préservateur et apte de nouveau à l'invasion de la cause de la variole.

Dans le cours des applications de mon nouveau système, j'ai eu souvent lieu de constater un fait qui se rattache, de la manière la plus piquante, au sujet que je traite en ce moment. Chez une foule de personnes du sexe que j'ai eu à traiter pour des glandes aux seins, l'eau sédative a déterminé, sur la surface de ce double organe, des pustules absolument semblables à celles qui apparaissent au pis de certaines vaches (cow-pox), fig. 14, pl. 17, et à celles que le virus vaccin détermine sur le bras des vaccinés, fig. 13; une telle observation est grosse d'une vérité physiologique du plus haut intérêt. On prétend en Angleterre que le cow-pox ne survient au pis des vaches que lorsqu'on les trait après avoir pansé les eaux grasses (grease) qui viennent aux pieds des chevaux; ces eaux grasses seraient-elles l'équivalent de l'eau sédative? Quoi qu'il en soit, nous avons reconnu à l'eau sédative, de son côté, une qualité aussi préventive que curative contre la petite vérole; elle imprègne la peau d'un principe qui conjure la cause du mal et la tient pour ainsi dire à distance.

(*) Quand on lui demandait pourquoi il se plaisait à entasser dans son livre tant d'ordures à côté de tant d'esprit : « Je m'entoure de m....., disait-il, afin que personne ne me touche. »

MÉDICATION PRÉSERVATRICE ET ABORTIVE, OU MOYEN DE PRÉSERVER DE L'INVASION ET DE FAIRE AVORTER L'INCUBATION DE LA PETITE VÉROLE.

1° La vaccine n'eût pas été inventée, ou bien le *virus vaccin* viendrait à perdre de ses qualités préservatrices, que nous aurions aujourd'hui, dans l'emploi de l'eau sédative et des autres ingrédients du nouveau système, un moyen infaillible de conjurer la variole et de nous en préserver. Nous ne dirons pas, en conséquence : *Renoncez à la vaccine;* Dieu nous en garde! Nous invitons les mères de famille à considérer ce soin comme un devoir : La vaccine a fait ses preuves; il faut laisser au temps le so n de faire celles du nouveau système; deux moyens, du reste, valent toujours mieux qu'un seul. Mais ce que nous conseillons expressément, après avoir fait vacciner les enfants, c'est de les soumettre régulièrement chaque jour à la médication préventive du *nouveau système,* qui les préservera du retour de la variole, dans le cas où le virus vaccin aurait été avarié, mais surtout de l'invasion de la *rougeole,* de la *scarlatine,* de la *suette,* dont la vaccine ne préserve pas. D'un autre côté, en appliquant ce système à leurs enfants, les parents se l'appliqueront à eux-mêmes, par un double emploi et par la même occasion ; car en lotionnant les autres, on se lotionne ; en les frictionnant, on se frictionne.

2° Or donc, on est presque sûr de préserver les enfants de la *variole,* de la *rougeole,* de la *scarlatine,* de la *suette milliaire,* etc., en les lotionnant chaque soir, sur le dos, la poitrine et le ventre, avec de l'eau sédative (1345, 1°) et en les frictionnant alternativement avec la pommade camphrée (1302, 1°). La nuit, on place un morceau de camphre sous leur oreiller; on leur frotte chaque jour les lèvres avec un fragment de gousse d'ail (1249). Chaque matin une cuiller à café de sirop de gomme camphré (1456) et tous les trois jours, le matin, une cuiller de sirop de chicorée (1453). De temps à autre, lotion sur le ventre et le dos à l'alcool camphré (1288,1°) ou à l'eau de toilette (1747), mais en observant ensuite de ne pas laisser séjourner ces odeurs dans l'appartement, et mieux de passer, après chaque traitement odorant, dans une pièce maintenue bien aérée et à une douce température.

3° A la moindre apparition des symptômes précurseurs de la *variole,* de la *rougeole,* de la *scarlatine,* etc., quand la figure de l'enfant menacera de s'empourprer, qu'il lui surviendra de la fièvre, des nausées et de la diarrhée, redoublez l'emploi de l'eau sédative (1345, 1°), en évitant cependant de vicier l'air, ainsi que nous l'avons dit plus haut; reprenez le traitement ci-dessus, s'il vous est arrivé de le négliger; et vous verrez tous ces symptômes se dissiper comme par enchantement sous votre main, et par la simple influence de l'eau sédative (1349).

MÉDICATION CURATIVE. 1° Si, en dépit ou plutôt par suite de la négligence de tous ces soins, la variole parvenait à faire invasion, les adultes prendraient incontinent un bain sédatif (1209); on lotionnerait les enfants à l'eau sédative (1345, 1°). Au sortir du bain et à la suite des lotions, on s'envelopperait, ainsi que l'enfant, dans des linges enduits de pommade camphrée (1297); on tiendrait les mains plongées dans des gants ou vessies (1413, 1414 et 1415) remplis de pommade camphrée; et le visage recouvert d'un masque en toile enduite de pommade camphrée, en ne ménageant d'autres ouvertures qu'aux yeux, aux narines et à la bouche. Trois fois par jour camphre (1266) avec une tasse de bourrache (1469). Lavement vermifuge (1399) chaque matin, sans tabac. Tous les trois jours aloès (1193) pour les adultes, et sirop de chicorée (1453) pour les enfants. Cigarette de camphre (1272) et gargarismes fréquents pour les adultes, à l'eau salée zinguée (1377). Passer souvent dans la bouche des enfants le doigt mouillé d'eau salée.

2° Si les pustules étaient déjà en suppuration, quand on est appelé pour appliquer la nouvelle méthode, on se contenterait de tenir tout le corps, mains et visage compris, enduit de pommade camphrée (1302), comme nous l'avons dit ci-dessus, sans avoir recours ni aux bains sédatifs ni à l'eau sédative ; et on exécuterait, à l'exception de cette circonstance, tout le reste du traitement.

A la faveur de ce traitement, nous avons toujours vu avorter la variole menaçante ; et la guérison de la variole déclarée a été, dans tous les cas, obtenue sans que la maladie ait laissé des traces sur la peau, pourvu qu'on ait eu soin de la tenir à l'abri du contact de l'air et de la lumière par un enduit de pommade camphrée (1297).

La maladie suivra son évolution, sans offrir aucun de ces symptômes alarmants qui ne sont le plus souvent que les effets d'une médication aussi irrationnelle qu'intoxicante ; car les *varioles rentrées,* par exemple, ne sont que les conséquences de l'absorption ou de l'ingestion de véritables empoisonnements selon la formule.

1724. 7ᵉ ESPÈCE. Dᴇʀᴍᴀʟɢɪᴇ sᴀʀᴄᴏᴘᴛᴏɢᴇ̀ɴᴇ ᴍᴏʀʙɪʟʟɪQᴜᴇ; éruption cutanée de petits boutons, à peine de la grosseur d'un grain de millet, qui semblent plus tard faire office de pores de la sueur.

Sʏɴᴏɴʏᴍɪᴇ. Suette milliaire, suette des Picards, fièvre sudatoire ; — en latin : *sudamina, morbus sudatorius, milliaris sudatoria.*

ᴇꜰꜰᴇᴛs. Maladie épidémique, limitée entre le 43ᵉ et le 59ᵉ de latitude boréale, peu connue dans les grandes villes, et qui sévit surtout dans les villages entourés d'un cordon de forêts. Les épidémies de ce genre qui ont le plus fixé l'attention publique sont celles de Londres en 1485, 1506, 1528, de Beauvais en 1751, de Guise en 1759, d'Hardevilliers en 1773, de l'Oise en 1821 et 1832, de la Dordogne en 1842, du Poitou en 1845.

La maladie s'annonce par une lassitude, une certaine inappétence, une transpiration qui s'étend peu à peu sur toute la surface du corps. Bouche pâteuse ; constipation. Deux ou trois jours après, picotements et *éruption milliaire* sur les côtés du cou, à la nuque, vers les oreilles, sur les mamelles, et qui gagne bientôt le dos, la face interne des bras, le bas-ventre. La figure 7, pl. 17, représente l'aspect de cette éruption, qui finirait par être confluente, si la médication ne venait pas l'enrayer.

ᴍᴇ́ᴅɪᴄᴀᴛɪᴏɴ. La même que pour la variole ou petite vérole (1723).

1725. 8ᵉ ESPÈCE. Dᴇʀᴍᴀʟɢɪᴇ sᴀʀᴄᴏᴘᴛᴏɢᴇ̀ɴᴇ ʀᴜʙᴇ́ᴏʟɪQᴜᴇ, ou éruption cutanée déterminée par le parasitisme d'un acare innominé, et caractérisée par une éruption de petites taches rouges analogues à celles des piqûres de puces, fig. 17, pl. 17. Cette maladie est spéciale aux enfants.

Sʏɴᴏɴʏᴍɪᴇ. Rougeole, fièvre morbilleuse, décrite par Rhazès sous le nom d'*Hasba ;* — en latin : *morbilli, rubeolæ.*

ᴇꜰꜰᴇᴛs. Mêmes symptômes précurseurs que dans les deux maladies précédentes, suivies d'une éruption de petites taches, qui ne sont nullement proéminentes, mais d'un rouge vif et circulaires ; ces taches apparaissent d'abord au front, autour du nez, sur le menton, autour de la bouche, descendent peu à peu sur la poitrine, de là sur les membres ; se groupent peu à peu de manière à former des taches plus grandes disposées en demi-cercle, et semblent disparaître lorsqu'on tend ou que l'on comprime la peau. Cette maladie se dissipe souvent d'elle-même et sans la moindre médication.

ᴍᴇ́ᴅɪᴄᴀᴛɪᴏɴ. La même que pour la petite vérole (1723).

1726. 9ᵉ ESPÈCE. Dᴇʀᴍᴀʟɢɪᴇ sᴀʀᴄᴏᴘᴛᴏɢᴇ̀ɴᴇ sᴄᴀʀʟᴀᴛɪQᴜᴇ ; éruption cutanée, chez les enfants, de pointillements innombrables et d'un rouge pourpre de plus en plus foncé. Maladie inconnue aux anciens et spéciale aux enfants.

Sʏɴᴏɴʏᴍɪᴇ. Scarlatine, fièvre rouge ; — en latin : *rossalia, purpura, morbilli confluentes.*

EFFETS. Symptômes précurseurs les mêmes que dans les trois maladies précédentes; quelques jours après, la face gonfle ; le visage, le cou et la poitrine se couvrent de taches non proéminentes, d'un rouge de plus en plus vif, qui en 24 heures ont gagné les lèvres, la langue, le palais et ensuite tout le corps, et couvrent tout le corps d'un pointillement avec papules, que représente la figure 23, pl. 17. La peau est brûlante et rugueuse. Les pieds et les mains sont enflés et roides. La couleur écarlate est plus intense aux aines, aux aisselles, aux fesses et aux plis des articulations, surtout le soir.

MÉDICATION. La même que pour la petite vérole (1723). En outre chiques galvaniques (1424) et gargarismes fréquents à l'eau salée; passer quelquefois sur la langue et sur les parois buccales le doigt trempé dans l'alcool camphré (1287); force bourrache en boisson (1469).

1727. 10° ESPÈCE. DERMALGIE SARCOPTOGÈNE ACNIFORME, maladie cutanée des enfants caractérisée par de petites papules jaunes isolées, produit du parasitisme sous-cutané d'un acare innominé.

SYNONYMIE. Acnè, muguet, aphthes; — en latin : *varus*; — en grec : *acnè,* pour acmè, *ionthos.*

EFFETS. Apparition de petites pustules semi-sphériques, disséminées et espacées, dont la fig. 9, pl. 17, donne un spécimen. Cette éruption se montre sur la peau, ou elle se borne aux parois buccales et à la langue.

MÉDICATION. La même que pour la petite vérole (1723) et la scarlatine (1726).

N. B. Quoique toutes les circonstances de l'apparition de ces sortes d'éruptions cutanées militent en faveur de notre opinion sur l'origine sarcoptogène de ces maladies, on ne saurait nier cependant que les infections arsenicales et mercurielles, congéniales ou médicales, ne puissent donner lieu aussi à de pareilles éruptions.

1728. 11° ESPÈCE. DERMALGIE SARCOPTOGÈNE VÉGÉTALE : maladie cutanée des végétaux causée par le parasitisme des acares (584).

MÉDICATION. Ablutions sur les feuilles avec la pomme de l'arrosoir, et arrosages au pied des plantes, à l'eau aloétique (un gramme d'aloès par litre d'eau).

1729. 12° ESPÈCE. DERMALGIE APHIDIGÈNE : maladie cutanée des végétaux provenant du parasitisme des pucerons (745) ou cochenilles (777).

SYNONYMIE. Blanc, meunier, cloque, *uredo*, etc.

MÉDICATION. La même que pour l'espèce précédente ; la médication préventive consiste dans une bonne fumure, une bonne exposition et des arrosages suffisants.

1730. 13° ESPÈCE. DERMALGIE THRIPIGÈNE : maladie cutanée végétale et animale causée par les piqûres des thrips (781, 785, 791 *bis*).

SYNONYMIE. Ergot du seigle, monstruosités des tiges végétales et des fleurs; éruptions et démangeaisons insupportables chez l'homme.

MÉDICATION. L'emploi des saumures, des salaisons, des algues marines pour fumier, en préserve les végétaux ; les lotions aloétiques (1619) en préservent la peau des animaux. L'homme s'en défend avec les lotions fréquentes à l'alcool camphré (1283, 1°), à l'eau de cologne ou à l'eau hygiénique de toilette pour ceux qui ne veulent pas user d'alcool camphré. Lorsque l'invasion a eu lieu, on s'en débarrasse et on se soulage avec des lotions à l'eau sédative (1345, 1°).

1731. 14° ESPÈCE. DERMALGIE CORIGÈNE OU CIMICIGÈNE : affection cutanée causée par la piqûre des punaises (794) et des hippobosques (800).

EFFETS. C'est moins une maladie qu'une torture de la patience (du grec *kôris*, punaise, ou du latin, *cimex*).

MÉDICATION PRÉVENTIVE. Saupoudrez vos draps de lit avec du camphre, et les punaises n'y aborderont pas. Lotionnez-vous chaque soir à l'alcool camphré (1288, 1°) ou à l'eau hygiénique de toilette, et frictionnez-vous à la pommade camphrée (1302, 1°). Ayez soin de coller vos papiers peints, en mélangeant à la colle un à deux grammes d'aloès (1193) par litre d'eau ; lavez les jointures de vos boiseries avec une dissolution alcoolique d'aloès (deux grammes d'aloès par litre d'alcool) ; ou, si l'alcool vous paraît trop coûteux, avec une dissolution de la même quantité d'aloès dans un litre d'eau.

MÉDICATION CURATIVE. Lotions à l'eau sédative (1345) ; et le plus souvent on n'a pas besoin de se médicamenter le moins du monde : morte la bête, mort le venin.

1732. 15° ESPÈCE. DERMALGIE PSYLLOGÈNE OU PULICIGÈNE : affection cutanée causée par les piqûres des puces européennes (803) (du grec : *psylla*, ou du latin : *pulex*, puce, pl. 19, fig. 1).

EFFETS. La punaise infecte ; mais la puce pique. Les morsures de la punaise laissent des taches plus larges, mais plus superficielles ; celles de la puce (fig. 17, pl. 17) laissent des taches plus circonscrites, mais plus profondes.

MÉDICATION. La même que pour se garantir des punaises (1731), mais en redoublant les doses ; car la puce est plus cuirassée contre les odeurs insectifuges que la punaise.

1733. 16° ESPÈCE. DERMALGIE NIGUAGÈNE : maladie cutanée produite par l'incubation des œufs de la puce pénétrante (*nigua*) des régions tropicales (806) (pl. 19, fig. 2 et suiv.).

SYNONYMIE. Chique, pique, *nigua* dans les régions intertropicales.

EFFETS. Maladie horrible, dont nous avons décrit les effets (806), et qui est capable de désarticuler les membres, de déformer hideusement les surfaces et de donner la mort, par le seul fait du parasitisme incubateur d'une puce de la plus petite taille. La chique s'attaque plus à l'homme, aux nègres surtout, qu'aux animaux.

MÉDICATION PRÉVENTIVE. Lotions fréquentes sur toutes les surfaces à nu (car la puce redoute le frottement des vêtements) avec l'alcool camphré (1288, 1°), la pommade camphrée (1302, 1°), l'eau aloétique ci-dessus (1731), ou, pour les personnes du monde, avec l'eau hygiénique de toilette. Nourriture hautement épicée et alliacée (1250) ; de temps à autre, et tous les jours dans les temps d'infection, lavement vermifuge (1399) ; porter du camphre sur soi, imprégner ses habits de fumée de tabac.

MÉDICATION CURATIVE. Dès qu'on s'aperçoit que la puce a pénétré dans la peau, couvrir la place d'une compresse imbibée d'alcool camphré (1288, 1°) ; un instant après, enlever l'insecte avec une pointe ou une forte aiguille ; jeter la puce au feu, et instiller dans la petite plaie une ou deux gouttes d'ammoniaque pure (1336) et, au bout d'une minute, quelques gouttes d'alcool camphré (1287). Si l'on n'arrivait qu'après que la puce aurait, en achevant sa ponte, déterminé la formation de la vésicule que nous avons figurée sur la pl. 19, fig. 2 et 3, il faudrait couper avec précaution le pédicule *b* de la vésicule, enlever la vésicule tout entière afin de ne laisser aucun œuf de l'insecte dans les chairs, et jeter au feu la boule ; ensuite instiller de l'alcool camphré dans la plaie pour la cicatriser.

1734. 17° ESPÈCE. DERMALGIE KONOPIGÈNE OU CULICIGÈNE ; affection cutanée causée par les piqûres des cousins, tipules, moustiques et maringouins (810). (Du grec : *kônôps*, ou du latin : *culex*, cousin).

EFFETS. Les cousins sont une *plaie d'Égypte* en permanence pour tous les riverains de grands amas d'eaux et même pour les voisins d'une simple mare, d'un simple bassin; et cela sous toutes les latitudes, dès que la saison devient favorable; les Samoïèdes et les Lapons en sont aussi tourmentés que les habitants de la zone torride. Ces diptères assiégent la peau de l'homme le jour, mais surtout la nuit, où le sommeil le livre sans défense à leurs piqûres, qui sont tout autant de tortures, et déterminent des ampoules de la nature de celles que représente le carré 18 de la planche 17.

MÉDICATION PRÉVENTIVE. Brûler de grands feux, chaque soir, autour des habitations, surtout avec des bois résineux. Se lotionner le corps, les mains, le visage et le crâne à l'alcool camphré (1387), à l'eau aloétique ou à l'*eau de toilette* comme ci-dessus (1717); de même pour en garantir les animaux. Quand l'appartement en est infecté, on éclaire fortement la pièce voisine; tous les cousins délogent de l'obscurité pour voler à la lumière; on établit des fumigations au vinaigre camphré (1510) dans l'appartement éclairé, on ferme la porte de l'autre, et on peut rallumer sans danger les bougies ensuite dans l'appartement à habiter. Dans les pays chauds, sous le trop que, où l'on est forcé de dormir les fenêtres ouvertes, on s'enveloppe de rideaux de gaze ou d'une mousseline à claire-voie qui laisse passer l'air et arrête les cousins au passage; ces appareils prennent le nom de *cousinières*. S'il en reste autour de soi, on se couvre un instant les mains et la tête d'un mouchoir, et dès qu'on entend, au bruit de sa trompe, que le cousin est à proximité, on l'écrase en appliquant dans cette direction la main sur la tête. On n'a pas besoin d'être longtemps ainsi à l'affût, pour se débarrasser de toute la bande qui est restée en route et n'a pas voulu suivre le gros de l'invasion dans l'appartement éclairé ou s'est glissée dans la *cousinière*.

1735. 18ᵉ ESPÈCE. Dᴇʀᴍᴀʟɢɪᴇ ᴏᴇꜱᴛʀɪɢᴇ̀ɴᴇ; maladie de la peau causée par l'incubation de la larve de l'œstre sous la peau (820, 821); maladie spéciale au cerf, au bœuf et même à l'homme sous les tropiques.

MÉDICATION. On en préserve et on en débarrasse la peau, en ayant soin de brosser chaque matin le poil des animaux avec de l'eau aloétisée (1717). L'homme se lotionnera fréquemment à l'alcool camphré ou à l'*eau hygiénique de toilette;* et crainte que la larve chassée ainsi de la région de la peau ne prenne la route des intestins, on s'administrera soir et matin un lavement vermifuge (1399); on mangera de l'ail (1246) à dîner chaque jour.

1736. 19ᵉ ESPÈCE. Dᴇʀᴍᴀʟɢɪᴇ ᴍʏᴏɢᴇ̀ɴᴇ; tortures de la peau par les piqûres des mouches, taons, etc., ou par l'incubation de leurs larves (826 et suiv.), (du grec *mya*, mouche. Le rat en grec s'appelle *mus, muos*, qu'on prononce *mys, myos* dont les latins ont fait *mus muris;* on dirait que la mouche a été appelée *mya*, parce qu'elle court comme un rat et fait presque autant de ravages que le rat dans les vivres. Le mot latin *musca* pourrait bien être une ellipse de *mus escæ*, rat de la viande, c'est-à-dire insecte ailé dont les larves fouissent la viande comme les rats la terre).

MÉDICATION PRÉVENTIVE. Chaque soir on introduit de la poudre de camphre (1268) dans le tuyau auditif; on prise du camphre (1269); on se lotionne et se frictionne à l'eau sédative (1345, 1°) et à la pommade camphrée (1302, 1°); bougies camphrées (1308). Cigarette de camphre (1272) ou de tabac. Lotions à l'eau aloétique (1717) pour les animaux et à l'alcool camphré (1288) ou à l'*eau de toilette* pour les hommes (1717).

1737. 20ᵉ ESPÈCE. Dᴇʀᴍᴀʟɢɪᴇ ᴘʜᴛʜᴇɪʀɪɢᴇ̀ɴᴇ; maladie cutanée, chez l'homme et chez les animaux, provenant du parasitisme cutané ou sous-cutané des insectes du genre pou (en grec *phtheiros*) (861).

EFFETS. Ces insectes se plaisent sur les régions chevelues ou poilues de l'homme, sur le crâne, le pubis, dans la barbe et les sourcils.

Sʏɴᴏɴʏᴍɪᴇ. Gourme (885), maladie pédiculaire (893), invasion de morpions (889) plique polonaise (886); — en grec : *phtheiriasis*.

EFFETS. Les poux de tête s'attachent plutôt aux enfants et aux vieillards qu'aux personnes entre les deux âges ; ils fouillent le cuir chevelu, de manière à en former chez les enfants une vaste croûte. La répugnance qu'éprouvent les parents à faire passer la gourme provient du souvenir de la médication mercurielle, qui, certes, était pire que le mal ; ils attribuent à la guérison de la gourme les effets désastreux de la médication intoxicante, effets malheureusement plus durables que ceux des poux. La gourme étant une maladie, il faut la combattre et en débarrasser l'enfant au plus tôt, mais par une médication inoffensive. La maladie pédiculaire qui survient si fréquemment à l'extrême vieillesse (893) est l'œuvre d'une autre espèce de pou, qui est sous-cutané comme le ciron de la gale (1721) ; la peau se couvre de papules jaunes et noires qui sont autant de nids de poux ; le carré 22 de la pl. 17 représente l'aspect d'une peau ainsi criblée de ces nids papuliformes.

MÉDICATION. 1° Sur la tête et le pubis pommade camphrée (1297) en abondance, maintenue au moyen de calottes et de surtouts (1443 et suiv.); laver souvent le cuir chevelu avec de l'eau aloétique (1717) chaude; employer à flots l'alcool camphré (1287) sur le pubis. Bains de siége sédatifs (1209) à l'eau quadruple (1375), fréquemment. Tenir les parties enveloppées de pommade camphrée (1297) au moyen de vessies (1414).

2° Contre la maladie pédiculaire (893) ou invasion des *poux du corps*, bain séda-tif (1209), chaque matin, jusqu'à disparition de la cause du mal ; friction générale à la pommade camphrée (1302, 1°) au sortir du bain. Coucher dans du linge graissé à la pommade camphrée. Cigarette de camphre (1272), bougies camphrées (1308). Pommade camphrée pour les cheveux. Régime hygiénique complet (1644); ail à dîner (1246). Le matin lavement vermifuge (1399).

3° Contre la plique polonaise (886), couper avec les ciseaux le feutre capillaire, aussi près qu'on pourra du siége du mal, arroser ensuite fréquemment le crâne avec de l'eau aloétique chaude (1717) et le recouvrir d'une forte couche de pommade camphrée (1308), dès que l'humidité se sera dissipée. Même régime ensuite que dans l'article précédent.

1738. 21e ESPÈCE. DERMALGIE PHTHEIROGÈNE KERIOÏDE : maladie causée par un pou inconnu qui donne au cuir chevelu l'aspect d'un gâteau de cire d'abeilles avec ses al-véoles vides. Le carré 8, pl. 17, donne assez bien la figure générale de certains groupes de cette éruption.

SYNONYMIE. Teigne, teigne faveuse ; — en latin, *favus, porrigo, tinea lupinosa*.

CAUSE. La TEIGNE est aussi commune dans les pays chauds que la PLIQUE (1737, 3°) en Pologne et dans la Russie blanche ; et, comme dans la PLIQUE, sa cause s'attache au bulbe du cheveu, lequel se transforme en une motte de cheveux dans la PLIQUE, et en un alvéole analogue à ceux d'une ruche dans la TEIGNE ; différence de transformation qui ne provient que de la différence du climat. La teigne est contagieuse comme la gale ; il suffit de se peigner avec le peigne dont se sera servi préalablement et même une seule fois un teigneux, pour gagner cette opiniâtre affection du cuir chevelu. La cause réside et pénètre trop profondément dans le cuir chevelu, pour que le rasoir puisse l'atteindre ; quand on procède chirurgicalement à la guérison de cette affection de la peau, on se voit forcé d'épiler la chevelure, d'arracher violemment les bulbes un à un, et de recommencer plusieurs fois l'opération à mesure que les cheveux repous-sent. Il suffit d'énoncer ces sortes de circonstances, pour faire comprendre que la TEIGNE est une maladie essentiellement *entomogène*, une *entomogénose*, ayant pour au-teur un POU analogue, sinon identique, à celui qui engendre la PLIQUE. Un virus ne manifeste pas ainsi une préférence contagieuse pour une papille nerveuse ; car le peigne communiquerait le virus au cheveu et non à son bulbe que la dent du peigne n'at-teint pas.

MÉDICATION ANCIENNE. La teigne était une maladie si tenace, si intime, si locale qu'aucun remède interne n'en est jamais venu à bout; et il n'y a pas si longtemps que la médecine s'est jetée dans les remèdes externes; elle laissait ce soin aux spécialistes et aux rebouteurs, qui, pour guérir de la teigne, n'y allaient pas de main morte: j'en ai su quelque chose, à l'âge de 4 à 5 ans; et le moyen a dû être bien violent, car c'est la seule chose de cet âge qui me soit restée dans la mémoire. On avait eu l'imprudence de nous peigner, mes deux jeunes sœurs et moi, avec un peigne dont s'était servi furtivement un homme atteint de la teigne. En quelques jours nous eûmes tous les caractères de cette terrible maladie empreints sur le cuir chevelu; le médecin conseilla lui-même de nous confier à un rebouteur de la montagne qui faisait sa spécialité de ces sortes de guérisons; il prenait, je crois, trois louis d'or (72 francs) par tête. Il nous rasa entièrement les cheveux; il appliquait, sur toute la peau du crâne, une espèce de poix ou topique étendu sur un tafetas qu'il recouvrait ensuite d'une calotte de vessie de porc; tous les quatre ou cinq jours il nous arrachait la peau du crâne en tirant à lui, à rebrousse poil, cette calotte qui avait contracté adhérence complète avec la peau; enfin, il épilait un à un les nouveaux germes de cheveux, en saisissant le poil entre le pouce et une lame mousse. Jugez des cris que nous devions jeter, chaque fois que le brave homme procédait ainsi à son métier! La guérison exigea, je crois, deux mois d'un pareil manége; la chevelure reparut ensuite, mais d'une teinte moins foncée qu'auparavant. La composition de ce topique était alors tenue secrète; on n'en a connu que plus tard la préparation: on délayait dans une bassine quatre onces de farine de seigle avec une pinte (un litre) de vinaigre blanc; on faisait incorporer le tout sur le feu, en ayant soin de remuer le mélange. On y ajoutait alors une demi-once (15 grammes) de deutocarbonate de cuivre en poudre; on faisait bouillir doucement pendant une heure. On ajoutait enfin 4 onces (120 grammes de poix noire, la même quantité de résine, et 6 onces (180 grammes) de poix de Bourgogne. Lorsque tout était fondu et incorporé ensemble, on mêlait à la pâte 6 onces (180 grammes) d'éthiops antimonial en poudre (*alliage de mercure et d'antimoine*); on remuait le mélange jusqu'à ce qu'il fût complet et homogène. On étendait alors l'emplâtre sur des carrés de toile noire que l'on appliquait sur le crâne, à recouvrement, afin d'éviter les plis qu'aurait pu faire une calotte d'une seule pièce.

On comprend qu'un pareil topique soit essentiellement insecticide au fond, et que l'opération mécanique ne venait ensuite que pour prêter main-forte à la vertu du médicament. Mais que de tortures pour débarrasser d'un atome! et quelle intoxication mercurielle on courait risque de substituer à un cas particulier de simple parasitisme!

MÉDICATION NOUVELLE. On coupe les cheveux aussi près que l'on peut, et on rase même la tête; on applique, coûte que coûte, sur le cuir chevelu, une forte compresse d'eau sédative (1345, 2°); dès que le malade ne peut plus l'endurer, on recouvre le crâne d'une toile enduite de pommade camphrée (1302, 2°); on recommence le traitement le soir. Mais si la peau s'excorie, on la lave, soir et matin, avec l'eau quadruple (1375) dans laquelle on aura laissé infuser de l'ail, et on recouvre encore le crâne de pommade camphrée. Au bout de quelques jours, on badigeonne chaque matin tout le crâne avec du goudron de Norwége (1483, 3°). Nourriture épicée; ail (1230) en salade très-souvent. Aloès (1197) ou sirop de chicorée (1453) tous les deux jours; et tous les matins lavement vermifuge (1399), sans tabac pour les enfants.

1739. 22ᵉ ESPÈCE. Dᴇʀᴍᴀʟɢɪᴇ ᴍʏʀᴍᴇ́ᴄᴏɢᴇ̀ɴᴇ; rubéfaction de la peau exposée aux vapeurs qu'exhale une fourmilière (903, 3°).

MÉDICATION PRÉVENTIVE. Cette rubéfaction étant produite par l'acidité (acide fermique) (344), les larges lotions à l'eau sédative en sont l'antidote.

1740. 23e ESPÈCE. DERMALGIE MÉLISSOGÈNE ; piqûres des abeilles, guêpes et bourdons (992), (du grec *melissa*, abeille).

EFFETS. Les abeilles et guêpes ne piquent pas par besoin, mais par vengeance et rancune ; et leur rancune a bonne mémoire : si vous les avez tourmentées ou ébouillantées la veille dans leurs trous ou leurs ruches, ne vous avisez pas de passer par là le lendemain matin ; elles sauront bien vous reconnaître sous quelque déguisement que vous preniez, et vous donneront une poursuite un peu opiniâtre. On se débarrasse des guêpes, frelons ou bourdons qui essaiment sous terre de la manière suivante : On remarque dans le jour le trou par où elles pénètrent dans leur nid sous terre ; le soir après avoir fait bouillir de l'ail dans de l'eau, et y avoir versé une cuiller d'alcool camphré (1287) en retirant du feu, on introduit à pas de loup un entonnoir dans l'ouverture du trou, et on inonde ainsi toute la république de cette eau bouillante asphyxiante ; on se hâte, quand l'eau bouillante est épuisée, de mastiquer l'ouverture avec de l'argile pétrie à l'aloès (1192) et d'enfoncer profondément le mastic par l'ouverture. Si l'on venait à être assailli par les hordes de ces insectes, on se couvrirait la tête d'un linge et mieux d'une étoffe en laine, ainsi que les mains, en secouant l'étoffe protectrice et en s'éloignant à grands pas ; de temps en temps, on se passerait la main sur le cou, la tête ou le visage, pour écraser ceux de ces insectes qui pourraient s'être glissés jusqu'à la peau ; invitez ceux que vous rencontrerez à vous aider en vous époussetant à grands coups de mouchoir : ces mouches sont en général si acharnées après le délinquant qu'elles ne se retournent pas contre qui le protége.

MÉDICATION CURATIVE. Dès que vous vous sentez piqué, appliquez sur la piqûre un linge imbibé d'alcool camphré (1288, 2°), et à son défaut de la plus forte eau-de-vie que vous aurez sous la main. Tout autour de cette compresse, s'il y a inflammation, appliquez des compresses imbibées d'eau sédative (1345, 2°). Cette médication suffit pour éteindre en quelques instants le feu qu'occasionne la piqûre de ces sortes d'insectes sociétaires.

Mais il n'en est pas de même, quand l'insecte a empoisonné son dard dans le pus de quelque charogne ou de quelque cadavre humain resté exposé au grand air ou dans les salles de dissection (*). La piqûre produit alors comme un phlegmon pestilentiel, qui peut donner la mort en deux fois vingt-quatre heures, et dont le caractère sinistre se manifeste en quelques minutes. On se hâte alors d'exercer une forte compression ou une forte constriction au-dessous de la piqûre, et de tenir toute la région ambiante plongée dans l'alcool camphré, au moyen de surtouts ou vessies appropriés (1413, 1416); on cesse de serrer ou de comprimer, toutes les fois que cela devient insupportable au patient. On lotionne les régions voisines, puis la poitrine et l'abdomen avec de l'eau sédative (1345, 1°); on en arrose le crâne ; on en fait prendre une cuiller à café dans un bol de bourrache chaude (1469). Huile de ricin (1435), et lavement camphré (1396) soir et matin.

1741. *N. B.* Ce n'est pas par d'autres moyens qu'il faut traiter les maladies cutanées provenant du parasitisme des autres genres d'insectes, tels que les ichneumons (DERMALGIE ICHNEUMOGÈNE) (916), etc., etc.

(*) Depuis que nous avons signalé cette circonstance à l'attention des observateurs, il ne s'est pas passé une année, sans que les journaux aient publié des cas d'infection dus à la piqûre empoisonnée d'abeilles, guêpes ou bourdons.

1742. 9e GENRE. DERMALGIES HELMINTHOGÈNES (964); MALADIES DE LA PEAU OCCASIONNÉES PAR LE PARASITISME OU L'INCUBATION SOUS-CUTANÉS DES HELMINTHES OU VERS INTESTINAUX.

1743. 1re ESPÈCE. DERMALGIE ASCARIGÈNE ; maladie produite par l'incubation sous-cutanée des œufs de l'ascaride lombricoïde (1006), ou par l'émigration sous la peau des jeunes ascarides vermiculaires (997).

1744. 2e ESPÈCE. DERMALGIE DRACOGÈNE ; maladie produite par le parasitisme sous-cutané du ver de Guinée ou de Médine (1026).

1745. 3e ESPÈCE. DERMALGIE HYDATIGÈNE ; maladie produite par l'incubation sous-cutanée des hydatides ou œufs de *tænia* (1077).

SYNONYMIE de cette 3e espèce : Ladrerie.

EFFETS. La ladrerie, quoique spéciale en général au lard de l'espèce porcine, pourrait également se manifester dans le derme de l'homme chargé de graisse et d'embonpoint, surtout dans les climats chauds où l'on vit presque nu, et sans que la peau éprouve le frottement continuel du vêtement.

MÉDICATION COMMUNE AUX TROIS ESPÈCES DE MALADIES PRÉCÉDENTES. 1° Pour l'homme : bains sédatifs tous les matins (1209); et au sortir du bain, friction générale à la pommade camphrée (1302, 1°). Lotions fréquentes sur tout le corps à l'alcool camphré (1288, 1°), ou à l'*eau hygiénique de toilette* (1717). Lavement vermifuge (1399) tous les matins. Régime hygiénique (1644). Ail tous les jours à dîner (1250).

2° POUR LA RACE PORCINE : Laver souvent ces animaux à l'eau quadruple (1375), mêler de temps à autre une dissolution d'ail à leurs bouillies.

1746. 10e GENRE. DERMALGIES PSYCHOGÈNES (1100); MALADIES DE LA PEAU CAUSÉES PAR LES VIOLENTES IMPRESSIONS MORALES (du grec *psychè*, le moral, l'âme).

EFFETS GÉNÉRAUX. La honte fait monter le rouge au front et affluer le sang à la surface de la peau; l'effroi et le désespoir font refluer le sang au cœur et blêmir toutes les surfaces. Une sueur chaude dans le premier cas, et froide dans le second, couvre la peau et pénètre les linges; l'horripilation se joint à ces symptômes; les cheveux se dressent sur la tête. L'inspiration et l'enthousiasme produisent tour à tour les mêmes effets et souvent une phosphorescence qui semble former comme une auréole autour de la tête de l'inspiré. Si l'impression morale persiste, toutes les fonctions du corps restant pour ainsi dire suspendues, la peau ne saurait continuer à fonctionner, le tissu cellulaire se vide et s'épuise; la peau se flétrit ; l'épiderme se plisse et se dessèche; il devient terne et terreux. Ce n'est pas la peau qu'il faut soigner alors, c'est l'encéphale.

Le remède radical est tout entier, en pareil cas, dans une éducation philosophique et dans la réforme de nos rapports sociaux.

DEUXIÈME GROUPE : MALADIES DU SYSTÈME MUSCULAIRE
(MYALGIES) (*) (1646).

1747. DÉFINITION DU SYSTÈME. Au-dessous du derme et de son tissu cellulaire adipeux, le premier système que l'on rencontre, c'est le système musculaire, qui recouvre toute la charpente dont les muscles sont les moteurs. Les *muscles* sont des masses

(*) On ne conçoit pas trop en général pourquoi la langue grecque, d'ordinaire si riche en expressions, et qui semble avoir des mots pour toutes les acceptions et les simples nuances

charnues, des emboîtements indéfinis de cellules rétractiles et élastiques, qui, en se contractant et s'étirant, se font mutuellement antagonisme et servent à mouvoir en divers sens les diverses pièces du système osseux, ces leviers de la locomotion des animaux à vertèbres. Le petit traité d'anatomie placé à la fin de l'introduction qui ouvre le premier volume de cet ouvrage, donne l'ORGANISATION et la NOMENCLATURE des pièces de cet appareil; la pl. 2 de l'atlas qui termine le même volume en offre la TOPOGRAPHIE. Ici nous ne devons nous occuper que des troubles apportés à ses fonctions par la présence ou l'action d'une cause morbipare.

De même que la peau est un tissu composé et comme pavé des papilles extrêmes des nerfs, de même chaque muscle peut être considéré comme une cellule nerveuse qui a pris un développement spécial, par suite d'emboîtements indéfinis de cellules de même genre mais de plus en plus nouvelles en dates, emboîtements enfin de générations successives de cellules. Ces organes cessent leurs fonctions, du moment qu'ils cessent d'être en rapport avec le rameau nerveux d'où ils émanent et dont ils ne sont pour ainsi dire qu'une expansion ; car tout est sensible dans la substance du muscle. Ils se relient les uns aux autres par un tissu cellulaire lâche et qui paraîtrait aranéeux, tant ses cellules se sont émaciées et dépouillées de leurs liquides ; c'est un tissu musculaire épuisé et qui a fait son temps. On a donné le nom d'APONÉVROSE à la couche externe du muscle ; mais si l'on veut être logique, on retrouvera une APONÉVROSE à chacun des faisceaux dont se compose le muscle principal, c'est-à-dire à chaque emboîtement de 2e ou 3e etc. ordre, qui concourt à composer le grand emboîtement cellulo-musculaire. L'APONÉVROSE n'est en effet que la cellule mère des emboîtements qu'elle enveloppe, et qui engendrent d'autres emboîtements à leur tour , chaque emboîtement ayant ainsi une *aponévrose* distincte et qui lui est propre.

1748. 1er GENRE. MYALGIE ASPHYXIGÈNE ; MALADIE MUSCULAIRE PAR SUITE DE LA PRIVATION D'AIR (53).

DÉFINITION. Il n'est pas de cellule organisée, si microscopique qu'elle soit, qui n'ait besoin d'aspirer et d'expirer l'air dans l'intérêt de son développement indéfini, tout autant qu'en a besoin l'organe pulmonaire dans l'intérêt de la sanguification. Donc le muscle ne saurait continuer son développement et ses fonctions de contraction, s'il était soustrait à l'influence et au va-et-vient de l'air atmosphérique. Cet air lui arrive, tamisé à travers l'épiderme, par les canaux interstitiels, autrement dits lymphatiques, qui font partie de l'inextricable réseau de la circulation que j'appelle aérienne, circulation non moins nécessaire à la vitalité que la circulation sanguine.

d'idées, n'a pourtant qu'une dénomination pour désigner à la fois le rat, la souris, le muscle et la mouche (μυων, μυς). Cependant cette anomalie est parfaitement concevable : la pauvreté d'une nomenclature est l'indice de la pauvreté des notions ; on n'a un nombre de signes qu'en rapport avec le nombre des idées. Or les premiers Grecs étaient peu avancés dans les études d'histoire naturelle ; ayant des notions restreintes pour cette branche des connaissances humaines, ils avaient donc peu de mots à ce sujet ; tandis que, doués, comme ils l'étaient, d'une nature éminemment impressionnable et versatile, riches naturellement en émotions, leur langue s'était enrichie de signes pour en exprimer jusqu'aux dernières nuances. En fait de nomenclature scientifique, ils s'arrêtaient aux premières analogies qui les frappaient le plus, et ils groupaient ainsi, sous ce seul signe, les êtres les plus disparates sous tous les autres rapports : Le rat court si vite qu'on a de la peine à le suivre ; la mouche ne se dérobe pas moins aux regards en courant qu'en volant ; le mouvement musculaire ondule sous la peau avec la rapidité d'une souris ; l'analogie de cette circonstance a amené l'identité de la dénomination ; la contexture de la phrase établissait ensuite la différence.

SYNONYMIE. Engourdissement, lourdeur du membre, torpeur musculaire; — en grec : *narkè;* — en latin : *torpor.*

EFFETS. Le muscle, animé par l'influence nerveuse et alimenté par la circulation sanguine qu'aucun obstacle n'intercepte, conserve toute sa sensibilité et sa contractilité; mais, privé du complement organisateur de l'air atmosphérique, ses contractions sont retardataires, embarrassées, et ses mouvements lents et lourds. Ce n'est pas tout à fait le rhumatisme ; mais c'est plus qu'un embarras passager.

1749. 1re ESPÈCE. **MYALGIE ASPHYXIGÈNE ENDERMIQUE**; engourdissement du muscle provenant d'une affection de la peau (1654).

EFFETS. La désorganisation plus ou moins profonde de la peau forme, pour ainsi dire, écran, entre les couches musculaires sous-jacentes et l'air atmosphérique que l'épiderme leur tamisait auparavant. L'engourdissement des muscles est donc toujours la conséquence d'une maladie de la région de la peau qui les recouvre.

1750. 2e ESPÈCE. **MYALGIE ASPHYXIGÈNE INTERSTITIELLE OU LYMPHATIQUE** (149); engourdissement musculaire par suite de l'engorgement des ganglions lymphatiques ou de l'obstruction des canaux interstitiels.

EFFETS. Le développement d'une glande interrompt la communication entre les divers embranchements des canaux lymphatiques ou interstitiels; de même l'engorgement des canaux interstitiels par le développement d'une tumeur sanguine et d'un bubon. Dès ce moment l'engourdissement s'empare des muscles, qui pâtissent de cet obstacle apporté à leur aspiration et par conséquent à la régularité de leurs contractions.

MÉDICATION. L'engourdissement dont nous parlons n'étant qu'un effet consécutif d'autres maladies, on n'a, pour dissiper cet effet, qu'à guérir la maladie de la peau (1754) ou qu'à dégorger les glandes, ganglions et bubons qui en sont cause, en traitant ces causes de maladies de la manière dont nous l'expliquerons en leur lieu.

1751. 2e GENRE. MYALGIE TROPHOGÈNE (150); **MALADIE DES MUSCLES PROVENANT D'UN VICE DANS LEUR MODE DE NUTRITION.**

EFFETS. La nutrition des muscles vient évidemment de la circulation sanguine. Les artères leur apportent les éléments nutritifs de leur organisation; les veines se chargent du produit de leur excrétion, c'est-à-dire des rebuts de leur spéciale élaboration. Si un obstacle s'oppose à l'apport de la substance nutritive, ou à l'expulsion des principes inutiles à l'élaboration, le muscle tombe en souffrance, par privation ou surabondance, par famine ou par indigestion, si j'ose m'exprimer ainsi.

1752. 1re ESPÈCE. **MYALGIE ATROPHOGÈNE**; affection musculaire par privation du sang artériel.

SYNONYMIE. Maigreur, amaigrissement, émaciation, atrophie; — en latin : *macror, macies, macritudo;* — en grec : *ischnôtès, leptotès, atrophia, tékèdôn.*

EFFETS. Les cellules musculaires se vident de leurs principes réorganisateurs, au profit de l'élaboration des cellules d'une élaboration plus puissante, les plus fortes vivant aux dépens des plus faibles, par ordre de hiérarchie, et chacune dévorant et étant dévorée tour à tour. A ce jeu, et si l'interruption alimentaire de la circulation sanguine continue, bientôt les tissus de la couche musculaire ainsi affamée sembleront réduits à la simple épaisseur des *aponévroses* (1747). La masse musculaire, flasque et dépourvue de contractilité, sera incapable de déplacer le moins du monde la pièce de la charpente osseuse dont elle était le moteur. On dirait alors que cette région n'a plus que *la peau sur les os,* qu'elle a *la peau collée sur les os,* tant les masses musculaires intermédiaires semblent avoir disparu de cette région organisée.

MÉDICATION. Ou bien la maladie musculaire est générale, et c'est qu'alors le défaut de nutrition vient du vice de l'élaboration stomacale ou pulmonaire ; dans ce cas le mal est incurable, si l'on ne parvient pas à rétablir les fonctions de la digestion et de la respiration. Ou bien la maladie est restreinte à une région musculaire spéciale ; et c'est qu'alors l'atrophie ne provient que d'un obstacle dans la circulation. Dans ce cas on attaque la région qui paraît être plus spécialement le siège de l'obstacle, en y appliquant fréquemment tantôt une compresse imbibée d'eau sédative (1345, 2°), tantôt un cataplasme aloétique (1321), et quand on les retire on exécute sur le membre de la region affectée un massage à la pommade camphrée (1302, 1°). Régime hygiénique (1641) au grand complet.

1753. 2ᵉ ESPÈCE. **MYALGIE HYPERTROPHOGÈNE** : maladie occasionnée par la prédominance de la nutrition spéciale au système musculaire.

SYNONYMIE. Engraissement musculaire ; développement excessif ; accroissement hypertrophique, ou hypertrophie du système musculaire.

EFFETS. De même que tous les autres systèmes, si, en fait de nutrition, le système musculaire reçoit plus qu'il ne dépense, s'il aspire plus qu'il n'expire, il est évident qu'il augmentera en volume, par suite du développement indéfini de son élément cellulaire ; il gagnera de l'obésité à sa manière, comme le fait la constitution et l'appareil cutané (1659) sous une telle influence. Quand cette cause d'accroissement vient de l'activité des fonctions digestives, tous les systèmes de l'organisation augmentant de volume à la fois : c'est alors un accroissement en force et non une affection maladive ; les rapports organiques restent les mêmes, ainsi que l'antagonisme musculaire. Il n'en est plus de même quand, par suite d'un trouble dans les excrétions, cet accroissement est limité à une masse musculaire ; l'antagonisme étant détruit, le muscle hypertrophié devient un obstacle au mouvement régulier ; son obésité est un poids qui gêne et engourdit. Cette espèce de maladie est très-rare.

MÉDICATION. La même que ci-devant.

1754. 3ᵉ ESPÈCE. **MYALGIE ANEUVROGÈNE** ; affection musculaire par suite de la suppression ou de l'amoindrissement des rameaux nerveux, qui portent aux muscles la sensibilité et la vitalié (du grec, *a* privatif, et *neuros* nerf).

SYNONYMIE. Paralysie, douleurs rhumatismales, perte générale ou partielle de la sensibilité musculaire ou de la motilité ; paraplégie, hémiplégie ; — en latin : *paralysis, paraplexia* ou *paraplegia, hemiplegia* ou *hemiplexia ;*—en grec : *paralysis, rheumatalgia (paralysis*, de *para*, en tous les sens, et *luein*, délier, dissoudre, supprimer).

RÉFORME DE LA SYNONYMIE. — Un muscle quelconque n'étant que l'expansion d'une cellule nerveuse, que le développement indéfini de cette cellule et sa transformation, il tient de ce rameau nerveux la propriété de se contracter et de s'allonger, en rapprochant ou écartant les tours de spires qui sont les ressorts de ses cellules ; sa MOTILITÉ enfin est animée par le cordon nerveux d'où cette cellule émane. Ce cordon une fois coupé, frappé de mort à tout jamais, ou seulement soumis à une constriction ou compression qui intercepte les communications réciproques, le muscle qui en émane peut vivre encore de la vie sanguine et matérielle, mais il perd du coup, avec la vitalité nerveuse, la contractilité qui caractérisait sa fonction. Le muscle est alors *paralysé* complétement, si la suppression de la communication est complète ; ou il n'est qu'engourdi, en proie à des douleurs rhumatismales, il n'est que lent et lourd dans ses mouvements, si la suppression est incomplète. Mais outre que le muscle est l'expansion d'un cordon nerveux, il est, ainsi que le derme (1654) et tous les tissus mous du corps, il est pavé de papilles nerveuses, organes de la sensibilité, qui ne sont que les extrémités innombrables d'un autre ordre de cordons nerveux, lesquels s'insinuent par tous les interstices cellulaires, et viennent s'épanouir à toutes les surfaces des organes quelconques du corps humain.

La SENSIBILITÉ du muscle ne réside que dans ces organes innombrables et infiniment petits. La cause qui supprime la MOTILITÉ, propriété contractile du muscle, peut bien épargner le cordon nerveux d'où émane sa sensibilité. Le muscle, en ce cas, restera sensible, si engourdi qu'il soit ; plus ou moins sensible, sensible sur un plus ou moins grand nombre de ses surfaces, selon que la suppression des cordons afférents sera plus ou moins limitée.

La PARALYSIE ou affection musculaire par suppression partielle ou complète de l'influx nerveux, la paralysie peut donc être PARTIELLE et limitée à un certain nombre de muscles, ou GÉNÉRALE et affectant toutes les masses musculaires à la fois. Elle peut être complète et simultanée par la suppression de la motilité et de la sensibilité à la fois : c'est alors la PARALYSIE proprement dite. Ou bien le muscle privé de *motilité*, de *contractilité*, conserve cependant encore toute sa *sensibilité;* et dans ce cas ce sera un *engourdissement* musculaire, une *affection rhumatismale.*

La PARALYSIE PARTIELLE peut n'intéresser qu'une seule région du corps, elle prend alors le nom de cette région : *paralysie faciale, brachiale, fémorale, coxale, jambaire,* etc.

On nomme PARAPLÉGIE la paralysie qui a frappé les deux jambes à la fois. Par la même raison, on devra nommer *anoplégie* la paralysie qui aurait perclus les deux bras à la fois.

L'HÉMIPLÉGIE est la paralysie de tout un côté du corps, en sorte qu'en tirant un plan perpendiculaire qui passe par la ligne médiane du front, du menton et du trou occipital, par le sternum et l'épine dorsale, tout ce qui est en deçà de cette ligne soit affecté de paralysie et tout ce qui est au delà en soit exempt.

Cette nomenclature est faite, comme vous le voyez, de pièces et de morceaux ; il est temps de lui substituer une nomenclature systématique et rationnelle, en se rapprochant autant que possible de l'ancienne ; nous proposons la suivante :

1° MYALGIE ANEUVROGÈNE générale ou partielle (paralysie d'un ou plusieurs muscles ou de la totalité du système musculaire) ;

2° MYALGIE ANEUVROGÈNE sensible (*rhumatisme*), ou insensible (*paralysie complète*).

3°. MYALGIE ANEUVROGÈNE des mains, des pieds du bras, de la jambe, des paupières, de tel ou tel muscle en particulier, etc., ce qu'en langage scientifique on pourrait rendre par MYALGIE ANEUVROGÈNE *cheiroplégique, podoplégique,* etc., en ajoutant la désinence *plégique* (qui signifie frappée d'un accident) au nom grec qui désigne l'organe ou le muscle frappé de paralysie.

4° MYALGIE ANEUVROGÈNE *hémiplégique* (paralysie de tout un côté du corps).

5° MYALGIE ANEUVROGÈNE *paraplégique* (paralysie de l'arrière-train du corps, des deux membres pelviens.

6° MYALGIE ANEUVROGÈNE *anoplégique* (paralysie des deux membres thoraciques, des membres de l'avant-train chez les quadrupèdes).

7° MYALGIE ANEUVROGÈNE *oloplégique* (paralysie de la totalité des muscles du corps).

EFFETS. Un muscle ainsi séparé du nerf d'où émane sa vitalité doit peu à peu s'atrophier, se faner, se dessécher, pour ainsi dire, comme le fait la feuille dont le pédicule ne communique plus avec la tige. J'en ai vu dans ce cas dont on ne pouvait plus retrouver que la place, et dont la substance avait complétement disparu. Un muscle est un levier destiné à rapprocher les unes des autres les diverses pièces de la charpente ; il les rapproche en se contractant. Tout muscle a un muscle antagoniste et qui tend à rapprocher d'un côté ce que celui-là tend à rapprocher de l'autre. Quand les deux se contractent à la fois, qu'ils se font antagonisme, la pièce osseuse ou autre garde le juste milieu, la perpendiculaire à son plan d'insertion. Mais que l'un cède et que l'autre se contracte, c'est du côté de ce dernier que fléchira la pièce ou l'organe à mettre en mouvement. La locomotion générale ou partielle ne s'opère que par suite de l'alternance de ces contractions ; l'immobilité c'est l'absence de toute contraction, par suite d'un acte de la volonté ou d'une cause d'impuissance.

MÉDICATION CONTRE L'ATROPHIE MUSCULAIRE. Un muscle complétement atrophié, c'est comme un muscle retranché ; on ne refait pas plus l'un qu'on ne ressoude l'autre ; mais alors on peut le remplacer mécaniquement.

Soit, par exemple, le *muscle deltoïde* (muscle releveur du bras) frappé d'une atrophie complète : Par un mécanisme approprié et une insertion sur un appareil dorsal quelconque, on pourra adapter à l'épaule un muscle artificiel en caoutchouc qui, au moyen d'une bride passée sous le bras, tienne ce membre relevé dans la position de la plus grande extension possible. Il est évident que l'antagonisme du grand dorsal et du pectoral suffira pour ramener le bras dans le sens de la flexion ; mais lorsque l'on voudra relever le bras, il ne faudra que l'abandonner à la contraction du muscle postiche. On se débarrassera de cet appareil en le débridant, dès que l'on voudra garder le bras au repos.

1755. MÉDICATION CONTRE LA PARALYSIE PARTIELLE NON DÉPOURVUE DE SENSIBILITÉ. La théorie que nous avons donnée, dans nos divers ouvrages, des développements du système nerveux rendra facile à concevoir que l'on ne doit pas désespérer de rétablir l'influx nerveux, tant que le muscle jouit de sa sensibilité et qu'aucune blessure n'a établi une solution de continuité irréparable sur le trajet du cordon nerveux d'où ce faisceau musculaire émane : car le développement du système nerveux, analogue à celui de la ramescence végétale, étant indéfini et limité seulement par la surface du corps ou des organes, il doit paraître évident que, tant qu'il reste un bourgeon au cordon nerveux, il peut repousser un rameau capable et d'animer de nouveau le muscle en se ramifiant dans sa substance, et d'y ramener la double propriété de la *contractilité* et de la *sensibilité*. On ne doit donc pas hésiter à aborder, en pareille circonstance, une médication qui a eu jusqu'ici la puissance de rouvrir les canaux à toute espèce de circulation du corps humain, en remettant à flot les coagulations qui lui faisaient obstacle ; il faudrait le tenter, même dans le cas d'une paralysie et de la perte complète non-seulement de la contractilité, mais de la sensibilité.

On appliquera, au moins 20 minutes, trois fois par jour, sur toute la région qui correspond au muscle paralysé, tantôt une compresse imbibée d'eau sédative (1345, 2°), tantôt un cataplasme aloétique (1321) arrosé de force eau sédative ; on massera ensuite la portion musculaire à la pommade camphrée (1302, 1°).

1756. MÉDICATION CONTRE LA PARAPLÉGIE ET L'ANOPLÉGIE. Le cataplasme aloétique ci-dessus, et les compresses d'eau sédative, doivent être appliqués, sur les reins et le bas-ventre contre la *paraplégie*, et entre les épaules et sur la poitrine, contre l'*anoplégie*. Lotionnez ensuite à l'eau sédative (1345, 1°) et frictionnez alternativement à la pommade camphrée (1302,1°), cinq minutes, sur le dos et les reins. Tous les trois jours aloès (1193), et le lendemain matin lavement superpurgatif (1398).

1757. MÉDICATION CONTRE LA PARALYSIE GÉNÉRALE OU L'HÉMIPLÉGIE. Tous les matins bain sédatif (1209) tiède pendant une demi-heure. Arroser le crâne d'eau sédative (1347, 3°) pendant le bain. Au sortir du bain, lotions à l'eau sédative (1345,1°) et massage général à la pommade camphrée (1302°, 1°) pendant cinq minutes. On suspend huit jours l'emploi de ces bains, dès que le malade en eprouve de la fatigue. Aloès (1193) tous les trois jours, et le lendemain lavement superpurgatif (1398). Lotionner quelquefois le ventre à l'huile de ricin (1435). Soir et matin prendre gros comme une lentille de camphre, au moyen d'une tasse de salsepareille (1505), ou de bourrache (1469), ou de chiendent (1474). Chiques galvaniques (1424), ceintures et colliers galvaniques (1421, 1423).

1758. 3e GENRE. MYALGIES THERMOGÈNES (222); AFFECTIONS MUSCULAIRES PRO-VENANT DE L'INFLUENCE DE LA TEMPÉRATURE, DE L'ACTION DU CHAUD ET DU FROID.

1759. 1re ESPÈCE. MYALGIE CAUTÉRIGÈNE (224) ; désorganisation plus ou moins profonde de la substance d'un muscle par l'action de l'eau bouillante, du fer rouge, du moxa (1514, 10°), de la flamme et des charbons incandescents (1667).

SYNONYMIE : Brûlure profonde et désorganisatrice.

EFFETS. Si le muscle n'est pas complétement désorganisé, ce qu'il en reste, pourvu que l'action du feu n'ait pas atteint les nerfs d'où émane la motilité, devient peu à peu en état de suppléer à ce qui manque, mais jamais à le régénérer tout à fait; la solution de continuité se change en une cicatrice ineffaçable.

MÉDICATION. La même, plus souvent renouvelée, s'il y a lieu, que celle pour la brûlure de la peau (1667).

1760. 2e ESPÈCE. MYALGIE AUTOGÈNE : affection thermogène de l'élément musculaire, qui vient de lui-même et de l'excès de ses fonctions de contractilité (du grec : autos, lui-même, comme on dit autographe).

SYNONYMIE. Fatigue, lassitude, marches forcées, excès de travail et à la suite transpirations abondantes ; — en latin : labor improbus, fatigatio, lassitudo ; — en grec : kópos, pónos, móchthos, kamatos.

EFFETS. Le muscle qui se fatigue au mouvement dépense plus qu'il ne reçoit; il expire, exhale et expulse au dehors plus qu'il n'aspire et ne puise dans les divers torrents circulatoires; il s'épuise; mais en outre il s'échauffe par le frottement alternatif de la contraction et de l'extension, d'autant plus que la température est plus élevee. La substance musculaire semble, chaque fois qu'elle se contracte ou s'allonge, faire office d'une éponge qui s'épuise de liquide, en quelque sens qu'on la presse. Le muscle se vide, en déversant ses sucs par les canaux interstitiels qui les dégorgent au dehors par les pores de la sueur.

MÉDICATION. Lotion générale à l'eau sédative (1345, 1°); affusion de la même eau sur le crâne; et alternativement friction générale à la pommade camphrée (1302, 1°) ; aloès aussitôt (1497).

Si le délassement n'arrivait pas assez vite, bain sédatif (1209), et arroser le crâne d'eau sédative (1347, 3°) pendant le bain; friction générale au sortir du bain; et à la suite un bol de bourrache chaude (1469); puis un léger repas avec vin généreux.

Il est facile de déduire de là le traitement qu'on aurait à suivre, si la fatigue était limitée à une région et à un membre seulement.

1761. 3e ESPÈCE. MYALGIE THERMOTHIGÈNE : affection du système musculaire par suite d'une température atmosphérique trop élevée.

SYNONYMIE. Échauffement; chaleur étouffante de l'atmosphère ; accablement;épuisement par l'élévation de la température ; — en latin : æstuatio, calor ; — en grec : thermothes, anabrasis, kumansis.

EFFETS. Plus la température atmosphérique est élevée, plus l'air est sec et avide d'eau. L'air en soutire alors à tous les corps soit organisés soit inorganiques ; il aspire l'eau comme par le vide. Or chaque pore de la sueur est, pour ainsi dire, abouché avec un tuyau de pompe capillaire formé par la petite colonne atmosphérique qui lui correspond, et ce pore est l'orifice, nous l'avons assez dit, d'un des canaux du réseau interstitiel qui s'étend à tous les tissus, même les plus profonds, de l'organisation. Tout tissu tend ainsi à s'épuiser de proche en proche, à se dépouiller des molécules aqueuses qui font partie de son organisation et en lubrifient les leviers. Sans rien faire, et quoique dans la plus grande immobilité, on se sent de plus en plus accablé de lassitude ; l'on s'épuise dans la plus parfaite inaction, et les appareils musculaires refusent de se prêter au moindre déplacement, à la moindre occupation manuelle.

MÉDICATION. Rendez à l'air de vos réduits l'humidité qui lui manque, au moyen de fréquentes irrigations et aspersions avec des eaux aromatisées (1717). Lotions d'abord à l'eau sédative (1345,1°), ensuite à l'alcool camphré (1288,1°) sur tout le corps. Aromatisez l'eau à boire entre les repas, avec de la liqueur hygiénique (1553). Bain ordinaire le soir. Aloès (1197) tous les deux jours.

1762. 4e ESPÈCE. MYALGIE ATHERMOGÈNE : affection de la substance musculaire causée par l'abaissement de la température, par le froid de l'humidité.

SYNONYMIE. Engourdissement par le refroidissement, réfrigération , courbature ; — en latin : *refrigeratio muscularis; —* en grec *psyxis, anapsyxis, katapsyxis.*

EFFETS. L'air froid et saturé d'humidité en cède aux corps ambiants inorganiques ou organisés. Donc non-seulement il s'oppose à la fonction de la transpiration cutanée, mais il fournit à l'absorption un surcroît de molécules aqueuses. La cellule musculaire devient alors turgescente, faute de pouvoir se dépouiller de l'inutilité de son trop-plein, les canaux interstitiels étant encombrés et du produit de l'excrétion cellulaire et du produit de l'absorption cutanée. En supposant que l'humidité absorbée ne fût le véhicule d'aucun principe inassimilable, ce trop-plein serait déjà une cause assez notable de perturbation dans les fonctions musculaires, une cause d'affection presque rhumatismale, d'une espèce de courbature enfin, comme on en gagne quand on reste trop longtemps assis sur un gazon humide, par une basse température.

MÉDICATION. Cataplasme aloétique bien chaud (1321) sur la région engourdie ; au bout de 20 minutes, fort massage à la pommade camphrée (1302,1•) sur la même région. Renouveler cette médication 3 fois par jour; et dans les intervalles, lotions fréquentes à l'eau sédative. Aloès (1197), et lavement (1395) chaque matin.

1763. 5e ESPÈCE. MYALGIE KRUMOGÈNE : affection musculaire produite par la congélation (de *krumos* ou *krumnos,* gelée) (1665).

SYNONYMIE. Congélation, membres gelés , gélivure, gelure, gèlement (*ancien mot qu'il faudrait reprendre pour spécifier la congélation des tissus vivants); —* en latin : *congelatio; —* en grec : *sympexis, systolè.*

EFFETS. Le froid, nous l'avons suffisamment expliqué, désorganise les tissus vivants, tout autant que le ferait l'eau bouillante ; il les brûle, les réduit en bouillie d'abord et les carbonise ensuite par le dégel. Car tant que le dégel n'arrive pas, que la congélation des liquides persiste, le mort se conserve aussi reconnaissable que s'il était admirablement embaumé; on en a un exemple plus que séculaire par les cadavres d'hommes et d'animaux que la fonte des neiges des hautes montagnes met d'aventure à nu, et par la morgue, ou cabinet des morts, dans lequel les moines du Saint-Bernard déposent les cadavres qu'ils déterrent de dessous les neiges de la montagne ; ce cabinet est creusé sous une couche de neiges perpétuelles. Là les cadavres se conservent si bien qu'on les croirait vivants ; mais à peine sont-ils rendus à la température où se dégèlent les liquides, que tout s'en résout et s'en décompose avec plus de rapidité qu'à la suite de tout autre genre de mort.

Lorsque la congélation n'attaque que l'extrémité d'un membre, par suite de son contact prolongé avec une température glaciale, l'extrémité gelée se détache du reste du membre, dès que l'on passe à une température douce et qu'on s'approche du feu; car les muscles et les tendons, étant désorganisés par le froid, se réduisent en bouillie à la température où les sucs se liquéfient; il doit donc être évident que le membre *gélif* se détache par son propre poids, comme le ferait un morceau de glace par la fusion de la portion qui l'attachait au bloc. On ne s'aperçoit de l'accident que lorsqu'il n'y a plus de remède. Les portions de membres atteints d'une affection quelconque sont plus exposées à ce terrible accident que les autres portions saines. Car celles-ci, en poursuivant le cours régulier de leur développement, engendrent de la chaleur vitale assez pour en céder au milieu ambiant, sans en soustraire à l'alimentation de leurs fonctions normales, à moins pourtant que la température ne continue à descendre jusqu'au degré des régions sibériennes; car, en fait de dépense, tout finit par avoir un terme, si riche que ce soit. Aussi rien n'est moins rare que la chute des membres, et même du nez, par le froid des hivers dans la Russie septentrionale; j'ai vu, dans nos climats, des cas de ce genre, et entre autres deux phalanges d'un doigt, dépouillées de leur épiderme protecteur, se détacher, par un froid de —16°, comme si elles avaient été immergées préalablement dans l'eau bouillante. Bien de nos soldats, dans la campagne de Crimée, épargnés par les balles, se sont trouvés mutilés de cette manière par l'action du froid; et bien d'autres ne l'ont été que par le bistouri du chirurgien, qui confond souvent un membre simplement refroidi avec un membre congelé. J'ai appris, d'une manière certaine, que bien de ces braves soldats ou officiers qui avaient le *Manuel* dans leur havre-sac, ont pu, à l'aide de l'eau sédative en compresses, se conserver le pied ou le bras que le chirurgien s'était proposé d'amputer; les chirurgiens avaient trop affaire alors dans les ambulances, pour avoir l'œil sur ces sortes de guérisons subreptices.

MÉDICATION PRÉVENTIVE. Ne laissez en contact immédiat de l'air aucune surface du corps, toutes les fois que vous voyagez par une température rigoureuse; c'est à vous de calculer, à chaque instant, de combien vous devez épaissir chaque portion du vêtement. En certains cas, vous ne devez aspirer l'air froid qu'à travers les vapeurs chaudes de votre expiration; il n'y a pas d'inconvénient alors de réaspirer une partie de votre expiration, l'air extérieur étant assez dense pour maintenir l'équilibre et couvrir le déficit. Ne vous aventurez jamais à voyager en hiver ou à traverser même en août les hautes montagnes, sans prendre avec vous une ample provision de vêtements protecteurs de la tête et de tout le corps, le thermomètre marquât-il 24° ou 30°, dans la plaine, à l'instant du départ; et quand le froid vous surprend, hâtez-vous de recouvrir toutes les surfaces qui le ressentent davantage, et ne cessez pas de vous mouvoir dans tous les sens; le mouvement, c'est le frottement continuel qui dégage du calorique. Lotionnez-vous fréquemment les mains, les pieds avec de l'alcool camphré (1287) ou de l'eau-de-vie la plus forte que vous pourrez trouver à votre service; passez-vous-en sur les portions de la figure les plus exposées au contact de l'air extérieur. La vapeur d'alcool résiste à la congélation, par les plus basses températures de nos climats, elle formera autour de votre épiderme une atmosphère protectrice et isolante; une couche, si légère qu'elle soit, de cette vapeur vous défendra mieux encore qu'une étoffe des plus épaisses. Gardez-vous cependant de boire de l'eau-de-vie; vous ajouteriez à l'action externe du froid, une action interne encore plus coagulatrice, et une nouvelle puissance pour suspendre le cours du sang. Ayez, au contraire, en même temps, sous vos vêtements, une petite bouteille d'eau sédative, pour vous en passer souvent sur la région du cœur, avec la main que vous glisserez sous votre linge; et ayez soin de réchauffer le flacon, en le tenant sous vos vêtements, afin de préserver de la gelée ce liquide préservateur de la coagulation du sang.

MÉDICATION CURATIVE. Dès que vous rentrez au logis, si gelées que vous paraissent les extrémités, tout aussitôt et sans trop vous approcher du feu, lotionnez-en les surfaces avec de l'eau sédative (1345, 1°) et frictionnez-les alternativement avec la pommade camphrée (1302, 1°); prenez un bol de bourrache chaude (1472), alcalisée avec une cuiller à café d'eau sédative (1336, 1°); et dans le plus grand nombre de cas, vous sentirez renaître la vie dans les régions qui vous paraissaient frappées de mort, et le sang reprendre son cours et sa chaleur vitale en se liquéfiant de nouveau.

Si cependant dans ce combat à outrance avec ce terrible fléau, le succès restait à la congélation, et qu'il se détachât des extrémités du corps une pièce quelconque, on panserait la cicatrice comme nous l'avons déjà expliqué (1706); enveloppez le moignon de pommade camphrée (1302); placez sur la partie saine, immédiatement après, une compresse imbibée d'alcool camphré (1288, 2°) et lotionnez souvent un peu plus haut à l'eau sédative (1345, 1°). Si la solution de continuité menaçait d'une hémorrhagie, ayez recours au pansement dont nous nous occuperons sous la rubrique du genre des MYALGIES TRAUMAGÈNES.

1764. 4° GENRE : MYALGIES TOXICOGÈNES (254) : AFFECTION DE LA SUBSTANCE MUSCULAIRE CAUSÉE PAR L'ACTION DÉSORGANISATRICE OU ANORMALEMENT ORGANISATRICE D'UN POISON ABSORBÉ OU INGÉRÉ. (Du grec *toxikon*, substance avec laquelle, d'après Dioscoride, les barbares empoisonnaient leurs flèches.)

EFFETS. La substance toxique (vénéneuse ou venimeuse), pour se loger dans la substance musculaire, peut venir, soit du dehors par solution d'une continuité ou absorption cutanée (1669), soit du dedans et par suite d'ingestion fortuite ou coupable, par suite d'un empoisonnement proprement dit. Nous désignerons : 1° par la phrase de MYALGIE TOXICOGÈNE TRAUMATIQUE, etc., l'intoxication musculaire provenant d'une solution de continuité, et nous en renverrons la description aux MYALGIES TRAUMAGÈNES; 2° par celle de MYALGIE EKTOXICOGÈNE, l'intoxication musculaire provenant de l'absorption cutanée; et 3° par celle de MYALGIE ENTOXICOGÈNE, l'intoxication musculaire provenant de l'ingestion d'un poison et de l'absorption intestinale.

Quant aux espèces, il suffira, pour les désigner, de remplacer la racine *toxico* par celle de la substance toxique que l'observation directe ou les symptômes auront fait reconnaître comme cause de l'affection musculaire, ainsi que nous l'avons déjà pratiqué à l'égard des DERMALGIES (maladies de la peau) (1669).

Il existe un ordre de MYALGIES dont la cause réside moins dans la substance musculaire que dans le nerf excitateur des contractions de ce genre d'organes; nous les renverrons au groupe des NÉVRALGIES (maladies dont la cause réside dans la substance nerveuse elle-même). C'est à ce groupe qu'appartiennent les maladies convulsives, la *chorée* ou *danse de Saint-Guy*, les *soubresauts*, le *tétanos*, etc.

Nous nous arrêterons exclusivement, en cet endroit, aux maladies musculaires que le poison détermine, soit en rongeant ou émaciant la substance du muscle : MYALGIE TOXICOGÈNE *désorganisatrice*; soit en transformant le muscle ou un point d'un muscle en un organe de superfétation : MYALGIE TOXICOGÈNE *pseudorganisatrice*.

Les causes les plus fréquentes de ces deux genres d'affection musculaire, ce sont bien certainement l'arsenic et le mercure; les effets de ces deux poisons sont si variés, que je n'en sache pas un seul, de toutes les autres substances toxiques, qu'ils ne puissent reproduire; nous nous arrêterons donc à ces deux causes d'intoxication musculaire ou MYALGIES TOXICOGÈNES.

1765. 1re ESPÈCE. MYALGIE ARSENIGÈNE (349); affection musculaire provenant de l'absorption interne ou externe de substances arsenicales.

C

EFFETS. A la suite de l'aspiration, de l'absorption cutanée et de l'ingestion criminelle ou médicale de l'arsenic, sous forme de métal, d'oxyde ou de sel, on ne tarde pas à s'apercevoir que tout le système musculaire est atteint d'une tendance à l'amaigrissement ; en même temps que l'embonpoint ou engraissement du derme diminue, que la peau perd de son épaisseur, se flétrit et se ride, le muscle s'émacie et semblerait devoir finir par se réduire à la minceur de ses aponévroses, si l'émaciation des organes essentiels à l'économie pouvait se prêter à cette progression d'anéantissement musculaire sans amener la mort. Le symptôme que nous venons de décrire ne saurait se manifester que dans le cas d'un empoisonnement lent et à petites doses administrées chaque jour.

MÉDICATION. Nous l'indiquerons en nous occupant de l'empoisonnement intestinal (ENTÉRALGIE ARSENIGÈNE), dont l'émaciation musculaire n'est qu'une conséquence éloignée, qui cède à la même médication ; *sublatâ causâ, tollitur effectus.*

1765bis. 2e ESPÈCE. **MYALGIE HYDRARGÈNE** (369) : affection de la peau provenant de l'absorption du mercure ou des combinaisons mercurielles par les pores de la peau, par les orifices de la circulation lymphatique, ou par le véhicule de la circulation sanguine ainsi viciée à la suite de la respiration ou de l'ingestion du poison mercuriel.

N. B. Nous diviserons cette espèce en trois variétés, selon que le mercure agit, 1° sur la substance musculaire par l'érosion et la double combinaison de ses sels avec l'élément organique des tissus ; 2° seulement en vertu de la puissance de création que possède le mercure, par l'incubation de l'un de ses atomes globulaires dans une cellule quelconque d'un tissu vivant ; 3° enfin par les deux puissances réunies ensemble de l'érosion et de la réorganisation.

1766. 1re VARIÉTÉ. **MYALGIE HYDRARGÈNE** *désorganisatrice :* désorganisation de la substance musculaire par l'action corrosive des combinaisons mercurielles.

SYNONYMIE. Clapiers (*) purulents d'origine mercurielle, ayant leur foyer dans la substance d'un muscle et finissant par se faire jour au dehors au moyen de fistules par où s'écoule le pus ; — en latin, *ulcera profunda, abscessus ex quibus fistulæ oriuntur,* Cels. ; *chironium ulcus* Cels. ? — en grec, *elkea* (ulcères), *syringes* (fistules) Hipp. dans les *Coaques ;* le mot de *syringes* n'est employé, dans le traité spécial qu'Hippocrate a publié sous ce titre, que pour désigner les fistules à l'anus. La *fusée purulente,* c'est, si je puis m'exprimer ainsi, la fistule qui n'a pas abouti au dehors ; c'est le canal creusé sous la peau, ou entre les aponévroses du muscle, par le pus qui se porte vers les parties déclives, en rongeant d'abord les brides cellulaires et obéissant ensuite à son propre poids.

CAUSES. Empoisonnement par les sels de mercure, surtout par le sublimé corrosif à doses fractionnées ; médication interne mercurielle ; et même simplement emploi sur une région correspondante à un muscle, d'un emplâtre ou d'un onguent mercuriel, d'une friction mercurielle.

EFFETS. 1° L'action désorganisatrice des sels mercuriels, que l'absorption cutanée ou l'ingestion nutritive a pu localiser dans la substance d'un muscle, ne tarde pas à désagréger les parois cellulaires et à convertir les sucs lymphatiques ou sanguins en

---

(*) Un dictionnaire de médecine fait dériver *clapier* de κλεπτειν, mot auquel il prête la signification de *cacher :* κλεπτειν signifie *voler, dérober,* d'où vient le nom de *klephte* (voleur, brigand) donné par les Turcs aux Grecs insurgés, et dont ceux-ci se firent un titre honorifique ; comme les *gueux* des Flandres insurgées qui appartenaient aux meilleures familles bourgeoises et même nobles de ce pays. Il est plus probable que *clapier*, qui primitivement n'a signifié qu'un amas de pierres (*la pierre revient toujours au clapier*), n'est qu'une altération de *lapis*, pierre.

un liquide non-seulement impropre à l'organisation, mais qui, par sa nouvelle combinaison et son aptitude à une fermentation anomale, devient à son tour le véhicule, autant que l'agent immédiat, d'une série de désorganisations nouvelles; ce gîte mercuriel devient un foyer de pus, de pus mercurialisé et la source d'abord peu apparente, mais, en certain cas, presque intarissable, de ravages sous-aponévrotiques (1774) ou sous-cutanés (1055).

2° L'apparition d'une cause aussi profonde de désorganisation et d'intoxication musculaire s'annonce par des souffrances aiguës et lancinantes, par une espèce de paralysie du muscle envahi, par un dégagement de calorique qui fait éprouver dans ces épaisseurs la même cuisson que le *cautère* (342) produit sur la peau : la fièvre s'empare de toute l'économie, et les soubresauts ne quittent plus le membre dont le muscle est le moteur; la peau se soulève peu à peu et finit par participer de la sensibilité extrême de la masse musculaire ; le moindre frôlement de l'épiderme, c'est une souffrance pire que celle qu'on ressent dans le foyer principal; on se voit obligé, pour s'en préserver, de tenir les linges à distance, au moyen de cerceaux; le produit liquide de cette désorganisation intestine transforme tout ce qui l'enveloppe en un produit de même caractère, de même puissance et de même activité. Or comme le muscle n'est point une vésicule arrondie, mais un ensemble de vésicules allongées s'emboîtant indéfiniment les unes dans les autres, en s'étirant sous l'effort du développement du levier osseux dont le muscle est un des moteurs, il s'ensuit que le pus trouve moins d'obstacle pour suivre les interstices aponévrotiques que pour désorganiser leurs parois; qu'il file, dans le sens des fibres musculaires et de l'axe du muscle, plutôt que dans celui du diamètre transversal ; et qu'il va s'accumuler vers ses points d'attache aux os et un peu au-dessus de la portion cartilaginoïde qui forme ce que les anatomistes nomment le tendon. Car ce tendon est à mailles trop serrées et à parois déjà trop incrustées de calcaire, pour que la corrosion en vienne aussi facilement à bout que du tissu essentiellement musculaire.

3° A force de ronger, de débrider, de décoller les aponévroses musculaires, le pus finit par arriver jusque sous le derme, où, en s'accumulant, il détermine un vrai *clapier purulent*, un amas et une *poche* de pus, une *tumeur purulente;* c'est là l'époque du paroxysme; car l'œuvre de désorganisation, qui est celle de toute fermentation, augmente à mesure que ses éléments arrivent dans des régions plus perméables à l'air extérieur.

4° Le pus, obéissant toujours à sa tendance de gravitation vers les parties déclives, ronge le derme et parvient à la couche externe et presque épidermique ; la peau est brûlante, d'une irritabilité extrême, enflammée, de plus en plus colorée et rutilante, et puis bleuâtre et blafarde ; on sent sous la pression du doigt une fluctuation manifeste.

5° Une fois que le pus est parvenu à un ou deux millimètres de l'épiderme, la surface qui correspond à ce cul-de-sac de la fistule commence à jaunir et à acquérir un certain caractère de transparence, signe de l'amincissement des parois qui, à un instant indéterminé, finissent par crever sous l'effort, et donnent alors issue au pus par un orifice dont le canal prend en médecine le nom de *fusée purulente.*

6° Le pus qui s'en échappe est légèrement bleuâtre, puis verdâtre; il a la consistance du lait crémeux ou d'une mauvaise huile à demi figée, et il répand une odeur de plus en plus repoussante et d'une fétidité *sui generis* qui devient quelquefois insupportable même à de grandes distances ; c'est certainement là ce que les Latins auraient désigné sous le nom de *sanies*, et les Grecs sous celui de *melicera, quæ fertur*, dit Celse, *ex malis ulceribus* (qui provient des ulcères de mauvais caractère (liv. 5, chap. 26, §20), et qui est un pus de mauvaise nature, comme diraient les modernes).

7° La majeure partie des souffrances disparaissent dès l'instant que ce liquide désorganisateur est parvenu à se frayer une issue au dehors, que la poche commence à se vider, dès l'instant enfin que la *tumeur a abouti*. Car la souffrance venait de deux causes : 1° de la tension, de la dilatation des parois, par suite de l'accumulation des liquides dans les mailles d'un tissu si serré, enfin du dédoublement et du soulèvement de plus en plus violent de la peau, et 2° de l'érosion intime s'attaquant aux fibres d'un organe doué de tant de sensibilité. L'aboutissement de ce liquide fait cesser d'autant plus vite ces souffrances que la poche s'affaisse et se purifie plus vite en se vidant : *sublatâ causâ, tollitur effectus*.

8° La souffrance a disparu dès lors, sans doute, mais pas toujours l'écoulement du pus. Ici, comme dans les sources souterraines, il faut distinguer le réservoir qui alimente l'écoulement, de l'infiltration qui entretient le réservoir. L'infiltration, si elle continue à venir de l'infection de l'économie tout entière, continuera à accumuler dans la poche purulente les liquides désorganisateurs, qui continueront à s'échapper par la fistule : les parois de la poche et de la fistule, se faisant, pour ainsi dire, à la nature de ce liquide et s'incrustant des produits solides de la désorganisation elle-même, se couvriront comme d'un étamage organique, qui préservera leurs couches sous-jacentes de l'erosion caractéristique de ce pus; ils serviront, au liquide, de conduits inertes, à l'abri désormais de ses ravages; et comme la nature organique a horreur du vide, et qu'elle tend à combler de ses développements indéfinis toutes les cavités qui ne sont pas des organes, il arrivera que la poche diminuera bientôt de capacité jusqu'à ne plus être qu'un conduit; et ce conduit finira par se réduire à un calibre tout juste convenable pour laisser échapper le liquide. Mais si la médication intoxicante continuait à entretenir ce cercle vicieux de désordres, on concevra qu'elle ferait prendre à tous ces ravages la route qui aboutit à la désorganisation générale et à la mort; car il arriverait un moment où ce pus rongerait tout ce qu'il pourrait atteindre, muscles, nerfs et os; et, que devant ces horribles ravages, le découragement prendrait les plus osés, et que l'aspect de l'individu repousserait jusqu'à ses amis et à ses proches.

La couleur, indice thermométrique de la gravité du mal, tournerait de plus en plus au verdâtre et puis au noir, qui est la coloration de la sanie pestilentielle.

MÉDICATION. Dès qu'on a acquis la conviction que la source des souffrances du malade n'est autre qu'un clapier purulent, il ne faut pas hésiter à ménager artificiellement une issue au pus, en perforant la poche : on obtient ce résultat de deux manières, en cautérisant et taraudant la surface, ou bien en plongeant le scalpel jusqu'à la paroi interne de la cavité.

1767. 1° *En cautérisant* (1329) : on applique sur le point culminant de la tumeur sous-cutanée une plaque de sparadrap (1410) de dix centimètres de côté au plus et ayant à son centre un trou circulaire de 5 millimètres au moins et d'un centimètre au plus de diamètre, qui laisse à nu une aire d'épiderme de même diamètre. On prend une lanière du même sparadrap de deux centimètres de large, de 18 millimètres au moins et de 32 millimètres au plus de long. On roule en boudin cette petite lanière, le côté non agglutinatif en dedans; et on entoure la perforation centrale et circulaire de la plaque de sparadrap, avec ce boudin, de manière que les deux bouts, en se superposant un peu, ferment exactement ce cordon circulaire, et forment comme les bords d'un entonnoir. Cela fait, on humecte d'une goutte d'eau l'aire à nu de l'épiderme ; on y dépose ensuite autant de *caustique de Vienne* (mélange par égale part de chaux et de potasse très-caustiques) que la cavité peut en contenir; on surveille l'action corrosive de la substance, et au besoin on l'active, en l'imbibant d'une nouvelle goutte d'eau. La potasse décompose l'épiderme, puis une bonne portion du derme, en s'emparant de l'acide carbonique qui est un des éléments organiques des tissus; il se forme ainsi un carbonate de potasse qui, étant soluble, servirait de véhicule pour porter la causticité du restant de la base çà et là et fort loin dans les régions qu'on n'a pas en vue de perforer; mais la chaux caustique, qui désorganise en même temps les tissus en se combinant avec leur acide carbonique, forme un carbonate insoluble ou très-peu soluble, qui barre, pour ainsi dire, le passage, par son précipité, à la diffusion de la potasse caustique, et, à chaque couche nouvelle, la cerne d'un cordon capable d'en préserver les tissus ambiants. C'est ainsi que, presque sans douleur, l'épiderme et le derme sont creusés, les vaisseaux sanguins du derme éventrés, qu'il s'établit une petite hémorrhagie qu'on essuie avec un tampon de linge, pour que ce liquide caustique ne coule pas par-dessus la lame de sparadrap jusqu'aux surfaces nues de la peau. Lorsque le sang ne coule plus, que l'aire perforée est lavée, épongée, nettoyée avec soin, on enlève le sparadrap, on en replace un nouveau morceau sur l'escarre, de manière à favoriser l'aboutissement du pus vers cette direction ; car toute réaction violente se porte de préférence vers la région la plus faible. Au besoin, et si l'aboutissement tardait trop à s'effectuer, on appliquerait sur l'escarre un pois à cautère (1325). Dès que le pus a abouti, on cherche à vider et à panser la poche par les procédés que nous allons décrire dans le paragraphe suivant.

1768. 2° *En perforant la tumeur à l'aide du bistouri :* Le chirurgien enfonce, sur la partie culminante et la plus déclive de la tumeur, la pointe du bistouri, dans le sens de la plus grande profondeur, c'est-à-dire, de l'axe ; on s'arrête dès que le pus jaillit en se glissant contre les lames de l'instrument; mais on a soin de se placer de manière qu'on n'en soit éclaboussé ni dans les yeux ni sur les lèvres. L'instrument étant retiré, et au besoin l'orifice étant débridé, on tient l'orifice béant au moyen d'une canule; on presse les parois de la poche formée par le clapier, pour la vider de tout le pus ; on y injecte de l'huile camphrée (1293), que l'on chasse de nouveau par la compression, et l'on recommence jusqu'à ce qu'on soit convaincu que toute la quantité du pus a été éliminée ; on introduit à demeure une mèche camphrée ou bougie camphrée (1308), pour faciliter l'écoulement du pus qui aurait à se reformer encore.

Si on reconnaît que la source en est tarie, dès ce moment on cherche à rapprocher entre elles les parois de la poche ou de la fistule, au moyen de tours serrés de bandelettes de sparadrap, en y introduisant toutefois une mèche camphrée (1308) du plus petit calibre, afin de ménager une issue au peu de pus qui aurait pu rester ou à la sérosité qui pourrait encore être excrétée. On recouvre la plaie ou l'orifice de la fistule avec de la poudre de camphre (1269), et, par-dessus, un plumasseau de charpie (1405) enduit de pommade camphrée (1302,2°), le tout maintenu au moyen de bandelettes et bandes (1407) appropriées; on arrose d'alcool camphré (1287) les surfaces cutanées ambiantes et même les bandes du pansement, à une certaine distance des lèvres de la plaie. On recommence ce pansement, d'abord soir et matin, un peu plus tard une seule fois par jour, en ayant soin de laver préalablement chaque fois à l'eau quadruple (1375) toutes les surfaces intéressées dans le pansement. Pendant toute la durée de la cicatrisation, appliquez plaques, jarretières ou ceintures et colliers galvaniques (1419,1423) dans le voisinage de la plaie ; au besoin, régime interne et externe antimercuriel, tel que nous l'indiquerons en parlant, ci-après, des ENTÉRALGIES HYDRARGÈNES ou intoxications intestinales par l'ingestion du mercure.

1769. 2ᵉ VARIÉTÉ. MYALGIE HYDRARGÈNE *pseudorganisatrice :* affection de la substance musculaire animée d'un tendance à des développements anormaux et indéfinis, par suite de l'incubation d'un atome globulaire de mercure (369, 8°).

SYNONYMIE. — CAS SIMPLE : Loupes ; tumeurs charnues, pultacées ou graisseuses, sous-cutanées ou proéminentes ; — en latin : *tubercula, ganglia* Cels., — en grec . *ganglia* Hipp., *meliceris, atheróma* et *steatoma* Cels. — CAS COMPLIQUÉ : Lèpre du moyen âge en Europe ; *pian, mama pian, yaws* et *framboesia* dans l'Amérique inter-tropicale ; mal de jambe des Barbades ; mal rouge de Cayenne ; mal de la baie de Saint-Pahol ou mal de chicot et mal des éboulements ; *andrum* et *pérical* d'Amboine, de Ceylan et du Japon ; — en latin : *elephas morbus* Lucr. ; — en grec : *elephantiasis* ou *leonina nosos* (*) Arétée ; *elephantiasis* Celse, Pline, Cœlius Aurelianus : *juzam* Avicenne et les Arabes ; enfin *elephantiasis* des Grecs et des Arabes.

EFFETS. Nous avons suffisamment démontré que, par son incessante mobilité, l'atome métallique et globulaire de mercure peut déterminer des développements orga-nisés, avec tout autant de puissance que la larve microscopique de certains insectes par sa vitalité, ou que l'œuf lui-même par le parasitisme de son incubation. Il suffit, pour cela que le hasard de la circulation et de la précipitation vienne loger l'atome mercuriel dans le sein d'une cellule mère, c'est-à-dire d'une cellule munie de ses spi-res génératrices (18) animées entre elles du sentiment de la promiscuité. Il est impos-sible, en effet, que ce globule animé d'un mouvement automatique ne rapproche pas entre elles les spires les plus éloignées, ne mêle pas ensemble les plus disparates, ne rapproche pas, d'ici, de là, les sexes, n'établisse pas enfin en permanence entre les spi-res le travail de la promiscuité, en favorisant les accouplements monstrueux et adultè-res avec autant de puissance que peut le faire la larve embryonnaire par sa succion, son déplacement et ses mouvements spontanés. De là des développements nouveaux et

(*) Tous les auteurs anciens qui se sont occupés de l'étude des maladies éléphantiasiques ont vu l'origine des deux dénominations d'*éléphantiasis* et de *leontiasis* dans la similitude des effets de la maladie avec les caractères des rides qui sillonnent la peau de l'éléphant ou du lion, ou bien dans l'énorme développement que prennent quelquefois les extrémités inférieures du malade, et qui finit par donner au pied de l'homme l'apparence de la patte de l'éléphant. Les modernes ont tous accueilli cette version, comme tout ce qui nous est parvenu de la médecine ancienne, de confiance et sans discussion ; cependant la maladie peut exercer tous ses ravages sans revêtir l'un ou l'autre de ces deux caractères Mais si l'on fait attention que, d'après Lucrèce et Pline, ce mal est d'origine égyptienne, qu'il ne fut importé en Italie que du temps de Pompée et à la suite des rapports de l'armée romaine avec les Égyptiens, et qu'il n'aparut plus tard en Europe qu'au retour des Croisades, il sera permis d'entrevoir un autre genre d'étymologie à ces deux dénominations ; une étymologie d'origine et locale, au lieu d'une étymo-logie d'analogie par des caractères extérieurs : Lucrèce dit que cette maladie (*morbus elephas*) ne se montre que sur les bords du Nil, vers le milieu de l'Égypte ; et de notre temps cette maladie y existe encore sous toutes ses formes. Sur les bords du Nil nous retrouvons deux villes, l'une, *Éléphantine*, vers les cataractes, et c'est là que la maladie se montre plus fréquemment ; une autre ville, *Léontopolis*, dans le Delta, d'où l'armée de Pompée s'est peu éloignée pour s'aventurer plus bas. De même que la *syphilis* a pris les noms de *mal de Naples* ou *mal français* (1684), la maladie que les Romains rapportèrent d'Égypte en Europe aura bien pu tirer son nom des deux localités égyptiennes où ils l'auraient plus spécialement gagnée. Qui sait même, si, dans certains manuscrits de Lucrèce, on ne rencontrerait pas *Elephat* au lieu d'*Elephas* (à *Éléphas* ou Éléphantine, au lieu de maladie éléphont) : car la contexture des deux vers où se trouve ce mot paraîtra aux latinistes rendre l'une des deux variantes plus probable que l'autre ?

> *Est Elephas morbus, qui, propter flumina Nili,*
> *Gignitur, Ægypto in mediâ, neque prœtereâ usquam.*
> LUC., lib. VI.

Cependant je dois avouer que je lis le mot *elephas* des éditions modernes dans l'édition de Venise de 1495, imprimée par Théod. de *Ragazionibus* et qui est presque une édition *princeps*.

indéfinis, alimentés par des accouplements nouveaux, et des organes sans rapport de forme et de fonctions avec les organes normaux ; de là des reproductions de types plus ou moins nombreux, s'éloignant, comme tout autant de générations différentes, du type émané de l'acte d'une régulière et héréditaire fécondation : globule inanimé créateur de tissus organisés et doués de vitalité !

Mais cette simple hypothèse une fois admise, remarquez de combien de manières cette cause unique de créations anormales peut broder son thème, l'agrandir, l'étendre, le restreindre, le varier, le colorer, selon que le globule pseudogénérateur aura pris son gîte dans telle ou telle région, que la même circonstance de précipitation et de réduction métallique aura multiplié et disséminé le nombre de ces globules dans tel ordre ou tel nombre d'organes de mêmes ou de différentes fonctions, à l'intérieur ou à l'extérieur, aux extrémités ou au centre, dans tel ou tel muscle de telle ou telle épaisseur, sur le corps ou sur la face, et que l'artisan de ces affreux prodiges opérera sous telle ou telle latitude, sur telle ou telle race d'hommes, sur l'un ou l'autre sexe, sur des individus de tel ou tel âge. Si ensuite aux caractères de la maladie vous ajoutez ceux de l'intoxication par l'ancienne médication, vous pourrez vous faire une idée de l'immense différence que le descripteur, véritable collecteur d'espèces de maladies, établira entre ces milliers d'effets divers en apparence et émanant tous à son insu d'une cause identique.

1° Si le globule incubateur se niche dans une cellule des muscles palpébraux ou crâniens, il est évident que le turbercule dont il déterminera la formation n'arrivera pas à des dimensions fort grandes, l'épaisseur du milieu lui manquant, comme l'épaisseur du sol manque à la plante rabougrie ; idem de l'incubation dans les muscles de la face et des lèvres.

2° D'un autre côté, tout mouvement favorisant le rapprochement adultérin des spires génératrices dans la cellule d'incubation, il arrivera qu'à égalité d'épaisseur de la substance musculaire, le développement anormal hydrargène aura lieu sur une échelle d'autant plus grande que le lieu d'élection se trouvera dans un muscle habitué à de plus fréquents exercices. De là l'énorme développement que pourra acquérir le mal aux extrémités des jambes, et qui transforme le pied de l'homme en pied d'éléphant, que dis-je le pied ? la jambe tout entière ; jambe d'éléphant, comme devinrent celles de Louis XVIII ; ou bien qui la travaille et la modèle en une foule de tubérosités monstrueuses, capables d'en faire un nouveau tout sans analogie dans l'organisation animale.

Si les globules atomiques prennent leur siége d'incubation dans les divers muscles de la face, leur travail de réorganisation finira par transformer cette image de Dieu en un masque sans ressemblance et sans signalement, analogue à l'un de ceux que l'incubation des œufs de *cynips* serait en état de modeler, et dont nous avons donné déjà trois échantillons dans le 2e volume de cet ouvrage (pag. 372).

3° Mais vous prévoyez suffisamment combien de ces sinistres croquis la cause atomistique d'un tel mal, en se multipliant et se modifiant par le cours des siècles, peut broder sur le canevas de l'organisation animale, et combien de noms pourrait prendre la maladie selon la puissance, le siége et le chiffre de ces causes du mal ; combien, à chaque observation nouvelle, la description est dans le cas d'enregistrer de caractères différents ; en sorte que les signes distinctifs de la même maladie, effets d'une unique cause, sembleront varier du tout au tout sous la plume de tel ou tel descripteur.

Quelle distance, en effet, entre la simple loupe implantée sur les muscles aponévrotiques du crâne et ces innombrables bosselures qui, comme par la baguette des métamorphoses, semblent transformer le roi Nabuchodonosor en une espèce d'hippogriffe.

condamné à brouter comme un bœuf, dont les poils s'ébourrifferont en plumes, et les ongles se racorniront en griffes.

Que si, au lieu de pulluler sur les muscles des appendices locomoteurs, les globules générateurs de ces monstruosités viennent à se nicher dans les muscles pectoraux, abdominaux, ou dans les muscles dorsaux, aux caractères externes de la maladie succéderont bientôt les symptômes de tous les troubles que le mal peut apporter dans les fonctions respiratoires, digestives, urinaires; et si, par malheur, la direction de ces organes de superfétation se fait à l'intérieur de la cavité buccale, au voie du palais, sur le trajet du larynx ou du pharynx, le moment fatal ne se fera pas longtemps attendre, et dès ce moment le pauvre affligé n'aura pas longtemps à souffrir.

4° Arrivons maintenant aux complications du fait de la nature des tissus et à celles du fait de la médication qu'on aura cru devoir opposer à la marche de ces effrayants ravages. Il pourra se faire que le siége d'incubation s'établisse : 1° Dans le tendon du muscle; dans ce cas, le tissu de la tumeur sera de nature fibreuse et squirrheuse; 2° Dans le tissu adipeux des interstices aponévrotiques : de là un stéatome ou tumeur formée d'un tissu à cellules graisseuses; 3° Dans les *trivium* lymphatiques. de là les glandes engorgées; tout autant de caractères enchevétrés dans les princpaux caractères ou qui modifieront de tout autant de manières le cadre de la description.

Il suit de ces observations que l'*éléphantiasis* des Arabes peut se représenter encore bien des fois en Europe, aux yeux de l'observateur, mais sous un autre nom, à cause de la simplicité et du peu d'étendue de ses conséquences pseudoorganisatrices.

Ce qui caractérise spécialement ces tubérosités implantées sur la substance musculaire, c'est leur insensibilité, leur *ladrerie* presque complète, tellement qu'en certains cas on peut enfoncer une aiguille dans la tumeur, sans que le malade s'en ressente : Ce tissu n'est donc pas plus sensible que ne serait le lard du porc; c'est que les nerfs ne sont presque intéressés pour rien dans le développement de ces tubérosités, car elles ne sont pas des organes à fonctions, mais des pseudorganes.

5° Mais la cause présumée de ces déformations musculaires est-elle exclusivement hydrargène? Non, dans l'hypothèse de l'incubation : Tout ce qui tiendra lieu d'un œuf pourra être fécond en déformations de ce genre; et, en tête de ces causes analogues, on doit placer le dragonneau (1026), que nous avons dit pouvoir être l'auteur de la lèpre *alphos* ou *elephantiasis* des Grecs (1031). Tant que le *dragonneau* ou *ver de Médine* rampera sous la peau et sillonnera le derme de ses replis en spirale, la maladie ne consistera que dans un guillochage épidermique buriné sur un fond desséché, crevassé, tombant en croûtes dartreuses, furfuracées et suintant un liquide ichoreux. Mais que les œufs de ce *ver de Médine* viennent à s'infiltrer dans la substance musculaire par suite de la ponte ou de l'éventration, et dès ce moment, par leur incubation, chacun de ces œufs sera dans le cas de déterminer chacun des développements anormaux dont nous venons d'étudier l'évolution. La parturition sous-cutanée du *ver de Médine* peut donc donner lieu à tous les phénomènes morbides de la lèpre et de la ladrerie.

6° Cette seconde manière d'envisager la question expliquerait, peut-être mieux que la première, pourquoi la *lèpre* n'a été connue en Italie et en Europe que depuis le retour des Croisades. Les Croisés auraient, dans cette hypothèse, gagné le *ver de Médine* dans la Syrie, et auraient rapporté le germe de cette contagion qui, ainsi que plus tard la syphilis, n'aurait pas tardé à se communiquer de proche en proche; de manière à motiver la séquestration absolue des malheureux affligés.

7° L'une des deux hypothèses n'exclut pourtant pas l'autre, et il est possible que l'apparition de la *lèpre* et de la *ladrerie* ait été une coïncidence et non une conséquence du retour des Croisés. Supposez, en effet, que la source d'un grand cours d'eau, par suite des éboulements souterrains, vienne à couler sur une nappe géologique imprégnée de mercure ou d'un sel mercuriel capable des transformations dont nous venons de parler, les riverains qui auront le malheur de faire usage, en boisson ou autrement, de ces eaux ainsi infectées, ne manqueront pas de se sentir atteints des conséquences d'une pareille absorption, et de communiquer, par le rapprochement des sexes, le germe du mal dont ils sont eux-mêmes atteints. Autre hypothèse ! la croûte géologique du globe semble être exposée de temps à autre à certaines révolutions intestines capables de vicier, çà et là, les couches inférieures de l'air sur une étendue de pays plus ou moins considérable. De même que nous avons été témoins de l'apparition d'une maladie *trombigène* des végétaux, d'un flambage par l'éclair, dont l'histoire la plus ancienne ne nous rapporte pas d'exemple analogue, de même une émanation géologique causée par l'action d'un dégagement de calorique souterrain, à la suite d'un craquement de la croûte du globe, suffirait pour expliquer une partie de ces apparitions de fléaux jusqu'alors inconnus (*) qui, à des distances séculaires les uns des autres, semblent menacer l'espèce humaine d'une destruction totale, ou au moins d'une complète transformation.

8° S'il est un fait qui s'explique avec un égal succès par les deux premières de ces trois causes, c'est qu'en tous les temps, même à l'époque de la première apparition du fléau, on a pu constater que ceux que le mal attaquait de préférence appartenaient en général à la classe des plus pauvres. De là vient que, dans le principe, les affligés de ce mal ont pris le nom de *miselli* (misérables, malheureux) et de *Lazares*. Si ce mal a

(*) L'apparition de ces effrayants fléaux a inspiré à Pline l'une de ces pages émouvantes qui ont placé cet encyclopédiste à la tête des plus éloquents penseurs de l'antiquité : « Y a-t-il au monde, s'écrie-t-il, rien de plus surprenant que de voir certains fléaux apparaître, pour la première fois, dans telle plutôt que dans telle autre contrée de la terre, s'attaquant à telles plutôt qu'à telles régions du corps humain, à tel âge et à telle classe de citoyens de préférence à tous les autres, comme si le mal était doué d'un droit d'élection, pour frapper sous cette forme l'enfance, sous l'autre l'âge mur, ici la classe riche, là les indigents ? Ne lisons-nous pas, en effet, dans nos annales, que le phlegmon charbonneux (*carbunculus*) qui jusqu'alors avait été confiné dans la Gaule Narbonnaise, a fait, pour la première fois, irruption en Italie, sous les censeurs L. Paulus et Q. Marcius ? Et à l'instant où nous rédigions ce livre, n'avons-nous pas vu deux hommes consulaires, Julius Rufus et Q. Lecanius Bassus, succomber, dans la même année, sous le coup de ce mal, l'un par la maladresse des chirurgiens, et l'autre pour s'être implanté dans le pouce de la main gauche le bout d'une aiguille, qu'il se retira de lui-même, sans s'inquiéter autrement d'un accident d'aussi peu d'importance ?.... Nous avons fait observer plus haut qu'avant le grand Pompée l'*éléphantiasis* nous était absolument inconnue : cet horrible mal débute tout d'abord par la face, apparaît sur les cartilages du nez du volume d'une simple lentille, et se répand de là sur toutes les surfaces du corps humain qu'il recouvre de taches diversement colorées, plus ou moins proéminentes et indurées, qui s'écaillent, rendent la peau rugueuse et farineuse comme dans la gale, et virent enfin au noir de mauvais augure, pendant que les chairs se bosselent contre les os et communiquent aux pieds et aux mains une intumescence monstrueuse. Jusqu'à ce jour ce fléau n'avait été dévolu qu'à l'Égypte ; et là malheur au pauvre peuple, si ce mal ardent venait à frapper les rois ! car la médecine égyptienne ne trouvait, dans son arsenal de remèdes, pour enrayer ce mal, que l'emploi des bains de sang humain (1217)... Sont-ce bien là des phénomènes qui découlent des lois naturelles ou qu'engendre la colère des dieux ? Et n'était-ce pas assez des maux connus qui affligent l'espèce humaine et dont le nombre s'élève déjà à plus de trois cents, si le ciel ne nous tenait encore constamment dans la terreur de maux pires que tous les autres ? » (PLIN., *Hist. nat.*, liv. 26, ch. 1.)

été rapporté des Croisades, et qu'il ait reconnu pour cause la présence sous-cutanée du *ver de Médine*, il est évident que les plus exposés à le gagner ont dû être les
Croisés les plus pauvres, les simples soldats qui allaient nu-pieds, tandis que les nobles
(les seuls riches de l'époque) avaient, pour se garantir de l'helminthe, la même cuirasse qui les garantissait de l'ennemi ; ajoutez que les riches chevaliers usaient amplement d'aromates helminthifuges, dont les pauvres diables étaient complétement
privés; car alors ils n'avaient au service de leur hygiène rien d'analogue au tabac, dont
l'usage depuis trois siècles a preservé peut-être les pauvres et les riches du retour de
semblables maux.

9° Si les germes de la contagion ont été charriés par les cours d'eau provenant des
plus hautes montagnes, il est évident encore que le pauvre buveur d'eau a dû être
plus sujet à être infecté de ce mal que le riche châtelain qui, en fait d'eau, ne connaissait que celle de sa fontaine. et qui buvait plus d'hydromel que d'eau pure.

10° Quoi qu'il en soit, il n'en est pas moins bien établi par l'histoire que la *ladrerie*
ou *lèpre* a toujours attaqué de préférence la partie la plus malheureuse des populations. On fonda dès lors des hospices spéciaux, où l'on n'admettait que des ladres,
ni d'autre saint que saint Ladre, pauvre saint inconnu jusqu'alors au paradis et
relégué dans les ladreries, et où les malades étaient forcés d'être à eux-mêmes leurs
cuisiniers, leurs confesseurs, leurs prêtres, leurs juges et leurs infirmiers ; c'é aient
des prisons verrouillées en dehors, pour éviter aux hommes sains toute communication
avec ces maudits de Dieu ; c'étaient des tombes vivantes où chacun creusait sa propre
fosse, et où la mort ensevelissait la mort. Ces maisons prirent les noms divers de
ladreries, maladreries (maisons destinées aux malades ladres (*), *léproseries* (maisons
destinées aux lépreux), *miselleries* ou *mezelleries* (maisons destinées aux *miselli*),
Lazarets (maisons des Lazares) ; de tous ces mots le dernier seul est resté pour désigner les bâtiments où l'on fait faire quarantaine aux passagers venus par mer des
régions où règne la peste. Aujourd'hui les léproseries ne sont plus en usage que dans
les régions où l'*éléphantiasis* est endémique. Nous avons cité ailleurs (**) le cas d'un
jeune enfant atteint, à Caracas, de quelque chose d'analogue à l'*éléphantiasis*, et que sa
mère n'a eu que le temps de faire monter sur un navire en partance pour l'Europe ;
car on s'apprêtait à le confiner pour toujours dans une léproserie. Il est possible que
ce mal soit contagieux dans les pays chauds : mais ce qu'il y a de certain, c'est qu'en
Europe sa mère, qui ne l'a pas quitté d'un seul instant, et ceux qui les servaient tous
les deux, n'ont pas contracté le moindre symptôme de cette horrible transformation
des tissus musculaires et dermiques.

MÉDICATION PRÉVENTIVE. S'il est un mal atroce auquel on ait intérêt d'opposer une médication préventive et préservatrice, c'est bien certainement cette affection
qui, au lieu d'altérer les tissus normaux, s'attache à les développer en organes surnuméraires et de superfétation, contre lesquels ensuite, une fois le fait accompli, i. nous
reste en thérapeutique si peu de ressources. La maladie pouvant être tout aussi bien
entomogène (1717) qu'*hydrargène* (1677), il sera bon, dès qu'elle se déclarera en un
pays, de se soumettre à la fois et au régime hygiénique (1644) et au régime antimercuriel, que nous exposerons plus amplement au groupe des ENTÉRALGIES, et en nous
occupant des intoxications intestinales. On fera usage de fontaines domestiques en

---

(*) On prétend que *ladre* est une ellipse de *Lazare* pour *Lazre*. Ne serait-ce pas plutôt une
inversion de *lard*, comme pour signifier que ce mal rend la surface du corps aussi insensible
que le *lard* du porc. Le mot de *lèpre* nous vient du grec ; il servait à désigner une variété de
l'*éléphantiasis* dite *des Grecs*.

(**) *Revue complémentaire des sciences*, livr. d'octobre 1855, tom. II, pag. 65.

cuivre étamé, et l'on en renouvellera souvent l'étamage ; ou bien on déposera, au fond des vases destinés à contenir l'eau à boire, une poignée de grenailles d'étain, que l'on refondra souvent, pour les purifier du mercure qu'elles auraient pu amalgamer ; on sait que, pour les reformer en grenailles, on n'a qu'à verser d'un peu haut, dans un baquet d'eau, l'étain à l'état de fusion (1426). On quittera rarement les chiques galvaniques (1424), les ceintures, colliers et bracelets galvaniques (1422) ; on se servira d'eau zinguée pour tous les soins de propreté (1370) ; on aura recours aux bains de sang et à leurs succédanés (1217) ; lavements vermifuges (1399) alternant avec les lavements superpurgatifs (1398).

MÉDICATION CONJECTURALE. Mais, une fois le fait accompli et l'organisation augmentée de ces développements sans fonctions qui prennent à la masse et ne lui rapportent rien, on se demande avec effroi si l'homme ne présume pas trop de son art et de sa puissance, en se proposant de faire rentrer dans l'ordre normal ces aberrations du type qui n'en sont pas moins des créations émanées des lois naturelles. Le bistouri peut bien enlever ce qui ne tient à l'organisation normale que par un pédicule ; et dans ce cas, par le pansement de la nouvelle méthode, la cicatrisation peut être regardée comme assurée. Mais, pour celles de ces végétations fongiformes qui sont enchatonnées dans l'épaisseur des chairs, si toutefois par leur nombre elles ne semblent pas avoir remplacé les chairs elles-mêmes, où trouver le joint mutuel du *sujet* et de la *greffe,* la limite de séparation de l'organe normal et le point par lequel l'organe de superfétation y adhère ? Si, au lieu du bistouri, on a recours à l'action des fondants, c'est-à-dire, aux agents désorganisateurs, à ces caustiques acides ou alcalins qui, une fois échappés des doigts de l'opérateur, n'obéissent plus qu'à leurs propres forces, ne pourront-ils pas, en filant par les diagonales, reporter leur action autant sur les organes normaux que sur les organisations monstrueuses ? D'un autre côté la désorganisation chimique de ces masses de chair, tout indolentes qu'elles soient, n'est-elle pas en état de donner lieu à une fermentation putride de sucs stationnaires dans le sein de l'organe anormal, et ensuite à une infection des organes normaux par leur communication organique avec les tissus décomposés ?

Ce sont là tout autant de pierres d'achoppement que l'opérateur ne doit jamais perdre de vue, dans tout le cours du traitement, qu'il s'agisse de la *ladrerie* au grand complet ou d'une simple et unique *tumeur éléphantiasique* implantée sur une région du corps humain.

MÉDICATION CURATIVE. 1° L'un de ces cas les plus simples étant donné (et ces sortes de cas ne sont pas malheureusement rares dans les pays peu riches en bonnes sources d'eau à boire), si la tumeur ne tient aux tissus normaux que par un pédicule, l'ablation chirurgicale est toujours le moyen le plus court pour en débarrasser le malade, et le moyen le plus sûr, s'il est secondé par le pansement de la nouvelle méthode. On lie préalablement le pédicule aussi fortement que faire se peut, et on enlève hardiment la tumeur par une section en deçà de la ligature ; cela fait et sans rien déranger, on pince et on lie les artérioles, s'il s'en manifeste par un écoulement sanguin ; on recouvre la cicatrice de poudre de camphre (1269), puis d'un plumasseau de charpie (1405) enduit de pommade camphrée (1302, 2°) et maintenu en place par des bandelettes et des bandes appropriées (1407), qu'on arrosera fréquemment d'alcool camphré (1287).

2° Si le tubercule était de petit calibre, il suffirait, après l'avoir lié par le pédicule, de le tenir plongé dans l'alcool camphré (1287), au moyen de surtouts en mousseline empesée (1446) ; l'alcool joignant, à sa propriété antiseptique, la puissance de dessécher peu à peu les tissus organisés.

3° Si les tubercules sont implantés trop profondément dans la substance musculaire pour se prêter à une telle opération, c'est ici que la médication demande autant à être surveillée qu'à être modifiée; car ou bien le travail de désorganisation artificielle est superficiel, et alors le mal répare ses pertes et continue son développement; ou bien il pénètre à certaines profondeurs, et alors il peut entraîner à sa suite la fermentation putride où s'alimenterait l'infection des organes normaux. On doit, en ces sortes de cas, procéder du simple au composé :

4° On appliquera, dix minutes, trois fois par jour, sur le tubercule, une compresse imbibée tout le temps d'eau sédative (1345, 2°); ensuite les plaques galvaniques (1449) dix autres minutes; recouvrez ensuite les surfaces d'un linge enduit de pommade camphrée (1302, 2°) ou de cérat camphré (1303). Lorsque la surface de la tumeur, par suite de ce traitement, deviendra un peu trop excoriée, on suspendra l'emploi de l'eau sédative pendant quelques jours, tout en continuant l'application des plaques.

5° Que si l'action de l'eau sédative ne donnait pas des résultats assez prompts, on en viendrait à des moyens plus énergiques et capables de porter la désorganisation à de plus grandes profondeurs. On établira, sur chaque tubérosité, le genre de cautère dont nous avons parlé ci-dessus (1329, 1767); et, si la fistule artificielle filait à une trop grande profondeur pour y aventurer une *pois à cautère*, on y introduirait une mèche de fils enduite de cérat camphré (1303), que l'on renouvellerait soir et matin, afin d'entretenir sans interruption l'écoulement propre à désorganiser tout ce qui appartient à l'organe anormal. On réitérerait la cautérisation sur une autre surface, dans le cas où la première fistule viendrait à s'oblitérer, et on continuerait l'emploi des plaques galvaniques comme ci-dessus (4°).

6° Il me semble entrevoir la possibilité de détacher ces organes de surcroît, en les fossilisant, pour ainsi dire, par l'incrustation intime de leurs cellules et de leurs canaux, et en les transformant en tissus inorganiques à l'aide de bases inoffensives pour l'organisation générale : à cet effet, je tiendrais chaque bosselure recouverte d'un linge constamment imprégné d'une dissolution de vitriol vert (*deutosulfate de fer*) ou autres sels de fer; et, de chaque côté de la tumeur, j'enfoncerais assez profondément, dans son pédicule ou sa base apparente, l'extrémité en platine, argent ou or, d'un des pôles d'une petite pile portative et capable de pouvoir être attachée autour de la région envahie; il serait fort possible que l'action galvanique déterminât, dans chaque canal interstitiel des tissus de la tumeur, le dépôt d'un oxyde de fer qui la transformerait en une espèce de pierre, laquelle ensuite, et à l'aide du temps, se détacherait d'elle-même, comme le ferait une *greffe* repoussée par l'antipathie du *sujet*. Qui sait si, par ce procédé, certains métaux des oxydes alcalins, appliqués d'une manière analogue, ne se prêteraient pas encore mieux à la réalisation de cette hypothèse que les sels de fer ? Que ne peut-on pas espérer d'atteindre sur les ailes du galvanisme ?

7° En dénaturant ainsi de proche en proche ces organes indolents parasites de l'organisation normale, il est permis d'espérer que l'on pourra, sinon effacer, du moins enrayer les effets de cette terrible maladie ; mais c'est à la cause qu'il est urgent de s'en prendre et l'on doit la poursuivre sans trêve et sans relâche.

1770. Ceintures, colliers, jarretières et chiques galvaniques (1421, 1422, 1423, 1424); bain sédatif (1209) tous les matins, en gardant dans le bain les appareils galvaniques ; bains vivants (1217) aussi souvent qu'on en aura la facilité; bains de mer (1214) dans la saison favorable. Eau zinguée (1370) pour tous les soins de propreté. Soir et matin camphre (1266) et salsepareille iodurée (1505,13°), alternant avec chiendent (1474) et chicorée sauvage (1473). Le matin lavement ordinaire (1395), et superpurgatif (1398) tous les 8 jours ; aloès (1197) tous les 3 jours. S'arroser souvent le crâne avec de l'eau sédative (1345, 1°) surtout dans le bain ; s'en passer sur les régions envahies, mais spécialement sur la région du cœur.

1771. 3ᵉ VARIÉTÉ. MYALGIE MIXTE, ou affection musculaire émanant d'une cause qui procède à la fois par désorganisation et pseudorganisation.

SYNONYMIE. Chancre rongeant, ulcère et plaie phagédénique ; cancer mercuriel ou, dans le langage de l'école, ulcère syphilitique ; feu sacré, mal ardent ; — en latin : *ulcus* ou *ulcusculum cancrosum* ; — en grec : *thériôma, phagedaina* Cels.

EFFETS. La cause hydrargyrique de ce mal semble jouer le rôle de l'une de ces fongosités parasites des troncs d'arbres, dont le développement indéfini n'a lieu qu'aux dépens de la substance ligneuse. La peau, travaillée ainsi en-dessous, se soulève, s'enflamme, et finit, en crevant sous l'effort, par mettre à nu un travail charnu, bourgeonné et papuliforme, qui a remplacé la substance musculaire et se développe à ses dépens ; les produits fétides de la désorganisation, en lubrifiant ces réorganisations, en rendent l'aspect seul aussi repoussant que l'odeur même qui s'en exhale. Le mal gagne de proche en proche, comme un feu souterrain, qui est déjà bien loin quand il se montre et qu'il met à découvert l'espace qu'il a dévoré. On dirait un coussinet de chairs à vif, mamelonné de mille manières dégoûtantes, qui aurait remplacé le derme et l'épiderme. Il est rare que quelque chose de semblable ne se reproduise pas sur les régions que la médecine, à son tour, aura pu travailler de ses topiques, onguents ou emplâtres mercuriels ; et alors la gravité du mal est en raison de la destination des organes qu'il intéresse. Car si le mal se développe aux muscles du bras ou de la jambe, ce qui est le cas le plus fréquent, parce que, en vertu de sa densité, le mercure arrive toujours aux parties les plus déclives, la santé générale n'en est pas de sitôt menacée. Mais si le mal débute sur les muscles frontaux, il y a tout à craindre que, dans le cas où le pansement ne viendrait pas à bout d'en enrayer la marche, ce feu, qui grossit en marchant, ne se communique aux muscles des paupières, puis aux muscles moteurs du globe de l'œil, et qu'il ne pénètre ainsi par le fond de l'orbite jusqu'au cerveau, organe foyer de la vie, que rien ne peut atteindre sans le frapper de mort ; et ce mal marche vite, surtout quand c'est la médication mercurielle qui lui trace la route. Sur combien de simples bobos cette dernière médication n'a-t-elle pas implanté le germe de ces chancres rongeants ! tellement que j'ai vu de pauvres diables désespérés à l'apparition du plus minime de ces petits boutons charnus : car on leur rapportait de tous côtés que le chancre, qui dévorait le front à telle ou telle de leurs connaissances, avait débuté sur le nez, ou près de l'œil, par un petit bouton de la même apparence ; et cela était vrai pour le petit bouton, œuvre des lois de la nature ; le reste était l'œuvre exclusive du traitement hydrargyré. C'est en proie à une pareille frayeur qu'un paysan vint un jour me montrer un de ces boutons à la racine du nez ; il se croyait déjà perdu ; les simples applications de compresses d'alcool camphré (1288, 2°) avec les reniflements fréquents à l'eau salée (1384) ont suffi pour oblitérer cette petite occasion naturelle de si épouvantables maux artificiels. Mais la médication nouvelle ne marche pas aussi vite, lorsque l'ancienne a passé par là ; si l'homme est puissant, c'est à détruire ; il est lent à organiser et à réparer.

MÉDICATION. Coûte que coûte, appliquez, trois fois par jour, sur l'ulcère ou chancre rongeant, une compresse imbibée d'alcool camphré (1288, 2°) pendant dix minutes, si on peut le supporter tout ce temps ; ensuite, dix minutes encore, les plaques galvaniques (1449) ; recouvrez-le ensuite de plumasseaux de charpie (1405) enduits d'une forte couche de pommade camphrée (1302, 2°) ; avant chaque pansement, lavez la plaie à l'eau quadruple (1375). Tous les soirs bains locaux (1235), et bains de sang ou peaux d'animaux vivants (1217) quand l'occasion s'en présente. S'il survenait la moindre éruption érysipélateuse aux environs de la plaie, on enduirait les surfaces ambiantes de goudron de Norwége (1486, 3°). On suivra tout le régime interne ci-dessus (1770).

N. B. C'est par ce moyen que nous avons guéri une foule de chancres rongeants qui avaient souvent mis à nu une partie des os de la jambe, du métacarpe ou du métatarse, etc.

1772. 3° ESPÈCE. MYALGIE ERGOTIGÈNE; maladie des muscles causée par l'ingestion du seigle ergoté (clavus secalinus) (340).

SYNONYMIE : Ergotisme. Cette maladie ne paraît avoir été connue ni des Grecs ni des Latins, ou bien elle a dû être confondue alors avec d'autres maladies analogues. Pline parle, à la vérité, du seigle (secale), comme d'une céréale de vil prix, « qui n'était cultivée en Asie que par les montagnards du Taurus; dont la farine était tout au plus bonne à satisfaire la faim, mais qui, même mélangée avec de la farine de froment, n'en était pas moins un aliment des plus lourds et d'une digestion difficile. » Deux mots de sa description sembleraient désigner en quelque sorte l'ergot : ce sont ceux de Nigritiâ triste, que l'on pourrait traduire par cette phrase : et c'est un triste signe quand le grain noircit. Mais aucun autre auteur de l'antiquité ne fait mention de cette espèce de céréale. Faute de racine grecque pour désigner la cause de ce mal, nous avons dû nous servir du mot vulgaire.

EFFETS. Les tendons, comme corrodés par un caustique, se réduisent en bouillie noirâtre et gangréneuse, se détachent des os, qui tombent, comme sous le tranchant du scalpel, dès que le mal a gagné les ligaments articulaires. Nous avons décrit les autres symptômes généraux de l'ingestion de l'ergot de seigle dans le premier volume (340); nous donnerons le programme de la médication complète, en nous occupant de l'ENTÉRALGIE ERGOTIGÈNE.

1773. 5° GENRE. MYALGIE TRAUMAGÈNE (395); TROUBLE APPORTÉ DANS LES FONCTIONS DU MUSCLE PAR L'ACTION VIOLENTE D'UNE CAUSE MÉCANIQUE.

SYNONYMIE : Blessure, plaie, incision, coupure profonde, section, perforation, déchirement, contusion, écrasement des chairs, enfin solution quelconque de continuité musculaire; — Vulnus, plaga, incisio, sectio, perforatio, dilaceratio, contusio; — en grec : trauma, plégè, tmèsis, péritomè, épicopè, diacopè, plégè diatètrèmènè, sparaxis, thlasma, suntripsis, eclusis.

EFFETS. Toute altération de la substance du muscle apporte à ses mouvements un trouble proportionné à l'étendue et à la profondeur de la plaie; car la puissance musculaire résulte de l'action collective des fibres dont se compose la masse totale. La souffrance du muscle varie selon la nature et l'énergie de la cause qui a déterminé l'altération ou la solution de continuité du muscle; et l'énergie n'est pas toujours en rapport avec le volume, elle est souvent en sens inverse; il est telle petite plaie qui peut dépasser en résultats morbides les plus grandes; mais il n'en est pas, même la plus légère, qui n'occasionne un engourdissement et une embarras dans les mouvements.

1774. 1re ESPÈCE. MYALGIE TRAUMAGÈNE PAR INCISION; solution de continuité du muscle par le fil d'un instrument tranchant (canif, couteau, hache, sabre, ciseaux, etc.).

SYNONYMIE. Coupure, incision, section, entaille, plaie d'armes blanches, estafilade (au visage); — en latin : incisio, — en grec : péritomè, épicopè.

Après la guérison : Cicatrice (sur le corps), balafre (sur le visage); — en latin : cicatrix, cicatricula; — en grec : houlè, môlôps, ôteilès.

EFFETS. Dans cette espèce de plaie, l'instrument tranchant a divisé la masse musculaire plus ou moins profondément en deux portions, dans le sens de la longueur (longitudinalement) ou de la largeur (transversalement); mais les deux portions conservent de part et d'autre leurs rapports avec l'organisation, de manière à pouvoir continuer une existence indépendante, si on ne venait pas à les rapprocher par la solution de continuité; les ramuscules nerveux, en effet, leur apporteraient, comme auparavant, la sensibilité régulatrice de leur contractilité, et les rameaux artériels le sang vivifié que les ramuscules veineux reporteraient ensuite dans le torrent de la circulation. Donc si on a soin, aussitôt après l'accident, de mettre en contact les deux parois violemment séparées par le tranchant, et qu'on paralyse la fermentation anormale des débris que la cicatrisation doit rejeter au rebut, il est évident que le rapprochement, la réagglutination, la *greffe* animale enfin s'en opérera sans encombre (29, 397). Mais la solution de continuité, une fois cicatrisée, gardera toujours, à l'égard des tissus ambiants, une trace distinctive, un aspect de développement retardataire ; car les tissus plastiques, au moyen desquels le rapprochement se sera formé, n'en seront pas moins, à toutes les époques, les plus jeunes et les derniers en date par rapport à tous les autres ; la CICATRICE sera le souvenir de la direction du tranchant et de l'étendue de ses ravages.

OPÉRATION, PANSEMENT et MÉDICATION. Dès l'instant qu'on peut procéder au pansement, on s'informe si rien d'étranger ne s'est introduit dans la plaie. On se hâte de pincer les artères qui se manifestent par un jet de sang ; on les tord avec une pince à coulisse (1417, 5°), si on en a une sous la main, ou avec un tout autre instrument qu'on aura eu soin de purifier préalablement au savon et d'enduire d'huile. Après deux ou trois tours de torsion, on fait la ligature de l'artériole au moyen d'un cordonnet de soie enduit de cérat camphré (1303), dont on laisse sortir les deux bouts hors de la blessure. Après avoir laissé saigner un peu, ce qui lave déjà naturellement la plaie et repousse toute ordure au dehors, on lave de plus les surfaces à l'eau très-pure, aiguisée au besoin d'une cuiller à café d'alcool camphré (1287) par litre d'eau. On rapproche alors exactement les deux parois ou les deux lèvres de la plaie; et pour les tenir constamment en contact intime, on étend, en travers de la commissure (ou ligne tracée par le rapprochement des lèvres), des petites lanières de sparadrap (1410) appliquées toutes chaudes sur la peau. Si la solution de continuité a pénétré à de trop grandes profondeurs et divisé le muscle en deux masses trop lourdes pour être maintenues en contact par d'aussi faibles liens, on pratiquera une adhésion plus solide, en cousant ensemble les deux bords de l'incision au moyen d'autant de points de couture que l'étendue de la plaie l'indiquera, et à la distance de deux centimètres l'un de l'autre. On appliquera transversalement des petites lanières de sparadrap dans les espaces intermédiaires. Cela fait, et les bouts de fil des ligatures artérielles maintenus au dehors, on étendra sur l'entaille un linge fenestré (1404) ; on saupoudrera le linge de camphre (1269); on recouvrira le tout avec des plumasseaux de charpie (1405) enduits de pommade camphrée (1297) ; puis les plumasseaux avec des bandelettes (1406) qu'on assujettira avec des tours de bandes indiqués par la forme du membre qui est le siége de la blessure. On arrosera trois fois par jour ces tours de bandes, dans le voisinage de la blessure, avec de l'alcool camphré (1287). Au moindre signe de fièvre, pendant le pansement, et soir et matin au moins, pendant le traitement, lotion à l'eau sédative (1345, 1°) sur le crâne, sur la région du cœur et la poitrine, sur les tempes, derrière les oreilles, et bourrache chaude (1469) aiguisée d'une demi-cuiller à café d'eau sédative (1336, 1°) par bol de tisane. On s'assurera, de temps à autre, que la plaie ne donne aucun signe d'hémorrhagie, accident du reste fort peu à craindre par suite des ablutions d'alcool camphré. Si cependant ce cas exceptionnel venait à se présenter, on arrêterait l'écoulement du sang en exerçant une compression en permanence autour de la plaie, au moyen de ligatures ou de vis de pression ; mais, je le

répète, si l'on s'applique à bien suivre les instructions ci-dessus, rien de tel n'est à
craindre. Le patient aura soin, les premiers jours surtout, de n'exécuter aucun mouvement musculaire violent avec la partie blessée. On ne renouvellera le pansement
que le lendemain, à moins qu'il ne se dérange; et on trouvera la pellicule de cicatrisation déjà formée dès cette époque; on épongera rapidement la plaie à l'eau pure alcoolisée d'une goutte d'alcool camphré (1287) ou à l'eau de goudron (1486, 2°); on recouvrira
encore d'un linge fenestré, d'une couche de poudre de camphre, de plumasseaux de
charpie enduits de pommade camphrée, comme ci-dessus, et maintenus par des bandes et bandelettes ; lotions à l'alcool camphré dans le voisinage de la plaie, et à l'eau sédative sur la poitrine et la région du cœur ; régime hygiénique (1644, 1°, 2°, 4°, 7°, 8-, 9°).

N. B. A la faveur de ce pansement et de cette médication on n'a à redouter, à
aucune période, ni fièvre traumatique, ni tétanos, ni gangrène, ni même formation
de pus. Le travail de la cicatrisation s'opère immédiatement après le pansement. Le
patient ou-l'opéré peut impunément faire ses quatre repas, dès l'instant que l'opération
est terminée; il est calme et sans souffrance la nuit comme le jour.

1775. 1° La chirurgie n'en revenait pas de ce succès, les premières fois que je l'en
rendis témoin ; car, à cette époque, chaque ligne de ce que je viens d'écrire était une
hérésie chirurgicale digne de toute la répression des lois de la faculté. En effet on ne
pansait les plaies alors que par les cataplasmes ; au lieu de chercher à amener la
cicatrisation immédiate, on s'appliquait à favoriser la formation et l'écoulement du
pus, comme, au lieu d'arrêter le sang dans une hémorrhagie, on pratiquait coup sur
coup de larges saignées : n'était-ce pas un résultat qui tenait du merveilleux, que de
parvenir à arrêter le sang d'un côté, en lui donnant un libre cours de l'autre? La logique
de la vieille médecine était en tout de cette force.

2° Dans le plus grand nombre des cas, la putréfaction s'établissait, sous le couvert de
ces cataplasmes et alimentée par la fermentation de cette bouillie aux plaies. On se
hâtait alors de brûler, de cautériser, et l'on recommençait ensuite de plus belle à jouer
aux cataplasmes. Aussi on comptait souvent alors 90 morts sur 100 opérés, et ceux
qui échappaient n'entraient en voie de guérison qu'au bout de trois ou quatre mois,
emportant de l'hôpital une profonde cicatrice, la médication ayant agrandi la plaie,
en ajoutant à l'action de l'instrument tranchant une énorme perte de substance par
suite d'un traitement décomposant; tandis que, sur des milliers de pansés à notre
manière qui me sont passés depuis 20 ans sous la main, je n'ai jamais eu un seul
insuccès ; et chaque fois la cicatrisation a marché avec une régularité et une rapidité,
devant lesquelles les jeunes comme les vieilles capacités restent ébahies, la première
fois qu'elles en sont témoins.

Je n'hésite donc plus aujourd'hui, après de telles et si constantes preuves, à condamner, comme coupables d'un entêtement qui frise le délit, les chirurgiens qui ne con-
sentiraient pas à démordre de leur vieille routine et ne prendraient pas au moins le
parti, pour sauvegarder leur amour-propre, de modifier le pansement ci-dessus en
ayant recours aux succédanés que nous énumérerons à la fin de ce volume.

Je fais sur ce point un appel formel aux chefs de corps, pour forcer les chirurgiens
militaires à se conformer à ces prescriptions opératoires; dès ce moment nos soldats
n'auront à affronter la mort que dans l'instant du combat, et l'hôpital ne leur paraîtra
pas mille fois plus redoutable que le champ de bataille; tandis qu'aujourd'hui, tel
héros, en face de l'ennemi, se sent tout démoralisé en face des fanatiques de la vieille
routine médicale.

3° Telle est la lenteur de progression dans la profession médicale, que même en 1843,
alors que depuis quatre ans ces résultats étaient connus de tout le monde, la vieille mé-

decine refusait d'y croire et de venir y voir. Dans la deuxième édition de cet ouvrage (tome III, pag. 377), j'ai longuement décrit le cas de l'ablation du sein droit chez une brave mère de famille (j'en reparlerai à l'article Cancer). L'opération avait été confiée à mon camarade d'amphithéâtre le docteur Thierry, qui vient de mourir à l'instant où j'écris ces lignes ; la condition expresse, qu'il accepta de la meilleure grâce du monde, car alors il m'était tout dévoué, c'est qu'immédiatement après l'opération, nul que moi ne procéderait au pansement et que l'opérée ne suivrait plus ensuite que mon régime. Dans le but d'éviter toute espèce de tiraillement de la part des voisins et voisines, j'avais placé cette brave femme dans la maison de santé tenue, à la porte du Bois de Boulogne, par l'épouse du docteur Fabre, qui lui aussi, à cette époque, ne m'était pas moins dévoué que Thierry. L'opération eut lieu vers les cinq heures du soir, le 14 novembre 1843 ; je procédai au pansement en présence de Thierry et de ses aides, et immédiatement après l'opérée se leva, vaqua à ses occupations et dîna de bon appétit ; elle dormit fort bien, à part quelques petites gênes provenant des déplacements de la nuit. Le lendemain matin je procédai au second pansement, et le soir au troisième. L'opérée ne se mettait au lit que la nuit ; et elle faisait ses quatre repas. Le troisième ou quatrième jour, je crois, je rencontre sur la route le vieux docteur Chailly, qui à cette époque dirigeait une maison d'orthopédie presqu'en face de la maison de santé ; il avait entendu parler de ce phénomène, en opposition avec toutes les règles prescrites par le *Manuel opératoire* d'alors, et il n'était pas le premier à ne pas y croire : « Je n'y croirai, me dit-il, qu'en le voyant de mes propres yeux, et encore ! » ajouta-t-il. — Et encore, lui répondis-je, quand vous l'aurez vu, vous y croirez, mais vous vous garderez bien de le dire, car je vous tiens incapable de le nier. Eh bien ! vous allez de ce pas venir le voir avec moi, ce qui vous dispensera d'y croire. » Nous entrons bras dessus, bras dessous, dans la maison de santé ; nous grimpons l'escalier quatre à quatre, traversant les corridors et l'antichambre, de manière à n'être devancé par personne, et je m'arrête court dans une chambre dont le lit était vide et fait depuis le matin ; il n'y avait d'autre femme dans cette pièce, que celle que nous y trouvâmes occupée, auprès du feu, à se préparer à elle-même sa cuisine.

Le docteur Chailly la prend pour la garde-malade : « Peut-on entrer ? lui dit-il. — Où donc ? monsieur. — Mais pour voir l'opérée. — Mais c'est moi, répond la pauvre mère. — Pas possible. — Tellement possible, repris-je, que vous allez en juger ; ayez la bonté, petite mère, de vous étendre sur le lit ; nous allons renouveler le pansement. »

— Cela fait, je déroule les bandes : pas une goutte de sang ; pas une de trace de pus ; pas d'odeur autre que celle du camphre. J'enlève les plumasseaux de charpie : la surface en est luisante de graisse, mais ne porte aucune empreinte ni de sang ni de pus, et, sous le linge fenestré, la plaie se montre belle, d'un beau rouge et revêtue d'une pellicule évidente de cicatrisation. « C'est pourtant vrai ! » semblait se dire le docteur à lui-même ; » et un *ma italiano*, qu'il tenait en réserve, expira avant d'arriver aux lèvres.

Il regardait, il s'approchait pour mieux examiner ; il était tant occupé des yeux, qu'il n'en desserrait pas les dents. « Cette fois, lui dis-je, au moyen d'une restriction mentale, vous pourrez dire à tout le monde que vous n'y croyez pas ; car on ne croit que ce qu'on ne peut pas voir. Maintenant que vous avez vu la plaie, tâtez le pouls, il est calme ; voyez la langue, qui vous attestera que madame n'est pas à jeun ; et puis prêtez-moi encore un peu de votre attention, pour voir comment je vais procéder au pansement qui a fait cette merveille à vos yeux ; et je vous quitterai ensuite pour aller renouveler la même cérémonie dans trois ou quatre autres maisons de Paris. » Ce que je me hâtai d'exécuter au plus vite.

4° Voilà déjà 15 ans que ces preuves sont faites tous les jours par ceux qui suivent ma méthode, et les chirurgiens de la congrégation annexe à la faculté en sont restés à l'ébahissement du docteur Chailly. Les moins encroûtés, ne voulant plus se hasarder à perdre leurs malades, suivent en cachette les procédés que nous leur avons indiqués, en les modifiant de manière à en dissimuler la ressemblance. Les autres attendent que le principe d'autorité daigne admettre cette formule au nombre de celles de leur *Credo;* et pendant ce temps-là, et, j'oserais même dire, depuis Hippocrate à qui remonte le mode classique de pansement par les cataplasmes, on perd proportionnellement plus de monde par le bistouri du chirurgien que par les balles de l'ennemi.

J'ai eu beau offrir à la chirurgie actuelle et officielle un moyen de m'enlever la priorité de cette pratique, à laquelle m'avait amené tout droit ma théorie chimique, j'ai eu beau leur rappeler, dans ce but, d'abord les succès qu'obtenaient de tout temps les bonnes femmes, en pansant avec les baumes dont chaque château possédait une recette merveilleuse, puis les prodiges que l'histoire la plus reculée attribuait aux baumes dans la cicatrisation des plaies, d'où sont venues ces locutions proverbiales : *verser un baume sur la plaie, mettre du baume dans le sang,* pour dire calmer les douleurs et la tristesse ; ils avaient ainsi une belle occasion de se donner une fiche de consolation, en répétant, comme en toute occasion pareille, où, à côté d'une de mes découvertes, je place le petit article méconnu d'érudition : « *Vous le voyez, il n'a rien dit de nouveau ; il n'a rien inventé en cela;* » eh bien, non! le principe d'autorité ne leur a pas encore permis de prendre cette voie accommodante de renoncer à leurs cataplasmes, sans avoir l'air de tendre la main à l'impie, au mécréant,

> *Qui craint Dieu, cher lecteur, et n'a pas d'autre crainte.*

5° Mais l'exemple le plus hardi de la puissance de ce pansement, dans les circonstances les plus défavorables, est bien certainement celui de la guérison dont nous allons exposer l'historique :

Lorsque j'allais passer quelques jours au château de la Chapelle (près de Dieppe), dans la bonne intimité de MM. Suzanne et Nell de Bréauté, qui chaque fois me recevaient (c'est à la lettre) comme un membre de la famille, il était d'usage qu'à deux heures après midi et au sortir de table, on procédât à la visite des pauvres malades des environs, qui nous attendaient, heure militaire, rangés en bataille, dans le grand hangar à gauche du château. M. Nell tenait le registre des ordonnances, et la femme de chambre de madame distribuait les médicaments ordonnés. Dès que le dernier des malades avait reçu son instruction et ses médicaments, plus quelquefois un petit pécule, nous rentrions rendre compte de l'excédant de la dépense à M. Suzanne, le chef de famille, qui nous accordait chaque fois un *bill d'indemnité,* après avoir ordonnancé la distribution future; et puis ensuite, *fouette, cocher!* nous montions en char-à-bancs, munis de la grande *boîte de pharmacie du système Raspail;* et comme deux honnêtes et modérés charlatans, sans grosse caisse et sans trompette, nous allions battre l'estrade par monts et par vaux, à la recherche de qui avait besoin de nous, dans les hameaux et les campagnes. De distance en distance, on voyait une tête de bonne vieille s'aventurer hors la lucarne ; et la voiture s'arrêtait comme d'elle-même. — *M. de Bréautè-è!* — Quoi donc, la mère? — Est-ce que le grand sérurgien est avec vous? —Oui, la mère; en avez-vous besoin? — Bon Jésus! je cré ben, que trop ; j'cns la pauvre petite qui ne va pas trop bien itou. — Nous voilà à vos ordres, la mère.

Et la mère nous bénissait, en entrant et en sortant, comme elle l'aurait fait à l'égard de deux charlatans en titre, *ne plus ne moins.*

La médication une fois prescrite, les médicaments une fois distribués, haut le pied! la voiture filait aussi vite que si la journée avait été bonne, commercialement parlant ; et la tournée une fois terminée, nous revenions rapporter à la bourse commune une masse de bénédictions, en même temps que les boîtes et flacons tous vides.

Afin d'inspirer plus de confiance à ces villageois, et de compléter à leurs yeux notre dignité professionnelle, j'avais d'abord demandé qu'on nous adjoignît le garde, cor de chasse du château, et le garde champêtre, tambour de la commune de la Chapelle, dont M. Suzanne était le propriétaire et le maire par conséquent ; on me répondait chaque fois que notre autorité était déjà assez grande comme cela, et que notre bonne renommée s'étendait assez loin pour pouvoir se passer de tous ces bruyants accessoires. Dans cette noble et bienfaisante famille, on faisait le bien de gaieté de cœur, et le succès, en ce cas, c'était la joie de toute la famille. Passez-moi ces détails qui serviront d'explication à la plupart de ceux qui vont suivre ; et puis, mes deux amis ne sont plus de ce monde, et je n'ai pas même eu la consolation de leur dire : *Au revoir!* Que ce souvenir leur soit mon dernier adieu !

Or donc, le 25 septembre 1844, c'était la veille de mon départ pour Paris, nous avions foule dans notre hospice. Le premier qui s'offrit à la visite, par un tour de faveur, comme frère du garde du château, était un nommé Dubuisson : il était porteur, depuis bien longtemps, d'une ulcération à la cuisse, qui le rendait nécessairement assez rétif au travail, aux yeux des paysans qui sur ce point sont partout sans pitié et sans miséricorde. Je découvre au bas de la cuisse une fistule qui, à la moindre pression, dégorgeait un long filet de pus ; ce voyant, on eût dit que la cuisse était une vessie pleine de ce liquide ; je sonde et m'assure qu'il y avait décollement complet, depuis le genou jusqu'au grand trochanter, sur tout le pourtour de la cuisse, et que le tissu adipeux ne tenait aux aponévroses musculaires que par des brides en voie de décomposition. Je ne m'étais pas attendu à tant de ravages. Je fis comprendre à mon aide et ami l'inutilité de toute espèce de pansement, si nous ne procédions pas à une opération préalable, pour laquelle j'aurais à réclamer l'assistance d'un chirurgien. — « Va pour l'opération, me dit l'excellent M. Nell.—Mais je pars demain, vous le savez. —Qu'à cela ne tienne, nous ferons l'opération cette après-midi.—Et le chirurgien ?— D'ici à Torcy-le-Grand il n'y a qu'une enjambée ; je vais donc faire querir notre ami commun le docteur Campart ; continuons la visite ; nous monterons en voiture immédiatement après, munis de tout le nécessaire. »

Ce qui fut dit fut fait : immédiatement après la visite, nous partons au galop pour le hameau de Bois-Robert, où le pauvre Dubuisson était arrivé clopin-clopant quelques instants avant nous. « Allons, Dubuisson, du courage! nous allons pratiquer une petite opération ; couchez-vous sur le lit. — Sur quel lit? me dit-il, nous n'avons d'autre lit que le fumier. — En ce cas, dis-je à M. Nell, il ne faut pas y songer ; nous nous exposerions à une infection traumatique, en dépit du camphre employé. — Ne vous en inquiétez pas, me répond M. Nell ; on est déjà en route pour aller prendre un lit complet au château. »

Mais au même moment la femme de Dubuisson me demandait, dans le tuyau de l'oreille : « En aura-t-il pour longtemps à guérir ?— Pour deux mois et demi au plus, la mère. — En ce cas il faut y renoncer, mon bon monsieur ; car le propriétaire nous met à la porte dans huit jours, faute de payement de loyer. — Ne vous en inquiétez pas, reprend M. Nell, qui avait surpris la confidence ; le loyer est déjà payé. — En ce cas, *presto*, repris-je, à l'ouvrage ! Voulez-vous opérer, M. Campart ? — Je n'ai pas apporté ma trousse, par distraction. — Bon Dieu! comment allons-nous donc faire? la mienne est à Paris ; mais pourtant à la grâce de Dieu ! »

Je prends les ciseaux de la bonne femme, et, au lieu d'ouvrir la peau de la cuisse par incision, je pratique l'ouverture en coupant aux ciseaux, comme j'aurais fait d'un cou-

pon de toile, la branche mousse des ciseaux placée dans la fistule, et j'arrive ainsi
jusque dans le voisinage du grand trochanter ; en introduisant la main par cette
large solution de continuité, j'arrache de droite et de gauche toutes les brides décomposées, tous les tissus en suppuration ; je lave les parois internes de la caverne à l'eau
goudronnée, j'injecte toutes les surfaces dénudées avec de l'huile camphrée, que je
fais ensuite sortir de toutes ces anfractuosités par une forte compression. Je le
répète, le décollement de la peau était complet, et quand j'enfonçais les deux mains
dans la profondeur, elles se rencontraient à la partie opposée de l'ouverture de la
plaie. Cette vaste caverne une fois balayée, nettoyée, aromatisée d'huile camphrée, je
réunis les lèvres de la plaie par un assez grand nombre de points de suture, ensuite
par l'application de petites lanières intermédiaires de sparadrap. Je recouvre l'incision d'une épaisse traînée de poudre de camphre, puis d'un coussinet épais de charpie
enduite de pommade camphrée, maintenus par des bandelettes, et enfin je sangle toute
la cuisse avec un nombre suffisant de tours de bandes de bonne toile que j'arrose à
grands flots d'alcool camphré. A ce moment, l'opéré se met à grelotter et à se trouver
mal ; une forte ablution à l'eau sédative, sur le crâne, le cou et la région du cœur,
dissipe en quelques instants ces symptômes ; et nous transportons le pauvre Dubuisson dans un bon lit, en recommandant de le soigner, la nuit, d'après les errements de la
nouvelle méthode, et surtout de ne pas lui refuser le boire et le manger. M. le Dr
Campart devait le visiter et le panser chaque jour, ce qu'il ne manqua pas de faire par
compte à demi avec M. Nell de Bréauté, qui, tous les deux ou trois jours, me tenait
au courant du progrès de la cicatrisation. Le 27 décembre, M. Nell m'écrivait : « Dubuisson va très-bien ; les chairs sont reprises, laissant, bien entendu, une cicatrice de
couleur rose ; on voit seulement un petit point où il y a encore un peu de suppuration. Il m'a dit hier : Je ne souffre nullement, je dors très-bien, il y a dix ans que je ne
me suis senti aussi dispos. — Il marche sans gêne et sans fatigue. Ne pourrait-il pas
maintenant travailler à des ouvrages doux ? Je le crois d'autant plus que, tout paresseux qu'il est, il en témoigne le désir. » Et la guérison de la cuisse s'est accomplie de
la manière la plus heureuse pendant que Dubuisson se refaisait la main au travail.

Tout dévoué qu'était M. le docteur Campart à la nouvelle méthode, il n'en revenait
pas de la hardiesse d'une pareille opération ; mais j'en étais arrivé alors à regarder,
comme la chose la plus facile à faire, tout ce que la Faculté avait inscrit comme
impossible sur son antique carnet (*).

_____

(*) J'avais, il est vrai, alors, pour témoins de ces succès, tout ce qu'il y avait de plus honnête
et de plus dévoué dans les classes même les plus élevées de la hiérarchie de la fortune et de
la science : car MM. Suzanne et Nell de Bréauté étaient bien, tous les deux également, les
hommes les plus instruits de France. Je ne sais pas ce qu'ignorait le père ; et quant au fils, il ne
devait qu'à ses travaux le titre de correspondant de l'*Académie des sciences* de l'époque, alors
qu'elle comptait encore Legendre, Laplace, Fourrier et Geoffroy Saint-Hilaire dans son sein.
Le salon de la Chapelle était une académie universelle et la seule dont j'ai accepté d'être le
correspondant : elle se composait de trois membres résidants, le troisième était le frère de lait
et le jardinier titulaire de M. Nell ; humble jardinier, aussi savant que son maître dont il était
le collaborateur assidu et le constructeur d'instruments ; si Racine (c'est son nom) n'a pas été
élu, comme son maître, correspondant de l'Institut, ce n'est pas faute que son nom ne se rencontre souvent dans les procès-verbaux des séances de l'*Académie des sciences de France*. De
cette académie de frères, deux sont descendus dans la tombe ; je ne sais pas si le troisième, que
le travail avait terriblement miné, existe en ce moment ; le quatrième, qui est votre serviteur,
garde encore dans le cœur son titre de *correspondant,* sur la terre étrangère, qui est aussi une
tombe, mais dont on peut ressusciter.

THÉORIE. Après l'exposition de la pratique de ce pansement, rien no sera plus aisé que d'en comprendre la raison et la théorie. Nous avons établi (397, 1°) que les chairs se ressoudent et se greffent par l'aspiration de celles de leurs cellules qui ont conservé leur vitalité. Les cellules éventrées se décomposent, si elles restent exposées au contact immédiat de l'air atmosphérique, par suite de la fermentation de leurs tissus et de leurs liquides ; car nulle fermentation ne s'établit en l'absence de l'air. D'un autre côté, la fermentation acide, sous l'influence de causes qui, jusqu'à ce jour, ont échappé à notre appréciation, peut virer à la fermentation putride qui est le plus violent des poisons. De là résulte, dans le premier cas, un pus acide, et dans le second un pus de mauvaise nature, un pus *charbonneux* et *gangréneux*. Le pus acide donne la fièvre (1349); le pus putride donne la mort. Pour empêcher la formation d'un pus de mauvaise nature, nous avons choisi, parmi les baumes, le plus antiseptique de tous, le camphre (384); donc une simple traînée de poudre de camphre, sur les lèvres de la plaie, suffirait pour prévenir cette cause de mort par infection veineuse. Mais à travers cette poudre et par suite des mouvements musculaires, l'air extérieur pourrait bien encore se faire jour jusqu'à la plaie, et y alimenter la fermentation des liquides et solides mis en présence (152). Le corps gras de la pommade camphrée (1297) forme au-dessus de la plaie un vernis imperméable, en sorte que le liquide qui découle de la plaie passe, tel qu'il était dans les tissus sains, à travers la charpie qui s'en imbibe. Or, sans pus, il ne saurait s'établir de mouvement fébrile (1349). Donc, à la faveur de ce pansement, l'opéré a tout aussi peu à craindre la mort que la fièvre ; sa santé générale ne saurait ressentir la moindre atteinte de l'opération, ni la plus petite de ses fonctions en éprouver le moindre trouble. Pendant que la cicatrisation achève son œuvre, il peut tout se permettre de ce qui ne dérangera point le mécanisme du pansement.

1776. 2° ESPÈCE. **Myalgie traumagène par ablation** ; solution de continuité du muscle par enlèvement ou séparation d'un lambeau de la substance.

Synonymie. Blessure avec perte de substance ; plaie à lambeau ; estafilade ; dénudation des chairs ; — en latin : *scissura, sectio ;* — en grec : *tmésis*.

Effets. Par l'ancienne méthode de pansement, cette sorte de blessure était d'une guérison lente ; et la guérison ne s'obtenait qu'au prix d'une grande perte de substance, à la suite d'une longue suppuration, qui n'était pas sans danger pour l'opéré ; la fièvre qui en résultait était combattue par la diète et les fréquentes saignées, deux nouvelles causes de maux de plus d'un genre.

Médication. 1° Si le lambeau tient au muscle par une suffisante portion de son épaisseur, et qu'on puisse supposer qu'il participe, comme le muscle lui-même, de toutes les influences des systèmes nerveux et circulatoire, qu'il ait une vie propre enfin, on l'applique sur la surface, dénudée du muscle, aussi exactement et aussi intimement que cela est possible, en le maintenant en place, au moyen de tours de bandelettes de sparadrap (1410), rendu encore plus agglutinatif à l'aide de la chaleur. On exécute ensuite tout le mode de pansement ci-dessus (1774), que l'on renouvelle aux mêmes époques.

2° Que si, au contraire, le lambeau ne tenait que par le derme ou par une trop faible portion d'adhérence musculaire, et qu'il ne fût pas permis de supposer que, par un pareil isthme, l'influence vitale dût parvenir au lambeau, sous un volume capable d'alimenter les fonctions cellulaires de la masse et leur faculté d'aspiration, c'est-à-dire d'agglutination (397), il ne faudrait pas hésiter à enlever tout le lambeau, en le coupant par le pédicule. On panse ensuite *à plat* de la manière suivante : après avoir lavé et épongé la surface dénudée à l'eau de goudron (1486, 2°), et s'être assuré qu'aucune artériole ne menace d'une hémorrhagie, on recouvre la plaie d'un large linge fenestré (1404), que l'on saupoudre abondamment de camphre (1268). On étend par-dessus un bon coussinet de plumasseaux de charpie (1405), enduits de pommade camphrée (1298) et empilés les uns sur les autres en recouvrement. On maintient ce matelas de charpie avec des bandelettes (1406) et des tours de bandes (1407) appropriés, et même avec des lanières de sparadrap (1410) au besoin. On arrose d'alcool camphré (1287) les surfaces ambiantes; et on renouvelle lo pansement trois fois par jour. Le régime hygiénique comme ci-dessus (1774).

1777. 3ᵉ ESPÈCE. Myalgie traumagène par déchirement; solutions de continuité multiples sur une surface unique, à l'aide de griffes, dents de brosses ou de peignes, etc.

Synonymie : Égratignures, déchirures, lacérations ; — en latin : *dilaceratio*, — en grec : *sparaxis, diaspasmos*.

Effets. Cette espèce de solution de continuité multiplie les petites blessures sur une surface donnée ; mais chacune d'elles est une plaie à lambeaux (1776) s' petits, que l'on ne pourrait les détacher qu'en agrandissant chaque plaie. La plaie generale, en outre, peut s'envenimer, soit par l'introduction d'ordures dans chaque vacuole. soit par la nature irritante et même intoxicante de l'instrument qui a produit la dilacération ; les ébarbures du cuivre et surtout du zinc, par exemple, produisent, dans la plaie, une espèce d'intoxication, qui est suivie de l'enflure et quelquefois de la formation de ganglions sous les aisselles et dans les aines, selon la région de la plaie. On pourrait appeler ces sous-espèces des myalgies cupritraumagène et zinctraumagène.

Pansement. On lave à grande eau goudronnée (1486, 2°) chaude, plusieurs fois de suite; on éponge, et on renouvelle le pansement ci-dessus (1774) trois fois par jour, les premiers jours. On cerne le pansement, au-dessus, et au-dessous de la plaie. avec des compresses d'alcool camphré (1288, 2°), conservé à demeure au moyen de surtouts (1416), dans le cas où le métal de l'instrument serait intoxicant, en cuivre ou en zinc. Contre la fièvre, eau sédative (1345, 1°); le régime hygiénique ci-dessus (1774).

1778. 4ᵉ ESPÈCE. Myalgie traumagène par perforation; solution de continuité musculaire par un instrument perforant : épée, baïonnette, couteau, trocart, pointe quelconque.

Synonymie. Coup de pointe, coup d'épée, coup de couteau ou de carrelet, perforation ; — en latin : *perforatio, punctio;* — en grec : *stigma, kentêma*.

Effets. Tant que l'instrument perforant ou pénétrant reste dans la plaie, si profondément que la pointe ait pénétré, les conséquences de l'accident sont dissimulées ; et, la plaie fût-elle immédiatement mortelle de sa nature, le blessé conserve en général toute son intelligence ; mais à peine la pointe est-elle retirée de la blessure que le sang s'échappe par tous les orifices traumatiques des vaisseaux circulatoires. au dehors ou dans les cavités splanchniques que la pointe a traversées ; mais nous n'avons à nous occuper ici que des coups de pointe qui ne dépassent pas l'épaisseur des muscles, sortes de plaies qui ne pourraient être mortelles que par infection et intoxication

Pansement. On laisse un peu dégorger la plaie ; car cette saignée spontanée est le meilleur lavage possible et suffit à chasser au dehors toutes les impuretés que la pointe de l'instrument aurait pu laisser dans la plaie. Au bout de quelques minutes, si toutefois la saignée ne prend pas les caractères d'une hémorrhagie, on éponge, on lave à l'eau de goudron (1486, 2°) l'orifice de la plaie ; on en rapproche les parois au moyen de lanières de sparadrap (1410), et on panse comme ci-dessus (1774).

1779. 5ᵉ ESPÈCE. Myalgie traumagène par contusion (414); blessure musculaire par un choc, une compression, par le coup d'un instrument contondant, du marteau par exemple, sous le poids d'une masse considérable.

Synonymie. Plaie contuse, contusion, froissement, meurtrissure (anciennement, meurdrissure, d'où morsure pour mordure, de mordre), ecchymose; — en latin : contusio, conculcatio, morsus, frictio; — en grec : thlasis, thlasma, syntripsis, ecchymosis.

Effets. Sous le choc de l'instrument contondant ou sous la constriction d'une pression quelconque, les cellules élémentaires se vident ou se déchirent; les parois des vaisseaux capillaires se soudent ou ils s'entr'ouvrent et dégorgent le sang, à l'instant où il devient veineux, dans les vacuoles traumatiques, dans les canaux interstitiels; les tissus de la peau, opaques quand leurs cellules étaient turgescentes, et les vaisseaux remplis du liquide circulatoire, deviennent transparents par l'application intime et mutuelle des parois cellulaires et vasculaires les unes contre les autres; ils réfractent la couleur bleue de l'extravasation veineuse, comme le ferait la paroi d'une vessie desséchée. Tout est désorganisé en dedans, rien ne semble déchiré en dehors. La plaie qui en résulte se nomme ecchymose (du grec ek, hors, et chymos', suc), synonyme d'extravasation; c'est ce que, dans le langage populaire, on appelle des bleus à la suite d'un échange de vigoureux coups de poing ou de dents et des pincements soignés : (Il lui a fait des bleus; j'en porte encore les bleus; il m'a laissé des bleus). Ce genre de blessure arrive rarement à une assez grande profondeur pour intéresser la substance musculaire; c'est en général plutôt une dermalgie qu'une myalgie. Cependant, quoique moins fréquent que l'autre, ce cas ne laisse pas que de se présenter, et réclame un traitement analogue.

Pansement. On évite de passer de l'eau sur l'ecchymose, pour ne pas la transformer en un clapier purulent. On éponge les surfaces à l'alcool, si l'instrument contondant y a laissé de ses traces. On étend ensuite une compresse imbibée d'alcool camphré (1288, 2°) sur toute la surface ecchymosée; et l'on maintient la compresse imbibée en permanence, en recouvrant le tout d'un surtout en mousseline empesée (1416). On passe un peu d'eau sédative (1345, 1°) sur toutes les régions ambiantes, et on en lotionne un instant le cœur, le crâne et le dos, pour prévenir ou combattre la fièvre occasionnée par le choc. On renouvelle l'alcool camphré, en décollant, au moyen d'une goutte d'eau, un coin des bords du surtout, toutes les fois que la plaie occasionne la moindre douleur. Il ne faut pas 48 heures, le plus souvent, dans les cas de fortes contusions, pour qu'on puisse remplacer, sans accident, l'alcool camphré par un linge enduit de pommade camphrée (1302, 2°) ou de cérat camphré (1303).

Si cependant la désorganisation avait pénétré assez profondément pour que l'action antiseptique de l'alcool camphré ne pût l'atteindre, et qu'il se formât un clapier purulent dans le sein de la substance musculaire, il ne faudrait pas hésiter, dès qu'on en serait convaincu, de donner issue au pus, au moyen du bistouri, de la manière que nous l'avons dit plus haut, page 266 (1767); on exécuterait ensuite le mode de pansement indiqué en cet endroit.

1780. 6ᵉ ESPÈCE. Myalgie traumagène par écrasement; solution de continuité musculaire produite par une violente compression.

Synonymie. Écrasement des chairs; broiement par le choc du marteau, la surprise d'un engrenage, la roue d'une voiture, le pincement d'un couvercle, d'une porte ou fenêtre; — en latin : contritio, calcatio; — en grec : syntripsis.

Effets. L'écrasement des chairs collant ensemble et soudant, paroi à paroi, les vaisseaux que l'instrument déchire, il en résulte une plaie assez sèche, surtout par les jours de haute température, et qui ne donne que rarement lieu à une hémorrhagie de quelque importance.

PANSEMENT. On doit bien se garder de laver une telle plaie, crainte qu'en imbibant les tissus on ne décolle les orifices des vaisseaux circulatoires, chez lesquels la violence de la compression a déjà produit un commencement de cicatrisation ; on se contente d'enlever avec la pince toutes les ordures que l'accident a pu introduire dans les tissus, et l'on exécute ensuite tout le pansement ci-dessus (1774); ce n'est pas autrement que nous avons sauvé d'une mort certaine un facteur de la poste que la locomotive avait frappé tout endormi sur le rail; il avait deux doigts du pied écrasés, le gros orteil ne tenait que par un lambeau de peau, le crâne était fêlé, la lèvre fendue. Le pansement à la pommade camphrée calma de prime abord toutes les douleurs, et pendant le trajet de Boitsfort à l'hôpital de Bruxelles, il ne suinta pas même une goutte de sang (*).

1781. 7e ESPÈCE. MYALGIE TRAUMAGÈNE PAR PROPULSION; blessure musculaire produite par un corps lancé à grande vitesse et dont le choc perfore la peau, pour aller se loger dans la substance musculaire ou pour la traverser de part en part.

SYNONYMIE: Plaie ouverte par le coup d'une flèche, d'une pierre ou d'un éclat quelconque lancés à l'aide d'une fronde, d'une catapulte ou d'une explosion plaies d'armes à feu (chargées au petit plomb, à balle, à mitraille, avec des chevrotines, etc.); arquebusade.

N. B. On pourrait au besoin diviser cette espèce en tout autant de variétés que l'on peut distinguer, sous le rapport de la forme et du volume, d'espèces d'armes propulsives et de projectiles différents : car les effets varient avec la nature et les modifications des causes et des accidents. Cette sorte de plaie tient et de a contusion et de l'écrasement des chairs. C'est en écrasement des chairs suivant la ligne droite et perpendiculaire à la surface; la plaie par écrasement, proprement dite, ayant lieu selon la ligne courbe et comme par une espèce de glissement. Le projectile perfore le muscle de part en part; il se loge directement dans son épaisseur, ou suivant les diagonales du ricochet et des résistances.

PANSEMENT. Si le projectile est une flèche ou en imite la structure, ou bien il a traversé de part en part le muscle, ou la pointe s'est arrêtée dans la plaie. Dans le premier cas, on scie la tige à l'un des deux orifices de la plaie, afin qu'en retirant par un côté, on n'ait pas à faire passer par la plaie, tout ce qui n'y était pas rentré; dans le second cas, on débride la plaie pour faciliter le passage à la pointe qu'on en veut extraire, si cette pointe fait pointe de lance ou de flèche. Si le projectile est une pierre ronde, une balle, une chevrotine, on en fait l'extraction au moyen d'instruments appropriés et qui tiennent et de la pince et du *tire-bourre*. On lave ensuite la perforation à grands flots d'huile camphrée (1293, 1386), afin d'amener en dehors les impuretés qui y seraient rentrées. Cela fait, on introduit dans la perforation une petite mèche de fil enduite de pommade camphrée (1298), ou de cérat camphré (1303), et l'on rapproche aussi intimement que l'on peut les parois, soit au moyen de points de suture (1447, 2°), soit avec des lanières et bandelettes de sparadrap (1440). On exécute ensuite, trois fois par jour, par-dessus l'orifice, le pansement ci-dessus (1774), et l'on fait suivre au patient le régime hygiénique (1644). On renouvelle la petite mèche de jour en jour, s'il se manifeste un écoulement purulent; sans quoi on la retire pour ne plus la remplacer, dès le surlendemain de l'accident, et on se contente d'y injecter un peu d'huile camphrée avant chaque pansement, comme ci-dessus.

1782. 8e ESPÈCE. MYALGIE TOXICO-TRAUMAGÈNE PAR PERFORATION : solution de continuité par un projectile infecté d'une substance intoxicante.

(*) Voy. *Revue complémentaire des sciences*, livr. de novembre 1855 tom. II, pag. 97.

SYNONYMIE. Plaie par une flèche empoisonnéo (1669) (*), par un éclat de bombe fulminante, ou tout autre projectile intoxicant de sa nature ou par immixtion.

EFFETS. La plus petite blessure par des projectiles semblables peut devenir promptement mortelle ; l'éclat d'une seule capsule fulminante suffit pour envenimer de mercure une simple égratignure, et souvent par infecter toute l'économie animale; c'est bien pire quand la pointe du projectile a été préalablement trempée dans certains sucs végétaux, tels que le *curare* ou le venin des vipères de la zone torride : l'effet suit le coup avec la rapidité de l'éclair.

Les sauvages, ainsi que nous les appelons, emploient sans scrupule ce moyen de détruire leurs ennemis ; mais ne sommes-nous pas un peu sur ce point aussi sauvages qu'eux? Est-ce qu'entre ennemis civilisés, nous mettons plus de formes dans le grand art de nous massacrer? Chacun ne préfère-t-il pas tuer vite plutôt que de blesser? Et qu'importe que l'on tue sur-le-champ avec une balle ou avec un atome? Les sauvages sont logiciens dans leur barbarie ; je ne vois pas que nous soyons moins barbares dans l'inconséquence de notre humanité. Je commencerai à croire que nous sommes moins sauvages qu'eux, le jour où nous trouverons un moyen de blesser toujours et de ne jamais tuer ; ce serait, à mes yeux, un premier pas pour arriver à ne plus se battre. Jusque-là je me permets de penser que nous faisons tous un mauvais usage de l'intrépidité que le ciel nous avait départie, afin de pouvoir nous défendre contre les êtres d'une autre espèce que la nôtre et dans le seul but de notre conservation. On doit payer un tribut d'admiration à quiconque affronte bravement la mort pour sa cause ; mais ce que j'admirerais davantage, ce serait celui qui amènerait les hommes à décider leurs querelles, non plus avec les armes, mais avec de bonnes raisons. Et je ne serai jamais que d'une religion qui, invoquant le Dieu de la paix, au lieu du Dieu des batailles, s'occupera de bénir, non les armes meurtrières, mais les pansements après le combat. Quant à l'intoxication des projectiles, Dieu me garde de la conseiller ; car c'est une arme à deux tranchants et qui coupe encore par le manche ; on expose à la mort, avec ce jeu, beaucoup plus de ses concitoyens que de ses ennemis.

Il y a bien de cela 18 ans qu'en causant de ce chapitre avec un jeune de mes libraires, j'établissais qu'à l'aide de toutes nos formes de tactique militaire, nous ne faisions qu'une consommation désastreuse de temps, de matériel et d'hommes ; et je gageais fort, si l'on voulait m'en garder le secret, et dans le cas seul où l'ennemi viendrait à violer le sol sacré de la patrie, d'étendre sur le dos toute une armée rangée en bataille, comme par un coup de filet. « La paix, ajoutai-je, ne s'établira peut-être parmi les hommes que lorsque les moyens de se tuer seront devenus si expéditifs que nul ne veuille plus s'y frotter de part et d'autre. »

Ce petit traître courut de ce pas au ministère, pour faire part à qui de droit de cet exposé d'idées théoriques, et il s'annonça sans doute comme connaissant tout mon secret quant à la pratique. On le prit au mot dans les bureaux, et on soumit sur-le-champ à une commission du génie le projet d'expérimentation dont un chimiste appelé *ad hoc* avait donné le secret; car on pensa que tout consistait dans la composition d'une substance toxique et dans un empoisonnement substitué à une fusillade. Or donc, plus tard, je vois venir notre expérimentateur portant des deux mains un seau plein d'une substance en pâte, qu'il allait à l'instant charrier par le chemin de fer, vers un de nos ports de mer militaires; il avait voulu me soumettre le tout avant de partir. Je le congédiai en lui disant : « Je ne vous souhaite pas bonne chance, je vous souhaiterais l'impossible; l'expérience va coûter cher aux préparateurs autant qu'aux ex-

(*) Voy. *Revue complémentaire des sciences*, livr. de juin 1858, tom. IV, pag. 332.

périmentateurs. Je vois que le ministère a toujours à son service une bande de gens, qui à force de vouloir être plagiaires, finissent par en devenir fous. » L'expérience eut lieu : A la première explosion, les artilleurs tombèrent asphyxiés, et à son tour notre pauvre jeune homme racheta sa faute envers l'humanité et toutes ses trahisons envers moi, en mourant dévoré par les émanations de ses préparations mêmes. Car par des préparations semblables, on tue plus des siens, en temps de paix et dans le cabinet, que d'ennemis sur le champ de bataille. Il faut enfin que les nations renoncent à ces applications désastreuses de l'intelligence, et se tendent une bonne fois pour toutes, une main désarmée.

PANSEMENT. 1° Si le projectile a été empoisonné avec une substance végétale ou animale, on se hâtera d'injecter à grands flots dans la plaie de l'huile camphrée (1293) alcalinisée et agitée avec de l'ammoniaque à 22° (1336) dans la proportion d'une cuiller à bouche (1481) par litre d'huile. On fera prendre au malade un bol d'infusion de bourrache chaude (1469) alcalisée avec une cuiller à café (1481) d'eau sédative (1336); on pourra remplacer la bourrache par le chiendent (1474), la salsepareille (1505), la menthe ou la camomille. On cernera la plaie par une forte compression en dessus et en dessous, au moyen de tours de bande ou d'un mouchoir imbibé d'alcool camphré (1288, 2°); et quand on sera autorisé à croire que l'huile camphrée alcaline a suffisamment décomposé le venin, on pansera comme ci-dessus (1774); très-souvent dans la journée on lotionnera généralement le corps à l'eau sédative (1345, 1°); on donnera chaque jour dans un bol de tisane une à deux gouttes d'eau sédative.

2° Si le projectile est empoisonné d'arsenic, on injectera dans la plaie l'huile camphrée (1293, 1386), de l'eau de goudron (1486, 2°) et l'on pansera comme ci-dessus (1774).

3° Si le projectile est mercurialisé, on enfoncera dans la fistule une sonde galvanique (1431) et mieux une tige d'argent et une tige d'or ; on retirera la sonde au bout de dix minutes; on pourrait y laisser plus longtemps les tigelles d'or et argent. On injectera à grands flots, la fistule avec l'huile camphrée (1293, 1386); ensuite on pansera comme ci-dessus (1774), et l'on appliquera à demeure tout autour de a plaie les plaques galvaniques (1419). Soir et matin salsepareille iodurée (1505). Lotionner souvent le corps et les environs de la plaie à l'alcool camphré (1288, 1°) ou à l'eau de toilette (1717).

1783. 6e GENRE. MYALGIES ACANTHOGÈNES (425); AFFECTIONS DE LA SUBSTANCE MUSCULAIRE LABOURÉE PAR UN CORPS ÉTRANGER DE NATURE INANIMÉE (pointe d'aiguille, battiture de fer, épine, arête de poisson, dent de barbeau, arête de graminacée, fétu, petite esquille) (du grec *acantha,* corps qui fait l'office d'épine ou d'arête).

SYNONYMIE. Douleurs sous-cutanées ; douleurs entre cuir et chair ; douleurs sourdes sous la peau; douleurs lancinantes et erratiques, c'est-à-dire, qui changent de place ; douleurs rhumatismales ; — en latin : *erraticus dolor.*

EFFETS. Lorsqu'on connaît la cause de l'affection, toutes les anomalies d'un pareil mal s'expliquent de la manière la moins savante, car c'est la plus naturelle. Il n'est pas d'affections, graves ou légères, curables ou mortelles, dans le cadre du système nosologique, qu'un fétu, organisé pour la reptation (434) à travers les tissus, ne puisse faire naître d'un instant à un autre, en sorte que la mort suive inopinément un symptôme caractérisé par la douleur la plus insignifiante : Supposez, par exemple, que cette petite flèche imperceptible, qui s'est glissée en taraudant la peau et les muscles, arrive jusqu'aux gros vaisseaux des organes thoraciques, il pourra de ce coup se produire une hémorrhagie interne, cause prochaine d'une asphyxie complète par compression des poumons. Si le *fétu*, obéissant aux mouvements d'impulsion, ne sort pas des régions musculaires, l'affection s'arrêtera aux symptômes d'un *engourdissement*, d'une *sciatique*, d'une *coxalgie*, d'une *attaque de goutte*, et de douleurs rhumatismales enfin, plus ou moins aiguës, selon la gravité des déchirements et la sensibilité nerveuse des régions musculaires ; ces douleurs se traduiront par tout autant de piqûres qu'il y aura de déplacements de la cause inorganique du mal ; ce seront des *douleurs lancinantes,* qui, après s'être manifestées sur un point, iront en peu de temps se renouveler à de grandes distances de cette place ; heureux quand le fétu ravageur prend sa direction vers la peau, et vient, en la perforant, mettre un terme à ces tortures et indiquer le moyen de les terminer, en donnant le mot de cette longue énigme.

MÉDICATION. Contre une telle affection, la médication se borne le plus souvent à en combattre les effets douloureux. Partout où se reproduit la douleur lancinante, on applique soit une compresse imbibée d'eau sédative (1345, 2°), soit un cataplasme aloétique (1324) largement arrosé d'eau sédative. Au bout de 20 minutes, on recouvre la place d'une plaque de sparadrap (1410). Mais on obtiendra, en certains cas, les résultats les plus heureux , si, après s'être fait une idée rationnelle de la position et de la direction du corps étranger, on essaye d'exercer sur les surfaces ambiantes une compression circulaire capable de soulever le corps perforant et erratique, de manière à lui faire prendre sa direction vers l'épiderme. Si pourtant, par suite des altérations dans sa structure, la cause de tant de maux nomades et erratiques s'obstinait à rester définitivement stationnaire, il serait possible de l'amener au dehors, et de lui ouvrir un débouché, en pratiquant, sur un point correspondant à son gîte, un *cautère* (1329), ou une incision qu'on entretiendrait béante au moyen ou d'un *pois* ou d'une mèche imbibée de cérat camphré (1303). Les corps étrangers, en effet, se dirigent toujours vers les régions qui suppurent et qui sont en contact immédiat avec l'air extérieur.

N. B. Comme la forme et la nature chimique de chaque espèce de ces corps inorganiques ou inanimés peut donner naissance à des effets morbides d'un caractère particulier, on pourrait constituer tout autant d'espèces nosologiques qu'il peut exister de causes de ce genre ; par exemple : MYALGIE RAPHIGÈNE (affection musculaire produite par la reptation d'une aiguille ou fragment d'aiguille à coudre) (433) ; MYALGIE SIDÉRIGÈNE (par une battiture de fer) ; — KENTRIGÈNE (par l'aiguillon ou l'arête d'un poisson) ; — ICHTHYODONTIGÈNE (par la dent denticulée d'un poisson, telle que celle du brochet) ; — ATHÉRIGÈNE (par l'arête d'une graminacée) (444) ; — STIPIGÈNE (par la balle entière du *stipa pennata*) (439), etc., etc. Pour désigner ensuite les régions affectées on emploierait, à la place de l'expression générale de muscles, les dénominations de ces régions, terminées par la désinence ALGIE ; par exemple : COXALGIE AKANTHOGÈNE OU KENTRIGÈNE, etc., pour désigner que le siége de la douleur erratique est dans les muscles de la cuisse ; SCAPULALGIE AKANTHOGÈNE, etc., le siége de la cause du mal étant dans les muscles moteurs de l'omoplate et des épaules ; PECTORALGIE pour les muscles pectoraux ; FÉMORALGIE pour les muscles de la cuisse, etc., etc.

1784. 7ᵉ GENRE. MYALGIES CARPIGÈNES OU KOKKIGÈNES (459); AFFECTIONS MUSCULAIRES PROVENANT DE L'INTRODUCTION FORTUITE D'UNE GRAINE VÉGÉTALE. (Du grec *karpos*, fruit, et *kokkos*, graine ou fruit de petite dimension.)

1785. 1ʳᵉ ESPÈCE. MYALGIE CARPIGÈNE par incubation (460); affection musculaire par suite de la germination de la graine et des empâtements radiculaires de la plantule sur la surface d'un faisceau musculaire , par suite en un mot du parasitisme de la germination.

EFFETS. Dans un pareil cas, la graine que la négligence de l'opérateur ou la bizarrerie du hasard aura introduite et enfermée dans la substance d'un organe musculaire se comportera de même que le ferait un parasite animé ; car elle trouvera dans ce milieu la chaleur, l'humidité et la quantité d'air que réclame le travail de la germination. Les empâtements radiculaires détermineront un afflux de sang et de sucs lymphatiques sur le lieu d'élection ; le développement progressif de la plumule dédoublera les cellules du tissu, déterminera des solutions de continuité de plus d'un genre et par conséquent la formation de clapiers purulents sans issue au dehors. De là, fièvre brûlante ; engourdissement du muscle ; douleurs lancinantes à chaque phase du dédoublement des tissus par le développement de la plumule, et comme si, à chaque fois, on séparait, avec le bout du manche du scalpel, des parois organiquement agglutinées ensemble.

MÉDICATION. Il est évident que, pour un semblable mal, l'extraction de la graine par le manuel opératoire ou par les caustiques (1767) sera l'unique moyen de guérison ; la médication n'intervient jusque-là que pour diminuer l'intensité de la douleur et calmer la fièvre. Mais, dans le plus grand nombre de cas, c'est la nature qui se charge de remplacer le chirurgien par une voie plus lente, au moyen de fusées purulentes (1766), qui viennent aboutir et pousser au dehors le corps étranger dont, le plus souvent, nul jusque-là n'avait soupçonné l'existence ; aussi est-il toujours prudent, dans le pansement de toute espèce de plaie, de laisser, dans la portion la plus déclive, une légère ouverture qu'on maintiendra béante, au moyen d'une mèche enduite de pommade camphrée, tant qu'on s'apercevra qu'il en découle un peu de pus ; car c'est par là que doivent s'échapper les esquilles ou autres corps étrangers qu'on aurait pu renfermer entre les chairs que l'on rapproche. Dès qu'on s'aperçoit que l'écoulement du pus est superficiel, on rapproche les lèvres de ce restant de plaie, pour en faciliter la soudure et le recollement. La médication est la même que pour toute espèce de plaie et blessure. (TRAUMAGÉNOSE).

1786. 2° ESPÈCE. MYALGIE CARPIGÈNE par intoxication (463****, 1708) ; affection musculaire par suite de l'introduction fortuite, entre les chairs recollées, d'une graine intoxicante ou qui se décompose sans germer.

EFFETS. Si, au lieu de germer, la graine, étouffée dans un lieu imperméable à l'air, vient à se décomposer, elle sera dès lors une cause morbipare encore plus par la décomposition putride de ses sucs que par sa présence ; et elle pourra donner lieu aux plus graves désordres qui émanent d'une infection purulente. Mais si, d'un autre côté, la graine est de sa nature intoxicante, les conséquences de son introduction varieront comme les caractères du genre d'intoxication qui lui est propre. La plaie une fois cicatrisée, on remarquera que le membre enfle et s'œdématise, que la peau se recouvre d'efflorescences ou de bourgeonnements dartreux, comme si on avait enfermé dans la plaie un corps inorganisé vénéneux. Nous avons cité un cas de ce genre, bien digne de fixer l'attention de tous les praticiens, au sujet de l'introduction fortuite de graines de *ciguë* dans le recollement des chairs. La présence de ces corps étrangers produisit pendant longtemps les conséquences les plus fâcheuses. (Voyez *Revue complémentaire des sciences*, liv. de février 1855, tom. Ier, pag. 201.)

MÉDICATION. Lorsque, chez une personne saine, la cicatrisation d'une blessure, pansée par la nouvelle méthode (1768), est suivie d'œdème, d'intumescence des chairs et d'une affection cutanée quelconque, on doit soupçonner, comme cause de ces phénomènes morbides autrement inexplicables, la présence dans les chairs de graines ou de corps inorganiques intoxicants. En ce cas il serait rationnel de pratiquer une ouverture dans la partie déclive de la cicatrisation, en faisant pénétrer la pointe du bistouri aussi profondément qu'aurait pénétré l'instrument qui a causé une telle blessure. On tiendrait béante l'ouverture de la fistule artificielle, au moyen d'une mèche enduite de pommade camphrée que l'on renouvellerait trois fois par jour : il est plus que probable que ce serait par cette voie que les corps étrangers arriveraient jusqu'au dehors; car la fistule artificielle aurait ouvert ainsi une communication avec l'extérieur au décollement que la présence des corps étrangers entretient sous les chairs au fond desquelles ils ont leur gite. Mais en outre on appliquera fréquemment, sur toute la superficie indurée ou œdématisée, de larges compresses imbibées d'alcool camphré (1288, 2°); et, tout autour des régions envahies, des compresses imbibées d'eau sédative (1345, 2°). Régime hygiénique complet (1644). Le matin lavement (1396). Bains locaux fréquents (1235), en ayant soin de recouvrir préalablement la fistule d'une plaque de sparadrap (1410). Appareils galvaniques (1418) appropriés à la région souffrante. Salsepareille (1505) soir et matin. Goudron (1486, 3°) étendu sur toutes les surfaces dartreuses.

1787. 8ᵉ GENRE. MYALGIES TRAUMATHÉRIGÈNES (475, 477, 478); BLESSURES MUSCULAIRES PRODUITES PAR LA DENT, LE BEC ET LES GRIFFES DES ANIMAUX VERTÉBRÉS (du grec : *trauma*, blessure, et *théria*, bêtes sauvages).

SYNONYMIE : Morsures, déchirements musculaires, dilacérations, dépècement des chairs ; — en latin : *morsus, rostro et unguibus dilaceratio; — en grec : dègma, dèxis, kapsis, diaspasmós, sparagmos, sparaxis.*

EFFETS. Si la blessure ne doit pas être regardée comme envenimée, et que la dent ou la griffe de l'animal soit exempte d'impuretés toxiques, que l'animal n'offre aucun symptôme de rage, que le sabot, la patte ou les griffes n'aient point trempé dans une boue infecte et vénéneuse, la blessure n'offre pas plus de danger que si elle était produite par un instrument ordinaire, tranchant ou déchirant; on la panserait comme nous l'avons décrit aux MYALGIES TRAUMATIQUES. Il n'en serait plus de même, si la dilacération musculaire émanait de la dent d'un animal enragé ou qui eût dévoré de la chair en état de putréfaction, ou si ses griffes avaient trempé dans quelque objet de ce genre ou dans une boue empoisonnée, arséniquée, hydrargyrée. Dans ce cas une piqûre, une simple piqûre, peut devenir mortelle, si l'on n'attaque pas le danger au début; que sera-ce d'une solution de continuité qui intéresse toute la substance musculaire? Évaluez par combien d'orifices béants de veinules et artérioles de veines et d'artères de gros calibre, le principe vénéneux serait en état de s'infiltrer dans le système circulatoire et d'arriver, par le véhicule de la circulation, dans tous les organes essentiels à la vitalité.

PANSEMENT ET MÉDICATION DANS LE CAS D'UNE BLESSURE PAR INTOXICATION. Le blessé serait à l'abri de tout danger, si l'on parvenait à faire dégorger, aux vaisseaux qui s'ouvrent dans la solution de continuité, toute la quantité de virus que chacun d'eux aurait pu absorber pour sa part. Du temps de Dioscoride on croyait pouvoir réaliser ce résultat en laissant saigner quelque temps là plaie; mais évidemment ce moyen doit échouer dans le plus grand nombre de cas : en effet la solution de continuité a divisé les artères et les veines, de telle sorte qu'en face de l'orifice de la branche qui dégorge le sang, soit l'orifice de la portion par laquelle le sang continue sa route; et c'est par cet orifice que le venin se glissera dans le corps, en suivant les canaux divers par lesquels le sang se dirige soit vers le cœur, soit à la périphérie du corps. Donc le sang qu'on laisserait dégorger ne rejetterait au dehors rien du sang vicié que la circulation charrie. Pour obtenir ce résultat, il faut amener le sang vicié à rétrograder des vaisseaux déférents et à rebrousser chemin, par une puissance supérieure à l'aspiration physiologique, par la puissance du vide, par le mécanisme des ventouses ; et comme on n'a pas toujours sous la main des instruments de ce genre, il est bon de savoir en improviser des équivalents. À cet effet coupez par le milieu une vessie de porc, dans le sens de la largeur ; adaptez-en le col au goulot d'une seringue ordinaire, en ficelant fortement ; enroulez les bords de la vessie autour d'un petit cerceau ou d'un anneau de tringle ; comprenez la plaie dans l'aire de l'anneau que vous tiendrez appliquée exactement et vigoureusement, ainsi que les parois de la vessie, sur la peau ambiante ; dès que vous ferez le vide, en retirant le piston, il est évident, que, du même coup, l'anneau restera collé sur la peau, que le sang affluera, des portions déférentes des vaisseaux circulatoires, autant que des portions afférentes, dans la capacité de la vessie et de là dans la seringue. Dès que la quantité de sang soustraite paraîtra suffisante pour permettre de croire que le virus a été ramené au dehors, on percera la vessie, afin de donner issue à tout le sang que l'instrument aura de la sorte pompé ; l'appareil une fois dégagé, on lavera la plaie à grande eau goudronnée (1486, 2°) ; on pratiquera la ligature des artères (1447) ; on rapprochera les chairs et l'on pansera comme nous l'avons déjà expliqué (1703, 1786) pour les cas de blessures empoisonnées.

1788. 9ᵉ GENRE. MYALGIES ENTOMOGÈNES (508, 1717) ; AFFECTIONS MUSCU-LAIRES PAR SUITE DE L'INCUBATION DES OEUFS OU DU PARASITISME DES INSECTES ET AUTRES ANIMAUX SANS VERTÈBRES.

N. B. Ce genre pourrait être divisé en tout autant de sous-genres de myalgies qu'il existe de genres d'insectes ; et chaque sous-genre en deux espèces : l'une caracⱦérisée par l'incubation des œufs et l'autre par le parasitisme de l'insecte. Ainsi par exemple : MYALGIES KARKINOGÈNES, par incubation ou par parasitisme des crustacés (509) ; MYALGIES SCORPIDIGÈNES, par incubation ou parasitisme des scorpionides ; MYALGIES SCOLOPENDRIGÈNES, par incubation ou parasitisme des millepattes ou myriapodes ; MYALGIES MYOGÈNES, par incubation ou parasitisme des mouches de la viande et autres espèces analogues ; MYALGIES CAMPIGÈNES, par parasitisme des chenilles ou vers de coléoptères ; MYALGIES KANTHARIGÈNES, par parasitisme des coléoptères carnivores, tels que dermestes, nécrophores, etc.

MÉDICATION. La même que pour les DERMALGIES ENTOMOGÈNES. De pareilles causes animées de solutions de continuité n'ont pu parvenir ou être introduites dans ce gîte que par un travail d'érosion dont nous connaissons capables tant de larves ou d'insectes parfaits. C'est alors un clapier qui a été précédé d'une fistule. C'est donc par cette fistule que l'on fera parvenir jusqu'à la cause du mal le liquide insecticide qui doit en débarrasser les tissus. On injectera dans la fistule trois fois par jour, d'abord de l'eau quadruple tiède (1375), puis de l'huile camphrée (1293), et ensuite pansement ordinaire des blessures (1706). Nourriture épicée et une gousse d'ail à dîner (1250). La cause une fois tuée sera amenée au dehors par les injections antiseptiques dont nous venons de parler. A la faveur de ce traitement, les chairs se rapprocheront d'elles-mêmes, par l'*horreur* que le développement organisé a du *vide* ; et la fistule s'oblitérera peu à peu d'elle-même et par un travail de réagglutination.

1789. 10ᵉ GENRE. MYALGIES HELMINTHOGÈNES (965) ; AFFECTIONS MUSCULAIRES PRODUITES PAR L'INCUBATION (1005) DES OEUFS DE VERS INTESTINAUX (du grec *helmins*, ver intestinal).

SYNONYMIE. Douleurs rhumatismales, engourdissement musculaire, gêne dans les mouvements ; douleurs lancinantes et pongitives dans les appareils musculaires ;

— en latin : *torpor muscularis, dolores lancinantes ;* — en grec : *nôthrotès, anais-thesia, odunai typtountes.*

EFFETS. L'incubation des œufs d'helminthes (*lumbricoïdes* ou *tænia*), en aspirant les sucs circulatoires pour suffire au développement de l'embryon, doit produire à chaque place une intumescence, une induration, une inflammation enfin, capable d'intercepter le cours de la circulation sanguine et lymphatique, et celui de l'influx nerveux. De là engourdissement dans les mouvements par rigidité et insensibilité du tissu musculaire. L'éclosion et le développement de l'embryon ne sauraient s'effectuer sans dédoubler les parois des cellules, sans déchirer les fibres musculaires et les brides cellulaires ; de là, d'instant en instant, douleurs lancinantes et pongitives.

MÉDICATION. Nourriture aromatisée (1560) et alliacée (1250). Régime hygiénique complet (1644) ; chaque matin, pendant quelque temps, lavement vermifuge (1399). Une fois par semaine *semen-contra* (1506). Trois fois par jour appliquer sur la région douloureuse un cataplasme aloétique (1321) largement arrosé d'eau sédative, et ensuite massage à la pommade camphrée (1302, 2°) ; essuyer enfin avec l'alcool camphré (1288, 1°).

1790. 11ᵉ GENRE. MYALGIES PSYCHOGÈNES ou NOOGÈNES (1102) ; AFFECTIONS ET CRISES MUSCULAIRES PROVENANT D'UNE IMPRESSION MORALE ; SPASMES (du grec *psyche* ou *noos*, âme, moral).

SYNONYMIE. Exaspération, agitation, crispations, convulsions du désespoir suivies d'une prostration générale ; — en latin : *crispatura, virium exacerbatio* et *prostratio ; desperantis contorsiones* et *deliquia ;* — en grec : *anelpistias, spasmos* ou *episphinxis.*

EFFETS. L'espérance cessant de faire antagonisme au désir, à l'idée du plan adopté d'avance, on dirait alors qu'une seule moitié de l'organe de la pensée fonctionne, et que partant tout antagonisme musculaire a cessé, que l'un se relâche pendant que l'autre se contracte automatiquement et comme sans l'intervention de la volonté. L'électricité nerveuse n'agit plus que par un de ses pôles ; elle brûle en se concentrant sur un seul point, au lieu d'animer les organes en se distribuant à la fois dans toutes les molécules. Les impressions ne se combinant plus en idées, la volonté n'intervient plus pour régulariser les mouvements musculaires et les soumettre à une unité d'action. De cette inégalité de répartition, de cet excès sur un point et de cette privation sur un autre, il résulte un surcroît de dépenses qui ne peut manquer de jeter le malheureux désespéré dans une prostration, laquelle va quelquefois jusqu'au ramollissement du cerveau et à une espèce de folie, d'idiotisme et d'anéantissement.

MÉDICATION. Dans ce cas, comme dans tous ceux que détermine un arrêt ou une suspension de la circulation, c'est à l'emploi de l'eau sédative (1345) qu'il faut avoir recours, sans craindre d'en abuser, en ablutions sur le crâne, d'où émane le mécanisme de ces désordres, en lotions sur la poitrine et le cœur, en lotions et frictions (1302,1°) sur tout le trajet de l'épine dorsale. Dès que le moment paraîtra favorable, on administrera quelques gouttes d'eau sédative dans un bol de bourrache (1469), ainsi que de l'aloès (1197) et au besoin un lavement superpurgatif (1398).

TROISIÈME GROUPE : MALADIES DU SYSTÈME NERVEUX (NÉVRALGIES) (1646)
(du grec *neuron*, que nous prononçons *nevron*, corde) (*)

1791. DÉFINITION DU SYSTÈME. Le système nerveux émane de l'encéphale, comme la ramescence d'une plante émane des cotylédons que renferme la graine ; et cette assimilation est plus qu'une comparaison, c'est toute une analogie. Nous renvoyons, pour en apprécier la justesse, à l'étude anatomique et iconographique que nous donnons du système nerveux à la fin de l'introduction du premier volume. Des quatre cotylédons dont se compose l'encéphale, les deux dont se compose le cervelet sont restés en arrière du développement des deux autres qui sont les deux hémisphères du cerveau. On dirait que les deux cotylédons du cervelet se sont atrophiés au profit du développement de la moelle-épinière, cette grande tige médullaire du tronc dont les quatre membres sont les branches principales ; les organes du tact, les innombrables rameaux ; et dont la sommité s'est transformée en un analogue de la tête, avortée au profit d'un seul sens, qui est celui de la reproduction gemmaire de l'espèce et qui a en cet endroit absorbé tous les autres sens de la tête créatrice d'idées. De la souche des deux hémisphères cérébraux qui constituent le cerveau proprement dit, émanent les sens spéciaux de la face, les sens appréciateurs des impressions et interprètes des sensations raisonnées ; le sens du tact ou toucher étant répandu sur toute la superficie du corps humain et de chaque organe en particulier. Car il n'est pas un de nos organes, grands ou petits, qui ne soit le développement d'une sommité de ramuscule nerveux, d'une papille nerveuse, espèce de bourgeon reproducteur de cette grande tige. Les sommités qui aboutissent à la périphérie du corps ou des organes s'arrêtent aux dimensions d'une papille qui devient alors organe de sensibilité ; et ces papilles ne diffèrent anatomiquement entre elles que par leurs dimensions respectives, les plus petites étant organisées d'une manière aussi compliquée que les plus grandes ; la papille du tact est, dans sa petitesse, aussi savamment organisée que la grosse papille qui forme le globe oculaire. De même que, dans la graine avant la germination, on ne rencontre, sous le test qui est son crâne, que les cotylédons et un rudiment de germe ; de même, dès l'instant que l'embryon animal est susceptible d'être vu, au moyen de verres grossissants, il semble ne se composer que de l'encéphale et d'un rudiment de moelle épinière, tous les organes futurs n'étant encore qu'à l'état de papilles dont il serait impossible d'assigner la destination future. C'est par suite du développement indéfini de l'organisme, que chacune de ces papilles apparaît peu à peu, et offre, en grandissant, le cadre de l'organe spécial qui en est une émanation et qui, devant devenir le laboratoire d'une fonction spéciale, peut par conséquent être exposé à devenir le siége d'une perturbation qui constituera un état morbide d'un caractère particulier. D'où il suit : 1° d'un côté, qu'un organe ne saurait être affecté d'un trouble dans ses fonctions, sans que le système nerveux en ait conscience par les papilles du tact qui arrivent aux limites de tous les tissus ; 2° d'un autre côté, que le système nerveux ne saurait être affecté lui-même, dans son tronc ou ses rameaux, sans que les fonc-

(*) Le radical grec conviendrait mieux aux tendons des muscles qu'aux troncs des rameaux nerveux ; et ce n'est pas dans un autre sens que, de toute antiquité, s'en est servi le langage vulgaire : *Un nerf de bœuf, le nerf de la guerre, c'est nerveux, quel nerf !...* Nous avons entendu un jour, dans son cours, un illustre professeur de philosophie s'écrier, avec une indignation digne d'être logique : « Qui oserait soutenir encore que la pensée réside dans ces nerfs ? » et il nous montrait sur son poignet les tendons en saillie des muscles fléchisseurs de la main.

tions de tous les organes ou de l'organe qui émane du rameau affecté éprouvent un trouble proportionnel ou une cessation complète. Donc toute maladie se traduit par une sensation nerveuse; il n'est pas de souffrance qui n'ait pour interprète la fonction nerveuse; pas de maladie qui n'intéresse le système nerveux et ne soit une névralgie, puisque sa conséquence est une douleur.

Nous n'entendons ici par NÉVRALGIE que les maladies dont le siége et la cause résident spécialement dans un centre, dans un rameau nerveux ou dans un organe des sens, extrémité papillaire d'un rameau nerveux. Nous diviserons ce grand groupe en tout autant de SOUS-GROUPES ou CATÉGORIES que l'on peut concevoir de régions importantes, dans le système nerveux, et d'organes de sens d'une spécialité bien tranchée. Nous procéderons à cette étude en commençant par la périphérie et les extrémités papillaires du système, pour nous diriger de là vers la souche commune et l'origine de tous ces embranchements; nous commencerons par les extrémités papillaires ou organes des sens, pour remonter jusqu'au laboratoire de la pensée.

1ᵉ CATÉGORIE.

1792. AISTHALGIES : maladies qui ont leur siége dans les extrémités papillaires et superficielles des rameaux nerveux, dans les organes microscopiques de la sensibilité (du grec : *aisthesis*, sens, sensibilité, sentiment).

DÉFINITION DE CETTE CATÉGORIE. Les extrémités papillaires des rameaux nerveux, une fois parvenues à la superficie externe du corps ou à la surface interne des organes du corps, incapables, faute de milieu, de continuer leur développement indéfini et de donner naissance à des organes d'un grand volume, s'arrêtent aux dimensions et au rôle d'organes de la sensibilité, vigies de l'organisation qui avertissent du danger par la souffrance et en s'écartant les unes des autres, sous un angle d'autant plus ouvert que la circonstance est plus grave, et qui se rapprochent et se réunissent dès que le danger est passé, à peu près comme ces deux boules de sureau, suspendues à un même point, que l'électricité sépare et éloigne, et qui se rapprochent dès que le courant ne les atteint plus. De ces organes papillaires, il n'est pas une surface externe ou interne du corps humain qui n'en soit pavée; plus l'individu grandit, plus le nombre de ces papilles augmente et plus par conséquent la sensibilité devient exquise; il en est, de ce développement, exactement comme des plantes marines ou fluviatiles, si rien ne trouble leur développement indéfini à la surface des eaux : il arrive une époque où l'épanouissement des rameaux de ces plantes aquatiques semble former une croûte compacte, un derme à la limite réciproque de l'air et du milieu de la végétation. Chacune de nos papilles nerveuses est un œil de la sensibilité et du toucher : notre peau, ainsi que l'enveloppe vésiculaire de tous nos organes externes ou internes, sont pavées de ces innombrables et invisibles yeux (*). Ce sont ces organes papillaires qui, continuant leur développement rudimentaire, donnent naissance aux *pilosités*, *écailles*, *duvet*, *plumes*, *poils* ou *cheveux*, selon les régions du corps et les divers genres de vertébrés; végétations animales, caduques, comme les feuilles, à chaque saison pour certains animaux, et successivement et avec l'âge pour l'homme. Qui ne sait que les pilosités quelconques jouissent d'une sensibilité prononcée, tout autant que les papilles de la peau? et cette sensibilité s'exalte tellement, en certaines circonstances et pendant certaines affections, que le plus simple frôlement sur l'extrémité d'un poil produit une sensation souvent insupportable. C'est même par la manière dont se com-

(*) Voy. *Nouveau système de chimie organique*, édit de 1838, tom. II, pag. 267.

portent ces pilosités, dans le cas d'une forte souffrance, qu'on peut se faire une idée
exacte de la théorie que nous avons donnée plus haut du mécanisme de la sensibilité
et de la douleur par les organes du tact : car, sous l'influence de certaines impressions
pénibles, on voit le poil *se hérisser* chez les animaux, les cheveux *se dresser* sur la
tête ; ils s'écartent les uns des autres comme animés d'un antagonisme électrique et
d'une incompatibilité de forces, d'une impuissance de combinaison par trop d'égalité :
car dans la nature nulle combinaison n'a lieu que par les contraires. Donc les papilles
nerveuses, qui sont les bulbes de ces pilosités, doivent en ce cas diverger entre elles et
se crisper, comme le font les pilosités qui en émanent et qui n'en sont que le développement, pour ainsi dire, végétal.

1re sous-catégorie. — *AISTHALGIES GÉNÉRALES.*

1793. 1re ESPÈCE (*). AISTHALGIE ASPHYXIGÈNE (148, 1665) ; maladie des papilles nerveuses faute de communication immédiate avec l'air extérieur.

SYNONYMIE. Apathie accidentelle et par défaut de propreté, ou constitutionnelle et
par surcroît d'embonpoint.

EFFETS. L'air atmosphérique étant l'élément indispensable de la vitalité des fonctions et du développement des organes, il est évident que tout ce qui tendra à revêtir
les papilles nerveuses d'une couche imperméable deviendra une cause d'asphyxie
papillaire, c'est-à-dire, du sommeil de la sensibilité ; la sensibilité en sera émoussée ou
paralysée complétement, selon que la couche isolante sera plus ou moins épaisse. De
là vient que l'habitude de la crasse et de la malpropreté, rend l'homme inquiet, paresseux, lourd de corps et d'esprit. De même le développement excessif de la graisse ou
tissu cellulaire adipeux, en recouvrant de cette couche isolante le plus grand nombre
des papilles nerveuses, rend l'homme moins impressionnable, moins accessible aux
diverses sensations ; moins irritable, mais aussi moins actif ; moins haineux, mais
aussi moins aimant ; indifférent presque à tout, faute de moyens de communiquer
immédiatement avec les objets extérieurs à lui-même.

MÉDICATION. La même que contre la DERMALGIE RUPIGÈNE ou malpropreté de la
peau (1656) et contre la DERMALGIE HYPERTROPHOGÈNE ou obésité (1659).

1794. 2e ESPÈCE. AISTHALGIE GYMNOGÈNE ; affection des papilles nerveuses par
dénudation et par suite d'un contact trop immédiat avec l'air extérieur (du grec
gymnos, nu ; *gymnotès*, dénudation).

SYNONYMIE. Organisation nerveuse et irritable.

EFFETS. Une peau peu fournie de tissu cellulaire adipeux, et sur laquelle les extrémités papillaires des nerfs se multiplient en se rapprochant, doit être le siége d'une
irritabilité exceptionnelle et la cause d'une exubérance d'activité et physique et intellectuelle. Car l'idée et la volonté n'étant qu'une combinaison des impressions transmises par les sens avec les propensions constitutives de l'encéphale, il est évident que
l'élaboration d'idées et de volontés sera d'autant plus active que le tact transmettra,
dans un temps donné, un plus grand nombre d'impressions et de sensations re-
çues. Or, d'un autre côté, il est évident que le nombre des impressions étant corrélatif
à celui des papilles organes du tact, l'activité ou l'irritabilité de la constitution sera en
raison de la dénudation du derme. De là vient qu'on est d'autant plus irritable plus

---

(*) La convexité qui existe entre les DERMALGIES (1654) et les AISTHALGIES est telle que ce que
nous dirons de celles-ci semblerait n'être qu'une répétition de ce que nous avons dit de
celles-là. C'est pour cela que nous ne diviserons pas cette catégorie en genres et que nous
restreindrons le nombre des espèces.

actif de corps et d'esprit qu'on est doué d'une constitution plus sèche et plus grêle. Lorsqu'une telle constitution est congéniale, qu'elle tient de l'organisation native, et qu'elle n'est pas le résultat accidentel d'un état maladif et d'une privation alimentaire, heureux ceux qui en sont affligés! A égalité de durée, ils vivent beaucoup plus que les autres. Si cet état d'irritabilité émane d'un état morbide de la constitution, en triomphant de la maladie principale, on ramènera à son état normal le système papillaire. En ce cas on doit chercher à s'assurer de la cause du mal, et la combattre par la médication qui lui est propre et qu'on trouvera indiquée sous la rubrique respective de l'espèce morbipare.

1795. 3e ESPÈCE. Aisthalgie thermogène (222,1663); affection des papilles nerveuses par l'élévation de la température.

EFFETS. La transpiration rendant turgescents les pores de la sueur, et la sueur s'interposant entre les papilles ou les recouvrant comme d'une nappe d'eau, leur sensibilité doit en être plus ou moins émoussée; on dit alors que la fibre est relâchée, qu'il y a affaissement général, accablement par excès de chaleur et de transpiration; on tombe dans un état plus ou moins profond d'atonie.

MÉDICATION. Les ablutions à l'alcool camphré (1288, 1°) ou à l'eau de toilette (1717) rendent de la force à la fibre nerveuse, en s'emparant d'abord des molécules aqueuses et les entraînant dans l'évaporation alcoolique, et ensuite en resserrant les pores de la sueur et détergeant ainsi les papilles nerveuses de la nappe de liquide qui les privait du contact immédiat de l'air extérieur. Il faut bien distinguer cet état d'atonie, provenant de l'élévation de la température, d'avec l'état d'atonie provenant de la fatigue et de l'épuisement par le mouvement. Dans ce dernier cas, nous l'avons déjà dit, on a recours à l'eau sédative (1345,1°), qui rend à la circulation l'eau et les menstrues dont la fatigue avait dépouillé le sang.

1796. 4e ESPÈCE. Aisthalgie krumogène (1763); effets du frisson et du froid sur les extrémités papillaires des nerfs.

SYNONYMIE. Chair de poule; crispations de la peau; saisissement; — en latin : horripilatio; — en grec : phrikè.

EFFETS. L'action du froid contracte les mailles du tissu cellulaire, refoule la sueur dans les canaux lymphatiques en la congelant, ce qui produit, entre les papilles nerveuses nues ou pilifères, des enfoncements qui laissent ces papilles en saillie, à cause de la turgescence et de la compacité de leur organisation. La papille mise à nu, sur une nouvelle portion de sa surface, deviendrait pilifère sur cette nouvelle portion, si la peau était habituellement exposée à la même température. De là vient qu'en hiver les animaux sauvages se couvrent d'un duvet qui tombe aux premiers jours de beau temps; la surface papillaire qui a donné naissance à ces poils, venant à être recouverte par le tissu cellulaire turgescent, sous l'influence d'une élaboration printanière, ces poils jeunes encore sont étouffés et asphyxiés dans leur germe, et ils tombent en poils follets, comme un duvet dont rien ne saurait plus alimenter le développement ultérieur. C'est ainsi que ces végétations, développées à l'occasion du froid, servent à l'animal de tissu protecteur et isolant contre l'impression du froid, par suite de l'harmonie admirable des lois de la création, en vertu desquelles du sein du mal lui-même naît souvent le moyen de nous en défendre. On le sait, les plus belles fourrures nous viennent des régions boréales; et toutes choses égales en fait d'espèces, les habitants des régions intertropicales sont ceux qui ont le moins de poils.

MÉDICATION. Contre un effet ainsi passager, la médication se donnerait une fausse importance; tout se réduit en ce cas à des soins de précaution.

1797. 5e ESPÈCE. Aisthalgie toxicogène (254,315,1669,1764); affections spéciales aux extrémités papillaires des nerfs, provenant de l'action immédiate ou médiate d'ur e substance désorganisatrice ou pseudorganisatrice (1765ᵇⁱˢ).

SYNONYMIE. Affections cutanées du système nerveux ; maladies de la peau de nature furfuracée ; développements cornés d'une nature anormale et sur des régions insolites ; — en latin : *cornua; —* en grec : *metamorphosis, kerata.*

EFFETS. 1° L'action désorganisatrice inhérente à certains métaux, tels que l'arsenic et le mercure, transforme le tissu des papilles nerveuses en écailles furfuracées espèces de raclures de substances cornées (*cornes* ou *plumes* ou *piquants*) qui se détachent d'elles-mêmes, repoussées au dehors, comme le fait l'épiderme, par le développement des couches nouvelles de ce tissu.

2° L'action pseudorganisatrice des mêmes métaux sur les papilles nerveuses est capable, par incubation, de favoriser, chez une espèce animale, le développement d'organes de nature cornée qu'on ne retrouve que chez certaines espèces d'un autre type d'animaux. C'est alors, et sous une pareille influence, que l'extrémité microscopique d'un rameau nerveux est en état de se développer sous la forme d'un poil, d'un crin, d'un durillon, d'une verrue contagieuse, d'un piquant de hérisson et de porc-épic, d'un *ergot* de coq et même d'une corne de bélier et de bœuf, tous organes hétérogènes qui sont également une émanation, une transformation, un développement-normal ou anormal de la papille cutanée, d'un extrémité de rameau nerveux. Or comme tout développement organisé émet, dans le milieu où il a pris naissance, des prolongements radiculaires proportionnels à ses prolongements tigellaires et aériens, il arrive souvent que la reproduction de ces organes ne tarde pas à suivre leur ablation, parce que l'instrument tranchant ne saurait en atteindre le germe sans compromettre la forme, la nature et les fonctions de l'organe principal sur le derme duquel ils se sont implantés.

C'est ainsi que l'on a vu (et ces exemples sont assez fréquents dans l'histoire) des hommes ou femmes frappés de ce fléau, porter des ergots au mollet, des piquants simples ou épineux sur le dos, des cornes de béliers, de boucs ou de bœufs sur la tête, et devenir ainsi le point de mire des lazzi de tous ces moqueurs, qui semblent toujours trouver que la nature ne s'est pas moquée d'une manière assez sanglante de ces pauvres affligés.

On pourrait dire que ces productions anomales sont les cancers des papilles nerveuses; du reste bien des auteurs anciens prétendent avoir trouvé, à l'autopsie, des cancers servant comme de coussinets, de thallus et de milieu générateur à ces développements pseudo-cornés. Et de pareils développements peuvent s'implanter sur toutes les papilles nerveuses ou extrémités papillaires des rameaux nerveux, que ces papilles s'épanouissent sur la surface des organes internes ou sur les muqueuses ou sur la peau ; et c'est ce qui explique comment il a pu se rencontrer des dents et des cheveux dans les ovaires mêmes des vierges les plus jeunes et non encore nubiles (*).

(*) Voyez, pour ces apparitions cornues sur la tête, les reins, les jambes de divers individus des deux sexes, et même dans les ovaires des jeunes filles, ce que nous en avons rapporté dans la *Revue élémentaire de médecine et de pharmacie,* juillet 1848, tom. II, pag. 40. — Ensuite Emmanuel Urstisius, *De cornutis,* 1598.—De Thou, lib. 123, 1599; *Journal de l'Estoile,* septembre 1599; Mézeray, tom. X, pag. 112-113. — Joannes Renodeus, *Mat. med.,* lib. 3, cap. 21. — Zacutus Lusitanus, *Praxis med. admir.,* lib. 3, obs. 93. — Marcus Aurelius Severinus, *De nov. abscess.,* cap. 25. — Thom. Bartholin, *De unicornu,* 1678, cap. 1. — *Actes de Copenhague,* ann. 1674-1675, obs. 67; ann. 1677-1678.—*Trans. philosoph.,* ann. 1678, pag. 176; ann 1685, pag. 209; ann. 1792, pag. 201. — *Ephem. cur. nat.,* déc. 1, ann. 1, obs. 30, et ann. 4, obs. 180, etc. — A. Georgius Francus, *De cornutis. — Journal des savants,* août 1672, pag. 131.

MÉDICATION. Toutes ces productions cornées sont de la nature du poil et du cheveu; ce sont des développements et végétations d'une extrémité papillaire des nerfs qui leur sert de gemme, de bourgeon, de bulbe et de cotylédon. On aurait donc beau les couper par la base et aussi près que possible du derme, les raser en enlevant même l'épiderme, chacun de ces développements cornés repousserait plus vigoureux encore que la première fois, comme le font les bois taillis et comme le fait la chevelure; si l'on se rasait le crâne aussi souvent que le menton, les cheveux deviendraient des crins, comme les poils de la barbe. On ne saurait donc se débarrasser de l'une quelconque de ces productions cornées par des coupes réglées; tant que la souche en est intacte, il faut s'attendre à en voir repulluler les rejetons. Le procédé chirurgical seul est donc un moyen entièrement impuissant, car il ne peut atteindre la souche qu'au prix d'une trop grande perte de substance et au prix d'un danger pire que le mal; c'est la matrice que la médication doit se proposer d'atteindre et de désorganiser. Or jusqu'à présent nous n'avons pas rencontré de moyen plus inoffensif et plus efficace que l'emploi de l'acide nitrique (*eau-forte*) de la plus grande pureté. Après avoir tranché ou scié, aussi près que possible de la peau, la base de la production cornée, on recouvre exactement la peau ambiante d'une plaque de sparadrap (1440); avec une autre bande de sparadrap roulée en boudin, en forme, tout autour du tronc corné, une espèce d'entonnoir, pour empêcher l'acide de s'échapper sur la peau ambiante; on applique alors, avec un petit tampon, des gouttes d'acide nitrique sur la tranche encore à vif de la substance cornée; lorsqu'on s'aperçoit que la substance cornée, corrodée par l'acide, forme une croûte imperméable, on racle la plaie, pour mettre à découvert une nouvelle surface à corroder; et l'on s'arrête dès que le malade en éprouve une légère cuisson; on recommence l'opération dès que le tissu a repris son insensibilité première. L'action désorganisatrice de l'acide, pénétrant chaque jour à une plus grande profondeur, on a l'espoir d'atteindre jusqu'au cœur la matrice, le bulbe générateur, et de tarir ainsi la source de ces productions anomales.

1798. 1re VARIÉTÉ. AISTHALGIE TOXICO-VERRUQUEUSE; transformation des extrémités papillaires des nerfs en verrues.

SYNONYMIE. Verrues, envies, mouches à la peau ; — en latin : *verrucœ, verruculœ;* — en grec : *acrochorda, acrochordia, thymia, myrmekia.*

EFFETS. Les verrues proprement dites surviennent sur la partie dorsale des doigts et de la main, et ont plus spécialement leur siége au-dessus des jointures ou articulations des phalanges et des os du métacarpe. Elles passent pour être contagieuses et pour avoir la propriété de se communiquer par l'attouchement, idée qui se concilie avec celle de l'incubation tout autant d'un globule de mercure que d'un œuf animé. Les verrues congéniales, ou *envies* qui se remarquent sur toute autre partie du corps que sur les mains, ne sont pas tout à fait de la même nature. Les *mouches* au visage s'en distinguent par leur couleur noire, leur forme circulaire et convexe comme une lentille, et par les pilosités qui souvent émanent de leur pourtour en rayonnant. Les verrues proprement dites sont proéminentes, bosselées et en choux-fleurs, mobiles et élastiques, de couleur blafarde et ne dépassant que bien rarement le volume d'un pois.

MÉDICATION. Les soins habituels de propreté, l'usage du savon pour se laver les mains, suffisent souvent pour débarrasser de ces tubérosités fongueuses qui inspirent

— *Année littéraire*, 1763, pag. 113. — *Recueil périodique d'obs. de méd., chir. et pharm.*, tom. 4, pag. 216, 1756. — *Journ. de méd.*, tom. 14, 1761, pag. 445; tom. 91, 1792, pag. 291, 301. — Encyclopédie, *Jeux de la nature*, et art. *Corne*, par le chevalier de Jaucourt, etc., etc.

une répugnance instinctive. Mais le plus souvent on se voit obligé d'avoir recours aux procédés de désorganisation dont nous venons de parler, et dont le succès, en ces sortes de cas, est toujours plus assuré que dans les cas dont nous avons parlé ci-dessus : La profondeur du système radiculaire de ces végétations épidermiques étant toujours en raison du développement de leur système aérien, le bulbe reproducteur de la verrue est plus facile à atteindre, par l'action désorganisatrice de l'acide nitrique, que le bulbe des grands développements cornés. Pour arriver à ce résultat, on se sert d'un petit tube de verre de deux ou trois centimètres de long et ouvert par les deux bouts, ou d'un tuyau de plume à cigarette de camphre (1272, 2°). La main étant dans une position horizontale, on applique perpendiculairement sur la verrue le tube ou le tuyau de plume par l'un de ses orifices ; par l'autre on instille goutte à goutte de l'acide nitrique, soit au moyen d'une petite baguette ou pointe en verre, soit au moyen d'un petit entonnoir en verre ; au bout de trois ou quatre minutes, on enlève vivement le tube, on lave les surfaces au savon et l'on recommence deux ou trois fois par jour, jusqu'à ce que la place devienne trop sensible ; à ce point la verrue finit par s'oblitérer d'elle-même. Cependant comme nulle végétation ne vit et se développe que sous l'influence de l'air atmosphérique et de la lumière, il serait peut-être plus court de traiter les verrues par l'asphyxie, en les recouvrant d'une certaine épaisseur de goudron (1486, 3°) et par-dessus d'une petite plaque de sparadrap (1440), ou bien, par-dessus le goudron, d'une couche de vernis (1411).

Les verrues congéniales, au visage ou au nez, doivent d'abord être traitées par ce dernier procédé. Si cela ne suffit pas, il faut en opérer la ligature à la racine, et serrer le nœud de jour en jour davantage (1700), en maintenant l'excroissance aussi longtemps que possible dans l'alcool camphré (1288, 2°), au moyen d'une petite parcelle de vessie (1443) ou d'un surtout en mousseline empesée (1446). Quant à ces lentilles noires qui naissent sur le satin d'un beau visage, ce sont des grains de beauté plutôt que des germes de laideur ; elles furent jadis fort à la mode. Le jour qu'une dauphine de France s'en aperçut une au visage, les dames de la cour s'en étoilèrent la figure avec des petits carrés de taffetas noir ; et bien heureuses celles à qui la nature avait accordé, dès leur naissance, ce petit moyen de faire leur cour à la beauté de la reine, beauté de droit divin quand même.

1799. 2ᵉ VARIÉTÉ. Aisthalgie ichthyose ; affection qui transforme les extrémités papillaires des nerfs en productions cornées et à recouvrement, ce qui leur donne quelques rapports de ressemblance avec les écailles des poissons, qui ne sont elles-mêmes que les développements des papilles nerveuses. (Du grec ichthys, poisson.)

EFFETS. Chaque papille, au lieu de se développer en une tige cylindrique, comme pour la corne et le poil, prend son extension à la manière des écailles et de l'ongle ; écailles caduques mais renaissantes, si l'on ne parvient pas à tarir, par la médication, la source de ces aspérités de la peau, en ramenant à leur mode normal et caractéristique de l'espèce les accouplements adultérins des spires génératrices de la cellule élémentaire.

MÉDICATION. La même que pour les autres maladies de la peau (1669). Bains sédatifs (1209) avec plaques galvaniques (1419), le matin, pendant un mois de suite et même davantage jusqu'à guérison complète, s'ils ne fatiguent pas trop. Chaque soir, se lotionner tout le corps à l'eau sédative (1345, 1°), se badigeonner ensuite toutes les parties du corps qui ne voient pas l'air, avec du goudron de Norwége tout pur (1486, 3°). Soir et matin camphre (1266) avec salsepareille (1505) ou chiendent (1474) iodurés tous les trois jours. Bains de mer (1214) dans la saison favorable, et bains de sang (1217) dans l'occasion. Régime hygiénique (1644).

1800. 6e ESPÈCE. Aisthalgie traumagène (395, 1703, 1773) ; affection de la papille nerveuse par l'action mécanique d'un corps étranger non empoisonné, par un instrument tranchant, perforant, contondant et par le frottement continu.

EFFETS. Les effets de ces sortes d'action sur les papilles nerveuses épidermiques se confondent avec ceux qui intéressent le tissu épidermique lui-même ; nous ne pourrions donc ici que répéter ce que nous avons déjà dit, sous ce rapport, en traitant des dermalgies traumagènes (1703). Mais il nous resterait cependant encore à envisager la question sous une nouvelle face et à décrire un nouveau mode de désorganisation mixte qui est spécial à la papille du tact :

1° En effet on pourrait se demander pourquoi, après la cicatrisation, la région dont un instrument tranchant a enlevé souvent une si grande épaisseur conserve cependant toute la sensibilité qui la caractérisait avant cette grande perte de substance? Nous avons comparé le système nerveux à un arbre à rameaux touffus ; la réponse à la difficulté ci-dessus est tout entière dans cette analogie. Les papilles épidermiques sont des extrémités superficielles de rameaux pleins de séve et de vie; ce sont des bourgeons extrêmes, qui, faute de pouvoir se développer en rameaux végétants, s'arrêtent aux fonctions d'organes élaborants. Mais il n'est pas, sur toute la longueur d'un rameau nerveux quelconque, un seul point qui ne soit riche en bourgeons reproducteurs du type, et dont le développement indéfini ne soit capable de combler les plus grandes lacunes et de paver les surfaces les plus étendues de nouveaux bourgeons papillaires, de nouveaux organes microscopiques du tact. Donc toute surface de nouvelle formation jouira de la même sensibilité que les premières en date dans l'ordre de l'organisation.

2° Les papilles du tact, en certaines régions du corps humain, sont exposées à une cause de désorganisation qui leur est spéciale et prend en nosographie une dénomination qui n'appartient qu'à elles : nous allons la décrire dans l'article qui suit.

1801. 7e ESPÈCE. Aisthalgie tribogène ; affection de la papille qui se déforme et s'exagère par suite du frottement (du grec, tribo, je frotte).

SYNONYMIE. Cor aux pieds ; en latin : clavus, gemursa ; en grec : tylos.

EFFETS. Toute action produit dans l'organisme une équivalente réaction, tout choc une résistance, et tout surcroît de fonction un épaississement des parois de l'organe. Le frottement prolongé d'une surface solide contre la surface d'une papille du tact, imprimera à celle-ci une activité insolite et un développement inusité. Les couches de la papille aplaties, et frappées de mort avant l'époque de leur caducité naturelle, resteront appliquées contre les couches sous-jacentes qui épaissiront, faute de pouvoir s'épuiser en fonctionnant ; et, si le frottement s'exerce sur tout un paquet de ces papilles, il en résultera un callus, dont la section transversale offrira tous les caractères d'un cordon nerveux de gros calibre qui aurait été soumis à la dessiccation, tout jusqu'à la présence de la tache centrale rouge, qui est la section de l'un de ces vaisseaux circulatoires qui se glissent dans le centre d'un faisceau nerveux pour en alimenter les esprits vitaux. Un semblable produit du frottement sur ces organes d'une sensibilité proportionnelle à leur volume est la plus grande torture des civilisés, à qui la nature du sol et du climat refuse l'inappréciable avantage d'aller nu-pieds. Que de gens le fléau de la chaussure a condamnés à vivre comme des culs-de-jatte et à ne retrouver le bonheur de ne pas souffrir que dans la solitude ; un simple cor aux pieds est souvent plus efficace que le plus beau traité de morale. Les cors aux pieds viennent spécialement sur la surface dorsale des doigts du pied, sous les deux articulations métatarso-phalangiennes du gros orteil et du petit doigt, et souvent entre les doigts du pied eux-mêmes; mais dans ce dernier cas ce sont plutôt des caroncules que des cors.

MÉDICATION PRÉVENTIVE. Les premiers pédicures, en ce cas, ce sont le cordonnier et le bottier ayant le génie de leur art. Le plus habile n'est pas celui qui fait le pied mignon, et le bas de jambe bien pris, mais celui qui ne vous fait pas souffrir. Une chaussure incommode suffit pour gâter et absorber le cœur et l'esprit de l'homme jusque-là le meilleur et le plus spirituel de la terre. Regardez, dans un salon, ces deux individus : L'un qui paraît ne s'intéresser à rien, qui ne dit mot, qui répond tout le contraire de ce qu'il veut dire ; celui-là a le pied fait au tour ; l'autre qui cause avec esprit, qui a réponse à tout, qui est toujours prêt à la réplique, vrai bout-en-train de la société ; celui-ci a une chaussure de vieux marquis ou de lazzarone, et il n'envie pas celle de son voisin, dont toute la personnalité est plongée et absorbée dans son élégante chaussure. Pas de bonheur sur la terre avec un soulier qui blesse ! Si j'avais à condamner les femmes à l'enfer, Dieu m'en préserve pourtant, je leur donnerais la Chine pour enfer ; elles préféreraient l'enfer catholique. Avant de viser au titre de héros, de savants, d'orateurs ou de poëtes, visez tout d'abord à être bien chaussés. Que je suis heureux que mes malédictions ne soient qu'en fumée ! que de malheureux cordonniers elles auraient dévorés, il y a bien longtemps ; car aujourd'hui ils sont artistes et ils comprennent tous l'hygiène de leur art. Cependant crainte que la marche et l'état de l'atmosphère ne viennent à déranger les rapports réciproques de la chaussure et du pied, il sera bon de passer souvent un peu de pommade camphrée sur toutes les surfaces exposées à quelque frottement et d'en faire autant même sur toute la surface du pied, immédiatement après les avoir lavés et leur avoir fait prendre un bain local (1235), ce que je conseille de renouveler souvent.

MÉDICATION CURATIVE. Après avoir ramolli tous les tissus par un bain local à l'eau sédative (1235), on tâche d'extraire le cor, en le cernant et le détachant sur son pourtour, au moyen de la lame ou même de la pointe des ciseaux, et on l'arrache dès que le cor ne tient plus que par le centre où se trouve sa matrice et son vaisseau nourricier. Cela fait, on applique, sur la surface ainsi dénudée, un linge imbibé d'eau sédative très-forte (1336, 3°) ou même d'ammoniaque pure ; au bout d'une à deux minutes, on applique sur cette place une petite plaque de sparadrap (1440) et à son défaut de cérat camphré (1303), qu'on renouvelle dès qu'elle se détache.

1802. 8ᵉ ESPÈCE. **AISTHALGIE NIGUAGÈNE** (806,1733) ; affection monstrueuse de la papille nerveuse produite par l'incubation de la puce pénétrante des régions intertropicales (pl. 19, fig. 2 et suiv.).

N. B. Nous nous sommes déjà occupés de cette maladie dans le groupe des DERMALGIES (1733), afin de ne pas séparer ce qui concerne les effets de cette espèce de puce de ceux de la puce d'Europe. Mais cette affection rentre plus spécialement dans cette catégorie-ci ; car ce n'est pas précisément le tissu cutané, mais bien la papille nerveuse, que le parasitisme de cet insecte déforme, en y déposant toute sa couvée d'œufs.

2ᵉ sous-catégorie. — ONYXALGIES ;

1803. Affections des rameaux nerveux qui aboutissent à l'extrémité des doigts (du grec : *onyx*, ongle, principale papille nerveuse de cette région).

1804. 1ʳᵉ ESPÈCE. **ONYXALGIE TOXICOGÈNE DÉSORGANISATRICE** (254,1764) ; affection de l'ongle, atteint, dans son organisation intime par l'action d'une substance désorganisatrice.

SYNONYMIE. Coloration artificielle ou décoloration de l'ongle, chute de l'ongle.

EFFETS. L'ongle, étant de la même nature que les poils et la laine, se colore conséquemment par le contact et l'immersion dans les mêmes matières acides ou neutres ; l'acide nitrique le colore en jaune, le nitrate d'argent en noir, la garance en rouge, l'indigo en bleu ; et les teinturiers savent que tout cela est bon teint. Seulement, comme cette coloration n'atteint que les couches externes de l'organe et qui sont chaque jour repoussées au dehors par le développement des plus internes, il est évident qu'à une époque plus ou moins éloignée, l'ongle doit reprendre sa teinte naturelle. Mais il n'en est plus de même, quand l'action désorganisatrice du poison a pénétré jusqu'au centre du bulbe reproducteur de la matrice et de la racine de l'ongle : Cet organe est frappé de mort, comme la tige dans sa racine ; il ne tient que par son adhérence primitive aux chairs sous-jacentes ; mais il finit par être chassé au dehors sous l'influence de la loi du développement indéfini qui remplace les tissus vieillis par des tissus plus jeunes, et les couches épuisées et mortes par des couches pleines de séve et de vitalité. La chute de l'ongle n'est pas instantanée par ce moyen. Si le bulbe n'a pas été complétement désorganisé, il se forme un nouvel ongle, mais qui porte en tout temps l'empreinte d'un organe retardataire, et distancé dans son développement par les organes de ce genre qui n'ont jamais subi de pareils temps d'arrêt.

MÉDICATION. Contre la coloration tinctoriale des ongles, on n'a pas autre chose à faire que de porter des gants, jusqu'à ce que l'ongle ait fait peau nouvelle. Contre la désorganisation intime et qui détermine la chute de l'ongle, on doit faire prendre trois ou quatre fois par jour, au bout du doigt, un bain dans l'eau quadruple (1375), en tenant appliquée sur le doigt une petite plaque galvanique (1420). Au sortir du bain, on enveloppe le doigt de pommade camphrée (1302,2°) que l'on maintient en place par des tours de bande (1407) et un doigtier en vessie (1443) ou en peau quelconque.

1805. 2ᵉ ESPÈCE. ONYXALGIE TOXICOGÈNE PSEUDORGANISATRICE (1769) ; affection qui déforme l'ongle, l'étale en écaille, l'arrondit en griffe, le contourne en arrière ou le fait rentrer dans les chairs.

SYNONYMIE. Ongle déformé, incarné ou rentré dans les chairs ; — en grec : *onyxis*, *pterygion*.

EFFETS. L'action des acides ou alcalis, mais surtout celle des bases toxiques et des sels mercuriels, est cause que les ongles se détachent d'un bloc et par la base, au lieu de n'être caduques que par la superficie ou l'extrémité, ainsi que toutes les autres végétations cornées. En effet l'ongle se développe sur le modèle des poils et des cheveux ; son développement serait indéfini, comme celui du cheveu, si le frottement n'en opérait l'usure ; il en est ainsi du bec et des griffes. Mais si la matrice de l'ongle vient à éprouver une perturbation dans ses fonctions normales, le développement ultérieur de l'ongle subit autant de transformations que l'on peut imaginer de rencontres adultérines entre les spires génératrices de la cellule mère. L'ongle s'épanouit en éventail, se contourne à droite ou à gauche, se recroqueville en arrière ou par devant, pour rentrer dans les chairs et se greffer avec elles en un tissu qui semble tenir en même temps de la chair, de l'os et de la corne, sans qu'on puisse démêler le point où l'un de ces trois tissus commence et où l'autre finit ; et quand ce développement monstrueux se détache tout d'une pièce, à l'époque de sa caducité, la nouvelle production se modèle exactement sur la première et en parcourt toutes les phases, pour arriver au même dénouement.

MÉDICATION. Le plus souvent et le plus longtemps qu'on le pourra, tenir le doigt trempé dans l'eau sédative (1336) même forte, en appliquant sur l'extrémité du doigt une plaque galvanique (1420) ; porter habituellement au doigt affecté un anneau galvanique. Lorsque le nouvel ongle repousse, recouvrir chaque jour de goudron (1486, 3°) ou de sparadrap (1440) la surface sur laquelle il s'implante d'habitude. Et un peu au-dessous, appliquer souvent une petite bande de linge imbibée d'alcool camphré (1288, 2°).

1806.. 3ᵉ ESPÈCE. Onyxalgie traumagène (395, 1703, 1773); altération de l'ongle par la griffe, le tranchant ou le choc d'un corps étranger.

SYNONYMIE. Arrachement, fente, écrasement de l'ongle.

EFFETS. Un ongle ainsi déformé par un instrument se refait de lui-même, à la suite du développement indéfini qui pousse au dehors la portion altérée et la remplace par une nouvelle végétation; il ne reste pas de trace de la blessure, si toutefois le bulbe n'a pas été compris dans ce genre d'altération.

MÉDICATION. Il suffit de panser trois fois par jour, dans les premiers temps, et tous les soirs seulement ensuite, de la manière suivante : on agite le doigt quelques secondes dans l'eau de goudron tiède (1486), on enveloppe le doigt de pommade camphrée (1302, 2°) maintenue en place par des bandes (1407) et une vessie (1413).

1807. 4ᵉ ESPÈCE. Onyxalgie acanthogène (430, 1706, 1783); ou acarigène (626, 636, 639) ou dracontigène (1026); affection de l'extrémité ou région unguéale du doigt, provenant de l'introduction d'une esquille, d'une épine, d'une arête, de la dent du brochet, du parasitisme d'un acare ou du dragonneau.

SYNONYMIE. Panaris, mal d'aventure, tourniole ou tourniotte ; — en latin : *panaritium, pandalitium, reduvia ;* — en grec : *paronychia.* Le latin *panaricium,* et non *panaritium,* est une corruption du grec *paronychia;* et *pandalitium* est à son tour une corruption de *panaricium.* Quant au mot cicéronien de *reduvia,* il a dû servir, dans le principe, à désigner plus spécialement le genre de panaris causé par l'introduction de l'acare TIQUE (*redivius*) (604) sous la racine de l'ongle. Le mot français *tourniole* signifie, au propre, un coup sur les doigts qui produit la plus vive des sensations possible.

EFFETS. Tout corps étranger, s'il se rapproche par sa structure d'une flèche ou d'une lance barbelée d'avant en arrière, telles que sont les arêtes barbues des graminacées (l'oxydation préalable ou consécutive est capable de barbeler de la sorte une pointe d'aiguille), tout corps étranger organisé de la sorte, une fois implanté dans l'épiderme, rampera dans les chairs, poussé en avant par les mouvements musculaires ou les pulsations artérielles, et incapable de rétrograder et de revenir sur ses pas. Par la direction des barbules, il progressera, comme le feraient un acare et le dragonneau lui-même. Lorsqu'un corps semblable s'engage dans l'articulation de la dernière phalange, il finit souvent par la détacher tout entière, en hachant et sciant un à un les ligaments articulaires ; et c'est ce qui arrive assez fréquemment aux cuisinières qui ne se méfient pas, dans leurs préparations culinaires, de la dent du brochet et autres poissons à dents rugueuses.

A chaque déchirure de la plus petite fibre du doigt, correspond une douleur lancinante atroce; car l'extrémité du doigt n'est presque qu'une inextricable expansion de rameaux nerveux, tellement que l'os de la dernière phalange semble être aussi sensible que l'ongle lui-même (*). Or comme ces fétus avancent incessamment, il s'ensuit que le pauvre affligé d'un mal aussi insignifiant en apparence, n'a plus ni repos ni trêve. A la fièvre des lancinations, se joint peu à peu la fièvre de la purulence; car chacun des débris de ces tissus déchirés devient par sa décomposition l'origine d'un clapier purulent (1766) qui, de proche en proche, se change en une fusée purulente, et file sous l'épiderme dans tous les sens que lui trace la direction de la déclivité; or, dès le début de cette décomposition, les douleurs sont si vives, si complexes, si brûlantes que la vie semble un fardeau insupportable au malheureux torturé, surtout s'il a la peau cal-

---

(*) Voyez, sur la structure des extrémités digitales et sur le panaris, *Revue complémentaire des sciences,* tom. Iᵉʳ, août 1854, pag. 4 et 329 ; tom. II, août 1855, pag. 10.

!euse et l'épiderme épais, ce qui fait que le pus, ne pouvant distendre et soulever un épiderme si coriace, il exerce toute sa pression sur les chairs qui sont, en cette place, douées d'une très-vive sensibilité ; dans ce cas on ne saurait plus prévoir jusqu'où le mal porterait la gravité de ses ravages, s'il était abandonné à lui-même ou pansé par l'ancienne méthode des cataplasmes à la mie de pain et au lait.

OPÉRATION. Dès que l'on s'aperçoit qu'une épine, arête ou bout d'aiguille s'est implanté dans le doigt, il faut sur-le-champ chercher à l'extraire, fût-ce au prix d'une vive souffrance, qui du reste ne dure qu'un instant ; on s'épargnera ainsi une bien longue et affligeante suite de tortures, dont le plus imperceptible fétu peut souvent devenir la cause. Avec la pointe d'une aiguille, on fend l'épiderme sous lequel a pénétré déjà le corps étranger ; à l'aide d'une pince, on tâche de le saisir et de l'extraire. En ce cas la sensiblerie ne mérite aucune merci ; laissez crier et achevez votre œuvre, dussiez-vous porter la barbarie jusqu'à faire surgir quelques gouttes de sang. Mais si le corps étranger a déjà pénétré dans les chairs et manifesté ses ravages, le bistouri est trop aveugle pour pouvoir l'y retrouver ; c'est la médication qui doit se charger d'enrayer et de réparer les ravages et de ménager à la cause un moyen de s'échapper de ces tissus. La médication varie selon qu'on a affaire à des peaux délicates ou à des épidermes calleux :

1° MÉDICATION ET PANSEMENT DES PANARIS POUR LES PEAUX DÉLICATES. Dès que la douleur se fait sentir ou que le malade se présente à la médication nouvelle, on fait tremper le doigt dans un petit flacon contenant de l'alcool camphré (1287), ou bien on enveloppe l'extrémité du doigt de linges imbibés d'alcool camphré (1288, 2°) que l'on maintient en permanence au moyen d'un surtout en mousseline empesée (1416) ; on a soin de tenir le doigt dans une position inclinée. A part des cas exceptionnels infiniment rares, la douleur cesse instantanément et l'épiderme ne tarde pas à blanchir et à devenir transparent. Dès que cela arrive, on fend la peau qui paraît morte avec la pointe d'un canif ou même d'une simple aiguille ; le pus s'en échappe et toute douleur cesse aussitôt ; on vide la poche au moyen d'un bain tiède d'eau de goudron augmentée de quelques gouttes d'alcool camphré (1287) ; et on panse la petite plaie avec des plumasseaux de charpie enduits de pommade camphrée, que l'on maintient au moyen d'un doigtier en peau ou en vessie ; on renouvelle ce pansement soir et matin ; la guérison s'opère alors sans que le malade éprouve la moindre douleur. En effet l'action coagulatrice de l'alcool arrête dans sa marche corrosive le corps étranger inanimé ou tue du coup l'insecte cause de tant de tortures ; le camphre paralyse, par son action antiseptique, toute tendance du pus à la décomposition ; et une fois le pus échappé au dehors et la vésicule vidée, toute occasion de douleur est disparue avec la cause occasionnelle et ses effets. La règle générale est que le bout du doigt reprend sa forme et sa force première en faisant peau nouvelle, et que l'ongle même se reforme après sa chute.

2° MÉDICATION ET PANSEMENT DU PANARIS POUR LES PEAUX CALLEUSES. La peau des manouvriers acquiert une épaisseur souvent d'un millimètre ; la substance d'un tel épiderme est de nature cornée et acquiert la consistance de l'écaille. L'action corrosive du pus se reporte alors sur les chairs, faute de pouvoir attaquer l'enveloppe ; l'action de l'alcool ne ferait que doubler encore la compacité de l'épiderme. Dans ce cas la matière purulente, au lieu de se faire jour au dehors, file sous la peau en fusées brûlantes, qui compromettent tous les tissus et occasionnent des douleurs atroces, par les organes qu'elles dédoublent, autant que par ceux que ronge et désorganise la matière purulente. Dans ce cas on tient le doigt plongé dans l'eau sédative très-forte

(1336,3°), que l'on renouvelle de temps à autre ; ou bien l'on enveloppe le doigt d'une compresse imbibée de cette eau, que l'on maintient en place au moyen d'un doigtier en vessie de porc (1413). L'eau sédative, en ramollissant l'épiderme, ménage, de ce côté, une issue et au pus et au corps étranger qui en occasionne la formation. Si le pus tardait d'aboutir, on pratiquerait, avec le bistouri ou la lame d'un simple canif, une entaille assez profonde, au-dessus de la région qui paraît être le siége de la cause du mal; l'épiderme ainsi fendu ne tarderait pas à ouvrir passage au pus, dans le cas où le tranchant de l'instrument n'en aurait pas atteint le clapier ; et l'on procéderait alors au nettoyage et au pansement de la plaie, comme nous l'avons décrit ci-dessus à l'égard des peaux délicates.

3° **MÉDICATION POUR LES PANARIS EN VOIE DE SUPPURATION ET LORSQUE LES CHAIRS SONT DÉNUDÉES.** La nouvelle médication n'est souvent invoquée que lorsque l'ancienne a mis sans résultat les chairs à nu, et a labouré tous les tissus de fusées purulentes. Dans ce cas on fait prendre trois fois par jour à la main un bain à l'eau de goudron tiède (1486,2°) ou mieux à l'eau quadruple (1375), mais sans addition d'eau sédative, et au contraire avec une addition d'une demi-cuiller à café (1484) d'alcool camphré (1287) par litre d'eau. Au sortir du bain on recouvre toutes les portions dénudées de coussinets de charpie enduits de pommade camphrée (1302,2°), que l'on maintient en place avec les moyens appropriés (1406) jusqu'au prochain pansement.

N. B. A l'aide de ces simples pansements, le corps étranger arrête ses ravages, les poches de pus se vident, les chairs blafardes s'améliorent et se reforment ; l'intumescence se réduit, le doigt reprend sa forme et se recouvre d'un épiderme normal, sans que plus tard il porte la moindre trace de cicatrice ; un nouvel ongle succède à la chute du premier. Cependant il est des cas rares ou, à la suite d'un panaris négligé, le malade perd la dernière phalange ; car il est des causes de désorganisation qui agissent sur les ligaments avec plus de puissance que d'autres, ou bien qui y ont mis plus de temps; mais, dans ces cas exceptionnels, on préserve du moins le doigt de plus profonds ravages. On remarque que, même après la chute de la dernière phalange et par conséquent de l'ongle, il se forme un nouvel ongle implanté sur un os de nouvelle formation, mais qui ne s'articule pas comme le premier. Tulpius a vu de son temps l'ongle repousser sur l'extrémité de la deuxième et de la première phalange, après l'ablation de l'une ou des deux dernières (*) ; chaque phalange survivante avait ainsi son bout de doigt.

3ᵉ sous-catégorie : *TRICHALGIES.*

Affections des papilles nerveuses qui se changent en bulbes de poils et de cheveux (du grec : *thrix, trichos,* cheveu).

1808. 1ʳᵉ ESPÈCE. TRICHALGIE TOXICOGÈNE DÉSORGANISATRICE ; affection toxique qui frappe le bulbe du poil ou du cheveu et occasionne la chute ou l'avortement de l'une ou l'autre de ces pilosités.

SYNONYMIE : Calvitie, chauveté, alopécie, chute ou absence de cheveux ; — en latin, *Calvities, calvitium, calvitas, alopecœa,* — (en grec : *alopecia,* d'*alopex,* renard, parce qu'on prétend que cette affection est commune chez les renards).

EFFETS. Cette affection du cuir chevelu est congéniale ou accidentelle; mais elle est presque toujours causée soit par l'action héréditaire ou industrielle ou médicale du mercure, de ses oxydes ou de ses sels, soit tout aussi souvent par l'arsenic et par l'ingestion du seigle ergoté (340, 1772). J'ai connu une jeune personne de vingt ans, belle et forte

_____

(*) *Observ. mad.,* 1672, lib. 4, obs. 56.

jeune fille, dont la tête entièrement chauve ne portait pas la moindre trace d'un poil ; elle était née avec cette infirmité, mais d'une mère bossue et d'un père cagneux (dégénérescence d'aïeux fortement mercurialisés) ; elle dissimulait son infirmité par une perruque élégamment façonnée. Rien n'est plus fréquent que de rencontrer des jeunes gens chauves comme des vieillards ; ils avaient une belle chevelure avant d'avoir passé par les remèdes mercuriels ; et, dès le début de cette médication intoxicante, les cheveux leur sont tombés par poignées, sourcils, cils et barbe compris, etc. Le mercure, en effet, a une affinité prononcée pour les organes d'origine nerveuse ; et la direction périphérique de la transpiration le porte de préférence vers les papilles pilifères qu'il désorganise de plus d'une façon.

MÉDICATION. Le meilleur régénérateur du cuir chevelu, c'est encore, à l'instant où j'écris ces lignes, l'emploi soir et matin de l'eau sédative en ablutions (1347,3°) alternant avec une onction à la pommade camphrée (1302,1°) pendant deux ou trois minutes ; on se nettoie ensuite la peau avec de l'eau de toilette (1717) ou de l'eau-de-vie camphrée (1287). On a recours, en même temps, pour l'intérieur, à toute la médication antimercurielle que nous décrirons spécialement aux ENTÉRALGIES HYDRARGÈNES. A la faveur de cette médication, les vieux cheveux tombent successivement, il est vrai ; mais ils sont remplacés par des poils plus tenaces, en même temps que l'on voit un jeune duvet pulluler sur toutes les surfaces dénudées. Il faut que l'action du mercure ait pénétré bien avant dans les divers rameaux du système nerveux, pour que, de cette médication, on ne retire pas les plus grands avantages, un peu plus tôt un peu plus tard, c'est-à-dire à l'époque où les papilles stériles auront fait place aux extrémités papillaires qui doivent leur succéder, en les repoussant au dehors, comme les bourgeons succèdent aux feuilles d'automne. Nous avons sous les yeux l'exemple de jeunes personnes à qui l'épidémie d'ergotisme, par l'usage de pain de seigle ergoté (340), avait dénudé en grande partie le cuir chevelu et, qui, grâce à cette médication, ont récupéré leur première chevelure.

1809. 2ᵉ ESPÈCE. TRICHALGIE TOXICOGÈNE DÉCOLORANTE ; affection toxique qui décolore et blanchit les cheveux. (Du grec : *thrix*, cheveu, et *leucos*, blanc.)

SYNONYMIE. Canitie, blanchissure des cheveux (*dict. de Moret*, 1558) ; — en latin : *canities, canitudo;* — en grec : *poliotès.*

EFFETS. Lorsque l'action du mercure ne frappe pas de mort le bulbe du cheveu, elle ne laisse pas que d'intercepter les canaux par lesquels cet organe absorbait la matière colorante des poils, leur *caméléon animal* enfin. Le poil continue à végéter, mais comme une plante étiolée par l'absence de l'un des quatre éléments de la coloration (*).

(*) On a donné le nom de *caméléon minéral* à une combinaison de manganèse et de potasse qui, sous l'influence progressive des rayons lumineux, passe du blanc au vert par toutes les nuances intermédiaires du spectre solaire. Dans le *Nouveau système de chimie organique,* nous avons fait remarquer que la combinaison du fer avec la potasse joue le même rôle, sous l'influence de la lumière tamisée par l'épiderme des végétaux et des animaux, ce qui fait que les tissus étiolés et blancs, tant qu'ils restent plongés dans l'ombre, se colorent peu à peu en vert et autres dégradations du vert, une fois qu'ils demeurent exposés à la lumière du jour ; nous avons en conséquence donné le nom de *caméléon végétal* ou *animal* à cette matière si diversement colorable. On peut considérer cette matière colorante, comme une combinaison intime d'une huile essentielle, de fer, de potasse et d'atomes lumineux, ce qui autoriserait à la désigner en chimie sous le nom de combinaison *oleo-photo-ferro-potassique*. On comprend alors que la coloration puisse faire défaut, par l'absence de l'un ou l'autre des quatre de ces principes, en l'absence, par exemple, de la lumière (*phôs, phôtos*). Qui sait si, un jour, l'art de la photographie ne tirera pas parti de cette idée, en faisant entrer dans ses procédés l'emploi du manganate

MÉDICATION. Régime interne antimercuriel (1686) et même médication externe que pour la chauveté (1808). Les cheveux blancs passent à la longue par le jaune et par le blond d'abord un peu sale, et j'en ai vu reprendre une couleur châtain bien capable de consoler de la perte de la coloration la plus noire. En outre, l'eau sédative (appliquée comme ci-dessus) finit par faire naître sur les papilles de nouvelle apparition de nouveaux poils, qui cette fois, émanant d'une matrice normale et vierge de toute altération, revêtent la coloration et rappellent la force des premiers cheveux.

1810. 3ᵉ ESPÈCE. TRICHALGIE ACARIGÈNE, PHTHEIRIGÈNE OU HELMINTHOGÈNE. (861, 886, 889, 1039); désorganisation du bulbe du cheveu par le parasitisme sous-cutané d'un acare, d'un pou ou de la filaire (1737 et suiv.).

SYNONYMIE. Gourme, chute des cheveux, maladie pédiculaire du crâne chevelu; calvitie, chauveté (1808), plique polonaise (1737).

EFFETS. Il est certains parasites qui s'attaquent spécialement au bulbe des poils et des cheveux et dont la succion produit la chute des cheveux (*calvitie*) ou leur pullulation d'une manière anomale (*plique polonaise*). De là vient que les anciens avaient donné aux poux le nom de *trichobores* (rongeurs de cheveux) (889).

MÉDICATION. De fréquentes lotions à l'eau de goudron (1486,2ᵉ) aiguisée de quelques gouttes d'alcool camphré (1287) et l'emploi d'une calotte enduite de pommade camphrée (1297) suffisent, dans le plus grand nombre de cas, pour débarrasser le patient d'un mal qui n'a pas d'autre cause. On n'en était pas quitte à si bon marché, alors que la médecine à entités venait ajouter son parasitisme intoxicant au parasitisme de la cause animée qu'elle ne soupçonnait pas.

4ᵉ Sous-catégorie : *APSALGIES.*

1811. Affections spéciales aux surfaces palmaire et plantaire, qui sont pavées des véritables organes du toucher et de l'appréhension (du grec : *apsis,* sens du toucher).

N.B. Nous avons démontré, dans le *Nouveau système de chimie organique* (tom. 2, pag. 272, édit. de 1838), que les prétendus pores de la sueur, qui guillochent d'un pointillé si régulier les surfaces palmaire et plantaire, sont tout autant de cupules d'appréhension qui servent à saisir les corps, en s'appliquant sur les surfaces, chacune en manière de ventouse. Différemment organisées, ces extrémités papillaires des nerfs doivent être affectées d'une tout autre manière que les autres espèces de papilles, par certaines causes de maladie. Tout ce que nous avons dit des DERMALGIES et des AISTHALGIES peut s'appliquer aux APSALGIES ou affections des surfaces palmaire et plantaire; il est cependant une de ces affections qui semble particulière à ces surfaces et à laquelle nous allons consacrer un article particulier.

1812. ESPÈCE UNIQUE. APSALGIE HYDRARGÈNE (369,1677); affection des surfaces palmaire ou plantaire, quand le mercure ou ses combinaisons se fixent en ces régions d'une manière exclusive.

SYNONYMIE. J'ai décrit tout au long cette maladie dans la *Revue complémentaire des sciences* (liv. d'octobre 1855, tom. II, pag. 69). Je ne pense pas qu'elle se soit présentée à moi pour la première fois; elle a dû, en quelques circonstances, être confondue avec les *pemphigus* de l'ancienne nosographie; elle est spéciale aux personnes qui ont l'habitude de manier certains sels mercuriels, tels que le fulminate d'argent des capsules fulminantes, ou qui ont été traitées à l'intérieur par certaines compositions mercurielles.

EFFETS. Sur toute la surface d'appréhension (palmaire ou plantaire), on voit l'épiderme se soulever circulairement et par petites plaques, qui se changent en vésicules

ou du ferrate de potasse pétri avec une huile essentielle, et en dardant ensuite sur les plans à colorer divers rayons du spectre solaire?

lenticulaires, lesquelles se remplissent d'une sérosité limpide ; sous l'expansion de ce liquide, elles finissent par crever ; après celles-là, et sur chaque point, il s'en forme d'autres de même aspect, de même diamètre et de même terminaison. On dirait que chacune de ces vésicules lenticulaires n'est que l'épiderme du fond de chaque cupule d'appréhension qui serait soulevé par la goutte de sueur, laquelle ordinairement, et dans son état normal, s'en échappe librement et sans obstacle, tandis que, dans le cas qui nous occupe, l'épiderme tanné, pour ainsi dire, de mercure, a cessé d'être apte à tamiser la sueur. La paume de la main et la plante des pieds, par suite de ce travail intoxicant, se dépouillent de leur guillochage caractéristique de petits points et prennent un peu l'aspect et la sensibilité de l'épiderme de la surface dorsale. C'est une affection tenace ; car la puissance d'aspiration de toutes ces surfaces d'appréhension a fait pénétrer très-avant la cause mercurielle de tous ces ravages.

MÉDICATION. Trois ou quatre fois par jour, on applique une large plaque galvanique (1419) sur la surface palmaire ou plantaire ; au bout d'un quart d'heure on y applique un linge fortement imbibé d'alcool camphré (1288,2°) pendant une à deux minutes; on enferme ensuite les mains ou les pieds enveloppés avec des bandes enduites de pommade camphrée (1302,2°) dans une vessie de porc (1413) ou dans un gant ordinaire. Soir et matin, bain local (1235) et, aussi souvent que l'on pourra, bain vivant (1219) ou ses succédanés. Soir et matin, camphre (1266) avec salsepareille (1504) iodurée (1505) de temps à autre; eau zinguée (1370) pour tous les soins de propreté. Chiques galvaniques (1424), et traitement interne antimercuriel (1686).

2ᵉ CATÉGORIE.

1813. NEVROCHORDALGIES ou, par abréviation, CHORDALGIES : affection, dont le siége ou la cause est spécialement dans les cordons ou embranchements nerveux (du grec, *khorda*, corde ou cordon).

1814. DÉFINITION. 1° Les papilles nerveuses qui constituent, sur la surface du corps et des organes internes, les agents immédiats, les organes microscopiques du tact et de la sensibilité, ces papilles, avons-nous dit, sont les bourgeons extrêmes de tout autant de petits rameaux nerveux, lesquels vont se rattacher à un rameau commun, d'où ils émanent comme les rayons d'une ombelle de plante, et chaque rameau va se rattacher à un autre rameau d'où émanent les rameaux ombellifères les plus proches ; et de cette manière, comme on l'observe sur la ramescence des arbres, on peut redescendre des papilles jusqu'à la souche de toutes ces ramifications, qui est l'organe cérébro-spinal, en passant d'une branche à l'embranchement qui émane en ombelle d'une branche plus inférieure, ou remonter de la souche aux ramescences et, de ramescences en ramescences, aux papilles terminaisons superficielles en nombre infini. Il est évident que, si l'une quelconque de ces tiges secondaires vient à souffrir, toute la ramescence qui en émane se ressentira de la souffrance. Si cette branche cesse d'être en communication avec la souche qui la supporte, et cela, soit par une altération complète de sa substance, soit par une violente séparation, il est évident que toute la ramescence qui émane de la branche séparée sera frappée d'apoplexie et de mort ; cette apoplexie partielle se traduira par la paralysie de la région que cette ramescence animait, par la paralysie d'un muscle ou d'un autre organe qui en est la terminaison. La paralysie générale ne diffère de cette paralysie partielle que parce que l'interruption de la vitalité névrogène a eu lieu alors à la base du tronc ou dans la substance même des deux grands cotylédons cérébraux.

2° La ramescence nerveuse ne se termine pas seulement par les papilles superficielles, dont tous les organes grands ou petits, composés ou en apparence simples, sont pavés. Mais il n'est pas, dans le corps de l'individu, un seul organe cellulaire, un seul des développements indéfinis de la cellule organisée, qui ne soit le développement même d'une papille ou bourgeon terminal d'un rameau nerveux, d'une cellule nerveuse enfin. Il est facile de s'en assurer quand on se livre à cette étude sur l'individu à l'etat d'embryon ; il est impossible, à cette époque, d'établir la plus légère différence, entre les cellules osseuses ou musculaires et les cellules nerveuses, toutes cellules en fuseaux et laissant lire, à travers leurs parois, les mêmes tours de spires génératrices, et émanant, par embranchement et comme par dichotomies, les plus jeunes et plus petites des plus anciennes et plus grandes; plus tard on voit ces cellules se changer, l'une en organe osseux, l'autre en organe musculaire, les unes et les autres comme implantées au bout de la cellule qui s'allonge en cordon nerveux.

3° Il ne faut pas confondre avec les organes cellulaires, glandes, os, muscles et organes des sens, les régions organisées, dont les cavités sont le siége de fonctions également essentielles à la vie, mais qui ne se sont formées que par dédoublement de parois, tels que le réseau des deux circulations sanguine et aérienne ou lymphatique, le tube intestinal, les voies respiratoires, l'appareil urinaire et les cavités accessoires du double appareil générateur, etc. Ces appareils sont des organes, non *cellulaires,* mais *interstitiels,* formés par le simple mécanisme des dédoublements ; mais leurs parois sont pavées de cellules nerveuses, organes de tact et de sensibilité, ainsi que de cellules musculaires, transformations extrêmes des rameaux nerveux, et qui, sous l'influence de l'excitation nerveuse, se dilatent et se contractent comme les grands muscles, pour contribuer à l'élaboration spéciale de chacun de ces organes creux, de ces cucurbites vitales, engendrées par le dédoublement des parois des cellules contiguës.

4° Mais le corps des vertébrés a été organisé sur le type bi-binaire = quatre compartiments principaux, deux dépendants de l'encéphale quaternaire et deux dépendants de l'encéphale avorté dans l'extrémité du coccyx. Notre corps est divisé en deux grandes individualités opposées par une ligne de séparation qui est le diaphragme ; et chacune de ces individualités, inégales seulement par l'arrêt de développement de l'une, est divisée en deux régions opposées, qui sont les régions latérales ou les côtés du corps. Les embranchements nerveux qui partent respectivement des deux souches nourricières sont donc tous par paires, dont l'une va animer l'organe de gauche et l'autre l'organe similaire et parallèle de droite, chacun de ces deux rameaux se subdivisant par dichotomies indéfinies jusqu'à la surface qui en est la limite.

5° Tout organe cellulaire est immédiatement frappé de mort, si le rameau nerveux dont il émane cesse d'être en communication physiologique avec la souche. Il n'en est pas de même des organes interstitiels ; car ceux-là n'émanent pas, à proprement parler, d'un rameau, mais des expansions indéfinies des deux tiges nerveuses, l'une qui anime le côté gauche et l'autre le côté droit; la perte ou l'altération de l'un ou l'autre des embranchements nerveux, qui en pavent les parois de leurs papilles ou de cellules musculaires, n'entraîne qu'une cessation partielle et proportionnelle des fonctions de l'organe interstitiel. La fonction ne sera donc pas paralysée, mais troublée ou amoindrie, suspendue ou saccadée, capricieuse ou intermittente, paresseuse ou agacée. Elle serait asphyxiée et frappée de paralysie complète, si l'altération ou l'arrêt de communication avait lieu à la fois sur les deux souches des embranchements qui contribuent à former la double paroi sensible et agissante de l'organe interstitiel.

6° En conséquence, il sera logique d'introduire dans la nouvelle classification un nouvel ordre de causes morbipares, causes qui ne sont telles qu'après avoir été elles-mêmes effets de l'une des causes que nous avons déjà énumérées : nous désignerons cet ordre de causes sous le nom de CHORDAGÉNOSES et leurs effets sous celui de CHORDAGÈNES ; par exemple, MYALGIE CHORDAGÈNE désignera une affection musculaire causée par l'altération partielle ou la suppression de l'action nerveuse du cordon dont ce muscle est une émanation organisée. Nous pourrons donc considérer les affections des troncs nerveux autant comme causes que comme effets ; non pas que les troncs nerveux éprouvent de la souffrance, mais parce qu'ils la transmettent ou l'interceptent ; car les cordons ne sont pas des organes, c'est-à-dire des papilles interprètes et laboratoires de la sensibilité ; ce sont des véhicules, des conducteurs d'électricité vitale ; ils transmettent le bien-être ou la souffrance, mais ne l'éprouvent pas. Les *chordalgies* sont les affections morbides des cordons nerveux ; les *chordagénoses* sont les affections morbides émanées de celles des cordons nerveux.

1° CHORDALGIES ou affections spéciales des cordons nerveux (1754).

1815. 1er GENRE. CHORDALGIES ASPHYXIGÈNES (53, 1655, 1748, 1793); AFFECTIONS DES CORDONS NERVEUX PAR SUITE DE LA PRIVATION D'AIR ATMOSPHÉRIQUE.

EFFETS. Si les papilles nerveuses cessent d'être en communication avec l'air extérieur, il est évident que le rameau qui supporte cette ombelle d'organes, cessant d'être alimenté d'air, sans lequel point de vitalité possible, il cessera dès ce moment d'être aussi bon conducteur d'influx nerveux qu'auparavant ; de cet état de privation il résultera un malaise, un trouble dans les fonctions des autres embranchements qui émanent de la même souche. C'est ce dont on peut évaluer la justesse, quand il s'agit d'organes éminemment respiratoires, tels que les organes pulmonaires et les organes génitaux, surtout de la matrice et ses dépendances, ce poumon de la région du bassin. Que la plus petite portion des surfaces de ces sortes d'organes vienne à cesser de fonctionner, pour avoir perdu son aptitude à élaborer l'air atmosphérique, et toutes les surfaces voisines sembleront de ce seul coup diminuer d'activité ; on dirait alors que ces souffrances, par communication indirecte, sont des souffrances par une sympathie occulte, et que les surfaces saines souffrent de voir ainsi souffrir les organes voisins. Par la raison des contraires, un surcroît d'activité dans une ombellule de papilles nerveuses occasionne une surexcitation sur les ombellules des embranchements voisins.

MÉDICATION. Nous traiterons ce point de vue, en nous occupant des affections des organes de respiration proprement dite ; PNEUMALGIES, MÉTRALGIES, etc.

1816. 2e GENRE. CHORDALGIES ATROPHOGÈNES (150, 1658, 1754), AFFECTIONS D'UN CORDON NERVEUX LESQUELLES ONT FAIT AVORTER L'ORGANE QUI ÉMANE DE CE NERF.

SYNONYMIE. Atrophie d'un organe ; émaciation ; avortement d'un organe ;—en latin : *atrophia* ; — en grec : *atrophia* (de α *privatif* et *trophè*, nutrition).

EFFETS. Cette affection est congéniale ou accidentelle ; avortement embryonnaire de la cellule microscopique qui devait être la matrice de l'organe, par suite d'un arrêt de développement survenu dans le cordon ou tige, dont la cellule était le bourgeon terminal ; ou bien amaigrissement progressif de l'organe adulte, faute d'être animé de viralité par le cordon nerveux dont il était une expansion et comme une filiation.

MÉDICATION. Si l'affection atrophique est congéniale, elle est incurable ; c'est un estropiement qui ne peut être réparé que par la mécanique ; nous avons décrit ce mécanisme pour les atrophies musculaires (p. 259); nous indiquerons les autres en nous occupant de la charpente osseuse.

Si, au contraire, l'atrophie est le résultat d'un état accidentel du cordon nerveux, on a l'espoir de rappeler la vitalité dans l'organe atrophié et de lui rendre son activité première, en cherchant et à rétablir la circulation du fluide nerveux par les mêmes moyens qui nous servent si puissamment à rétablir la circulation soit sanguine, soit lymphatique, et à favoriser le développement d'un embranchement nerveux voisin dans la région privée de la vitalité de l'embranchement qui lui était propre : le régime hygiénique (1644), les bains sédatifs (1209) suffisamment continués, les lotions fréquentes à l'eau sédative (1345, 1°) sur la région atrophiée, ou les applications, trois fois par jour, de cataplasmes aloétiques (1321) arrosés largement d'eau sédative.

N. B. Le développement de la ramescence nerveuse étant indéfini, la perte d'un rameau doit être tôt ou tard réparée par le développement du rameau le plus proche, et la région atrophiée ramenée ainsi peu à peu à sa première vitalité. L'action de l'eau sédative favorise le travail de réparation intestine, en ouvrant de nouveaux débouchés à la circulation soit sanguine, soit lymphatique, et en facilitant les dédoublements cellulaires par lesquels doivent se glisser les rameaux nerveux de nouvelle formation. Ne perdez donc jamais l'espoir de rendre à un muscle sa contractilité, à une surface quelconque sa sensibilité, à un organe son ancienne activité, au moyen de l'emploi suffisamment continué de l'eau sédative (1345).

1817. 3ᵉ GENRE. CHORDALGIES TOXICOGÈNES (254, 315, 1669, 1764, 1804); AFFECTIONS DES CORDONS OU RAMEAUX NERVEUX, PAR L'ACTION DES POISONS QUI ONT UNE AFFINITÉ SPÉCIALE POUR LA PULPE NERVEUSE (316).

DÉFINITION. La pulpe nerveuse a une affinité prononcée pour certaines substances métalliques ou organiques. De ces sortes de substances toxiques, la circulation, soit lymphatique, soit circulatoire, peut être le véhicule; mais c'est dans la pulpe nerveuse qu'elles se fixent de préférence, avec laquelle elles s'amalgament et dont elles semblent éteindre ou transformer entièrement les fonctions, selon leur nature ou la dose. L'absorption seule leur suffit pour arriver à ce résultat, qu'ils soient ingérés ou appliqués sur une muqueuse ou sur le derme dénudé. Il arrive à cet amalgame intoxicant ce qui arrive à toutes les combinaisons, c'est que l'élément qui domine dans la combinaison finit par annihiler les propriétés de l'autre : Une telle quantité de poison absorbé éteint à tout jamais l'activité et la vitalité nerveuses; une quantité moindre ne semble l'éteindre que par intermittence, et par des alternances où chacun des deux éléments reprend et perd tour à tour sa prépondérance, ce qui produit des saccades, des coups de tangage et des mouvements convulsifs plus ou moins violents, depuis le simple tremblement jusqu'aux crises atroces de l'épilepsie et aux contorsions des possédés du démon. Si, dans un sujet qui tient si intimement au phénomène mystérieux de l'influence vitale, on peut se permettre une simple tentative de se peindre aux yeux le mécanisme de ces intoxications, nous nous représenterons la théorie de ces mouvements alternatifs de contraction et de relâchement musculaire sans antagonisme, qui résultent de semblables intoxications, de la manière suivante : la surexcitation correspondra à l'instant où a lieu la combinaison intime de la molécule toxique avec la molécule nerveuse; l'impuissance, c'est-à-dire le silence de la fonction correspondra à l'instant où la combinaison aura cessé de se produire et où, pour ainsi dire, le combat finit faute de combattants. Une nouvelle combinaison occasionnera une nouvelle crise et sera suivie d'une nouvelle intermittence, et cela jusqu'à ce que l'un ou l'autre des principes de la combinaison soit épuisé. Si le principe intoxicant l'emporte par sa dose sur le principe nerveux, c'est la mort de l'embranchement et la paralysie de ses dépendances; si c'est le contraire, c'est la guérison, au moins pour un temps, et jusqu'à ce qu'une circonstance quelconque sépare encore ce que l'affinité avait combiné; dès ce moment le principe intoxicant reprendra ses nouvelles influences convulsives. Or, il est des circonstances de la vie ou bien des influences atmosphériques et climatériques, qui semblent plus spécialement déterminer ces sortes de décompositions, occasions de nouvelles crises par combinaisons. Le mercure est celui de tous les poisons minéraux qui manifeste la plus violente et plus durable affinité pour la pulpe nerveuse : Or, s'il est un fait d'observation que ma longue pratique ait mis hors de doute à mes yeux, c'est que les mercurialisés n'éprouvent jamais de crises plus violentes que par les lunestices (98, 7°), ou bien quand, à l'époque des conjugaisons et des syzygies, la colonne atmosphérique s'allongeant et se raccourcissant par saccades brusques et fréquentes, elle fait l'office d'une pompe foulante et aspirante qui s'aboucherait, en fonctionnant, avec le tronc nerveux mercurialisé ; la décomposition et la combinaison se reproduit alors par l'action alternative du vide et du plein. J'en ai vu de ces pauvres mercurialisés qui pressentaient à leurs nerfs l'approche d'un nuage, surtout d'un nuage de neige ou de pluie, c'est-à-dire d'un nuage qui descend plus vite dans les régions inférieures de l'atmosphère et y fond plus rapidement. Les affligés de ces terribles accidents périodiques mettent avec résignation leurs tortures sur le compte de la *goutte*, goutte impatientante quand la cause du mal n'a son siége que sur un rameau nerveux de dernier ordre, mais d'autant plus horrible supplice que le poison est parvenu à s'infiltrer dans un plus grand nombre d'embranchements nerveux.

N. B. Nous nous occuperons spécialement des caractères, des symptômes, du mode d'agir de ces différents empoisonnements nerveux, dans les ENTÉRALGIES et en parlant des empoisonnements opérés par le véhicule de la digestion ; nous nous épargnerons ainsi des redites et des doubles emplois qui sont les fâcheux inconvénients des classifications systématiques.

MÉDICATION CONTRE LES CHORDALGIES HYDRARGÈNES (369, 1684, 1765 *bis*). Lorsque le mercure s'est localisé dans un simple embranchement nerveux, c'est par les bains zingués (1235), par l'emploi local constant, ou au moins pendant les crises, de plaques, colliers, bracelets, etc., galvaniques (1449 et suiv.), et enfin par l'application du sang et des peaux d'animaux vivants (1249), qu'on arrivera à soutirer le venin minéral et à restaurer l'intégrité nerveuse ; à l'intérieur régime antimercuriel (1686).

1818. 4° GENRE. CHORDALGIES TRAUMAGÈNES (395, 1703, 1773) ; affections par suite de l'altération mécanique, l'étranglement et la solution de continuité partielle ou générale d'un cordon ou embranchement nerveux.

SYNONYMIE. Lésion ou section d'un cordon nerveux.

EFFETS. Nous confondons, dans les causes de cet accident morbide, l'action de la compression et de l'étranglement qui intercepte les communications, celle de l'instrument tranchant qui les coupe (395), celle de la reptation des épines barbelées qui scient le nerf comme une lame d'acier (434), celle des acides ou bases désorganisatrices qui opèrent une solution de continuité par la décomposition et la désorganisation de la fibre (342), celle de l'incubation ou du parasitisme des insectes, dont la présence altère et dont la dent, si petite qu'elle soit, scie les fibres les plus solides du corps humain, mieux que ne ferait un instrument tranchant (933). La section ou altération du cordon nerveux, par ces sortes d'actions mécaniques ou chimiques, est ou générale ou partielle : si elle intéresse tous les faisceaux nerveux dont se compose le cordon nerveux, tous les organes qui en sont une émanation sont frappés, sinon de mort, du moins d'inaction et de paralysie ; ils gardent leur sensibilité, par les expansions papillaires qui leur viennent de tout autre embranchement intègre ; mais leurs fonctions ne dépassent pas cette participation à l'existence ; elles cessent d'apporter leur contingent à l'élaboration générale; l'organe ainsi isolé du *microcosme* humain devient inutile et même à charge à l'ensemble du système. Si la section ou l'altération n'intéresse et ne comprend qu'une portion des faisceaux nerveux dont se compose le cordon ou rameau principal, on peut espérer que la partie supprimée se réparera, par le développement des bourgeons inférieurs à la section, et par le même mécanisme avec lequel la ramescence végétale répare les pertes que la taille ou la tempête lui a fait subir. L'emploi de l'eau sédative (1345,1°) est le moyen le plus efficace connu pour favoriser ce développement réparateur.

Mais quand la solution de continuité a isolé les cordons nerveux les uns des autres par la section du membre dont ils animaient la vitalité, par exemple, après l'amputation du bras ou de la jambe, il survient alors, à la portion de membre que la section a épargnée, une double aptitude nouvelle à percevoir la souffrance, sous l'influence, l'une d'un souvenir qui se transforme en illusion, et l'autre des perturbations atmosphériques de l'électricité des nuages dont les cordons amputés semblent avoir cessé d'être conducteurs impassibles, pour en devenir les souffre-douleurs et les obstacles, et, pour ainsi dire, les papilles de la souffrance et non du tact. L'amputé continue à avoir la conscience de l'existence, de la forme et des mouvements, des souffrances de la plus minime partie du membre que lui a enlevé l'amputation; il se plaint de souffrir dans tel ou tel de ses organes dont il n'existe plus un atome depuis longtemps, d'avoir mal au pied, à tel doigt du pied, à la main, à tel doigt de la main; il croit les appuyer sur un objet réel, prendre et saisir telle ou telle chose; et ces souffrances coïncident avec les changements de temps ou de saisons, avec l'approche de la neige, de l'orage et du mauvais temps. J'ai vu en ces sortes de cas des amputés en proie à des angoisses atroces; pendant toute une nuit, et presque à chaque seconde, le moignon se soulevait convulsivement, et le patient croyait chaque fois que le moignon était prêt à éclater; on eût dit que la strychnine était entrée pour quelque chose dans ce phénomène désespérant, qui résistait à tous les moyens successivement employés de la méthode. Or ce qu'on remarquait en grand, dans ce cas résultant d'une grande opération, se révèle proportionnellement sur des cicatrices qui ont intéressé, dans la perte de substances, le plus extrême et le plus grêle des cordons nerveux; ces cicatrices sont bien des fois les vigies de la pluie et du beau temps, et, à chaque coup de tangage atmosphérique, on éprouve alors, non-seulement sur la cicatrice, mais sur les régions animées par un embranchement nerveux contigu au cordon amputé, des agacements, des mouvements sourdement convulsifs ou pongitifs qui rappellent sur une moindre échelle ceux dont nous venons de parler. On dirait que les troncs nerveux, privés, par l'amputation, de la ramescence papillaire qui en émanait directement et qui en était la terminaison naturelle, et n'ayant plus entre eux leurs moyens d'antagonisme et de conductibilité ou de décomposition électrique, deviennent ainsi, moins des conducteurs actifs de sensations harmoniques et régulières que les instruments passifs de tiraillements en sens inverse, dont les rameaux non entamés traduisent la souffrance et transmettent l'impression au cerveau. Imaginez-vous un bouquet d'arbres touffus et dont les troncs, opposant à la tempête le faisceau de leurs rameaux enchevêtres de mille et mille manières entre eux, n'avaient pas jusque-là fléchi de la ligne droite et perpendiculaire sous le poids des plus violentes raffales; que l'élagage vienne un jour éclaircir leur ombreuse ramescence, et faire le vide entre chacun d'eux; et leurs troncs isolés désormais et abandonnés les uns des autres, fléchiront sous le coup de la tempête, entraînés de part et d'autre par la résistance des rameaux inférieurs qu'ils auront conservés; et dès lors le sol par ses gerçures attestera la violence des tiraillements tempétueux et des tortures dont ils seront les instruments passifs.

MÉDICATION. A l'approche des lunestices, des équilunes (62) et des syzigies (*),
prenez de l'aloès (1197) à dîner, et le lendemain matin un lavement superpurgatif
(1398). Recouvrez de goudron (1486, 3°) ou de vernis (1411) la cicatrice, en diverses
couches, si la première ne suffit pas, afin d'isoler les cordons nerveux amputés du
courant électrique, ou plutôt afin de les soustraire à l'action des coups de piston atmosphériques; lotionnez (1345, 1°) et frictionnez (1302, 1°) alternativement le dos et les
reins, sur le trajet latéral de l'épine dorsale. Passez avec le doigt un peu d'éther ou
de laudanum tout autour de la cicatrice et sur les chairs que ne recouvre pas le goudron ou le vernis (1411). Si le goudron ou le vernis ne parvenaient pas à isoler suffisamment la cicatrice, soumettez-la aux deux pôles d'une ceinture ou d'un collier galvanique (1421, 1422), en essayant d'appliquer les pôles chacun sur une place qui
semble correspondre, par sa plus grande irritabilité, à la position d'un tronc nerveux
amputé. On essayerait aussi de mettre en rapport cette chaîne, sans la déranger, avec
le membre, l'organe ou le côté symétrique du corps, au moyen d'une seconde
chaîne dont un des pôles serait en rapport direct avec la chaîne appliquée sur la cicatrice, et dont l'autre pôle s'appliquerait sur l'organe symétrique et jouissant de toute
son intégrité. Administrez au malade deux ou trois gouttes d'éther dans un verre
d'eau sucrée saupoudrée de camphre (1266).

**2° CHORDAGÉNOSES ou affections consécutives à celles des cordons
nerveux (9998) (**).**

1819. DÉFINITION. Nous entendons, sous ce point de vue qui n'est que le renversement de l'autre, les maladies qui sont la conséquence de l'altération ou de la cessation
plus ou moins complète des rapports d'un organe avec le cordon nerveux dont il
émane (1811). La CHORDALGIE est en cela la cause; la CHORDAGÉNOSE un des effets consécutifs de la chordalgie. Le lecteur qui aurait fait une étude attentive des notions
anatomiques qu'on trouvera à la suite de l'*Introduction historique* placée en tête du
1er volume, n'éprouvera pas la moindre difficulté à comprendre les notions qui vont
suivre et qui découlent immédiatement de l'étude anatomique du système nerveux.

Les cordons nerveux, si prolongés et ramifiés qu'ils soient, émanent tous, par paires
symétriques, et de la grande articulation ou nœud vital de l'encéphale, et successivement de chacune des articulations de la moelle épinière, articulations qui ont pour
crâne une vertèbre. La direction des deux embranchements symétriques et d'égale
origine se fait en spirale dans la souche d'où chaque paire émane; d'où vient que le
cordon qui anime le côté gauche se ressent de la lésion qui, dans l'organe cérébro-
spinal, a lieu sur le cordon de droite, et que la paralysie atteint le côté musculaire
opposé au siége de la lésion. C'est du faisceau le plus ancien en date de chaque
cordon nerveux qu'émanent les muscles agents de la locomotivité, les os leviers de ces
mouvements, et les glandes laboratoires de l'alimentation générale; les faisceaux
subséquents du même cordon nerveux ne peuvent plus se développer que par des
avortements qui, à la superficie des organes, s'arrêtent au rôle de papilles du tact et des
sensations. Chaque paire fournit un cordon qui se dirige à droite et va concourir à
l'organisation latérale droite du corps, et un cordon qui se dirige à gauche avec la
même destination. Les deux cordons jumeaux marchent symétriquement, en engendrant ou animant à la même hauteur des organes symétriques, ce qui constitue le

(*) Voyez *Revue complémentaire des sciences:* Cours de météorologie appliquée à l'agriculture.
(**) Dans la classification des paires de nerfs nous suivons de préférence celle de Willis et
Heister, parce qu'elle se prête mieux par sa simplicité au laconisme qui nous est imposé par
notre sujet.

type binaire. Dans l'énumération des effets morbides qui résultent d'un état maladif des cordons nerveux, nous n'aurons donc qu'à suivre l'ordre dans lequel ils s'insèrent et sur la grande articulation des cotylédons de l'encéphale, et ensuite, sur les articulations successives de la moelle épinière, véritable tige principale du corps des vertébrés ; et cela en commençant par la partie antérieure de l'encéphale, celle qui correspond à la face. Nous désignerons les paires de l'encéphale par le chiffre romain, et les paires de la moelle épinière, par le chiffre arabe, placés en tête de la dénomination spécifique.

α. CHORDAGÉNOSES DES PAIRES DE NERFS QUI ÉMANENT DE L'ENCÉPHALE (céphalochordagénoses, de Kephalè, cerveau).

1820. I. — CHORDAGÉNOSES ; affections émanant de l'altération complète ou incomplète de la première paire de nerfs cérébraux (nerfs olfactifs).

EFFETS. Si l'altération soit toxicogène (1797), soit traumagène (1773), soit krymogène (1796), soit entomogène (1788), a son siège dans la portion des deux cordons de cette paire qui sont contenus dans la boîte de l'encéphale, le sens de l'odorat sera ou suspendu ou complétement perdu, selon que la cause sera susceptible d'en être éliminée ou que les ravages en seront irréparables. L'odorat sera vicié et donnera des indications fautives, selon que la cause morbipare s'attaquera à tel ou tel de ces rameaux qui se font jour à travers l'os ethmoïde, pour venir paver de leurs innombrables papilles olfactives la membrane dite pituitaire, qui tapisse les parois des cavités nasales.

MÉDICATION. Renifler souvent de l'eau salée zinguée (1377) ; flairer et aspirer fortement par le nez tantôt de l'eau sédative (1336, 1°), et tantôt de l'alcool camphré (1287) ; se passer souvent de l'un ou l'autre liquide sur la racine du nez ; s'arroser fréquemment le crâne d'eau sédative (1347, 3°); et suivre ensuite le régime ordinaire (1644), ou le régime antimercuriel (1686), si l'affection paraît être le résultat d'une intoxication mercurielle interne ou externe.

1821. II — CHORDAGÉNOSES ; affections morbides émanant de la lésion de l'un ou l'autre cordon de la deuxième paire de nerfs cérébraux (nerfs optiques)..

EFFETS. La théorie de la direction spiralaire des faisceaux nerveux se traduit à l'œil de l'anatomiste, sur cette deuxième paire ; car les deux nerfs optiques, un instant séparés en sortant de leur souche ou articulation encéphalique spéciale, vont, en s'enroulant intimement l'un autour de l'autre, former une espèce de gros ganglion d'où ils se détachent de nouveau pour se diriger vers leur orbite respectif ; il n'est donc pas étonnant qu'une lésion survenue à l'un des côtés de la souche encéphalique se traduise par une affection morbide sur l'œil du côté opposé. Nous ne nous occuperons pas ici des maladies spéciales au globe oculaire lui-même, nous n'envisagerons que celles qui ont leur siège dans le faisceau nerveux qui forme le nerf optique proprement dit. Si le nerf optique est désorganisé toxiquement (254,315) ou tranché par une incision soit traumatique (508, 1788), soit entomogène (395, 1773), la vision de l'œil qui en emane et qui en est la papille terminale est supprimée à tout jamais ; chez l'homme, la nature et encore moins la médication ne refont pas ces sortes d'organes. Si le nerf optique n'est que le siège d'un obstacle, que le gîte de globules intoxicants non désorganisateurs, la médication nouvelle, si puissante à vaincre ces sortes d'obstacles et à soutirer les atomes perturbateurs, permet d'espérer le retour plus ou moins lent de la vision. Si l'obstacle provient, par compression et une espèce d'étranglement, du développement insolite de la substance cellulaire ou osseuse des régions circonvoisines, ou bien de la formation d'un clapier purulent, ou d'une forte congestion sanguine, on conçoit qu'en ramenant à leur état normal ces développements insolites, en réduisant la tumeur osseuse ou charnue, en donnant une issue au pus et faisant rentrer le sang congestionné dans le torrent circulatoire, on ramènera du même coup, sinon tout de suite, du moins peu à peu, la vision dans l'œil que ces causes morbipares en avaient privé. En l'un ou l'autre de ces cas, le globe de l'œil paralysé peut n'offrir aucune altération sensible et paraître sain comme l'autre œil.

MÉDICATION. Adoptez le régime antimercuriel (1686) dans le cas où l'origine du mal serait mercurielle : lunettes galvaniques (1428); mais, dans tous les cas, larges et fréquentes affusions d'eau sédative (1347, 3°) sur le crâne, les tempes, la racine du nez, derrière les oreilles, sur les paupières; en renifler vigoureusement de temps à autre; aloès (1197) très-fréquemment et le lendemain ou même tous les jours lavement superpurgatif (1398).

1822. III, IV et VI. — CHORDAGÉNOSÉS; affections qui émanent de l'altération des troncs et rameaux principaux des 3e, 4e et 6e paires, de nerfs cérébraux (*nerfs des muscles moteurs du globe oculaire*).

SYNONYMIE. Strabisme; yeux qui louchent; individu louche, bigle (pour *bicle*, de *bi-oculi*, yeux qui vont en sens opposé); — en latin : *strabismus, vir strabo;* — en grec : o *strabos, pholcos; o* ou *è parablôps*.

EFFETS. Si l'altération quelconque émanée de l'une des causes ci-dessus énumérées, intéressait toute la substance du tronc qui est renfermé dans la boîte crânienne, l'œil, quoique doué de toute la puissance de sa vision, resterait immobile, ainsi que la paupière supérieure. Car chacun des deux troncs nerveux de la 3e paire envoie un rameau au muscle releveur de la paupière, ainsi qu'à trois (*l'adducteur, l'abaisseur, l'oblique inférieur*) des quatre muscles qui servent à mouvoir le globe de l'œil; l'adducteur de plus est animé par le nerf de la sixième paire, le nerf de la quatrième paire étant entièrement consacré à animer le mouvement du muscle oblique supérieur. Mais si la cause du mal ne s'attaque qu'à l'un des quatre rameaux qui arrivent aux muscles moteurs, dans ce cas l'œil, cédant à l'action des trois autres muscles, prendra une direction opposée à celle du muscle dont l'antagonisme est ainsi paralysé; cet œil louchera. Ce sera un cas de strabisme d'un œil ou des deux yeux; dans l'un et l'autre cas, les yeux cesseront de percevoir les images sur deux lignes parallèles; ce qui en altérera d'autant l'unité, la pureté et la fidélité. Il est rare, en raison de la symétrie des appareils qui concourent à l'action physique ou mécanique de la vision, il est rare, que les deux yeux ne soient pas affectés de ce genre d'infirmité, chacun dans un sens opposé, si la cause de l'affection est congéniale et de naissance. Quand la cause est accidentelle et postgéniale, en général un seul des deux yeux prend une direction anomale.

Le STRABISME est dit CONVERGENT (ENDOSTRABISME), quand l'axe de l'un ou des deux yeux se rapproche de la racine du nez; il est dit DIVERGENT (EKSTRABISME), quand l'axe de l'un ou des deux yeux se dirige vers l'angle externe. Selon qu'on louche d'un œil ou des deux yeux, le STRABISME sera dit MONOSTRABISME OU DISTRABISME. Si le muscle releveur est affecté, l'œil louchera en bas (KATOSTRABISME), si c'est le muscle abaisseur qui cesse d'être animé par le rameau nerveux qui lui est propre, l'œil louchera en haut (ANÔSTRABISME).

1° MÉDICATION. Le strabisme n'étant en général qu'une affection musculaire par défaut d'influx nerveux, on doit concevoir combien il serait illogique d'espérer le guérir au moyen de certaine opération chirurgicale, dont la médecine scolastique s'est engouée un moment; ce n'est pas en divisant la fibre du muscle non paralysé qu'on rendra à l'autre la contractilité qui lui manque; il est vrai que la chirurgie, qui s'était engouée de cette opération ne visait qu'à allonger le muscle ; comme si l'allongement mécanique était le succédané de l'influence qui manque, et comme si une plaie quelconque pouvait amener un allongement organique et normal, un allongement qui soit susceptible de fonctionner. Ce n'est pas par défaut de longueur, mais par défaut de communication nerveuse, que le muscle d'où vient la déviation se refuse à l'antagonisme ; et ce n'est pas en divisant ou hachant la substance du muscle, y compris celle du nerf, qu'on arrivera à rétablir les rapports nervo-musculaires. Aussi le public ayant parfaitement compris la portée de ces objections déjà formulées dans les premières éditions du *Manuel*, la médecine paraît-elle avoir complètement renoncé aux essais jusqu'à ce jour peu heureux de ce tour de force opératoire.

2° MÉDICATION ORTHOPHTHALMIQUE, ou moyen mécanique de ramener dans le parallélisme l'axe des deux globes oculaires (de *orthos*, droit, et *ophthalmos*, œil).

Soit une paire de lunettes avec ou sans verres, à verres grossissants ou non, selon la portée de l'œil ; si le strabisme est convergent (*endostrabisme*), on adaptera, à l'angle interne de chacun des cercles ou cadres des verres (si les deux yeux sont strabiques), ou à celui qui correspond à l'œil strabique (dans le cas contraire), une pièce ou assemblage de pièces opaques susceptibles d'avancer en coulisses vers le point où l'on veut ramener l'œil affligé. Il est évident que cette pièce mobile et opaque faisant obstacle à la vision, et la volonté s'habituant à lutter contre cet obstacle, l'œil pourra de proche en proche, être ramené vers le parallélisme de l'axe de la vision ; chaque jour on fera avancer d'un cran les lamelles de la coulisse.

Si le strabisme est divergent (*ektostrabisme*), on disposera l'écran mobile du côté de l'angle externe du cadre des verres. Enfin on adapterait un écran mobile vers le bas ou vers le haut des cadres des verres, si le strabisme visait en bas (*katostrabisme*) ou en haut (*anostrabisme*). Ces indications suffiront à un ouvrier intelligent, pour modifier l'instrument, selon la variété des cas et des proportions de l'organe, de la manière la plus favorable à rétablir le parallélisme des axes de la vision, en forçant graduellement et jour par jour la résistance musculaire.

3° MÉDICATION PROPREMENT DITE. La médication suivante secondera l'action mécanique de ce petit appareil : trois ou quatre fois par jour, on bassinera l'œil strabique avec le collyre (1332, 2°); on aura soin de clignoter et remuer souvent les paupières dans ce bain d'yeux, pour que l'action de l'eau sédative en contact immédiat avec la conjonctive puisse, par absorption, pénétrer jusques aux muscles moteurs du globe de l'œil. On se passera souvent de l'eau sédative (1345, 1°) sur les paupières, sur les tempes, les sourcils, la racine du nez ; on en reniflera ; on s'en arrosera le crâne (1347, 3°). On pourra simultanément se passer avec le doigt de l'alcool camphré (1287), sur le côté des paupières qui correspond au muscle relâché et privé d'antagonisme par la paralysie ou l'altération du rameau nerveux qui était destiné à l'animer.

1823. V.—CHORDAGÉNOSES ; affections consécutives de celles des cordons nerveux de la cinquième paire de nerfs cérébraux.

EFFETS. Cette paire de nerfs intéresse et la face, d'où vient à un de ses embranchements le nom de *nerf trifacial*, et les organes de la cavité buccale. Si l'altération l'atteignait à la souche ganglionnaire d'où partent ses différents rameaux et qui est située dans la boîte crânienne derrière l'os sphénoïde, le malade serait frappé de la paralysie des muscles frontaux, de ceux des tempes, des muscles moteurs de la mâchoire inférieure, de la face, de la langue, et du voile du palais ; il serait privé de la sensation du goût ; la sécrétion des larmes cesserait, ce qui entraînerait à la suite divers désordres sur la conjonctive. Si la cause morbipare ne s'attaque qu'à l'un des deux nerfs, un peu après leur séparation, la paralysie n'atteindra que le côté correspondant de la face et de la paroi buccale; le malade sera frappé d'une hémiplégie (1754) de la face et de la bouche. C'est peut-être le nerf dont les accidents morbides causent les plus vives souffrances, lorsque les rameaux d'où émanent les papilles de la sensibilité ne sont pas paralysés ou isolés par une section ou altération intime quelconque ; c'est alors qu'on éprouve souvent des rages de dents et de mâchoires que l'arrachement même de la dent ne suffit pas à calmer ; des constrictions au front, aux tempes et aux lèvres ; la langue s'empâte, se tuméfie en se contractant et menace quelquefois d'entraver les fonctions de la déglutition et de la respiration.

MÉDICATION. La médication ne diffère pas de celles que nous avons ci-dessus fait pressentir, et doit se modifier selon la nature des causes qui mettent le cordon nerveux en souffrance.

1824. VII. — CHORDAGÉNOSES; affections consécutives de l'altération ou gêne momentanée des deux ou de l'un des nerfs de la septième paire.

EFFETS. Ce nerf se distribue dans le rocher, dans les divers appareils de l'ouïe ; une fois arrivé à la hauteur du trou auditif, il envoie des rameaux au côté correspondant des téguments de la face, des tempes, du front, des paupières et des lèvres. On comprend de la sorte le genre d'effet qui doit résulter de la lésion du tronc ou des rameaux de cette paire de nerfs.

MÉDICATION. La médication ci-dessus (1821) doit s'appliquer, dans ses diverses modifications, principalement sur le devant de l'oreille, pour toutes les affections nerveuses des téguments de ce côté du front, des tempes, de la paupière, des joues, et des lèvres.

1825. VIII.—CHORDAGÉNOSES ; affections consécutives de la lésion de l'un ou des deux nerfs de la huitième paire.

EFFETS. — Si le tronc ganglionnaire de cette paire vient à être atteint d'une des causes morbipares que nous avons énumérées, il s'ensuivra que les effets s'en feront ressentir sur les deux faces à la fois du pharynx et du larynx, de la trachée artère, des artères axillaires, de l'aorte ascendante, du péricarde, de la poitrine, du cœur et de tous les viscères abdominaux ; car cette paire de nerfs jette des rameaux à tous les organes thoraciques et abdominaux par ses ganglions qui sont à la hauteur de chacun de ces organes. Une simple lésion cervicale pourra suspendre, altérer et même mettre en danger les fonctions de tous les principaux appareils de la circulation, de la respiration et de la digestion. Si la lésion se borne à un étage seulement de ces ganglions échelonnés, les effets consécutifs ne se feront sentir qu'à l'organe qui reçoit ses nerfs de ce ganglion même. Mais comme la plupart de ces rameaux communiquent avec les nerfs intercostaux, il est facile de concevoir que les altérations des rameaux de l'une de ces dernières paires pourront, comme par sympathie, se communiquer aux organes animés par les rameaux de la 8ᵉ paire. La lésion d'un rameau pourra ainsi apporter, dans les fonctions d'un viscère, des troubles, sinon identiques, du moins analogues à ceux qu'y occasionnerait la présence ou le parasitisme d'un corps étranger.

1826. IX. — CHORDAGÉNOSES ; affections consécutives à l'altération soit de la souche, soit des divers ganglions ou nœuds superposés de l'un ou des deux cordons nerveux de la neuvième paire.

EFFETS. Les deux rameaux principaux ou troncs de cette paire, séparés de droite et de gauche, dès qu'ils ont quitté le crâne, descendent parallèlement, en longeant l'épine dorsale, pour venir se réunir vers le fond du bassin, après avoir envoyé, sur tout leur trajet, des rameaux aux muscles du cou, aux veines jugulaires et aux artères axillaires, au cœur et ses dépendances, aux nerfs épineux des vertèbres dorsales, au diaphragme, au foie, à la vésicule du fiel, au pylore, au duodénum, au pancréas, aux vertèbres des lombes, au mésentère, aux reins, à l'aorte descendante, à a veine cave, aux vertèbres du sacrum et du coccyx, à la vessie, à l'ovaire, à la matrice et aux organes génitaux mâles, aux muscles du rectum. On doit juger combien la plus petite altération d'un embranchement semblable peut être fatale à la vie générale. Cette paire de nerfs, à elle seule, peut être considérée comme l'âme et même la génératrice des parois de tous les organes interstitiels des régions thoraciques et abdominales.

1827. X. — CHORDAGÉNOSES ; affections consécutives de l'altération des deux troncs nerveux de la dixième paire.

EFFETS. Heister divisait cette paire en deux, la neuvième et la dixième ; la précédente pour lui n'ayant pas de numération et faisant ordre à part sous le nom de *nerfs intercostaux*. Deux de ses embranchements sont les générateurs chacun d'une moitié de la langue, qui, on le sait, est divisée profondément en deux chez certains animaux. Les deux autres envoient des rameaux à la branche de la 5e paire qui se rend à la langue, et d'autres à la 1re paire vertébrale qui se rend aux muscles obliques du cou.

β. CHORDAGÉNOSES DES PAIRES DES NERFS. QUI ÉMANENT DE LA MOELLE ÉPINIÈRE (*myélochordagénoses ;* de *myelos*, moelle épinière).

1828. De chaque côté de l'articulation ou nœud vital qui forme un des chaînons de la moelle épinière, et dont la vertèbre est l'enveloppe, pour ainsi dire, crânienne, il part un cordon nerveux dont les ramifications vont animer le segment et la tranche horizontale du corps qui correspond à cette vertèbre, en se distribuant à tous les organes qui appartiennent spécialement à cette région ou qui la traversent, et en se mettant en communication avec les embranchements voisins des nerfs qui émanent immédiatement de l'encéphale. Nous diviserons par régions les maladies consécutives des altérations de cet ordre de paires de nerfs, et nous appellerons *trachélochordagénoses* les affections névrogènes émanant des paires de cordons nerveux qui sortent des vertèbres du cou (de *trachèlos*, cou) ; *nôtochordagénoses*, celles qui émanent des paires de nerfs vertébraux de la région du dos (*nôton*), c'est-à-dire de cette région qui s'étend de la dernière vertèbre du cou jusqu'à la ligne qui correspond aux dernières côtes ; *osphychordagénoses*, les affections consécutives des cordons vertébraux de la région des lombes ou reins (*osphys*) ; *ischiachordagénoses*, les affections consécutives des cordons nerveux qui se font jour à travers les vertèbres dont la soudure compose l'*os sacrum* et le *coccyx* (*ischias*). Nous renvoyons à l'étude anatomique du système nerveux, qui termine l'*introduction historique* du 1er volume, pour la description des rapports et embranchements de chacune de ces paires de nerfs ; en nous occupant des groupes subséquents de maladies, nous y ferons entrer les diverses *myélochordagénoses*, comme ordre de causes morbipares. Ici nous ne nous en occuperons que dans leur rapport avec les MYALGIES ou maladies du système musculaire (1747), dont l'histoire a précédé celle des NÉVRALGIES.

1829. 1 à 7. — TRACHÉLOCHORDAGÉNOSES TRACHÉLOMYALGIQUES ; affections des muscles moteurs du cou et de la tête consécutives de l'altération complète ou partielle, bi-ou-unilatérale, de l'une ou des sept paires de nerfs cervicaux.

SYNONYMIE. Torticolis, torcol ; — en latin : *obstipitas, caput obstipum ;* — en grec : *o kyphos (anthropos), o knapheus trachelon*, Hipp. (celui qui a le cou foulé).

EFFETS. Si les sept paires de ces sortes de nerfs étaient atrophiées dans leurs troncs principaux, la tête et le cou pourraient bien être condamnés à une immobilité complète. Si l'altération morbipare ne les atteint que partiellement, quant à leur nombre ou à leurs embranchements, le muscle qu'animait l'embranchement affecté étant incapable dès lors de se contracter, le cou et la tête seront attirés du côté du muscle antagoniste ou de la moitié antagoniste d'un même muscle, tel que le trapèze. Si les embranchements qui animent les deux muscles *cleido-sterno-mastoïdiens* sont altérés ou atrophiés, les muscles releveurs de la tête et spécialement le *trapèze* tendront à ramener la tête en arrière; ce sera un cas de *rétorticolis*. Si l'atrophie, au contraire, a atteint le trapèze et les muscles sous-jacents, dès lors leurs antagonistes antérieurs et surtout les muscles *cleido-sterno-mastoïdiens* tendront à ramener la tête en avant; ce sera un cas de *protorticolis*. Si l'atrophie n'a atteint que les nerfs du même côté des vertèbres, la tête restera forcément inclinée du côté opposé et le torticolis sera latéral à gauche ou à droite (*senestro* ou *dextrotorticolis*).

MÉDICATION. Si telle est la cause première de l'une ou l'autre forme de torticolis, à quoi bon servirait, pour le combattre, d'avoir recours à une opération chirurgicale au moyen de la section des fibres du muscle contracté? quelques fibres de moins dans les muscles contractés ne ramèneraient pas l'influx nerveux dans les muscles incapables d'antagonisme. Ce n'est pas, en effet, par défaut de longueur, que les muscles contractiles attirent dans leur sens le cou et la tête; c'est la vitalité qui manque aux antagonistes, et qu'il s'agit de ramener dans les cordons ou embranchements nerveux qui, primitivement, étaient destinés à animer ces muscles retardataires. Or, s'il reste quelque espoir d'obtenir ce résultat, c'est dans la puissance et la logique de la médication nouvelle qu'il est permis de le puiser : Emploi fréquent (deux ou trois fois par jour) des cataplasmes aloétiques (1321) ou de compresses imbibées d'eau sédative (1345, 2°) sur le trajet de l'épine dorsale et autour du cou; ensuite alternance, pendant cinq minutes, sur la région cervicale, de lotions à l'eau sédative (1345, 1°) et de frictions à la pommade camphrée (1302, 1°). Régime hygiénique complet (1644). Si l'affection chronique paraît d'origine mercurielle, on aura recours à la médication spéciale pour cette catégorie de causes morbipares (1686).

1830. I-VII.—TRACHÉLOCHORDAGÉNOSES PECTORALGIQUES; affections des muscles pectoraux ayant pour cause l'altération momentanée des embranchements provenant des diverses paires de nerfs cervicaux.

SYNONYMIE. Oppression par suite de l'engourdissement et de la paralysie incomplète, durable ou passagère, des muscles pectoraux; pectoralgie rhumatismale, rhumatisme de la surface thoracique.

EFFETS. La tension de ces muscles s'oppose et fait résistance à l'aspiration; leur relâchement ne seconde plus l'expiration; le jeu de l'organe respiratoire en est ainsi contrarié; on étouffe en quelque sorte, non par manque d'air, mais faute de pouvoir le respirer.

MÉDICATION. Application de la médication précédente sur toute la région thoracique.

1831. NOTOCHORDAGÉNOSES OMALGIQUES; affections musculaires de la région des omoplates, par suite de l'altération accidentelle et passagère du tronc des paires de nerfs qui sortent par les vertèbres dorsales (du grec : *ômos*, épaule).

SYNONYMIE. Affection rhumatismale et torpeur de tous les appareils musculaires dont se compose le train supérieur.

EFFETS. Les mouvements du bras, des omoplates et des vertèbres dorsales ne s'opèrent qu'avec une difficulté douloureuse.

MÉDICATION. Application de la médication ci-dessus (1829) sur la région interscapulaire (entre et sur les épaules).

1832. OSPHYCHORDAGÉNOSES DORSALES (1828); affection des muscles dorsaux et lombaires par suite de l'altération accidentelle et passagère des cordons nerveux vertébraux qui animent ces muscles (du grec : *osphys*, lombes ou râble.)

SYNONYMIE. Courbature, reins courbaturés, — en latin : *lassitudo, lumbago;* — en grec : *kopos, kamatos ; osphyos algèma.*

EFFETS. Les muscles dorsaux privés en grand nombre d'influx nerveux et partant de contractilité, la fatigue de ceux qui ne sont pas privés de cet avantage est proportionnelle à ce qui leur manque pour suffire aux mouvements de la portion de l'épine dorsale qui n'est pas maintenue par les arcs-boutants des côtes; c'est en effet par le jeu des vertèbres lombaires que le tronc peut se courber, se ployer en avant et en arrière, à droite et à gauche, se baisser et se redresser. Cependant on comprendra que ce genre de *courbature*, ou difficulté de se courber, qui dérive de l'influence incomplète des paires de nerfs lombaires, n'est jamais aussi sensible et douloureuse que lorsqu'il émane d'une affection morbide des muscles eux-mêmes, ou des ligaments, cartilages et synovie des vertèbres. Dans ces derniers cas, on souffre autant, quand il s'agit de se courber, que quand il s'agit de se redresser. Dans l'autre, on n'éprouve qu'une difficulté exempte de douleurs à accomplir l'un ou l'autre de ces deux mouvements lombaires.

MÉDICATION. Application de la médication ci-dessus (1829) sur la région lombaire; bains sédatifs fréquents (1209).

1833. ISCHIOCHORDAGÉNOSES COXALGIQUES (1828); affection des muscles de la hanche et des fesses, par suite de l'altération passagère des cordons des paires de nerfs qui sortent des vertèbres dont la soudure compose le sacrum et le coccyx.

SYNONYMIE. Coxalgie, mal de hanche, douleurs rhumatismales à la cuisse, goutte sciatique;—en latin : *coxæ* ou *coxendicis morbus* ou *dolor;* — en grec: *eis ischia algèmata* Hipp.

EFFETS. Difficulté de s'asseoir ou de se lever, très-souvent douloureuse, quand la lésion nerveuse n'intéresse pas le tronc qui fournit à la ramescence des papilles de la sensibilité (1792).

MÉDICATION. La même que ci-dessus (1829) appliquée sur la hanche, le sacrum et la cuisse.

1834. CHORDAGÉNOSE BRACHIALGIQUE; altération plus ou moins complète des paires de nerfs qui partent des quatre dernières vertèbres cervicales et de la première dorsale, pour organiser et animer les deux bras, ces deux membres appendiculaires du train antérieur.

SYNONYMIE. Paralysie ou engourdissement des bras; anoplégie (1754) binaire ou unilatérale, hémiplégie partielle ou générale, avec ou sans la sensibilité. Être perclus des bras; — en latin : *brachiorum impotentia;* — en grec : *brachionòn akrateia*

EFFETS ET MÉDICATION. Nous avons déjà décrit les uns et prescrit l'autre (1754-1757). C'est sur la région cervicale, sur les épaules, sous les aisselles et entre les omoplates, qu'il faut appliquer la médication (1829).

1835. CHORDAGÉNOSE CRURALGIQUE; altération plus ou moins complète des paires de nerfs qui partent de la dernière paire des vertèbres lombaires et des six premières vertèbres de l'os sacrum, pour organiser et animer les deux jambes, ces deux membres appendiculaires du train postérieur.

SYNONYMIE. Être perclus des jambes ou d'une jambe; paraplégie ou paralysie des jambes; — en latin : *crurum impotentia, paralysis;* — en grec : *paraplegia* ou *paraplexia, skeleôn akrateia* Hipp.

EFFETS ET MÉDICATION. Comme ci-devant pour les TRAUMALGIES ANÉVROGÈNES (1754-1757). C'est sur la région sacro-lombaire qu'on doit appliquer la médication.

3ᵉ CATÉGORIE.

1836. IDIAISTHALGIES ; affections spéciales aux sens proprement dits, c'est-à-dire aux expansions papillaires (1792) des paires de nerfs cérébraux (1819) destinées à percevoir les impressions de la forme, du son, des odeurs et des saveurs, et qui sont ainsi les organes des quatre principales de nos cinq sensations : la vue, l'ouïe, l'odorat et le goût (du grec : *idios,* particulier, spécial ; et *aisthema,* sens, perception) ; organes auxquels nous ajouterons l'appareil dentaire ; car les dents, sommités papillaires mais incrustées des nerfs, récupèrent en certain cas une sensibilité qui va jusqu'à la torture.

. OSPHRALGIES ; **affections spéciales de l'organe du flair ou odorat**
(en grec *osphrèsis;* en latin *olfactus).*

DÉFINITION. La membrane qui tapisse toutes les parois du nez et surtout des fosses nasales, et qui prend le nom de *membrane pituitaire,* ou *pituitaire* tout court, ou *membrane de Schneider,* est pavée de papilles, extrémités des innombrables rameaux qui émanent de la première paire de nerfs, dits *nerfs olfactifs.* Chacune de ces papilles peut être considérée comme ayant, par devers elle , tout ce qui constitue le sens de l'odorat ; en sorte que l'émanation gazeuse du corps odorant en serait réduit au jet du calibre le plus mince, qu'il trouverait toujours, dans le pli le plus caché de cette membrane, un organe de taille à le percevoir. Ces papilles, organes exquis de l'olfaction, ne laissent pas que d'être des organes de sensibilité et de tact ; elles perçoivent, avec non moins de subtilité, les vapeurs, comme la poussière et les liquides, comme le froid et le chaud. Elles peuvent être le siège de toutes les causes de maladies que nous avons déjà décrites sur d'autres espèces d'organes ; par exemple de toutes les DERMALGIES (1654) ou maladies de la peau en général, laquelle se replie dans les cornets du nez et se continue avec la membrane pituitaire, sans qu'il soit possible de bien déterminer où l'une finit et où l'autre commence.

1837. THÉORIE DE L'OLFACTION. Les papilles nerveuses qui viennent se presser et s'épanouir sur la membrane pituitaire, c'est-à-dire sur presque toute l'étendue de la membrane qui tapisse la paroi interne des cavités nasales et sur une grande partie de la paroi postérieure du voile du palais, ces papilles, sans cesse balayées par le double courant d'air expiré et aspiré, ont contracté l'aptitude de ne percevoir que les gaz ou vapeurs de substances non aqueuses, les vapeurs d'essences ou huiles essentielles, et tout ce qu'il y a de plus subtil et de plus pur parmi ces vapeurs. Elles ne sont qu'organes de tact pour toutes les autres substances ; mais leur destination spéciale est d'être organes d'OLFACTION (en latin : *olfactus,* de *od* (*orem*) *facere;* en grec : *osphresis,* de *osmè,* odeur et *phronéô,* je perçois). Ce sens se nomme l'ODORAT, qui perçoit les ODEURS, ce qu'il y a de plus subtil dans les atomes sensibles, les SENTEURS. Le nez se prend pour cet organe qu'il renferme, quoiqu'une seule de ses papilles, chez certains animaux du bas de l'échelle, puisse leur tenir lieu du nez des animaux supérieurs. Mais que le moindre atome de vapeur d'eau enveloppe l'atome odorant, et la papille olfactive n'aura plus conscience de la moindre odeur ; car elle ne perçoit pas les solutions et les combinaisons humides (elle n'est pas organe des *saveurs*), mais seulement les émanations immiscibles à l'eau ; elle est l'organe du *sec,* comme la papille de la langue l'est de l'*humide.* L'odorat se perd donc, quand l'excrétion muqueuse de la membrane qui en est le siège devient trop abondante, ou que la membrane est recouverte d'une couche de liquide. Cependant, il faut encore, pour pouvoir percevoir les émanations sèches, que la papille olfactive soit imprégnée d'une certaine humidité ; elle cesse d'être olfactive, dès que l'afflux de vapeurs acides ou alcalines et avides d'eau vient tanner, pour ainsi dire, sa surface et recouvrir l'organe de l'olfaction d'une enveloppe imperméable : On perd le *flair* par la trop grande humidité, comme par la trop grande sécheresse ; l'humidité est un obstacle, la sécheresse est une désorganisation.

1838. 1re ESPÈCE. OSPHRALGIE ASPHYXIGÈNE (1815) ; affection de l'organe olfactif par suite de privation de l'air respirable.

SYNONYMIE. Perte ou affaiblissement de l'odorat, odorat émoussé.

EFFETS. L'air étant l'aliment de toutes les fonctions et l'élément principal de toutes les sensations, il est évident que, sans air, la perception des odeurs est rendue impossible, et qu'on perd le flair du moment qu'on perd la respiration. Dans une grande réunion de personnes, on finit, au bout de quelque temps, par ne plus sentir l'odeur qui suffoque les personnes qui y rentrent. Mais qu'on donne un peu d'air, en ouvrant portes et fenêtres, et tous les habitués seront dès ce moment incommodés de la fétidité que jusque-là ils avaient supportée sans rien dire, faute de s'en apercevoir. L'organe olfactif, dans son état normal et d'intégrité, est la sentinelle avancée, la vigie de la respiration ; il nous avertit, avec une admirable précision, de l'instant où l'air extérieur se vicie ; mais c'est une sentinelle qui s'endort, si on ne la relève, après qu'elle a fourni toutes ses indications. Aussi les êtres qui ont l'odorat le plus sensible sont ceux qui vivent habituellement en plein air ; l'homme sauvage a le flair du cerf et du chien ; plus on vit renfermé et plus le flair s'émousse et se fourvoie. Le flair joue un rôle encore plus élevé et qui semble rentrer dans la catégorie des fonctions intellectuelles du cerveau lui-même ; son état de torpeur va jusqu'à hébéter les idées ; son état de surexcitation les ravive ; une simple prise de tabac ou de camphre suffit pour ouvrir l'esprit ; on dirait que les rapports des choses que constate le jugement ont aussi leur arome.

MÉDICATION. Elle se réduit à changer de milieu ; car le milieu est la seule cause de cet amoindrissement de l'organe ; à quitter le salon pour la grande route, la vi le où l'on s'asphyxie, même par les coups de vent, pour les champs, ce berceau de l'homme complet, de l'homme robuste.

1839. 2e ESPÈCE. OSPHRALGIES THERMOGÈNES (1795) ; affections de la membrane olfactive (*pituitaire*) par suite de l'élévation de température.

EFFETS. Si l'air est un des éléments de nos sensations, l'eau en est le véhicule : Une surface sèche et parcheminée n'est apte à rien absorber et par conséquent à rien percevoir. Par les grandes chaleurs, le liquide des larmes ne suffit plus à lubréfier, à humecter la membrane olfactive ; car ce liquide s'évapore à mesure presque qu'il se sécrète. La membrane olfactive est douée d'une telle susceptibilité, que le trop grand éclat de la lumière suffit pour l'irriter et pour provoquer l'éternument, ce qui du reste n'a pas d'autre suite.

MÉDICATION. Reniflements fréquents à l'eau salée (1378), ou même à l'eau pure. Arroser fréquemment les appartements. Porter, quand on voyage à travers les sables brûlants et les régions desséchées, une bouteille d'eau, moins pour en boire, que pour en renifler (1381). De ces reniflements la respiration retirera encore plus d'avantages que l'olfaction même.

1840. 3e ESPÈCE. OSPHRALGIE KRUMOGÈNE (1796) ; affections de la membrane olfactive sous l'influence d'un abaissement de température.

SYNONYMIE. Écoulement du nez par l'action du froid ; coryza, rhume de cerveau, pituite ; — en latin : *destillatio* Cels., *pituita ex naribus defluens* Columel. ; — en grec : *koryza* Hipp., *katastagmos* Cels.

EFFETS. L'eau qui coule du nez, dans les premiers moments qu'on s'expose au froid, vient moins de la membrane olfactive que de la condensation de la vapeur d'eau dégagée par la respiration ; c'est une distillation. Mais si l'on continue à subir l'influence de l'abaissement de température, et que le refroidissement arrive de proche en proche jusqu'aux organes papillaires de l'olfaction, la membrane olfactive, éprouvant alors la même désorganisation que tous les tissus organisés éprouvent de l'action du froid, tend à se résoudre en une certaine quantité de liquide muqueux, morveux, de plus en plus épais, qui semblerait découler directement du cerveau lui-même : C'est une exfoliation plutôt qu'une liquéfaction, une décomposition de tissus plutôt qu'une excrétion ; décomposition de nature âcre et acide, qui excorie les surfaces externes sur lesquelles elle glisse, qui enflamme, rougit, ronge et couvre de croûtes exanthémateuses l'intérieur des cornets, les ailes du nez et les lèvres, jusqu'à ce que le fond des cornets étant obstrué autant par l'entassement de ces produits que par la tuméfaction des surfaces, dès ce moment l'écoulement passe derrière le voile du palais. Non-seulement alors on mouche par la bouche ; mais les parois buccales, la muqueuse de l'œsophage et des premières voies respiratoires ne tardent pas à devenir le siége des mêmes ravages, qui tout d'abord étaient bornés aux parois du nez. L'inflammation de l'œsophage non-seulement s'oppose à la déglutition, mais elle se communique encore, comme par contagion, aux muscles du cou et des épaules, au trapèze et à tous les muscles qu'il recouvre.

Les mucosités nasales, en s'introduisant dans les premières voies respiratoires qu'elles titillent d'abord et qu'elles enflamment ensuite par dénudation, produisent des quintes de toux qui menacent de déchirer les poumons, sans pouvoir amener au dehors l'expectoration qui semble faire obstacle à une respiration normale. A chaque quinte, la portion la plus liquide de l'excrétion pituitaire s'échappe, souvent par les yeux et même par les oreilles, tout autant que par la bouche ; et les efforts que l'on fait se transmettent tellement à tous les appareils musculaires, que les malades, surtout les femmes, à la suite de ces efforts, en urinent involontairement, et qu'ils éprouvent une lassitude, un brisement dans tous les membres ; la tête est lourde, les idées embarrassées : car si le liquide morveux ne descend pas du cerveau par une voie directe, comme l'avaient cru les anciens, il n'en est pas moins vrai qu'il en vient par une voie plus détournée, par celle des canaux interstitiels de l'os *ethmoïde* et des névrilemmes de chaque petit ramuscule nerveux, par celle des canaux lymphatiques enfin, et que cette constante exfoliation s'alimente des liquides qui circulaient dans les tissus et membranes du cerveau, afin d'y entretenir les fonctions de la pensée. On peut juger par là de l'intensité de la fièvre (1349) qui accompagne un pareil état de délabrement.

Il n'est pas rare de voir un pareil mal tout local dégénérer en fluxion de poitrine et en phthisie pulmonaire, sous l'influence des traitements si improprement dits *antiphlogistiques*, qui ne sont pas encore passés de mode dans tous les pays.

L'action violente du froid peut avoir pour conséquence, ce qui est plus rare, la rupture d'un vaisseau superficiel, et à la suite, dès qu'on s'approche du feu, une hémorrhagie nasale dont nous parlerons ci-après.

MÉDICATION PRÉVENTIVE. Le froid parvient à la membrane pituitaire autant par l'intérieur que par l'extérieur, autant par le nez que par le crâne, l'occiput et le cou et même par le froid aux pieds. Nos coiffures d'hiver et nos chaussures habituelles semblent avoir été inventées pour exposer aux coryzas les plus opiniâtres : or l'étiquette tient, comme à un ornement de bon ton, à ces *couvre-chefs* féminins qui garantissent à peine une partie de la tête. Qui ramènera en hiver la coiffure du siècle de Pétrarque (en 1330), ou tout au moins celle du siècle de Philippe le Bon (en 1450), ou bien enfin, pour ne pas viser si haut en fait de têtes chaperonnées, aux belles et bonnes casquettes de loutre et de fourrures des races slaves, nos maîtres en fait de beaux et bons vêtements? Celui-là fera plus contre le *coryza* que toutes nos meilleures recettes médicales. En attendant cette ère nouvelle, quand vous sortez, encapuchonnez-vous amplement de votre caban ou de vos cache-nez, sauf à tenir à la main votre chapeau de cérémonie; quand vous rentrez, hâtez-vous de vous débarrasser de tout cet attirail, qui vous deviendrait inutile en sortant, si vous le gardiez une fois que vous êtes rentrés. Contre les froids trop rigoureux, ayez soin d'envelopper de temps à autre votre respiration de vapeurs alcooliques, en aspergeant vos cache-nez d'un peu d'eau de toilette (1717) ou d'eau de Cologne.

Je conseille, surtout aux personnes sédentaires, les chaussures à double semelle, une lame en caoutchouc séparant les deux semelles; une pareille chaussure peut rivaliser avec les sabots, la chaussure hygiénique par excellence. Ne dormez pas, ne restez pas sédentaires dans une pièce non chauffée, par les temps humides et froids. Ne vous laissez jamais surprendre par la saison rigoureuse; il ne faut qu'une première impression de froid, pour déterminer une affection, première origine de longs ravages. C'est ce qui arrive dans les pays méridionaux, où l'hiver est une exception, mais où il sévit ensuite tout à coup et à l'improviste, comme s'il était la règle générale; on ne sait bien se chauffer que dans les pays froids.

MÉDICATION CURATIVE. Dès qu'on se sentira pris, on aura soin de se lotionner fréquemment à la pommade camphrée (1297) sur la racine du nez spécialement; on flairera souvent de l'eau sédative (1336, 4°); on reniflera de l'eau salée (1381, 1378) et ensuite un peu d'huile camphrée (1297). On se gargarisera à l'eau salée (1381, 1378), après s'être touché le voile du palais avec de l'alcool camphré (1287). On appliquera autour du cou un cataplasme aloétique (1324); et au bout de 20 minutes, on le remplacera par un linge imbibé de pommade camphrée (1297). Soir et matin, et quand les quintes redoublent, lotions à l'eau sédative (1345, 4°) et frictions à la pommade camphrée (1302, 2°) sur le dos et la poitrine. Aloès (1193) tous les deux jours, et le lendemain, lavement superpurgatif (1398). Chiques galvaniques (1424) et cigarette de camphre (1272, 7°).

1841. 4e ESPÈCE. OSPHRALGIES TOXICOGÈNES stupéfiantes (292, 296, 309); affections de la membrane olfactive par l'action désorganisatrice des substances intoxicantes, ingérées ou reniflées.

- SYNONYMIE. Empoisonnements par le flair.

DÉFINITION. Rien n'est plus commun que ces empoisonnements foudroyants par le simple flair d'un gaz qui échappe souvent à l'analyse; l'histoire est pleine d'exemples de pareils empoisonnements criminels. Il faut que l'organisation de la membrane olfactive soit d'une sensibilité excessive, pour porter si vite au cerveau une cause qui en éteint ainsi sur-le-champ toutes les fonctions.

MÉDICATION PRÉVENTIVE. Flairer souvent, dans le cas d'une appréhension de ce genre, de l'acétate acide d'ammoniaque (1511).

MÉDICATION CURATIVE. Ablutions (1347, 3°) sur le crâne, lotions incessantes (1345, 4°) sur tout le corps avec de l'eau sédative. En placer le flacon sous le nez du patient, tout en le frictionnant sur la poitrine (1302, 4°). Tâcher de lui faire avaler, même à l'aide d'une canule, une infusion chaude de bourrache (1469) alcalisée avec une cuiller à café (1481) d'eau sédative par bol de tisane.

1842. 5e ESPÈCE. OSPHRALGIES TOXICOGÈNES, oxygènes ou alcaligènes (269, 302); affections de la membrane olfactive par l'action du reniflement d'acides ou d'alcalis, et même du simple flair de l'un ou l'autre genre de ces substances.

EFFETS. Le moindre flair des vapeurs acides ou ammoniacales intenses, est dans le cas de reproduire presque tous les symptômes du coryza, tel que nous l'avons décrit plus haut (1840) et de plus une hémorrhagie nasale dont nous allons parler ci-après.

MÉDICATION. Renifler de l'eau légèrement alcaline, de l'eau sédative (1336, 1°) (une petite cuiller à café (1181) dans un verre d'eau), contre l'action des vapeurs acides; et légèrement vinaigrée, contre l'action des vapeurs ammoniacales ou des reniflements de liquides alcalins. Si le mal était plus grave, on suivrait le traitement ci-dessus (1840).

1843. 6ᵉ ESPÈCE. OSPHRALGIES TOXICOGÈNES (ARSENIGÈNE OU HYDRARGÈNE) désorganisatrices (1677, 1766, 1797); affections de la membrane olfactive, par l'action désorganisatrice des substances métalliques, et spécialement par l'une ou l'autre action de l'arsenic et du mercure, administrés à l'intérieur ou à l'extérieur : par ingestion, par reniflement (1381) ou par absorption cutanée.

SYNONYMIE. Morve de l'homme comme des chevaux.

EFFETS. La membrane olfactive peut devenir le siége de toutes les affections que l'intoxication par les métaux, tels que le plomb, le cuivre, etc., et l'arsenic et le mercure surtout, sont en état de produire sur la surface de la peau : DERMALGIES (1654). Ces affections, quand elles se traduisent par une décomposition des tissus, donnent lieu à des écoulements purulents et sanieux d'une grande fétidité et d'une âcreté qui propage, en passant, l'inflammation ou les ulcérations, soit sur les lèvres, soit, ce qui est plus dangereux, sur le voile du palais et dans le fond de la gorge ; ou bien à une exfoliation anormale des muqueuses, qui épaississent et se détachent sous forme d'une morve fétide et analogue aux plus mauvais produits de l'expectoration ; enfin, par l'érosion des parois d'un vaisseau, à une hémorrhagie nasale. Nous reviendrons sur la morve, en parlant des maladies des os (OSTÉALGIES).

MÉDICATION. Introduction fréquente des tigelles galvaniques (1430), aussi avant qu'on le pourra, dans les cavités nasales. Chiques galvaniques (1424). Au bout de 20 minutes de séjour des tigelles et des chiques, se toucher le fond de la gorge et l'intérieur des cavités nasales avec un tampon imbibé d'alcool camphré (1287). Ensuite gargarismes et reniflements (1381) prolongés, à l'eau salée zinguée (1377). Se passer souvent de l'alcool camphré (1287) sur la peau de la racine du nez. Régime antimercuriel (1686) au grand complet.

1844. 7ᵉ ESPÈCE. OSPHRALGIE TOXICOGÈNE (ARSENIGÈNE OU HYDRARGENE) fétide; affection de la membrane olfactive par l'action de l'arsenic ou du mercure sur la transpiration spéciale de ces surfaces, action qu'on pourrait appeler désorganisatrice des vapeurs qui s'exhalent de ces tissus.

SYNONYMIE. Punais (pour puanteur du nez); homme punais, femme punaise; ozène; — en latin : ozænæ Plin.; — en grec : ozaina Cels. (de ozein kakós, sentir mauvais).

EFFETS. Il suffit d'avoir eu l'occasion de sentir l'haleine d'un mercurialisé et le souffle du nez d'un punais, pour juger comparativement que l'une et l'autre fétidité émanent de la même origine, que l'affection mercurielle soit accidentelle ou congéniale, qu'on soit *punais* de naissance ou de médication. En général les punais de naissance ont le nez aplati sur la bosse et épaté sur les narines ; on dirait que les deux os propres du nez ne se sont rapprochés, sur leur commune arête, qu'après avoir éprouvé, sur leurs lisières contiguës, une perte de substance et une diminution de largeur. L'haleine alliacée, c'est une odeur de rose en comparaison de l'odeur *punaise*.

MÉDICATION. Exactement la même que la précédente (1843).

1845. 8ᵉ ESPÈCE. OSPHRALGIE TOXICOGÈNE pseudorganisatrice (1797, 2°) ; dévelop-

pement de la membrane pituitaire en un organe de superfétation, par suite de l'incubation d'un atome de mercure métallique.

SYNONYMIE. Polype du nez, poulpe (Morel, Dict. de 1558);—en latin : *caruncula poly-*
pus Cels.; — en grec : *carcinôdes* Cels., *polypós* Hipp. (à cause de l'analogie de sa forme
générale avec le POULPE (céphalopode), dont la tête (*kephalè*) est couronnée de plusieurs
(*polus*) appendices de locomotion ou pieds (*pous*).

EFFETS. Il ne faut pas confondre le POLYPE du nez avec le CARCINOME : Le CARCI-
NOME est un développement anormal et toxicogène des os. Le polype est un développement analogue des papilles nerveuses qui tapissent la *membrane olfactive ;* aussi,
par la structure et la coloration, en est-il tout à fait distinct : c'est un corps de nature
nervo-fibreuse, cornée mais ramollie par l'humidité constante du milieu ; on pourrait dire qu'elle n'est qu'une verrue (1798) de la membrane olfactive, qui se développe
d'autant plus qu'elle est plus étiolée; et son ablation n'intéresse en rien la substance
des appareils osseux; la cicatrice en est bientôt recouverte par une nouvelle membrane de structure analogue à la première. Lorsque la direction de ce développement
a lieu vers les cornets du nez, c'est une incommodité plutôt qu'un danger véritable ; on
cesse de respirer quoiqu'on ait l'air de parier par le nez; on nasille, par cela seul qu'on ne
parle que par la bouche. Mais il pourrait arriver que le polype se développât en prenant sa direction derrière le voile du palais, qu'il descendît vers la gorge, ce qui, et on
l'a vu quoique dans des cas fort rares, mettrait également en danger et la déglutition
et la respiration. Il peut arriver quelquefois que, sous l'effort des inspirations ou des
expirations, il se produise un déchirement sur un point d'adhérence des racines du
polype, ce qui peut donner lieu à une hémorrhagie, dont la source est difficile à atteindre par la médication, et qui refoulée en arrière, par l'occlusion des narines, serait
dans le cas de produire une asphyxie par ingurgitation (122). On voit qu'on a toute
espèce d'intérêt à se débarrasser d'une incommodité qui, pour être sans souffrance,
n'est pas toujours à l'abri de dangers.

MÉDICATION. L'ablation du polype du nez par le procédé opératoire, c'est-à-dire
son extirpation, est dans le cas d'avoir des conséquences pires que le mal : il n'est pas
rare de voir que la pince a détaché des portions des os propres du nez, en croyant n'arracher que le polype. En effet, dans un tel milieu, la pince ne peut marcher qu'en
aveugle; elle s'en prend à tout ce qui lui tombe sous la dent. Heureusement nous avons,
dans la médication nouvelle, un moyen presque toujours infaillible, en nous dispen-
sant de l'opération, d'oblitérer le polype jusque dans ses racines, comme on le ferait d'une verrue ou d'un cor aux pieds, deux pseudorganes de la même origine,
quoique si différents d'aspect et de développement : A l'aide d'un petit tampon longuement emmanché et trempé dans l'alcool camphré (1280), on se touchera souvent, et
le voile du palais, dans le haut des parois buccales, et le polype, aussi avant que l'on
pourra pénétrer dans la cavité du nez; on appliquera fréquemment à l'extérieur
et sur la bosse du nez une petite compresse imbibée d'alcool camphré (1288, 2°). On se
gargarisera (1381) ensuite à l'eau salée zinguée (1377), et l'on en reniflera (1381) fortement ou on en injectera (1386) dans le nez, si le polype empêche de renifler. On
remplacera quelquefois cette sorte de liquide, cette double injection, par celle d'une
forte décoction de garance (1477) et d'écorce de grenade (1492) ou de vin grenatisé (1497).
Chiques galvaniques (1424) et introduction fréquente des tigelles galvaniques (1430)
jusqu'à la racine présumée du polype. Camphre (1266) avec salsepareille (1504) iodurée (1505) tous les trois jours. Aloès (1497) tous les trois jours. Le polype s'atrophiera
et tombera d'autant plus vite qu'on l'atteindra plus souvent à sa racine.

1846: 9e ESPECE. OSPHRALGIE TRAUMAGÈNE (395, 1806), AKANTHOGÈNE (430, 1807),

CARPIGÈNE (459,1784), KONIGÈNE (461) (de *konis*, poussière); affections de la membrane olfactive par suite d'une commotion violente, de l'aspiration de granules microscopiques ou de piquants de poussières irritantes.

1° OSPHRALGIE TRAUMATIQUE. Une forte commotion physique ou morale, un coup violent sur le nez, etc., sont dans le cas d'occasionner la rupture d'un des vaisseaux sanguins qui alimentent la membrane olfactive et de produire une hémorrhagie nasale qui n'est pas toujours sans gravité.

SYNONYMIE. Saignement du nez; — en latin : *hæmorrhagia narium, sanguinis è naribus stillatio, profluvium narium* ou *è naribus* ou *per nares*, — en grec : *epistaxis* (de *épi*, sur (les lèvres) et *stazein* couler).

MÉDICATION. On laisse couler un instant le sang; ensuite, et sans désemparer, on applique sur la bosse du nez une compresse imbibée d'alcool camphré (1288, 2°); on se touche le voile du palais avec le bout du doigt mouillé d'alcool camphré (1287); on en flaire fortement l'odeur, et l'on en renifle étendu de 20 fois son volume d'eau. L'action de l'alcool (1352) fait que la solution de continuité se bouche en s'obstruant de caillots de sang coagulé; et le liquide reniflé achève de débarrasser le nez du produit de l'hémorrhagie.

2° OSPHRALGIE AKANTHOGÈNE; effets traumatiques, sur la membrane olfactive, par suite de l'aspiration de débris piquants ou de l'introduction d'une tigelle épineuse.

EFFETS. Toute aspiration de poussière par le nez produit l'éternument; mais il est des poussières ou des tigelles barbelées dont l'introduction dans le nez est capable de déterminer une hémorrhagie abondante. J'ai vu souvent, dans le midi de la France, les gamins s'amuser à qui se ferait le mieux saigner du nez, en s'introduisant brusquement dans les narines les trois ou quatre épis encore verts et réunis ensemble de la graminacée désignée par Linné sous le nom de *panicum crus galli*, qu'ils appelaient *sanguine*. Peut-être que la plupart des plantes à qui les anciens nomenclateurs ont donné les noms de *sanguinella* et *sanguinaria* n'ont pris leur nom que de cet usage, plutôt que de la propriété hæmostatique qu'on leur a attribuée; on doit s'en être servi pour se tirer du sang plutôt que pour l'arrêter (plutôt pour que contre l'hémorrhagie). Si les débris secs d'un pareil épi venaient à s'introduire dans les narines, on n'en serait pas quitte à si bon marché; et l'hémorrhagie se renouvellerait et persisterait d'une manière moins enfantine que nous ne l'avons dit.

MÉDICATION. Comme ci-dessus en cas de persistance.

3° OSPHRALGIE CARPIGÈNE ET CONIGÈNE (459, 461); affection de la membrane olfactive par l'inspiration et le reniflement de poussières organisées ou inorganiques, même par la poudre de camphre (1269) et de tabac, pour ceux qui n'en ont pas l'habitude.

SYNONYMIE. Éternument; — en latin : *sternutamentum, sternumentum, sternutatio;* — en grec : *ptarmos.*

EFFETS. Le chatouillement occasionné, aux papilles olfactives, par l'adhérence de ces petites granulations, semble se communiquer à tous les cordons nerveux qui animent les muscles adjacents; ceux-ci se contractent tous vers la région du nez : les muscles frontaux en se plissant vers la ligne médiane du front, les adducteurs rapprochant entre eux de part et d'autre les paupières et les yeux; et l'irritation nerveuse se communiquant de proche en proche, le voile du palais, qui est également musculaire et qui peut aussi agir spontanément et en toute liberté, se tend subitement et comme par un coup de fouet, en lançant ainsi par le nez et l'air et les mucosités qui lubréfiaient les parois nasales, que continuent les parois postérieures du voile du palais. L'effort est si violent quelquefois, et chez certaines personnes, surtout du sexe, qu'il provoque l'émission involontaire des urines. L'histoire rapporte que pendant certaines épidémies du moyen âge, l'éternument était souvent suivi de mort, malheur que l'on cherchait à détourner en disant à qui éternuait : *Que Dieu vous bénisse!* ou *A vos souhaits!* cette formule votive est passée en usage dans les déférences de la politesse. L'éternument arrive souvent coup sur coup et sans la moindre cause apparente, sans doute parce que la petitesse de la cause échappe à nos regards ; mais aussi, dans le plus grand nombre de cas, par suite de la susceptibilité que les médications mercurielles communiquent à tous les appareils du système nerveux. La fréquence de l'éternument est une complication dangereuse des maladies de poitrine, et dont il importe de prévenir le retour.

MÉDICATION. Contre les éternuments opiniâtres, flairer un flacon d'eau sédative, se passer de cette eau sur la superficie du nez ; se toucher le fond de la gorge avec le bout du doigt mouillé d'eau sédative (1336), s'arroser le crâne de cette eau. Ensuite se passer de la pommade camphrée (1297) sur la racine du nez. Si cette incommodité résistait à tous ces moyens, on aurait recours aux fumigations suivantes :

1847. On verse dans une terrine une décoction toute fumante encore de plantes odoriférantes (thym, sauge, romarin, laurier, bourrache, lavande, mélisse, etc.), que l'on a sous la main, on se met à humer ces vapeurs, en ayant soin de se couvrir la tête d'une serviette, qui fasse office d'étuve et empêche les vapeurs de s'échapper et de se refroidir. Ces fumigations font filer les mucosités par la bouche et par le nez, et déchargent d'autant les parois nasales de la cause qui irrite la membrane pituitaire et le voile du palais.

1848. 10e ESPÈCE. Osphralgies entomogènes (508, 1788, 1810); affections de la membrane pituitaire, causées par le parasitisme des insectes ou de leurs larves et même par l'incubation de leurs œufs.

SYNONYMIE. Enchifrènement, lourdeur de tête ; — en latin : *gravedo;* — en grec : *barytès.*

CAUSES. Il nous a fallu bien des années pour faire comprendre à nos contemporains (vérité qui chez les anciens ne faisait aucune espèce de doute) à combien de maux peut donner lieu l'introduction d'un être animé, d'une larve d'insecte, dans les fosses nasales. La plus douce brebis peut en devenir furieuse; le cheval jusque-là plus docile se montre indomptable, et l'homme le plus sage en paraît atteint de folie furieuse. Nous renvoyons nos lecteurs à ce que nous avons dit déjà assez longuement sur ce sujet, en parlant des *cloportes* (526), des *jules* (539), des *acares* (623), des *cousins* (813), de l'*œstre* (818), des *mouches* (831, 4o) (observez que nous sommes quelquefois envahis par des mouches non moins âpres et beaucoup plus petites, telles que la mouche petite comme un point (*musca punctum*) ; des poux (871), enfin des larves de chenilles et de coléoptères (962, 11o). L'invasion des invisibles petits cousins des marais est peut-être la cause la plus fréquente de semblables ravages. Nous n'insisterons pas davantage sur ces faits, que leur évidence commence à rendre aujourd'hui classiques, après dix-huit ans de dédains pieusement académiques.

EFFETS. La présence seule d'une larve fourvoyée dans ces cavités, à défaut même de tout parasitisme, serait capable de donner lieu à des effets maladifs des plus graves ou des plus impatientants ; jugez de la gravité du mal, quand la larve y rentre en parasite affamé ! La transsudation muqueuse des parois nasales a lieu alors par exfoliations qui semblent se développer en masses bleues, lobulées et comme jouissant d'une organisation qui leur est propre. Ces mucosités morveuses finissent par obstruer le fond des cornets, et par mettre ainsi le parasite à l'abri des odeurs et injections insecticides. On éprouve bientôt, et surtout à mesure que l'insecte s'aventure vers les fosses nasales, des douleurs céphalalgiques à vous rendre fous. Alors on a la conscience que le siége du mal est dans le fond des fosses nasales, au-dessus de la racine du nez. Les mucosités, ne pouvant plus filer par le nez, descendent derrière le voile du palais, se glissent dans l'œsophage ou dans les premières voies respiratoires, dont elles titillent et irritent la muqueuse, jusqu'à provoquer des quintes de toux, à la suite desquelles on a l'air d'expectorer ce que réellement on ne fait que moucher par la gorge, faute de pouvoir moucher par le nez.

MÉDICATION. Tous ces effets du caractère le plus alarmant disparaîtront comme par enchantement, dès qu'on aura pu en atteindre l'auteur dans son repaire, au moyen de vermifuges appropriés. On prisera du camphre (1269); on flairera de l'alcool camphré (1287) ou de l'eau sédative (1336) ou la fumée de tabac. Si la narine est bouchée, on y introduira, soit la vapeur médicatrice, soit le liquide, au moyen d'un tube en caoutchouc ou d'un tuyau de plume (1384, 1272, 2°). On se passera souvent sur la racine du nez, tantôt de l'alcool camphré (1287) et tantôt de l'eau sédative (1336, 1°); on s'en arrosera le crâne pour combattre les effets consécutifs du mal. On injectera dans le nez, au moyen de tuyaux (1384), de l'eau quadruple (1375); on s'en bassinera les yeux (1331); on fera usage de la cigarette de camphre (1272, 7°) ou de tabac. Mais rien n'atteindra plus facilement l'insecte que l'action de l'ail mangé chaque jour à dîner (1250) et celle d'un lavement vermifuge (1399) pris chaque matin : L'ail et l'*assa-fœtida* finissent par imprégner de leur odeur insecticide les tissus des régions les plus éloignées, par conséquent celles qui sont en rapport direct avec les voies alimentaires; les expirations par le nez emporteront ces vapeurs jusqu'aux fosses nasales.

1849. 11ᵉ ESPÈCE. OSPHRALGIES HELMINTHOGÈNES (964); affections de la membrane olfactive par l'invasion des vers intestinaux, qui peuvent s'introduire jusques dans les cavités nasales.

SYNONYMIE. La même que pour l'espèce précédente.

CAUSES ET EFFETS. Il n'est rien moins que rare de sentir les vers intestinaux, des lombrics (1007, 3°) et même le ver solitaire (1063), se glisser vers la gorge et remonter, par derrière le voile du palais, jusqu'aux fosses nasales, où leur succion détermine les mêmes effets que nous venons de décrire dans l'espèce précédente. A plus forte raison les ascarides vermiculaires (995) et les fœtus de ténia ou cœnures (1073, 1089) doivent y élire domicile et agacer la membrane olfactive de leurs irritantes titillations. Aussi voit-on les adultes, mais surtout les enfants en bas âge, se porter irrésistiblement la main au nez qui les chatouille, toutes les fois qu'il s'agit d'une maladie vermineuse. La filaire ou dragonneau (1034), helminthe beaucoup plus subtil et plus pénétrant, occasionne de bien plus grands ravages et qui de jour en jour s'étendent aux organes voisins. Les hémorrhagies les plus opiniâtres et les plus abondantes peuvent être causées par les titillations caudales ou la succion buccale de ces sortes de parasites; mais il peut se faire tout aussi fréquemment que le saignement du nez provienne de l'introduction de petites sangsues (973) dans les cavités nasales, ce qui arrive aux enfants qui vont se désaltérer sans précaution sur le bord des amas d'eaux stagnantes.

MÉDICATION. Contre la maladie vermineuse générale, nous renvoyons au groupe de maladies intestinales (ENTÉRALGIES), dont nous aurons à nous occuper vers la fin de ce système. Contre la complication locale, la même médication que pour l'espèce précédente; en outre on mâchera de temps en temps un morceau d'écorce de grenade (1493); on reniflera même une dissolution aqueuse de cette substance; si l'on a affaire à un déplacement d'un ver intestinal, tel que le long lombric ou le *ténia*, on sentira redescendre, pour ainsi dire, le mal dans l'estomac, à la première impression de la salive saturée du jus de cette écorce; car le ver, se sentant pris au corps par l'astringence du suc du grenadier, aura hâte de se soustraire à l'action ultérieure d'une plus forte dose. Nous conseillons aux personnes qui vont aux champs, ou qui voyagent par les plaines arides, d'avoir toujours sur elles, outre un flacon d'eau sédative (1236) et un flacon d'alcool camphré (1237), une petite bouteille remplie d'eau salée (378); dans le cas où il leur arriverait d'avaler ou de renifler des petites sangsues, en se désaltérant aux cours d'eau, elles s'en débarrasseraient bien vite en avalant une gorgée d'eau salée, ou en en reniflant une bonne dose dans le creux de la main ; la sangsue ainsi attaquée ne tarderait pas à être rendue par le vomissement ou par l'éternument.

β. **OPHTHALGIES**; **affections des diverses régions du globe de l'œil.**
(Du grec : *ophthalmos*, œil.)

DÉFINITION. Une seule des causes morbipares étant donnée, si elle s'introduit dans la région de l'œil, elle pourra occasionner autant de genres, d'espèces et de variétés d'affections de cet organe, qu'elle changera de place, et, à elle seule, remplir tout le cadre nosographique des maladies des divers appareils qui concourent à la vision. Le parasitisme d'une simple larve de mouche sera ainsi en état de dicter au nosographe le traité le plus complet de *clinique ophthalmologique*.

1850. 1er GENRE BLÉPHARALGIES, AFFECTIONS DES PAUPIÈRES (de *blepharè*, paupière, et *blepharè* de *blepô*, regarder : voile qui permet ou empêche de regarder).
Nous nommerons *anoblépharalgie* l'affection de la paupière supérieure, et *katoblépharalgie*, l'affection de la paupière inférieure (de *ano*, sur, et *kato*, sous).
1851. 1re ESPÈCE. BLÉPHARALGIES NÉVROGÈNES (1754, 1819); affections des paupières provenant de l'interruption ou de la surexcitation de l'influx nerveux.
VARIÉTÉ. BLÉPHARALGIE ANÉVROGÈNE ; affection des paupières, par interruption de l'influx nerveux, ce qui détermine la paralysie et l'immobilité de la paupière supérieure par relâchement (*paupière descendante*), ou par rétraction (*paupière ouverte ou ascendante, œil constamment ouvert*).
SYNONYMIE DE LA PARALYSIE PALPÉBRALE PAR RELACHEMENT : blépharoptose ou blépharoplégie de *certains auteurs;* chute de la paupière supérieure ; — en latin : *palpebra descendens* Cels.
SYNONYMIE DE LA PARALYSIE PALPÉBRALE PAR RÉTRACTION ; œil ouvert; œil de lièvre; — en latin : *oculus non contectus* Cels ; — en grec : *lagophthalmia* (de *lagos*, lièvre).
EFFETS. C'est le double effet, et en sens contraire l'un de l'autre, de l'interruption de l'influx nerveux, et de la cessation de la communication nerveuse de la paupière supérieure avec les rameaux de la troisième et de la septième paire des nerfs cérébraux (1822, 1824). La paupière restera pendante ou relevée, selon que l'interruption de l'influx nerveux et l'accès de paralysie l'aura surprise dans l'un ou l'autre de ces deux états. La cause de cette interruption peut être, ou mécanique et par compression, ou toxique et par infection durable ou passagère, ou traumatique, ou entomogère. La compression peut provenir d'une exostose formée dans le *trou optique*, ou d'une congestion sanguine accumulée derrière cette région. L'intoxication mercurielle peut rendre incurable l'une ou l'autre de ces deux viciations du tégument de l'œil. Enfin la piqûre d'un insecte, si elle intéresse le cordon nerveux qui vient animer les mouvements palpébraux de ses embranchements indéfinis, est dans le cas de déterminer un accident semblable.
MÉDICATION GÉNÉRALE. Bassiner souvent, et pendant une minute chaque fois, l'œil affecté, avec le collyre (1332, 2°); arroser fréquemment le crâne d'eau sédative

(1347, 3°) ; passer de cette eau avec les doigts sur les tempes, sur les paupières et les sourcils. Renifler souvent de l'eau salée zinguée (1384, 1377). Application trois fois par jour des plaques galvaniques (1449).

MÉDICATION PARTICULIÈRE CONTRE LA CHUTE DE LA PAUPIÈRE SUPÉRIEURE. On passera souvent, avec le bout du doigt, de l'alcool camphré sur la paupière ; on y appliquera, avant ou après, les plaques galvaniques (1449). L'opération chirurgicale par incision, conseillée par Celse et les auteurs subséquents, produirait le défaut contraire et pire que celui qu'elle aurait pour but de combattre : elle amènerait la *lagophthalmie*, ou œil toujours ouvert. Le bistouri en effet coupe les communications nerveuses et ne les rétablit jamais ; une plaie peut raccourcir un organe, mais non lui rendre sa contractilité. Donc la médication doit remplacer l'opération : on passera avec le doigt sur la paupière supérieure, alternativement, de l'alcool camphré (1288, 1°) et de l'eau sédative (1345, 1°). En outre on suivra le traitement ci-dessus. Si l'on soupçonnait à l'accident une origine mercurielle, on suivrait le traitement spécial (1686).

MÉDICATION SPÉCIALE A LA RÉTRACTION EN HAUT DE LA PAUPIÈRE SUPÉRIEURE (*lagophthalmie*) ET A LA RÉTRACTION EN BAS DE LA PAUPIÈRE INFÉRIEURE (*ektropion* dans Celse). Applications fréquentes, et à l'aide de très-petites compresses, d'eau sédative (1345, 2°), sur la partie externe de l'une ou l'autre paupière ; une minute après, application sur la même région de petites lamelles galvaniques. Dans l'un et l'autre cas, on recouvrira la paupière de pommade camphrée (1297), pour prévenir les effets caustiques de l'eau sédative et de l'alcool camphré. On bassinera tout aussi souvent l'œil au moyen d'une eau modérément salée, faite avec une dissolution de guimauve ou de graine de lin ; et on recouvrira ensuite l'œil d'une couche de pommade camphrée, dont on ne tardera pas à être débarrassé par absorption, ou parce que la pommade tend à couler, rendue liquide par le développement de la chaleur animale.

1852. 2° ESPÈCE. BLÉPHARALGIE HÆMATOGÈNE : affection des paupières par afflux de sang (de *hœma*, sang).

SYNONYMIE. Blépharite, inflammation et tuméfaction sanguine des paupières ; — en latin, *blepharis ;* — en grec, *blephara pachutera* Hipp.

EFFETS. Lorsque le sang est refoulé violemment vers la tête, les paupières s'en ressentent et peuvent devenir le siége de congestions, ainsi que tous les autres tissus de cette région. Dès ce moment, les paupières tuméfiées se refusent à toute espèce de mouvements et la vision en est rendue impossible. Une pareille tuméfaction peut être également engendrée par la présence d'un corps étranger, par la piqûre ou le parasitisme d'un insecte.

MÉDICATION. Appliquez fréquemment, sur la paupière enflée, une toute petite compresse imbibée tantôt d'eau sédative (1345, 2°) et tantôt d'alcool camphré (1288, 2°); mais, en certaines circonstances, on trouvera que l'un des deux topiques est préférable à l'autre. Bassinez l'œil avec le collyre (1332, 1°), dans la crainte que l'enflure ne soit due au mercure, et ensuite au collyre (1332, 2°).

1853. 3° ESPÈCE. BLÉPHARALGIES TOXICOGÈNES DERMALGIQUES; affections cutanées des paupières (1669, 1697).

Les EFFETS cutanés et la MÉDICATION se trouvent aux DERMALGIES TOXICOGÈNES (1669).

1854. 4° ESPÈCE. BLÉPHARALGIES TOXICOGÈNES MYALGIQUES; affections désorganisatrices (1766) ou pseudorganisatrices (1769) de la substance musculaire des paupières.

Les EFFETS et la MÉDICATION s'en trouvent aux MYALGIES TOXICOGÈNES, pag. 273, aux art. MÉDICATION CURATIVE 2° et suivants.

1855. 5ᵉ ESPÈCE. Blépharalgies traumagènes (1708); blessures des paupières par l'action d'un instrument tranchant ou perforant.

EFFETS. Les entailles non profondes se traitent par le pansement des blessures superficielles (1774). Si la paupière était perforée, déchirée ou divisée dans toute son épaisseur, et qu'il fallût recoudre par leurs bords les lèvres de la solution de continuité, on aurait soin de se servir d'aiguilles courbes, après avoir introduit sous la paupière un anneau d'or ou d'argent ou quelque chose d'analogue de forme et lisse de surface, sans angles, ni aspérités. On panserait ensuite de la manière que nous lavons indiqué (1774), mais en ayant soin de recouvrir l'œil d'un bandeau, pour s'opposer aux mouvements de la paupière. On appliquerait sur la paupière une forte couche de pommade camphrée étendue sur un coussinet de fine charpie (1302, 2°; 1405).

1856. 7ᵉ ESPÈCE. Blépharalgie plegmagène (444); affection des paupières et du globe de l'œil par suite d'un coup violent (*plegma*).

SYNONYMIE. Œil poché, œil poché au beurre noir; — en latin : *oculus sugillatus;* — en grec : *ommatos hypôpion.*

EFFETS. Le sang afflue dans tous les tissus adjacents au point sur lequel le choc a porté de préférence; les paupières enflent et restent fermées; la peau bleuit par suite de l'extravasation du sang.

MÉDICATION. Bassiner souvent les surfaces ecchymosées avec des compresses imbibées d'alcool camphré (1288, 2°) et les recouvrir ensuite d'un linge enduit de pommade camphrée (1302, 2°). Eau sédative (1347, 3°) sur les régions saines, sur le crâne surtout, si la fièvre survenait.

1857. 6ᵉ ESPÈCE. Blépharalgies entomogènes (1717); affection des paupières provenant de l'incubation, du parasitisme ou de la piqûre d'un insecte.

EFFETS et MÉDICATION aux dermalgies entomogènes (1717 et surtout 1721).

1858. 2ᵉ GENRE. BLÉPHARIDALGIES; affections des bords cartilagineux des paupières et des papilles pilifères qui en forment les cils (du grec : *blepharis, blepharidos;* — en latin : *cilium* ou plutôt *oculorum pili,* cils).

DÉFINITION. Les bords des paupières sont formés par une bande cartilagineuse plate et oblique, sur la partie externe de laquelle s'implantent de petits poils roides, parallèles, dirigés en bas, en sorte que la rangée de cils de la paupière supérieure s'applique sur la rangée de la paupière inférieure, comme les deux bandes cartilagineuses l'une contre l'autre, et comme les deux valves d'une boîte s'appliqueraient l'une contre l'autre; de cette façon l'œil, pendant la vision, est abrité de la poussière grossière ou averti de l'approche d'un corps étranger par les cils, et préservé de la poussière trop ténue ou de l'introduction d'un liquide ou de l'effet d'un rayonnement trop éblouissant, quand les deux bords palpébraux sont exactement appliqués l'un contre l'autre. Dans ce dernier cas, l'œil se trouve comme dans une boîte hermétiquement close. Ces cartilages obturateurs prennent le nom anatomique de *fibro-cartilages tarses;* ils sont exposés à des altérations diverses qui se traduisent par tout autant d'appellations diverses.

1859. 1ʳᵉ ESPÈCE. Blépharidalgie toxicogène (254, 315, 1669, 1764, 1797); ulcérations produites, sur les bords fibro-cartilagineux des paupières, par une intoxication congéniale ou accidentelle.

SYNONYMIE. Chassie, yeux chassieux, lippitude, blépharite glanduleuse; *blennorrhée* des paupières ou *blépharo-blennorrhée* des nosographes; — en latin : *lippitudo, homo lippus;* — en grec : *lèmè* ou *glèmè, glamuxa, ophthalmia.*

EFFETS. Les bords fibro-cartilagineux des paupières sont tuméfiés par des ulcérations purulentes, qui se dessèchent en croûtes, ou qui suintent en sanie; et, dans ce dernier cas, le bord des paupières forme un cordon rouge, souvent doublé d'un cordon blanc et d'un aspect très-peu avenant; ce mal reparaît ou redouble par les temps de neige et de vent du nord, surtout dans les pays de hautes montagnes (*). Il arrive souvent de là que cette exsudation finit par souder les deux paupières ensemble, presque aussi intimement que le ferait le rapprochement des chairs à vif. Ce mal local survient aux personnes qui ont été soumises à un traitement interne mercuriel et aux enfants qui en héritent de leurs pères; il est, dans ce dernier cas, constitutionnel et congénial. Les vapeurs industrielles intoxicantes, acides, alcalines, antimoniales, arsenicales et surtout mercurielles, occasionnent des affections palpébrales, sinon identiques, du moins bien analogues, mais que leur caractère accidentel rend d'une guérison plus facile et plus prompte. C'est principalement la nuit que les paupières ainsi affectées s'agglutinent, parce que, dans le jour, le mouvement incessant des paupières s'oppose à leur soudure.

MÉDICATION. Il suffit fort souvent de l'application continuée de la pommade camphrée (1302, 2°), pour débarrasser les paupières de ce suintement plastique et dégoûtant. Mais, dans le plus grand nombre de cas, on devra avoir recours au traitement interne et externe antimercuriel (1686), et aux collyres (1332, 1° et 4°), avec applications réitérées des plaques galvaniques (1419) sur les yeux. De temps à autre, on passera, sur la partie saine des paupières, le doigt mouillé d'alcool camphré (1287). Si l'emploi suffisamment continué de ces moyens ne parvenait pas à désagglutiner les paupières, il faudrait nécessairement avoir recours à l'opération chirurgicale et manuelle : Pour cela faire, on pince, avec le pouce et l'index de la main gauche, la paupière supérieure, de manière à écarter suffisamment la commissure palpébrale de la surface de l'œil; on sépare les deux bords l'un de l'autre par une incision transversale, à travers laquelle on introduit la pointe mousse des ciseaux, pour continuer, avec les ciseaux, la séparation des paupières, en suivant la ligne intermédiaire aux deux rangées de cils ; cela fait, on lave et on bassine avec le collyre à l'eau quadruple (1332, 4*); on tient les deux paupières séparées par l'interposition d'une petite mèche enduite de pommade camphrée (1297) et fixée par l'application d'un coussinet de charpie (1405) enduit d'une forte couche de la même pommade. A l'aide de ce pansement, que l'on renouvelle soir et matin, la cicatrisation ne se fera pas longtemps attendre.

1860. 1re VARIÉTÉ. EKBLÉPHARIDALGIE TOXICOGÈNE; affection qui ramène les cils et le fibro-cartilage-tarse en dehors.

SYNONYMIE. Éraillement de la paupière; renversement en dehors des bords ciliés des deux paupières, qui les empêche de recouvrir l'œil; — en latin : ectropium, eversio palpebrœ; — en grec : ectropion (de trepò, je tourne, et ex, au dehors).

EFFETS. Il ne faut pas confondre cet ectropion avec la BLÉPHARALGIE ANÉVROGÈNE (1838); il ne s'agit ici que du renversement en dehors des cils et du fibro-cartilage tarseux, ce qui peut amener l'inflammation du cartilage, et laisser l'œil sans défense contre l'insufflation des corps étrangers, contre le hâle et l'action desséchante de l'air extérieur.

MÉDICATION. Passer souvent avec le doigt de l'eau sédative (1336, 1°) sur les paupières; bassiner avec le collyre (1332, 2° et 3*), et recouvrir l'œil d'une couche de pommade camphrée (1297), jusqu'au prochain pansement. Traitement interne (1686).

1861. 2e VARIÉTÉ. ENBLÉPHARIDALGIE TOXICOGÈNE ; affection des bords cartilagineux des paupières qui ramène les cils en dedans et sur la surface de l'œil.

_____

(*) *Revue complémentaire des sciences,* tom. III, pag. 59

SYNONYMIE. Renversement interne des bords des paupières ; — en latin : *introver-sio palpebrarum;* — en grec : *entropion* (de *trepô*, je tourne, *en*, en dedans).

EFFETS. Il est inutile de faire observer tout ce qu'une pareille affection peut occasionner de supplice au malade ; il suffit , pour s'en faire une idée, de se rappeler ce qu'on a enduré, lorsque le moindre atome de poussière nous a été insufflé dans l'œil ; qu'est-ce que cet accident passager avec l'éraillement continu de la conjonctive par les mouvements de ces cils rentrés ?

MÉDICATION. Pour mettre fin à cette torture, la médecine n'avait d'autre moyen que celui qu'a indiqué Celse, qui est de couper net le bord cilié du *fibro-cartilage,* pour empêcher les cils de repousser, à la suite de l'ablation de leurs bulbes. Il est permis aujourd'hui d'attendre le soulagement d'abord et la guérison ensuite de l'application de la médication suivante, qui dispensera de toute espèce d'opération par l'instrument tranchant : on insinuera, entre le globe de l'œil et les paupières, une plaque en argent, en platine ou en porcelaine, et même au besoin découpée sur une carte à jouer , mais, dans tous les cas, dont la forme se moule sur la convexité de la sclérotique, comme le font les *yeux de verre ;* on aura soin de la graisser auparavant de pommade camphrée sur ses deux surfaces. La plaque préservera la conjonctive de l'éraillement insupportable que produiraient les cils, renversés en dedans. Aussi souvent qu'on le pourra, on passera avec le doigt de l'alcool camphré (1287) sur les paupières ; on bassinera d'autres fois l'œil avec tantôt l'un et tantôt l'autre des quatre collyres (1332) ; et l'on recouvrira ensuite l'œil d'un coussinet de charpie (1405) enduit d'une couche épaisse de pommade camphrée (1302, 2°).

1862. 2ᵉ ESPÈCE. BLÉPHARIDALGIE SARCOPTOGÈNE (1721) ou PHTHEIRIGÈNE (1737) ; affection du bord cilié des paupières, causée par le parasitisme de l'insecte de la gale ou des poux et morpions.

SYNONYMIE. Teigne des paupières ; blépharite glanduleuse, psorophthalmie (de *psora*, gale).

EFFETS. Le parasitisme de ces divers genres d'insectes est en état de reproduire tous les caractères des affections d'origine mercurielle, moins leur gravité et leur ténacité.

MÉDICATION. Ces sortes d'affections ne résistent pas longtemps à l'action des collyres (1332, 2°, 3° et 4°) et aux applications de pommade camphrée (1302, 2°) sur l'œil.

1863. 3ᵉ ESPÈCE. BLÉPHARIDALGIE CULICIGÈNE (1734) ou MÉLISSOGÈNE (1740); piqûre sur les bords de la paupière) des cousins, abeilles, guêpes, bourdons, etc.

SYNONYMIE. *Compère Loriot,* orgéol, orgéolure ou orgelet, par corruption *orgueilleux;* — en latin : *hordeolum ;* — en grec, *krithè* Cels.

EFFETS. Il survient, sur la paupière, un bouton dont l'inflammation gagne de proche en proche et acquiert souvent le volume d'un pois, ce qui paralyse le mouvement de la paupière et ne laisse pas que de causer d'assez vives douleurs.

MÉDICATION. Toucher le bouton avec le doigt mouillé d'alcool camphré (1287), et le recouvrir ensuite d'une petite plaque de sparadrap (1410) chauffée préalablement ; si le bouton venait à suppuration, on le couvrirait d'une couche de pommade camphrée (1302, 2°) qu'on renouvellerait soir et matin.

1864. 3ᵉ GENRE. CHITONALGIES; AFFECTIONS SPÉCIALES DE LA CONJONCTIVE (du grec : *chiton epipephykôs,* voile ou tunique étendue sur le globe de l'œil ; — en latin : *tunica summa* Celse, ou *adnata* aliorum, *conjonctiva* des modernes).

SYNONYMIE. Affection du blanc des yeux, conjonctivite.

DÉFINITION. La conjonctive est cette membrane blanche qui, partant des deux *fibro-cartilages tarses* (1858), tapisse la surface postérieure des paupières et la surface antérieure du globe de l'œil, jusqu'aux bords de la cornée transparente. C'est cette membrane qui constitue le *blanc des yeux* (*album oculorum* Colum), *to leukon* Arist., *logas* Nicand); elle est pour ainsi dire la *muqueuse palpébrale.* Les larmes en lubrifient continuellement les parois, et en préviennent ainsi l'adhérence à elle-même que produirait le rapprochement et le contact immédiat de ses deux parois. C'est une membrane d'une irritable sensibilité. Si le globe de l'œil était érectile, *exsertile* et capable de sortir et de s'avancer au delà des paupières, comme chez certains animaux inférieurs, la conjonctive formerait la première et la plus externe membrane du globe oculaire. Les larmes qui lubrifient la conjonctive sont distillées par la glande lacrymale, qui, située dans l'angle externe de l'œil et protégée par l'apophyse orbitaire du frontal, est recouverte par la conjonctive, sur laquelle elle sécrète les larmes par sept à huit conduits presque imperceptibles. Elle est animée par une branche du nerf ophthalmique. Quand les paupières se ferment, les larmes sont attirées, par les inspirations du nez, vers l'angle interne de l'œil, où est située la *caroncule lacrymale;* là elles trouvent ouverts, dans les bords de l'une et l'autre paupière, des petits canaux qui transmettent ce liquide dans le *sac lacrymal,* où il s'accumule pour pénétrer ensuite dans la cavité nasale, par le *canal nasal;* tout autant d'organes chargés chacun d'une fonction spéciale, et qui, par conséquent, peuvent être le siége et l'origine d'un cas maladif, qui se rangera dans cette classification sous un nom spécial.

1865. 1re ESPÈCE. Dacrymalgie cessante ; affection anévrogène (1754), toxicogène (254, 315, 1669), acanthogène (425,1783), etc., qui tarit la source des larmes (du grec : *dakryon, dakryma,* d'où les Latins ont tiré *lacryma,* larme; *aden dakryón,* glande larmoyante).

Synonymie. Ophthalmie sèche, xérophthalmie.

Effets. La fonction de la glande lacrymale peut être entravée par l'occlusion des petits canaux palpébraux ; occlusion occasionnée elle-même par une intoxication quelconque, par l'introduction de poussières et de corps étrangers, par l'incubation ou le parasitisme d'une insecte, ou bien par l'action pseudorganisatrice de l'une ou l'autre de ces causes, c'est-à-dire par la transformation carcinomateuse de la glande en un tissu nouveau. Dès ce moment, la surface de la conjonctive devient sèche, les paupières ne peuvent plus jouer sans gène et sans douleur; elles s'attachent même paroi à paroi et se fixent ainsi, comme si elles étaient adhérentes au globe de l'œil.

Médication. Appliquer souvent une petite compresse imbibée d'alcool camphré (1288, 2°) contre l'angle inféro-antérieur des tempes, et sur l'angle externe des paupières ; appliquer même de l'alcool camphré, au moyen d'un tampon, sur la surface conjonctivale de la glande, dans le cas où elle aurait pris un développement pseudorganisateur (1769). Ensuite bassiner l'œil avec l'un ou l'autre des collyres (1332), et recouvrir l'œil avec de la pommade camphrée (1297) pour lubrifier la conjonctive.

1866. 2e ESPÈCE. Dacrymalgie incessante ; affection qui rend continu l'écoulement des larmes.

Synonymie. Larmoiement, œil larmoyant; — en latin : *lacrymatio;* — en grec : *epiphora (pheró* qui porte les larmes, *épi* hors de l'œil).

Effets. Le larmoiement vient moins souvent de la surexcitation de la glande lacrymale que de l'obstacle qu'une affection morbide de la caroncule lacrymale oppose au passage des larmes, par les points lacrymaux ou le canal nasal (1864). On détermine passagèrement cette affection, quand, pour les besoins du traitement de l'œil, on est forcé d'introduire de la pommade camphrée sur le blanc ou conjonctive, parce

qu alors le corps gras bouchant les orifices palpébraux des points lacrymaux, les larmes, qui auraient trouvé une issue par le canal nasal, sont forcées de s'échapper et de
pleurer par les bords des paupières. Tout ce qui exerce sur la glande lacrymale une compression insolite en exprime les larmes, comme il en serait d'une éponge. Un coup contre
l'angle de l'œil, une contraction des muscles des paupières et de l'œil, l'action constrictive
d'un grand froid ou celle de vapeurs irritantes, une forte surexcitation morale de
joie, d'enthousiasme ou de douleur, l'introduction d'une écharde et d'un piquant, la
piqûre d'une cause animée et bien d'autres causes accidentelles de ce genre, peuvent
transformer la glande lacrymale en une *fontaine de larmes,* en un *ruisseau de larmes,*
qui découlent du bord des paupières, faute de pouvoir passer toutes à la fois par les
points lacrymaux. Le larmoiement peut être ainsi KRUMOGÈNE (1763), TRAUMACÈNE
(1779), AKANTHOGÈNE (1783), ENTOMOGÈNE (1788) et NOOGÈNE (1790).

MÉDICATION PRÉVENTIVE. Il suffit de spécifier toutes ces causes, pour indiquer
la manière d'en arrêter et faire cesser les effets.

MÉDICATION CURATIVE. Elle est la même que ci-devant (1865).

1867. 3ᵉ ESPÈCE. KANTHALGIES ; affections des appareils du grand angle (*kanthos
megas*) de l'œil, ou appareils conducteurs et aspirateurs des larmes.

DÉFINITION. Nous avons dit que la direction habituelle ou l'écoulement des larmes
se fait par un ensemble d'appareils qui mettent la cavité conjonctivale en communication avec les cavités nasales. Cet ensemble d'appareils se compose : 1° d'une caroncule,
petite glande charnue placée dans l'angle de l'œil, recouverte de la membrane cligno-
tante, membrane dont la fonction normale est encore tout à fait énigmatique, mais
dont l'affection morbide est un obstacle à la fonction de la transmission des larmes ;
2° de deux *points* dits *lacrymaux* qui s'ouvrent dans le tarse, l'un de la paupière
supérieure et l'autre de la paupière inférieure, et qui, après s'être réunis en un seul par
un coude, débouchent dans ; 3° le *sac lacrymal,* petite poche qui semble servir comme
de regard à l'affluence des larmes, pendant l'acte de l'expiration ; 4° du *canal nasal*
qui prend les larmes au sortir de cette poche, pour les conduire dans la cavité nasale
dont elles lubrifient les parois. On voit qu'il est permis de diviser les affections de
cette toute petite région, en tout autant de variétés que nous venons d'indiquer, pour
ainsi dire, de points de repères.

1868. 1ʳᵉ VARIÉTÉ. SARKIALGIES ; affections spéciales à la caroncule lacrymale (du
grec : *sarkion,* caroncule).

EFFETS. L'angle interne de l'œil semble se tuméfier, il rougit de plus en plus ; et
l'inflammation, gagnant de proche en proche, peut parvenir à obstruer les *points
lacrymaux.*

1869. 2ᵉ VARIÉTÉ. STIGMALGIES ; affections de l'orifice des *points lacrymaux* (du
grec : *stigmè,* points).

EFFETS. Si l'orifice de ces deux points vient à s'obstruer, les larmes sont forcées de
couler par les paupières ; on les pleure, au lieu de les utiliser pour lubrifier les parois
des cavités nasales et pour en entretenir ainsi la spéciale sensibilité.

1870. 3ᵉ VARIÉTÉ. SÔLENARIALGIES ; affections des conduits lacrymaux (de *sôlèn-
arion,* petit canal).

EFFETS. L'obstruction de ces canaux offre à la médication un obstacle plus opiniâtre
et plus difficile à vaincre.

1871. 4ᵉ VARIÉTÉ. SAKKIALGIES ; affections bornées aux parois internes du sac
lacrymal (du grec : *sakkion,* petite poche).

EFFETS. Une telle cavité, devenue le siège d'une cause morbipare, est non-seulement un obstacle au cours normal du liquide des larmes, mais peut devenir à son tour

le foyer contagieux de bien des affections morbides de l'œil et des appareils osseux du nez.

1872. 5ᵉ VARIÉTÉ. Sòlènalgies; affections spéciales au canal nasal (de *sólen*, canal).

. *N. B.* On pourrait subdiviser chacune de ces variétés en tout autant de sous-variétés qu'il existe, dans notre système, de causes morbipares. Car chacune de ces affections peut être asphyxigène (1793), thermogène (1795), krymogène (1796), toxicogène (1797), traumagène (1800), carpigène (178ᵟ) et entomogène (834, 4°, 1788).

SYNONYMIE GÉNÉRALE DES KANTHALGIES. Fistule lacrymale; — en latin : *fistula anguli qui naribus proprior est* Cels.; — en grec : *œgylôps* (*ops* œil, qui coule comme celui des chèvres *aïx*, *aigos*).

DÉFINITION. Sous le nom de fistule lacrymale, on ne peut entendre qu'une fistule borgne, c'est-à-dire, une obturation ou oblitération complète du conduit général destiné à laisser passer les larmes, de la surface conjonctivale dans les cavités nasales; que l'obstruction ait lieu dans une fraction ou une autre de ce conduit, beaucoup plus compliqué dans sa nomenclature que dans son appareil.

EFFETS. Non-seulement l'écoulement des larmes se fait par l'angle interne de l'œil; mais encore aux larmes s'ajoute encore la matière purulente, engendrée par la cause du mal, tant que l'appareil est le siége de cette cause morbipare. Les mercurialisés sont très-sujets à ce genre d'affection qui ne s'arrête pas toujours, dans ses ravages, à la paroi de ces conduits. L'obstruction du canal peut être passagère ou durable selon la gravité des ravages opérés.

MÉDICATION. On applique très-souvent une petite compresse imbibée d'alcool camphré (1288, 2°) et d'autres fois d'eau sédative (1345, 2°) sur la région du sac lacrymal, c'est-à-dire, sur la surface de la racine du nez, près de laquelle se termine la commissure des paupières. On flaire fortement tantôt de l'alcool camphré, tantôt de l'eau sédative (1336, 1°); on se bassine ensuite l'œil avec les collyres (1332); on renifle fortement de l'eau salée zinguée (1377), et l'on introduit ensuite dans l'angle de l'œil un peu de pommade camphrée (1297). De temps à autre on insinue dans la cavité nasale correspondant à la fistule une tigelle galvanique (1430), et on applique sur l'angle de l'œil une petite plaque galvanique (1419). Si la fistule lacrymale provenait d'une intoxication mercurielle ou arsénicale, on se soumettrait au régime spécial contre l'une ou l'autre de ces intoxications internes. Cette médication suffit en général pour préserver d'une fistule, toutes les fois que l'on s'y prend au début du mal. Quand le fait de l'oblitération des conduits est malheureusement accompli, la même médication empêche la fistule de se changer en ulcère rongeant; mais cette incommodité donne lieu alors à un clapier purulent en permanence.

1873. OPÉRATION. La chirurgie est intervenue pour rétablir les communications oblitérées, ce qui est toujours réalisable par des déchirements. Mais comme l'oblitération est l'effet d'une cause dont la chirurgie ne s'occupait pas, au moins d'une manière rationnelle, il en arrivait qu'une oblitération nouvelle succédait au succès momentané de l'opération, la même cause, si elle persiste, devant nécessairement sortir les mêmes effets. Lorsque la chirurgie intervenait par hasard après l'expulsion spontanée de la cause, la plaie que l'opération déterminait en creusant un nouveau canal devait, en se cicatrisant sous l'influence des pansements de l'ancienne méthode, réboucher de nouveau, comme par un cercle vicieux, le canal que la sonde était censée avoir rouvert.

Le but de l'opération est parfaitement défini; la route de l'instrument est toute tracée par la disposition anatomique; ce qu'il s'agit d'assurer, c'est le succès et le maintien du résultat de l'opération. Il suffit d'introduire, avec une certaine violence, un fil d'or ou de platine ou même d'argent à travers le sac lacrymal, pour retrouver on refaire l'issue du canal nasal ; le fil reste à demeure jusqu'à ce que le canal nasal ait reformé d'une manière durable la muqueuse de ses parois. Or cette opération, pour qu'elle réussisse, ne doit pas être séparée de la médication : pour cela, il suffira de faire jouer le fil métallique de temps à autre, en ayant soin d'imbiber de pommade camphrée les portions qui en sortent ou y rentrent.

1874. 4ᵉ GENRE. SPHÆROMMALGIES ; affections des diverses régions du globe de l'œil. (Du grec : *sphœra*, globe, et *omma*, œil ; en latin : *oculorum orbes*.)

DÉFINITION. Le globe de l'œil, comme extrémité papillaire du nerf optique, se compose d'emboîtements ou expansions du nerf optique, lesquels, du côté de la lumière, amincissent leurs parois, pour devenir, par leur transparence, perméables aux rayons de la lumière : 1° L'emboîtement le plus externe, c'est la SCLÉROTIQUE, enveloppe épaisse et cornée (*keratoeides* Cels., *sclerotès* ou *sclerotikè* des anciens, de *scleros* dur), qui, autour de l'extrémité antérieure de son axe, devient transparente sur un segment qui prend le nom de CORNÉE TRANSPARENTE, et par abréviation, CORNÉE ; calotte sphérique qui est, pour ainsi dire, la pupille de la SCLÉROTIQUE (*quœ luco pupillœ attenuatur* Celse), et dont le rayon de courbure donne la vue longue des vieillards (*vue presbyte*) ou vue trop courte (*myopie*). 2° L'emboîtement qui tapisse celui-ci et à qui nous donnerons le nom de CHORIOÏDE qu'il avait chez les Grecs (*chorioeides à grœcis nuncupatur* Cels.), est d'une consistance molle, musculaire, à réseau circulatoire serré et à liquide circulatoire noir comme de l'encre ; cet emboîtement, par la surface qui s'enchâsse contre le segment de la CORNÉE TRANSPARENTE, et qui par conséquent est en contact immédiat avec la lumière, emprunte ses nuances variables au spectre solaire, d'où il a pris le nom d'IRIS (*) ; et il devient ensuite, en s'amincissant, d'une telle transparence, sur l'aire centrale de ce segment irisé, qu'il en paraît percé d'une ouverture circulaire que l'on désigne sous le nom de PUPILLE ; — (en latin : *pupula* ou *pupilla*; — en grec : *korè* et *glènè* : portion de membrane à laquelle se rapporte certainement celle d'*arachnoeidès*, ou toile d'araignée, dont se sert Hérophile, le fondateur des études et de la nomenclature anatomique). 3° Cette membrane pupillaire sert à contenir le liquide réfringent (HUMEUR AQUEUSE des anatomistes modernes; *humor aqueus* des Latins ; *hydatoïdes* des Grecs) qui remplit ce qu'on nomme la première chambre de l'œil, laquelle peut être comparée à une lentille plano-convexe, achromatisée sans doute par la différence du pouvoir réfringent de l'enveloppe transparente et du liquide qu'elle contient. 4° Les emboîtements les plus internes, qu'on peut rendre bien distincts, quand on en soumet la masse soit à la congélation, soit à la coagulation par l'action de l'alcool ou des acides, ayant un peu l'aspect de l'albumine cuite des œufs de canard, ou d'oie ou bien celle du verre légèrement opalin (d'où est venue à cette masse le nom d'HUMEUR VITRÉE, et en grec de membrane *hyaloïde*), deviennent plus limpides, d'une pâte plus compacte vers l'ouverture de la pupille, et finissent par former là 5° un secteur sphérique, convexe par devant, légèrement en cône sur sa surface supérieure, qui constitue le CRISTALLIN (*krystalloïdes tunica* de Celse) (**) ; le sommet du cône posté-

---

(*) C'est à la partie postérieure de l'iris que se rapporte l'expression de *tunica uva* ou *Rhagoeides* ou *Rhàga* des anciens, et l'expression moderne d'UVÉE, de *uva*, grains de raisin noir dont cette membrane a la coloration.

(**) Goutte d'humeur, ajoute Celse, semblable au blanc d'œuf et d'où émane la faculté de voir. Liv. 7, ch. 7, § 13.

rieur du cristallin est le centre, non pas de la forme, mais de l'organisation de cette prétendue humeur qui est une belle lentille conjuguée. 6° La *choroïde,* qui tapisse l'intérieur de la sclérotique ou cornée opaque, se colore à son tour de violet, de grisâtre et de blanc, à mesure qu'elle approche de l'axe de l'œil et de l'insertion du nerf optique ; car là elle reçoit les rayons de la lumière réfractée par les trois agents lenticulaires dont nous venons de parler. De cette portion décolorée de la choroïde, les anatomistes ont fait une membrane *sui generis,* la rétine (de *rete,* filet), à laquelle une erreur de Descartes a prêté une importance que les rétrogrades lui conservent par esprit d'opposition systématique. Nous croyons avoir démontré amplement (*) que les objets ne viennent pas se peindre sur cette surface ; que nous ne les voyons pas renversés, comme on l'avait admis sur la foi de Descartes ; mais que la vision a lieu par convergence, dans l'humeur vitrée, sur la ligne de l'axe du globe de l'œil, et à des distances correspondant, d'une manière proportionnellement graduée, aux distances des objets extérieurs. 7° Le point voyant est au sommet de l'angle de convergence de ces rayons lumineux ainsi réfractés : 1° par l'humeur aqueuse, première lentille plano-convexe de l'œil ; 2° par le cristallin, seconde lentille conjuguée achromatiquement avec tous les emboîtements de l'humeur vitrée, dans le sein de laquelle se perçoit l'image.

Ce sont là les divisions dont le scalpel peut permettre de déterminer les rapports ; mais ce qui échappe à la dissection, ce sont les épanouissements en ombelles des rameaux nerveux de la sensibilité, dont les extrémités viennent paver les diverses couches, surtout l'externe (la cornée), de leurs innombrables papilles du tact. Car l'expérience de tous les jours, mais surtout dans le cas d'une maladie quelconque des yeux, l'expérience nous met à même de juger de l'exquise sensibilité de toutes ces surfaces, au seul contact de la lumière ; ce qui fait que le globe de l'œil, cette grande papille nerveuse, pourrait être appelé l'organe spécial du tact des rayons lumineux ; instrument des plus atroces souffrances dès qu'il cesse d'être organe normal de la vision.

Pour nous renfermer dans l'étude de son rôle d'organe voyant, on n'aura pas de peine à comprendre, combien la même cause de désorganisation morbipare pourra apporter de troubles divers dans la fonction et de souffrances dans ses diverses régions, et cela par un simple déplacement ; imaginez-vous une larve de mouche (831, 4°) ou la filaire elle-même (1034) s'introduisant à travers la conjonctive et continuant à pénétrer dans le centre de l'œil ; chaque pas qu'un tel genre de cause fera dans ces régions profondes donnera lieu à une maladie nouvelle par son siége et par ses caractères. De ces causes morbipares, les médications par le mercure, métal, nous l'avons déjà dit, qui est doué d'une grande affinité pour les papilles terminales des nerfs, forment sans contredit les 99/100ᵉˢ ; et ce sont elles qui produisent en général les cécités incurables, alors même que l'œil semble jouir de la plus parfaite intégrité.

N. B. Nous allons énumérer par régions les diverses maladies qui sont dans le cas de paralyser ou d'éteindre à tout jamais la fonction de la vision dans l'article des applications de la médication, nous nous attacherons à leurs diverses causes.

1875. 1ʳᵉ ESPÈCE. KÉRATALGIES ; affections spéciales ayant leur siége dans le tissu de la cornée transparente (du grec : *keras, keratos,* substance cornée).

Définition et synonymie des diverses affections spéciales a la cornée transparente. Toute cause capable d'interrompre le cours de la circulation incolore qui est propre à la cornée transparente, ou de substituer à cette dernière la circulation

---

(*) Voy. *Nouveau Système de Chimie organique,* tom. II, pag. 321, 1838.

sanguine ou même lymphatique, doit nécessairement en altérer la transparence, la coloration apparente, et y produire 1° l'inflammation et la *suffusion* sanguine (*suffusio* de Celse, ophthalmie, kératite et cornéite des modernes); 2° l'opacité opaline complète (en latin : *albugo, caligo;* et en grec : *leucôma;* de *album* et *leukos* blancheur) ou incomplète (taie et tache de l'œil; en latin : *nubecula;* en grec : *michlè*). Car tout liquide ou tissu transforme sa limpidité en opacité par le mélange de substances hétérogènes. 3° Toute cause morbipare, de nature soit alcaline, soit acide proprement dites, soit jouant le rôle de l'un ou de l'autre de ce genre de substances, en amincissant ou ramollissant en tout ou en partie les parois primitivement cornées (*kératomalacia;* du grec : *malakos*, mou), peut faire que la cornée transparente cède en partie ou tout entière, sous la turgescence et la pression des humeurs de l'œil, et forme alors une hernie (kératocèle) ou une bosselure demi transparente brune ou jaunâtre (pommette ou melon), ou une surface conoïque et ombiliquée; ou bien qu'elle se couvre, en se soulevant à l'intérieur, de granulations noires en grappes (raisinières, staphylome rameux des modernes; *staphylôma* des Grecs et de Celse qui définit cette affection : *similis figura acino;* du grec *staphylè,* grappe de raisin).

4° L'altération organique de la cornée transparente, partant du coin de l'angle interne de l'œil et s'arrêtant à une certaine distance du centre de la convexité, soit à l'extérieur soit à l'intérieur de cette calotte transparente, et limitée ainsi comme en croissant par un arc de cercle, prendra le nom d'ongle ou coup d'ongle, d'onglet, de drapeau, d'onglée en l'oeil (Morel, dict. de 1558), *unguis nervosa* en latin, et en grec. *pterigion,* de *pteryx,* aile).

5° Toutes les causes de dermalgies (1656) ou maladies de la peau, en reproduisant et localisant leurs innombrables effets sur la surface de la cornée transparente, sont en état de la couvrir d'efflorescences humides, de tuberculisations purulentes, de bourgeonnements blafards, granulés et s'amoncelant les uns sur les autres, de manière à soulever la paupière et à en gèner les mouvements (en latin : *corneo-tubercula, ulcuscula, carcinomata* et *carbunculi*).

La cornée transparente intercepte alors la vision et du malade et de l'observateur.

6° D'autres fois ces effets, disséminés par infiniment petites doses dans la substance intime de la cornée transparente, y font l'office de tout autant de petits écrans opaques, que la vision du malade perçoit, et que son imagination transporte, comme des corps volants, comme des points noirs, comme des mouches, dans les régions de l'espace que l'œil mesure dans tous les sens par ses mouvements incessants.

7° D'autres fois la cornée imprégnée d'une coloration qui lui est étrangère, prête cette coloration factice à tous les objets extérieurs: dans l'ictère on voit tout jaune; dans l'inflammation on voit tout couleur de sang; tout paraît enveloppé de fumée, quand la cornée a contracté une semi-transparence fuligineuse. Ces deux dernières affections avaient reçu des Latins le nom d'*hallucinatio,* et des Grecs celui de *parorasis* (de *oraó,* voir, et *para,* autre chose que ce qui est).

1876. 2° ESPÈCE. Iridalgies; affections de la cloison qui prend le nom d'iris sur sa zone antérieure et irisée, d'uvée sur la zone postérieure et noire, de pupille sur l'aire centrale amincie en une pellicule diaphane et d'une minceur qui semble échapper à la vue.

Définition et énumération synonymique des diverses affections dont cette cloison de l'oeil peut être le siége. L'iris est une cloison éminemment musculaire et destinée à servir de diaphragme à l'appareil de la vision, c'est-à-dire d'écran élastique pour rétrécir ou dilater l'ouverture de la pupille, selon que les rayons de lumière deviennent trop ou pas assez intenses; c'est par suite de cette graduation, dans le diamètre de la pupille, que l'œil est en état de percevoir les couleurs; la plus grande ouverture permettant de percevoir la sensation du *rouge*, la suivante celle du *bleu*, la suivante celle du *jaune*, et la moindre de toutes, celle du *blanc;* les dilatations de la pupille intermédiaires à ces quatre divisions combinant les deux couleurs contiguës de manière à fournir toutes les colorations intermédiaires, et toutes les nuances possibles, selon que le diamètre de la pupille s'approche plus de l'une que de l'autre de ces grandes divisions; ainsi, par exemple, quand le diamètre de la pupille sera intermédiaire entre ceux de la zone *rubripare* et de la zone *cérulipare*, l'œil aura la sensation de la couleur *violette* (*).

Le diamètre de la pupille doit donc changer à chaque coup d'œil; son immobilité indiquerait un état morbide et donnerait lieu aux plus singulières illusions sur la forme et la coloration des objets.

La structure de l'iris consiste en irradiations de filets musculaires, disposition comme soyeuse qui suffit pour en produire le châtoiement et les irisations. Chacun de ces petits filets est le développement musculo-cellulaire d'une papille nerveuse qui en anime la contractilité. L'iris est donc susceptible de PARALYSIE (1754) qui peut le frapper à l'instant de la plus grande ou de la moindre dilatation, sans déformer le pourtour circulaire de la pupille, quand la paralysie est générale, mais en déchiquetant ses bords internes d'angles rentrants et sortants plus ou moins nombreux, souvent cruciformes, quand la paralysie est alternante. Cette affection de l'iris est donc *névrogène.* La dilatation exceptionnelle et persistante de la pupille peut provenir également de la turgescence de l'œil, d'une pléthore de l'*humeur vitrée,* comme son rétrécissement permanent peut être dû à une émaciation de cette dernière région de l'œil. La colère, une forte surexcitation morale ou toxicogène (332), par la belladone, par exemple, sont en état de tenir la pupille dilatée démesurément (**) : l'homme voit alors tout en rouge, il a du sang dans les yeux. Chez certains animaux, tels que le chien et même, en certaines circonstances, chez l'homme, la pupille et la membrane de l'iris paraissent flamboyantes. Sous une telle influence ou bien sous celle des infections désorganisatrices et mercurielles, la membrane iris peut se déchirer et retomber en partie au moins dans la première chambre; on appelle cette affection la *chute* ou *procidence de l'iris.* Quant à la membrane de la pupille, elle est vraiment si mince, si pelliculeuse, si *pelure d'oignon,* qu'il lui serait bien difficile de devenir le siége d'une sécrétion quelconque appréciable et d'un déchirement capable d'être distingué; les affections dont elle est susceptible échappent à l'analyse. L'*inflammation,* ou remplacement de la circulation omnicolore par la circulation sanguine, peut envahir l'*iris,* comme la *cornée transparente.*

1877. 3e ESPÈCE. SCLÉRALGIES; affections de la substance de la SCLÉROTIQUE ou CORNÉE OPAQUE (*sclerotès*).

DÉFINITION et ÉNUMÉRATION SYNONYMIQUE DES AFFECTIONS DE LA CORNÉE OPAQUE. Ainsi que la *cornée transparente* (1875), la *cornée opaque* ou *sclérotique* peut, sous l'influence des mêmes causes d'intoxication ou de désorganisation, se couvrir de tuberculisations purulentes ou blafardes, s'injecter de sang dans ses innombrables mais inappréciables canaux interstitiels. Elle peut perdre même, çà et là, son opacité et

---

(*) Voy. *Nouveau système de Chimie organique,* 2e édit. 1838, tom. II, pag. 338. — *Revue élémentaire de médecine et de pharmacie,* tom. I, pag. 222, 1847. — *Revue complémentaire des Sciences,* tom. I, pag. 84, 1854.

(**) On a donné le nom de *mydriasis* à cet état de dilatation de la pupille dont l'aire semble avoir refoulé et avoir fait disparaître l'iris.

se marbrer de places transparentes qui en paraissent bleues, comme vitreuses, parce
qu'à travers ces parois, la couleur de l'humeur vitrée devient percevable, même en
dépit de la conjonctive qui semble alors avoir contracté avec la cornée une adhérence
plus intime. C'est là le plus mauvais signe d'une maladie des yeux ; car il indique que
la cause procède par une désorganisation chimique, qui ne respecte plus rien en fait
d'organisation normale; on pourrait désigner cette affection sous le nom de *marbrure
de la sclérotique*. Cette affection coïncide toujours avec la turgescence du globe de
l'œil, qui le porte à faire saillie hors de l'orbite.

1878. 4e ESPÈCE. Crystallalgies; affections morbides du cristallin.

Définition et énumération synonymique des affections de la lentille du
cristallin (en latin : *lens cristallina;* en grec : *crystolloeides*). La cause morbipare
qui a pris son siége dans le cristallin est dans le cas de décomposer la substance de
cet organe indispensable à la vision. Le cristallin, par suite de cette décomposition
intime, peut devenir le foyer d'une infection purulente, et, à son tour, une cause occasionnelle des plus grands désordres dans la capacité du globe oculaire, ou celle de la
perte complète de la vision; cette affection est accompagnée de douleurs atroces. Ou
bien la cause morbipare ne fait qu'altérer l'homogénéité de composition qui fait la
transparence, soit en introduisant dans le réseau interstitiel de cet organe des bases
incrustantes qui produisent l'opacité par leur interposition, soit en dépouillant les
cellules de la portion aqueuse qui leur communiquait la même réfringence qu'au
liquide qu'elles élaborent (*). Dans ce dernier cas, cette *goutte* semblable à du blanc
d'œuf, selon l'expression de Celse, semble devenir opaque par coagulation, comme
le ferait le blanc d'œuf dans l'eau bouillante; le cristallin est affecté alors d'une
cataracte, dans le langage des modernes *(suffusio* Cels.) (**) : cataractesuperficielle,
si l'affection s'arrête à la couche externe, laquelle se détache alors du reste de la lentille, comme si elle en formait la capsule antérieure ou postérieure, quand l'affection
n'intéresse que la surface antérieure ou postérieure de la lentille (*cataracte capsulaire*
ou *membraneuse* des auteurs); entière et profonde, si toute la substance du cristallin
est ainsi transformée (*cataracte lenticulaire* ou *cristalline* des auteurs). La pupille,
dans ces trois cas, au lieu d'être noire, semble être remplacée par une lentille jaune,
mais plus souvent d'un blanc de lait éclatant, ou bien par un miroir concave du même
aspect, si la surface postérieure seule du cristallin est ainsi transformée. Quelquefois le
cristallin est tellement désorganisé qu'il s'isole des autres couches de l'*humeur vitrée*
dont primitivement il faisait partie, et vacille, dans cette région, comme s'il y était en
qualité de corps étranger (*cataracte branlante* des auteurs). L'interposition d'un pareil
écran, sur l'ouverture de la pupille, ne saurait manquer d'intercepter de plus en plus les
rayons lumineux, à mesure que le travail désorganisateur gagne de proche en proche
les couches plus profondes; et la marche de l'affection doit finir par produire une
cécité complète, qui ne peut céder en définitive qu'à une opération. Il est très-rare
que le mal affecte les deux yeux à la fois ou par une marche parallèle ; cependant il
ne l'est pas moins qu'un des deux yeux devienne cataracté, et que l'autre tarde à.

(*) Nous avons déjà dit que le cristallin n'était que le secteur antérieur de l'humeur vitrée,
mais un secteur devenu d'une consistance plus compacte et plus vitrée, ce qui en augmente et
la transparence et le pouvoir réfringent. Ce secteur tend de jour en jour, et avec l'âge, à
devenir de plus en plus dense, en s'assimilant les bases inorganiques. Son état cataractal, c'est la
dernière limite de cette induration progressive; c'est une vieillesse anticipée d'organe et indépendante de l'âge de l'individu.

(**) *Cataracte,* terme impropre qui signifie procidence. Le mot de *suffusion* est mieux et
s'adapte parfaitement à la théorie ; il équivaut à *infiltration.*

à se trouver affecté de la même manière : les deux yeux en effet reçoivent l'influence de la cause, du point commun de jonction des deux nerfs optiques. La formation de la cataracte n'est due en effet, dans un très-grand nombre de cas, qu'à la paralysie du cristallin, par suite de l'atrophie de la substance nerveuse; c'est une *atrophogénose* (1816).

1879. 5e ESPÈCE. HYALALGIE; affections spéciales de l'humeur vitrée (*hyaloïdes* des Grecs).

DÉFINITION ET SYNONYMIE DES AFFECTIONS DE CETTE CHAMBRE DE L'ŒIL. La région postérieure de tous ces emboîtements, dont le cristallin est le secteur antérieur, peut être affectée des mêmes altérations que le cristallin, sous l'influence des mêmes causes; et il arrive quelquefois que l'altération purulente et la SUFFUSION même (CATARACTE) comprend à la fois et le cristallin et l'humeur vitrée; en sorte que ces deux régions continuent à faire un seul tout morbide, de même que, dans l'état normal de l'œil, elles faisaient un seul tout homogène, sinon par leurs fonctions, du moins par l'unité de leur organisation cellulaire. L'HUMEUR VITRÉE est susceptible de contracter maladivement des colorations qui se transmettent par réflexion au cristallin et à la pupille; on donne le nom de *cataracte noire* à l'état de l'*humeur vitrée* qui colore en noir toute la capacité de la grande chambre de l'œil. Quand la cécité provient de l'altération qui affecte l'HUMEUR VITRÉE, elle est incurable; car au moyen de la fonction de l'humeur vitrée saine et intègre, il peut se refaire un CRISTALLIN; mais l'humeur vitrée, avec le secours de quel autre organe se referait-elle, si une fois elle était elle-même frappée de mort?

Il arrive souvent que l'œil est atteint d'une cécité complète, quoiqu'on n'aperçoive rien ni de dérangé, ni de troublé dans les deux chambres de l'œil, que la pupille ait son diamètre normal et que l'iris même jouisse encore de sa contractilité ordinaire. La vision est impossible alors, quoique l'appareil semble être dans son intégrité, et que les diverses régions de ce télescope vivant conservent la limpidité de leur transparence et la régularité de leur courbure. Cette affection, qui prend le nom d'AMAUROSE et provient de la paralysie du nerf optique, est une CHONDAGÉNOSE (1821).

L'action du mercure est dans le cas de métamorphoser l'HUMEUR VITRÉE en une nouvelle substance qui devient également incapable de réfracter et de réfléchir la lumière; cet effet constitue ce qu'on appelle la *cataracte noire*. Si au lieu de cette action pseudorganisatrice, le mercure ou toute autre substance intoxicante exerce sur l'humeur vitrée une action désorganisatrice, l'état morbide de l'œil ne saurait être pire, par les ravages et la souffrance; car c'est la gangrène dans l'œil.

En outre l'HUMEUR VITRÉE, à la suite d'une forte commotion, ou de l'érosion de l'uvée et de l'iris, peut faire irruption et HERNIE dans la première chambre; et même au dehors de la sclérotique, à la suite d'une blessure ou de la plaie mal cicatrisée que nécessite l'opération de la cataracte.

N. B. Dans l'énumération qui précède des maladies de l'œil, nous nous sommes arrêté aux principales, à celles qui se présentent avec un caractère défini et constant. S'il fallait pousser les indications synonymiques plus loin, sur les traces des nomenclateurs qui ont pris Galien pour modèle, je ne sais plus où l'on pourrait s'arrêter. Car il n'est pas une portion de l'une des enveloppes de l'œil dont l'altération, quoique émanant d'une même origine, ne soit dans le cas de fournir l'occasion d'une nouvelle dénomination. Que le tubercule hydrargène (1875, 5e) se forme, par exemple, sur la paroi interne (ou uvée) de l'iris, le mal paraîtra d'une tout autre nature que s'il se formait sur la paroi antérieure, sur l'iris proprement dit, et ainsi de suite. Cependant pour ne pas laisser nos lecteurs en arrière de ceux qui se piquent à cet égard d'une certaine érudition, nous allons leur donner une liste succincte de ces créations nominales et arbitraires, que notre nouvelle nomenclature permet de remplacer au besoin par des dénominations systématiques faciles à combiner.

1° *Sycosis :* petites granulations analogues aux pepins des figues, qui viennent sur les paupières (analogues des pustules du muguet et du millet) (1724).

2° *Chalasion* en grec, et en français, GRÊLES, MURES et POIREAUX : tubercules purulents qui viennent sur la paroi conjonctivale des paupières.

3° *Scleriasis :* tuméfaction des paupières ; *pladarotes,* enflure molle du bord des paupières; *mydesis,* ulcère rongeant des paupières; *madarosis,* chute des cils et enflure des tarses.

4° *Trichiasis, districhiasis, tristrichiasis* et *phalangosis :* développement d'une, deux, trois et plusieurs rangées de cils sur le bord des paupières.

5° *Chemosis :* inflammation intense de la conjonctive.

6° *Hyposphagma :* ecchymose (1705) de cette membrane.

7° *Achlys,* brouillard; *argemon,* ulcère rond ; *epicauma,* ulcère rongeant ; *bothryon,* ulcère petit ou fossette; *coeloma,* ulcère large et superficiel ; *hypopyon,* purulence; *mycocephalon,* granulation en tête de mouche; *staphyloma,* chute ou hernie de l'UVÉE et IRIS.

8° *Encanthis :* excroissance de chair au grand angle de l'œil.

9° *Rhœas :* larmoiement par suite de la désorganisation des appareils du grand angle ou angle interne de l'œil.

10° *Ankylos :* adhérence purulente des deux conjonctives (des paupières et du globe de l'œil.

11° *Symptosis :* rétrécissement et oblitération du trou optique, etc.

1880. THÉORIE DE LA VISION. 1° Le globe oculaire est un assemblage inimitable do lentilles conjuguées, de manière à obtenir, dans toute sa perfection, l'*achromatisme,* c'est-à-dire, la vraie coloration et la pureté de l'image, ou bien la vérité de la forme des objets sur lesquels se projette la lumière. Celui-là approchera le plus de la solution du problème mécanique de la vision artificielle, par les verres grossissants, qui approchera le plus près de la réalisation mécanique des rapports de combinaison entre les substances que la nature a assemblées dans la construction de l'œil. Mais d'un autre côté, pour bien comprendre le mécanisme de l'œil et la fonction de cet organe, il suffit d'analyser la construction et le jeu de ces admirables assemblages de calottes de verre, dont l'invention par un inconnu, et le perfectionnement par le divin Galilée, semble avoir ajouté, sous le rapport de la portée de la vision, un perfectionnement nouveau à l'œuvre déjà si parfaite de la nature. L'effet à obtenir consiste en tout dans la pureté et la limpidité du milieu, dans la régularité des courbures et dans l'application exacte des emboîtements des lentilles l'une contre l'autre. Dans notre œil, l'élasticité même des lentilles est un élément inappréciable de succès, que le travail des corps solides ne saurait jamais atteindre.

2° Quoi qu'il en soit, il doit paraître évident, d'après l'analogie des deux constructions, l'une naturelle et l'autre artificielle, que nous ne voyons pas autrement avec notre œil seul qu'à travers un assemblage de verres grossissants; et que la théorie optique des lentilles s'applique immédiatement à celle de la vision à l'œil nu. Or, par quel mécanisme un verre grossissant, interposé entre notre œil et l'objet à percevoir, transmet-il l'impression de l'image jusqu'à notre organe voyant, si ce n'est en faisant converger, vers l'aire centrale de notre *cornée transparente,* les rayons parallèles qui arrivent de l'objet sur la lentille artificielle? Donc la première lentille ou *chambre* de notre œil que limite la calotte de la *cornée transparente* doit continuer de faire converger ces rayons, déjà artificiellement réfractés, vers la pupille, pour que de là ils soient repris par le *cristallin*; cette calotte compacte de l'*humeur vitrée ;* et cette seconde pièce de l'œil, par sa forme lenticulaire, doit les faire converger vers l'axe de l'organe admirablement réfringent, que la vieille anatomie avait pris pour une humeur informe et inorganisée. L'*humeur vitrée* doit à son tour continuer, par suite de la réfraction qui lui est propre, à faire converger les rayons de l'image, de manière enfin que tous les rayons du faisceau se réunissent en un foyer qui ne saurait être qu'un point placé au sommet de ce cône. C'est par ce point que l'œil doit percevoir l'image ; c'est là qu'est l'organe ayant la sensation de la forme et de la coloration de l'objet extérieur ; nous nommerons ce point-là le POINT VOYANT OU PERCEVANT. Or, il est évident que ce point mathématique, qui peut percevoir le monde, doit être placé sur l'axe de l'HUMEUR VITRÉE. Mais le foyer d'une lentille étant plus ou moins éloigné, selon que le rayon de courbure est plus ou moins grand, il est évident que le POINT VOYANT se trouvera à des distances plus ou moins éloignées du cristallin, selon les diverses espèces d'animaux, selon les diverses constitutions et organisations de la même espèce, selon les divers états de maladie ou de surexcitation du même individu, selon les divers âges surtout ; en sorte qu'il est évident que, quant aux grandeurs absolues et à la gamme des couleurs, une espèce d'animal ne voit pas comme une autre, ni tel homme comme tel d'une constitution tout autre, ni un malade comme un bien portant, ni le même homme sous telle impression, comme sous telle autre, à tel âge comme à tel autre. Pour que nous voyions plus loin, il suffit que, par suite d'un tiraillement musculaire ou d'un changement progressif dans l'organisation, le rayon de courbure de la cornée transparente s'allonge et que la calotte de la lentille s'aplatisse. Pour que nous puissions voir de près, il faut que le contraire arrive et que la cornée devienne plus bombée et que par conséquent son rayon de courbure s'abrége. Dans le premier cas, on a la vue *presbyte* ou vue de vieillard (en grec : *presbytès*) ; dans le second cas, on est *myope* (du grec : *myein,* cligner, et *ops,* l'œil ; ou plutôt de *ops,* œil, et *myos,* de rat).

3° Chez certains individus, la pupille est tellement dilatée, qu'elle laisse passer trop de rayons à la fois pour que la vision soit distincte, au soleil ou même à la lumière du jour ; chez ceux-là la vision n'est possible qu'à la lumière diffuse ou à celle des étoiles ; on les nomme *nyctalopes (nyctalopes* Hipp.) et leur affection *nyctalopia :* (de *nyx,* nuit ; *lops,* vue et euphonique) ; *amblyopia meridiana,* difficulté de voir en plein midi ; du grec : *amblys,* diffus). Chez d'autres la composition intime des appareils de l'œil est si compacte et si dense, que la vision ne s'effectue que quand les objets sont éclairés par une vive lumière, par celle du plus beau soleil ; elle devient confuse et peu distincte par le crépuscule, ou quand l'horizon s'assombrit ; on nomme ces individus *héméra-opes,* et leur affection *héméralopie (hemeralopia, amblyopia crepuscularis, dysopia tenebrarum).* Il est des yeux chez qui, d'une manière congéniale ou accidentelle, les zones coloripares se substituent les unes aux autres, par suite soit de l'extension de l'une, soit de la paralysie ou de l'atrophie de l'autre, soit du changement de courbure dans les diverses lentilles conjuguées de l'œil, soit de la dilatation et du rétrécissement de la pupille, soit de la coloration propre de la cornée transparente ; en sorte que cet œil, exceptionnellement organisé, voit les objets revêtus d'une tout autre couleur que celle que perçoit tout le monde. Le célèbre peintre Jouvenet avait l'œil organisé pour voir tous les objets teintés en jaune ; une attaque d'apoplexie lui réforma ce défaut de l'œil ; et l'on dirait que l'admirable page qu'il peignit à la suite de sa maladie appartient à un tout autre coloriste. Dans la chlorose on voit tout jaune, parce que le jaune de la sclérotique se répand de proche en proche jusque sur la cornée transparente.

4° Bien des gens, à la lecture de cet article, s'étonneront que nous n'ayons fait aucune mention du rôle que l'école fait jouer à la rétine, dans le mécanisme de la vision : C'est que nous avons trop bonne opinion de leur érudition et de la rectitude de leur judiciaire, pour ne pas croire que, depuis qu'ils ont secoué la poussière des bancs, ils aient fixé leur attention sur la démonstration, que nous avons publiée depuis vingt ans, du rôle absurde et contraire à toutes les lois de l'optique, que Descartes a fait jouer à la portion de la surface interne ou chorioïdique de la sclérotique, qui avoisine l'insertion du nerf optique. Toute la théorie de Descartes était fondée sur une expérience faussement interprétée ; on est du reste toujours dans l'erreur, quand on prête un mensonge à la nature : or, d'après Descartes, elle nous aurait fait voir renversés les objets que nous croirions ensuite voir droits ; la nature ne fausse jamais ainsi les croyances ; elle est *la vérité, toute la vérité, rien que la vérité.*

1881. **MÉDICATION GÉNÉRALE ET CONTRE TOUTES LES AFFECTIONS DE L'OEIL.** Aussi souvent qu'on le pourra dans la journée (mais au moins trois ou quatre fois), bassiner l'œil avec le collyre 1332, 2°, et ensuite avec le collyre 1332, 4° ; 1375, qu'on renouvellera deux ou trois fois de suite ; recouvrir ensuite l'œil un instant de pommade camphrée (1297). Si, à la suite de ce traitement, les yeux devenaient un peu trop larmoyants, on remplacerait le collyre 1332, 2° par le collyre 1332, 3°. Chaque fois s'arroser le crâne d'eau sédative (1347, 3°), en flairer, s'en passer sur les tempes et la racine du nez. De temps à autre se passer avec le doigt de l'alcool camphré (1287) sur les régions des paupières qui correspondent aux deux angles de l'œil, à la glande et à la caroncule lacrymales. Si la maladie quelconque provient d'une constitution, d'un empoisonnement ou de médicaments mercuriels, on portera les lunettes galvaniques (1428), et on s'appliquera, de temps à autre, les plaques galvaniques (14-9) sur les paupières, les tempes et sur la racine du nez ; on aura de plus recours au traitement antimercuriel (1686).

1882. **MÉDICATIONS SPÉCIALES CONTRE LES AFFECTIONS DE LA CORNÉE, OPAQUE OU TRANSPARENTE.** La vue n'est jamais définitivement perdue, quand la cause de l'affection est limitée à cette enveloppe externe du globe de l'œil ; et la guérison peut en être considérée comme assurée, toutes les fois que le mercure n'est pas l'auteur du mal ; quoique, dans ce dernier cas encore, l'affection ne soit pas toujours désespérée pour la nouvelle méthode, dût le médecin dont la médication a produit ce mal déclarer que l'ophthalmie est incurable. Ces sortes d'ophthalmies sont en permanence dans certains hôpitaux militaires où domine la médication par les préparations mercurielles : elles y sont contagieuses et épidémiques ; car elles y ont pour véhicules les draps de lit, les chemises et le linge, les vases et l'air lui-même ; vu que, dans ces lieux d'infection, il n'est rien qui n'ait été de longue date imprégné de mercure. Vers 1844 une pareille contagion sévissait de la manière la plus déplorable dans les hospices des jeunes enfants de Paris ; j'en avertis alors les parents et l'administration par un exemple des plus déplorables : Ayant eu à soigner, à cette époque, l'épouse d'un ouvrier, excellent père de famille, et le voyant dans la plus grande gêne, par suite de son assiduité auprès du lit de la malade qui se mourait de consomption, je l'engageai malheureusement à placer ses trois petits enfants à l'hospice des jeunes enfants, pour tout le temps que durerait la maladie de leur mère ; et mon budget pharmaceutique me permit, de cette manière, de pourvoir aux besoins du ménage, réduit dès lors à deux personnes. Au bout de trois semaines, ainsi que nous l'avions prévu, la pauvre femme termina sa triste carrière ; et après les premiers devoirs rendus à sa mémoire, le brave ouvrier courut reprendre ses enfants. En entrant à l'hospice, ils jouissaient de la santé la plus florissante ; il me les ramena également forts ; mais l'aîné était complétement aveugle, les deux globes des yeux étaient littéralement vidés ; il avait gagné, comme on le disait à cette époque, l'ophthalmie des hôpitaux ; et on avait combattu cet effet des miasmes mercuriels, par des applications de mercure sur une vaste échelle. Que ceux qui liront cette page s'empressent de propager cet avertissement ; ils n'auront pas à s'adresser le reproche qui, en dépit de tous mes raisonnements à cet égard, a longtemps pesé sur ma conscience : « Avec quelques sous de plus par jour, me disais-je, j'aurais pu prévenir un tel malheur. »

Mais, je le répète, tous les cas d'ophthalmie ne sont pas aussi funestes ; et cette maladie est curable par la nouvelle méthode, lorsque le mal s'arrête à l'enveloppe de l'œil, et que le malade a le sentiment de la lumière ; la guérison n'est plus alors, et à l'aide de la médication nouvelle, qu'une affaire de temps.

Si la maladie ne consiste qu'en une inflammation ou une injection sanguine de la surface conjonctivale et de la cornée, la médication générale ci-dessus (1881) en viendra bien vite à bout. Mais si la cornée est bosselée d'excroissances verruqueuses ou tuberculeuses, on touchera souvent dans la journée chaque tubercule avec un petit tampon imbibé d'alcool camphré (1287) ; on se bassinera l'œil, immédiatement après, avec le collyre 1333, 2°, et on se couvrira l'œil de pommade camphrée (1297). On conçoit que, si la maladie était entomogène (1810), elle céderait tout aussi bien à ce traitement (car il est vermifuge), que si elle était hydrargène (1766). D'autres fois on touchera les verrues, tubercules et autres accidents de surface, avec le tampon imbibé d'eau sédative pure (1336, 1°), en ménageant les surfaces saines de l'œil.

C'est à ce simple traitement spécial, joint à la médication interne contre les affections d'origine mercurielle (1686), que la méthode nouvelle est redevable de ses plus beaux succès, dans les cas d'ophthalmies que l'ancienne méthode avait déclarées incurables, tellement que ces guérisons inattendues faisaient dire à certains habitants des campagnes, des plus enclins à croire aux miracles, que j'avais dans une boîte des yeux humains, avec lesquels je remplaçais les yeux qu'on avait eu le malheur de perdre ; et c'est encore ce qui faisait que les aveugles qui n'avaient plus la moindre trace d'yeux, ou dont la cécité datait de bien des années, croyaient pouvoir participer, eux comme les autres, aux bienfaits étonnants de cette médication ; ils jugeaient qu'à cette médication tout était possible, par cela seul qu'elle avait obtenu des succès jusqu'alors impossibles ; la déception était ensuite d'autant plus cruelle que l'espérance avait été plus arrêtée : Un jour il m'en est arrivé 17 ou 18 de ces pauvres aveugles et tout à fait aveugles, qui étaient conduits, se se donnant la main, par un autre aveugle guéri qui les empêchait de tomber dans la fosse (*) ; il y en avait parmi eux dont le globe occupait à peine le fond de l'orbite : Vous verrez qu'à force de trouver, et de communiquer à tout le monde ce que je trouve, il viendra un temps où j'aurai l'air de n'être plus bon à rien, à moins que je ne fasse l'impossible et que je ne ressuscite ce qui est définitivement mort.

Gardez-vous bien, dans le cas de *kératalgie*, de vouloir procéder à la guérison, en raclant la surface tuberculeuse : ce ne serait pas favoriser, mais entraver le développement de la couche normale du tissu ; les tissus se reforment peu à peu, en restant recouverts par les couches externes, que les internes repoussent au dehors chaque

---

(*) *Cæcus, si cæco ducatum præstet, ambo in foveam cadunt.* Matth. XV, 14. — En français bruxellois : qu'un aveugle veuille *donner un pas de conduite* à un autre aveugle, et ils tomberont tous les deux dans le fossé.

jour; en mettant, au contraire, les couches internes à vif, on ne fait que les désorganiser d'une tout autre façon que ne l'étaient les couches externes.

4883. **MÉDICATION CONTRE L'OCCLUSION DE LA PUPILLE** (1874). Il peut arriver que la membrane *arachnoïde,* qui ferme l'ouverture de la pupille par une pelure d'oignon, prenne un épaississement insolite, et, en devenant opaque, intercepte, autant que l'iris, le passage des rayons lumineux. C'est dans ce cas seulement, et après avoir épuisé les ressources des traitements ci-dessus, mais dans ce cas seul, qu'il est permis de chercher à rétablir la vision, en pratiquant une pupille artificielle ce qui se fait avec la pointe d'une aiguille particulière que l'on introduit à travers la sclérotique, pour déchirer ce rideau; et même, dans le cas le moins défavorable dont nous parlons, je ne m'y hasarderais qu'avec peine, crainte de produire un plus grand mal; car cette membrane, une fois déchirée, ne se répare pas; et aucune cloison ne sépare plus alors la première de la seconde chambre. Mais rien ne serait plus irrationnel que de tenter de ménager un pareil passage aux rayons visuels, en pratiquant une ouverture ou PUPILLE ARTIFICIELLE sur l'iris ou sur la CORNÉE TRANSPARENTE, alors surtout qu'on ne sait pas si derrière l'opacité de la CORNÉE ne se trouve pas l'opacité du CRISTALLIN. Dans tous les cas, après une opération semblable, qu'elle ait été indiquée ou contre-indiquée, on aura recours au pansement suivant (1885).

4884. **MÉDICATION ET PANSEMENT CONTRE LA FORMATION OU APRÈS L'OPÉRATION DE LA CATARACTE.** 1° La médication peut prévenir la cataracte ou en enrayer les progrès; mais, une fois le fait accompli, l'opération seule jusqu'à présent peut en débarrasser l'œil affecté. Pour prévenir ou enrayer la formation de la cataracte, le collyre 1332, 2° très-souvent employé dans la journée, et le traitement anti-mercuriel (1686), suffisent dans le plus grand nombre des cas.

2° L'opération de la cataracte n'exige pas une si grande dextérité qu'on le pense; mais elle peut échouer, sinon devant les difficultés du procédé, du moins devant les conditions défavorables de l'œil à opérer: le cristallin peut bien n'être pas le seul affecté de cette opacité ou de cette désorganisation intime. Du reste lorsque la coloration du cristallin apparaît jaunâtre, sale et terne, tout annonce que le mal s'étend plus profondément. On est au contraire presque assuré de la réussite, quand le cristallin se présente à l'ouverture de la pupille, comme le ferait une lentille d'un beau blanc de nacre. Une fois l'obstacle d'un pareil écran enlevé, la vision ne tarde pas à se rétablir; l'HUMEUR VITRÉE, organe de développement régulier, se refait un nouveau secteur diaphane et réfringent, qui remplit le vide laissé par l'enlèvement ou le déplacement de l'autre. Car il y a trois manières de faire disparaître mécaniquement cet obstacle, c'est-à-dire, de pratiquer l'opération de la cataracte: par *abaissement,* par *extraction* et par *broyement:* 1° Par *abaissement;* au moyen d'une AIGUILLE à CATARACTE, *droite* ou *courbe,* terminée en *pointe conique* ou *prismatique* ou en *fer de lance,* que l'on introduit dans l'œil, en perforant la sclérotique du côté externe du globe de l'œil, à une ligne et demie des bords de la cornée transparente, et à une ligne au-dessous du diamètre transversal de l'œil. Une fois que la pointe de l'aiguille est arrivée au cristallin, on en déchire la capsule, on l'abaisse la lentille au-dessous et derrière la pupille; le travail ultérieur de réorganisation finit par remplacer ce secteur opaque de l'HUMEUR VITRÉE par un nouveau secteur CRISTALLIN, et enfin par absorber l'ancien; et la vision dès lors est rétablie sur de nouvelles bases. 2° Par *extraction;* au moyen d'une lancette de forme appropriée (kératotome; de *keras,* cornée, et *temno,* je coupe). Pour que l'HUMEUR AQUEUSE ne puisse s'échapper par la plaie, on pénètre, à travers la cornée transparente et à un quart de ligne de la cornée opaque, jusqu'à la capsule cristalline, que l'on déchire avec la pointe de celle de ces diverses aiguilles qu'on aura adoptée ; et le plus souvent le cristallin s'échappe de lui-même, libre de son enveloppe, dans la première chambre, d'où on n'a plus qu'à l'extraire, pour que l'obstacle à la vision soit levé, sauf quelques mucosités qui flottent sur la pupille, et qui prennent le nom d'*accompagnements de la cataracte*. 3° Par *broiement ;* on parvient au cristallin, avec le même instrument et par la même opération que pour l'abaissement, ou à travers de la cornée transparente; et, au lieu d'abaisser le cristallin, on le broie par les mouvements de la pointe de l'aiguille. Par *l'abaissement*, la vision est immédiatement rétablie, et la cicatrice se referme en quelques heures ; mais les opérés de cette manière ne doivent faire usage de la vue qu'au bout d'une ou deux semaines. Il en est de même à la suite du procédé par *extraction*. Par le *broiement*, qui brouille tout et laisse tout en place, il faut un bon mois pour que la vision récupère toute sa netteté. Nous fixons ces sortes de délais d'après l'ancienne méthode ; car, par la nouvelle méthode, l'opération étant à l'abri des accidents inflammatoires, la vision se rétablit plus sûrement et en moins de temps.

1885. PANSEMENT APRÈS L'OPÉRATION DE LA CATARACTE. Dès que l'opération est terminée, on bassine l'œil avec le collyre 1332, 3°, et on renouvelle ce moyen de cicatrisation deux trois fois par jour. On se passe fréquemment de l'eau sédative (1336, 1°) sur les paupières, et aux deux angles de l'œil surtout ; on s'en arrose fréquemment le crâne (1347, 3°) ; on renifle de temps à autre de l'eau salée (1378) ; aloès (1197) tous les trois jours ; et le lendemain lavement superpurgatif (1398), si d'habitude l'aloès ne donne pas de selles abondantes.

1886. MÉDICATION CONTRE LES AFFECTIONS DE L'HUMEUR VITRÉE. Si l'HUMEUR VITRÉE se trouve décomposée, atrophiée et privée de la vitalité qui lui est propre, contre un tel mal la médication est aussi impuissante que l'opération est impraticable. Un bourgeon répare sa sommité, si on la lui retranche, tant qu'il est doué de vitalité ; mais il ne se reproduit jamais plus, une fois qu'il est frappé au cœur ; l'HUMEUR VITRÉE est un bourgeon animal, dont le cristallin n'est que la sommité intégrante. L'humeur vitrée n'a qu'à continuer son développement pour refaire un cristallin ; mais l'humeur vitrée, emboîtement de cellules organisées, ne se refait jamais. Dans le cas où son affection ne constituerait qu'un état morbide, qu'un trouble importé dans ses fonctions par l'introduction d'une cause étrangère, dans ce cas, et par l'aide de la médication générale ci-dessus décrite, on aurait l'espoir de rétablir l'intégrité de la fonction, en éliminant la cause.

1887. MÉDICATION CONTRE LES AFFECTIONS DES PAROIS INTERNES DE LA SCLÉROTIQUE. Quant à la choroïde et à la portion incolore ou moins colorée à laquelle, sous le nom de *rétine*, le classicisme a fait jouer un si grand rôle, à la suite de l'erreur d'observation d'un grand homme, les études d'anatomie comparée auraient dû démontrer depuis longtemps que ces surfaces pourraient se trouver bosselées, plissées de mille manières et couvertes de montagnes de tuberculisations cornées, sans que la vision en souffrît le moins du monde ; nous ne nous arrêterons pas davantage à cette puérilité dont le loyolatisme classique a de la peine à débarrasser son rétrograde enseignement, à savoir : que nous ne percevrions les objets que parce qu'ils viendraient se peindre sur la surface de la rétine. Nous conseillons aux élèves de pousser un grand éclat de rire au nez de ce brave Escobard, quand du ton nasillard qui caractérise sa séraphique éloquence, il tâchera de leur expliquer comment, en croyant voir les objets dans leur position naturelle, nous sommes censés les voir renversés, la tête en bas et les pieds en l'air ; il n'y a plus aujourd'hui que les yeux de la foi qui soient capables de voir ainsi les choses à *tête-bêche*.

1888. SOINS PRÉVENTIFS ET PROTECTEURS DE LA VISION. Bien des gens s'imaginent être atteints d'une affection intime des yeux, alors simplement qu'il arrive que leur vue baisse par *presbytisme* ou par *myopie* (1880, 2°) ; ils s'effrayent, au lieu d'aller, chez l'opticien, s'assurer de la nature de l'altération du système visuel, en essayant l'une des deux sortes de lunettes (*à verres convexes* ou *concaves*) et les divers numéros de l'échelle adoptée pour les courbures des verres. Les voyageurs prudents doivent se munir de paires de lunettes à verres d'un bleu d'autant plus foncé qu'ils ont à traverser des contrées plus rapprochées de l'équateur ou qu'ils voyagent dans les temps des plus grandes chaleurs ; en outre ces lunettes doivent être si bien garnies de taffetas que la poussière la plus violemment soulevée ne puisse jamais arriver jusqu'aux yeux : car la poussière n'est pas toujours du sable pur ; il est bien des régions où elle se compose d'une assez forte proportion de molécules d'arsenic ou de débris mercurialisés, surtout au sein des grandes villes, quand on s'y livre à la démolition sur une grande échelle. D'un autre côté, s'il est certain qu'une simple lentille soit en état de mettre le feu sur le point où elle concentre les rayons directs du soleil, comme, en définitive, notre œil n'agit pas autrement qu'une lentille, on peut se trouver plongé, en certains pays, dans de tels torrents de lumière brûlante, qu'en concentrant les rayons par la vision, la réfraction soit assez intense pour brûler et cautériser le point voyant, le milieu où s'échelonne ce point, c'est-à-dire l'HUMEUR VITRÉE, et qu'ainsi le dard seul de la lumière soit en état de frapper subitement et irrévocablement de cécité ; et c'est ce qui est arrivé à des milliers de soldats de notre armée d'Égypte. Les indigènes sont moins sujets à cet accident, parce que leur œil s'est façonné à l'influence dès leurs jeunes années, et qu'il a pris, par l'habitude, une courbure ou une divergence qui se prête sans inconvénient à la réfraction de cette éblouissante clarté ; or, il suffit d'avoir eu sous les yeux un bas-relief égyptien, pour s'assurer de l'énorme différence qui existe, entre les yeux de la race égyptienne et les nôtres, sous le rapport de l'ouverture des paupières, du diamètre transversal du globe, de la faible courbure de la cornée et de la divergence des deux pupilles. Quoi qu'il en soit, la seule lumière du jour peut brûler l'œil au lieu de l'éclairer ; la couleur bleue des lunettes préserve de ce danger, en écartant de l'œil les rayons blancs et ardents du faisceau de lumière, les rayons de feu, pour ne laisser passer que les rayons de lumière. En outre, dans tous les cas de ce genre, il sera utile de se bassiner souvent les yeux avec de l'eau pure, et au besoin avec sa propre salive, afin d'entretenir constamment, en face de la cornée, une atmosphère humide, propre à prévenir et l'élévation de température et le desséchement de la conjonctive (XÉROPHTHALMIE, 1865).

Ménagez vos yeux, la prunelle de vos yeux, qui n'est pas seulement pour autrui le miroir de notre âme, mais pour nous une première fonction de notre âme, le véhicule de la matière première de la pensée, l'intermédiaire le plus intime entre le monde et notre *moi*, le *criterium* le plus sûr de nos espérances, l'instrument de nos plus pures admirations et de notre certitude. Les Grecs assimilaient la pupille à la virginité (*korè*) qu'un souffle peut ternir et que rien ne répare. Imprudents qui, insouciants de l'avenir, vous aventurez sur une bien courte jouissance, pour vous jeter des bras des filles de Mercure entre les mains des grands prêtres de ce dieu vengeur, arrêtez-vous sur le seuil de l'un et l'autre temple, surtout de ce dernier, en vous rappelant que c'est sur les yeux que se reporte la colère de ces dieux de ténèbres, et que ce n'est pas toujours par allégorie que cet Amour n'y voit pas clair. Sur dix aveugles qui m'arrivent, il y en a quelquefois neuf dont le mercure, et le mercure seul, a dévoré les yeux et souvent les plus beaux yeux du monde.

γ. ODONTALGIES ; **affections spéciales de l'appareil dentaire** (en grec: *odous, odontos,* dent).

1889. Définition. Du tronc de chacun des nerfs de la cinquième paire, il se détache, de chaque côté de la face, deux rameaux, l'un qui sort du trou maxillaire supérieur pour s'insinuer horizontalement dans le conduit osseux de la mâchoire supérieure (*canal ou conduit dentaire supérieur*), et l'autre qui sort du trou maxillaire inférieur pour s'insinuer dans le conduit osseux de la mâchoire inférieure (*canal ou conduit dentaire inférieur*). De chacun de ces rameaux nerveux se détachent des filets qui aboutissent à chaque dent (*nerfs dentaires*). Si l'on se donne la peine de suivre le développement de la dent chez le fœtus humain, on ne manquera pas de se convaincre de la vérité que nous croyons avoir établie depuis longtemps, à savoir : que la dent n'est que la papille nerveuse elle-même développée d'une manière et pour un usage tout particuliers; c'est la papille la plus développée de toutes celles de nos sens, après la papille qui forme le globe oculaire; c'est une papille ossifiée par l'incrustation des sels calcaires phosphatés et carbonatés; la dureté qu'elle acquiert de jour en jour en fait un instrument de mastication, sans la dépouiller de la sensibilité, qui en fait un organe de tact, et que certaines causes exaltent tellement que nous n'avons pas en ce cas de pire instrument de torture. Chez les ramescences végétales, les productions premières en date sont plus compliquées que les suivantes ; par un effet contraire, les dents molaires sont d'une organisation d'autant moins compliquée qu'elles approchent des canines et des incisives qui sont les premières en date de formation. On dirait que les molaires se composent d'abord de quatre, puis de trois cellules dont les prolongements inférieurs restent séparés, sous forme de racines ; et que les incisives ne sont composées que d'une seule cellule. Or chez le fœtus, ces rapports de structure se dessinent déjà aux yeux de la manière la plus pittoresque : car à cette époque la dent embryonnaire (*follicule dentaire*) est transparente et permet de tout lire dans son intérieur. On comprend bien, à cette époque d'observation, que la dent n'est que la terminaison papillaire d'un nerf et que la direction du nerf est entièrement interstitielle (1814). Ainsi que toutes les papilles nerveuses qui pavent la superficie des organes, les dents sont des organes caducs, poussés au dehors par des papilles de nouvelle formation ; mais cette caducité pour les dents ne se reproduit qu'à deux longs intervalles, au sortir de l'enfance et à l'entrée de la vieillesse ou à la fin de la vie; ce qui fait qu'elles ne sont remplacées que la première fois, car l'hiver ne répare jamais les pertes de l'automne et la durée de l'homme n'atteint pas un second printemps.

L'adulte a en général 32 dents, 16 à chaque mâchoire, ou 8 sur chaque côté d'une mâchoire, placées en regard par ordre de structure, les plus compliquées commençant par le fond de la mâchoire : d'abord trois grosses molaires, puis deux petites molaires, une canine et deux incisives de chaque côté de chaque mâchoire ; les quatre incisives inférieures s'appliquant de la sorte exactement contre les quatre incisives supérieures, et ainsi de suite. La première des trois molaires, celle du fond, se nomme *dent de sagesse*, parce qu'elle vient la dernière. On distingue, dans la dent, la *couronne* qui en est la partie externe ; la *racine* qui en est la partie enclavée dans l'*alvéole* ou cavité de la gencive ; l'*émail* qui en est la surface nacrée et phosphatée ; l'*os dentaire* ou *ivoire* qui est recouvert par l'*émail*; la *pulpe* ou *bulbe* ou *noyau* ou *germe* qui est, pour ainsi dire, le *cœur*, la *matrice* cellulaire du développement, où s'arrête d'un côté la circulation sanguine et de l'autre l'ossification de l'extrémité nerveuse. C'est dans la pulpe qu'est le siège de la sensibilité ; aussi ne souffre-t-on de la dent jamais autant que quand la portion osseuse, une fois désorganisée, a laissé à nu cette expansion sanguine où la substance nerveuse est dans toute son intégrité.

Par tout ce que nous venons d'exposer, on comprendra qu'une *rage de dents* puisse devenir de proche en proche une *rage de mâchoires*.

1890. 1er GENRE. ODONTALGIES NEPIOGÈNES; AFFECTIONS DE LA PREMIÈRE DENTITION (du grec : *nepion*, première enfance).

SYNONYMIE. Premières dents, dents primitives, dents de lait, dents temporaires.

EFFETS. Cette époque est marquée, chez beaucoup d'enfants, par un malaise qui va jusqu'à l'impatience et même aux convulsions : L'enfant s'agite, quitte et reprend le sein comme de rage, pousse subitement des cris perçants ou ne fait que geindre ; il bave et rend son lait tout caillé, alors qu'il l'a à peine avalé ; il a même la diarrhée. C'est le plus souvent alors que le germe de la dent a de la peine à percer la gencive qui lui fait obstacle et qu'il soulève sans pouvoir en perforer la paroi ; tous ces symptômes se dissipent dès que la dent a percé. La première dentition a lieu en général à l'âge de six mois ; ordinairement elle commence par les deux incisives moyennes de la mâchoire inférieure ; quinze ou vingt jours a rès, c'est le tour des deux incisives moyennes de la mâchoire supérieure ; l'apparition des incisives latérales inférieures, puis des supérieures, ne tarde pas ensuite ; les canines d'en bas et les canines d'en haut percent du douzième au quatorzième mois ; viennent ensuite successivement les quatre premières molaires en bas et puis les quatre d'en haut, ce qui, à l'âge de deux ans à deux ans et demi, complète le nombre de vingt ; ces dents si péniblement acquises ne sont que temporaires ; après la quatrième année, on voit apparaître, de chaque côté et dans le fond de chaque mâchoire, une dent molaire qui porte le nombre à 24 ; ces quatre dernières dents sont permanentes. Chacune de ces apparitions donne lieu à une recrudescence des symptômes que nous avons exposés plus haut.

MÉDICATION. Notre médication n'a pour but que de solliciter l'éclosion de la dent, que de la faire aboutir. Tous les deux jours, on administrera soir et matin à l'enfant une cuiller (1181) de sirop de chicorée (1153). Chaque jour on lui donnera à mâchonner une racine de guimauve ou de réglisse dépouillées de leur écorce ou le bout d'une cuiller d'étain, ce qui provoque la salivation et décharge d'autant les gencives tuméfiées, que la constriction des mâchoires achève d'amincir suffisamment, pour que le développement de la dent trouve moins d'obstacle à se faire jour au dehors. De temps en temps, et dans le même but (1349), on passe avec le doigt un peu d'eau sédative (1336, 1°) sur la portion de la gencive qui paraît être le siége plus particulier de la douleur ; on fait des lotions avec la même eau (1345, 1°) au devant de l'oreille, derrière les oreilles, sous le menton et sur la région du cœur. A l'aide de ces moyens, toutes les angoisses sont bien vite dissipées.

1891. 2e GENRE. ODONTALGIES PAIDIGÈNES; AFFECTIONS QUI CARACTÉRISENT LA SECONDE DENTITION (de *paidia*, seconde enfance).

EFFETS. C'est moins pour décrire la maladie que le développement, que nous consacrons un article spécial à ce genre : car les premières dents ayant ouvert la route aux secondes, la seconde dentition se fait le plus souvent sans obstacle et sans qu'aucun symptôme marque les diverses apparitions des dents. Cette nouvelle période commence à l'âge environ de sept ans ; de sept à neuf ans les incisives sont toutes remplacées ; vers dix ans paraît de chaque côté, en haut et en bas, la première molaire à deux racines, puis la seconde canine, puis la deuxième molaire à deux racines. De dix ans et demi à onze viennent les grosses molaires ; et les dents de sagesse, ou dernières molaires du fond, se font jour de 18 à 25 ans.

MÉDICATION. Si ces apparitions de dents donnaient lieu au moindre malaise, on passerait sur les gencives un peu d'eau sédative (1336, 1°) avec le bout du doigt, et l'enfant prendrait les chiques galvaniques (1424).

1892. CONSERVATION DES DENTS. Parmi les soins de propreté, il n'en est pas sur lesquels les mères de famille doivent exercer une plus grande vigilance que sur les soins de la bouche. On ne refait aucun système, une fois qu'il est perdu, pas plus l'appareil dentaire que l'appareil de la vision. Les soins de la bouche doivent entrer dans toute bonne éducation et prendre rang immédiatement après les soins de la santé générale; les conseils que je vais donner à cet égard, s'appliquent à tous les âges; heureux ceux qui les auront suivis dès la seconde dentition : 1° Immédiatement après chaque repas, on se rincera la bouche avec une eau tiède aromatisée par quelques gouttes d'eau de toilette (1717) ou d'eau de fleur d'orange (1559), etc. 2° Ceux qui prennent du café, se rinceront la bouche avec les premières gorgées de cette liqueur aromatique par excellence. 3° Si les dents sont dans un état de vieillesse et d'espacement tel, à la suite de l'usure, que des débris de la mastication y soient restés logés, on aura soin de les nettoyer avec le cure-dent en plume, avant de se rincer la bouche. 4° Si habituellement les dents venaient dans la journée à se couvrir de saburres et à s'encrasser, ainsi que les gencives, on se passerait, sur les gencives et les dents, le doigt mouillé d'eau sédative (1336, 1°), et l'on se gargariserait ensuite à l'eau salée zinguée (1377); cette simple précaution suffit, dans le plus grand nombre de cas, pour faire cesser les plus forts agacements des dents, surtout ceux que causent l'acidité des fruits, du vinaigre ou les sucreries. 5° Tous les matins on se brossera les dents avec l'eau salée zinguée (1377) à laquelle on mêlera par verre d'eau une cuiller à café d'eau de toilette (1717) ou d'alcool camphré (1287), et, tous les trois jours, une autre cuiller à café d'eau sédative (1336, 1°); on se gargarisera ensuite et on se rincera la bouche avec le restant de cette eau aromatisée et même alcalisée. Ceux qui redoutent l'influence des courants d'air sur les dents auront soin de se tenir dans les oreilles un tampon de coton imbibé de temps à autre d'une goutte d'alcool camphré (1287, 1763). 6° L'emploi habituel de la cigarette de camphre (1272, 7°) contribue éminemment à la conservation du système dentaire. 8° S'il vous reste de gros chicots noirs qui vous embarrassent plus qu'ils ne vous servent, touchez-les avec le bout d'une baguette ou un petit tampon imbibé d'une dissolution d'une pincée de pures cendres de bois dans un demi-verre d'eau, et très-souvent le chicot se détachera de lui-même, mais dans tous les cas, il se dépouillera d'une couche à chaque fois, il perdra peu à peu ses aspérités et ne vous causera plus la moindre angoisse. 9° Il faudrait agir avec plus de précaution, et à bien moindre dose, si vous vouliez faire servir ce moyen à *dénoircir* les dents encore utiles mais cariées, ou rendues fuligineuses par l'habitude de fumer : vous étendriez alors la pincée de cendres pures de bon bois de chauffage dans un litre d'eau; les cendres les plus pures sont celles du four du boulanger ; dans nos feux de cheminée, on brûle un peu de tout, jusqu'à du bois peint avec des couleurs à base de plomb, d'arsenic et de mercure. Un autre moyen pour *dénoircir* les dents, et qui est dans le cas de rivaliser avec le précédent, c'est de se brosser les dents avec de la poudre fine de charbon de bois (*poudre de braise* ou de *charbon de fusain*); ce noir végétal enlève le noir de la carie et en préserve les dents, par la propriété qu'a le charbon d'aspirer les gaz délétères; rappelez-vous que les ramoneurs et les charbonniers de profession ont toujours les plus belles dents du monde. Ce sont là les meilleurs DENTIFRICES (*dentifricium*, de *fricare*, frotter, et *dentes*, les dents ; — en grec : *odonto-trimma*, de *odous*, dent, et *tribô*, frotter).

1893. 3° GENRE. ODONTALGIES KRUMOGÈNES (1664, 1763); AFFECTIONS DEN-TAIRES CAUSÉES PAR L'ACTION D'UN REFROIDISSEMENT SUBIT OU VIOLENT.

EFFETS ET MÉDICATION PRÉVENTIVE. Le froid n'agit pas par son action directe sur la dent, mais par son action, à travers la paroi du tuyau auditif, sur les rameaux de la cinquième paire qui sortent par les trous maxillaires supérieur et inférieur pour rentrer dans le conduit osseux de l'une et l'autre mâchoire ; car je ne sache pas que les boissons glacées naturelles ou artificielles aient jamais causé un mal qui ait survécu à la première et bien passagère impression de ce froid par contact immédiat. Le paysan et l'habitant des montagnes ont de tout temps pressenti la vérité de la première assertion, par le soin qu'ils prennent de se garantir les oreilles contre le vent et le froid du matin, surtout pendant les jours de chômage ; car le travail et la fatigue nous encapuchonnent d'une atmosphère de transpiration bien plus protectrice que les plus chaudes fourrures. Vous ne verrez pas ici une paysanne qui sorte, les jours de fête ou de visite à la ville, sans avoir sur la tête un châle ployé diagonalement et formant capuchon par ses trois bouts tombant sur le dos et la poitrine ; la mode a transformé en parure ce dont l'instinct de la santé leur avait indiqué l'usage salutaire ; l'oreille est ainsi à l'abri des courants d'air, et le synciput à l'abri du refroidissement. Les petits chapeaux de nos élégantes, petites coquilles de noix plaquées sur le chignon, n'ont pas le millième du sens commun et de la coquetterie dont fait preuve le châle-capuchon de nos paysannes ; les béguines, qui aiment aussi à paraître jolies, n'ont jamais rien changé à la disposition de cette coiffure primitive de Geneviève de Brabant.

MÉDICATION. Nous venons de vous indiquer la médication préventive ; si la mode vous en impose une autre, et que vous soyez plus sensibles qu'un autre aux vents coulis, ayez soin, par les saisons d'abaissement subit de température, de vous introduire dans le tuyau de l'oreille un tampon de coton imbibé d'eau de toilette (1717), en cas que l'odeur de l'alcool camphré (1287) vous répugne. Si ensuite vous avez été surpris par l'action du froid et que les dents s'en ressentent, ajoutez à ce premier moyen le soin de vous passer de temps en temps de l'eau sédative (1336, 1°) au devant de l'oreille, région qui correspond aux trous maxillaires inférieur et supérieur, par où les deux paires de troncs des nerfs générateurs des dents se rendent aux canaux dentaires.

1894. 4e GENRE. ODONTALGIES ATROPHOGÈNES (1816) ; AFFECTIONS DU SYSTÈME DENTAIRE PAR SUITE D'UNE LONGUE ABSTINENCE.

SYNONYMIE. Avoir les dents longues ; — en latin : *jejuni dentes . jejunis dentibus acer* Hor.

EFFETS ET MÉDICATION. C'est moins la faim que le chômage des mâchoires qui fait que les dents semblent sortir de leurs alvéoles, où la mastication les refoulait ainsi que la constriction habituelle du muscle *masseter* que le jeûne relâche ; aussi éprouve-t-on une douleur souvent assez vive, quand après un jeûne *forcé* on se remet à broyer de la nourriture ; mais ce n'est là qu'une passagère impression. Or prévient cet effet, dans les cas d'abstinence inévitable, en ayant soin de serrer dè temps en temps les dents et en se passant un peu d'eau-de-vie sur les gencives.

1895. 5e GENRE. ODONTALGIES ACIDOGÈNES (344) OU ALCALIGÈNES (361) ; AFFECTIONS DES DENTS PAR L'ACTION IMMÉDIATE DES LIQUIDES OU VAPEURS ACIDES.

SYNONYMIE. Agacement des dents, avoir les dents agacées ; — en latin : *dentium crepitus.*

EFFETS. L'ivoire des dents, résultant d'une incrustation de phosphate calcaire soluble dans son propre acide et dans les acides minéraux, et la substance osseuse de la dent (1889) étant une incrustation de carbonate de chaux, décomposable par les acides même végétaux et les acides très-faibles, il arrive des cas où les dents peuvent perdre leur ivoire, sans qu'elles aient été accidentellement en contact immédiat avec des liquides acides ; il suffit en effet qu'on vive dans une atmosphère imprégnée d'acides minéraux volatils (acides muriatique ou nitrique, vapeurs de phosphore, etc.). Dès ce moment, les dents dépouillées de leur *émail* protecteur sont attaquables par les acides les plus faibles, par le vinaigre lui-même des condiments. Dans certaines maladies, ces vapeurs acides qui attaquent les dents peuvent venir de la fonction elle-même de la respiration, qui dégage alors ou de l'acide carbonique concentré ou de l'acide phosphorique : en général mauvaise poitrine, mauvaise denture ; la réciproque n'est pas toujours vraie. Mais l'émail n'est pas un vernis tellement imperméable, que l'action des acides végétaux ne puisse en certain cas produire des agacements douloureux en dépit de cet obstacle ; les plus belles dents sont agacées souvent, rien qu'en mordant dans un citron ou dans une pomme un peu acide ; c'est que cette influence acide pénètre profondément jusques à la substance osseuse de la dent, et par les racines et par le plat de la couronne que les frottements de la mastication tendent à user et à accidenter ; du reste, plus les dents sont usées et plus elles sont agacées par l'astringence et l'acidité des mets. La conclusion immédiate, et par les contraires, est que les émanations et les liquides alcalins sont propres à la conservation des dents, à moins que la dose de la base alcaline ne soit assez forte pour s'attaquer à la portion organique de la dent, ce qui, par une action différente, produirait également la désorganisation de la substance dentaire (361) ; si ce sinistre survenait à la suite de quelque imprudence, on en combattrait les effets en se brossant les dents avec de l'eau vinaigrée (1509).

MÉDICATION. On n'aura qu'à se conformer aux prescriptions que nous avons detaillées plus haut, en nous occupant de la conservation des dents (1892).

1896. 6e GENRE. ODONTALGIES ARSÉNIGÈNES (349, 1765) ; AFFECTIONS DE L'APPAREIL DENTAIRE CAUSÉES PAR L'ACTION DES COMBINAISONS ARSENICALES, RESPIRÉES, ABSORBÉES OU INGÉRÉES.

SYNONYMIE. Scorbut (d'origine arsenicale).

EFFETS. La désorganisation que l'arsenic produit sur les papilles de la peau (1677) ne s'arrête pas aux limites qui séparent la peau et les muqueuses. Seulement, et sous l'influence du milieu, les exsudations arsenicales doivent revêtir d'autres caractères, à mesure qu'elles ont lieu sur les parois buccales : les gencives se couvrent d'aphthes purulents, elles se déchaussent et deviennent saignantes. Les dents mises ainsi en contact avec l'air extérieur et l'acidité des liquides ingérés, par là portion que protégeait jusques-là le coussinet des gencives, ne sauraient manquer de se dépouiller de jour en jour d'une portion de leur incrustation et de se carier en conséquence ; ce qui n'a jamais lieu sans angoisses.

MÉDICATION. On aura soin d'éteindre chaque fois un clou rougi au feu, dans le liquide des gargarismes (1381, 1377), auquel on ajoutera quelques gouttes d'alcool camphré (1287) ou d'eau de toilette (1717) ; chiques galvaniques (1424) ; régime contre les empoisonnements arsenicaux, tel que nous le formulerons aux ENTÉRALGIES.

1897. 7e GENRE. ODONTALGIES HYDRARGÈNES (254, 315, 1817, 1843) ; AFFECTIONS DE DENTS PAR L'ACTION DES COMBINAISONS MERCURIELLES RESPIRÉES, INGÉRÉES OU ADMINISTRÉES EN MÉDICAMENTS.

SYNONYMIE. Maux et douleurs de dents d'origine mercurielle ; scorbut hydrargyrique (mercuriel) ; carie dentaire ; chute précoce des dents ; cassure des dents ; rage de dents ou des mâchoires ; — en latin : *Dentium dolores ;* — en grec : *Odontalgia* et *odontón ponos* DIOSCOR. ; *odontón algema kai gnathou* HIPP.

EFFETS. 1° La dent étant une simple modification de forme et de structure de l'extrémité papillaire (1792) du rameau nerveux, participe de l'affinité caractéristique de toute substance nerveuse pour le mercure (1817) ; mais la douleur qu'elle nous transmet de sa combinaison, ou piutôt de sa désorganisation, est d'autant plus violente, que le tissu de cet organe est plus compacte et que sa compacité oppose plus d'obstacle à la caducité normale des couches plus externes et à la transsudation qui débarrasse les autres tissus de la présence morbipare du mercure. J'ai eu sous les yeux des exemples de rages de dents de ce genre, qu'aucun des moyens ordinaires ne pouvait calmer, et qui finissaient par tenir du délire et de la fureur ; les malades se roulaient par terre, incapables de supporter toute autre position. Et ne croyez pas qu'il n'y ait que le mercure ingéré criminellement ou médicalement qui soit en état de causer de telles tortures; le mercure respiré en vapeurs suffit à cette œuvre de désordres : J'ai pu constater, d'une manière journalière, un fait qui mettrait dans tout son jour cette assertion, si l'exemple des doreurs au mercure ne nous fournissait pas des preuves de la puissance délétère de ces sortes d'aspirations; il est vrai que, chez les doreurs, la vapeur de mercure se reporte beaucoup plus sur les troncs nerveux que sur les papilles extrêmes des nerfs; mais c'est aux dents que dans la circonstance dont je vais parler, la vapeur mercurielle s'attaque de préférence : En voulant remplir un tube barométrique, il arriva qu'on laissa échapper du mercure en assez grande quantité sur le plancher; le mercure disparut à travers les fissures et alla se répandre sur le plafond ; cette pièce se trouvait à l'une des extrémités d'un étage; or, la personne qui couchait à l'autre extrémité, et qui jusque-là n'était pas sujette au mal de dents, se trouva prise, presque tous les quinze jours, de rages dentaires atroces, qui ne reparurent plus, une fois qu'elle eut changé de logis (369, 3°; tome I, page 269).

2° Lorsque vous remarquerez, dans une localité, que la mauvaise denture est commune, soyez sûrs que le sol est imprégné, à peu de profondeur, de mercure métallique, dont la vapeur se dégage en abondance en certaines saisons et par certains courants d'air.

Je ne sache pas de personnes plus habituellement affligées de rages de dents que les employés sédentaires dans les ateliers ou comptoirs d'opticiens, de fabricants d'instruments où entre le mercure, surtout si ces personnes sont en outre d'un tempérament lymphatique.

3° Une autre cause de maux de dents les plus atroces, de rages de dents et des mâchoires (*odontôn algema kaï gnathou*, dit Hippocrate), c'est bien, et à ne pouvoir le moins du monde le révoquer en doute, la fâcheuse innovation de plomber les dents avec un amalgame de bismuth ou autre métal. La médecine, qui administre des masses de mercure à l'intérieur, aurait eu mauvaise grâce à incriminer ce procédé du dentiste qui n'en emploie en comparaison que des atomes. Mais ce qui est certain, c'est que les masses du médecin n'opèrent pas avec la puissance des atomes du dentiste : car la digestion, la défécation et la transpiration débarrassent le corps de l'excédant des masses de mercure administrées, tandis que la dent conserve sa dose de mercure, comme le ferait un vase émaillé et bouché à l'émeri ; le bouchon ici c'est le plombage; et le mercure n'a dès lors plus pour s'échapper au dehors, d'autre issue que la pulpe dentaire, que le rameau nerveux qui le conduit au tronc nerveux du canal maxillaire, d'où il est bien difficile de le déloger, protégé qu'il est contre les épuratifs par les épaisses parois de ce coffret osseux. Ce qui avait séduit le dentiste, dans l'adoption de cette composition pour le plombage des dents, c'est qu'elle se solidifiait une fois qu'elle s'était moulée sur les cavités de la dent, comme l'aurait fait de la cire en refroidissant; que lui importait que cette solidification fût due à l'évaporation du mercure qui sert à maintenir la pâte molle et peut même la rendre liquide? Le mercure ne comptait alors que comme médicament, et non comme cause de maladies pires que toutes les autres ; l'eût-on même considéré comme un métal morbipare, on ne l'en eût pas moins employé à cet effet dans toute la plénitude d'une conscience exempte de reproches : puisque c'est en s'évaporant et en abandonnant le bismuth à la nature solide qui lui est propre, que l'amalgame aurait rempli les indications voulues. Ce qui manquait à la justesse de ce raisonnement, c'est d'abord que le premier récipient de cette évaporation résidait dans toute la capacité de la bouche, et ensuite que le second, c'était la pulpe de la dent ; car l'évaporation, ayant lieu dans tous les sens, doit se reporter tout aussi bien en bas qu'en haut, en dedans qu'en dehors, et il doit en rester beaucoup plus dans le bas et sous le bouchon du plombage que sur les surfaces sans cesse lavées par la salivation et l'expectoration, ou balayées par le double courant de la respiration ; et certes, rien n'était plus ébahi que le dentiste de bonne foi (je ne parle pas du médecin, car celui-là s'entête pour n'avoir pas l'air d'être de mauvaise foi), lorsque je lui expliquais comment, de ces rages de dents dont je lui soumettais les effrayants exemples, il était le premier auteur. Ah ! qu'il m'en a passé sous les yeux de ces rages hydrargènes de dents, à faire rentrer l'orgueil de l'art de guérir à cent pieds sous terre ! c'est horrible à voir que notre propre impuissance en face de ces tortures que tous les raffinements de la barbarie ne sauraient reproduire, alors que le malade se roule en demandant la mort, le seul moyen qui lui reste pour se débarrasser de ces angoisses des dents et de la mâchoire, qui se communiquent jusqu'au cerveau et semblent menacer de faire voler le crâne en éclats. Car le mercure, absorbé par la papille dentaire, se communique de proche en proche au tronc nerveux du canal de la mâchoire, et de là, en remontant vers le trou maxillaire, à tous les troncs nerveux qui émanent de la cinquième paire (1823) pour se distribuer aux divers organes de la face :

L'un de mes malades s'est fait arracher les six molaires, à un jour de distance chacune, sans presque en éprouver de soulagement. Une jeune dame, après cette dernière ressource, ne laissa pas que de garder une rage de mâchoires, qui ne lui laissait plus ni trève ni merci ; il eût fallu s'exposer à l'empoisonner à force de laudanum ou d'éther ou autres substances éthérées, pour lui procurer un instant, un seul instant de répit et de somnolence ; la vie de cette pauvre victime eût paru pire que l'enfer à ceux qui y croient et qui en tremblent.

4° On dirait que l'action morbipare du mercure a deux pôles distincts, et que les effets qu'il détermine sont tout différents, lorsqu'il se dirige de la dent vers les troncs nerveux de la cinquième paire (1823) ou lorsqu'il arrive d'un de ces rameaux vers la dent ; enfin que l'odontalgie offre de tout autres caractères et symptômes, quand le mercure est appliqué directement sur la dent, ou lorsqu'il n'attaque la dent qu'à la suite d'une absorption cutanée et de l'ingestion criminelle ou médicale d'une mercurielle composition.

Car après un traitement mercuriel interne ou externe, on éprouve moins de rages de dents, que des douleurs de dents ; la salivation qui est un des effets concomitants d'une semblable cause morbipare étant par elle-même le véhicule du soulagement et l'épuratif de l'infection. Les gencives se déchaussent et se couvrent d'une exsudation d'apparence scorbutique ; les dents jaunissent d'abord, brunissent ensuite et deviennent noires comme du charbon ; elles sortent de leurs cavités alvéolaires ; elles balancent comme si elles ne tenaient plus à rien ; elles cassent ou se détachent par chicots ou tombent d'elles-mêmes d'une seule pièce et sans douleur :

Jeunes gens à mercure,
Hommes sans chevelure,
Et vieillards sans denture.

Sagesse des nations.

Les dents, en effet, n'étant que des bulbes incrustés, et les analogues des bulbes des développements cornés, les mâchoires ont, pour ainsi dire, leur calvitie (1808).

MÉDICATION. 1° Chiques galvaniques (1424) quatre à cinq fois par jour, en les plaçant quelquefois à plat entre les dents ; et ensuite gargarismes tièdes à l'eau salée zinguée (1377, 1381) ; passer souvent, sur les gencives et la couronne de la dent, le bout du doigt mouillé, tantôt d'alcool camphré (1287) ou d'eau de toilette (1717), tantôt d'eau sédative (1336, 1°), tantôt de l'eau de cendres de bois (1892). On s'appliquera les plaques galvaniques (1449), à l'extérieur, sur la région qui correspond aux mâchoires, et, sur le devant de l'oreille, à celle qui correspond aux trous maxillaires par où le rameau du trifacial se dirige dans le canal osseux de la mâchoire (1823, 1889). On se passera souvent, sur les mêmes régions et à l'extérieur, tantôt du laudanum, tantôt de l'éther, avec le bout du doigt, mais jamais plus de trois gouttes à la fois. On passera, au besoin, un peu d'éther sur les gencives (mais jamais du laudanum sur ces régions, l'emploi de cette substance expose à trop de dangers). Ablutions fréquentes d'eau sédative (1347, 3°) sur le crâne, derrière les oreilles, sur la région du cœur. Tous les matins lavement purgatif (1397), ou superpurgatif (1398) tous les trois jours ; enfin régime complet antimercuriel (1686). Une dernière ressource, que je n'ai jamais tentée, mais dont je crois d'avance que l'on retirerait un grand profit, si toutes les autres persistaient à échouer, ce serait d'introduire l'extrémité de deux fils métalliques dans l'alvéole de la dent malade, et, cela fait, de les mettre un instant en communication l'un avec un des pôles et l'autre avec le pôle contraire d'un couple galvanique ; on pourrait espérer, de cette manière, d'éteindre la souffrance par la cautérisation de la pulpe nerveuse qui en est le siège ou le conducteur.

2° Que si aucun de ces moyens ne réussissait, il en faudrait venir à l'arrachement de la dent, en ayant soin de s'adresser aux docteurs de la spécialité, aux maîtres arracheurs, qui sont aujourd'hui presque tous également habiles, et non aux arracheurs apprentis ou improvisés, qui arrachent les bonnes dents, laissent en place les mauvaises et se font payer le dommage par-dessus le marché, ainsi que le raconte avec une naïveté charmante le plus illustre de nos antiques et savants barbiers, Ambroise Paré : Un jour, chez un sien confrère, entrait un paysan faisant piteuse grimace et se tenant la mâchoire à deux mains ; il ne se trouvait par hasard dans la boutique qu'un débutant dans le métier ; ce gars, à la vue du rustre, se crut de force à faire ses premiers essais sur une mâchoire de si peu de prix ; il prend l'outil, l'applique sur les premières dents qu'il rencontre, sans le regarder de trop près, ainsi que font les maîtres dans le grand art, et comme s'il avait des yeux au bout des doigts ; et crac, il emporte du coup trois magnifiques dents, qu'il présente triomphalement au pauvre diable, qui beuglait comme un veau, en lui disant : « Mais ce sont trois bonnes dents que vous m'avez arrachées, et vous m'avez laissé la mauvaise. — Chut ! répondit sans se déconcerter notre drôle ; taisez-vous donc, payez-moi une dent et partez vite ; car si le patron arrivait, il vous en ferait payer trois, preuves en main. » A cette idée d'en payer trois, le pauvre hère se reprend la mâchoire à deux mains, et il se sauve avec trois bonnes dents de moins et la mauvaise en sus, tout consolé de n'en avoir payé qu'une.

La science du dentiste, ou plutôt son talent d'artiste est tout entier dans la prestesse et la dextérité d'un poignet vigoureux : Tâtonner le moins que possible et faire peu sentir le froid du garengeot, car l'attente est déjà une souffrance ; enlever la dent, et la dent tout entière, et rien que la dent, du premier coup et en un instant ; car la souffrance se mesure au temps. Du reste toute la science du dentiste est contenue dans un feuillet de Celse (liv. 7, ch. XII) ; elle n'a plus varié depuis ; elle a cela de commun avec la géométrie d'Euclide. Il se trouve des gens qui savent se passer de la main du dentiste pour s'arracher une dent, surtout lorsqu'elle est déjà ébranlée ; ils la lient par la base avec le bout d'un fort cordonnet de soie dont ils attachent l'autre à un clou enfoncé sur le bord supérieur d'une porte entre-bâillée ; et en donnant un grand coup de pied à la porte, ils sont toujours sûrs que la dent suit le coup, avec ni moins ni plus de douleur que par le garengeot (*) ; on est sûr du reste ainsi de ne pas s'emporter, en même temps que la dent, un morceau de la mâchoire.

Quoi qu'il en soit, un dentiste jaloux de sa réputation doit s'imposer la loi de ne jamais soumettre à l'éthérisation un client quelconque et surtout les jeunes filles, en l'absence de témoins étrangers. Il doit procéder avec toute l'attention possible, explorer avant tout l'état de la denture, se faire une idée exacte de la position de la dent à arracher, la pincer, et ne pincer qu'elle, de manière à ne pas la casser ; et l'enlever ensuite hardiment et d'un seul coup de clef.

La douleur de l'opération est si vive que l'impression s'en transmet électriquement à tous les organes qu'atteignent les embranchements divers de la cinquième paire, a laquelle appartient le tronc des nerfs dentaires ; l'œil lui-même en tourne dans l'orbite.

Dès que la dent est arrachée, laissez saigner un instant et favorisez même l'écoulement, en vous rinçant la bouche avec un peu d'eau tiède. Au bout de quelques instants, ajoutez à l'eau de rinçage une petite proportion d'alcool camphré (1287) ou d'eau de toilette (1717) (une cuiller à café par verre d'eau) ; et vous arrêterez, au moyen de deux ou trois gorgées, l'écoulement du sang. Cela fait, déposez dans l'alvéole une petite pincée de poudre de camphre (1268) ; et, par cette simple précaution, vous serez à l'abri de tout accident consécutif de ces sortes d'opérations. A la moindre menace de fluxion, passez-vous avec le doigt un peu d'alcool camphré (1287) sur la région correspondante de la gencive, et de l'eau sédative (1336, 1°) sur la joue. L'usage de la cigarette de camphre (1271, 7°) suffit à lui seul pour faciliter et protéger le travail de la cicatrisation alvéolaire.

1898. 8e GENRE. ODONTALGIE TOXICOGÈNE PSEUDORGANISATRICE (1797) ; AFFECTION D'ORIGINE VÉNÉNEUSE QUI TRANSFORME LA DENT EN UN ORGANE D'UNE AUTRE STRUCTURE ET D'UN AUTRE ASPECT.

EFFETS. J'ai en ce moment sous les yeux l'exemple d'un cultivateur français, dont toutes les molaires du côté droit de la mâchoire supérieure sont tombées ; elles sont remplacées par des mamelons mous et d'aspect noirâtre qui repoussent après qu'on les a cautérisés, et qui ont tellement donné le change sur leur nature, que le médecin les a traités comme étant de nature cancéreuse. Ce sont des transformations du bulbe radiculaire, c'est-à-dire de l'extrémité papillaire de chaque nerf dentaire de cette région, par suite de l'incubation pseudorganisatrice d'une molécule sans doute métallique. Ce mal ne disparaîtra que lorsque les atomes de la cause auront été éliminés de cette région.

MÉDICATION ANTIMERCURIELLE COMPLÈTE (1686), avec application plus fréquente des chiques galvaniques (1424), et même de petites plaques galvaniques (1419), sur la région de ces transformations ; on aura le plus grand soin de cracher la salive.

(*) Du temps de Celse, on se servait, pour arracher les dents, d'une simple tenaille (*forceps*) qu'on a remplacée depuis longtemps par une espèce de clef à une dent mobile, dont l'invention, d'autres disent le perfectionnement, est dû à Garengeot (René-Croissant de), célèbre chirurgien français de la première moitié du dix-huitième siècle. Garengeot s'attribuait facilement les inventions d'autrui ; de son vivant, on lui en a fait de fréquents reproches.

1899. 9ᵉ GENRE. ODONTALGIES TRAUMAGÈNES (395, 1800); CAESURE, ARRACHE-
MENT OU ÉCLATS ET ÉRAILLEMENT DES BONNES DENTS, PAR SUITE D'UN COUP VIOLENT, D'UN
CHOC QUELCONQUE, DU BROIEMENT D'UN CORPS DUR ET RÉSISTANT.

EFFETS. Si la dent est arrachée, c'est une plaie de la mâchoire. Si elle est cassée,
l'accident peut être suivi de vives douleurs ; car il a mis en contact immédiat avec l'air
extérieur la portion la plus sensible de l'organe dentaire. A la suite d'une de ces
commotions et par suite des déchirements intimes qu'elles déterminent, il se forme
souvent, sous la dent, un clapier purulent (1766) qui devient la source des douleurs
les plus violentes, et la cause d'une fluxion et d'une enflure de tout le côté de la face
et des parois buccales.

MÉDICATION. En cas d'arrachement violent de la dent, on se panse comme si ce cas
était le fait du dentiste (1897). Si au contraire la dent cassée ou éraillée cause des
angoisses, on passera souvent de l'eau sédative (1336, 1°) sur la gencive et sur la dent
elle-même ; on provoquera une abondante salivation à l'aide des chiques galvaniques (1419). Si la fluxion survient après l'accident, que les gencives enflent et s'enflamment, on appliquera sur la joue un cataplasme salin (1324) arrosé largement d'eau
sédative (1332 1°) et même de quatre à cinq gouttes de laudanum. On se passera
souvent de l'eau sédative sur les parois buccales et sur la gencive ; quelquefois un peu
d'éther ; et si aucun de ces moyens ne suffisait pour dissiper ou assoupir la douleur, il
faudrait bien en venir à arracher la dent ou à donner une issue au pus à l'aide soit de
la lancette soit de l'extrémité d'un trocart. On se nettoierait la bouche par des gargarismes (1382) à l'eau salée zinguée (1377) tiède, et ensuite avec la même eau à laquelle
on ajouterait quelques gouttes d'alcool camphré (1287) ou d'eau de toilette (1717).

1900. 10ᵉ GENRE. ODONTALGIES ENTOMOGÈNES (844), HELMINTHOGÈNES
(1036); AFFECTIONS DE L'ORGANE DENTAIRE PAR SUITE DU PARASITISME DES LARVES OU DES
HELMINTHES QUI S'ATTACHENT DE PRÉFÉRENCE AU TISSU OSSEUX DE LA DENT.

EFFETS. Aux premiers débuts de la méthode nouvelle, la médecine scolastique
était tellement encroûtée d'entités et d'idéalités transcendantes, qu'en avançant que les
douleurs et la carie des dents pouvaient provenir du parasitisme d'une cause animée,
nous avions l'air de dire une nouveauté inadmissible ; et pourtant, s'il est une opinion
répandue dans le peuple, c'est qu'en certain cas le *mal de dents* ne tient pas à une
autre circonstance ; or dans les hautes sphères de la science du temps passé, on
retrouve çà et là un assez grand nombre de médecins qui, sur ce point, ont été entièrement de l'avis du peuple :

Scribonius Largus, qui vivait sous Tibère, avait déjà remarqué qu'il suffisait de
respirer la vapeur dégagée par la combustion des graines de jusquiame et d'alkekenge
sur des charbons ardents, pour rendre par la bouche des vers qui de son temps étaient
considérés comme la cause immédiate du mal de dents. Ce moyen de se guérir d'une
rage de dents s'est conservé dans les provinces méridionales, avec une légère modification ; on y voyait de mon temps les bonnes femmes que le médecin finissait par
abandonner à leurs angoisses se placer la tête au-dessus d'une infusion très-chaude
de plantes aromatiques, et toutes étaient persuadées que cette vapeur vermifuge devait les guérir, en débarrassant la dent de la larve qui la cariait. Hollerus, Rhodius,
Brera et Bremser ont pensé que les prétendus vers dont les bonnes femmes croyaient
se débarrasser n'étaient autres que les embryons des graines des plantes qu'elles emploient ainsi en fumigations, embryons que l'ébullition aurait fait sortir de leurs
enveloppes. Il est fort possible qu'en certains cas on ait été dupe d'une pareille méprise ; mais on ne saurait admettre une telle explication pour tous les autres cas de ce
genre, car ce serait vouloir trop multiplier le nombre des dupes. D'abord l'ébullition

ne produit pas l'explosion de l'embryon hors de ses enveloppes ; on en a une preuve par la cuisson journalière des graines farineuses. Secondement, en supposant le fait possible, quand on emploie les fumigations d'eau bouillante, l'explication n'est plus acceptable, quand on a recours à la fumée dégagée par la combustion des plantes sur les charbons ardents, qui est le cas dont parle Scribonius Largus. On objectera qu'a Paris et dans le Nord, les bonnes femmes ne rapportent rien de semblable ; c'est que dans le Nord les femmes usent de liqueurs fermentées et aromatisées dont s'abstiennent rigoureusement les femmes du midi, qui de mon temps se seraient crues déshonorées si elles avaient bu du vin ou même de l'eau rougie ; il n'y aurait rien d'étonnant alors que les rages de dents en général soient plutôt hydrargenes dans le Nord et entomogènes dans le Midi. Ce que je puis attester, c'est que, dans le Midi, les femmes ne se servaient à ce sujet que de plantes aromatiques et non de graines, et que toutes en éprouvaient un soulagement qu'elles attribuaient à la sortie des vers, qu'elles croyaient voir s'agiter dans l'eau où coulait leur salive, sous l'influence de la fumigation. J'étais bien jeune alors, et je ne m'occupais pas encore de l'étude des sciences appliquées à la médecine ; mais je me rappelle avoir vu découler avec la salive des corps qui me semblaient représenter de petites larves. Au reste, l'opinion antique de Scribonius Largus, qui s'est transmise jusqu'à nous dans les traditions populaires, a été confirmée de nos jours par une foule d'auteurs qui apportent, à l'appui de leur assertion, des exemples dont ils se déclarent les témoins oculaires ; et ces auteurs se recommandent autant par l'étendue de leurs connaissances que par leur scrupuleuse bonne foi (*).

Mais ces témoignages n'existeraient pas encore en faveur de cette thèse, que l'analogie suffirait pour nous amener à regarder la possibilité du fait comme démontrée :

Nous connaissons, en effet, des larves capables de ronger les os (955, 43° ; 4036), le bois le plus dur (952), les pierres et même le plomb, dans les deux premiers cas pour en vivre, dans les deux derniers pour s'abriter ; les dents peuvent leur être une pâture, comme les os, et leur offrir un abri, comme les pierres. Examinez à la loupe des dents arrachées et conservées à l'abri de toute odeur insecticide ; et vous ne manquerez pas d'y rencontrer au moins des mites de la farine (678), qui vivent aux dépens des tissus dentaires, comme elles le feraient dans le fromage et dans les grains de blé (686). D'un autre côté, si, en laissant de côté les habitants de ces organes morts et desséchés, vous portez votre attention sur les caractères des dégradations subies par l'organe dentaire pendant qu'il était en place, vous n'aurez pas grands frais à faire en insectologie comparée, pour reconnaître à de pareils effets l'œuvre d'une cause animée. Soit, par exemple, la figure 7 de la planche 7, qui représente, à une loupe d'un pouce, une deuxième molaire arrachée à la suite d'une rage de dents : On remarque sur l'aire une érosion cruciforme, sur laquelle on peut compter chaque coup de mandibule, qui rappelle le travail de tout autant de coups de la gouge du sculpteur sur bois, ou de celle avec laquelle le maréchal ferrant taille la sole des chevaux. On serait tenté de croire que l'insecte a commencé son travail d'érosion par la sinuosité b, dans laquelle il se serait tenu à l'abri du danger d'être broyé par le rapproche-

(*) Johan. Agricola, Notæ in Johan. Prop. — Philip. Salmuth, centur. 3, obs. med. 52. — Jacobæus dans les Act. med. et phil. de Thom. Bartholin, tom. V, cap. 8, obs. 5. — Ant. Benivenius, Obs. med., annoté par Remb. Dodoens, Medic. obs. exempla rara, cap. 100. — Ephem. cur. nat., ann. 9, obs. 24 et 187, et ann. 2, dec. 2, ann. 1686, obs. 192, pag. 383. — Andry, de la génér. des vers, tom. 1er, pag. 94, éd. de 1741. — Recueil périodique d'obs. de méd., tom. 7, 4757, pag. 250, etc.

ment des mâchoires; qu'il s'est ensuite avancé droit devant lui; que, rebroussant chemin devant l'élévation du bord extérieur, il serait venu reprendre son œuvre au milieu de la ligne déjà parcourue, pour continuer son travail à droite et à gauche, par deux lignes perpendiculaires à la première. Sur le côté extérieur le moins exposé à être balayé par les mouvements de la langue, cette dent offrait une caverne profonde *a*, qui communiquait, par une étroite ouverture, avec une chambre centrale, qui, le creusement ayant mis en contact avec l'air extérieur la pulpe nerveuse non incrustée de sels calcaires, était devenue le siége des plus vives souffrances et la cause occasionnelle de l'arrachement de la dent.

On ne saurait disconvenir que, chez les personnes les plus saines, l'âge modifie l'aspect et altère la structure des dents; car les dents, végétations nerveuses, subissent les phases de tout développement qui a son cadre et sa caducité.

Chez les quadrupèdes, ces modifications sont tellement caractéristiques qu'elles servent de signalement pour établir l'âge de l'animal. Mais ces caractères d'âge n'ont aucun rapport avec ceux dont nous venons de parler; ils consistent dans un changement de couleur dans les diverses zones d'accroissement, et non dans une dégradation morbide de la substance elle-même.

Nous sommes en outre bien loin d'admettre que ces sortes d'altérations dentaires soient l'œuvre exclusive de causes animées, et de nier que certaines actions mécaniques, l'usage de certains aliments sablonneux, mêlés de terre ou trop assaisonnés d'acides, puissent reproduire de tels accidents de surface et de gravure en creux; mais cependant ni le frottement ni l'acidité ne parviendraient à découper ainsi l'épaisseur de l'émail dentaire. Les ravages du mercure, cette cause si fréquente de l'usure et de la chute des dents, se traduisent en un fouillement noirâtre, ou en un délabrement par aspérités, sans aucune forme arrêtée; toute la substance de la dent contracte du reste une coloration d'un jaune du plus mauvais augure; tandis que la dent, prise dans la circonstance dont nous parlons, conserve son aspect nacré sur les surfaces et dans les régions saines, ses cavernes étant tapissées d'un brun rougeâtre qui rappelle le sang desséché, et non du noir de la décomposition gangréneuse et mercurielle qui charbonne les tissus organisés:

MÉDICATION PRÉVENTIVE ET CURATIVE. On se préserve et on se débarrasse d'une telle cause des maux de dents, par le régime hygiénique (1644) et par l'usage à l'intérieur de tout ce qui est insecticide.

La cigarette de camphre (1272, 7°); ou bien l'insertion d'un seul morceau de camphre dans le creux d'une dent cariée, suffisent pour dissiper sur-le-champ la rage de dents la plus forte, quand elle est causée par le parasitisme d'une cause animée.

Le tabac à fumer débarrasse également de cette cause; mais il compense ce bienfait par un inconvénient regrettable : il salit la denture et l'attaque par l'action corrosive de sa fumée tantôt acide et tantôt ammoniacale. On aura soin, chaque matin, de se brosser les dents avec quelques gouttes d'alcool camphré (1287) ou d'eau de toilette (1717) et quelques gouttes d'eau sédative (1332, 2°) dans un verre d'eau. L'emploi de l'ail (1250) en aliment et de l'*assa fœtida* en lavement (1399, 3°) est en état d'atteindre de son odeur, et même de sa saveur, l'insecte le plus profondément engagé dans l'épaisseur de la dent.

1904. 11ᵉ GENRE. ODONTALGIES NOOGÈNES (1102); AFFECTIONS DES DENTS OCCASIONNÉES PAR L'ABUS DES SUREXCITATIONS NERVEUSES.

EFFETS. L'abus des jouissances corporelles amène une vieillesse anticipée et toutes les conséquences de la caducité : l'excès abrége la durée en usant les ressorts; qui use vit; qui abuse vieillit; il dépense en un instant les ressources de plusieurs années; il consomme en une seule fois des forces qui auraient pu suffire au cadre de la plus longue vie ; il jette tout son avoir en enjeu ; il joue son va-tout sur un instant de jouissance. Le sage est capable de conserver quelques reflets de jeunesse à un âge avancé ; le libertin paraît vieux dans son jeune âge, n'eût-il jamais été exposé à subir le moindre traitement mercuriel ; il perd de bonne heure les cheveux et les dents ; car l'arbre qui produit trop, s'épuise et se couronne avant le temps. Chez les anciens, le crâne nu et la mâchoire édentée dépouillaient l'homme du droit au respect ; aujourd'hui la médecine hydrargyrique a atténué l'odieux de ce signe, en en revendiquant la cause. Cependant il ne me paraît pas démontré que, chez les anciens, la chute précoce des dents et des cheveux n'ait pas eu, comme aujourd'hui, pour cause, une intoxication sexuelle, soit par les cantharides, soit par l'action du mercure, qu'à défaut de la médecine, l'industrie de la dorure administrait tout autant qu'aujourd'hui (369*).

RÉGIME PRÉVENTIF. Légitimez vos passions, régularisez vos positions respectives ; le droit s'arrête à l'usage ; l'usurpation pousse à l'abus. Celui-là seul jouit qui use ; qui abuse, en tout, n'est qu'un ivrogne ; il cuve mais ne perçoit pas le plaisir.

1902. DENTS ARTIFICIELLES. La perte de l'appareil dentaire, en tout ou même en partie, prive la parole des articulations et de la pureté des sons, enlève aux lèvres la grâce du sourire et la distinction de l'air sérieux, à la figure la régularité de l'ovale, à la physionomie son empreinte, et à la digestion la ressource de la mastication, cette opération préliminaire d'une digestion normale. La privation complète des dents ravit à l'homme son air de dignité, en substituant à la physionomie, qui est le miroir de l'âme, un masque grippé dont les lèvres plissées empâtent la parole, mâchonnent le sourire et chiffonnent l'expression. L'emploi seul des dents artificielles est en état de réparer *des ans cet irréparable outrage ;* et ceux qui en ont le moyen, ne sauraient se dispenser de donner, à eux et à ceux qui les écoutent, cette satisfaction conservatrice des rapports affectueux. Si j'avais des vœux à former, ce serait que l'État fournît des appareils de ce genre à tous ceux qui en montreraient le besoin et ne pourraient s'en procurer par eux-mêmes la jouissance, sauf à prélever, par mode d'assurance, un impôt de quelques centimes additionnels sur toutes les mâchoires bonnes ou mauvaises indistinctement. L'usage des dents artificielles semble remonter si haut qu'on ne saurait dire à quelle époque l'invention en remonte. On serait tenté, au premier abord, d'en surprendre des traces dans Hippocrate, ainsi que dans la loi des Douze Tables ; mais avec un peu plus d'attention, on s'assure qu'il ne s'agit, en ces endroits, que des moyens d'assujettir les dents ébranlées, et non de remplacer les dents qui manquent : Hippocrate, en s'occupant du pansement de la mâchoire fracturée, « signale, comme une complication de la blessure, le cas où les dents auraient été ébranlées ou séparées par la force du coup ; il recommande alors, une fois que l'on a fini avec la fracture de la mâchoire, de lier les dents entre elles, deux ou plusieurs ensemble, à l'aide d'un fil d'or ou même d'un fil ordinaire, et de maintenir la ligature en place jusqu'à la complète consolidation » (*); et ce n'est pas sous un autre point de vue que la loi somptuaire, qui fait partie de la loi des Douze Tables, adoptée à Rome l'an 303 de sa fondation, en défendant de brûler le mort avec des dorures, en excepte le cas où les dents du cadavre seraient maintenues par un fil d'or ; le respect envers les morts avait dicté cette clause exceptionnelle.

La première mention qui nous soit parvenue de la mode des dents artificielles se trouve littéralement en deux endroits des épigrammes de Martial, dont voici la traduction un peu libre :

(*) Hipp., περὶ ἄρθρων (Traité des articulations), XXVII, 105, édit. Vander Linden.

1re Quand Églé croit avoir des dents à la mâchoire,
Ma foi, de belles dents !... en os ou bien d'ivoire,
A Fidentin, pourquoi disputer le travers
De se croire poëte, en empruntant mes vers?

2e Des cheveux et des dents, on t'en vend pour toilette;
Mais d'un bon œil, Lydie, où peut-on faire emplette (*)?

On voit qu'alors les yeux de verre n'avaient pas encore été inventés. Quoi qu'il en soit, aucun autre auteur depuis n'a fait mention d'une telle ressource d'emprunt pour les beautés édentées. La *prothèse dentaire*, comme s'expriment aujourd'hui les docteurs des mâchoires, n'avait pas encore passé, du temps de Guy Patin(**), dans le cadre des études médicales; et il n'y a pas longtemps qu'à *malade donné* la médecine a commencé de *regarder les dents*. Aujourd'hui c'est un art qui se rattache autant à l'anatomie de la spécialité qu'à l'art céramique et à la bijouterie; il y a des parures de jeunes filles qui ne coûtent pas aussi cher qu'un élégant *ratelier de dents artificielles* pour la maman. On a renoncé aux dents postiches et détachées des mâchoires d'autrui; une noble et belle mâchoire ne serait rien moins que flattée de compter dans ses rangs la dent roturière d'un vilain vivant ou même mort; on a même renoncé à l'ivoire. On fabrique aujourd'hui les dents artificielles avec de la pâte de porcelaine ou autre composition; on les assemble et on les fixe sur une lame d'or, d'argent ou de platine qu'on a moulée sur l'empreinte des gencives; on les attache aux bonnes dents par des fils d'or; et si les deux mâchoires en sont complétement dégarnies, on supplée au manque du tout par un double ratelier (le supérieur et l'inférieur) qui s'articulent dans le fond de la mâchoire, au moyen d'une charnière à ressort, qui tend à écarter les deux rateliers quand la mâchoire s'ouvre. Usez de ce moyen dans l'occasion, pourvu que l'artiste n'ait pas fait entrer le mercure dans les ingrédients de son métier; mais tâchez, par une éducation hygiénique nouvelle, de préserver vos enfants d'une telle nécessité; à cet effet, mettez sans pitié à la porte, comme le plus grand ennemi de votre nom et de votre famille, le médecin dont l'hydrargyrique tartuferie vous a déjà dépouillés vous-mêmes des perles de la bouche; à moins qu'il ne renonce à Mercure, à ses pompes et à ses œuvres funèbres. La médication, et surtout l'hygiène de la nouvelle méthode, nous prépare une génération nouvelle, où les enfants vaudront sous tous les rapports mieux que leurs pères (*non pejores prioribus*) et que la guerre seule ou les sinistres naturels seront en état de mutiler; mais la guerre, nous la détrônerons à son tour, comme nous l'avons fait de l'ancienne et homicide médecine; car les mauvaises et brutales passions rentrent aussi dans le cadre des maladies et dans celui de notre spécialité de réformation.

(*)   *Nostris versibus esse te poetam,*
             Fidentine, putas cupisque credi?
             Sic dentata sibi videtur Ægle,
             Emtis ossibus, indicoque cornu.
                          · Epigr. lib. 1.

             Dentibus atque comis, nec te pudet, uteris emtis,
             Quid facies oculo, Lydia? non emitur.
                          Epigr., lib. XII, 25.

(**) Brèse, méchant larron, avait son neveu tabletier et remetteur de dents d'ivoire (Guy Patin, *lettre à Spon,* 5 octobre 1657.)

OTALGIES; affections de l'organe de l'ouïe. (Du grec : *ous*, *ôtos*, oreille.) (*).

1903. Définition. 1° L'oreille est un instrument d'acoustique (du grec : *akouô*, percevoir les sons) dont nos cors de *chasse* à piston reproduiraient en quelque sorte la structure, si on faisait entrer dans leur organisation un tympan élastique. C'est un appareil destiné à faire converger les vibrations de l'air vers le point auditif, comme notre œil, dont les appareils d'optique reproduisent le mécanisme (1880), est un appareil destiné à faire converger les rayons réfractés vers le point voyant ; deux points qui sont également le foyer de l'une et l'autre réfraction, de celle des rayons sonores et de celle des rayons visuels. Le tact nous met en rapport avec les objets voisins ; la vue et l'ouïe avec les objets lointains. L'oreille est l'instrument dont l'organe papillaire est le sens.

2° L'organe qui perçoit les diverses sensations des sons est formé par l'expansion papillaire (1792) de la *portion molle* du nerf de la septième paire, qui se divise en trois rameaux principaux, dont l'un va tapisser de ses papilles le *vestibule*, l'autre les *canaux demi-circulaires*, et le troisième, le *limaçon ;* la portion dure, qui est l'antérieure, s'introduit dans l'os pierreux par un canal qui a pris le nom d'*aqueduc de Fallope*, du nom de l'anatomiste qui l'a découvert ; en sortant de ce canal, elle envoie des rameaux au tympan, aux muscles internes de l'oreille, aux cellules mastoïdes, un filet, qu'on nomme la *corde du tympan*, qui passe entre le marteau et la longue branche de l'enclume et va se réunir au rameau de la cinquième paire qui se distribue dans la langue ; une autre branche, au sortir de l'aqueduc de Fallope, se répand dans le muscle masséter, dans la glande parotide, sur les téguments du visage, du col, des tempes, du front, des paupières et des lèvres ; car tous nos sens communiquent entre eux, comme pour se contrôler mutuellement, par l'enchevêtrement des rameaux accessoires de la paire des nerfs respectifs qui les animent.

3° On distingue, dans l'instrument de l'ouïe, deux portions ou trompes, l'une externe (*l'oreille*) et l'autre interne (*la trompe d'Eustache*). La structure de l'oreille externe diffère à l'infini chez les diverses espèces d'animaux : chez l'homme elle est peu mobile, elle n'a que des vestiges en fait de muscles ; le contour extérieur qui vient postérieurement se terminer *au lobe de l'oreille*, se nomme *hélix* (tortueux comme une tige de *lierre*) ; la ligne proéminente et intérieure qui semble suivre le contour de l'hélix, se nomme *anthélix* (en face de l'hélix). L'entre-deux de l'*hélix* et de l'*anthélix*, espèce de gouttière concentrique à l'un et à l'autre et au trou auditif, se nomme la *nacelle*. Les deux appendices triangulaires qui, en se rapprochant, sont en état de fermer le trou auditif et qui en sont, pour ainsi dire, les paupières protectrices, se nomment, l'antérieur le *tragus* (du grec : *tragos*, bouc), parce qu'à mesure qu'on vieillit, cet appendice se couvre de poils (comme une barbe de bouc) ; le postérieur *antitragus* (ou pendant du *tragus*). La concavité au fond de laquelle s'ouvre le trou auditif, se nomme la *conque* (de son analogie avec les grandes coquilles marines, *conchœ*). L'ensemble de ces régions cartilagineuses prend le nom de *pinna*, dans les vieux auteurs de médecine, à cause de son analogie de forme avec les coquilles de ce nom (*modioles*). La portion inférieure et molle de l'oreille constitue le lobe, bout ou tendron de l'oreille ; — (en latin : *infima auricula* Cic., *imula auricilla* Catul., *fibra* des vieux auteurs de médecine ; — en grec : *tou otos o lobos*.)

(*) Nous traitons de l'organe de l'ouïe, qui est animé par les nerfs de la septième paire, avant de nous occuper de l'organe du goût, qu'animent à la fois les rameaux des cinquième et neuvième paires.

4° Au fond du tuyau auditif, ou rencontre un diaphragme membraneux, qui sépare l'oreille externe de l'interne et qui prend le nom de *membrane du tympan* (comme qui dirait peau de tambour, *tympanum*), sur laquelle on distingue trois petits osselets, qui, à cause de l'analogie éloignée de leurs formes respectives, ont pris les noms d'*étrier*, d'*enclume* et de *marteau*; certains anatomistes ont cru qu'ils servaient à mettre en vibration la membrane et comme à y battre la grosse caisse.

5° Un trou, qui existe souvent dans cette membrane, met exceptionnellement en communication directe l'oreille externe et l'oreille interne ou *trompe d'Eustache;* c'est par ce trou que passe la fumée de tabac que certaines personnes, très-bien portantes du reste, rendent par l'oreille, quand elles veulent la chasser par ce côté-là.

6° Derrière cette membrane tendue et armée des trois appareils de percussion (*étrier, enclume* et *marteau*), se trouve la *caisse du tympan* (comme qui dirait la *caisse du tambour*), qui communique directement avec l'air aspiré par la trompe d'Eustache, au moyen d'un trou cette fois normal. C'est dans cette caisse que s'opèrent les vibrations de l'air, qui sont recueillies et pour ainsi dire interprétées dans les sinuosités d'un instrument à vent, dont les parois sont tapissées par les extrémités papillaires du nerf auditif; chacune de ces papilles est un organe de perception acoustique placé au foyer de la réfraction des sons.

Étudions cet admirable petit instrument, dont semblent se rapprocher, à mesure qu'on les perfectionne, nos instruments en cuivre, nos cors de chasse harmonisés. Les plus belles inventions de l'optique ne font que reproduire le mécanisme de l'œil; de même les plus belles inventions acoustiques ne font que reproduire celui de l'oreille :

7° C'est dans la substance de l'*apophyse pierreuse* de l'os des tempes qu'est creusé cet instrument à vent, qui a ses deux ouvertures, la *fenêtre ovale* et la *fenêtre ronde* dans la *caisse du tympan*. La *fenêtre ovale* est l'orifice du *labyrinthe*, qui se compose d'une chambre, dite *vestibule*, où viennent s'aboucher les trois *canaux demi-circulaires*, espèce d'anses et comme de corps de rechange, deux, le *grand* et le *moyen*, divergents dans le sens vertical, le *plus petit* dans le sens horizontal; deux de ces trois cornets ont une commune ouverture qui débouche dans le vestibule.

8° La *fenêtre ronde* met la caisse du tympan en communication avec une des rampes du *limaçon*, espèce de tube contourné en coquille cloisonnée, dont l'autre rampe va déboucher dans le vestibule. Le limaçon est un cor de chasse cloisonné en deux compartiments parallèles.

9° L'étude expérimentale de ce mécanisme, il ne faut pas en désespérer, nous donnera un jour la vraie théorie de la musique, dont les lois doivent changer selon les diverses organisations individuelles et de peuplades, et selon les diverses races d'animaux, chez qui la structure acoustique de l'oreille varie à l'infini. Les lois du rhythme, de la vocalise, de la mélodie, de l'harmonie et du contrepoint émanent toutes de la structure intime de l'oreille; les diversités de goût et d'aptitude musicale, dépendent des modifications individuelles de cet appareil; et, parmi ses principaux avantages, il faudrait peut-être compter celui d'avoir été fouillé dans la substance d'une portion d'os spongieux, qui semble n'être qu'une émanation incrustée du *nerf auditif*. Au reste, dans la caisse du tympan, on remarque l'orifice d'un canal qui va se distribuer dans les cellules de l'*apophyse mastoïde*, portion la plus inférieure de l'*os des tempes* qu'on pourrait également appeler l'*os propre de l'oreille*.

10° La *membrane du tympan*, avec ses trois baguettes de tambour, ne paraît pas être si indispensable à l'audition, que sa disparition ou son altération entraîne la perte ou l'affaiblissement de l'ouïe. J'ai eu à traiter des malades affectés d'une *otalgie purulente*, qui n'en continuaient pas moins à percevoir les sons comme à l'ordinaire, quoique la membrane du tympan eût été corrodée et perforée ; car les injections pratiquées par l'oreille externe passaient, immédiatement et sur le coup, dans la bouche, par la *trompe d'Eustache.*

Il n'en est certainement pas de même de l'altération ou obstruction des corps de rechange dont nous avons parlé et qui sont creusés dans l'*apophyse pierreuse :* c'est par les complications de cet appareil que nous parvenons à percevoir les articulations et les inflexions de la parole, les différences de qualité et d'intensité des sons, les nuances et des modulations de la mélodie et des transitions de l'harmonie.

11° La dualité de l'organe auditif est un contrôle pour l'unité du son, comme la dualité de l'organe optique est un contrôle pour l'unité d'image : un borgne ne voit pas comme un autre ; de même un demi-sourd n'entend pas de la même façon que tout le monde ; et je n'en sache pas, dans ce dernier cas, qui prennent goût à la musique comme s'ils entendaient des deux oreilles.

Qui sait, d'un côté, si le contraste du clair-obscur ne tient pas à l'inégalité entre l'œil gauche et l'œil droit ?

Qui sait, de l'autre côté, si l'alternance de la note forte et de la faible ne tient pas au même genre d'inégalité entre l'oreille du côté gauche et l'oreille du côté droit ?

Qui sait si le rhythme à deux temps, cette oscillation de droite à gauche, que semble décrire le balancement voluptueux des poses et des mouvements du corps, rhythme qui comprend tous les autres, ne tient pas à la dualité de l'organe auditif ? car la valse, avec ses trois prétendus temps, ne dépasse pas huit mesures alternativement *forte* et *piane,* et qui peuvent n'en former que quatre, dont les deux temps seraient en triolet, comme dans la mesure trois-six ou six-huit.

12° Nous n'entendons pas exclusivement par l'oreille externe. Essayez de chanter, de parler même si bas qu'une personne placée à votre côté ne se doute pas qu'on lui parle, en vous bouchant hermétiquement les deux oreilles ; et vous vous entendrez parler et chanter aussi distinctement que si l'émission de votre voix, vous la perceviez par l'extérieur ; seulement la voix aura un timbre plus nasillard, plus tambourin. Or vous entendez alors par la *trompe d'Eustache,* ou oreille interne, et sans que la *membrane du tympan* puisse vibrer en liberté ; donc l'audition se fait spécialement et essentiellement dans les corps de rechange : les trois *canaux demi-circulaires* et le *limaçon* ou *coquille.*

13° D'où vient pourtant que vous n'entendez pas qui vous parle, lorsque vous vous bouchez les oreilles ? Car enfin la voix d'autrui trouverait tout aussi bien l'ouverture de la trompe d'Eustache ou oreille interne, derrière le voile du palais, que votre voix le fait, quand vous couvrez l'oreille externe, tout en tenant la bouche ouverte. La raison en est sans doute dans la différence d'hygrométricité du milieu que les sons ont à traverser : le son, en effet, est amorti par l'humidité ; chacun a pu le remarquer par le temps de brouillard, où l'on n'entend presque plus à quatre pas de distance. Or, l'air de l'intérieur de la bouche est constamment imprégné d'humidité, ce qui amortit la voix venue du dehors ; que la capacité du tuyau auditif soit aussi humide que les parois buccales, et vous entendrez dès lors infiniment moins.

14° Nous entendons par l'oreille interne, non-seulement les bruits articulés par les cordes vocales de notre larynx, mais encore tous les mouvements de l'air expiré ou de la circulation sanguine, qui ont lieu dans le voisinage de l'appareil auditif ; notre oreille siffle par le dégagement trop abondant de la transpiration ; elle tinte par les vibrations névrogènes (1814, 6°) des membranes, comme si les cloches carillonnaient dans le lointain ; elle corne, comme par l'application d'une conque marine sur l'oreille, quand le sang afflue, qu'il distend le réseau circulatoire et les grosses artères surtout qui passent par le rocher.

15° Il est des sourds qui s'entendent eux-mêmes ; ceux-là ne sont sourds que par l'oreille externe. Les sourds au grand complet finissent pourtant par se faire une idée du son, alors même que leur surdité serait congéniale ; de l'organe auditif n'ont-ils pas toujours le nerf qui est le siége de la perception et de l'idée ? Quant aux sourds par accident ou par le progrès de l'âge, ils semblent percevoir les sons avec les yeux ; ils entendent chanter, en lisant la musique ; ils jugent des effets de l'orchestration, en déchiffrant la partition que l'orchestre exécute ; ils traduisent les signes par souvenir ; est-ce que nous n'entendons pas la musique, quand nous la déchiffrons en silence et par les yeux seulement ? Beethoven, devenu sourd, dirigeait son orchestre avec autant de précision, de goût et d'enthousiasme que lorsqu'il l'entendait de ses oreilles. Il distinguait les *piano*, les *forte*, les *tutti*, les *soli*, toutes les nuances enfin qui sont l'âme de la musique et la source des émotions, tout enfin, excepté les applaudissements qui, à certains de ses divins passages, menaçaient de faire crouler la salle ; applaudissements qu'il eût entendus avec moins de passion et de jouissance intime que ce concert céleste dont il était le créateur, l'auditeur et le juge, sans que rien vînt le distraire de ce triple accord avec lui-même.

16° Toute note qui vibre est un accord harmonieux de trois notes qui, avec plus d'attention, semblent se répéter sur tous les registres ; accord parfait qui satisfait l'oreille, et accord discordant, expression de souffrance qui prépare la satisfaction.

Chez qui chante faux, la note isolée est fausse ; faites-leur soutenir un son, un simple son, vous le trouverez faux ; c'est que les vibrations qu'ils émettent ne donnent pas l'accord parfait.

La résonnance simultanée des trois *canaux demi-circulaires* ne constituerait-elle pas cette triple simultanéité de sons ? et la *coquille* ou *limaçon*, avec sa spirale à double rampe, ne serait-elle pas destinée à résonner la basse continue, la moins élevee des vibrations? Car enfin c'est là, dans ce milieu qui tient si peu d'espace, que chante la mélodie, que s'organise l'harmonie, que se réalisent enfin ces indicibles sensations qui semblent être la parole du cœur et le langage universel de la lutte et du triomphe, de la plainte et du bonheur, de la mélancolie et de la joie, de la fureur qui brise les obstacles et de la jouissance qui vous berce et vous enivre. C'est dans ce microcosme des vibrations qu'il faut chercher à surprendre le secret du pourquoi mystérieux tel son, qui nous agace et nous déchire l'oreille, peut, en se combinant, devenir délicieux à entendre.

17° L'ennui, dit-on, naquit un jour de l'uniformité ; de là vient que la mélodie qui enchantait nos aïeux a fini par paraître détestable aux enfants qui ont été bercés par les cantilènes alors à la mode, et que le caractère de la musique doit se renouveler de fond en comble à chaque nouvelle génération. Les sens, d'où émanent les arts, sont insatiables, comme la mémoire que raisonne la science ; le beau appelle quelque chose de plus beau encore ; le beau deviendrait ennuyeux, s'il restait toujours le même ; ce qui est monotone n'est plus beau. On appelle cela le progrès et le perfectionnement des sens; c'est au contraire un cercle qui finit tôt ou tard par revenir à son point de départ et par donner un air de nouveauté à ce qu'on avait définitivement perdu de vue ; qui sait si l'abus des *variations*, des *fioritures*, des complications de l'instrumentation et des tours de force de l'exécution, ce qui fait la science d'aujourd'hui, n'amènera pas, comme une réaction heureuse, le retour vers la simplicité de composition de Grétry, de Jean-Jacques et de Pergolèse ?

18° La *gamme des sons* et la *gamme des couleurs* sont peut-être plus près qu'on ne pense de s'interpréter l'une par l'autre. Qui sait si l'aveugle de naissance n'entend pas les couleurs, et si le sourd de naissance ne voit pas les sons ? qui sait si, entre le phénomène du *clair-obscur* et celui des transitions par dissonance, il ne s'interpose pas une loi égale au fond ou une profonde analogie, et si l'harmonie qui s'établit, sous un pinceau heureux, entre les couleurs les plus criardes, n'est pas la même qui résulte, sous la baguette d'une inspiration savante, entre l'accord agaçant de septième et l'accord parfait et pur comme un beau rayon de jour qui apparaît après l'orage ?

19° Qui sait si le vice de ce bel instrument que la nature a organisé dans notre oreille ne suffit pas à lui seul pour fausser le jugement, altérer la bonne humeur, dénaturer les bons rapports avec les autres et avec nous-mêmes, et si la pureté de perception de l'harmonie physique n'importe pas à l'harmonie de nos passions ? Qu'est-ce que la beauté, si ce n'est le jeu normal de tous nos organes ? Qui sait si la bonté n'est pas la conscience intime de cette complète régularité ? Le moral a moins à perdre dans une surdité complète que dans la viciation de la perception des sons ; entendre de travers, comme voir de travers, mieux vaudrait ne rien voir et ne rien entendre.

20° Préservons donc de toute atteinte notre oreille, avec autant de soin que notre œil, et regardons comme un égal bienfait le moyen de nous débarrasser de la cause qui peut en torturer la sensibilité ou vicier la perception qui lui est propre.

21° Quoique ce soit dans l'oreille que réside l'admirable organe de la perception des sons, on dirait pourtant que la susceptibilité s'en transmet aux papilles de la périphérie du crâne tout entière, quand on analyse l'impression que l'on ressent à l'audition de certains effets d'harmonie. On a remarqué en outre, chez toutes les belles organisations musicales, que les os de la boîte crânienne sont de mince épaisseur, comme si le crâne était la boîte ou *table d'harmonie* de l'instrument, dont les vibrations s'opèrent dans la *caisse du tympan*. Les Bretons et les nègres, qui sont faiblement organisés pour la musique, ont la suture sagittale tellement épaisse et ossifiée presque jusque sur la base de la cloison falciforme, que, lorsqu'ils se battent, ils frappent plus du front, comme les béliers, que les Anglais de leur poigne ; ils sont capables de briser du moindre coup de front le crâne d'un Pergolèse, d'un Beethoven, d'un Rossini et d'un Meyerbeer ; en fait de musique, enfin, ils ne savent bien que battre la mesure, *exceptis exceptandis*. J'irai plus loin, et j'avancerai que, chez une belle organisation musicale, toute la charpente vibre à l'unisson ; j'ai connu des gens qui ont dû renoncer aux charmes de l'exécution et même de l'audition musicale, comme le sage renonce aux jouissances des sens, crainte d'en être brisés comme du verre : Béranger, qui chantait ses chansons tout juste comme on les déclame, n'allait jamais au théâtre ni dans les assemblées politiques ; il ne pouvait entendre, me disait-il un jour, ni un orateur, ni un chanteur.

N. B. Par tout ce que nous venons de dire, on comprendra que les affections de l'organe de l'ouïe peuvent offrir des caractères et sortir des effets aussi différents que le sont les régions qui rentrent dans la topographie de l'organe ; nous les diviserons, comme nous l'avons fait à l'égard des OPHTALGIES (1850), en trois sections principales comprenant, l'une les affections de l'oreille externe (1903, 3°) : EXOTALGIES (de *ex*, au dehors) ; l'autre celles de l'oreille interne : ENDOTALGIES (1903, 5°) (de *endo*, en dedans) ; et la troisième les affections de l'oreille moyenne ou organe auditif proprement dit : MESOTALGIES (de *mesos*, moyen) (1903, 3°).

1re SECTION : EXOTALGIES, *affections morbides de la région externe de l'appareil auditif* (1903, 3°).

1904. DÉFINITION. 1° L'oreille externe, ou oreille proprement dite, comprend le *pa-*

villon (en latin, *auricula* ou *pinna;* en grec, *epicampes otos*) et le *tuyau auditif* (en latin, *auris foramen;* en grec, *ôtos poros*) qui se termine à la *membrane du tympan* (1903,4°). Le *pavillon de l'oreille* est, en sens contraire, au *tuyau auditif* ce que la trompe du cor est au tube recourbé. Dans l'appareil de l'oreille, le *pavillon* concentre les sons et les fait converger, par le *trou auditif,* vers la *membrane du tympan;* dans le cor et dans les instruments en cuivre, au contraire, les vibrations de l'air, émanant de l'orifice du tube, divergent, en se répercutant contre les parois de l'instrument, sous des angles d'autant plus ouverts que le tube s'évase davantage, pour former le *pavillon* ou la *trompe;* ce qui fait que les sons arrivent plus au loin et se disséminent sur un plus grand espace. Il y a en quelque sorte, entre le mécanisme de ces deux appareils à rebours, la même corrélation qu'entre le microscope et le télescope; l'effet de l'un est la contre-partie de l'autre, et les deux mécanismes sont l'inverse l'un de l'autre.

2° On entend d'autant plus loin, toutes choses égales d'ailleurs, que le pavillon est plus développé, comme on voit d'autant plus loin que l'on se sert d'un télescope à plus grand objectif; un allongement de quelques centimètres peut équivaloir, pour l'organe auditif, à un rapprochement de quelques fractions de lieue; d'où vient qu'en appliquant sur l'oreille, immédiatement ou au moyen d'un tube flexible et en caoutchouc ou inflexible et en métal, une conque artificielle en argent ou même en bois, on peut venir en aide à une audition incomplète et obtuse, et rendre l'ouïe à certains sourds. De là vient encore que certaines personnes n'entendent bien ou n'entendent jamais mieux qu'en comprenant le pavillon de l'oreille entre l'index et le pouce, et courbant la paume de la main et les doigts en forme de conque ou coquille; on recueille ainsi plus de rayons sonores, pour les faire converger vers un organe difficile à vibrer.

1905. *N. B.* On pourrait, en certains cas, distinguer autant de GENRES de maladies qu'il existe de régions dans ce premier appareil de l'organe de l'ouïe : 1° HÉLICALGIE : affection localisée dans l'hélix; 2° ANTHÉLICALGIE : affection de l'anthelix; 3° CONCHALGIE : affection ayant son siége dans la conque; 4° TRAGALGIE : affection du *tragus;* 5° ANTITRAGALGIE : affection de l'*antitragus;* 6° LOBALGIE : affection du lobe ou bout de l'oreille; 7° PORALGIE : affection du tuyau auditif. Mais ces distinctions ne sauraient servir qu'à indiquer le siége du mal, l'homogénéité de structure de toutes ces régions étant telle que la même cause y détermine d'identiques effets. Dans notre système, il nous suffira de comprendre tous ces genres sous la dénomination spéciale d'EXOTALGIES, sauf à détailler les dénominations, dans les circonstances particulières qui pourraient se présenter en pareil cas.

1906. 1re ESPÈCE. EXOTALGIES ASPHYXIGÈNES (53,1748); affections de l'ouïe par interception de l'air extérieur.

SYNONYMIE. Crasse dans l'oreille — en latin : *aurium sordes* Cels.

EFFETS. Nous comprenons sous ce nom ces sortes de surdité qui ne sont causées que par l'accumulation du *cérumen,* crasse qui n'est que la coagulation des transsudations de l'oreille. L'air une fois intercepté, la surdité persiste tant que dure l'obstacle. On a vu des gens convaincus qu'ils étaient sourds, et qui ne l'étaient pas par toute autre cause; de pareils crasseux sont une excellente aubaine pour le charlatanisme; le triomphe du *cure-oreille* qui, entre les mains du praticien, prend le nom de *curette* (*), paraît alors celui d'une science exceptionnelle et un prodige de l'art.

MÉDICATION. Les soins de propreté préviennent cet accident; et ces soins consistent à s'instiller de temps à autre dans l'oreille quelques gouttes d'huile camphrée (1293) que l'on éponge ensuite, en introduisant dans le tuyau auditif le coin

---

(*) *Oricularium* (pour *auricularium*) *specillum* Cels.; *auriscalpium* Martial ; *ôtoglyphis* en grec.

d'un foulard ou d'un linge de mousseline. L'eau tiède, augmentée d'une faible quantité d'eau de toilette (1717), ou d'alcool camphré (1287), suffit à ce léger nettoyage. Si la crasse s'est accumulée faute de soins, ou bien elle est molle et peut être enlevée avec le *cure-oreille;* ou bien elle a durci, et alors on l'attaque avec l'alcool camphré ou l'eau de toilette pure, qui ramollit la crasse de manière à pouvoir l'enlever ensuite avec la cuiller du *cure-oreille* ou de la *curette,* ou bien qui vide la place en dissolvant peu à peu la substance qui faisait office de bouchon. On peut recouvrer ainsi l'ouïe, rien qu'en déblayant le tuyau auditif.

1907. 2ᵉ ESPÈCE. Exotalgies anévrogènes (1851); affections de l'oreille externe par l'interruption de l'influx nerveux.

Synonymie. Paralysie de l'oreille ; insensibilité, engourdissement de l'oreille. Otite externe des auteurs.

effets. L'influx nerveux, d'où émane la sensibilité des papilles, peut être intercepté par une des causes morbipares, sur une portion plus ou moins profonde de la *portion dure* du *nerf auditif;* ou bien l'insensibilité peut provenir d'une altération plus ou moins profonde, plus ou moins durable, de la surface sur laquelle les papilles du tact viennent s'épanouir. Dans l'un et dans l'autre cas, le *pavillon* de l'oreille perd le sentiment des impressions, ce qui ne l'empêche pas de concourir à l'audition, comme le ferait une conque artificielle.

médication. Si la *portion dure* du nerf auditif n'est pas définitivement oblitérée, on a toujours l'espoir de ramener la sensibilité dans le pavillon de l'oreille, en arrosant le crâne d'eau sédative (1336, 1°), en s'en passant derrière et devant l'oreille, et, s'il le faut, en enveloppant tout le pavillon avec une compresse de cette eau (1345, 2°). On recouvre ensuite chaque fois l'oreille d'un linge enduit de pommade camphrée (1297).

1908. 3ᵉ ESPÈCE. Exotalgies hypertrophogènes (1753); affections qui impriment à certaines régions du cartilage de l'oreille un développement hypertrophique qui forme là comme un bourrelet, une glande ou un noyau sous-cutané d'une extrême dureté.

médication. En général ce développement se produit sans douleur et persiste sans qu'on éprouve la moindre gêne, même alors que l'oreille en a contracté une certaine déformation.

1909. 4ᵉ ESPÈCE. Exotalgies thermogènes (1758, 1795); affections du pavillon de l'oreille sous l'influence d'une extrême chaleur externe ou interne.

effets. Par un soleil ardent, une excessive fatigue, sous le coup d'une forte impression morale, ou à la suite de copieuses libations, le sang qui afflue à la tête se répand dans le réseau interstitiel, si peu sanguin d'ordinaire, que parcourt le liquide circulatoire propre à ces tissus. Le cartilage semble se tuméfier à mesure que ses surfaces rougissent, et bientôt on y sent battre les artérioles.

médication. L'eau sédative (1347 3°) en ablutions sur le crâne et en lotions (1345, 1°) sur l'oreille suffit pour dissiper cet accident toujours passager.

1910. 5ᵉ ESPÈCE. Exotalgies krumogènes (1763); affections de l'oreille externe sous l'influence et de l'abaissement de la température et des vents froids ou violents.

Synonymie. Engelure des oreilles ; otite par les courants d'air ; violent mal d'oreilles par le froid.

effets. Par un froid vif et un temps calme, on finit par ne plus sentir ses oreilles; et, si on approche trop vite du feu, on commence à y éprouver de vives douleurs. Le vent qui siffle dans les oreilles opère dans les tissus cartilagineux des congestions ou des arrêts de la circulation, qui deviennent l'occasion des douleurs d'oreilles les plus violentes, causes occasionnelles, à leur tour, de rages de dents et de douleurs de tête.

MÉDICATION PRÉVENTIVE. On ne saurait apporter trop de soins à se garan;ir les oreilles du froid et des courants d'air, surtout quand on reste sédentaire ou qu'on se promène; car le travailleur, qui fait œuvre de ses bras, semble abrité derrière l'atmosphère de transpiration dont l'enveloppe la fatigue continue et uniforme. La paysanne de ce pays-ci, qui travaille impunément aux champs, la tête presque nue et les oreilles au vent, ne manque jamais, les jours de chômage ou de voyage, de se couvrir la tête d'un châle qui lui tombe sur le dos et les épaules (espèce de capuchon qu'ont conservé la plupart des *béguines* et *sœurs du pot*). Le capuchon, que, sur les conseils du *Manuel annuaire*, on a fini par adapter aux cabans, a préservé de plus de maux d'oreilles et de coups d'air que n'en a guéri la médication nouvelle.

En entrant, ôtez votre *cache-nez*, pour qu'il vous cache d'autant mieux quand vous le remettrez en sortant. Adoptez en hiver la coiffure en casquette ouatée ou en fourrure, et non le feutre en boisseau : Le *cache-nez* mord sur la *casquette;* il s'affaisse sous les bords du chapeau et laisse alors à découvert la partie principale qui est l'oreille.

MÉDICATION CURATIVE. Si le froid vous a saisi, réchauffez-vous la tête et vous empaquetant de vos foulards ou de vos boas, et n'approchez du feu que lorsque vous sentirez revenir dans ces régions la chaleur naturelle. Une légère lotion, soit à l'alcool camphré (1288, 1°) soit à l'eau sédative (1345, 1°), achèvera de tout remettre en bon état. Si les conséquences de ce refroidissement se traduisaient par l'intumescence sanguine d'une engelure, on aurait recours aux moyens de pansement et de médication que nous avons indiqués à l'article, DERMALGIES CHEIMONOGÈNES OU ENGELURES (665), en outre on s'arrosera largement le crâne d'eau sédative (1347, 3°); ou bien on remplacera les compresses d'eau sédative par des cataplasmes salins arrosés d'eau sédative (1321) et aspergés de quelques gouttes de laudanum; enfin on aura recours, au besoin, aux fumigations de plantes odoriférantes (1847).

1911. 6e ESPÈCE. EXOTALGIES TOXICOGÈNES (254); ARSENIGÈNES (348) ou HYDRARGÈNES (369) DÉSORGANISATRICES (1804); affections superficielles du pavillon et du tuyau auditif produites par une intoxication arsenicale ou mercurielle.

SYNONYMIE. Otite externe; dartres à l'oreille et dans l'oreille; *tintouin;*—(en latin : *aurium abscessus* et *suppuratio;* — en grec: *óton empuesis*).

EFFETS. Le pavillon et le tuyau auditif peuvent être le siége de toutes les DERMALGIES TOXICOGÈNES (1669); car enfin la peau du corps se continue jusqu'à la membrane du tympan. Mais comme, dans le fond de cet appareil, la peau recouvre immédiatement les cartilages qui en forment la charpente quasi-osseuse, il s'ensuit que la cause désorganisatrice est en état de dénaturer, de ronger profondément cet appendice de l'audition et d'étendre ses ravages de proche en proche jusque dans le tuyau auditif. Il s'établit alors une suppuration, ou écoulement de pus, souvent fétide (*aurium suppuratio*), qui prend son cours d'abord au dehors, et ensuite ou tôt ou tard, par la *trompe d'Eustache*, pour s'échapper par la bouche. Dans l'un et l'autre cas, la sensibilité papillaire de cet appendice est tellement exaltée par la cause désorganisatrice du mal, qu'elle détermine des douleurs atroces et que, d'un autre côté, ce travail sous-cutané vicie complétement la fonction de l'audition : c'est un bruit continuel dans l'oreille : bruit de sifflet (*sibilus* en latin, *syrigmos* en grec); de conque marine (*sonitus* en latin, *hechos* en grec), de cloches (*tinnitus* en latin, *bombos* en grec); de détonation (*strepitus* en latin, *trismos*, en grec). L'oreille a ses hallucinations, comme les yeux, et les hallucinations les plus trompeuses; ses papilles forment le clavier le plus étendu et le plus varié qu'il soit possible d'imaginer, en fait de registres et d'instrumentation; c'est un orgue dont la transpiration et la suppuration désorganisatrice forment le soufflet. A ce tumulte intime succède définitivement un silence profond, dès que l'altération a passé des papilles aux rameaux nerveux, du mécanisme au nerf auditif lui-même; et alors l'exotalgie c'est la SURDITÉ, anciennement SOURDESSE (en latin : *surditas ;* en grec ; *kóphôsis*).

MÉDICATION. Très-souvent dans la journée on bassinera les surfaces à l'eau quadruple (1375) chaude, on en injectera dans le tuyau auditif; on appliquera, sur ou derrière le pavillon de l'oreille, les plaques galvaniques (1419) pendant 10 minutes; on recouvrira ensuite les mêmes surfaces d'une compresse fortement imbibée d'alcool camphré (1288, 2°); on en injecterait même au besoin dans le tuyau auditif, sans qu'il en résultât le moindre accident fâcheux pour l'organe de l'ouïe; et au bout de deux ou trois minutes, on recouvrira l'oreille d'un linge enduit de pommade camphrée (1297); ou mieux, à cause des anfractuosités et inégalités de surfaces, on se servira à cet égard de coussinets de charpie (1405) enduits de pommade camphrée. On supprimerait l'emploi des plaques galvaniques, si l'on s'apercevait que leur action, au lieu de s'arrêter à la surface et d'attaquer simplement la DERMALGIE (1654), devient désorganisatrice pour la charpente du pavillon; car j'ai vu des cas de ce genre où le *lobe* de l'oreille semblait foudre, comme du beurre, au contact d'une simple lame de fer, tant les tissus de l'organe s'étaient, en ce cas exceptionnel, combinés intimement avec l'arsenic, en sorte que l'on ne pouvait soustraire galvaniquement l'arsenic, sans décomposer le tissu organique dont l'arsenic semblait être devenu la base. J'ai connu une jeune personne qui avait hérité en naissant d'une constitution semblable, d'une constitution comme pétrie de mercure et d'arsenic; mais ces rencontres sont infiniment rares.

L'usage des boucles d'oreilles est d'une très-grande ressource contre les EXOTALGIES TOXICOGÈNES (dartres arsenicales ou mercurielles de l'oreille); il n'y a pas, en effet, de mode ridicule qui, dans le principe, n'ait eu une destination utile. L'anneau d'or ou d'argent que l'on passe dans le trou de l'oreille est déjà, à lui seul, un soustracteur puissant; au reste, l'or et l'argent sont, avec le platine, les seuls métaux que l'on doive employer pour cet anneau. Mais la puissance de ce moyen pour combattre les intoxications de l'oreille, cette puissance sera centuplée par la galvanisation, c'est-à-dire, quand l'anneau deviendra le conducteur de l'action galvanique d'une association de deux autres métaux; et l'on prend, dans ce dernier but, des métaux qui ne coûtent pas cher. On introduira dans l'anneau, ou véritable boucle d'oreille, un petit faisceau de fils ou lanières de cuivre et de zinc, que l'on nettoiera tous les soirs à grande eau d'abord vinaigrée, pour s'en servir de nouveau le lendemain (1429). L'usage des boucles d'oreilles, qui remonte à la plus haute antiquité, est un appareil galvanique et antimercuriel qui profite à l'assainissement autant de l'oreille que des yeux et de l'appareil dentaire et autres régions de la tête. Les personnes qui ne portent pas de boucles d'oreilles y suppléeront au moyen d'une petite chaîne galvanique (1422) qu'elles se passeront de temps à autre autour de l'oreille. Si tous ces moyens n'amenaient pas assez vite le résultat désiré, on en viendrait à l'emploi de l'eau sédative, en lotions ou en compresses (1345) ou en injection (1386), dans le tuyau auditif; mais, dans l'une ou l'autre de ces modifications de la médication, on aura soin, après chaque pansement, de recouvrir l'oreille d'un linge ou d'un coussinet de charpie (1405) imbibé de pommade camphrée (1302, 2°). Les applications de peaux d'animaux vivants (1220) et les bains locaux de sang (1219) seront les auxiliaires heureux de ce traitement. Au besoin et à défaut de ces moyens, on appliquerait sur l'oreille malade un œuf frais entier et non cassé, que l'on aurait soin de tenir chaudement, pendant les intervalles où on ne pourrait pas l'appliquer sur l'oreille, un œuf même en voie d'incubation;

c'est un excellent soustracteur que ce moyen. A l'intérieur, tout le régime antimercuriel (1686).

1912. 7ᵉ ESPÈCE. Exotalgie toxicogène pseudorganisatrice (1769) ; affection de la substance cartilagineuse, animée, par l'incubation de l'atome pseudorganisateur, d'une tendance à se développer en un organe parasite et de superfétation.

Synonymie. Cancer proprement dit de l'oreille.

Effets. Ce cancer implanté sur la charpente cartilagineuse de l'oreille est de la nature des cancers osseux dits *encéphaloïdes,* dont nous aurons à nous occuper en traitant des ostéalgies ou maladies des os.

Médication. Jusqu'à ce jour, contre une pareille affection, l'unique remède c'est l'ablation, dès que l'on s'aperçoit que la nouvelle médication n'enraye pas la marche du développement. On panse ensuite, comme nous l'avons dit, aux divers articles concernant les blessures (1405, 1774).

1913. 8ᵉ ESPÈCE. Exotalgie toxicogène mixte(1771) ; affection de l'oreille, qui semble tenir de l'un et l'autre mode d'intoxication, de l'intoxication désorganisatrice (1911), par ses ravages, et de l'intoxication pseudorganisatrice (1912) par ses développements.

Synonymie. Chancres de l'oreille; ulcérations fétides ; bourgeonnements charnus et purulents; ulcères phagédéniques de l'oreille ; — en latin : *auris ulcuscula, tumores,. tubercula;* — en grec : *para ous eparmata* Hipp.; *phagedœnœ* Hipp. et Plin.

Effets. La peau rougit d'abord, s'enflamme, puis elle éclate de proche en proche, comme le ferait un clapier en suppuration, pour mettre à nu une surface couverte de bourgeonnements charnus qui suintent le pus et la sanie, comme par les pores de la sueur.

Médication. A force d'applications alternatives de compresses imbibées d'alcool camphré (1288, 2°), de peaux d'animaux vivants (1220) et de plaques galvaniques (449),. on parvient, avec le temps, à éteindre ce feu rongeur, en soutirant la base intoxicante qui l'alimente; on lave souvent à l'eau quadruple (1375). Ces sortes d'ulcères ont presque toujours été confondus, par l'ancienne médecine, avec les cancers par développement; ce sont au contraire des cancers par destruction. Ils peuvent être tout aussi dangereux que les premiers, lorsqu'ils avoisinent les organes essentiels à la vie et qu'ils s'attachent aux téguments osseux du cerveau ; car leur développement peut devancer de beaucoup l'action des moyens qu'on emploie pour en enrayer la marche et en étouffer le germe ; mais, sur toute autre région du corps, on finit à la longue par en venir à bout, à l'aide de la simple application des moyens que nous venons d'indiquer. On en limite les ravages et on rétrécit peu à peu le cercle de leur action , en soutirant d'un côté les éléments du développement par les plaques galvaniques et les peaux d'animaux vivants, et d'un autre côté en coupant court à la propagation du venin par l'action coagulatrice des applications alcooliques. Ce résultat heureux peut toujours être obtenu quand le chancre rongeur ne dépasse pas le pavillon de l'oreille.

1914. 9ᵉ ESPÈCE. Exotalgies traumagènes par constriction ou contusion (414, 1779);. affections de l'oreille par suite d'une contusion, sans solution de continuité.

Effets. A la suite d'un coup violent ou d'une forte constriction produite par l'étroitesse d'une coiffure ordinaire ou improvisée, les cartilages de l'oreille deviennent le siége d'une tuméfaction sanguine et passagère ou cartilagineuse et durable, cause,. dans l'un et l'autre cas, de violentes douleurs.

Médication. A l'instant même, enveloppez le pavillon de l'oreille d'un linge imbibé d'alcool camphré (1288, 2°); au bout de vingt minutes remplacez cette compresse par un linge enduit de pommade camphrée (1297); et recommencez l'application de l'alcool camphré, si vous voyez que le mal n'ait pas été enrayé la première fois.

1915. 10e ESPÈCE. Exotalgies traumagènes superficielles (1777); affections, principalement de la surface du tympan auditif, par éraillement, déchirement et frôlement du cure-oreille (oricularium (pour auricularium) specillum Cels., auriscalpium Martial; όtoglyphis en grec).

EFFETS. La moindre lésion, par frottement, dans le tuyau auditif, est en état de produire, sur les papilles du tact ainsi froissées, une exaspération insupportable de sensibilité.

MÉDICATION. Ne vous servez, pour cure-oreille, que de petites tiges en métal ou en bois, à bords mousses, lisses, arrondis, enfin sans angles et aspérités. Quand la lésion a eu lieu, contentez-vous d'instiller dans le tuyau auditif de l'alcool camphré (1287); et au bout de quelques minutes, introduisez-y un tampon de coton imbibé de pommade camphrée (1297). On n'aurait recours aux compresses d'eau sédative (1345, 2º) que dans le cas où l'inflammation s'étendrait au dehors et produirait une certaine intumescence des tissus adjacents.

1916. 11e ESPÈCE. Exotalgies traumagènes profondes et par solution de continuité (1777, 1778); déchirement, incision, perforation du pavillon, mais plus ordinairement du lobe inférieur de l'oreille.

EFFETS. L'un des accidents les plus communs de ce genre est occasionné par les pendants d'oreilles, lorsqu'ils s'accrochent; il s'ensuit un afflux de sang dans les tissus ambiants, une intumescence enflammée qui est dans le cas de se transformer en une ulcération purulente, cause de très-vives douleurs, et d'amener une adhérence et presque une incrustation du métal avec les tissus organisés.

MÉDICATION. La douleur du mal cesse, comme par enchantement, immédiatement après celle que cause au premier abord l'action de l'alcool camphré (1288, 2º), que l'on applique en compresse sur l'une et l'autre paroi du bout de l'oreille. On recouvre ensuite toute cette région d'un linge ou de charpie imbibée de pommade camphrée (1302, 2º; 1405).

1917. 12e ESPÈCE. Exotalgies acanthogènes (1783); affections de l'oreille par l'introduction de poussières irritantes et de petits piquants microscopiques.

MÉDICATION. Instiller de l'huile camphrée (1293) aussi souvent qu'on le pourra dans le tuyau auditif, et quelquefois de l'alcool camphré (1287), afin de faciliter l'expulsion de ces corps étrangers et de cicatriser les effets de leurs ravages.

1918. 13e ESPÈCE. Exotalgies carpigènes (460); affections de l'oreille externe par l'introduction et la germination de graines.

EFFETS. L'introduction de la graine forme déjà un obstacle à l'audition; mais, lorsque, dans ce milieu humide et à l'abri des rayons de la lumière, la germination commence à s'établir, le tuyau auditif distendu de plus en plus par le gonflement progressif de la graine et par le développement de l'appareil radiculaire, occasionne des douleurs aussi violentes que si on dilatait ce tube au moyen d'un instrument approprié; d'un autre côté les empâtements radiculaires, par la propriété d'aspiration qu'ils possèdent, font l'office de tout autant de ventouses qu'on appliquerait sur des surfaces d'une aussi exquise sensibilité.

MÉDICATION. Si l'on était convaincu de la nature de cet accident, on se hâterait de procéder à l'extraction par les moyens opératoires; mais on peut également se dispenser de cette petite opération, amener le soulagement des douleurs et l'expulsion spontanée du corps étranger, en instillant, dans le tuyau auditif, de l'alcool camphré (1287), qui frappera la graine de mort, et en diminuera de plus en plus le volume par son action desséchante et coagulatrice. Après chaque injection alcoolique, et dès que l'alcool aura été absorbé, on instillera de l'huile camphrée (1293), qui est à la fois un asphyxiant pour les plantes et un cicatrisant pour les surfaces lésées. Dès qu'on sentira que le parasitisme du germe est définitivement étouffé, on pratiquera des injections tièdes à l'eau quadruple (1375), à la suite desquelles le corps étranger sera amené au dehors, en entier ou par lambeaux.

1919. 14ᵉ ESPÈCE. Exotalgies entomogènes (540, 548, 623, 804. 833, 879, 945, 950, 1ᵒ).

SYNONYMIE. Gourmes de l'oreille, dans la maladie pédiculaire (882).

EFFETS. La médecine actuelle qui, dès l'apparition de ce livre, s'est tant révoltée contre l'idée que, dans un grand nombre de cas, les maladies locales ne sont causées que par la présence et le parasitisme des insectes, a prouvé par là que, si, depuis soixante et dix ans, elle n'a pas appris grand'chose, elle a terriblement oublié : car du temps de Celse et de Pline(*), où l'histoire des infiniment petits n'avait pas la ressource des verres grossissants, la question était du domaine de l'observation vulgaire. Une simple puce qui s'introduit dans le tuyau auditif est dans le cas d'y déterminer des douleurs atroces par sa piqûre, et par le seul mouvement même de ses pattes à crochets.

MÉDICATION PRÉVENTIVE. On préviendra beaucoup d'accidents semblables, en ayant soin de s'introduire dans l'oreille de la poudre de camphre (1269), surtout le soir avant de se coucher.

MÉDICATION. On sera bien vite débarrassé de ces parasites, en instillant dans le tuyau de l'oreille de l'huile camphrée (1293), que l'on maintiendra en place pendant quatre à cinq minutes; car l'huile seule asphyxie les insectes, et le camphre les empoisonne.

1920. 15ᵉ ESPÈCE. Exotalgies noogènes (1102); affections de l'ouïe produites par de fortes impressions morales.

SYNONYMIE. Bourdonnements, tintouin subit, à la vue ou à l'annonce d'un fait qui impressionne vivement.

EFFETS. La joie, la colère, la terreur, la consternation, peuvent affaiblir l'ouïe, comme la vue. Toutes les fois que le sang monte au cerveau, la congestion commence à s'opérer tout d'abord sur les organes de la vue et de l'ouïe : on entend les cloches sonner (1911), la mer mugir, le vent siffler, l'orage gronder; symptômes précurseurs d'un évanouissement et d'une perte de connaissance, qui s'effectue dès que l'effet du trouble apporté dans le système circulatoire est venu, pour ainsi dire, rejoindre les deux bouts de ce cercle vicieux dans le cerveau.

MÉDICATION. Ablutions abondantes d'eau sédative (1347, 3ᵒ) sur le crâne. Aloès (1197) et lavement superpurgatif (1398), si l'emploi de l'eau sédative ne suffit pas.

La philosophie, cette religion du sage, préserve de cette dernière espèce de maladie, en nous donnant la valeur exacte, et égale à zéro, de ces causes de tribulations dont nos passions sauvages nous font tout autant d'effrayants fantômes; car les émotions douces, expressions des sentiments vrais, ne jettent jamais le moindre trouble dans l'économie, si tristes que soient les circonstances qui les provoquent.

2ᵉ SECTION. Endotalgies ; *affections de la région interne de l'appareil auditif* (1903, 5ᵒ).

1921. DÉFINITION. L'oreille interne, *trompe d'Eustache* ou *tuyau auditif interne*, est, par sa forme et sa direction, de la plus grande simplicité; elle s'ouvre derrière le voile

___

(*) *Solet interdum in aurem aliquid incidere, ut calculus, aliquodve animal; si pulex intus est, etc.* (Il arrive quelquefois qu'il s'introduit dans le tuyau auditif un corps étranger, une pierrette, un être animé, une puce) Cels., liv. 6, ch. VII, 9. — Voy. également Plin., liv. 28, ch. 3, et liv. 29, ch. 6.

du palais; elle est susceptible de contraction musculaire, car elle est en partie osseuse, et en partie cartilagineuse et membraneuse. Coupez obliquement la partie ventrue de la hampe fistuleuse d'un poireau, et vous aurez la forme approchée de la *trompe d'Eustache*. Si ce tube vient à être obstrué, l'ouïe cesse, comme cesseraient les sons d'un cornet dont on boucherait le pavillon ; l'obturation est l'état morbide spécial à cet organe.

1922. ESPÈCES. Cette obturation peut être asphyxigène (53, 1748); hypertrophogène (1753), par intumescence hypertrophique des parois ou par celle des glandes amygdales (1924b, 5°) qui sont situées dans le voisinage de l'ouverture ; toxicogènes (1764, 1769) par l'action désorganisatrice ou pseudorganisatrice des parois du tube, sous l'influence d'une intoxication générale arsenigène ou hydrargène ; traumagène (1705) par suite de la manie, qu'ont certains spécialistes, de vouloir sonder une région aussi délicate au moyen d'une tige appropriée qu'ils introduisent par le cornet du nez qui correspond à l'oreille affectée; entomogène (1848) ou helminthogène (1849) par suite du parasitisme d'un insecte ou plutôt d'un helminthe, tel que le gros lombric (1807, 3°), ou le ver solitaire (1063) (*), qui viennent souvent se réfugier dans cette impasse, afin de se mettre à l'abri de l'effet des vermifuges culinaires ou médicaux.

MÉDICATION. Dans l'une ou l'autre de ces diverses hypothèses d'affections spéciales, ne vous laissez jamais introduire la sonde par le nez ou par derrière le voile du palais; ce sondage, en effet, est dans le cas d'augmenter vos souffrances ou d'achever la surdité; sans que jamais il soit parvenu à ramener l'ouïe dans un organe vicié. Ce que la sonde ne saurait produire, la médication suivante est en état de le réaliser : En pareil cas, chiques galvaniques (1424) ; au bout de 20 minutes, touchez les *amygdales* et tout le fond de la gorge avec le doigt ou un tampon mouillé d'alcool camphré (1287) et quelquefois d'eau sédative (1336); gargarisez-vous ensuite à l'eau salée zinguée (1337) et reniflez-en. Médication antimercurielle complète (1686).

3e SECTION. Mésotalgies ; *affections de l'oreille moyenne ou proprement dite, c'est-à-dire, de la région de la caisse du tympan* (1903, 7°).

1923. DÉFINITION. L'oreille moyenne étant le véritable siège, le clavier, pour ainsi dire, de l'ouïe, il est évident que toutes les espèces d'affections que nous venons de décrire, à l'égard de l'oreille interne et externe, doivent amener la surdité, en obstruant l'un ou l'autre moyen d'acoustique qui rentre dans la combinaison de cet admirable instrument; mais il est plus évident encore qu'en pareil cas l'emploi d'un moyen mécanique, fût-il le plus délicat, apporterait à cette viciation plus de ravages qu'on n'aurait la prétention d'en réparer. On peut espérer de faire dégorger ces canaux subtils, mais non de les nettoyer, par une opération mécanique quelconque. C'est aux dissolvants, par le véhicule de l'absorption et de la transpiration, qu'on doit avoir recours avec un reste d'espoir, et non au sondage ou aux injections. Tenter ensuite de spécialiser les espèces d'affections locales d'un appareil aussi compliqué, ce serait vouloir décrire ce que l'on ne saurait démontrer ou aller vérifier. Sans doute l'audition sera plus ou moins viciée, selon que la cause du mal aura son siège dans le *vestibule*, à l'un ou l'autre des orifices (*fenêtres*), dans l'un ou l'autre des trois *canaux demi-circulaires*, dans le *labyrinthe*, dans l'une ou l'autre *rampe* du *limaçon*. Mais de ce labyrinthe

(*) Parlez de cette hypothèse à un médecin de la génération de 1815, il partira, attendez-vous-y bien, d'un grand éclat de rire. Donnez-lui alors une bonne leçon de modestie, en lui assurant qu'il n'a jamais lu Hippocrate, lequel avait déjà formellement signalé cette cause de surdité. (Voyez *kôakaï prognôseis II*, dans le tom. Ier, pag. 535, n° 13, de l'édit. de Vander Linden.

d'organes, la physiologie n'a pas encore retrouvé le fil qui pourrait nous donner le moyen de nous y reconnaître et de nous y orienter.

La surdité est incurable, quand la cause du mal a désorganisé les divers jeux de cet admirable instrument; s'ils ne sont qu'obstrués et encrassés, la médication peut rétablir la fonction en éliminant l'obstacle. Mais rien ne peut indiquer d'avance que l'oreille affectée se trouve dans l'une ou l'autre de ces conditions; essayez, car c'est à l'événement à répondre par la négative ou par l'affirmative.

MÉDICATION GÉNÉRALE CONTRE LA SURDITÉ SANS SIGNES EXTERNES OU INTERNES. Fréquentes ablutions sur la tête à l'eau sédative (1347, 3°); appliquez en même temps des compresses imbibées de la même eau (1345, 2°) derrière et autour de l'oreille ; injections fréquentes (1386) à l'eau quadruple tiède (1375), en ajoutant à la dissolution quelques gouttes tantôt d'alcool camphré (1287) et tantôt d'eau sédative (1336, 1°). Exposez fréquemment l'oreille interne et externe aux fumigations de plantes odoriférantes (1847). Chiques galvaniques (1424) avec gargarismes à l'eau salée zinguée (1377). Camphre (1266) et salsepareille (1504) iodurée tous les 3 jours (1505). Aloès (1197) tous les 3 jours, et le lendemain matin lavement superpurgatif (1398), tant que ce lavement n'affaiblira pas trop les forces. Bains sédatifs (1209) fréquents, et mêmes bains de sang (1217), si on suppose à l'affection une origine mercurielle. Ail à dîner (1249) et régime vermifuge interne.

N. B. Une telle médication peut être suivie, avec un égal succès, contre toutes les causes d'où peut dériver l'altération de l'ouïe interne.

e. **GLOSSALGIES ; affections de la langue et des diverses régions des parois buccales qui concourent, avec cet organe, à la perception des saveurs et constituent le sens du goût.** (Du grec : *glôssa,* langue.)

1924. **DÉFINITION.** Jusqu'à présent nous avons vu l'organisation procéder avec symétrie et par voie de dualité ; tous les organes des sens sont doubles, comme pour se contrôler entre eux : deux cornets du nez, deux yeux, deux ouïes, deux rangées de dents sur chaque mâchoire, etc.; chaque tronc de la même paire de nerfs (1814) en effet donne, de chaque côté du corps, naissance à un organe similaire et symétrique. La langue, le siége de l'organe du goût, semblerait, au premier abord, faire exception à cette règle ; mais on n'a pas besoin d'avoir recours aux analogies que révèle l'anatomie comparée, pour découvrir que cette apparente exception rentre de prime saut dans la règle générale et n'est qu'un accident spécial de la loi du développement organisé : l'unité de la langue humaine n'est due qu'à la soudure de deux langues; chez certains êtres, les serpents surtout, cette soudure n'a lieu qu'à la base de l'organe lingual. La langue est en même temps un instrument de trituration et un organe de sensations ; c'est un muscle en même temps qu'un sens. Elle concourt à la mastication comme instrument auxiliaire et, pour ainsi dire, balayeur, comme une *truelle* organisée ou une *râble* de brasseur ; elle concourt à la sensation du goût comme un élément d'un couple voltaïque, idée que nous allons mettre ci-après dans tout son jour. Les anatomistes distinguent dans la langue : la *base* ou *racine,* par laquelle la langue adhère à la mâchoire inférieure, au larynx et à l'os hyoïde qui en est, pour ainsi dire, le châssis et la charnière ; la *ligne médiane,* qui est la ligne d'adhérence et de soudure entre les deux langues, la gauche et la droite ; la *pointe,* qui est l'extrémité de cette ligne ; puis le *filet* ou *petit frein,* qui rattache la pointe au plancher de la mâchoire inférieure, pour borner ses mouvements musculaires et mettre un frein à son allongement ; enfin un *trou aveugle* ou *borgne*, sur la moitié postérieure de la ligne médiane, qui est un accident de soudure des deux langues, plutôt qu'un *organe* d'une fonction spéciale et bien déterminée. Nous envisagerons la langue et comme *organe musculaire*, et comme *organe de sensation* et comme *organe de phonation* :

A. Comme organe musculaire. 1° Chacune des deux moitiés latérales de la langue est une émanation, un développement indéfini et musculaire (1813, 3°) de la première branche du rameau de la cinquième paire (1823), qui sort par le trou maxillaire inférieur du côté adjacent. C'est en se distribuant, par des dichotomies indéfinies de ramuscules, que l'une et l'autre branche ont fourni l'épaisseur des deux moitiés latérales de la langue; en effet chaque sommité de rameau devient une cellule musculaire, et est susceptible, par la contractilité qui lui est particulière, de concourir à la contraction de l'organe général.

2° Outre les mouvements qui lui sont propres, la langue obéit aux mouvements de certains muscles qui sont étrangers à son organisation et qui lui servent d'attaches. avec les os ambiants. Un de ces ligaments musculaires (le *génioglosse*, de *geneion*, menton) part de la symphyse du menton, et s'attache au-dessous de la langue, pour la tirer en avant et la faire au besoin sortir de la bouche ; un autre, qui part de la base et des cornes de l'*os hyoïde*, ramène au contraire la langue en arrière (c'est le *cératoglosse*, de *kéras*, corne de l'os hyoïde); le *stylo-glosse* vient de chaque côté de l'apophyse styloïde ; le *myloglosse* vient de chaque côté de la mâchoire au-dessous des dents molaires. A la rigueur, on pourrait considérer tous ces muscles comme émanant des deux mêmes troncs nerveux de la langue, et comme concourant aux mêmes fonctions.

3° La circulation sanguine s'établit dans le réseau interstitiel de ces innombrables cellules musculaires, y venant des *artères carotides*, et en sortant. soit par les *veines jugulaires*, soit par celles qu'on remarque sous la pointe de la langue et qui prennent le nom de *veines ranines* (de *rana*, grenouille).

4° Côte à côte de ce réseau circulatoire, s'établit le réseau interstitiel et lymphatique, qui vient déboucher au dehors, pour dégorger, par tous ses orifices, la salive qui s'accumule dans certains *trivium* ou espèces de *regards*, lesquels se présentent à l'œil de l'anatomiste sous forme de *glandes* dites *salivaires*. Jamais la salivation n'est si abondante que lorsque la langue se contracte ; car, en se contractant, les cellules contiguës rétrécissent d'autant les interstices lymphatiques qui les séparent : Remarquez les limaces, dont le corps n'est presque qu'un seul muscle, comme elles transsudent en se contractant : vous aurez ainsi l'explication du phénomène et de la salivation de la langue et de la transpiration cutanée, qui n'est jamais si abondante que pendant les violents exercices musculaires.

B. Comme organe du gout. 1° Il suffit d'examiner à la loupe la langue d'un animal quelconque, celle du bœuf ou du mouton, pour distinguer, à travers la pellicule épidermique (*epithelium*), les innombrables extrémités papillaires qui en forment comme une mosaïque d'aspérités ou de petites protubérances ; chacune de ces papilles est à elle seule un organe du goût (en latin, *gustus* ; en grec, *geusis* ou *geuma*).

2° Mais ces papilles n'émanent pas, comme la substance musculaire de la langue, des rameaux de la cinquième paire ; ces papilles, organes du goût, sont les extrémités d'un rameau de la neuvième paire de nerfs (1827). La langue musculaire est, pour l'organe du goût, ce que les muscles des paupières et de l'œil sont pour l'organe oculaire (1850).

3° Il ne faudrait pas croire que la langue concoure seule à la perception des saveurs : les dents, les parois buccales et le bord inférieur du voile du palais, ne laissent pas que de contribuer à cette perception, comme éléments d'un couple dont la langue forme l'autre élément.

4° Le *voile du palais* (*velum palatinum* en latin), c'est-à-dire, cette terminaison membraneuse et musculaire qui continue et termine, dans l'arrière-gorge, la *voûte pala-tine* (*palatum* en latin, *hyperôa* en grec) est échancrée, comme le serait la découpure de la portion supérieure de la figure au simple trait d'un cœur.

5° Ses deux bords ou *piliers* tiennent aux *glandes amygdales* (de *amygdale*, amande; — en latin, *tonsillæ;* en grec, *antiadés*), les plus volumineuses des *glandes salivaires,* et qui sont susceptibles de grossir d'une manière gênante pour l'ouïe, et souvent compromettante pour la déglutition et la respiration.

6° La *luette* (*uva* Cels. et Plin., de *uva* grain ou grappe de raisin; — en grec, *gargareôn* (1384), *bronchos* et *chondros*, à cause des bruits divers qu'elle articule par ses vibrations) est le pendentif de cette espèce d'arceau membraneux; c'est une glande susceptible d'un accroissement anormal et quelquefois compromettant pour l'une ou l'autre fonction de la respiration et de la déglutition.

C. THÉORIE DE LA PERCEPTION DES SAVEURS ET MÉCANISME DE L'ORGANE DU GOUT. Nous avons dit que la langue ne se suffit pas à elle-même pour réaliser la perception du goût (*). Tenez la langue trempée dans un verre d'eau fortement sucrée, vous ne percevrez pas la moindre saveur, sucrée ou autre, tant que la langue restera ainsi isolée et sans contact immédiat avec un corps étranger solide ou avec les parois du vase; mais vous aurez la perception de la saveur sucrée, dès que la langue touchera un objet solide. Placez sur la langue une goutte d'eau sucrée avec la précaution de ne pas en toucher la surface; l'organe du goût ne vous donnera aucune indication de la saveur. Mais il n'en sera plus ainsi, du moment où vous aurez touché, du bout de la langue, vos dents, vos lèvres, un seul poil de la barbe, le bout d'un cure-dent; dès ce premier contact la perception se réalisera comme par un courant électrique. Nos sens n'opèrent, ne parlent, ne fonctionnent que par convergence de deux actions simultanées, de deux impressions, espèces de combinaisons binaires de sensations (1792). Dans l'intérieur de la bouche ouverte ou close, la perception des saveurs ne se reproduit pas autrement; elle résulte de l'accouplement d'une portion quelconque de la surface de la langue avec la plus légère portion de surface des organes si multiples que renferme la cavité buccale. Les gourmets qui se sont blasés à force de déguster ont l'instinct d'appliquer la langue contre la voûte palatine, pour stimuler la fonction paresseuse, en l'exerçant sur des surfaces plus étendues et à l'aide d'une plus grande adhérence d'application, qui est telle que la langue claque en se détachant. Or, comme il n'est pas un point de la superficie de la langue qui ne soit pavé des papilles du goût, il s'ensuit que l'amputation de la plus grande partie de la langue n'enlève pas du coup le sentiment des saveurs; il restera toujours assez de l'organe, pour que la surface percevante puisse se polariser par le contact d'un tissu adjacent, ou au moins par l'intermédiaire des mets que l'on *mastique.*

D. COMME INSTRUMENT DE PHONATION ET COMME ORGANE SPÉCIAL DE L'ARTICULATION DES SONS; nous envisagerons la langue sous ce rapport, en nous occupant des maladies du SYSTÈME RESPIRATOIRE (*pneumalgies*).

N. B. Nous diviserons les affections morbides de l'organe du goût en autant de GENRES qu'il existe, dans la cavité buccale, de régions principales qui concourent à cette fonction ou peuvent en suspendre, paralyser ou troubler l'exercice.

1925. 1er GENRE. GLOSSOMYALGIES (1747); AFFECTIONS DE LA LANGUE CONSIDÉRÉE COMME ORGANE MUSCULAIRE (1747, 1924 A). (Du grec : *mys, myos,* muscle, et *glossa,* langue.)

_____

(*) Voyez *Nouveau système de chimie organique,* tom. II, pag. 281, éd. de 1838.

DÉFINITION. Quoique les notions que nous avons données, en traitant des MYAL-GIES (1747) puissent, à la rigueur, s'appliquer aux GLOSSOMYALGIES ou affections de la langue considérée simplement comme organe musculaire, cependant les caractères morbides de ces divers genres et espèces d'affections ne sauraient manquer de se modifier, par suite de l'isolement et de la position et de la triple destination de cet organe; ce ne sera donc pas se répéter que de spécifier et de décrire ces affections sur un organe spécial.

1926. 1re ESPÈCE. GLOSSOMYALGIES ASPHYXIGÈNES.(1748); affections de la langue par privation de l'air extérieur.

EFFETS. Lorsque l'air commence à manquer et qu'il se vicie, la langue *s'empâte* et devient intumescente; car l'expiration étant la conséquence de l'aspiration, dès que la première cesse, la seconde ne s'exécute plus; un tissu incapable d'absorber, le devient de dégorger. Le chanteur et l'orateur ne sauraient déployer leurs moyens, dans les salles où l'on étouffe; la langue, cette admirable clef de tous les sons, fait défaut à l'instrument. Les artistes de l'antique Italie ne jouaient qu'en plein air; que de moyens, au contraire, il faut à nos artistes, pour soulever l'enthousiasme dans nos grandes boîtes de spectateurs! ils ont réellement à galvaniser des asphyxiés : asphyxiés eux-mêmes faute d'air sur la scène, asphyxiés par trop d'air, quand ils rentrent dans les coulisses, heureux quand, pour surcroît de difficultés, ils ne le sont pas encore d'après la formule; car le médecin les attend au passage, et ce danger est le pire des trois.

MÉDICATION. Ne reprenez l'air qu'avec précaution et peu à peu, et rincez-vous la bouche et le nez avec de l'eau modérément salée (1377), à laquelle vous ajouterez un quart de cuiller d'eau sédative (1336) par verre d'eau.

1927. 2e ESPÈCE. GLOSSOMYALGIE ATROPHOGÈNE (1752); affection de la langue par suite d'une diète prolongée.

EFFETS. L'amaigrissement, la débilitation générale commence par cet organe; la langue est moins lourde alors qu'incapable de mouvement, épuisée qu'elle est à force d'exhaler sa dernière goutte de salive. Là elle devient chargée et couverte d'une crasse blanche ou fuligineuse, amas de tissus épidermiques désorganisés qui se sont accumulés faute de pouvoir être expulsés par une fonction stationnaire. L'impression des saveurs s'affaiblit de plus en plus faute de véhicule; car point de saveur sans liquide.

1928. 3e ESPÈCE. GLOSSOMYALGIE HYPERTROPHOGÈNE (1753); affection de la langue par suite d'une trop forte nutrition et par l'abus des plaisirs de la table.

EFFETS. Chez qui mange beaucoup sans rien faire, la langue engraisse et devient, pour ainsi dire, obèse, comme le reste du corps; qui mange gras, finit par parler gras, même quand il prêche l'abstinence; la langue, en effet, ne peut plus vibrer l'*r* avec sa *pointe,* devenue aussi lourde à remuer que sa *racine* (1924). Le jeûneur finit par avoir une langue de vipère, et le moine une langue de chapon.

MÉDICATION. Le plus grand des orateurs anciens, Démosthènes, ne pouvait prononcer la première lettre de l'art qu'il devait illustrer, la Rhétorique; ce vice de prononciation, il le tenait de la nature. Mais qui veut, peut; à force de patience et d'inventions, il parvint à parler mieux que tout le monde. Pour vaincre ce défaut, il déclamait sur les bords de la mer en courroux, en tenant de petits cailloux dans la bouche; ces cailloux lui servaient de chiques galvaniques (1424), et lui déliaient la langue, à force de la faire saliver; l'exercice et l'étude achevèrent de lui rendre une voix sonore et capable de dominer les clameurs de la foule, pires que le bruit des flots écumants.

1929. 4e ESPÈCE. GLOSSOMYALGIE ANÉVROGÈNE (1813, 6°); affection de la langue causée par le défaut d'influx ou de symétrie des rameaux nerveux, dont la substance musculaire est une émanation.

SYNONYMIE. Paralysie complète ou incomplète de la langue ; difficulté de parler ; bégayement congénial, bredouillement ; — en latin : *linguæ paralysis, aut hœsitatio, aut debilitas, aut titubatio ; balbuties, blœsitas ;* — en grec : *glossès paralysis, ischuophonia, psellotès, traulotès,* — *balbus erat Demosthenes* Cic., τραυλὸς ἦν τὴν γλῶτταν ὁ Δημοσθένης).

EFFETS. 1° Le bégayement provient d'une paralysie partielle, mais congéniale, des rameaux de la cinquième paire d'où émane la substance musculaire de la langue. De là il résulte que la manière de bégayer varie à l'infini, selon que la paralysie atteint tel nombre ou tel côté de ces ramifications nerveuses. Le bégayement consiste à répéter la même syllabe, à la prolonger ou à s'y arrêter en certains temps, avant de se décider à articuler la suivante. Sur certaines syllabes, on croirait que les lèvres contribuent autant au bégayement que la langue elle-même, par exemple, quand le bègue prononce les *b, t, v;* et, pour certaines autres syllabes, comme le *q,* la cause du bégayement semblerait résider dans le voile du palais. Mais, en analysant avec plus d'attention le phénomène, on reconnaît que, si l'on continue à articuler les syllabes ci-dessus, c'est parce que la langue hésite à entamer la syllabe suivante du mot qui reste à prononcer.

2° Il y a des bègues qui bredouillent, d'autres qui répètent et d'autres qui traînent les syllabes ; les premiers brouillent le fil de leurs paroles, les seconds en font des *trilles* et des *cadences,* ils les vibrent ; les autres les arrondissent sur un rayon si long qu'ils ont bien de la peine à rejoindre les deux bouts de l'inflexion vocale.

3° La première idée qui vient à un médecin bègue, c'est de tâcher de résoudre le problème du bégayement et de faire l'essai du résultat sur lui-même. Nous avons tous connu un médecin, qui faisait de la statistique faute de clientèle, et puis de la police sous prétexte de statistique ; il y avait un peu de faux dans toute sa personne : sa chevelure était d'un faux rouge ; son regard aurait voulu vous parler, si sa bouche avait pu vous regarder, ce qui n'aurait pas ajouté une défectuosité de plus aux traits de son visage marqué par une grêle de taches de rousseur. « J'ai trouvé ! (*Eurêka*), » crut-il s'être écrié un jour ; et de ce pas il vint faire à l'aréopage de savants la communication de sa découverte ; il avait enfin trouvé le secret de guérir du bégayement, et il s'engageait à soumettre le sujet sur lequel il avait opéré ce miracle à l'examen des assistants. Arrivé tant bien que mal à la fin de son mémoire, je le vois encore d'ici, flamboyant par le succès qu'il avait remporté, par l'effet qu'il allait produire, je le vois se lever de toute sa hauteur, et dire en promenant ses fauves regards sur toute l'assemblée : « Mé-é-é-ssieurs ! le sujet de mes ex-ex-ex-expériences... c'est-est-est-moi. » Il lui avait fallu une heure pour bredouiller un mémoire de dix pages ; il employa bien trois minutes à articuler son *c'est moi ;* l'enthousiasme lui serrait la gorge ; on l'applaudit, vous vous en doutez, avec un éclat de rire homérique. Dans les fastes académiques, je n'ai été témoin d'une hilarité semblable que dans la séance où le chirurgien Roux, qui était louche, se mit, à la fin d'une démonstration de cette force, à *loucher* toute l'assemblée, pour fournir aux assistants le moyen de juger par eux-mêmes du succès qu'il avait obtenu contre le strabisme, à la suite d'un *experimentum in suo capite.*

4° Dans le bégayement, c'est la langue qui fait défaut à l'idée et à la volonté : c'est une paralysie linguale intermittente. J'ai eu à traiter un homme dans la force de l'âge, qui perdit tout à coup le pouvoir de prononcer la seconde syllabe des mots ; il restait court après la première, quelque effort qu'il fît pour accoucher de la seconde. C'était un bègue d'un seul son ; et son bégayement était un effet de la paralysie dont il avait été frappé subitement. Donc le bégayement ordinaire tient un peu de la paralysie des nerfs linguaux ; c'est alors une GLOSSOMYALGIE NÉVROGÈNE (1813), une CHORDAGÉNOSE DE LA LANGUE (1819).

MÉDICATION. Il faut donc traiter de pareilles maladies par les mêmes moyens qui nous réussissent pour les paralysies des autres muscles du corps (MYALGIES, 1747) : Gargarismes fréquents (1381) à l'eau salée (1378) alcalisée avec quelques gouttes d'eau sédative (1336, 1°) ; ablutions également fréquentes (1347, 3°) de la même eau sur le crâne, derrière et devant les oreilles, à la hauteur surtout du *tragus* (1903, 3°). Se passer souvent avec le doigt de l'eau sédative sous le filet de la langue, sur les gencives. Chiques galvaniques (1424) ou, à leur défaut, petits cailloux d'agate, gardés même pendant qu'on parle. Porter vivement son attention sur la syllabe qui doit suivre, pendant qu'on prononce la précédente. On aura soin de fermer la bouche et de retirer la langue, dès qu'on aura prononcé chaque syllabe ; et l'on cessera subitement toute émission de son guttural, pour ne rouvrir la bouche que lorsque la langue se sera remise au repos. A force de s'exercer à ce manège, on finira par contracter l'habitude d'aller, en parlant, sinon au pas de course, du moins avec une lente régularité.

1930. 5e ESPÈCE. GLOSSOMYALGIES TOXICOGÈNES, ARSÉNIGÈNES OU HYDRARGÈNES (1764) DÉSORGANISATRICES ; affections désorganisatrices de la langue musculaire par suite d'une infection mercurielle.

SYNONYMIE. Chancres rongeants à la langue.

EFFETS. On ne doit jamais oublier que tout empoisonnement commence par la langue et par les régions buccales, et que la langue et ses dépendances ou *concomitances* sont aussi promptes à s'infecter que les organes génitaux, dont la susceptibilité à cet égard est si délicate et si sensible. Quant à la nature des effets, elle diffère selon la nature et la dose du venin absorbé ; mais, quelle qu'ait été la dose de la substance intoxicante, il n'en est pas moins démontré à mes yeux que la langue en conserve des signes longtemps après la guérison. Ceux qui ont subi des traitements internes mercuriels ont la surface de la langue d'un rouge vif, gercée et crevassée, souvent festonnée sur les bords. Cet indice d'un traitement mercuriel est moins prononcé quand l'infection a été exclusivement externe, chez les doreurs au mercure, par exemple, les opticiens fabricants d'instruments au mercure, les préparateurs de cours de chimie, etc. ; chez ceux-là, aux lunestices et par les grandes commotions atmosphériques, la surface de la langue prend une teinte noire, qui disparaît avec les autres symptômes du malaise général. Les traitements arsenicaux dessèchent plutôt qu'ils ne gercent la surface de la langue ; l'*epithelium* ou épiderme de la langue se détache par larges plaques ou d'une manière furfuracée, comme le fait l'épiderme des dartreux ; ou bien la langue prend l'aspect scorbutique des gencives (1896) ; et, ce qui n'était pas rare du temps d'Hippocrate, il s'y forme des calculs (*lithideia*) qui sont presque toujours de carbonate et de phosphate calcaire, analogues aux *calculs salivaires ;* c'est une de ces exsudations calcaires que détermine le mercure dans toutes les régions osseuses ou implantées sur un os ; et sur la langue, ces calculs se forment principalement dans le voisinage de l'os hyoïde. Mais si le traitement mercuriel avait été localisé sur la langue, pour en combattre l'affection spéciale, comme cela avait lieu pour le moindre petit bouton, avant que nous n'ayons popularisé la juste horreur que l'emploi du mercure doit inspirer à un homme de sens, oh ! alors les effets du traitement finiraient par exercer, sur la langue et ses dépendances, un de ces ravages qu'on ne sait plus comment décrire et comment arrêter. La désorganisation abandonne les surfaces pour ronger de larges épaisseurs ; c'est un chancre mercuriel, un feu ardent, qui dévore la langue de proche en proche. Si le mal s'arrête aux premières couches, la langue apparaît comme recouverte de bourgeonnements charnus d'un aspect repoussant, et qui font de l'exercice de la parole, de la mastication et de la respiration même, tout autant d'occasions de souffrance. Or, par suite des aberrations de l'illogique médication des facultés, ce ne sont pas toujours les libertins qui sont passibles de pareils maux ; il ne manquait plus à la vieille médecine que de se montrer aussi funeste que le libertinage.

MÉDICATION PRÉVENTIVE. La propreté de la bouche préserve d'une foule de maux et généraux et locaux. Chacun doit veiller sur soi-même pour que rien de suspect de virulence métallique ou même organique, de quelque nature qu'elle soit, ne vienne jamais en contact avec la langue et les parois de ce premier vestibule des fonctions les plus essentielles à la vie. Ne vous portez jamais les doigts à la bouche et aux lèvres, à la suite de tout travail manuel, d'un pansement ou d'un contact impur nécessités par le diagnostic ou les exigences d'un traitement quelconque. Après chaque occasion semblable, ayez grand soin de vous laver les mains au savon. J'engagerai même les jeunes praticiens à ne jamais commencer une exploration manuelle, chez des sujets même non suspects, sans avoir pris soin de se graisser les doigts à l'huile camphrée ou au moins à l'huile ordinaire.

MÉDICATION CURATIVE. Dès que le moindre de ces effets apparaît sur la langue ou sur un point quelconque des surfaces de la cavité buccale, n'hésitez pas à y appliquer de temps à autre un petit tampon imbibé d'alcool camphré (1287); immédiatement après, chiques galvaniques (1424) et gargarismes avec l'eau salée zinguée (1377); on aura soin d'appliquer les chiques galvaniques sur le siége spécial de l'infection. Régime antimercuriel au complet (1686) ; et, si l'on soupçonnait une infection arsenicale, on aurait soin d'éteindre un clou rougi au feu dans l'eau à boire et dans celle des gargarismes et des médicaments.

1931. 6ᵉ ESPÈCE. GLOSSOMYALGIES TOXICOGÈNES PSEUDORGANISATRICES (1769); affections de la langue par suite de la tendance que l'incubation d'un atome infectant imprime à la cellule musculaire, pour se développer en un organe de superfétation.

SYNONYMIE. Glossocèle, glossite, hernie de la langue.

EFFETS. Ce cas très-compromettant pour la fonction respiratoire est infiniment rare; et il le deviendra davantage encore, à mesure qu'on se soumettra plus habituellement à la médication nouvelle.

La langue grossit tellement qu'elle ne peut plus être contenue dans la cavité buccale et qu'elle finit par faire hernie au dehors.

MÉDICATION. Si cette intumescence de la langue ne provenait que de l'inturgescence des cellules élémentaires, de l'engorgement des lymphatiques interstitiels, ou de la congestion des vaisseaux sanguins, elle résisterait peu à la médication que nous venons de décrire dans l'article précédent. Mais si aucun de ces moyens de dégorgement, si puissants d'ordinaire, ne parvenait à arrêter les progrès de ce mal effrayant, l'opération seule serait dans le cas d'en débarrasser le malade; et il faudrait en venir au plus tôt à amputer la langue aussi loin qu'on pourrait porter l'instrument tranchant, pour être sûr d'avoir compris, dans la portion retranchée, la racine et l'origine de ce développement cancéreux ; car le germe du cancer, tant qu'il subsiste, reproduit toujours le cancer; mais le germe une fois enlevé, il faudrait que la constitution en fût, pour ainsi dire, emblavée, pour que le cancer se reproduisît sur un organe différent et comme par un nouveau semis. On arrêterait l'hémorrhagie après l'amputation avec des gargarismes à l'alcool camphré (1287) étendu de plus ou moins d'eau.

1932. 7ᵉ ESPÈCE. GLOSSOMYALGIES TRAUMAGÈNES (1773) ; affections de la langue par suite d'une solution de continuité, par l'action d'un instrument tranchant, contondant, perforant.

SYNONYMIE. Mutisme traumatique.

EFFETS. Outre le cas exceptionnel et imposé par la plus inexorable nécessité dont nous venons de parler, une foule de circonstances peuvent concourir, en dépit de toutes les précautions possibles, à la mutilation ; on a vu des épileptiques se couper la langue prise entre les dents ; on a vu des hommes, dans les transports d'une conviction religieuse, se couper la langue et la cracher au visage du bourreau ; on dit que certains nègres, dans le but de se soustraire à l'esclavage ou de se venger de leur maître à l'endroit de son avarice, s'asphyxient en avalant leur langue, quand on leur a enlevé tout autre moyen d'en finir avec la vie ; je pense qu'ils n'arrivent à avaler leur langue qu'après en avoir fait un lambeau avec les dents. Rien n'est plus fréquent, dans l'histoire du Bas-Empire, que d'y lire que les souverains crevaient les yeux aux prétendants et arrachaient la langue aux prisonniers ou à ceux à qui ils confiaient la surveillance de l'intérieur du palais. Les règlements de saint-Louis ordonnaient de perforer la langue avec un fer chaud, pour punir un jurement envers Dieu ; comme si Dieu aurait été assez impuissant pour ne pas en tirer vengeance lui-même, s'il s'en était cru offensé ! La publicité, qui est devenue la reine du monde, nous a débarrassés de cette soif d'horreurs, que nulle religion n'avait pu contraindre et dont bien des religions ne dédaignaient pas toujours l'emploi dans l'intérêt de leur fanatisme. La langue ne court aujourd'hui d'autre danger que de servir au mensonge, ce qui ne vaut pas la peine qu'on la coupe en punition ; car aujourd'hui le mensonge porte sa peine avec lui-même, et il arrive souvent qu'on regrette bien amèrement de ne s'être pas mordu la langue avant de s'en servir à cet effet. On peut se mordre la langue en mangeant ; ce qui indique dans cet organe une affection morbide qui le rend indocile à la volonté, et c'est ce qui arrive souvent aux mercurialisés.

MÉDICATION. Si la langue avait subi une solution de continuité telle que le morceau amputé ne tienne plus au reste de l'organe que par un simple lambeau, je doute que, vu sa motilité, il soit possible d'en opérer le recollement au moyen de quelques points de suture ; on serait forcé alors d'en venir au retranchement complet de la portion détachée. Mais si la blessure en est réduite à un simple écrasement par le rapprochement des dents, à une perforation accidentelle, il suffira, pour favoriser le retour de l'état normal, de se gargariser (1481) fréquemment avec un mélange d'une cuiller d'alcool camphré (1287) dans un verre d'eau, et de se servir ensuite de chiques galvaniques (1424).

1933. 8ᵉ ESPÈCE. GLOSSOMYALGIES ACANTHOGÈNES (1783); introduction d'une esquille, d'une écharde, d'un piquant quelconque dans l'épaisseur de la langue.

MÉDICATION. On ne doit pas hésiter à s'armer d'une petite pince, afin de retirer, coûte que coûte, et même violemment, le corps étranger ; on se panse ensuite comme ci-dessus.

1934. 2ᵉ GENRE. GLOSSAISTHALGIES (1836); AFFECTIONS DE LA LANGUE CONSIDÉRÉE COMME ORGANE DU GOUT (1924 B).

DÉFINITION. Nous avons dit (1924) que la langue, considérée comme organe musculaire, émane d'une branche de la cinquième paire de nerfs, dont un rameau fournit, par ses innombrables dichotomies, au développement des cellules, et dont l'autre, par l'épanouissement de ses extrémités papillaires, fournit à la sensation du tact. Mais outre ses fonctions musculaires et sa sensibilité tactile, la langue possède, sur toute sa surface supérieure, la propriété de percevoir les saveurs ; et nous avons ajouté que c'est un des rameaux de la neuvième paire qui, en s'épanouissant bilatéralement en papilles, en pave ainsi toute la surface supérieure d'innombrables organes microscopiques du goût, c'est-à-dire d'innombrables sens capables de percevoir les saveurs. Les maladies de ces sortes d'organes papillaires peuvent se confondre avec les DERMALGIES (1654), dont elles ne sont qu'une simple modification qui tient à l'influence du mil eu ; si les surfaces de la peau atteintes de DERMALGIES restaient plongées dans un milieu obscur et humide, elles prendraient les caractères des affections épidermiques ce la langue. Dans l'état actuel de nos connaissances anatomico-physiologiques, ce serait s'aventurer trop loin dans les hypothèses que de vouloir établir, sous le rapport nosologique, une distinction entre les papilles organes du tact et les papilles organes du goût; il nous suffira d'admettre que les papilles du tact ont plus spécialement leur siége sur la surface inférieure et les papilles du goût sur la surface supérieure de la langue. Les anatomistes modernes ont sans doute ajouté l'hypothèse à l'observation, quand ils ont cru pouvoir établir que l'action musculaire de la langue étant animée par un rameau du trijumeau, l'organe du goût émanerait du nerf glosso-pharyngien et les sensations tactiles du nerf hypoglosse.

1935. 1re ESPÈCE. GLOSSAISTHALGIE CHORDAGÈNE (1819); affection des organes du goût consécutive de l'affection du tronc nerveux ou rameau de la neuvième paire.

SYNONYMIE. Goût émoussé, dépravé ou paralysé; perte du goût; — en latin : *palatum indoctum*; — en grec : *dyschylia* ou *achylia*.

N. B. Cette affection, qui remonte plus haut que la langue et appartient aux CHOIDAGÉNOSES (1819), peut être TOXICOGÈNE (1817), TRAUMAGÈNE (1818), ENTOMOGÈNE (1848), etc. Une simple larve de mouche, qui rencontre sur son passage le tronc nerveux d'où émane la saveur, est en état d'en détruire à tout jamais la sensation.

1936. 2e ESPÈCE. GLOSSAISTHALGIE THERMOGÈNE (1795); altération passagère complète ou partielle des papilles linguales du tact et du goût, par l'action caustique d'un liquide en ébullition, d'un corps incandescent, d'un acide, d'un alcali ou de l'usage exagéré des liqueurs alcooliques.

EFFETS ET MÉDICATION. Il ne faut pas un long contact avec la cause pour que ces petits organes perdent les qualités qui sont indispensables à leurs fonctions; mais d'un autre côté, si la cause n'est que passagère, le sens du goût ne tarde pas à réparer ses pertes par le développement ultérieur des papilles de remplacement (1792). L'homme qui fait excès de liqueurs fortes perd peu à peu la faculté de percevoir les saveurs; il ne sent plus que ce qui le brûle, et chaque jour il se brûle encore plus fort, afin d'arriver à sentir quelque chose. Mais qu'il veuille bien renoncer à sa mauvaise habitude d'une manière graduée et progressive, en bravant la perturbation que tout d'abord ce changement de front jettera dans toutes ses fonctions; et peu à peu le sens du goût lui reviendra, par le développement progressif de papilles normales nouvelles en date.

1937. 3e ESPÈCE. GLOSSAISTHALGIE TOXICOGÈNE (1797); affection souvent congéniale des papilles linguales, comme siége d'incubation des atomes arsenicaux ou mercuriels.

SYNONYMIE. Aphthes des parois buccales ou de la langue; muguet, millet, blanchet des enfants; stomatite (*de la médecine moderne*); — en latin : *oris et linguæ pustulæ* — en grec : *aphthai, exanthemata* Aret. capp.

EFFETS. Ces petites pustules jaunes, analogues à celles de la *suette miliaire* (1724), sont d'abord disséminées sur toutes les parois buccales, mais principalement sur la langue. Ce sont dans le principe plutôt des effets que des causes d'une affection morbide; c'est un héritage recueilli aux portes de la vie; le pauvre enfant est le bouc émissaire des aberrations thérapeutiques ou industrielles ou fortuites dont l'un ou l'autre de ses parents a pu être victime. Si cette contagion s'étendait de proche en proche sur les parois buccales, et que ces petits boutons vinssent à se réunir entre eux, ils formeraient alors une ulcération dont les conséquences seraient en état do compromettre la respiration et la déglutition, et dont la purulence pourrait devenir une cause d'infection générale, de dépérissement et même de mort.

MÉDICATION. La nourrice prendra soir et matin du camphre (1266) avec infusion de salsepareille (1504) ou tisane de chiendent (1474) ou infusion de bourrache (1469). Toutes les fois que l'enfant quittera le sein, on lui tiendra dans la bouche soit un hochet plaqué d'or et d'argent, soit le bout d'une cuiller d'étain, pour lui servir de chiques galvaniques (1424) ; au bout de quelques minutes on lui passera, sur les surfaces buccales couvertes d'aphthes, et même à l'extérieur sur la pomme d'Adam, le doigt mouillé d'eau de toilette (1717) ou même d'eau-de-vie camphrée (1287) étendue d'eau, et ensuite le doigt mouillé d'eau zinguée salée (1377) ; on lui enlèvera avec soin et à l'aide d'un mouchoir la salivation, à mesure qu'il s'en formera. Il portera un collier galvanique (1422). On se servira, pour le laver, d'eau zinguée tiède (1370), à laquelle on ajoutera une certaine quantité d'eau de toilette (1717). Sirop de chicorée (1452) tous les deux à trois jours. Soir et matin une petite lotion à l'eau sédative (1336) étendue d'eau, et une friction à la pommade camphrée (1302, 2°) sur le dos et les reins. On essuiera le corps ensuite avec de l'eau de toilette (1717) étendue d'eau. Au moindre symptôme de constriction à la gorge et de difficulté d'avaler ou de respirer, on entourera le cou de l'enfant d'un linge imprégné d'alcool camphré (1288, 2°), en le promenant de long en large et au grand air, pour préserver sa respiration des vapeurs alcooliques. Si tout cela ne suffit pas, administrez au plus tôt une cuiller de sirop d'ipécacuanha (1459) et même un grain d'émétique (1461).

1938. 4ᵉ ESPÈCE. GLOSSAISTHALGIE ENTOMOGÈNE (1810) ; dégénérescence des papilles par le parasitisme, la piqûre ou l'incubation d'un être animé.

SYNONYMIE. Charbon à la langue, vessie à la langue, perce-langue, charbon volant, ampoule, bouffe-la-balle, boussole ; etc. — en latin : linguæ carbunculus ; — en grec : anthrax, glossanthrax.

EFFETS. Ce qui milite le plus en faveur de notre opinion sur l'origine entomogène de cette terrible maladie, c'est qu'elle est infiniment rare chez l'homme, qui ne mange que des mets préparés au feu, tandis qu'elle est souvent épidémique chez les animaux qui broutent : Cette épizootie (*) exerça de grands ravages sur le gros bétail en 1682 et 1705, dans le Dauphiné et le Lyonnais ; en 1731 dans l'Auvergne et le Bourbonais ; en 1780 dans les environs de Fontainebleau. La piqûre, sur la langue, d'une araignée des caves ou d'une tarentule (550, 4°), d'un acare (639), de la vipère (486), le venin du crapaud (496) détermineraient certainement un anthrax. De là vient que le gros bétail, dans les jours caniculaires, se trouve si souvent atteint de cette maladie. L'homme en est en général préservé par la nature de ses habitudes et de ses soins de propreté.

MÉDICATION. Ce mal, si terrible aux yeux de l'ancienne médication, échouera, à quelque époque que ce soit de son développement, contre la médication suivante : aussi souvent que l'on pourra, toucher l'ampoule avec le doigt mouillé d'alcool camphré (1287) ; de temps à autre garder dans la bouche une gorgée d'eau-de-vie ordinaire qu'on aura soin de rejeter chaque fois sans l'avaler ; on se gargarisera (1381) ensuite avec une eau de riz salée et zinguée (1377). Chiques galvaniques (1424) fréquemment et gargarismes (1397) ensuite. Soir et matin, camphre (1266) avec salsepareille (1504)

(*) Épizootie (de épi, sur, et zoon, animal) ; c'est une épidémie spéciale à une classe d'animaux sauvages ou domestiques.

un jour iodurée (1505), un autre rubiacée (1480). Aloès (1497) tous les trois jours; et le lendemain matin lavement vermifuge (1399) avec l'addition d'une cuiller (1481) d'huile de ricin (1438). Lotions fréquentes sur le corps à l'alcool camphré (1288, 1°); et, sur le crâne et le cou, à l'eau sédative (1345, 1°).

N. B. A l'aide de ce pansement, et souvent dès les premières et seules applications de l'alcool, ce mal si redoutable n'apparaît plus que comme un simple bouton accidentel survenu à la langue.

1939. 3° GENRE. GLOSSOCHALINALGIES; affections morbides, congéniales ou accidentelles du frein de la langue (du grec : *chalina*, frein (1924).

1940. 1re ESPÈCE. Glossochalinalgie népiogène ; affection du frein de la langue chez les nouveaux-nés (1890).

Synonymie. Avoir le filet (parler difficilement), en grec : *glôssopedè*, au figuré ; n'avoir pas le filet, et n'avoir pas la langue pendue, se dit de quiconque abuse un peu du droit de parler ou qui a réponse à tout.

effets. Défaut de conformation de la membrane triangulaire qu'on remarque au-dessous de la langue, et dont la disposition a semblé offrir quelque peu de rapport avec la figure d'une grenouille. Cette membrane se compose de deux membranes, comme la langue, avons-nous dit (1924), se compose de deux langues ; c'est un double frein, dont chaque branche peut être considérée comme attachant une des deux langues au plancher de la mâchoire inférieure, et qui sert ainsi de frein aux trop grands écarts de ce double organe, la branche de gauche empêchant la langue d'aller trop à droite et la branche de droite l'empêchant d'aller trop à gauche. Mais il arrive assez fréquemment que ce double frein est resté trop court, pour suffire aux mouvements phonétiques de la langue : celui qui est affecté de ce défaut de conformation a la langue plus que pâteuse; il éprouve une grande difficulté à prononcer distinctement et une plus grande encore à parler vite.

opération. Dès qu'on s'aperçoit de ce défaut de conformation chez l'enfant, il faut faire l'*opération du filet, couper le filet ;* car on éprouve moins de résistance et d'embarras à cet âge que chez l'adulte, quoique chez ce dernier l'opération se fasse de la même manière et avec le même succès ; seulement il est à craindre que l'adulte n'en ait contracté une mauvaise habitude de parler, une lourde diction ; or on se défait plus difficilement d'une habitude que d'un défaut de conformation. On saisit la langue avec les doigts de la main gauche, et, à l'instant où on l'a bien soulevée, on coupe d'un coup de ciseaux la partie la plus membraneuse du filet, en ayant soin de ne pas atteindre la portion vasculaire. S'il survenait un petit saignement, on l'arrêterait facilement en touchant l'orifice de l'artériole avec le doigt imbibé d'alcool ou d'eau-de-vie.

1941. 2° ESPÈCE. Glossochalinalgie hypertrophogène (1753); développement anormal de la région occupée par le filet de la langue.

Synonymie. Grenouillette proprement dite.

médication. Appliquer très-souvent sur cette région les chiques galvaniques (1424), ensuite pendant une minute un tampon imbibé d'alcool camphré (1287), se gargariser enfin à l'eau salée zinguée (1377); et si le mal résistait à ces moyens, pratiquer de place en place, sur l'excroissance, des ponctions multipliées avec des aiguilles, ou même des scarifications avec la pointe d'un scalpel ou d'un canif ; et, après avoir facilité un instant l'écoulement sanguin, même par les gargarismes d'eau salée (1378), on arrêterait une trop abondante hémorrhagie avec des gargarismes à l'alcool camphré (1288, 3°).

1942. 3ᵉ ESPÈCE. Glossochalinalgies acarigènes (626), entomogènes (803, 833), helminthogènes (975, 1025).

effets. Nous avons déjà vu (1712) que, chez les anciens, la rage passait pour être produite par l'apparition d'un ver filiforme (*Lytta*) sous le filet même de la langue ; et il ne nous a pas paru impossible que la présence d'un parasite dans cette région soit capable d'apporter une telle perturbation, dans le système nerveux, que le malade en tombe dans des accès de fureur et de quelque chose comme de la rage. Car le travail d'érosion d'une larve déterminerait une sécrétion spumescente de salive, un engorgement des canaux salivaires, une intumescence des glandes, un écartement des papilles nerveuses, un décollement cellulaire incessant par suite du développement hypertrophique des tissus, de manière à rendre une telle existence insupportable.

médication. Mais ces désordres et ces souffrances résisteraient peu aux premières applications de substances solides ou liquides antivermineuses sur le siége de ces douleurs. Il suffirait de se toucher le filet de la langue avec le doigt imbibé d'alcool camphré (1287), de manger une gousse d'ail (1246) à dîner et de se soumettre à tout le régime hygiénique (1644), pour éteindre ce feu dévorant, rien qu'en délogeant le parasite.

1943. 4ᵉ GENRE. HYPEROALGIES (1924 B 4°) ; affections de la voute palatine (palais — en latin : *palatum ; velum* ou *septum palatinum* des modernes ; — en grec : *hyperôa* Hipp.).

Définition. La charpente osseuse de la voûte du palais est formée par deux os dits *palatins,* disposés en voûte et s'engrenant avec les bords internes des os sus-maxillaires, c'est-à-dire de la mâchoire supérieure. On peut considérer les deux os palatins comme appartenant à la charpente osseuse du nez dont ils forment comme le plancher. Cette voûte est tapissée d'une membrane rugueuse ou ciselée d'ondulations concentriques et presque en recouvrement ; membrane qui est, ainsi que la langue, le siége de papilles complémentaires de la sensation du goût, c'est-à-dire, de la perception de la *saveur,* et qui, vers l'arrière-gorge, déborde les os de la voûte palatine, pour former le voile du palais (*isthmos* Arétée, *Columella* des traductions.)

De là vient qu'on prend, pour l'organe du goût, le palais, tout aussi souvent que la langue : *On a,* dit-on, le *palais fin,* le *palais délicat,* et délicat pour toutes les perceptions ; car c'est sur cette membrane que toutes les perceptions réagissent avec plus de jouissance ou de violence ; on a le *palais écorché* ou *flatté, tout en feu et brûlé* ou *agréablement chatouillé ;* car, le sens semble être tout entier là où la sensation s'achève.

La perception de la saveur, en effet, n'est jamais si subtile que lorsque le bout de la langue s'applique sur la voûte du palais, comme pour contrôler sa propre sensation par celle de la membrane palatine. Le gourmet exerce ce contrôle avec tant de sensualité que le bout de la langue y contracte adhérence, et qu'il ne l'en détache qu'en la faisant claquer.

ESPÈCES DIVERSES. Nous n'avons nul besoin de nous arrêter aux hyperoalgies hypertrophogène (1659, 1793) des viveurs qui finissent par avoir le sens émoussé ; — thermogène (1795), après ce que nous avons dit des brûlures ; —acidogène (344) ou alcaligène (361), après ce que nous avons dit des excoriations par la cautérisation. — traumagène (1784) et qui réclamerait une opération chirurgicale susceptible de se modifier selon les circonstances de l'accident ; nous nous arrêterons donc aux deux espèces suivantes qui constituent la dernière limite de toutes les autres altérations.

1944. 1ʳᵉ ESPÈCE. Hypéroalgie hydrargène désorganisatrice (1766); affection d'origine mercurielle qui se reporte de préférence sur la voûte palatine et la perfore de part en part.

SYNONYMIE. Perforation du palais.

EFFETS. Dans la déglutition, c'est la voûte du palais, ce siége complémentaire de la dégustation, qui est en général la première atteinte ; il n'est donc pas étonnant que l'action des robs, tisanes et lochs mercuriels se reporte principalement sur la membrane qui tapisse la voûte palatine et de proche en proche sur les os qui en forment la voussure ; il en résulte que tôt ou tard, et à la suite de cette érosion, la cavité buccale communique, par l'ouverture du palais, avec la cavité des cornets du nez. Que les beaux chanteurs et les beaux diseurs ne perdent pas de vue de telles indications sur cet effet spécial du mercure, avant de se livrer aux grands prêtres de ce dieu, et d'aller exposer aux ravages de la science en délire l'une des portions les plus essentielles de l'instrument de leur talent. Heureux encore quand le mercure se contente de ronger, et' ne devient pas, par l'incubation d'un de ses atomes, le germe d'un développement parasite et cancéreux !

MÉDICATION. Le régime antimercuriel (1686) peut enrayer le mal dans le principe ; mais une fois le fait accompli, il ne reste plus qu'à avoir recours à la mécanique pour intercepter cette communication entre les cavités nasale et buccale, par un appareil en métal inoxydable (platine, or ou argent) que l'on nomme *obturateur;* c'est une lame métallique dont le diamètre et la clef ou le ressort ou le bouton varient selon l'étendue des ravages mercuriels. On retire de temps à autre l'obturateur pour le nettoyer et pour laver la solution de continuité par les gargarismes à l'eau salée zinguée (1377), à laquelle on ajoute quelques gouttes d'eau de toilette (1717). L'obturateur est, par sa nature métallique, un équivalent des chiques galvaniques (1424).

1945. 2e ESPÈCE. HYPEROALGIE HYDRARGÈNE PSEUDORGANISATRICE (1769) ; développement indéfini des tissus du palais par l'incubation d'un atome mercuriel.

SYNONYMIE. Cancer, affection cancéreuse de la gorge.

EFFETS. Un tel développement, dans une région semblable, peut miner l'existence en peu de jours, en s'opposant de plus en plus et à la déglutition et à la respiration ; il étouffe le malade bien avant d'avoir rongé les os propres du palais. C'est quelque chose d'horrible à voir que ce vampire de chair, qui jugule petit à petit la plus forte existence et semble raffiner les tortures d'une lente agonie.

MÉDICATION. En face d'un tel danger, il faut en arriver à toutes les tentatives, cautériser à l'alcool ou avec le feu ; désorganiser avec le fer rougi au feu ou avec la pointe du bistouri ; couper, hacher, en ayant soin d'arrêter chaque fois l'hémorrhagie par des gargarismes à l'eau-de-vie affaiblie avec une addition d'eau ou même pure. Il me semble qu'à la suite de ces retranchements plus ou moins répétés, on arriverait à préserver, sinon les os qui servent de base et de matrice à ce développement rongeur, à ce feu ardent de la voûte palatine, du moins la respiration et la déglutition ; car les conséquences de ce fléau menacent à chaque instant d'intercepter ces deux voies de communication indispensables à la vie et dont la suppression la moins prolongée frappe de mort comme la foudre. A force de brûler et de désorganiser, il me semble qu'on pourrait se flatter d'arriver à étouffer le monstre par manque d'alimentation, de l'étouffer jusque dans son germe ; le cancer, en effet, n'a plus de raison d'être et de continuer à se développer, une fois qu'il a dévoré l'empâtement osseux qui l'alimente et dont il est comme le parasite.

1946. 5e GENRE. GLOSSOSIALALGIES ; AFFECTIONS MORBIDES DES CANAUX ET DES GLANDES SALIVAIRES (du grec : *sialon,* salive). On pourrait donner également à ces affections le nom d'ADÈNOSIALALGIES, de *adèn,* glande) (1924 A, 4°).

SYNONYMIE. Grenouillette.

EFFETS. Par suite d'un obstacle quelconque survenu dans l'orifice des canaux qui servent à la dégorger, la salive s'accumule dans les glandes, comme dans tout autant de vessies (car, n'en déplaise au commun des lecteurs, l'appareil salivaire est l'analogue de l'appareil urinaire). Il arrive alors que ces glandes s'infiltrent, augmentent indéfiniment de volume et peuvent compromettre l'existence, si l'on ne trouve pas moyen de les faire dégorger en donnant une issue aux liquides accumulés. Quelquefois, au lieu de n'offrir qu'un seul développement, tout le plancher de la mâchoire inférieure, dans sa région sublinguale, se bosselle de glandes engorgées mobiles et tellement pédiculées, qu'elles viennent parfois s'interposer entre les dents pendant qu'on mastique, ce qui est suivi des douleurs les plus violentes. Les médications mercurielles, dans le plus grand nombre de cas, donnent lieu à ces sortes d'obstructions de canaux et de développement des glandes, parce que le mercure, par l'incubation de ses atomes, détermine une abondante sécrétion de phosphate calcaire ; et cette sécrétion est quelquefois tellement abondante, qu'elle se concrète en calculs qui prennent le nom de *calculs salivaires ;* ils sont d'une composition chimique analogue aux *calculs urinaires.* L'incubation d'une larve ou d'un helminthe peut donner lieu aux mêmes aberrations de la sécrétion salivaire et aux mêmes développements des glandes.

MÉDICATION. On se touche fréquemment la région affectée avec le doigt trempé dans l'alcool camphré (1287); on garde même pendant quelque temps une gorgée de ce liquide que l'on crache ensuite. Fréquemment chiques galvaniques (1424), avec gargarismes à l'eau salée zinguée (1377). Aloès (1197) tous les trois jours ; le lendemain matin lavement superpurgatif (1398), et les autres jours lavement ordinaire (1395). S'arroser fréquemment le crâne d'eau sédative (1347, 3°), en ajouter même une cuiller à café (1181) par verre d'eau aux gargarismes (1384). Mâcher souvent un morceau d'écorce de grenade (1493) et quelquefois de racine de garance (1477), afin de déterminer une abondante salivation.

1947. 6ᵉ GENRE. AMYGDALALGIES (1924 B 5°); AFFECTIONS DONT LA CAUSE A SPÉCIALEMENT SON SIÉGE DANS LES GLANDES SITUÉES AU POINT DE JONCTION DES EXTRÉMITÉS DE LA BASE DE LA LANGUE AVEC LES PILIERS DU VOILE DU PALAIS (de *amygdale,* amande, à cause de la forme que ces glandes revêtent en se développant d'une manière morbide).

SYNONYMIE. Tonsilles, amygdalite, amygdales enflées, angine tonsillaire, esquinancie, strangurie ; — en latin : *tonsillæ per inflammationem intumescentes* Cels. ; — en grec : *strangouriai, paristhmión elkea, antiades* Hipp.

EFFETS. Les amygdales sont de l'ordre des glandes salivaires (1946) ; ce sont des organes de sécrétion, des espèces de *trivium* organisés du réseau interstitiel et lymphatique, dont les orifices, analogues aux pores de la sueur, mais entretenus béants par la nature humide du milieu, suent la salive, comme les pores des bassinets des reins (énormes glandes salivaires de l'arrière-train) suent le liquide urinaire. Tout arrêt dans la fonction de telles sécrétions occasionne un engorgement des canaux sécréteurs, une turgescence des cellules élémentaires de la glande, et un développement inusité des glandules intégrantes et, par conséquent, de la glande elle-même. On remarque alors, de chaque côté, au fond de la cavité buccale et à la base des piliers du voile du palais, une énorme caroncule enflammée ; c'est l'*amygdale* développée d'une manière anormale et hypertrophique, qui compromet également et la respiration et la déglutition et l'audition ; il est des surdités qui ne dépendent que de l'énorme développement de ces glandes ; car alors l'ouverture de la *trompe d'Eustache* (1903, 3°) peut se trouver complètement obstruée. Pendant la durée de l'affection et chaque fois que l'amygdale augmente de volume, on éprouve un élancement et comme un coup de lancette, par suite du dédoublement des tissus qu'elle déplace en grossissant; cause traumatique (1774) de fièvre, alors que la sécrétion anomale d'un pareil développement n'en serait pas une autre cause, par l'acidité de ses produits (1349). La tête s'alourdit, la parole s'embarrasse, la respiration est pénible et stertoreuse, les yeux enflent et pleurent, les mouvements musculaires deviennent douloureux, on est courbaturé et comme grippé, on perd l'appétit et le sommeil.

1948. 1re ESPÈCE. Amygdalalgie krumogène (1840); affection des amygdales par l'action du froid.

SYNONYMIE. Coup d'air, mal de gorge; froid et chaud; pituite.

EFFETS. Cet effet d'un abaissement brusque de la température survient plus fréquemment aux personnes qui ont subi, à une époque quelconque, un traitement ou un empoisonnement mercuriel ou bien qui sont nées de parents mercurialisés. Le mercure une fois entré comme élément dans l'organisation des tissus, semble avoir dépouillé la cellule élémentaire de sa puissance d'élaboration et partant de production de calorique; à une certaine température, elle en perd plus qu'elle n'en développe; de là arrêt dans la fonction, déviation du développement et altération des sécrétions.

1949. 2e ESPÈCE. Amygdalalgie acidogène (1842): affection des amygdales par leur contact avec les vapeurs ou liquides acides.

EFFETS. L'acidité qui est coagulatrice est une cause immédiate d'engorgement et l'engorgement une cause consécutive d'intumescence.

1950. 3e ESPÈCE. Amygdalalgie hydrargène (1845); affection des amygdales par suite de l'action désorganisatrice des empoisonnements ou traitements mercuriels.

SYNONYMIE. Ulcérations des amygdales; — en grec : *antiadón ta elkea* Hipp.

EFFETS. Lorsque la dose de l'élément mercuriel dépasse les proportions par lesquelles ses atomes peuvent entrer, comme bases, dans l'organisation des parois cellulaires, évidemment alors leur action, c'est la désorganisation, c'est-à-dire, la privation partielle ou complète des éléments qui peuvent seuls continuer l'œuvre de l'organisation. Les cellules normalement organisées s'éventrent et sont décomposées par l'excès des atomes inorganiques; elles se résolvent en pus. Les amygdales, en ce cas, se perforent d'ulcérations d'une saveur nauséabonde et d'une odeur fétide; elles sécrètent de la sanie au lieu de salive.

MÉDICATION CONTRE CES TROIS ESPÈCES D'AMYGDALALGIES. Les personnes sujettes à l'action du froid doivent avoir soin de garder, dans le tuyau de l'oreille, des tampons de coton imbibés d'alcool camphré (1287) ou d'eau de toilette (1717); de ne jamais s'exposer à l'air froid sans cache-nez, et sans avoir la cigarette de camphre (1272, 7°) à la bouche. Dès que l'amygdalalgie se déclare, on fait un emploi fréquent de chiques galvaniques (1424); toutes les fois qu'on les quitte et que la bouche devient un peu sèche, on se touche les amygdales avec le doigt ou un tampon mouillé d'alcool camphré (1287) que l'on applique fortement sur les amygdales; on se gargarise ensuite (1382) à l'eau salée zinguée (1377); on applique fréquemment au-dessous de l'oreille, soit un cataplasme aloétique (1321) fortement arrosé d'eau sédative (1838. 1°), soit une simple compresse (1345, 2°) imbibée de la même eau. Si la glande se montrait lente à diminuer de grosseur, on tâcherait d'exercer sur elle une forte compression entre le pouce et l'index, ou en la pressant vigoureusement avec l'index contre la mâchoire. Trois fois par jour fumigation (1847) avec des plantes odoriférantes. On respirera vivement les vapeurs d'un flacon d'eau sédative (1336), on s'en passera même avec le doigt sur les amygdales. Aloès (1197) tous les trois jours, et le lendemain lavement superpurgatif (1398); tous les huit jours, huile de ricin (1438), si le lavement ne suffit pas pour produire une superpurgation suffisante. Camphre

(1266) soir et matin, avec chiendent (1474) ou salsepareille (1504) très-chauds ; une gorgée en gargarismes. Fréquemment lotion à l'eau sédative (1345, 1°) et friction de cinq minutes à la pommade camphrée (1302, 1°) sur le dos, avec ablutions à l'eau sédative (1347,3°) sur le crâne.

1951. 7e GENRE. STAPHYLALGIES (1924 B 6°); AFFECTIONS DE LA LUETTE (*uva* en latin et *staphylè* en grec, à cause de sa forme en grain de raisin).

SYNONYMIE. Chute ou procidence de la luette, mal de gorge, esquinancie ; — *uvæ inflammatio* Cels.; — *staphylè* Hipp.

EFFETS. Nous avons dit que la luette est le pendentif de l'arceau que forment les bords du voile du palais. Mais quand le pendentif devient le siége de l'une quelconque des causes de maladie par développement anormal, il menace les fonctions autant de la déglutition que de la respiration, en augmentant de volume et de poids, et en descendant jusque dans l'une ou l'autre voie du pharynx ou du larynx. Il est assez commun que la luette contracte cette affection sans que les autres organes circonvoisins s'en ressentent. Rien en effet ne peut être avalé, sans que la luette ne l'explore et n'en absorbe une partie au passage; la luette est donc la première a en ressentir les mauvais effets, si la substance est suspecte. Cependant lorsque la cause est HYDRARGYRIQUE (1950), il est impossible que les ravages s'arrêtent au pendentif et ne gagnent pas de proche en proche l'arceau, les piliers, le voile et la voûte même du palais (1943); l'invasion cancéreuse devient alors un mal affreux, devant lequel pâlit la hardiesse du chirurgien le plus téméraire.

N. B. Je voudrais que cet article fût placé sous les yeux de tous les libertins excentriques et blasés, des jeunes gens surtout que l'exubérance des passions rend si souvent excentriques, afin qu'ils sachent bien que le mal hydrargyrique qui s'attache aux parties génitales, et qui là est toujours curable par la nouvelle méthode, devient presque toujours une cause prochaine de mort, quand, par le contact impur, il s'est attaché aux parois buccales, qui sont tout aussi avides de contagion que celles des organes génitaux.

MÉDICATION CONTRE L'INTUMESCENCE ET LA PROCIDENCE DE LA LUETTE. On touche fréquemment la luette avec un tampon imbibé d'alcool camphré (1287), on se gargarise ensuite avec de l'eau salée zinguée (1377). On tâche d'interposer, avec toutes les précautions indiquées, les chiques galvaniques (1424), entre la racine de la langue et la luette, aussi longtemps qu'on le pourra ; ensuite gargarismes ci-dessus (1381) et bien chauds, auxquels on ajoutera de temps en temps une demi-cuiller d'eau sédative (1347,4°) par verre d'eau. Fumigations (1847) fréquentes. On mâchera souvent de l'écorce de grenade (1493). Si tous ces moyens restaient inefficaces contre les progrès de l'intumescence et de la procidence, on en arriverait à l'ablation par un coup de ciseaux, opération qui prenait le nom de *staphylotomia* chez les anciens (du grec : *temnô*); on se gargariserait (1381), immédiatement après l'opération, avec de l'eau-de-vie suffisamment étendue d'eau, afin d'arrêter l'hémorrhagie.

1952. 8e GENRE. GARGARÉALGIES (1924 B 4°); AFFECTIONS SPÉCIALES AU VOILE DU PALAIS (en latin : *velum palatinum ;* en grec : *gargareón, chondros, bronchos,* noms grecs qui désignent quelquefois la *luette* (1951), la partie pour le tout).

EFFETS. Le voile du palais pouvant, par contagion, devenir le siége de toutes les causes spécifiques des maladies dont nous venons d'indiquer les médications respectives, nous nous arrêterons à l'espèce suivante.

1953. ESPÈCE UNIQUE. Gargaréalgie traumatique (1777); déchirure du voile du palais par accident, par suite d'une ulcération ou par un procédé chirurgical

effets. La déglutition se trouverait autant gênée que la phonation par suite de cet accident, soit naturel, soit fortuit, soit chirurgical.

opération. La médication d'une pareille incommodité est tout entière dans l'opération manuelle. Cette opération prend le nom de *staphyloraphie* (du grec : *raphe*, couture, *staphyle*, luette, que l'on confond avec le voile du palais) : elle consiste à aviver les bords des deux lambeaux du voile du palais, pour en faciliter le rapprochement, c'est-à-dire, la soudure par la *greffe*, de tenir ces deux bords contigus intimement rapprochés au moyen de points de suture (*couture*); quand l'opération est terminée, on se gargarise à l'eau-de-vie plus ou moins étendue d'eau, et l'on renouvelle ce gargarisme assez fréquemment.

1954. 9e GENRE. PAROTALGIES : Affections morbides des glandes dites parotides (*parotides* Cels., de *para*, pres, *ous, otos*, l'oreille ; *dioscora* Gal.).

Synonymie. Oreillon, tumeur scrofuleuse ou phlegmoneuse à l'oreille, apostume autour ou derrière l'oreille. Parotidite et parotoncie de quelques auteurs modernes; *Angina maxillaris* de certains autres, — *parotis* Cels.

Définition. Si les amygdales sont les glandes salivaires de l'oreille interne, les glandes parotides peuvent être considérées comme les glandes salivaires de l'oreille externe ; elles sont situées au sommet de l'angle formé par la branche montante de la mâchoire inférieure et par l'apophyse mastoïde de l'os temporal, angle dont le sommet est au-dessous du trou auditif externe. On comprendra de cette manière la corrélation qui existe, entre les amygdales, qu'on pourrait appeler les parotides internes, et les parotides, qu'on pourrait appeler les amygdales externes.

effets. Le développement anormal de ce groupe de glandes tient aux mêmes causes et détermine les mêmes effets que celui du groupe interne des glandes amygdales. Chaque cran d'accroissement produit une douleur que j'appellerais volontiers de dédoublement ; car, pour s'accroître, il faut que la glande déchire les tissus qui lui font obstacle. Le sang, affluant alors dans les capillaires, cause la fièvre et des embarras cellulaires qui se communiquent de proche en proche et comme par contagion sur les régions adjacentes, sur les attaches des muscles du cou, sur les téguments du crâne, l'isthme du gosier, les muscles de la langue, et sur tout l'appareil si éterdu du système salivaire. On a une angine, une constriction à la gorge, une grande difficulté de respirer, des battements aux tempes et de l'embarras au cerveau. Si le mal s'arrêtait aux parotides, il serait douloureux mais non dangereux.

N. B. Ce mal pouvant émaner des mêmes causes que les amygdalalgies (1947) et les glossomyalgies (1924), nous nous dispenserons de transformer le genre en espèces. La médication suivante est rédigée de manière à combattre toutes les causes à la fois de ce développement glandulaire.

médication. Trois fois par jour on appliquera, sur la région de l'*oreillon*, les cataplasmes aloétiques (1321); et, si ce moyen n'enrayait pas assez vite le mal, des compresses imbibées d'eau sédative (1345, 2e) que l'on appliquerait aussi fortement que possible contre l'intumescence. Au bout de 20 minutes d'application pour les cataplasmes et de deux ou trois minutes pour l'eau sédative, on appliquerait sur la même région les plaques galvaniques (1420) dix autres minutes, en les pressant assez fortement contre les surfaces; on laverait la place à l'alcool camphré (1287) et on la recouvrirait d'un linge enduit de cérat camphré (1307). Chiques galvaniques (1424) fréquemment. Camphre (1266) avec salsepareille (1504). Aloès (1193) tous les 3 jours et lavement superpurgatif (1398) le lendemain matin. Fumigations (1847) fréquentes. Arroser fréquemment le crâne à l'eau sédative (1347, 3°).

ζ. GÉNÉALGIES; **affections des diverses régions de l'organe de la génération ou sixième sens** (du grec : *gennaô*, engendrer) : organes génitaux, parties nobles ; parties génitales, anciennement *génitoires ;* parties pudiques, parties honteuses ; — en latin : *genitalia, pudenda* (sous-entendu *membra*), *organa generationi inservientia, naturalia, partes naturales ;* — en grec : *gennotica, genethlia, gonima, aidoïa*).

1955. DÉFINITION. 1° Nous avons établi ailleurs (*) que l'avortement encéphalique, qui termine l'arrière-train du corps des bipèdes et quadrupèdes, avait conservé les traces du développement normal ; 1° dans le coccyx, ce rudiment de queue qui est l'avortement du crâne ; 2° dans l'orifice de l'anus, qui est l'analogue de l'orifice du pharynx ; et 3° dans l'organe viril et le *clitoris* ou organe femelle, qui sont l'analogue de la langue ; on retrouve enfin, avec un peu d'esprit de comparaison, dans l'extrémité inférieure ou postérieure du tronc, sinon la reproduction, du moins le cadre et la réduction des organes thoraciques et encéphaliques du train supérieur ou antérieur : Le méat urinaire et la vessie = canal salivaire qui dégorge par l'angle du filet de langue ; les reins = glandes salivaires ; les testicules et les ovaires, organes d'aspiration = les deux poumons ; les épididymes et les trompes de Fallope = les deux bronches ; le canal de l'urètre chez l'homme et le vagin chez la femme = la trachée-artère ; la prostate chez l'homme et la matrice chez la femme = l'embranchement ou dichotomie des deux bronches, le point ou le tuyau de la trachée-artère se divise en deux tuyaux bronchiques ; les deux petites lèvres chez la femme et le filet ou frein du prépuce chez l'homme = le filet triangulaire de la langue, quoique en sens contraire ; les deux corps érectiles ou caverneux de la verge ou du clitoris = les deux langues soudées en une seule ; les grandes lèvres chez la femme et le prépuce chez l'homme = les lèvres de la bouche, qui se fendrait également en long, si les branches horizontales des mâchoires ne s'étendaient en large. Ces rapprochements, dont on a été un peu surpris en 1838, commencent à devenir classiques aujourd'hui. Quant à l'analogie de l'organe mâle avec l'organe femelle, Galien avait déjà admis que l'organe femelle n'était que l'organe mâle rentré dans la cavité abdominale ; et cette idée a dû lui venir, certainement à l'aspect de certains cas de chute de la matrice dont le museau de tanche, sortant hors du vagin, semble alors un gland tuméfié ; cette analogie, nous l'avons indiqué plus haut, ne gît que dans l'apparence ; mais c'est une de ces apparences qui, par une espèce de mirage, conduisent droit à la réalité.

2° Dans le monde entier, la grande loi, c'est la dualité génératrice d'une nouvelle unité : l'affinité c'est l'attraction des deux pôles opposés. De même que l'atome *oxygène* attire l'atome *hydrogène* pour procréer l'atome d'eau, de même s'attirent, d'une manière aussi irrésistible, l'homme et la femme, comme deux pôles contraires ; et, de leur concours, résulte une nouvelle combinaison qui concourra au même phénomène à son tour. Sainte et bienheureuse association, dont nos absurdes idées du bien et du mal, ou plutôt notre penchant au mensonge et à la fourberie, ont fait quelque chose de hideux à dire et à penser, même alors que la formalité est venue enregistrer, en guise

(*) *Nouveau système de chimie organique,* tom. III, pag. 683, édit. de 1838.

de lois,les deux vouloirs qui ne sont souvent que deux mensonges et deux fourberies calculées d'avance. D'un coup de plume, on transforme souvent en un acte honorable deux crimes concertés, pendant que, faute de ce coup de plume, deux êtres qui s'aiment en toute vérité sont condamnés à en rougir, comme d'un mensonge et d'un crime de lèse-société; la société est essentiellement formaliste; chez elle la forme innocente le fond. De ces tromperies découle l'empoisonnement des races futures par la communication de bien des virus; avant de nous occuper de la maladie, il nous était donc permis de dire un mot de ses causes : l'imprudence ou l'immoralité.

3° Le rapprochement des sexes émane d'un besoin aussi inexorable que la faim, qui cherche à se satisfaire, même par le vol, même par le crime, même en face de la mort. L'homme qui s'enivre est coupable *ipso facto* de toutes les folies qu'il pourrait commettre; l'homme qui cherche à comprimer le noble penchant que Dieu lui a donné pour procréer, est, *ipso facto,* coupable de toutes les impudicités poss'bles Qui se sent les facultés de s'unir, s'il s'isole, ne le croyez jamais vertueux; tout au plus il peut être un jour repentant : s'il n'y a pas de droit contre le droit, il n'y a pas de vertu contre nature. Nulle part l'impudicité ne se jette dans de plus excentr.ques raffinements que là où la loi, s'immisce trop avant dans tout ce qui est du ressort de la pudeur. Comparez les lois de Moïse avec les mœurs du peuple juif, les dispositions comminatoires de leurs lois avec les reproches de leurs prophètes. D'un autre côté et pour rentrer dans le giron de la loi nouvelle, on dirait qu'on n'a pas besoin de lire Rabelais pour trouver, de ce que je dis, les plus hideux exemples dans l'histoire des moines. Le cochon, compagnon de saint Antoine, est l'allégorie du sort réservé à quiconque, capable des plus échevelées tentations, refuse de les conjurer en prenant une compagne ; est-ce donc une belle manière d'honorer Dieu que de passer sa journée à vouloir dissiper de pareils rêves par des patenôtres dont Dieu se passe, et non en exécutant la première des lois dont il est fier (*vidit quod esset bonum*)?

4° En général les maladies de l'organe femelle sont corrélatives de celles de l'organe mâle; leur différence ne vient que des modifications de la forme et du milieu; on pourrait même dire qu'elles sont corrélatives des maladies de l'appareil buccal; par exemple, les *chancres indurés* des lèvres de la bouche ne diffèrent en rien des chancres indurés du gland ou des lèvres de l'appareil génital.

5° La fonction dont l'appareil génital a le sens pourrait être considérée comme le bonheur de la souffrance, comme l'enthousiasme du sacrifice, comme l'ivresse du dévouement, comme le moment délicieux d'une longue agonie où l'âme devine qu'elle s'envole vers les cieux; citez-moi un moment de bonheur que précèdent, accompagnent et suivent plus de souffrances et de douleurs. Le bonheur ne serait donc que le droit de souffrir ensemble; et le malheur, la condamnation à souffrir isolé!

6° Dans l'acte de la copulation, la fonction procréatrice absorbe toutes les autres; tous les organes sommeillent et hibernent pour que la vitalité se concentre, comme en un foyer, dans les organes génitaux : la digestion suspend sa marche; l'aspiration semble quitter les poumons supérieurs pour n'alimenter d'air vivifiant que les poumons inférieurs; la circulation semble refluer de l'embranchement supérieur dont le cœur est le réservoir, dans l'embranchement inférieur dont le cœur serait la matrice et la prostate; la pensée, délice du cerveau, et la volonté, puissance de l'intelligence, désertent l'encéphale, pour combiner des indicibles sensations en une idée nouvelle, pour conférer une puissance plus irrésistible que la volonté la plus puissante, pour engendrer, au milieu d'une tempête d'éléments qui se heurtent pour s'associer, dans des embrasements qui dévorent, dans un choc d'où jaillit l'étincelle du feu créateur, dans un spasme qui absorbe et résume toutes les sensations des autres organes, dans une mort d'un instant qui tient de l'apothéose ; et le créateur, succombant sous l'immensité du sacrifice, se repose et s'endort d'un sommeil qui n'est que l'épuisement de la lutte. Dès ce moment, la loi qu'il vient de jeter dans ce nouveau monde n'a plus qu'à suivre son cours régulier, pour que l'auteur se mire dans son ouvrage, *et vidit quod esset bonum ;* son œuvre, produite dans cet enfantement à deux, c'est la quintessence du sang de l'un qui va se développer en parasite du sang de l'autre.

7° Tout trouble apporté à l'exercice de cette fonction est une maladie, cause très-souvent des plus terribles maladies et qui les résume toutes pour ainsi dire.

8° Les nerfs qui président à la fonction musculaire des organes génitaux viennent de la deuxième paire des nerfs lombaires, c'est-à-dire de l'articulation de la moelle épinière, qui a pour enveloppe crânienne la deuxième des vertèbres lombaires. Par suite d'un ordre de considérations que nous avons énoncées en parlant de la langue (1924), je ne crois pas qu'il soit bien hasardé de soutenir que le nerf qui anime la sensibilité des organes génitaux émane de la paire cérébrale de nerfs intercostaux qui sont le pendant de l'épine dorsale sur toute la ligne longitudinale antérieure du tronc, et dont les divers rameaux forment, avec les rameaux correspondants des articulations vertébrales, les couples de nom contraire du galvanisme de la vitalité.

9° Nous distinguerons autant de GENRES de GÉNÉALGIES, que le double appareil génital offre, en sens inverse, de régions ou d'organes principaux. Nous diviserons les ESPÈCES en deux VARIÉTÉS, l'une MALE et l'autre FEMELLE. Nous rangerons ces genres et espèces dans l'ordre de leur analogie avec chaque genre et espèce de GLOSSALGIES (1924).

1956. 1ᵉʳ GENRE. AIDOIALGIES ; AFFECTIONS MORBIDES DE L'ORGANE PUDIQUE : MEMBRE VIRIL, VERGE, PÉNIS (*) CHEZ L'HOMME, CLITORIS CHEZ LA FEMME. — (En grec : aidoïon ; — en latin : pudendum, organe pudique et qui se cache comme de pudeur et se couvre comme d'un voile, chez l'homme sous le prépuce, et chez la femme sous les grandes lèvres.

DÉFINITION. Le sens créateur par excellence, qui éprouve le besoin de procréer un être semblable à lui et qui en perçoit la satisfaction et la jouissance, ce sixième sens réside tout entier dans cet analogue de l'organe lingual. Ses papilles complémentaires de la sensation ne se trouvent pas, comme chez la langue, sur le même individu ; mais cette sensation, comme pour l'organe du goût (1924 c), né se réalise que par le contact qui, en cette circonstance, prend le nom de copulation. Les deux moitiés de l'organe sont musculaires, et ses surfaces sont papillaires ; sa muscularité est un moyen de mettre les papilles en contact avec les papilles complémentaires ; le contact d'un cheveu peut être en ce cas l'équivalent du complément de la sensation à satisfaire ; et même tous les vices contre nature peuvent découler, si l'occasion s'en présente, de cet état incomplet de l'organe créateur.

1957. 1ʳᵉ ESPÈCE. AIDOÏALGIE ANÉVROGÈNÉ (1814, 6°) ; affection du membre génital mâle ou femelle, par suite de la suppression complète ou partielle de l'influx nerveux.

EFFETS. Si le rameau, soit du nerf intercostal, soit du nerf lombaire qui sert à animer la muscularité du membre génital, vient à s'atrophier, par suite d'une cause quelconque, l'acte cessera de seconder le désir, l'homme éprouvera la sensation qu'il sera incapable de faire éprouver à sa compagne. Si c'est le rameau ner-

(*) En latin : *penis* (qui chez les anciens signifiait queue, d'où vient *penicillum*, pinceau formé d'une touffe de crins), *mentula ;* — en grec : *sathè.*

veux de la sensibilité qui soit possible de l'interruption, l'acte aura lieu sans jouissance ; le spasme en sera réduit à la souffrance de l'impuissance ; et de l'acte ne
sortira aucun des effets qui en sont le but naturel ; la stérilité en sera la première conséquence.

MÉDICATION. Bains sédatifs fréquents (1205) ; lotions à l'eau sédative (1345) et
cataplasmes aloétiques (1321) alternativement sur les reins et le bas-ventre. Médication antimercurielle (1686) ou anti-arsenicale, s'il y a lieu. Camphre (386, 1266, 1302)
à l'intérieur et à l'extérieur.

1958. 2e ESPÈCE. AIDOÏALGIE ATROPHOGÈNE (150) ; affection de l'organe sexuel faute
d'alimentation, de satisfaction normale et par suite de privations.

SYNONYMES. Masturpation ou masturbation (du latin, *mas* et *turbare*); onanisme
(*vice qui tire son nom d'un passage très-peu voilé de la Sainte Écriture*, Genèse,
ch. 38) ; pertes involontaires. pollutions ; abus de soi-même ; vapeurs, mal de la mère ;
hallucinations du veuvage et de la virginité forcée.

EFFETS. Si l'on pouvait s'imaginer combien, sous le voile des apparences les plus
pudibondes, et toute confite en judaïsme et en catholicisme, voire même en protestan-
tisme, notre société cache d'impudicités dans ses profondeurs, alors, et dans l'intérêt
des bonnes mœurs, on serait tenté de regretter le paganisme qui du moins n'était
pas hypocrite, et le mahométisme qui a su légitimer ce principe que Dieu doit être
écouté dès l'instant que sa puissance se manifeste dans nos sens. Nos institutions et
nos lois ont supposé en principe l'impossible ; elles ont élevé autel contre autel sur
le terrain de la religion naturelle ; elles sont hérissées de menaces contre la moindre
infraction aux règles de la pudeur ; et, en fait de pareils délits, il n'y aurait souvent
pas moyen d'exécuter la loi, si la première pierre devait être jetée par une main
exempte elle-même de souillures et des plus dégoûtantes infractions à leur règle soi-
disant angélique. A force de ruser avec l'intelligence de nos enfants, de vouloir tenir
leur imagination dans l'ignorance des sensations qui les dévorent, nous les forçons à
se torturer par le mensonge, à s'épuiser par l'abus, à se dégrader par les aberrations,
à s'abrutir par la honte, en cédant à un besoin aussi impérieux que celui de boire et
de manger, alors que, d'un seul mot, ce vice se changerait en une noble vertu qui les
rendrait dignes de leurs pères. Que voulez-vous que devienne la plus belle santé et
la plus belle intelligence, ainsi détournées de leur voie naturelle, de la voie où Dieu
pousse, avec l'accent de ses orages, tout être à qui il a dit : Croissez et multipliez ?
Demandez-moi aussi ce que deviendrait l'enfant le plus fort, si, en lui imposant le
jeûne, vous forciez son estomac à se dévorer lui-même ? Or, la nutrition pour la fonction sexuelle, c'est la copulation, c'est l'échange des éléments qui doivent concourir
à la procréation, ce produit de la digestion génératrice. Dans cette union intime, si
fugitive qu'elle soit, les deux existences se complètent, se combinent, s'assimilent et
n'en forment plus qu'une seule ; la vie est à deux alors, à quelque distance que les
deux corps se trouvent l'un de l'autre dans les entr'actes. Le suicide par l'aberration
ou le libertinage par l'abus, voilà ce que votre société si éminemment prude et dévote
offre en partage à l'enfant que l'on a eu tant de mal à élever. Voulez-vous réformer
la jeunesse et le veuvage ? réformez d'abord vos idées hypocrites de moralité, votre
fanatisme de formalités, vos sots principes de vanité ; consultez la nature plutôt que
la vieille jurisprudence et la vieille étiquette ; secondez et n'entravez pas les saintes
passions : Qui lutte contre la nature ne tarde pas à en être brisé ; et qui veut être plus
vertueux qu'elle, est toujours sur le point de devenir le pire des scélérats ; il lui suffit
pour cela de la rencontre simultanée d'une occasion avec son accès de folie. Le libertinage n'est que le mensonge du mariage ; mais les rigueurs du célibat sont la source

de toutes les dégénérescences physiques, intellectuelles et morales, et une cause d'impuissance, de convulsions et d'idiotisme.

MÉDICATION. On se préservera, autant que l'espèce humaine le comporte, des aberrations de la privation physique, on réduira à sa moindre puissance l'inexorable entraînement des désirs, à l'aide des ingrédients de la médication nouvelle. Fuyez la solitude. Courses, fatigues, exercices gymnastiques le jour. Saupoudrez (1268) chaque soir le lit avec du camphre, entre le drap et le matelas. Enveloppez nuit et jour les parties de poudre de camphre (1269). Portez des caleçons hygiéniques ayant au périnée un sachet rempli de cette substance, qu'on renouvellera au besoin; ne redoutez pas de dire le pourquoi à vos enfants, qui payeraient votre dissimulation par des dissimulations moins pudiques. Soir et matin, camphre (1266) avec une infusion de bourrache (1469). Lotions fréquentes avec l'alcool camphré (1288, 1°) au périnée, sur les reins et le bas-ventre.

1959. 3e ESPÈCE. AIDOÏALGIE HYPERTROPHOGÈNE (154); affections des organes pudiques par l'abus des jouissances normales et légitimes.

SYNONYMIE. Épuisement, excès de tout genre à deux, débauches, abus ou usage intempestif et forcé du devoir du mariage; — en latin : *immodicus usus venereus, libidinum intemperantia, veneris usus lascivior;* — en grec : *aphrodisiasmos, aselgeia, akrasia, ubris.*

EFFETS. L'abus de la cohabitation, même légitime, est une inconséquence qui ne nuit pas seulement aux parents, mais encore à la génération future. Cet excès est à la privation de toute jouissance ce que l'indigestion est à la faim; l'un est aussi funeste que l'autre; la santé y perd tout autant que la fécondité. Que chacun connaisse ses forces et ne les dépasse pas; qui prend trop sur le revenu, finit en bien peu de temps par absorber le capital; la sobriété en tout centuple les forces et prolonge la vie.

MÉDICATION PRÉVENTIVE. Dans le jour, vivez séparés jusqu'à l'heure des repas. Consacrez vos moments de loisir à des exercices fatigants, si vos occupations sont trop sédentaires; et ne vous mettez au lit que lorsque la digestion est parachevée. Avant de vous coucher, prenez du camphre (1266) avec bourrache (1469), et ne vous couchez que pris d'une bonne envie de dormir. Le réveil d'Adam est un emblème de la sagesse des nations; le réveil, c'est le retour de la puissance nerveuse; c'est l'aptitude au bonheur; c'est l'équilibre de toutes les fonctions animales qui concourent à la procréation. Cigarette de camphre (1272, 7°) habituellement.

MÉDICATION CURATIVE. Séparation complète pendant une semaine au moins. Voyages. Bains sédatifs (1204) pendant huit jours, avec lotions à l'alcool camphré (1288, 1°) ou à l'eau de toilette (1717) au sortir de la baignoire. Renouvelez souvent les lotions à l'eau de toilette sous le périnée, sur les reins et le bas-ventre. Tous les soirs lavement camphré (1396). Nourriture succulente; exercices une heure après les repas et lotions générales à l'eau sédative (1345, 1°) après les exercices. Le matin, après la lotion à l'eau sédative, friction à la pommade camphrée (1302, 2°). Camphre (1266) avec tisane de chiendent (1474). Cigarette de camphre (1272, 7°).

1960. 4e ESPÈCE. AIDOÏALGIES TOXICOGÈNES (1669); affections du membre viril ou femelle par suite d'une infection quelconque.

SYNONYMIES. Localisation des affections en réalité ou en apparence vénériennes sur la verge mâle ou femelle.

EFFETS. 1° Toutes les maladies de la peau (DERMALGIES), émanées de l'inoculation d'un virus ou d'un poison, peuvent se reproduire sur les tissus externes de la verge mâle ou femelle et sur leurs téguments; et l'analogie, que la similitude des tissus communique aux caractères des effets, a donné bien souvent le change aux médecins sur l'origine du mal et sur la nature de la cause.

2° La cause la plus pudique est en état de fournir prétexte à de très-fausses accusations. La médecine, aveuglée par ses absurdes théories, a bien des fois pris les effets plus ou moins tardifs de ses remèdes pour des signes d'une communication coupable; et le désordre s'est introduit dans certains ménages, par suite d'aussi trompeuses indications. Qu'il arrive, par exemple, qu'une jeune fille ait été traitée par le mercure pour combattre une simple maladie de la peau (et nous avons encore des médecins encroûtés ne reculant pas en pareille occasion devant une médication aussi homicide), eh bien! si vierge, si sage, si pure qu'elle ait toujours été, elle se verra exposée à communiquer à son mari, dès le premier jour du mariage, des accidents qui, aux yeux mêmes d'un médecin de nouveau appelé et aussi encroûté que le premier, présenteront tous les caractères d'une affection syphilitique. Les ouvriers, dans les professions qui emploient le mercure, sont sujets à communiquer à leur compagne des accidents de surface qui doivent souvent leur paraître bien suspects. Je pourrais citer à ce sujet un exemple déplorable; car ce sont trois honnêtes gens qui en ont été les infortunés héros : Un doreur au trempé, dans le temps qu'on ne pouvait dorer par ce procédé qu'en cachette et en chambre, à force de gagner de l'argent à ce métier, s'était bien et bel empoisonné avec sa femme, qui était son premier ouvrier. Ce brave garçon ne jouit pas longtemps d'une fortune si légitimement acquise. Sa veuve se remaria avec un de nos premiers artistes parmi les jeunes peintres, et celui-ci est mort presque entièrement ankylosé par suite de la cohabitation conjugale.

3° Les surfaces les plus accessibles à la contagion des virus et poisons sont celles qui, habituellement voilées et tenues à l'abri de l'air et de la lumière, participent de la nature des muqueuses, et dont l'épiderme se réduit à la consistance d'une *epithelium :* le gland de l'homme, par exemple, quand il est habituellement recouvert du prépuce. Les personnes dont le gland reste à nu se ressentent rarement d'une communication impure; J.-J. Rousseau était persuadé d'avoir été préservé de toute atteinte par suite de cette sorte de conformation locale et individuelle.

4° Chez la femme, l'organe pudique (clitoris) qui est recouvert habituellement par les grandes lèvres, analogues du prépuce de l'homme, semblerait faire exception à cette règle; car rarement il est atteint des mêmes ravages que le membre viril. C'est là non une exception à la règle, mais un privilége de position : En effet, il n'y a pas de communication sans contact intime; il faut, pour que la communication ait lieu, que les surfaces de nom contraire, étant abouchées pore à pore, les deux circulations sanguine ou lymphatique n'en fassent, pour ainsi dire, plus qu'une seule et en quelque sorte commune aux deux individualités; or, dans l'acte de la copulation, la verge femelle, par sa position, ne rencontre que rarement la verge mâle; s'il y a contact, il n'y a pas adhérence et communication assez prolongée pour qu'elle soit intime; car, dans le spasme de la rencontre, l'organe femelle s'éloigne du danger par son érection même.

5° Quand l'infection du gland est générale, le gonflement qui en résulte lui a fait donner le nom de *balanite* (du grec : *balanos,* gland de chêne). Lorsque l'infection est bornée à certains points de la surface de cet organe, la région indurée et circonscrite prend le nom de *chancre induré* ou *ulcéré.* Lorsque la contagion se reporte plus spécialement sur les tissus du prépuce, c'est un *phimosis* (mot qui, en grec, signifie rétrécissement, vu que l'enflure du prépuce en rétrécit l'ouverture, et que le gland ne peut plus être mis à nu) ou *phymosis* (qui signifie intumescence, enflure). Le prépuce de l'organe femelle, que nous nommons la *vulve* ou les *deux grandes lèvres,* a une ouverture trop grande pour que le *phimosis* en soit aussi incommode, et que le gonflement en arrive à emprisonner l'organe ; mais, sur la surface interne des grandes lèvres, le chancre se développe quelquefois en végétations multiformes qui ont pris le nom de *crêtes-de-coq*.

MÉDICATION. Nous l'avons suffisamment indiquée en nous occupant des DERMALGIES HYDRARGÈNES et autres (1689).

N. B. Nous renvoyons aux ENTÉRALGIES TOXICOGÈNES ce que nous avons à dire de l'action de l'usage interne ou externe des autres poisons sur les parties génitales.

1961. 5ᵉ ESPÈCE. AIDOÏALGIE CONIOGÈNE (433) ACANTHOGÈNE (1707), RUPIGÈNE (1656) ; affections des organes pudiques provenant de l'introduction fortuite et accidentelle d'ordures et de poussières, ou bien de la négligence des soins de propreté.

SYNONYMIE : Saleté, saloperie.

EFFETS. La négligence dans les soins de propreté est une cause aussi fréquente de lubricité que de développements morbides sur la surface de ces régions.

MÉDICATION. Bains de siége fréquents, comme pour l'espèce suivante.

1962. 6ᵉ ESPÈCE. AIDOÏALGIES ENTOMOGÈNES (1717) et surtout PHTHÉIROGÈNES (889) ; affection des téguments des parties pudiques, par suite du parasitisme d'insectes et spécialement des poux du pubis.

SYNONYMIE. Invasion et contagion de morpions. — En grec : *phtheiriasis*.

EFFETS. C'est une atroce torture que ces âpres et impudiques poux font endurer par leur parasitisme, et en s'attachant, comme des tiques, aux parties couvertes de poils, sous lesquels s'abritent ces vampires.

MÉDICATION. Si l'on voulait entreprendre d'évaluer combien de santés la médecine scolastique a délabrées à l'aide des moyens qu'elle employait pour débarrasser la peau de ces dégoûtants parasites, on n'hésiterait pas à se ranger de l'avis de Jean-Jacques, quand il établissait en principe que la médecine a fait plus de mal aux hommes que l'ignorance et la routine. Pour tuer un tout petit insecte, on empoisonnait bel et bien la plus forte organisation et on délabrait toujours la santé la plus florissante : car les médecins n'avaient dans leur arsenal, pour combattre cet impudique mal, que la pommade mercurielle, alors que l'antiquité leur avait indiqué des médications externes très-inoffensives et dont les ingrédients se trouvent à chaque instant sous la main. Je n'hésiterais pas aujourd'hui à provoquer la punition du praticien, qui continuerait aveuglément à se servir, contre un infiniment petit, d'un remède qui est le plus atroce poison de l'infiniment grand : car rien n'est plus facile que de se débarrasser, et presque sur-le-champ, de cette vermine, soit au moyen de bains sédatifs (1209), soit en appliquant sur les surfaces envahies une compresse imbibée tantôt d'alcool camphré (1288, 2°) et tantôt d'eau sédative (1345, 2°), soit en les recouvrant simplement d'un linge enduit de pommade camphrée (1302, 2°) ; il suffit fort souvent de se laver trois fois par jour à l'eau quadruple (1375).

1963. 7ᵉ ESPÈCE. AIDOÏALGIE CANTHARIDIGÈNE (950, 4° ; 1514, 2°) ; affections érectiles des organes pudiques par l'action des cantharides (*meloe* ou *cantharis* ou *lytta vesicatoria* Fab.) ingérées ou appliquées sur la peau sous forme de vésicatoires.

EFFETS. L'imagination recule devant la puissance prolifique et la fureur d'érotisme que communique à l'être le plus pudibond l'ingestion des cantharides ; la fable d'Hercule s'efface devant cette monstrueuse réalité ; mais la victime survit rarement à cette dépense excessive de forces et de vitalité, où la plus longue existence semble se concentrer et se résumer en un instant, comme en un foyer dévorant, qui carbonise l'organe lui-même, par une gangrène qui ne tarde pas à être suivie de mort. Les applications de la substance des cantharides sur la peau ne sont pas toujours exemptes de

conséquences analogues et proportionnelles; il suffit que l'épiderme crève, après
avoir été soulevé en ampoule, que la substance du vésicatoire se trouve immédiatement en contact avec la dénudation, pour que les organes génitaux éprouvent, par
leur excitation, les symptômes d'un empoisonnement endermique; mais alors ces symptômes sont moins ceux de l'érotisme que de la strangurie; c'est l'envie, sans le besoin,
d'uriner; c'est le besoin avec ses chatouillements insupportables, sans le moyen de
le satisfaire; et souvent à la suite survient l'enflure des membres inférieurs.

C'est sur le frêne et les arbres de la même famille, troëne, lilas, etc., que se plaît
de préférence l'insecte parfait de ce genre de coléoptères; ne touchez jamais aux mets
qui auraient pu séjourner sous de tels ombrages, sans avoir pris le plus grand soin
de vous assurer que rien de tel, en fait d'insecte, n'a séjourné sur les branchages.

MÉDICATION. Au premier symptôme de ce genre d'empoisonnement, on administrera
un grain d'émétique, ensuite huile de ricin (1438) par le haut; lavement camphré
(1396) ou mieux un lavement superpurgatif (1398). Trois fois par jour camphre (1266)
avec infusion de salsepareille (1305) et de bourrache (1469). Lotions fréquentes à
l'alcool camphré (1288, 1°) sur les reins, le bas-ventre et le périnée. Cigarette de camphre (1272, 7°); chiques galvaniques (1424); bains sédatifs (1204) deux et même trois
fois par jour. Larges lotions à l'eau sédative (1345, 1°) sur le crâne, la région du cœur,
le cou, le dos et le bas-ventre. Lavez la place du vésicatoire avec de l'alcool camphré
(1287) étendu suffisamment d'eau.

1964. 8ᵉ ESPÈCE. AIDOÏALGIE HELMINTHOGÈNE (996); affections des organes pudiques par suite de l'invasion des helminthes et spécialement de l'ascaride vermiculaire.

SYNONYMIE. *Chez l'homme :* priapisme (du dieu *Priape*), satyriasis (de l'effrénée
lubricité des *satyres* à l'arrière-train du bouc, et *satyre*, du grec *sathe* (1956) et *oura*,
queue); érections spasmodiques, pertes involontaires;— *chez la femme :* nymphomanie
(manie des nymphes), vapeurs, mal de la mère, fureurs utérines. — *Chez les enfants :*
habitudes précoces;— en latin : *genitalium partium tentigo, tensio veretri, prurigo,
furiæ uterinæ;* — en grec : *priapismos, satyriasis, satyriasmos, erotomania.*

EFFETS. Sous l'aiguillon d'un seul ascaride vermiculaire, la vierge, la personne la
plus chaste et la plus âgée peut tout à coup se sentir dévorer du feu des Messalines,
jusqu'à en perdre le repos, la raison, la pudeur et toute considération divine et humaine.

MÉDICATION PRÉVENTIVE. Régime hygiénique complet (1644); caleçons hygiéniques ayant au périnée un sachet (1322) rempli de poudre de camphre (1268) Saupoudrer, chaque soir, de camphre les matelas sous les draps de lit, à la place surtout
qui correspond au bassin.

MÉDICATION CURATIVE. Si les helminthes ont fait invasion dans l'organe, bains
de siége fréquents (1235) à l'eau quadruple (1375); injections fréquentes (1386) à la
même eau, et ensuite une autre à l'huile camphrée (1293); tenir les parties enveloppées
de pommade camphrée (1297), au moyen de sachets (1322) appropriés.

1965. 9ᵉ ESPÈCE. AIDOÏALGIE NOOGÈNE (1102, 1790); influence de la pensée et de
l'imagination sur les organes génitaux.

SYNONYMIE. Hallucinations; effets des chants, lectures, spectacles obscènes ou
érotiques; rêvasseries, mauvais rêves, pollutions nocturnes et involontaires; tentations démoniaques (*en style religieux*); incubes et succubes (*en style du moyen âge*);
— en latin : *Hallucinationes, obsceni sermones, obscena canere aut legere aut videre,
impura somnia; tentamenta dæmoniorum, nocturna oppressio, incubus;* — en grec :
aselgemata, enupniôn aselgès, épibolè, ephialtès, pnigaliôn.

EFFETS. Qu'une simple lecture, une image, une parole lointaine, une idée, une seule idée fugitive pendant la veille et dans la solitude, que la rencontre et le choc de deux souvenirs dans le calme du plus profond sommeil, vienne tout à coup réveiller les sens assoupis et jeter l'être dans le délire, dans le désir des choses les plus impossibles et des idées dont on rougit après, comme si l'on s'était rendu coupable de la chose, c'est, il faut l'avouer, bien humiliant pour notre orgueil et nos prétentions à la dignité! Quel nœud gordien à délier pour les études philosophiques ! une idée qui a la toute-puissance de la réalité, qui alimente une passion et en met en jeu tous les ressorts.

MÉDICATION PRÉVENTIVE. Redoutez la solitude et l'oisiveté ; ne vous livrez qu'à des lectures sérieuses ; arrière l'imagination et les rêves. Occupez vos enfants dans le jour, non à la méditation et à des recherches ennuyeuses et religieuses, mais à des exercices qui tiennent alternativement l'esprit en haleine et le corps en mouvement ; la fatigue du jour préserve des désordres de la nuit. Que, dès le matin, leur journée ne soit qu'une série d'occupations intellectuelles et corporelles ; qu'on ne les condamne plus à entendre et à retenir la leçon orale ou à lire et à s'endormir à force de chercher ce qu'ils ne sauraient comprendre ; qu'ils ne montent au dortoir qu'accablés de sommeil ; à cet âge la fatigue est le palladium des bonnes mœurs et la seule panacée contre l'exubérance des forces.

1966. 2ᵉ GENRE. OSCHÉALGIES ; AFFECTIONS SPÉCIALES DES BOURSES OU ENVELOPPES ET SUSPENSOIRS NATURELS DES TESTICULES (en latin : *scrotum* ou *testiculorum velamenta* Cels.; — en grec : *oschea, oscheos, oscheon*, de *oschè* ou *oschos*, jeune branche chargée de fruits).

DÉFINITION ET ANALOGIES. Nous avons reconnu, par analogie, dans le membre génital mâle ou femelle, toutes les régions de la langue : les deux portions musculaires, les papilles du tact et les papilles du sens ; le frein si volumineux dans les deux petites lèvres qui, par leur position, pourraient correspondre aux deux piliers du voile du palais ; le prépuce et les grandes lèvres étant l'analogue des lèvres de la bouche. Or le scrotum n'est autre qu'un dédoublement musculaire de la peau du périnée, refoulée par la chute et le développement des testicules dans cette région. La femme aurait eu un scrotum, si les deux ovaires (*analogues des testicules*), en étirant leurs points d'attache, avaient pu s'échapper par leur propre poids à travers les interstices des os ischium et pubis. Chez l'homme, ce prolongement scrotal existe, même alors que les deux testicules n'ont pu franchir les os du bassin et se développer dans la région abdominale ; les bourses ne sont pas un accident traumatique naturel, mais bien une prédisposition organique et une tendance à la conformation mâle, qui précède même la formation de l'organe générateur. D'un autre côté, il ne faudrait pas les considérer comme une simple vésicule inerte, comme un simple suspensoir organisé ; elles jouissent, comme la peau, de la sensibilité et du tact ; comme les muscles, de la contractilité ; elles participent du spasme de la lubricité ; elles sont donc passibles de toutes les affections que nous avons décrites dans les DERMALGIES (1654), les MYALGIES (1747) et les GÉNÉALGIES (1955), et n'exigent pas, dans ces sortes de cas maladifs, d'autre médication spéciale et qui diffère autrement que par la surface d'application. 1° Les DERMALGIES éruptives du scrotum sont dues aux mêmes causes que les maladies ordinaires de la peau. 2° La DERMALGIE HYDROTOGÈNE (1661) du scrotum se nomme, dans l'ancienne nomenclature, HYDROCÈLE (du grec *kèlè*, hernie, descente) ; c'est une hydropisie ou œdème des bourses ; c'est une OSCHÉALGIE HYDROTOGÈNE dans la nomenclature nouvelle. 3° la MYALGIE PSEUDORGANISATRICE (1769) du scrotum ou OSCHÉALGIE PSEUDORGANISArnice, prend dans l'ancienne nomenclature le nom de sancocèle (de *sarx*, *sarcos*, chair musculaire, et *kélè*, descente dans les bourses); c'est un développement anormal de la partie charnue de cette enveloppe. 4° Lorsqu'une portion de l'épiploon ou de l'intestin grêle s'échappe à travers l'anneau inguinal dans les bourses, c'est un buboncèle (de *boubón*, aine, parce que chez la femme en général, et quelquefois chez l'homme, cette espèce de hernie s'échappe par l'aine); l'homme est alors atteint d'une *descente*. La double hernie de l'épiploon ou de l'intestin peut également avoir lieu, chez la femme, dans l'épaisseur des grosses lèvres qui lui pendent alors comme deux bourses; c'est dans notre nomenclature une oscnéalgie eudotraumagène. 5° Le squinnne ou cancer implanté sur les os de l'ischium ou du pubis peut, en se développant dans l'intérieur du scrotum, prendre le nom de squirrhe du scrotum, de scrotum squirrheux; nous parlerons de ce genre de produit morbide en nous occupant des maladies des os. 6° La dermalgie ou myalgie helminthogène, mais surtout *hydatigène* (4079, 4745) (produit de l'incubation et du parasitisme des jeunes ténias) constitue l'un des kystes qui peuvent se former dans les bourses aux dépens de leur substance propre. C'est alors une oscnéalgie hydatigène. Dans tous ces cas, la cause et le siége du mal peuvent se trouver dans une seule des deux moitiés du scrotum; car ces deux moitiés, ainsi que les testicules qu'elles contiennent, sont indépendantes et distinctes l'une de l'autre; et l'un des deux compartiments est dans le cas d'être atteint, sans que l'autre donne le moindre signe de la même maladie.

MÉDICATION ET OPÉRATION. Nous allons comprendre, sous cette même rubrique générale, les applications de la méthode à chaque cas particulier :

1° Oscnéalgie dermalgique ou affection cutanée des bourses : Bains de siége (4236) fréquents à l'eau quadruple (1375), dans laquelle on éteindra une tige de fer rougie au feu. Au sortir du bain, recouvrir toute la surface de goudron de Norwége (1484). Régime antimercuriel (1686) ou simplement hygiénique (1644).

2° Oscnéalgie hydrotogène ou hydrocèle : Hydropisie ou œdème des bourses. Cette affection locale est souvent consécutive d'une autre maladie, et alors elle ne disparaît que par la guérison de la maladie principale. Sachets secs (1322), bains sédatifs de siége (4236); au besoin ponctions et compressions; ensuite on enveloppe les bourses de pommade camphrée (1297).

3° Oscnéalgie myalgique et pseudorganisatrice ou sarcocèle; développement anormal de la substance musculaire et charnue de l'enveloppe des bourses. Appliquer fortement trois fois par jour, sur toute la surface de la tumeur, des compresses imbibées d'eau sédative (1345, 2°); au bout de dix minutes, y appliquer des compresses imbibées d'alcool camphré (1288, 2°), ensuite dix autres minutes les plaques galvaniques (1419); et tenir les bourses enveloppées de pommade camphrée (1297) jusqu'au prochain pansement. Régime antimercuriel (1686). Pois à cautère (1324) sur la moindre ulcération qui se formera; au besoin pratiquer une cautérisation dans ce but.

4° Oscnéalgie endotraumagène ou buboncèle ou descente; affection traumatique spontanée, à la suite de laquelle l'épiploon ou une anse d'intestins descend jusque dans l'un ou l'autre des deux compartiments des bourses. On portera un suspensoir qui puisse réduire au moindre volume les bourses, sans comprimer les testicules : d'un autre côté, on prépare une pelotte en ouate qui, introduite dans le suspensoir, puisse exercer une suffisante pression sur le passage herniaire. Cela fait, le matin, on applique sur la hernie et les bourses un cataplasme aloétique (1324); on se couche ensuite pendant deux minutes, la tête plus basse que les pieds et sur un lit légèrement en pente. Dans cette position et à l'aide d'une douce pression, on fait rentrer la hernie dans le bas-ventre. On applique alors la pelote graissée à la pommade camphrée (1297) sur là région herniaire, et on l'y maintient à l'aide du suspensoir. De temps à autre dans la journée, on verse quelques gouttes d'alcool camphré (1287) au-dessus de la pelote même ; l'alcool a pour but de resserrer les tissus pour faire obstacle à la hernie.

5° OSCHÉALGIE CANCÉREUSE OU SQUIRRHEUSE. Dans ce cas l'ablation seule peut en débarrasser le malade, et dès que le cas est bien constaté, on ne doit pas hésiter à opérer ce retranchement; on panse ensuite, comme après tout autre genre d'opération (1403).

6° OSCHÉALGIE HYDATIGÈNE OU KYSTE DU SCROTUM. Le régime hygiénique (1644) ou antimercuriel (1686) est capable, à la rigueur, de prévenir et d'enrayer cette sorte de développement parasite. Mais dès que la poche a eu le temps de se former, il ne reste d'autre moyen de la vider que de la perforer. Le liquide une fois écoulé par la partie la plus déclive de la fente, on injecte dans la poche soit de l'alcool camphré (1287), soit une forte dissolution de goudron (1484), soit une dissolution alcoolique d'iode, de manière à favoriser la décomposition et la désorganisation de l'enveloppe cartilagineuse du kyste ; on vide de nouveau la poche du liquide introduit par l'une ou l'autre espèce d'injections, et on enveloppe les bourses de pommade camphrée (1297) jusqu'au prochain pansement.

1967. 3ᵉ GENRE. ORCHIALGIES ; AFFECTIONS DES ORGANES SPÉCIALEMENT DÉPOSITAIRES DES ÉLÉMENTS ACTIFS OU PASSIFS DE LA FÉCONDATION : — chez l'homme, les deux testicules (en grec : *orchis, didymoi*, organes doubles ; en latin : *testes, coleï*); — chez la femme, les deux ovaires (en latin : *ovaria*).

DÉFINITION. Les deux testicules dépositaires de la semence mâle, et les deux ovaires dépositaires de la semence femelle, c'est-à-dire des germes, sont deux organes de même origine, concourant au même but, qui est la fécondation, et ne différant que par les produits de nom contraire qu'ils élaborent et par leur siége (les ovaires contenus dans l'abdomen et les testicules dans le scrotum); cette différence de position rend les testicules plus abordables à la médication que les ovaires. Mais une fois l'analogie de la prostate de l'homme avec l'utérus de la femme admise, il est facile de constater que l'insertion des testicules et des ovaires ne présente que des différences tout à fait accessoires.

Les testicules sont suspendus chacun au bout d'un faisceau contractile et musculaire qui s'attache de chaque côté du pubis et qui est l'analogue des *ligaments larges* de l'appareil utérin, lesquels servent à maintenir la matrice et les ovaires en état d'érection et ensuite de suspension dans le bassin. Ce faisceau suspenseur des testicules a reçu des premiers anatomistes (Érasistrate et Érophile) le nom de *kremaster,* c'est-à-dire, muscle suspenseur (du grec : *kremaô*, suspendre, d'où vient *crémaillère); et des modernes celui de *ligament suspenseur du testicule* ou *muscle élévateur du testicule ;* en latin : *gubernaculum testis.* Les *ligaments larges* sont les cremasters des ovaires. Le relâchement et l'atonie de ces muscles coïncide avec la flaccidité constante du *scrotum* et l'impuissance de l'organe. Il en est de même du relâchement des ligaments larges, sans la contractilité desquels l'ovaire, sans spasme et sans érection, ne saurait s'imprégner du fluide fécondant. Car par le jeu de leur contractilité, ces deux faisceaux ligamenteux et musculaires servent à faciliter l'éjaculation des deux produits de nom contraire des testicules mâles et femelles.

Nous diviserons les ESPÈCES d'ORCHIALGIES en deux *variétés :* l'une mâle et l'autre femelle.

1968. 1ʳᵉ ESPÈCE. ORCHIALGIE ANÉVROGÈNE (1819); affections des testicules et ovaires, par suite de l'atrophie du faisceau nerveux qui en anime les fonctions et qui émane du plexus du bassin ainsi que des cordons lombaires.

SYNONYMIE. Impuissance chez l'homme; stérilité, infécondité chez la femme. Absence de l'humeur prolifique.

EFFETS. Il est rare que cet accident ne soit pas accompagné du silence complet des sens; et c'est dans ce cas seulement que le célibat peut se concilier avec la vertu; en toute autre circonstance, il est la source de tous les vices et l'occasion de tous les crimes.

MÉDICATION. Si cette interruption de l'influx nerveux n'est pas congéniale, mais qu'elle ne tienne qu'à un obstacle accidentel, l'affection doit céder, et la puissance revenir, à l'aide de la médication appropriée au genre d'affection générale dont l'impuissance était un effet localisé. Les bains sédatifs (1209), de sang (1217), de mer (1214), suffisamment continués ou alternant les uns avec les autres, enfin le régime antimercuriel (1686) au complet, ne tardent pas à ramener la virilité et à rendre possible la jouissance, quand les organes ne sont pas tout à fait atrophiés.

1969. 2e ESPÈCE. ORCHIALGIES MÉNIGÈNES (98, 7°); troubles survenus dans les fonctions naturelles et périodiques des testicules et ovaires, sous l'influence des mouvements lunesticiaux ou mois lunaires du nouveau système (du grec : *mènè*, lune, ou mois lunaire).

SYNONYMIE. Première apparition des signes de la puberté *chez le garçon* et des menstrues *chez la jeune fille. Chez l'homme adulte* : pollutions nocturnes périodiques ou besoins périodiques de procréer; pertes involontaires (en latin : *pollutiones nocturnæ;* — en grec : *gonorrhœa). Chez la femme adulte* : retard et irrégularité des règles, *autrement dit* mois et menstrues (en latin : *menstrui tarditas et irregularitas;* — en grec : *atactos kataméniôn katharsis*); suppression des règles (en latin : *menstrui suppressio;* — en grec : *è tôn kataméniôn è gunaïkeiôn épischesis*); surabondance des règles, voir trop abondamment (en latin : *fluxus immoderatus, purgatio mensium crebrior;* — en grec : *ametros kenosis kataméniôn*).

DÉFINITION ET EFFETS. Le passage de l'enfance à la puberté est annoncé par une révolution générale dans toute l'économie des organes et des idées. La nature semble révéler, en un instant, combien d'orages cette nouvelle fonction doit faire éclater pendant tout le cours de la vie. L'enfant, étonné de lui-même, se cache à tous les regards, confus des désirs qui l'assaillent et qu'il ne sait ni repousser ni satisfaire; il a honte de ses idées; il recule à la vue de l'autre sexe, comme instinctivement convaincu de la toute-puissance du danger, s'il se laissait approcher de plus près; ce qu'il éprouve pour la première fois, il se le reproche, car il a l'instinct que, selon les circonstances, ce plaisir qu'il entrevoit pourrait bien être une action coupable; un mot le fait rougir; la vue de ceux qu'il respecte le fait pleurer; ses yeux se cernent de bleu; son teint perd sa fraîcheur rosée; les oreilles lui tintent; la distraction l'assaille; l'appétit diminue. Chez la jeune fille, le pouls se montre fébrile et sautillant; les seins deviennent fermes et saillants; les parties se tuméfient; le bassin, en se développant, occasionne de l'engourdissement dans les cuisses, des douleurs dans les lombes. Chaque mois le garçon a des pertes séminales, et la jeune fille des pertes de sang; elle accouche chaque mois d'un œuf non fécondé, d'un œuf hardé; elle est réglée. Dès que la fécondation a eu lieu par le rapprochement des sexes, l'œuf détaché par la volupté et non par la souffrance, imprégné de vitalité par le sacrifice à deux, cet œuf s'attachant en parasite aux flancs de la matrice, suspend tous les avortements mensuels, en absorbant toutes les fonctions de l'organe et tous les éléments de la jouissance. La gestation est pour la femme une incessante succession de douces douleurs et des plus pures jouissances, d'espérances et de souvenirs enivrants.

A un âge plus avancé, l'époque de la cessation des règles cause, dans l'économie de la femme, une révolution souvent égale à celle de leur première apparition, mais en général d'un caractère moins prononcé : dans la première, ce qui dominait, c'était la crainte et l'espérance ; dans la dernière, c'est le regret.

La première menstruation a lieu en général de 13 à 14 ans ; la dernière vers quarante-huit ans. La cessation de la menstruation, entre ces deux âges, est le signe d'un trouble survenu dans les fonctions naturelles, d'un obstacle au rapprochement entre les trompes de Fallope et les ovaires ; et de là vient un engorgement ou développement insolite dans les ovaires, qui cause un dérangement indicible dans toutes les autres fonctions du corps : lourdeurs de tête, perte d'appétit, fièvre sourde, ennui, pandiculations ; car, chez la femme, tout se traduit en souffrance ; la jouissance, chez elle, semble n'être qu'une exquise douleur ; c'est la volupté du dévouement et du sacrifice.

1° MÉDICATION A L'APPARITION DES PREMIERS SIGNES DE LA PUBERTÉ. Caleçons hygiéniques, c'est-à-dire, ayant au périnée et sur le pubis un sachet rempli de poudre de camphre (1268). Dans le jour, exercices prolongés, promenades lointaines, avec lotion à l'eau sédative sur le dos et les reins au retour et en changeant de linge ; force distractions ; point de solitude. Aloès (1197) tous les deux jours. Cigarette de camphre (1272, 7°). Soir et matin lotion à l'eau sédative (1345, 1°) et friction à la pommade camphrée (1302, 1°), essuyer à l'eau de toilette (1717). Nourriture épicée.

2° MÉDICATION CONTRE LA SUPPRESSION, L'IRRÉGULARITÉ OU LA SURABONDANCE DES RÈGLES. Bains de siége fréquents (1235) à l'eau quadruple (1375) ; ensuite lotion à l'eau sédative (1345, 1°) sur le dos, les reins et le bas-ventre, et friction à la pommade camphrée (1302, 1°) ; si le mieux n'arrive pas, application sur le bas-ventre et sur les reins d'un cataplasme aloétique (1321), soir et matin, avant la friction. Infuser dans la soupe quelques fibrilles de safran. Soir et matin camphre (1266) à prendre avec bourrache (1472). Aloès tous les 3 jours (1197) ; tous les matins lavement vermifuge (1399) ou simplement camphré (1396).

1970. 3ᵉ ESPÈCE. Orchialgies asphyxigènes (1815) ; affections des testicules et ovaires étouffés dans leur toute-puissance, et privés de cet échange d'air qui les vivifie et les féconde.

Synonymie. Conséquences d'une privation forcée ; lutte de la vertu contre les besoins du célibat imposé. Engorgement des testicules et des ovaires ; orchite.

Effets. Ces deux espèces d'organes s'engorgent de produits fécondateurs sans destination et sans usage ; la stagnation des fluides peut être la source d'une déplétion capable de dévoyer l'organisation dans les plus graves désordres, et dont le poids toujours croissant est à lui seul déjà une grande infirmité.

1971. 4ᵉ ESPÈCE. Orchialgies toxicogènes désorganisatrices (1766) ; affections des testicules et ovaires, à la suite d'une intoxication désorganisatrice par l'arsenic ou le mercure.

Synonymie. Émaciation ou ulcérations des testicules.

Effets. Quand l'action de l'arsenic se reporte sur les ovaires ou les testicules, ces deux organes s'émacient, deviennent flasques et atrophiés. L'action des cantharides, au contraire, les frappe de gangrène et de décomposition comme charbonneuse. Celle du mercure les tuméfie et en transforme les tissus en une masse d'abord régulièrement organisée et qui ne tarde pas à se décomposer sur divers points et à donner lieu à des fistules qui se font jour au dehors à travers les tissus du scrotum. Les ovaires, au contraire, sont trop protégés contre l'invasion de l'air extérieur pour que le mal prenne une direction semblable et que leur pseudorganisation passe ainsi à la décomposition ulcéreuse.

1972. 5ᵉ ESPÈCE. Orchialgies toxicogènes pseudorganisatrices (1769); développements monstrueux et cancériformes des testicules et ovaires, sous l'influence d'incubation du mercure.

Synonymie. Squirrhe de l'ovaire ou du testicule.

Effets. Rarement les deux organes (*testicules* ou *ovaires*) sont atteints à la fois de ce même mal, qui n'est pas tout à fait le cancer, mais une simple transformation d'une organisation analogue et qui ne s'alimente que de ce genre de tissus. Le testicule devient monstrueux en conservant en général sa forme, quoiqu'il se développe quelquefois des bosselures à la surface. Tous les squirrhes du testicule n'offrent pas la même organisation cellulaire, quoiqu'ils affectent la même forme et présentent la même résistance aux essais de compression. Les différences tiennent à la nature de l'atome incubateur de l'intoxication spéciale.

1973. 6ᵉ ESPÈCE. Orchialgies traumagènes (1773); affections des testicules par suite d'une solution de continuité dans leur substance ou dans leurs attaches.

Synonymie. Écrasement, contusion, retranchement violent ou chirurgical des testicules. — Castration, *anciennement* chastrement (en latin: *castratio; —* en grec: *orchotomia, ektomé, eunouchismos.* — L'opéré prend le nom de *castrat,* eunuque; en italien: *castrato, i castrati; —* en latin: *castratus; —* en grec: *eunouchos*).

Effets. La castration peut être imposée par la nécessité ou inspirée par des vues criminelles et intéressées; elle ne s'applique qu'à l'homme. En jurisprudence criminelle, on entend par castration l'ablation d'une partie quelconque des organes génitaux. La castration chirurgicale est motivée par la dégénérescence ulcéreuse ou squirrheuse du testicule. Les Orientaux faisaient subir cette opération aux enfants qu'ils destinaient au service de la domesticité et à la surveillance de leur harem; leur jalousie n'avait plus alors à s'alarmer de l'emploi à leur service d'une de ces moitiés d'homme. La cour de Rome se procurait, par cet inique moyen, des chanteurs d'une voix exquise pour le service divin de la chapelle Sixtine; elle faisait des eunuques, pour la plus grande gloire du culte évangélique, comme le chef des croyants au Koran en faisait pour la plus grande gloire du Sérail; il y a longtemps que l'homme est toujours le même, sous la tiare comme sous le turban.

1° CASTRATION INCOMPLÈTE OU COMPLÈTE, NÉCESSITÉE PAR LA DÉGÉNÉRESCENCE DE L'UN OU DES DEUX TESTICULES. Lorsque le testicule est atteint d'une dégénérescence que rien ne peut enrayer, qu'il durcit et grossit de manière à devenir une inutilité onéreuse à la santé, on doit tarder le moins possible à en opérer le retranchement; et, à l'aide du pansement, l'opération n'est jamais exposée à de fâcheuses conséquences : On fend le côté externe ou inférieur de la bourse, on isole le testicule des tissus adjacents, on coupe le cordon au-dessous de la ligature; et, une fois le testicule enlevé et les lèvres de la plaie réunies par des points de suture, on tient les bourses enveloppées de pommade camphrée (1297, 1414); on a soin de passer souvent de l'alcool camphré (1287) sur toutes les surfaces adjacentes à la solution de continuité; et la cicatrisation s'opère, à la faveur de ce pansement, sans fièvre et sans occasionner aucune interruption dans les habitudes de la vie.

2° MÉDICATION CONTRE LES BLESSURES DES TESTICULES PAR ÉCRASEMENT OU CONTUSION. Bains de siège (1235) fréquents à l'eau quadruple (1375) avec addition d'un verre d'eau sédative (1336, 1°); recouvrir les bourses de goudron (1486, 3°) au sortir de chaque bain. Passer souvent de l'eau sédative (1336, 1°) sur le bas-ventre, au périnée, sur la peau des bourses mêmes. Lavement ordinaire (1395) chaque matin.

3° MÉDICATION CONTRE LES BLESSURES DE L'OVAIRE (testicule femelle) PAR SUITE D'UN COUP VIOLENT SUR LE VENTRE. Appliquer trois fois par jour, sur le côté qui correspond au siége du mal, un cataplasme aloétique (1321); au bout de 20 minutes, recouvrir la place d'un linge imbibé d'alcool camphré (1288, 2°); soir et matin lavement camphré (1396); tous les 3 jours aloès (1197). Soir et matin camphre (1266) et tisane de chiendent (1474).

1974. 7ᵉ ESPÈCE. Orchialgies hydatigènes (1087); développement hydatique et kystiforme des testicules mâles ou femelles (ovaires).

Synonymie. Kystes des testicules ou des ovaires (du grec *kystis*, poche ou vessie); hydropisie des testicules ou des ovaires; ovaires et testicules enkystés.

1° MÉDICATION MALE. Si les applications fréquentes et alternatives de cataplasmes aloétiques (1321), de compresses d'eau sédative (1345, 2°) ou d'alcool camphré (1288, 2°) ne parvenaient pas à enrayer le développement du testicule, on essayerait l'emploi de l'éther, au moyen d'une vessie de porc dans laquelle on enfermerait les parties chaque fois, en ayant soin de ne mouiller que les orifices de la vessie, que l'on tiendrait appliqués contre le pubis et le périnée, afin de s'opposer à l'évaporation de l'éther par l'adhérence des bords à la peau. Si ce moyen ne suffisait pas, on en viendrait à pratiquer la ponction, pour vider la poche enkystée de tout son liquide. On ferait ensuite dans la poche des injections à l'eau iodée, ou à l'alcool camphré suffisamment étendu d'eau (1287); ou bien on y introduirait un grumeau de goudron de Norwége (1383), en maintenant une ouverture béante, afin de faciliter l'écoulement des produits de la décomposition des parois du kyste. On passerait souvent, sur la surface du scrotum, de l'alcool camphré (1287), et en cas d'inflammation de l'eau sédative (1345, 1°).

2° MÉDICATION FEMELLE OU DES OVAIRES ENKYSTÉS. Les kystes de l'ovaire, susceptibles d'acquérir un énorme développement, sont souvent confondus avec l'hydropisie abdominale; et les parois externes de la poche venant à s'appliquer intimement contre les parois de l'abdomen, l'opération de la ponction peut en être aussi inoffensive que pour le cas d'hydropisie proprement dite. Mais avant d'en arriver là, cette tumeur, flottant dans la capacité abdominale, y produit des désordres de plus d'un genre et ne comporte pas l'opération; c'est alors par la médication qu'il reste quelque espoir de tarir la source qui alimente le développement du kyste. Tous les trois jours aloès (1197), et le lendemain lavement superpurgatif (1398); les autres jours, lavement vermifuge (1399). Trois fois par jour appliquer, en exerçant une forte pression sur les surfaces, des compresses d'eau sédative (1345, 2°) pendant dix minutes, puis dix autres minutes les plaques galvaniques (1419); passer ensuite sur la même place de l'alcool camphré (1288) ou de l'éther. Injections fréquentes à l'eau quadruple (1375). Soir et matin, camphre avec tisane, le premier jour de salsepareille iodurée (1505), le second jour de salsepareille rubiacée (1480), et le troisième jour de chiendent (1474). Lorsque la peau du ventre commencera à s'excorier, suspendre les applications d'eau sédative et recouvrir d'un linge enduit de cérat camphré (1303), jusqu'à ce que la rubéfaction ait disparu; recommencer alors de nouveau les applications d'eau sédative.

1975. 4ᵉ GENRE. ÉPIDIDYMALGIES; AFFECTIONS SPÉCIALES AUX ORGANES ASPIRATEURS DES ÉLÉMENTS ET DES PRODUITS DE LA FÉCONDATION (*épididymes* pour l'organe mâle, et *trompes de Fallope* (*) pour l'organe femelle) (du grec : *épi*, placé contre; *didymos*, un des organes doubles ou testicules).

(*) Ainsi appelées du nom de leur premier descripteur Fallopio, célèbre anatomiste italien du 16ᵉ siècle, qui avait appelé cet organe *tuba uteri* (trompe de l'utérus).

Définition. L'*épididyme* est un corps érectile qui s'accouple, pour ainsi dire, avec le testicule, pour aspirer le fluide fécondant que cet organe élabore, et le porter ensuite à la *prostate*, cet analogue de l'utérus. Les *trompes de Fallope* sont une transformation des *épididymes*; pendant le repos des sens, elles sont séparées des *testicules ovaires*; mais dès que le besoin de fécondation réveille le spasme de l'érection et de l'attente dans tout cet appareil de la création, chacune de ces trompes s'applique avec ardeur sur son ovaire respectif, pour lui transmettre le fluide mâle aspiré par la matrice, et transmettre ensuite à la matrice l'ovule que la fécondation a animé d'une vie propre et indépendante, qu'elle a détaché enfin de l'ovaire, dont jusque-là il était une cellule intégrante, une simple vésicule du tissu général.

1976. **1re ESPÈCE.** Épididymalgie anévrogène (1854) durable; interruption permanente de l'influx nerveux qui doit animer les fonctions spéciales des épididymes mâles et femelles.

Synonymie. Stérilité en dépit de toutes les fonctions de la jouissance.

effets. Les épididymes une fois paralysés et privés d'aspiration, le fluide fécondant engorge les testicules, dans le cas où ces organes seraient aptes à l'élaborer. Les *trompes,* sans énergie, cessent de pouvoir aspirer le fluide fécondant pour le transmettre aux ovaires.

médication. La même que pour l'espèce précédente (1975).

1977 **2e ESPÈCE.** Épididymalgie anévrogène (1851) accidentelle; interruption accidentelle, et pendant l'acte, de la faculté érectile des *épididymes* ou des *trompes.*

Synonymie. *Chez l'homme :* engorgement, tuméfaction des testicules ; *chez la femme :* grossesse ou gestation extra-utérine.

effets. *Chez l'homme* et pour les testicules, c'est l'équivalent d'une congestion, c'est une accumulation, dans les interstices cellulaires, d'un fluide arrêté dans sa circulation et ne trouvant pas d'issue.

Chez la femme : Admettons que la *trompe de Fallope* (*tuba uteri*) ait suffi à son premier temps, qui est de transmettre aux ovaires le fluide du mâle ; mais alors, et une fois cet acte accompli, ou bien elle est privée tout à coup de l'influx nerveux qui l'animait et de la puissance d'aspiration qui la rend érectile, ou bien elle est frappée de flaccidité et d'impuissance, soit avant que l'ovule se soit détaché de l'ovaire, soit à l'instant où l'ovule détaché s'était déjà aventuré dans le canal de ce tube. Dans le premier cas l'ovule se développe dans le sein de l'ovaire lui-même ; dans le second cas, ou bien il se développe dans la *trompe* elle-même, ou il tombe dans la cavité abdominale, en s'attachant en parasite, par une zone quelconque de sa surface, qui devient alors *placenta*, sur une région quelconque de la cavité abdominale. Cet accident, dans l'un ou l'autre des trois cas, donne lieu à une grossesse extra-utérine, c'est-à-dire au développement de l'œuf fécondé dans une région autre que celle de l'utérus, dans une région sans issue ; c'est une gestation incapable d'un accouchement. Le ventre, dès ce moment, enfle et se développe comme dans les gestations ordinaires, et la femme elle-même se croit enceinte de bon aloi, quoiqu'il arrive souvent qu'elle reste réglée ; mais au bout des neuf mois et à force d'attendre, elle n'est pas la seule à avouer que chacun y a été trompé, et qu'un nouveau diagnostic est, dans ce cas, nécessaire.

Or, rarement la médecine est portée à présumer qu'elle ait affaire à un de ces cas où l'œuf s'est trompé de route ; et rien n'est plus commun que de voir les plus habiles praticiens se méprendre sur la nature et l'origine de ce développement. Pour les uns, c'est un cas d'*ascite* ou d'*hydropisie* abdominale; pour d'autres, c'est une *tumeur squirrheuse.* Malheur, dans ce cas, à la patiente, si le médecin a la fâcheuse idée de vouloir faire fondre une telle tumeur par l'une de ses médications violentes !

Les médecins qui se sont tenus au courant des diverses publications de la nouvelle méthode sont en garde aujourd'hui contre ces erreurs de diagnostic et contre ces aberrations pratiques de la médecine intoxicante; nous invitons les femmes atteintes d'un accident analogue à se tenir à leur tour en garde contre le diagnostic et le traitement consécutif de leurs médecins.

L'œuf ainsi dévoyé, se développant en parasite dans un milieu sans issue et sans communication avec l'air extérieur, n'arrive pas à toute l'évolution du fœtus dont l'œuf s'est attaché aux parois de la matrice; l'abdomen ne cède pas à ce corps organisé, comme il le fait à la matrice qui se tuméfie sur toute sa périphérie; il en résulte que tous les organes de ce corps fœtal subissent une compression qui les refoule les uns contre ou même dans les autres; en sorte que, si l'on retirait le fœtus de son gîte, il aurait plutôt l'air d'un môle de chair, d'un monstre, c'est-à-dire, d'un amas confus de déviations et d'organes comme incrustés ensemble, que d'un fœtus.

C'est alors une gestation qui a pour durée toute la vie, sans que la femme en ressente autre chose qu'une pesanteur et une incommodité, dont les fonctions digestives et respiratoires peuvent se trouver embarrassées, mais jamais trop compromises. On reconnaît ordinairement ces sortes de tumeurs à un signe que j'appellerais volontiers *de tassement,* qui fait qu'au palper on sent, outre divers indices de membres thoraciques ou pelviens qui se dessinent en bosse sous la peau du ventre, on sent, à la surface supérieure, comme un affaissement de la masse sur elle-même, et comme si la région supérieure formait un plan horizontal et non accidenté, comme si enfin la masse s'était tassée dans le fond du bassin. Mais les accidents de surface d'un pareil môle laissent entre eux des vides de plus ou moins grande capacité; et, vu que dans le corps humain tout vide s'infiltre de sérosités, il arrive que ces indices de fluctuation entraînent le médecin à penser qu'on a affaire, dans ce cas, à une hydropisie compliquée d'une tumeur quelconque.

Incommodité à part, une femme peut porter toute sa vie un tel fardeau dans les entrailles, sans qu'il en résulte un trouble physiologique dans ses autres fonctions; elle peut même devenir enceinte d'une manière normale, et amener une gestation à terme sous cette gestation sans terme. J'ai eu déjà occasion de citer un exemple curieux de ce genre (*) chez une jeune femme qui a accouché trois fois de beaux enfants, quoiqu'elle en gardât un dans le péritoine; ce qui n'implique pas l'ombre d'un doute, puisque ce produit dévoyé a fini par se frayer une route à travers une ulcération de l'ombilic, d'où on extrayait chaque jour des touffes de cheveux, des dents bien conformées et des os bien reconnaissables. Tulpius cite le cas analogue d'une femme, chez qui ce produit dévoyé s'était fait jour par le rectum, lambeau par lambeau; et la femme reprit à la suite la plus belle santé (**); mais la femme dont parle Tulpius était restée stérile après cet essai infructueux de gestation.

En 1846, une demoiselle fort riche et âgée de 28 à 30 ans me fut adressée par M. l'avocat Delangle, comme pouvant espérer quelque soulagement de ma médication; elle se disait atteinte d'une hydropisie de longue date, et elle portait une ampleur abdominale que tous les médecins consultés par elle, et les plus grandes sommités médicales, avaient prise pour un cas d'hydropisie. Cependant la percussion n'indiquait qu'un ballottement fort superficiel et presque sous-cutané; la personne n'offrait, dans les traits et la coloration de son visage, aucun des signes consécutifs de l'hydropisie; la santé générale paraissait excellente, la constitution pleine de force, et les habitudes

(*) *Revue élémentaire de médecine et de pharmacie,* tom. I, pag. 82, liv. d'août 1847.
(**) *Obs. medic.,* lib. IV, cap. 40, ann. 1672.

empreintes d'une grande vivacité d'esprit et d'une ténacité de volonté peu commune. L'application de notre traitement spécial contre l'hydropisie ne produisit que des égratignures à la peau. Je me mis alors à m'orienter, pour ainsi dire, d'une manière topographique par la palpation ; et à chaque pression que j'exerçais avec les mains, je sentais redoubler mon étonnement et naître dans mon esprit de nouveaux doutes au sujet du diagnostic, car la patiente se disait vierge ; elle paraissait pourtant animée d'une vive passion d'entrer dans les liens du mariage, une fois qu'elle serait débarrassée de sa tumeur hydropique. Quant à moi, je la trouvais enceinte sans espoir de parturition : Les parties étaient saines, mais non virginales ; la matrice en bon état et nullement intéressée dans la tumeur. Armé de toutes ces indications, je n'eus pas de peine à lui faire avouer, ce qu'elle n'avait jamais avoué à personne, que six ans auparavant elle avait succombé malgré elle, et en dépit d'une résistance opiniâtre, à l'indigne violence d'un jeune homme qui s'était proposé pour l'épouser. Tout s'expliquait donc par l'hypothèse de cette lutte ; l'ovule détaché par la fécondation était tombé dans le péritoine et s'y était développé, comme dans une matrice digne de ce nom. J'appelai en consultation le docteur Thierry, qui diagnostica d'abord, comme l'avaient fait les médecins, une hydropisie, mais qui, guidé par mes indications, reconnut avec surprise que nous n'avions affaire qu'à une grossesse extra-utérine. En conséquence, et fort de ma conviction, j'invitai la demoiselle à consulter d'autres docteurs, s'il lui restait le moindre doute sur l'exactitude de notre diagnostic ; elle le fit, et chacun finit par se ranger de notre opinion. Ce point une fois unanimement constaté, je voulus la dissuader de toute espèce de médication et surtout d'une opération quelconque ; car, dans ce cas extraordinaire, l'opérateur se verrait forcé de marcher en aveugle et dans l'impossibilité de constater le lieu d'application du placenta, une semblable opération n'ayant chance de succès que dans le cas où le placenta serait appliqué sur le péritoine ; ce qui a fait que, dans les fastes de la science, on ne rencontre pas un succès dans les tentatives de ce genre. Avec sa volonté de fer, notre jeune personne tint à être opérée, préférant la mort à l'idée de porter un tel fardeau toute sa vie. En face d'une telle résolution, je déclarai qu'à partir de ce moment elle devait renoncer à mes soins, ne voulant pas me rendre complice d'un suicide. Elle persista ; l'opération fut faite sous les yeux de Marjolin ; et la malade ne survécut pas vingt-quatre heures. La seule chose que j'avais pu obtenir d'elle, c'était qu'elle brûlât sous mes yeux, et avant de nous séparer, un testament où elle déshéritait son frère, pour distribuer ses quinze mille livres de rente à une masse de vampires qui lui conseillaient plus que jamais l'opération, depuis que j'avais déclaré qu'elle lui serait fatale.

MÉDICATION. Cependant, puisque la nature sait trouver des issues par une ulcération inoffensive des parois abdominales ou intestinales, il est permis de croire que la science pourrait un jour réaliser ce dont la nature a démontré la possibilité et qu'elle se refuserait à faire. Je conseillerais donc, dans un cas semblable, d'essayer d'abord d'une application d'éther maintenue en permanence au moyen d'un surtout en mousseline empesée (1416), en prenant toutes les précautions contre le double danger de l'inflammabilité et de l'inhalation trop prolongée de l'éther. Les compresses imbibées d'eau sédative seraient de temps à autre appliquées sur les reins. Injections fréquentes à l'eau quadruple (1375) dans la partie. Lavements camphrés (1396) fréquemment. Aloès (1197) tous les trois jours. Si ce régime n'était suivi d'aucun changement dans la tumeur ; je tenterais la formation d'une ulcération, par la cautérisation (1324), sur la partie la plus déclive de la paroi abdominale, au-dessus de l'aine et à une distance telle que la vessie et la matrice n'en eussent aucun danger à courir. Si le progrès de l'ulcération venait à bout d'établir une adhérence organisée entre une partie superficielle du môle et les parois abdominales, il serait permis d'espérer qu'au moyen d'une progressive décomposition, toute cette superfétation viderait les lieux, lambeau par lambeau, à travers cette ouverture. On aurait soin de passer souvent, pendant tout le traitement, de l'alcool camphré sur les régions ambiantes, et de pratiquer dans la plaie des injections tantôt à l'eau quadruple tiède (1375), tantôt à l'huile camphrée (1293).

1978. 5e GENRE. HYSTÉRALGIES ; affections spéciales de la matrice (du grec : *hystera*, d'où les latins ont fait *uterus*, organe destiné à l'incubation de l'œuf humain ; *hysteros* signifie au propre un objet placé postérieurement à tous les autres ; la matrice est l'organe postérieur et le plus profond de l'appareil générateur féminin).

1979. 1re ESPÈCE. Hystéralgies ovogènes ; affections spéciales de la matrice par suite de l'incubation de l'œuf humain.

Synonymie. Gestation, grossesse, femme enceinte ; — en latin : *gestatio, graviditas, prægnatio ;* — en grec : *kuèsis, enkuèsis.* (Les Grecs, si polis d'ordinaire envers le beau sexe, ne croyaient rien moins qu'avoir manqué de respect à leur mère, en confondant sous la même dénomination la portée du chien (*kuesis* de *kuôn*, chien) et la grossesse de la femme. Quant à nous, si irrévérends dans nos mœurs, nous nous piquons d'une plus grande susceptibilité dans le langage.)

effets. Dans l'état de nature, chez l'homme des champs ou chez les sauvages, la grossesse est à peine une incommodité ; tout semble s'y réduire à une obésité dont on connaît l'origine et le terme. Chez les civilisés et les peuples pétris au moule de toutes les vieilles billevesées de la médecine, la grossesse prend le caractère d'une maladie locale, d'où découlent bien d'autres maladies et un malaise constant et général. Dès que l'ovule, détaché de l'un des deux ovaires par l'aspiration des trompes (1977), est venu s'attacher sur les parois internes de la matrice, par suite d'une réciproque aspiration des surfaces, son parasitisme imprime à la matrice une tendance à un développement, lequel ne doit s'arrêter en général que neuf mois après cette grande révolution que la fécondation a opérée dans tout le système.

Or, d'après une loi générale du parasitisme, que nous avons eu occasion de constater chez quelque organe que ce soit du règne végétal ou du règne animal, les fibrilles branchiaires de la surface de l'œuf humain, qui sont les premières en commerce d'aspiration avec la surface de la matrice, finissent, en se feutrant, par former le *placenta* fœtal, et pour ainsi dire le poumon de l'œuf, le suçoir fœtal enfin dont la surface de la matrice serait la mamelle. A mesure que l'œuf se développe, la matrice se dilate, pour se prêter à ce développement ; elle épaissit et s'enrichit de vaisseaux, afin que les ressources de l'approvisionnement restent toujours en rapport avec les besoins de la consommation. Dans l'état de nature, elle toujours si conséquente avec elle-même, toute l'économie se façonne à cette révolution sans obstacle, sans trouble, sans résistance ; les fonctions s'accommodent peu à peu de cette nouvelle et progressive réorganisation ; c'est toute une révolution, mais elle est pacifique. Dans l'état de civilisation, où nous nous débattons avec tant de peine contre le bien tout autant que contre le mal, il n'est pas de révolution qui ne procède par violence ; tout souffre en fonctionnant ; et le plus souffrant de tous est quiconque procrée. Aussi la pauvre femme une fois enceinte a à subir neuf mois de souffrances multipliées par tous les instants de la journée : La matrice, refoulant les intestins, rend la digestion plus paresseuse, la défécation plus difficile, l'émission des urines plus irrégulière ; l'intumescence abdominale barre et comprime les gros vaisseaux ; elle refoule le sang artériel vers le cœur, les poumons et la tête, et s'oppose au retour du sang veineux, des extrémités pelviennes vers le cœur; les jambes enflent ou grossissent, les veines des cuisses deviennent variqueuses; le cœur bat, la respiration est moins libre, la tête s'alourdit, les idées se troublent, tous les mouvements s'engourdissent. La vie de la femme enceinte est une longue et apparente mort, avec le doux espoir de la résurrection à terme. Le travail habituel et, à son défaut, une éducation intelligente de l'avenir procurent une heureuse grossesse; l'oisiveté et l'abus des plaisirs qui règnent dans notre société frivole et égoïste finiraient par donner une génération incapable de mener à bonne fin le produit d'une fécondation étiolée, si l'homme des champs ne venait pas chaque jour regreffer les vieilles générations des villes.

1° RÉGIME HYGIÉNIQUE DE LA JEUNE FILLE. Élevez vos jeunes filles en vue d'en faire de fortes et bonnes mères. Ne livrez pas plus leur jeune imagination aux aberrations du roman qu'aux frayeurs de la dévotion. Apprenez-leur de bonne heure à admirer Dieu sans rien lui demander ni en craindre, et à se respecter en se conformant en tout aux grandes lois que Dieu a gravées dans nos cœurs avec les traits des plus nobles passions. Faites-leur de l'étude une récréation et non une torture, du culte des arts une jouissance intime et non une fatigue de parade et de vanité. Instruisez-les surtout en leur montrant le but et la couronne à travers le martyre de l'amour. Ne leur dissimulez rien de ce qu'elles devineraient au détriment de la pudeur qui est leur sauvegarde. Exercices corporels aussi fréquents que possible, aussi prudents qu'hygiéniques, au grand air et au soleil; après chaque exercice, lotion à l'eau sédative (1345, 1°) et friction à la pommade camphrée (1302, 1°), essuyer ensuite la peau à l'eau de toilette (1717), lotionnez-en même tout le corps; aloès (1197) ou rhubarbe tous les 3 jours; caleçons hygiéniques (1969); saupoudrez chaque soir le lit de camphre (1269). Nourriture épicée (1543).

2° RÉGIME DE LA FEMME ENCEINTE. Soir et matin lotion à l'eau sédative (1345, 1°) et friction à la pommade camphrée (1302, 1°) sur le dos et les reins. Au moindre malaise faites précéder ces lotions et frictions par l'application d'un large cataplasme aloétique (1321) sur les reins. Aloès (1197) tous les 3 jours. Lavement (1395 ou 1396) au besoin tous les jours ou au moins le lendemain de la prise de l'aloès. Si le ventre est lourd à porter, le soutenir au moyen d'une ceinture appropriée et de bretelles adaptées à la ceinture. Courtes mais fréquentes promenades, avec lotion à l'eau sédative sur les reins et les cuisses au retour. Un tel régime suivi avec régularité prépare avec le plus grand succès des couches faciles et heureuses.

1980. 2ᵉ ESPÈCE. HYSTÉRALGIES ODINOGÈNES; affections de la matrice en proie aux douleurs de l'enfantement (de *ódis, ódinos*, douleurs de l'enfantement).

SYNONYMIE. Accouchement, parturition, part, douleurs de l'enfantement, couches; — en latin : *parturitio, partus;* — en grec : *ódis, ódinos, lochéia, kuésis, gennésis, gennèma.*

EFFETS. L'accouchement de la femme a lieu entre le 260ᵉ et 280ᵉ jour; c'est-à-dire à 8 mois 20 jours ou neuf mois après le rapprochement des sexes. Il est *prématuré* s'il arrive avant la première époque, et tardif s'il dépasse neuf mois. Nous ne nous occuperons pas ici des *accouchements artificiels* et qui réclament l'emploi d'instruments ou de procédés opératoires, ni des *accouchements contre nature* qui ont lieu par une voie autre que la voie naturelle. L'accouchement, chez une femme forte, est soit *naturel* et *spontané*, soit *laborieux* et accompagné de douleurs violentes. C'est le dernier de ces cas qui rentre dans la spécialité de cet ouvrage.

Deux ou trois jours avant l'époque, la femme comprend à certains signes que le moment de la délivrance n'est pas loin : les grandes lèvres gonflent; il se produit par la vulve un écoulement muqueux; elle éprouve un certain fourmillement dans les jambes et les cuisses, et des douleurs sourdes et intermittentes dans la région lombaire, douleurs que l'on désigne collectivement sous le nom de *mouches*. C'est un premier signe de répulsion, entre les deux organes placentaires et de respiration fœtale, qui prépare le décollement entre la surface utérine et la branchie fœtale. Le jour de la délivrance venu, la femme éprouve des *douleurs expulsives*, des efforts de la nature pour opérer l'expulsion du fœtus, qui pousse en avant ses enveloppes, ou *poche des eaux*, et finit par les crever. Les *eaux de l'amnios* s'échappent alors; les douleurs deviennent dès ce moment d'autant plus aiguës qu'il s'agit d'expulser, non plus une *poche des eaux*, mais le fœtus lui-même, par un passage de lui-même insuffisant. Les contractions des muscles abdominaux plus violentes sont partant plus douloureuses. La tête du fœtus s'engage dans le col de la matrice; un dernier effort l'amène au jour; et, dès ce moment, pour que la délivrance soit complète, il ne s'agit plus que d'obtenir le décollement des deux placentas (le placenta fœtal et le placenta utérin) et la sortie de cet *arrière-faix*, dernier reste du fardeau que la mère a porté neuf mois dans ses entrailles, et que désormais elle doit porter, au moins un an, sur son sein à différentes heures de la journée.

Car le devoir de la nourrice succède immédiatement à celui de la mère; et malheur à la mère qui refuse d'être nourrice, hors les cas d'une *force majeure* et d'une constitution infectée et compromettante pour la santé de l'enfant. Arrière ces considérations que la mère est trop chétive, trop grêle, trop faible de constitution pour nourrir son enfant! Si elle a du lait dont l'enfant s'accommode, du lait sain et non infecté d'avance par une constitution mercurialisée, dût-elle y succomber, son devoir est de nourrir. Mais grâce à Dieu, et, en général, au lieu de succomber à son devoir, elle se fortifie et gagne à le remplir. L'allaitement de l'enfant est souverainement hygiénique pour la mère; c'est sa fontaine de jouvence et la source de ses plus pures voluptés; une mère qui n'allaite pas n'est pas même demi-mère; c'est la *vitrière*, la nourrice de d'Alembert, qui fut sa véritable mère; Mme la chanoinesse de Tencin ne put jamais passer même pour une marâtre, aux yeux de ce bon et illustre fils.

MÉDICATION. A l'approche de l'époque, la femme n'oubliera pas de prendre tous les trois jours la dose habituelle d'aloès (1197), et le lendemain au moins un lavement (1395 ou 1396). Soir et matin, et toutes les fois qu'elle souffre, lotion à l'eau sédative (1345, 1°) et friction à la pommade camphrée (1302, 1°) sur le dos et les reins : on s'essuiera ensuite à l'eau de toilette (1717). Mais c'est surtout pendant toute la durée de l'enfantement que ces lotions et frictions doivent être administrées à la pauvre femme; ces moyens seconderont les efforts musculaires, relèveront les forces abattues, s'opposeront aux congestions sanguines, à la fièvre et aux maux de tête. Dès que l'enfant est sorti, on lie fortement le cordon ombilical à plus d'un pouce (3 à 4 centimètres) de distance de la surface abdominale, et l'on coupe ensuite le cordon à environ 10 centimètres de longueur.

On lave l'enfant à l'eau tiède, à laquelle on a ajouté quelques gouttes d'alcool camphré (1287); on passe le tronçon de cordon ombilical amputé à travers la fente d'un linge imbibé de pommade camphrée (1297) ou mieux de cérat camphré (1303), que l'on applique sur l'abdomen; on recouvre ce linge d'un coussinet de charpie imbibé de pommade camphrée, sur lequel on enroule le tronçon du cordon, et on maintient le tout en place au moyen d'une bande enroulée autour des reins; on renouvelle ce pansement tous les soirs au plus tard. On emmaillotte l'enfant chaudement, amplement, sans le serrer; on en maintient la tête par une bande qui rattache le béguin au corsage; on le nourrit d'abord avec de l'eau sucrée tiède, et on lui donne le sein dès l'instant que le *meconium* a complétement vidé les intestins.

Revenons à la mère : on travaille à la débarrasser de son *arrière-faix*, non en tirant à soi le cordon ombilical, ce qui pourrait amener une hémorrhagie à la suite d'un décollement violent, c'est-à-dire d'un déchirement des parois, mais en faisant sur le ventre et sur les reins de douces et incessantes frictions à l'alcool camphré et quelquefois à l'eau sédative. Une fois l'*arrière-faix* expulsé à l'aide de ces soins, et dans le cas où la femme ne serait pas atteinte d'autre infirmité, tous les organes reprennent leurs fonctions, et l'époque des relevailles ne tarde pas. S'il survenait une hémorrhagie à une époque quelconque de l'accouchement, on passerait de l'alcool camphré (1287) sur les reins et le bas-ventre; on ferait des injections à l'eau aloétisée tiède et augmentée de quelques gouttes d'alcool camphré (1287); l'hémorrhagie serait de cette façon bien vite arrêtée. A la moindre colique, lotions à l'alcool camphré (1287) sur les reins et le ventre; injection à l'eau quadruple (1375) et ensuite une autre à l'huile camphrée (1294). Nourriture aromatisée (1564). Manger peu et souvent. Tous les 3 jours, aloès (1197); tous les soirs, camphre (1266) au moyen d'une infusion de bourrache (1469). Renouvelez souvent l'air de l'appartement; purifiez-le en brûlant du vinaigre modérément; point d'odeurs fortes, pas même celles de nos médicaments; dans l'intérêt de son nourrisson, la femme ne doit sentir que le lait. On garnira le fond de la couchette de l'enfant avec un paillasson de feuilles de fougère. Le lait de la mère sera la panacée de l'enfant, quand la mère suivra ce régime et s'alimentera de cette façon. Au moindre signe d'indisposition chez le nourrisson, on lui administrera une cuiller (1181) de sirop de chicorée (1453); on le lotionnera à l'eau sédative (1345, 1°) et à la pommade camphrée (1302, 1°) sur le dos, on l'essuiera à la main avec quelques gouttes d'eau de toilette (1717) dans de l'eau tiède. Quant aux autres maladies qui pourraient l'atteindre à une époque quelconque de son développement, on les trouvera décrites, en leur lieu et selon leur ordre systématique, dans le cours de cet ouvrage.

1981. 3e ESPÈCE. HYSTÉRALGIES TOXICOGÈNES PAR INFECTION ET DÉSORGANISATRICES (1684, 1766); infections et empoisonnements qui se reportent plus spécialement sur la matrice.

SYNONYMIE. Engorgements, ulcérations, inflammations de la matrice; écoulements de mauvaise nature et d'origine syphilitique, mercurielle ou arsenicale; fleurs ou flueurs blanches;—en latin : *uteri seu in utero exulceratio, maligna ulcera, abscessus, fluxus albus;* — en grec : *tès metras elkôsis, elkea kakoethe; rhoos leucos.*

EFFETS. La matrice et la prostate (matrice mâle) sont deux éponges qui s'imprègnent du moindre virus. Dans la communication intime des sexes, celui des deux individus qui est déjà infecté se purifie en infectant l'autre; on voit la santé la plus florissante de l'un se faner et se détériorer de jour en jour, pendant que la santé la plus délabrée de l'autre s'améliore proportionnellement. La matrice peut être infectée héréditairement, fortuitement et médicalement, conjugalement et criminellement. On voit des jeunes filles, dans toute la candeur de leur virginité, atteintes d'affections de matrice analogues à celles des femmes qui ont abusé de tout; ces pauvres jeunes filles sont les boucs émissaires de l'infection de l'un de leurs parents. Une simple friction à la pommade mercurielle sur l'abdomen est capable de transmettre à la matrice une infection que la médecine combattra plus tard sous le nom de toute autre infection. La jeune insensée qui cherche, par des breuvages empoisonnés, à étouffer son enfant dans ses entrailles, afin de se procurer un avortement plus dissimulé, doit s'attendre pour le restant de ses jours à une existence pire que mille morts; car tout crime a son expiation par les tortures morales et physiques, tandis qu'une faute noblement avouée est expiée par le pardon.

A la suite d'une infection communiquée ou contractée, le museau de tanche s'enflamme, se couvre de boutons purulents ou s'ulcère; et ces ravages s'étendant de proche en proche jusque sur les parois du vagin, c'est alors comme une dermalgie (1654) interne et une maladie cutanée des muqueuses, laquelle, en raison de la différence du milieu, affecte des caractères de désorganisation d'un autre genre et produit une exfoliation liquide et délayée, tandis que, sur la surface épidermique, cette exfoliation se serait opérée d'une manière sèche, crustuliforme et farineuse. C'est une sanie de nature plus ou moins mauvaise et corrosive, qui peut laisser des traces de ses ravages sur toutes les régions par où elle coule, sur le pourtour de la vulve et sur les cuisses, qui tache le linge et le colore en jaune ou en vert.

La personne affectée de ce mal s'en ressent dans ses habitudes, ses goûts, son caractère et toute son économie : elle a le teint pâle, les lèvres d'un rose vif, les yeux cernés de bleu, l'haleine âcre; elle est fantasque, irascible, turbulente, atteinte tour à tour et sans objet de mélancolie et d'hilarité; elle éprouve des goûts bizarres, des fantaisies inexplicables qu'aucune remontrance ne saurait vaincre; elle mange de la cendre, du plâtre, du charbon et même des ordures, par un penchant irrésistible.

MÉDICATION. Régime antimercuriel (1686) complet ; injections fréquentes (1386) à l'eau quadruple (1375), à laquelle on ajoute de temps à autre une petite quantité d'alcool camphré(1287)(une cuiller(1181)même par litre d'eau), ou une à deux gouttes d'éther. Dans les intervalles, introduire un pessaire galvanique (1431). Passer souvent de l'alcool camphré (1287) ou de l'eau de toilette (1717) sur les reins, le bas-ventre et là périnée.

1982. 4° ESPÈCE. HYSTÉRALGIES TOXICOGÈNES PSEUDORGANISATRICES (1769); développements anormaux et parasitiques de la matrice par l'influence ou l'incubation d'un atome intoxicant.

SYNONYMIE. Squirrhe, polype, cancer de la matrice, — en latin : *scirrho, polypus, carcinoma uteri ;* — en grec: *skirrotheisa metra, karkinôma.*.

EFFETS. Le polype n'est qu'un développement superficiel, qu'un organe d'implantation et de parasitisme. Le cancer au contraire est un organe de transformation ; c'est la substitution d'un organe anormal à l'organe normal.

MÉDICATION. Le polype se guérit comme une simple DERMALGIE (1654, 1845); on touche fréquemment le polype à l'aide d'un tampon imprégné d'alcool camphré (1280, 1845) qu'on applique sur la surface indiquée, après l'avoir introduit à travers le *speculum,* espèce de tube dont on se sert pour inspecter la matrice, et qui, dans ce cas, sert à garantir les parois vaginales du contact immédiat de l'alcool camphré. Après chacune de ces cautérisations alcooliques, on fait une injection (1386) à l'eau quadruple (1375), et ensuite à l'huile camphrée (1293) ; et, à l'aide de ce traitement, le polype finit par se détacher comme une feuille morte.

Quant au cancer, tout l'orgueil de notre médication s'incline devant notre impuissance. Qui trouvera la guérison du cancer de la matrice pourra regarder face à face le Créateur. La seule consolation qui nous reste, à nous qui avons triomphé de tant d'impossibilités apparentes, c'est le soulagement que nous apportons en pareil cas et la conscience de n'avoir pas substitué, par un coupable et inintelligent traitement, à ce mal qui absorbe les organes, un autre mal qui les dévore.

1983. 5° ESPÈCE. HYSTÉRALGIES TRAUMAGÈNES (1773); affections de la matrice par suite de mouvements violents qui la blessent.

SYNONYMIE. Coups portés sur l'abdomen ; conséquences du viol ; résultats des procédés vicieux ou des difficultés de l'accouchement; chute ou procidence de la matrice, déplacement de la matrice, prolapsus de l'utérus; rétroversion *(renversement en arrière)*;

antéversion (*renversement en avant*); déplacement et déviation à droite ou à gauche de la matrice ; — en latin : *uteri descensus et prolapsus ;* — en grec : *metra katelthousa, apostrepheisa.*

EFFETS. Un coup porté sur la région abdominale est dans le cas d'occasionner les plus graves désordres dans l'organisation de la matrice, d'amener l'avortement et de produire des solutions de continuité, sur la nature et l'origine desquelles on peut facilement se méprendre ; c'est une blessure par contusion (1779) sur un organe peu abordable au pansement. Mais, à part cette cause fortuite ou coupable de contusion, la matrice, par le simple relâchement des ligaments musculaires destinés à la maintenir en position, peut, en se déplaçant, en ballottant dans la région abdominale, causer dans toute l'économie des désordres dont la médecine ne se rend pas toujours compte et qu'elle traite pour des maladies de différents noms. Il me passe chaque jour sous les yeux des maladies de femmes que le médecin de la localité considère comme inexplicables, et qui n'émanent que d'un simple déplacement de l'organe qui est le second cerveau du sexe féminin. Les ligaments affaiblis par la constitution, par la maladie ou la médication, distendus par la violence de l'accouchement, par le contre-coup d'une chute, les ligaments se relâchent ; et la matrice, abandonnée à son propre poids, retombe dans la cavité abdominale. Si elle descend par le vagin, elle gagne une inflammation par le contact trop immédiat de l'air extérieur ; elle s'ulcère par la dessication et le frottement (*c'est une chute de matrice*). Si la matrice retombe habituellement sur la paroi antérieure de la cavité abdominale, elle s'oppose à l'émission des urines, en pesant sur la vessie (*c'est une antéversion de la matrice*). Si elle retombe sur la paroi postérieure de la cavité abdominale, elle pèse sur les gros vaisseaux sanguins (*aorte* et *veine cave*) ; elle refoule le sang artériel vers les régions supérieures et arrête au passage le sang veineux, d'où étouffements, lourdeurs de tête, palpitations et ensuite varices et intumescences sur les membres inférieurs. Mais ne se rejetât-elle qu'à droite ou à gauche, la matrice, ainsi *déplacée* de sa position naturelle, ne laisse pas que de porter un trouble grave dans toutes les fonctions, en déplaçant à son tour un certain nombre d'organes. Car, à chaque changement de position, cet organe produit, dans la cavité abdominale, un vide que viennent combler les intestins et la panse stomacale, ce qui détermine, par les tiraillements de l'estomac, du diaphragme et des poumons, des douleurs et des hallucinations du caractère le plus étrange et, aux yeux de la malade, les plus effrayants ; elle sent comme une boule qui lui remonte le long des lombes et de l'œsophage, et semble devoir l'étrangler à la gorge ; c'est ce qu'on nomme la *boule hystérique*, espèce de refoulement ascendant de la sensation de pression que la matrice exerce contre l'épine dorsale et par contre-coup contre l'articulation correspondante de la moelle épinière. C'est alors aux yeux du médecin une *gastrite*, une *affection hystérique*, un *mal de mère* et *de vapeurs*, une *affection du cœur* ou *de poitrine*, et je ne sais quoi encore, au risque de faire passer par cette filière d'investigations nominales toute la série des mots de la nomenclature. Or, tous ces maux imaginaires se dissipent, comme par enchantement, à l'aide de la simple ceinture hypogastrique que nous allons décrire.

1984. CEINTURE HYPOGASTRIQUE CONTRE LES DÉPLACEMENTS DE LA MATRICE. On coupe, sur une longueur de toile à corsage, une ceinture de quinze centimètres de large et d'une longueur calculée sur la taille de la personne, mais de manière que les deux bords restent à une certaine distance l'un de l'autre sur le dos ; on coupe les bords en biseau, de sorte que la ceinture soit plus étroite par le bas que par le haut de sa largeur ; on pratique un certain nombre d'œillères vers les deux extrémités ; la ceinture est par le bas munie de deux jambières, ou deux anses de galons, pour y passer les cuisses ; elle porte sur le bord supérieur quatre boutons pour des bretelles. D'un autre côté, on prépare deux pelotes en ouate grosses environ comme le poing. Ces appareils une fois confectionnés avec intelligence, le matin, avant de s'habiller, on s'étend sur le lit, la tête plus basse que les pieds ; au bout de deux ou trois minutes dans cette position, et sans changer de place, on passe les jambes dans les deux jambières ; on amène la ceinture à la hauteur du bassin ; on s'applique une pelote sur chaque côté des aines, au-dessus du pubis, et on les force de s'enfoncer dans la peau par la pression de la ceinture, que l'on lace enfin derrière le dos aussi fort qu'on le peut endurer sans souffrance ; on adapte ensuite les bretelles ; et par ce moyen on monte la ceinture aussi haut que l'on peut sans s'exposer à gêner les mouvements du corps. Cela fait, on peut vaquer à ses occupations sans se ressentir de cette affection de matrice ; et quand on a bien rencontré le joint de cet appareil, l'on se trouve soulagée et comme à moitié guérie. Car les deux pelotes, en refoulant intérieurement la peau de l'abdomen, tiennent en position la matrice, l'empêchent de se déplacer d'une manière ou d'une autre, et font, pour ainsi dire, de la sorte, l'office des ligaments larges de cet organe. Quelques injections à l'eau quadruple (1375) et ensuite à l'huile camphrée (1293) et puis l'observance du régime hygiénique (1644) suffisent le plus souvent pour compléter le traitement, pour ramener, en fort peu de temps, le rétablissement de la santé générale et pour rendre à l'organe son état normal.

1985. 6e ESPÈCE. Hystéralgies entomogènes (491, 822, 909, 946, 955); affections de la matrice occasionnées par l'introduction fortuite ou le parasitisme d'une cause animée.

EFFETS. Il est facile de prévoir tous les genres de désordres qui résulteraient de l'introduction d'un être animé dans le fond de cette caverne organisée, où le dernier à le soupçonner, ce serait bien le plus savant des médecins. Si l'animal se contentait d'hiberner dans cet organe ou s'il s'y asphyxiait, sa présence seule serait en état de simuler et de produire des effets analogues à ceux de la gestation ; mais le plus souvent de pareilles causes opèrent de plus graves ravages, dont les moindres se traduisent en *fleurs blanches* (1981).

1986. 7e ESPÈCE. Hystéralgies helminthogènes (992 5°, 1013, 1097); affections de la matrice déterminées par l'introduction des vers intestinaux dans les organes génitaux de la femme.

MÉDICATION CONTRE CES DEUX SORTES D'AFFECTIONS. Régime hygiénique (1644) et alliacé (1250); injections fréquentes à l'eau quadruple (1375) et ensuite à l'huile camphrée (1293). Lavements vermifuges (1399). Lotions fréquentes à l'alcool camphré (1287) sur le bas-ventre et les reins.

1987. 6e GENRE. PROSTATALGIES ; affections spéciales a la glande prostate, organe de l'appareil générateur mâle, analogue de l'*uterus* (du grec *prostas*, vestibule, de *pro*, devant, *isthemi*, se tenir ; terme qui dit tout le contraire du mot *hystera* (1978), par des considérations de position relative et non d'analogie).

EFFETS. La prostate, qui semble ne contribuer en rien et d'une manière active à la fonction de la génération, peut jouer un rôle passif et, comme obstacle, dans toutes les fonctions de l'organe générateur, dès qu'elle devient le siège d'une cause morbipare ; car elle forme comme un isthme commun entre les cordons spermatiques, le bulbe de l'urètre et le col de la vessie, et peut par conséquent intercepter l'un ou l'autre passage par son développement anormal. Que la prostatalgie soit toxicogène arsenigène ou hydrargène (1981), cantharidigène (1962), traumagène (1983), helminthogène (1986), il en résulte également, outre la souffrance locale et les ravages

des produits de la décomposition, qui coulent sur les parois du canal de l'urètre, il
én résulte, dis-je, un obstacle plus ou moins grave et douloureux pour l'émission du
sperme et des urines, d'où peuvent résulter les plus dangereuses complications.

MÉDICATION. Régime antimercuriel (1686). Bains de siége (1234) fréquents à l'eau
quadruplè (1375), en tenant pendant le bain les plaques galvaniques (1419) appliquées
sous le périnée. Au sortir du bain, et plusieurs fois dans la journée, appliquer sur le
périnée et sur le pubis une compresse imbibée d'alcool camphré (1288, 2°). Injections
fréquentes (1386) à l'eau quadruple (1375) et ensuite à l'huile camphrée (1293) par le
canal de l'urètre. Si la guérison tarde à s'opérer, introduire de temps à autre une
sonde galvanique (1431) avec précaution, et la retirer au bout d'une ou deux minutes.
Camphre (1266) avec salsepareille (1505) iodurée (1388) tous les 3 jours. Aloès (1497),
et le lendemain lavement camphré (1396). Pour calmer les ardeurs qui résistent à l'action des compresses d'alcool camphré, appliquer sur le pubis et sur le périnée un cataplasme aloétique (1324); et ensuite lotion à l'eau sédative (1345, 1°) et friction de cinq
minutes à la pommade camphrée (1302, 1°) sur les reins.

1988. 7ᵉ GENRE OURALGIES; AFFECTIONS DES DIVERS ORGANES DE L'APPAREIL URI-
NAIRE (du grec : *ouron*, urine).

DÉFINITION. L'appareil des voies urinaires, avons-nous déjà dit, est l'analogue de
l'appareil salivaire : les *reins*, analogues des glandes salivaires, sécrètent le liquide
qui, par chaque *uretère* (canal de communication entre les reins et la vessie), vient
s'accumuler dans la *vessie*, jusqu'à ce que, par son volume ou son poids, l'urine force
le passage du méat urinaire, pour arriver au dehors par le canal de l'*urètre*. Nous
croyons avoir démontré que la sécrétion urinaire est la fonction complémentaire de la
transpiration cutanée; que l'une compense l'autre; et que par conséquent plus nous
transpirons et moins nous urinons, et réciproquement, enfin que l'émission des urines
est d'autant plus abondante que l'atmosphère est plus froide, et qu'on urine d'autant
moins que la température est plus élevée (*).

1989. 1ᵉʳ SOUS-GENRE. NÉPHRALGIES. AFFECTIONS DES DEUX CORPS GLANDU-
LEUX ET SYMÉTRIQUES QUE L'ON NOMME LES REINS OU ROGNONS; — en latin : *ren*,
renis; — en grec : *nephros*.

DÉFINITION. C'est dans ces deux grosses glandes lombaires que s'élabore, comme par
l'épuration du sang, la sécrétion, le départ et l'élimination du liquide urinaire. On
pourrait dire que les reins sont l'estomac des urines; c'est de la régularité ou de l'irrégularité de leur fonction que les urines tiennent leurs bonnes ou mauvaises qualités,
leurs caractères sains ou morbides.

1990. 1ʳᵉ ESPÉCE. NÉPHRALGIES ANÉVROGÈNES (1854, 1957); maladies des reins par
interruption de l'influx nerveux.

EFFETS. Selon que l'interruption est plus ou moins étendue, les émonctoires de la
glande ne fonctionnent plus, la sécrétion urinaire est arrêtée, les urines cessent d'être
élaborées, le malade est affecté de suppression d'urines (*ischuria* en grec). Ou bien
ils laissent passer, avec le liquide, soit l'albumine soit le sucre du sang; les urines sont
albumineuses ou sucrées; le malade est affecté d'*albuminurie* ou de *diabète sucré*
(*diabètès*); et dans ce cas les urines sont extrèmement abondantes (c'est une *diurèse*,
en grec : *ouresis achairos*). Dans l'albuminurie les urines sont chargées de filaments
albumineux et aranéeux, qu'on voit flotter dans le liquide.

(*) *Revue complémentaire des Sciences*, tom. III, pag. 324, 1857.

Ou bien ces glandes laissent passer, pour ainsi dire, comme par un filtre à mailles relâchées, les sels qu'elles devraient arrêter au passage; ces sels, par double décomposition, peuvent donner lieu à des combinaisons insolubles, d'où résulte la formation de *calculs rénaux* de tous les volumes, depuis celui d'un grain de sable, jusqu'à une grosseur capable de les arrêter dans les uretères; ce qui occasionne les plus affreuses coliques qu'un malade puisse endurer, les *coliques néphrétiques* (*spasmes des reins, néphralgies* ou *néphrites* des modernes).

1991. 2° ESPÈCE. NÉPHRALGIES TOXICOGÈNES (1950) ENTOMOGÈNES (833), ACANTHOGÈNES (508, 1°), HELMINTHOGÈNES (1015); affections désorganisatrices des reins par l'action soit corrosive d'un poison localisé dans ces organes, soit corrodante d'un corps étranger, ou par le parasitisme d'un insecte et d'un helminthe.

SYNONYMIE. Abcès des reins; — en latin : *renum abcessus, renum purulentia;* d'où résulte un ulcère lombaire, quand le pus prend son cours par les lombes, ou une émission de pus (*purulenta urina*) soit de sang (pissement de sang, *hæmaturia*) par le canal de l'urètre : symptômes qui peuvent se compliquer de coliques néphrétiques et d'hydropisie.

MÉDICATION POUR LES DEUX ESPÈCES PRÉCÉDENTES D'OURALGIES. Régime antimercuriel (1686) complet, quand on soupçonne à la NÉPHRALGIE une origine mercurielle. Régime hygiénique et antivermineux (1644), quand les soupçons se portent sur une origine vermineuse; nourriture alliacée. Applications fréquentes, tantôt de cataplasmes aloétiques (1321), tantôt de compresses imbibées d'alcool camphré (1288, 2°) sur les reins; à la suite lotions à l'eau sédative (1345, 1°) et frictions (1302 1°); aloès (1497) et le lendemain matin lavement vermifuge (1199); camphre avec tisane de garance (1199), alternant avec tisane de chicorée sauvage (1473). Passer souvent sur les reins de l'éther ou du laudanum.

1992. 2° SOUS-GENRE. URÉTÉRALGIES; AFFECTIONS SPÉCIALES A L'UN OU L'AUTRE DES DEUX URETÈRES ou canaux qui conduisent les urines des reins dans la vessie.

SYNONYMIE. Colique néphrétique.

EFFETS. La maladie spéciale à ces deux sortes de sous-organes est causée par l'arrêt d'un calcul urétérique ou par l'accumulation des sédiments insolubles dans cette voie. Lorsque cela arrive, rien n'égale les tortures qu'endure le malade; il en est qui se roulent par terre, en invoquant la mort.

MÉDICATION? Lavement superpurgatif (1398); appliquez sur les reins un large cataplasme aloétique (1321); pendant ce temps, ne cessez de lotionner à l'eau sédative l'abdomen; et, quand on enlève le cataplasme, le dos et les reins, en alternant les lotions avec les frictions (1345,1302). Aloès (1497). Infusion de bourrache (1469) avec camphre (1266). Dès l'instant que le calcul se sera échappé dans la vessie et que les uretères se seront débarrassés de ce qui faisait obstacle au cours des urines, le malade reprendra le calme instantanément.

1993. 3° SOUS-GENRE. CYSTALGIES; AFFECTIONS SPÉCIALES A LA VESSIE URINAIRE (du grec : *cystis*, vessie).

DÉFINITION, SYNONYMIE ET EFFETS. Quoique la vessie ne semble destinée qu'au rôle de réservoir de la sécrétion urinaire, elle n'en est pas moins un organe susceptible de souffrance dans sa sensibilité et de trouble dans ses fonctions. Si peu musculaire qu'elle paraisse, elle n'en est pas moins douée de contractilité, surtout aux régions du col et du méat urinaire. Elle a ses DERMALGIES (1654) internes et ses MYALGIES (1747). Le relâchement musculaire du col laisse un libre cours à l'urine et ne lui permet pas de séjourner dans la vessie et d'y subir une dernière élaboration; le malade urine à chaque instant, *il urine sous lui, il laisse échapper l'urine;* il est affecté d'INCONTINENCE

D'URINE (en latin : *urinæ incontinentia ;* en grec : *ouresis achairos*). Si au contraire la contraction du col de la vessie est permanente, le malade ne peut pas uriner; la vessie, gonflée par l'accumulation incessante du liquide, cause des douleurs atroces et peut occasionner l'infiltration des régions adjacentes, l'œdème des bourses d'abord ; le malade est alors affecté d'une RÉTENTION D'URINE (en latin : *urinæ retentio;* en grec : *dysuria*); il ne peut uriner qu'à l'aide d'une sonde. Ou bien la paralysie n'est qu'incomplète et la contraction intermittente, et le malade urine goutte à goutte; il est affecté de DIFFICULTÉ D'URINER (en latin : *urinæ difficultas;* en grec : *stranguria*). Si les muqueuses des voies urinaires sont désorganisées par l'action corrosive du liquide anormal ou déchirées et éraillées par les aspérités d'un *calcul urinaire,* on pisse du sang avec les urines, on est affecté d'un PISSEMENT DE SANG (*hæmaturia*). A l'état normal, les urines sont d'un jaune citrin limpide, mais de telle sorte que leur coloration n'en trouble aucunement la transparence; elles pèsent un peu moins que l'eau pure ; elles répandent l'odeur du benjoin. L'emploi du camphre (1266) les rend presque imputrescibles et les maintient indéfiniment limpides. La tisane de garance (1461) les rougit. L'usage de la tisane de *semen-contra* (1506) les verdit. On a vu des urines colorées en noir (*mictio subnigra* en latin, *ouresis hypomelœna* en grec). L'odeur des asperges, de la térébenthine et du goudron passe dans les urines immédiatement après l'ingestion de la plus petite quantité de ces trois substances.

A la suite d'un trouble survenu dans la santé générale, surtout dans les fonctions de la digestion, les urines *se troublent,* elles sont *chargées,* elles déposent un sédiment jaune (*urée*), ou ayant la couleur et l'aspect pulvérulent de la brique (*acide urique*), qui incruste les vases, ou enfin un sédiment filamenteux d'*albumine* (albuminurie, en latin : *mictio mucosa capillamentis conspersa ;* en grec : *myxodes, trichiasis*). Dans ces divers cas les urines sont brûlantes et causent un sentiment d'ardeur au passage. On juge de la gravité de la maladie par l'abondance de ces sortes de sédiments, dont l'emploi du camphre ne parvient point à tarir la source. Si ce *gravier* finit par agglutiner ses molécules et ses petits grains de sable, il en résulte un *calcul urinaire* (*calculus* en latin ; *lithos, litharion* en grec), au passage duquel le méat urinaire ne peut plus se prêter. Ce sont des *concrétions pierreuses* d'acide urique (ou sel ammoniacal); de potasse, de soude, de chaux combinées aux acides phosphorique, oxalique, carbonique, à la silice; de phosphate ammoniaco-magnésien, etc., qui acquièrent souvent le volume d'un œuf de poule. On en cite un qui pesait six livres trois onces; mais ce sont là les cas les plus rares. La présence de ces calculs dans un organe à parois si minces ne laisse pas que de causer au malade des tortures qui n'ont d'égales que celles de la *colique néphrétique* (1992).

L'introduction fortuite d'un corps étranger, d'un bout de sonde cassée, d'une larve ou d'un helminthe, est dans le cas de déterminer la formation d'un calcul, et d'en devenir le noyau et le centre d'attraction.

MÉDICATION. Il est suffisamment établi aujourd'hui que l'usage intérieur du camphre (1266), du goudron (1486,1°), de la térébenthine même (1295), éclaircissent les urines dont le trouble ne vient pas de la désorganisation des reins ou de l'infection générale de l'économie. Mais si leur caractère bourbeux résiste à ce simple moyen, on aura recours à tout le régime hygiénique (1644) ; on appliquera fréquemment des cataplasmes aloétiques (1321) sur le bas-ventre et les reins et sous le périnée. On fera des injections (1386) à l'huile camphrée (1294). Contre l'*incontinence des urines*, on passera souvent de l'alcool camphré (1287) sur les reins et le bas-ventre; on en appliquera sur le périnée en compresse (1288,2°). Contre la *rétention d'urine*, si elle oppose une résistance opiniâtre aux moyens ci-dessus indiqués, on aura recours à l'emploi de la sonde, toutes les fois que le besoin d'uriner se fera sentir. Servez-vous d'une sonde d'argent aussi mince que vous pourrez en trouver ; car la sonde en caoutchouc peut casser et laisser dans la vessie le noyau d'un nouveau calcul ou l'instrument de nouvelles souffrances. L'emploi de la sonde est plus facile chez la femme, dont le méat urinaire est si près du col de la vessie, que chez l'homme dont le méat urinaire est tout un long canal. Les malades affectés de cette incommodité doivent se faire la main, afin de pouvoir se sonder eux-mêmes, ce qui les expose à moins de danger ; ils faciliteront l'introduction de l'instrument, en le graissant chaque fois avec de l'huile ordinaire, si le contact de l'huile camphrée (1294) leur fait éprouver trop de cuisson.

Pour se débarrasser DES CALCULS, nous ne connaissons encore que l'emploi de la LITHO-TRITIE (*), si le volume du calcul peut se prêter à l'amplitude de la pince de l'instrument *lithotriteur*, ou la *lithotomie* (**) (opération de la taille), si le calcul est trop volumineux pour être broyé sur place. Car jusqu'à ce jour nous ne sachions aucune médication interne ou injection externe qui soit capable de redissoudre de telles concrétions, sans attaquer et désorganiser les parois de l'organe digestif ou de l'organe urinaire. A l'aide du pansement par la *nouvelle méthode* (1775), la *lithotomie* est à l'abri de toute fâcheuse conséquence. Quant à la lithotritie, faites choix d'un spécialiste exercé et consciencieux : car j'ai eu sous les yeux des cas où le *lithotriteur*, pressé sans doute de gagner sa visite, retirait des fragments de calculs non broyés et qui, en passant, déchiraient les parois de l'urètre, ce qui faisait pousser des cris affreux au malheureux patient. Après l'opération de la *lithotritie* ou de la *lithotomie*, on a soin d'appliquer fréquemment des compresses d'alcool camphré (1288,2°) sur les reins et le pubis, de faire de fréquentes injections à l'huile camphrée (1294,1386) dans le canal de l'urètre et d'administrer des lavements camphrés (1396).

Il n'entre pas dans le cadre de cet ouvrage de décrire les divers procédés de l'une ou de l'autre de ces opérations. Seulement nous devons recommander à nos lecteurs de ne préparer l'opération et de ne panser l'opéré que d'après la *nouvelle méthode* (1774) ; car, nous pouvons donner l'assurance que l'on sera ainsi à l'abri de toutes les conséquences fâcheuses de l'opération, même de celles d'un épanchement d'urine dans le tissu cellulaire et dans le bassin.

N. B. Les CYSTALGIES peuvent être TOXICOGÈNES (1764) et HYDRANGÈNES DÉSORGANISA-TRICES (1766) ; et, par les fistules ou fusées purulentes que le poison se creuse en rongeant les tissus, l'urine peut s'échapper plutôt par ces conduits artificiels que par le méat urinaire. Chez la femme, et à la suite d'un accouchement laborieux ou par la maladresse de l'accoucheur, les CYSTALGIES peuvent devenir TRAUMAGÈNES (1777), en sorte que la vessie ayant été déchirée par les ongles ou le forceps, l'urine s'échappe par le vagin et plus haut que par le méat urinaire. Ce sont là des cas où la médication ne doit intervenir que pour seconder le procédé opératoire qui consiste à recoudre les tissus déchirés.

1994. 4° SOUS-GENRE. URÉTRALGIES ; AFFECTIONS SPÉCIALES DU CANAL DE L'URÈTRE, méat urinaire mâle ou canal par lequel l'urine s'échappe chez les hommes (Du grec : *ourethra*).

1995. 1re ESPÈCE. URÉTRALGIES TOXICOGÈNES (1684) ; altérations des parois du canal par l'action caustique ou corrodante de l'urine et du sperme empoisonné, ou bien par suite d'une communication sexuelle impure.

(*) Du grec : *lithos*, pierre ou calcul, et *tripter*, frotteur, de *tribô*, pulvériser en frottant.

(**) Du grec : *lithos*, pierre ou calcul, et *temnô*, inciser. La lithotomie a pour but l'extraction du calcul par la taille ou incision de la vessie. On dit aussi *cystotomie*, du grec : *cystis*, vessie, et *temnô*, tailler, inciser.

SYNONYMIE. Écoulements vénériens, jaunes-verdâtres ; goutte militaire : gonorrhée ; inflammation et ulcérations du canal de l'urètre ; urétrite , blennorrhagie ; urétractie ou rétrécissement du canal de l'urètre. — En latin : *mictio purulenta, gonorrhea virulenta* seu *venerea;* — en grec : *ouresis pyodès, gonorrhoïa dysodès* seu *brom ôdes.*

EFFETS. La surface du canal peut se dénaturer et se couvrir de tubercules ulcérés, soit par le passage d'urines et de sperme infectés, soit par le contact intime avec un organe infecté ; dans ce dernier cas, la contagion s'étend de l'orifice dans l'intérieur du canal, comme par le mécanisme de la capillarité. C'est d'abord une DERMALGIE (1654) des muqueuses qui ne tarde pas à devenir une MYALGIE (1747), en pénétrant dans la substance musculaire des deux moitiés du pénis que l'on nomme les *corps caverneux,* à travers lesquels le pus peut se faire jour, en creusant des fusées purulentes qui aboutissent en fistules dans toutes les directions. Le sperme, en passant, brûle comme l'urine ; l'urine s'arrête au passage ou se divise en deux ou trois jets; l'écoulement purulent tache le linge et se transmet, par le simple contact, aux surfaces d'une organisation analogue aux muqueuses.

MÉDICATION. Nous avons indiqué le traitement local, en parlant des DERMALGIES VÉNÉRIENNES (1688). Si ce traitement ne produit pas d'effets assez prompts, on emploie les sondes galvaniques (1431); mais on n'oublie pas de suivre le régime antimercuriel (1686) au complet. Bains de siége à l'eau quadruple (1234, 1375) aussi fréquemment qu'on le pourra.

1996. 2ᵉ ESPÈCE. URÉTRALGIES ET OURALGIES (1988) TRAUMAGÈNES (1777) ; affections du canal de l'urètre par déchirement de la muqueuse.

SYNONYMIE. Pissement de sang, hémorrhagie urétrale; hématurie ; — en latin : *mictio cruenta;* — en grec : *haimaturia,* de *haima* sang et *ouron* urine.

EFFETS. L'hématurie peut partir des reins, de la vessie, de la prostate et assez souvent du canal de l'urètre. Elle provient du déchirement des muqueuses, et de l'éventration d'un vaisseau sanguin, de l'ouverture d'une veinule variqueuse, par suite, soit de la corrosion par une urine ou semence intoxicantes, hydrargyrées ou arseniquées, soit de l'éraillement des surfaces par les aspérités aiguës d'un calcul qui, bal lotté dans la vessie, est trop volumineux pour le passage, ou bien par l'érosion d'une larve ou d'un helminthe.

MÉDICATION. Si c'est l'effet d'un empoisonnement médical ou autre, régime complet antimercuriel (1686). Mais dans tous les cas, appliquez souvent sur les reins et le bas-ventre et sous le périnée, même autour de la verge, des compresses imbibées d'alcool camphré (1288, 2ᵉ) ou d'eau de toilette (1747). Si l'on soupçonne que l'hémorrhagie a sa source dans la prostate et dans le canal de l'urètre, injections fréquentes à l'eau quadruple (1375) , à laquelle on ajoutera quelques gouttes ou même une demi-cuiller à café d'alcool camphré (128ᵐ) par injection. Lavements camphrés (1396), le lendemain au moins de la prise de l'aloès. De temps à autre un peu de garance (1479) ou de *semen-contrà* (1506) en tisane. Bains de siége à l'eau quadruple (1234, 1375).

1997. 5ᵉ SOUS-GENRE. DELPHYALGIES ; AFFECTIONS SPÉCIALES DU VAGIN OU CANAL URÉTRAL DE LA FEMME. (Du grec : *delphys,* vagin ; — en latin : *vulva, uteri vaginula.*)

DÉFINITION. Si les organes générateurs de la femme venaient à se réduire de volume, et à rétrécir leur ouverture , le canal du vagin deviendrait le canal de l'urètre qui se continuerait jusqu'au bout du gland du *clitoris,* cet organe femelle analogue de la *verge* du mâle; les petites lèvres formeraient l'orifice du canal, les grandes le prépuce, l'utérus étant la prostate; et le méat urinaire se confondrait avec le col de la vessie. L'analogie est comme une machine à réduction qui résout facilement ce problème, et rapproche, aux yeux de l'esprit, les formes en apparence les plus disparates, en ramenant au même dénominateur les différences de dimensions et de volumes.

On est convenu chez les modernes de donner plus spécialement le nom de *vulve* à l'appareil extérieur qui sert de voile à la pudeur et celui de *vagin* (de *vagina*, gaîne ou fourreau) au canal qui s'étend de la *vulve* jusqu'au *museau de tanche* (1955). Le vagin ou canal urétral de la femme est muni d'une pièce dont au besoin, et guidé par l'analogie, on retrouverait avec un peu d'attention les traces dans l'urètre de l'homme; c'est la membrane *hymen*, membrane fragile qui ne protége que de son témoignage la virginité, mais qui ne lui survit pas. Cette membrane est située à l'orifice du vagin; c'est un diaphragme percé d'une ouverture au centre pour laisser couler les menstrues, et qui s'agrandit un peu avec l'àge, mais jamais assez pour se prêter à l'union des sexes sans déchirement. La membrane une fois déchirée, les lambeaux, en épaississant, prennent le nom de *caroncules myrtiformes*. Ce n'est pas par suite d'un préjugé, mais d'un instinct, grande voix de la nature, que l'on attache un si grand prix, dans le mariage, à la préexistence de la virginité; soyez sûr que, si l'homme est digne d'être aimé, il le sera seul et toujours de la femme qu'il aura été le premier à soumettre; l'inconstance d'une telle femme, en général, c'est à lui seul qu'il doit l'attribuer; la première possession, dans l'état de nature, est un titre indélébile.

1998. 1re ESPÈCE. Delphyalgies toxicogènes (1995) par ingestion ou communication et contact immédiat: infections dermalgiques du vagin et de ses dépendances.

Synonymie. Gonorrhée; flueurs ou pertes blanches, jaunes ou verdâtres; affection syphilitique localisée dans les organes génitaux de la femme.

Médication. La même que pour l'urétralgie toxicogène (1995). En outre usage de bougies camphrées (1308) et de pessaires galvaniques (1431).

N. B. Que les dames qui désirent connaître, par les yeux de leur médecin, en quel état se trouve leur organe, n'oublient jamais de veiller à ce que l'instrument scrutateur, le *speculum*, soit préalablement, et en leur présence, parfaitement lavé au savon et ensuite à grande eau.

1999. 2e ESPÈCE. Delphyalgies traumagènes (1996); affections du vagin par suite d'une solution de continuité.

Synonymie. Viol, blessures par l'introduction d'un corps étranger ou d'un instrument mal dirigé; déchirure par suite des accidents d'un accouchement laborieux.

Effets. La perte de la virginité a lieu par un déchirement qui n'est qu'un sacrifice et qui se cicatrise sans autre soin. Il n'en est pas de même de tous les autres accidents consécutifs des efforts de la gestation, ou de la parturition, ou des opérations chirurgicales; il en résulte souvent la destruction partielle du canal, ce qui met en communication directe le vagin, soit avec le rectum (*déchirure recto-vaginale*), soit avec la vessie (*déchirure vésico-vaginale*), et ce qui lègue à la pauvre femme l'une ou l'autre de deux incommodités aussi importunes que dégoûtantes, l'émission constante des urines ou le passage des matières fécales par l'organe de la pudeur. De pareils accidents ne se réparent qu'avec des points de suture, opération que le pansement nouveau, par les bougies camphrées (1308), préserve de toute espèce de résultats fâcheux; dans le cas de déchirure recto-vaginale, on a soin d'introduire également une bougie camphrée dans l'anus. On se lavera souvent les parties, en ajoutant quelques gouttes d'eau de toilette (1717) à l'eau quadruple (1375) do l'injection.

2000. 3ᵉ ESPECE DELPHYALGIES ZOOGÈNES(491), ENTOMOGÈNES(537), HELMINTHOGÈNES (1013); affections du vagin par l'introduction, l'incubation et le parasitisme d'un être animé et surtout des helminthes.

EFFETS. De pareils accidents peuvent causer les plus graves désordres physiques et moraux ; mais ils sont devenus moins à craindre, depuis que la nouvelle méthode a donné l'éveil sur la nature de la cause. Car la cause une fois signalée, rien n'est plus facile que de s'en débarrasser ; et si l'accident tient à un autre genre de causes, rien n'est plus facile que de s'en assurer.

MÉDICATION. De simples injections (1386) à l'eau quadruple (1375) et ensuite à l'huile camphrée (1293) suffisent pour conjurer tous les désordres de ce genre, s'ils sont dus à ces sortes de causes morbipares.

η. MYÉLALGIES; affections spéciales de la moelle épinière (du grec, *myelos*, en latin : *spinœ medulla*, *medulla dorsalis*; — en français : moelle épinière ou moelle vertébrale).

2001. DÉFINITION. La moelle épinière peut être considérée comme la première paire de nerfs en date, et la dernière par rang, si l'on prend la paire olfactive pour la première ; on pourrait l'appeler la paire du développement infini, du développement des articulations vertébrales. C'est l'analogue de la grande nervure végétale, d'où émanent les nervures latérales et les développements tigellaires et foliacés. Chacune de ces articulations a son crâne, dans sa vertèbre, et ses paires symétriques de nerfs, qui vont animer les viscères, comme tout autant d'organes des sens ; et ces articulations émanent les unes des autres et se développent en chapelet, comme les bourgeons terminaux s'engendrent d'un précédent bourgeon terminal. On assiste à ce spectacle de végétation animale, à cette évolution de la grande tige du système nerveux, en se livrant à l'étude, pour ainsi dire, historique du fœtus d'un animal quelconque, à partir de l'époque la plus rapprochée de la conception. On arrive à surprendre, dès son premier âge, le fœtus, sous la forme d'un rein (soyons plus prosaïque encore), sous celle d'un haricot, dont les deux *cotylédons* représentent les deux hémisphères cérébraux, l'*hétérovule* les deux hémisphères cérébelleux, et dont la plumule serait le rudiment de la moelle épinière.

EFFETS. On comprendra de la sorte que le trouble survenu dans une articulation vertébrale doit se traduire par une perturbation proportionnelle dans toute la tranche transversale d'organes qui ne sont que l'expansion des paires de nerfs de cette articulation compromise. Quand la maladie ne s'explique par aucune des causes morbipares ordinaires, n'oubliez pas de penser à l'ordre de causes que nous décrivons ici, causes qui ne sont du reste que des effets à leur tour : car le trouble survenu dans la vitalité de ces divers centres de fonctions partielles peut être ou TOXICOGÈNE (1817) ou ZOOGÈNE (1788) ou TRAUMAGÈNE (1780,1818), et traumagène souvent par compression, soit par le développement anormal et interne d'une surface osseuse, soit par le refoulement du sang ou de la lymphe vers les membranes qui servent d'étuis et, pour ainsi dire, de méninges à ce cerveau allongé ; compression par les solides ou les liquides capable d'amener la paralysie plus ou moins complète des organes musculaires ou viscéraux qui dépendent de chacune de ces articulations. La curabilité ou l'incurabilité de la maladie consécutive dépend de la possibilité soit de soustraire au centre nerveux de cette altération myélalgique la substance toxique qui en dénature la vitalité, soit d'en chasser l'être animé qui l'agace, soit de résoudre et faire fondre le développement anormal qui fait obstacle à la transmission de l'influx nerveux.

MÉDICATION. C'est par suite de ces considérations que, dans un si grand nombre d'applications de la méthode, le plus fort traitement se reporte sur le trajet de l'épine dorsale, et que presque toujours nous corroborons le traitement spécial par une lotion ou une friction sur cette région ; et c'est là que nous appliquons les cataplasmes aloétiques (1321), que nous dirigeons l'action des appareils galvaniques (1448). Un simple appareil à redressement nous a souvent suffi pour faire cesser des souffrances dont on avait cherché vainement ailleurs la cause, et qui ne tiraient leur origine que de l'action, sur la moelle épinière, d'un affaissement des diverses articulations de l'étui vertébral. Dans la paralysie des membres supérieurs ou inférieurs (ANOPLÉGIE ou PA-RAPLÉGIE), c'est principalement sur le trajet de l'épine dorsale qu'il faut porter son attention (1754).

9. ENCÉPHALALGIES; **affections du cerveau** (du grec : *encephalos,* organe ren-fermé dans (*en*) la boîte de la tête (*képhalé*); hémisphères cérébraux ; cervelle ; — en latin : *cerebrum* (1104).

2002. DÉFINITION. Les deux hémisphères cérébraux occupent tout le vaste compar-timent du crâne qui s'étend des limites postérieures des pariétaux jusqu'au front; ils peuvent être considérés comme une première paire de nerfs, qui, sans communica-tion directe avec le monde extérieur, et se repliant sur eux, sont devenus comme les organes coordonnateurs des impressions transmises par tous les autres sens, un sens qui contrôle tous les autres, qui en élabore les produits en images et en jugements, et les images et jugements en volontés ; c'est le double sens de l'intelligence et des émotions; organe subtil et d'une délicatesse extrême, dont un grain de sable peut troubler les fonctions, dont une idée peut briser sans retour les admirables rouages ! une idée fu-gitive capable de transformer en un instant le génie et les nobles inspirations en idio-tisme et en une propension irrésistible vers les goûts les plus sales ou les vices les plus dégoûtants. Tout notre être moral et physique, notre caractère enfin, se résume dans cette région que la nature a protégée contre les accidents par un casque osseux, la plus forte de toutes les vertèbres.

6. PARENCÉPHALALGIES ou ENCÉPHALIALGIES; **affections du cervelet** (du grec : PARENCEPHALIS, ce qui est à l'opposé (*para*) du cerveau (*encephalos*); ou ENCE-PHALION, petit cerveau ; — en latin : *cerebellum*).

2003. DÉFINITION. Les deux hémisphères cérébelleux ne sont que la réduction du cadre des hémisphères cérébraux. Le cervelet est, pour la moelle épinière, ce que le cerveau est pour les organes des sens et de la perception. Les deux lobes du cervelet semblent être destinés à recueillir et à combiner en volontés les impressions des organes plus spécialement chargés de la création, c'est-à-dire du développement indéfini de l'individu et de la propagation de l'espèce.

Le cerveau et le cervelet sont donc les réservoirs, le premier des idées et de l'intui-tion, le second des affections et des antipathies; l'un est le laboratoire de l'intelligence et l'autre celui des passions ; c'est ainsi que s'explique anatomiquement comment nous avons chacun deux hommes en nous, qui ne sont pas toujours d'accord avec eux-mêmes :

> *Dieu ! quelle guerre cruelle !*
> *Je sens deux hommes en moi.* RAC.

L'homme à occiput aplati ne sera jamais un *Lovelace ;* l'homme à front fuyant ne sera jamais ni un Homère ni un Archimède.

2004. CONSIDÉRATIONS NOSOGRAPHIQUES communes aux ENCÉPHALALGIES et aux PARENCÉPHALALGIES. Les rapports de proportions entre les deux grands compartiments de l'encéphale ne sauraient être rangés au nombre des maladies ; ce ne sont que des accidents constitutionnels et congéniaux, des caractères individuels d'organisation. Mais que l'une ou l'autre des causes morbipares que nous avons décrites avec tant de soin dans le cours de cet ouvrage vienne à atteindre ces deux grandes et souveraines paires de nerfs, et les désordres qu'en éprouveront les diverses fonctions de la passion ou de l'intelligence, de la nutrition générale et de la digestion spéciale, varieront selon que la cause morbipare aura son siége dans l'un ou l'autre casier des propensions et au point de départ de l'une ou l'autre paire de nerfs conducteurs des impressions. Si la cause morbipare n'est pas susceptible d'être éliminée ni ses ravages d'être réparés, et que son influence désorganisatrice ou asphyxiante continue à s'étendre de proche en proche, on verra le mal marcher dans telle plutôt que telle direction, et la cessation des fonctions commencer par tel point plutôt que tel autre. Supposez, en effet, que la cause morbipare, une fois fixée sur le point d'insertion de la cinquième paire des nerfs (1823), progresse de là vers la région frontale, la paralysie frappera successivement la face, les parois buccales et la langue ; le malade perdra ensuite et successivement la motilité des yeux et des paupières, la vue, le flair et enfin la mémoire, cet arsenal du jugement. Si, au contraire, la cause morbipare progresse de devant en arrière et vers l'occiput, le malade en pleine jouissance des facultés de raisonner, de flairer et de voir, perdra l'ouïe d'abord et se sentira dépérir successivement par les voies respiratoires, c'est-à-dire par le grand système de la circulation, puis par celui de la digestion, puis par celui de la locomotion et enfin par celui de la génération. Plus malheureux que dans la première hypothèse, il aura conscience de l'évanouissement progressif de son être, il assistera, dans la plénitude de son intelligence, à l'œuvre progressive de sa destruction, à la marche contagieuse de la mort partielle, pour s'éteindre et mourir complétement enfin et en pleine connaissance. On voit par là que la mort a plus d'un type et plus d'un mode, et que nul des êtres vivants ne meurt de la même façon ; la mort peut les envahir par toutes les extrémités de leur périphérie ou irradier du centre vers l'une plutôt que vers l'autre de ces extrémités. Une seule règle générale pourrait être posée à ce sujet, quoique sujette à de fréquentes exceptions par un changement brusque de direction, c'est que deux paires de nerfs ayant donné des signes de leur invasion, par la manifestation caractéristique de l'une ou l'autre des affections morbides qui peuvent frapper les organes qui en émanent (1813), la direction que prendra l'œuvre de la mort sera donnée par la position de celle des deux paires qui aura été envahie la seconde ; c'est à la suite de celle-ci que commencera l'invasion d'une nouvelle paire de nerfs.

Ainsi la plus petite larve, le plus petit atome intoxicant, une fois introduit sur le clavier de la pensée et de la vie, est dans le cas d'en briser une à une les touches, d'associer, dans son parcours, les tons les plus disparates et les plus discordants, en faisant vibrer à la fois les fibres les plus distantes et les plus opposées : Si le ravage s'arrête au registre des mouvements et fonctions physiques, le patient se trouvera affecté d'une paralysie plus ou moins complète ; si le ravage envahit le registre des perceptions idéales, le patient sera atteint de folie, et la folie prendra tel ou tel caractère, d'une gravité proportionnelle au nombre des touches affectées ; c'est alors une longue agonie qu'un tel état permanent. Nous nous arrêterons, dans ce qui va suivre, aux affections morbides les plus communes et qui résument toutes les autres, à celles dont notre système triomphe comme par enchantement.

2005. 1re ESPÈCE. ENCÉPHALALGIES HÆMATOGÈNES ; affections de l'encéphale (cerveau) par l'afflux et le refoulement du sang vers le crâne, sous l'influence d'un trouble quelconque dans les fonctions animales (du grec : *haima*, sang).

SYNONYMIE. Mal de tête, douleur de tête, congestion cérébrale, migraine (du grec . *hemicrania*) (*) ; céphalalgie ; fièvre cérébrale, délire, fièvre chaude ; folie passagère ou constante, hallucinations; coups de sang, coups de feu, coups de soleil; ivresse par les alcooliques ; — en latin : *capitis dolor seu labor*, *amentia*, *hallucinationes*, *ebrietas*, *delirium tremens ;* — en grec : *kephalalgia, hemicrania; mania, epithumia, methè, phluaria.*

EFFETS. Tous ces termes n'expriment que des intensités et déplacements d'effets de la même cause : Le mal de tête peut prendre un instant tous les caractères de la folie ; on peut avoir mal de tête jusqu'à paraître en devenir fou. Le sang poussé vers le cerveau par la force du calorique absorbé ou développé, en comprimant le cerveau progressivement, peut donner le délire de la fièvre chaude et les convulsions de l'ivresse et du *delirium tremens.*

MÉDICATION. La migraine, avant l'invention de l'eau sédative, était l'une des principales branches du commerce médical, et avait donné lieu à une spécialité professionnelle; les médecins des belles dames à migraine n'auraient pas échangé leur branche de commerce avec celle des plus grands chirurgiens. L'apparition de l'eau sédative porta d'abord un rude coup à cette spécialité médicale, et ne contribua pas peu à provoquer ce soulèvement de passions et d'hostilités brutales qui ont accueilli à son début la propagation de la nouvelle méthode :

Dissiper en un instant un mal qui mettait au lit souvent pour huit jours l'homme le plus robuste, et appelait au moins une fois par jour le médecin auprès de la chaise longue d'une petite maîtresse, ce n'était pas le moyen d'obtenir la faveur de qui trouvait un ample gain à visiter le souffrant de ce mal si lucratif. Mais enfin il a fallu se rendre à l'évidence, et, faute de mieux, faire usage de ce qu'on avait tant maudit; on a sauvé au moins ainsi une visite sur cent (1347, 3° ; 1349).

2006. 2e ESPÈCE. ENCÉPHALALGIES LYMPHAGÈNES ; affections du cerveau par l'afflux de la lymphe entre les méninges et les hémisphères cérébraux.

SYNONYMIE. Hydrocéphalie accidentelle.

EFFETS. Il arrive quelquefois que l'infiltration de liquide est si abondante dans la boîte cranienne que, sous la tension et l'expansion de ce dépôt, les os du crâne se séparent en dépit de leur engrenage. Cette maladie peut être soit TRAUMAGÈNE (1773) et déterminée par une forte commotion directe ou indirecte et dont le contre-coup a eu lieu dans la boîte cranienne, soit HYDRARGÈNE (1766) et provenant de l'action du mercure sur le système lymphatique des enveloppes de l'encéphale, soit ACIDOGÈNE (1670) et provenant de la dissolution des sels calcaires par un acide développé d'une manière morbide.

(*) *Hemi*, moitié, *cranion*, crâne : mal de tête qui occupe la moitié antérieure du crâne, la région frontale, ou la moité latérale de cette région.

MÉDICATION. Si le cerveau n'est pas déjà passible d'une altération et d'un ramollissement, les ablutions d'eau sédative (1347, 3°) finissent par triompher de l'hydrocéphalie, tout aussi bien que de la céphalalgie. Si l'eau sédative restait sans effet, c'est qu'on aurait affaire ou à une ENCÉPHALALGIE MERCURIELLE ou à un trouble survenu dans les fonctions de la digestion.

Dans ce dernier cas, l'emploi de l'aloès (1197) par le haut et d'un lavement (1398) rendrait à l'eau sédative toute la puissance de son action ordinaire.

2007. 3ᵉ ESPÈCE. PARENCÉPHALALGIES HYPERTROPHOGÈNES (1753); affections du cervelet par abus des fonctions prolifiques et par suite des excès de libertinage.

SYNONYMIE. Épuisement, impuissance, inhabilité aux fonctions du mariage.

EFFETS. L'abus détruit la force en usant les ressorts, épuise les ressources en prodiguant les dépenses, perd, en concentrant sur un point de la vie, la puissance virile que l'homme aurait utilisée noblement en l'employant en son temps et à distance; et malheureusement alors l'épuisement ne se borne pas au cervelet, ce laboratoire de la génération, mais il va jusqu'à frapper d'impuissance le cerveau, cette grande officine d'idées.

MÉDICATION. C'est dans ce cas que les compresses d'eau sédative (1345, 2°) doivent être plus spécialement et plus fréquemment appliquées sur la région de l'occiput qui correspond à l'emboîtement du cervelet. Aloès (1197) tous les trois jours; le lendemain lavement camphré (1396). Soir et matin, lotions (1345, 1°) et frictions (1302 1°), sur le trajet de l'épine dorsale, pendant dix minutes au moins. Camphre (1266) avec infusion de bourrache (1472).

2008. 4ᵉ ESPÈCE. ENCÉPHALALGIES, ENCÉPHALIALGIES OU PARENCÉPHALALGIES et MYÉLALGIES TOXICOGÈNES NARCOTIGÈNES (288, 289, 322); affections morbides de l'appareil cérébro-spinal par l'action des poisons narcotiques ingérés ou aspirés.

DÉFINITION ET EFFETS. Les poisons narcotiques peuvent être considérés comme de très-mauvais conducteurs de l'influx nerveux, c'est-à-dire de l'électricité animale. Ils semblent n'agir que localement; car lorsqu'ils passent dans le torrent de la circulation par l'aspiration, soit des muqueuses, soit du derme dénudé, on dirait que leur action varie d'instant en instant, parce qu'ils changent de siége et de parcours avec le torrent dont le courant les entraîne; comme si leur action quittait un cordon nerveux pour jeter le trouble dans un autre, jusqu'à ce qu'arrivés dans le centre de l'organisation générale, ils frappent enfin l'existence, pour ainsi dire, au cœur. De là vient que, faute d'antagonisme, et parce que l'action locale du poison s'exerce de place en place, un muscle se contracte pendant que son antagoniste sommeille, et que le malade se trouve ainsi en proie à des convulsions dont la violence est proportionnelle à la dose du poison. De là vient encore que la cause narcotique atteignant successivement telle paire de nerfs des sens, ou tel embranchement de la même paire, les sensations, sans parallélisme et sans contrôle, ne donnent lieu qu'à des perceptions disparates, incomplètes, incohérentes, dont la bizarrerie ne saurait être appréciée que par les témoins bien portants, actes qui, émanant de volontés ainsi faussées dans leur essence, constituent l'état d'aliénation mentale.

MÉDICATION. Nous renvoyons, sur ce sujet, à ce que nous en dirons à l'article des poisons ingérés, dans le groupe des SPLANCNALGIES ou maladies d'entrailles.

2009. 5ᵉ ESPÈCE. ENCÉPHALALGIES, PARENCÉPHALALGIES, MYÉLALGIES TOXICOGÈNES DÉSORGANISATRICES (1797); affections intimes de la substance du cerveau, du cervelet ou de la moelle épinière, par suite de l'action désorganisatrice des poisons, surtout arsenicaux et mercuriels.

SYNONYMIE. Ramollissement du cerveau, du cervelet et de la moelle épinière;

affections cérébrales et myélite des modernes; — en latin : *cerebri, cerebelli seu medullæ spinalis corruptio;* — en grec : *tou enkephalou è myelou sphakelesis è diaphthorè,* Hipp.

EFFETS. Tous les organes animés par les paires de nerfs des quatre hémisphères (cérébraux et cérébelleux) et de la moelle épinière éprouvent une paralysie progressive, à mesure que l'atome désorganisateur pénètre plus profondément, et comme au cœur de l'articulation nerveuse qui forme comme l'origine de cette tranche, de cet étage de la charpente. Cependant la paralysie complète ou incomplète des régions n'indique pas toujours que la cause en réside dans l'encéphale ou dans la moelle épinière : Par exemple, la paraplégie (ou paralysie des membres inférieurs) peut tenir à une lésion tout autant des embranchements des nerfs sciatiques que de l'extrémité elle-même de la moelle épinière; et dans le premier cas, la paraplégie est curable ou grandement susceptible d'être améliorée, par suite des traitements que nous avons déjà eu l'occasion d'indiquer, en nous occupant des paralysies musculaires (MYALGIES) (1754).

MÉDICATION OPÉRATOIRE. Si dans les différentes espèces que nous venons de décrire, on avait lieu de soupçonner la formation d'un clapier purulent, ou l'existence d'une hydropisie cérébrale, d'une hydrocéphalie, dont la médication ne parviendrait pas à tarir la source, il serait urgent de pratiquer chirurgicalement une issue au liquide, à travers les parois du crâne ou de la vertèbre, au moyen du *trépan* ou instrument perforateur des os. On applique ensuite le pansement des blessures (1774).

2010. 6ᵉ ESPÈCE. ENCÉPHALALGIES, PARENCÉPHALALGIES ET MYÉLALGIES TRAUMAGÈNES (1818); affections du cerveau, du cervelet et de la moelle épinière, par suite d'une solution violente et traumatique de continuité entre les molécules intégrantes de la substance de l'organe cérébro-spinal.

EFFETS. Il est inutile de décrire comment et par quels moyens violents l'organe cérébro-spinal peut éprouver une telle perte de substance; que ce soit par ablation ou désorganisation, elle correspond, pour l'organisation générale, à la perte d'un ordre de mouvements ou d'un ordre d'idées, et à une modification complète dans les habitudes physiques ou morales de l'individu : Hercule peut, dès ce moment, être frappé d'impuissance, et Pascal d'idiotisme et d'imbécillité; l'homme d'esprit et de sens, si la lésion est légère, donne, en certaines rencontres d'impressions et de perceptions, des signes d'hallucination, d'absence d'esprit, de défaut de jugement, de bizarrerie dans les goûts ou dans les manières; il est fantasque, maniaque; et, pour me servir d'expressions qui, toutes vulgaires qu'elles paraissent, n'en sont pas moins d'une grande justesse étymologique, *il a le cerveau fêlé, il est toqué* (de l'italien *toccato,* frappé d'un coup), comme s'il avait été trépané.

2011. 7ᵉ ESPÈCE. ENCÉPHALALGIES, PARENCÉPHALALGIES ET MYÉLALGIES ENTOMOGÈNES (843); affections de l'organe cérébro-spinal par suite de l'érosion et de l'introduction d'une larve et d'un insecte parfait dans la pulpe nerveuse.

SYNONYMIE. Ver coquin, ver sequin.

EFFETS. Arrivé ainsi au clavier de la pensée et des mouvements, chaque déplacement de la cause animée donnera lieu à une perturbation particulière dans le physique et dans le moral; et la marche, l'intensité, les caractères de la maladie dépendront d'un caprice, d'une direction, du plus ou moins de voracité d'un parasite fourvoyé dans ces nobles régions. Orgueil humain que la mandibule d'un ciron peut jeter subitement dans l'abîme de la dégradation et du ridicule!

2012. 8ᵉ ESPÈCE. ENCÉPHALALGIES, PARENCÉPHALALGIES ET MYÉLALGIES HELMINTHO-

GÈNES (1083,1084); affections cérébro-spinales par l'incubation des œufs d'helminthes. SYNONYMIE. Hydatides du cerveau ou de la moelle épinière.

MÉDICATION. Nous avons suffisamment décrit les effets de ces deux espèces d'affections, en nous occupant de leur cause (1079). La médication, dans l'un ou l'autre de ces cas, ne saurait offrir un espoir de succès qu'au début de l'invasion; plus tard l'opération du trépan ne saurait apporter qu'un soulagement bien éphémère; l'art ne refait pas un organe ni même la plus petite de ses fractions; il serait au-dessus de Dieu, s'il pouvait prétendre à de semblables merveilles; l'impossible c'est l'absurde qui est la négation de Dieu; Dieu ne peut faire ce qui est impossible.

×. MENINGALGIES ; **affections spéciales de la membrane qui tapisse la paroi interne de la boîte cranienne et de l'état médullaire** (du grec, *meninx,* méninge ou membrane cérébro-spinale).

2013. DÉFINITION. Cette membrane est composée de trois couches d'une structure différente et que les anatomistes considèrent comme trois membranes distinctes, quoiqu'elles soient intimement adhérentes entre elles et qu'elles ne puissent être considérées que comme tout autant de régions épuisées d'une même vésicule. Sur toutes les enveloppes vésiculaires, et qui ont commencé par être organes de nutrition avant d'en être réduites au rôle d'organes de protection et de simples enveloppes, on peut remarquer les mêmes rapports de structure entre la paroi interne, l'épaisseur et la surface externe.

Nous comprenons comme appartenant aux méninges les sinus et autres canaux vasculaires qui tapissent les parois internes de la boîte cranienne et rachidienne. Il est évident dès lors que les méninges sont susceptibles de présenter toutes les affections que nous avons décrites dans les groupes précédents et que nous aurons à décrire pour les suivants, surtout dans le groupe du système vasculaire. Mais on comprend aussi que de tels effets morbides peuvent devenir des causes morbipares d'ENCÉPHALALGIES et MYÉLALGIES. Par exemple la pléthore des sinus et autres vaisseaux sanguins ne saurait avoir lieu sans déterminer, sur l'encéphale et la moelle épinière, une pression capable de causer les plus graves désordres dans les fonctions de la pensée et dans les organes des sens, de la sensibilité et du mouvement. La fièvre cérébrale n'est causée que par l'afflux du sang dans le système vasculaire cranien, et peut se dissiper, comme par enchantement, par les affusions suffisamment continuées de l'eau sédative (1347, 3°) sur le crâne, secondées par l'usage des purgatifs (1197, 1435) et des lavements (1391, 1398).

QUATRIÈME GROUPE : MALADIES DU SYSTÈME OSSEUX (OSTÉALGIES) (1646) (du grec *osteon,* os, substance osseuse).

2014. DÉFINITION. Chaque pièce de la charpente osseuse représente une cellule, dont le développement est animé par une tendance progressive à s'incruster de sels calcaires, sur les parois des canaux interstitiels dont se forme le réseau circulatoire des générations de cellules qui s'engendrent de jour en jour dans son sein. C'est ce qui explique comment la cellule osseuse devient, avec l'âge, de plus en plus compacte, et pourquoi l'os de l'adulte est plus solide et plus dur que celui d'un enfant. On conçoit en même temps pourquoi les cellules de dernière formation sont d'un plus petit calibre que celles de formation précédente ; l'os devient plus compacte en vieillissant, parce que l'incrustation, suivant pas à pas la marche du développement cellulaire, remplit de jour en jour les vides, et qu'elle finit par devenir le principal dont la paroi cellulaire n'est plus qu'un accessoire. L'os peut être considéré dès lors comme un marbre organisé ; car le marbre n'est qu'une pâte organique imprégnée des deux bases principales qui forment l'incrustation des os, carbonate et phosphate calcaire. Tracez sur le papier trois cercles contigus et osculateurs, vous aurez le profil de trois cellules dont l'interstice sera l'orifice du canal interstitiel ; admettez que ces trois vésicules n'aspirent point les sels calcaires du liquide nourricier qui circule dans le canal formé par le dédoublement d'une portion de leurs parois contiguës, évidemment ces sels calcaires se déposeront sur la paroi interne du canal, qui finira par en être incrusté et par former dès lors un embranchement du développement osseux ; par l'imagination, vous pourrez continuer ce travail graphique à l'infini.

2015. La cellule osseuse, l'os le plus compacte et du plus fort volume, ne diffère pas autrement de la cellule nerveuse, dont il émane et dont il a conservé en partie la sensibilité. On dirait même que certains os allongés ne sont que l'enveloppe, que la boîte, pour ainsi dire, cranio-vertébrale d'un centre vital *cérébro-médullaire*, que nous nommons la *moelle des os*, et qui en est véritablement la matrice et l'organe reproducteur. Si, dans une opération d'amputation, on avait la mauvaise idée de curer l'os de sa moelle, on aurait paralysé du même coup le travail de la cicatrisation des chairs et celui du *cal* qui est la cicatrisation de l'os.

Quand l'intoxication a pénétré jusqu'à la moelle, la carbonisation ou gangrène ne tarde pas à dévorer l'os.

2016. Ainsi que toutes les cellules devenues troncs et tiges, c'est-à-dire, formées de rayonnements indéfinis de cellules, l'os fait son accroissement du centre à la circonférence, mais de manière que les cellules externes prennent plus de développement que les internes, exactement comme cela a lieu dans un emboîtement de cercles concentriques divisés en un même nombre de degrés ; les degrés ou divisions ont d'autant plus d'étendue qu'ils appartiennent à un cercle plus externe. Mais d'un autre côté, ainsi que nous l'avons établi à l'égard du développement de tout corps organisé, l'emboîtement externe est le nourricier de l'emboîtement immédiatement plus interne ; une fois qu'il a suffi à sa fonction, qu'il s'est épuisé en nourrissant, qu'il a, pour ainsi dire, continué à engendrer en allaitant, dès ce moment il devient écorce protectrice des emboîtements qui ont pris leur accroissement à ses dépens, écorce qui serait caduque, comme l'épiderme, si elle se trouvait en contact avec l'air extérieur, et qui reste membraneuse, quand elle est plongée dans un milieu organisé ; elle est alors refoulée de plus en plus par l'organe qui ne cesse de grandir et renforcée de toutes les cellules périphériques qui viennent s'appliquer contre elle, après s'être épuisées à leur tour au profit des cellules plus internes. Dans l'organe *os*, cette écorce inerte et pelliculeuse se nomme *périoste* (de *péri*, autour, *osteon*, os) ; c'est l'équivalent de la membrane *aponévrose* des muscles.

2017. Toute la charpente osseuse n'est qu'une grande concaténation, qu'une grande expansion des cellules articulées entre elles, mais tenant entre elles par des entrenœuds flexibles, rétrécis, qui apparaissent sous forme, les uns de ligaments *articulaires* (qu'on pourrait appeler *axillaires*, formant l'axe de la tige), et les autres de ligaments *capsulaires* (qu'on pourrait appeler *corticaux* et comme formant l'écorce du nœud séparateur de deux cellules contiguës). Nous avons des *conferves* qui offrent à l'œil de telles ramifications de cellules, incrustées et séparées entre elles par des étranglements flexibles qui en sont les articulations.

2018. De même que chez certaines ramifications végétales, il est facile de remarquer, sur la charpente osseuse, un type d'alternation qui fait que tel accident de conformation qu'on remarque sur l'une des faces de l'os, se reproduit sur la surface opposée de l'os analogue qui le suit ou le précède ; par exemple : l'arête saillante et angulaire que vous remarquez sur le devant du tibia, se montre sur la ligne postérieure et longitudinale du fémur.

2019. C'est la charpente osseuse qui donne la stature et la physionomie ; supposez un homme, un vertébré sans le squelette, et vous aurez d'un seul coup d'œil un mollusque ou animal mou, un *céphalopode*, une *sèche* à quatre appendices d'appréhension ou bras, et dont l'anus se rapprochera de l'orifice buccal par l'inflexion de l'épine dorsale. Les monstres qui réalisent complètement ce rêve de l'analogie se nomment des *môles ;* c'est lorsque la charpente ne fait défaut qu'en partie, et qu'il reste encore des traces nombreuses du type primitif, que la monstruosité prend un rang dans la classification des déviations de l'espèce.

2020. Tout tissu qui s'implante sur un os semble participer de la tendance à l'ossification, qui augmente de proche en proche ; la substance musculaire devient tendon ; les ligaments semblent des os flexibles, et la sécrétion articulaire (*synovie*) semble former, sur les surfaces contiguës des deux os, une couche nacrée que l'on désigne sous le nom de cartilage. Ce cartilage est la surface osseuse lubrifiée par la synovie à chaque frottement.

N. B. En conséquence de ces considérations, nous diviserons les OSTÉALGIES en trois *sous-genres :* les OSTÉALGIES proprement dites ou affections du corps de l'os ; les DES-MALGIES ou affections des ligaments (*desmoi*) qui les accouplent ; et les CHONDRALGIES ou affections des surfaces articulaires et cartilagineuses (*chondroi*) qui les terminent.

α. OSTÉALGIES PROPREMENT DITES ; affections de la substance osseuse.

2021. Le mot d'*ostéalgie* servant à désigner l'affection de la substance et non de la forme d'un os, il est évident que lorsque l'affection sera particulière et limitée à un os de la charpente, on désignera ce cas par le radical du mot grec que cet os porte dans la nomenclature : On dira alors une MÉRALGIE pour une affection de l'os du fémur (*meros*), une KNÉMALGIE pour l'affection du tibia (*knemé*), une PÉRONALGIE pour l'affection du *péroné ;* une MÉTOPALGIE pour celle de l'os frontal (*metopon*), une KROTAPFALGIE pour celle de l'os des tempes (*krotaphé*), une KORYPRALGIE pour celle des os pariétaux (*koryphé*). Nous renvoyons pour compléter cette nomenclature à l'abrégé d'anatomie qui suit l'introduction.

2022. 1re ESPÈCE. OSTÉALGIES ATROPHOGÈNES (1752) ; affections de la substance osseuse, par défaut des produits de la nutrition qui lui est propre.

SYNONYMIE. Marasme, émaciation, atrophie des os.

EFFETS. L'accroissement de l'os, sa vitalité cesse, par l'interruption, autant de l'influx nerveux que de la circulation sanguine ou lymphatique. Qu'il se manifeste, par exemple, une intumescence à l'articulation du genou, l'influx nerveux et la circulation sanguine diminuant chaque jour par l'étranglement consécutif des cordons nerveux et des vaisseaux sanguins afférents ou déférents, on verra peu à peu la cuisse maigrir tout autant que la jambe, et les os de l'une et l'autre portion de membre s'émacier et diminuer de volume et de force. C'est là une émaciation locale ; mais quand c'est toute la constitution qui s'appauvrit par privation forcée ou altération dans les fonctions de la digestion et de l'élaboration intestinale, ce sont alors toutes les pièces de la charpente qui sont frappées d'une émaciation progressive. Un jeune prolongé peut réduire l'homme, jusque-là le plus fort, à ne pouvoir plus s'appuyer sur les jambes sans sentir ses os comme fléchir sous le poids.

MÉDICATION. Elle est indiquée d'avance par la description de la cause et des effets. L'alimentation, reprise avec prudence et régularité suffit pour réparer le marasme du jeûne ; la guérison de la tumeur, pour rendre à la cuisse et à la jambe, dans l'exemple précédent, leurs dimensions premières et la puissance de leur système osseux.

2023. 2ᵉ ESPÈCE. Ostéalgies hypertrophogènes (1753); affections morbides qui impriment à la substance osseuse une tendance à un développement anormal par son volume et non par sa nature.

SYNONYMIE. Exostoses (de *osteon*, os ; *ex,* qui fait saillie au dehors).

EFFETS. La rencontre adultérine des spires génératrices, sous l'influence d'un atome incubateur, impriment, à l'une des cellules osseuses de la *table de l'os* qui lui servent de matrice, une tendance au développement, qui détermine l'apparition d'une ossification nouvelle, comme greffée et implantée sur l'ancienne ossification. Ces intumescences de l'os affectent en général la forme hémisphérique. Ces effets peuvent devenir à leur tour causes, non-seulement de gêne dans les mouvements, mais des plus graves maladies, et même des occasions de mort, par exemple, lorsque l'exostose se développe sur les surfaces internes de la boîte cranienne ou du canal rachidien.

MÉDICATION. Applications aussi souvent que possible, sur la tuméfaction, de compresses imbibées d'eau sédative (1345, 2°) et ensuite de plaques galvaniques (1449). Régime antimercuriel (1686) ; car on se trompe rarement en attribuant aux médications mercurielles la cause de ces effets.

2024. 3ᵉ ESPÈCE. Ostéalgies toxicogènes désorganisatrices (1766); affections de la substance osseuse par suite de l'action désorganisatrice d'une infection intoxicante.

DÉFINITION. L'os n'étant en définitive qu'une incrustation calcaire des canaux interstitiels des cellules élémentaires de l'organe, sa désorganisation peut avoir lieu soit par l'action du poison acide sur les sels calcaires qu'il dissout ou décompose, soit par l'action du poison acide ou alcalin sur la paroi cellulaire. Les os sont ramollis, quand l'intoxication s'attaque ou s'oppose à l'incrustation calcaire ; ils deviennent le siége d'un clapier purulent, quand le poison s'attaque à la paroi cellulaire. Nous allons nous occuper, dans tout autant d'articles séparés, et à titre de variétés, de l'action spéciale des principales intoxications connues sur les organes osseux.

2025. 1ʳᵉ VARIÉTÉ. Ostéalgies aphosphorigènes (347); affections de l'organe osseux par suppression ou diminution de l'incrustation phosphatée.

SYNONYMIE. Ramollissement des os, déviation de leur forme typique, déformation des os (en grec : *osteomalacia ;* de *osteon*, et *malakos*, mou). — RACHITISME, déviation de la taille, lorsque le ramollissement attaque les vertèbres (du grec : *rachis*, épine dorsale), et à la suite divers modes de gibbosités ou bosses (en latin : *gibba ;* en grec : *kuphos*); diverses manières d'être bossu (en latin : *gibbus, gibber ;* en grec : *kyrtos*).— JAMBES CAGNEUSES, en dedans, en dehors, en arrière (en latin : *varus, valgus ;* en grec : *raibos, raiboskelès*). — PIED-BOT par déformation de certains os du pied, et quelquefois par suite d'un défaut d'antagonisme entre les muscles du pied, ce qui le dévie en dedans (*varus*), en dehors (*valgus*), en bas (*pied-équin*), en haut *pied-talus*).

EFFETS. Ces divers cas de ramollissement rentrent plutôt dans le cadre des difformités, des monstruosités d'organes, que dans celui des maladies proprement dites ; et les diverses circonstances de l'intoxication peuvent faire varier à l'infini les formes ou plutôt les déformations, selon que la sphère d'action de la cause, qui s'oppose à l'incrustation, s'étend à telle ou telle pièce de la charpente ou à telle portion de la même pièce. Si l'affection s'attaquait à toute la charpente, l'homme serait transformé en un animal mou, en une espèce de mollusque. Ces sortes de déviations ne sauraient manquer d'imprimer, aux fonctions des organes les plus voisins, des modifications capables de prendre un caractère morbide. Par exemple, il s'est présenté fréquemment à notre observation un cas de déviation de l'épine dorsale, que la médecine scolastique n'a pas même entrevu, et qui est la cause parfaitement dissimulée des plus graves désordres dans toutes les fonctions viscérales, je veux parler de la déviation de la colonne vertébrale vers le sternum et l'ombilic. Lorsque les maladies des viscères résistent à la médication et ne présentent aucun symptôme d'une cause déterminée, jetez les yeux sur l'épine dorsale qui, en déviant de jour en jour vers l'intérieur du corps, refoule de plus en plus les viscères et les poumons contre le sternum et l'ombilic, les pressant ainsi comme entre un étau (*).

La médication peut s'opposer à la tendance, mais ne répare presque jamais le fait une fois accompli ; et cette tendance est en général ou congéniale et un héritage que l'enfant apporte en naissant, ou bien accidentelle et l'œuvre consécutive d'une intoxication mercurielle ou communiquée, ou industrielle, ou fortuite, ou médicale.

MÉDICATION. La médication générale et interne, en ces sortes de cas, ne diffère en rien de la médication antimercurielle (1686) ; mais elle ne peut servir qu'à seconder l'action des appareils, sans lesquels il ne faut s'attendre à aucun résultat désirable.

2026. APPAREILS. Tout APPAREIL a pour but de s'opposer à une tendance et de maintenir l'organe dans la ligne de son développement normal. La MÉDICATION vise à expulser la *cause,* en purifiant les tissus ; l'APPAREIL sert, pour ainsi dire, d'étai à la charpente osseuse, contre la poussée des *effets* du mal.

L'*orthopédie,* ou la science qui applique la mécanique au redressement de la charpente déviée du corps humain, se trouvait dans le même état de désordre et de contre-sens que la médecine elle-même, lorsque la direction de nos études nous eut entraîné, par la force de nos découvertes, à réformer la théorie et la pratique de l'art qui a pour but de maintenir, préserver, réparer la santé et de prolonger la vie. Les appareils de cette époque, et cela dans les établissements les plus vantés, n'étaient que des instruments de torture, des lits de Procuste, des chevalets de l'inquisition : En cherchant à redresser un os, on ne faisait en définitive qu'étirer et déchirer des muscles ; en voulant s'opposer à une déviation de la taille, on exerçait, sur les poumons, une compression capable d'asphyxier le malade ; sur le cœur un refoulement capable de le briser, et sur les viscères un tassement, cause de hernies et d'un trouble général dans les fonctions de la digestion. Il y avait, à cette époque, à Passy un établissement monté sur une vaste échelle, prôné par les prospectus les plus savants et les plus largement illustrés, et où l'on avait pratiqué, sur le derrière des bâtiments, une toute petite porte par laquelle on faisait passer les morts. Or tous les habitants de l'hospice auraient passé par cette petite porte, si la renommée n'avait pas fini par tenir la grande fermée.

2027. Le mérite d'un APPAREIL consiste à n'agir que sur la déviation, au détriment

---

(*) Voyez, sur les effets combinés de la médication et de nos appareils orthopédiques, contre la tendance aux déviations des membres et au ramollissement des os, *Revue complémentaire des Sciences,* tom. III, pag. 225, 257, 289, 321, 353 (1856-1857) ; — tom. V, pag. 99 (1857-1858). —et sur un cas extraordinaire de réossification complète produite par le nouveau système, chez un hydrocéphale, tom. III, pag. 6, 76 ; et tom. IV, pag. 137, etc.

d'aucun autre ordre d'organes, et sans gêner aucun des mouvements du corps ; simple et portatif, il doit n'astreindre l'incommodé à aucune torture, à la privation d'aucun mouvement. La fausse science multiplie les ressorts, complique la construction et dissimule son illogisme sous une masse de pièces dont il est difficile au plus habile de deviner le sens. La véritable science simplifie tellement le mécanisme, que rien ne semble ensuite si facile à concevoir et à fabriquer. Plus on se rapproche de la nature et plus on touche à la simplicité. Mais on ne doit pas perdre de vue que les appareils préviennent la déviation, et ne la redressent pas ; qu'ils doivent être en conséquence appliqués dès les premiers symptômes du mal ; car plus tard leur emploi ne serait qu'une torture inutile ou désastreuse.

4° APPAREIL CONTRE LA DÉVIATION DE LA TAILLE ET LE RAMOLLISSEMENT DES VERTÈBRES. Cet appareil se compose : 1° d'une ceinture qui s'adapte ou plutôt se moule sur les hanches ; 2° de deux tuteurs latéraux ou tigelles articulées et mobiles, terminées chacune par une crosse, et 3° reliées, sur le dos, par une traverse armée de deux pelotes mobiles à compression progressive. Les deux tuteurs sont formés de deux bandes qui glissent l'une sur l'autre, de manière à pouvoir se raccourcir ou s'allonger à volonté, et que des vis de pression maintiennent à la longueur voulue : ils s'articulent, par le bas, sur chaque côté de la ceinture qui leur sert de support. La crosse qui les termine embrasse l'aisselle et saisit par devant l'extrémité de la clavicule, pour faire arc-boutant contre la pression de deux pelotes dorsales. Celles-ci sont tenues appliquées, des deux côtés de l'épine dorsale, par la bande transversale qui relie postérieurement les deux tuteurs, sur lesquels elle coulisse et se fixe au moyen de vis de pression. Les pelotes sont mues d'arrière en avant par des vis de rappel ou des vis sans fin.

Lorsqu'il s'agit de combattre une tendance à la déviation en arrière, les deux pelotes agissent simultanément et parallèlement sur la vertèbre la plus proéminente. Contre la tendance latérale à droite ou à gauche, l'une des pelotes presse et l'autre maintient.

Mais si la déviation se fait vers l'ombilic ou le sternum, on monte la bande transversale à la hauteur des omoplates, afin qu'en exerçant, par les pelotes, une pression sur les épaules, on force les côtes de ramener l'épine dorsale à sa convexité normale et de l'y maintenir.

2° APPAREIL POUR LES JAMBES CAGNEUSES. Deux jambières, ou lanières de bon acier, s'articulent, au-dessus du genou, avec une forte jarretière en acier garnie de coussinets, et, par l'extrémité inférieure, à la hauteur des chevilles, avec une forte bottine, de manière à se prêter à tous les mouvements de la locomotion ; un large étrier en cuir s'applique sur la convexité de la jambe, pour la ramener progressivement vers la ligne longitudinale, au moyen d'une vis de rappel qui fonctionne sur la jambière opposée.

3° APPAREIL POUR LES PIEDS CAGNEUX. La jarretière décrite dans l'article précédent s'applique au-dessus des chevilles, et sur le bout des tronçons de jambières qui relient la jarretière au soulier. On y adapte des vis sans fin et à crémaillère, destinées à ramener, par une lente et journalière progression, le pied dans la direction normale.

2028. 2ᵉ VARIÉTÉ. OSTÉALGIES HYPERPHOSPHORIGÈNES ; affections de la substance des os par l'action en excès de l'acide phosphorique.

EFFETS. Ce genre de maladies s'est surtout révélé depuis que la fabrication des allumettes chimiques est tombée dans le domaine public, et qu'on s'est mis à en fabriquer en chambre. Dans mes consultations de Paris, j'ai eu à traiter, en 1846, le premier cas de ce genre, chez un brave ouvrier nommé Fontaine : Lorsqu'il se présenta on eût dit qu'il était atteint d'un cancer aux mâchoires; la bouche contournée avait de la peine à s'ouvrir à travers cette tumeur. Son jeune enfant avait aux coudes le même mal que le père portait à la mâchoire. La jeune mère seule, qui les soignait tous les deux avec un dévouement angélique, jouissait heureusement de la meilleure santé, et pour juger de son dévouement, il suffisait de sentir l'haleine du pauvre malade. Grâce à la nouvelle médication, la puanteur de l'haleine disparut, tous les os de la mâchoire se détachèrent par larges fragments nécrosés, ou plutôt comme par la désarticulation de leurs trois symphyses; et, chose dont les chirurgiens ne pouvaient pas se rendre compte, alors que ma captivité le força à aller à l'hospice pour se faire recoudre une perforation par où le dernier fragment s'était fait jour, à la hauteur du *tragus* (1903, 3º), il se trouva qu'il s'était reformé, au-dessous de l'ancienne, l'équivalent d'une nouvelle mâchoire, moins les dents, un plancher osseux enfin, articulé comme la mâchoire, mû par les muscles *masseters* et tous les autres muscles de cette région, n'ayant perdu en un mot aucune de ses connexités avec les appareils que recouvrent les parois buccales.

MÉDICATION. Cette médication n'est nuilement compliquée. Application violente, trois fois par jour, de compresses imbibées d'alcool camphré (1288, 2º), sur toutes les surfaces envahies; se toucher souvent les parois buccales avec le doigt ou un tampon mouillé d'alcool camphré, que l'on promène dans tous les sens sur tous les organes de la bouche. Chiques galvaniques (1424), et gargarismes (1385). Aloès (1197) tous les 2 jours. Camphre (1266) et salsepareille (1504) rubiacée (1480) tous les 2 jours. Contre la surexcitation que pourrait occasionner ce traitement, larges affusions d'eau sédative (1347, 3º) sur le crâne, sur la région du cœur et sur le dos.

2029. 3e VARIÉTÉ. OSTÉALGIES ARSENIGÈNES OU HYDRARGÈNES (1766) PURULENTES; affections désorganisatrices de la substance osseuse, par l'action générale ou locale des remèdes arsenicaux ou mercuriels.

SYNONYMIE : Carie arsenicale ou mercurielle des os; pus, infection purulente, gangrène humide; — en latin : *sanies mala seu livida seu nigra seu glutinosa, tetri odoris* Cels.; — en grec : *ichôr, melicèra, gangraina* (de *graô*, ronger).

EFFETS. Les sels mercuriels ou arsenicaux ne sauraient atteindre une région osseuse sans y déterminer un travail proportionnel de désorganisation, comme par double décomposition : le mercure se combinant avec la paroi cellulaire et les liquides organisateurs, et l'acide du sel auquel il sert de base avec les bases calcaires dont il élimine l'acide phosphorique; et celui-ci remis en liberté est un agent désorganisateur des plus énergiques. Le produit de la décomposition ou matière purulente devient à son tour un agent corrosif, creuse les tissus et se fraye des issues par des *fusées purulentes,* qui sont des *fistules,* une fois qu'elles ont trouvé une issue au dehors. Ce pus de couleur verdâtre et sinistre est de plus caractérisé par sa fétidité; c'est le pus des humeurs froides, qui désorganise sans enflammer; mais c'est souvent le pus qui carbonise et gangrène les tissus.

MÉDICATION. Régime antimercuriel (1686) au grand complet. Injections (1386) fréquentes, dans les fistules, à l'eau quadruple (1375) tiède et ensuite à l'huile camphrée (1293). Appareils galvaniques (1418), appropriés au membre qui est le siége de la décomposition, et pois à cautère (1325). Si le clapier purulent tarde à aboutir, on doit l'ouvrir le plus tôt possible soit avec le bistouri, soit avec le caustique (1329; 1514, 3º), afin de le panser comme nous venons de le dire.

2030. 4e VARIÉTÉ. OSTÉALGIES HYDRARGÈNES CARBONISANTES; affections mercurielles qui amènent la carbonisation des os.

SYNONYMIE. Gangrène sèche, gangrène sénile, sphacèle, charbon des os.

EFFETS. La cause intoxicante de ce mal s'attaque, non aux bases de l'incrustation, mais aux tissus de l'organisation, dont elle soustrait la molécule aqueuse ; de cette sorte la désorganisation amène la carbonisation, qui remonte des extrémités vers le centre, comme un feu invisible et ardent. C'est la mort procédant à son œuvre par la carbonisation de la charpente, envahissant d'étage en étage les tissus sains, et cela en dépit des retranchements que l'art peut opérer bien loin des régions déjà dévorées par le mal.

MÉDICATION. On doit se hâter de tenir l'extrémité qui commence à se carboniser, enveloppée de compresses imbibées d'alcool camphré (1288, 2°) au moyen d'une vessie (1413 et suiv.), et d'appliquer les appareils galvaniques (1418) sur les parties saines. Bains de sang (1217) fréquents. Régime antimercuriel (1686) au grand complet. Si ces moyens ne parviennent pas à enrayer le mal, et que la carbonisation continue de gagner de proche en proche, on doit procéder à l'amputation sur les parties saines, et continuer de proche en proche le traitement, et l'opération, s'il le faut, jusqu'à ce qu'on attrape la bonne veine d'organisation.

2031. 5e VARIÉTÉ. OSTÉALGIES ERGOTIGÈNES (340, 1772); affections des os par suite de l'usage du pain et des médicaments où entre le SEIGLE ERGOTÉ, l'ERGOT DU SEIGLE (*Clavus secalinus*).

SYNONYMIE. Ergotisme. Typhus, mal ardent ou des ardents.

EFFETS. Quand l'ergotisme, charrié par le torrent de la circulation, s'attaque, non aux ligaments, mais à la substance osseuse elle-même, l'os se carie, se carbonise, se nécrose, et tombe par esquilles et par fragments plus ou moins gros ; le malade éprouve des douleurs OSTÉOCOPES à le rendre fou.

MÉDICATION. Alcool camphré, en lotions générales (1288, 1°), et en compresses locales (1288, 2°), aussi souvent qu'on le pourra, afin d'intercepter l'infection *ergotique*. Aloès (1193) tous les jours, et le matin lavement superpurgatif (1398). Eau sédative (1345), surtout en ablutions (1347, 3°) sur le crâne, pour combattre la fièvre. Quelques gouttes de cette eau dans l'infusion de bourrache (1469).

2032. 4e ESPÈCE. OSTÉALGIES HYDRARGÈNES OU ARSENIGÈNES PSEUDORGANISATRICES (1931); affections de la substance osseuse par suite du développement anormal de l'une de ses cellules, sous l'influence d'un atome incubateur arsenical ou mercuriel.

SYNONYMIE. Tuberculisation des os. Tumeur strumeuse ou goître des os (*).

EFFETS. Les tubercules des os, productions superficielles et, pour ainsi dire, DERMALGIQUES (1654), n'ont qu'une durée limitée ; elles sont caduques comme toutes les productions épidermiques ; mais, dans un tel milieu osseux, leur caducité ne saurait avoir lieu, sans devenir l'occasion de la décomposition des tissus adjacents, sans donner lieu à la formation d'un clapier purulent (1766), qui devient à son tour l'origine et la source d'une fusée purulente et d'une fistule. Il n'en est pas de même de la tumeur strumeuse des os; c'est un organe parasite qui ne s'arrête, dans son développement, que lorsqu'il a dévoré toute la substance de l'os où s'est implanté l'atome incubateur.

MÉDICATION. Le régime antimercuriel (1686) peut prévenir cette double dégénérescence de la substance osseuse. Mais une fois le mal déclaré, il ne répare que la première espèce ; et l'amputation du membre est seule capable de préserver la santé générale des ravages consécutifs de la seconde, c'est-à-dire, de l'épuisement ou de l'infection. Parmi les ingrédients de la médication appropriée à ce genre de mal, la salsepareille (1504), tantôt iodurée (1505) et tantôt rubiacée (1480), doit occuper le premier rang.

(*) Voy. *Revue complémentaire des Sciences*, livr. d'août 1859, tom. VI, pag. 3.

2033. 5e ESPECE. OSTÉALGIES TRAUMAGÈNES (395, 1773); affections d'un os par suite d'une solution violente et plus ou moins profonde de continuité.

SYNONYMIE. Contusion (en latin, *os contusum;* — en grec : *thlasma osteon*) et éraillement de l'os; membre cassé (en latin : *os fractum;* — en grec *katagma ostecn*) ou écrasé (en latin : *os contritum;* — en grec : *tripsis osteon*), — (le tout pour la partie, on dit : cuisse cassée, alors que l'os du *fémur* seul a éprouvé une solution de continuité).

EFFETS. La CONTUSION, entassant les diverses couches d'incrustation, interrompt, dans toute sa sphère d'action, le cours de la circulation spéciale à la substance osseuse. L'ÉRAILLEMENT écorne l'angle d'un os ou en laboure la surface; c'est l'égratignure de l'os. La FRACTURE OU FRACTURE SIMPLE est la séparation nette, et par un plan régulier, entre deux régions osseuses; en sorte qu'on n'ait qu'à réappliquer les deux surfaces l'une contre l'autre pour rétablir l'unité. L'ÉCRASEMENT OU BROIEMENT OU FRACTURE COMMINUTIVE, au contraire, est une espèce de déchirement de la substance osseuse, qui ne permet pas la réunion exacte, le recollement des deux portions de l'os. Dans la FRACTURE SIMPLE, les deux portions séparées l'une de l'autre tiennent cependant, l'une et l'autre et chacune de son côté, aux tissus qui en alimentent le développement et la sensibilité, et qui par conséquent en favoriseront la soudure. L'ÉCRASEMENT, au contraire, a détaché, de la substance de l'os, des fragments qui, ne tenant plus à rien de ce qui concourait à leur vitalité, ne peuvent plus que se décomposer et provoquer par contre-coup la décomposition des tissus mous environnants ; ils deviennent ainsi l'aliment d'un clapier purulent en permanence. On nomme ces fragments *esquilles* (en latin : *ossis fragmenta;* — en grec : *osteon klasmata*).

MÉDICATION. La médication favorise le rétablissement de la surface contusionnée; elle prévient les conséquences fâcheuses de l'application prolongée d'un appareil dans le cas de SIMPLE FRACTURE. Quant à la FRACTURE COMMINUTIVE, il est fort peu de cas dont l'unique ressource ne soit pas l'amputation pratiquée sur la portion saine et supérieure à l'accident.

1° MÉDICATION POUR LES CONTUSIONS ET ÉRAILLEMENTS DES OS. La contusion d'un os est plus lente à guérir que celle des muscles (1779); car, dans ce cas, c'est comme un éclat de marbre à réorganiser. La guérison est d'autant plus lente que le membre est un de ceux qui ont besoin d'être mis plus souvent en mouvement, et que la surface contuse est plus voisine de la peau. Sur la crête du tibia, par exemple, la cicatrisation d'une contusion paraît longtemps se montrer rebelle à l'efficacité bien éprouvée de la médication nouvelle sur tous les autres tissus; mais ce n'est là qu'un retard, et non un insuccès. Il suffit d'appliquer, immédiatement après le coup, une bonne compresse imbibée d'alcool camphré (1288, 2°) sur la surface contusionnée. Au bout de dix minutes, on recouvre la place d'un linge enduit de cérat camphré (1307) qu'on renouvelle soir et matin. On passe souvent de l'alcool camphré en lotion autour de la plaie, et, au moindre symptôme d'inflammation, de l'eau sédative (1345, 1°) sur les régions qui s'engourdissent ou se tuméfient.

2° APPAREIL ET MÉDICATION CONTRE LES FRACTURES DES MEMBRES. Le but de l'appareil est le même pour tous les membres; il s'agit de maintenir constamment, et jusqu'à guérison complète, les deux *fragments,* dans la position où ils se trouvaient avant leur violente séparation, afin d'en favoriser la soudure, en conservant au membre toutes ses fonctions. Mais, dans la forme, l'appareil varie selon qu'il s'agit de tel ou tel os de la charpente osseuse; et c'est la forme du membre qui indique les modifications à donner à chaque appareil.

a. Qu'il s'agisse, par exemple, du *brachius* ou du *femur,* on rapproche les deux fragments suivant l'axe de leur position naturelle, on applique, sur la région correspondante, trois ou quatre lames de bois (*éclisses* ou *attelles*) enveloppées d'un linge enduit de cérat camphré ; on les relie, et on les maintient entre elles, avec des bandes de toile imbibées d'une forte décoction d'amidon, d'un empois très-épais, qu'on enroule autour des éclisses, en les ramenant quelquefois sur l'épaule ou les hanches, sur le coude et sur les genoux, selon qu'il s'agit du bras ou de la cuisse, et cela jusqu'à ce qu'on ait la certitude que les deux fragments ne peuvent plus se déplacer. Soir et matin, on verse, par une ouverture pratiquée sur le haut de l'appareil, de l'alcool camphré (1287) ou à son défaut de l'eau de toilette (1717), de manière que le liquide puisse se répandre entre la chair et l'appareil. Au bout de quarante jours (car il faut tout ce temps pour que la soudure soit bien consolidée), on retrouve, au moyen de ce pansement, les chairs aussi saines que si elles n'avaient pas eu à subir une aussi longue compression.

b. S'il s'agit d'une fracture de l'avant-bras et de la jambe, qui intéresse les deux os, on doit bien faire attention que le rapprochement se fasse pour l'un et l'autre os (*cubitus* et *radius* du bras, *tibia* et *perone* de la jambe) aussi exactement que possible ; à cela près, l'appareil et la médication sont les mêmes que dans le cas précédent.

Si la réapplication a été exacte, il y a absence complète de douleur, et le malade n'éprouve d'autre incommodité, à l'aide du régime hygiénique (1644), que d'être condamné à ne faire aucun usage du membre fracturé, jusqu'à complète cicatrisation et consolidation du *cal* ou soudure de l'os.

c. Qu'il s'agisse de la fracture de la clavicule : pour retenir en présence les deux fragments, et s'opposer à leur déplacement, on ramènera le bras en arrière, on étendra sur toute la clavicule un linge imbibé de cérat camphré (1307), sur lequel on appliquera des éclisses en fort carton ; on maintiendra celles-ci en place avec des tours suffisants de bandes de toile amidonnée qu'on enroulera autour de l'épaule et de la poitrine.

d. La fracture d'une côte ne demandera pas un appareil plus compliqué.

e. La fracture de la mâchoire, on le conçoit, nécessiterait en certains cas une alimentation liquide et exempte de mastication.

3° MÉDICATION CONTRE CERTAINS CAS DE FRACTURE COMMINUTIVE. Je suis loin de douter que l'on ne puisse se dispenser de l'amputation en certains cas, et quand les chairs ne sont pas trop profondément entamées. Si l'on pouvait tenir les surfaces constamment enveloppées d'une atmosphère d'alcool camphré (1288,1413), je suis presque convaincu que les esquilles se ressouderaient entre elles, pour peu qu'elles fussent restées en communication directe avec les tissus ambiants ; sauf à celles qui ne tiendraient plus à rien, de se frayer au dehors une issue, soit en incisant les chairs, soit en les corrodant par le produit de leur décomposition purulente.

N. B. C'est à l'aide de l'alcool camphré que j'ai détaché sans opération et remplacé des os nécrosés, des fragments de mâchoire (*). J'ai décrit ailleurs une guérison complète par ce moyen d'un cas de carie des os du calcanéum et de l'astragale ; la sonde traversait de part en part les deux os ; au bout de trois ans, le malade marchait sur ses deux pieds aussi facilement que tout le monde ; et, pendant le cours du traitement, il n'avait pas cessé de marcher et de suffire à de longues courses, grâce à un appareil à jambières et à étrier, qui prenait ses points d'appui sous l'aine, le genou et à la ceinture ; de cette manière la semelle portait à terre, mais non la plante du pied (**).

(*) *Revue élémentaire de médecine et de pharmacie,* liv. de juin 1847, tom. I, pag. 31.
(**) Voyez préface du *Manuel annuaire de la Santé pour* 1854.

2034. 6ᵉ ESPÈCE. Ostéalgies entomogènes (844) ou helminthogènes (1036); af-, fections des os par le parasitisme des larves et de la filaire.

Synonymie. Douleurs ostéocopes (de *osteon*, os, et *coptô*, couper, entailler, déchiqueter, fouir).

effets. Chaque coup de mandibules, faisant l'office d'une gouge et enlevant un copeau de la substance osseuse, produit une douleur qui fait pousser des cris au patient.

médication. Outre le régime hygiénique (1644) et alliacé (1250), on doublera la dose de la garance (1481) dans l'infusion de salsepareille (1504). On emploiera même la garance dans les cataplasmes aloétiques (1321), que l'on appliquera sur le siége de la douleur, au moins trois fois par jour.

β. **desmalgies** (2020, N. B.); **affections des ligaments qui tiennent deux extrémités osseuses rapprochées et en contact mutuel, tout en leur permettant d'obéir librement aux diverses contractions musculaires.**

2035. définition. Les ligaments (*desmoi*) sont le premier degré de l'ossification, dont les extrémités tendineuses sont le second, les cartilages le troisième, et l'os le dernier degré. Il faut distinguer deux sortes de ligaments : les *axillaires*, ceux qui sont dans l'axe des os, qui sont, pour ainsi dire, l'étranglement non ossifié, le nœud ou articulation flexible de deux cellules osseuses contiguës; et les *capsulaires*, qui ont leurs attaches autour des deux têtes osseuses contiguës et forment comme la boîte et la capsule où joue l'articulation.

2036. 1ʳᵉ ESPÈCE. Desmalgies atrophogènes (1732); relâchement des ligaments d'une articulation par suite d'un amaigrissement général, d'un long jeûne et d'une diète prolongée.

Synonymie. Dislocation, dégingandement, marche dégingandée; le malade ne se tient pas sur les jambes; — en latin : *distractio;* — en grec : *exarthrosis*.

médication. Pour favoriser l'action de la nutrition, unique remède à une pareille infirmité, on passera souvent avec la main de l'alcool camphré (1287) sur l'articulation sujette à se luxer.

2037. 2ᵉ ESPÈCE. Desmalgies traumagènes (1773); allongement du ligament axillaire et déchirement du ligament capsulaire, par suite d'une violente impulsion dont le contre-coup pousse l'extrémité d'un os en dehors de l'articulation qui lui est propre.

Synonymie. Luxation, déplacement et désemboîtement d'un os, désarticulation par relâchement; — en latin : *luxa, luxus, luxatio, luxatura, articuli luxati;* — en grec : *exarthrosis* ou *exarthrèsis, exarthroma* ou *exarthrèma*.

effets. Les ligaments, si forts, si coriaces qu'ils soient, ne sont pourtant, en définitive, que des tissus susceptibles de céder et se déchirer sous l'effort d'une impulsion supérieure à la résistance : la tête de l'os se désarticule, passe à travers la fente des ligaments, ou se loge dans ses plis; l'os est luxé et désemboîté. Cet accident peut arriver à toutes les articulations; mais c'est à l'épaule ou à la cuisse qu'il est le plus fréquent, parce que c'est là que le choc imprimé au membre tout entier trouve la dernière et principale résistance. Rien n'est plus fréquent, dans ma pratique, que de rencontrer des cas de luxation à la cuisse, qui ont été pris et traités, par les médecins, pour des tumeurs de nature ambiguë, et traités de manière à y faire naître des tumeurs de leur façon, des tumeurs compliquées de carie et de fistules : Un jeune enfant de la plus forte constitution, et né de père et mère de la meilleure santé, tombe un jour dans l'escalier, et se contusionne de diverses manières. Trois des grandes célébrités sont appelées et remarquent une de ces contusions, d'un plus gros volume que les autres, à la cuisse droite; celle-là résiste à l'action de leurs traitements et devient à leurs yeux une tumeur qu'il faut faire fondre au moyen de pommades mercurielles, dont ils n'épargnent nullement l'application. Les imprudents! ils avaient affaire à une luxation; et, à la suite de ce traitement ignare et destructeur, le fémur s'est carié, la cuisse s'est labourée de fistules, la santé générale, jusque-là si florissante, a pris les caractères d'une constitution mercurialisée, que ces messieurs décorent du nom de constitution scrofuleuse. Lorsqu'on nous a présenté cet enfant, ce n'était plus qu'une ombre d'enfant, incapable de rester debout, répandant autour de lui l'odeur infecte d'un pus de mauvaise nature qui coulait à flots par toutes les fistules, et n'ayant plus, au dire des médecins, que quinze jours à vivre. La méthode nouvelle, aidée des nouveaux appareils, le maintient depuis six ans, de manière à donner d'heureuses espérances. Or, ce pauvre enfant n'est rien moins que la seule victime d'une telle erreur de diagnostic et d'une erreur plus funeste de traitement.

MÉDICATION ET OPÉRATION DE REBOUTAGE (*). La MÉDICATION a pour but de préparer d'abord et de consolider ensuite l'opération du reboutage (Reboutage, du vieux verbe bouter pour mettre, d'où rebouter pour remettre en place un os qui s'est déplacé, qui s'est dérangé de son articulation, dont l'extrémité est sortie de son emboîtement articulaire). Avant de procéder à l'opération il est nécessaire d'assouplir les ligaments roidis, de désemplir les tissus engorgés, de ramollir les tendons raccornis. Après l'opération, au contraire, il est urgent de consolider tous les résultats, en ramenant les tissus étirés à leurs dimensions et à leur force primitives. Quelques jours et surtout une heure avant l'opération, on applique, sur la région luxée, un cataplasme aloétique (1321) pendant 20 minutes chaque fois, et l'on recouvre ensuite de pommade camphrée (1302, 2°). Après l'opération, on applique, trois fois par jour, sur la région luxée, une compresse imbibée d'alcool camphré (1288, 2°), ou on se contente d'en verser quelques gouttes entre la peau et les bandages. L'eau sédative ramollit; l'alcool consolide.

L'opération est des plus simples, et le mode d'opérer est suffisamment indiqué par le siége même du déplacement. Que l'on ait, par exemple, à rebouter une cuisse luxée dans quelque direction que ce soit : L'estropié étendu sur le dos, ses bras cramponnés par les aisselles à la tête du lit, la bonne cuisse fortement appuyée sur la barre du pied du lit, on lui saisit la jambe à remettre et par le genou et par le cou-de-pied, on l'étire à soi aussi vigoureusement et aussi long que peut le supporter le malade; et quand la douleur est au comble, à un signal donné, on lâche tout; et souvent du premier coup, la tête du fémur, retrouvant la boutonnière des ligaments qui lui avaient donné passage, y repasse par la force d'élasticité des ligaments eux-mêmes, afin de venir reprendre sa position normale dans la cavité cotyloïde et de se remboîter comme auparavant.

Si la luxation a eu lieu à l'épaule, l'estropié se cramponne par l'aisselle du bras sain, il prend son point d'appui inférieur par les deux cuisses, et l'on procède, pour la traction et le lâchement, comme dans le cas de la luxation de la cuisse.

En un mot, la luxation n'ayant lieu que parce que l'extrémité de l'os s'est fait, à travers ses ligaments capsulaires, une boutonnière qui lui a permis de s'engager en dehors de ces tissus, il ne s'agit plus, pour réparer le mal, que de la remettre en face

(*) Voyez Revue complémentaire des Sciences, livr. de septembre 1859, tom. VI, pag. 33.

de la boutonnière, afin que la traction des ligaments articulaires la ramène et son lieu.

2038. 3e ESPÈCE. Desmalgie ergotigène (2031); affection désorganisatrice des ligaments par l'action de l'ergot de seigle ingéré ou administré.

Synonymie. Chute et désarticulation en apparence spontanée des membres.

Médication. Nous nous en occuperons plus spécialement en parlant des maladies du tube intestinal.

2039. 4e ESPÈCE. Desmalgie entomogène (2034) ou helminthogène (1036); affection des ligaments par l'action désorganisatrice du parasitisme d'une larve d'insecte, de mouche ou d'un helminthe.

Synonymie. Chute ou désarticulation d'un membre; douleurs articulaires atroces; accès de goutte.

Effets. Il est plus facile de comprendre que la mandibule d'un insecte soit capable de trancher, scier, hacher un ligament des os, qu'il ne l'est de se faire une idée de l'action désorganisatrice d'une simple substance, telle que la farine de l'ergot de seigle aventurée dans le bol alimentaire. Une simple larve de mouche est en état de désarticuler un os, bien mieux encore que ne le ferait la pointe d'un instrument tranchant.

Médication. Application, sur l'articulation douloureuse, tantôt de cataplasmes aloétiques (1321), tantôt de compresses imbibées d'alcool camphré (1288, 2°). Camphre (1266) avec salsepareille un jour iodurée (1505), l'autre jour rubiacée (1480). Régime hygiénique (1644).

2040. 5e ESPÈCE. Desmalgies acanthogènes (1807); désorganisation des ligaments articulaires par l'action de corps barbelés introduits sous la peau.

Synonymie. Panaris avec chute des phalanges.

Effets. La dent du brochet, si elle s'introduit en cassant sous la peau du doigt, (ce qui arrive fréquemment aux cuisinières chargées de vider cette espèce de poisson), tranche et scie les ligaments articulaires les uns après les autres, détache les phalanges comme au ciseau et produit une purulence abondante et d'intolérables douleurs.

Médication. Nous l'avons indiquée à l'article onyxalgies acanthogènes (1807).

γ. CHONDRALGIES (2020 N. B.); affections particulières des cartilages ou surfaces articulaires des os.

2041. 1re ESPÈCE. Chondralgie krumogène (1763); affection des cartilages par l'action brusque ou prolongée du froid sec ou humide.

Synonymie. Fraîcheurs, engourdissements des membres, refroidissements, douleurs articulaires et rhumatismales; douleurs goutteuses; — en latin: articu'orum dolores frigidi; — en grec: arthritides.

Effets. Le froid en coagulant et réduisant en grumeaux la sérosité synoviale (*), qui doit lubrifier les cartilages articulaires, il s'ensuit des écartements, tiraillements et éraillements plus ou moins considérables, qui ne peuvent manquer de mettre chaque fois à une rude épreuve les surfaces d'une si grande sensibilié.

(*) Synovie, du grec: syn, avec, et oon, œuf = liquide analogue à la glaire d'œuf non cuit, humeur albuminoïde. C'est une exsudation spéciale aux surfaces articulaires des os; c'est, pour ainsi dire, une sérosité osseuse et plus phosphatée que celle qui s'exhale des autres cavités de l'organisation et des membranes dites séreuses.

MÉDICATION. L'application journalière des cataplasmes aloétiques (1321), une ou deux fois par jour, suffit souvent pour dissiper ces souffrances, en remettant en circulation les coagulations synoviales causes de si grandes douleurs.

2042. 2ᵉ ESPÈCE. CHONDRALGIE HYDROTOGÈNE (1661); affection des articulations produite par une exsudation surabondante et une accumulation de la sérosité synoviale.

SYNONYMIE. Hydarthrose ou hydropisie et œdème des articulations (du grec : *hydor*, eau, et *arthron*, articulation), tumeur blanche.

EFFETS. Ainsi que les autres genres d'hydropisie ou accumulation de la lymphe dans les cavités diverses du corps, l'hydropisie des articulations est une conséquence de l'interruption de la circulation sanguine ou de la double décomposition du sang. On sent alors, sous la percussion, une fluctuation évidente des liquides dans la boîte de l'articulation ; et le malade qui veut s'appuyer sur le membre croit avoir un coussinet d'air entre les deux extrémités osseuses contiguës ; il y éprouve moins de douleur que de gêne. L'amaigrissement gagne peu à peu l'os inférieur ou l'os supérieur à l'articulation, selon que l'obstacle à la circulation se reporte de préférence sur le système artériel ou veineux.

MÉDICATION. La médication doit avoir pour but de rétablir la circulation normale, en forçant l'obstacle qui en arrête le cours. Du même coup et ce but une fois atteint, le liquide synovial est réabsorbé par la puissance de la fonction circulatoire. A cet effet, et trois ou quatre fois par jour, on enveloppe l'articulation hydropique ou œdématisée, tantôt d'un cataplasme aloétique (1321), tantôt d'une compresse imbibée d'eau sédative (1345, 2°), qu'on laisse en place dix à quinze minutes. On applique ensuite les plaques galvaniques (1419) dix autres minutes. Soir et matin camphre (1266) avec tisane, tantôt de salsepareille iodurée (1505), et tantôt de garance (1477). Aloès (1193) tous les 3 jours et le lendemain lavement superpurgatif (1398).

2043. 3ᵉ ESPÈCE. CHONDRALGIES TOXICOGÈNES (2032), TRAUMAGÈNES (2033), ENTOMOGÈNES OU HELMINTHOGÈNES (2034) *désorganisatrices*; affections de la surface articulaire des os par l'action désorganisatrice soit du mercure, soit d'un choc violent, soit du parasitisme d'une larve, d'un insecte ou d'un helminthe.

SYNONYMIE. Ankylose, fausse ankylose (du grec : *ankylôsis;* et *ankylôsis*, de *ankylos*, tortu, coudé, courbé, comme une courroie, *ankylé*, de javelot); exsudation de phosphate calcaire.

EFFETS. Toute extrémité osseuse a une tendance à se souder avec l'extrémité contiguë ; les cartilages ne sont de part et d'autre que le *cal* générateur de cette nouvelle association. Les mouvements articulaires s'opposent à cette nouvelle coadunation osseuse; et le frottement incessant polit les surfaces cartilagineuses que l'exsudation synoviale lubrifie. Il suffirait de tenir une articulation dans une inactivité forcée pour l'ankyloser complètement. Donc lorsqu'un travail quelconque d'érosion chimique ou animée sera venu entamer les surfaces articulaires, les bourgeonner de fistules, de déblais et de remblais calcaires, de manière que tout glissement devienne impossible, et qu'on ne puisse mouvoir le membre sans éprouver une vive douleur, l'articulation, condamnée ainsi à un repos absolu, doit s'encombrer de matériaux morbides et être remplacée par une soudure. Mais ce travail de désorganisation ne peut manquer de prendre la forme humide et purulente qui, en se faisant jour au dehors, donnera lieu à des fistules purulentes. Ces fistules interceptant la circulation, forcent les liquides sanguins à s'insinuer dans les canaux interstitiels des cellules où ils vont alimenter le développement de nouveaux tissus, du genre des tissus normaux. L'articulation rougira, se tuméfiera ; ce sera alors ou une ANKYLOSE FISTULEUSE, ou une FAUSSE ANKYLOSE.

si, au lieu d'une soudure, il n'y a encore qu'un faux engrenage, et que l'articulation conserve encore quelques traces de ses anciens mouvements.

D'autres fois l'exsudation calcaire se fera jour au dehors, et le phosphate de chaux sourdra des articulations en espèce de *stalagmites* (*).

Les mercurialisés par le *sublimé corrosif* sont le plus exposés à ces sortes d'exsudations calcaires; ils suintent le phosphate de chaux par toutes les jointures, pendant que les articulations continuent à s'ankyloser, les doigts à se contourner, à devenir crochus, émaciés, effilés, déformés de la manière la plus pénible à voir. J'ai soigné de pauvres Madeleines dont les belles mains n'étaient plus que des griffes, pour avoir eu foi dans leurs hydrargyriques médecins.

2044. J'ai publié, dans la 2e édition de cet ouvrage, un terrible cas de ce genre, que je ne saurais me dispenser de reproduire ici; c'est en plaçant de tels exemples sous les yeux des jeunes gens qu'on peut le plus efficacement les préserver et du danger et du remède :

Le malade qui fait le sujet de cette légende avait été, vingt ans durant, le lion, le Lovelace du département de la Meurthe; c'était un hercule taillé dans les formes gracieuses d'un Antinoüs; suffisant à tous les plaisirs, couru de toutes les belles, aussi bon convive que travailleur actif et intelligent, il pouvait mener de front, avec un égal avantage, les soins de sa fortune et le programme de ses plaisirs. Mais il n'est pas de si fort navire qui ne soit exposé à échouer : un jour notre héros sentit le besoin de régler ses comptes d'amour avec la docte médecine; et là tout commença à décliner. Le mercure transmis par la volupté appela le mercure prescrit par la faculté; le mercure sous toutes les formes, y compris le terrible sublimé corrosif, et à telle dose que toutes les articulations en subirent peu à peu les effets. Il s'ensuivit chez lui une ankylose générale, une soudure de toutes les articulations, des vertèbres, des membres, des doigts, de toute la charpente osseuse enfin; les fonctions viscérales se faisaient du reste régulièrement, et le pauvre crucifié avait conservé toute son intelligence et toute son affection. Un ange d'amour et de dévouement veillait nuit et jour à son chevet, pour lui servir de mains, lui porter sa nourriture à la bouche, lui donner la becquée et le distraire de sa douleur. Les amantes l'avaient quitté; l'épouse lui restait fidèle et l'aimait, malade, encore plus peut-être qu'elle ne l'avait aimé bien portant. Pendant huit ans, la tendre et infatigable sollicitude de cette épouse ne s'était pas démentie un seul instant; il est des femmes qui vous aiment en raison de vos souffrances; qui vous aiment d'autant plus qu'elles vous voient plus faibles; qui vous pardonnent de les avoir fait souffrir, dès qu'elles vous voient souffrir vous-mêmes; qui vous adorent en vous soignant, heureuses que vous vouliez bien agréer leurs services et vous laisser bercer, comme elles ont bercé votre enfant.

Le pauvre martyr, objet d'un pardon et de soins aussi touchants, suintait le phosphate calcaire jusqu'au-dessous des ongles qui semblaient s'en incruster et s'ossifier en s'allongeant. Immobile sur ses oreillers, il ne remuait librement que les yeux et les organes de la mastication et de la déglutition. La cause du mal, chimique et désorganisatrice par double décomposition, ne s'était attaquée qu'à la charpente, qu'aux tissus incrustés de calcaire; elle ne viciait que la circulation osseuse, comme par voie d'élection et comme par une préférence instinctive.

(*) Du grec *stalagma*, liquide qui tombe goutte à goutte et qui se concrète en tombant. On distingue, dans les cavernes, les concrétions formées de la sorte, en *stalactites*, concrétions qui se font à la voûte, et *stalagmites*, celles qui se font sur le sol; les unes et les autres s'accroissent, à chaque goutte, par une nouvelle assise conique et comme par le développement du sommet.

Le dessin que nous donnons de ce cas a été fait d'après nature; qu'il serve de leçon et aux jeunes étourdis et aux médecins plus étourdis encore; car à un mal ainsi caractérisé, nous ne sachions jusqu'à ce jour d'autre remède qu'un peu de soulagement.

MÉDICATION. 1° L'ankylose fistuleuse n'est rien moins qu'incurable; et nous avons cité, dans nos deux *Revues*, un assez grand nombre de cas de guérison à cet égard. Régime antimercuriel complet (1686), si l'on soupçonne au mal une origine hydrargyrique. Tisane de garance (1479) et injections fréquentes (1386) à la garance, si les

III. 29

soupçons se reportent sur l'action du parasitisme d'une cause animée. Mais dans tous les cas, trois fois par jour, laver l'articulation à l'eau quadruple (1375); injecter même de cette eau tiède dans les fistules; au besoin envelopper, pendant 10 à 20 minutes, les articulations avec un linge imbibé d'alcool camphré(1288, 2°), en se promenant pour se garantir la respiration des vapeurs alcooliques, ou en enfermant le pansement sous un surtout empesé (1416); recouvrir enfin toutes les fistules de coussinets de charpie enduits de pommade camphrée (1405) que l'on maintiendra en place au moyen de bandes appropriées (1407), jusqu'au prochain pansement. Si la fièvre survenait, en dépit de tous ces soins, aspirer le pus, par l'orifice des fistules, au moyen d'une petite seringue à injections, et lotionner les surfaces saines et environnantes avec l'eau sédative (1345, 1°). Aloès tous les trois jours (1197) ; et, le lendemain matin, lavement (1395) au besoin superpurgatif (1398). Appareils galvaniques (1418) indiqués par le genre de régions envahies. Peaux d'animaux vivants fréquemment appliquées (1217).

2° Contre les ANKYLOSES PHOSPHATIQUES (avec exsudation de phosphate calcaire), on doit recourir à des précautions qui varient selon la délicatesse des articulations envahies. En certains cas l'action de l'alcool serait par trop énergique; il faut la mitiger par une addition d'eau. Mais on doit redoubler les bains locaux (1234) ou les lotions à l'eau quadruple (1375), l'application des peaux d'animaux vivants (1220) et les bains de sang (1249). Surveillez de près l'action des plaques galvaniques (1419), dont certaines déformations osseuses ne pourraient pas toujours supporter l'énergie. Camphre et tisane de salsepareille iodurée (1505) alternant avec la tisane de garance (1479). Aloès (1197) tous les trois jours; et lavement camphré (1396) tous les matins. Régime antimercuriel (1686) complet.

2045. 4° ESPÈCE. CHONDRALGIES TOXICOGÈNES PSEUDORGANISATRICES (2032) ; affections des surfaces articulaires provenant d'un développement anormal et de la formation d'un pseudorgane, sous l'influence d'un atome incubateur mercuriel ou autre.

N. B. Nous subdiviserons cette espèce en cinq variétés, selon que le développement conservera son caractère osseux (EXOSTOSE), ou qu'il participera également du développement osseux et du développement charnu (OSTÉOSARCOME), ou bien qu'il sera une transformation complète de l'organisation osseuse (CANCER DES OS OU TUMEUR ENCÉPHALOÏDE), etc.

2046. 1re VARIÉTÉ. CHONDRALGIES EXOSTOSIQUES; affections des articulations par suite du développement anormal et hypertrophique des surfaces articulaires.

SYNONYMIE. Ankylose ou fausse ankylose sans carie et fistules; soudure intime des deux os, ou gêne plus ou moins prononcée dans le jeu de l'articulation.

EFFETS. Les surfaces articulaires se bossèlent et se tuméfient; il se forme çà et là des protubérances osseuses qui s'engrènent entre elles, celles de la surface supérieure avec celles de la surface inférieure. Si elles ne contractent pas adhérence, l'ankylose est incomplète; c'est une FAUSSE ANKYLOSE ; et on le reconnaît au jeu, quoique plus ou moins restreint, de l'articulation. Mais à force de se tuméfier et par suite du rapprochement et du contact immédiat des deux surfaces au repos, les deux extrémités osseuses ne tardent pas à contracter adhérence; et alors l'ANKYLOSE est complète; c'est une SYMPHYSE ACCIDENTELLE (*); les deux os n'en font plus qu'un.

MÉDICATION. La médecine scolastique avait conçu l'idée de remboîter l'articulation ankylosée en la brisant... ; singulière méthode !... Cette idée aurait pu être ridicule, si elle n'avait pas été barbare; car le moyen de guérison est certainement pire que le

_____

(*) Du grec *syn* avec et *phuô* j'organise. La symphyse proprement dite est la soudure, par le développement adulte et normal, de deux os primitivement articulés chez le fœtus.

mal. Contre l'ANKYLOSE VRAIE et complète, il y a fort peu de chose à tenter ; on ne dessoude pas deux os comme deux tiges métalliques. Mais quand l'ankylose est incomplète, que le jeu de l'articulation n'est pas encore disparu, on a l'espoir, sinon de guérir radicalement, du moins de rendre de la souplesse aux mouvements, de dégager, du travail envahissant de l'ankylose, les tendons et tissus adjacents, et de rendre complétement aux membres voisins les mouvements que le développement anormal des surfaces osseuses avait fini par intercepter. Outre le régime antimercuriel (1686), on enveloppe fréquemment, et pendant dix minutes, l'articulation avec une compresse imbibée d'eau sédative (1345, 2°), en essayant de faire jouer l'articulation avec précaution ; ensuite on y applique les plaques galvaniques (1449) dix autres minutes ; et l'on recouvre enfin d'un linge enduit de pommade camphrée (1297). Bains locaux de sang (1219) fréquemment.

2047. 2° VARIÉTÉ. CHONDRALGIE OSTÉOSARCOMATIQUE ; affection pseudorganisatrice qui transforme les surfaces articulaires en une substance qui tient autant de la nature des chairs que de celle des os (du grec : *osteon*, os, et *sarx, sarkos*, chair).

SYNONYMIE. Tumeur rouge et charnue aux articulations ; ostéosarcome (mot moderne, quoique formé de racines grecques. Galien parle de la sensibilité qu'acquiert la substance osseuse, quand elle devient chair).

EFFETS. Les cartilages prenant un développement insolite sous l'influence de l'incubation de l'atome, soit métallique, soit organisé, soit animé, le réseau interstitiel des cellules cartilagineuses ne tarde pas à communiquer avec les capillaires du réseau de la circulation sanguine ; or, le sang, c'est le germe de la vitalité et l'élément du développement organisé : il n'est donc pas étonnant que, dans ce microscome accidentel et irrégulier, on ne trouve, enchevêtrés d'une manière inextricable, et des canaux incrustés de calcaire et des canaux parcourus par des dérivations du torrent circulatoire, ce qui fait un mélange monstrueux d'os et de chair. Une telle affection est dans le cas d'imprimer à l'articulation une tuméfaction d'un assez fort volume ; c'est principalement au genou qu'une telle perturbation survient. Chaque phase d'accroissement est la cause d'un redoublement de souffrances ; car la marche d'un tel accroissement a quelque chose d'analogue avec celle d'un coin qui s'enfoncerait de plus en plus entre les deux articulations, et qui, en éloignant les unes des autres les surfaces articulaires, augmenterait de plus en plus le tiraillement des ligaments et des muscles de cette région. Celui des membres auquel cette tumeur supprime plus ou moins complétement la circulation artérielle ou veineuse s'amaigrit de plus en plus.

MÉDICATION. L'ancienne médecine ne voyait à un pareil mal que l'amputation (*). La nouvelle médication a dû, par ses nombreux succès en ce genre, désabuser l'ancienne d'aussi funestes convictions. Trois ou quatre fois par jour, on applique, sur toute la tumeur enflammée, une forte compresse imbibée d'eau sédative (1345, 2°), en ayant soin de presser fortement avec la main les compresses contre les surfaces de la tumeur. Au bout de dix minutes, on applique sur les mêmes régions les plaques galvaniques (1449), dix minutes également. On recouvre ensuite d'un linge enduit de cérat camphré (1303). On recommence, à chaque retour des vives douleurs et des lancinations. Au bout de quelques jours, et quand on s'aperçoit que, sur un point ou un autre, il se forme comme une tache blanche, on applique en cet endroit une largeur de sparadrap (1410), qu'on laisse en place jusqu'à ce que les bords commencent à se décoller ; on arrache alors violemment ce qui reste adhérent ; et le plus souvent, dès la

(*) Voyez *Revue élémentaire de médecine et de chirurgie*, tom. I, 1847, pag. 140, 209 et 341.
— *Manuel* de 1845, pag. 222.

première de ces tentatives, on trouve sous la plaque une perforation par où se vide la poche de pus ; on pratique alors une fente par le trou, en dirigeant l'incision vers la partie la plus déclive, afin qu'il ne reste pas trace de pus dans la cavité. On lave la poche avec de l'eau quadruple tiède (1375), ensuite avec l'huile camphrée (1294), et on panse comme nous l'avons expliqué à l'article BLESSURES (1776).

2048. 3e VARIÉTÉ. CHONDRALGIES KYSTIQUES (1087, 1974); affections qui déterminent le développement de kystes sur les surfaces articulaires des os.

SYNONYMIE. Kystes (du grec : *kystis*, vessie et poche).

EFFETS. Le KYSTE proprement dit est toujours implanté sur la surface articulaire ou ligamentaire d'un os ; il semble sortir d'entre une articulation, comme un *hypoxylon* ou un *lycogala* sort de dessous l'écorce d'un arbre. Le KYSTE est une poche à parois fortement cartilagineuses, incomplète, biloculaire à l'intérieur, qui soulève la peau sans jamais la transpercer et s'en isoler, et qui est remplie et distendue par un liquide limpide, dans lequel nagent des corps organisés et reproducteurs. J'en ai observé de la grosseur d'un œuf de pigeon, qui étaient implantés sur le ligament sous-rotulien et qui faisaient saillie hors de l'articulation du genou; ils sont fréquents à l'articulation du poignet. J'ai eu à soigner un jeune homme qui en avait le dessus de la main presque couvert ; ils n'étaient tous pas plus gros qu'une noisette. On reconnaît le KYSTE en ce qu'en frappant la petite tumeur on sent sous le doigt une fluctuation manifeste à l'intérieur de ces bosselures arrondies. Le développement de cette espèce de pseudorgane n'occasionne aucune douleur; c'est une gêne et une difformité plutôt qu'une maladie.

MÉDICATION. On ne doit point avoir la prétention de faire fondre une semblable superfétation organisée ; car le fondant serait dans le cas de désorganiser par la même voie les tissus normaux.

1° Le moyen le plus simple et le plus prompt de s'en débarrasser, c'est d'éventrer la poche, soit avec la pointe du bistouri, soit avec le *caustique de Vienne* (1514, 3°). Le liquide une fois écoulé par l'ouverture ainsi pratiquée, on injecte dans l'intérieur de l'alcool camphré (1287) ou une dissolution alcoolique d'iode, et l'on panse à la pommade camphrée (1302, 2°).

2° Ou bien on fend l'enveloppe cartilagineuse de la poche dans toute sa longueur, après la première injection ci-dessus, ce qui contribue à en accélérer la décomposition.

3° On pourrait encore enlever cette poche, en dédoublant et isolant, avec la pointe du bistouri, la surface de la peau à laquelle elle adhère intimement. Cela fait, on rapprocherait les deux lèvres de la plaie qu'on maintiendrait appliquées avec des lanières de sparadrap (1410), et par-dessus avec des bandes enduites de pommade camphrée (1297). Mais la première des trois opérations est à la portée de tout le monde, et elle est toujours couronnée d'un plein succès.

2049. 4e VARIÉTÉ. CHONDRALGIE STÉATOMATIQUE (872); affection qui transforme les surfaces articulaires en un tissu comme lardacé, mais craquant sous le fil de l'instrument tranchant.

SYNONYMIE. On a confondu à tort cette affection osseuse avec l'OSTÉOSARCOME (2047).

EFFETS. C'est un développement distinct des surfaces articulaires, où l'élément cellulaire adipeux domine sur l'élément interstitiel osseux, c'est-à-dire, où les canaux interstitiels des grandes cellules seules s'incrustent de sels calcaires à l'intérieur. Quand on dissèque de pareilles tumeurs, on croirait couper des tranches de lard un peu rance.

MÉDICATION. La MÉDICATION est sans ressources, le plus souvent, contre de pareils

.ravages, si la désorganisation s'étend profondément ; et elle cède alors la place à l'AM-
PUTATION.

2050. 5ᵉ VARIÉTÉ. CHONDRALGIE CANCÉRIQUE ; développement du cancer sur la
surface articulaire des os.

SYNONYMIE. Tumeur encéphaloïde (du grec : *encephalon*, cerveau, et *eïdos*, image,
.masse ressemblant au cerveau). Tumeur blanche.

EFFETS. La fatalité, qui a si souvent pesé d'un poids si lourd sur ma famille, m'a
mis à même d'enrichir la science d'une étude approfondie de cette terrible affection, en
me condamnant à être témoin de son développement, presque à toutes les heures du
jour et de la nuit, pendant près de quinze mois. A mon plus grand ennemi, je ne
souhaite pas une épreuve semblable ; et pourtant il est, parmi mes ennemis, des pieux
scélérats qui le mériteraient bien par la loi du talion. Cette longue maladie, qui fit
onze mois durant le désespoir de toutes mes tentatives pour enrayer le mal, a été cependant le plus beau triomphe de la puissance de la médication et du pansement de la
nouvelle méthode ; c'est sur mon propre fils, Benjamin Raspail, ex-représentant du
peuple et aujourd'hui peintre distingué de paysage, que j'ai eu à poursuivre cette
longue observation ; c'est celui de tous mes enfants que les circonstances ont mis le
plus en butte aux féroces moyens avec lesquels l'ex-Société de Jésus se venge des
pères, qui ne redoutent aucun de ces séides de 1815, sur de jeunes enfants sans défense. Un jour je raconterai en détail ces barbaries envers les miens, que je ne par-
donnerai jamais à cette peste de toutes les sociétés humaines ; mes souvenirs à cet
égard sont autant de malédictions à son adresse. Quant à ses barbaries envers moi, je
n'ai pas grande peine à les lui pardonner ; j'ai eu ma revanche en lui faisant terriblement peur ; cela me suffit.

Au mois d'août 1833, je venais d'être incarcéré, sous prétexte d'avoir présidé, à la
place du général Lafayette, en ce moment absent, la réunion pour la reddition des
comptes de la *Société de secours à la presse*. La véritable raison de l'arrestation, c'est
que le Guizot, le signataire de toutes les turpitudes politiques que Loyola dictait au
juste milieu, n'avait trouvé que ce moyen pour empêcher l'Académie des Sciences de
décerner à mon *nouveau système de chimie organique* ce que son président, Geoffroy
Saint-Hilaire père, appelait alors une récompense nationale.

A cette époque, je vivais, dans une chaumière, vrai ermitage, à Épinay, au-dessus
de Saint-Denis, la veille encore ignoré de tout le village où nul ne savait mon nom, excepté les gens de la police occulte ; et là, ce dont je m'occupais le moins, c'était bien de la
politique, car tous les masques alors m'étaient connus sous leurs traits pieux. Le lendemain de cette arrestation, tout le monde me connaissait sous mon vrai nom, et la
persécution commençait contre ma famille, qui ignorait encore ma captivité.

Le jeune enfant (il avait dix ans) s'amusait sur la grande route et plaisantait avec
un ouvrier du voisinage, âgé de plus de vingt ans, lorsque ce misérable lui lance de
toutes ses forces une brique de cheminée qui l'atteint à la tubérosité interne de la
tête du tibia et le renverse sans connaissance sur la route. Aucun des paysans témoins
du coup ne prit la peine de venir le ramasser sur la route : c'était le fils d'un prison-
nier. Il fallut que la mère, qui gardait alors la chambre, le pied sur une chaise,
recueillît toutes ses forces pour aller retirer de la grande route son enfant que l'on
croyait mort. A force de soins, il reprit connaissance ; la plaie se cicatrisa ; mais il
resta toujours, à cette place, comme un petit ganglion mobile sous la peau, et que l'on
négligea tout d'abord, vu qu'il n'occasionnait aucune douleur.

Vers le milieu de 1840, de retour d'une partie de chasse, il se sentit pris de douleurs
assez vives à la partie interne de la tête du tibia, juste à l'endroit où se trouvait encore

la cicatrice du coup de pierre de 1833. Nous ne vîmes tout d'abord dans ce malaise qu'un indice de croissance ; mais quelques jours après, la douleur, devenant plus vive, commença à fixer plus spécialement notre attention. Tout vague que fût ce malaise, on remarquait qu'il inspirait, dès le début, au malade, de tristes pressentiments.

Les applications d'alcool camphré et d'eau sédative, qui commençaient alors à nous donner partout ailleurs de si beaux résultats, restèrent en ce cas tout à fait inefficaces.

Le 4 février 1841, le malade renonça à ses courses et prit le lit : les douleurs devenaient intolérables. Les applications successives de compresses imbibées, tantôt d'une décoction brûlante d'*assa fœtida* (1399), tantôt d'alcool camphré (1287), tantôt d'eau sédative (1345, 2°), semblèrent procurer un soulagement tel, qu'il se leva et partit pour le spectacle, à pied, faute de voiture, par un froid de 4 à 5° au-dessous de zéro.

Quand il revint, force fut de le porter à bras dans son lit, d'où il ne s'est relevé que privé d'une jambe, au bout de quinze longs mois de tortures et de désespoir.

Car, dès le lendemain, la jambe commençait à se rapprocher de la cuisse ; l'extension en devenait impossible ; le malade croyait avoir un corps étranger dans l'articulation du genou. Aucun des ingrédients du nouveau système ne réussit à calmer ses douleurs. En désespoir de cause, on en vint même à appliquer les sangsues ; mais à chaque piqûre, le malade poussait des cris aigus, et il ne cessa d'éprouver des douleurs atroces que lorsque les sangsues eurent lâché prise.

Dès le 11 mars, et à bout d'essais et de forces physiques, je cherchai à décider le malade à l'opération ; les docteurs Adorne et Alex. Thierry, alors mes amis et les siens, lui déclarèrent qu'ils ne voyaient que ce moyen de le débarrasser de souffrances interminables. Mais il est si cruel à cet âge de se voir mutiler par l'art, qu'on arrive malgré soi à douter de sa compétence ; et puis les mères sont les dernières à perdre tout espoir. Afin de ne pas laisser place au moindre doute, nous eûmes recours à tous les remèdes de bonne femme que chacun voulut bien nous signaler ; mais le développement de la tumeur continuait sa marche progressive, en dépit de quelques soulagements passagers.

Trois fois le malade éprouva une attaque d'hémiplégie dans le côté gauche : en mars, en avril et en juillet 1841. De chaque mot, chaque fois il ne pouvait plus prononcer que la dernière syllabe ; mais chaque fois, en avril et en mars, les lotions générales à l'eau sédative et principalement sur le côté paralysé, avaient, en moins de vingt minutes, dissipé tous les vestiges du mal. L'attaque de juillet, qui eut lieu en mon absence, dura cinq heures.

Dès le 1er septembre, le malade et sa mère commençaient à perdre l'espoir de triompher de ce mal à l'aide de la simple médication ; et ce n'était pas faute de soins prodigués à toutes les heures, à tous les instants du jour et de la nuit. Nous en étions arrivés à ce point, qu'il ne se passait pas de quart d'heure que le malade ne nous appelât à son secours. Le pansement de la jambe nous prenait chaque fois des heures entières ; et il se passait une heure avant que le malade se décidât à se laisser panser, tant l'opération était pénible et difficile ; le cœur me manquait souvent à tenir la jambe soulevée, même en m'accoudant sur le lit. L'amaigrissement du corps augmentait avec le volume de la jambe ; le malade avait fini par n'être plus qu'un squelette vivant, ayant pour boulet au genou une tumeur d'une grosseur démesurée. Par surcroît de malheur, la peau se fendit au-dessus de la malléole externe, et mit à découvert la portion correspondante du péroné, au moyen d'une large et profonde ulcération qui paraissait alimentée par une fusée purulente sous-cutanée.

Le 8 octobre, dans la nuit, le malade, sur mes observations, se décida à subir l'amputation ; c'était notre dernière ressource et alors dans les conditions les moins favorables.

Le lendemain, 9 octobre, MM. Alex. Thierry fils et Pinel Grandchamp furent prévenus ; ils crurent devoir s'adjoindre MM. Lisfranc et M. Thierry-Valdajou père. Ils convinrent de confier le soin d'opérer sous leurs yeux à Alex. Thierry fils. Mais quant au lieu d'élection, les avis se partagèrent : Deux de ces messieurs, persuadés que l'os du fémur devait être atteint, pensaient qu'il fallait désarticuler la cuisse, opinion qui répugnait avec juste raison aux deux autres. On se sépara sans rien arrêter, mais en se donnant rendez-vous pour le lendemain auprès du malade. Seulement il fut décidé que l'opération aurait lieu le 13 octobre.

Mais pourtant le cas paraissait si embarrassant à ces messieurs, qu'ils amenèrent en consultation, dès le 12 octobre, quatorze des plus grandes célébrités chirurgicales de l'époque, parmi lesquelles je comptais des condisciples et des collaborateurs : C'étaient, outre les quatre susmentionnés, MM. Breschet, Blandin, Natalis Guillot, beau-frère d'Al. Thierry, Ricord, Desprets, Tessier, etc., Veyne, Ducome, et quelques autres internes d'hôpitaux (*). La consultation, qui avait lieu dans la salle basse, dura deux heures; les opinions furent soutenues de part et d'autre avec une égale déférence et un égal intérêt. Les voix ayant été recueillies, on m'appela au sein de l'assemblée, pour me faire part de la décision ; ce fut Breschet que l'on chargea de porter la parole : « Huit de ces messieurs étaient d'avis que, dans un pareil cas, la chirurgie n'avait rien à faire, que toute espèce d'opération serait désastreuse et sans succès, l'os du fémur devant être dans un état complet de dégénérescence sur toute sa longueur, et de plus, selon l'opinion particulière de l'un de ces messieurs, le système veineux étant en proie à une *phlébite* (inflammation des veines) dans toute l'organisation du malade, la veine saphène sur toute la cuisse paraissant lui en offrir des signes assez évidents (**) ; quatre d'entre eux avaient opiné pour la désarticulation du fémur, ne modifiant l'avis de leur huit autres confrères qu'en ce sens, que de cette manière l'opération chirurgicale avait une chance, une seule, de succès. Un seul, et c'était M. Thierry-Valdajou père, fut d'avis que l'amputation pouvait se faire avec succès dans la continuité du fémur, garantissant que le fémur était sain et qu'il n'existait aucune inflammation des veines. Thierry fils, ayant été désigné tout d'abord pour pratiquer l'opération, avait cru devoir se dispenser d'émettre une opinion quelconque.

Breschet ayant fini de résumer les opinions de ses collègues, je dis à ces messieurs, que je ne trouvais dans ces opinions qu'une seule conforme à la mienne; c'était celle de M. Thierry-Valdajou, et que je me croyais en droit de certifier que l'os du fémur n'était nullement intéressé dans les ravages de la maladie, qu'il était complétement étranger à la désorganisation, ainsi que le système veineux et tous les appareils

_____

(*) J'habitais alors le petit Mont-Rouge, au centre de cette grande jésuitière occulte. Une pareille visite était un événement sans exemple en pareil quartier. C'est là que Lisfranc, de sa voix de Mirabeau, disait aux voisins ébahis : « Cela vous étonne de voir quatorze équipages de chirurgiens à la porte d'une aussi modeste maison? Savez-vous que Louis-Philippe n'aurait pas pour 50,000 fr. une consultation semblable? » Et les paysans ouvraient de grands yeux.

(**) A cette époque, notre collaborateur Breschet ayant trouvé des rougeurs sur la membrane interne d'une veine, avait créé, sous le nom de *phlébite*, une nouvelle maladie caractérisée par l'inflammation du tissu vasculaire ; et, dès ce moment de préoccupation, il y eut peu de cas soumis à l'observation de Blandin, son élève, dans lesquels la phlébite ne jouât pas un certain rôle. C'est ce qui arrive à tous les praticiens de l'ancienne école ; ils sont à la recherche d'une espèce de maladie rare, comme un herboriste à la recherche d'une plante ; et ils finissent ensuite par la retrouver partout.

musculaires de la cuisse : « Cette grande tumeur, leur dis-je, dont je n'ai cessé de
suivre, dès le principe, le développement dans toutes ses phases, est un organe d'une
incontestable unité, dont le point de départ se trouve sur la protubérance interne de
la tête du tibia ; c'est là que la tumeur s'insère et nullement ailleurs ; espèce de fongosité qui s'est développée aux dépens du tibia et du tibia seulement, lequel est désorganisé sur tout le tiers supérieur de sa longueur. Cette fongosité, dont j'ignore la
structure physiologique, mais dont je garantis la régulière organisation, s'est glissée
sous la peau qu'elle a dédoublée, et autour des muscles de la cuisse qu'elle enveloppe
comme un manchon ; en sorte que si, par impossible, elle pouvait passer par une incision faite à la hauteur de la rotule et qu'elle n'eût pas dévoré la substance du tibia, on
en débarrasserait le malade, en coupant le pédicule implanté en cet endroit. » Je
réitérai l'assurance de ma conviction intime, que le fémur était sain, tout aussi bien
que la rotule, et que j'osais répondre du succès de l'opération, pourvu que l'amputation fût faite sur la continuité de l'os. Je déclarai du reste que j'insistais pour que
l'opération eût lieu de cette manière, à l'exclusion de toute autre.

« Dans ce cas, dirent tous ces messieurs à l'unanimité, la volonté formelle du père
doit l'emporter sur nos avis ; la responsabilité du résultat ne saurait plus dès lors reposer sur personne ; » et l'opération fut renvoyée, par suite de la volonté formelle du
malade, au lendemain 13 octobre, jour où elle eut lieu par les mains de Thierry fils,
assisté de MM. les docteurs Lisfranc, Pinel-Grandchamp, Guillot, Desprets et les élèves
Veyne et Jamin. Je ne voulus laisser à personne le soin de soutenir cette énorme jambe
pendant l'opération; malheureusement le volume de la tumeur me dérobait la vue de la
région sur laquelle se faisait l'incision ; et Thierry, un peu préoccupé des appréhensions
de la majorité de ses collègues et de l'effet de la délibération de la veille, avait cru
avoir des chances d'autant plus grandes qu'il amputerait plus haut. De cette résolution mon fils subit chaque jour maintenant les cruelles conséquences ; car le moignon
coupé trop court a d'autant moins de force musculaire pour mouvoir la jambe artificielle.

Lorsque la jambe me tomba entre les mains, j'étais juste au bout de mes forces, et
j'allais à mon tour tomber évanoui; on m'emmena au loin; la ligature des artères se
fit pendant mon absence et je ne sais sous l'influence de quelle autre nouvelle préoccupation, on réunit plusieurs des bouts de fil en faisceaux ; ce qui a retardé bien
longtemps la cicatrisation complète, les fils s'étant enchevêtrés dans les chairs. Mais
enfin l'opération terminée, tous ces messieurs s'empressèrent d'examiner le membre
amputé; et Lisfranc, qui était le bourru le meilleur et le plus franc du monde,
s'écria : « Avouons, messieurs, que nous étions tous dans l'erreur; l'os du fémur est
aussi sain que le marbre ; les muscles sont dans toute leur intégrité; les veines n'ont
rien de ce qu'un d'entre nous y avait supposé; la leçon est forte; il est heureux que
le père ait tenu à son opinion ; il nous a décrit d'inspiration le cas tel que l'observation directe nous le montre. »

Dès qu'on m'eut annoncé que, une fois les ligatures terminées, on allait procéder au
pansement, je me hâtai de monter, pour que les chairs une fois rapprochées, on me
permit de me charger de tout le reste ; j'opérai donc le pansement, à partir de ce moment, tel que je le prescris encore aujourd'hui, et je n'épargnai pas les lotions à l'eau
sédative (1345, 1°). Le soir, le malade fit son repas habituel ; les lotions à l'eau sédative et les frictions à la pommade camphrée prévenaient la fièvre. Le lendemain, les
chirurgiens furent étonnés de ne pas découvrir le moindre symptôme fébrile. « Il garde
une diète sévère, » me dirent-ils. Je ne me rappelle pas si je leur répondis que oui mais
il avait déjà fait ses quatre repas, et il continua à les faire pendant toute la durée de la

cicatrisation ; ce que j'avouai à ces messieurs, quand la guérison fut accomplie. C'était, à cette époque, une de ces hérésies chirurgicales qu'aucune indulgence de collègue et de collaborateur ne m'aurait pardonnée. Ils me la pardonnèrent en raison d'un si beau résultat; mais je crois qu'ils ne l'ont jamais adoptée, et que cet exemple n'a nullement profité aux malheureux opérés de leurs hôpitaux.

La cicatrisation complète eut lieu fort tard, à cause de l'enchevêtrement des fils qui avaient servi à pratiquer la ligature des artères.

Mais, à partir du 8 janvier 1842, elle marcha rapidement; et au mois de juin, l'opéré supportait l'emploi d'une jambe de bois ; mais il en a été toujours tellement fatigué, que dès qu'il le put, il fit usage par préférence de béquilles.

2° DESCRIPTION ANATOMIQUE ET ICONOGRAPHIQUE DE LA JAMBE AMPUTÉE. La jambe amputée pesait 32 kilogrammes, immédiatement après l'opération ; elle mesurait 80 centimètres de périmètre sur la partie la plus haute de la tumeur.

2031. La figure première ci-après (*) la représente vue par le côté externe :

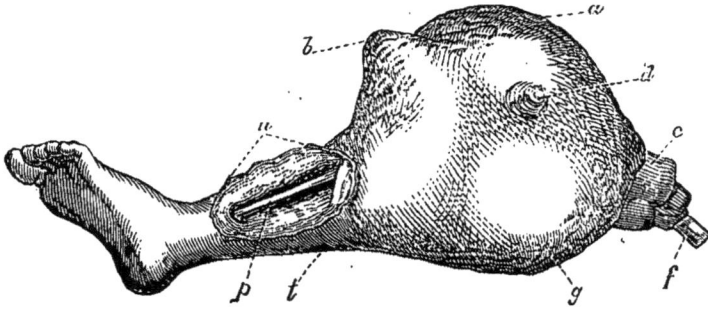

f. Portion de fémur dénudée par la rétraction des muscles et qui montre que cet os était dans un parfait état de conservation. — c. Muscles de la cuisse serrés fortement par une courroie pour l'opération du moulage en plâtre. — d. Protubérance correspondant à la tête du péroné, qui, à une certaine époque de la maladie, et un jour que je soutenais la jambe pour le pansement, avait éclaté en se séparant violemment du tibia. A l'époque de l'opération, il commençait à se former en cet endroit une ulcération par où le pus aurait abouti. — g. Contour inférieur de la tumeur ; la surface de la peau y était gravée en creux par de profondes vermiculations.—a. Contour supérieur de la tumeur. — b. Tubérosité conique correspondant à la tubérosité externe de la tête du tibia. — u. Ulcération ou plutôt solution de continuité, qui s'opéra, dès le milieu de décembre 1840, au-dessus de la malléole externe et qui mit à nu la portion correspondante du péroné *p*. — *t*. Tendon d'achille distendu par le développement de la tumeur.

2052. Fig. 2. La même jambe vue par le côté interne :

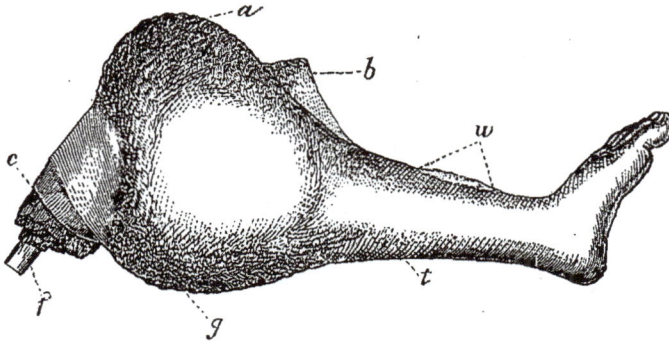

2053. Fig. 3. La même jambe vue par le côté *a* et comme de profil :

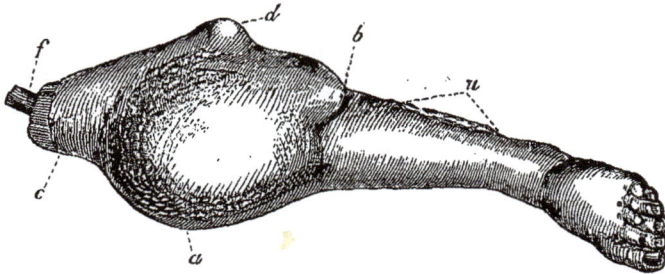

N. B. Dans ces trois figures, les mêmes lettres servent à désigner les mêmes régions.

2054. La figure 2, de la 18ᵉ des planches gravées, représente cette jambe sur le vivant et vue par le côté interne. — *a a* Rayonnements superficiels en lames de couteau, qui se dessinaient en rouge sur la cuisse, à la place où la tumeur cessait de dédoubler la peau. C'est là un caractère infaillible du développement des vraies TU-MEURS ENCÉPHALOÏDES OU CANCÉRIQUES des os; mais il ne se présente pas dans tous les cas. MM. Breschet et Blandin, qui n'avaient jamais fixé leur attention sur ce caractère, avaient attribué ces signes à l'existence d'une phlébite. La tumeur cancéreuse des os avait été très-peu étudiée, avant la publication de cette description dans la 2ᵉ édition de cet ouvrage. — *b* Protubérance conoïde. — *c g* Région de la peau creusée de vermiculations rugueuses, espèces de plis ratatinés de la peau qui semblait se tanner faute d'une complète circulation. — *d* Veines qui, ainsi qu'on l'observe dans les régions ambiantes de toute espèce de tumeur cancéreuse, se dessinaient en zigzags bleus sur la peau saine de la cuisse. — *u* Lèvre supérieure de l'ulcère qui avait mis à nu une portion du péroné.

2055. Thierry et moi nous avions confié la dissection de la jambe à Desprets, prosecteur alors de la faculté de médecine, dans le but d'en faire prendre le dessin immédiatement et sans désemparer. La préparation se trouvant achevée dans l'amphithéâtre de l'école, et le dessinateur convoqué pour le lendemain, ce mélange de bouffissure et de servilisme, qui avait nom Orfila fit disparaître dans la nuit cette pièce anatomique, crainte qu'elle ne figurât, comme un des cas malheureusement les plus curieux et les moins connus, dans le musée d'anatomie construit avec les bribes du honteux gaspillage des fonds qu'avait laissés Dupuytren dans de meilleures intentions. Mais dès le lendemain de cet acte de vandalisme, MM. Thierry et Veyne m'ayant fait la description du résultat de la dissection, qui se trouvait en tout confirmative de celle que j'avais faite au crayon, comme sur le tableau, à l'assemblée des quatorze chirurgiens réunis la veille de l'opération, la dissection ayant de tous points confirmé mes prévisions basées sur l'étude journalière de ce développement arrivé à des proportions gigantesques ; j'ai fait exécuter par mon fils, d'après toutes ces données, la figure 1ʳᵉ de la planche 18 de cet ouvrage ; et mes observations subséquentes, sur bien des cas analogues, n'ont fait que confirmer l'exactitude du dessin, et transformer en lois générales les circonstances de ce cas particulier. L'histoire de ce développement cancéreux peut être considérée comme le type de tous les développements de tumeurs encéphaloïdes, les modifications qui pourraient caractériser les cas particuliers provenant de la différence des régions articulaires et des milieux du développement.

On voit sur cette figure la masse cancéreuse *can* s'insérer sur la portion supérieure du tibia et se confondre par son pédicule avec la substance devenue fongueuse de cet os, laquelle en occupe le tiers de la longueur. Cette masse encéphaloïde dont le germe était resté si longtemps à l'état d'incubation dans la région anciennement meurtrie par le coup de pierre dont nous avons parlé, s'était ensuite, et sous l'influence favorable d'une cause quelconque, développée en soulevant la peau ; envoyant, entre le tibia et le péroné, des prolongements qui ont fini par en opérer la séparation violente.

Le développement de ces tumeurs, ainsi que j'en ai eu la confirmation par l'étude des nouveaux cas qui se sont présentés à mes consultations, se dirige toujours de bas en haut (*sursùm*); ainsi c'est autour du faisceau des muscles *m m* de la cuisse que la tumeur s'est développée en dédoublant la peau *p p*; à l'époque de l'amputation, elle formait comme un manchon indépendant autour de ce faisceau musculaire. Les muscles de la cuisse (*m m*) et ceux de la jambe, tout émaciés qu'ils étaient par le parasitisme de cette énorme et dévorante masse, n'en conservaient pas moins la régularité de leurs rapports et de leur structure intime. L'artère crurale, les systèmes artériel et veineux de cette région ne se ressentaient en rien des conséquences de ce cas maladif. Quant aux veines et artères de la peau dédoublée par les progrès de ce développement cancéreux, comme elles cessaient d'être en communication avec la réseau circulatoire dans le sens transversal, et que le sang qui leur arrivait aux limites du dédoublement devait subir un arrêt par suite de l'étranglement que déterminait la pression de la masse parasite, il se formait, au-dessus de la bosse, des espèces de réservoirs de sang artériel en stagnation, qui produisaient ces irradiations en lames de couteau, que l'on voit si distinctement sur la figure 2 *a* de la planche 18. Chacune de ces lames, analogues aux pointes de la couronne de fer, était ainsi l'extravasation superficielle d'un sang artériel forcé de rebrousser chemin en haut, faute de pouvoir se distribuer latéralement par le réseau dont le dédoublement avait intercepté toutes les issues. — On voit en *u* l'ulcère qui avait mis à nu le péroné (2051).

2056. DÉTERMINATION DE LA CAUSE MORDIPARE DE CETTE TUMEUR. Pendant les longues nuits que je consacrais aux soins assidus que réclamait la triste position du malade, j'avais beau creuser ce sujet de méditation, je ne parvenais jamais à me faire une idée approximative de la nature de la cause qui avait servi d'atome incubateur à un si monstrueux développement. L'emploi infructueux que j'avais fait des masses de vermifuges à l'intérieur et surtout à l'extérieur devait écarter de mes calculs l'idée du parasitisme d'une cause animée et d'une larve d'insecte. L'introduction d'un corps étranger, d'un fétu, d'une pointe acérée ne donne jamais lieu à rien de semblable; car l'épine laboure les tissus et ne féconde pas d'une manière adultère les cellules génératrices d'un tissu.

Cependant à partir d'une quinzaine avant l'opération, nous vîmes sortir, chaque jour, par le haut de l'ulcération *u* (figure de la page 457), un certain nombre de larves de la mouche des cadavres analogues à celles que représente la figure 3 de la planche 8 de cet ouvrage; il en sortait encore le jour de l'opération; ces larves descendaient en longeant le trajet du péroné; circonstance qui fit pencher ma conviction vers ce point de vue, et me porta à attribuer à une cause entomologique le germe incubateur d'un développement aussi monstrueux ; mais il ne m'en restait pas moins l'embarras d'expliquer comment ces larves avaient résisté à tout l'arsenal de la médication insecticide, et comment du reste des larves analogues à celles de la mouche des cadavres, larves qui se transforment si vite en insectes parfaits et inoffensifs, auraient persisté si longtemps et continué de façonner un organe avec leurs piqûres, comme sur le *tour à potier*. Rien jusque-là ne m'autorisait à attribuer l'origine de ce mal à l'incubation d'un atome mercuriel, dont mes nouvelles études m'avaient révélé le rôle, comme l'une des causes morbipares les plus communes après les causes animées. Le mercure comme médicament, pas plus que les maladies qui appellent alors le mercure, n'étaient jamais entrés dans ma famille, par la porte même la plus innocente. Et cependant une révélation que m'a faite plus tard mon fils, et cela postérieurement à la publication de la 2ᵉ édition de cet ouvrage, m'a démontré enfin que c'est à l'action incubatrice des atomes mercuriels qu'il faut rapporter l'origine de ce terrible développement cancéreux !

◦ J'avais, en effet, dans mon cabinet de physique, en 1839, un bain de mercure assez considérable, dont je n'ai jamais eu la pensée de fermer le couvercle, dans la persuasion où j'étais que, pendant mon absence, on aurait exercé à cet égard une rigoureuse surveillance. Mais quelle surveillance peut-on opposer à la turbulente curiosité d'un enfant? A peine étais-je parti que l'on s'introduisait dans le cabinet, pour se donner le plaisir de tremper les mains dans le bain de mercure et pour éprouver la sensation de fraîcheur que procure le contact du vif-argent. L'imprudent enfant se donnait ainsi presque tous les jours une friction au mercure.

Or j'ai constaté depuis, d'une manière rigoureuse : 1° que les atomes de mercure se reportent toujours vers les parties les plus déclives du corps; 2° qu'ils se logent et sommeillent de préférence dans les régions les plus faibles en organisation ou les plus endommagées par la désorganisation ; 3° et que là ils peuvent rester inactifs et comme dans un état d'hibernation, jusqu'à ce qu'une circonstance fortuite vienne les mettre en rapport avec les spires génératrices dont leur mouvement incessant favorise les rapprochements illégitimes et l'anormale fécondation, d'où dérive le développement adultérin des organes parasites et de superfétation.

Cette énorme tumeur encéphaloïde ne dérogeait donc point, en fait de cause morbipare, à la loi de génération de ces sortes de PSEUDORGANES : c'était une TUMEUR HYDRARGÈNE.

MÉDICATION. Peut-être qu'au début, et à l'aide de la cautérisation (1544, 3°), si elle pouvait atteindre le lieu d'incubation, pourrait-on se bercer de l'espoir d'atteindre et d'étouffer dans son germe l'élément de cette pseudorganisation. Mais une fois le développement établi, et la fongosité qui lui sert de *thallus* ayant envahi la substance de l'os, l'opération seule, par l'ablation du membre fongueux, peut débarrasser le malade d'un ennemi qui le dévore. Dans ce cas, le régime hygiénique (1644) ne laisse pas que de trouver occasion de faire des prodiges, en maintenant la santé générale dans des conditions telles, que je ne sache pas encore de terme que ne puisse dépasser le grossissement indéfini d'une telle tumeur, sans que la vie en soit compromise : Quinze mois de maladie et l'opéré y survivant ! c'était pour la médecine d'alors un cas des plus extraordinaires, et à laquelle elle aurait refusé de croire sur un simple rapport.

D'un autre côté, ce fait a achevé de démontrer à jamais que le cancer est un mal local et non inhérent à toute la constitution individuelle, qu'il ne revient pas nécessairement sur les autres régions saines, une fois que l'os envahi a été retranché.

Voilà seize ans que mon fils a été opéré ; et depuis lors il n'a éprouvé d'autres malaises que ceux qu'éprouvent les amputés sous l'influence des variations atmosphériques, malaises dont les lotions à l'eau sédative (1345, 1°), les frictions à la pommade camphrée (1302, 1°) et les purgations à l'aloès (1197) dissipent plus ou moins promptement les accès.

2057. 5e VARIÉTÉ. CHONDRALGIES CANCROŸDES ; développements mixtes de tissus charnus et encéphaloïdes sur les surfaces articulaires des os.

SYNONYMIE. Cancer *proprement dit ;* affection cancéreuse ; squirrhe quand le tissu fibreux l'emporte sur le tissu encéphaloïde ; chancre ; — en latin : *cancer* Cels ; — en grec : *karkinos* Hipp. (*).

EFFETS. Ce genre de cancer, autre désespoir pour ma médication, diffère de celui que nous venons de décrire, en ce qu'au lieu de dédoubler la peau en se développant, il adhère à tout ce qu'il rencontre et qu'il s'identifie à tout ce qu'il envahit. Il part, ainsi que le précédent, d'une surface articulaire ; il est le produit également d'un atome incubateur de mercure ; il désorganise de plus en plus, comme le font les fongosités parasites de végétaux, les surfaces osseuses sur lesquelles il s'implante, ou plutôt qui l'engendrent ou l'alimentent à leurs dépens. Ce cancer peut survenir à toutes les articulations des os de moindre volume, mais surtout aux articulations fixes (*synarthroses* des anatomistes) des côtes avec le sternum. Et comme de là ce pseudorgane irradie vers l'un ou l'autre sein, qu'il en envahit peu à peu la substance, ainsi que celle des tissus ambiants, on l'a désigné plus spécialement, dans ce cas, sous le nom de CANCER DU SEIN. Les praticiens sont exposés chaque jour à confondre avec ce genre de cancer, les CARCINOMES et SQUIRRHES de la glande mammaire, et même les ganglions lymphatiques les plus inoffensifs qui se développent dans le tissu cellulaire du sein. Une telle confusion a produit les résultats les plus déplorables ; l'abîme d'erreur du médecin a entraîné le malade dans un abîme de souffrances et de mutilation. Les uns, ayant appliqué ce qu'ils appellent les fondants mercuriels sur la région d'une glande, ont

---

(*) *Cancer* en latin et *karkinos* en grec signifient également un *crabe*, un énorme crustacé, avec lequel certaines formes de cancer offrent une ressemblance plus ou moins éloignée, à cause des prolongements de développement qui se dessinent souvent sur la peau en reliefs rouges et imitant des pattes d'écrevisse (pl. 18, fig. 2, *a*).

transformé ce léger accident en un CARCINOME PHAGÉDÉNIQUE (1771) tôt ou tard suivi de mort. Les autres n'ont pas hésité à pratiquer l'amputation d'un sein, quand ils avaient senti fluctuer sous le doigt le plus petit ganglion lymphatique : Il est arrivé un jour au chirurgien Velpeau, préoccupé de ces appréhensions, de procéder à l'ablation d'un sein pour un autre, tant celui qu'il avait condamné à être amputé, pour lui avoir paru renfermer une toute petite glande, se distinguait difficilement de celui qui avait échappé à sa condamnation ; c'est là un fait de notoriété publique et qui lui avait attiré de la part de Lisfranc (le professeur au rude langage), le surnom de *chirurgien des amazones;* mais Lisfranc, à son tour, n'était pas exempt de semblables méprises, auxquelles le vague des analogies pathologiques de l'ancienne médecine ne pouvait manquer de donner fréquemment lieu.

Les GLANDES sont mobiles, élastiques sous la peau, et semblent courir dans le tissu cellulaire sous le doigt qui les presse. Les bourgeonnements du CANCER, au contraire, durs et résistants sous les doigts, adhèrent et aux côtes et à la peau qu'ils bossèlent et rougissent. La glande mammaire peut prendre un développement anormal et des contours accidentés, mais elle n'en garde pas moins alors sa mobilité ordinaire.

Les GLANDES et GANGLIONS sont des corps ovoïdes et lisses.

Le CANCER s'étend dans tous les sens par des prolongements indéfinis, qui sont dans le cas d'envahir toute la périphérie du buste, sous forme d'un énorme coussinet de chairs endurcies. Le malade meurt tôt ou tard, comme étranglé, jugulé, étouffé, quand le développement cancéreux prend la direction de la cavité thoracique et refoule de jour en jour les parois des cavités pulmonaires l'une contre l'autre. Si l'on établit la moindre cautérisation sur la peau qui le recouvre, le contact immédiat de l'air favorisant le travail de pseudorganisation, en ouvrant la voie à ses tendances, son développement prend par cette issue une activité nouvelle et une recrudescence de vitalité. La substance, en s'accroissant, semble s'échapper par là comme par une ouverture herniaire. Il arrive un moment où les cellules contiguës, dans l'interstice desquelles s'établit le réseau de la circulation, à force de prendre de l'accroissement et d'augmenter d'autant le diamètre de l'artère ou de la veine, finissent, en distendant les parois du vaisseau, par les déchirer, par crever le vaisseau et donner lieu à une hémorrhagie compromettante.

MÉDICATION. Le cancer est le désespoir de ma médication. Lorsqu'il vient sur les extrémités, on en débarrasse le malade par le retranchement de l'os ou de la portion du membre affecté ; et presque toujours, en ce cas, le cancer ne reparaît plus sur aucune fraction de la charpente. Mais, grand Dieu ! quand vos foudres vengeresses l'ont implanté sur le sein de la femme, comment en débarrasser la malade sans s'exposer à lui arracher le cœur et les poumons? Pauvres femmes qui le savent aujourd'hui, qui lisent chaque matin, en se découvrant la poitrine, leur condamnation à mort, comme le condamné le fait entre le prononcé de son jugement et son recours en grâce! Que de mauvaises nuits j'ai passées, alors que je luttais contre mon impuissance à guérir de ce mal, avec un acharnement digne d'une céleste indulgence. Le Ciel ne pourra jamais me récompenser de mes infructueuses tentatives qu'en me faisant découvrir, à moi ou un autre, le secret que j'ai vainement cherché pendant dix-huit ans !

CINQUIÈME GROUPE : MALADIES DU SYSTÈME SANGUIN (HÉMALGIES) (1646).

2058. DÉFINITION. Le sang (*sanguis* en latin, *haima* en grec) peut être considéré comme l'extrait nutritif du bol alimentaire, comme la quintessence de la digestion intestinale. Si je puis me permettre une analogie aussi grossière, la panse stomacale peut être considérée comme une cucurbite, le *duodennm* comme une allonge où s'abouchent une foule d'orifices par lesquels, comme à travers un tamis à mailles microscopiques, s'échappent les atomes du liquide élaboré, pour se rendre, comme dans un réfrigérant, dans deux canaux et s'y condenser en un liquide blanc, où l'albumine abonde et que l'air a besoin de vivifier pour le rendre organisateur.

Ces canaux, dont l'un, le gauche, est connu sous le nom de *canal thoracique*, déchargent ce liquide lymphatique dans les veines sous-clavières, d'où le torrent de la circulation le reporte dans le réseau pulmonaire, dans les mailles duquel, comme le ferait un *caméléon minéral*, ce liquide vient se colorer en rouge en s'oxygénant.

Des poumons, que nous avons considérés comme le centre et le point de départ de la circulation, le cœur n'étant qu'une de leurs dépendances, des poumons, la lymphe colorée et transformée en sang va, par les *vaisseaux artériels* (artères) et le côté artériel du cœur, se distribuer dans tous les systèmes d'organes; et il retourne aux poumons, en passant par les *capillaires,* des *vaisseaux artériels* dans les *vaisseaux veineux* (veines) et des *vaisseaux veineux* dans le côté veineux du cœur.

C'est par l'aspiration et l'expiration que les poumons attirent le sang et le refoulent ; c'est par l'aspiration et l'expiration que les cellules élémentaires de tous les tissus l'attirent dans leur sein et s'en débarrassent, après en avoir épuisé les principes propices au développement des tissus qu'elles engendrent. C'est à la faveur de cette double fonction de l'aspiration et de l'expiration que se forment ces dédoublements de tissus cellulaires dont se compose l'inextricable réseau circulatoire.

Le sang est une dissolution aqueuse 1° d'une matière colorante à base de fer, 2° d'une quantité d'albumine en état de solution limpide ou de précipité globulaire (*globules du sang*), 3° enfin de sels, parmi lesquels dominent l'hydrochlorate (*chlorure*) d'ammoniaque et le chlorure de sodium (*sel marin*).

Pour se faire une idée plus complète de la composition chimique et de la destination physiologique du sang, de l'origine et la disposition des canaux vasculaires, on devra consulter le *Nouveau système de chimie organique* (tom. III, pag. 166), puis les paragraphes 30 et suiv. 316, 1121, 1126, 1349 et 1514 du présent ouvrage, mais surtout les figures et démonstrations anatomiques que l'on trouvera à la fin de l'*Introduction* placée en tête du premier volume.

Le SYSTÈME CIRCULATOIRE, ou réseau de la circulation sanguine, peut être considéré sous cinq rapports différents en nosographie : il peut être troublé dans ses fonctions par le vice du SANG, du CŒUR, des ARTÈRES, des VEINES et des VEINULES dites *vaisseaux capillaires*. Nous diviserons donc ce groupe en tout autant de genres que nous venons d'énumérer de siéges d'une maladie quelconque

2059. 1ᵉʳ GENRE. HÉMALGIES PROPREMENT DITES ; AFFECTIONS PRODUITES PAR LE VICE DU LIQUIDE SANGUIN.

DÉFINITION. 1° Le sang perd de ses qualités nutritives et organisatrices par le moindre changement survenu dans les rapports de ses éléments constitutifs. Si l'élément aqueux y surabonde, tous les organes tombent dans l'affaiblissement et toutes les fonctions en pâtissent; la constitution vire au lymphatisme. Si l'élément aqueux vient à diminuer, l'albumine se précipite et se coagule; elle n'est plus aspirée avec facilité par les parois cellulaires dont les pores ne laissent rien passer qu'à l'état de solution; la coagulation intercepte le cours de la circulation par des obstacles plus ou moins complets; les vaisseaux deviennent turgescents; et la stagnation détermine un commencement de fermentation acide, cause de nouvelles coagulations (1352); on dit alors qu'il y a *pléthore* (du grec *plethora*, plénitude); d'où *chaleur brûlante, lourdeur de tête, fièvre, fièvre cérébrale, coups de sang, menaces d'apoplexie,* si les congestions (ou coagulations du sang) ont lieu dans la boîte cranienne; *péripneumonie, pleurésie, affections pulmonaires,* si la congestion a lieu dans les voies respiratoires, etc., etc.

Un régime aqueux, débilitant, un jeûne prolongé occasionnent la prédominance de la portion aqueuse du sang. La fatigue, par la transpiration, les excès de table et l'abus des liqueurs alcooliques occasionnent la *pléthore* ou prédominance des coagulations ou précipitations albumineuses.

2° Le sang devient le véhicule de tous les poisons qui s'introduisent dans nos organes, ou médiatement (par les voies respiratoires et digestives), ou immédiatement (par la plus petite blessure, ou par une simple piqûre sur une veine capillaire).

MÉDICATION. La saignée, en certains cas, semble diminuer les inconvénients de la *pléthore;* mais comme elle laisse subsister la cause, il s'ensuit que, pour préserver complètement le malade, il faudrait en venir à l'épuiser de sang liquide, ce qui serait pire que le mal; la saignée ne fait que rendre plus compactes les congestions. L'emploi de l'eau sédative (1349) peut produire en un instant ce qu'on chercherait vainement à atteindre par les saignées qui jugulent et la diète qui épuise. Quant à ce qui concerne un sang vicié par l'introduction d'un poison, il est ridicule de penser que la saignée soit en état d'en purifier la circulation sanguine : on ne purifie pas ce qui reste, au moyen de la soustraction d'une portion de la quantité. C'est à la source de l'empoisonnement qu'il faut s'en prendre pour couper court au mal; une fois la source tarie, on a l'espoir de venir à bout des effets, en les combattant pied à pied par les moyens que nous indiquerons plus bas, au groupe des ENTÉRALGIES. Une nourriture saine et réglée, l'air pur, des exercices fréquents et l'abstention de tout contact contagieux; il ne faut pas d'autre précaution pour maintenir le liquide de la circulation dans des conditions normales.

2060. 2ᵉ GENRE. CARDIALGIES : AFFECTION DE L'ORGANE APPENDICULAIRE DES POUMONS, QUE NOUS DÉSIGNONS SOUS LE NOM DE CŒUR (en latin : *cor;* en grec : *kardia*). SYNONYMIE. Maladies du cœur, affections du cœur.

DÉFINITION. Nous avons suffisamment établi ailleurs que les poumons sont le vrai point de départ de la circulation, que le cœur ne doit être considéré que comme le vestibule d'un côté et l'issue de l'autre de l'organe respiratoire; comme l'équivalent de deux *regards*, l'un du sang qui a été vivifié par la respiration et l'autre du sang qui qui vient s'y revivifier. Mais, par suite de son développement et de son mécanisme, cet accessoire acquiert, en nosographie, une importance égale au moins, sinon supérieure, à celle de l'organe principal.

2061. 1ʳᵉ ESPÈCE. CARDIALGIE THERMOGÈNE (1738); affection du cœur par suite d'un grand échauffement et d'une dessiccation des parois de cet organe.

SYNONYMIE. Adhérence du cœur au péricarde; brides établies à la suite de ces points d'adhérence.

EFFETS. Il est certains exercices qui déterminent comme une espèce de vide dans

le péricarde, ce qui porte les deux parois contiguës du péricarde et du cœur à contracter adhérence et à causer des tiraillements, qui ne sauraient manquer de jeter le
trouble dans les mouvements du cœur et de donner le change au diagnostic des plus
habiles. On éprouve alors des palpitations aussi désordonnées que si le cœur était
affecté d'un anévrisme. Mais tous les symptômes s'affaiblissent, à mesure que le point
d'adhérence s'allonge en une bride assez longue pour ne pas contrarier les mouvements
de systole.

MÉDICATION. En 1827, alors que je me livrais aux études sur lesquelles est basé le
nouveau système de chimie organique, il m'arriva d'avoir à poursuivre, pour la détermination de quelques cristaux microscopiques, des essais prolongés de *docimasie au
chalumeau*. Je suis un aussi mauvais souffleur qu'un chercheur opiniâtre ; je soufflais
depuis longtemps sans obtenir de résultat, lorsque, dans un effort désespéré et un
accès d'impatience, j'entendis comme un coup de fouet dans la région du cœur ; et, dès
ce moment, je tombai comme sans connaissance, en proie à des palpitations qui ne me
quittèrent ni le jour ni la nuit et me forcèrent d'interrompre et mes travaux de chimie
physiologique et mes recherches de fine anatomie, pour lesquelles Breschet, alors
prosecteur et depuis professeur de la faculté, m'avait ouvert son pavillon particulier.
Breschet et mes autres camarades d'alors m'auscultèrent, et tous me déclarèrent atteint d'un anévrisme au cœur ; du reste, j'étais le premier à confirmer leur diagnostic
de mes propres yeux. Je ne sortais plus qu'en ayant soin d'avoir une de mes adresses
en poche, dans la prévision qu'un jour ou l'autre on me trouverait gisant au coin
d'une borne ; et cet état dura quelques mois. Cependant mes études avaient pour moi
tant d'attraits que j'y revenais de temps à autre, sans m'inquiéter des suites de mon
imprudence. Un jour que je me servais d'alcool camphré (1287) pour étudier le tour
noiement des molécules de camphre (382), il m'arriva, dans l'accès d'une violente palpi-
tation, de me porter la main au cœur. J'avais la paume de la main remplie de ce liquide, et voilà que sur-le-champ je me sens mieux ; j'en étais tout décontenancé de
surprise. Je réitère l'expérimentation ; et, au bout de quelques essais de ce genre, je
ne me sens plus rien de ce qui jusque-là avait fait ma torture. C'était alors à ne pas en
croire ses yeux. Je retourne au pavillon de dissection, où Breschet, qui survient
quelques instants après, est fort étonné de me retrouver aussi affairé que de coutume
auprès du cadavre :

— « Comment, dans votre état, me dit-il, vous vous remettez au travail ? »
— Pourquoi pas, puisque je suis guéri ?
— Bah ! ce n'est pas possible ! Est-ce que par hasard vous auriez pris du *bromure*
de potasse, avec lequel Magendie prétend guérir l'anévrisme ?
— Magendie plaisante ; il n'y a pas assez longtemps que le bromure est connu,
pour qu'il ait eu le temps de retirer quelques avantages de son application aux cas
d'anévrisme.
— Avec quoi donc vous êtes-vous guéri ?
— Je vous le donne en cent pour le deviner ; mais je préfère vous le dire tout de
suite : c'est en appliquant sur le cœur de l'alcool camphré.
— Mais, malheureux ! il y a là de quoi assommer un bœuf !
— C'est du moins ce que dit la médecine (*) ; et c'est un argument de plus à faire
valoir, quand je vous refuse de passer médecin.
— Il est vrai que si vous ne plaisantez pas, c'est à ne plus croire à la medecine.

(*) A cette époque, on saignait, on appliquait des sangsues, on mettait à la diète la plus sévère
en tout et pour tout.

— Vous y croyez donc! que Dieu vous bénisse; pour moi, depuis cette épreuve, j'y crois moins que jamais; et je vais tâcher de l'étudier à ma manière; l'étudier, de ma part, c'est avoir l'espoir de la renverser. »

Je pense avoir tenu parole, et vous savez tout ce qu'il m'en a coûté de la part des machinations occultes; mais je dois dire que le pauvre Breschet n'a pas trempé dans la conspiration, et même que, s'il est mort si jeune loin de sa patrie, c'est pour n'avoir pas voulu y tremper; j'en ai touché quelque chose ailleurs (*).

Quoi qu'il en soit, mon prétendu anévrisme, n'était autre chose qu'une adhérence accidentelle et fort limitée du cœur au péricarde, dont l'action coagulatrice de l'alcool camphré opéra subitement le décollement et la cicatrisation.

2062. 2e ESPÈCE. Cardialgies hypertrophogènes (1753); affections du cœur par suite d'un développement inusité auquel ne se prête plus la capacité du péricarde, cette cavité dans laquelle le cœur doit exécuter librement ses mouvements de contraction (*systole*) et de dilatation (*diastole*).

Synonymie. Hypertrophie du cœur, anévrisme actif; — en grec : *aneurusma* ou *aneurysma* (de *ana*, en haut ou dans tous les sens, et *eurynô*, j'élargis, je dilate).

Effets. Ainsi que tous les autres organes, et que la constitution générale elle-même, le cœur est capable de prendre un développement insolite et peu en rapport avec la capacité qu'il occupe; il peut être atteint d'obésité (1659), à la suite d'un état trop sédentaire, par la cessation de la frugalité jusque-là observée, de l'exercice et du travail. Mais alors ce sont ou bien les deux ventricules qui sont atteints de cet excès d'embonpoint, ou bien les oreillettes, ou bien enfin l'un des deux ventricules ou l'une des deux oreillettes. Dans le premier cas les oreillettes, refoulées par le développement des ventricules, éprouveront une gêne dans leurs mouvements. Dans le second cas la gêne dans leurs mouvements alternatifs de *systole* et *diastole* viendra de leur constitution propre. Quelquefois on distinguera, en appliquant l'oreille sur la région du cœur, tantôt comme un *bruit de râpe*, tantôt comme un *bruit de souffle*. Dans le troisième cas les mouvements de l'une des deux oreillettes n'offriront pas les mêmes caractères acoustiques que ceux de l'autre; le temps que battra l'une sera plus long ou plus court que celui de l'autre. Dans l'une ou l'autre de ces hypothèses, le pouls sera dur mais lent, les battements du cœur seront obscurs et difficiles à distinguer à l'auscultation (1126). Le malade perd de jour en jour de sa souplesse et de son activité; la respiration est lente et difficile, le malade croit manquer d'air en plein air; il digère avec difficulté; le sang lui monte à la tête; il a des éblouissements et semble à chaque instant près de perdre connaissance; le moindre mouvement l'essouffle, le moindre travail d'esprit l'étourdit; son état finit par être une somnolence sans possibilité de dormir. Les hommes de cabinet; les personnes condamnées, par leur condition, leur position sociale ou leurs affaires, à une complète inaction; les hommes de labeur qui, une fois enrichis, se font rentiers, jouisseurs et paresseux, hommes de loisir et hommes du monde; les diseurs de patenôtres et qui ne s'appliquent plus à remuer de tout leur être que le bout des lèvres et des doigts; enfin les oisifs et les paresseux sont condamnés d'avance à ce genre de maladie inconnu au laboureur, au jardinier et à l'ouvrier d'une industrie active.

Médication. Aloès (1197) tous les trois jours; le lendemain, lavement super-purgatif (1398); les autres jours, lavement camphré (1396). Soir et matin, et même trois fois par jour, appliquer sur la région du cœur une compresse imbibée d'eau sédative (1345, 2°), ou, quand les rougeurs seront trop fortes, un cataplasme aloétique

(*) *Revue complémentaire des sciences,* livr. de février 1857, tom. III, pag. 198.

(1324). Au bout de dix ou vingt minutes, arroser le crâne d'eau sédative (1347, 3°); friction à l'eau sédative (1345, 1°) et à la pommade camphrée (1302, 1°); ou mieux se lotionner et se frictionner alternativement soi-même, en essayant alternativement de se baisser sur les talons, de se relever, de se livrer à des mouvements gymnastiques réguliers dont on allongera la durée chaque jour. On mangera peu et souvent. On se créera une occupation manuelle, à laquelle on se livrera quelque temps avant les lotions et les frictions.

2063. 3e ESPÈCE. Cardialgies ostéogènes ; affections du cœur, par suite de l'ossification survenue aux valvules des oreillettes, ou aux fibres et aux brides que l'on remarque à l'intérieur des ventricules.

Synonymie. Anévrisme par suite de l'ossification plus ou moins avancée des valvules du cœur.

Effets. Les valvules roidies par l'incrustation osseuse, et dépourvues par conséquent d'élasticité, permettent au sang de rétrograder; et dès lors, à la circulation régulière succède une stagnation qui, de si peu de durée qu'elle soit, ne laisse pas que d'apporter un trouble de plus en plus grand dans toute l'économie. Par cette stagnation plus ou moins prolongée, le sang artériel revêt les caractères du sang veineux. De là vient que le teint du malade paraît terreux et bleuit souvent comme s'il avait été traité au nitrate d'argent. L'ossification indique toujours une vieillesse anticipée d'organe.

Médication. La même que pour l'espèce précédente, mais qui, dans ce cas, ne peut presque prétendre qu'à un éphémère soulagement.

2064. 4e ESPÈCE. Cardialgies atrophogènes (1752); affections du cœur par l'émaciation des parois des ventricules ou des oreillettes.

Synonymie. Anévrismes passifs.

Effets. Les battements du cœur sont si violents qu'on les entend presque à distance et qu'on les distingue au soulèvement du thorax; on les sent sous l'application des doigts, comme si deux vessies ballottaient alternativement contre le péricarde. Le pouls est accéléré, fort et intermittent (1126). Le visage bouffit. La respiration est saccadée ou entrecoupée. Tôt ou tard l'enflure envahit les extrémités et remonte peu à peu vers les régions abdominales et thoraciques.

Médication. Repos absolu. Aloès fréquemment (1197); soir et matin lavement (1395); larges lotions à l'eau sédative (1345, 1°) sur le dos et les reins. Affusions fréquentes de la même eau (1347, 3°) sur le crâne. Manger peu à la fois. Au lieu d'eau sédative, essayer d'appliquer sur la région du cœur une compresse imbibée d'alcool camphré (1288, 2°); et, si on en éprouve du soulagement, continuer dans la journée, en ayant soin de se préserver des vapeurs alcooliques.

2065. 5e ESPÈCE. Cardialgie népiogène (1940); affection congéniale du cœur par la persistance de sa conformation fœtale.

Synonymie. Persistance du trou de Botal ; maladie bleue, crinons (720) ; cyanose constante ou intermittente (du grec cyanos, bleu).

Effets. Le trou de Botal est le canal de communication entre le sang artériel et veineux, chez le fœtus; car à cette époque le fœtus respire par son ombilic et à l'aide du placenta qui lui sert de poumon ou de branchie. Mais dès que l'enfant vient au jour et que ses poumons se dilatent, une révolution subite s'opère dans la circulation; les poumons remplacent le placenta et deviennent le mobile et l'officine de la circulation sanguine; le sang artériel étant violemment expiré et le sang veineux fortement aspiré par cet organe, il s'ensuit qu'entre les deux courants, il se fait, dans leur ancien canal de communication, un vide qui amène le recollement des parois et supprime à jamais la communication primordiale.

7

Cependant il arrive assez fréquemment que, par suite d'une organisation exceptionnelle, les parois du *trou de Botal* refusent de se rapprocher, ou bien qu'elles se rapprochent sans contracter une adhérence durable.

· Dans le premier cas, l'enfant a la peau toute bleue, il est cyanosé, et il n'est pas viable : car on ne vit que par la régularité de la circulation générale et le parallélisme de la circulation artérielle avec la circulation veineuse. La vie est dans la séparation constante de l'un et de l'autre de ces deux courants circulatoires; la mort est dans la confusion des deux.

· Dans le second cas, au contraire, l'enfant est viable, mais avec des alternatives qui simulent l'agonie et peuvent même devenir la cause immédiate de l'asphyxie et de la mort. Telle était la constitution de feu mon ami M. Nell de Bréauté : cet homme d'une stature colossale, d'une grande intelligence et d'une inaltérable bonté, tombait tout à coup dans un état indéfinissable d'anxiété sans souffrance physique et de terreur sans le moindre motif; il restait immobile sur son canapé, l'œil fixe et la peau cyanosée; on lui aurait promis les plus belles choses, qu'il ne se serait pas senti la force d'aller les chercher; si le mal le prenait à la sortie du logis, sa terreur augmentait à mesure qu'il s'éloignait de sa demeure; dès qu'il se décidait à tourner bride et à revenir sur ses pas, tout son malaise était dissipé. On m'a raconté qu'une de ses plus aimables amies lui promit un jour tout ce qu'il pouvait en désirer, si, dans un de ces moments de terreur sans objet, il pouvait la suivre jusqu'au bout de l'avenue; tout ce que put faire notre amouraché, ce fut d'aller jusqu'aux trois quarts du chemin, et il perdit le pari faute du dernier quart de courage.

On avait observé que dès que son cheval faisait un écart et un saut de cabri, le cavalier était guéri du coup. Un jour que je le voyais, sur son canapé, en proie à toutes les tortures morales d'un pareil cauchemar, et s'enfonçant les ongles dans la peau afin de se réveiller de cet horrible rêve; à l'instant où il n'avait plus les yeux sur moi, je lance sur la table un vigoureux coup de poing que j'accompagne d'un cri à faire tout trembler dans la maison; mon ami bondit tout ahuri de dessus son canapé, en demandant : « Que se passe-t-il donc? — Rien, lui dis-je, si ce n'est que le moyen a réussi. »

Le malade était remis et comme ressuscité de son malaise.

MÉDICATION. Contre un tel mal, larges et fréquentes applications d'alcool camphré (1288, 2°) sur la région du cœur, mais spécialement pendant les crises. L'action de l'alcool camphré rapproche les parois du trou de Botal accidentellement rouvert.

2066. 6e ESPÈCE. Cardialgies helminthogènes (1016); affections du cœur causées par la présence des helminthes dans la région du cœur ou dans le voisinage de cet organe.

SYNONYMIE. Palpitations violentes.

EFFETS. Les palpitations violentes ne doivent pas être confondues avec les battements irréguliers du cœur; et elles ne sont pas toujours l'indice d'une altération des tissus de cet organe, mais bien souvent l'effet des titillements des ascarides vermiculaires ou autres helminthes, soit sur les parois du péricarde (car les ascarides peuvent arriver dans cette région en traversant de part en part les membranes et sans laisser traces de perforation sur leur parcours), soit même, et par correspondance, sur celles de la grande courbure de l'estomac.

MÉDICATION. Dans ce cas, on est sûr de calmer les palpitations, et quelquefois de les faire disparaître à toujours, rien qu'en lotionnant le côté droit à l'alcool camphré (1288, 1°) ou en y appliquant un cataplasme vermifuge (1321).

2067. 7e ESPÈCE. Cardialgies traumagènes (1773); affections du cœur par suite de la rupture de quelques fibres et du déchirement violent de l'une ou l'autre de ses parois.

SYNONYMIE. Anévrisme faux ou consécutif du cœur.

EFFETS. A la suite d'une chute, d'un coup violent, d'un grand effort ou d'une vive impression morale, une súbite dilatation, succédant à une contraction prolongée, est dans le cas de rompre les fibres internes des ventricules, d'en déchirer jusqu'à une certaine profondeur les surfaces internes, et de former une poche où le sang vient s'engouffrer et séjourner en un état de stagnation plus ou moins prolongé et plus ou moins fermentescible. J'ai connu des malades qui sont arrivés à une assez grande vieillesse, avec une pareille poche au cœur.

MÉDICATION. On doit apporter les plus grands ménagements dans tous les mouvements que l'on peut se permettre, ne se livrer à aucun excès de table ou autres, et adopter, dans les traitements ci-dessus, celui dont on aura recueilli de plus incontestables avantages.

2068. 2ᵉ GENRE. ARTÉRIALGIES; AFFECTIONS SPÉCIALES AUX VAISSEAUX QUI REPORTENT LE SANG DES POUMONS AU COEUR ET DU COEUR A TOUS LES ORGANES (du grec *artèria;* et *artèria,* de *aïrô,* soulever; comme qui dirait *soulever la peau sous le doigt qui la presse,* ce qui est le propre des artères, spécialement à la région du pouls (1126).

DÉFINITION. Les artères sont les vaisseaux afférents du sang vivifié par la respiration et oxygéné de manière à colorer en rouge le *caméléon animal* (mélange de fer et de soude) que le chyle transmet au sang.

2069. 1ʳᵉ ESPÈCE. ARTÉRIALGIES HYPERTROPHOGÈNES (1753); développement accéléré et caducité précoce des parois des artères.

SYNONYMIE. Ossification des artères.

EFFETS. C'est par les canaux primitivement artériels que se produit l'incrustation des organes destinés à devenir des os. Cette tendance à l'ossification est un des caractères inhérents à la structure intime des artères; seulement la progression de ce développement osseux est plus lente à se manifester, et c'est dans la vieillesse que cette tendance augmente et que la progression s'accroît. Mais dès que les gros vaisseaux émanés du cœur sont ossifiés par suite des progrès de l'âge ou de l'action accélératrice d'une cause morbipare, on dirait qu'à un instant donné le malade est comme frappé d'apoplexie.

MÉDICATION. L'emploi fréquent de l'eau sédative en lotions (1345, 1°), en compresses (1345, 2°), par le véhicule des cataplasmes (1321), s'oppose à la précipitation des sels calcaires et à ce genre d'incrustation.

2070. 2ᵉ ESPÈCE. ARTÉRIALGIES TRAUMAGÈNES par déchirement interne (1777) ou TOXICOGÈNES désorganisatrices (1766); affections traumatiques ou désorganisatrices du tissu des artères.

SYNONYMIE. Anévrisme d'un tronc artériel.

EFFETS. La paroi interne d'une artère une fois déchirée par l'action violente d'un coup, d'un effort ou par l'action désorganisatrice du pus ou d'un caustique, il en résulte une poche dans laquelle une portion du sang stagne, de manière à vicier l'autre. Lorsque cet accident survient à l'aorte descendante ou ascendante, l'anévrisme qui en résulte est pire que celui du cœur. Lorsque ce sont les artères des membres qui sont ainsi affectées, on peut avoir recours à l'amputation, pour préserver l'économie des ravages auxquels l'opération dont nous allons parler n'aurait pu remédier.

OPÉRATION. Si l'anévrisme est abordable à l'opération, et que, sans compromettre les organes essentiels à la vie, on puisse, à travers chair, atteindre le siége du mal en dessus et en dessous, on pratique deux ligatures qui suppriment, par les deux bouts, toute communication entre la poche anévrismale et le torrent de la circulation ; on tient constamment une compresse d'alcool camphré (1288, 2°) appliquée en deçà et au delà de la poche, et une autre sur la région elle-même occupée par la poche, en ayant soin de mettre les deux petites plaies à l'abri du contact de ce liquide. On a soin de recouvrir les compresses d'un surtout (1416). L'alcool, maintenant le sang extravasé en état de coagulation, s'oppose à sa tendance fermentescible et le transforme en matière inerte, qui n'est plus propre qu'à être expulsée par le fait seul du développement indéfini des tissus subjacents (399). On combat la fièvre par les ablutions (1347, 3°) et les lotions fréquentes d'eau sédative (1345, 1°), dont l'influence facilite le rétablissement du réseau artériel, par les embranchements voisins du rameau que les ligatures ont supprimé. Aloès (1197) tous les deux jours, et lavement camphré (1396) tous les matins.

2071. 3ᵉ ESPÈCE. ARTÉRIALGIES TRAUMAGÈNES (1774), par solution de continuité complète ou incomplète de l'artère.

SYNONYMIE. Section ou piqûre d'artère, qui détermine une HÉMORRAGIE (du grec haïma, sang, et rhageo, couler) ou écoulement du sang qui épuiserait tout le torrent de la circulation ; si on ne parvenait pas à en arrêter le cours, le malade finirait par en mourir exsangue (du latin ex, épuisé de, sanguis, sang). La piqûre, telle que celle qu'on pratique pour la saignée ordinaire, si elle se trompe de route ou de mesure et que de la veine elle passe jusqu'à l'artère, donne lieu le plus souvent à un dédoublement des parois, d'où résulte une poche anévrismale que la chirurgie redoute tant à la suite de cette opération si simple en apparence. L'HÉMORRAGIE qui résulte de la solution de continuité de la paroi d'une artère prend le nom d'hémorragie traumatique, quand elle a lieu à la suite d'une blessure ou d'une opération chirurgicale ; on la désigne sous le nom de hématémèse ou vomissement de sang, quand la solution de continuité affecte une artère de l'estomac (de haïma, sang, et emein, vomir); sous celui d'hémoptysie ou crachement de sang, quand l'artère a crevé dans la capacité du poumon (de haïma, sang, et ptyo, j'expectore, je crache); sous celui d'épistaxis ou saignement du nez, quand l'artère a crevé dans les cavités nasales (1846) (de épi, sur le pavé, et stazein, couler goutte à goutte); sous celui d'hématurie ou pissement de sang, quand la blessure d'une artère a eu lieu dans les conduits des voies urinaires (de haïma, sang, et ouréo, uriner) (1993); sous celui de métrorragie ou pertes en rouge (1983) quand l'hémorragie vient de la matrice; sous celui de dyssenterie quand l'hémorragie s'établit sur les muqueuses des intestins, et spécialement du rectum; et qu'on fait alors du sang par l'anus (de dys, malheur, enterois, aux entrailles).

OPÉRATION ET MÉDICATION. Toutes les fois que l'on peut atteindre l'artère amputée, on en saisit l'orifice avec la pince à torsion (1417) ; on la tord et on en fait la ligature au moyen d'un cordonnet de soie enduit de pommade camphrée, et d'une longueur telle que le bout reste en dehors de la plaie, pour qu'on puisse l'en retirer dès qu'on n'éprouvera plus de résistance et que le travail de cicatrisation aura mis la ligature en toute liberté. Si l'artère affectée d'une solution de continuité est située dans la profondeur d'un organe inabordable à l'opération, on lotionne à l'alcool camphré (1288, 1°) la surface de la peau correspondante au siège de la lésion. En outre on en fait fortement aspirer l'odeur dans le cas d'hémoptysie ou crachement de sang; on en donne à boire une cuillerée à café dans un verre de tisane contre l'hématémèse ou vomissement de sang; on en ajoute une cuillerée au liquide des injections (1236) ou des lavements (1394) dans les cas d'hématurie ou pissement de sang, de métrorragie ou pertes rouges, de *dyssenterie,* etc. Nous avons déjà expliqué le mécanisme de l'action de l'alcool camphré (1365) en pareilles circonstances.

2072. 3ᵉ GENRE. Phlébalgies ; affections spéciales aux veines (en latin : *venæ;* en grec : *phleboï*).

Définition. Les veines sont les vaisseaux de retour de la circulation ; des vaisseaux qui, reportent aux poumons le sang désoxygéné et par conséquent ayant tourné au bleu au profit de la nutrition des organes. Il ne faut pas croire que, pour cela, le sang veineux ne contribue plus en rien à la nutrition des tissus ; un organe s'émacie par la diminution presque autant de la circulation veineuse que de la circulation artérielle. Il en est des deux états du sang, comme des deux éléments de la fermentation stomacale ; l'un est le complément de l'autre en fait de nutrition. Les veines qui sont toujours, et toutes choses égales d'ailleurs, plus superficielles que les artères et plus en rapport avec l'air extérieur par l'absorption cutanée, semblent, en quelque sorte, former comme l'appareil préparatoire de la fonction de la respiration et comme un réseau appendiculaire de celui des branchies et des poumons.

2073. 1ʳᵉ ESPÈCE. Phlébalgies traumagènes (2070); lésions de la veine, par accumulation et extravasation du liquide ou par solution de continuité.

2074. 1ʳᵉ VARIÉTÉ. Par accumulation du liquide.

Synonymie. Varices ; — en latin : *varix;* — en grec :·*kirsos, kirsokèlè.*

· Effets. Le sang refoulé par un obstacle et surtout par la compression exercée sur une région, dilate tellement les parois de la veine, qu'elle enfle sous l'effort et forme au-dessous de la peau des saillies bleues, fusiformes, ondulées, en chapelets, qui prennent le nom de varices. L'obstacle levé, le plus souvent les varices de cette origine disparaissent ; c'est ce qu'on remarque pendant les gestations pénibles (1980). Quand au contraire les varices se forment par l'affaiblissement du tissu des vaisseaux veineux, ce qui est la conséquence des traitements arsenicaux ou mercuriels, il est assez difficile de les faire disparaître, mais on doit s'occuper de les maintenir ; autrement il y a danger qu'elles ne s'excorient et ne s'ulcèrent.

Médication. On lotionnera souvent les surfaces variqueuses, soit avec de l'alcool camphré (1287), soit avec de l'eau de toilette (1717). On les maintiendra sans trop les serrer, mais de manière que les tumeurs variqueuses ne puissent pas se dilater davantage ; on se servira à ce sujet de tricots forts mais suffisamment élastiques, au-dessous desquels on aura soin de placer un linge enduit de pommade camphrée. Dans l'hypothèse de traitements mercuriels antérieurs, on portera, dans le voisinage des surfaces variqueuses, un des appareils galvaniques (1448) approprié à la région.

2075. 2ᵉ VARIÉTÉ. Par extravasation du sang.

Synonymie. Varices traumatiques, analogues, chez les veines, de l'*anévrisme* des artères (2070).

Effets. C'est ce qui arrive quelquefois à la suite d'une saignée vicieuse ou faite avec une lancette détériorée ; il se forme une ecchymose autour de la piqûre.

Médication. Appliquer autour, ou même par-dessus, une compresse imbibée d'alcool camphré (1288, 2ᵒ).

2076. 3ᵉ VARIÉTÉ. Par solution de continuité.

Synonymie. Ouverture de la veine; saignée ou phlébotomie (de *phlebos,* veine, et *temnô,* piquer); plaie par un instrument tranchant.

Effets. L'ouverture d'une veine, à moins que le vaisseau ne soit du plus fort calibre, ne donne pas lieu aux mêmes accidents que l'ouverture d'une artère. L'aspiration des parois (29) rapproche les bords de l'ouverture supérieure; et le défaut d'aspiration finit par arrêter le sang qui tendrait à s'échapper par l'ouverture inférieure.

MÉDICATION. Quoi qu'il en soit, il est toujours prudent d'arrêter l'écoulement du sang quelques instants après l'événement; et pour cela rien n'est plus efficace que d'entourer les régions ambiantes avec des compresses d'alcool camphré (1288, 2°), de lotionner la plaie avec de l'alcool camphré augmenté d'eau. On voit des ouvriers tremper dans l'alcool camphré tout pur les doigts où ils s'étaient fait de larges entailles, et se remettre au travail au bout de quelques instants, comme s'ils n'avaient pas le doigt bandé. Il ne faut pas s'attendre à ne pas subir, en prenant ce parti, un instant de souffrance qui vous fasse bondir jusqu'au plancher; mais dès que le contact de la plaie avec l'alcool a cessé, la douleur n'est plus qu'une souvenance.

N. B. J'ai mis la *saignée* au nombre des accidents traumatiques, que l'on doit traiter comme tels, dès qu'on est appelé. Arrêtez le sang d'abord, et mettez ensuite à la porte le médecin coupable de ce vieux pis-aller de la science, dont l'abus aurait pu être assimilé tant de fois à un assassinat par imprudence.

2077. 2° ESPÈCE. PHLÉBALGIES TOXICOGÈNES pseudorganisatrices (1019 *); développement de tumeurs implantées sur la paroi interne des veines.

EFFET ET MÉDICATION. Le malade en général ne se ressent pas d'un pareil accident survenu dans l'un des rameaux du réseau circulatoire; et, avant l'ouverture de la région ou, avant la nécroscopie, nul n'aurait pu deviner la présence d'une pareille déviation.

2078. 3° ESPÈCE. PHLÉBALGIES HELMINTHOGÈNES (1017); affections provenant de l'introduction des vers intestinaux dans la capacité des vaisseaux veineux.

MÉDICATION. Régime hygiénique complet (1644); emploi de l'ail (1250) et de l'*assa-fœtida* (1399), plus fréquemment que d'habitude.

2079. 4° GENRE. PHLÉBIALGIES; AFFECTIONS SPÉCIALES AUX VAISSEAUX CAPILLAIRES (du grec *phlebion,* petite veine, veinule).

DÉFINITION et SYNONYMIE. Les vaisseaux capillaires, vaisseaux d'une ténuité égale à celle d'un cheveu (*capillus*), sont des vaisseaux intermédiaires, des canaux de communication, entre les artères et les veines; Celse les désigne sous le nom de *venulæ,* Pline sous celui de *fibræ;* en grec on pourrait les appeler *angeia trichodè* (vaisseaux sanguins menus comme des cheveux). Le réseau microscopique des vaisseaux capillaires est répandu partout où il y a chaleur; il n'est pas un point dans la peau et les chairs où l'on ne puisse le retrouver et l'atteindre. Aussi partout où porte la pointe d'une aiguille, il en sort une gouttelette de sang.

MÉDICATION. Comme c'est sur la peau que ce réseau de vaisseaux capillaires est abordable et aux causes morbipares et à la médication, ce que nous dirions de pratique à cet égard ne serait que la répétition de ce que nous avons déjà exposé dans le groupe des DERMALGIES (1654); nous y renvoyons nos lecteurs, en leur rappelant que les applications immédiates de compresses imbibées d'alcool camphré (1288, 2°) sont d'une efficacité souveraine pour cicatriser sur-le-champ les coupures et pour intercepter au passage le virus d'une piqûre empoisonnée d'une manière quelconque; après cela, larges lotions à l'eau sédative (1345, 1°) principalement sur les régions ambiantes, jusqu'à ce que tous les symptômes soient dissipés. Quand la piqûre empoisonnée a lieu aux doigts, on les tient une demi-journée plongés dans un flacon d'alcool camphré (1287).

SIXIÈME GROUPE : MALADIES DU SYSTÈME RESPIRATOIRE (PNEUMAL-GIES) (1646); (du grec : *pneuma*, souffle, respiration ; ou *pneumôn*, poumon).

2080. DÉFINITION. Nous avons décrit longuement le mécanisme de la respiration (54,88), les causes morbipares qui peuvent en vicier les produits (100, 139, 148, 269, 287, 290, 292, 301, etc.), les obstacles qui en gênent ou en compromettent la fonction (1840, 1845, 1921, 1930, 1931, 1947, 1952, 1954, etc.); dans tout ce qui va suivre, nous supposons nos lecteurs suffisamment imbus des principes établis dans ces divers paragraphes.

La respiration est une des fonctions essentielles de l'organisation et dont la moindre souffrance se traduit instantanément par un trouble équivalent dans toutes les autres fonctions; c'est le point de départ du mouvement de la circulation et la source de l'*hématose*, c'est-à-dire, de la transformation et révivification du sang, ce liquide où tout développement s'alimente.

N. B. Nous diviserons ce groupe de maladies en trois genres correspondant aux trois principales régions des voies respiratoires : 1° maladies du tube laryngien et de la trachée artère (TRACHÉIALGIES); 2° maladies des bronches (BRONCHALGIES); et 3° maladies des poumons (PNEUMALGIES).

2081. 1ᵉʳ GENRE. TRACHÉIALGIES; affections spéciales au tube laryngien et à la trachée-artère qui en est la continuation (en latin : *aspera arteria* Cels ; — en grec : *tracheia arteria*).

DÉFINITION. Le tube trachéo-laryngien est en même temps le premier canal de la respiration pulmonaire et l'organe de la phonation (1924, D). Comme organe et instrument de phonation, l'art qui a cherché à y suppléer en l'imitant, n'a à sa disposition rien de ce que la nature emploie à ce mécanisme : le tube trachéo-laryngien en effet n'a besoin, pour passer d'un *registre* à l'autre, que de rétrécir et raccourcir ses dimensions; pour reproduire les vibrations caractéristiques de la note, qu'à tendre ou relâcher les deux valvules horizontales et symétriques que nous nommons si improprement *cordes vocales;* voilà pour le CHANT. La note émise vient s'articuler en PAROLE, par les mouvements combinés de la langue, de la mâchoire et des lèvres. On a dit que ce qui distingue l'homme des animaux, c'est la faculté de la parole; c'est comme si l'on avait dit que ce qui distingue un Français d'un Allemand, c'est que le premier parle français; car il n'est pas d'animal qui n'ait un langage et qui n'articule son chant; et certains oiseaux sont susceptibles d'apprendre en partie le langage de l'homme. C'est par leur genre de phonation articulée, que les animaux se font comprendre entre eux, qu'ils échangent leurs idées, se transmettent leurs volontés, se font obéir de leurs petits et manifestent à leurs congénères leur joie ou leur peine. Ils parlent une langue peut-être plus philosophique que la nôtre ; car elle paraît infiniment plus laconique et plus facile à comprendre même du poussin qui sort de l'œuf.

Rien n'est simple, au premier coup d'œil, comme le mécanisme de l'instrumentation que représente le tube trachéo-laryngien ; mais rien n'est plus compliqué et moins susceptible d'imitation que le mécanisme destiné à mettre cette instrumentation en jeu ; car son CLAVIER se compose du système musculaire dont chaque fibre semble être la TOUCHE d'une modification de son, et cela en rétrécissant ou raccourcissant le tube, en distendant ou relâchant de mille manières différentes les deux membranes vibrantes ou cordes vocales ; et ces fibres musculaires sont innombrables, et chacune d'elles obéit, avec la rapidité de l'éclair, à la pensée et à l'inspiration qui l'anime.

On peut *chanter* sans le secours de la langue et du jeu des lèvres ; mais on ne saurait *parler*, si le tube *trachéo-laryngien* est privé de ses moyens d'intonation, le langage n'étant qu'une articulation du son. On peut encore respirer librement, après avoir perdu la parole et l'intonation, le tube *trachéo-laryngien*, tout altéré qu'il soit sous le rapport de la phonation, laissant un libre passage à l'air qui doit alimenter la respiration pulmonaire.

2082. 1ʳᵉ ESPÈCE. Trachéialgies krumogènes (1948) ; affections du tube laryngien par l'action d'un abaissement subit ou prolongé de température. ·

Synonymie. Rhume ; en latin et en grec : *rheuma*. — Catarrhe ; en latin : *catarrhus*, en grec : *katarrhoos*. — Enrouement ; en latin : *raucitas, raucedo*, en grec : *bronchos*. — Toux sèche, en latin : *tussis*, en grec : *bèchos*. — Extinction de voix ; en latin : *anaudia, vocis amputatio* seu *suppressio* seu *obtusio*, en grec : *aphônia*. — Laryngite muqueuse ou sous-muqueuse, œdème de la glotte.

Effets. L'intumescence ou la désorganisation que le froid produit sur les surfaces externes (*épiderme*) ou internes (*muqueuses*), ne saurait manquer de s'opposer aux vibrations des *cordes vocales* et aux mouvements de dilatation et de contraction laryngienne qui servent à régler la phonation. Il y a alors extinction de voix plus ou moins complète. Les tissus, désorganisés en mucosités qui se détachent des parois et qui font obstacle à la respiration, sont expulsés par des quintes de toux, espèces d'effort que fait l'air pour trouver issue au dehors. La toux est sèche, quand l'air expiré ne fait que déplacer, sans les détacher, ces tissus désorganisés.

Médication préventive. On ne doit jamais oublier que le tube laryngien est bien peu protégé contre l'action du froid, que le *cartilage thyroïde* (pomme d'Adam) n'est séparé du *cartilage cricoïde,* que par une membrane très-peu épaisse. On aura donc soin de ne jamais s'exposer à un changement brusque de température sans avoir le cou suffisamment enveloppé et garanti du froid. On doit en conséquence avoir toujours à sa disposition un ample foulard de rechange, dont on se débarrasse dès qu'on rentre dans un endroit chaud.

Médication curative. Cigarette de camphre (1272, 7°). Se passer souvent de l'eau sédative (1345, 1°) et quelquefois de l'alcool camphré (1288, 1°) sur la *membrane crico-thyroïdienne* dont nous venons de parler. Chiques galvaniques (1424) et gargarismes fréquents avec du blanc d'œuf battu dans l'eau modérément salée (1377). Au besoin fumigations (1847). Aloès (1197) tous les trois jours.

2083. 2ᵉ ESPÈCE. Trachéialgie asphyxigène par occlusion solide (148) ; introduction d'un corps étranger dans la trachée artère.

Effets. Rien n'est plus dangereux que d'escamoter ou de garder dans la bouche un corps de petite dimension et susceptible de s'introduire dans les voies respiratoires, surtout si l'on a le malheur de pencher la tête en arrière.

Médication. Renverser le malade pour que le corps étranger ait une tendance à se dégager par son propre poids ; dans cette position, exercer des frictions du haut en bas sur le trajet de la trachée-artère. Si ce moyen ne réussit pas, ayez un tube en caoutchouc, dont vous introduirez le bout dans la trachée, au moyen d'une tigelle de fer courbe à laquelle le tube servira de fourreau ; dès que vous sentirez que l'orifice du tube est en contact avec le corps étranger, ficelez vite l'autre orifice du tube autour de l'embouchure d'une seringue ou d'une petite pompe ; faites le vide, et dès que vous sentirez de la résistance, retirez le tube rapidement ; il est probable que, par la force d'adhérence du vide, vous ramènerez le corps étranger au dehors. Dès ce moment larges affusions d'eau sédative (1347, 3°) sur le crâne, sur la poitrine et le cœur.

2084. 3ᵉ ESPÈCE. Trachéialgies toxicogènes désorganisatrices (1945); affections du larynx et de la trachée-artère par l'action désorganisatrice d'un poison acide ou basique, mais spécialement par celle des sels arsenicaux ou mercuriels.

Synonymie. 1° *Quand cette trachéialgie provient de l'air aspiré :* Catarrhe, toux, rhume opiniâtre, angine, grippe, *influenza,* coqueluche (parce que la douleur se propage dans les muscles du cou et dans le trapèze, et que la région endolorie semble alors former comme un capuchon ou *coqueluchon*); — 2° *Quand la trachéialgie provient de la circulation infestée, qu'elle est profonde :* laryngite tuberculeuse ou ulcéreuse, phthisie laryngée.

Effets. Les émanations acides corrodent la muqueuse superficielle ; les poisons basiques aspirés ou ingérés, pénétrant plus avant et s'implantant en tubercules dans l'épaisseur de ces tissus, portent l'infection, et dans le torrent circulatoire dont elles interceptent le cours, et dans les poumons, en viciant les produits de la décomposition de l'air aspiré. La *phthisie pulmonaire* ne laisse pas que d'être pernicieuse alors qu'elle n'aurait son siége que dans le larynx. Rien n'est plus fréquent que ces indispositions, dans les grands centres industriels, par les temps de brouillards et de démolitions (1608) (*).

Médication. Fréquentes applications de peaux d'animaux vivants (1220) autour du cou. Collier galvanique (1422). Se gargariser d'abord avec de l'eau salée zinguée (1377) et ensuite avec un blanc d'œuf battu dans l'eau tiède, et renifler de l'un et de l'autre liquide. Chiques galvaniques (1424). Cigarette de camphre (1272, 7°). Salsepareille (1504) iodurée (1505) tous les trois jours. Aloès (1197) tous les trois jours. Lavements (1395) tous les matins. Lotions fréquentes à l'eau sédative (1345, 1°) sur le dos et la poitrine. Passer de temps en temps de l'alcool camphré (1287) au-dessus de la *pomme d'Adam* (2082). Bains de mer (1214) dans la saison.

2085. 4ᵉ ESPÈCE. Trachéialgies toxicogènes (1930) ou entomogènes (1938) pseudorganisatrices (1931); développements parasites produits, sur la surface de la trachée-artère, chez les jeunes enfants, par un atome incubateur métallique ou animé.

Synonymie. Croup, angine trachéale, angine membraneuse. — En latin moderne : *cynanche stridula ; angina suffocatoria* seu *membranacea* seu *polyposa; morbus strangulatorius ; tussis ferina.*

Effets. Les innombrables fibrilles du développement parasite que détermine l'incubation d'atomes métalliques ou animés, se feutrent, en s'allongeant, et forment alors un tissu qui rétrécit, de moment en moment, le calibre du tube trachéo-laryngien, et qui par conséquent fait passer successivement le son d'un registre à l'autre, rend la voix sibilante, criarde, glapissante, transforme chaque expiration en un cri qu'on a comparé au *cri du coq* et que l'on a désigné sous le nom de *cri croupal.* Dès que l'enfant ne crie plus, c'est que le tube trachéo-laryngien est obstrué, que l'accumulation des tissus parasites forme bouchon ; et alors l'enfant est asphyxié, si on ne l'en débarrasse pas au plus vite. Napoléon le Grand avait fondé un prix d'un million pour qui trouverait un remède à ce terrible mal ; il venait de voir succomber en peu d'heures son neveu qu'il avait désigné pour lui succéder ; et toutes les notabilités médicales de l'époque n'étaient intervenues que pour être les inutiles spectateurs de cette jugulation morbide. Notre médication a résolu le problème, et elle a assez

(*) Voy. *Revue complémentaire des sciences,* liv. de juillet 1855, tom. II, pag. 361.

prouvé qu'elle n'échoue que quand l'œuvre de mort est consommée par les soins malheureusement trop prolongés de l'ancienne médecine. Nous avons touché, vous le savez tous, le prix, en espèces de millions d'insultes, de lâchetés de tous les calibres et de tracasseries de toutes les façons ; mais nous n'en sommes pas plus pauvre pour cela, et nous délivrons quittance pour le reste.

MÉDICATION. Dès qu'on s'aperçoit d'un embarras dans les voies respiratoires de l'enfant, on lui passe avec le doigt, tantôt de l'eau sédative (1345, 1°) tantôt de l'alcool camphré (1288, 1°) au-dessus de la pomme d'Adam. On lui place avec précaution une cigarette de camphre (1272, 7°) dans la bouche, en lui pinçant les lèvres de temps en temps. On le lotionne à l'eau sédative (1345, 1°) derrière le cou, sur la poitrine. On lui administre sur-le-champ une cuiller de sirop de gomme camphré (1436) et puis une forte cuillerée de sirop de chicorée (1453). Si le mal prend le dessus, on lui administre une forte cuillerée de sirop d'ipécacuanha (1459), en continuant les frictions tantôt à la pommade camphrée (1302, 1°) et tantôt à l'ail sur tout le trajet de l'épine dorsale et spécialement sur le cou et autour de l'ombilic. Enfin si l'on a encore des craintes et que l'ipécacuanha n'obtienne pas l'effet désiré, on administre un grain d émétique (1514, 5°). Le croup est devenu de plus en plus rare, depuis que le nouveau système a popularisé le régime antivermineux.

2086. 5ᵉ ESPÈCE. TRACHÉIALGIES CULICIGÈNES (813) OU HELMINTHOGÈNES (975); affections du tube trachéo-laryngien par suite de la piqûre des cousins ou du parasitisme des helminthes et surtout de l'ascaride vermiculaire (995).

SYNONYMIE. Toux sèche, rhume, catarrhe, grippe, *influenza*.

EFFETS. Les piqûres des mouches et cousins qui s'introduisent dans la gorge, les titillations caudales de l'ascaride vermiculaire qui s'aventure dans les voies respiratoires, ne peuvent manquer de provoquer des spasmes convulsifs, des quintes (*) de toux sèche, souvent d'une telle violence, qu'elles provoquent des nausées, remplissent les yeux de larmes et semblent arracher les poumons.

MÉDICATION. Rien n'était plus fréquent en certaines saisons que cette sorte d'affection, alors que la médecine proscrivait souverainement les épices, et n'opposait à toutes les maladies que les effets négatifs de la diète, de l'eau de gomme et des sangsues; on gardait alors un de ces rhumes plusieurs mois, parce que toute la théore médicale se réduisait alors à l'idée d'inflammation. Au théâtre, la toux des spectateurs faisait, avec l'orchestre, un accord continu mais discordant. Pour dire leur : *qu'il mourût*, ou leur *et je ne plonge pas ce poignard dans ton cœur*, ou leur *moi de Médée*, enfin leur mot à effet, les acteurs étaient à la piste de la moindre intermittence des quintes du parterre.

Aussi, quand, en 1838, nous eûmes indiqué, contre ces toux épidémiques et médicales, l'emploi de la cigarette de camphre, le succès obtenu paraissait tenir du merveilleux aux yeux du malade, et passait pour la plus grande hérésie aux yeux du médecin, impitoyable comme le prêtre d'une religion quelconque. Une simple aspiration de camphre dissipant le rhume et mettant fin à la gastrite! le médecin, de ce coup et sur une simple bouffée de camphre, perdait six mois de visite. On conçoit pourquoi il nous eût alors lapidé pendant que le malade nous bénissait; compensation!

De pareilles affections se dissipent, comme par enchantement, à l'aide de la cigarette de camphre (1272, 7°), des compresses imbibées d'alcool camphré (1288, 2°) autour du cou, des gargarismes à l'eau modérément salée (1378) et aromatisée avec quelques

(*) *Quinte,* terme de musique qui désigne la cinquième note de la gamme, parce que souvent le cri de la toux fait entendre la première et la cinquième note = ut, sol.

gouttes d'eau de toilette (1717). Le régime hygiénique (1644) et l'usage de l'ail (1250) préservent de cet accident vermineux les premières voies; en les rendant inabordables aux helminthes, aux cousins et aux mouches solstitiales.

2087. 2ᵉ GENRE. Bronchalgies (2080); affections spéciales aux deux bronches, c'est-à-dire au double embranchement par lequel l'air passe de la trachée-artère dans l'un et l'autre poumon (du grec : *bronchos*, par lequel on désignait anciennement toute la trachée-artère et ses deux embranchements, et qui s'applique exclusivement aujourd'hui à ces derniers ; — en latin : *bronchia* ou *bronchiœ* et au singulier *bronchus*, dont la signification moderne est aussi restreinte que celle de la dénomination grecque était étendue).

Synonymie. Asthme, affections asthmatiques, difficulté de respirer ; — en grec : *asthma* (de *aô*, souffler péniblement) ; *dyspnœa* (de *dys*, péniblement, et *pneô*, respirer); *orthopnoia* (de *orthôs*, droit, et *pneô*, respirer, parce que les asthmatiques ne peuvent bien respirer que sur leur séant) ; — en latin : *anhelatio, anhelitus, tussis anhela* Virg., *pituita*.

Effets. Chacune des causes morbipares ci-dessus énumérées peut déterminer l'affection asthmatique, dès qu'elle a son siége dans deux embranchements de la trachée-artère ou simplement dans l'un d'eux. C'est dans les bronches et à la hauteur des clavicules que l'on sent la difficulté de respirer, qu'on entend la respiration sibilante, le clapotement des mucosités qui ont de la peine à se détacher. C'est une gêne ou une menace, une difficulté ou une suffocation. L'air aspiré ne trouvant pas une issue suffisante pour être expiré au retour, dilate les poumons, et les poumons refoulent le sang veineux jusque dans les capillaires. De là vient que la peau du visage surtout bleuit et s'œdématise, que le visage se bouffit, que le sang monte au cerveau, que les yeux pleurent comprimés par cette accumulation sanguine, que la voix s'éteint, que les oreilles tintent, qu'on est en proie à une quinte qui est plutôt une suffocation entrecoupée qu'une toux ordinaire, et qu'on ne commence à éprouver un soulagement aussi léger que tardif, que du moment que l'expectoration a pu détacher des parois bronchiques,la mucosité qui faisait obstacle à l'expiration.

Médication. Régime antivermineux (1644) et simultanément régime antimercuriel (1686), pour combattre à la fois les deux causes, quand on a des doutes sur les deux. Cigarette de camphre (1272, 7°). Chiques galvaniques (1424) et gargarismes (1377). Passer souvent de l'eau sédative (1345, 1°) et alternativement de l'alcool camphré 1288, 1°) à la hauteur des clavicules et sur les épaules. Aloès (1197) tous les 3 jours ; et, le lendemain matin, lavement superpurgatif (1398); les autres jours lavement camphré (1396). Fumigations (1847) fréquentes. Trois fois par jour cataplasme aloétique (1321) sur le haut de la poitrine, et lotions (1345, 1°) et frictions (1302, 1°) sur le dos. Arroser fréquemment le crâne d'eau sédative (1347, 3°) et s'en passer sur la région du cœur.

Lorsque la bronchalgie est coniogène (461) ou acanthogène (1933), comme chez les tisseurs, les meuniers, les fabricants de meules, les polisseurs d'agathe ou de grès, les batteurs en grange, etc., la médication n'amènerait qu'un soulagement momentané, et les effets se continueraient, si d'une manière ou d'une autre on n'avait pas la précaution de se soustraire à l'influence de la cause. On a soin de ne pas se placer sous le vent, de ne travailler que sous un bon tirant de tuyau de cheminée ou avec un masque qui prenne l'air au loin.

2088. .3ᵉ GENRE. Pneumalgies proprement dites (2080); affections qui ont leur siége dans les poumons (organes éminemment respiratoires des vertébrés).

DÉFINITION. L'organe pulmonaire peut être considéré comme le premier mobile, comme l'âme de toutes les fonctions. Chez les peuples anciens, et avant que le platonicisme se fût incorporé à la religion, le mot qui servait à désigner l'*âme* et la *vie* désignait en même temps le *souffle*, l'*air aspiré*, la *respiration* enfin : en hébreu : *roucha*; en grec : *psychè*; en latin : *animus, spiritus*; en français : *souffle*. Mais cette âme de la vie, principe de toutes les fonctions, est d'une délicatesse telle qu'un souffle la ternit, qu'un atome la désorganise ; elle ne s'alimente que d'air atmosphérique, d'air pur ; tout ce qui se mêle à l'air inspiré est le germe d'une maladie ou d'un malaise, alors même que ce ne serait pas le germe d'un empoisonnement.

2089. 1ʳᵉ ESPÈCE. PNEUMALGIES ASPHYXIGÈNES (90); affections du poumon par privation lente ou subite de la dose d'air qui est nécessaire à l'entretien de la respiration normale.

SYNONYMIE. 1° ASPHYXIE PAR VICIATION DE L'AIR (54, 88, 96, 111, 256);—en latin : *interclusus spiritus, interclusa anima;* — en grec : *asphyxia* (de *a* privatif et *sphygmos*, pouls), absence du pouls, parce que toute circulation cesse dès que le poumon ne respire plus). — 2° ASPHYXIE PAR STRANGULATION (133); — en latin : *suffocatio;* — en grec : *anchonè.* — 3° ASPHYXIE PAR INGURGITATION DE LIQUIDES (122) ; — en latin : *mersio, immersio;* en grec : *catabaptismos.*

MÉDICATION OU SECOURS A DONNER AUX ASPHYXIÉS. 1° *Aux asphyxiés par privation ou viciation d'air atmosphérique :* On expose au grand air le patient, portes et fenêtres ouvertes. On le lotionne sans relâche à l'eau sédative (1345, 1°) sur le crâne, le dos, la poitrine; et alternativement on le frictionne à la pommade camphrée (1302, 1°), dût-on continuer une heure à lotionner et frictionner. On verse quelques gouttes d'eau sédative (1336) dans un soufflet bien propre, et on insuffle de cet air dans la bouche, même à travers les dents, si on ne peut pas les desserrer. On administre un lavement simple (1395), avec quelques gouttes d'eau sédative (1336). Dès que l'asphyxié revient à lui, aloès (1497) et bourrache chaude (1472).

2° *Aux asphyxiés par strangulation.* Dès qu'on est sur le lieu du sinistre, sans plus faire attention aux réclamations, hâtez-vous de dégager le malheureux des liens qui l'étranglent, avec la précaution de ne pas le laisser tomber, et appliquez instantanément la médication précédente. Quel que soit l'insuccès de vos tentatives, la justice ne saurait que rendre hommage à vos bonnes intentions ; car, dans le plus grand nombre de cas, on rappellerait à la vie par cette médication ces sortes d'asphyxiés, si on s'y prenait dès qu'on a connaissance du sinistre.

3° *Secours à donner aux noyés.* On ne doit pas les suspendre par les pieds, mais les coucher sur le ventre horizontalement ou légèrement inclinés, en ayant soin de les soulever et de les pencher alternativement. On aspire l'eau ingurgitée par la dilatation d'un soufflet, en tenant les lèvres du patient appliquées autour du tuyau, afin de mieux faire le vide qui doit amener l'eau ingurgitée au dehors. On réchauffe le corps et surtout les extrémités au moyen de linges brûlants, et l'on suit en même temps le traitement indiqué ci-dessus contre l'asphyxie proprement dite. J'ai cité un exemple de ce genre obtenu après deux heures continues de lotions et de soins (*). Contre toutes ces sortes d'accidents, on pourrait essayer l'emploi d'un bain sédatif.

2090. 2ᵉ ESPÈCE. PNEUMALGIES KRUMOGÈNES (222, 1576, 1663); affections de l'organe pulmonaire par suite de l'action coagulatrice du froid prolongé ou d'un subit abaissement de la température.

(*) Voy. *Revue complémentaire des sciences,* livr. de janvier 1855, tom. 1ᵉʳ, pag. 169.

Synonymie. Refroidissement, prendre chaud et froid, *morfondement,* catarrhe, catarrhe pulmonaire, rhume, fluxion de poitrine, hépatisation du poumon, pneumonie ou péripneumonie.

EFFETS. Tous ces mots désignent des effets de la même cause à un degré différent d'intensité ; et, sous ce rapport, l'hépatisation du poumon est analogue à une simple engelure (1665). Il y a alors arrêt de la circulation et par conséquent de la sanguification ou hématose. Le malade se sent près d'étouffer ; ses expectorations sont teintées de sang et presque liquides ; le délire le prend souvent au début. Si l'action du froid a atteint toute la substance de l'organe pulmonaire, le malade tombe comme frappé de la foudre pour ne plus se relever ; il est asphyxié. Lorsque le mal n'a pas atteint ce degré d'intensité, il se résout par des exfoliations superficielles qui sont expulsées en *expectorations,* en *crachats* plus ou moins épais et filants et plus ou moins jaunâtres ; alors tout se réduit à un simple rhume.

MÉDICATION. Il est des cas où la médication n'intervient que pour obtenir une amélioration fugitive. Quoi qu'il en soit, on essaye de faire avaler au malade de l'aloès (1197) et ensuite un bol bien chaud d'infusion de bourrache (1469) alcalisée avec une cuiller à café d'eau sédative (1336). On applique sur la poitrine et entre les épaules des cataplasmes aloétiques (1321) fortement arrosés d'eau sédative. On ne cesse de lotionner le dos et la région du cœur avec la même eau. Lavements superpurgatifs fréquents (1398). Si le mieux tarde à se manifester, bains sédatifs (1204).

2091. 3e ESPÈCE. Pneumalgies thermogènes (222); affections de l'organe pulmonaire par l'action prolongée d'une température élevée, d'un travail excessif, des abus de tout genre et surtout de l'abus des liqueurs fortes et des boissons alcooliques (204).

EFFETS. Ces sortes de causes ne désorganisent pas, il est vrai, mais elles obstruent les vaisseaux, en coagulant, en congestionnant les liquides, ce qui détermine également une hépatisation. Les malades de ce genre ont la figure bouffie et violacée, les extrémités tuméfiées, la respiration courte et difficile, la physionomie empreinte d'hébétude, l'œil éteint, la parole embarrassée, les idées brouillées, l'haleine phosphorescente ; ils sont menacés d'un coup de sang (2059, 1°).

MÉDICATION. La même que pour l'espèce précédente.

2092. 4e ESPÈCE. Pneumalgies toxicogènes (256); empoisonnements qui surviennent par le véhicule de la respiration.

2093. 1re VARIÉTÉ. Pneumalgies capnogènes (270, 271, 283); asphyxie par la fumée ou la vapeur du charbon ou de la braise ou autres gaz acides (du grec : *kapnos,* fumée).

2094. 2e VARIÉTÉ. Pneumalgies osmagènes (288, 290) ; asphyxie par la respiration de substances odorantes, huiles essentielles, essences, aromes (du grec : *osme,* odeur).

2095. 3e VARIÉTÉ. Pneumalgies hydrogènes (179) et cyanogènes (296, 297); asphyxies par la respiration de l'hydrogène uni à une base toxique, de l'acide prussique et des prussiates qui nous semblent former la partie active des miasmes des marais d'eau douce ou salés.

Synonymie. 1° Fièvres intermittentes , fièvres (*) paludéennes ou de marais d'eau douce ; — en latin : *febres intermittentes;* en grec : *ek periodou puretoi.* — 2° Fièvres de marais salés, de certains ports de mer embourbés ; *caussus,* fièvre jaune, fièvre pes-

---

(*) On s'étonnera sans doute de nous voir employer avec tant de sobriété, dans notre synonymie, le mot de *fièvre* dont l'ancienne nomenclature entrelardait la sienne avec une telle profusion que je ne sache pas de maladie qui n'ait pris le nom de fièvre. C'est que toute souffrance donne la fièvre ; le mot fièvre désigne ainsi un effet commun à toutes les maladies (1349).

tilentielle, peste, mal de Siam, typhus amaril, typhus des tropiques, vomissement noir, *vomito negro*.

EFFETS. Ces sortes de fièvres, ou plutôt ces empoisonnements par le véhicule de la respiration et plus ou moins lents selon la dose dont l'air s'est imprégné, règnent en permanence sur les bords des marais stagnants et peu profonds à leurs bords mais spécialement sur les plages et rades du littoral où la mer rejette toutes ses immondices et que l'absence du flux ou reflux y laisse s'accumuler; par exemple, sur tout le littoral du golfe du Mexique, cet égout de la mer Atlantique, dans les ports de mer de la Méditerranée et de ses dépendances, à Barcelone, à Marseille surtout dont les immondices se rendent au port qu'aucun cours d'eau ne lave, et dont les émanations sont habituellement fétides et deviennent pestilentielles tous les cinquante ans (*). Je connais des ruisseaux où se déchargent les rebuts de plusieurs manufactures, dont les effluves font naître tous les ans, à l'approche des jours caniculaires, les maladies les plus variées et souvent les plus foudroyantes. Comme dans la *Grotte-du-Chien* près de Naples, les enfants en sont plus souvent atteints que les grandes personnes; après avoir joué sur le pas des portes de maison contre lesquelles coule ce ruisseau, l'enfant, jusque-là le mieux portant, rentre au logis, tournoie et tombe foudroyé par la mofette dont il a aspiré le gros lot. O industrie, que de serpents se cachent sous les fleurs dont ton génie nous couronne!

MÉDICATION. On transporte le corps au grand air; on tâche de faire avaler au patient, cuiller à cuiller, une dissolution d'une cuiller d'eau sédative (1336) dans un bol d'infusion chaude de bourrache (1469) ou autre tisane. On ne cesse d'arroser le crâne d'eau sédative (1347, 3°), d'en lotionner le dos, le cou et la poitrine. On administre un lavement camphré (1396), en y ajoutant une cuiller à café (1336) d'eau sédative par litre d'eau.

On fait renifler de l'acétate d'ammoniaque, en exerçant de faibles pressions sur le sternum. Si le malade ne desserre pas les dents, on passe sur les gencives de l'eau sédative pure au moyen des barbes d'une plume. On applique des compresses d'eau sédative (1345, 2°) sur le creux de l'estomac, sur la paume des mains et la plante des pieds; on masse les muscles en lotionnant et frictionnant. Dans les pays sujets aux émanations marécageuses, causes de bien fréquentes épidémies et d'une grande mortalité, telles que les pays *à polders*, à canaux, les pays bas et marécageux, Anvers, Amsterdam, la Zélande, notre Sologne, etc., on s'habituera à l'usage modéré de liqueurs alcooliques aromatisées (1556); on prendra, à l'apparition du moindre malaise, un petit verre de liqueur hygiénique (1533) (**). On recrépira souvent les murailles à l'eau de chaux; on promènera de temps en temps, d'un appartement à un autre, une pelle rougie au feu, sur laquelle on versera du vinaigre goutte à goutte. On allumera chaque soir de grands feux avec du bois vert, des branchages de sapin et de pin; on aura toujours sur soi un flacon de *sel de Mendererus* (1511) pour en flairer, surtout en passant dans les rues suspectes.

Une autre précaution qui rentre dans les attributions de l'État ou de la municipalité, c'est de transformer les flaques d'eau en étangs, de couper à pic les bords de tout canal ou amas d'eau, de les curer en hiver pour les assainir d'abord et augmenter ensuite leur profondeur. Jamais un étang bien tenu n'est insalubre, comme l'est

(*) Voy. *Revue complémentaire des sciences,* livr. de janvier 1858, tom. IV, pag. 161.

(**) Ce serait condamner un Hollandais à mort que de lui interdire de prendre régulièrement la goutte et d'en reprendre une autre pour souhaiter la bienvenue à un visiteur. Nous aurons à revenir sur ce moyen préservateur, en nous occupant des STOMACHALGIES TOXICOGÈNES.

un marais (*). Draguez en hiver les étangs, les ports de mer ; amoncelez la vase loin de là dans les terres ; établissez des feux tout autour du monceau. Vous aurez des trésors d'engrais à votre disposition pour l'été, sans qu'alors ils portent la moindre atteinte à la santé publique.

2096. 4e VARIÉTÉ. Pneumalgie toxicogène arsenigène (357, 2°); affection de l'organe pulmonaire par l'action de l'arsenic aspiré ou ingéré.

Synonymie. Marasme arsenical.

effets. L'arsenic exerce sur tous les organes une action qu'on pourrait appeler d'amaigrissement, en enlevant aux tissus les bases de leur organisation cellulaire. De là vient que, dans certaines affections pulmonaires, il semble de prime abord apporter un soulagement inattendu, en dépouillant l'organe des mucosités et tissus parasites qui font obstacle à l'inspiration de l'air. Mais ce soulagement momentané ne manque jamais de céder la place à un état pire ; car dès que l'action de l'arsenic est épuisée sur les tissus parasites, elle se reporte sur les tissus sains qu'elle attaque et désorganise à leur tour.

médication. Chiques galvaniques (1424) avec gargarismes à l'eau ferrée, que l'on se procure, soit en éteignant dans l'eau un morceau de fer rougi au feu, soit en faisant dissoudre dix centigrammes de sulfate de fer dans un verre d'eau; ensuite gargarismes avec un blanc d'œuf battu dans l'eau. Se servir d'eau ferrée en boisson. Lotions fréquentes à l'eau sédative (1345, 1°) sur le dos et la poitrine et sur la pomme d'Adam. Aspirations fréquentes d'alcool camphré (1287). Un petit verre de liqueur hygiénique (1533) de temps à autre. Lavements fréquents (1395). Aloès (1197) tous les trois jours.

2097. 5e VARIÉTÉ. Pneumalgies hydrargènes (1930) ; affections de l'organe pulmonaire par l'action du mercure aspiré ou ingéré.

Synonymie. Phthisie pulmonaire d'origine mercurielle, consomption ; — en latin tabes; — en grec : phthisis, atrophia, cachexia Cels.

effets. L'atome mercuriel aspiré, ou amené dans les régions pulmonaires par le torrent de la circulation, y détermine tous les effets que nous avons eu occasion d'étudier sur les divers autres groupes d'organes : des tubercules dermalgiques (1677) sur la surface interne ; des abcès profonds, comme dans les tissus musculaires (1747); une exsudation comme hydropique dans le thorax, par l'accumulation de la sérosité entre les plèvres et la surface externe de l'organe pulmonaire. Nous diviserons donc les maladies pulmonaires hydrargènes en trois sous-variétés, selon que le mercure procède à son œuvre de destruction, 1° par la surface interne ; 2° par la région médiane ; ou 3° par la surface externe de l'un ou l'autre ou des deux organes pulmonaires. Dans les deux premières variétés, le malade maigrit et se voûte; son dos se creuse et les omoplates deviennent saillantes; l'œil s'agrandit et brille d'une humidité insolite ; la physionomie est empreinte de tristesse ; le malade a la face blême, les pommettes colorées, les lèvres violacées, le nez effilé et décoloré, les extrémités œdématisées; la toux semble chaque fois devoir lui déchirer les poumons.

2098. 1re sous-variété. Pneumalgie hydrargène interne ; action du mercure localisée sur les surfaces internes de l'organe pulmonaire.

Synonymie. Tubercules pulmonaires ; — en latin : tubercula pulmonum; en grec : pneumonos phymata.

effets. Le développement de ces tubercules sur la surface interne de l'organe pulmonaire ne diffère que, par l'influence humide et obscure du milieu, de celui des tubercules dermalgiques (1677). C'est d'abord une proéminence jaunâtre et miliaire

(*) Voy. Revue complémentaire des sciences, livr. de juillet 1858, tom. IV, pag. 36).

III. • 31

(1724) qui s'entoure d'une aréole rouge, et s'enflamme elle-même, en grossissant, pour crever et se vider en pus. Dans la première période, le tubercule est cru (en latin : *crudum tuberculum ;* en grec : *ómon phyma*) ; dans la seconde période, les tubercules ramollis entrent en suppuration (*tubercula purulenta, suppurata*), et laissent dans la substance pulmonaire un vide qui peut, de la sorte et à l'aide de nouveaux tubercules, s'agrandir chaque jour en une érosion que l'on nomme *caverne*. Dans la première période, l'oreille, appliquée sur le haut de la poitrine ou entre les omoplates, perçoit de petits tintements métalliques provenant du frôlement ou du choc des tubercules crus entre eux ; si le malade parle, l'oreille de l'observateur perçoit un chevrotement articulé, une voix chevrotante. Appliquez-vous la paume de la main sur l'oreille, et frappez sur le dos de cette main avec le doigt de la main libre, vous percevrez le même tintement métallique, si léger que soit le choc et même ne fût-il qu'un simple frôlement. Lorsque les tubercules entrent en suppuration, l'oreille ainsi aux écoutes perçoit un gargouillement, indice d'un liquide que le mouvement de l'air déplace et tend à entraîner au dehors, au moyen de la toux qui n'est que l'effort de l'air pour expulser l'obstacle ; il y a intermittence de quintes, dès que l'obstacle de mucosités a été expectoré et expulsé. L'oreille perçoit une résonnance caverneuse, lorsque l'érosion de la tuberculisation a creusé plus avant la substance pulmonaire.

2099. 2ᵉ *SOUS-VARIÉTÉ.* PNEUMALGIE HYDRARGÈNE MÉDIANE ; localisation du mercure dans le parenchyme ou substance médiane de l'organe pulmonaire.

SYNONYMIE. 1º Vomique ou abcès (1766, 3º) pulmonaire ; — en latin : *vomica* Cels. (de *vomere*, vomir) ; — en grec : *apostéma en pneumóni* Gal.

2º Calculs pulmonaires (1993) ; — en latin : *pulmonis calculi* seu *grandines ;* — en grec : *tou pneumonos litharia.*

EFFETS. La formation d'un abcès ou d'un calcul dans la substance du poumon y détermine une inflammation, une hépatisation qui ne cesse que par l'expulsion et comme par le vomissement de la poche de l'abcès ou du calcul.

2100. 3ᵉ *SOUS-VARIÉTÉ.* PNEUMALGIE HYDRARGÈNE EXTERNE ; localisation de l'action du mercure sur la surface périmétrique et externe du poumon.

SYNONYMIE. Pleurésie, hydrothorax, hydropisie de poitrine ou amas de sérosités entre les parois des plèvres, c'est-à-dire, entre le poumon et les parois de la cavité thoracique ; — en latin et en grec : *pleuritis.*

EFFETS. Le liquide, accumulé dans la cavité thoracique, comprime d'autant l'organe pulmonaire et s'oppose à sa dilatation, sans laquelle l'aspiration est impossible. Le malade menace de plus en plus d'étouffer, si la pleurésie s'étend aux deux côtés de la poitrine. L'action du froid et du chaud peut déterminer également une pleurésie. A la percussion (1127) comme à l'auscultation (1126), on perçoit un clapotement de liquide dans la poitrine ; il arrive une époque où l'accumulation du liquide rend la poitrine bombante et fait saillir les muscles intercostaux.

MÉDICATION. Cette maladie, si commune aujourd'hui, disparaîtra presque du cadre nosologique, lorsque la médecine aura renoncé à l'emploi des médicaments mercuriels, l'industrie à l'emploi du mercure, et que les savants se tiendront sur leurs gardes en manipulant, au moyen de ce métal, dans leurs expériences. Aujourd'hui, dans les grands centres de population, il est des endroits où l'on hume, à pleins poumons et par toutes les fissures, les émanations mercurielles. C'est désastreux ; car, en bien de ces sortes de cas, la maladie en arrive rapidement à la période incurable. Contre un pareil mal, l'emploi de toute la médication antimercurielle (1686) n'est jamais de trop ; et ce qu'on ne saurait trop souvent employer, ce sont les appareils galvaniques (1413), les chiques galvaniques (1424) surtout, les bains de sang et peaux d'animaux vivants

(1217). On se passera fréquemment sous les aisselles et sur le haut de la poitrine, soit de l'alcool camphré (1287), soit de l'eau de toilette (1717), et même (ce dont en certains cas j'ai retiré les avantages les moins contestables) on étendra sur les surfaces une couche de goudron pur (1483). On éprouvera plus de soulagement par l'emploi, tantôt de l'alcool camphré (1287), tantôt de l'eau sédative (1345), selon qu'on aura affaire à une purulence ou à une congestion pulmonaire. Aliments d'origine végétale, salade sans beaucoup de vinaigre, huîtres et poissons de mer. Œufs à la coque à peine cuits pour le déjeuner.

2101. 6ᵉ ESPÈCE. PNEUMALGIE TRAUMAGÈNE (1773); solution de continuité dans les tissus du poumon à la suite d'une blessure pénétrante.

SYNONYMIE. Coup d'épée et de poignard, etc., coup de feu, plaie pénétrante de poitrine.

MÉDICATION. On vide la plaie par l'aspiration; on applique presque en permanence, tout autour de la plaie, une compresse d'alcool camphré (1288, 2°) au moyen d'un surtout (1416). On lotionne fréquemment à l'eau sédative (1345, 1°) les épaules, les aisselles et le dos. On en arrose le crâne en cas de fièvre. Cigarette de camphre (1272, 7°) et nourriture aromatique (1644).

2102. 7ᵉ ESPÈCE. PNEUMALGIES ENTOMOGÈNES (962, 8°) ou HELMINTHOGÈNES (995, 1012, 1035, 1090); affections pulmonaires par suite du parasitisme d'une larve, d'un insecte ou d'un helminthe.

EFFETS. Une affection émanée de telles causes peut revêtir les caractères d'une petite toux, d'un rhume de plus en plus opiniâtre, d'une péripneumonie, d'une pleurésie et de la phthisie pulmonaire, selon le nombre des parasites, leur lieu d'élection et la durée de leur parasitisme.

MÉDICATION. C'est dans les cas de cette origine que la médication remporta des succès, qui, dans le principe, paraissaient tenir du merveilleux; car c'était l'époque où la médecine antiphlogistique et helminthipare était le plus à la mode, et où par conséquent cette sorte de phthisie, émanant d'un rhume négligé, était la plus commune; elle est devenue assez rare depuis l'immense propagation du nouveau système. Car prise au début, cette espèce de maladie se dissipe rien que par l'emploi de la cigarette de camphre (1272, 7°); et si la médication est invoquée plus tard, la maladie résiste peu, quel qu'en soit le caractère, à l'influence du régime hygiénique (1644), des cataplasmes aloétiques (1321), des fréquentes frictions à l'eau sédative (1345, 2°) et à la pommade camphrée (1302, 1°) sur le dos, la poitrine, sous les aisselles. On essuie ensuite à l'alcool camphré (1288), ou à l'eau de toilette (1717). Cigarette de camphre (1272, 7°); chiques galvaniques (1424); gargarismes (1377); fumigations (1847).

2103. 8ᵉ ESPÈCE. PNEUMALGIES CONIOGÈNES (461, 2087); affections pulmonaires par suite de l'inspiration de poussières organiques ou inorganiques.

EFFETS. Les batteurs en granges ou à l'air, les rémouleurs, les carriers en grès, les casseurs de pierres, les élagueurs d'arbres tels que le platane, les meuniers des *moulins à la grosse* et les balayeurs de rues sont très-sujets à cette espèce de PNEUMALGIE, qui peut devenir, par la promptitude de ses ravages, tout aussi pernicieuse que la PNEUMALGIE HYDRARGÈNE (2097) et en offrir tous les caractères: car chaque atome de ces sortes de poussière peut établir un foyer de désorganisation sur le point où il adhère.

MÉDICATION PRÉVENTIVE. Se placer toujours le dos tourné au vent, établir de violents courants d'air dans les lieux de travail; se préserver de la poussière à l'aide d'un masque qui prenne la respiration dans un milieu à air pur; chiques galvaniques (1424), pour provoquer une fréquente salivation qui entraîne au dehors la poussière aspirée.

MÉDICATION CURATIVE. S'éloigner du milieu infesté et suivre ensuite la médication ci-dessus (2102) jusqu'à guérison complète.

2104. 9e ESPÈCE. Pneumalgie acanthogène (441); affection pulmonaire par suite de l'introduction dans les poumons d'un épi ou de débris d'épis et autres corps susceptibles de se glisser par le même mécanisme dans ces organes.

EFFETS. La maladie revêt les caractères les plus alarmants, par suite de la reptation de ces corps et des déchirements qui en sont la suite ; mais aussi elle finit presque toujours de la manière la plus heureuse et la plus inattendue, par la sortie de la cause du mal à travers les muscles intercostaux.

MÉDICATION. Affusions fréquentes d'eau sédative (1347, 3°) sur le crâne, sous les aisselles, autour du cou. Passer souvent de l'alcool camphré (1287) autour de l'endroit vers lequel semble se diriger l'épi ou le corps barbelé. Appliquer de fréquents cataplasmes aloétiques (1321) sur le siége du mal. Aloès (1497) tous les 3 jours, et lavement (1396) tous les matins. Manger peu, sauf à manger souvent.

SEPTIÈME GROUPE : MALADIES DU SYSTÈME LYMPHATIQUE ET INTERSTITIEL (389) LYMPHALGIES (1646).

2105. Le réseau des vaisseaux lymphatiques est formé, comme le réseau des vaisseaux sanguins, par le dédoublement des parois des cellules, avec cette différence que le réseau des vaisseaux sanguins est circulatoire, sans fin et composé de mailles sans discontinuité ; tandis que le réseau des vaisseaux lymphatiques vient s'aboucher, par d'innombrables orifices d'écoulement, à la surface du corps ou des organes, et y dégorger les liquides qu'il a soutirés aux organes élaborateurs par tout autant d'orifices d'aspiration. Le principal organe, sur les surfaces duquel les lymphatiques s'alimentent par des orifices-suçoirs, c'est le canal alimentaire dont nous allons nous occuper ci-après. Les organes ganglionnaires lymphatiques sont les pompes aspirantes et foulantes dont les vaisseaux lymphatiques sont d'un côté les tuyaux d'aspiration et de l'autre les tuyaux de propulsion ; ces organes ganglionnaires varient depuis le volume d'un grain de fécule jusqu'à celui d'un œuf ; ils ont, comme le cœur et les poumons, leurs mouvements d'aspiration et d'expiration (55), de *systole* et de *diastole* (1126); ils aspirent et refoulent. Les bassinets des grosses glandes qui forment les reins sont les organes aspirateurs de l'urine ; les glandes salivaires remplissent un rôle analogue sur les régions supérieures ; les organes génitaux sont les organes aspirateurs de la semence ; les mamelles, analogues des organes génitaux, sont les organes aspirateurs du lait; la peau est jonchée de glandes microscopiques qui aspirent et rejettent au dehors le liquide de la sueur. Le canal alimentaire est le grand réservoir, où s'alimentent tous ces corps de pompe, avec leur propriété respective d'élection, propriété dont la nature échappe à tous nos moyens analytiques, mais dont l'existence ne saurait être révoquée en doute : demandez seulement à la nourrice si elle ne sent pas remonter son lait de l'estomac dans la mamelle, même avant que le nourrisson s'y soit appliqué, comme une petite ventouse vivante et chérie. C'est ce qui explique la rapidité avec laquelle les qualités odorantes d'une substance passent de l'estomac dans le lait, dans les urines, dans l'haleine et s'exhalent souvent même par les pores de la sueur ; la communication est immédiate et n'a pas pour intermédiaire le véhicule de la circulation sanguine. Nous nous sommes déjà occupé des plus grands de ces appareils aspirateurs : de la *sueur* dans les DERMALGIES (1655), de la *salive* dans les GLOSSOSIALALGIES (1946), des *larmes* dans les LACRYMALGIES (1865), de l'*urine* dans les OURALGIES (1988). Nous nous renfermerons, pour cette partie de l'ouvrage, dans ce qui concerne les perturbations morbides des ganglions lymphatiques (GANGLIALGIES), de la glande thymus (THYMALGIES), de la glande thyroïde (THYRALGIES) et de l'organe sécréteur du lait ou mamelles (MASTALGIES).

2106. 1er GENRE. GANGLIALGIES ; affections spéciales aux ganglions lymphatiques (du grec : *ganglion*, glande).

2107. 1re ESPÈCE. GANGLIALGIES KRUMOGÈNES (1665, 1763) ; affections des ganglions lymphatiques sous l'influence du froid.

SYNONYMIE. Arrêt subit de la transpiration, sueur rentrée, morfondure, morfondement, refroidissement, courbature, engourdissement, œdème et hydropisie : —en latin : *repressus sudor ex frigore, algor, coactio, lassitudo; membrorum torpor; hydrops, hydropisis, hydropismus* (du grec : *hydor*, eau, et *ops*, qui semble, qui paraît).

EFFETS. Le froid, obstruant les canaux excréteurs de sucs coagulés, pendant que les ganglions continuent à aspirer les liquides qui leur sont propres, ces liquides s'accumulent derrière l'obstacle, distendent leurs canaux, exercent sur les vaisseaux sanguins une compression qui finit par les étrangler et par supprimer entièrement le passage à la circulation ; les nerfs se paralysent, les muscles s'engourdissent, les tissus enflent et s'œdématisent, c'est-à-dire, ne reçoivent, dans leurs interstices cellulaires, que des liquides lymphatiques et incolores comme de l'eau ; et l'œdème monte peu à peu des extrémités vers le centre, par suite de cet engorgement progressif. Une fois que le liquide est refoulé vers les orifices des canaux qui tapissent les parois des cavités diverses du corps, vers les *membranes* dites *séreuses*, la lymphe, dégorgeant dans ces cavités, finit par les remplir et les distendre comme des vessies ; c'est alors un cas d'*hydropisie*, qui change de nom avec les diverses régions affectées : *hydrocéphalie* (2006) si le siège est dans le crâne; *hydrothorax* (2100) s'il est dans les plèvres; *hydropisie abdominale* (1661) si l'accumulation du liquide a lieu dans la cavité péritonéale, dans l'abdomen. Les jeunes personnes, surtout au moment de leurs règles, si elles s'exposent sans précaution, et en toilette de bal, à l'action prolongée du froid, sont exposées à gagner une hydropisie qui laisse rarement espoir de guérison.

MÉDICATION. Sur-le-champ huile de ricin par le haut (1438) et par le bas (1398). Soir et matin lavement camphré (1396). Aussi souvent qu'on le pourra, on appliquera sur la région plus spécialement atteinte un cataplasme aloétique (1321). Au bout de 20 minutes, larges lotions (1345, 1°) et frictions (1302, 1°) sur toutes les surfaces et spécialement sur le dos; chez les femmes, et même à la rigueur chez les jeunes filles dont nous avons parlé plus haut, injections fréquentes à l'eau quadruple (1375). Bains sédatifs (1209) tous les jours. Si l'hydropisie ne cède pas et menace la vie, on aura recours à la ponction ou *paracentèse* (du grec, *para*, au travers, et *kentein*, piquer), opération qui consiste à donner une issue au liquide, en perforant les parois de la cavité, soit avec la pointe du bistouri, soit avec un trois-quarts. Lorsque la cavité est vidée, on recouvre l'orifice d'une compresse enduite de pommade camphrée (1302), et on passe souvent tout autour de l'alcool camphré (287) avec le doigt.

2108. 2e ESPÈCE. GANGLIALGIES ATROPHOGÈNES (1658, 1751, 2072); affections des ganglions lymphatiques par défaut de nutrition.

SYNONYMIE. Tuméfaction, enflure, œdème; — en latin : *tumor, tumescentia;* — en grec : *oidèma.*

EFFETS. Lorsque la digestion est détournée de sa voie normale par une cause qui en vicie les produits, l'acidité de ces produits coagule les liquides, détermine, dans le réseau des canaux interstitiels et lymphatiques, des engorgements qui arrêtent la circulation de ce genre et déterminent l'œdématisation.

L'œdème est toujours le produit de cette viciation de la digestion, que le vice en vienne du canal alimentaire et de ses dépendances, du système nerveux, ou des appareils du système circulatoire. L'œdème est surtout consécutif aux maladies organiques du cœur, à l'anévrisme spécialement. Quand on appuie le doigt sur la peau des tissus œdématisés, la dépression en persiste longtemps avec sa teinte jaune et décolorée.

MÉDICATION. Cette affection du réseau lymphatique étant consécutive d'une autre affection, sa guérison en suppose une autre ; on doit donc diriger la médication contre l'organe dont l'état morbide est la cause d'un contre-coup semblable. Cependant, puisque les effets à leur tour peuvent réagir comme cause ou comme obstacle, on ne doit pas négliger de s'en prendre en même temps à ces effets : On cherchera à rouvrir une issue au liquide, en désobstruant les pores de la peau, et à absorber le trop-plein au moyen de l'application de substances absorbantes. Cataplasmes aloétiques (1321) de place en place, sur les tissus œdématisés, et à la suite sachets ou cataplasmes secs (1322). Lavements superpurgatifs fréquents (1398), surtout le lendemain matin de la prise d'aloès (1197). Au besoin ponctions à coups d'aiguilles ou de lancettes ; cautérisations (1514, 3°).

2109. 3° GANGLIALGIES TOXICOGÈNES désorganisatrices (1950) ; affections désorganisatrices des ganglions lymphatiques sous l'influence d'une intoxication congéniale ou accidentelle.

SYNONYMIE. Constitution scrofuleuse, humeurs froides, écrouelles ; — en latin : *strumœ, strumellœ, scrofulœ* (de *scrofa*, truie) ; — en grec : *choiradès*.

EFFETS. L'appareil interstitiel du réseau lymphatique, par sa puissance et son jeu d'aspiration, est le premier à s'imprégner du poison qu'il puise par les uns ou les autres de ses orifices qui aboutissent à la peau ou aux muqueuses. Le poison, localisé dans de pareils organes canaliculaires, altère la combinaison des tissus et les rend faciles à se décomposer et prompts à jeter la perturbation dans les tissus ambiants, à éventrer les capillaires sanguins (2079), à écourter les ramifications nerveuses (1813), à établir enfin des foyers de suppuration et d'ulcérations rongeantes, mais non inflammatoires, qui finissent par aboutir, mais qui ne se cicatrisent pas sans laisser une empreinte plus ou moins profonde et toujours indélébile, surtout quand la médecine aux antiquailles, si habile à jeter de l'huile sur le feu, ajoute sa dose d'empoisonnement et d'applications toxiques à l'empoisonnement antérieur héréditaire ou accidentel.

MÉDICATION. Comme la cause de pareils désordres sous-cutanés est presque toujours hydrargyrique, on se soumettra au régime antimercuriel complet (1686) ; on appliquera fréquemment sur les tumeurs, les plaques galvaniques (1420) et ensuite une forte compresse imbibée d'alcool camphré (1288, 2°) ; on recouvrira enfin la surface avec un linge enduit de pommade camphrée (1297) jusqu'au prochain pansement.

2110. 4° ESPÈCE. GANGLIALGIES TOXIGÈNES pseudorganisatrices (1945) ;[développements morbides des ganglions lymphatiques par l'incubation d'un atome intoxicant.

SYNONYMIE. Glandes, ganglions lymphatiques engorgés ; — en latin : *glandulœ induratœ* ; — en grec : *paristhmia, adenes eschirromenoi.*

EFFETS. Lorsque l'atome pseudorganisateur a été amené, par le hasard des aspirations lymphatiques, à prendre domicile dans l'un de ces organes microscopiques qui semblent faire office de cœurs pour ce genre de circulation, le développement peut en devenir tel qu'ils atteignent le volume d'un œuf de pigeon, sans changer, sous le rapport du tissu, d'aspect et de nature. Ils prennent alors le nom de *glandes engorgées,* de *ganglions engorgés*. Ils sont mobiles sous la peau, comme s'ils n'y tenaient que par un pédicule; ils font éprouver des élancements, par suite de dédoublements cellulaires, toutes les fois qu'ils augmentent d'un cran ou qu'ils interceptent le passage d'une ramification nerveuse; mais ils n'occasionnent pas la moindre douleur une fois qu'ils cessent de croître et qu'ils restent stationnaires. Leur substance paraît homogène, d'une organisation fibreuse, sans traces de vaisseaux et de tissu cellulaire. Il n'y a pas si longtemps que les grandes célébrités médicales prenaient ces glandes pour des tumeurs cancéreuses; dans les petites villes, cette erreur de diagnostic est encore dans toute sa vogue, et y expose les malades aux opérations les plus violentes et aux pansements les plus homicides. Nous traiterons des différences un peu plus bas, en nous occupant du cancer du sein. Ces glandes surviennent de préférence aux femmes et aux enfants qui habitent les grands centres industriels et les villes sujettes à être submergées.

MÉDICATION. Il n'est rien moins qu'impossible à ceux qui veulent en avoir la patience, de ramener ces glandes à leur volume normal, au moyen de la nouvelle méthode; il n'en coûte que de savoir souffrir. Il suffit d'appliquer trois ou quatre fois par jour, sur la région de ces glandes, de fortes compresses imbibées d'eau sédative (1345, 2°), même alors que la peau commence à en être excoriée. On a soin, après chaque fois, de recouvrir la place d'un linge enduit de cérat camphré (1303). En même temps, on suit tout le traitement antimercuriel (1686). Une jeune dame avait, de chaque côté du cou, un chapelet de ces glandes grosses comme des œufs de poule, et dont le nombre, compté à la superficie, pouvait s'élever à une trentaine de chaque côté. Elle arrêta le traitement (qui, je l'avoue, n'est pas des plus agréables) une fois que nous fûmes arrivés à ne plus sentir que quatre ou cinq glandes profondes de chaque côté du cou. Cette dame était originaire de Rouen, ville éminemment industrielle et exposée aux inondations.

2111. 5° ESPÈCE. GANGLIALGIES TRAUMATIQUES (2033); développement des ganglions lymphatiques, consécutif principalement des ulcérations d'origine mercurielle, mais aussi des cicatrisations difficiles et des pansements par les cataplasmes.

SYNONYMIE. Ganglions engorgés sous les aisselles, dans les aines; bubons vénériens ou autres; — en latin : *in inguinibus abcessus* Cels., *bubon;* — en grec : *boubôn* (aine).

EFFETS. C'est aux aisselles et aux aines principalement que se développent ces ganglions lymphatiques : aux aisselles dans les cas d'ulcérations aux bras ou de cancer au sein, aux aines dans les cas d'affections des parties ou d'ulcérations aux jambes; le plus souvent, quand ces ulcérations sont d'une cicatrisation difficile, et toujours quand l'affection principale est de nature syphilitique, c'est-à-dire, mercurielle. Dans ce dernier cas, le mal ou affection ganglionnaire se complique d'inflammation par infection et prend un aspect cancéroïde, qui pourtant ne la rend pas incapable de guérison, une fois qu'on a arrêté le développement de l'affection qui en est l'origine. On applique fréquemment les compresses d'alcool camphré (1288, 2°) sur la place; d'autres fois les plaques galvaniques (1420). Si le mal se montre rétif au traitement, on a recours à la cautérisation (1514, 3°) et à l'emploi des pois à cautère naturels; et si l'on soupçonne la formation du pus, on applique la pompe aspirante et foulante pour vider le clapier (*). Régime antimercuriel (1686) au complet.

2112. 2° GENRE. THYMALGIES ou THYRALGIES (2105); développements insolites de la glande *thymus*, par suite de l'usage congénial des eaux mercurialisées des montagnes

(*) Voy. *Revue complémentaire des sciences,* livr. d'oct. 1859, tom. VI, pag. 69.

(369, 926, 928 *). (Du grec : *thymos*, oignon, verrue, cor, porreau, glande; et *thyra*, porte.)

SYNONYMIE. Goître, goètre, tumeur strumeuse, gros cou, gongrone; — en latin : *gutturis inflatio;* — en grec : *bronchocèle* (hernie des bronches).

EFFETS. Nous avons déjà dit que le goître était originairement une maladie hydrargène (926); il est endémique dans les pays des montagnes où l'eau potable filtre à travers des filons mercuriels. Lorsque l'atome incubateur se fixe dans la glande *thymus* ou glande des bronches très-développée chez les enfants, le goître qui n'est que le développement pseudorganisateur de cette glande, grandit avec l'âge et semble absorber peu à peu toutes les facultés mentales ; l'enfant est affecté de *crétinisme*. Quand plus tard cet atome se fixe sur la région *thyroïdienne* du cou, le goître se développe sans altérer les facultés déjà acquises.

MÉDICATION PRÉVENTIVE. Tenir, au fond des fontaines domestiques et vases d'eau à boire, des grenailles d'étain que l'on refondra souvent sous un bon tirant de cheminée. Usage habituel de colliers galvaniques (1422), ou de colliers et chaînes en or ou argent, que l'on soumettra fréquemment à l'action du feu, pour en éliminer e mercure. Eau zinguée (1370) pour tous les soins de propreté. Appliquer souvent sur la base du cou des linges imbibés d'alcool camphré (1288, 2°). Hochets ou chiques galvaniques (1424), selon l'âge.

MÉDICATION CURATIVE. Appliquer souvent dans la journée, sur la surface de la tumeur, tantôt des sachets (1322) de sel marin aussi peu épuré qu'on pourra le trouver (1209 **), tantôt des cataplasmes aloétiques (1321), dans lesquels on fera entrer un gramme d'iodure de potassium (1388) ou une poignée de mousse de Corse (1506) ; ensuite des compresses d'eau sédative (1345, 2°) qu'on appliquera fortement sur a peau par la pression de la main. Au besoin, cautérisation (1514, 3°); et pansement camphré (1302, 2°), quand on voudra supprimer le *pois à cautère* (1325). Régime antimercuriel (1686) au complet.

N. B. C'est principalement au début du mal que l'efficacité de cette médication peut être rendue évidente. Car lorsque la tumeur a acquis les dimensions dont nous avons donné des exemples (926), le temps que demande la guérison est proportionnel au volume qu'a acquis le pseudorgane ; et, lorsqu'on jette les yeux sur certains de ces développements, on ne doit pas s'étonner que l'affligé perde patience à continuer une médication qui, dans ce cas, pourrait bien durer autant que la vie ; le profit n'arriverait souvent que sur les bords de la tombe ; autant vaut-il vivre avec son désagrément, avec son boulet au cou, si dès les premiers essais on prévoit que la guérison doive être trop lente.

2113. 3e GENRE. MASTALGIES (2105); affections spéciales à la glande mammaire; du grec : *mastos*, mamelle).

DÉFINITION ET MÉDICATION GÉNÉRALE. L'appareil mammaire est l'organe sécréteur ou plutôt *soustracteur* de la portion du bol nutritif qui renferme les éléments du lait : albumine (*matière caséeuse*) ; huile (*beurre*) ; sucre phosphato–calcaire (*sucre de lait*); aromates, sels et acides dont s'imprègne le bol alimentaire ; et eau. C'est la quintessence des aliments que l'estomac de l'enfant ne saurait élaborer sous leur forme grossière et avec leur *caput mortuum*. Cet appareil se compose de vaisseaux lymphatiques qui s'abouchent, par leurs extrémités internes, sur les muqueuses de l'estomac (*vaisseaux sécréteurs*), et dont les extrémités externes aboutissent à la glande mammaire. Là les mouvements de *diastole* attirent les sucs, et les mouvements de *systole* les poussent dans les vaisseaux lymphatiques qui viennent s'aboucher au bout du sein (*vaisseaux excréteurs*).

Si les *vaisseaux sécréteurs* sont encombrés et leurs orifices bouchés, ou que la glande soit paralysée ou atrophiée, il s'ensuit une suppression de lait et une impossibilité physique, pour la mère, de nourrir son enfant de son sein. Si les *vaisseaux excréteurs* sont obstrués, les mamelles s'emplissent de lait que la succion de l'enfant ne saurait extraire; on dit alors que *le bout du sein n'est pas formé.* Il est possible de déboucher, de désobstruer ces deux orifices de vaisseaux lymphatiques, par les fréquentes applications de compresses d'eau sédative (1345, 2°) ou de cataplasmes salins (1321) autour des mamelles et sur la poitrine. S'il ne s'agissait que du bout du sein, on appliquerait sur le bout une petite compresse d'eau sédative (1345, 2°) trois fois par jour; et, au bout de 48 heures, on y ferait le vide avec un petit corps de pompe.

La mère qui nourrit doit s'alimenter de substances agréablement aromatisées et vermifuges (1560); et si, dans son for interne, elle se croyait suspecte d'une infection quelconque congéniale, accidentelle ou communiquée, elle aurait soin de faire usage de salsepareille (1504) iodurée (1505) tous les trois jours, de porter sur le sein d'amples ornements d'or ou d'argent (1418) et de se servir d'eau zinguée (1370) pour tous les soins de propreté.

A la suite de ces réflexions générales, et toutes les maladies qui concernent ces régions n'étant que des localisations des maladies que nous avons déjà énumérées, nous nous arrêterons, comme une spéciale et des plus graves applications, à l'espèce suivante.

2114. ESPÈCE UNIQUE. Mastalgie pseudorganisatrice et cancéreuse (2057); transformation du sein en un organe parasite et de superfétation dont le développement est indéfini et absorbe tous les autres.

SYNONYMIE. Cancer, tumeur cancéreuse, carcinome, squirrhe du sein; — en latin. *mammarum cancer, mammæ cancrosæ;* — en grec : *o tou mastou karkinos, karkinôma.*

EFFETS. C'est, nous l'avons déjà dit (2057), moins de la glande mammaire que des articulations cartilagineuses des côtes, qu'émane le développement du cancer du sein. Le sein ensuite est envahi, dénaturé, enveloppé dans le cadre de cette superfétation, comme finissent par l'être toutes les autres régions adjacentes; car c'est une végétation fongueuse qui transforme en elle-même tous les tissus qu'elle parvient à atteindre, qui croît en avançant, mais aux dépens de tout ce qu'elle rencontre (*crescit eundo*); c'est un parasite transformateur. Contre un tel mal, je cherche vainement et depuis bien longtemps un remède; rien ne l'étouffe, rien ne l'arrête, tous les coups qu'on lui porte ne semblent qu'accroître sa puissance et qu'accélérer la marche de son développement; si on le mutile, il n'en est que plus âpre à se développer; l'air qui d'ordinaire désorganise les autres tissus ne fait qu'accroître la tendance de celui-là à l'organisation. Ceux qui se vantaient de guérir un tel mal, pouvaient être de bonne foi anciennement par suite d'une méprise; aujourd'hui je les soupçonnerais de tromper sciemment ou de ne rien lire. J'ai vu confondre bien des cas de glandes engorgées avec le cancer, et cela par les célébrités les plus en vogue de l'époque. Ils se flattaient ensuite d'avoir étouffé le cancer dans son germe par l'ablation de ces quelques glandes au sein; mais j'ai vu souvent aussi de pareilles ablations de glandes suivies de mort par empoisonnement, à la suite des applications mercurielles employées, disait-on, pour assurer le succès de la cicatrisation et pour conjurer le retour d'un mal semblable. Aujourd'hui j'ai suffisamment averti et le médecin et le malade, pour que l'un ne mérite aucune excuse et l'autre aucune pitié, s'ils retombent l'un dans la même erreur de diagnostic ou l'autre dans le même excès de confiance.

Les glandes en effet qui peuvent affecter le sein sont mobiles sous la peau, ovoïdes et non bosselées ; en ce cas la peau n'offre presque pas d'adhérence avec elles ; le sein n'en est ni déformé ni décoloré. Le cancer au contraire adhère à tout ce qu'il envahit ; il tient aux côtes comme une exostose, à la peau comme un phlegmon d'un rouge ardent, comme une induration conoïde ; tout tissu qu'il avoisine devient induré et résistant ; il marche vite, et toujours en montant, en dehors et en dedans de la cavité thoracique. Les ganglions lymphatiques apparaissent, comme des jalons à distance, sur toutes les régions que le mal doit envahir.

L'ablation de la totalité ou d'une partie de la végétation est suivie d'un développement plus actif et d'une plus grande puissance (*) ; comme la branche gourmande d'un arbre se reproduit d'autant plus vite et plus forte qu'on la taille plus bas ; l'air en effet est le principe de toute fécondation nouvelle. Le cancer animé d'une telle tendance indéfinie, finirait par se substituer à l'organisation tout entière et par absorber l'individu au profit de son développement ; mais la mort par asphyxie et l'asphyxie par la compression exercée sur les poumons, ne lui permet pas d'atteindre la plénitude de son œuvre : La femme meurt le jour où le dernier bourgeon du cancer est parvenu à refouler le poumon dans le dernier espace vide, où l'air avait pu jusque-là s'introduire pour fournir un dernier souffle à la respiration.

Le cancer du sein est une lente torture infligée à la femme, comme pour la punir d'avoir trop aimé ; c'est une lente agonie qui s'opère les yeux ouverts et dans la plénitude de toutes les autres fonctions de l'économie. De cette torture la médecine mercurielle est encore plus complice que la nature.

Nous aurons moins de cas de cancer, quand nous aurons moins de traitements au mercure. Donc s'il ne nous est pas encore donné de guérir, il dépend de nous de prévenir. Mais honte et trois fois honte au médecin qui jetterait encore aujourd'hui par anticipation la mort dans l'âme d'une pauvre femme, en prenant de simples ganglions lymphatiques pour les symptômes du cancer !!!

Il est bien des femmes qui sont persuadées qu'un coup reçu sur le sein est capable d'y déterminer le développement du cancer. Elles sont dans l'erreur ; un coup est en état de donner lieu à l'engorgement et au développement des ganglions lymphatiques ou glandes ; mais le cancer tient à un autre ordre de causes qui préexistent au coup après lequel il peut se former.

HUITIÈME GROUPE : MALADIES DU SYSTÈME INTESTINAL (ENTÉRALGIES) (1646) ; (du grec : enteron ; — en latin : intestinum, intestin ; ce qui est à l'intérieur (entos, intùs) de l'abdomen).

2115. DÉFINITION. Ce système si compliqué en apparence n'est, en anatomie atomique, que le dédoublement des quatre grands compartiments cellulaires dont les deux supérieurs constituent la région thoracique et les deux inférieurs la région abdominale ; c'est un canal qui s'ouvre dans la région buccale, comme dans son vestibule, et vient déboucher à l'anus, en changeant souvent de capacité et de calibre pendant son

(*) L'empâtement du cancer étant très-limité, je hasarde de soupçonner qu'on pourra un jour couper court à son développement indéfini, en parvenant, dans le début, à enlever, par les moyens appropriés, la portion de côte ou même la côte tout entière sur laquelle le cancer a pris son origine (pag. 461).

parcours ; et chaque changement de forme indique une modification dans la fonction. Si nous entrons dans le domaine des analogies organiques, nous trouverons que le système intestinal correspond au système radiculaire des plantes, les suçoirs d'absorption de cet organe n'étant autres que les innombrables orifices des lymphatiques qui viennent s'aboucher sur la surface des muqueuses intestinales. Le bol alimentaire, qui subit divers modes de fermentation, en passant d'une région dans l'autre de ce système, est l'analogue des engrais. Nous avons suffisamment décrit l'organisation anatomique, *à la fin de l'introduction du premier volume*, et la théorie des fonctions intestinales (150-224) ; nous renvoyons le lecteur à ces deux ordres de considérations. Il ne nous reste presque, dans cette portion de l'ouvrage, qu'à décrire le trouble dans les fonctions, et la médication la plus convenable pour en préserver ou en débarrasser les organes.

Les ENTÉRALGIES étant les maladies qui jettent le désordre dans l'une ou l'autre des phases de la digestion, nous diviserons les espèces de ces maladies en tout autant de genres que le canal intestinal offre de siéges d'élaborations distinctes et d'organes qui fournissent leur contingent à ces diverses élaborations : 1° OESOPHALGIES (par euphémisme pour OESOPHAGALGIES), maladies de l'œsophage ; 2° STOMACHALGIES, maladies de la panse stomachale ; 3° DÔDÉKALGIES, maladies du duodénum ; 4° HÉPATALGIES, maladies du foie ; 5° PANCRÉALGIES, maladies du pancréas ; 6° SPLÈNALGIES, maladies de la rate ; 7° NESTILÉALGIES, maladies des intestins grêles (*jéjunum* et *ileon*); 8° COLALGIES, maladies du côlon ou gros intestin ; 9° enfin PRÔCTALGIES, maladies du rectum.

2116. 1ᵉʳ GENRE. OESOPHALGIES ; MALADIES DE L'OESOPHAGE (du grec : *oisophagos ;* et *oisophagos* de *oisô*, je porte, *phagein*, le manger).

DÉFINITION. L'œsophage est moins un organe d'élaboration qu'un organe d'aspiration et de transmission. On dirait qu'il participe de la propriété de la trachée-artère et des poumons qu'il avoisine, car il attire le bol alimentaire dans l'estomac par une sensible aspiration que nous nommons *déglutition.*

2117. 1ʳᵉ ESPÈCE. OEsophalgies asphyxigènes et par occlusion mécanique (122) ; introduction d'un corps étranger capable de faire obstacle au passage des aliments.

EFFETS. L'introduction de certains corps étrangers et de certains aliments non suffisamment broyés par la mastication, est capable non-seulement d'intercepter le passage de l'alimentation, mais même et par contre-coup de faire obstacle à la respiration en comprimant latéralement la *trachée-artère.*

MÉDICATION. On doit débarrasser au plus tôt l'organe de cet obstacle, soit en poussant le corps dans l'estomac, soit en l'attirant au dehors. Une baguette de jonc, ou de gros fil de fer lisse et recourbé, peut suffire pour refouler dans l'estomac l'obstacle, pourvu que l'extrémité en soit mousse, comme boutonnée et incapable d'érailler et d'égratigner la muqueuse. La hampe d'un porreau sert admirablement à cet effet, quand on en a sous la main. Mais pour retirer à soi l'obstacle, on introduira dans l'œsophage l'extrémité d'un tube en caoutchouc dont l'extrémité sera vissée à l'orifice d'une seringue ; dès qu'on sentira que l'extrémité libre est appliquée sur le corps étranger, on sera presque sûr de l'amener au dehors par la force d'adhérence du vide. On entoure ensuite le cou d'une cravate imbibée d'alcool camphré (1287) ; mai pendant tout le temps de l'opération, on a soin d'arroser le crâne et le cou d'eau sédative (1347, 3°).

2118. 2ᵉ ESPÈCE. OEsophalgie anévrogène (1929) ; paralysie de l'œsophage qui s'oppose à la déglutition.

EFFETS. En général cette paralysie partielle tient à la cause d'une paralysie plus étendue ; mais il peut se faire aussi qu'elle soit exclusivement locale et émanant de l'altération des embranchements nerveux qui servent à animer cette région (1825).

MÉDICATION. Pendant toute la durée du traitement, contre la paralysie générale ou locale (1754), on introduira les aliments dans l'estomac à l'état liquide et au moyen d'une sonde en caoutchouc vissée autour du goulot d'un entonnoir.

2119. 3ᵉ ESPÈCE. OESOPHALGIE THERMOGÈNE (1667) ou CAUSTIGÈNE (1671, 1672) ; dépouillement de la muqueuse de l'œsophage par un liquide ou brûlant ou acide ou alcalin et caustique.

MÉDICATION. Faire avaler un œuf battu dans l'eau ordinaire : 1° avec quelques gouttes d'alcool camphré (1287) contre la brûlure par les liquides bouillants ; 2° avec quelques gouttes d'eau sédative (1336, 1°) contre l'action d'un liquide acide ; 3° avec quelques gouttes de vinaigre camphré (1511) contre l'action caustique des bases alcalines. Entourer le cou d'une cravate imbibée d'alcool camphré (1288, 2°). ·

2120. 4ᵉ ESPÈCE. OESOPHALGIE HYDRARGÈNE (2097) ou ARSENIGÈNE (2096); tuberculisation de la muqueuse de l'œsophage par l'action désorganisatrice des remèdes mercuriels ou arsenicaux.

EFFETS. Il est rare que cette affection ne soit pas concomitante d'une affection semblable dont le siége serait dans le tube de la trachée-artère, d'une *laryngite tuberculeuse,* d'une *phthisie laryngée* (2084); en sorte que, pour le malade, la déglutition devient une torture autant que la respiration.

MÉDICATION. Médication antimercurielle complète (1686) pour combattre la cause ; et, pour combattre les effets, entourer fréquemment le cou, tantôt d'une cravate imbibée d'alcool camphré (1288, 2°) en se promenant au grand air, et tantôt de peaux d'animaux vivants (1220). Collier galvanique (1422) habituellement.

2121. 5ᵉ ESPÈCE. OESOPHALGIES ENTOMOGÈNES (1938) HELMINTHOGÈNES (995); déglutition d'insectes ou invasion d'helminthes dans le tube œsophagien.

EFFETS. Ardeurs et chatouillement sous la ligne du sternum et à la gorge; difficulté plus ou moins violente d'avaler.

MÉDICATION. Un verre de liqueur hygiénique (1553) et l'application autour du cou d'une cravate imbibée d'alcool camphré (1288, 2°) suffisent souvent pour enrayer les progrès de ce mal. Tout le reste du régime hygiénique (1644).

2122. 2ᵉ GENRE. STOMACHALGIES (2115); affections de la panse stomacale; troubles survenus dans la première des trois digestions (163). (Du grec : *stomachos,* estomac.)

2123. 1ʳᵉ ESPÈCE. STOMACHALGIE THERMOGÈNE (1909); trouble apporté dans la digestion stomacale par l'influence de l'élévation de température.

EFFETS. Lorsque la température qui nous enveloppe s'élève trop haut au-dessus du degré auquel nous sommes habitués de digérer, la transpiration soustrait au bol alimentaire sa partie aqueuse, et la chaleur le prive de la quantité d'air nécessaire à la fermentation.

MÉDICATION. Dans ce cas, on fait de la nuit le jour, et l'on mange quand la fraîcheur est revenue; on s'abstient de l'usage trop fréquent de liqueurs fortes.

2124. 2ᵉ ESPÈCE. STOMACHALGIE KRUMOGÈNE (1948); trouble apporté dans la digestion stomacale par l'abaissement subit de la température.

EFFETS. Même arrêt de la fermentation digestive dans un sens contraire, mais d'une manière d'autant plus désastreuse que le changement a été plus subit.

MÉDICATION PRÉVENTIVE. Se tenir l'abdomen toujours prémuni contre cette influence, par l'emploi de ceintures en flanelle et de bons vêtements ouatés : Les habitants des montagnes, exposés tous les jours de l'année à de telles vicissitudes atmosphériques, ont autour des reins habituellement d'amples et longues ceintures ou écharpes en laine rouge qui font plusieurs fois le tour du corps.

MÉDICATION CURATIVE. Aloès (1197) sur-le-champ; cataplasmes aloétiques (1321) sur l'abdomen et sur le dos. Au besoin, émétique (1514, 5°) dès que le malade est suffisamment réchauffé. Ensuite un petit verre de liqueur hygiénique (1553). A la rigueur lavement superpurgatif (1398).

2125. 3e ESPÈCE. Stomachalgies aspnyxigènes (152); trouble survenu dans la digestion stomacale par privation d'air atmosphérique.

SYNONYMIE. Suites d'un excès de table, d'une orgie. Digestions pénibles pour avoir trop mangé; — en latin : *ingluvies;* — en grec : *gastrismos, gastrimargia.*

EFFETS. Ce trouble est fréquent chez les personnes qui ont la fâcheuse habitude de boire chaud, chez celles qui ont ingurgité un trop grand volume de vivres et fait de trop amples libations, et dont l'estomac est trop distendu pour que le mal puisse être réparé par quelques verres d'eau fraîche.

MÉDICATION. Il suffit souvent de la grosseur d'une noisette de glace ou de sorbet, pour introduire dans l'estomac la quantité d'air (1546) qui manque au bol alimentaire, mieux que ne pourraient le faire trois ou quatre verres d'eau fraîche. On doit en outre aller respirer un air plus libre et plus frais, mais non pas glacial. Eau sédative (1347, 3°) en affusion sur le crâne, sous les aisselles, sur la région du cœur. Aloès (1197) tout aussitôt.

2126. 4e ESPÈCE. Stomachalgies atrophogènes (156); affections stomacales par défaut, insuffisance de la nutrition, par privation ou mauvaise qualité des substances alimentaires ou défaut de proportions entre les principes complémentaires de la fermentation.

SYNONYMIE. Faim, famine, jeûne, par pauvreté ou par ordonnance (*gastrite, gastralgie*); — en latin : *fames, inedia, abstinentia, jejunium* ; — en grec : *peina, nesteia.*

EFFETS. C'est la plus grande torture, la plus féroce qu'un homme puisse endurer. Qui la subit volontairement est un sot; qui l'impose est un barbare; qui ne la prévient pas par de sages institutions est un coupable de mort par inadvertance et insouciance, qui est pire que l'égoïsme en fait de culpabilité.

MÉDICATION. La meilleure médication préventive serait une institution qui donnerait à chacun du travail suivant ses capacités, un salaire suivant ses besoins et des bons avis à tout le monde. La médication curative, dès qu'on surprend un pauvre affligé d'une telle torture, c'est de ne lui administrer tout d'abord que des nourritures liquides, par cuillerées et d'intervalle en intervalle; de le lotionner à l'alcool camphré (1288, 1°) d'abord ; de lui passer de l'eau sédative (1347, 3°) sur le crâne et sur la région du cœur.

2127. 5e ESPÈCE. Stomachalgies hypertrophogènes (191); affections de l'estomac par suite d'un excès de substances ingérées.

SYNONYMIE. 1° Indigestion; — en latin : *indigestio, cruditas ;* — en grec : *apepsia, ômotès.* — 2° Digestion pénible et difficile.

EFFETS. Pesanteur dans l'estomac, étouffements ; le sang se porte aux extrémités, mais surtout à la tête; le visage bouffit et bleuit, les mains enflent, les jambes s'engourdissent; il y a menace d'asphyxie et de coups de sang.

MÉDICATION. Sur-le-champ aloès (1197); un lavement superpurgatif (1398); administrer une cuiller d'huile d'amande douce ou d'huile d'olive sucrée. Arroser le crâne d'eau sédative (1347, 3°), en passer sur le creux de l'estomac, la région du cœur, sur le dos; et appliquer, sur le creux de l'estomac, des linges brûlants, alternativement avec les compresses d'eau sédative (1345, 2°).

2128. 6ᵉ ESPÈCE. STOMACHALGIES TOXICOGÈNES (1669); affections stomacales par suite d'un empoisonnement, c'est-à-dire de l'ingestion de substances empoisonnées.

DÉFINITION. Les STOMACHALGIES TOXICOGÈNES (empoisonnements par ingestion) ne diffèrent des DERMALGIES TOXICOGÈNES (empoisonnements endermiques et par la dénudation de la peau)(1669), que dans la même proportion que l'aspiration des muqueuses intestinales diffère de l'aspiration de la surface de la peau (30). L'effet du poison est identique sur l'une et l'autre région, et ne diffère que par l'énergie de l'absorption, le volume de l'infection et par la vitesse de sa propagation. De l'une et l'autre façon, le poison arrive toujours à la circulation qui lui sert de véhicule, pour aller en reporter l'influence de mort sur les centres nerveux qui sont l'âme de la vie. Car les substances dont l'action est limitée aux surfaces avec lesquelles elles se trouvent en contact, sont moins des causes d'empoisonnement que de plaies restreintes; elles ne donnent lieu qu'à des empoisonnements locaux et qui n'intéressent pas la vie générale autrement que comme des accidents et des troubles passagers dans les fonctions d'un organe. Tout poison reporte son action, d'embranchement en embranchement nerveux, jusqu'au grand centre nerveux (1813), dans lequel réside souverainement la vitalité et la pensée. Dans le premier cas le poison est aspiré par les papilles nerveuses (1654), dans le second cas par les bouches des vaisseaux lymphatiques (2105) ou par le véhicule du système respiratoire (2080).

Cependant, de tout ce que j'ai pu observer, sur moi-même ou sur d'autres, je crois pouvoir conclure que tel poison décèle son action dans la panse stomacale, organe de la première digestion, tel autre dans le duodénum, telle autre espèce ou dans les intestins grêles, ou sur l'appendice cœcal, ou dans le côlon, ou dans les organes appendiculaires de la triple digestion, c'est-à-dire, dans le foie, le pancréas ou la rate. Les moindres notions de chimie permettront de se faire une idée théorique de ces sortes de localisations: Supposez, par exemple, un sel à base toxique, sel insoluble dans le genre d'acidité qui caractérise l'élaboration stomacale, mais décomposable dans le duodénum par l'affinité de l'alcali du fiel pour l'acide; ce sel ne deviendra vénéneux et désorganisateur que dans le duodénum, où le foie se décharge de ses produits. Il en sera de même d'un sel à acide ou à base toxique, qui ne trouvera à se décomposer que dans les produits de la digestion fécale; c'est dans le côlon que ce sel dévoilera la nature de son action toxique; c'est par un semblable mécanisme de décomposition locale que les sels de plomb reportent leur action plus spécialement sur la muqueuse du gros intestin, et occasionnent ces affreuses épreintes que l'on désigne sous le nom de *colique saturnine, colique des peintres, colique de Poitiers.*

Nous avons suffisamment décrit en leur lieu (315) les caractères et les effets des diverses substances qui causent les empoisonnements ingérés; il ne nous reste, en cet endroit de l'ouvrage, que d'indiquer l'antidote de chacune d'elles en particulier, sous la rubrique de tout autant de variétés.

2129 1ʳᵉ VARIÉTÉ. STOMACHALGIE CYANOGÈNE (296, 320); empoisonnement par l'ingestion de l'acide prussique.

MÉDICATION. Essayer de faire avaler de force . 1° une cuiller d'eau sédative (1336) dans un verre d'eau; ou, si vous en avez sous la main, d'une décoction quelconque chaude. Arrosez à grands flots le crâne et le cœur d'eau sédative (1347, 3°); lotions avec la même eau (1345, 1°), continuées jusqu'en désespoir de cause. Essayez même d'un lavement avec une cuiller à café (1481) d'eau sédative (1336) par litre d'eau.

2130. 2ᵉ VARIÉTÉ. STOMACHALGIE NARCOTIGÈNE (322); empoisonnement par l'ingestion de l'opium, du laudanum, de la morphine et autres substances extraites de l'opium (322, 325); du tabac (326), des autres narcotiques, jusquiame, belladone, etc. (332), de la ciguë (333).

MÉDICATION. Aussitôt qu'on s'aperçoit du sinistre, on doit administrer, sans désemparer, l'émétique (1514, 5°), ou le sirop d'ipécacuanha (1459), si on en a sous la main, ou de l'eau tiède, ou enfin de l'huile, à l'effet d'expulser le poison par le vomissement ; j'ai vu souvent le vomissement provoqué par l'addition d'une cuiller d'huile de ricin dans un bol de bourrache chaude. Si l'on n'arrive pas à temps pour cela, on administre l'huile de ricin par le haut (1438) et par le bas (1398). On ne cesse d'arroser le crâne d'eau sédative (1347, 3°), d'en lotionner le dos et la région du cœur.

2131. 3ᵉ VARIÉTÉ. STOMACHALGIES MYCOGÈNES (338, 339) ; empoisonnements par les champignons et moisissures (du grec : *mycos,* champignon).

EFFETS. Tout indique que l'action toxique des champignons réside dans la combinaison peu stable d'un sel à base caustique, laquelle pourrait bien être la potasse ou un alcali équivalent ; car l'odeur des champignons, dans toute leur fraîcheur, est exactement la même que celle d'une dissolution de savon ordinaire ; les mouches, avides de champignons, sont attirées par l'odeur de l'eau de savon, et viennent se noyer dans ce liquide. D'un autre côté, la décomposition en un liquide noir et caustique, d'une certaine classe de champignons (tels que les coprins), est analogue à celle que détermine l'action de l'ammoniaque sur certains tissus organisés. Enfin le suc de certains champignons lactescents produit sur la peau les mêmes escarres qu'un alcali inorganique et que l'ammoniaque elle-même.

MÉDICATION. On provoquera le vomissement tout d'abord, comme ci-dessus, si l'on arrive à l'instant même de l'ingestion ; dans le cas contraire, huile de ricin par le haut (1438) et par le bas (1398). Pendant ce temps, donner à boire au patient de la limonade à l'acide sulfurique (un gramme d'acide par litre d'eau) ou à l'acide tartrique (deux grammes d'acide par litre). Administrez-lui un petit verre d'eau-de-vie sucrée. Ne cessez de le lotionner à l'eau sédative (1345, 1°) sur la région du cœur, et à l'alcool camphré (1288, 1°) sur le dos et les reins.

N. B. Le moyen préservatif contre l'empoisonnement par les champignons suspects, a été connu des anciens et de la plupart des peuples du nord de l'Europe ; il a été entièrement perdu de vue par les autres peuples, au moins par les Français ; il consiste à laver, avant toute préparation, les champignons dans une eau vinaigrée ; on rejette cette eau ; on porte à l'ébullition une nouvelle quantité d'eau, et on y passe quelques instants les champignons, après avoir versé dans l'eau bouillante une certaine quantité de vinaigre ; on rejette encore cette eau. On passe alors les champignons à l'eau froide ; et on les accommode ensuite selon les règles de l'art, en délayant la sauce avec un petit filet de vinaigre. On dépouille ainsi le champignon de son sel vénéneux, qui est rendu soluble, surtout dans l'eau bouillante, par l'action du vinaigre (*acide acétique*), lequel, du reste, transforme le sel vénéneux en un sel inoffensif, en se substituant à son acide.

2132. 4ᵉ VARIÉTÉ. STOMACHALGIE SCLÉROGÈNE (340) ; empoisonnement par le pain de seigle ergoté.

MÉDICATION. Cesser d'abord l'usage du pain suspect. Prendre à dîner un verre de liqueur hygiénique (1553). Huile de ricin (1438) : aloès tous les 2 jours (1497) et lavement superpurgatif (1398) le lendemain. Chiques galvaniques (1424) ; lotions (1345, 1°) et ablutions (1347, 3°) à l'eau sédative aussi fréquemment qu'on le pourra. Limonade au citron ou au vinaigre. Fumigations odorantes (1847) fréquemment. Salsepareille ordinaire (1504) un jour, iodurée (1505) un autre et rubiacée (1480) un autre. Lavements camphrés (1396) soir et matin, les jours où l'on ne prend pas le lavement supérpurgatif (1398). Voy. *Revue complémentaire*, liv. de nov. 1859, pag. 100.

2133. 5ᵉ VARIÉTÉ. STOMACHALGIES ACIDOGÈNES (344, 347); empoisonnements par l'ingestion d'acides violents.

MÉDICATION. Battre aussitôt avec un blanc d'œuf, dans un verre d'eau, de la craie ou du marbre blanc en poudre, ou à défaut, du calcaire grossier, dans la proportion de 20 grammes de craie par verre d'eau ; immédiatement après que le malade a avalé le mélange, lui faire avaler, gorgée par gorgée, ou de l'eau gommée, ou de l'eau de riz ou un bol d'infusion de bourrache (1469) augmentée d'une cuiller à café d'eau sédative (1336), ou un demi-gramme de bicarbonate de soude; ensuite un petit verre d'eau-de-vie. Lotionner la poitrine et l'estomac à l'eau sédative (1345, 1°). Si les épreintes et crudités stomacales ne cèdent pas à ces premiers soins, recommencer le même traitement d'un bout à l'autre.

2134. 6ᵉ VARIÉTÉ. STOMACHALGIES ARSENIGÈNES (348); empoisonnement par l'arsenic.

EFFETS. Le premier effet d'un empoisonnement par l'arsenic, c'est de provoquer le vomissement à la suite de crampes atroces d'estomac, et ensuite la dyarrhée et même la dyssenterie à la suite d'épreintes à se tordre. La terminaison fatale arrive d'autant plus vite que la dose du poison est plus forte. Lorsque la dose est insuffisante et simplement vermifuge, il est possible que sur le moment le malade en retire quelque soulagement et sente disparaître sa gastrite et ses coliques ; s'il est malade d'un engorgement dans les voies respiratoires, dès le début de l'empoisonnement, il respirera mieux, l'action désorganisatrice de l'arsenic se reportant tout d'abord sur les mucosités qui font obstacle au passage de l'air. Mais si l'empoisonnement est journalier, le malade ne tardera pas à tomber dans le marasme, à éprouver des difficultés de digérer qui suppriment les selles, causent de temps à autre des épreintes et des diarrhées que tout secours semble aggraver encore, et il marchera au tombeau à travers une série de tortures indéfinissables. Si l'empoisonnement instantané n'a pas atteint la dose suffisante, le malade est pris subitement de coliques et d'une diarrhée qui ne tarde pas à être suivie de dyssenterie, de défaillances ; quelques jours après, le frôlement du lit produit sur la peau des agacements pires que la souffrance ; la langue est rouge de feu et lisse, la peau se couvre de taches rougeâtres, qui persistent souvent sur le nez, les pommettes, sur la vulve et le sein, et qui d'autres fois couvrent le corps d'éruptions *dermalgiques* (1677) de tous les genres d'aspect, mais surtout furfuracées, causes de prurit et de démangeaisons insupportables. Quand le malade, traité rationnellement et d'après la nouvelle médication, se sent la force de se lever, il est pris d'une *danse de St-Guy* (1764) qui le fait courir malgré lui, jusqu'à ce que les jambes lui manquent ; car l'action de l'arsenic se reporte principalement sur les nerfs sciatiques et sur tous les appareils nerveux du bassin. La défécation est brûlante et souvent sanguinolente comme l'émission des urines (*).

MÉDICATION. Vomissement, comme ci-dessus, dès le début de l'accident; si l'on arrive tard faire avaler au malade un verre d'eau tiède, dans laquelle on aura battu un blanc d'œuf avec une faible dissolution de fer dans le vinaigre (on trempe un clou dans le vinaigre, on bat le vinaigre avec de la craie, et ce mélange dans le précédent). Boire beaucoup de lait; on administre ensuite un bol de bourrache chaude (1469), dans lequel on aura délayé un demi-gramme de bicarbonate de soude ; et au bout d'une minute un petit verre d'eau-de-vie ; on provoque enfin le vomissement (1461) ou l'on administre l'huile de ricin par le haut (1439) et par le bas (1398). Pendant tout ce temps

---

(*) Voy. *Revue élémentaire de médecine et de pharmacie*, liv. de déc. 1848, tom. II, pag. 193.
— *Revue complémentaire des sciences appliquées*, liv. de fév. 1855, tom. I, pag. 209.

lotion générale à l'eau sédative (1345, 1°) et larges ablutions sur le crâne. On se servira en tout, même pour boire, d'eau ferrée. Chiques (1424) et ceintures (1421) galvaniques; peaux d'animaux vivants (1220).

2135. 7e VARIÉTÉ. Stomachalgies alcaligènes (361); battre un blanc d'œuf, une cuiller à café de vinaigre, ou un gramme d'acide tartrique ou une larme d'acide sulfurique dans une verre d'eau ; faire avaler ce mélange, gorgée à gorgée, au malade; administrer ensuite un verre d'eau-de-vie, et provoquer le vomissement (2130) si l'on juge que les parois ne sont pas trop excoriées par le poison. Appliquer sur l'estomac un large cataplasme aloétique (1321) arrosé de vinaigre. Lotions (1345,1°) et ablutions (1347, 3°) à l'eau sédative, pendant toute la durée du traitement. Lavement camphré (1396) soir et matin.

2136. 8e VARIÉTÉ. Stomachalgies molibdogènes (365); empoisonnements par les sels de plomb (molibdos en grec).

EFFETS. La principale action des sels de plomb ingérés se reporte sur le gros intestin, comme si la base de ces sels n'était remise en liberté, d'une manière si funeste aux tissus, que par la réaction de la digestion fécale (161).

MÉDICATION. On provoque le vomissement, comme ci-dessus, sur-le-champ, si l'on arrive à temps, et l'on administre un blanc d'œuf battu et ensuite un petit verre d'eau-de-vie. On fait dissoudre une once de sulfate de soude et une once de sucre dans un litre d'eau ; on en donne, de demi-heure en demi-heure, un verre au malade le premier jour. On applique sur tout l'abdomen un cataplasme aloétique (1321); on ne cesse de faire des lotions à l'eau sédative (1345, 1°) sur les reins, le dos et la poitrine, lavement superpurgatif (1398), avec addition d'un demi-verre de la dissolution ci-dessus de sulfate de soude. Lavements camphrés (1396), soir et matin, pendant quelque temps.

2137. 9e VARIÉTÉ. Stomachalgies hydrargènes par désorganisation (369); empoisonnements par l'ingestion d'un sel à base de mercure (deutochlorure de mercure ou sublimé corrosif, protochlorure de mercure ou calomélas; couleurs mercurielles).

EFFETS. Le sublimé corrosif agit à très-petites doses, à cause de sa grande solubilité; il frappe souvent comme la foudre, sous le plus petit volume. Mais le calomélas, moins soluble, n'en est pas moins offensif à petites doses répétées; le malade en éprouve des crudités d'estomac dévorantes, des agacements de nerfs, des rages de mâchoires, des crampes atroces; la peau se vergète de bleu et de rouge; les selles sont brûlantes et noires comme de l'encre. Si l'on survit, les gencives se déchaussent, les dents tombent ou noircissent et cassent souvent sans douleur; la langue se crevasse en conservant une coloration rouge de feu; il survient au bas des jambes des ulcères rongeurs (1771) de la pire nature. Enfin, cette sorte d'intoxication peut à elle seule fournir les cas maladifs de tout le cadre nosologique et jeter à jamais le désordre dans les fonctions digestives.

MÉDICATION. Ingestion d'un blanc d'œuf battu dans un verre d'eau ; on fait avaler ensuite un petit verre d'eau-de-vie, et l'on provoque le vomissement. Si l'on avait sous la main des grenailles d'étain sans aspérités, on pourrait, dans les cas presque désespérés, en faire avaler une certaine quantité, qu'on ferait rendre par le vomissement quelques instants après avoir administré de nouveau ou du blanc d'œuf battu ou de l'huile. Lavements camphrés (1396) fréquemment. Lotions sur tout le corps à l'alcool camphré (1288,1°) et ablutions à l'eau sédative (1347,3°) sur le crâne. Ensuite tout le régime antimercuriel (1686). Boire souvent du lait au pis de la vache.

2138. 10e VARIÉTÉ. Stomachalgies chalcogènes (370); empoisonnements par les sels de cuivre (chalcos en grec).

MÉDICATION. Faites vomir par les moyens ci-dessus (2130) dès le début. Administrez, si vous arrivez trop tard, une pincée de bicarbonate de soude dans un verre d'eau sucrée; ensuite, cuiller par cuiller, une dissolution d'une cuiller d'eau sédative dans un verre d'eau battue avec du blanc d'œuf. Huile de ricin par le haut (1438) et par le bas (1398); faites boire beaucoup de lait.

2139. 11ᵉ VARIÉTÉ. Stomachalgies zincogènes, etc. (371, 372, 373, 374); empoisonnements par les sels de zinc, étain, bismuth, etc.

médication. Prendre du lait à force par le haut et par le bas; puis huile de ricin par le haut (1438) et en lavement (1398).

2140. 12ᵉ VARIÉTÉ. Stomachalgie camphogène (379); empoisonnement par un excès de camphre sottement ingéré.

effets. C'est moins un empoisonnement qu'une impardonnable imprudence; il faudrait, pour s'empoisonner par ce moyen, prendre les centigrammes pour des décagrammes, et encore on n'y parviendrait pas. La vue du camphre, il est vrai, produit, sur les médecins pieux, le même effet que celle de l'eau sur les chiens enragés, et leur cause la camphrophobie, rage plus à craindre que l'hydrophobie; mais le premier de ces deux maux passe avec le temps et la patience. Quant à l'empoisonnement par ingestion ou excès, on s'en débarrasse avec un grain d'émétique : *sublatá causá, tollitur effectus;* il en est de même des empoisonnements par les autres huiles essentielles.

2141. 13ᵉ VARIÉTÉ. Stomachalgie éthérigène (290); empoisonnement par l'ingestion d'une dose trop forte d'un éther quelconque.

médication. On ne cesse de lotionner, à l'eau sédative (1345, 1°), sur la région du cœur, sur le crâne, le dos. On en fait avaler une cuiller, dans un bol de bourrache chaude. Huile de ricin par le haut (1438) et par le bas (1398). Donnez une cuiller d'huile sucrée à boire, si l'huile de ricin est rebutée.

2142. 14ᵉ VARIÉTÉ. Stomachalgies alcooligènes (376, 1349, 1365); empoisonnements par l'ingestion en excès de liqueurs alcooliques (eau-de-vie, vin, bière, cidre, ale, porter, etc.).

Synonymie. 1° Ivresse, ébriété (état d'un homme ivre); ivrognerie, crapulerie (habitude de l'ivresse); excès de table, abus de la boisson; — en latin : *ebrietas, temulentia, crapula;* — en grec : *méthè, philopotès.* — 2° Ivrogne, ivrognesse, pochard; — en latin : *ebriosus, potator, bibosus, bibax, vino deditus, meribibulus;* — en grec : *oinophlyx, potis, philopotès.*

effets. L'abus de boissons alcooliques, en coagulant l'albumine du sang et resserrant les orifices des vaisseaux chilifères, jette dans le délire de la somnolence ou dans celui de la fureur. Les effets de cet accident sont d'autant plus terribles qu'on en a moins l'habitude et que l'on s'expose ensuite à une température plus basse. Nous connaissons des brutes, fort riches, qui n'invitent presque leurs meilleurs amis que pour se donner le plaisir de les soûler, *en vrais amis, là, de tout cœur,* et qui placent au nombre de leurs plus beaux triomphes, en ce genre, d'avoir pu faire tomber dans le piège les plus sobres et les sages les plus envieux de leur propre dignité. Que leur importe que cette surprise soit capable de tuer? « N'est-ce pas en ami, et avec les meilleures intentions, par affection, *quoi,* qu'ils ont eu l'idée de cette espiéglerie? Être et rendre les autres pochards, n'est-ce pas une fête? Ne nous sommes-nous pas bien amusés, quoi? » — Et moi qui traitais ces gens-là de brutes, oubliant que la brute la plus brute ne se pocharde pas et fuit le bac à vin comme la peste. Il n'est pas rare, pendant les grands froids de l'hiver, d'apprendre que l'ami, revenant de l'orgie et ayant trébuché sur la neige, s'y est endormi pour toujours.

Les ivrognes sont indolents, lourds et incapables d'un attention suivie; ils ont

surtout le visage bouffi, vergeté de rouge et de bleu ; ils chancellent dans leur marche.
On les voit somnolents quand ils sont assis, tremblottant de la main, balbutiant des
lèvres, et atteints quelquefois d'un accès de folie ou de fureur, qui ne leur permet
pas un seul instant de rester en place, et qui souvent est capable de rendre féroce
l'homme le plus doux d'habitude quand il n'a pas bu ; l'ivresse se nomme alors *ivresse
furieuse* (*delirium tremens*).

MÉDICATION PRÉVENTIVE. Le riche est moins sujet à l'ivrognerie que le pauvre,
parce qu'il a à manger et que sa nourriture épicée est éminemment vermifuge. Le
pauvre boit pour se dispenser de manger ; un verre d'eau-de-vie le préserve d'avoir
faim et le débarrasse des crudités d'estomac que lui causent les vers intestinaux aussi
affamés que lui. L'eau-de-vie fait taire la faim en tannant les parois stomacales ; elle
fait taire la souffrance en *tuant le ver*, comme on dit dans les tavernes, où l'on a
deviné de longue date ce que la faculté s'obstine à ignorer. Voulez-vous que le
pauvre soit moins ivrogne? donnez-lui un travail qui suffise à sa subsistance ; voulez-
vous l'empêcher de boire? donnez-lui à manger et apprenez-lui à manger hygiéni-
quement (1560).

Pour faire perdre à un individu une si fâcheuse propension, commencez par ne
pas l'abandonner d'une minute ; mettez-le en appétit par de longues courses; soyez
impitoyable à ce sujet jusqu'à ce qu'il ait bien faim ; faites servir alors un repas friand
et épicé en commençant par une soupe au fromage, aux choux et à l'ail ; ne lui versez
à boire que du vin augmenté de moitié d'eau le premier jour, puis de trois quarts les
autres. Reprenez la promenade ou les exercices corporels (escrime, jeu de paume ou
de boule, etc.), jusqu'à ce que reparaisse une pointe d'appétit et une dose de lassitude.
Le soir, avant qu'il se mette au lit, administrez-lui un verre d'eau sucrée saupoudrée de camphre (1268), afin de lui procurer un bon sommeil.

MÉDICATION CURATIVE. J'ai souvent entendu dire qu'on se guérit de l'ivresse
en poussant aux urines, au moyen d'un verre d'huile qu'on avale d'un trait, et que
même, en recommençant l'expérience, on peut se permettre un assez grand excès de
boisson ; je n'ai pas eu occasion d'en voir faire l'essai sous mes yeux. Ce qui porterait
à y croire, c'est qu'après de longues libations, les buveurs croient éprouver un
soulagement réel en mangeant une soupe au fromage, qui est, dans son genre, un
oléagineux. Mais enfin ce qui est indubitable, ce que l'expérience de tous les jours
depuis dix-huit ans, confirme presque sur l'heure, c'est que l'emploi raisonné de
l'eau sédative (1336) dégrise un homme comme par enchantement : on lui en fait
avaler une cuiller dans un bol de bourrache chaude (1469) ; on ne cesse de lui en arroser
le crâne (1347, 3°), de l'en lotionner sur la région du cœur, sur le dos et sur la poitrine.
A l'aide de ces simples soins, il ne faut pas une demi-heure pour que l'individu soit
remis sur pied, un peu moins ferme des jambes, mais marchant droit son chemin,
penaud mais guéri. On lui administre l'aloès, dès qu'il reprend connaissance.

2143. 7° ESPÈCE. STOMACHALGIES TOXICOGÈNES pseudorganisatrices (1945); développements anormaux sur les parois de l'estomac par l'incubation d'un atome intoxicant.

SYNONYMIE. Cancer, squirrhe de l'estomac, spécialement au pylore, fer chaud; —
en latin : *stomachi* ou *pylori cancer;* — en grec : *pyrosis.*

EFFETS. Chacun peut se faire une idée de tous les genres de perturbation que le
développement d'un produit cancéreux sur les parois stomacales est en état de jeter
dans la fonction digestive : Toute surface en effet qui reste étrangère à la digestion, en
arrête la marche et en vicie les produits. Mais si cet organe de surcroît se développe
vers l'ouverture pylorique, vers ce passage du *chyme* de l'estomac dans le duodénum

où il doit se transformer en *chyle*, oh! alors l'existence devient un enfer anticipé; on croit avoir un brasier dans le ventre. Le creux de l'estomac brûle, comme s'il y avait des charbons ardents. Dès ce moment le chyme, trouvant plus de facilité à être évacué par l'œsophage que par le pylore, remonte à la gorge que l'acidité gastrique met en feu; c'est du caustique qui semble ainsi passer par le gosier, jusqu'au jour où le canal pylorique étant obstrué, l'estomac ne comporte plus la nourriture et où le malade meurt de faim, comme si on lui refusait à manger. Pendant que le cancer continue à se développer, le patient vomit presque autant de fois qu'il mange, et la matière du vomissement prend de plus en plus une teinte de chocolat, par la coloration du sang, qui s'échappe, de temps à autre, des vaisseaux superficiels que l'accroissement du cancer en volume déchire et fait saigner (2114).

MÉDICATION. Appliquez souvent, sur le creux de l'estomac, une large compresse imbibée d'alcool camphré (1288, 2°). Prenez de temps à autre un petit verre de liqueur hygiénique (1553). Plaques galvaniques (1420) et peaux d'animaux vivants (1250) sur la région stomacale, aussi souvent qu'on le pourra. Salsepareille simple (1504) un jour, iodurée (1505) l'autre, et rubiacée (1480) un autre. Aloès (1197) tous les trois jours. Huile de ricin (1438) tous les huit jours. Lavements simples (1395) tous les soirs et matins, avec addition de bouillon et de lait, afin de les rendre nutritifs. Il me semble que l'on retirerait de bons effets, au début de la maladie, de faire avaler tous les jours une certaine quantité de grenailles d'étain ou de petites pièces bien propres en or, afin de soutirer aux tissus, par l'affinité galvanique, les atomes incubateurs et générateurs de ces terribles tissus; on retrouve l'or dans les selles avec toute son intégrité. Bains sédatifs (1209) fréquents; lotions encore plus fréquentes à l'eau sédative (1345, 1°) sur le crâne et la région du cœur. Le soir, le malade prend deux ou trois gouttes d'éther sur un morceau de sucre.

2144. 8e ESPÈCE. STOMACHALGIE TRAUMAGÈNE (2071); rupture des vaisseaux sur une portion quelconque des parois stomacales.

SYNONYMIE. Vomissement de sang, hémorrhagie stomacale; — en latin: *sanguinis vomitus* ou *rejectio, cruentus vomitus;* — en grec: *hæmatemesis* (mot moderne composé de *aima*, sang et *emeô*, vomir).

EFFETS. Un coup violent sur le creux de l'estomac a toujours des suites terribles, par les contre-coups sur le cœur et l'aorte; il peut donner lieu à une hernie stomacale, par le déchirement du péritoine. Mais le vomissement de sang vient bien plus souvent de l'action toxicogène des médicaments, que d'une violence traumatique.

MÉDICATION. On arrête bien vite le vomissement de sang, en faisant avaler un petit verre de liqueur hygiénique (1553) délayé au besoin, pour les estomacs délicats, dans un verre d'eau, et en tenant appliquée, sur la région stomacale et sur le dos, une compresse imbibée d'alcool camphré (1288, 2°).

2145. 9e ESPÈCE. STOMACHALGIES ACANTHOGÈNES (446); affections stomacales par suite de l'ingestion volontaire ou involontaire de corps étrangers capables de perforer, de dépouiller, d'érailler les parois stomacales.

MÉDICATION. La même que ci-dessus, en faisant précéder l'ingestion de la liqueur hygiénique par celle de blancs d'œuf battus dans l'eau avec du sucre. Si le corps étranger n'était susceptible ni de se dissoudre par le suc gastrique, ni d'être expulsé par le vomissement, ou que la dissolution de cette substance fût toxique, on essayerait d'introduire jusque dans la panse stomacale une longue sonde, et d'attirer le corps étranger au dehors, par la force d'adhérence du vide.

2146. 10e ESPÈCE. STOMACHALGIES ENTOMOGÈNES (962); affections stomacales par l'ingestion fortuite ou volontaire de larves ou insectes parfaits.

)éfinition. Nous diviserons cette espèce en deux sous-espèces comprenant : la
:mière, les larves et insectes *désorganisateurs des tissus ;* et la seconde, les insectes
oxicants et capables de porter l'infection dans l'organisation générale. On peut sub-
·iser ces *sous-espèces* en un certain nombre de *variétés,* selon la nature des
ectes.

!147. 1ʳᵉ SOUS-ESPÈCE. Stomachalgies entomogènes désorganisatrices; larves
mouches carnivores et de coléoptères (815, 826), de papillons (945).

)éfinition. Cette sous-espèce comprend les larves ou insectes dont les mandibules
:hent les tissus et sont capables de les perforer de part en part.

1édication. Il suffit de prendre un petit verre de liqueur hygiénique (1553), pour
luire à néant ces causes de malheur. Si on n'en a pas sous la main, on mangera avec
sel une forte gousse d'ail (1250); on prendra un grumeau de camphre (1266), une
ller d'huile ordinaire, et puis un verre d'eau-de-vie ordinaire, et ensuite, gros
nme un pois d'aloès (1197), et mieux huile de ricin 1438), si cette médication ne
voque pas le vomissement L'usage de la cigarette de camphre (1272, 7°) ou du
ac préserve de tout accident de ce genre.

!148. 2ᵉ SOUS-ESPÈCE. Stomachalgies entomogènes intoxicantes (810 ; 950, 4°);
poisonnements par l'ingestion fortuite ou volontaire d'insectes venimeux.

!149. 1ʳᵉ *variété.* Stomachalgies cônopigènes (810, 1734); maladies stomacales et
estinales par l'introduction, dans la panse stomacale ou les intestins d'insectes
nades que tout porte à indiquer comme étant du genre cousin (en grec : *cônôps,*
latin : *culex*).

synonymie. *Choléra-morbus,* choléra asiatique, choléra.

:ffets. Les effets au début varient selon les constitutions, le régime, les habitudes
:elon la dose des causes animées que l'on avale en respirant. Aujourd'hui, et depuis
imense propagation de la nouvelle méthode, les symptômes et les ravages du cho-
ı semblent passer inaperçus ; tandis qu'il y a vingt ans le choléra décimait une
oulation tout entière et frappait comme la foudre le passant. Que de gens aujour-
ui ont la cause du choléra dans les entrailles, ne croyant être atteints que d'une
inaire indisposition, qui du reste cède vite à la puissance de leurs habitudes hygié-
ues! Le choléra foudroyant n'avait presque pas de symptômes : l'homme tombait,
ès quelques convulsions, et devenait bleu (*cyanosé*) des pieds à la tête, ratatiné
nme une momie d'Égypte, enfin comme flambé par le feu d'un puissant éclair ; il en
it ainsi au temps de la médecine à l'eau de gomme, à là diète et aux sangsues ou
: saignées coup sur coup. Aujourd'hui, on est pris de diarrhée (*) d'abord glaireuse
'irant de plus en plus au noirâtre; on éprouve des crampes d'abord aux jambes qui
roidissent d'instant en instant, ensuite aux mains; on vomit quelquefois, mais on
t toujours que le cours de la digestion est arrêté, que les produits s'en accumulent
s le pylore avec des épreintes qui cessent un peu à la débâcle, pour recommencer
nouveaux frais. L'haleine acquiert un genre de fétidité caractéristique. Les yeux se
nent, les veines gonflent, l'estomac brûle, la déglutition est difficile, le délire sur-
nt et l'on meurt en deux ou trois jours, si la médication tarde d'intervenir ou
te inintelligente.

1édication. Dès le premier malaise avaler hardiment un verre de la liqueur anti-
lérique (1289), et les symptômes se dissiperont si vite qu'ils ne sembleront pas
riter d'être assignés au choléra. On se préserve de ces symptômes par l'emploi ha-
uel d'un petit verre de liqueur hygiénique (1553) le matin, et par l'observance du

') Voy. *Revue complémentaire des sciences,* livr. d'octobre 1859, tom. VI, pag. 65.

régime (1644) et de l'alimentation aromatique (1560, 1564). Si cependant les symptômes persistaient, aloès (1197), puis huile de ricin par le haut (1438), et par le bas (1398) au moyen du lavement vermifuge (1399). Trois fois par jour, camphre (1266), au moyen d'un bol de bourrache (1472). Lotions alternatives à l'alcool camphré (1288,1°) sur le ventre et à l'eau sédative (1345, 1°) sur la poitrine, le dos et les reins ; dans les intervalles de ce pansement, cataplasme aloétique (1321) sur tout le ventre. Ne cessez de frictionner que lorsque toute crainte s'est évanouie avec les symptômes de la souffrance. Revenez à la liqueur anticholérique (1289), si le malaise avant-coureur de l'attaque reparaît et menace de nouveau. Brûlez fréquemment dans la maison du vinaigre sur une pelle rougie au feu. Allumez de grands feux le soir autour de l'habitation. Respirez fréquemment le *sel de Mendererus* (1511) ; car, en temps de choléra, tout n'est pas choléra, et l'on a tout aussi souvent affaire avec les miasmes pestilentiels des amas de boues ou d'immondices (2095). Bien des fois aussi le crime prend les dehors du choléra ; soyez prudents alors dans vos relations intimes ; l'intérêt, le fanatisme et la vengeance sont à leur tour des causes animées de bien des maux habiles à se dissimuler sous le masque du fléau.

2150. 2ᵉ *VARIÉTÉ*. STOMACHALGIES CANTHARIGÈNES (1963), affections intestinales par l'ingestion des cantharides.

EFFETS. Nous avons déjà eu occasion de parler (1963) des effets des cantharides sur les organes génitaux, effets aussi puissants que terribles, qui transforment, pour quelques heures, le plus chétif jouisseur en un hercule, et l'enivrent comme pour le juguler plus tôt. Mais là ne s'arrêtent pas les désordres occasionnés par leur intoxication ; si le malade survit à cette prodigieuse *érotomanie,* rarement il en est quitte à bon marché ; car la gangrène, qui est un des premiers effets de l'action des cantharides, la gangrène laisse des cicatrices profondes sur les muqueuses, quand elle ne va pas jusqu'à perforer les intestins ; or toute cicatrice dans les intestins correspond à un trouble proportionnel dans une fraction des importantes fonctions de la nutrition ; la digestion reste toute la vie capricieuse, anomale, pénible, surtout la digestion fécale. Quelquefois le malheureux, échappé de ce délire atroce, enfle subitement ; et l'enflure peut le reprendre au bout d'un certain nombre d'années.

MÉDICATION. Camphre (1266) trois fois par jour, avec salsepareille (1504) icdurée (1505) tous les 3 jours. Huile de ricin (1438), si l'on n'est pas arrivé à temps pour donner l'émétique (1514, 5°). Bains sédatifs (1209) tous les matins, avec friction générale à la pommade camphrée (1302, 1°) ; essuyer le corps à l'alcool camphré (1287). Prendre un verre de liqueur hygiénique (1553). Aloès (1197) tous les jours à dîner pendant la première semaine, et lavement camphré (1396) tous les matins. Lotions fréquentes à l'eau sédative (1345, 1°) sur toutes les régions douloureuses. Tenir les parties habituellement plongées (1413) dans du camphre en poudre (1268).

2151. 11ᵉ ESPÈCE. STOMACHALGIES HELMINTHOGÈNES (965); affections stomacales par le parasitisme des vers helminthes ou helminthoïdes.

2152. 1ʳᵉ *VARIÉTÉ*. STOMACHALGIES BDELLOGÈNES (968); affections de l'estomac par l'ingestion fortuite des sangsues (en grec : *bdellai*).

MÉDICATION. Sans le moindre retard, administrer au patient des gorgées d'eau salée. ou un petit verre d'eau-de-vie ordinaire ou une grosse gousse d'ail (1250). si on n'a pas sous la main de la liqueur hygiénique (1553) ou de l'alcool camphré (1287).

2153. 2ᵉ *VARIÉTÉ*. STOMACHALGIES ASCARIDIGÈNES (975, 994, 1°); affections stomacales par le parasitisme et la pullulation des ascarides vermiculaires.

SYNONYMIE. Gastrite chronique, gastralgie, maux d'estomac, crampes et crudités d'estomac, digestions pénibles ; — en latin : *stomachi cruciatus, dolor, injuria, labor, vexatio;* — en grec ancien : *stomachiké diathesis, tou stomachou eklusis;* — en grec moderne : *gastralgia* (de *gaster,* ventre et *algos,* douleur).

MÉDICATION. 1° Pour les adultes : le régime hygiénique (1543) suffit pour préserver à tout jamais de l'invasion de cette peste microscopique, de ce fléau de la digestion. On s'en débarrassera* promptement, en mangeant chaque jour à dîner une gousse d'ail (1250). Ceux qui peuvent supporter les boissons alcooliques prendront un petit verre de liqueur hygiénique (1553) chaque jour. Camphre (1266) trois fois par jour, avec tantôt l'une et tantôt l'autre des tisanes vermifuges : chicorée sauvage (1473), fougère mâle (1475), lichen d'Islande (1499), mousse de Corse (1500), *semen-contra* (1506) ou absinthe maritime (1507). Cigarette de camphre (1272, 7°). Aloès (1197) tous les trois jours et le lendemain lavement vermifuge (1399).

2° *Pour les enfants à la mamelle* : le lait de la nourrice est le meilleur vermifuge, si la nourrice se nourrit elle-même aromatiquement (1560). Si le sein est remplacé par le biberon, on tâchera d'aromatiser le lait, en donnant à la chèvre et à la vache nourricière, de temps en temps, de bon foin aspergé de sel et d'ail haché, ou bien une tranche de pain noir entrelardée d'ail ou d'aromates et incrustée de sel gris de cuisine. Donnez à l'enfant du sirop de chicorée (1453) au moindre soupçon de malaise, mais par précaution tous les trois ou quatre jours. Pour seconder l'effet du sirop de chicorée, on leur introduira quelques minutes un petit fausset de savon ordinaire dans l'anus, à la profondeur d'un à deux centimètres; soir et matin, lotion à l'eau de toilette (1717) ou à l'alcool camphré (1274, 1°) sur le ventre et le dos, et friction générale à la pommade camphrée (1302, 1°). Pendant le sommeil de l'enfant, on place un morceau de camphre dans le voisinage de la bouche. Au besoin on lui fera prendre une demi-cuillerée à café de sirop de gomme camphré (1456).

2° *Pour les enfants plus âgés* : tous les deux jours sirop de chicorée (1453); de temps à autre une cuillerée de sirop de gomme camphré (1456); appliquez-leur sur tout le ventre soir et matin, un cataplasme aloétique (1321), et puis lotionnez-les ou à l'eau de toilette (1717) ou à l'alcool camphré (1288, 1°) avant la friction générale à la pommade camphrée (1302, 1°); petit lavement vermifuge (1309). S'ils se refusent à manger de l'ail (1250) de temps en temps, le leur administrer en petites pilules grosses comme les dragées d'anis.

2154. 3° *VARIÉTÉ.* STOMACHALGIES LOMBRICOGÈNES (965, 1003, 1007); affections stomacales par le parasitisme des lombrics terrestres ou intestinaux.

SYNONYMIE. Fièvre typhoïde, typhus des colléges, prisons et hôpitaux (quand la population est abandonnée à elle-même, et traitée à la manière ancienne). Le médecin attend, pour la caractériser de typhus, que les intestins désorganisés arrivent en bouillie noirâtre par les selles ou par le vomissement; au début, ce n'est à ses yeux qu'un mal de tête ou une gastrite.

MÉDICATION. La même que pour l'espèce précédente; et, si la maladie se montre trop persistante chez les enfants, on administre, dans une cuiller de bouillie : aux enfants à la mamelle, un centigramme de calomélas; aux enfants en bas âge, cinq centigrammes, et dix centigrammes aux adultes.

2155. 4° *VARIÉTÉ.* STOMACHALGIES DRACONTIGÈNES (1026) TÆNIGÈNES (1663); affections de l'estomac par le parasitisme du dragonneau ou du ver solitaire.

SYNONYMIE. Il n'est pas de maladie d'un autre nom que la présence de ces helminthes dans la panse stomacale ne puisse simuler : faim canine, crampes d'estomac, étouffements, défaillances et coups de sang, convulsions, maladies de cœur, démence et fièvre cérébrale.

MÉDICATION. Si la médication que nous avons eu l'occasion de prescrire contre le ver solitaire (en nous occupant de la racine de grenadier (1493) ne parvenait pas à expulser, détruire et dompter cet helminthe féroce, on aurait recours au sirop de pois à gratter (*), ensuite au calomélas (1242), ou, en désespoir de cause et à la dernière extrémité, à un demi-milligramme d'une préparation arsenicale, délivrée par un pharmacien consciencieux.

2156. 3e GENRE. Dodécalgies (2115); maladies spéciales au *duodenum*, portion d'intestin de douze (*dôdeka* en grec et *duodeni* en latin) pouces de long environ.

Définition. Le duodénum est le siége de la seconde digestion, digestion alcaline et qui transforme le chyme en chyle, sous l'influence du *fiel* ou produit de l'élaboration du *foie*, et du *suc pancréatique* ou produit de l'élaboration du *pancréas*. Cette portion d'intestin est le principal réservoir où la circulation puise les éléments de la nutrition générale ; son état maladif, en certaines circonstances, peut devenir une cause prochaine de mort, comme le serait l'occlusion du pylore. Toutes les causes de maladies que nous venons de décrire sont capables d'affecter cet organe et d'en compromettre les fonctions, en raison de l'étendue des surfaces envahies par la cause du mal. La médication, pour chaque espèce de dodécalgies, sera donc exactement la même que celle de l'espèce analogue des stomachalgies. La diarrhée en est un des principaux effets ; et le vomissement a lieu quand le produit de la digestion alcaline reflue dans l'estomac par l'encombrement des intestins inférieurs. Dans le cas où les parois duodénales seraient aussi saines que les parois stomacales, la fonction de l'organe, on le comprend, serait encore dans le cas d'être dénaturée par le vice de l'élaboration et du *foie* et du *pancréas,* deux organes appendiculaires sans les produits desquels la digestion duodénale est impossible.

2157. 4e GENRE. Hépatalgies (2115); affections du foie et de ses dépendances (du grec : *hépar*, foie).

Synonymie. Maladies du foie, maladies hépatiques ; — en latin : *jecinoris morbi;* — en grec : *hépatikoi nousoi.*

Effets. Le foie, énorme glande (2105) qui sécrète le principe amer et alcalin, peut devenir le siége d'une cause morbipare, soit dans son tissu propre et élaborateur (substance proprement dite du foie), soit dans le réservoir de ses produits (*vésicule du fiel*), soit dans les conduits qui émanent de cette vésicule (*canaux cystiques*), soit enfin dans les conduits qui viennent s'aboucher avec le *canal cholédoque*, pour déverser la *bile* dans le *duodenum*. Dans le premier cas, on a à combattre un trouble plus ou moins profond dans la fonction, et, dans tous les autres cas, un obstacle à la fonction nutritive. Mais, dans ces divers cas, il en résulte un trouble général dans toutes les fonctions de l'économie, par suite de l'interruption de la digestion duodénale. Le sang se décolore, faute de recevoir la base de sa coloration, la partie alcaline qui entre

_____

(*) Le *pois à gratter,* gousse du *Dolichos pruriens,* plante intertropicale, produit dans nos colonies des effets constants contre l'opiniâtre résistance des vers; c'est un vermifuge mécanique, agissant par les poils de la gousse que l'on incorpore à un sirop (voy. *Revue élémentaire de médecine et pharm.,* tom. Ier, pag. 270, 1848); on pourra s'adresser à la *Pharmacie complémentaire,* rue du Temple, 14, à Paris, pour se procurer ce sirop. L'instinct a indiqué ce moyen aux peuples sauvages et aux animaux domestiques : Ce n'est pas dans un autre but que le chien et le chat recherchent tant les feuilles du chiendent (*triticum caninum*) dont les bords en scie grattent autant que les poils du *Dolichos;* mais toutes les feuilles de ce genre ne paraissent pas également efficaces à ces animaux, ils ont soin de les choisir dans les touffes de gazon.

dans le *caméléon animal* (2058); aussi la pâleur se répand-elle sur toutes les surfaces du corps; tout vire au jaune sur la peau, jusqu'au blanc des yeux, à l'exception des pommettes qui restent colorées en rouge au milieu de la décoloration générale. Le malade est dit avoir la *jaunisse*, l'*ictère* (*icteros* en grec); ses déjections sont glaireuses, quelquefois sanguinolentes; il rend souvent des calculs irrégulièrement arrondis, et qui peuvent atteindre le volume d'un œuf de pigeon, noirs à la surface, blancs de nacre à l'intérieur (*). L'obstacle à l'écoulement de la bile peut également provenir d'une maladie qui n'a pas son siége dans le foie : l'hydropisie abdominale, en comprimant par la pression de son liquide le canal cholédoque, est capable d'arrêter complétement l'écoulement de la bile, et de revêtir à son tour les caractères extérieurs de la jaunisse. Le même effet peut résulter, et de toutes les espèces de tumeurs qui se développent dans la capacité du péritoine, et même d'une grande constipation. La seule présence d'un helminthe de grande taille (1047, 1053, 1058, 1063) dans le canal cholédoque est, par la même raison, en état de donner la jaunisse et de simuler les plus graves maladies du foie; l'HÉPATALGIE peut donc être ASPHYXIGÈNE, c'est-à-dire être une maladie par occlusion et étranglement. D'un autre côté, elle peut avoir pour causes toutes celles des STOMACHALGIES (2124), et réclame alors la même médication. L'arsenic ingéré s'accumule dans la substance du foie et en empoisonne la sécrétion. L'atome mercuriel imprime à ces tissus divers des tendances à des développements dont l'organisation varie selon les régions incubatrices, mais qui peuvent atteindre un volume considérable :

J'ai eu à traiter un homme encore jeune, qui portait un ventre de femme grosse, sans être hydropique; il en était redevable à une tumeur squirrheuse du foie, tumeur HYDRARGÈNE (2137) bien certainement. Au bout de six mois, la guérison était complète; elle avait été obtenue, non sans souffrance : car bien des fois l'eau sédative en compresses en avait mis les surfaces à vif, que nous y appliquions encore de nouvelles compresses. A ce traitement externe, nous ajoutions tout le régime interne antimercuriel (1686). Quand le cher homme se trouva complétément guéri, au moyen des remèdes délivrés gratis, il alla vendre sa reconnaissance à Saint-Vincent de Paul, qui est aujourd'hui la religion des Judas, et qui a été, à cette époque, celle des égorgeurs pour la propagation de la foi; le saint homme se trouvait dans le nombre. Ma religion à moi me porterait à le soigner encore, s'il se représentait; ce qui n'empêcherait pas ceux qui le payaient alors de me traiter de *buveur de sang*, et de se croire, eux, du parti des honnêtes gens. Pauvre siècle! Laissons là ces tristes exemples d'une mission occulte, et reprenons notre mission au grand jour.

Il est des cas d'*ictère* qui se dissipent comme par enchantement, à l'aide du régime vermifuge dont nous avons donné la formule ci-dessus (2153); la maladie du foie n'est en ce cas qu'une HÉPATALGIE HELMINTHOGÈNE. Les *abcès au foie*, ou clapiers purulents qui ont leur siége dans cet organe, ont toujours des conséquences graves et durables, qu'ils aboutissent en dedans du tube intestinal ou en dehors par les lombes; la terminaison en serait fatale, si le clapier se dégorgeait dans le péritoine. Quand l'abcès se fait jour par les lombes, on le traite comme les clapiers de tout autre organe (1766).

2158. 5e GENRE. PANCRÉALGIES (2145); affections qui ont leur siége dans la glande dite *pancreas*.

EFFETS. Cette glande doit être considérée comme ayant été, dans le principe et chez le fœtus, symétrique au foie, à peu près comme le poumon gauche reste symétri-

---

(*) *Revue complémentaire des sciences*, livr. de septembre 1855, tom. II, pag. 33.

que au poumon droit chez l'adulte. Ses fonctions sont obscures et semblent n'être que de superfétation ; cependant il est impossible que le liquide que cette glande sécrète et déverse dans le *duodenum* ne devienne pas une cause de perturbation, s'il se vicie, dans le cas où, à son état normal, il ne servirait à rien. J'ai sous les yeux des faits dont je ne saurais attribuer les caractères bizarres qu'à l'action d'une perturbation survenue dans les fonctions du *pancreas*. Les malades de ce genre, en certaines circonstances, et quand ils s'affaissent sur eux-mêmes, par la flexion de la colonne vertébrale fatiguée de son propre poids, les malades, dis-je, vomissent avec effort un liquide grisâtre et caillebotté, qui n'est ni acide ni âcre et alcalin, et qui n'appartient ni au chyme ni à la bile. L'emploi de l'*appareil à tuteurs* (2027, 1°) les soulage du premier coup et les débarrasse de ces vomissements atroces. Cette maladie est une PANCRÉALGIE HYDRARGÈNE (2143) et je ne la traite pas par une autre médication.

2159. 6ᵉ GENRE. SPLÉNALGIES (2115): affections spéciales de la rate (du grec : *splen*, rate).

EFFETS. Que la rate, chez l'adulte, soit une glande sans fonction, et qu'elle n'apporte aucun contingent à l'élaboration générale (point de physiologie qu'il reste à élucider), il n'en est pas moins vrai que, si elle devient le siége d'une cause morbipare, elle jettera le trouble dans toutes les autres fonctions, par contagion et par son contact avec les tissus, enfin par viciation de la circulation sanguine qui puise sur son passage et charrie les mauvais comme les bons produits. La rate a paru être plus spécialement le siége de la cause des fièvres intermittentes (ou fièvres miasmatiques et des marais (2065); on a cru constater, en une foule de circonstances, que, pendant toute la durée de ces fièvres, la rate acquérait un volume peu ordinaire.

MÉDICATION. Appliquer, trois fois par jour, un cataplasme aloétique (1321) sur l'abdomen, et une compresse imbibée d'alcool camphré (1288, 2°) sur les reins. Au bout de 20 minutes, lotion à l'eau sédative (1345, 1°) et friction à la pommade camphrée (1302, 1°) sur le ventre et les reins; essuyer ensuite à l'alcool camphré (1287) ou à l'eau de toilette (1717). Aloès (1197) tous les trois jours; et le lendemain lavement vermifuge (1399) quelquefois superpurgatif (1398). Ail (1250) à dîner.

2160. 7ᵉ GENRE. NESTÉILÉALGIES (2115); affections spéciales à l'*intestin grêle* que l'on divise en deux catégories : 1° le *jejunum* (*nestis* en grec), parce qu'à l'autopsie on le trouve toujours vide et comme à jeun (*jejunum*); et 2° l'*ileon* (du grec : *eilein* décrire des circonvolutions) intestin qui occupe, de ses circonvolutions la région iliaque, celle qui est limitée par les os des îles.

EFFETS. Dans l'état actuel de la physiologie, la distinction entre ces deux portions des circonvolutions intestinales (*eilea*) est toute nominale ; c'est pour cela que nous en avons réuni les deux racines grecques sous la même dénomination, qui reviendra à notre mot commun d'*intestins grêles*.

L'intestin grêle est une voie de communication entre l'organe de la digestion duodénale et l'organe de la digestion fécale, plutôt qu'un organe d'une élaboration spéciale. Ses parois absorbent sans doute le chyle, mais n'exercent par eux-mêmes aucune élaboration. Son état maladif ne laisse cependant pas que de jeter le trouble dans toutes les fonctions par le déficit des produits, et par l'exaspération de ses propres souffrances.

2161. 1ʳᵉ ESPÈCE. NESTÉILÉALGIES TOXICOGÈNES désorganisatrices (2128); affections spéciales de l'intestin grêle, par l'action désorganisatrice, principalement de l'arsenic et du mercure.

EFFETS. Le travail désorganisateur des tuberculisations arsenicales ou mercurielles, non-seulement occasionne les souffrances les plus violentes, mais encore il dénature le caractère des produits de la digestion, et peut donner lieu, qui plus est, à l'agglutination des muqueuses intestinales, c'est-à-dire, à la maladie la plus atroce qu'il soit possible à l'homme d'endurer, à l'une des formes de la colique de *miserere* (*).

Dans ce dernier cas, le bol alimentaire ne pouvant plus avoir son cours par le bas, le malade le vomit sous forme de matières à demi-stercorales. Pour peu que cet état dure, la mort n'est jamais loin, quelque soin que l'on prenne de suppléer à ce qu'a d'incomplet la digestion générale, en nourrissant en partie, par le bas, au moyen de lavements au lait et au bouillon gras étendu suffisamment d'eau.

MÉDICATION. Outre le régime antimercuriel (1688) et les lavements dont nous venons de parler, appliquer fréquemment, sur les reins et le bas-ventre, des compresses imbibées d'acool camphré (1288, 2°), maintenues en permanence par des surtouts (1446) appropriés.

2162. 2° ESPÈCE. NESTÉILÉALGIES TRAUMAGÈNES par perforation (1778); solutions de continuité accidentelles de l'intestin grêle.

EFFETS. Quoique la pointe de l'épée ou la direction des projectiles glisse autour des boyaux sans les atteindre, il peut arriver, par un effet du hasard, que la blessure pénétrante vienne à les déchirer. Ce cas, jusqu'à ce jour, a été mortel, par cela seul que les matières fécales s'échappent dans le péritoine ; mais, il me semble prévoir un moyen capable de favoriser la cicatrisation d'une telle plaie profonde, sans que les organes ambiants en éprouvent le moindre danger. On coudrait les lèvres de la solution de continuité avec de forts cordonnets en soie, dont on maintiendrait les bouts au dehors, de manière à amener l'intestin intéressé aussi près que possible du péritoine. On envelopperait constamment la plaie abdominale au moyen de compresses imbibées d'alcool camphré (1288, 2°), maintenues en place au moyen de surtouts (1446); l'action antiseptique de l'alcool camphré (1368) mettrait ces surfaces à l'abri de tout danger d'infection; et quand, plus tard, la plaie intestinale serait cicatrisée, il suffirait d'une légère traction pour amener au dehors tout l'appareil de la suture intestinale. Il ne resterait plus alors qu'à favoriser la soudure des bords de la plaie abdominale, par le pansement des blessures en général (1405, 1774).

2163. 3° ESPÈCE. NESTÉILÉALGIES TRAUMAGÈNES par invagination (1009); affections de l'intestin grêle par suite d'un accident qui fait rentrer un pli de l'intestin dans un autre, comme on rentre un doigtier de gant en lui-même.

MÉDICATION. Application alternative sur la région abdominale de compresses imbibées tantôt d'alcool camphré (1288, 2°) et tantôt d'eau sédative (1345, 2°). Aloès (1497). Huile de ricin (1438) ou lavement superpurgatif (1398).

2164. 4° ESPÈCE. NESTÉILÉALGIES TRAUMAGÈNES par échappement (1966); échappements d'une anse ou circonvolution intestinale par une solution de continuité du péritoine, ou par la région relâchée soit de l'ombilic soit de l'anneau inguinal.

SYNONYMIE. Hernie ; — en latin, *hernia ;* — en grec, *kèlè*.

N. B. Cette affection par déplacement n'est pas spéciale à l'intestin grêle : tout viscère peut être passible du même accident; le cerveau lui-même peut faire hernie par suite du relâchement ou d'une solution de continuité de ses enveloppes (2013), et ce cas a pris le nom d'*encéphalocèle.* On appelle *gastrocèle* la hernie de l'estomac (*gaster*) ; *épiplocèle* la hernie de l'épiploon ; *entérocèle* la hernie d'une portion d'intestin; *hépato-*

(*) Ainsi appelée parce que le malheureux qui s'en voyait atteint n'avait plus anciennement qu'à réciter son *miserere.*

cèle la hernie du foie ; *cystocèle* la hernie de la vessie ; *exomphale* la hernie qui a lieu par l'ombilic ; *hernie inguinale* ou *buboncèle* (1966) la hernie qui a lieu par l'anneau inguinal ; *oschéocèle* ou hernie scrotale, celle qui descend dans le scrotum mâle ou femelle. La portion du péritoine qui est repoussée par l'intestin, à travers le relâchement abdominal, se nomme *sac péritonéal* ou *sac herniaire,* dont l'orifice se nomme *orifice du sac.*

EFFETS. Un pareil accident offre un danger très-grave qu'il s'agit de conjurer au plus tôt. Car si l'orifice du sac herniaire vient à se resserrer, ou que la portion d'intestin ou de viscère engagée dans le sac herniaire vienne à enfler par l'accumulation des produits de l'élaboration qui lui est propre ou dont elle est le conduit, la *hernie,* qui est dite *étranglée,* devient un danger de mort, non-seulement en interceptant le passage du bol alimentaire, mais encore et surtout par la stagnation des matières qu'elle retient et qui ne tardent pas à virer vers la décomposition putride. La *hernie irréductible* n'est pas pour cela une *hernie étranglée,* c'est une portion d'intestin qu'on ne peut pas ramener en position, par l'opération de la pression à laquelle les chirurgiens ont donné le nom de *taxis* (du grec, *tassô,* remettre en place ou dans son rang), mais sur laquelle le *sac herniaire* ne peut jamais exercer une constriction capable d'étranglement.

MÉDICATION ET OPÉRATION. Pour prévenir de pareils accidents, rien ne sert mieux que de se ceindre le ventre sans se serrer, quand on se livre à des travaux, des mouvements brusques et des exercices gymnastiques; et, d'un autre côté, rien ne contribue plus à les prévenir que l'habitude des exercices gymnastiques, tels que nous les avons indiqués ailleurs. Mais lorsque l'accident fâcheux a eu lieu, on doit se hâter de réduire la hernie. La première règle à suivre est de placer le malade dans une position telle que la portion herniaire soit entraînée à sa place naturelle par son propre poids. Si la hernie est *ombilicale* ou *abdominale,* le malade se couche sur le dos; si elle était *latérale,* il se coucherait sur le côté opposé ; si la hernie est *inguinale* ou *scrotale,* il se couche la tête beaucoup plus basse que les pieds : dans ces diverses positions, on applique sur la région herniaire un cataplasme aloétique (1321); au bout de dix minutes, on l'enlève et on tâche alors, par de douces pressions digitales, de repousser en dedans le *sac herniaire.* Lorsque l'effet désiré a été obtenu, on étend, sur la région abdominale ou inguinale, une compresse imbibée d'alcool camphré (1288, 2°); et, en attendant qu'on ait à sa disposition un bandage approprié, on applique sur la région herniaire une pelote de ouate enduite de pommade camphrée, qu'on presse et maintient en place au moyen d'une ceinture à bretelles, analogue à la *ceinture hypogastrique* (1984). Soir et matin, et même à la moindre menace d'accident, on verse une goutte d'alcool camphré (1287) entre la peau et la pelote. On peut ôter son bandage le soir en se couchant; mais chaque matin on le remet, avec les précautions dont nous venons de parler.

2465. 5ᵉ ESPÈCE. NESTÉILÉALGIES ENTOMOGÈNES (956) HELMINTHOGÈNES (1009); affections vermineuses des intestins grêles.

SYNONYMIE. Passion iliaque; — en latin : *ileus, volvulus;* — en grec : *eileos, chordapsos, strophos.*

EFFETS. Le parasitisme des larves ou insectes et surtout des vers intestinaux est capable de souder paroi à paroi les surfaces intestinales, d'invaginer une portion d'intestin, d'en pelotonner les circonvolutions (1009), ce qui détermine la colique dite de *miserere* (où le malade crie *miséricorde* (2459) ; d'autres fois l'action parasitaire a pour résultat d'exfolier les surfaces intestinales, de détacher la muqueuse d'une portion d'intestin, de telle sorte que l'on croit rendre dans les excréments des longueurs d'intestins, tant ces tubes ont de la consistance. Le malade a alors la *diarrhée* (du grec :

dia, à travers, *rheó*, couler, sans servir à la nutrition) et souvent la *dyssenterie* (du grec : *dys*, mal, malaise et décomposition, *enterón* des intestins); il rend le chyle seul ou mêlé avec du sang; il a des selles glaireuses ou sanguinolentes.

MÉDICATION. La même que pour les STOMACHALGIES HELMINTHOGÈNES (2151).

2166. 8ᵉ GENRE. COLALGIES (2145); affections du gros intestin (en latin : *intestinum crassius* Cels., *colum ;* — en grec : *cólón*).

EFFETS. Le gros intestin est affecté à son tour de toutes les maladies que nous venons de décrire chez les autres fractions du tube intestinal. C'est dans cette région que les sels vénéneux, les sels de plomb surtout, reportent leurs plus grands ravages, parce que c'est là qu'ils retrouvent les circonstances les plus favorables à leur transformation et à leur œuvre de désorganisation. La souffrance qu'on éprouve de l'action des diverses causes morbipares qui ont leur siége dans cet intestin se nomme *colique* proprement dite. La hernie étranglée, l'occlusion du côlon par l'invagination (1009) ou l'agglutination de ses parois, donnent lieu à une colique de *miserere* (2159) de la pire espèce; car alors le malade vomit des matières complétement stercorales. Les larves et les helminthes y occasionnent des épreintes atroces, et qui font souvent que le malade se tord et se roule par terre, sans trouver plus de soulagement; leur parasitisme affamé y détermine une accumulation de matières fécales (COLALGIE HYPERTROPHOGÈNE), qui, en distendant les parois de l'intestin et exerçant ainsi une compression croissante sur l'aorte et la veine cave, refoule le sang à la tête, au cœur et aux extrémités, ce qui porte le désordre dans toutes les fonctions et menace quelquefois d'une congestion cérébrale. Rien n'est dangereux en effet comme la CONSTIPATION (en latin : *constipatio;* en grec: *stypsis*, resserrement); et rien n'altère plus les facultés mentales; le coupable n'est souvent qu'un homme trop constipé; l'action de l'aloès (1197) et d'un simple lavement (1395) suffit souvent pour préserver l'homme d'une faute. C'est dans cette région intestinale que les vers intestinaux savent le mieux échapper à l'action des vermifuges; car, au moindre vent de ce danger, ils vont se réfugier en entier ou s'encapuchonner dans l'appendice cœcal, où le vermifuge ne peut que très-difficilement les atteindre par le véhicule du chyle et des lavements. On les déloge plus facilement par l'application des cataplasmes (1321).

MÉDICATION. Pour chaque espèce, la même médication que pour les espèces analogues de STOMACHALGIES (2122) et de NESTÉILÉALGIES (2160).C'est encore dans cet intestin que s'arrête exclusivement l'action médicatrice des lavements; car la *valvule iléocœcale* forme soupape pour qu'ils n'arrivent pas jusqu'à l'intestin grêle.

2167. 9ᵉ GENRE. PROCTALGIES (2145); affections du rectum (portion d'intestin qui aboutit à l'anus, *proctos* en grec).

EFFETS. Le *rectum* peut être le siège de toutes les maladies que nous venons-de décrire, à l'égard des autres portions des circonvolutions intestinales. Mais il est deux espèces d'affections qui lui semblent plus spéciales, par cela seul que leurs effets sont plus abordables au diagnostic ; je veux parler des végétations et autres accidents syphilitiques dont nous nous sommes déjà occupés (1007); et ensuite des *intumescences* sanguines, espèces de varices que l'on désigne sous le nom et d'hémorroïdes (en grec comme en latin : *hœmorrhois*, du grec *aima*, sang, et *rheó,* couler), et d'*exochas* et *exochodium* (du grec : *exoche*, éminence, saillie). Les *hémorroïdes* sont des excroissances sanguines, isolées ou agglomérées, d'un volume qui peut égaler celui d'une cerise dont elles ont l'aspect et la forme, qui occasionnent des épreintes par l'obstacle qu'elles opposent à la défécation, des impatiences et des agacements nerveux par leurs frôlements réciproques, et peuvent amener un état de faiblesse voisin de la lipothymie par leurs hémorrhagies fréquentes. Elles sont *externes* ou *internes,* selon qu'elles sortent ou ne sortent pas de l'anus.

MÉDICATION CONTRE LES HÉMORRHOÏDES (*proctalgies toxicogènes pseudorganisatrices hæmatodes*) (1769). Vous entendrez, sans doute, souvent dire, que l'usage de l'aloès fait naître les hémorrhoïdes ; n'en croyez pas un mot : voilà plus de vingt ans que je me sers journellement de l'aloès, et que dans le monde entier on en fait le même usage; et je puis certifier que qui n'a pas les hémorrhoïdes, avant de se mettre à ce régime, ne les gagne jamais en s'y mettant, s'il ne va pas en chercher ensuite la cause ailleurs, dans une infection médicamenteuse ou. autre. Pour s'en guérir, il faut un peu de patience et ne pas reculer devant une souffrance passagère, du fait du remède, et bien moindre que la souffrance continue que fait endurer le mal.

Trois ou quatre fois par jour, on introduira dans l'anus (pour le cas d'hémorrhoïdes internes) une sonde galvanique (1431) pendant dix minutes, puis une bougie camphrée (1308) trempée préalablement dans l'alcool camphré (1287) qu'on gardera aussi long-temps qu'on pourra le supporter. Ensuite on y fera une petite injection à l'eau quadruple (1375); et enfin on y réintroduira une bougie camphrée (1308) qu'on maintiendra à demeure, au moyen d'une bande qui passera entre les jambes, pour aller s'attacher par derrière et par devant à la ceinture. Si la guérison ne marchait pas assez vite, on pourrait essayer d'introduire une bougie camphrée (1308) saupoudrée de borax, avant d'introduire la bougie trempée dans l'alcool camphré. Régime antimercuriel (1686).

Si les hémorrhoïdes sont externes, on se traitera de la même manière, en remplaçant les sondes galvaniques (1431) par les plaques (1419), et les bougies (1308) par des compresses tantôt imbibées d'alcool camphré (1288, 2°) et tantôt enduites de cérat camphré (1305). Si le cas paraît praticable, on pourra lier le pédicule de chaque excroissance; au moyen du traitement ci-dessus, chaque petite tumeur finira par se dessécher sur place, et par se détacher d'elle-même après complète dessiccation.

QUATRIÈME PARTIE.

PHARMACOPÉE

ou

FORMULAIRE DES SUCCÉDANÉS (*) DE NOTRE MÉTHODE (7, 1165).

2168. On a remarqué sans doute à combien de maux nous faisions servir le petit nombre de préparations qui composent tout notre droguier thérapeutique, et nous nous reprochons encore quelquefois d'en avoir trop à employer. Car si nous trouvions jamais qu'un seul médicament pût tenir lieu de tous les autres, il faudrait bien, et ce serait un grand bonheur pour les malades, y compris leur apothicaire et leur médecin, il faudrait s'en tenir à celui-là ; ce serait une *panacée,* ou, pour me servir d'une expression indienne, un *remède à tous maux.* Je vais plus loin, et je dis que si jamais cela se vérifie, c'est que l'espèce humaine, si abâtardie aujourd'hui par une fausse civilisation, se sera refaite et améliorée par des habitudes plus conformes à nos goûts et à notre nature ; notre médecine alors se réduira au rôle d'*hygiène.* Ce moment-là n'est pas encore venu ; et pendant des siècles, peut-être, la multiplicité de nos maux exigera encore un certain nombre de remèdes. Mais il n'en sera pas moins vrai que les plus simples et les moins compliqués seront toujours les meilleurs ; la complication des médicaments, qui ne date pas d'aujourd'hui, n'est qu'une preuve que l'on ne connaît pas la propriété véritable de chacun d'entre eux (**). De tout temps on s'est persuadé qu'à chacun de nos maux la nature devait avoir fourni un spécifique ; entité thérapeutique pour entité pathologique ; mais la difficulté ensuite, alors comme aujourd'hui, était de préciser la nature de l'entité, afin de mieux choisir le genre de spécifique ; et c'était là que le médecin s'embarrassait. Pour parer à cet inconvénient, on eut l'idée d'associer tous les spécifiques ensemble, afin d'en composer un seul que l'on administrait dans toute espèce de maladie ; laissant ainsi à l'entité maladive le soin de prendre et de débrouiller, dans ce chaos, l'entité spécifique qui lui conviendrait davantage. On

---

(*) En latin : *medicamina succidua* ou *succedanea;*—en grec : *pharmaca antiballamena* Gall.

(**) *Multitudo remediorum filia ignorantiæ* Bacon.

serait tenté de croire que cette idée est venue pour la première fois à Mithridate, roi de Pont, qui désirait, et pour cause, avoir à sa disposition un antidote contre toute espèce d'empoisonnement; car on a donné longtemps le nom de mithridate ou antidote de Mithridate (*) à la thériaque (**), médicament composé aujourd'hui de plus de soixante substances prises surtout parmi les baumes, et qui, du temps de Pline, en renfermait cinquante-quatre : remède héroïque, ainsi que le son: tous les baumes, mais qui devint plus héroïque encore du jour où les empereurs romains prirent le parti de le faire composer dans leur propre palais, d'après la formule nouvelle de l'archiatre Andromachus, médecin de Néron, lequel y ajouta la chair de la vipère; l'empereur Antonin en prenait tous les matins à jeun, gros comme une fève; Andromachus l'avait surnommé *galène* ou baume tranquille et sédatif. La thériaque d'Andromachus est presque toute la pharmacie mise à la fois dans le mortier.

La science moderne s'est beaucoup récriée contre l'emploi de ce pêle-mêle d'entités qui réduisait tout le formulaire à une seule opération; elle a posé en principe la simplicité des médicaments. Mais il fallait laisser cette idée à l'état de programme, ou être en état de nous dire positivement la vertu de chaque médicament en particulier, et dès lors n'en administrer qu'un seul pour chaque maladie ou à chaque phase de la maladie; car autrement on s'exposerait, en les combinant par trois ou quatre, à nous faire une thériaque incomplète; et thériaque pour thériaque, la plus compliquée est toujours la meilleure : on y risque moins d'oublier le spécifique du cas maladif qu'on a à traiter. Or, il n'est pas un seul praticien aujourd'hui qui ait par devers lui une idée positive de la manière d'agir du médicament qu'il administre; je maintiens le fait comme démontré par les insuccès; quand donc il se met à en aligner deux ou trois ensemble, il serait fort embarrassé de nous dire pour quelle part chacun d'eux doit entrer dans le soulagement qu'on espère en retirer. Ce n'est point un raisonnement dont il pose les prémisses; c'est un essai qu'il fait et refait à chaque fois.

On blâme fort haut l'idée d'une panacée; et pourtant, si l'on compulse dans les archives de la science, pour chaque médicament simple, tous les genres de maladie dont la guérison a été attribuée à cette substance, on reconnaîtra qu'il n'est pas une seule de ces substances que

---

(*) *Mithridaticum antidoton* Plin.; en grec : *Mithridaticon pharmacon*; *Methridas*, en français, dans le seizième siècle (*Dict. de Morel*, 1558). Nous avons donné au mot antidote la signification exclusive de remède contre les empoisonnements; chez les Romains il s'appliquait à toute espèce de remède (Voy. *Phædr.*, fab. 14, lib. 1).

(**) De θηρίον, toute bête venimeuse en général, et en particulier la vipère.

l'on ne soit autorisé à considérer comme ayant joué le rôle d'un *remède à tous maux*, d'une panacée, tantôt dans une main et tantôt dans une autre. Il y a donc un vice là-dessous, et ce vice est dans la méthode, tout autant que dans la théorie. Le médecin ne sait pas sur quel organe il faut administrer; quand le hasard lui fait rencontrer l'organe, il y a succès; l'insuccès survient quand l'application du médicament a lieu aux antipodes du siége de la maladie.

Indiquer donc distinctement le siége de la maladie, c'est simplifier en même temps le traitement et la pratique. Nous croyons avoir rempli en partie la première de ces conditions; et ce qui nous confirme dans cette idée, c'est que, depuis nos premières révélations, nous avons vu la pratique, même la plus récalcitrante, procéder conformément à nos pres-criptions, conséquences forcées de nos théories. On a mis un peu de côté le camphre, ou bien on l'a placé en troisième ligne sur la formule, comme si ce mot tout à coup avait pris un arrière-goût de sédition; mais on a amplement fait usage, en compensation, de tous les baumes et huiles essentielles, que nous avions donnés comme succédanés du camphre. On aurait bien pu prescrire un seul de ces baumes; mais dès lors on serait trop tombé dans la simplicité; on n'aurait eu l'air que de remplacer un succédané par un autre. Que voulez-vous! tant que le médecin ne sera pas érigé en magistrat, il sera bien forcé de faire un peu de métier dans la formule; pardonnez-lui donc de vous administrer quatre à cinq substances à la fois, pourvu que dans le nombre se trouve la bonne.

Ce que nous condamnons dans ces succédanés composés, ce n'est pas qu'on les prescrive, c'est qu'on les annonce comme des panacées et comme des découvertes. Je ne sache pas un seul brevet d'invention, pour un remède secret, qui n'ait été plus ou moins complétement formulé dans les livres. La loi, disions-nous depuis longtemps, devait donc enfin refuser le monopole à ces sortes d'innovations-là; et elle a fini par le faire.

Quoi qu'il en soit, et afin de fournir aux praticiens les moyens de formuler à leur guise un succédané nouveau de notre médication, nous allons nous appliquer à indiquer, pour chacune de ces substances, la dose à laquelle on peut l'administrer au malade, chaque jour, ou toutes les trois heures. Quand on voudra obtenir un succédané composé, on n'aura qu'à prendre, pour chacun des ingrédients qui entreront dans le mélange, le quotient de la dose que nous indiquons divisée par le nombre des ingrédients mêmes. Avec ces simples indications, on pourra se passer des formules surannées et souvent irrationnelles de nos *Codex*, même de ceux qui ont force de loi en France.

2169. Nous diviserons les médicaments en cinq classes : 1° les *anthel-*

minthiques ou vermifuges; 2° les *antifébriles* ou sédatifs; 3° les *purgatifs* et *vomitifs* qui sont tous aussi des anthelminthiques ; 4° les *antiseptiques* ou *antiputrides;* 5° les *antifongiques* ou *désorganisateurs,* c'est-à-dire qui ont pour but de désorganiser les développements de superfétation, cancéreux, squirreux, carcinomateux, etc.

On voit que nous supprimons sans retour cette vieille nomenclature de remèdes astringents, apéritifs, anodins, antispasmodiques, carminatifs, stomachiques, incisifs, détersifs, dessiccatifs, diaphorétiques, minoratifs, calmants, hydragogues, émollients, antiphlogistiques, pulmonaires, vulnéraires, etc.; expressions basées sur la spécificité des remèdes et des humeurs, c'est-à-dire sur deux idées dont nous avons démontré le peu de justesse dans le cours de cet ouvrage. Car le même remède peut produire tous les effets exprimés par ces diverses épithètes, sans agir d'une manière différente dans un cas que dans l'autre ; un exemple suffira pour mettre cette pensée dans tout son jour : Admettons une maladie essentiellement vermineuse, mais dans laquelle l'observateur n'ait aucune raison de supposer la présence des vers ; que pourtant, guidé par une théorie ou par une autre, il vienne à administrer, je suppose, le baume de Tolu; si les helminthes ont leur siège dans l'estomac, le baume de Tolu semblera agir alors comme stomachique; si leur action avait produit des convulsions, le remède passera pour antispasmodique ; si les helminthes avaient établi leur siège dans la poitrine, l'odeur de ce baume, en pénétrant dans les poumons, en chassera les helminthes, ce qui le fera passer pour un remède béchique, pulmonaire, etc. Enfin, le remède prendra tout autant d'épithètes, et paraîtra jouir de tout autant de propriétés différentes que la cause du mal qu'il expulse ou détruit aura changé de localité et d'organe ; devenant échauffant ou antiphlogistique, calmant ou irritant, selon le hasard des circonstances les moins susceptibles d'être déterminées d'avance.

2170. On administre les remèdes à l'extérieur ou à l'intérieur. 1° Les remèdes externes s'emploient sous forme de bains, fomentations, cataplasmes, pommades, liniments, baumes, onguents, cérats, emplâtres, cautères, vésicatoires; 2° les remèdes internes s'emploient sous forme de fumigations, infusions, pilules, pastilles, lavements.

Nous proposons, pour tous ces termes, les définitions suivantes :

1° Pommades (1297 *) ; incorporations des huiles essentielles, résines, baumes et sels dans l'axonge, le beurre et autres corps gras, qui se figent à la température ordinaire. On les incorpore au bain-marie.

2° Liniments (de *linire,* oindre) ; incorporations des huiles essentielles, résines, baumes et sels, dans les huiles ou corps gras qui restent liquides à la température ordinaire. (1293).

3° Baumes (de *balsamum*, qui vient de l'hébreu *ba-lesem*, larme, perle qui adhère à l'écorce d'où elle découle). Ce sont des résines aromatiques de consistance sirupeuse, ou des incorporations de ces baumes avec d'autres ingrédients qui n'en détruisent pas la consistance.

4° Onguents (1297) (de *ungere*, oindre, frictionner); liniments parfumés, c'est-à-dire incorporés à des huiles ou baumes d'une odeur agréable et aromatique.

5° Cérats (1303) (de *cera*, cire); incorporations des baumes, huiles essentielles ou sels dans un mélange d'huile (300 parties environ) et de cire (100 à 125); la cire étant destinée à donner à l'huile une consistance qui ne se ramollisse qu'à la température de la peau.

6° Embrocations; affusions d'un liquide sur le corps, afin d'humecter les surfaces.

7° Emplatres (du grec *emplasso*, j'enduis); corps gras (huile, cire) incorporés ou non avec des bases et des sels qui les rendent consistants et agglutinatifs; les emplâtres s'étendent sur des morceaux de peau de mouton.

8° Sparadraps; emplâtres étendus sur des bandes de toile (1410).

9° Vésicatoires (1514, 2°); emplâtres de cantharides, destinés à produire des dérivations au moyen d'une vésication cutanée.

10° Cautéres (1514, 3°); applications du fer rouge ou de la potasse sur un point circonscrit de la peau, afin d'y pratiquer une solution de continuité.

11° Infusions ou Tisanes (1462); dissolutions à froid, mais surtout à chaud, de sucs organiques, dans l'eau, l'éther ou l'alcool (infusions, ou aqueuses et proprement dites, ou éthérées et alcooliques; élixirs et vins médicinaux), destinées à être employées à l'intérieur ou à l'extérieur, en boissons ou en lavements. En général, on obtient les infusions aqueuses par le même procédé que le thé ou le café.

12° Sirop (1443); extraits édulcorés des infusions, réduits à une consistance sirupeuse.

13° Bains liquides, Bains gazeux ou de vapeurs (1200); infusions aqueuses administrées en vapeurs pour l'absorption cutanée. Le bain liquide est une fomentation générale et sous le plus grand volume possible. Les bains de vapeur ne sont pas d'invention moderne : Ambroise Paré les a très-bien décrits et figurés sous le nom d'*estuves humides faites avec une vapeur ou fumée chaude et humide* (livre 26, chap. 43, pages 739 et 438, édit. de 1664). Glauber, de son côté, les avait également décrits et figurés, sous la rubrique de *balneorum sulphureorum usus; globi cuprei in balneis siccis* (*Furnorum philosophicorum pars altera*, Amst., 1651; tab. 1, pages 4, 47 et suiv.). Dans notre méthode, nous n'admettons les bains liquides que comme moyens de propreté ; et afin de les rendre plus hygiéniques, nous les aromatisons fortement. Quant aux bains de vapeur au moyen de plantes aromatiques, nous n'y avons recours que contre les affections rhumatismales rebelles, et quand il s'agit de faire pénétrer plus avant dans les muscles les principes de la nature desquels on espère quelque soulagement.

14° FOMENTATIONS (1288, 2°; 1345, 2°), au moyen de compresses imbibées du liquide d'une infusion et appliquées sur une partie quelconque de la peau. Les fomentations sont des bains liquides locaux et consistants.

15° CATAPLASMES (1317) (du grec, *kata*, par-dessus, et *plasso*, j'enduis); fomentations plus durables, les compresses y étant remplacées par une pâte visqueuse de farine de céréales ou de graines de lin.

16° LAVEMENTS (1361); infusions administrées par l'anus, afin d'agir sur toute l'étendu du côlon, cette panse de la digestion fécale.

17° FUMIGATIONS (1847); préparations destinées à faire parvenir, sur la surface des poumons, sous forme de gaz, vapeur ou fumée, les principes volatils qui doivent débarrasser l'organe respiratoire de la cause morbipare qui l'assiége.

18° PASTILLES (diminutif de *panis*); médicaments administrés sous forme de trochisques, et de consistance solide; pâtes sucrées, destinées à masquer au goût l'amertume du principe actif.

19° PILULES (du grec *pilos*, flocon de laine); pastilles sphériques destinées à être avalées sans être écrasées sous la dent. On les revêt d'une pellicule d'or ou d'argent, en les agitant au milieu de feuilles d'or ou d'argent battu ; ou bien, on les recouvre d'une vésicule de gluten; en les revêt ainsi, afin qu'elles passent, sans laisser la moindre saveur dans la bouche; les pilules anthelminthiques, en arrivant dans les intestins avec toute leur intégrité et presque leur volume, promènent de la sorte le vermifuge sur toute l'étendue des surfaces envahies. Il existe des graines, telles que la graine de moutarde (*Sinapis alba*), que l'on peut administrer en guise de pilules naturelles, et qui se comportent exactement de la même manière; car le gonflement préparateur de la germination, qui a lieu à la faveur de l'humidité des intestins, fait que le principe anthelminthique, qui réside dans les cotylédons chez les *sinapis*, filtre, à travers les parois du test, en quantité suffisante pour agir en qualité de vermifuge, insuffisante pour rubéfier la surface des intestins.

20° POUDRES. Les poudres sont, pour ainsi dire, des pilules réduites à l'état d'atomes. Cet état de division multiplie leur action en la reportant sur une plus grande étendue de surface.

CATALOGUE

DES

SUCCÉDANÉS DE NOTRE MÉTHODE.

CHAPITRE PREMIER.

MÉDICAMENTS ANTHELMINTHIQUES OU VERMIFUGES.

PREMIÈRE DIVISION.

Médicaments tirés du règne organique.

N. B. Nous prenons pour unité de poids le gramme.

§ 1er. *Succédanés de la pommade camphrée* (1297) *pour les frictions.*

grammes.

Faites fondre au bain-marie dans axonge ou beurre 1,000

1. Camphre en poudre	300
2. Essence de térébenthine pure. . .	30
3. Goudron	100
4. Bourgeons de peuplier	400
5. Baume du Pérou	100
6. — de la Mecque.	50
7. Styrax.	50
8. Benjoin	100
9. Castoreum	50
10. Copahu (*).	3·0
11. Cubèbe.	30
12. Poivre noir	10·
13. Genièvre.	300
14. Résine de gaïac.	300

(*) Les pommades 1, 2, 3, 10, 11, 12, 14 conviennent spécialement dans toutes les maladies des voies urinaires et des organes génitaux, à cause de la facilité et de la rapidité avec laquelle ces substances anthelminthiques passent intégralement dans les voies urinaires.

15. Essence d'absinthe.	30
16. — rue.	30
17. — angélique.	30
18. — fenouil.	30
19. — mélisse.	30
20. — rose	30
21. — menthe	30
22. — armoise	30
23. — lavande	30
24. — bergamote	30
25. Vanille en poudre	·
26. Essence de girofle	30
27. Teinture de cannelle	200
28. Safran	10
29. Tabac à fumer	30
30. Extrait de morelle (*).	20
31. — ciguë	20
32. — aconit	20
33 — jusquiame	20
34. — belladone.	20
35. — stramonium	20

(*) Les pommades 30 à 35 ne doivent pas être employées sur des gerçures ou des plaies saignantes, et jamais en lavement.

§ 2. *Succédanés du liniment camphré pour frictions et lavements* (1293).

N. B. On emploie les mêmes doses que ci-dessus, pour composer, avec l'huile d'olive, de camomille ou d'amandes douces, le liniment à frictions, et de ce liniment on n'en met que 4 grammes dans chaque lavement. On se procure un excellent liniment pour les plaies, en faisant infuser pendant quelques jours au soleil d'été, ou quelques instants sur le feu, tiges, feuilles et fleurs sèches et pilées de

Millepertuis (*Hypericum perforatum*). . 300
Dans huile d'olive 1,000

§ 3. Cérats.

Pour composer les cérats, ajoutez :
Aux pommades 200
Aux liniments 250
De cire vierge, au bain-marie.

N. B. Les cérats, ayant plus de consistance que les pommades, recouvrent plus exactement les plaies et cicatrices, et les protégent mieux contre le contact de l'air (*).

§ 4. *Succédanés du camphre en boisson* (1288, 3°) *infusions aqueuses ou tisanes* (1462).

N. B. La quantité à prendre par jour de ces sortes d'infusions est un peu arbitraire et dépend beaucoup des habitudes et caprices du malade. Quand on veut lui faire prendre une quantité déterminée de substance en infusion, il vaut mieux réduire la tisane en consistance sirupeuse, après y avoir mêlé moitié de sucre. On

(*) Il est bien peu d'onguents composés (μύρον, *unguentum*) qui ne datent de fort loin, et dont on ne trouve la formule dans les vieux auteurs. On attribue à Prodicus ou Herodicus, disciple d'Hippocrate, l'invention de la médecine dite *onguentaire*, parce qu'il fit un usage plus étendu des liniments embaumés; on appelait ces onguents *acopa* (qui ôtent la douleur); *voyez* Galien, *Compos. medicaminum per gen.*, lib. 7. c 11. On appelait *myracopa* les onguents dans lesquels entraient des aromates. Depuis la publication de nos petits livrets sur l'emploi du camphre, la pratique a repris, de mille manières, et en les modifiant, l'emploi des onguents que les théories antiphlogistiques avaient relégués dans les vieux usages dont on rit et les vieux livres difficiles à lire. Chacun aujourd'hui s'est mis à adopter et à s'approprier une formule, à la faveur d'une petite addition ; nous avons même des brevets d'invention et de perfectionnement pour monopoliser la formule de prédilection et s'en faire des rentes. Nous espérons que le commerce des drogues n'aura pas à se plaindre de nous ; quant aux malades, ils n'auront jamais à se plaindre de pareilles drogues.

administre de cette manière une plus grande quantité, sous un moindre volume. Nous allons opérer sur 500 grammes d'eau à prendre en une journée, d'heure en heure, ou de trois heures en trois heures, le matin en se levant, avant midi, et le soir en se couchant.

1. Lichen d'Islande (*)	8
2. Chicorée sauvage	30
3. Gaïac en poudre (**)	10
4. Salsepareille.	30
5. Daphne mezereum.	30
6. Cochléaria (***)	30
7. Racine de raifort	30
8. Cresson	100
9. Beccabunga	10
10. Cerfeuil	10
11. Capillaire.	10
12. Erysimum	10
13. Fleurs d'oranger	5
14. Feuilles d'oranger.	10
15. Écorce de grenadier	10
16. Absinthe.	10
17. Sommités de mélisse	10
18. Gousses écrasées d'ail	15
19. Graines de moutarde blanche . . .	10
20. Millefeuille	10
21. Myrte	10
22. Fleurs de pêcher	10
23. Cônes de houblon (****)	10
24. Petite centaurée	10
25. Écorce de saule.	10
26. Feuilles de houx	10
27. Gentiane	10
28. Écorce de quinquina	10
29. Fleurs de violette	10
30. — lavande	10
31. — thym	10
32. — menthe	10
33. Tranches d'orange avec écorce (orangeade)	100

(*) Rejeter la première eau.
(**) Les nos 3 et 4 usités spécialement dans les maladies syphilitiques pour pousser à la peau.
(***) Dans le sirop antiscorbutique (1450), entrent les numéros 6, 7, 8, 9.
(****) Les numéros 24-28, spécialement contre les fièvres intermittentes. Laissez de côté la quinine et ses sels, dont l'emploi profite bien plus à la bourse du manipulateur qu'à la santé du malade. En tout état de cause, la tisane ou le vin de quinquina vaut mieux que ces sels ; car dans les sels, le principe médicalement actif est en grande partie masqué ou dénaturé, Je m'offre à établir mon opinion sur l'expérience directe, si l'on veut bien ne pas faire juger la question par des commissions intéressées ou serviles.

34. Tranches de citron 10
35. *Helminthocorton* 15
36. Fougère mâle 30
37. Racine de grenadier 50
38. Cannelle 5
39. Muscade 1
40. Anis 10
41. Coquelicots 10
42. Têtes de pavot 10
43. Millefeuille 10
44. Teinture de Tolu 20
45. — Copahu 20
46. — cubèbe 10

N. B. On vend, sous le nom de *thé suisse, vulnéraire suisse* ou *faltrank,* un mélange de plantes desséchées, récoltées sur les montagnes de la Suisse : feuilles et sommités d'absinthe, de bétoine, bugle, calament, chamædrys, hyssope, lierre terrestre, millefeuille, origan, pervenche, romarin, sanicle, sauge, scolopendre, scordium, thym, véronique, arnica, scabieuse, chardon bénit, etc. On voit que le faltrank est une espèce de thériaque (2168) de plantes indigènes de nos montagnes.

§ 5. *Lavements ou infusions aqueuses à prendre par l'anus* (1391).

Le lavement est au moins d'un demi-litre; on en prend quelquefois jusqu'à trois consécutivement, le premier étant presque toujours rejeté. Dans les maladies d'une grave intensité, accompagnées d'épreintes, de coliques et de dévoiement, il faut se hâter d'attaquer le mal par le haut et par le bas, et n'abandonner le malade que lorsqu'on le voit dans un état satisfaisant de soulagement.

Pour un demi-litre d'eau 500
Faites infuser :
1. Helminthocorton 0,55
2. Lichen d'Islande 0,55
3. Tabac à fumer 0,05
4. Belladone (*) 0,05
5. Jusquiame 0,05
6. Stramonium 0,05
7. Têtes de pavot 10
8. Roses de Provins 8
9. Feuilles de houx 20
10. Gentiane 20
11. Petite centaurée 30
12. Écorce de saule 30

(*) Les numéros 3-6 ne doivent être employés qu'avec la plus grande précaution et à la dernière extrémité, faute de mieux.

13. Racine de grenadier 32
14. Térébenthine 1
15. Goudron 1
16. Copahu 2
17. Baume de Tolu 2
18. Assa fœtida (*) 2
19. Huile camphrée 10

N. B. Dans les maladies vermineuses et bilieuses des animaux, on peut employer pour les animaux de trait et autres de cette taille :
Térébenthine 30
Dans un seau d'eau blanche en boisson ou en lavement.

Pour les bêtes à laine et autres animaux de cette taille :
Térébenthine 10
Dans un litre d'eau blanche de son ou d'orge.
Les autres doses doivent être multipliées ou diminuées, en raison de la taille des animaux à soigner.

§ 6. *Succédanés de la poudre de camphre* (1268), *ou médicaments en poudre à prendre, par jour en trois fois, à l'intérieur* (1266), *dans le véhicule de l'eau.*

N. B. Quand ces poudres sont trop amères, on les administre entre deux hosties mouillées, ou bien entre deux tranches de confiture ou de pain de la soupe, ou bien dans une pellicule de raisin ou de groseille, etc.
Quinquina 1
Cannelle 1
Fougère mâle (avec purgation) . . . 2
Lupuline, ou poussière du houblon . . 1
Semen-contra 1
Les autres substances, à la même dose en poudre que dans les infusions aqueuses ci-dessus.

§ 7. *Succédanés de l'eau-de-vie camphrée* (1287), *infusions alcooliques ou teintures.*

N. B. On en prend trois cuillerées par jour dans un verre d'eau sucrée. Pour les lotions et frictions, la quantité que l'on veut dans le creux de la main.
Dans l'alcool à 36° 500
Versez et laissez-dissoudre ou macérer :
1° Eau distillée de mélisse 30

(*) L'*assa fœtida* pénètre tellement tous les tissus de l'économie, que l'haleine en est fétide immédiatement après le lavement. C'est un médicament désagréable, mais éminemment anthelminthique, surtout quand les helminthes ont émigré des intestins dans les chairs. C'est un succédané de l'ail.

2. Essence de citron 25
3. — cannelle 14
4. Clous de girofle 14
5. Noix muscade 7
6. Coriandre sèche 14
7. Racine d'angélique (*) 28
8. Essence de bergamote 24
9. — orange 24
10. — cédrat 24
11. — romarin 24
12. — néroli 24
13. — lavande 8
14. — benjoin 16
15. Teinture d'ambre (**) 16
16. Baies de genièvre 60
17. Anis étoilé 60
18. Fleurs d'oranger 30
19. Millepertuis 300
20. Succin 30
21. Baume de la Mecque 20
22. Baume de Tolu 20
23. Cubèbe (***) 20
24. Copahu 20
25. Ambre 20
26. Bourgeons de peuplier 200
27. Styrax 200
28. Écorce sèche d'orange (****) . . . 50
29. Calamus 50
30. Quinquina 200
31. Myrrhe 20
32. Absinthe 100
33. Opium (*****) 60

(*) Avec ces sept numéros réunis, on obtient l'eau de mélisse des carmes, en ne prenant que le septième de chaque dose.
(**) En réunissant les numéros 8-15, et n'employant que le huitième de leurs doses respectives, on obtient l'eau de Cologne. Pour composer les élixirs, on étend l'alcool de moitié d'eau, l'on y mêle moitié de sucre, et l'on décante.
(***) Voyez la note ci-dessus, page 518.
(****) Avec de l'eau-de-vie trois-six on a le curaçao, en laissant macérer quarante jours l'écorce d'orange dans l'esprit.
(*****) On ne doit se servir de cette teinture qu'en frictions ou pour arroser les cataplasmes. Le laudanum de Sydenham est composé de :

Vin de Malaga . . . . . . 500 gr.
Opium gommeux 64
Safran 32
Cannelle 4
Girofle 4

Vingt gouttes réunies de ce laudanum contiennent environ cinq centigrammes d'extrait gommeux d'opium. On peut en donner six gouttes à l'intérieur dans un verre d'eau et en lavement.

§ 8. *Teintures éthérées pour prendre à l'intérieur.*

N. B. A la dose de deux ou trois gouttes dans un verre d'eau, trois fois par jour.

Pour obtenir ces teintures, on laisse digérer quatre ou cinq jours les plantes aromatiques avec l'éther dans un bocal bouché à l'émeri, et l'on distille ensuite : on dose comme pour les teintures alcooliques. On peut employer les teintures éthérées, soit en vapeurs et en fumigations, soit pour en arroser les cataplasmes et en aromatiser les bains.

§ 9. *Pastilles et pilules succédanées du camphre pris à l'intérieur* (1266).

N. B. Les pastilles et pilules ne doivent pas contenir plus d'un demi-grain (2 centigrammes et demi) des essences, résines et baumes ci-dessous désignés. Dès lors on peut en prendre :

	Pilules à prendre par jour.
Opium	1 (*)
Quinquina	10
Copahu	10 à 20
Cubèbe	10 à 20 (**)
Cannelle	30
Menthe	20
Térébenthine	2 à 4
Castoreum	10
Assa fœtida	10
Chicorée	50
Anis	50
Absinthe	50
Citron	50
Myrrhe	50
Musc	1
Vanille	20
Graines de moutarde . . .	50
Ail	30
Poivre	10
Girofle	10

Je ne conseille, comme on le voit, en pilules, ni la belladone, ni la ciguë, ni la jusquiame.

(*) Le soir, quand la poudre de camphre ne suffit pas pour procurer du sommeil. En général, la pilule ne doit renfermer qu'un centigramme d'opium au plus.
(**) Selon que le malade le supporte. Voy. ci-dessus la remarque sur le copahu et le cubèbe. Les résines, baumes et huiles essentielles, ayant la propriété de passer en toute intégrité dans l'appareil urinaire, portent ainsi la médication antiseptique et anthelminthique dans les tissus les plus intimes des organes génitaux. Le camphre, le copahu, le cubèbe, jouissent principalement de cette propriété bienfaisante.

ni la noix vomique, ni le stramonium, etc., parce qu'il ne faut pas avoir recours à des poisons, quand on a à sa disposition des équivalents inoffensifs : ni la morphine, la narcotine, la brucine, la vératrine, la strychnine, etc., parce que ces sels sont des poisons plus actifs sous un moindre volume, et qu'ils joignent au principe vénéneux de la plante un principe désorganisateur tiré de la manipulation, surtout quand on en sature la base ammoniacale avec un acide énergique. La décomposition digestive de ces sels élimine en effet l'acide, qui ne peut manquer alors de se reporter sur les parois des intestins. J'ai dit plus haut ce que l'on devait penser de l'action merveilleuse de la quinine et du sulfate de quinine ; il n'y a plus que les vieux engoués du prix Montyon qui ne soient pas encore revenus de leur routinière administration pour ces sels *de duobus* et *arcana duplicata* du droguier moderne. Si, avec une huile essentielle, administrée d'une manière conforme à la théorie, on peut couper rapidement les fièvres, quel intérêt louable aurait-on à administrer à grands frais le sulfate de quinine? (Voyez *Nouveau Système de chimie organique*, tom. 3, § 4370).

DEUXIÈME DIVISION.

Médicaments anthelminthiques tirés du règne inorganique.

1° Il faut proscrire rigoureusement, dans la médication de l'homme et des animaux, les sels mercuriels, arsenicaux, plombiques, antimoniés, de cuivre, le nitrate d'argent, le muriate d'or, comme sels désorganisateurs de tissus. Ce sont des anthelminthiques qui, tout en nous débarrassant de nos vampires, ne sont pas sans laisser çà et là, dans l'économie, des traces ineffaçables de leur action, et dont la gravité est en raison de la dose.

2° Les sels de fer, préconisés depuis longtemps contre la chlorose, ont été repris dans ces dernières années sous un autre nom. Le lactate de fer ne diffère, à nos yeux, que par les mots, du malate de fer du formulaire magistral de Cadet de Gassicourt (*), qui l'avait extrait de la pharmacopée autrichienne.

Le malate de fer n'est que de l'acétate glutineux de fer; et le lactate de fer n'est que de l'acétate albumineux de fer (**). Prenez en effet :

Acide acétique . . . . 1 litre,
Le blanc d'un œuf battu ;

Mêlez ensemble et soumettez à l'ébullition; écumez à mesure, deux 'ou trois fois au moins.

Puis, versez de la limaille de fer, et continuez l'ébullition un quart d'heure ; décantez et laissez cristalliser ; vous aurez un sel qui ne se distinguera du lactate de fer que par des différences de manipulation.

Les sels de fer servent moins contre la chlorose (2157) que contre la vermine ; et ici encore leur action est plutôt mécanique que chimique. Le bol alimentaire contient toujours assez de fer pour suffire à la coloration du sang, quand il n'y a pas d'autre cause morbipare qui s'oppose à l'hématose. Or, dans la chlorose, ce n'est pas le manque de fer des aliments qui s'oppose à l'hématose, c'est la présence des helminthes qui absorbent à leur profit les produits de la digestion duodénale et des élaborations tributaires de cette fonction. Administrez les anthelminthiques, d'après notre méthode, dans ce cas : et, sans la moindre addition de fer, vous guérirez, en peu de jours, de la chlorose.

3° Les bicarbonates terreux, dont la complète inutilité est suffisamment démontrée dans les maladies des voies urinaires, peuvent offrir quelques avantages pour saturer l'excès d'acidité d'une digestion anormale ; mais leur emploi ne fait rien à la cause morbipare, elle ne s'attaque qu'à des effets : c'est toujours à recommencer.

4° L'iodure de potassium, à la dose de 5 centigrammes dans 500 grammes d'eau, par jour, est un sel par lui-même inoffensif, mais qui, en s'infiltrant dans le torrent de la circulation, charrie, sur tous les points envahis, l'iode que mettent en liberté soit l'acide gastrique, soit

(*) Édit. de 1812, pag. 185.
(**) Voy. *Nouveau Système de chimie organique*, tom. II, § 4011.

les acides qui émanent de la décomposition locale de la région envahie ; et de cette manière, c'est un excellent anthelminthique contre les maladies des os qui ont pour cause un hel-

minthe d'eau douce. Une de ses propriétés essentielles, c'est de soustraire aux tissus le mercure, pour l'éliminer ensuite par la sueur ou les urines.

CHAPITRE II.

MÉDICAMENTS ANTIFÉBRILES ET SÉDATIFS, OU SUCCÉDANÉS DE NOTRE EAU SÉDATIVE (1336).

Dans un litre d'eau faites dissoudre :

1. Hydrochlorate d'ammoniaque. . . . 30
2. Carbonate d'ammoniaque 10
3. Bicarbonate de potasse 10

4. Urine un peu vieille contre les maladies des animaux.

Employez en lotions jusqu'à ce que la fièvre ait cessé, que le pouls ait baissé, et que la peau ait repris sa fraîcheur habituelle.

CHAPITRE III.

MÉDICAMENTS VOMITIFS ET PURGATIFS, OU SUCCÉDANÉS DE L'ALOÈS (1189).

§ 1er. Vomitifs.

N. B. Nous n'avons recours aux vomitifs que dans les cas d'empoisonnement (2130), ou d'occlusion du larynx et de la trachée artère par la formation de tissus parasites (2085).

1. Tartrate antimonié de potasse, 5 à 10 centigrammes.
2. Sirop d'ipécacuanha (*), 15 grammes.

§ 2. Purgatifs en poudre et en pilules, à prendre comme l'aloès (1189).

	grammes en un jour.
1. Rhubarbe.	1
2. Manne dans du lait.	60
3. Scammonée pour adulte.	1
4. — — enfant. . . .	0,50
5. Jalap pour adulte	1
6. — — enfant	0,30
7. Elatérium (**).	0,20
8. Coloquinte	0,30

§ 3. Purgatifs oléagineux.

1. Huile de ricin avec force bouillon aux herbes après. 60

(*) Ou une cuillerée, à l'approche de chaque crise de la coqueluche ou du croup.
(**) En six fois et de quart d'heure en quart d'heure.

2. Huile de croton-tiglium 0,05
3. — d'épurge dans une émulsion aromatisée. 0,05

§ 4. Purgations ou dissolutions aqueuses dans des sirops aromatisés.

1. Séné	8
2. Tamarin	60
3. Casse en gousse et infusion . . .	60
4. Coloquinte.	0,3

§ 5. Sels purgatifs.

1. Calomélas dans miel (1337) (*) . . .	0,10
2. Sulfate de magnésie (sel d'Epsom). .	10
3. Sulfate de soude (sel de Glauber). .	15
4. Phosphate de soude (**)	15

§ 6. Lavements amidonnés purgatifs.

1. Huile de ricin pour adulte	20
2. — pour enfant	10
3. Miel de mercuriale ou foirole . . .	60
4. Jalap.	2
5. Scammonée	2
6. Sulfate de soude (sel de Glauber) . .	10

N. B. Les vomitifs et purgatifs sont en

(*) C'est le seul sel mercuriel dont j'aie fait usage, à cause de sa grande insolubilité.
(**) L'action de ces trois sels doit être secondée par le bouillon aux herbes (1198).

même temps des anthelminthiques énergiques. Ils profitent donc à la guérison par une seule et même opération, de deux manières différentes : Les vomitifs et les purgatifs agissent sur le canal alimentaire, par une propriété qui suspend l'aspiration des surfaces et redouble leur puissance d'expiration ; ils opèrent de la sorte sur le canal intestinal des helminthes, de même que sur le canal intestinal des animaux supérieurs et de l'homme ; mais, sur les helminthes, ils opèrent à haute dose et ils les tuent; tandis que cette haute dose est fort minime pour l'homme qu'ils ne font donc que débarrasser des fèces et du bol alimentaire qui lui pèsent, ainsi que des helminthes qui l'infestent. Il y a, entre les vomitifs et les purgatifs, cette différence que l'action du vomitif se manifeste dès l'époque de la digestion stomacale, d'où vomissement ; que l'action des purgatifs ne se manifeste qu'à dater de la digestion duodénale, d'où purgation. On pourrait dire que la base active des vomitifs est éliminée par le suc gastrique, qui est acide, et que la base active des purgatifs l'est par l'alcalinité de la bile qui coule dans le duodénum.

Tout purgatif ou vomitif est un poison à haute dose.

CHAPITRE IV.

ANTISEPTIQUES OU ANTIPUTRIDES, SUCCÉDANÉS DE LA POUDRE DE CAMPHRE ET DE LA MÉDICATION CAMPHRÉE (380, 1254).

§ 1er. *Sur les ulcères gangréneux.*

1. Nitrate de potasse et poudre de charbon (*).
2. Chlorure de chaux en poudre.
3. Alun et acétate d'alumine.
4. Chaux vive.
5. Cautérisation par le feu.

§ 2. *En lotions et frictions sur le corps.*

Par litre d'eau :
1. Acide sulfurique 1
2. Vinaigre des quatre voleurs 50

(*) Renouveler de quart d'heure en quart d'heure ; on saupoudre l'ulcère à la main, et puis on recouvre largement avec un baume liquide.

3. Eau de Cologne 50
4. Eau de mélisse 50
5. Toute dissolution alcoolique du § 7 du premier chapitre de cette 4e partie, page 520.

§ 3. *A l'intérieur.*

1. Limonade sulfurique ci-dessus.
2. Toute autre limonade.
3. Orangeade ou citronade bouillie avec écorce.
4. Tout baume du § 7 ci-dessus, page 519, en boissons et en lavements, jusqu'à ce que tous les symptômes se soient dissipés entièrement.

CHAPITRE V.

MÉDICAMENTS ANTIFONGIQUES OU DÉSORGANISATEURS.

Lorsque l'impulsion du développement a été imprimée à l'une quelconque des vésicules de nos tissus, et que par suite de cette nouvelle fécondation (1769), de cette superfétation anomale, un nouvel organe se forme, comme en se greffant sur un organe normal, ce n'est plus là un cas de maladie proprement dite, mais seulement un cas de déviation du développement anormal. Il ne s'agit plus ici d'écarter une cause de maladie par des médications qui la paralysent ou la mettent en fuite; il s'agit d'atteindre le germe de ce tissu envahissant, et de l'enlever sans aucun reste. Mais le bistouri ne l'atteint pas toujours, si adroite que soit la main qui le dirige, et si intelligente que soit la pensée qui scrute le mal. La désorganisation du tissu offre plus de chances de réussite ; d'abord parce que la désorganisation opère sur une grande profondeur, quand le bistouri n'opère que sur des surfaces ; et que, du reste, la désorganisation, plus à l'abri des hémorragies, permet d'aborder plus souvent l'opération, et de la recommencer sans danger, toutes les fois que le mal se montre de nouveau sur un point ou sur un autre.

Avant de pratiquer l'opération des cancers, fongus, polypes, squirres, etc., le chirurgien a l'habitude d'attendre que ces tissus parasites soient parvenus à des dimensions assez considérables. Il croit par là pouvoir circonscrire avec plus de facilité, en raison du volume, la masse à retrancher, et puis mettre à couvert sa responsabilité, en démontrant, par la nature du produit, que l'opération n'était pas contre-indiquée. Mais dans ce cas, à nos yeux, l'opération arrive toujours trop tard ; car, ou bien on peut se flatter d'avoir enlevé tous les germes du mal, ou bien on n'a nullement cette certitude. Dans le premier cas, il n'en est pas moins vrai que les tissus adjacents ont été trop altérés par le progrès du mal, pour qu'on ait lieu d'attendre qu'ils se rétabliront d'une manière normale, et que les fonctions des organes voisins reprendront leur cours comme auparavant. Dans le second cas, le germe du mal ne pouvant plus cette fois prendre son développement qu'à l'intérieur, faute d'épaisseur suffisante dans les téguments qui le recèlent, rendra toute opération ultérieure impossible, et

s'attaquera plus vite au foyer intime de l'élaboration vitale. Il faut donc renoncer à ce moyen désespéré, et d'une prétention que contredit presque chaque fois l'événement.

Au contraire, dès que l'eau sédative ou tout autre fondant ne parvient pas à résoudre un développement cancéreux ou polypeux, si peu volumineux qu'il soit, ayez recours à la désorganisation par le feu ou les caustiques.

Faites rougir au feu une aiguille aiguisée à l'extrémité, et plongez-la dans le centre du tissu naissant, en promenant la pointe à droite et à gauche ; recommencez l'opération coup sur coup et autant de fois que le raisonnement vous l'indiquera, et cela en ménageant la petite ouverture, et en vous gardant de l'agrandir. Puis appliquez force baumes dans la petite fistule, de la poudre de camphre en dessus, et recouvrez le tout avec du sparadrap. Il est possible que cette première opération étouffe dans son germe un développement parasite qui eût fini à la longue par absorber et dévorer à son profit la vitalité de l'individu. Ou bien plongez ce bistouri en aiguille jusqu'au centre de la tumeur, et insinuez dans la fistule une pointe de potasse, ou de chaux caustique, ou de nitrate d'argent ; recouvrez la plaie avec des baumes ou du sparadrap, et recommencez l'opération, à partir de la naissance du mal, toutes les fois qu'un nouveau rameau se fera jour sur un point ou sur un autre. Quant à la fièvre, ne la redoutez plus, l'eau sédative en triomphe.

CHAPITRE VI.

FORMULES CLASSIQUES DE QUELQUES MÉDICAMENTS COMPOSÉS QUI SONT LE PLUS GÉNÉRALEMENT USITÉS DANS LA PRATIQUE.

N. B. Nous sommes loin de proscrire ces médicaments composés, espèces de thériaques à quatre ou cinq substances (2168) : seulement nous pensons qu'une seule de ces substances opérerait autant que toutes les autres ensemble, et que nul aujourd'hui n'est en état de se rendre compte de la raison qui a présidé à de telles associations. On se sert encore de ces vieilles formules par tradition plutôt qu'en connaissance de cause. Je le répète, l'emploi de la thériaque était moins irrationnel que

celui de ces triples ou quadruples médicaments ; car il est évident que le principe efficace doit se trouver dans la totalité des remèdes, plutôt que dans une quantité quelconque.

1. *Sirop diacode.*

Tête de pavot blanc   500
Cassonade   2,000
Réduits en sirop.

N. B. Employé contre l'insomnie et l'agitation.

2. Sirop d'orgeat (1456).

Amandes douces	500
— amères	500
Sucre blanc	5,000
Eau de rivière	1,500
Eau de fleur d'orange	250
Essence de citron	250

3. Sirop antiscorbutique (1450).

Feuilles de cochléaria	750
— de beccabunga	750
— de cresson d'eau	750
Racines de raifort	750
Pilez, exprimez le suc et prenez-en	1,500

Que vous mêlerez avec

Suc d'oranges amères	600
Cannelle concassée	4
Écorce d'oranges amères	30
Sucre blanc	2,000

Le sirop doit marquer 30 à 31° de Baumé.

4. Sirop de chicorée (1453).

Racines de chicorée sauvage	125
— de pissenlit	125
— de chiendent	125
Feuilles de chicorée sauvage	125
— de pissenlit	100
— de fumeterre	100
— de scolopendre	100
Cuscute	60
Baies d'alkekenge	60
Rhubarbe	200
Santal citrin	15
Cannelle	15
Cassonade	3,000
Eau	q. s.

5. Élixir de Garus (1289).

Myrrhe	45
Aloès	45
Girofle	100
Muscade	100
Safran	4
Cannelle	24
Eau-de-vie	5.000

Rectifiez au bain-marie, et prenez 4,500 de cet esprit rectifié pour :

Capillaire	150
Réglisse coupée	45

Figues grasses	100
Eau bouillante	4,000
Sucre	6,000
Eau de fleur d'orange	400

La dose est de 15 à 30 grammes.

6. Sucre d'orge.

Orge	250
Safran	1
Sucre	1,000

7. Poudre fébrifuge et purgative d'Helvétius (1330).

Quinquina	12
Sulfate de potasse	4
Nitre purifié	4
Safran	3
Gomme-gutte	0,6
Tartrate de potasse	4
Émétique	8
Jalap	60
Suc d'ail	4

8. Grains de santé (1193).

Aloès succotrin	100
Jalap	100
Rhubarbe	25
Sirop d'absinthe	q. s.

Pilules de 5 centigrammes, quatre par jour.

9. Poudre de Sedlitz.

D'une part :

Sulfate de magnésie	10
Bicarbonate de soude	3

D'autre part :

Acide tartrique en poudre	2
Dans eau	250

10. Sirop de salsepareille.

Extrait alcoolique de salsepareille	190
Eau pure	2,000
Sucre blanc	4,000

Dose de 60 à 100 grammes par jour.

11. Onguent basilicum.

Poix noire	350
— résine	350
Cire jaune	350
Huile d'olive	1,500
Camphre	60

12. Baume du commandeur.

Racine d'angélique 15
Fleurs sèches d'hypericum. . . . 30
Alcool. 1,150
Myrrhe 15
Oliban 15
Aloès 15
Baume du Pérou 4
Ambre gris 0,20
Benjoin 90

13. Baume Opodeldoch (1297).

Camphre. 30
Essence de thym 1
— de romarin 2
— de sauge 8
— de lavande 8
Baies de genièvre. 8
Savon blanc. 240
Alcool. 1,000

14. Baume nerval (1203).

Huile de palme. 60
— de muscade. 60
Moelle de bœuf. 60
Essence de lavande 6
— de menthe 6
— de romarin 6
— de sauge 6
— de girofle 6

Camphre 8
Baume du Pérou 15
Alcool. 30

N. B. Je ne grossirai pas cette liste de la foule des formules qui encombrent nos formulaires et nos *Codex*; on pourrait les multiplier à l'infini, en suivant la méthode qui a présidé à leur rédaction. Il suffirait pour cela de les renverser et de combiner les substances qui y entrent, en les mêlant dans le chapeau. Quiconque voudra se donner le plaisir d'en inventer une nouvelle n'aura qu'à se pénétrer ce nos principes, et à se régler sur les proportions de notre formulaire réduit à sa plus simple expression. Il sera sûr de procéder de la sorte en connaissance de cause, tout en faisant du métier; mais il n'en obtiendra pas plus de succès que de notre méthode; nous osons le garantir. A ceux qui, après avoir médité notre ouvrage, chercheraient encore à jeter du ridicule sur la simplicité de notre médication, nous nous contenterons de répondre que de tout temps la polypharmacie a été le partage des esprits sans portée ou sans conviction, des marchands d'orviétan ou des *archiatres*. Sydenham se faisait gloire de n'employer, dans sa pratique journalière, que trois à quatre médicaments simples, dont sa longue expérience lui avait appris à connaître toute la portée et les ressources.

CHAPITRE VII.

INDICATION DES PRINCIPAUX REMÈDES, DANS LA COMPOSITION DESQUELS ENTRENT DES SUBSTANCES VÉNÉNEUSES, ET DONT NOUS PROSCRIVONS SOUVERAINEMENT L'EMPLOI.
(*Voyez* 1er vol., pag. 274.)

§ 1er *Préparations arsenicales à proscrire* (348).

1. Liqueur de Fowler (contenant 1/100 de son poids d'acide arsénieux).
2. Liqueur de Pearson (1,550 d'arséniate de potasse).
3. Liqueur de Biett (1/625 d'arséniate d'ammoniaque).
4. Poudre de Fontaneilles(1/900 d'arsenic blanc et 1/100 de mercure).
5. Pilules asiatiques (4 milligrammes d'acide arsénieux).
6. Pilules ferrugineuses de Biett (3 milligrammes d'arséniate de fer).
7. Pilules d'arséniate de soude de Biett (4 milligrammes d'arséniate de soude).
8. Pilules de Barton (3 milligrammes d'arsenic blanc).
9. Poudre de Boudin (1/2 milligramme d'acide arsénieux).
10. Pilules de Boudin (1/2 milligramme d'arséniate de potasse).
11. Potion de Donovan (4 centigrammes d'iodure d'arsenic et 4 d'iodure de mercure).
12. Cigarettes de Trousseau(1277) (chaque cigarette contenant 5 centigrammes d'arséniate de soude).

13. Poudre escarrotique du frère Côme ou de Rousselot (1/5 d'arsenic blanc).

14. Poudre de Dupuytren (4 décigr. d'acide arsénieux et 32 grammes de calomélas).

15. Pommade de Saint-Louis (1/166 d'iodure d'arsenic).

16. Collyre de Lanfranc (1/76 de sulfure d'arsenic).

17. Rusma épilatoire des Turcs (1/8 de sulfure d'arsenic).

18. Épilatoire de Plenck (1/23 de sulfure d'arsenic).

§ 2. *Préparations mercurielles à proscrire* (369).

1. Biscuits d'Olivier (Olivier en a été la première victime en les préparant).

2. Liqueur de Van-Swieten (1/1000 de son poids de sublimé corrosif ou deutochlorure de mercure).

3. Sirop de Larrey (1/2000 de deutochlorure de mercure).

4. Sirop de Bellet (4 décigrammes de nitrate de mercure par 30 grammes de sirop).

5. Sirop de Lagneau (1/80 de mercure).

6. Sirop ne Velno (10 centigrammes de sublimé corrosif par 500 grammes de sirop).

7. Ethiops antimonial de Huxham (presque moitié de mercure).

8. Pilules de Plenck (1/3 de mercure).

9. Pilules napolitaines (50 milligrammes d'onguent mercuriel chaque).

10. Pilules de Baudelocque (1 décigramme de sulfure de mercure par pilule).

11. Pilules de Ricord (5 centigrammes de protoiodure de mercure par pilule).

12. Onguent citrin (1/80 de nitrate de mercure).

13. Onguent napolitain et onguent mercuriel double (moitié de mercure éteint).

14. Onguent gris (1/6 de mercure).

15. Onguent brun (1/6 de précipité rouge).

16. Pommade de Sichel (1/10 de précipité rouge).

17. Eau de Mettemberg contre la gale (1/250 de sublimé corrosif).

18. Eau noire allemande (1/90 de calomel).

19. Eau phagédénique (1/34 de deutochlorure de mercure).

Thèmes brodés de mille manières homicides par l'envie d'attacher son nom à ce fléau du genre humain, et qui méritent la même réprobation, sous l'égide de quelques noms qu'ils se présentent encore : *Gargarismes au sublimé* de Ricord, *au cyanure de mercure* de Parent ; *Collyre* de Conradi, de Sichel ; *injections* de Lagneau ; *eau antipédiculaire* de F. Cadet-Gassicourt ; *lotion* de Boerhaave ; *eau rouge* d'Alibert : *embrocation* de Bateman ; *fomentations* de Ricord : *émulsion* de Duncan ; *liqueur* de Gowland ; *cosmétique* de Siemerling ; *eau antidartreuse* du cardinal de Luynes ; *bains au sublimé* de Baumé, de Widekind ; *miel mercuriel; cérat mercuriel ; pommade* de Planche, *pommade* de Dupuytren; *pommade* de Saint-Yve, de Grand-Jean, du Régent, de Desault, de Gibert, de Monod, de Willan, de Zeller, de Cazenave, de Cirillo, de Duchesne-Duparc, etc.; *eaux* de Charles-Albert, de Giraudeau de Saint-Gervais; *sirop* de Cuisinier, etc.

§ 3. *Préparations antimoniales à proscrire* (348).

Julep de Rasori, de Laennec, de Royer, de Louis, de Trusen, de Trousseau. *Potion* kermétisée du Codex, *potion* de Peysson. *Poudre* de Preziosi, de James.

§ 4. *Préparations saturnines à proscrire* (365).

Acétate de plomb ou extrait de Saturne à l'intérieur, en boissons ou en lotions.

N. B. Tout honnête homme, qui aura bien et impartialement médité les principes de cet ouvrage, se joindra à nous pour proscrire du formulaire les préparations que nous venons de signaler.

aux médecins qui, dans leur pratique, préfèreraient avoir recours à la table précédente des succédanés de la nouvelle méthode.

1° On doit apporter la plus scrupuleuse attention, en se servant des tables précédentes, à ne pas confondre 0,05 (cinq centigrammes) avec 0,50 (cinquante centigrammes ou 5 décigrammes) et encore moins avec 5 (cinq grammes).

2° Les notions du formulaire une fois bien comprises, le praticien qui ne voudra pas copier exactement la méthode que nous avons adoptée, laquelle à nos yeux est encore la meilleure, pourra trouver, dans les tables précédentes, de quoi se composer des succédanés et des équivalents. Nous l'engageons à n'employer jamais que des remèdes simples ; mais si, par caprice ou par théorie, il lui prend envie de les composer de plusieurs substances, il réduira la dose de chacune d'elles à la moitié, au tiers, au quart, au cinquième, etc., selon qu'il fera entrer dans son médicament deux, trois, quatre, cinq, etc., de ces substances.

FIN DU TROISIÈME ET DERNIER VOLUME.

TABLE GÉNÉRALE

PAR ORDRE ALPHABÉTIQUE

DES MATIÈRES CONTENUES DANS L'OUVRAGE.

N. B. Les chiffres arabes indiquent la page ; les chiffres romains, le volume. Lorsqu'on trouve deux chiffres romains consécutifs, le second indique la page de l'INTRODUCTION qui est en tête du premier volume.

FIN DE LA TABLE ALPHABÉTIQUE DES MATIÈRES CONTENUES DANS LES TROIS VOLUMES.

_____

CONGÉ FINAL A MON LIVRE.

Tu sors enfin de mes mains pour voler de tes propres ailes, ô mon livre bien-aimé, le fils de mes vieux jours, fruit d'un travail de toutes mes journées, de toutes mes nuits, de toutes mes heures pendant l'espace de deux ans accomplis et révolus ; tu entres enfin dans le monde, livré à ta fortune et maître de ton sort. Je t'ai constitué le dépositaire de tout ce que je porte avec moi dans mon pèlerinage, de tout ce que je sens et de tout ce que je sais, de mes souvenirs et de mes espérances. Je n'ai rien dissimulé, je ne me suis rien réservé dans ce que je t'ai donné ; tu es mon légataire universel, à charge de faire une heureuse distribution de ma fortune. Donc, ainsi que tes frères aînés, arrive de plein vol aux quatre parties du monde, pour parler une langue connue de tous. Va apprendre aux hommes que les plus nobles conquêtes, j'allais dire la plus belle religion, se trouvent dans l'étude de la nature, et que les plus pures jouissances se résument dans la santé et dans la bonté. Tes succès ne dépendent plus de moi ; il ne me reste que la conviction bien douce de n'avoir rien oublié pour compléter ton bagage et tracer ton chemin. Il était temps de nous séparer l'un de l'autre ; je sens que la fatigue me prenait ; et jamais je n'ai apprécié, comme en t'adressant ces derniers adieux, le sens délicieux de ce qu'ont voulu dire mes devanciers dans la carrière, quand, arrivés à la dernière page, à la dernière ligne de leurs longues et laborieuses élucubrations, ils scellaient le volume de cette phrase sacramentelle :

HIC LIBER EXPLICIT FELICITER ;

« Ce rouleau de *papyrus,* qui devait être dépositaire de ma pensée, vient de se dérouler heureusement sous ma plume ; ici, lecteur, se termine ma tâche, et la vôtre commence. »

Ce livre, dont la première livraison a paru le 20 novembre 1857, je le termine heureusement le 7 mars 1860, à Stalle-sous-Uccle, près Bruxelles, et loin, bien loin, de mon beau pays !

F.-V. RASPAIL.

_____

Paris. — Imp. V⁰ P. LAROUSSE et C¹⁰, rue Montparnasse, 19.

www.ingramcontent.com/pod-product-compliance
Lightning Source LLC
Chambersburg PA
CBHW031351210326
41599CB00019B/2730